现代
机械设计手册

第二版

MECHANICAL
DESIGN

润滑和密封设计

吴晓铃　郝木明　主编

化学工业出版社
·北　京·

《现代机械设计手册》第二版单行本共20个分册，涵盖了机械常规设计的所有内容。各分册分别为：《机械零部件结构设计与禁忌》《机械制图及精度设计》《机械工程材料》《连接件与紧固件》《轴及其连接件设计》《轴承》《机架、导轨及机械振动设计》《弹簧设计》《机构设计》《机械传动设计》《减速器和变速器》《润滑和密封设计》《液力传动设计》《液压传动与控制设计》《气压传动与控制设计》《智能装备系统设计》《工业机器人系统设计》《疲劳强度可靠性设计》《逆向设计与数字化设计》《创新设计与绿色设计》。

本书为《润滑和密封设计》，主要介绍了润滑基础、润滑剂、轴承的润滑、齿轮传动的润滑、其他元器件的润滑、润滑方法及装置的选用、典型设备的润滑等；密封的分类及应用、垫片密封、密封胶及胶黏剂、填料密封、成型填料密封、油封、机械密封、真空密封、迷宫密封、浮环密封、螺旋密封、磁流体密封、离心密封等。本书可作为机械设计人员和有关工程技术人员的工具书，也可供高等院校相关专业师生参考。

图书在版编目（CIP）数据

现代机械设计手册：单行本. 润滑和密封设计/吴晓铃，郝木明主编. —2版. —北京：化学工业出版社，2020.2

ISBN 978-7-122-35655-0

Ⅰ.①现… Ⅱ.①吴… ②郝… Ⅲ.①机械设计-手册②机械-润滑-手册③机械密封-手册 Ⅳ.①TH122-62②TH117.2-62③TH136-62

中国版本图书馆CIP数据核字（2019）第252687号

责任编辑：张兴辉 王烨 贾娜 邢涛 项潋 曾越 金林茹　　装帧设计：尹琳琳

责任校对：王静

出版发行：化学工业出版社（北京市东城区青年湖南街13号 邮政编码100011）

印　　装：大厂聚鑫印刷有限责任公司

787mm×1092mm 1/16 印张45¼ 字数1561千字 2020年2月北京第2版第1次印刷

购书咨询：010-64518888　售后服务：010-64518899

网　　址：http://www.cip.com.cn

凡购买本书，如有缺损质量问题，本社销售中心负责调换。

定　　价：139.00元

《现代机械设计手册》第二版单行本出版说明

《现代机械设计手册》是一部面向“中国制造 2025”，适应智能装备设计开发新要求、技术先进、数据可靠、符合现代机械设计潮流的现代化机械设计大型工具书，涵盖现代机械零部件设计、智能装备及控制设计、现代机械设计方法三部分内容。旨在将传统设计和现代设计有机结合，力求体现“内容权威、凸显现代、实用可靠、简明便查”的特色。

《现代机械设计手册》自 2011 年出版以来，赢得了广大机械设计工作者的青睐和好评，先后荣获全国优秀畅销书、中国机械工业科学技术奖等，第二版于 2019 年初出版发行。为了给读者提供篇幅较小、便携便查、定价低廉、针对性更强的实用性工具书，根据读者的反映和建议，我们在深入调研的基础上，决定推出《现代机械设计手册》第二版单行本。

《现代机械设计手册》第二版单行本，保留了《现代机械设计手册》（第二版 6 卷本）的优势和特色，结合机械设计人员工作细分的实际状况，从设计工作的实际出发，将原来的 6 卷 35 篇重新整合为 20 个分册，分别为：《机械零部件结构设计与禁忌》《机械制图及精度设计》《机械工程材料》《连接件与紧固件》《轴及其连接件设计》《轴承》《机架、导轨及机械振动设计》《弹簧设计》《机构设计》《机械传动设计》《减速器和变速器》《润滑和密封设计》《液力传动设计》《液压传动与控制设计》《气压传动与控制设计》《智能装备系统设计》《工业机器人系统设计》《疲劳强度可靠性设计》《逆向设计与数字化设计》《创新设计与绿色设计》。

《现代机械设计手册》第二版单行本，是为了适应机械设计行业发展和广大读者的需要而编辑出版的，将与《现代机械设计手册》第二版（6 卷本）一起，成为机械设计工作者、工程技术人员和广大读者的良师益友。

化学工业出版社

前言

FORWORD

《现代机械设计手册》第一版自2011年3月出版以来，赢得了机械设计人员、工程技术人员和高等院校专业师生广泛的青睐和好评，荣获了2011年全国优秀畅销书（科技类）。同时，因其在机械设计领域重要的科学价值、实用价值和现实意义，《现代机械设计手册》还荣获2009年国家出版基金资助和2012年中国机械工业科学技术奖。

《现代机械设计手册》第一版出版距今已经8年，在这期间，我国的装备制造业发生了许多重大的变化，尤其是2015年国家部署并颁布了实现中国制造业发展的十年行动纲领——中国制造2025，发布了针对“中国制造2025”的五大“工程实施指南”，为机械制造业的未来发展指明了方向。在国家政策号召和驱使下，我国的机械工业获得了快速的发展，自主创新的能力不断加强，一批高技术、高性能、高精尖的现代化装备不断涌现，各种新材料、新工艺、新结构、新产品、新方法、新技术不断产生、发展并投入实际应用，大大提升了我国机械设计与制造的技术水平和国际竞争力。《现代机械设计手册》第二版最重要的原则就是紧密结合“中国制造2025”国家规划和创新驱动发展战略，在内容上与时俱进，全面体现创新、智能、节能、环保的主题，进一步呈现机械设计的现代感。鉴于此，《现代机械设计手册》第二版被列入了“十三五国家重点出版物规划项目”。

在本版手册的修订过程中，我们广泛深入机械制造企业、设计院、科研院所和高等院校进行调研，听取各方面读者的意见和建议，最终确定了《现代机械设计手册》第二版的根本宗旨：一方面，新版手册进一步加强机、电、液、控制技术的有机融合，以全面适应机器人等智能化装备系统设计开发的新要求；另一方面，随着现代机械设计方法和工程设计软件的广泛应用和普及，新版手册继续促进传动设计与现代设计的有机结合，将各种新的设计技术、计算技术、设计工具全面融入传统的机械设计实际工作中。

《现代机械设计手册》第二版共6卷35篇，它是一部面向“中国制造2025”，适应智能装备设计开发新要求、技术先进、数据可靠、符合现代机械设计潮流的现代化的机械设计大型工具书，涵盖现代机械零部件及传动设计、智能装备及控制设计、现代机械设计方法及应用三部分内容，具有以下六大特色。

1. 权威性。《现代机械设计手册》阵容强大，编、审人员大都来自设计、生产、教学和科研第一线，具有深厚的理论功底、丰富的设计实践经验。他们中很多人都是所属领域的知名专家，在业内有广泛的影响力和知名度，获得过多项国家和省部级科技进步奖、发明奖和技术专利，承担了许多机械领域国家重要的科研和攻关项目。这支专业、权威的编审队伍确保了手册准确、实用的内容质量。

2. 现代感。追求现代感，体现现代机械设计气氛，满足时代要求，是《现代机械设计手册》的基本宗旨。“现代”二字主要体现在：新标准、新技术、新材料、新结构、新工艺、新产品、智能化、现代的设计理念、现代的设计方法和现代的设计手段等几个方面。第二版重点加强机械智能化产品设计（3D打印、智能零部件、节能元器件）、智能装备（机器人及智能化装备）控制及系统设计、数字化设计等内容。

（1）“零件结构设计”等篇进一步完善零部件结构设计的内容，结合目前的3D打印（增材制造）技术，增加3D打印工艺下零件结构设计的相关技术内容。

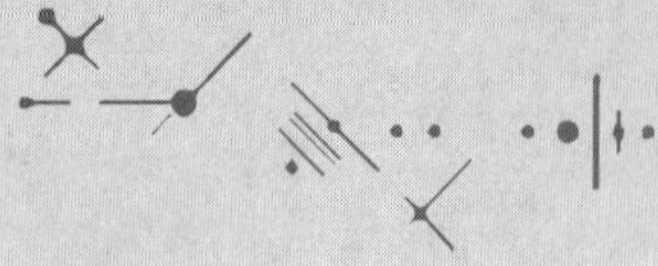

“机械工程材料”篇增加3D打印材料以及新型材料的内容。

（2）机械零部件及传动设计各篇增加了新型智能零部件、节能元器件及其应用技术，例如“滑动轴承”篇增加了新型的智能轴承，“润滑”篇增加了微量润滑技术等内容。

（3）全面增加了工业机器人设计及应用的内容：新增了“工业机器人系统设计”篇；“智能装备系统设计”篇增加了工业机器人应用开发的内容；“机构”篇增加了自动化机构及机构创新的内容；“减速器、变速器”篇增加了工业机器人减速器选用设计的内容；“带传动、链传动”篇增加并完善了工业机器人适用的同步带传动设计的内容；“齿轮传动”篇增加了RV减速器传动设计、谐波齿轮传动设计的内容等。

（4）“气压传动与控制”“液压传动与控制”篇重点加强并完善了控制技术的内容，新增了气动系统自动控制、气动人工肌肉、液压和气动新型智能元器件及新产品等内容。

（5）继续加强第5卷机电控制系统设计的相关内容：除增加“工业机器人系统设计”篇外，原“机电一体化系统设计”篇充实扩充形成“智能装备系统设计”篇，增加并完善了智能装备系统设计的相关内容，增加智能装备系统开发实例等。

“传感器”篇增加了机器人传感器、航空航天装备用传感器、微机械传感器、智能传感器、无线传感器的技术原理和产品，加强传感器应用和选用的内容。

“控制元器件和控制单元”篇和“电动机”篇全面更新产品，重点推荐了一些新型的智能和节能产品，并加强产品选用的内容。

（6）第6卷进一步加强现代机械设计方法应用的内容：在3D打印、数字化设计等智能制造理念的倡导下，“逆向设计”“数字化设计”等篇全面更新，体现了“智能工厂”的全数字化设计的时代特征，增加了相关设计应用实例。

增加“绿色设计”篇；“创新设计”篇进一步完善了机械创新设计原理，全面更新创新实例。

（7）在贯彻新标准方面，收录并合理编排了目前最新颁布的国家和行业标准。

3. 实用性。新版手册继续加强实用性，内容的选定、深度的把握、资料的取舍和章节的编排，都坚持从设计和生产的实际需要出发：例如机械零部件数据资料主要依据最新国家和行业标准，并给出了相应的设计实例供设计人员参考；第5卷机电控制设计部分，完全站在机械设计人员的角度来编写——注重产品如何选用，摒弃或简化了控制的基本原理，突出机电系统设计，控制元器件、传感器、电动机部分注重介绍主流产品的技术参数、性能、应用场合、选用原则，并给出了相应的设计选用实例；第6卷现代机械设计方法中简化了烦琐的数学推导，突出了最终的计算结果，结合具体的算例将设计方法通俗地呈现出来，便于读者理解和掌握。

为方便广大读者的使用，手册在具体内容的表述上，采用以图表为主的编写风格。这样既增加了手册的信息容量，更重要的是方便了读者的查阅使用，有利于提高设计人员的工作效率和设计速度。

为了进一步增加手册的承载容量和时效性，本版修订将部分篇章的内容放入二维码中，读者可以用手机扫描查看、下载打印或存储在PC端进行查看和使用。二维码内容主要涵盖以下几方面的内容：即将被废止的旧标准（新标准一旦正式颁布，会及时将二维码内容更新为新标准的内容)；部分推荐产品及参数；其他相关内容。

4. 通用性。本手册以通用的机械零部件和控制元器件设计、选用内容为主，主要包括机械设计基础资料、机械制图和几何精度设计、机械工程材料、机械通用零部件设计、机械传动系统设计、液压和气压传动系统设计、机构设计、机架设计、机械振动设计、智能装备系统设计、控制元器件和控制单元等，既适用于传统的通用机械零部件设计选用，又适用于智能化装备的整机系统设计开发，能够满足各类机械设计人员的工作需求。

5. 准确性。本手册尽量采用原始资料，公式、图表、数据力求准确可靠，方法、工艺、技术力求成熟。所有材料、零部件和元器件、产品和工艺方面的标准均采用最新公布的标准资料，对于标准规范的编写，手册没有简单地照抄照搬，而是采取选用、摘录、合理编排的方式，强调其科学性和准确性，尽量避免差错和谬误。所有设计方法、计算公式、参数选用均经过长期检验，设计实例、各种算例均来自工程实际。手册中收录通用性强、标准化程度高的产品，供设计人员在了解企业实际生产品种、规格尺寸、技术参数，以及产品质量和用户的实际反映后选用。

6. 全面性。本手册一方面根据机械设计人员的需要，按照“基本、常用、重要、发展”的原则选取内容，另一方面兼顾了制造企业和大型设计院两大群体的设计特点，即制造企业侧重基础性的设计内容，而大型的设计院、工程公司侧重于产品的选用。因此，本手册力求实现零部件设计与整机系统开发的和谐统一，促进机械设计与控制设计的有机融合，强调产品设计与工艺技术的紧密结合，重视工艺技术与选用材料的合理搭配，倡导结构设计与造型设计的完美统一，以全面适应新时代机械新产品设计开发的需要。

经过广大编审人员和出版社的不懈努力，新版《现代机械设计手册》将以崭新的风貌和鲜明的时代气息展现在广大机械设计工作者面前。值此出版之际，谨向所有给过我们大力支持的单位和各界朋友表示衷心的感谢！

主　编

目录

CONTENTS

第 17 篇　润滑

第 1 章　润滑基础

第 2 章　润 滑 剂

第 3 章　轴承的润滑

第 4 章　齿轮传动的润滑

第5章 其他元器件的润滑

第6章 润滑方法及装置的选用

第7章 典型设备的润滑

第 18 篇 密封

第 1 章 密封的分类及应用

第 2 章 垫片密封

第 3 章 密封胶及胶黏剂

第 4 章 填料密封

第5章 成形填料密封

第6章 油封

第7章 机械密封

第 8 章 真空密封

第 9 章 迷宫密封

第 10 章 浮环密封

第 11 章 螺旋密封

第 12 章 磁流体密封

第 13 章 离心密封

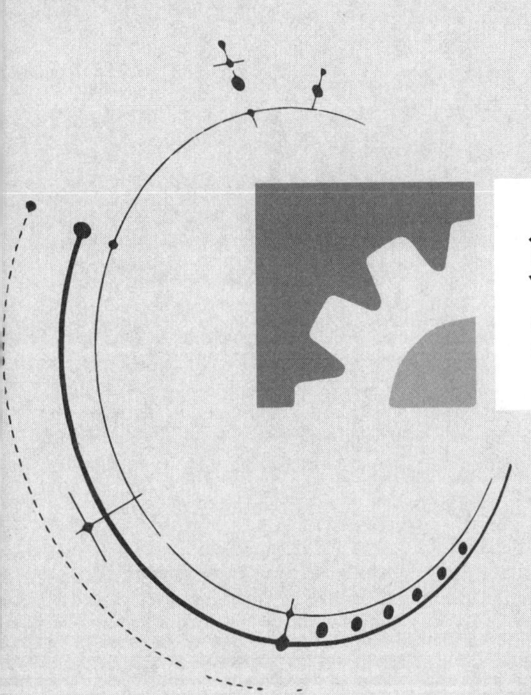

第 17 篇
润滑

篇主编：吴晓铃

撰　稿：吴晓铃　刘　杰　吴启东

审　稿：陈大融

第1章　润滑基础

1.1　润滑剂的作用

常见的润滑剂有润滑油、润滑脂。此外还有固体、气体润滑剂，其中润滑油的应用最为广泛。水也是一种润滑剂，但由于它对金属有腐蚀作用，不适合作为金属零件的润滑剂。润滑剂的作用和性质见表 17-1-1。

表 17-1-1　润滑剂的作用和性质

作用	①降低摩擦，减少磨损　如果两摩擦面被润滑剂流体膜隔开，则避免了金属与金属的直接接触，把干摩擦变成了流体摩擦。或者由于形成了物理、化学吸附膜减少摩擦，避免磨损失效的发生
	②散热　润滑油可以把摩擦产生的热量带走，避免温度过高引起表面损伤
	③防锈　润滑剂覆盖了零件表面，起到了隔绝空气的作用，避免金属表面的氧化腐蚀
	④防腐　摩擦表面的润滑膜可以在一定程度上保护金属表面不被酸、碱、盐等介质侵蚀
	⑤降低振动冲击和噪声　由于润滑剂的黏滞性，能起到降低零件振动、冲击和噪声的作用
	⑥排除污物　润滑油能冲刷摩擦面上的磨粒和杂质，带走油池或润滑系统中的污物，保证零件表面的清洁，减少磨损
主要性质	①具有合适的黏度与流动性，以适应不同的工况条件
	②具有良好的抗磨性，以保持一定的承载能力
	③具有良好的氧化安定性，使油不氧化、不变黏、不变质、不堵塞油路
	④抗乳化性　在有水部位工作的零件，要求使用抗乳化性、油水分离性好的润滑油。因为润滑油中的极压添加剂，基础油中的极性物质或油中的氧化物都是表面活性物质。当水混入油中时，上述表面活性物质起乳化作用
	⑤抗泡性　良好的抗泡性能使混入油中的空气顺利的逸出，否则，油中的气泡使摩擦表面供油不足导致磨损或胶合。在循环润滑系统中，抗泡性差的油会引起油的流量减少，降低散热的效果
	⑥防锈性　防锈性主要是具有保护零件表面不生锈的性能
	⑦抗腐蚀性　润滑剂的腐蚀性主要来源于油中的酸性物质，这些物质对金属具有腐蚀性。所以润滑剂应具有良好的抗腐蚀性
	⑧无毒性　润滑剂应对人体无害，保障操作人员的安全

1.2　润滑状态及分类

一对摩擦副处于何种润滑状态是润滑设计中必须研究的问题。润滑剂形成的润滑膜可以是液体或气体组成的流体膜或固体膜。根据上述润滑膜形成的原理及特性，润滑状态的研究不断发展。研究各种润滑状态的特性及其变化规律所涉及的学科各不相同，处理问题的方法也不一样。对于流体润滑状态，包括流体动压润滑和流体静压润滑，主要是运用黏性流体力学和传热学等来计算润滑膜的承载能力及其他力学特性。在弹性流体动压润滑中，由于载荷集中作用，还要根据弹性力学分析接触表面的变形以及润滑剂的流变学性能。对于边界润滑状态，则是从物理化学的角度研究润滑膜的形成与破坏机理。薄膜润滑兼有流体润滑和边界润滑的特性。而干摩擦状态中，主要的问题是限制磨损，它将涉及材料科学、弹塑性力学、传热学、物理化学等内容。

（1）润滑状态图（表 17-1-2）

表 17-1-2　润滑状态图

经典润滑状态图	1985 年美国机械工程师学会第一任主席 Rober H. Thurston 首次观察到径向滑动轴承随着载荷增加出现最小的摩擦因数，并认为它是流体动压润滑与混合润滑的转化点。随后，Gvmbel 将这一现象与 Streibeck 实验曲线相结合，提出如图(a)所示的经典润滑状态图。将润滑状态划分为流体动压润滑、混合润滑、边界润滑三个区域

续表

<table>
<tr><td>经典润滑状态图</td><td>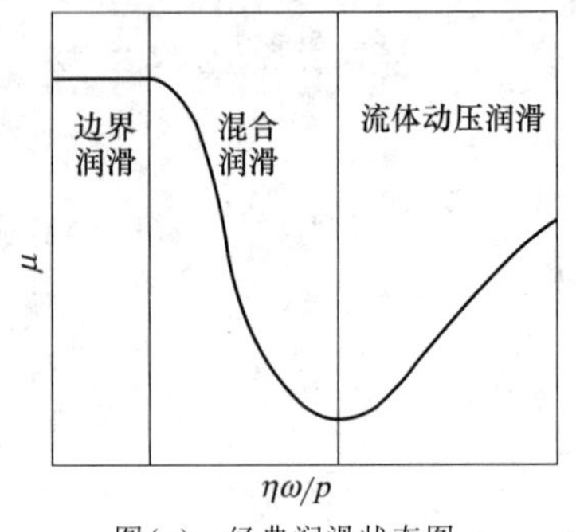

图(a) 经典润滑状态图
η—润滑油黏度;ω—速度;
p—载荷;μ—摩擦因数</td></tr>
<tr><td>流体膜润滑图</td><td>弹流润滑是流体膜润滑状态的一种形式。弹流润滑在 20 世纪 60 年代得到了发展。Dowson 将流体动压润滑和弹流润滑中的油膜厚度 h 和摩擦因数 μ 的变化组成图(b)。图中 μ 的变化类似于 Streibeck 曲线。还可以看出,在弹流润滑区内,表面弹性变形起着阻止摩擦因数和润滑膜厚度随载荷增加而降低的作用。
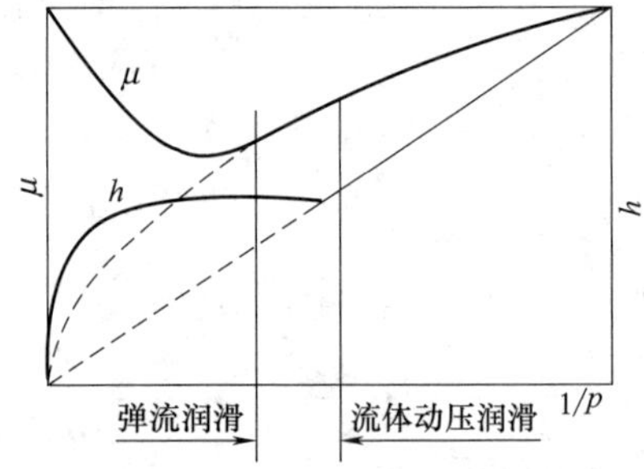

图(b) 流体膜润滑图</td></tr>
<tr><td>Dowson 润滑状态图</td><td>在图(b)的基础上,Dowson 提出如图(c)的润滑状态图。膜厚由小到大依次为边界润滑、混合润滑、弹流润滑、流体动压润滑等 4 种状态。他认为,当流体膜减薄到表面粗糙峰之间的间隙达到润滑油分子尺度范围,即在粗糙峰顶出现边界膜时即开始进入混合润滑状态。并提出 25nm 为弹流润滑向混合润滑转变的膜厚值
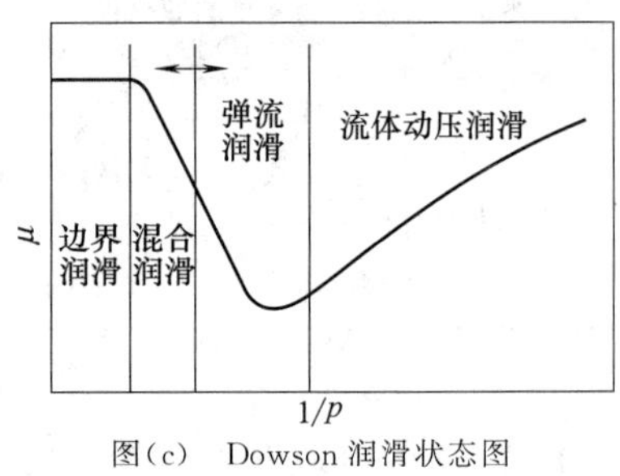

图(c) Dowson 润滑状态图</td></tr>
</table>

(2) 润滑状态的分类(表 17-1-3)

表 17-1-3　　各种润滑状态的基本特征

润滑状态	典型膜厚	润滑膜形成方式	应　用
流体动压润滑	1～100μm	由摩擦表面的相对运动所产生的动压效应形成流体润滑膜	中高速的面接触摩擦副,如滑动轴承
液体静压润滑	1～100μm	通过外部压力将流体送到摩擦表面之间,强制形成润滑膜	各种速度下的面接触摩擦副,如滑动轴承、导轨等
弹性流体动压润滑	0.1～1μm	与流体动压润滑相同	中高速下点线接触摩擦副,如齿轮、滚动轴承等
薄膜润滑	10～100nm	与流体动压润滑相同	低速下的点线接触高精度摩擦副,如精密滚动轴承等

续表

润滑状态	典型膜厚	润滑膜形成方式	应　用
边界润滑	1～50nm	润滑油分子与金属表面产生物理或化学作用而形成润滑膜	低速重载条件下的高精度摩擦副
干摩擦	1～10nm	表面氧化膜，气体吸附膜等	无润滑或自润滑的摩擦副

各种润滑状态所形成的润滑膜厚度不同，但是单纯由润滑膜的厚度还不能准确地判断润滑状态，尚需要与表面粗糙度进行对比。图 17-1-1 列出润滑膜厚度与粗糙度的数量级。只有当润滑膜厚度足以超过两表面的粗糙峰高度时，才有可能完全避免峰点接触而实现全膜流体润滑。对于实际机械中的摩擦副，通常总是几种润滑状态同时存在，统称为混合润滑状态。

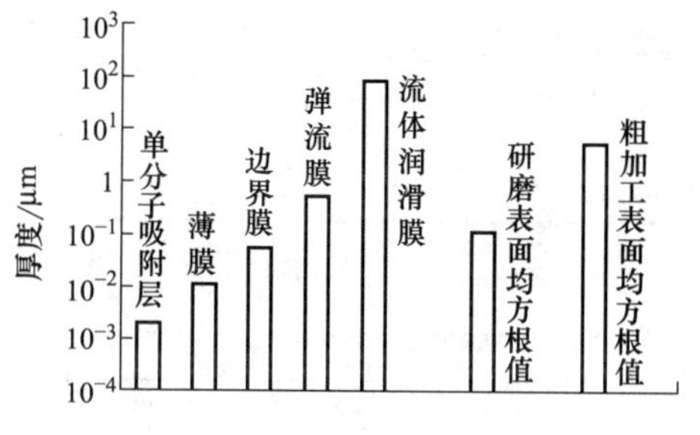

图 17-1-1　润滑膜厚度与粗糙度

根据润滑膜厚度鉴别润滑状态的方法是可靠的，但由于测量上的困难，往往不便于采用。另外，也可以用摩擦因数值作为判断各种润滑状态的依据。图 17-1-2 为摩擦因数的典型值。

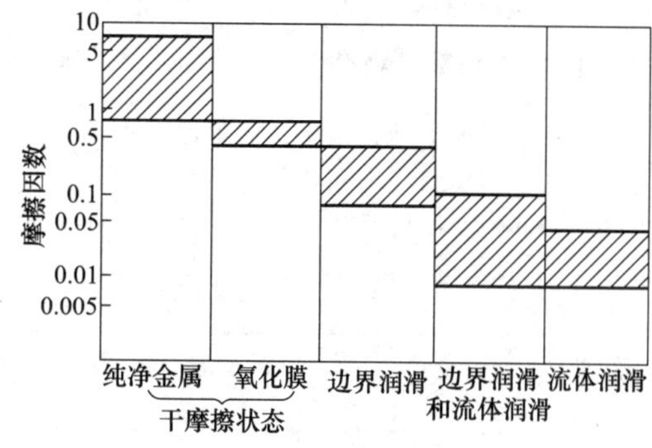

图 17-1-2　摩擦因数的典型值

第2章 润 滑 剂

2.1 润滑剂及其物理化学性能

润滑剂可以是液体，如各种各样的润滑油和水等；也可以是气体，如空气、氦、氢等；还可以是固体，如二硫化钼和石墨等。

2.1.1 润滑剂的分类

润滑油及添加剂种类很多，但可以根据用途和性能对其进行分类。润滑剂和有关产品的分类及命名制定方法是根据国际命名习惯并结合我国的实际情况来制定的，并参照国际标准 ISO 6743 标准系列制定出了相应的国家标准 GB/T 7631 系列。根据 1987 年我国对润滑油的分类标准 GB/T 7631.1—2008《润滑剂、工业用油和有关产品（L 类）的分类——第 1 部分：总分组》，润滑油的分类如下：即全损耗系统、脱膜、齿轮、压缩机、内燃机、主轴、轴承和离合器、导轨、液压系统、金属加工、电器绝缘、风动工具、热传导、暂时保护防腐蚀、汽轮机、热处理、蒸汽汽缸等机具场合用油。按润滑油使用分类，又可分为车用润滑油和工业润滑油，而每一大类又分为若干不同的品牌和牌号，主要类别和名称如表 17-2-1 所示。

表 17-2-1 主要润滑剂品种和有关产品的分类命名

组别符号	应用场合	举例	
		符号组成	名称
A	全损耗系统	L-AN 32	L-AN 32 全损耗系统用油
C	齿轮	L-CKD320	L-CKD320 重负荷闭式工业齿轮油
D	压缩机(包括冷冻机和真空泵)	L-DRA/A32 L-DAB150	L-DRA/A32 冷冻机油 L-DAB150 空气压缩机油
E	内燃机	L-ECF-4 15W/40 L-ESJ 15W/40	CF-4 15W/40 柴油机油 SJ 15W/40 汽油机油
F	主轴、轴承和离合器	L-FC	L-FC 型轴承油
G	导轨	L-G	L-G 导轨油
H	液压系统	L-HM	L-HM68 号抗磨液压油
M	金属加工	L-MHA	金属加工用油
N	电器绝缘	L-N25	25 号变压器油
Q	热传导	L-QB	L-QB240 热传导油
T	汽轮机	L-TSA	L-TSA32 号防锈汽轮机油

由表 17-2-1 可见，润滑剂产品的名称组合形式为：类别（L)-品种（如 AN、CKD)-数值（黏度级别），如 L-AN 32 全损耗系统用油、L-CKD320 重负荷闭式工业齿轮油等。

润滑剂按其物理状态可分为液体润滑剂、半固体润滑剂、固体润滑剂和气体润滑剂四类，每类各有其性能特点和适用范围。

液体润滑剂是用量最大、品种最多的一类润滑剂，包括矿物润滑油、合成润滑油、动植物油及水基液体等。液体润滑剂的特点是具有较宽的黏度范围，对不同的负荷、速度和温度条件下工作的运动部件提供了较宽的选择余地。

半固体润滑剂主要为润滑脂，是在常温、常压下呈半流动状态，并且具有胶体结构的润滑材料。虽然目前使用的润滑剂主要为液体润滑剂，但在某些情况下需要使用润滑脂。如某些开放式润滑部位，润滑脂具有良好的黏附性，不至于流失或滴落；在有尘埃、水分或有害气体侵蚀的条件下，润滑脂具有良好的密封性、防护性和防腐蚀性；因工作条件的限制，某些机械的运动部位要求长期不更换润滑剂，使用润滑脂能够满足要求。对于摩擦部位的温度和速度变化范围很大的机械，需要使用适用温度范围宽、且耐负荷能力强的润滑脂。由于润滑脂具有比润滑油摩擦阻力小、使用寿命长以及适用面广的特点，而且维护管理方便，操作简单，因此得到广泛应用。虽然润滑脂仅占润滑剂总量的 2%左右，但在润滑中起的作用很大，大约 90%的滚动轴承使用润滑脂润滑。润滑脂的缺点是流动性小，冷却性差，高温下易产生相变和分解。

固体润滑剂是随着科学技术的不断发展，为解决一些极端状态下的润滑需求而出现的一类新型润滑剂。如航空航天飞行器，某些零部件的工作温度很高或温度变化范围很大，需要使用专门的固体润滑剂。另外，在某些情况下不适合使用润滑油脂而要求使用固体润滑剂，如核电站的原子反应堆有很强的高能辐射；食品机械、纺织机械一些部位为防止污染不允许使用润滑油脂；某些真空机械要求润滑剂挥发性很低而润滑油难以满足要求；还有一些工作场合给油不便、拆装困难等。由于固体润滑剂具有耐高温、耐低温、抗辐射、抗腐蚀、不污染环境等优点，可满足上述使用要求。但固体润滑剂的缺点是摩擦因数较高，冷却性能差。

气体润滑剂可在比润滑油脂更高或更低温度条件下使用，如在 1000～600000r/min 的高速转动和在 −200～500℃的温度范围内润滑滑动轴承，其摩擦因数可低到测不出的程度。但气体润滑剂的承载能力低，只能用于 30～70kPa 的空气动力装置和不高于 100kPa 的空气静力学装置中，对使用设备精度要求很高，需要用昂贵的特殊材料制成，而且排气噪声高。

总之，润滑油、润滑脂、固体润滑剂和气体润滑剂性能差别很大，有着不同的使用条件和适用场合，其性能比较如表 17-2-2 所示。

表 17-2-2　**不同物理状态润滑剂的性能比较**

润滑剂性能	油	脂	固体	气体
流体动力润滑	优	一般	无	良
边界润滑	差至优	良至优	良至优	差
冷却散热	很好	差	无	一般
低摩擦	一般至良	一般	差	优
易于加入轴承	良	一般	差	良
保持在轴承中的能力	差	良	很好	很好
密封能力	差	很好	一般至良	很好
防大气腐蚀	一般至优	良至优	差至一般	差
温度范围	一般至优	良	很好	优
蒸发性	很高至低	通常低	低	很高
闪火性	很高至很低	通常低	通常低	决定于气体
相容性	很差至一般	一般	优	通常良好
润滑剂价格	低至高	相当高	相当高	通常很低
轴承设计复杂性	相当低	相当低	低至高	很高
寿命决定于	衰败和污染	衰败	磨损	保持气体供给能力

2.1.2　润滑剂的物理化学性能及其分析评定方法

2.1.2.1　黏度

黏度是润滑油分子间运动的阻力，或者是分子间的内摩擦力，即范德华力。目前绝大多数润滑油都是根据黏度来分级的，可以说黏度是润滑油一项重要技术指标，也是选用润滑油的主要依据。黏度的表示方法及换算如表 17-2-3、表 17-2-4 所示。

黏度的表示方法可分为绝对黏度和相对黏度，绝对黏度又分为动力黏度和运动黏度两种。

表 17-2-3　**黏度的表示方法及换算**

<table>
<tr><th>表示方法</th><th colspan="7">说　明</th></tr>
<tr><td rowspan="4">动力黏度
η</td><td colspan="7">在流体中取两面积各为 1cm²,相距 1cm 的两个油层,当其中一个油层以 1cm/s 的速度作相对运动时所产生的阻力称为动力黏度,动力黏度的单位为 Pa・s
$$1\text{Pa}\cdot\text{s}=1\text{N}\cdot\text{s/m}^2=10^3\text{cP}$$
如果这个阻力是 1N,则动力黏度为 1Pa・s。过去使用的动力黏度单位 P 或 cP 为非法定计量单位。动力黏度用旋转黏度计或落球式黏度计测定
动力黏度单位换算</td></tr>
<tr><td>千克力・秒/米²
(kgf・s・m⁻²)</td><td>帕斯卡・秒
(Pa・s)</td><td>达因・秒/厘米²
(泊)(P)</td><td>千克力・时/米²
(kgf・h・m⁻²)</td><td>牛顿・时/米²
(N・h・m⁻²)</td><td>磅力・秒/英尺²
(lbf・s・ft⁻²)</td><td>磅力・秒/英寸²
(lbf・s・in⁻²)</td></tr>
<tr><td>1</td><td>9.81</td><td>98.1</td><td>278×10^{-6}</td><td>2.73×10^{-3}</td><td>0.205</td><td>1.42×10^{-3}</td></tr>
</table>

第17篇

续表

<table>
<tr><th colspan="2">表示方法</th><th>说　明</th></tr>
<tr><td colspan="2">运动黏度
ν</td><td>流体的动力黏度 η 与同温度下该流体的密度 ρ 的比值称为运动黏度，运动黏度的单位是 m^2/s，常用的单位是 $mm^2/s(10^{-6}m^2/s)$。测定流体的运动黏度，通常用毛细管黏度计。在严格控制温度和可再现的驱动压头下，测定一定体积的液体在重力下流过标定好的毛细管黏度计的时间(s)。运动黏度是所测得的流动时间与用蒸馏水直接标定或渐进标定所得的黏度计标定常数的乘积。蒸馏水是原始的运动黏度标准。为了测准运动黏度，首先必须控制好被测流体的温度，其次必须选择恰当的毛细管的尺寸，并定期标定黏度管常数。我国采用 GB/T 265 标准方法测定运动黏度，并用来表示润滑油的黏度及用作划分润滑油牌号的依据。根据 ISO 国际标准，基本上以 40℃和 100℃运动黏度划分油品的黏度牌号，同时也以这两个温度的运动黏度来计算黏度指数，以前油品黏度牌号的划分曾采用过 50℃运动黏度，现在仍有一部分军用油品和其他一些特种油品还使用 50℃运动黏度划分牌号。美国及其他一些国家目前还有使用华氏温度(℉)的运动黏度划分油品黏度牌号，有 100℉(37.8℃)和 210℉(98.9℃)
相对黏度是用各种黏度计测得的黏度，根据所用黏度计的不同分为恩氏黏度 E、雷氏黏度 R 和赛式黏度 S 等。如恩氏黏度为 200mL 试验油在规定温度下流经恩氏黏度计的时间与 20℃时 200mL 水流经恩氏黏度计时间的比值，这些相对黏度都可以通过经验公式或图表换算成运动黏度

运动黏度单位换算
<table>
<tr><th>米²/秒
($m^2\cdot s^{-1}$)</th><th>厘米²/秒(斯)
($cm^2\cdot s^{-1}$)</th><th>毫米²/秒(厘斯)
($mm^2\cdot s^{-1}$)</th><th>米²/时
($m^2\cdot h^{-1}$)</th><th>码²/秒
($yd^2\cdot s^{-1}$)</th><th>英尺²/秒
($ft^2\cdot s^{-1}$)</th><th>英尺²/时
($ft^2\cdot h^{-1}$)</th></tr>
<tr><td>1</td><td>10^4</td><td>10^6</td><td>3600</td><td>1.196</td><td>10.76</td><td>38.75×10^3</td></tr>
</table></td></tr>
<tr><td colspan="2">恩氏黏度
°E</td><td>这是一种过去常用的相对黏度。其定义是在规定温度下 200mL 液体流经恩氏黏度计所需的时间(s)，与同体积的蒸馏水在 20℃时流经恩氏黏度计所需要的时间(s)之比，称为恩氏黏度
$$°E=t_1/t_2$$
式中　t_1——200mL 被试液体流过恩氏黏度计小孔所需时间，s
　　　t_2——200mL 蒸馏水在 20℃时流过恩氏黏度计小孔所需时间，s</td></tr>
<tr><td colspan="2">雷氏黏度
R</td><td>此种黏度主要在英国使用，其定义是 50mL 试验油在规定温度(60℃或 98.9℃)下流过雷氏黏度计所需要的时间，单位为 s</td></tr>
<tr><td colspan="2">赛氏黏度
S</td><td>美国多习惯用这种黏度单位，其定义是在某规定温度下从赛氏黏度计流出 60mL 液体所需的时间，单位为 s</td></tr>
<tr><td rowspan="4">黏度的换算</td><td colspan="2">在相同的温度下，运动黏度、恩氏黏度、雷氏黏度、赛氏黏度可用查表法(见表 17-2-4)或计算法进行换算</td></tr>
<tr><td>恩氏黏度与运动黏度的换算</td><td>可查运动黏度与恩氏黏度换算表(GB/T 265—1988)，也可用下列近似经验公式进行计算：
$$\nu=7.31°E-\frac{6.31}{°E}\quad(mm^2/s)$$
式中　°E——恩式黏度</td></tr>
<tr><td>雷氏黏度与运动黏度的换算</td><td>$$\nu=0.26R-\frac{172}{R}\quad(mm^2/s)$$
式中　R——雷式黏度
当 $R>225s$ 时，则用
$$\nu=0.26R\quad(mm^2/s)$$</td></tr>
<tr><td>赛氏黏度与运动黏度的换算</td><td>$$\nu=0.225S\quad(mm^2/s)$$
式中　S——赛氏黏度
当 $S>285s$ 时使用此式</td></tr>
</table>

表 17-2-4 **黏度换算表**

运动黏度 /mm^2·s^{-1}	赛氏黏度 /s	恩氏黏度	雷氏一号 /s	运动黏度 /mm^2·s^{-1}	赛氏黏度 /s	恩氏黏度	雷氏一号 /s
1.99	32.6	1.140	30.35	18.94	93.3	2.755	81.78
2.49	34.4	1.182	31.60	19.94	97.5	2.870	85.47
2.99	36.0	1.224	32.85	20.93	101.7	2.984	89.26
3.49	37.6	1.266	34.15	21.92	106.0	3.100	92.97
3.99	39.1	1.308	35.43	22.92	110.3	3.215	96.77
4.49	40.7	1.350	36.68	23.90	114.6	3.335	100.50
4.98	42.3	1.400	38.01	24.90	118.9	3.455	104.30
5.48	43.9	1.441	39.32	25.92	123.3	3.575	108.20
5.98	45.5	1.481	40.61	26.92	127.7	3.695	112.00
6.48	47.1	1.521	41.69	27.90	132.1	3.820	115.90
6.98	48.7	1.563	43.30	28.90	136.5	3.945	119.80
7.46	50.3	1.605	44.64	29.90	140.9	4.070	123.80
7.97	52.0	1.653	46.07	30.90	145.3	4.159	127.70
8.47	53.7	1.700	47.47	31.90	149.7	4.320	131.70
8.97	55.4	1.764	48.91	32.90	154.2	4.445	135.60
9.47	57.1	1.791	50.31	33.90	158.7	4.570	139.50
9.97	58.8	1.837	51.76	34.88	163.2	4.695	143.50
10.48	60.6	1.882	53.30	35.88	167.7	4.825	147.40
10.97	62.3	1.928	54.80	36.88	172.2	4.955	151.40
11.46	64.1	1.973	56.39	37.88	176.7	5.080	155.40
11.96	65.9	2.020	57.94	38.88	181.2	5.205	159.40
12.47	67.8	2.070	59.49	39.88	185.7	5.335	163.40
12.96	69.6	2.120	61.10	40.88	190.2	5.465	167.40
13.46	71.5	2.170	62.74	41.86	194.7	5.590	171.40
13.96	73.4	2.220	64.39	42.86	199.2	5.720	175.40
14.45	75.3	2.270	66.05	43.86	203.8	5.845	179.40
14.95	77.2	2.323	67.75	44.86	208.4	5.975	183.50
15.46	79.2	2.378	69.49	45.85	213.0	6.105	187.50
15.95	81.1	2.434	71.20	46.85	217.6	6.235	191.50
16.45	83.1	2.490	72.90	47.85	222.2	6.365	195.60
16.95	85.1	2.540	74.69	48.84	226.8	6.495	199.50
17.43	87.1	2.590	76.45	49.84	231.4	6.630	203.60
17.94	89.2	2.644	78.17	51.84	240.6	6.890	211.16
18.43	91.2	2.700	79.97	53.83	249.8	7.106	219.6
55.82	259.0	7.370	227.7	139.60	648.8	18.42	567.7
57.82	268.2	7.633	235.8	149.50	693.0	19.74	608.3
59.80	277.4	7.896	243.9	159.50	739.2	21.06	648.8
61.80	286.6	8.16	251.9	169.40	785	22.37	689
63.80	295.8	8.42	260.0	179.50	832	23.69	730
65.80	305.0	8.69	268.1	189.40	878	25.00	771
67.78	314.2	8.95	276.2	199.40	924	26.32	811
69.78	323.4	9.21	284.3	249.20	1155	32.90	1014
71.76	332.6	9.48	292.3	299.00	1386	39.48	1217
73.78	341.9	9.74	300.4	348.90	1617	46.06	1419
75.76	351.4	10.00	308.4	398.70	1848	52.64	1622
77.76	360.4	10.26	316.4	448.50	2079	59.22	1825
79.75	369.6	10.53	324.4	498.40	2310	65.80	2028
81.73	378.8	10.97	332.5	548	2541	72.38	2230

续表

运动黏度 /mm²·s⁻¹	赛氏黏度 /s	恩氏黏度	雷氏一号 /s	运动黏度 /mm²·s⁻¹	赛氏黏度 /s	恩氏黏度	雷氏一号 /s
83.74	388.1	11.05	340.6	598	2772	78.96	2443
85.72	397.3	11.32	348.7	648	3003	85.54	2636
87.73	406.6	11.58	356.8	698	3234	92.12	2836
89.72	415.8	11.84	365.0	798	3696	105.30	3244
91.70	425.0	12.11	373.1	897	4158	118.40	3650
93.71	434.3	12.37	381.2	997	4620	131.60	4055
95.68	443.5	12.63	389.3	1097	5082	144.80	4461
97.70	452.8	12.90	397.4	1196	5544	157.90	4866
99.71	462.0	13.16	405.5	1396	6468	184.20	5677
109.60	508.2	14.48	446.1	1595	7392	210.60	6488
119.60	554.4	15.79	486.6	1794	8316	236.90	7299
129.60	600.6	17.11	527.2	1994	9240	263.20	8110

注：使用此换算表转换在同一温度下的不同黏度单位，例如，40℃运动黏度为 19.94mm²/s，相当于 40℃赛氏黏度的 97.5SUS，或 40℃恩氏黏度的 2.87°E。

2.1.2.2　黏温特性

黏温特性是指润滑油黏度随温度变化的性质，是润滑油的一项重要质量指标。一般来讲，润滑油温度越高，黏度越小，但不同类型的油品黏度随温度变化的趋势是不一样的，如果某油品的黏度随温度变化的趋势较小，说明该油品的黏温性好。黏温特性的表示方法有多种，常用的有黏度指数、黏度比、黏温系数和黏重常数等。

表 17-2-5　　黏温特性的表示方法

表示方法	说　明
黏度指数	黏度指数用来表示油品的黏温特性，或者是表示润滑油黏度随温度的变化程度，黏度指数越高，油品的黏温特性就越好。目前国际上采用 40℃运动黏度和 100℃运动黏度来计算油品的黏度指数，方法有公式计算法和直接查表(GB/T 2541—81)法，公式计算法比较复杂，有以下两种，较为方便的办法是直接查表得出 方法 A：$VI=\dfrac{L-U}{L-H}\times 100=\dfrac{L-U}{D}\times 100$ 式中　L——与待测石油产品在 100℃时运动黏度相同，黏度指数为 0 的标准油在 40℃的运动黏度，mm²/s H——与待测石油产品在 100℃时运动黏度相同，黏度指数为 100 的标准油在 40℃的运动黏度，mm²/s U——待测石油产品在 40℃时的运动黏度 本方法适用于黏度指数低于 100 但不包括 100 的石油产品 当三种油品的 100℃运动黏度小于 70mm²/s 时，可通过查表求得 L 和 D；100℃运动黏度大于 70mm²/s 时，用公式 $L=0.8353Y^2+14.67Y-216$ 及 $D=0.6669Y^2+2.82Y-119$ 计算(Y 为油品的 100℃运动黏度) 方法 B：适用于黏度指数高于 100 的油品，用公式(反 $\lg N-1$)/0.00715＋100 计算，式中的 $N=(\lg H-\lg U)/\lg Y$(U 和 Y 为待测油品 40℃和 100℃的运动黏度；H 为与待测石油产品在 100℃时运动黏度相同，黏度指数为 100 的标准油在 40℃的运动黏度，mm²/s) H 值小于 70mm²/s 时可查表求得；H 值大于 70mm²/s 时用公式 $H=0.1684Y^2+11.85Y-97$ 计算 常用且较为方便的方法是查表法，标准号为 GB/T 2541—1981，该法是先测得油品的 40℃运动黏度和 100℃运动黏度，然后通过查表求得黏度指数
黏温系数	黏温系数是表示润滑油黏温特性的一种指标，计算公式如下： $黏温系数=\dfrac{\nu_{0℃}-\nu_{100℃}}{\nu_{50℃}}$ 式中，$\nu_{0℃}$、$\nu_{50℃}$ 和 $\nu_{100℃}$ 分别为试样油在 0℃、50℃和 100℃温度下的运动黏度或赛氏通用黏度 润滑油的黏温系数低，说明其黏度随温度的变化趋势小，黏温特性好。油品在 0℃时的黏度不易测定，而且在低温时有时会有反常情况，因此黏温系数只能在个别情况下使用
黏度比	指润滑油 50℃运动黏度与 100℃运动黏度的比值，也是润滑油的黏温特性指标之一

第 17 篇

续表

表示方法	说　明
黏重常数	是一种表征原油化学组成的指数，用37.8℃的赛氏通用黏度V和15.6℃时的相对密度d，按以下经验公式计算： $$黏重常数=\frac{10d-1.07521(V-38)}{10d-\lg(V-38)}$$ 黏重常数也是润滑油黏温特性的关联值，数值越小，黏温性越好。一般情况，石蜡基原油的黏重常数值较小，而环烷基原油的黏重常数值较大

表 17-2-6　其他常规理化指标

指标	说　明
黏度压力系数	表示油品黏度随压力变化的系数，用$(1/\eta)(d_n/d_p)$的数值表示。η表示油品在常压下的黏度；d_n和d_p分别表示油品在常压和压力下的密度。油品的分子越复杂，黏度压力系数就越大
密度	密度是指在规定的温度下，单位体积内所含物质的质量，其单位为kg/m^3，润滑油品也有用kg/L表示的。20℃密度被规定为石油产品的标准密度，用ρ_{20}表示。所用测试方法标准有以下三种： GB/T 1884—2000——原油和液体石油产品密度实验室测定法 GB/T 1885—1998——石油计量表 轻质润滑油的密度通常在0.85～0.87kg/L之间；中质润滑油的密度通常在0.87～0.89kg/L之间；重质润滑油的密度通常在0.89～0.91kg/L之间
倾点和凝点	我国规定的倾点测定方法为GB/T 3535—2006，试样经预热后，在规定速度下冷却，每间隔3℃检查一下试样的流动性，观察到试样还能流动的最低温度即为该试样的倾点 油品在标准规定的条件下冷却到液面不再移动的最高温度称为凝点或凝固点，我国采用GB/T 51083(2004年确认)标准方法来测试试样的凝固点，测定凝点时，将试样装入规定的试管中，并冷却到预定温度，经试管倾斜45°，经过1min观察液面是否流动，当试管内液面不再流动时的最高温度即定为凝点 由于倾点与凝点的测定方法不同，通常倾点比凝点高3℃左右，目前世界上主要用倾点来表示油品的低温性能
闪点	在规定的条件下，加热油品，当油温达到某一温度时，油品蒸汽与周围空气的混合气体一旦与火焰接触，既发生闪火现象，发生闪火的最低温度称为测试油品的闪点。闪点测试的标准方法为GB/T 3536—2008，闪点的测定有开口杯法和闭口杯法，轻质油如汽油、煤油和柴油，通常使用闭口杯法，而润滑油等重质油通常采用开口杯法 闪点是油品运输、储存和使用的安全性指标，也是润滑油的挥发性指标，闪点越低说明油品越容易着火。一般情况，闪点大于180℃时可以作为安全物品运输
机械杂质、水分、灰分和残炭	机械杂质是指油品中不溶于汽油或苯、并过滤分出的沉淀物或悬浮物，机械杂质通常是油品在储存、运输和使用过程中混入的灰尘、泥沙和金属屑等，这些杂质往往会导致机械设备的异常磨损，因此要严格控制。我国机械杂质的测试方法标准号为GB/T 511—2010 水分也是油品通常在储存、运输和使用过程中混入的，水分过多会导致油品乳化，影响质量，特别是电器用油，水分含量必须严格控制，否则会使油品的耐电压性下降。我国油品水分的测试方法标准号为GB/T 260—2016 将润滑油在规定的条件下完全燃烧后，剩下的不燃残留物就是油品的灰分，灰分主要是由燃烧后生成的金属盐和金属氧化物组成的，灰分的存在会使润滑油在使用过程中积炭增加，灰分过高也会造成机械零件的磨损，因此要严格控制油品的灰分含量。特别是金属加工用油，如轧制用油，如果轧制油灰分含量超标就会使轧制金属经退火后板面留有斑痕，影响板面质量。我国油品灰分含量的测试方法标准号为GB/T 508，硫酸盐灰分测试方法标准号为GB/T 2433—2001 在不通入空气的条件下将润滑油加热，经蒸发分解后形成的焦炭状残余物就是该润滑油的残炭。残炭是润滑油精制深度的标志，精制深度越高，残炭含量就越低。我国润滑油残炭测定法的标准号为GB/T 268—1987
酸值与中和值	油品在使用过程中因氧化产生酸性物质，会使油品的酸值增加，因此酸值可以表示油品在使用过程中的氧化程度，有的润滑油通过检测酸值就可以知道是否应该更换。如果润滑油精制深度不够，也有可能使酸值偏高，还有润滑油中加入的添加剂都有可能使油品酸值增加。油品中的某些酸性物质不仅使油品的酸值增加，还有可能导致金属的腐蚀，因此酸值也是油品的控制指标之一 润滑油酸值表示中和1g油品中的酸性物质所需的氢氧化钾毫克数，单位为mg(KOH)/g 中和值是油品酸碱性的量度，是以中和一定重量的油品所需的酸或碱的相当量来表示的数值，单位为mg(KOH)/g。中和值测定方法的标准号为GB/T 4945—2002

续表

指标	说 明
总碱值	在规定条件下滴定时，中和1g试样中全部碱性组分所需高氯酸的量，以相同物质的氢氧化钾毫克数表示，称为润滑油或添加剂的总碱值。总碱值表示试样中含有有机和无机碱、胺基化合物、弱酸盐如皂类、多元酸的碱性盐和重金属的盐类。润滑油的总碱值可以表示所含某些添加剂（如清净分散剂）的多少，可作为一些油品的重要质量指标。在油品的使用过程中，经常取样分析其总碱值的变化，可以反映出润滑油中添加剂的消耗情况 石油产品总碱值测定可按SH/T 0251—1992标准规定的方法进行。该方法是以石油醚-冰乙酸为溶剂，用0.1mol/L的高氯酸标准溶液进行非水滴定来测定添加剂和石油产品中碱性组分的含量
水溶性酸和碱	在一定温度下，用一定体积的中性蒸馏水和油品相混合、振荡，使蒸馏水将油中的水溶性酸和碱抽出来，然后测定蒸馏水溶液的酸性和碱性，称为润滑油的水溶性酸和碱 水溶性酸，是指润滑油中溶于水的低分子有机酸和无机酸（硫酸及其衍生物，如磺酸和酸性硫酸酯等）。水溶性碱，是指润滑油中溶于水的碱和碱性化合物，如氢氧化钠及碳酸钠等。新油中如有水溶性酸和碱，则可能是润滑油精制过程中酸碱分离不好的结果；储存和使用过程中的润滑油如含有水溶性酸和碱，则表示润滑油被污染或氧化分解。因此，润滑油的水溶性酸和碱也是一项质量指标。水溶性酸和碱不合格，将腐蚀机械设备。润滑油的水溶性酸和碱按GB/T 259—1988（2004年确认）标准方法进行测定
腐蚀性	润滑油在某一温度下对金属的腐蚀作用既为其腐蚀性。腐蚀性的测试方法标准号为GB/T 5096—2017，方法是将打磨抛光好的T3铜片浸入油中，于100℃或121℃保持3h，然后观察铜片表面颜色的变化，根据标准板面确定测试等级。如果润滑油的腐蚀性过高，会加快金属部件的腐蚀，因此润滑油的腐蚀性应严格控制，一般工业用润滑油（新油）的腐蚀性试验结果不大于1级
抗泡性和空气释放值	润滑油在使用过程中受到振荡、搅拌并与空气接触的情况下，容易产生泡沫。泡沫如果不及时消除就容易外溢，或者形成气阻及虚假油位，给设备不能及时供油润滑，导致异常磨损。润滑油抗泡性测试方法标准为GB/T 12579—2002，是在一定的条件下向试样中通入干燥空气，然后在规定的时间内观察残存的泡沫体积，体积越小，说明抗泡性越好 空气释放值表示润滑油分离雾沫空气的能力，也体现润滑油的抗泡沫能力，试验方法标准为SH/T 0308—92。本方法是将试样加热到25℃、50℃或75℃，通过对试样吹入过量的压缩空气，使试样剧烈搅动，空气在试样中形成小气泡，即雾沫空气，7min后停止通入空气，停气后记录试样中雾沫空气体积减到0.2%所需的时间
蒸发度（蒸发损失）	所有液体在受热时都会蒸发，液体的蒸发度是表示在给定的压力和温度条件下的蒸发程度和速度。润滑油品在使用过程中蒸发，造成用油系统中油量逐渐减少，需要补充，黏度增大，影响供油。液压油在使用中蒸发，会产生气穴现象和效率下降，可能给液压泵造成损害。内燃机油的蒸发度过大，会使内燃机油在使用过程中消耗过快，导致油压不稳定。因此，必须对液压油等部分润滑油的蒸发度进行控制 润滑油的蒸发损失按GB/T 7325—87标准进行测定。把试样放在特制的蒸发器里，置于规定温度的恒温浴中，热空气通过试样表面22h（合成航空发动机液压油标准中规定为6.5h）。根据试样失重计算蒸发损失。此方法的重复性为平均值的2.5%以下，再现性为平均值的10%以下 为了控制润滑油的蒸发度，必须提高基础油蒸馏设备的分馏效率，保证轻馏分不混入润滑油的基础油中
氧化安定性	氧化安定性是指润滑油在加热和在金属的催化作用下，抵抗氧化变质的能力，是反映润滑油在实际使用、储存和运输中氧化变质或老化倾向的重要特性 润滑油的氧化安定性差，在使用时就容易氧化变质，生成的有机酸增多，酸值增大，造成设备元件的腐蚀，特别是在有低分子有机酸和水存在的情况下，腐蚀更为严重。润滑油氧化变质的结果，会使黏度逐渐增大，流动性变差，同时还产生沉淀、胶质和沥青质，这些物质的沉积，会恶化散热条件，阻塞油路，增加摩擦磨损，造成一系列恶果 润滑油的抗氧化安定性主要决定于其化学组成。此外也与使用条件如温度、氧压、接触金属、接触面积、氧化时间等有关。因而评价各种润滑油的抗氧化安定性的氧化试验条件各不相同，均需根据所试油品的使用情况来选择合适的试验条件 润滑油的氧化试验方法，主要有氧化安定性试验法（标准号为GB/T 12581—2006）和旋转氧弹试验法（标准号为SH/T 0193—2008），前者是在规定的条件下，根据油品氧化后酸值达到2.0mg(KOH)/g所需要的时间来评定液压油和汽轮机油等工业用油的氧化安定性，时间越长，表明油品的抗氧化性越好；后者是在固定条件下，根据氧弹内压力达到规定的压力降的时间来评定油品的抗氧化性，也是时间越长，油品氧化安定性越好；还有一种是薄层吸氧氧化安定性测定法（标准号为SH/T 0074—1991），类似于氧弹试验，用来评价汽油机油的氧化稳定性；工业齿轮油的氧化试验方法则是在固定的温度和时间内通入一定流量的空气，根据氧化后油品黏度的增长来判断其氧化安定性，方法标准为SH/T 0123—1992，黏度增长幅度越小，表明抗氧化性越好

续表

指标	说 明
抗乳化性	在某些场合下，如钢厂的轧钢生产线和电厂的汽轮机组，润滑油在使用过程中不可避免地会与水分接触，如果油水分离不及时，造成油品乳化，就会影响油品的使用性能。润滑油的抗乳化性用抗乳化试验来衡量，具有代表性的方法有两种 一种是测定汽轮机油和液压油等低黏度油品的油水分离能力，方法标准号是GB/T 7305—2003。该方法是取试样和水各40mL装入量筒中，在规定温度下(试样黏度级别为46及低于46的温度为54℃，黏度级别为68及高于68的温度为82℃)以1500r/min的转速搅拌5min，以油水分离的时间(min)来表示抗乳化能力，一般情况是记录分离水层达到37mL时的时间，时间越短，抗乳化性越好 另一种是测定中、高黏度润滑油的油水分离能力，方法标准号是GB/T 8022—1987。该方法是在专用的分液漏斗中，加入405mL试样和45mL蒸馏水，在82℃的温度下，以4500r/min的转速搅拌5min，静置5h后，以分离出水的体积、乳化液的体积及油中水的体积百分数这三项来表示。如果是含有极压添加剂的油品，如齿轮油等，则加入360mL试样和90mL的蒸馏水，以2500r/min的转速搅拌5min，其他条件和测试方法相同

2.1.2.3 润滑剂的其他性能分析评定

表 17-2-7 润滑剂其他分析评定试验方法

项 目	国内标准	相应国外标准	简要说明
色度	GB/T 3555 GB/T 2540	ASTM D156 ASTM D1500	是指在规定的条件下，油品的颜色最接近标准色板的颜色时所测得的结果
苯胺点	GB/T 387	ASTM D611	是指油品在规定的条件下，与等体积的苯胺混溶时的最低温度，苯胺点越低，说明油品中的芳烃含量越高
硫含量	GB/T 387	ASTM D1552	是指存在于油品种的硫及其衍生物(硫化氢、硫醇、二硫化物等)的含量
液相锈蚀试验	GB/T 11143	ASTM D665	是指在蒸馏水或合成海水条件下，油品阻止与其相接触的金属生锈的能力。方法是在特定的样杯中倒入300mL的试样和30mL的水，插入打磨光洁的钢棒，于60℃搅拌24h，观察棒表面的锈蚀情况，可分为无锈、轻锈、中锈和重锈级别
成焦板试验	SH/T 0300	美国FTM 3462	是用加热的润滑油与高温(310～320℃)铝板短暂接触而结焦倾向性来评定润滑油的热安定性。此法与Caterpillar 1H_2和1G_2发动机试验有一定的相关性
低温黏度测定法	GB/T 6538	美国ASTM D2602	是测定发动机油在高剪切速率下，－5～－30℃时的表观黏度，用来模拟发动机的冷启动性能
低温泵送性试验法	GB/T 9171	美国ASTM D3830	是测定发动机油在低剪切速率下，－40～0℃范围内的边界泵送温度，可用来评价发动机油的低温流动性
剪切安定性测定法	SH/T 0505 (超声波法) SH/T 0103 (柴油喷嘴法) SH/T 0200 (齿轮机法)	ASTM D2598 ASTM D3945 ASTM D5621	超声波法和柴油喷嘴法，适用于测试含聚合物的内燃机油等油品的剪切安定性，以油品的黏度下降率表示。齿轮机法适用于测试齿轮油等黏度较高的油品在齿轮的剪切作用下黏度的下降率
轮轴承润滑脂漏失量试验	SH/T 0326	美国 ASTM D1263	模拟润滑脂在汽车轮轴承中的工作状况，测定润滑脂流失量
润滑脂滚筒试验机试验	SH/T 0122	美国 ASTM D1831	用于评定润滑脂的机械安定性
高温轴承试验	SH/T 0428	美国 FS791B331.2	评定在高温、高转速条件下，润滑脂在轻负荷抗磨轴承中的工作性能
润滑脂齿轮试验	SH/T 0427	美国 FS791B335.2	测定润滑脂的齿轮磨损值，用以表示润滑脂的相对润滑性能

2.2　润滑油添加剂的种类及功能

2.2.1　添加剂的分类与代号

润滑剂添加剂可根据功能进行分类，有清净分散剂、抗氧抗腐剂、极压抗磨剂、油性剂、金属钝化剂、黏度指数改进剂、防锈剂、降凝剂、抗泡沫剂和破乳剂等，此外还有形形色色的用于指定润滑油的复合添加剂，如内燃机油复合剂和齿轮油复合剂等。润滑油根据性能要求选用不同的添加剂，因此不同润滑油的组分是不同的。表 17-2-8 列出了不同润滑油需要加入的添加剂种类。

添加剂的种类很多，根据添加剂的作用大致可分为两类：一类是影响润滑油物理性质的添加剂，如降凝剂、黏度指数改进剂、抗泡剂和破乳剂等；另一类是在化学方面起作用的添加剂，如抗氧化剂、清净分散剂和极压抗磨剂等。国际上没有统一的分类标准，我国按添加剂的作用进行分类和编号。添加剂的表示方法通常以字母 T 开头，用阿拉伯数字 1～10 代表不同类别的添加剂，如清净剂 T109、分散剂 T152、抗氧剂 T501 等，表 17-2-9 列出了各种润滑油添加剂的种类与代号。以上添加剂均为功能单剂，添加剂还有两种或多种一起复合的情况，这种复合使用的添加剂称为复合剂，即各功能添加剂相互协和增效发挥作用。复合剂有两种使用方式，一种为功能复合型添加剂，如复合型清净分散剂、复合型抗氧化剂、复合型抗磨剂、复合型防锈剂等。与单独的功能添加剂相比，复合剂往往体现出更好的使用效果。对于配方固定的常用油品，还有很多成品油复合剂产品，只要按推荐的量加入基础油中，就可以调制出相应的油品，如内燃机油复合剂和齿轮油复合剂等。

表 17-2-8　　　　润滑油与所需添加剂的种类

润滑油种类		清净分散剂	抗氧抗腐剂	黏度指数改进剂	降凝剂	极压抗磨剂	防锈剂	抗泡沫剂	抗氧剂
汽油机油		○	○	○	○			○	
柴油机油		○	○	○	○			○	
车		○	△	○	○			○	
传动油				△	○	○	○	○	
变数箱油		○	○	○	○	○		○	
后桥油					○	○	○	○	
工业用油							○		
工业齿轮油					○	○	○	○	
CKC					○	○	○	○	
CKD					○	○	○	○	
蜗轮蜗杆					○	○	○	○	
开式齿轮油				○			○		
液压油	普通		△		△		○	○	△
液压油	高压		△	○	△	○	○	○	△
液压油	低温		△	○	△	○	○	○	△
			△						
压缩机油			○						
往复式					△			○	△
回转式					△		○	○	△
汽轮机油	抗氧防锈			○	△		○	○	△
汽轮机油	极压			○	△	○	○	○	△

注：○表示必加；△表示可加。

表 17-2-9　　　　添加剂种类与代号

组　　别	化 学 名 称	统一命名	统一符号
清净剂和分散剂	低碱值石油磺酸钙 中碱值石油磺酸钙 高碱值石油磺酸钙	101 清净剂 102 清净剂 103 清净剂	T101 T102 T103

第17篇

续表

组　　别	化学名称	统一命名	统一符号
清净剂和分散剂	低碱值合成磺酸钙	104 清净剂	T104
	中碱值合成磺酸钙	105 清净剂	T105
	高碱值合成磺酸钙	106 清净剂	T106
	硫化异丁烯钡盐	108 清净剂	T108
		108A 清净剂	T108A
	烷基水杨酸钙	109 清净剂	T109
	环烷酸镁	111 清净剂	T111
	环烷酸钙(250TBN)	114 清净剂	T114
	单烯基丁酰亚胺	151 分散剂	T151
	双烯基丁二酰亚胺	152 分散剂	T152
	多烯基丁二酰亚胺	153 分散剂	T153
	汽油机油分散剂(高氮)	154 分散剂	T154
	柴油机油分散剂(低氮)	155 分散剂	T155
抗氧抗腐剂	硫磷烷基酚锌盐	201 抗氧抗腐剂	T201
	硫磷丁辛基锌盐	202 抗氧抗腐剂	T202
	硫磷双辛基碱性锌盐	203 抗氧抗腐剂	T203
极压抗磨剂	氯化石蜡	301 极压抗磨剂	T301
	酸性亚磷酸	304 极压抗磨剂	T304
	硫磷酸含氮衍生物	305 极压抗磨剂	T305
	磷酸三甲酚酯	306 极压抗磨剂	T306
	硫代磷酸复酯胺盐	307 极压抗磨剂	T307
	硫化烯烃	321 极压抗磨剂	T321
	二苄基二硫化物	322 极压抗磨剂	T322
	环烷酸铅	341 极压抗磨剂	T341
	二丁基二硫代氨基甲酸锑	352 极压抗磨剂	T352
	二丁基二硫代氨基甲酸铅	353 极压抗磨剂	T353
	硼酸盐	361 极压抗磨剂	T361
油性剂和摩擦改进剂	硫化鲸鱼油	401 油性剂	T401
	二聚酸	402 油性剂	T402
	油酸乙二醇酯	403 油性剂	T403
	硫化棉籽油	404 油性剂	T404
	硫化烯烃棉籽油-1(含硫 8%)	405 油性剂	T405
	硫化烯烃棉籽油-2(含硫 10%)	405A 油性剂	T405A
	苯三唑脂肪酸胺盐	406 油性剂	T406
	磷酸酯	451 摩擦改进剂	T451
	硫磷酸铜	461 摩擦改进剂	T461
抗氧剂和金属减活剂	2,6-二叔丁基对甲酚	501 抗氧剂	T501
	2,6-叔丁基混合酚	502 抗氧剂	T502
	N-苯基-α-萘胺	531 抗氧剂	T531
	含苯三唑衍生物复合剂	532 抗氧剂	T532
	苯三唑衍生物	551 金属减活剂	T551
	噻二唑衍生物	561 金属减活剂	T561

第17篇

续表

组 别	化学名称	统一命名	统一符号
黏度指数改进剂	聚乙烯基正丁基醚	601 黏度指数改进剂	T601
	聚甲基丙烯酸酯	602 黏度指数改进剂	T602
	聚异丁烯(内燃机油用)	603 黏度指数改进剂	T603
	聚异丁烯(液压油用)	603A 黏度指数改进剂	T603A
	聚异丁烯(用作密封剂)	603B 黏度指数改进剂	T603B
	聚异丁烯(齿轮油用)	603C 黏度指数改进剂	T603C
	聚异丁烯(拉拔油用)	603D 黏度指数改进剂	T603D
	乙丙共聚物	611 黏度指数改进剂	T611
	乙丙共聚物(6.5%浓度)	612 黏度指数改进剂	T612
	乙丙共聚物(8.5%浓度)	612A 黏度指数改进剂	T612A
	乙丙共聚物(11.5%浓度)	613 黏度指数改进剂	T613
	乙丙共聚物(13.5%浓度)	614 黏度指数改进剂	T614
	聚丙烯酸酯	631 黏度指数改进剂	T631
防锈剂	石油磺酸钡	701 防锈剂	T701
	石油硫酸钠	702 防锈剂	T702
	十七烯基咪唑啉烯基丁二酸盐	703 防锈剂	T703
	环烷酸锌	704 防锈剂	T704
	二壬基萘磺酸钡	705 防锈剂	T705
	苯并三氮唑	706 防锈剂	T706
	烷基磷酸咪唑啉盐	708 防锈剂	T708
	N-油酰肌胺酚十八胺盐	711 防锈剂	T711
	氧化石油脂钡皂	743 防锈剂	T743
	烯基丁二酸	746 防锈剂	T746
降凝剂	烷基萘	801 降凝剂	T801
	聚 α-烯烃-1(用于浅度脱蜡油)	803 降凝剂	T803
	聚 α-烯烃-2(用于深度脱蜡油)	803A 降凝剂	T803A
抗泡沫剂	聚甲基硅油	901 抗泡沫剂	T901
	丙烯酸酯与醚共聚物	911 抗泡沫剂	T911
抗乳化剂	胺与环氧乙烷缩合物	1001 抗乳化剂	T1001
	聚醚类	1002 抗乳化剂	T1002

2.2.2 各种添加剂的功能与作用机理

我国根据添加剂的作用将其分为十类，即清净分散剂、抗氧抗腐剂、极压抗磨剂、油性剂和摩擦改进剂、抗氧剂和金属减活剂、黏度指数改进剂、防锈剂、降凝剂、抗泡沫剂及破乳剂等。

2.2.2.1 清净分散剂

清净分散剂是添加剂中的大类，用量占润滑油添加剂的一半左右。清净分散剂包括金属清净剂（有灰）和无灰分散剂两大类，主要用于内燃机油中保持发动机清洁，如表 17-2-10 所示。

清净分散剂是一种油溶性的表面活性剂，其分子结构是由溶于油的非极性烃基（亲油基）和极性基所组成，主要发挥分散、增溶和洗涤等作用，因其具有碱性还可以中和酸性物质。

表 17-2-10 清净分散剂种类及选用

分类		说 明
金属清净剂	分类编号为 1。润滑油的金属清净剂是现代各种内燃机油的重要添加剂	
	组成	金属清净剂是由碳酸盐(或硼酸盐)与吸附在碳酸盐(或硼酸盐)表面上的表面活性剂所组成的稳定的载荷胶团和游离的表面活性剂分子及其胶束所构成的油溶液。由于金属清净剂的组成结构比较复杂，故只能表征其基本的化学组成及结构。其中的表面活性剂都是含有亲水的极性基团和亲油的非极性基团的双性化合物。极性基团一般是有机酸及碱性组分，在过碱度金属清净剂中，还包括各种碱性化合物，如碳酸盐、金属氢氧化物等碱性组分。过碱度组分中，有些是与正盐络合，大部分则与正盐形成胶团。非极性基团基本上是具有各种不同结构的强烃基。这些组分组成了一个油溶性的复杂体系。一般金属清净剂就是这种复杂体系的浓缩油溶液

续表

<table>
<tr><th>分类</th><th colspan="2">说　　明</th></tr>
<tr><td rowspan="2">金属清净剂</td><td>作用机理</td><td>
各种金属清净剂在油溶液中仅有一定量是以单分子状态溶解的，当这些单分子浓度超过一定界限，即“临界胶团浓度”（简写为 CMC，一般约为 10^{-7}～10^{-4}mol）时，则超过的部分以多分子聚集的胶团（或称胶束）而分散于油内。正盐的单分子能吸附于各种固体表面，当吸附于内燃机机件的金属表面时，即形成金属表面的保护膜；当吸附于烟灰等污染物的颗粒表面时，可形成“载荷胶团”而使这些污染物粒子被分散于油中，不至于沉淀出来而造成危害。金属清净剂的作用主要有以下几个方面：
①增溶作用　借少量表面活性剂的作用使原来不溶解的液态物质溶解于介质内。金属清净剂可使润滑油氧化和燃料不完全燃烧产生的非油溶性胶质或氧化物单质增溶于油内，从而抑制生成漆膜、积炭和油泥等沉积物的倾向
②胶溶作用　一是吸附于金属表面形成一层覆盖膜，从而阻止胶质和烟灰黏附于金属表面上；二是吸附于烟灰和其他非油溶性的固体粒子表面，形成一层覆盖膜，以阻止它们聚集成较大的粒子沉积在金属表面
③酸中和作用　一是中和润滑油氧化和燃烧不完全产生的酸性氧化产物或酸性物质，二是中和含硫燃料燃烧产生的 SO_2、SO_3 和硫酸，并防止它们对活塞环及缸套产生腐蚀
</td></tr>
<tr><td>种类</td><td>
①磺酸盐　由于原料易得、成本较低，可以适应各种不同要求（如低碱度磺酸盐分散作用好，高碱度磺酸盐具有特优的中和能力及高温清净性，而且所有的磺酸盐又均有一定的防锈性能等），因此发展快、应用广，但仅靠磺酸盐还不能满足现代发动机油的使用要求

国内外主要磺酸盐产品商品牌号及性能应用
<table>
<tr><th>商品牌号</th><th>化合物名称</th><th>主要性能和应用</th><th>国外同类产品代号</th></tr>
<tr><td>T101</td><td>低碱值石油磺酸钙</td><td>具有很好的清净性、分散性和防锈性，用于内燃机油和防锈油中</td><td>LZ52J、LZ57A、LZ6447B
OLOA246S、MX3280</td></tr>
<tr><td>T104</td><td>低碱值合成磺酸钙</td><td>具有很好的清净性、分散性和防锈性，用于内燃机油和防锈油中</td><td>Hitec614</td></tr>
<tr><td>T102</td><td>中碱值石油黄酸钙</td><td>具有很好的清净性、酸中和性和防锈性，用于内燃机油和防锈油中</td><td></td></tr>
<tr><td>T105</td><td>中碱值合成磺酸钙</td><td>具有很好的清净性、酸中和性和防锈性，用于内燃机油和防锈油中</td><td></td></tr>
<tr><td>T103</td><td>高碱值石油磺酸钙</td><td>具有优异的酸中和性能和高温清净性，用于内燃机油</td><td>LZ6478、LZ6478C、LZ58B、
LZ75、MX3245</td></tr>
<tr><td>T106</td><td>高碱值合成磺酸钙</td><td>具有优异的酸中和性能和高温清净性，用于内燃机油</td><td>LZ6477、LZ6477C、Hitec611
Infineum C9330</td></tr>
<tr><td>T106B</td><td>高碱值合成磺酸钙</td><td>具有优异的酸中和性能和高温清净性，用于内燃机油</td><td></td></tr>
<tr><td>T107B</td><td>超碱值石油磺酸钙</td><td>具有优异的酸中和性能和高温清净性，用于调制高碱值船用汽缸油和中速筒状活塞柴油机油</td><td>LZ78、LZ6446、OLOA249S
MX3240</td></tr>
</table>
②烷基水杨酸盐　该产品是在烷基酚上引入羧基，并将金属由羟基位置转移到羧基位置。这种转变使得分子极性极强，高温清净性大为提高，并超过硫化烷基酚钙等烷基酚盐的衍生物，但抗氧抗腐性不及硫化烷基酚盐。烷基水杨酸盐适用于作为各种柴油机油的清净剂，在金属清净剂领域中占有重要地位
</td></tr>
</table>

续表

分类	说明
金属清净剂	种类（见下）

国内外主要烷基水杨酸盐产品商品牌号及性能应用

商品牌号	化合物名称	主要性能和应用	国外同类产品代号
T109A	低碱值烷基水杨酸钙	具有优异的清净性能和较强的抗氧化能力，与其他高碱值的清净剂和分散剂复合，用于调制中、高档发动机油	Infineum C9372
T109	中碱值烷基水杨酸钙	具有优良的高温清净性和良好的中和能力，较佳的抗氧抗腐性能及高温稳定性，与分散剂和 ZDDP 复合显示出优异的加合效应，用于调制中、高档发动机油	Infineum C9372 OSCA405
T109B	高碱值烷基水杨酸钙	具有优良的清净性、抗氧抗腐性能及高温稳定性，中和能力强，与分散剂和 ZDDP 复合显示出优异的加合效应，用于调制中、高档发动机油	Infineum C9375 OSCA420
	高碱值烷基水杨酸镁	具有优良的清净性、抗氧抗腐性能及高温稳定性，中和能力强，与分散剂和 ZDDP 复合显示出优异的加合效应，用于调制中、高档发动机油	LZL112
	高碱值烷基水杨酸硼酸镁	含有 2.9%的硼，具有优良的清净、抗氧、防锈性能以及酸中和能力，在高温下有减少阀系磨损的趋势	Infineum C9006
	超碱值烷基水杨酸镁	具有优良的清净、抗氧和抗腐性能以及很强的酸中和能力，与其他清洁剂复合用于汽、柴机油中	Infineum C9012

③ 烷基酚盐　是应用较早的金属清净剂，与其他清净剂相比，烷基酚盐中的有机酸根酸性较弱，在同碱度条件下其清净分散性能较差。但高碱度硫化烷基酚盐除了具有优异的中和能力和一定的高温清净性外，还具有很好的抗氧化、抗腐蚀性能，而且与其他清净剂适当复合后可具有协和作用，使油品使用性能明显改善，因此得到了很好的应用

国内外主要烷基酚盐产品商品牌号及性能应用

化合物名称	主要性能和应用	国内外产品代号
高碱值硫化烷基酚钙	具有良好的高温清净性和较强的酸中和能力，并具有一定的抗氧化和抗腐性能，主要用于 CC、CD 级以上的柴油机油及船舶用油中	上 206A、上 206B、LZL115B、LZ6499、LZ6500、OLOA219 Infineum C9394
中碱值硫化烷基酚钙	具有良好的高温清净性和一定的酸中和能力及抗氧抗腐性能，对控制活塞顶环积炭效果显著，有良好的协同效应，适用于普通内燃机油	LZL115A Infineum C9391
烷基酚钙	具有清净性能和抗氧化性能，用于曲轴箱润滑油	LZ692

④硫化烷基水杨酸盐　是一种新型金属清净剂，具有优异的耐热性和高温清净性，良好的极压抗磨性和氧化安定性，并兼有一定的低温分散性，是一种性能全面的润滑油添加剂。该类产品与磺酸盐、低碱值烷基水杨酸盐等具有良好的复合作用，可广泛用于不同档次的内燃机油中

分类	说明
无灰分散剂	分类编号为 1。早期内燃机油使用的清净分散剂主要是金属清净剂，随后发展了一种不含金属的添加剂，即无灰分散剂，在内燃机油中的主要功能是分散作用

续表

<table>
<tr><th>分类</th><th colspan="2">说　明</th></tr>
<tr><td rowspan="2">无灰分散剂</td><td>组成和作用机理</td><td>无灰分散剂在润滑油中的主要作用是分散和增溶。分散作用就是分散剂的油溶性基团能够有效地屏蔽积炭和胶状物相互聚集，使得这些粒子有效地分散于油中。增溶作用就是分散剂能与生成油泥的羰基、羟基等直接作用，并溶解油泥
分散剂的化学结构可以分为三个部分：亲油基、连接部分和极性基。以单烯基丁二酰亚胺为例，亲油基部分为聚异丁烯，连接部分为丁二酰，极性部分为多烯多胺。一般情况下，亲油基团除了低分子量的聚异丁烯外，也可以是其他具有足够分子量的聚合烯烃等。多烯多胺一般使用三乙烯四胺或四乙烯五胺。正是这样的结构，在润滑油中极易形成胶团，保证了它对液态的氧化初期产物（在油中不易溶解的油泥母体，包括各种酸性氧化物）具有极强的增溶作用，以及对积炭、烟灰等固态微粒良好的胶溶分散作用，因此可有效地保证内燃机油的低温分散性能，尤其是可以有效地解决汽油机中的低温油泥问题
但是，单烯基丁二酰亚胺缺乏良好的抗氧化、防锈和抗乳化能力，尤其是高温稳定性欠佳，不适用于增压柴油机油。双烯基丁二酰亚胺和多烯基丁二酰亚胺的高温稳定性得到了明显的改进，可以用于增压柴油机油
此外，无灰分散剂多与金属清净剂复合使用。实践证明，丁二酰亚胺与金属清净剂复合使用，可以互相弥补不足之处，同时还具有极佳的协和效应。由于高碱度金属清净剂具有较强中和能力，可以及时地中和作为油泥母体的酸性氧化物，从而保护了丁二酰亚胺的增溶能力不至于被这些物质过快消耗。同时，丁二酰亚胺的分散能力又可以提高高碱度金属清净剂中碱性组分（如 $CaCO_3$ 等微粒）在油中的稳定性，不易在使用过程中发生沉淀。因此，当代的大多数内燃机油，已经广泛地使用金属清净剂和无灰分散剂的复合剂</td></tr>
<tr><td>种类与选用</td><td>国内生产的无灰分散剂以聚异丁烯基丁二酰亚胺型为主，共有 5 个品种，分别为 T151、T152、T153、T154 和 T155，其性能与应用介绍见下表：

无灰分散剂的种类及应用
<table>
<tr><th>产品代号</th><th>化合物名称</th><th>主要性能与应用</th><th>国外同类产品代号</th></tr>
<tr><td>T151</td><td>单烯基丁二酰亚胺</td><td>低温分散性好，适用于调制中、高档汽油机油，参考用量 2%～4%，也可用作表面活性剂</td><td>OLOA 1200
Paranox 100</td></tr>
<tr><td>T152</td><td>双烯基丁二酰亚胺</td><td>具有较好的热稳定性和低温分散性，可用于调制中、高档汽油机油和柴油机油，也可用于高碱性船用汽缸油，其参考用量 3%～6%</td><td>OLOA 373
LZ 894</td></tr>
<tr><td>T153</td><td>多烯基丁二酰亚胺</td><td>热稳定性好，能较好地控制高温沉积物的生成，多用于中、高档柴油机油，一般添加用量为 2.0%～4.5%</td><td>OLOA 373
Hitec E644
Paranox 105</td></tr>
<tr><td>T154</td><td>高氮聚异丁烯丁二酰亚胺</td><td>具有优良的分散性和增溶作用，能有效地抑制低温油泥的生成，可用于调制各种汽油机油和柴油机油，一般添加用量为 3%～5%</td><td>LZ 890
ECA 1140</td></tr>
<tr><td>T155</td><td>低氮聚异丁烯丁二酰亚胺</td><td>分散性好，能有效地抑制低温油泥的生成，保持曲轴箱清洁，可用于调制各种汽油机油和柴油机油，一般添加用量为 1.5%～5.0%</td><td>OLOA 373C
LZ 890</td></tr>
</table></td></tr>
</table>

2.2.2.2　抗氧抗腐剂

润滑油氧化是造成油品质量变坏和消耗增加的重要原因之一。油品在氧化过程中会生成过氧化物、醇、醛、酸、酯和羟基酸等产物，这些化合物还可以进一步缩合生成不溶于油的产物，并附着在活塞环上形成漆膜，以至促成积炭的生成。有些氧化产物还与其他杂质形成油泥造成油路的堵塞。此外，各种氧化有机酸产物还会造成金属的腐蚀，导致磨损增大。

1）酚类、胺类及酚胺类抗氧剂　分类编号为5。这类抗氧剂属于链中止剂，可提供一个活泼的氢原子给氧化期生成的活泼自由基生成稳定的化合物，使链反应中止。这类抗氧剂有屏蔽酚型化合物、芳胺型化合物以及酚胺型化合物。酚型抗氧剂的效能由于两个邻位和对位由烷基取代而显著地加强了，在低温时（100℃以下）抗氧化效果较好。除了用于燃料油外，也多用于变压器油和其他工业用油中。使用最多的产品是2,6-二叔丁基对甲酚（T501），用量在0.1%～1.0%。胺型抗氧剂的热分解温度比酚型的稍高，可用于100～140℃之间，其代表化合物有*N*,*N*-二仲丁基对苯二胺、*N*-苯基*N*-仲丁基对苯二胺、*N*-苯基-*α*-萘胺（T531），这类抗氧剂是无灰型抗氧剂，多用于汽轮机油和对灰分有严格要求航空润滑油中。另外，酚型抗氧剂与胺型抗氧剂共同使用有协和增效作用，以上这些抗氧剂的商品牌号及使用性能见表17-2-11。

2）二烷基二硫代磷酸锌（ZDDP）抗氧剂　分类编号为2。这类化合物属于过氧化物分解剂，也可以作为链反应中止剂而起作用。许多金属的烷基硫代磷酸化合物都具有一定的抗氧化能力，多用于内燃机油，主要起抗磨、减摩、抗氧化和极压作用，特别是二烷基二硫代磷酸锌性能优异。由于烃基结构不同，性能有很大差异，一般情况，烃基分子量越大，抗氧化性越好，但抗磨性变差。目前使用最多的是正丁基与异辛基二硫代磷酸锌（T202），表17-2-12列出了目前常用的二烷基二硫代磷酸盐的种类与性能。

表 17-2-11　酚类、胺类及酚胺类抗氧剂的种类与性能

商品牌号	化合物名称	使用性能	国外同类产品
T501	2,6-二叔丁基对甲酚	具有良好的抗氧化性能，温度在100℃以下的效果最好，用于工业齿轮油、液压油、变压器油等工业用油及燃料油中	Vanlube PCX
T531	*N*-苯基-*α*-萘胺	具有突出的高温抗氧化性能，与酚型抗氧剂复合使用用于汽轮机油与工业齿轮油中	
T534	烷基二苯胺	具有突出的高温抗氧化性能，用于汽油机油、柴油机油、汽轮机油、导热油和润滑脂中	Vanlube NA
T535(HAO)	双十二烷基二苯胺	具有优良的高温抗氧化性能，油溶性好和热分解温度高等特点，用于高档内燃机油，可满足高温抗氧化性的要求	
T512	2,6-二叔丁基-4-羟基苯基丙烯酸酯	具有突出的高温抗氧化性能，储存稳定性好，适用于柴油机油、汽油机油，对减少活塞顶部环槽沉积物有显著效果；也可用于工业油中，如汽轮机油、压缩机油和抗磨液压油等	

表 17-2-12　国内外常用二烷基二硫代磷酸盐的种类与性能

商品牌号	化合物名称	性能与应用
T202	丁辛基 ZDDP	具有良好的抗氧抗腐性能和极压抗磨性能，可有效地防止发动机轴承腐蚀和因高温氧化而使油品黏度增长，用于普通内燃机油和工业油中
T203	双辛基 ZDDP	具有良好的抗氧抗腐性能和极压抗磨性能，其热稳定性特别好，与清净剂和分散剂复合用于调制高档柴油机油，与其他添加剂复合用于抗磨液压油中
T204	伯/仲烷基 ZDDP	是硫磷伯仲醇基锌盐抗氧抗腐剂，其抗磨性能好，适用于调制高档低温抗磨液压油及工业润滑油
T205	仲烷基 ZDDP	是硫磷仲醇基锌盐抗氧抗腐剂，其抗氧化和抗磨性能特别好，可有效解决发动机凸轮和挺杆的磨损和腐蚀，适用于调制高档汽油机油
LZL 204	二烷基二硫代磷酸锌	热稳定性好，抗水解性能优良，适宜调制工业润滑油
LZL 205	仲烷基 ZDDP	抗氧化抗磨性好，适合于调制高档汽油机油
LZ 1060	二烷基二硫代磷酸锌	推荐0.75%～1.55%的用量，用于曲轴箱油

续表

商品牌号	化合物名称	性能与应用
LZ 1082	二烷基二硫代磷酸锌	推荐0.57%～1.65%的用量，可提高曲轴箱油的抗氧化性、轴承防腐和抗磨性能
LZ 1375	二烷基二硫代磷酸锌	推荐0.5%～1.0%的用量，用于优质的抗磨液压油，可满足Denison HF-2、HF-0、Cincinnati Milacron P-69、P-70、Vickers I-286和M-2950-S规格
ADX 308L	二芳基二硫代磷酸锌	推荐0.5%～1.5%的量与分散剂、清净剂和酸中和剂复合为曲轴箱油复合剂，提供抗氧抗腐和抗磨性能
Infineum C9425	伯烷基ZDDP	热稳定性好，用于内燃机油
Hitec 7169	仲烷基ZDDP	具有抗氧抗腐和抗磨性能，适用于发动机油
Hitec 1656	伯/仲烷基ZDDP	具有抗氧抗腐和抗磨性能，适用于发动机油和船用柴油机油
Vanlube 622、648	二烷基二硫代磷酸锑	具有极压抗磨、抗划伤、抗氧抗腐性能，用于车辆和工业齿轮油、发动机油和润滑脂
MX 3103	伯烷基ZDDP	具有优良的抗磨、抗氧化和抗腐蚀性能以及优良的耐水性能，热稳定性好，推荐用于车用发动机油，特别是柴油机油中
MX 3112	混合伯烷基ZDDP	具有优良的抗磨、抗氧化和抗腐蚀性能以及优良的耐水性能，热稳定性好，推荐用于车用发动机油、船用发动机油及工业润滑油
MX 3114	混合伯仲烷基ZDDP	
MX 3167	混合仲烷基ZDDP	具有优良的抗磨、抗氧化和抗腐蚀性能以及优良的耐水性能，热稳定性好，推荐用于曲轴箱润滑油、自动传动液、齿轮油和液压油

3）其他抗氧剂　除上述几大类添加剂外，还有氨基甲酸盐类抗氧剂、硼酸酯型抗氧剂、有机硒化合物抗氧剂、碱金属抗氧剂和有机铜抗氧剂等。氨基甲酸盐类抗氧剂具有较高的热分解温度，在高温下具有较好的抗氧化效果。有些化合物本身不具有抗氧化性能，但与其他抗氧剂共同使用时可大幅度提高油品的高温抗氧化性能，这类化合物称为辅助抗氧剂，主要为碱金属盐类。另外，铜类有机化合物如二烷基二硫代磷酸铜，在高温下具有显著的抗氧化作用，可减少添加剂的加量，从而降低油品中的硫磷含量，对现在汽车的三元催化转化器具有很好的保护作用，因此受到了重视。

2.2.2.3　极压抗磨剂与油性剂

极压抗磨剂的分类编号为3，油性剂为4。在压力或具有冲击负荷的情况下，抗磨损性能优良的润滑油，可以使机械得到充分的润滑，减少部件之间的摩擦磨损，防止烧结，从而提高机械效率，减少能源消耗，延长机械的使用寿命。据估计，大约有1/3的能量消耗在摩擦上，80%的零件是由于磨损报废的。因此，提高润滑性、减少摩擦磨损、防止烧结是非常重要的。凡是可以减少摩擦磨损、防止烧结的各种添加剂都可以称为载荷添加剂。

载荷添加剂按其作用性质可分为油性剂、抗磨剂和极压剂三类，但抗磨剂和极压剂的区分并不十分严格，有时很难区分，因此按国内石油添加剂的分类，载荷添加剂被分为油性剂和极压抗磨剂。硫-磷型添加剂在高速抗擦伤性、高温安定性和防锈性等方面均有优越的性能，在润滑油技术研究中也多是从含硫磷添加剂考虑，其极压抗磨性能优越，与其他功能添加剂配伍性及复合性好，同时有利于环保。在硫化物中，硫化异丁烯占据了主导地位。磷化合物有磷酸酯、磷酸酯胺盐、硫代磷酸酯和硫代磷酸酯胺盐等。环烷酸铅等铅盐因环保问题被逐步淘汰。

（1）极压抗磨剂

1）极压抗磨剂的作用机理　极压抗磨剂一般不单独使用，而是与其他添加剂复合，广泛应用于内燃机油、齿轮油、液压油、压缩机油、金属加工液和润滑脂中。极压抗磨剂的作用机理是：当摩擦面在高压条件下接触时，金属表面产生局部的高温高压，含硫、磷或氯的化合物将与金属表面发生反应，形成硫化、磷化或氯化金属的固体保护膜，将摩擦接触面隔离，从而防止了金属的烧结与磨损。两种以上的添加剂复合使用往往比单独使用效果要好，因为不同类型的极压抗磨剂具有不同的特点和使用范围，含硫剂的抗烧结性好、抗磨性差，含磷剂的抗磨性好、极压性差，二者可互相取长补短。

2）极压抗磨剂的种类与选用

①含氯极压抗磨剂　含氯极压抗磨剂与金属表

面反应生成氯化物保护膜，起到极压抗磨作用。但氯化膜耐热性差，300～400℃时就会破裂，与水会发生水解反应，失去抗磨作用，并引起化学腐蚀。因此，含氯极压抗磨剂应在无水及 350℃以下的条件下使用。使用最多的含氯极压抗磨剂是氯化石蜡，因其原料易得、价格便宜，与其他添加剂复合使用用于调制金属加工用油和车辆齿轮油。但近几年来，因环保的要求及其毒性问题，氯化石蜡的使用越来越少。国内外含氯极压抗磨剂的商品牌号和使用性能如表 17-2-13所示。

② 含硫极压抗磨剂　含硫极压抗磨剂在高温、高负荷条件下与摩擦表面金属生成硫化反应膜，因硫化金属膜的耐热性好，但比较脆弱，因此含硫极压抗磨剂的抗烧结负荷较高，抗磨性较差。常用的含硫极压抗磨剂有硫化油脂、硫化烯烃、多硫化物、二硫化苄和磺原酸酯等，表 17-2-14 列出了国内外常用含硫极压抗磨剂。

③ 含磷极压抗磨剂　含磷极压抗磨剂中使用最广泛的是烷基亚磷酸酯、磷酸酯、酸性磷酸酯、酸性磷酸酯胺盐（磷-氮剂）和硫代磷酸酯胺盐（硫-磷-氮剂），表 17-2-15 列出了常用含磷添加剂的商品牌号和使用性能。

表 17-2-13　含氯极压抗磨剂的商品牌号及使用性能

商品牌号	化合物名称	氯含量/%	主要性能和应用
T301	氯化石蜡	42	用于润滑油和切削油以提高其极压抗磨性能
T302	氯化石蜡	52	用于润滑油和切削油以提高其极压抗磨性能
Mayco Base DC-33LV	氯化脂肪油	34	用于金属加工液和其他切削油
Mayco Base DC-40	氯化石蜡	43	具有高承载性能的油溶性 EP 剂，用于工业润滑油和金属加工液
Mayco Base EM-40	可乳化的氯化石蜡	42	用于金属加工液冷却剂配方中
Mayco Base FA-28	氯化脂肪酸	28	用于重型切削油，用于加工不锈钢等高合金钢
CW 80E	氯化脂肪族化合物	33	具有润滑性、极压性和金属润湿性，用于拉拔液、可溶性切削油、齿轮油和切削油
SYN-CHEK 1203	水溶性氯化 EP 剂	5	用于金属加工液，对大多数金属没有污染

表 17-2-14　国内外主要含硫极压抗磨剂的商品牌号、性能和应用

商品牌号	化合物名称	总硫含量/%	性能与应用
T321	硫化异丁烯	40～46	具有含硫量高、极压性好、油溶性好和颜色浅等优点，与含磷化合物有很好的配伍性，用于配置车辆齿轮油、工业齿轮油和润滑油脂等
T322	二苄基二硫化物	24～26	外观为白色结晶，具有较好的极压抗磨性能，与其他添加剂复合可用于车辆齿轮油、工业齿轮油和润滑油脂中
T324	多烷基苄硫化物	11	外观为浅黄色或棕黄色液体，具有良好的极压抗磨性能，用于油膜轴承油、齿轮油和切削油中
LZ 6505	有机硫化物	5.5	推荐 0.2%～3%的用量，与清净剂、分散剂和抗磨剂复合用于配制各种档次的曲轴箱润滑油
Mobilad C-100	硫化异丁烯	47	具有优良的极压抗磨性能，对铜腐蚀性小，用于汽车及工业齿轮油和金属拔丝油
Mayco Base 1520	合成添加剂	≥20	油溶性产品，用于金属加工液和磨削油中
Mayco Base 1536	高硫有机化合物	≥36.5	油溶性产品，用于工业润滑油

表 17-2-15　国内外主要含磷极压抗磨剂的种类与使用性能

商品牌号	化合物名称	主要性能和应用
T304	亚磷酸二正丁酯	无色或淡黄色透明油状液体，具有较强的极压抗磨性能，与其他添加剂复合使用，可配制各档次车辆齿轮油和工业齿轮油，还可用作汽油添加剂和阻燃剂

第
17
篇

续表

商品牌号	化合物名称	主要性能和应用
T306	磷酸三甲酚酯	外观为透明油状液体，具有良好的极压抗磨、阻燃和耐霉菌性能，挥发性低，电气性能好，有毒，适用于齿轮油和抗磨液压油
T308	异辛基酸性磷酸酯十八胺盐	具有良好的极压抗磨性和抗氧性，与其他添加剂复合配制各档次车辆齿轮油和工业齿轮油
T309	硫代磷酸三苯酯	白色或微黄色粉末，具有良好的抗磨性、抗氧性、热稳定性和颜色安定性，适用于抗磨液压油、齿轮油、油膜轴承油、航空润滑油脂和汽轮机油等油品中
T311	硫代磷酸酯	具有优良的极压抗磨性、水解安定性、热稳定性，用于液压油、齿轮油和油膜轴承油
T305	硫磷酸含氮衍生物	具有优良的极压抗磨性能和一定的抗氧抗腐性，热稳定性好，味臭，与其他添加剂复合，可调配各档次车辆齿轮油和工业齿轮油
T307	硫代磷酸复酯胺盐	具有优良的极压抗磨性和抗氧抗腐性，热稳定性好，有臭味，含磷量比 T305 高，与其他添加剂复合，可调制各档次车辆齿轮油和工业齿轮油
膦之星 115	磷氮化合物	具有良好的极压抗磨性能，用于金属加工用油
膦之星 120	磷氮化合物	具有良好的极压抗磨性能，用于金属加工用油
Vanlube 672	有机磷酸胺	具有优良的极压抗磨性能，用于亚衍、冲压、成形等金属加工
Irgalube 232	丁基三苯基硫代磷酸酯	具有优良的极压抗磨性能和热稳定性，对有色金属不腐蚀，用于发动机油，抗磨液压油、润滑脂及合成油中，在工业油中可取代 ZDDP
Mobilad C-122	芳基磷酸酯	具有优良的负荷承载性和抗磨性能，用于车辆齿轮油、汽轮机油和润滑脂
Mayphos 45	磷酸酯	具有优良的极压抗磨性能和良好的金属润湿性能，对金属无腐蚀

④ 有机金属盐极压抗磨剂　具有代表性的产品有 ZDDP、MoDDP、MoDTC 和环烷酸铅。热稳定性差的 ZDDP 具有较大的载荷性，随着热稳定性的提高其载荷性下降。碳链的结构对 ZDDP 的热稳定性和抗磨性有较大的影响，热稳定性的顺序是：芳基＞伯烷基＞仲烷基。

有机钼添加剂是具有良好的极压抗磨性能的摩擦改进剂，其效果比 MoS_2 在油中的分散要好。环烷酸铅作为极压剂在铁表面与铁发生置换，生成铅的薄膜，这种极压剂与硫、磷、氯系极压剂的作用机理不同，不必牺牲摩擦表面的金属，因此也称为无损失润滑。但铅皂的热稳定性差，而且由于环保问题被逐渐淘汰。有机金属极压抗磨剂的商品牌号及使用性能见表 17-2-16。

表 17-2-16　有机金属极压抗磨剂的商品牌号及使用性能

商品牌号	化合物名称	主要性能和应用
T351	二丁基二硫代氨基甲酸钼	黄色粉末，与其他添加剂复合，主要用于润滑脂，提高润滑脂的抗磨性能和承载能力
T352	二丁基二硫代氨基甲酸锑	用于极压锂基脂、极压复合锂基脂、轴承脂和减速箱脂等润滑脂，提高其抗磨性能和承载能力
T353	二丁基二硫代氨基甲酸铅	奶色固体粉末，具有优良的极压抗磨性和抗氧化性，适用于润滑脂、发动机油、齿轮油和汽轮机油
Vanlube 71	二戊基二硫代氨基甲酸铅	具有极压、抗氧和抗腐蚀性能，用于工业齿轮油和润滑脂
Vanlube 73	二戊基二硫代氨基甲酸锑	具有优良的极压抗磨性和抗氧化性能，用于发动机油和润滑脂
Vanlube 622	二烷基二硫代磷酸锑	具有优良的极压抗磨性能，用于轧钢及工业齿轮油中

⑤ 其他极压抗磨剂 硼酸盐是一种具有优异稳定性的载荷极压添加剂，而且随着润滑油黏度的降低其耐负荷性反而提高，对铜无腐蚀，无毒无味，对橡胶密封件的适应性好；缺点是微溶与水，不适合与水接触的条件下使用。硼酸盐作用机理与普通极压抗磨剂不同，在极压状态下不与金属表面发生化学反应，而是在摩擦表面形成黏着力很强的半固体膜来起润滑作用，这种膜特别能承受冲击负荷。

除了上述极压抗磨剂，最近又新开发了一种碱性磺酸盐（Ca、Ba、Na）添加剂，在金属切削过程中，同样具有极压抗磨作用，效果不比硫、磷、氯系极压剂差。碱性磺酸盐还可以中和酸性污染物，对金属无腐蚀，对环境无污染。经研究表明，这种添加剂不与摩擦表面金属发生化学反应形成反应膜，因此这种添加剂也称为惰性极压抗磨剂。表 17-2-17 列出了其他极压抗磨剂的商品牌号和使用性能。

（2） 油性剂和摩擦改进剂

油性剂通常是动植物油脂或在烃链末端带有极性基团的化合物，对金属有较强的吸附力，能够吸附在金属表面形成一种定向排列的吸附膜，阻止金属之间互相接触，从而减少摩擦和磨损。能够降低摩擦表面摩擦因数的物质称为摩擦改进剂，因此摩擦改进剂的范围比油性剂更为广泛。吸附分为物理吸附和化学吸附，物理吸附是靠分子间的范德华力吸附，是可逆的，当温度升高时吸附膜又会脱落。而化学吸附是添加剂与金属表面发生化学反应产生的吸附膜，是化学键的结合，是不可逆的。油性剂与极压抗磨剂的主要区别之一就是吸附方式，油性剂和摩擦改进剂通常是物理吸附，而极压抗磨剂是化学吸附。常用油性剂有动植物油脂、脂肪酸、高级脂肪醇、长链脂肪胺、酰胺类、含硫含磷化合物以及金属有机化合物等，表 17-2-18 列出了国内外常用油性剂或摩擦改进剂种类及使用性能。

表 17-2-17 其他极压抗磨剂的商品牌号和使用性能

商品牌号	化合物名称	主要性能和应用
T361	油状硼酸钾	在极压条件下，能够形成一种特殊的弹性膜，具有优良的极压抗磨和减摩性能，对铜无腐蚀，用于车辆齿轮油、工业齿轮油、润滑脂、蜗轮蜗杆油、发动机油和金属加工用油等
OLOA 9750	硼酸钾	具有优异的热稳定性和极压抗磨性，对铜不腐蚀，用于润滑脂、金属加工液、动力传动液和齿轮油等
Vanlube 819-B	协同复合剂	具有极压抗磨性、防锈性和防腐蚀性能，是 USS-224 类型齿轮油和润滑脂的多功能添加剂
Vanlube 829	1,3,4-三唑取代物	黄色粉末，具有极压抗磨性能和抗氧化性能，用于润滑脂中

表 17-2-18 国内外常用油性剂或摩擦改进剂种类

商品牌号	化合物名称	主要性能和应用
T401	硫化鲸鱼油	早期使用的油性剂，目前因鲸鱼保护已停止生产
Sul-Perm10S	硫化鲸鱼油代用品	具有减摩性及对铜有减活作用，用于齿轮油、液压油和导轨油
Mayco Base 1210	硫化猪油	用于金属加工液、重型切削油、齿轮油和润滑脂
T402	二聚酸	具有优良的抗磨性能、防锈性能以及一定的抗乳化性，用于航空煤油、冷轧油和防锈油中
Emery 1014	二聚酸	
T403	油酸乙二醇酯	具有较好的抗磨性、减摩性、抗氧化性、抗乳化性和防锈性，适用于导轨油、车辆齿轮油、液压传动油和蜗轮蜗杆油
T404	硫化棉籽油	具有良好的油性和极压抗磨性能，用于润滑油和润滑脂中
T405	硫化烯烃棉籽油-1	具有良好的极压抗磨性和油溶性、对铜腐蚀性小，用于导轨油、液压导轨油、工业齿轮油和切削油中
T405A	硫化烯烃棉籽油-2	具有良好的极压抗磨性和减摩性，适用于极压润滑脂
T406	苯三唑十八胺盐	黄色固体，具有良好的油性、抗氧性和防锈性，与硫化物复合有良好的协和作用，用于齿轮油、抗磨液压油和油膜轴承油等
T451	磷酸酯	具有优良的油溶性、抗磨性和减摩性，适用于导轨油、合成润滑油、轧制液等油品
T462	MoDDP	具有良好的减摩性能和抗氧化性，主要用于润滑脂
T463	烷基硫代磷酸钼	具有良好的减摩性能和抗氧化性，主要用于润滑脂

2.2.2.4　金属钝化剂

分类编号为5。

润滑油在使用过程中不可避免地与金属接触，而金属对油品的氧化又起到了催化作用，加速了油品的氧化变质速度。为了降低金属对油品氧化的催化作用，需要使用金属钝化剂（或金属减活剂）。金属减活剂的作用就是与金属离子生成螯合物，或在金属表面形成覆盖膜，从而抑制了金属对油品的催化作用。金属减活剂不仅是有效的抗氧剂，也是一种很好的铜腐蚀抑制剂、抗磨剂和防锈剂，因此不仅广泛地用于润滑油中，也广泛用于燃料油中，防止储存器壁和输送管路的金属对燃料油起催化氧化作用。表17-2-19列出了国内外使用较多的金属钝化剂。

2.2.2.5　黏度指数改进剂

分类编号为6。

为了提高润滑油的黏温性能，在黏度较低的润滑油基础油料中，加入高分子化合物，当温度较低时，高分子化合物的分子链收缩卷曲，体积变小，彼此间的运动阻力减少，因此对油品的黏度增加幅度不大；而当温度升高时，高分子化合物分子链伸张，体积增大，增加了彼此间的运动阻力，由此可弥补基础油因温度升高而造成的黏度下降，减少了油品黏度下降的幅度，这就是黏度指数改进剂的作用机理。也有人将这种添加剂称为增黏剂或稠化剂，将加入了黏度指数改进剂的油品称为稠化机油。但合理的名称应该是黏度指数改进剂，因为增黏剂从字面上理解只是增加了油品的黏度，不一定提高油品的黏度指数，有的产品，如分子量较低的聚异丁烯或高黏度重油，只能增加油品的黏度，但对油品的黏度指数没有改进作用。

目前仍以聚异丁烯（简称PIB）、聚甲基丙烯酸酯（简称PMA）乙烯和丙烯的共聚物（简称乙丙共聚物OCP）三种产品为主。聚异丁烯具有良好的抗剪切性和抗氧化性，增稠能力强，但对油品的黏度指数改进性能较低，低温流动性差，适用于齿轮油；聚甲基丙烯酸酯具有良好的黏度指数改进性能和低温性能，而且具有降凝作用，但剪切稳定性和热安定性差，适用于液压油和液力传动油；乙丙共聚物的抗剪切性和黏度指数改进性能介于聚异丁烯和聚甲基丙烯酸酯之间，而且抗氧化性和热稳定性好，广泛用于调制多级内燃机油。表17-2-20列出了目前常用的黏度指数改进剂种类。

含黏度指数改进剂的润滑油在使用过程中，因机械力的作用（剪切力）高分子化合物会发生解聚，分子量降低，导致润滑油黏度下降，因此抗剪切性是黏度指数改进剂的重要性能之一。一般情况，分子量越大，增稠能力越强，但抗剪切性越差，因此，用高分子化合物如乙丙胶作为黏度指数改进剂的原料时往往要经过适当的降解，以提高其剪切稳定性。黏度指数改进剂的抗剪切性能一般用黏度下降率或黏度损失率（剪切稳定指数SSI）表示，常用的剪切稳定性的测定方法有柴油喷嘴法、超声波法和L-38发动机试验法。

表17-2-19　国内外金属钝化剂的种类与应用

商品牌号	化合物名称	性能与应用
T551	*N*,*N*-二烷基氨基亚甲基苯三唑	具有优良的铜腐蚀抑制作用和金属减活性，与抗氧剂复合使用，加量0.02%～0.5%，用于汽轮机油、压缩机油和液压油等油品
T561	噻二唑衍生物	具有良好的抑制铜腐蚀性和金属减活性，用于液压油中能降低ZDDP对铜的腐蚀和解决水解安定性问题，在内燃机油中可提高石蜡基油的氧化安定性
Irgamet 39	液体甲苯并三唑衍生物	推荐用量0.0005%～0.1%，用于汽轮机油、液压油、空气压缩机油、齿轮油、金属加工液、发动机油、润滑脂和燃料中
Cuvan 484	2,5-二巯基-1,3,4-噻二唑衍生物	加量0.1%～0.5%，是无灰油溶性非金属腐蚀抑制剂和金属减活剂，对铜特别有效，用于工业润滑油、汽车发动机油、润滑脂和金属加工液

表17-2-20　常用黏度指数改进剂商品牌号与使用性能

商品牌号	化合物名称	SSI/%	性能与应用
T603	聚异丁烯		较好的抗剪切性能和增稠能力，主要用于工业齿轮油中
T601	聚乙烯基正丁基醚		具有较好的增稠能力和黏度指数改进能力，以及优良的低温性能，用于调制10号航空液压油、炮用液压油和其他工业用油等

续表

商品牌号	化合物名称	SSI/%	性能与应用
T602	聚甲基丙烯酸酯		适用于航空液压油、自动传动液、低凝液压油和内燃机油
T632	聚甲基丙烯酸酯	≤25	具有增黏、降凝和分散作用，剪切稳定性好，用于自动传动液
T633	聚甲基丙烯酸酯	≤25	具有增黏、降凝和分散作用，剪切稳定性好，用于自动传动液
T634	聚甲基丙烯酸酯	≤12	具有增黏、降凝和分散作用，剪切稳定性好，用于调制75W/90、80W/90(GL-5)齿轮油
LZ 7774	聚甲基丙烯酸酯		具有增黏和降凝作用，用于调制液压油
Hitec 5708	聚甲基丙烯酸酯		具有增黏和降凝作用，用于调制液压油
T611	乙丙共聚物	≤36	具有中等剪切稳定性，良好的增稠能力和热稳定性，适用于调制多级内燃机油
T612	乙丙共聚物	≤40	具有良好的热稳定性和化学稳定性，增稠能力强，用于调制多级汽油机油
T613	乙丙共聚物	≤25	具有良好的热稳定性、化学稳定性和剪切安定性，适用于调制多级内燃机油，特别是柴油机油，还有其他工业润滑油
T614	乙丙共聚物	≤25	具有良好的热稳定性、化学稳定性和剪切安定性，适用于调制多级内燃机油，特别是柴油机油，还有其他工业润滑油
T621	分散型乙丙共聚物	20	具有增黏和分散作用，主要用于调制高档多级汽油机油
T622	分散型乙丙共聚物	20	具有增黏和分散作用，主要用于调制高档多级柴油机油
LZL 615	分散型乙丙共聚物	≤20	具有增黏和分散作用，主要用于调制高档多级内燃机油
JINEX9900	苯乙烯异戊二烯共聚物	20	具有优良的低温启动性和泵送性，产品的低温流动性好，对降凝剂有良好的感受性，用于调制5W/30、10W/30的多级发动机油
Infineum SV140			氢化苯乙烯异戊二烯共聚物，剪切稳定性好，主要用于多级油，能最大限度提高燃料经济性

为了进一步提高润滑油品和黏度指数改进剂的性能，对黏度指数改进剂又进行了改性，在高分子链段上通过化学反应接枝上一些功能集团，从而赋予黏度指数改进剂更多的性能，最常用的是接枝上含氮化合物，制备成具有分散性的黏度指数改进剂，这种产品加入发动机油中可大幅度地降低聚异丁烯基丁二酰亚胺分散剂的用量，改善油品的低温流动性。此外，清净型黏度指数改进剂、抗氧化型黏度指数改进剂和抗磨型黏度指数改进剂也已经得到研究开发。

2.2.2.6 防锈剂

分类编号为7。

(1) 防锈剂的作用机理

防锈剂是一些极性物质，其分子结构的特点是：一端是极性很强的基团，具有亲水性质，另一端是非极性的烷基，具有疏水性质。当含有防锈剂的油品与金属接触时，防锈剂分子中的极性基团对金属表面有很强的吸附力，在金属表面形成紧密的单分子或多分子保护层，阻止腐蚀介质与金属接触，起到防锈作用。另外，防锈剂还对水及一些腐蚀性物质有增溶作用，将其溶于胶束中，起到分散或减活作用，从而消除腐蚀性物质对金属的侵蚀。还有，碱性防锈剂对酸性物质具有中和作用，使金属不受酸性物质的侵蚀。

防锈剂在金属表面的吸附有物理吸附和化学吸附两种，有时两种情况均有。目前磺酸盐在金属表面的吸附，被认为是一种较强的物理吸附，但也有人认为是化学吸附；有机胺化合物是由于胺中的氮原子有多余的配价电子，能够同金属表面的水分子借助氢键结合，使水脱离金属表面，其余胺分子则在金属表面形成物理吸附；化学吸附最典型的代表是羧酸型防锈剂，如长链脂肪酸和烯基丁二酸能够与金属生成盐而牢固地吸附在金属表面。

(2) 防锈剂的种类与应用

常用的防锈剂按分子结构可分为磺酸盐、羧酸及羧酸衍生物、酯类、有机磷酸及其盐类、有机胺及杂环化合物，表17-2-21列出了目前常用防锈剂的种类与性能应用。

表 17-2-21 国内外常用防锈剂种类及应能应用

商品牌号	化合物种类	性能与应用
T701	石油磺酸钡	具有优良的抗潮湿、抗盐雾、抗盐水和水置换性能，对多种金属具有优良的防锈性能。适用于防锈油、封存油、润滑防锈两用油和防锈脂等产品
T702	石油磺酸钠	具有较强的亲水性、较好的防锈性和乳化性，适用于配制切削乳化油及防锈油脂。石油磺酸钠含量有35%、40%、45%和50%四种
T702A	合成磺酸钠	具有较强的亲水性、较好的防锈性和乳化性，与石油磺酸钠性质相似，适用于切削乳化油和润滑油脂等油品
T705	碱性二壬基萘磺酸钡	具有良好的防锈性和酸中和性，特别对黑色金属有更好的防锈性，适用于防锈油和润滑脂，也可作为发动机燃料油的防锈剂
T705A	中性二壬基萘磺酸钡	具有优良的防锈性和破乳化性，适用于防锈油和润滑脂中，也可用作抗磨液压油和液压透平油的防锈剂和破乳化剂
NA-Sul BSB	碱性二壬基萘磺酸钡	用于矿物油、合成油和润滑脂中，作为黑色金属防锈剂
NA-Sul BSN	中性二壬基萘磺酸钡	具有防锈性、破乳化性和缓蚀性能，适用于工业用油和润滑脂中
T704	环烷酸锌	对钢、铜、铝均有良好的防锈性能，但对铸铁防锈性差，适用于调制各种防锈油、润滑脂及切削油
T743	氧化石油脂钡皂	具有良好的油溶性、防锈性和成膜性，对黑色金属和有色金属都有较好的防锈性，用于军工器械、枪炮及各种机床、配件等防锈，并可作为稀释型防锈油的成膜剂
T746	十二烯基丁二酸	能在金属表面形成牢固的油膜，保护金属不被锈蚀和腐蚀，但对铝和铸铁的防腐性较差，适用于汽轮机油、液压油和齿轮油等
LZL 746B	十二烯基丁二酸	适用于汽轮机油、机床用油、液压油、防锈复合剂和防锈油脂等
LZL 703	十七烯基咪唑啉烯基丁二酸盐	具有良好的油溶性，对黑色金属和某些有色金属有较好的防锈能力，对其他防锈剂有助溶作用，适用于调制各种防锈油脂等
Hitec 4313	含氮化合物	是有效的硫减活剂、腐蚀抑制剂和抗磨剂，可钝化铜、银、铅及其合金，在润滑油中推荐用量<2%，燃料油添加10～100μg/g
T747A	十二烯基丁二酸半酯	性能与T746相当，但酸值低，适用于对酸值要求较低的油品
T706	苯并三氮唑	对铜、铝等有色金属及其合金具有优良的防锈性能和缓蚀性能，还具有抗磨性能，为水溶性产品，难溶于油，可用于乳化油等

2.2.2.7 降凝剂

分类编号为8。

(1) 降凝剂的作用机理

在低温条件下，含蜡油品中的高熔点固体烃（石蜡）因分子定向排列，形成针状或片状结晶并相互连接，形成三维的网状结构，同时将低熔点的油通过吸附或溶剂化包于其中，致使整个油品失去流动性。当油品中加入降凝剂时，降凝剂的分子在蜡表面吸附或共晶，对蜡结晶的生长方向及形状产生作用，使其不形成牢固的三维网状构造，从而使整个油品仍然保持流动性。

(2) 降凝剂的种类与使用性能

烷基萘降凝剂目前仍是降凝剂的主要品种之一，对中质和重质润滑油降凝效果较好，但因颜色较深，不适用于浅色油品。聚甲基丙烯酸酯是一种高效浅色降凝剂，对各种润滑油均有较好的降凝效果，同时还兼有黏度指数改进的作用。聚丙烯酸酯也是一种有效的降凝剂，降凝效果与聚甲基丙烯酸酯相当，但成本较低。聚α烯烃是我国自主开发的高效浅色降凝剂，其特点是颜色浅，降凝效果好，适用于各种润滑油中，成本也比聚甲基丙烯酸酯和聚丙烯酸酯低，而且与这两种剂一同使用还有协和增效作用。国内外常用降凝剂商品牌号和使用性能如表17-2-22所示。

表 17-2-22 国内外常用降凝剂商品牌号和使用性能

商品牌号	化合物名称	使用性能
T602	聚甲基丙烯酸酯	具有良好的降凝效果和黏度指数改进作用，用于内燃机油、液压油和齿轮油中
T814	聚丙烯酸酯	具有良好的降凝效果，用于内燃机油、液压油和变压器油中
T801	烷基萘	主要用于内燃机油、车轴油和浅度脱蜡的全损耗用油中，但由于颜色较深，不适用于浅色润滑油和多级内燃机油
T803A	聚 α 烯烃	分子量较大，用于内燃机油、车轴油和其他润滑油中
T803B		分子量较小，剪切稳定性好，用于内燃机油、齿轮油和液压油中
T808A	苯乙烯-富马来酸酯共聚物	适用于精制的石蜡基和环烷基基础油中，对含蜡量少的基础油感受性好，加入量一般为 0.5%
T808B		适用于含蜡量高、黏度较大的基础油中
LZ 6662	含氮化合物	推荐用量 0.2%～0.3 %，用于所有润滑油中
Infineum V386	聚富马来酸酯	在轻质基础油和多级内燃机油中特别有效，具有良好的剪切稳定性

2.2.2.8 抗泡剂

(1) 润滑油发泡的原因、危害性和抗泡方法

油品发泡的原因有很多，主要原因有：a. 油品使用了各种添加剂，特别是表面活性剂；b. 油品本身被氧化变质；c. 油品急速的空气吸入和循环；d. 油温上升和压力下降而释放出空气；e. 润滑油与空气接触时高速搅拌。

油品发泡的危害性主要有以下几方面：a. 油泵的效率下降、能耗增加；b. 破坏润滑油的正常润滑状态，加快机械磨损；c. 润滑油与空气的接触面积增大，促进润滑油的氧化变质；d. 含泡润滑油的溢出；e. 润滑油的冷却能力下降。

润滑油常用的抗泡方法有：a. 物理抗泡法，即通过升温和降温破泡；b. 机械抗泡法，通过急剧的压力变化、离心分离、超声波以及过滤等方法；c. 化学抗泡法，如添加与发泡物质发生化学反应或溶解发泡物质的化学品以及抗泡剂等，通常加入抗泡剂效果最好、方法简单，因此被广泛采用。

(2) 抗泡剂的作用机理

抗泡剂的作用机理较为复杂，说法不一，具有代表性的观点有降低部分表面张力、扩张和渗透三种观点。一般来讲，抗泡剂并不是阻止泡沫的形成，而是破坏已形成的泡沫。降低部分表面张力这种观点认为抗泡剂的表面张力比发泡液小，当抗泡剂与泡膜接触时，使泡膜表面张力局部降低，从而使泡沫破裂；扩张这种观点认为抗泡剂侵入泡膜成为泡膜的一部分，然后在膜上扩张，随着抗泡剂的扩张，抗泡剂最初进入部分开始变薄，最后导致破裂；渗透这种观点认为抗泡剂的作用是增加气泡壁对空气的渗透性，从而加速泡沫的合并，减少了泡膜壁的强度与弹性，达到破坏泡沫的目的。

(3) 抗泡剂的种类与应用

抗泡剂的分类编号为 9。目前市场上常用的抗泡剂主要是含硅、非硅和复合三大类。含硅抗泡剂主要是二甲基硅油，二甲基硅油是一种无臭、无味的有机液体，具有下列性质：表面张力比润滑油低，因此能促使发泡剂脱附，而它本身形成的表面膜强度较差；在润滑油中的溶解度小，但又有一定的亲油性；化学性稳定，不易与润滑油发生反应；用量少、效果好；挥发性小、闪点高、凝点低以及具有良好的抗氧化与抗高温性能。由于上述这些特性，硅油广泛用于各种润滑油。

作为抗泡剂的二甲基硅油，黏度（25℃）一般在 100～10000mm^2/s，加入量在 1～100$\mu g/g$ 之间。高黏度润滑油使用低黏度硅油效果较好，而轻质油品宜使用高黏度硅油。高黏度硅油虽然抗泡效果不如低黏度硅油，但对高、低黏度润滑油均有效，而且持续性好；而低黏度硅油因溶解度大而缺乏抗泡持续性。

硅油与其他添加剂所不同的是：硅油不是溶解在油中，而是分散在油中，如果溶解性好抗泡效果就会变差。硅油在润滑油中的分散度与抗泡性密切相关，硅油在油中分散得越好，抗泡性能也就越好。硅油在油中的分散度与硅油的粒子直径有关，粒径越小，分散度就越好。一般硅油粒径在 10μm 以下，在 3μm 以下效果会更好。因此如何将硅油以尽可能小的粒子分散于油中是决定油品抗泡性能的关键。硅油的加入方法一般有以下几种：一是先将硅油溶于溶剂中配制成 1% 浓度的溶液，然后搅拌加入油中；二是在高温高速搅拌下加入油中；三是用特殊的设备，如胶体

磨，先将硅油配制成母液进行磨合，然后再加入润滑油中。硅油的稀释溶剂有多种，但最常用的是煤油。

虽然硅油应用广泛，但也存在一些局限性，如对调合技术敏感、抗泡效果差异较大以及在酸性介质中不稳定等，又发展了非硅抗泡剂。非硅抗泡剂多是一些聚合物，使用较多的是丙烯酸酯或甲基丙烯酸酯的均聚物或共聚物，经实际应用证明非硅抗泡剂具有对调和技术不敏感、在酸性介质中高效、对空气释放值的影响小以及储存稳定不沉淀等优点。

由于硅油和非硅型抗泡剂都有自己的优缺点，单独使用很能对所有的油品都能达到满意的结果。对于内燃机油和齿轮油，不同生产厂商采用的基础油与添加剂不同，引起油品的发泡程度也不同，若采用单一的抗泡剂很难达到预期的效果。又如液压油、汽轮机油和通用机床用油等，有时因基础油的精制深度不够，或因加入多种添加剂，加入单一的抗泡剂很难使油品的空气释放值和抗泡效果达到满意的效果。为解决这些问题，又发展了复合抗泡剂，复合型抗泡剂就是平衡了这两类抗泡剂而研制开发出的。表 17-2-23 列出了一些常用抗泡剂的牌号及使用性能。

表 17-2-23　　国内外常用抗泡剂的牌号及使用性能

商品牌号	化合物名称	性能与应用
T901	聚甲基硅油	推荐用量 0.0001%～0.01%，用于各种润滑油中
T911	丙烯酸酯与醚共聚物	用于高黏度的润滑油，抗泡稳定性好，在酸性介质中仍具有高效性，对空气释放值的影响比硅油小而且对调合技术不敏感，但不能与添加剂 T109、T601 和 T705 配伍使用，否则无抗泡效果
T912	丙烯酸酯与醚共聚物	用于低、中黏度的润滑油，其他同 T911
T921	硅型与非硅型复合物	欲各种添加剂的配伍性好，对空气释放值的影响小，对加入方法不敏感，用于高级抗磨液压油
T922	硅型与非硅型复合物	性能同 T921，用于各种牌号的柴油机油以及对抗泡性能要求高而对空气释放值无要求的油品
T923	硅型与非硅型复合物	适用于含大量清净剂而发泡严重的船用柴油机油，具有高效的抗泡效果
LZ889A	非硅共聚物	适用于各类润滑油，特别是高黏度润滑油

2.2.2.9　乳化剂和抗乳化剂

乳化剂和抗乳化剂几乎都是表面活性剂。切削液、磨削液、拉拔液和轧制液等许多金属加工液和抗燃型工作液，是用矿物油和水配制成乳化液使用。能够使两种互不相容的液体（如水和油）形成稳定的分散体系（乳化液）的物质，被称为乳化剂。另一方面，在许多情况下，润滑油受到水的污染，被水乳化，就会降低润滑油的性能，造成设备的磨损。油品中加入抗乳化剂，可以加速油和水的分离，防止乳化液的形成。

（1）作用机理

乳化剂的特点就是降低油-水之间的界面张力，乳化剂是含有亲水基和亲油基的表面活性剂，分别与油相和水相吸附，排列成界面膜，防止乳化粒子结合，形成稳定的乳化液。

抗乳化剂可增加油与水的界面张力，使乳化液成为热力学上不稳定状态，从而破坏了乳化液结构。抗乳化剂大都是水包油（O/W）型表面活性剂，吸附在油-水界面上，改变界面的张力，或吸附在乳化剂上破坏乳化剂亲水-亲油平衡（HLB 值），使乳化液从油包水（W/O）型转变成水包油（O/W）型，在转相过程中使油水得以分离。

（2）种类与应用

乳化剂和抗乳化剂几乎都是表面活性剂，表面活性剂按其离子的性质大致可分为阴离子型、阳离子型、非离子型与两性型。阴离子表面活性剂用途很广，其分子有两部分组成：亲油基为长链烷基、芳基和烯基等，亲水基的化学结构大致分为羧酸盐（—COOM，M 为碱基）、硫酸酯盐（$—OSO_3M$）、磺酸盐（$—SO_3M$）和磷酸酯盐（$—OPO_3M_2$，$—OPO_2MO—$）四种。碱基 M 部分一般使用钠、钾、铵、三乙醇胺、异丙醇胺等。阳离子表面活性剂有长链脂肪胺盐（如 $R_2NH_3^+$、R_3N^+H）和季铵盐［$R—N^+(CH_3)_3$］等。两性表面活性剂的活性成分是带阴阳两种电荷的离子，在酸性溶液中显阳离子性，在碱性溶液中显阴离子性，在中性溶液中显非离子性，其用途还不广泛，主要有氨基酸型（$RNHCH_2CH_2COOH$）和甜菜碱型等类型。非离子型表面活性剂不显电性，是以在水中离子不离解的羧基与醚基结合为亲水基的表面活性剂，主要有聚氧乙烯型、多元醇型及醇酰胺型表面活性剂。非离子型表面活性剂溶于水时不发生离解，稳定性高，不易受强电解质存在的影响，也不易受酸碱的影响，与其他表面活性剂相容性好，在固体表面不发生强烈吸附。

油品的抗乳化性能也是工业润滑油的重要性能之一。破乳化剂的分类编号为 10，用于工业齿轮油、液压油、汽轮机油等油品，以防止乳化，常用抗乳化剂的种类见表 17-2-24。

表 17-2-24 国内外常用抗乳化剂的种类

商品牌号	化合物名称	性能与应用
T1001	胺与环氧乙烷缩合物	具有很好的抗乳化性能，用于齿轮油、液压油等工业油品中
T1002	聚醚类	具有良好的抗乳化性，加量<0.001%，广泛用于工业油品
LZ 5957	聚醚类	具有良好的抗乳化性，加量<0.001%，广泛用于工业油品
Mobilad C-404	乙二醇酯	推荐用量 0.025%～1.0%，用于工业润滑油
Mobilad C-310B	环氧乙烷/丙烷共聚物	推荐用量 0.05%～0.3%，用于工业润滑油

2.2.2.10 其他润滑油添加剂

表 17-2-25 其他润滑添加剂种类与应用

种 类	应 用
黏附剂	黏附剂主要是一些高分子化合物，如聚烯烃和聚异丁烯等。其主要作用是提高润滑油在工作表面的滞留时间，减少润滑油的流失和飞溅，从而降低润滑油的损失。黏附剂一般用于链条润滑油、开式齿轮油和导轨油中
螯合剂	常与金属生成螯合物，使金属减活，并起到防锈作用
偶合剂（助溶剂）	主要是一些醇、醇醚类化合物，如异丙醇、乙二醇、多元醇等，其作用是加快对水的分散速度，使两种不相溶的物质能偶合在一起
防霉剂（杀菌剂或抗菌剂）	其作用是抑制金属加工或其他工业乳化液因细菌等微生物造成的腐败变质。乳化液的腐败变质，不仅会产生臭味，污染环境，还会造成使用性能的下降。因此，对于水溶性金属加工液和其他工业用油，除了要加入乳化剂外，防霉剂也是必不可少的。常用防霉剂有酚类化合物、嗪类化合物，现在又发展了含环氧丙烷加成胺类化合物和含环氧化合物加成形氨基酸化合物等，其特点是抗菌性能优异，而且对皮肤和呼吸道无刺激性作用
光稳定剂	光稳定剂能够阻止塑料制品因紫外线而导致的光氧化降解，还有改善加氢异构化油光稳定性差的特点
着色剂	有的油品，如汽车自动传动液，常常加入红色染料，该染料是油溶性的有机化合物，大多是偶氮化合物的衍生物。着色剂要求化学性能稳定，对油品性能无影响，而且与其他添加剂相溶性好
复合剂的补充添加剂	补充添加剂又称增强剂，如工业齿轮油和车辆齿轮油的补充剂，加入后可改进摩擦特性，减少噪声和振动，延长设备的使用寿命

2.2.2.11 润滑油复合添加剂

对于配方基本固定的一些常用油品，如内燃机油、齿轮油、液压油等，为简化调和工艺，同时为推广产品、异地生产调和，并做到配方保密，可将配方中的添加剂事先调和在一起，有的再加一些基础油溶解，形成浓缩物，使用时按加量要求调入油中既可。复合添加剂不仅做到了简化调油工艺，而且提高了各添加剂剂量的准确性，还充分实现了添加剂之间的协和增效作用。因此，除了成品油复合剂外，还有许多复合型功能添加剂，如复合抗氧剂、复合防锈剂、复合抗磨剂和复合降凝剂等。目前，复合添加剂的使用越来越广泛，内燃机油和车辆齿轮油基本都采用了复合添加剂调和。复合添加剂的种类很多，国内外的研究也异常活跃，相关的报道也层出不穷。部分国内外常用的成品油商品复合剂可参考表 17-2-26。

表 17-2-26　　**成品油复合添加剂的代号与应用**

代　号	应用范围	生产厂商
汽油机油复合剂		
T3023	加 4%和 5%可调制 SC 和 SD 的单级油	锦州石化添加剂厂
LZL3014	加 3.8%可调制 SC 单级油	路博润兰州添加剂有限公司
JINEX3029	加 4.5%可调制 SD 多级油；加 3.8%可调制 SD 单级油	锦州润滑油添加剂有限公司
LZ9845	加 10.2%可调制 5W/30 和 10W/30 、SH/GF-1、SJ/GF-2 多级油	Lubrizol 公司
Infineum P5021	加 9.9%可调制 5W/30、10W/30、10W/40 的 SJ、SH、ILSAC GF-1、GF-2 多级油的要求	Infineum 公司
OLOA55004	加 9.64%可调制 SL/GF-3 多级油	Chevron 公司
Hitel117	加 10.85%可调制 SJ/GF-2 多级油	Ethyl 石油公司
柴油机油复合剂		
JINEX3200	加 4.0%可调制 CC 级单级柴油机油	锦州润滑油添加剂有限公司
JINEX3000	加 4.5%和 6.8%可分别调制 CC 级和 CD 级单级柴油机油	
LZL4833	加 5.9%和 3.6%于加氢基础油中，可调制 CF、CD 和 CC 多级油，加 5.3%和 3.3%于矿物油中，可分别调制 CD 和 CC 单级油	路博润兰州添加剂有限公司
LZ 4970S	加 12.45%可调制 CF-4 级柴油机油	Lubrizol 公司
汽、柴通用油复合剂		
LZL3213	加 6.0%的量可调制 SD/CC 级单级通用油	路博润兰州添加剂有限公司
LZL3231	加 8.5%的量可调制 10W/30 SF/CD 级、柴通用油	
JINEX2860	加 8.2%可调制 15W/40 SF/CD 多级通用油	锦州润滑油添加剂有限公司
JINEX1286	加 10%可调制 10W/30、15W/40 和 20W/50 CF-4/SG 的多级通用油	
LZ9828	加 14.2%可调制 SJ/CF 级通用油	Lubrizol 公司
齿轮油复合剂		
Angl. 6085	加 4.8%可调制 GL-5 车辆齿轮油	Lubrizol 公司
Hitec 388	加 3.8%和 7.5%可分别调制 GL-4 和 GL-5 车辆齿轮油	Ethyl 石油公司
T4023	加 2.8%和 1.9%可分别调制各黏度级别的重负荷和中负荷工业齿轮油	兴普公司
OLOA4900C	加 1.0%～2.5%可调制 USS 224 规格的各种工业齿轮油	Chevron 公司

2.3　润滑剂的类型及应用

2.3.1　润滑油

润滑油种类繁多、用途广泛。据不完全统计，目前润滑油共有 13 大类 600 多种产品。按用途来分，可总体分为车用油和工业用油两大部分。车用油有发动机油、齿轮油、传动油、刹车制动液和车用润滑脂等。工业用油种类繁多，但较为常用的有工业齿轮油、液压油、汽轮机油、压缩机油、冷冻机油、真空泵油等。

2.3.1.1　车用润滑油

一部车有多个润滑部位及上百个润滑点，使用数种润滑油脂。车用润滑油脂主要有发动机油、驱动桥及变速器齿轮油、液力传动油、制动液和底盘润滑脂等，所对应的主要用油部位是发动机、驱动桥及变速器、液力传动系统、刹车制动系统、减震器和底盘各活动点、轮毂轴承等，润滑剂与各润滑部位的对应关系如表 17-2-27 所示。此外，还有用于发动机冷却系统的防冻液。

（1）发动机系统用油

发动机油主要起润滑、冷却、清净、密封、缓冲减振、防腐防锈和酸中和的作用。

1）发动机油的分类（表 17-2-28）

2）发动机油合理选用　发动机油的选择要从两个方面考虑：质量等级和黏度级别。

① 质量等级的选择　发动机油的质量主要取决于发动机的工作条件状况。随着汽车技术的不断进

步，发动机汽缸的压缩比越来越高，对机油的质量要求也越来越严格。发动机油的质量与发动机汽缸压缩比的对应关系大致如表17-2-29所示。

目前我国市场上汽油机油有SC、SD、SE、SF、SG、SH、SJ、SL八个质量等级的油品，柴油机油有CC、CD、CE、CF-4、CG-4、CH-4和CI-4七个质量级别，SA、SB、CA和CB都已经被淘汰。

表17-2-27 润滑油脂的种类与润滑部位

总 类	分 类	使用部位
发动机油	汽油机油	汽油发动机润滑、冷却、清洗、密封与中和
	柴油机油	柴油发动机润滑、冷却、清洗、密封与中和
	汽、柴通用油	汽油发动机和柴油发动机
齿轮油	驱动桥用油	驱动桥齿轮的润滑
	手动变速器用油	手动变速器齿轮的润滑
液压与液力传动油	自动传动液	无级变速器的润滑、冷却与能量传递
	液力传动油	重型卡车液力变矩器的动力传递
	液压油	重型车液压助动转向器和起重机、自卸车的液压升降系统
其他系统	刹车制动液	刹车制动系统的动力传递
	减振器油	减振系统，起缓冲作用

表17-2-28 发动机油的分类

分类原则	说 明
按使用分类	汽油机油和柴油机油。根据发动机油的清洗作用，汽油机燃烧产生的烟灰和积炭较少，但汽油机车辆多为轿车和小型车辆，机油中容易产生油泥，要求机油对油泥有较好的分散溶解效果，因此汽油机油侧重于油泥的分散性。而柴油机油的工作温度和压力都较高，柴油燃烧产生的烟灰和积炭也较多，要求机油对烟灰、积炭以及机油氧化产生的胶质有良好的清洗溶解作用，因此柴油机油侧重于对积炭等杂质的清净性能。除了汽油机油和柴油机油，还有汽油机、柴油机通用油，通用机油既有柴油机油的积炭清净性，也有汽油机油的油泥分散性，有利于军队使用以及汽油机、柴油机车辆共同存在的混合车队使用。在某些特殊情况下，如跑长途运输的汽油机车辆和市内跑公交的柴油机车辆，使用通用油有更好的效果，目前通用油经常被某些用户当作指定用油
按黏度分类	有单级油和多级油
按质量分类[我国采用API(美国石油学会)分类方法]	汽油机油(以S打头)、柴油机油(以C打头)，后面跟随字母A、B、C…，档次依次提高，不断发展。目前国内汽油机油最高级别为SL级，柴油机油最高级别为CI-4级

表17-2-29 发动机油质量与发动机类型及压缩比的对应关系

汽油机油						
气缸压缩比	6	7	8	9	10	11
机油质量级别	SB、SC	SC、SD	SE 、SF	SF 、SG、SH	SG、SH	SJ 、SL

柴油机油				
增压级别	自然吸气	低增压	中增压	高增压
机油质量级别	CA、CB、CC	CC	CD	CF以上

表17-2-30 发动机油质量等级的选择

类别	质量等级选择原则
汽油机油	1. 只要是电喷车辆就推荐使用SH级以上(包括SH)的机油 2. 2002年以后出产的电喷车辆，特别是带有三元催化转化器的车辆就推荐使用SJ和SL级别的机油 3. 对于当前进口的高级轿车，无论是美国、日本还是欧洲的，可直接推荐使用SL级机油 4. 对于化油器发动机的老式车辆，推荐使用SE、SF和SG级别的机油，SG机油性能优于SE和SF，可以完全替代SE和SF使用，因此对于化油器车辆主推SG机油。SC和SD使用得越来越少，已经趋于淘汰，可不必考虑 5. 部分高级汽油机油还增加了节能性要求，出现了如SH/GF-1、SJ/GF-2和SL/GF-3的质量规格。这是由国际润滑剂标准化和批准委员会ILSAC批准，于20世纪90年代初由美国汽车制造商协会AAMA和日本汽车制造商协会JAMA共同发起，制定了GF-1、GF-2和GF-3三个规格，分别对应API规格的SH、SJ和SL，是在满足所有性能要求的基础上又增加了节能性能的要求，SH/GF-1、SJ/GF-2和SL/GF-3比SH、SJ和SL分别节能1.5%、2.7%和2.9%

续表

<table>
<tr><th>类别</th><th>质量等级选择原则</th></tr>
<tr><td>柴油机油</td><td>
(1)对于柴油机油，虽然表中列出了9个级别，但目前市场上CD和CF-4这两种产品最多，CF-4柴油机油适合于现代高涡轮增压、大功率直喷式柴油机车辆及高硫(硫含量大于0.5%)燃料的要求，新出产的及进口的大吨位货车，如斯太尔、红岩和欧曼重卡等，还有高速豪华大客车，如沃尔沃、奔驰等，都可以推荐使用CF-4
(2)一般的柴油车辆都可以使用CD柴油机油
(3)CG-4适用于使用低硫(硫含量小于0.05%)燃料的发动机，如柴油轿车，其他性能与CF-4相当
(4)CH-4适合于压力更高、功率更大的柴油机使用，如双金属活塞发动机，对高硫和低硫燃料的要求都能满足，而且低温油泥分散性也优于CF-4和CG-4，因此完全可以替代这两种产品使用
(5)CI-4适用于代尾气净化装置柴油机的使用，可满足欧-Ⅲ排放标准要求
(6)柴油机油的选用，还可以根据发动机的强化系数K和第一环槽温度选用
强化系数的计算公式为
$$K=p_eC_mZ$$
式中　p_e——平均有效压力，MPa；
C_m——活塞平均线速度，m/s；
Z——冲程系数(四冲程$Z=0.5$；二冲程$Z=1$)
<table>
<tr><th>强化系数</th><th>质　量　等　级</th></tr>
<tr><td><30</td><td>普通柴油机，其活塞上部环区温度一般在230℃以下，可选用CA或CB级柴油机油</td></tr>
<tr><td>30～50</td><td>其活塞上部环区温度一般在230～250℃时，可使用CC级柴油机油</td></tr>
<tr><td>50～70</td><td>其活塞上部环区温度一般在250～270℃时，可使用CD级和CE级柴油机油</td></tr>
<tr><td>>70</td><td>其活塞上部环区温度高于270℃时，为超强载柴油机，可选用CF级及以上级别的柴油机油</td></tr>
</table>
</td></tr>
<tr><td>通用油</td><td>通用油常见的级别有SF/CD、SG/CD、SH/CD、SJ/CD和SJ/CF等，以SG/CD为例，表示该通用油既可以当作SG汽油机油使用，也可以当作CD柴油机油使用，其他的以此类推。通用机油虽然是汽油机和柴油机都可以使用，但其性能还是以汽油机油为主，兼有柴油机油的特点，其高温清净性优于汽油机油。一般情况还是推荐汽油机油或柴油机油，如有特殊情况，比如有用户指定选用通用油，可满足用户的要求</td></tr>
</table>

② 黏度级别的选择　我国的内燃机油黏度分类标准是参照国际标准SAE300—95制定的。内燃机油有单级油和多级油两大类，单级油又有冬用油（用W表示）和夏用油，多级油既可以满足冬用油的低温黏度要求，又可以满足夏用油的高温黏度要求，有较宽的使用温度范围，如5W/30、10W/40和15W/40等。以15W/40为例，斜杠前的15W表示冬用油的级别，斜杠后的40表示夏用油的级别，多级油15W/40就相当于15W冬季用油和40号夏季用油，亦即多级油15W/40既可以当作15W冬季用油使用，也可以当作40号夏季用油使用，其他级别的多级油以此类推。W前的数越小，适用环境温度就越低，斜杠后的数值越大，适用的环境温度就越高。

冬季用油黏度较小，凝固点较低，有利于车辆的冬季低温启动，但当发动机达到高温运行状态时，冬用油因黏度低而润滑性变差，易导致发动机的磨损。而多级油既有利于车辆的低温启动，又可以在高温条件下有足够的黏度保证润滑。因此目前市场上单级冬季用油很少，几乎都被多级油替代，而夏用单级油还大量使用，尤其是柴油机油。多级油使用较多的级别有10W/30、15W/40和20W/50，这三种油基本可以满足全国范围的使用要求，其中使用最多的是15W/40，可满足我国大部分地区使用。夏用油有30、40和50这三种牌号，各种黏度级别所对应的使用温度范围如表17-2-31所示。汽油机和柴油机黏度等级的选用基本相同，如表17-2-32所示。

表 17-2-31　内燃机油黏度等级分类

(GB/T 14906—1994)

使用温度范围/℃	黏度等级	使用温度范围/℃	黏度等级
−35～−15	0W	10～50	40
−30～−10	5W	20～60	50
−25～−5	10W	−30～30	5W/30
−20～0	15W	−25～30	10W/30
−15～5	20W	−20～40	15W/40
0～40	30	−15～50	20W/50

表 17-2-32 汽油机和柴油机黏度等级的选用

选用条件	选用原则
根据使用环境温度的要求	例如，15W/40 黏度等级油最低使用环境温度为 −20℃，最高使用环境温度为 40℃，适合于我国大部分地区全年使用，因此 15W/40 这个黏度等级的多级油最普遍。40 号单级油最低使用环境温度为 10℃，最高使用环境温度为 50℃，适合于春秋夏三季使用，因此单级油 40 号较为普遍
根据车辆的具体要求	对于汽油机车辆，汽油机油中的多级油比例较大，特别是高质量级别的汽油机油，如 SH、SJ 和 SL 几乎都是多级油，SG 级以下的机油还有单级油存在，因此对于汽油机油就主推多级油，单级油可不必考虑。多级汽油机油中使用最多的黏度级别是 15W/40，其次是 10W/30。一般情况，南方地区可全年使用 15W/40，北方地区冬季宜使用 10W/30，其他季节使用 15W/40。多级汽油机油还有 5W/30、5W/40 甚至 5W/50 更高的级别，这些级别往往是专用或者是指定条件使用，例如，上海通用、广州本田、风神蓝鸟等制造商要求使用 5W/30 的黏度等级；而上海大众的装车用油则要求使用 5W/40 的黏度等级 对于柴油机油，一般质量级别的如 CC 和 CD 级单级油的比例较高，而高质量级别的 CF-4 都为多级油。柴油机油黏度级别的选用，一方面根据机油的质量级别，而另一方面则根据车辆状况。如 CD 级油，对于柴油客车和轻型、中型货车，春秋季使用 30 号，夏季使用 40 号，冬季则一般使用 15W/40，寒冷地区（气温低于 −20℃）使用 10W/30；对于大型载重货车（载重量 10t 以上），春秋季使用 40 号，夏季使用 50 号，冬季使用 15W/40（气温在 −20℃以上地区）或 20W/50（气温在 −15℃以上地区），气温低于 −20℃的地区使用 10W/40。对于 CF-4 柴油机油，柴油客车和轻型、中型货车可全年使用 15W/40（气温在 −20℃以上地区），气温低于 −20℃的地区使用 10W/30，大型载重货车（载重量 10t 以上）可全年使用 20W/50（气温在 −15℃以上地区），气温低于 −15℃时使用 15W/40，低于 −20℃使用 10W/40
根据发动机工况的要求	同样的环境温度及发动机，新车选用黏度低一点的机油，行驶 20 万公里及 20 万公里以上的车辆因磨损严重，汽缸与活塞的间隙较大，可用黏度高一点的机油 多级油的特点是在低温条件下有较低的黏度和流动性，有利于发动机的低温启动，而高温条件下又可以保持足够的黏度而起到良好的润滑效果，也有利于发动机紧急熄火后的高温启动，因此多级油可以在低温和高温条件下都能保持平稳的润滑性能，能够适应各种气候条件的变化，可以冬夏通用或南北通用；由于多级油良好的低温启动性和高温润滑性，可有效地保护发动机，延长发动机的使用寿命，还可以降低能耗，经使用试验表明，使用多级油比使用单级油可以节约 2%～3%的燃料

3）汽车发动机油的质量标准 虽然汽车发动机油有许多质量标准和黏度级别，但主要理化指标和一些性能基本相同，如黏度级别，无论汽油机油和柴油机油，黏度范围和低温性能都符合表 17-2-33。此外，根据表 17-2-33 可推出多级油的黏温性能如表 17-2-34。

表 17-2-33 发动机油的黏度分类（GB/T 14906—1994）

黏度等级	低温黏度/mPa·s 不大于	边界泵送温度/℃ 不高于	100℃运动黏度/$mm^2 \cdot s^{-1}$	
			不小于	不大于
0W	3250（−30℃）	−35	3.8	—
5W	3500（−25℃）	−30	3.8	—
10W	3500（−20℃）	−25	4.1	—
15W	3500（−15℃）	−20	5.6	—
20W	4500（−10℃）	−15	5.6	—
25W	6000（−5℃）	−10	9.3	—
20	—	—	5.6	9.3
30	—	—	9.3	12.5
40	—	—	12.5	16.3
50	—	—	16.3	21.9
60	—	—	21.9	26.1
分析方法	GB/T 6538	0W、20W 和 25W 采用 GB/T 9171 方法；5W、10W 和 15W 采用 SH/T 0562—2013 方法	GB/T 265—88(2004)	

第 17 篇

表 17-2-34　**多级油的黏温性能**

黏度等级	低温黏度/mPa·s 不大于	边界泵送温度/℃ 不高于	100℃运动黏度/$mm^2 \cdot s^{-1}$	
			不小于	不大于
5W/30	3500(−25℃)	−30	9.3	12.5
5W/40	3500(−25℃)	−30	12.5	16.3
5W/50	3500(−25℃)	−30	16.3	21.9
10W/30	3500(−20℃)	−25	9.3	12.5
10W/40	3500(−20℃)	−25	12.5	16.3
15W/40	3500(−15℃)	−20	12.5	16.3
20W/50	4500(−10℃)	−15	16.3	21.9

另外，单级油还有黏度指数的要求。对于 SC、SD、SE 和 SF 汽油机油，30 号要求不小于 75，40 号要求不小于 80，对于 SG 级别以上的汽油机油，30 号和 40 号都要求不小于 95；对于柴油机油和汽、柴通用机油，无论何等质量级别，30 号都要求不小于 75，40 号及 40 号以上都要求不小于 80。

与黏度相关的一些指标还有闪点、倾点，表 17-2-35 列出了各黏度级别的闪点与倾点。高温高剪切黏度和蒸发损失与黏度级别和质量级别都有一定的关系，汽油机油的 SC 和 SD、柴油机油的 CC 没有这两项指标的要求，其他产品有报告或者是具体量的要求，见表 17-2-36。

表 17-2-35　**各黏度级别发动机油的闪点和倾点指标要求**

黏度级别	5W/30 5W/40 5W/50	10W/30 10W/40	15W/40	20W/50	30	40	50	分析方法
闪点/℃　不低于	200	205	215	215	220	225	230	GB/T 3536
倾点/℃　不低于	−35	−30	−23	−18	−15	−10	−5	GB/T 3535

表 17-2-36　**高温高抗剪切与蒸发损失的指标要求**

质量级别	黏度级别	高温高抗剪切黏度/mPa·s (150℃,$10^6 s^{-1}$)	蒸发损失/%(质量)	
			诺亚克法 (250℃,1h)	模拟蒸馏法 (371℃馏出量)
SE、SF	多级油	报告	报告	报告
SG	5W/30 10W/30 10W/40、15W/40 30、40	报告 报告 报告 —	≤25 ≤20 ≤18 报告	报告 报告 报告 —
SH	5W/30 10W/30、10W/40 15W/40	报告 报告 报告	≤25 ≤20 ≤18	— — —
SJ	5W/30 10W/30、10W/40 15W/40	≤2.9 ≤2.9 ≤3.7	≤25 ≤20 ≤18	— — —
SL/GF-3	5W/30、10W/30 15W/40	≤2.9 ≤3.7	≤15 ≤15	≤10 ≤10
CD	15/50、20/50 其他多级油	报告 报告	≤18 报告	— —

续表

质量级别	黏度级别	高温高抗剪切黏度/mPa·s (150℃,$10^6 s^{-1}$)	蒸发损失/%(质量)	
			诺亚克法 (250℃,1h)	模拟蒸馏法 (371℃馏出量)
CF、CF-4	多级油	报告	报告	—
CH-4	10W/30 15W/40	报告 报告	≤20 ≤18	— —
分析方法		SH/T 0618—1995(2003)	SH/T 0059—2010	SH/T 0558—2016

对于质量标准，汽油机油的 SC、SD、SE 和 SF 级均执行国家标准 GB 11121—2006，SG、SH 和 SJ 级等执行中国石油天然气股份有限公司润滑油公司标准（表 17-2-37）。柴油机油的 CC 和 CD 均执行国家标准 GB 11122—2006，但 50CD 和其他高级别的柴油机油均执行中国石油天然气股份有限公司润滑油公司标准（表 17-2-37）。

虽然汽车发动机油有多种系列，各种产品都有相应的质量标准，但发动机油质量级别的区别主要在于台架试验，而常规理化指标基本相同，表 17-2-38 和表 17-2-39 分别列出了汽油机油与柴油机油的主要理化指标。

表 17-2-37　　高质量级别发动机油所符合的质量标准代号

汽油机油及通用油		柴油机油	
质量级别	标准代号	质量级别	标准代号
SG	Q/SY RH2002—2001	50CD	Q/SY RH2009—2001
SH	Q/SY RH2005—2001	CF	Q/SY RH2010—2001
SJ	Q/SY RH2006—2001	CF-4	Q/SY RH2011—2001
SJ/GF-2	Q/SY RH2007—2001	CH-4	Q/SY RH2012—2001
SL	Q/SY RH2083—2003	CH-4/SJ	Q/SY RH2091—2003
SL/GF-3	Q/SY RH2008—2001	CI-4	Q/SY RH2092—2004
SF/CC	Q/SY RH2001—2001		
SG/CD	Q/SY RH2003—2001		
SG/CF-4	Q/SY RH2004—2001		

注：对于国内还没有质量标准代号的产品，质量均执行 SAE J83 和 API 相应质量级别的规格要求。

表 17-2-38　　汽油机油的主要理化指标

分析项目			指标要求								分析方法
			SC	SD	SE	SF	SG	SH	SJ	SL	
抗泡沫性/(mL/mL)	24℃	不大于	25/0				10/0				GB/T 12579—2002
	93.5℃	不大于	250/0				50/0				
	后 24℃	不大于	25/0				10/0				
沉淀物/%		不大于	0.01								GB/T 6531—86
水分/%		不大于	痕迹								GB/T 260—2016
残炭(加剂前)/%			报告								GB/T 268—87
中和值(加剂前)/mg(KOH)·g^{-1}			报告								GB/T 7304—2000
硫酸盐灰分/%			报告								GB/T 2433—2001
硫/%			报告								GB/T 387—90(2004)
磷/%		不大于	报告					0.12	0.10	0.10	SH/T 0296—92(2003)
钙/%			报告								SH/T 0270—92

续表

分析项目	指标要求								分析方法
	SC	SD	SE	SF	SG	SH	SJ	SL	
钡/%	报告				—				SH/T 0225—92
锌/%	报告								SH/T 0226—92
镁/%	报告								SH/T 0061—91

注：硫含量的分析方法还有 GB/T 38864、GB/T 11140—2008 和 SH/T 0172—2001（2007）。

表 17-2-39 柴油机油的主要理化指标

分析项目			指标要求					分析方法
			CC	CD	CF-4	CH-4	CI-4	
抗泡沫性/(mL/mL)	24℃	不大于	25/0			10/0		GB/T 12579—2002
	93.5℃	不大于	150/0			20/0		
	后 24℃	不大于	25/0			10/0		
沉淀物/%		不大于	0.01	0.01	—	—	—	GB/T 6531—86
机械杂质/%		不大于	—	—	0.01	0.01	0.01	
水分/%		不大于	痕迹			0.05		GB/T 260—2016
残炭(加剂前)/%			报告					GB/T 268—1987
中和值(加剂前)/mg(KOH)·g^{-1}			报告					GB/T 7304—2014
硫酸盐灰分/%			报告					GB/T 2433—2001
硫/%			报告					GB/T 387—1990 (2004)
磷/%			报告					SH/T 0296—1992 (2003)
氮/%			报告					GB/T 9170—1988
钙/%			报告					SH/T 0270—1992
锌/%			报告					SH/T 0226—1992
镁/%			报告					SH/T 0061—1991

注：1. 50CD、20W/50CD 的水分含量要求不大于 0.01%。
2. 硫含量的分析方法还有 GB/T 388—1964、GB/T 11140—2000、SH/T 0172—2001（2007）和 SH/T 0631—1996。
3. 磷含量的分析方法还有 SH/T 0631—1996。
4. 氮含量的分析方法还有 SH/T 0224—1992。
5. 钙、锌含量的分析方法还有 SH/T 0028—1990、SH/T 0309—1992 和 SH/T 0631—1996。
6. CF 与 CF-4 没有镁含量的要求。

在发动机试验中，所有发动机油都要求做轴瓦腐蚀试验，特别是多级油还要求进行剪切安定性试验，所用方法为 SH/T 0265—1992，要求黏度变化在本等级范围之内。汽油机油中的 SC 级要求轴瓦失重不大于 50mg，SD、SE、SF、SG、SH 和 SJ 级别都要求不大于 40mg，SL/GF-3 要求不大于 26.4mg。柴油机油的轴瓦失重都要求不大于 50mg，但柴油机油有活塞裙部漆膜评分的要求，要求不小于 9.0。汽、柴通用机油的轴瓦失重要求不大于 40mg。剪切安定性都要求 100℃ 运动黏度（GB/T 265—1988 法测定）在本等级黏度范围之内。

由于柴油机的工作温度和压力高于汽油机，因此柴油机油和汽、柴通用机油都有高温清净性试验要求，方法标准为 GB/T 9933—1988，CF 柴油机油的方法采用美国标准 1M-PC，指标要求见表 17-2-40。发动机油要求做的台架试验，汽油机油及汽、柴通用机油见表 17-2-41，部分柴油机油及汽、柴通用机油见表 17-2-42。

表 17-2-40 **发动机油高温清净性试验要求**

评定项目		质量级别与指标要求		
		CC、SD/CC、SE/CC、SF/CC	CD、SF/CD、SG/CD	CF
顶环槽积炭填充体积/%	不大于	45(1H$_2$)	80(1G$_2$)	70(1M-PC)
加权总评分	不高于	140	300	240
活塞环侧间隙损失/mm	不大于	0.013	0.013	0.013

表 17-2-41 **汽油机油的台架试验要求**

项目				指标					方法
				SE	SE/CC	SF	SF/CD	SF/CC	
程序ⅡD发动机试验		发动机锈蚀平均评分	不小于	8.5		8.5			SH/T 0512
		挺杆黏结数		无		无			
程序ⅢD发动机试验		黏度增长(40℃,4h)/%	不大于	375		375			SH/T 0513
	发动机平均评分(64h)	发动机油泥	不低于	9.2		9.2			
		活塞裙部漆膜	不低于	9.1		9.2			
		油环台沉积物	不低于	4.0		4.8			
		环黏结		无		无			
		挺杆黏结		无		无			
	擦伤和磨损(64h)	凸轮或挺杆擦伤		无		无			
		凸轮和挺杆磨损/mm							
		平均值		0.102		0.102			
		最大值		0.254		0.203			
程序ⅤD发动机试验		发动机油泥平均评分	不低于	9.2		9.4			SH/T 0514
		活塞裙部漆膜平均评分	不低于	6.4		6.7			
		发动机漆膜平均评分	不低于	6.3		6.6			
		滤网堵塞/%	不大于	10.0		7.5			
		油环堵塞/%	不大于	10.0		10.0			
		压缩环黏结		无		无			
	凸轮磨损/mm	平均值	不大于	报告		0.025			
		最大值	不大于	报告		0.064			

项目				指标						方法
				SG	SG/CD	SG/CF-4	SH	SJ	SJ/GF-2	
程序ⅡD发动机试验		发动机锈蚀平均评分	不低于	8.5					8.5	SH/T 0512
		挺杆黏结数		无					无	
程序ⅢE发动机试验		40℃黏度增长至375%的时间	不小于	—					64h	ASTM D5533
		黏度增长(40℃)/%	不大于	375					—	
		发动机油泥评分	不低于	9.2					9.2	
		活塞裙部漆膜评分	不低于	8.9					8.9	
		油环台沉积物评分	不低于	3.5					3.5	
		活塞环黏结		无					无	
		挺杆黏结		无					—	
		擦伤和磨损		无					—	
	凸轮和挺杆磨损/μm	平均值	不大于	30					30	
		最大值	不大于	64					64	
	油耗/L			—					5.1	

续表

项目			指标						方法
			SG	SG/CD	SG/CF-4	SH	SJ	SJ/GF-2	
程序ⅤE发动机试验	摇臂盖油泥评分	不低于	7.0					7.0	ASTM D5302
	发动机油泥平均评分	不低于	9.0					9.0	
	发动机漆膜平均评分	不低于	—					5.0	
	活塞裙部漆膜评分	不低于	6.5					6.5	
	机油滤网堵塞/%	不大于	20.0					20.0	
	油环堵塞/%	不大于	15.0					报告	
	压缩环黏结		无					无	
	凸轮磨损/μm 平均值	不大于	127					127	
	凸轮磨损/μm 最大值	不大于	380					380	
MS程序ⅥA发动机试验 FEI节油率		不小于	—					1.1	ASTM D6202

项目			指标		方法
			SL	SL/GF-3	
TEOST试验 高温沉积物/mg		不大于	45	45	ASTM D6335
过滤性试验，流量降低/%	标准程序	不大于	50	50	GM 9099P
	加0.6%的水	不大于	50		
	加1.0%的水	不大于	50		
	加2.0%的水	不大于	50		
	加3.0%的水	不大于	50		
MS程序ⅣA发动机试验 凸轮平均磨损/μm		不大于	120	120	ASTM D6891
MS程序ⅢF发动机试验	64h后40℃黏度增长/$mm^2 \cdot s^{-1}$	不大于	275	275	ASTM D6984
	活塞裙部平均漆膜评分	不低于	9.0	9.0	
	活塞沉积物评分	不低于	4.0	4.0	
	热黏环		无	无	
	凸轮和挺杆磨损/μm	不大于	20	20	
	油耗/L	不大于	5.2	5.2	
MS程序ⅤE发动机试验	凸轮平均磨损/μm	不大于	127	—	ASTM D5302
	凸轮最大磨损/μm	不大于	380		
MS程序ⅤG发动机试验	发动机油泥平均评分	不低于	7.8	7.8	ASTM D6593
	摇臂罩油泥评分	不低于	8.0	8.0	
	发动机漆膜平均评分	不低于	8.9	8.9	
	活塞裙部漆膜平均评分	不低于	7.5	7.5	
	凸轮磨损/μm		报告	报告	
	缸套磨损/μm		—	报告	
	油环堵塞/%		报告	报告	
	滤网堵塞/%	不大于	20	20	
	热黏环		无	无	
	冷黏环		报告	报告	
MS程序Ⅷ发动机试验	轴瓦失重/mg	不大于	26.4	26.4	ASTM D6709
	剪切稳定性，10h后100℃黏度		在本等级黏度范围内	在本等级黏度范围内	GB/T 265

续表

项目		指标				方法
		SL	SL/GF-3			
MS 程序ⅥB 发动机试验			5W/20	5W/30	10W/30 15W/40	
燃油经济性改进指数 FEI1(16h)	不小于		2.0	1.6	0.9	ASTM D6837
燃油经济性改进指数 FEI2(96h)	不小于		1.7	1.3	0.6	
(FEI1+FEI2)/%	不小于		—	3.0	1.6	

表 17-2-42　　**柴油机油台架试验要求**

项目			指标				方法
			CC	CD	CF	CF-4	
轴瓦腐蚀试验	轴瓦失重/mg	不大于	50	50	50		SH/T 0265
	活塞裙部漆膜评分	不低于	9.0	9.0	9.0		
	剪切安定性						
	100℃运动黏度/$mm^2 \cdot s^{-1}$		—	—	在本等级油黏度范围之内		GB/T 265
高温清净性和抗磨性试验					—	—	GB/T 9933
	顶环槽积炭填充体积/%	不大于	45	80			
	加权总评分	不低于	140	300			
	活塞环侧间隙损失/mm	不大于	0.013	0.013			
Caterpillar 1M-PC 试验						—	ASTM D6618
	总缺点加权评分(WTD)	不低于	—	—	240		
	顶环槽充炭率(TGF)/%(体积)	不大于			70		
	环侧间隙损失/mm	不大于			0.013		
	活塞环黏结				无		
	活塞、环和缸套擦伤				无		
Caterpillar 1K 试验							ASTM D6750
二次试验							
	活塞总沉积物平均评分	不高于				332	
	顶环槽充炭率/%(体积)	不大于				24	
	顶岸重质炭/%(质量)	不大于				4	
三次试验							
	活塞总沉积物平均评分	不高于				347	
	顶环槽充炭率/%(体积)	不大于	—	—	—	27	
	顶岸重质炭/%(质量)	不大于				5	
四次试验							
	活塞总沉积物平均评分	不高于				353	
	顶环槽充炭率/%(体积)	不大于				29	
	顶岸重质炭/%(质量)	不大于				5	
	平均机油耗/$g \cdot (kW \cdot h)^{-1}$	不大于				0.5	
	活塞环黏结					无	
	活塞环/缸套磨损					无	
Mack T-9 试验							
	顶活塞环平均失重/mg	不大于	—	—	—	150	ASTM D6483
	缸套垫片磨损/μm	不大于				40	
Mack T-8A 试验,后50h平均黏度增长(100℃,mm^2/s)/h		不大于	—	—	—	0.20	ASTM D5967
CBT 腐蚀试验							
	铜增长/$mg \cdot kg^{-1}$	不大于				20	
	铅增长/$mg \cdot kg^{-1}$	不大于	—	—	—	60	SH/T 0723
	锡增长/$mg \cdot kg^{-1}$	不大于				报告	
	铜片腐蚀	不大于				3级	

续表

项　目		CH-4 质量级别指标			方　法
		第一次	第二次	第三次	
Caterpillar 1P 台架试验					ASTM D6681
加权沉积物评分	不高于	359	378	390	
环槽积炭填充率/%(体积)	不大于	36	39	41	
顶岸重质炭/%(质量)	不大于	40	46	49	
平均油耗(0～360h)/g・h^{-1}	不大于	12.4	12.4	12.4	
最终油耗(312～360h)/g・h^{-1}	不大于	14.6	14.6	14.6	
活塞环和缸套磨损		无	无	无	
Caterpillar 1K 台架试验					ASTM D6750
加权沉积物评分	不高于	332	347	353	
环槽积炭填充率/%(体积)	不大于	24	27	29	
顶岸重质炭/%(质量)	不大于	4	5	5	
油耗(0～252h)/g・(kW・h)$^{-1}$	不大于	0.5	0.5	0.5	
活塞环和缸套磨损		无	无	无	
Mack T-9 台架试验					ASTM D6483
1.75%烟炱量平均缸套磨损	不大于	25.4	26.6	27.1	
顶环平均失重/mg	不大于	120	136	144	
旧油铅含量/μg・mL^{-1}	不大于	25	32	36	
GM 6.5L 试验，销磨损/μm	不大于	7.6	8.4	9.1	ASMT D5966
Mack T-8E 台架试验					ASTM D5967
4.8%烟炱量热重分析相对黏度	不大于	2.1	2.2	2.3	
3.8%烟炱量热重分析黏度增加/mm^2・s^{-1}	不大于	11.5	12.5	13.0	
MS 程序ⅢE 氧化性试验，40℃黏度增长(每 10min 取样，64h)/%	不大于	200	200	200	ASTM D5533
康明斯 M11 试验					ASTM D6838
修正到 4.5%烟炱量的摇臂垫平均失重/mg	不大于	6.5	7.5	8.0	
机油滤清器压差/kPa	不大于	79	93	100	
发动机油泥，CRC 优点评分	不小于	8.7	8.6	8.5	
柴油机油腐蚀性试验					SH/T 0723
废油中元素浓度/μg・mL^{-1}					
Cu	不大于	20			
Pb	不大于	60			
Sn	不大于	报告			GB/T 5096
样品脱色	不大于	3 级			

项　目		CI-4 质量级别指标			方　法
		第一次	第二次	第三次	
Caterpillar 1K 台架试验					ASTM D6750
加权沉积物评分	不高于	332	347	353	
环槽积炭填充率/%(体积)	不大于	24	27	29	
顶岸重质炭/%(质量)	不大于	4	5	5	
油耗(0～252h)/g・(kW・h)$^{-1}$	不大于	0.5	0.5	0.5	
活塞环和缸套磨损		无	无	无	
Caterpillar 1R 试验					ASTM D6923
缺点加权评分(WDR)	不高于	382	396	402	
顶环槽炭(TGC)评分	不高于	52	57	59	
顶环台炭(TLC)评分	不高于	31	35	36	
最初油耗(IOC)平均值(0～252h)/g・h^{-1}	不大于	13.1	13.1	13.1	
最终油耗(432～504h)/g・h^{-1}					
平均值	不大于	IOC+1.8	IOC+1.8	IOC+1.8	
活塞-环-缸套擦伤		无	无	无	
环黏结		无	无	无	

续表

项目		CI-4 质量级别指标			方法
		第一次	第二次	第三次	
马克 T-10 优点评分	不低于	1000	1000	1000	ASTM D6987
马克 Ext. T-8E 4.8% TGA 烟炱量相对黏度	不大于	1.8	1.9	2.0	ASTM D5967
滚轮随动件磨损试验(RFWT) 滚轮液压挺杆销平均磨损/μm	不大于	7.6	8.4	9.1	ASTM D5966
康明斯 M11 废气再循环试验					ASTM D6975
气门搭桥平均失重/mg	不大于	20.0	21.8	22.6	
顶环平均失重/mg	不大于	175	186	191	
250h 后机油滤清器压差/kPa	不大于	275	320	341	
平均发动机油泥,CRC 优点评分	不低于	7.8	7.6	7.5	
程序ⅢF 发动机试验 黏度增长(40℃,80 h)/%	不大于	275	275	275	ASTM D6984
发动机油空气卷入试验 空气卷入/%(体积)	不大于	8.0	8.0	8.0	ASTM D6894
高温腐蚀试验					ASTM D6594
试后油铜浓度增加/mg·kg^{-1}	不大于	20			
试后油铅浓度增加/mg·kg^{-1}	不大于	120			
试后油锡浓度增加/mg·kg^{-1}	不大于	50			
试后油铜片腐蚀/级	不大于	3 级			GB/T 5096
低温泵送黏度(0W、5W、10W、15W) (T-10 或 T-10A 试验,75h 试验油,-20℃)/mPa·s	不大于	25000			SH/T 0562
如测定屈服应力					
黏度/mPa·s	不大于	25000			
屈服应力/Pa	不大于	35			

4）发动机油的更换与换油周期　发动机油在使用过程中会逐渐老化变质，最后失去效果，如不及时更换对发动机有很严重的危害。发动机油老化变质是有多种因素造成的，如水分、燃料、烟炱、积炭等物质的混入，尘土的吸入、过度磨损产生的金属屑粒、氧化后产生的胶质等。使用老化变质的油品，会造成活塞环黏结、油路堵塞、腐蚀及沉积物增加，磨损加剧。因此发动机油应该在换油期内及时更换，不可超期使用，如规定 6000 公里换油，跑到 5000 多公里就要考虑换油。不同质量级别的换油周期是不同的，一般情况，国内车辆依据行车里程进行换油，如表 17-2-43所示。另外就是根据机油在使用过程中的理化指标测定来决定是否换油，表 17-2-44 给出了部分汽油机油的换油指标，表 17-2-45 给出了部分柴油机油的换油指标，发动机油在使用中，任何一项指标达到规定要求时就应该换油。

表 17-2-43　　机油的质量与换油周期

机油类别	质量级别	换油周期/km
汽油机油	SE	5000
	SF	6000
	SG	8000
	SH	12000
	SJ	15000
	SL	20000
柴油机油	CD	10000
	CF-4	20000

表 17-2-44 汽油机油换油指标技术要求和试验方法

项 目		换油指标		试验方法
		SE、SF	SG、SH、SJ(SJ/GF-2)、SL(SL/GF-3)	
运动黏度变化率(100℃)/%	>	±25	±20	GB/T 265 或 GB/T 11137① 和本标准的 3.2
闪点(闭口)/℃	<	100		GB/T 261
(碱值-酸值)(以 KOH 计)/mg·g⁻¹	<	—	0.5	SH/T 0251 GB/T 7304
燃油稀释(质量分数)/%	>	—	5.0	SH/T 0474
酸值(以 KOH 计)/mg·g⁻¹ 增加值	>	2.0		GB/T 7304
正戊烷不溶物(质量分数)/%	>	1.5		GB/T 8926 B 法
水分(质量分数)/%	>	0.2		GB/T 260
铁含量/μg·g⁻¹	>	150	70	GB/T 17476① SH/T 0077 ASTM D 6595
铜含量/μg·g⁻¹ 增加值	>	—	40	GB/T 17476
铝含量/μg·g⁻¹	>	—	30	GB/T 17476
硅含量/μg·g⁻¹ 增加值	>	—	30	GB/T 17476

① 此方法为仲裁方法。

注：执行本标准的汽油发动机技术状况和使用情况正常。

表 17-2-45 柴油机油换油指标的技术要求和试验方法

项 目		换油指标				试验方法
		CC	CD、SF/CD	CF-4	CH-4	
运动黏度变化率(100℃)/%	超过	±25		±20		GB/T 11137 和本标准 3.2
闪点(闭口)/℃	低于	130				GB/T 261
碱值下降率/%	大于	50②				SH/T 0251③、SH/T 0688 和本标准 3.3
酸值增值(以 KOH 计)/mg·g⁻¹	大于	2.5				GB/T 7304
正戊烷不溶物质量分数/%	大于	2.0				GB/T 8926 B 法
水分(质量分数)/%	大于	0.20				GB/T 260
铁含量/μg·g⁻¹	大于	200 100①	150 100①	150		SH/T 0077、GB/T 17476③ ASTM D6595
铜含量/μg·g⁻¹	大于	—	—	50		GB/T 17476
铝含量/μg·g⁻¹	大于	—	—	30		GB/T 17476
硅含量(增加值)/μg·g⁻¹	大于	—	—	30		GB/T 17476

① 适合于固定式柴油机。

② 采用同一检测方法。

③ 此方法为仲裁方法。

第 17 篇

5）摩托车（艇）发动机用油 摩托车发动机有二冲程和四冲程两种，发动机的冷却方式也有风冷和水冷两种。二冲程发动机油是一次性使用的，在气缸内与汽油一起燃烧，因此要求发动机油既要易于燃烧、灰分小、不宜产生烟灰和积炭，还要有良好的润滑性能。为保证机油能够充分的燃烧，不产生黑烟和积炭，一方面在要尽可能地使用低黏度油，另一方面要增大进入气缸内的燃料油与机油的质量之比，既混合燃油比，一般情况下混合燃油比为 20：1～50：1，有的已经高达 100：1。

我国风冷二冲程发动机油的质量标准采用日本汽车标准化组织 JASO 的分类标准，有 FA、FB、FC 和 FD 几个等级，目前我国市场上主要是 FB 和 FC。FB 是矿物油型的，FC 是合成型的，两种产品的质量执行石化行业标准 SH/T 0675—1999，见表 17-2-46。

水冷二冲程发动机油是以精制矿物油、合成烃油或精制矿物油与合成烃油混合物为基础油，加入多种添加剂调制而成，该产品适用于各种中、小功率的水冷二冲程汽油发动机的润滑。产品质量执行石化行业标准 SH/T 0676—2005，见表 17-2-47。

表 17-2-46 风冷二冲程汽油机油的质量指标（SH/T 0675—1999）

项 目		质量指标		试验方法
		FB	FC	
运动黏度(100℃)/$mm^2 \cdot s^{-1}$	不小于	6.5		GB/T 265
闪点(闭口)/℃	不低于	70		GB/T 261
沉淀物①/%(质量)	不大于	0.01		GB/T 6531
水分/%(体积)	不大于	痕迹		GB/T 260
硫酸盐灰分/%(质量)	不大于	0.25		GB/T 2433
台架评定试验②				
润滑性指数 LIX	不小于	95	95	SH/T 0668
初始扭矩指数 IIX	不小于	98	98	SH/T 0668
清净性指数 DIX	不小于	85	95	SH/T 0667
裙部漆膜指数 VIX	不小于	85	90	SH/T 0667
排烟指数 SIX	不小于	45	85	SH/T 0646
堵塞指数 BIX	不小于	45	90	SH/T 0669

① 可采用 GB/T 511 测定机械杂质，指标为不大于 0.01%（质量），如有争议时，以 GB/T 6531 为准。

② 属保证项目，每四年审定一次，必要时进行评定。

表 17-2-47 水冷二冲程汽油机油的质量指标（SH/T 0676—2005）

项 目		质量指标		试验方法
		TC-W2	TC-W3	
运动黏度(100℃)/$mm^2 \cdot s^{-1}$		6.5～9.3		GB/T 265
闪点(开口)/℃	不低于	70		GB/T 3536
倾点/℃	不高于	−28		GB/T 3535
机械杂质/%(质量分数)	不大于	0.01		GB/T 511
水分/%(质量分数)	不大于	痕迹		GB/T 260
锈蚀试验				SH/T 0633
锈蚀面积/%	不大于	参比油锈蚀面积		
滤清器堵塞倾向试验				SH/T 0634
流动速率变化/%	不大于	20		
早燃倾向试验,发生早燃次数	不多于	参比油的早燃次数		SH/T 0647
润滑性试验,平均扭矩降	不大于	参比油平均扭矩降		SH/T 0670
低温流动性/混溶性试验				SH/T 0671
低温流动性(−25℃)/mPa·s	不大于	7500		
混溶性(−25℃),翻转次数	不大于	参比油的 110%		
相溶性试验		—	通过	SH/T 0697
清净性及一般性能评定		通过		SH/T 0648
清净性及一般性能评定 OMC 70HP 法		—	通过	SH/T 0708
清净性及一般性能评定 Mercury 15HP 法		—	通过	SH/T 0709

四冲程摩托车发动机具有体积小、结构紧凑、转速高和冷却效果差等特点，例如，汽车发动机的转速一般为3000～5000r/min，而摩托车发动机的转速高达7000～12000r/min，汽车发动机的工作温度通常为80～90℃，而摩托车发动机的工作温度高达100～120℃。虽然四冲程摩托车发动机油也是循环使用的，但要求发动机油具有良好的清净性、耐高温性和润滑性，而且黏度较低，因此四冲程摩托车发动机不能使用汽车汽油机油，应使用专门的发动机油。四冲程摩托车发动机油的质量分类标准，我国采用美国石油学会API的标准，也有SE、SF、SG、SH和SJ五个级别，其中SE和SF适用于中、小排量四冲程摩托车发动机；SG和SH适用于中高档四冲程摩托车发动机；SJ适用于高档四冲程摩托车发动机。黏度级别有10W/30和15W/40等，一般根据摩托车说明书的要求推荐相应的质量级别，根据气候条件选用合适的黏度级别。产品质量执行企业标准Q/SY RH2022—2004，黏温性能如表17-2-48所示，其他理化指标与性能评定要求见表17-2-49。

表 17-2-48 四冲程摩托车油黏温性能要求

黏度等级	低温动力黏度/mPa·s 不大于	边界泵送温度/℃不高于	运动黏度(100℃)/$mm^2 \cdot s^{-1}$	高温高剪切黏度$(150, 10^6 s^{-1})$/mPa·s 不小于	黏度指数 不小于	倾点/℃ 不高于
0W/30	3250(−30℃)	−35	9.3～<12.5	2.9	—	−40
5W/30	3500(−25℃)	−30	9.3～<12.5	2.9	—	−35
5W/40	3500(−25℃)	−30	12.5～<16.3	2.9	—	−35
5W/50	3500(−25℃)	−30	16.3～<21.9	3.7	—	−35
10W/30	3500(−20℃)	−25	9.3～<12.5	2.9	—	−30
10W/40	3500(−20℃)	−25	12.5～<16.3	2.9	—	−30
10W/50	3500(−20℃)	−25	16.3～<21.9	3.7	—	−30
15W/30	3500(−15℃)	−20	9.3～<12.5	2.9	—	−23
15W/40	3500(−15℃)	−20	12.5～<16.3	3.7	—	−23
15W/50	3500(−15℃)	−20	16.3～<21.9	3.7	—	−23
20W/40	4500(−10℃)	−15	12.5～<16.3	3.7	—	−18
20W/50	4500(−10℃)	−15	16.3～<21.9	3.7	—	−18
30	—	—	9.3～<12.5	—	75	−15
40	—	—	12.5～<16.3	—	80	−10
50	—	—	16.3～<21.9	—	80	−5
分析方法	GB/T 6538	GB/T 9171	GB/T 265	SH/T 0618、SH/T 0703	GB/T 2541	GB/T 3535

表 17-2-49 四冲程摩托车发动机油质量标准

项 目	质量级别 SE	SF	SG	SH	SJ	分析评定方法
闪点(开口)/℃ 不低于	200(0W、5W多级油) 205(10W多级油) 215(15W、20W多级油) 220(30) 225(40) 230(50)					GB/T 3536
水分/%(质量) 不大于	痕迹					GB/T 260
机械杂质/%(质量) 不大于	0.01					GB/T 511
蒸发损失/%(质量) 诺亚克法 不大于	20					SH/T 0059 SH/T 0731
剪切稳定性(柴油喷嘴剪切试验30次循环)，剪切后100℃运动黏度/$mm^2 \cdot s^{-1}$ 不小于	XW/30 9.0 XW/40 12.0 XW/50 15.0					SH/T 0103 GB/T 265

第17篇

续表

项 目	质量级别					分析评定方法
	SE	SF	SG	SH	SJ	
泡沫性(泡沫倾向/泡沫稳定性)/(mL/mL)						GB/T 12579
24℃ 不大于	10/0		10/0		10/0	
93.5℃ 不大于	50/0		50/0		50/0	
后 24℃ 不大于	10/0		10/0		10/0	
150℃ 不大于	—		报告		200/50	SH/T 0722
硫酸盐灰分/%(质量)	报告					GB/T 2433
硫含量/%(质量)	报告					GB/T 387
磷含量/%(质量)	报告		报告	≤0.12	≤0.10	SH/T 0296
钙含量/%(质量)	报告		报告			SH/T 0270
锌含量/%(质量)	报告		报告			SH/T 0226
镁含量/%(质量)	报告		报告			SH/T 0061
凝胶指数 不大于	—		—		12	ASTM D5133
高温沉积物/mg 不大于	—		—		60	ASTM D6335
过滤性	—					
EOFT 流量减少/% 不大于			50		50	GM 9099P
EOWTT 流量减少						ASTM D6794
用 0.6% H_2O			—		报告	
用 1.0% H_2O			—		报告	
用 2.0% H_2O			—		报告	
用 3.0% H_2O			—		报告	
高温氧化与轴瓦腐蚀试验(L-38 法)						SH/T 0265
轴瓦失重/mg 不大于	40					
剪切安定性						
100℃运动黏度/$mm^2 \cdot s^{-1}$	在本等级黏度范围内					GB/T 265
程序Ⅷ轴瓦腐蚀试验	—		—			ASTM D6709
轴瓦失重/mg 不大于					26.4	
剪切安定性						
运转 10h 后 100℃运动黏度/$mm^2 \cdot s^{-1}$					在本等级黏度范围内	GB/T 265
程序ⅡD 发动机试验						SH/T 0512
发动机锈蚀平均评分 不小于	8.5		8.5			
挺杆黏结数	无		无			
或球锈蚀试验						ASTM D6557
平均灰度值/分 不小于	—		100			
程序ⅢD 发动机试验			—	—	—	SH/T 0513
黏度增长(40℃)/% 不大于	375(40h)	375(64h)				
发动机平均评分(64h)						
发动机油泥 不小于	9.2	9.2				
活塞裙部漆膜 不小于	9.1	9.2				
油环台沉积物 不小于	4.0	4.8				
环黏结	无	无				
挺杆黏结	无	无				
擦伤和磨损(64h)						
凸轮或挺杆擦伤	无	无				
凸轮和挺杆磨损/mm						
平均值 不大于	0.102	0.102				
最大值 不大于	0.254	0.203				

第17篇

续表

项　　目	质量级别					分析评定方法
	SE	SF	SG	SH	SJ	
程序ⅢE发动机试验	—	—				ASTM D5533
黏度增长(40℃,375%)/h　不小于			64	64		
发动机油泥评分　不小于			9.2	9.2		
活塞裙部漆膜评分　不小于			8.9	8.9		
油环台沉积物　不小于			3.5	3.5		
活塞环黏结			无	无		
挺杆黏结			无	无		
擦伤和磨损						
凸轮和挺杆擦伤						
凸轮和挺杆磨损/μm			无	无		
平均值　不大于			30	30		
最大值　不大于			64	64		
或程序ⅢF发动机试验						
运动黏度增长(40℃,60h)/%　不大于			—	325		ASTM D6984
活塞裙部漆膜平均评分　不小于			—	8.5		
活塞沉积物评分　不小于			—	3.2		
凸轮加挺杆磨损/mm　不大于			—	0.020		
热黏环			—	无		
程序ⅤD发动机试验			—	—	—	SH/T 0514
发动机油泥平均评分　不小于	9.2	9.4				
活塞裙部漆膜平均评分　不小于	6.4	6.7				
发动机漆膜平均评分　不小于	6.3	6.6				
滤网堵塞/%　不大于	10.0	7.5				
油环堵塞/%　不大于	10.0	10.0				
压缩环黏结	无	无				
凸轮磨损/mm						
平均值　不大于	报告	0.025				
最大值　不大于	报告	0.064				
程序ⅤE发动机试验	—	—				ASTM D5302
摇臂盖油泥评分　不小于			7.0	7.0		
发动机油泥平均评分　不小于			9.0	9.0		
发动机漆膜平均评分　不小于			5.0	5.0		
活塞裙部漆膜评分　不小于			6.5	6.5		
机油滤网堵塞/%　不大于			20.0	20.0		
油环堵塞/%　不大于			15.0	15.0		
压缩环黏结			无	无		
凸轮磨损/μm						
平均值　不大于			127	127		
最大值　不大于			380	380		
或程序ⅣA阀系磨损试验			—			ASTM D6891
平均凸轮磨损/mm　不大于				0.120		
加程序ⅤG发动机试验						ASTM D6593
发动机油泥平均评分　不小于				7.8		
摇臂罩油泥评分　不小于				8.0		
活塞裙部漆膜平均评分　不小于				7.5		
发动机漆膜平均评分　不小于				8.9		
机油滤网堵塞/%　不大于				20.0		
压缩环热黏结				无		

续表

项　　目	质量级别					分析评定方法
	SE	SF	SG	SH	SJ	
四冲程摩托车用润滑油特性试验 发动机台架试验 或摩擦性能(MA 类油)	通过					机械工业摩托车油品评定中心方法 JASO T904
静摩擦特性指数　不小于	1.15					
动摩擦特性指数　不小于	1.45					
制动时间指数　不小于	1.55					

(2) 传动系统用油——驱动桥齿轮油

车辆齿轮油就是用于汽车驱动桥和手动变速箱齿轮的润滑，这里通常指驱动桥齿轮油。与工业齿轮相比，车辆驱动桥齿轮承受的齿面应力非常大，为1000～4000MPa，而工业齿轮通常小于1000MPa，因此车辆齿轮油的润滑更加困难。车辆齿轮油中必须添加高活性极压剂，在使用过程中能够发生化学反应在齿轮表面形成一层反应膜，才能够有效地避免齿轮的磨损。

1) 车辆齿轮油的作用和性能要求　车辆齿轮油的主要作用就是使双曲线齿轮具有良好的承载能力，在低速高扭矩和高速冲击载荷条件下保护齿面，减轻振动和噪声，同时对齿面起着润滑、冷却、防腐和清洗等作用。随着汽车工业的发展，车速越来越快，载荷也越来越高，但驱动桥齿轮箱的体积则要求尽可能地小，由此使得齿轮表面应力和扭矩力急剧增加。特别是现代轿车和部分客车为了提高车速要求尽量降低底盘以降低重心，车身也设计成封闭流线型来减少空气阻力，结果使齿轮箱表面的空气流量减少及冷却性变差。因此车辆齿轮油不仅要具有良好的极压抗磨性能，还必须具有良好的热安定性。根据以上特点，车辆齿轮油必须具备以下几方面性能：①优良的极压抗磨性能；②具有适当的黏温特性；③低温流动性良好；④热氧化安定性好；⑤不产生腐蚀和锈蚀；⑥泡沫要少。

2) 车辆齿轮油的组成　车辆齿轮油以精制矿物油为基础油，加入含硫极压剂、含磷抗磨剂、摩擦改进剂、腐蚀抑制剂、黏度指数改进剂和抗泡剂等添加剂调制而成。以前基础油曾采用过残渣油，但随着对油品黏温性能要求的提高已不再使用，以后将越来越多地采用加氢油（Ⅲ类）与合成油（Ⅳ类）。添加剂配方结构也朝着高性能和低加入量方向发展。

3) 车辆齿轮油的分类与选用　车辆齿轮油的选用与内燃机油的选用相同，主要从质量档次和黏度级别上选用。质量档次主要依据车辆运行负荷与工作条件，黏度级别主要依据使用的环境温度和传动装置运行的最高温度。

美国石油协会（API）根据车辆齿轮油的质量档次将其分为 GL-1、GL-2、GL-3、GL-4、GL-5 和 GL-6 六个档次，目前 GL-1、GL-2 和 GL-6 已经废除，不再使用。在车辆齿轮油的使用分类中，还有一个美军分类标准，我国也参照 API 的分类制订了一个车辆齿轮油的分类，这三种分类的对应关系如表 17-2-50 所示。

表 17-2-50　车辆齿轮油的分类标准对应关系

我国分类代号	美军分类标准	美国石油协会 API 分类
L-CLC 普通车辆齿轮油	MIL-L-2105A	GL-3
L-CLD 中负荷车辆齿轮油	MIL-L-2105	GL-4
L-CLE 重负荷车辆齿轮油	MIL-L-2105B、C、D	GL-5

① 普通车辆齿轮油（GL-3）的选用　质量满足石化行业标准 SH/T 0350—1992（2007），如表 17-2-51 所示。适用于润滑中等速度和负荷比较苛刻的手动变速器、螺旋锥齿轮的驱动桥。如解放 CA15、CA30A、141、142、黄河 JN150、跃进 NJ130、230、上海 SH380、长征 XPD260 和俄罗斯生产的卡玛斯等车型。

表 17-2-51　普通车辆齿轮油（GL-3）的质量标准

项　　目		质量指标			方　法
		80W/90	85W/90	90	
100℃运动黏度/$mm^2 \cdot s^{-1}$		15～19	15～19	15～19	GB/T 265
表观黏度(150Pa・s)	不高于	−26	−12	—	GB/T 11145
黏度指数	不小于	—	—	90	GB/T 2541
倾点/℃	不高于	−28	−18	−10	GB/T 3535
闪点(开口)/℃	不低于	170	180	190	GB/T 3536

第17篇

续表

项　目			质量指标			方　法
			80W/90	85W/90	90	
水分/%(质量)		不大于	痕迹			GB/T 260
锈蚀试验(蒸馏水法)			无锈			GB/T 11143
抗泡性/(mL/mL)	24℃	不大于	100/10			GB/T 12579
	93.5℃	不大于	100/10			
	后 24℃	不大于	100/10			
铜片腐蚀(100℃,3h)/级		不大于	1 级			GB/T 5096
最大无卡咬负荷 P_B/N		不大于	80			GB/T 3142
糠醛或酚含量(未加剂)			无			SH/T 0076
机械杂质/%(质量)		不大于	0.05	0.02	0.02	GB/T 511
残炭(未加剂)/%(质量)			报告			GB/T 268
酸值(未加剂)/mg(KOH)·g^{-1}			报告			GB/T 4945
氯含量/%(质量)			报告			SH/T 0161
锌含量/%(质量)			报告			SH/T 0226
硫酸盐灰分/%(质量)			报告			GB/T 2433

② 中负荷车辆齿轮油（GL-4）的选用　质量执行企业标准，见表 17-2-52。适用于润滑低速高扭矩和高速低扭矩条件下的各种齿轮，特别是客车和其他车辆的准双曲面齿轮驱动桥，也可用于手动变速器。适用的车型有东风 140、北京 130、北京 212、南京依维柯、上海交通、黄河、丹东 680 以及进口斯太尔、太拖拉和卡玛斯等。

③ 重负荷车辆齿轮油（GL-5）的选用　质量满足国家标准 GB 13895—1992，如表 17-2-53 所示。适用于润滑高速冲击负荷、高速低扭矩或低速高扭矩条件下的各种齿轮，特别是各种车辆的标准双曲线齿轮，如进口轿车、载重卡车、军用车辆以及引进国外技术制造的各类高档车。

表 17-2-52　中负荷车辆齿轮油（GL-4）的质量指标（Q/SY RH2025—2001）

项　目			质量指标						方　法
			75W	80W/90	85W/90	85W/140	90	140	
100℃运动黏度/$mm^2 \cdot s^{-1}$			≥4.1	13.5～24.0	13.5～24.0	24.0～41.0	13.5～24.0	24.0～41.0	GB/T 265
表观黏度(150Pa·s)/℃		不高于	−40	−26	−12	−12	—	—	GB/T 1145
成沟点/℃		不高于	−45	−35	−20	−20	−17.8	−6.7	SH/T 0030
倾点/℃		不高于	报告	报告	报告	报告	报告	报告	GB/T 3535
闪点(开口)/℃		不低于	150	165	180	180	180	200	GB/T 3536
黏度指数		不小于	—	—	—	—	85	85	GB/T2541
机械杂质/%(质量)		不大于	0.05						GB/T 511
水分/%(质量)		不大于	痕迹						GB/T 260
铜片腐蚀(100℃,3h)/级		不大于	3 级						GB/T 5096
硫酸盐灰分/%(质量)			报告						GB/T 2433
硫含量/%(质量)			报告						SH/T 0253
磷含量/%(质量)			报告						SH/T 0296
氮含量/%(质量)			报告						SH/T 0224
钙含量/%(质量)			报告						SH/T 0270
抗泡性倾向性/mL	24℃	不大于	20						GB/T 12579
	93.5℃	不大于	50						
	后 24℃	不大于	20						
四球机试验 P_B/N		不大于	931						GB/T 3142
齿轮油台架试验			通过						API 规定

表 17-2-53　　**重负荷车辆齿轮油（GL-5）的质量指标**

<table>
<tr><th rowspan="2" colspan="2">项　目</th><th colspan="6">质 量 指 标</th><th rowspan="2">方　法</th></tr>
<tr><th>75W</th><th>80W/90</th><th>85W/90</th><th>85W/140</th><th>90</th><th>140</th></tr>
<tr><td colspan="2">100℃运动黏度/mm²·s⁻¹</td><td>≥4.1</td><td>13.5～24.0</td><td>13.5～24.0</td><td>24.0～41.0</td><td>13.5～24.0</td><td>24.0～41.0</td><td>GB/T 265</td></tr>
<tr><td colspan="2">表观黏度(150Pa·s)/℃　不高于</td><td>−40</td><td>−26</td><td>−12</td><td>−12</td><td>—</td><td>—</td><td>GB/T 1145</td></tr>
<tr><td colspan="2">成沟点/℃　不高于</td><td>−45</td><td>−35</td><td>−20</td><td>−20</td><td>−17.8</td><td>−6.7</td><td>SH/T 0030</td></tr>
<tr><td colspan="2">倾点/℃　不高于</td><td>报告</td><td>报告</td><td>报告</td><td>报告</td><td>报告</td><td>报告</td><td>GB/T 3535</td></tr>
<tr><td colspan="2">闪点(开口)/℃　不低于</td><td>150</td><td>165</td><td>165</td><td>180</td><td>180</td><td>200</td><td>GB/T 3536</td></tr>
<tr><td colspan="2">黏度指数　不小于</td><td>报告</td><td>报告</td><td>报告</td><td>报告</td><td>75</td><td>75</td><td>GB/T2541</td></tr>
<tr><td colspan="2">机械杂质/%(质量)　不大于</td><td colspan="6">0.05</td><td>GB/T 511</td></tr>
<tr><td colspan="2">水分/%(质量)　不大于</td><td colspan="6">痕迹</td><td>GB/T 260</td></tr>
<tr><td colspan="2">铜片腐蚀(100℃,3h)/级　不大于</td><td colspan="6">3 级</td><td>GB/T 5096</td></tr>
<tr><td colspan="2">戊烷不溶物/%(质量)</td><td colspan="6">报告</td><td>GB/T 8926A</td></tr>
<tr><td colspan="2">硫酸盐灰分/%(质量)</td><td colspan="6">报告</td><td>GB/T 2433</td></tr>
<tr><td colspan="2">硫含量/%(质量)</td><td colspan="6">报告</td><td>SH/T 0253</td></tr>
<tr><td colspan="2">磷含量/%(质量)</td><td colspan="6">报告</td><td>SH/T 0296</td></tr>
<tr><td colspan="2">氮含量/%(质量)</td><td colspan="6">报告</td><td>SH/T 0224</td></tr>
<tr><td colspan="2">钙含量/%(质量)</td><td colspan="6">报告</td><td>SH/T 0270</td></tr>
<tr><td rowspan="3">抗泡性倾向性/mL</td><td>24℃　不大于</td><td colspan="6">20</td><td rowspan="3">GB/T 12579</td></tr>
<tr><td>93.5℃　不大于</td><td colspan="6">50</td></tr>
<tr><td>后 24℃　不大于</td><td colspan="6">20</td></tr>
<tr><td colspan="2">储存稳定性
液体沉淀物/%(体积)　不大于
固体沉淀物/%(质量)　不大于</td><td colspan="6">
0.5
0.25</td><td>SH/T 0037</td></tr>
<tr><td rowspan="2">锈蚀试验(L-33)</td><td>盖板锈蚀面积/%　不大于</td><td colspan="6">1</td><td rowspan="2">SH/T 0517</td></tr>
<tr><td>齿面、轴承及其他部件锈蚀　不大于</td><td colspan="6">无锈</td></tr>
<tr><td colspan="2">抗擦伤试验(L-42)</td><td colspan="6">通过</td><td>SH/T 0519</td></tr>
<tr><td colspan="2">承载能力试验(L-37)</td><td colspan="6">通过</td><td>SH/T 0518</td></tr>
<tr><td rowspan="3">热氧化稳定性试验(L-60)</td><td>100℃运动黏度增长/%　不大于</td><td colspan="6">100</td><td>SH/T 0520
GB/T 265</td></tr>
<tr><td>戊烷不溶物/%(质量)　不大于</td><td colspan="6">3</td><td>GB/T 8926A</td></tr>
<tr><td>甲苯不溶物/%(质量)　不大于</td><td colspan="6">2</td><td>GB/T 8926A</td></tr>
</table>

④ 车辆齿轮油的黏度等级与选用　车辆齿轮油的低温黏度，决定了传动装置的低温启动性能。美国汽车工程师学会（SAE）的齿轮油黏度分级规定，冬季用油以表观黏度为 150Pa·s 时的最高温度来划分。因试验表明，当驱动桥齿轮表观黏度不大于 150Pa·s 时，汽车起步后 15s 内就可以流入小齿轮轴承，从而保证正常运转。目前，我国车辆齿轮油黏度分类采用美国汽车工程师学会（SAE）J306—83 驱动桥齿轮及手动变速箱润滑油黏度分类，如表 17-2-54 所示。表中的 W 表示冬用，目前车辆齿轮油有 70W、75W/90、80W/90、85W/90、85W/140、90 和 140 这 7 个等级，所适用的环境温度如表 17-2-55 所示。由表可见，85W/90 的黏度级别就基本能够满足我国的大部分地区的使用要求，所以 85W/90 也是使用最多的一个黏度级别。如果按地区选用，70W 用于高纬度极寒冷地区如俄罗斯、加拿大等国家的冬季使用，75W/90 在我国东北、内蒙古和新疆北部严寒地区四季通用，80W/90 适合于华北、西北大部分地区四季通用，85W/90 和 85W/140 则满足华北、西北部分地区及黄河以南的大部分地区使用，90 和 140 号可以在冬季温度不低于−10℃的江南地区冬夏通用。

表 17-2-54 车辆齿轮油的黏度分类

SAE黏度级别	表观黏度达150Pa·s时的最高温度/℃	100℃运动黏度/$mm^2 \cdot s^{-1}$	
		最小	最大
70W	−55	4.1	—
75W	−40	4.1	—
80W	−26	7.0	—
85W	−12	11.0	—
90	—	13.5	24.0
140	—	24.0	41.0
250	—	41.0	—

表 17-2-55 车辆齿轮油的黏度级别与适用环境温度的对应关系

黏度等级	70W	75W/90	80W/90	85W/90	85W/140	90	140
环境温度/℃	−57～10	−45～49	−35～49	−20～49	−15～49	−12～49	−7～49

⑤ 车辆齿轮油的更换　车辆齿轮油在使用过程中也存在一个质量变化和质量监控问题，使用条件不同，换油标准也有差异。国外公司采用定期换油方法，一般双曲线齿轮的换油期为20000～25000km，如日野、日产和三菱汽车，推荐换油期为24000km。起重车换油期为半年到一年，液压拖拉机推荐换油期为2000～3000h。GL-5车辆齿轮油不但具有优异的极压抗磨性和抗擦伤性，还具有优良的防腐性、防锈性和抗氧化性，使用寿命较长，在正常使用情况下，GL-5车辆齿轮油推荐换油期为50000km。有关数据表明，PG-2车辆齿轮油的使用寿命比GL-5更长。表17-2-56给出了车辆齿轮油的推荐使用周期。

表 17-2-56 车辆齿轮油使用周期

质量等级	车　型	推荐换油里程/km
GL-5	前后桥双曲线齿轮的各类进口和国产小车，各类中高档大、中、小型客车及重负荷运输车辆	第一次换油(磨合期)：1000 第二次换油(磨合期)：3000 第三次换油：50000
GL-4	各类进口和国产中小型客车及手动变速箱	第一次换油(磨合期)：1000 第二次换油(磨合期)：3000 第三次换油：20000
GL-3	螺旋锥齿轮驱动桥的汽车、拖拉机等	10000

⑥ 手动变速器油　以前驱动桥齿轮和变速器齿轮共用同一种油品，但随着车辆技术的进步，这两种齿轮用油有了不同的性能要求。与驱动桥齿轮相比，手动变速器的极压条件较为缓和，一般使用GL-4齿轮油就可以满足要求，但驱动桥齿轮油腐蚀性较高。现在变速器用油对金属的耐腐蚀性和密封材料适应性等性能又有了新的要求，因此提出了手动变速器油。MT-1手动变速器油质量高于GL-4驱动桥齿轮油，改进了热安定性、抗氧化性、清净性、抗磨性和密封材料与青铜件的配伍性。手动变速器用油黏度等级的分类和选用与驱动桥齿轮油相同，也有75W/90、80W/90、85W/90、90和140这几个级别，因此MT-1手动变速器油适合于各种车辆手动变速器的使用。85W/90手动变速箱油质量符合企业标准Q/SY RH2027—2001，如表17-2-57所示。

表 17-2-57 85W/90手动变速箱油质量标准

项　目			质量指标	试验方法
100℃运动黏度/$mm^2 \cdot s^{-1}$			16.0～20.0	GB/T 265
表观黏度(150Pa·s)/℃		不高于	−12	GB/T 11145
成沟点/℃		不高于	−20	SH/T 0030
闪点(开口)/℃		不低于	200	GB/T 3536
水分/%		不大于	痕迹	GB/T 260
杂质/%		不大于	0.1	GB/T 511
铜片腐蚀(121℃,3h)/级		不大于	2a级	GB/T 5096
泡沫性(泡沫倾向性)/mL	24℃	不大于	20	GB/T 12579
	93.5℃	不大于	50	
	后24℃	不大于	20	

续表

项目			质量指标	试验方法
四球机试验 P_B/N		不小于	833	GB/T 3142
储存稳定性	固体沉淀物/%(质量)	不大于	0.25	SH/T 0037
	液体沉积物/%(体积)	不大于	0.50	
FZG齿轮机试验,失效级		不小于	11	SH/T 0306
L-60热氧化稳定性试验	100℃运动黏度增长/%	不大于	100	SH/T 0520
	戊烷不溶物/%(质量)	不大于	3	GB/T 265
	甲苯不溶物/%(质量)	不大于	2	SH/T 8926 A法

美国石油学会（API）又为车辆齿轮油制定了两个新的推荐性使用分类，这种分类把手动变速器油定为PG-1，把重负荷双曲线驱动桥齿轮油定为PG-2，其性能高于目前使用的GL-5车辆齿轮油。PG-1手动变速器油MT-1的规格已于1997年正式公布，而PG-2规格因台架问题目前还没有正式公布。

(3) 传动系统用油-液力传动油

1) 汽车自动传动液 汽车自动传动液的种类、性能及组分见表17-2-58。自动传动液的换油周期比较长，通常在100000km，今后要求更长，甚至与车

表 17-2-58 **汽车自动传动液的种类、性能及组分**

项目	说明
定义	液力传动就是以液体为工作介质,借助于液体的运动能量来实现动力传递的。常见的是利用离心泵作为主动部件带动液体旋转,从泵流出的高速液体推动涡轮机旋转,从而实现能量的传递。液力偶合器及液力变矩器就是根据这种原理设计的,并广泛用于起重、轿车及运输车辆等 液力变矩器对外负荷的变化具有自动变速与变矩的适应性。在离合器中,液力传动油作为滑动摩擦能的传递介质;在摩擦片表面,液力传动液起到冷却作用,防止烧结;在齿轮机构轮和止推轴承中,液力传动油又作为润滑介质。此外,液力传动还能起到过载保护作用,并消除和减少来自原动机和工作机构的冲击与振动负荷,从而使机械启动平稳 在液力变矩器和液力耦合器中使用的液力传动油又称为动力传动液(PTF)或动力换挡传动液,在自动变速器中用到的液力传动油又称为自动传动液(ATF)
种类与使用范围	自动变速器中变矩所用的液力传动油称之为自动传动液,英文缩写为ATF。美国材料试验协会(ASTM)和美国石油学会(API)把自动传动液分为以下三类: ATF-1:适用于轿车和轻型卡车的自动变速器,主要使用的自动传动液规格有:通用汽车公司(GM)的DEXRON ⅡD、ⅡE、Ⅲ和Ⅳ;福特汽车公司(Ford)的Mercon、新Mercon和MerconⅤ;克莱斯勒汽车公司(Chrysler)的MS9006 ATF-2:适用于重负荷卡车的自动传动装置和重负荷功率转换器、变矩器和液力偶合器,主要使用的传动液规格有:阿里逊公司(Allison)的C-3、C-4和C-5;卡特皮勒公司(Caterpillar)的To-3和To-4 ATF-3:适用于农业及建筑机械的液压、齿轮、刹车共用的润滑系统,主要使用的传动液规格有:约翰·迪安公司(John Deer)J-20、J-14和JDT303;福特公司(Ford)的M2C41A
性能要求与组成	自动变速系统含有液力变矩器、齿轮机构、液压机构、湿式离合器和涡轮传动装置等,这些机构都用同一种油-自动传动液ATF来进行润滑和传递能量。因此自动传动液是一种多功能、多用途的液体,除了进行动力传递外,还要起到润滑、冷却、液压控制、传动装置的保护以及有利于平滑变速的作用。自动传动液的性能要求非常严格,评定、研究和开发也十分复杂。自动传动液的性能几乎涵盖了发动机油和齿轮油的所有性能,所含功能添加剂有十多种。一种性能优异的自动传动液应具备以下几方面的特性:适宜的高温黏度、较高的黏度指数和优良的低温性能;优良的氧化安定性;相匹配的静、动摩擦特性;稳定的摩擦耐久特性;换挡感觉良好。此外,自动传动液还要求具有对铜部件无腐蚀,防锈性好,起泡性小以及与密封件适应性好等特性 在汽车自动传动液中黏温特性是其重要性能指标之一,汽车自动传动液的温度使用范围一般为$-25\sim170$℃。在高温黏度方面,通常要求100℃运动黏度不小于7mm^2/s。而低温黏度随着规格的更新要求越来越严,因为低温黏度过大,会使传动操作变坏,在寒冷的冬季会引起换挡时的停滞和增加启动负荷。DexronⅡ的−40℃动力黏度要求不大于50000mPa·s,到DexronⅢ就要求不大于20000mPa·s,而即将发布的DexronⅣ则要求不大于5000mPa·s。基于这些特性,矿物油已经越来越难以满足要求了,不得不较多地使用合成油,甚至是全部使用合成油。加氢裂化油的黏温性能优于矿物油,而价格低于合成油,可用于自动传动液
应注意的问题	自动传动液必须严格按汽车说明书要求选用,特别是低温黏度,当−23℃的动力黏度大于4500mPa·s时,就会引起离合器的烧结。虽然自动传动液的使用温度低于发动机油,但氧化安定性同样十分重要,如果氧化安定性不能满足要求时,就容易产生油泥、漆膜、腐蚀性酸和黏度变化,引起摩擦特性的改变,造成离合器和摩擦片打滑,腐蚀衬套和止推片等。氧化还会使传动油的黏温性能变差,引起低温黏度过大。氧化产生的油泥会堵塞液压控制系统和排液管路,漆状物还会产生控制阀、调节杆失灵等问题

第17篇

辆同寿命。国产汽车自动传动液的质量执行企业标准Q/SY RH2049—2001，如表17-2-59所示。本标准规定的产品是中国石油润滑油公司以矿物油、加氢油、半合成油或合成油为基础油，加入多种添加剂调制的汽车自动传动液ATF，该产品适用于各种具有自动变速箱的轿车和轻型卡车，也可用于大型装载车变速传动箱、动力转向系统、农用机械的分动箱，还可用于各种扭矩传感器、液力耦合器、功率调节泵、手动齿轮箱和动力转向器的工作介质。产品按质量分为ⅡD、ⅡE和Ⅲ三个等级。

2）国产液力传动油 目前我国生产的普通液力传动油，按100℃黏度分为6号和8号。8号液力传动油主要用于小轿车，8D适合于低温条件下的使用，6号液力传动油主要用于内燃机车或载重卡车的液力变矩器。由于这些油品的质量指标与评定方法都与自动传动液差距很大，因此只有企业标准，表17-2-60给出了产品质量标准（Q/SY RH2042—2001）。

表17-2-59 汽车自动传动液质量标准

项目		质量指标			试验方法
		ⅡD	ⅡE	Ⅲ	
100℃运动黏度/mm²·s⁻¹	不小于	6.8	6.8	6.8	GB/T 265
黏度指数	不小于	150	150	150	GB/T 2541
闪点(开口)/℃	不低于	160	160	170	GB/T 3536
燃点/℃	不低于	175	175	185	GB/T 3535
水分/%(质量)		无	无	无	GB/T 260
机械杂质/%(质量)		无	无	无	GB/T 511
铜片腐蚀(150℃,3h)/级		不变黑及剥落	不变黑及剥落	不大于1b级	GB/T 5096
表观黏度(-40℃)/Pa·s	不大于	50	20	20	GB/T 11145
液相锈蚀试验(蒸馏水法)		无锈	无锈	无锈	GB/T 11143
泡沫性/(mL/mL)					GB/T 12579
24℃	不大于	100/0	100/0	100/0	
93.5℃	不大于	100/0	100/0	100/0	
后24℃	不大于	100/0	100/0	100/0	
氧化安定性试验		通过	通过	—	Mercon规格
氧化台架试验		通过	通过	—	GM-6137M
		—	—	通过	GM-6417M
摩擦特性台架试验		通过	通过	—	GM-6137M
		—	—	通过	GM-6417M GM-6417
THCT周期循环台架试验		通过	通过	—	GM-6137M
		—	—	通过	GM-6417M

表17-2-60 国产液力传动油产品质量标准

项目		质量指标			方法
		6号	8号	8D号	
运动黏度/mm²·s⁻¹					GB/T 265
	100℃	5.0～7.0	7.5～8.5	7.5～8.5	
	-20℃	—	—	2000	
黏度指数①	不小于	100	100	100	GB/T 2541
闪点(开口)/℃	不低于	160	155	155	GB/T 267
凝点/℃	不高于	-30	-35	-50	GB/T 510
水溶性酸或碱		—	无	无	GB/T 259
水分/%(质量)	不大于	痕迹	痕迹	痕迹	GB/T 260
铜片腐蚀(100℃,3h)		合格	合格	合格	SH/T 0195
机械杂质/%	不大于	0.01	0.01	0.01	GB/T 511
最大无卡咬负荷P_B/N		报告	报告	报告	GB/T 3142

续表

项目		质量指标			方法
		6号	8号	8D号	
四球长期磨损(D_{30}^{30})/mm		报告	报告	报告	SH/T 0189
泡沫性/(mL/mL)	24℃	报告	报告	报告	GB/T 12579
	93.5	报告	报告	报告	
	后24℃	报告	报告	报告	

① 对于新疆地区的基础油黏度指数可不小于90。

3) 重负荷液力变矩器油 此类产品以精制的石油润滑油馏分为基础油，加入多种添加剂及红色染色剂而制得，适用于重负荷车辆的多级液力变矩器、液力耦合器、车辆的自动变速器、工程机械的流体传递动力系统的润滑，也可作为传递介质。产品质量标准（Q/SY RH2044—2001）见表 17-2-61。

(4) 其他系统用油

1) 减振器油 减振器是加在汽车、火车、拖拉机等车辆用于减轻上下振动、并起到缓冲作用的部件，其中所用缓冲介质就是减振器油。减振器油也属于液压系统用油，常采用精制常压馏分油，加入增黏、降凝、抗氧、防锈、抗磨等添加剂调制而成，实际质量近似于 HV 或 HS 液压油。目前国内有两个系列的产品，既普通减振器油和 KR731 减振器油，质量标准分别见表 17-2-62 和表 17-2-63。KR731 减振器油参照沃尔沃公司 TL-VW731 汽车减振器装车油（德国大众公司标准，红旗轿车、奥迪轿车用）标准而制订了产品技术要求，本产品以低凝环烷基原油经深度精制并加入适宜的抗磨损、抗老化等添加剂调制而成，具有良好抗磨性能及优异的抗氧化性能，而且与橡胶密封件、塑料构件匹配性好。

表 17-2-61 **重负荷液力变矩器油产品质量标准**

项目			质量指标	试验方法
运动黏度①/mm²·s⁻¹	100℃	不小于	7.0	GB/T 265
	40℃		报告	
黏度指数		不小于	150	GB/T 2541
表观黏度(−40℃)/Pa·s		不大于	50	GB/T 11145
闪点(开口)/℃		不低于	160	GB/T 3536
倾点/℃		不高于	−40	GB/T 3535
铜片腐蚀(150℃,3h)/级		不大于	3b	GB/T 5096
酸值/mg(KOH)·g⁻¹			报告	GB/T 4945
水分/%		不大于	痕迹	GB/T 260
机械杂质/%		不大于	无	GB/T 511
液相锈蚀(蒸馏水)			无锈	GB/T 11143
泡沫性(泡沫倾向/泡沫稳定性)/(mL/mL)	24℃	不大于	25/0	GB/T 12579
	93.5℃	不大于	50/0	
	后24℃	不大于	25/0	
最大无卡咬负荷 P_B/N			报告	GB/T 12583
磨斑直径(392N,60min)/mm			报告	SH/T 0189
密封性试验②(150℃,70h)(丁腈橡胶)	体积变化/%		1～6	GB/T 1690
	硬度变化/度		−5～5	GB/T 531
氧化安定性③(氧化2000h) 酸值/mg(KOH)·g⁻¹		不大于	2.0	GB/T 12581
相混性④			合格	

① 油品用后运动黏度（100℃）不小于 5.5mm²/s。

② 保证项目，每年测定一次。

③ 保证项目，每四年测定一次。

④ 与矿油型传动液按 1∶1 混兑，24 小时后目测无沉淀和分层现象为合格。

表 17-2-62 减振器油产品质量标准（Q/SY RH2072—2001）

项目		质量指标			方法
		摩托车	汽车	火车	
运动黏度/$mm^2 \cdot s^{-1}$					GB/T 265
40℃		30～60	10～12	20～24	
－40℃	不大于	—	2500	—	
黏度指数	不小于	90	150	230	GB/T 2541
闪点(开口)/℃	不低于	180	120	120	GB/T 3536
凝点/℃	不高于	－25	－45	－50	GB/T 510
水分/%	不大于	无			GB/T 260
机械杂质/%	不大于	无			GB/T 511
腐蚀试验(铜片,100℃,3h)/级	不大于	1 级			GB/T 5096
水溶性酸或碱		无			GB/T 259
酸值(未加剂)/mg(KOH)·g^{-1}	不大于	0.1			GB/T 264
泡沫性/(mL/mL)					GB/T 12579
24℃	不大于	20/0			
93.5℃	不大于	20/0			
后 24℃	不大于	20/0			
四球机试验					SH/T 0189
最大无卡咬负荷/N	不小于	784			
磨斑直径/mm	不大于	0.5			

表 17-2-63 KR-731 减振器油产品质量标准（Q/SY RH2073—2001）

项目			质量指标	分析方法
外观			透明或红色	目测
机械杂质/%(质量)			无	GB/T 511
密度(20℃)/kg·m^{-3}			报告	GB/T 1881
运动黏度/$mm^2 \cdot s^{-1}$	100℃	不小于	2.9	GB/T 265
	40℃		报告	
	－30℃	不大于	2000	
倾点/℃		不高于	－48	GB/T 3535
铜片腐蚀(100℃,3h)/级		不大于	1	GB/T 5096
液相锈蚀(蒸馏水)			无锈	GB/T 11143
剪切安定性(柴油喷嘴剪切法)				SH/T 0103
40℃黏度下降率/%		不大于	15	
蒸发损失(100℃,1h)			报告	SH/T 0059
苯胺点/℃			报告	GB/T 262

2）刹车制动液　按传递能量的介质不同，汽车刹车方式分为油刹和气刹两种方式。油刹系统体积小，结构紧凑，制动力矩大而且均匀，刹车灵敏迅速，能耗低，可延长轮胎的使用寿命。油刹不仅普遍用于小型汽车，在载重货车上也得到了广泛应用。车用制动介质称为制动液或刹车液，是用于汽车液压制动系统中传递压力的介质，其可靠性与稳定性对汽车的安全行驶十分关键。由于刹车使摩擦生热增加，制动液升温很快，因此要求制动液沸点高、吸湿性小和蒸发性低，以防气阻。同时还要求对制动系统的金属无腐蚀性，对橡胶不溶胀，低温性能好等。制动液有两大类，一类是醇型，由蓖麻油与醇配制而成，这种制动液沸点低，易发生气阻，低温性能差，1991 年交通部与公安部联合下文停止生产和销售醇型制动液。另一类是合成型制动液，我国从 1999 年起要求强制生产和使用合成型制动液。

① 制动液使用时应注意的事项　合成制动液牌号较多，选用时应注意以下几点：了解理化性能，如透明度、有无沉淀和异味、黏度及使用温度等；避免将不同类型制动液混用，以防因组分不同而可能发生的化学反应，导致分层沉淀或堵塞制动系统；注意防火、远离火源，防止日晒雨淋，防止吸水变质而影响使用性能；制动液的使用应严格根据车辆的要求选用，不能凑合，平时也要密切注意油位，如果偏低要

及时补加。

② JG 系列汽车制动液的特点与选用 属醇醚型合成型制动液，沸点高，在使用条件下不易挥发，不产生气阻，有良好的黏温性能和极佳的密封件相容性，可延长密封件寿命，具有良好的热稳定性和化学稳定性，能有效地保护刹擎和离合器金属部件。产品种类有 JG0、JG1、JG2、JG3、JG4 和 JG5，目前常用的是 JG3 和 JG4，可满足我国大部分地区的使用条件。JG3 适用于各种高级轿车及微、轻、重型车辆的液压制动系统，尤其是制动液操作温度较高的进口轿车，如北京“切诺基”、重庆“长安”等。JG4 适合于中外合资企业生产的轿车液压制动系统，如一汽奥迪、北京吉普等，JG5 是特殊车辆要求所推荐的，如广州“标致”504、505 等车辆。各种制动液推荐使用范围见表 17-2-64，质量执行如表 17-2-65 所示。

3）动力转向液 动力转向液主要用于汽车方向机液压助动系统，以往动力转向液经常用液压油、液力传动油或自动传动液替代，但随着动力转向系统的不断改进，对所用油品也有了专门的要求，出现了专门用于液压助动转向系统的动力转向液（PSF）。表 17-2-66 列出了适用于高级轿车动力转向系统的国产动力转向液，产品质量执行企业标准 Q/SY RH2047—2001，满足德国大众公司的 TL-VW52146 规格要求。这种油品以合成油为基础油，加入多种添加剂调制而成。

表 17-2-64 **各级制动液推荐使用范围**

级别	制动液主要特性	推荐使用范围
JG_3	具有良好的高温抗气阻性能和优良的低温性能	相当于 ISO 4925 和 $DOT_3$① 的水平，我国广大地区均可使用
JG_4	具有优良的高温抗气阻性能和良好的低温性能	相当于 $DOT_4$① 水平，我国广大地区均可使用
JG_5	具有优异的高温抗气阻性能和低温性能	相当于 $DOT_5$① 水平，特殊要求车辆使用

① DOT_3、DOT_4 和 DOT_5：DOT 是美国运输安全部的缩写，3、4 和 5 分别是该部门的机动车辆制动液标准中所使用的制动液牌号。

表 17-2-65 **各级制动液质量标准**（GB 10830—1998）

<table>
<tr><th colspan="4">项 目</th><th>JG_3</th><th>JG_4</th><th>JG_5</th></tr>
<tr><td colspan="4">外观</td><td colspan="3">清亮透明，无悬浮物、尘埃和沉淀物质</td></tr>
<tr><td rowspan="2">高温抗气阻性</td><td colspan="3">平衡回流沸点/℃(ERBP) 不低于</td><td>205</td><td>230</td><td>260</td></tr>
<tr><td colspan="3">湿沸点/℃(WERBP) 不低于</td><td>140</td><td>155</td><td>180</td></tr>
<tr><td rowspan="3">运动黏度 /$mm^2 \cdot s^{-1}$</td><td colspan="3">−40℃ 不大于</td><td>1500</td><td>1800</td><td>900</td></tr>
<tr><td colspan="3">50℃ 不小于</td><td colspan="2">—</td><td>4.2</td></tr>
<tr><td colspan="3">100℃ 不小于</td><td colspan="3">1.5</td></tr>
<tr><td rowspan="6">与橡胶的配伍性</td><td rowspan="6">橡胶皮碗根径为:28～28.25mm 的 SBR 及 EPDM 皮碗</td><td rowspan="3">120℃ 70h</td><td>外观</td><td colspan="3">无发黏，无鼓泡，不析出炭黑</td></tr>
<tr><td>根径变化率/%</td><td colspan="3">+0.1～+5.0</td></tr>
<tr><td>硬度变化</td><td colspan="3">0～−15</td></tr>
<tr><td rowspan="3">70℃ 70h</td><td>外观</td><td colspan="3">无发黏，无鼓泡，不析出炭黑</td></tr>
<tr><td>根径变化率/%</td><td colspan="3">+0.1～+5.0</td></tr>
<tr><td>硬度变化</td><td colspan="3">0～−10</td></tr>
<tr><td rowspan="13">金属腐蚀性 100℃ 120h</td><td rowspan="7">金属腐蚀试验质量变化 /$mg \cdot cm^{-2}$</td><td colspan="2">镀锡钢片</td><td colspan="3" rowspan="2">±0.2</td></tr>
<tr><td colspan="2">钢</td></tr>
<tr><td colspan="2">铝</td><td colspan="3">±0.1</td></tr>
<tr><td colspan="2">铸铁</td><td colspan="3">±0.2</td></tr>
<tr><td colspan="2">黄铜</td><td colspan="3" rowspan="3">±0.4</td></tr>
<tr><td colspan="2">铜</td></tr>
<tr><td colspan="2">锌</td></tr>
<tr><td colspan="3">金属试片外观</td><td colspan="3">均匀变色，无坑点</td></tr>
<tr><td rowspan="2">SBR 标准皮碗试验</td><td colspan="2">皮碗外观</td><td colspan="3">无发黏，无鼓泡，不析出炭黑</td></tr>
<tr><td colspan="2">根径变化率/%</td><td colspan="3">+0.1～5.0</td></tr>
<tr><td colspan="3">试后 pH 值</td><td colspan="3">7.0～11.5</td></tr>
<tr><td colspan="3">沉淀/%(体积) 不大于</td><td colspan="3">0.1</td></tr>
<tr><td colspan="3">pH 值</td><td colspan="3">7.0～11.5</td></tr>
</table>

第17篇

表 17-2-66 汽车动力转向液（PSF）质量标准

项 目			质量指标	试验方法
外观			绿色透明	目测
运动黏度/$mm^2 \cdot s^{-1}$	100℃	不小于	5.9	GB/T 265
	40℃		报告	
	−40℃	不大于	1300	
闪点（开口）/℃		不低于	150	GB/T 3536
倾点/℃		不高于	−50	GB/T 3535
铜片腐蚀（100℃，3h）			允许轻微热变色	GB/T 5096
铜失重/%（质量）		不大于	0.5	
液相锈蚀（蒸馏水法）			无锈	GB/T 11143
硫酸盐灰分/%（质量）		不大于	0.2	GB/T 2433
水分/%（质量）		不大于	0.1	GB/T 260
剪切安定性 100℃运动黏度下降率/%		不大于	25	SH/T 0103
蒸发损失（诺亚克法）/%				SH/T 0059
100℃		不大于	1.5（无固体残渣）	
150℃		不大于	7.0（无固体残渣）	
热稳定性试验（140℃，96h）				SH/T 0209
黏度变化/%		不大于	15	GB/T 265
酸值变化/mg(KOH)·g^{-1}		不大于	0.5	GB/T 4945
空气释放值/min		不大于	5	SH/T 0308
泡沫性/（mL/mL）				GB/T 12579
24℃		不大于	100/0	
93℃		不大于	120/0	
后 24℃		不大于	100/0	
橡胶溶胀性			通过	VWZ8.1
对塑料特性			通过	TL529 和 TL537

4）10号红油　10号红油以加氢精制的高黏度指数润滑油组分为基础油，加入增黏剂、抗氧剂、染色剂调制而成，适用于地面的高压开关传动系统、自卸车举升系统、消防车举升系统的润滑。产品质量满足企业标准 Q/SY RH2050—2001，如表17-2-67所示。

表 17-2-67 10号红油产品质量标准

项 目		质量指标	试验方法
外观		红色透明液体	目测
运动黏度/$mm^2 \cdot s^{-1}$			GB/T 265
50℃	不小于	10	
−40℃	不大于	2500	
铜片腐蚀[(70±2)℃，24h]/级	不大于	2	GB/T 5096
酸值①/mg(KOH)·g^{-1}	不大于	0.05	GB/T 7304
闪点（开口）/℃	不低于	92	GB/T 3536
凝点/℃	不高于	−60	GB/T 510
水分/%	不大于	痕迹	GB/T 260
机械杂质/%	不大于	无	GB/T 511
水溶性酸或碱		无	GB/T 259
油膜质量[(65±1)℃，4h]		合格	Q/SY RH2050—2001
低温稳定性[(−50±1)℃，72h]		合格	Q/SY RH2050—2001
密度（20℃）/kg·m^{-3}	不大于	880	GB/T 1884

续表

项 目		质量指标	试验方法
氧化安定性②(140℃,60h)			SH/T 0208
氧化后运动黏度/$mm^2 \cdot s^{-1}$			
50℃	不小于	9.0	
−40℃	不大于	2800	
氧化后酸值/mg(KOH)·g^{-1}	不大于	0.15	
腐蚀度/mg·cm^{-2}			
钢片	不大于	±0.15	
铜片	不大于	±0.15	
铝片	不大于	±0.10	
镁片	不大于	±0.15	

① 用 95%乙醇（分析纯）抽提，用 0.1%溴麝香草酚蓝作指示剂。

② 属保证项目，每年评定一次。

2.3.1.2 工业齿轮油

工业齿轮油是用于各种机械设备齿轮及蜗轮蜗杆传动装置的润滑油，在使用过程中起到润滑、冷却、清洗及防腐防锈等作用。按齿轮封闭形式的不同，齿轮传动装置又有闭式和开式两种。工业齿轮的使用条件经常是处于高温、高负荷、多水及多灰尘的污染场合，从润滑条件考虑，工业齿轮油应该具有以下几方面的性能要求：适当的黏度和良好的黏温性能；良好的热氧化安定性；极压性能要求比车辆齿轮油低，但抗乳化性、防腐防锈性能要求较高；良好的抗泡性能；对于开式齿轮油，还要求具有良好的黏附性和抗水性。

（1）闭式齿轮油

以精制润滑油馏分为基础油，加入多种类型添加剂调制而成，按用途及载荷能力可分为抗氧防锈型齿轮油 L-CKB、中负荷（或普通）工业齿轮油 L-CKC 和重负荷（或极压型）工业齿轮油 L-CKD；每种产品按 40℃运动黏度又可分为 68 号、100 号、150 号、220 号、320 号、460 号、680 号、1000 号等多个黏度牌号，可满足多种齿轮传动装置的润滑需求。

1）抗氧防锈型齿轮油（L-CKB）的性能要求与选用　抗氧防锈型齿轮油具有良好的抗氧、防锈、抗乳化及抗泡沫性能，质量符合美国齿轮制造商协会（AGMA）250.04R&O 的规格要求，与美孚公司的 Vawoine、壳牌公司的 Vitrea、埃索公司的 Newray、BP 公司的 Energol 等油品可互换使用。产品质量符合国家标准 GB 5903—2011，如表 17-2-68 所示。

抗氧防锈型齿轮油适用于润滑齿面应力小于 500MPa 的一般机械设备的减速箱，使用条件为最大滑动速度与节圆圆周速度之比 $v_g/v<1/3$，油温不高于 70℃，如一般负荷的直齿轮、斜齿轮和低速、低负荷的蜗轮蜗杆。

表 17-2-68　L-CKB 的技术要求和试验方法

项 目		质量指标				试验方法
黏度等级(GB/T 3141)		100	150	220	320	
运动黏度(40℃)/$mm^2 \cdot s^{-1}$		90.0～110	135～165	198～242	288～352	GB/T 265
黏度指数	不小于	90				GB/T 1995①
闪点(开口)/℃	不低于	180	200			GB/T 3536
倾点/℃	不高于	−8				GB/T 3535
水分(质量分数)/%	不大于	痕迹				GB/T 260
机械杂质(质量分数)/%	不大于	0.01				GB/T 511
铜片腐蚀(100℃,3h)/级	不大于	1				GB/T 5096
液相锈蚀(24h)		无锈				GB/T 11143(B法)
氧化安定性 总酸值达 2.0mg(KOH)/g 的时间/h	不小于	750		500		GB/T 12581
旋转氧弹(150℃)/min		报告				SH/T 0193

续表

项 目	质量指标				试验方法
黏度等级(GB/T 3141)	100	150	220	320	
泡沫性(泡沫倾向/泡沫稳定性)/(mL/mL)					GB/T 12579
程序Ⅰ(24℃) 不大于	75/10				
程序Ⅱ(93.5℃) 不大于	75/10				
程序Ⅲ(后24℃) 不大于	75/10				
抗乳化性(82℃)					GB/T 8022
油中水(体积分数)/% 不大于	0.5				
乳化层/mL 不大于	2.0				
总分离水/mL 不小于	30.0				

① 测定方法也包括GB/T 2541。结果有争议时，以GB/T 1995为仲裁方法。

2）中负荷工业齿轮油（L-CKC）的性能要求与选用 中负荷或普通工业齿轮油除了具有良好的抗氧、防锈、抗乳化及抗泡沫性能外，极压抗磨性能比抗氧防锈型齿轮油有了明显提高，质量水平与美国齿轮制造商协会（AGMA）250.03EP相当。与壳牌公司的Macoma R、加德士公司的Meropa等油品可互换使用。产品质量满足国家标准GB 5903—2011所规定的技术指标要求，如表17-2-69所示。

中负荷工业齿轮油适用于润滑齿面应力在500～1100MPa之间的密封式圆柱齿轮、斜齿轮及人字齿轮等传动装置，使用条件为$v_g/v<1/3$，油温为5～80℃，如矿山、化工和建材等行业的减速机。

此外，中负荷工业齿轮油产品还有合格品，合格品的腐蚀试验条件为100℃和3h，要求不大于1级，其余项目都与一等品相同。如果使用中用基础油调制中负荷工业齿轮油，产品的黏度指数允许不小于70。

3）重负荷工业齿轮油（L-CKD）的性能要求与选用 重负荷工业齿轮油具有优良的极压抗磨、抗氧、防锈、抗乳化及抗泡沫性能，质量水平与美国钢铁公司USS-224或美国齿轮制造商协会（AGMA）250.04EP相当。可与美孚公司的Gear 600系列、壳牌公司的Omala、BP公司的Energol GR-XP等油品互换使用。产品质量符合国家标准GB 5903—2011所规定的要求，如表17-2-70所示。

重负荷工业齿轮油适用于齿面应力大于1100MPa的重负荷齿轮传动装置的润滑，使用条件为$v_g/v>1/3$，油温为5～120℃，如冶金行业的轧机等设备。

表17-2-69 L-CKC的技术要求和试验方法

项目	质量指标											试验方法
黏度等级(GB/T 3141)	32	46	68	100	150	220	320	460	680	1000	1500	
运动黏度(40℃)/mm²·s⁻¹	28.8～35.2	41.4～50.6	61.2～74.8	90.0～110	135～165	198～242	288～352	414～506	612～748	900～1100	1350～1650	GB/T 265
外观	透明											目测①
运动黏度(100℃)/mm²·s⁻¹	报告											GB/T 265
黏度指数 不小于	90								85			GB/T 1995②
表观黏度达150000mPa·s时的温度/℃	③											GB/T 11145
倾点/℃ 不高于	−12				−9				−5			GB/T 3535
闪点(开口)/℃ 不低于	180			200								GB/T 3536
水分(质量分数)/% 不大于	痕迹											GB/T 260
机械杂质(质量分数)/% 不大于	0.02											GB/T 511
泡沫性(泡沫倾向/泡沫稳定性)/(mL/mL)												GB/T 12579
程序Ⅰ(24℃) 不大于	50/0									75/10		
程序Ⅱ(93.5℃) 不大于	50/0									75/10		
程序Ⅲ(后24℃) 不大于	50/0									75/10		

续表

项目	质量指标											试验方法
黏度等级(GB/T 3141)	32	46	68	100	150	220	320	460	680	1000	1500	
铜片腐蚀(100℃,3h)/级 不大于	1											GB/T 5096
抗乳化性(82℃) 油中水(体积分数)/% 不大于 乳化层/mL 不大于 总分离水/mL 不小于	 2.0 1.0 80.0							 2.0 4.0 50.0				GB/T 8022
液相锈蚀(24h)	无锈											GB/T 11143 (B 法)
氧化安定性(95℃,312h) 100℃运动黏度增长/% 不大于 沉淀值/mL 不大于	 6 0.1											SH/T 0123
极压性能(梯姆肯试验机法) OK 负荷值/N(lb) 不小于	200(45)											GB/T 11144
承载能力 齿轮机试验/失效级 不小于	10		12			>12						SH/T 0306
剪切安定性(齿轮机法) 剪切后 40℃运动黏度 $/mm^2 \cdot s^{-1}$	在黏度等级范围内											SH/T 0200

① 取 30～50mL 样品，倒入洁净的量筒中，室温下静置 10min 后，在常光下观察。

② 测定方法也包括 GB/T 2541。结果有争议时，以 GB/T 1995 为仲裁方法。

③ 此项目根据客户要求进行检测。

表 17-2-70 L-CKD 的技术要求和试验方法

项目	质量指标								试验方法
黏度等级(GB/T 3141)	68	100	150	220	320	460	680	1000	
运动黏度(40℃)$/mm^2 \cdot s^{-1}$	61.2～74.8	90.0～110	135～165	198～242	288～352	414～506	612～748	900～1100	GB/T 265
外观	透明								目测①
运动黏度(100℃)$/mm^2 \cdot s^{-1}$	报告								GB/T 265
黏度指数 不小于	90								GB/T 1995②
表观黏度达 150000mPa·s 时的温度/℃	③								GB/T 11145
倾点/℃ 不高于	−12		−9				−5		GB/T 3535
闪点(开口)/℃ 不低于	180	200							GB/T 3536
水分(质量分数)/% 不大于	痕迹								GB/T 260
机械杂质(质量分数)/% 不大于	0.02								GB/T 511
泡沫性(泡沫倾向/泡沫稳定性)/(mL/mL) 程序Ⅰ(24℃) 不大于 程序Ⅱ(93.5℃) 不大于 程序Ⅲ(后 24℃) 不大于	 50/0 50/0 50/0							 75/10 75/10 75/10	GB/T 12579
铜片腐蚀(100℃,3h)/级 不大于	1								GB/T 5096

续表

项　　目	质量指标								试验方法
黏度等级(GB/T 3141)	68	100	150	220	320	460	680	1000	
抗乳化性(82℃)									GB/T 8022
油中水(体积分数)/%　　不大于	2.0							2.0	
乳化层/mL　　不大于	1.0							4.0	
总分离水/mL　　不小于	80.0							50.0	
液相锈蚀(24h)	无锈								GB/T 11143 (B法)
氧化安定性(121℃,312h)									SH/T 0123
100℃运动黏度增长/%　　不大于	6							报告	
沉淀值/mL　　不大于	0.1							报告	
极压性能(梯姆肯试验机法) 　OK负荷值/N(lb)　　不小于	267(60)								GB/T 11144
承载能力 　齿轮机试验/失效级　　不小于	12			>12					SH/T 0306
剪切安定性(齿轮机法) 　剪切后40℃运动黏度/mm²·s⁻¹	在黏度等级范围内								SH/T 0200
四球机试验									
烧结负荷/N(kgf)　　不小于	2450(250)								GB/T 3142
综合磨损指数/N(kgf)　　不小于	441(45)								
磨斑直径(196N,60min,54℃,1800r/min)/mm　　不大于	0.35								SH/T 0189

① 取30～50mL样品，倒入洁净的量筒中，室温下静置10min后，在常光下观察。

② 测定方法也包括GB/T 2541。结果有争议时，以GB/T 1995为仲裁方法。

③ 此项目根据客户要求进行检测。

4）其他类型闭式工业齿轮油

① 低凝工业齿轮油性能与选用　低凝工业齿轮油以精制的润滑油组分为基础油，加入抗磨、抗氧、抗腐、防锈、抗泡、降凝等添加剂调制而成，具有较好的低温流动性，良好的抗磨性、氧化安定性、抗乳化性和防锈防腐性等。质量水平与SH 0375—1992工业齿轮油相当，但凝点更低，适用于润滑环境温度不低于−12℃的野外一般负荷的齿轮传动装置。产品质量执行企业标准Q/SH 018.3222—1990，如表17-2-71所示。本标准产品按50℃运动黏度分为120号和150号两个牌号。

② 合成型齿轮油的性能与选用　具有典型代表的是SHC产品系列，该系列产品采用合成烃类油，加入极压抗磨剂调制而成，具有使用温度范围宽、黏温性能好的特点，属于重负荷工业齿轮油，适用于在−34～120℃温度范围内运转的各类闭式齿轮装置的润滑。产品质量指标见表17-2-72。

表17-2-71　　低凝工业齿轮油质量标准

项　　目	质量指标		试验方法
	120	150	
运动黏度(50℃)/mm²·s⁻¹	110～130	140～160	GB/T 265
黏度指数	报告	报告	GB/T 1995
闪点(开口)/℃　　不低于	190	200	GB/T 3536
凝点/℃　　不高于	−15	−15	GB/T 510
残炭(加剂前)/%　　不大于	0.9	1.1	GB/T 268
铜片腐蚀(100℃,3h)/级	合格	合格	SH/T 0195
机械杂质/%　　不大于	0.01	0.01	GB/T 511
水分/%　　不大于	痕迹	痕迹	GB/T 260
最大无卡咬负荷 P_B/N	报告	报告	GB/T 3142

表 17-2-72 SHC 系列齿轮油的技术数据

项目		测定结果				
		150	220	320	460	680
密度/kg·m^{-3}		868	871	881	889	895
运动黏度/mm^2·s^{-1}	40℃	143	217	306	445	628
	100℃	18.7	26.0	34.6	45.4	59.6
黏度指数		148	152	157	158	162
闪点(开口)/℃		220	220	220	230	230
倾点/℃		−55	−45	−42	−37	−34

(2) 开式齿轮油

开式齿轮油具有较高的黏度和良好的黏附性，能够黏附在摩擦副表面形成油膜而起到润滑作用，可用于非密闭式的齿轮及链条等系统的润滑。从组成划分，开式齿轮油有沥青质和非沥青质；从使用方式划分，开式齿轮油可分为稀释型和非稀释型；根据载荷条件，开式齿轮油有普通开式齿轮油、中负荷开式齿轮油和重负荷开式齿轮油三大类。

1）普通开式齿轮油 本产品以矿物油馏分为基础油，添加防锈等添加剂及适量沥青质而制得的非稀释型开式齿轮油，具有一定的黏附性，能够在齿轮、链条形成一层油膜，起到防锈、防腐、抗磨及润滑作用。该产品适用于开式齿轮、链条和钢丝绳的润滑，如化肥装置的扒料机、油田钻机的链条、挖泥船的大小齿轮等。产品质量符合石化行业标准 SH/T 0363—1992（2007），如表 17-2-73 所示。

表 17-2-73 普通开式齿轮油技术指标

项目		质量指标					试验方法
黏度等级(按 100℃运动黏度划分)		68	100	150	220	320	—
相近的原牌号		1 号	2 号	3 号	4 号	5 号	—
运动黏度(100℃)/mm^2·s^{-1}		60～75	90～110	135～165	200～245	290～350	SH/T 0363
闪点(开口)/℃	不低于	200	200	200	210	210	GB/T 267
腐蚀试验(45 号钢片,100℃,3h)		合格					SH/T 0195
液相锈蚀试验(蒸馏水)		无锈					GB/T 11143
最大无卡咬负荷 P_B/N	不小于	686					GB/T 3142
清洁性		必须无砂子和磨料					①

① 用 5～10 倍直馏汽油稀释、中速定量滤纸过滤、乙醇苯混合液冲洗残渣，观察滤纸必须无砂子和磨料。

2）中负荷开式齿轮油 不含溶剂、沥青、重金属和氯，符合环保要求。具有承载能力和抗擦伤性能良好，能合理保护齿面，热安定性和氧化安定性优异，使用周期长，黏附性及可喷雾性良好等特点。适用于润滑各类中负荷开式齿轮以及装有自动喷雾装置的工业开式齿轮传动装置。产品质量执行企业标准，如表 17-2-74 所示。

3）重负荷开式齿轮油 属非溶剂稀释型、非沥青型产品，不含重金属和氯。其抗乳化性、防锈性及润滑性优良，可保证齿轮运转顺畅及防止擦伤，热氧化安定性优异，使用寿命长，黏附性及可喷雾性良好。重负荷型产品适用于润滑各类开式齿轮，特别是重负荷开式齿轮，以及装有自动喷雾装置的工业开式齿轮传动装置。产品质量指标如表 17-2-75 所示。

表 17-2-74 中负荷开式齿轮油技术指标

项目			质量指标		
			150	220	320
100℃运动黏度/mm^2·s^{-1}			135～165	198～242	288～352
黏度指数		不小于	90	90	90
闪点(开口)/℃		不低于	200	200	200
倾点/℃		不高于	−8	−8	−8
铜片腐蚀试验(100℃,3h)/级		不大于	1	1	1
液相锈蚀试验(蒸馏水)			无锈	无锈	无锈
抗泡沫试验/(mL/mL)	24℃	不大于	75/10	75/10	75/10
	93.5℃	不大于	75/10	75/10	75/10
	后 24℃	不大于	75/10	75/10	75/10

表 17-2-75　重负荷开式齿轮油技术指标

项　目			质量指标		
			150	220	320
100℃运动黏度/$mm^2 \cdot s^{-1}$			135～165	198～242	288～352
黏度指数		不小于	90	90	90
闪点(开口)/℃		不低于	200	200	200
倾点/℃		不高于	−8	−8	−8
铜片腐蚀试验(100℃,3h)/级		不大于	1	1	1
液相锈蚀试验(蒸馏水)			无锈	无锈	无锈
四球机试验 P_D/N		不小于	3920	3920	3920
抗泡沫试验/(mL/mL)	24℃	不大于	75/10	75/10	75/10
	93.5℃	不大于	75/10	75/10	75/10
	后 24℃	不大于	75/10	75/10	75/10

4）高黏度溶剂稀释型开式齿轮油　黏度较高，含有稀释溶剂，油中不含氯、不含铅，溶剂易挥发，产品在−30℃低温下仍能够保持流动性，可喷雾性良好，溶剂挥发后能够在齿轮表面形成一层具有韧性、附着力强的防水油膜，可抵御雨、雪、水的冲刷。典型产品为美孚公司的 tac 325NC/375NC，产品的质量分析结果见表 17-2-76。该产品适用于润滑条件苛刻的开式齿轮，如水泥窑的冠状齿轮和矿石加工设备的开式齿轮。

表 17-2-76　tac 325NC/375NC 开式齿轮油技术数据

项　目		测定结果	
		325NC	375NC
外观		黑色	黑色
密度/$kg \cdot m^{-3}$		960	960
运动黏度/$mm^2 \cdot s^{-1}$	40℃(稀释后)	1600	5000
	100℃(稀释前)	1100	1100
闪点/℃		110	121
使用温度/℃		93	93

（3）蜗轮蜗杆油产品系列

蜗轮蜗杆油主要用于厂矿设备蜗轮蜗杆传动装置的润滑，该润滑油产品以精制矿物油为基础油，以油性剂和抗磨剂为主要添加剂，同时根据性能要求辅以抗氧剂、防锈剂、抗泡剂、破乳剂以及稠化剂和降凝剂等。国外蜗轮蜗杆油目前使用的标准为美军 MIL-L-15019E6135、MIL-L-18486B（OS）及美国齿轮制造者协会（AGMA）250.04Comp。我国蜗轮蜗杆油质量标准为 SH/T 0094（见表 17-2-77 和表 17-2-78），该标准参照了国外美军 MIL-L-15019E6135、MIL-L-18486B（OS）及 AGMA250.04Comp 的规格。

按质量要求分为一级品与合格品，按使用负荷可分为普通型（或轻负荷）L-CKE 和极压型（或重负荷）L-CKE/P 两大类，这两大类产品分别按黏度等级（按 GB/T 3141，40℃运动黏度），通常又可 220、320、460、680 和 1000 号五个牌号。

1）轻负荷蜗轮蜗杆油（L-CKE）的规格与选用　质量水平相当于美军规格 MIL-L-15019E6135 或美国齿轮制造协会（AGMA）250.04Comp 规格，与美孚公司 600W 系列、BP 公司 Energol DC-C 等油品可互换使用。L-CKE 普通型系列产品具有良好的油性（摩擦因数小、油膜强度大），良好的抗腐蚀性、防锈性、抗氧化性和抗乳化性，适用于润滑普通蜗轮蜗杆副（载荷参数≤$294N/cm^2$），传动中平稳无冲击，如轻纺、仪表以及船舶等蜗轮蜗杆减速箱使用。产品质量标准如表 17-2-77 所示。

表 17-2-77　L-CKE 轻负荷蜗轮蜗杆油产品标准

质量等级		一级品					合格品					试验方法
黏度牌号		220	320	460	680	1000	220	320	460	680	1000	—
40℃运动黏度/$mm^2 \cdot s^{-1}$		198～242	288～352	414～506	612～748	900～1100	198～242	288～352	414～506	612～748	900～1100	GB/T 265
闪点(开口)/℃	不低于	200	220				180					GB/T 3536
黏度指数	不小于	90					90					GB/T 2541
倾点/℃	不高于	−6					−6					GB/T 3535
水溶性酸碱		无					无					GB/T 259
机械杂质/%(质量)	不大于	0.02					0.05					GB/T 511

第 17 篇

续表

质量等级	一级品	合格品	试验方法
水分/%(质量)　不大于	痕迹	痕迹	GB/T 260
中和值/mg(KOH)·g^{-1}　不大于	1.3	1.3	GB/T 4945
皂化值/mg(KOH)·g^{-1}	9～25	5～25	GB/T 8021
腐蚀试验/级(T3 铜片,100℃,3h)　不大于	1 级	1 级	GB/T 5096
液相锈蚀试验(蒸馏水)	无锈	无锈	GB/T 11143
沉淀值/mL　不大于	0.05	0.05	SH/T 0024
硫含量/%(质量)　不大于	1.00	1.00	SH/T 0303
抗乳化性(82℃,40-37-3mL)/min　不大于	60	—	GB/T 7305
泡沫性/(mL/mL) 24℃　不大于 93.5℃　不大于 后 24℃　不大于	 75/10 75/10 75/10	 75/10 75/10 75/10	GB/T 12579
氧化安定性试验[酸值达到 2.0mg(KOH)/g]/h　不小于	350	—	GB/T 12581
剪切安定性试验(40℃运动黏度下降率)/%　不大于	6	—	SH/T 0505

2）重负荷蜗轮蜗杆油（L-CKE/P）的规格与选用　L-CKE/P 重负荷（或极压型）蜗轮蜗杆油除了具有良好的抗腐蚀性、防锈性、抗氧化性和抗乳化性外，还具有优良的抗磨性能。适用于有冲击负荷（载荷参数>294N/cm²）、滑动速度小于 2.5m/s 的蜗轮蜗杆减速装置润滑。产品质量相当于美军 MIL-L-18486B（OS）及美国齿轮制造协会 AGMA250.04Comp 规格，与美孚公司 600W 系列、BP 公司 Energol CGRS、壳牌公司的 Fivela oil WA 等油品可互换使用。产品质量如表 17-2-78 所示。

表 17-2-78　　L-CKE/P 重负荷蜗轮蜗杆油产品标准

质量等级	一级品					合格品					试验方法
黏度牌号	220	320	460	680	1000	220	320	460	680	1000	—
40℃运动黏度/mm²·s^{-1}	198～242	288～352	414～506	612～748	900～1100	198～242	288～352	414～506	612～748	900～1100	GB/T 265
闪点(开口)/℃　不低于	200		220			180					GB/T 3536
黏度指数　不小于	90					90					GB/T 2541
倾点/℃　不高于	−12					−6					GB/T 3535
机械杂质/%(质量)　不大于	0.02					0.05					GB/T 511
水分/%(质量)　不大于	痕迹					痕迹					GB/T 260
中和值/mg(KOH)·g^{-1}　不大于	1.0					1.3					GB/T 4945
皂化值/mg(KOH)·g^{-1}　不大于	25					25					GB/T 8021
腐蚀试验(T3 铜片,100℃,3h)　不大于	1 级					1 级					GB/T 5096
液相锈蚀试验	无锈(合成海水)					无锈(蒸馏水)					GB/T 11143
硫含量/%(质量)　不大于	1.25					1.25					SH/T 0303
抗乳化性(82℃,40-37-3mL)/min　不大于	60					—					GB/T 7305
泡沫性/(mL/mL) 24℃　不大于 93.5℃　不大于 后 24℃　不大于	 75/10 75/10 75/10					 —/300 —/25 —/300					GB/T 12579
氧化安定性试验[酸值达到 2.0mg(KOH)/g]/h　不小于	350					—					GB/T 12581

续表

质量等级	一 级 品	合 格 品	试验方法
综合磨损指数(1500r/min)/N 不小于	392	392	GB/T 3142
剪切安定性试验 40℃运动黏度下降率/% 不大于	6	—	SH/T 0505

(4) 工业齿轮油的更换

在通常情况下，工业齿轮油使用者主要根据腐蚀、锈蚀、沉淀、油泥、黏度变化及污染程度等情况决定是否更换新油。为了定期进行质量监控，我国制定了 L-CKC 中负荷工业齿轮油的换油标准 SH/0586，如表 17-2-79 所示。当有一项超标时就应该更换新油。

2.3.1.3 液压油及液力传动油

液压传动装置广泛用于机械设备，如机床液压系统、冶金液压系统和工程机械液压系统等。液压油是液压系统中传递和转换能量的工作介质，在工业润滑油中，液压油约占 40%～60%，用量最多。

液压传动具有许多优点，如元件体积小，重量轻，结构紧凑，传动惯量小，灵敏度高，操作安装灵活方便，传递功率大，易实现自动化操作，易进行无级调速，易实现标准化、系列化、通用化、集成化等。

(1) 液压系统对液压油的性能要求

液压传动系统由液压泵、控制阀、执行机构和辅助设备等元件组成。其工作原理是利用液压油泵，将电动机或原动机的动能转变为液压能，然后通过控制阀和执行机构完成所要求的动作。在系统中，液压油长期使用，一般从几年到数十年。液压油除实现能量的传递和转换外，还起到润滑、冷却、防锈和减振等作用，同时经受各种压力、温度和剪切等因素的影响。黏度是液压油的主要性能之一，黏度太低，容易引起泄漏和增加磨损，使系统压力不易保持；黏度过高，则使泵吸入阻力增大，易产生气阻，引起振动和噪声，功率损失增大以及使操作灵敏度降低等。随着液压元件向着大功率、小型化、高压、高速和大流量方向的发展，要求液压油既要有良好的流动性，又要有良好的润滑性和抗磨性。液压油必须适应液压系统的设计要求，一般应具备以下几方面的性能：适宜的黏度和良好的黏温性能；良好的润滑性能、良好的氧化安定性、良好的防腐防锈性能、良好的消泡性和空气释放性、良好的抗乳化性及水分离性、良好的密封材料适应性、良好的抗燃性、良好的剪切安定性、蒸汽压低；热胀系数低。

(2) 液压油的分类

液压油的分类有多种方式，有以下几个方面。

按用途分类：航空液压油、船舶液压油、车用液压油、机床液压油、特种液压油等；

按抗燃烧特性分类：易燃型和难燃型；

按基础油分类：矿油型和合成型。

我国等效采用国际标准 ISO 6743-4—1999，制定了液压系统用油分类标准 GB/T 7631.2—2003，如表 17-2-80所示。此外，液压油还根据使用压力进行分类，如表 17-2-81 所示。

表 17-2-79 L-CKC 工业齿轮油换油标准

项 目		换 油 指 标	试 验 方 法
外观		异常	目测
运动黏度变化率/%	超过	+15 或−20	GB/T 265
水分/%(质量)	大于	0.5	GB/T 260
机械杂质/%(质量)	不小于	0.5	GB/T 511
铜片腐蚀(100℃,3h)/级	不小于	3b	GB/T 5096
梯姆肯试验 OK 值/N	不大于	133.4	GB/T 11144

表 17-2-80 液压油分类

具体应用	组成和特性	产品符号	典 型 应 用	备注
液压导轨系统用油(易燃)	无抗氧剂的精制矿物油	HH		
	精制矿油,改善了抗氧性和防锈性	HL		
	改善抗磨性的 HL 油	HM	高负荷部件的一般液压系统	
	改善黏温性的 HL 油	HR		
	改善黏温性的 HM 油	HV	机械和船用设备	
	无特定难燃性的合成液	HS		特殊性能
	具有黏-滑性的 HM 油	HG	液压与滑动轴承导轨合用润滑系统的机床,在低速下使振动或间断滑动(黏-滑)减为最小	

续表

具体应用	组成和特性	产品符号	典型应用	备注
需要难燃液的场合(难燃)	水包油乳化液	HFAE		含水量大于 80%
	水的化学溶液	HFAS		
	油包水乳化液	HFB		含水量小于 80%
	含聚合物水溶液	HFC		
	磷酸酯无水合成液	HFDR		可能对环境和健康有害,应小心
	氯化烃无水合成液	HFDS		
	HFDR 和 HFDS 混合的无水合成液	HFDT		
	其他成分的无水合成液	HFDU		

表 17-2-81 **液压油的压力分类**

压力分级	低压	中压	中高压	高压	超高压
范围/MPa	0～2.5	2.5～8	8～16	16～32	＞32

(3) 液压油的规格

高档化是润滑油发展的趋势。液压油的不断高档化是基于工作压力不断上升，且对摩擦副的减摩润滑要求越来越高。当然，液压油的品种规格随之越来越多，国外多由液压设备制造厂商提出规格牌号，如美国 Denison 泵公司、Vickers 叶片泵公司、Cincinnati 等公司都有自己适用的油品规格牌号，其中以 Denison 公司 HF-0 规格要求最高。

1994 年，我国参照法国、德国及一些国外公司标准，制定了矿物油和合成烃型液压油标准（GB 11118.1—2011)，包括 L-HL、L-HM（高压)、L-HM（普通)、L-HV、L-HS、L-HG 等六个品种。该标准强调了油品的热、氧化安定性、载荷能力、过滤性、水解稳定性、抗泡性和空气释放性等。

我国矿物油和合成烃型液压油标准基本已与国际接轨。

1) 国外液压油的规格 表 17-2-82 列出了 Denison 公司的部分产品性能，这几种液压油是国内使用较多的进口油。

2) 国内液压油规格

① L-HH 液压油 L-HH 液压油是一种无添加剂的精制矿物油，质量高于全损耗系统用油 L-AN（机械油)，这种油品虽然列入分类中，但液压系统不宜使用，我国无此类油品及其标准。

② L-HL 液压油 L-HL 液压油是由精制程度较高的中性油为基础油，加入抗氧、抗泡和防锈添加剂调制而成，适用于机床等设备的低压润滑系统。目前我国 HL 液压油有 15、22、32、46、68 和 100 号六个黏度牌号（按 40℃运动黏度划分)，而且只设一等品，标准见表 17-2-83。

③ L-HM 抗磨型液压油 L-HM 液压油是在防锈、抗氧液压油的基础上改善了抗磨性能而发展成的抗磨液压油。这种液压油采用深度精制和脱蜡的中性油为基础油，加入抗氧剂、抗磨剂、防锈剂、金属钝

表 17-2-82 **Denison 公司液压油部分性能**

项 目	HF-0	HF-1	HF-2
T-5D 叶片泵试验(17.5MPa)	通过	—	通过
P-46 柱塞泵试验(35.0MPa)	通过	通过	—
D943 氧化试验[酸值达到 2.0mg(KOH)/g]/h	＞1000	—	＞1000
D665 液相锈蚀试验(A/B)	通过	通过	通过
过滤性(TP02100)	通过	—	—
D892 泡沫试验(10min)	无	无	无
黏度指数 VI	≥90	≥90	≥90
D2619 水解试验			
水层总酸度/mg(KOH)·g^{-1}	＜4.0	—	＜6.0
铜片腐蚀/mg·cm^{-2}	＜0.2	—	＜0.5
热安定性(135℃,168h)			
总沉渣重/mg·$(100mL)^{-1}$	＜100	—	—
铜棒失重/mg·$(200mL)^{-1}$	＜10	—	—

化剂、抗泡剂等调制而成，可满足中、高压液压系统油泵等抗磨部件的抗磨性要求，适用于性能要求较高的大型进口液压设备。从抗磨剂的组成来看，L-HM液压油分为含锌型（以二烷基二硫代磷酸锌为主剂）和无灰型（以硫、磷酸酯类等化合物为主剂）两大类。不含金属盐的无灰型抗磨液压油克服了含锌型产品的水解安定性及抗乳化性差等问题。在产品质量方面，L-HM液压油分为一级品和优级品，产品质量执行国标GB 11118.1—2011，如表17-2-84所示。一级品与法国NF E48-603和德国DIN51524（Ⅱ）规格相当，设有15、22、32、46、68、100和150号七个黏度等级；优级品设有15、22、32、46、68号五个黏度等级，质量水平与美国Denison HF-0相当，比一级品增加了热稳定性、水解安定性、过滤性和剪切安定性的要求，并在叶片泵抗磨性试验上提出了更高要求。

④ L-HG液压油　HG液压油亦称液压-导轨油，是在L-HM液压油基础上添加抗黏滑剂（油性剂或减摩剂）形成的一类液压油，适用于液压及导轨共用一个油路的精密机床，可使机床在低速下将振动或间断滑动（黏-滑）减为最小。GB 11118.1—2011标准中规定了32和68号两个黏度级别的HG液压油，而且只有一等品，产品标准见表17-2-85。

⑤ L-HV液压油　HV液压油属低温型抗磨液压油，是以深度精制的矿物油为基础油，添加高性能的黏度指数改进剂和降凝剂，除了具备抗磨液压油的特性外，还具有较低的倾点、较高的黏度指数（大于130）、良好的低温性能（低温流动性、低温泵送性和冷启动性）和剪切安定性。本产品适用于−30℃以上、作业环境温度变化较大的室外中、高压液压系统的机械设备。HV产品的质量等级分为优级品和一级品，产品质量标准见表17-2-86。

⑥ L-HS液压油　HS液压油是具有更良好低温性能的抗磨液压油，该产品是以合成烃、加氢油或半合成烃油为基础油，加有高性能的黏度指数改进剂和降凝剂，具备更低的倾点、更高的黏度指数（>130）和更优良的低温黏度，同时具有抗磨液压油应具备的一切性能。该产品适用于严寒区−40℃以上、环境温度变化较大的室外作业的中、高压液压系统的机械设备。HS液压油的质量等级也分为优级品和一级品，均设有10、15、22、32、46号共5个黏度等级，质量标准见表17-2-96。优级品增加了水解安定性、热安定性和过滤性试验指标，如表17-2-87所示。

⑦ L-HR液压油　HR液压油是改善黏温性的HL液压油，用于环境温度变化较大的中、低压液压系统，但我国在GB 11118.1—2011中不设此类油品，如果有使用L-HR液压油的场合可选用L-HV液压油。

⑧ 高压抗磨液压油　高压抗磨液压油质量性能符合GB 11118.1—2011中L-HM优级品的规格，同时增加了高压叶片泵（Denison T5D）和高压柱塞泵（Denison P46）台架试验，具有更优良的抗磨性能。产品标准执行企业标准Q/SY RH2043—2001，如表17-2-88所示。产品设有32、46、68和100号四个黏度等级，满足美国Denison HF-0规格和Cincinnat-Milacron公司P-68、P-69和P-70的规格要求，达到了当前国际同类产品标准的先进水平。高压抗磨液压油适用于装配有叶片泵（工作压力17.5MPa以上）及柱塞泵（工作压力32MPa以上）的不同类型高压及超高压液压设备。

⑨ 环保型液压油　液压油的溢出或泄漏会造成环境的污染，因此一些国家立法禁止在环境敏感地带，如森林和水源等地使用非生物降解型液压油，尤其是在此地带作业的工程机械要求使用可生物降解的液压油。目前国外许多公司如ARAL公司、Mobil公司、BP公司相继推出了一系列环保型液压油，占液压油总量的10%。一些资料表明，各种油的生物降解率不同，其中以植物油生物降解性最好，而且来源丰富，价格也较低；合成酯各方面性能都较好，但成本太高；聚乙二醇易水溶渗入地下造成地下水污染。因此，在欧洲以植物油为基础油调制的可生物降解型液压油在市场占有较大的比例。

环保型液压油除了具有可生物降解性、低毒性以外，还应添加抗氧剂、清净分散剂、极压抗磨剂等功能添加剂来满足液压系统的苛刻性要求。但这些添加剂也应该是可生物降解的，并且对所选择的基础油生物降解性能的影响要小。目前国内生物降解型液压油正在研究开发之中，产品标准尚未制定，但随着时代的发展，生物降解型液压油必将得到推广和使用。但国外已经有产品使用，如美孚公司的EAL 224H产品，是采用精选的高质量、高黏度指数植物油，加入添加剂调制而成；还有加德士公司的Hydra生物降解型液压传动油，属合成型生物降解型液压传动油，不含锌，抗磨性好，与植物油基产品相比，使用温度更高，热氧化安定性优异，不易变质，与矿物型液压传动油相容，水分离性良好，可保证良好的过滤性，工作温度范围在−30～95℃；两种产品技术指标见表17-2-89。

⑩ 低凝液压油　此类油品以石油馏分为基础油，加入多种添加剂调制而成，适用于野外作业的工程机械以及进口装备和车辆等冬季使用的液压系统。该产品内加染色剂为蓝色透明液体，成品按其50℃运动黏度划分为20、30、30D和40四个牌号，产品质量标准（Q/SY RH2045—2001）见表17-2-90。

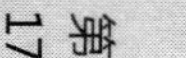

表 17-2-83 L-HL 抗氧防锈液压油的技术要求和试验方法

项目	质量指标							试验方法
黏度等级(GB/T 3141)	15	22	32	46	68	100	150	
密度(20℃)[①]/$kg \cdot m^{-3}$	报告							GB/T 1884 和 GB/T 1885
色度/号	报告							GB/T 6540
外观	透明							目测
闪点/℃ 开口 不低于	140	165	175	185	195	205	215	GB/T 3536
运动黏度/$mm^2 \cdot s^{-1}$ 40℃ 0℃ 不大于	13.5～16.5 140	19.8～24.2 300	28.8～35.2 420	41.4～50.6 780	61.2～74.8 1400	90～110 2560	135～165 —	GB/T 265
黏度指数[②] 不小于	80							GB/T 1995
倾点[③]/℃ 不高于	−12	−9	−6	−6	−6	−6	−6	GB/T 3535
酸值[④]/(以 KOH 计)/$mg \cdot g^{-1}$	报告							GB/T 4945
水分(质量分数)/% 不大于	痕迹							GB/T 260
机械杂质	无							GB/T 511
清洁度	⑤							DL/T 432 和 GB/T 14039
铜片腐蚀(100℃,3h)/级 不大于	1							GB/T 5096
液相锈蚀(24h)	无锈							GB/T 11143(A 法)
泡沫性(泡沫倾向/泡沫稳定性)/(mL/mL) 程序Ⅰ(24℃) 不大于 程序Ⅱ(93.5℃) 不大于 程序Ⅲ(后 24℃) 不大于	 150/0 75/0 150/0							GB/T 12579
空气释放值(50℃)/min 不大于	5	7	7	10	12	15	25	SH/T 0308
密封适应性指数 不大于	14	12	10	9	7	6	报告	SH/T 0305
抗乳化性(乳化液到 3mL 的时间)/min 54℃ 不大于 82℃ 不大于	 30 —	 30 —	 30 —	 30 —	 30 —	 — 30	 — 30	GB/T 7305
氧化安定性 1000h 后总酸值(以 KOH 计)[⑥]/(mg/g) 不大于	—	2.0						GB/T 12581
1000h 后油泥/mg	—	报告						SH/T 0565
旋转氧弹(150℃)/min	报告	报告						SH/T 0193
磨斑直径(392N,60min,75℃,1200r/min)/mm	报告							SH/T 0189

① 测定方法也包括用 SH/T 0604。
② 测定方法也包括用 GB/T 2541，结果有争议时，以 GB/T 1995 为仲裁方法。
③ 用户有特殊要求时，可与生产单位协商。
④ 测定方法也包括用 GB/T 264。
⑤ 由供需双方协商确定。也包括用 NAS 1638 分级。
⑥ 黏度等级为 15 的油不测定，但所含抗氧剂类型和量应与产品定型时黏度等级为 22 的试验油样相同。

表 17-2-84 L-HM 抗磨液压油（高压、普通）的技术要求和试验方法

项目		质量指标										试验方法
		L-HM(高压)				L-HM(普通)						
黏度等级(GB/T 3141)		32	46	68	100	22	32	46	68	100	150	
密度①(20℃)/kg·m^{-3}		报告				报告						GB/T 1884 和 GB/T 1885
色度/号		报告				报告						GB/T 6540
外观		透明				透明						目测
闪点/℃												
开口	不低于	175	185	195	205	165	175	185	195	205	215	GB/T 3536
运动黏度/mm^2·s^{-1}												GB/T 265
40℃		28.8～35.2	41.4～50.6	61.2～74.8	90～110	19.8～24.2	28.8～35.2	41.4～50.6	61.2～74.8	90～110	135～165	
0℃	不大于	—	—	—	—	300	420	780	1400	2560	—	
黏度指数②	不小于	95				85						GB/T 1995
倾点③/℃	不高于	−15	−9	−9	−9	−15	−15	−9	−9	−9	−9	GB/T 3535
酸值④(以 KOH 计)/mg·g^{-1}		报告				报告						GB/T 4945
水分(质量分数)/%	不大于	痕迹				痕迹						GB/T 260
机械杂质		无				无						GB/T 511
清洁度		⑤				⑤						DL/T 432 和 GB/T 14039
铜片腐蚀(100℃,3h)/级	不大于	1				1						GB/T 5096
硫酸盐灰分/%		报告				报告						GB/T 2433
液相锈蚀(24h)												GB/T 11143
A 法		—				无锈						
B 法		无锈				—						
泡沫性(泡沫倾向/泡沫稳定性)/(mL/mL)												GB/T 12579
程序Ⅰ(24℃)	不大于	150/0				150/0						
程序Ⅱ(93.5℃)	不大于	75/0				75/0						
程序Ⅲ(后 24℃)	不大于	150/0				150/0						
空气释放值(50℃)/min	不大于	6	10	13	报告	5	6	10	13	报告	报告	SH/T 0308
抗乳化性(乳化液到 3mL 的时间)/min												GB/T 7305
54℃	不大于	30	30	30	—	30	30	30	30	—	—	
82℃	不大于	—	—	—	30	—	—	—	—	30	30	
密封适应性指数	不大于	12	10	8	报告	13	12	10	8	报告	报告	SH/T 0305
氧化安定性												
1500h 后总酸值(以 KOH 计)/mg·g^{-1}	不大于	2.0				—						GB/T 12581
1000h 后总酸值(以 KOH 计)/mg·g^{-1}	不大于	—				2.0						GB/T 12581
1000h 后油泥/mg		报告				报告						SH/T 0565
旋转氧弹(150℃)/min		报告				报告						SH/T 0193

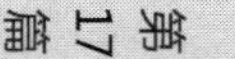

第17篇

续表

项目		质量指标										试验方法
		L-HM(高压)				L-HM(普通)						
黏度等级(GB/T 3141)		32	46	68	100	22	32	46	68	100	150	
抗磨性 齿轮机试验⑥/失效级	不小于	10	10	10	10	—	10	10	10	10	10	SH/T 0306
抗磨性 叶片泵试验(100h,总失重)⑥/mg	不大于	—	—	—	—	100	100	100	100	100	100	SH/T 0307
抗磨性 磨斑直径(392N,60min,75℃,1200r/min)/mm		报告				报告						SH/T 0189
抗磨性 双泵(T6H20C)试验⑥												附录 A
叶片和柱销总失重/mg	不大于	15				—						
柱塞总失重/mg	不大于	300										
水解安定性												SH/T 0301
铜片失重/mg·cm⁻²	不大于	0.2				—						
水层总酸度(以 KOH 计)/mg	不大于	4.0				—						
铜片外观		未出现灰、黑色				—						
热稳定性(135℃,168h)												SH/T 0209
铜棒失重/mg·(200mL)$^{-1}$	不大于	10				—						
钢棒失重/mg·(200mL)$^{-1}$		报告				—						
总沉渣重/mg·(100mL)$^{-1}$	不大于	100				—						
40℃运动黏度变化率/%		报告				—						
酸值变化率/%		报告				—						
铜棒外观		报告				—						
钢棒外观		不变色				—						
过滤性/s												SH/T 0210
无水	不大于	600				—						
2%水⑦	不大于	600				—						
剪切安定性(250 次循环后,40℃运动黏度下降率)/%	不大于	1				—						SH/T 0103

① 测定方法也包括用 SH/T 0604。

② 测定方法也包括用 GB/T 2541。结果有争议时，以 GB/T 1995 为仲裁方法。

③ 用户有特殊要求时，可与生产单位协商。

④ 测定方法也包括用 GB/T 264。

⑤ 由供需双方协商确定。也包括用 NAS 1638 分级。

⑥ 对于 L-HM（普通）油，在产品定型时，允许只对 L-HM22（普通）进行叶片泵试验，其他各黏度等级油所含功能剂类型和量应与产品定型时 L-HM22（普通）试验油样相同。对于 L-HM（高压）油，在产品定型时，允许只对 L-HM32（高压）进行齿轮机试验和双泵试验，其他各黏度等级油所含功能剂类型和量应与产品定型时 L-HM32（高压）试验油样相同。

⑦ 有水时的过滤时间不超过无水时的过滤时间的两倍。

表 17-2-85　　L-HG 液压导轨油的技术要求和试验方法

项目		质量指标				试验方法
黏度等级(GB/T 3141)		32	46	68	100	
密度①(20℃)/kg·m^{-3}		报告				GB/T 1884 和 GB/T 1885
色度/号		报告				GB/T 6540
外观		透明				目测
闪点/℃						
开口	不低于	175	185	195	205	GB/T 3536
运动黏度(40℃)/mm^2·s^{-1}		28.8～35.2	41.4～50.6	61.2～74.8	90～110	GB/T 265
黏度指数②	不小于	90				GB/T 1995
倾点③/℃	不高于	−6	−6	−6	−6	GB/T 3535
酸值④(以 KOH 计)/mg·g^{-1}		报告				GB/T 4945
水分(质量分数)/%	不大于	痕迹				GB/T 260
机械杂质		无				GB/T 511
清洁度		⑤				DL/T 432 和 GB/T 14039
铜片腐蚀(100℃,3h)/级	不大于	1				GB/T 5096
液相锈蚀(24h)		无锈				GB/T 11143(A 法)
皂化值(以 KOH 计)/mg·g^{-1}		报告				GB/T 8021
泡沫性(泡沫倾向/泡沫稳定性)/(mL/mL)						GB/T 12579
程序Ⅰ(24℃)	不大于	150/0				
程序Ⅱ(93.5℃)	不大于	75/0				
程序Ⅲ(后 24℃)	不大于	150/0				
密封适应性指数	不大于	报告				SH/T 0305
抗乳化性(乳化液到 3mL 的时间)/min						GB/T 7305
54℃		报告			—	
82℃		—			报告	
黏滑特性(动静摩擦系数差值)⑥	不大于	0.08				SH/T 0361 的附录 A
氧化安定性						
1000h 后总酸值/(以 KOH 计)/mg·g^{-1}	不大于	2.0				GB/T 12581
1000h 后油泥/mg		报告				SH/T 0565
旋转氧弹(150℃)/min		报告				SH/T 0193
抗磨性						
齿轮机试验/失效级	不小于	10				SH/T 0306
磨斑直径(392N,60min,75℃,1200r/min)/mm		报告				SH/T 0189

① 测定方法也包括用 SH/T 0604。
② 测定方法也包括用 GB/T 2541。结果有争议时，以 GB/T 1995 为仲裁方法。
③ 用户有特殊要求时，可与生产单位协商。
④ 测定方法也包括用 GB/T 264。
⑤ 由供需双方协商确定。也包括用 NAS 1638 分级。
⑥ 经供、需双方商定后也可以采用其他黏滑特性测定法。

表 17-2-86 L-HV 低温液压油的技术要求和试验方法

项目		质量指标							试验方法
黏度等级(GB/T 3141)		10	15	22	32	46	68	100	
密度①(20℃)/kg·m^{-3}		报告							GB/T 1884 和 GB/T 1885
色度/号		报告							GB/T 6540
外观		透明							目测
闪点/℃									
开口	不低于	—	125	175	175	180	180	190	GB/T 3536
闭口	不低于	100	—	—	—	—	—	—	GB/T 261
运动黏度(40℃)/mm^2·s^{-1}		9.00～11.0	13.5～16.5	19.8～24.2	28.8～35.2	41.4～50.6	61.2～74.8	90～110	GB/T 265
运动黏度 1500mm^2/s 时的温度/℃	不高于	−33	−30	−24	−18	−12	−6	0	GB/T 265
黏度指数②	不小于	130	130	140	140	140	140	140	GB/T 1995
倾点③/℃	不高于	−39	−36	−36	−33	−33	−30	−21	GB/T 3535
酸值④(以 KOH 计)/mg·g^{-1}		报告							GB/T 4945
水分(质量分数)/%	不大于	痕迹							GB/T 260
机械杂质		无							GB/T 511
清洁度		⑤							DL/T 432 和 GB/T 14039
铜片腐蚀(100℃,3h)/级	不大于	1							GB/T 5096
硫酸盐灰分/%		报告							GB/T 2433
液相锈蚀(24h)		无锈							GB/T 11143(B 法)
泡沫性(泡沫倾向/泡沫稳定性)/(mL/mL)									GB/T 12579
程序Ⅰ(24℃)	不大于	150/0							
程序Ⅱ(93.5℃)	不大于	75/0							
程序Ⅲ(后 24℃)	不大于	150/0							
空气释放值(50℃)/min	不大于	5	5	6	8	10	12	15	SH/T 0308
抗乳化性(乳化液到 3mL 的时间)/min									GB/T 7305
54℃	不大于	30	30	30	30	30	30	—	
82℃	不大于	—	—	—	—	—	—	30	
剪切安定性(250 次循环后,40℃运动黏度下降率)/%	不大于	10							SH/T 0103
密封适应性指数	不大于	报告	16	14	13	11	10	10	SH/T 0305

续表

项目		质量指标							试验方法
黏度等级(GB/T 3141)		10	15	22	32	46	68	100	
氧化安定性 1500h后总酸值(以KOH计)⑥/mg·g^{-1}	不大于	—	—	2.0					GB/T 12581
1000h后油泥/mg		—	—	报告					SH/T 0565
旋转氧弹(150℃)/min		报告	报告	报告					SH/T 0193
抗磨性 齿轮机试验/失效级	不小于	—	—	—	10	10	10	10	SH/T 0306
抗磨性 磨斑直径(392N,60min,75℃,1200r/min)/mm		报告							SH/T 0189
抗磨性 双泵(T6H20C)试验⑦ 叶片和柱销总失重/mg	不大于	—	—	—	15				附录A
柱塞总失重/mg	不大于	—	—	—	300				
水解安定性 铜片失重/mg·cm^{-2}	不大于	0.2							SH/T 0301
水层总酸度(以KOH计)/mg	不大于	4.0							
铜片外观		未出现灰、黑色							
热稳定性(135℃,168h) 铜棒失重/mg·(200mL)$^{-1}$	不大于	10							SH/T 0209
钢棒失重/mg·(200mL)$^{-1}$		报告							
总沉渣重/mg·(100mL)$^{-1}$	不大于	100							
40℃运动黏度变化/%		报告							
酸值变化率/%		报告							
铜棒外观		报告							
钢棒外观		不变色							
过滤性/s 无水	不大于	600							SH/T 0210
2%水⑧	不大于	600							

① 测定方法也包括用SH/T 0604。
② 测定方法也包括用GB/T 2541。结果有争议时，以GB/T 1995为仲裁方法。
③ 用户有特殊要求时，可与生产单位协商。
④ 测定方法也包括用GB/T 264。
⑤ 由供需双方协商确定。也包括用NAS 1638分级。
⑥ 黏度等级为10和15的油不测定，但所含抗氧剂类型和量应与产品定型黏度等级为22的试验油样相同。
⑦ 在产品定型时，允许只对L-HV32油进行齿轮机试验和双泵试验，其他各黏度等级所含功能剂类型和量应与产品定型时黏度等级为32的试验油样相同。
⑧ 有水时的过滤时间不超过无水时的过滤时间的两倍。

表 17-2-87 L-HS 超低温液压油的技术要求和试验方法

项目		质量指标					试验方法
黏度等级(GB/T 3141)		10	15	22	32	46	
密度①(20℃)/kg·m^{-3}		报告					GB/T 1884 和 GB/T 1885
色度/号		报告					GB/T 6540
外观		透明					目测
闪点/℃							
开口	不低于	—	125	175	175	180	GB/T 3536
闭口	不低于	100	—	—	—	—	GB/T 261
运动黏度(40℃)/mm^2·s^{-1}		9.0～11.0	13.5～16.5	19.8～24.2	28.8～35.2	41.4～50.6	GB/T 265
运动黏度 1500mm^2/s 时的温度/℃	不高于	−39	−36	−30	−24	−18	GB/T 265
黏度指数②	不小于	130	130	150	150	150	GB/T 1995
倾点③/℃	不高于	−45	−45	−45	−45	−39	GB/T 3535
酸值④(以 KOH 计)/mg·g^{-1}		报告					GB/T 4945
水分(质量分数)/%	不大于	痕迹					GB/T 260
机械杂质		无					GB/T 511
清洁度		⑤					DL/T 432 和 GB/T 14039
铜片腐蚀(100℃,3h)/级	不大于	1					GB/T 5096
硫酸盐灰分/%		报告					GB/T 2433
液相锈蚀(24h)		无锈					GB/T 11143(B 法)
泡沫性(泡沫倾向/泡沫稳定性)/(mL/mL)							GB/T 12579
程序Ⅰ(24℃)	不大于	150/0					
程序Ⅱ(93.5℃)	不大于	75/0					
程序Ⅲ(后 24℃)	不大于	150/0					
空气释放值(50℃)/min	不大于	5	5	6	8	10	SH/T 0308
抗乳化性(乳化液到 3mL 的时间)/min							
54℃	不大于	30					GB/T 7305
剪切安定性(250 次循环后,40℃运动黏度下降率)/%	不大于	10					SH/T 0103
密封适应性指数	不大于	报告	16	14	13	11	SH/T 0305

续表

项目		质量指标					试验方法
黏度等级(GB/T 3141)		10	15	22	32	46	
氧化安定性							
1500h后总酸值(以KOH计)⑥/mg·g^{-1}	不大于	—	—	2.0			GB/T 12581
1000h后油泥/mg		—	—	报告			SH/T 0565
旋转氧弹(150℃)/min		报告	报告	报告			SH/T 0193
抗磨性 齿轮机试验⑦/失效级	不小于	—	—	—	10	10	SH/T 0306
抗磨性 磨斑直径(392N,60min,75℃,1200r/min)/mm		报告					SH/T 0189
抗磨性 双泵(T6H20C)试验⑦							附录A
叶片和柱销总失重/mg	不大于	—	—	—	15		
柱塞总失重/mg	不大于	—	—	—	300		
水解安定性							SH/T 0301
铜片失重/(mg/cm^2)	不大于	0.2					
水层总酸度(以KOH计)/mg	不大于	4.0					
铜片外观		未出现灰、黑色					
热稳定性(135℃,168h)							SH/T 0209
铜棒失重/mg·$(200mL)^{-1}$	不大于	10					
钢棒失重/mg·$(200mL)^{-1}$		报告					
总沉渣重/mg·$(100mL)^{-1}$	不大于	100					
40℃运动黏度变化率/%		报告					
酸值变化率/%		报告					
铜棒外观		报告					
钢棒外观		不变色					
过滤性/s							SH/T 0210
无水	不大于	600					
2%水⑧	不大于	600					

① 测定方法也包括用SH/T 0604。
② 测定方法也包括用GB/T 2541。结果有争议时，以GB/T 1995为仲裁方法。
③ 用户有特殊要求时，可与生产单位协商。
④ 测定方法也包括用GB/T 264。
⑤ 由供需双方协商确定。也包括用NAS 1638分级。
⑥ 黏度等级为10和15的油不测定，但所含抗氧剂类型和量应与产品定型黏度等级为22的试验油样相同。
⑦ 在产品定型时，允许只对L-HS 32进行齿轮机试验和双泵试验，其他各黏度等级油所含功能剂类型和量应与产品定型时黏度等级为32的试验油样相同。
⑧ 有水时的过滤时间不超过无水时的过滤时间的两倍。

表 17-2-88 **高压抗磨液压油技术指标**（Q/SY RH2043—2001）

项目			质量指标				试验方法
黏度等级			32	46	68	100	GB/T 3141
运动黏度(40℃)/$mm^2 \cdot s^{-1}$			28.8～35.2	41.4～50.6	61.2～74.8	90.0～110	GB/T 265
黏度指数①		不小于	95				GB/T 2541
闪点(开口)/℃		不低于	160	180			GB/T 3536
倾点②/℃		不高于	−15	−9			GB/T 3535
水分/%(质量)		不大于	痕迹				GB/T 260
机械杂质/%(质量)			无				GB/T 511
铜片腐蚀(100℃,3h)/级		不大于	1				GB/T 5096
液相锈蚀(蒸馏水/合成海水法)			无锈				GB/T 11143
酸值/mg(KOH)·g^{-1}			报告				GB/T 4945
色度			报告				GB/T 6540
泡沫性(泡沫倾向/泡沫稳定性)/(mL/mL)	24℃	不大于	150/10				GB/T 12579
	93℃	不大于	150/10				
	后 24℃	不大于	150/10				
抗乳化性(40-37-3)/mL·min^{-1}	54℃		30	30	30	—	GB/T 7305
	82℃		—	—	—	30	
磨斑直径(392N,60min,75℃,1200r/min)/mm			报告				SH/T 0189
空气释放值(50℃)③/min		不大于	6	10	12	报告	SH/T 0308
橡胶密封适应指数③		不大于	12	10	8	报告	SH/T 0305
水解安定性③	铜片失重/mg·cm^{-2}	不大于	0.2				SH/T 0301
	水层总酸度/mg(KOH)·g^{-1}	不大于	4.0				
	铜片外观		无灰、黑色				
热稳定性(135℃,168h)③	铜棒失重/mg·$(200mL)^{-1}$	不大于	10				SH/T 0209
	总沉渣重/mg·$(100mL)^{-1}$	不大于	100				
过滤性/s③	无水	不大于	600				SH/T 0210
	2%水	不大于	1200				
氧化安定性④/h 酸值达 2.0mg(KOH)/g 的时间/h		不小于	1000				GB/T 12581
FZG 齿轮机承载能力试验⑤,失效级		不小于	10				SH/T 0306
叶片泵试验(100h,总失重)/mg⑤		不大于	50				SH/T 0307
高压叶片泵试验 T5D⑥			通过				Denison HF-0
高压柱塞泵试验 P46⑥			通过				Denison HF-0

① 对于用非高黏度指数基础油生产的高压抗磨液压油，黏度指数可控制在不小于 70 出厂，但还必须控制 0℃运动黏度，黏度指数等级 32 不大于 420mm^2/s，46 不大于 780mm^2/s，68 不大于 1400mm^2/s，对于用高黏度指数基础油生产的各质量等级油，只控制黏度指数，不控制 0℃运动黏度。

② 如用户有特殊要求时，供需双方商定，如产品加降凝剂时，剪切下降率不超过 1%（SH/T 0103）。

③ 属保证项目，每年测定一次。

④ 属保证项目，每年测定一次，但所含抗氧剂类型和量与产品定型时相同。

⑤ 属保证项目，每两年测定一次，但所含抗磨剂类型和量与产品定型时相同。

⑥ 属保证项目，当产品基础油和添加剂配方不改变时，可不做此项目。

表 17-2-89 进口生物降解型液压传动油技术指标

项目		EAL 224H	Hydra	
		32	32	46
密度/kg・L^{-1}		0.921	—	—
运动黏度/mm^2・s^{-1}	40℃	36.8	32.5	45.2
	100℃	8.3	7.4	9.3
黏度指数		212	205	195
闪点(开口)/℃		294	215	252
倾点/℃		−34	−39	−39
FZG 齿轮机试验,通过级		—	12	12
生物降解性(CEC)/%	大于	—	80	80

⑪ 其他专用液压油 为满足特殊液压机械及特殊场合的使用，国内还生产了其他专用液压油，其质量标准等级大多为军标或企标，质量等级基本在 HL-HM 范围内，或接近 HV。

a. 航空液压油 航空液压油按 50℃运动黏度可分为 10 号（SH 0358）、12 号（Q/XJ 2007）和 15 号三种，是由环烷基低凝原油经常压蒸馏、分子筛脱蜡精制的基础油加入黏度指数改进剂、抗氧剂、染色剂（不得加降凝剂）等添加剂调和而成，具有极好的低温性能，凝点在−60～−70℃，用于航空设备液压系统，如起落架、减速板、空投舱门及尾翼操纵系统等。其中 10 号和 12 号产品加有黏度指数改进剂、抗氧剂和染色剂，质量标准低于 HS 液压油标准。10 号产品适用于航空液压机构的工作液，也可作为类似工作环境的其他液压机构的工作液。12 号产品主要用于飞机液压系统的润滑，并可用于长期工作温度为 125℃、短期工作温度为 150℃液压系统的润滑。15 号则加有黏度指数改进剂、复合抗氧剂、极压抗磨剂、防锈剂、消泡剂和染色剂等，质量标准相当于 HS 液压油标准。航空液压油工作温度为−54～190℃，近音速用矿物油，超音速则用合成油。表 17-2-91和表 17-2-92 分别列出了中国石油润滑油公司生产的 10 号和 12 号航空液压油质量标准；表 17-2-93列出了石油基航空液压油的质量标准，本产品使用温度范围为−54～+135℃，适用于被指定的飞机及其他使用合成密封材料的液压系统。

表 17-2-90 低凝液压油产品质量标准

项目		质量指标				方法
		20 号	30 号	30D 号	40 号	
运动黏度(50℃)/mm^2・s^{-1}		17～23	27～33	25～35	37～43	GB/T 265
黏度指数	不小于	120	120	130	120	GB/T 1995
闪点(开口)/℃	不低于	150	150	140	150	GB/T 3536
凝点/℃	不高于	−35	−35	−45	−35	GB/T 510
水分/%	不大于	痕迹	痕迹	痕迹	痕迹	GB/T 260
机械杂质/%	不大于	无	无	0.01	0.01	GB/T 511
铜片腐蚀(100℃,3h)/级		合格	合格	合格	合格	SH/T 0159
液相锈蚀试验(蒸馏水,24h)		无锈	无锈	无锈	无锈	GB/T 11143
最大无卡咬负荷 P_B/N		报告	报告	报告	报告	GB/T 3142

表 17-2-91 10 号航空液压油产品质量标准（SH 0358—1995，2005）

项目			质量指标	试验方法
外观			红色透明	目测
运动黏度/mm^2・s^{-1}	50℃	不小于	10	GB/T 265
	−50℃	不大于	1250	
腐蚀(70℃±2℃,24h)/级		不大于	2	GB/T 5096
初馏点/℃		不低于	210	GB/T 6536
酸值①/mg(KOH)・g^{-1}		不大于	0.05	GB/T 264

第17篇

续表

项 目		质量指标	试验方法
闪点(开口)/℃	不低于	92	GB/T 267
凝点/℃	不高于	−70	GB/T 510
水分/mg·kg^{-1}	不大于	60	GB/T 11133
机械杂质/%	不大于	无	GB/T 511
水溶性酸或碱		无	GB/T 259
油膜质量[(65±1)℃,4h]②		合格	②
低温稳定性[(−60±1)℃,72h]		合格	SH 0358
超声波剪切(40℃运动黏度下降率)/%	不大于	16	SH/T 0505
氧化安定性(140℃,60h) 氧化后运动黏度/mm^2·s^{-1} 50℃ −50℃ 氧化后酸值/mg(KOH)·g^{-1} 腐蚀度/mg·cm^{-2} 钢片 铜片 铝片 镁片	 不小于 不大于 不大于 不大于 不大于 不大于 不大于	 9.0 1500 0.15 ±0.1 ±0.15 ±0.15 ±0.1	SH/T 0208
密度(20℃)/kg·m^{-3}	不大于	850	GB/T 1884、GB/T 1885

① 用 95%乙醇（分析纯）抽提，用 0.1%溴麝香草酚蓝作指示剂。

② 油膜质量的测定：将清洁的玻璃片浸入试油中取出，垂直地放在恒温器中干燥，在（65±1)℃下保持 4h，然后在 15～25℃下冷却 30～45min，观察在整个表面上油膜不得呈现硬的黏滞状。

表 17-2-92 12 号航空液压油质量标准（Q/SY RH2065—2001）

项 目		质量指标	试验方法
外观		红色透明液体	目测
密度(20℃) /kg·m^{-3}		800～900	GB/T 1884、GB/T 1885
运动黏度/mm^2·s^{-1} 150℃ 50℃ −40℃ −54℃	 不小于 不小于 不大于 不大于	 3 12 600 3000	GB/T 265
初馏点/℃	不低于	230	GB/T 6536
酸值①/mg(KOH)·g^{-1}	不大于	0.05	GB/T 264
闪点(开口)/℃	不低于	100	GB/T 3536
凝点/℃	不高于	−60	GB/T 510
水分/%(质量)		无	GB/T 260
水溶性酸或碱		无	GB/T 259
机械杂质/%(质量)		无	GB/T 511
铜片腐蚀[(70±2)℃,24h]		通过	Q/SY RH 2065—2001
低温稳定性[(−60±1)℃,72h]		通过	Q/SY RH 2065—2001
液相锈蚀(蒸馏水 A 法)		无锈	GB/T 11143
超声波剪切(40℃运动黏度下降率)/%	不大于	16	SH/T 0505
氧化安定性(160℃,100h) 运动黏度变化率(50℃)/% 酸值/mg(KOH)·g^{-1} 腐蚀度 钢片 铜片 铝片 镁片	 不大于 不大于 不大于 不大于 不大于	 −5～+20 0.3 ±0.1 ±0.2 ±0.1 ±0.2	SH/T 0208

① 用 95%（V）乙醇（分析纯）抽提，用 0.1%溴麝香草酚兰作指示剂。

第 17 篇

表 17-2-93 **石油基航空液压油质量标准**（GJB 1177—1991）

项　　目		质量指标	试验方法
外观		无悬浮物、红色透明液体	目测
密度(20℃)/$kg\cdot m^{-3}$		实测	GB/T 1884
运动黏度/$mm^2\cdot s^{-1}$			GB/T 265
100℃	不小于	4.90	
40℃	不小于	13.2	
-40℃	不大于	600	
-54℃	不大于	2500	
倾点/℃①	不高于	-60	GB/T 3535
凝点/℃①	不高于	-65	GB/T 510
闪点(闭口)/℃	不低于	82	GB/T 261
酸值/mg(KOH)·g^{-1}	不大于	0.20	GB/T 7304
水溶性酸或碱		无	GB/T 259
蒸发损失(71℃,6h)/%	不大于	20	GB/T 7325
铜片腐蚀(135℃,72h)/级	不大于	2	GB/T 5096
水分/%	不大于	0.01	GB/T 11133
磨斑直径(75℃,1200r/min,392N,60min)/mm	不大于	1.0	SH/T 0204
氧化腐蚀试验			GJB 563
40℃运动黏度变化/%		-5～+20	
酸值/mg(KOH)·g^{-1}	不大于	0.40	
油外观②		无不溶物或沉淀	
金属腐蚀(重量变化)/mg·cm^{-2}			
钢(15)	不大于	±0.2	
铜(T2)	不大于	±0.6	
铝(LY12)	不大于	±0.2	
镁(MB2)	不大于	±0.2	
金属片外观		无腐蚀	用 20 倍放大镜观察
铜片腐蚀/级	不大于	3	
低温稳定性(-54℃±1℃,72h)		合格	GJB 1177
剪切安定性			SH/T 0505
40℃运动黏度下降率/%	不大于	16	
-40℃运动黏度下降率/%	不大于	16	
泡沫性能(24℃)			GB/T 12579
吹气 5min 后泡沫体积/mL	不大于	65	
静置 10min 后泡沫体积/mL		0④	
橡胶膨胀率(NBR-L 标准橡胶)/%		19～30	GJB 1177
储存安定性(24℃±3℃,12 个月)		无浑浊、沉淀、悬浮物等，符合全部技术要求	SH/T 0451
固体颗粒杂质			GJB 380.4
颗粒尺寸范围③/μm·$(100mL)^{-1}$			
5～15	不大于	10000	
16～25	不大于	1000	
26～50	不大于	150	
51～100	不大于	20	
>100	不大于	5	
重量法/mg·$(100mL)^{-1}$	不大于	0.3	GJB 1177
过滤时间/min	不大于	15	GJB 1177

① 倾点和凝点任选一项控制。
② 试验结束后立即检查。
③ 产品出厂时暂不要求，应报告实测值。
④ 量筒边上有一圈小气泡时，应认为是完全消失。

b. 舰用液压油 舰用液压油（GJB 1085—1991、QJ/DSH 33—1999）是采用大庆原油常压三线馏分油，经深度脱蜡、吸附精制后加入黏度指数改进剂、抗氧剂、防锈剂、抗磨剂和抗泡剂等调制而成，适用于各种舰艇液压系统。按质量定为一等品，介于 HV 一等品与优等品之间，只有 32 号一个黏度级别，质量标准见表 17-2-94。中国石油润滑油公司还生产一种舰用舵机液压油，采用低凝原油经蒸馏所得润滑油馏分精制后，加入一定量的添加剂调和而成，适用于船舶舵机液压系统的润滑，产品质量标准见表 17-2-95。

c. 抗银液压油 抗银液压油是以深度精制矿物油为基础油，加入抗氧、抗磨、防锈、抗泡等添加剂调制而成，添加剂中不能有含硫化合物，实际上是一种非硫无灰 HM 液压油，用于含银部件的液压系统，产品质量标准见表 17-2-96。

d. 炮用液压油 炮用液压油系用深度脱蜡、深度精制的轻质馏分油加入增黏剂、抗氧剂、防锈剂调制而成，具有优良的低温流动性和良好的抗氧防锈性，相当于低凝 HL 液压油，可用于各种军械大炮的液压系统，四季通用。产品质量执行 GJB 3238—1998，如表 17-2-97 所示。

e. 数控机床液压油 属于一种精密机床液压油，但绝非 HL 液压油，其黏度指数不小于 170。本产品以加氢精制的 HVI 润滑油组分为基础油，加入黏度指数改进剂、抗氧剂和防锈剂等添加剂调制而成，从结构上看，更近于 HR 液压油，但质量级别低于 HV 液压油。本产品适用于电液脉冲马达开环（或闭环）系统数控机床的润滑，质量标准见表 17-2-98。

（4）液压油的使用管理与维护

防止污染：保持清洁度，减少磨损，防止油品变质。

防止空气的进入：减少气蚀与氧化。

防止水分的混入：减少乳化与磨损，保持油品的润滑性。

控制使用温度：防止温度过高引起油品的氧化变质，造成对金属元件的腐蚀。

表 17-2-94　　舰用液压油产品质量标准（GJB 1085—1991）

项　目		质量指标	试验方法
运动黏度(40℃)/$mm^2 \cdot s^{-1}$		28.8～35.2	GB/T 265
黏度指数	不小于	130	GB/T 2541
倾点/℃	不高于	−23	GB/T 3535
闪点(开口)/℃	不低于	145	GB/T 3536
液相锈蚀试验(合成海水)		无锈	GB/T 11143
腐蚀试验(铜片,100℃,3h)/级	不大于	1	GB/T 5096
密封适应性指数(100℃,24h)		报告	SH/T 0305
空气释放值(50℃)/min		报告	SH/T 0308
泡沫性(泡沫倾向/泡沫稳定性)/(mL/mL)			GB/T 12579
24℃	不大于	60/0	
93.5℃	不大于	100/0	
后 24℃	不大于	60/0	
抗乳化性(54℃,40-37-3mL)/min	不大于	30	GB/T 7305
叶片泵试验①(100h,总失重)/mg	不大于	150	SH/T 0307
最大无卡咬负荷 P_B/N		报告	GB/T 3142
氧化安定性①[酸值达 2.0mg(KOH)/g 的时间]/h	不小于	1000	GB/T 12581
水解安定性：铜片失重/$mg \cdot cm^{-2}$	不大于	0.5	SH/T 0301
铜片外观		无灰黑色	
水层总酸度/$mg(KOH) \cdot g^{-1}$	不大于	6.0	
剪切安定性(40℃运动黏度变化率)/%	不大于	15	SH/T 0505
中和值/$mg(KOH) \cdot g^{-1}$	不大于	0.3	GB/T 4945
水分/%		无	GB/T 260
机械杂质/%		无	GB/T 511
水溶性酸(pH 值)		报告	GB/T 259
外观		透明	目测
密度(20℃)/$kg \cdot m^{-3}$		报告	GB/T 1884

① 叶片泵试验、氧化安定性为保证项目，每年测定一次。

表 17-2-95　船用舵机液压油产品质量标准（Q/SY RH2066—2001）

项　目		质量指标	试验方法
运动黏度(50℃)/$mm^2 \cdot s^{-1}$		7～8	GB/T 265
运动黏度比			GB/T 265
20℃/50℃	不大于	3.2	
0℃/50℃	不大于	9.6	
闪点(开口)/℃	不低于	135	GB/T 267
凝点/℃	不高于	−40	GB/T 510
灰分/%	不大于	0.005	GB/T 508
水溶性酸或碱		无	GB/T 259
水分/%		无	GB/T 260
机械杂质/%		无	GB/T 511
酸值/mg(KOH)·g^{-1}	不大于	0.05	GB/T 4945
腐蚀(铜片,100℃,3h)/级	不大于	1	GB/T 5096
氧化安定性			SH/T 0196
氧化后沉淀物/%	不大于	0.05	
氧化后酸值/mg(KOH)·g^{-1}	不大于	0.20	

表 17-2-96　抗银液压油产品质量标准（Q/SH 011-022—1998）

项　目		质量指标	分析方法
黏度等级		68	
40℃运动黏度/$mm^2 \cdot s^{-1}$		61.2～74.8	GB/T 265
黏度指数	不小于	95	GB/T 2541
闪点(开口)/℃	不低于	170	GB/T 3536
倾点/℃	不高于	−9	GB/T 3535
水分/%(质量)	不大于	痕迹	GB/T 260
机械杂质/%(质量)	不大于	0.005	GB/T 511
铜片腐蚀(T3 铜片,100℃,3h)/级		合格	SH/T 0195
液相锈蚀试验(蒸馏水)		无锈	GB/T 11143
抗泡沫性(93℃)/(mL/mL)	不大于	50/0	GB/T 12579
抗乳化性(54℃,40-37-3mL)/min	不大于	30	GB/T 7305
泵磨损试验(100h 总失重)/mg	不大于	250	SH/T 0307
四球试验磨斑直径(392N, 75℃,30min)/mm		报告	GB/T 3142
氧化安定性[酸值达 2.0mg(KOH)/g]/h	不小于	1000	GB/T 12581
银片试验(150℃,1h)		合格	Q/SH 011-022
水溶性酸(pH 法)	不小于	4	SH/T 0298

表 17-2-97　炮用液压油产品质量标准

项　目		质量指标	试验方法
运动黏度/$mm^2 \cdot s^{-1}$			GB/T 265
50℃	不小于	9.0	
−40℃	不大于	1400	
闪点(闭口)/℃	不低于	110	GB/T 261
凝点/℃	不高于	−55	GB/T 510
机械杂质/%		无	GB/T 511
水分/%		无	GB/T 260
灰分/%	不大于	0.025	GB/T 508
酸值/mg(KOH)·g^{-1}		0.5～1.3	GB/T 4945
腐蚀(100℃,3h)			SH/T 0195
T3 铜片		合格	
45 钢片		合格	
低温稳定性		合格	GJB 3238
液相锈蚀(60℃,24h,蒸馏水)		无锈	GB/T 11143

表 17-2-98 **数控机床液压油产品质量标准**

项 目		质量指标	试验方法
运动黏度(40℃)/$mm^2\cdot s^{-1}$		28.8～35.2	GB/T 265
黏度指数	不小于	170	GB/T 1995
苯胺点/℃	不低于	90	GB/T 262
闪点(开口)/℃	不低于	150	GB/T 3536
倾点/℃	不高于	−25	GB/T 3535
密封适应性指数	不大于	10	SH/T 0305
空气释放值(50℃)/min	不大于	6	SH/T 0308
抗乳化性(54℃,40-37-3mL)/min	不大于	30	GB/T 7305
液相锈蚀(蒸馏水)		无锈	GB/T 11143
最大无卡咬负荷 P_B 值/N	不小于	785	GB/T 3142
铜片腐蚀(100℃,3h)		合格	SH/T 0195
泡沫性[(93℃±0.5)℃]/(mL/mL)	不大于	50/0	GB/T 12579

(5) 液压油的换油指标

液压油在使用过程中由于其他油品的混入，外界尘土、机械杂质和水的污染以及液压油的老化都会降低液压油的使用寿命。液压油的变化大致体现在外观、气味、水分、杂质、酸值和黏度，定期检验这些项目，就可以及时换油、避免油品变质导致的液压系统故障。我国已颁布了 L-HL 液压油的换油指标 SH/T 0476—1992（2003）和 L-HM 液压油的换油指标 SH/T 0599—2013。如表 17-2-99 所示。

该标准规定，当使用中的液压油有一项指标超标时就应该更换新油，这是比较科学的方法。但是，如果用户不具备相应的监测手段，可采用经验法定期换油，可一年一换、半年一换，条件苛刻三月一换。还有就是随设备的检修，如大修时更换等。

(6) 非油基型液压传动介质概况

1) 乳化型液压液　主要为 WOE-80 油包水型乳化液，采用体积分数为 60%的精制矿物油、体积分数为 40%的软化水，加入乳化、防锈、抗腐、极压抗磨、抗菌等添加剂调制而成。它具有良好的抗燃型、散热性、润滑性、防腐性以及无毒、无味、对密封件和金属材料无特殊要求等特点。该产品属油包水（W/O）型乳化混合体，与日本 Sonic Hubria E400 产品性能相当，使用温度为 5～50℃。本产品可用于 60℃以下、工作压力 7～14MPa、有明火、热源、易燃易爆环境下的液压系统，如冶金、煤矿中的液压设备。产品技术指标如表 17-2-100 所示。

表 17-2-99 **L-HL、L-HM 液压油换油指标**

项 目	L-HL	L-HM	试验方法
外观	不透明或浑浊	不透明或浑浊	目测
40℃运动黏度变化/%	超过−10	超过+15 或−10	GB/T 265
色度变化(比新油)	≥3 号	>2 号	GB/T 6540
酸值/mg(KOH)·g^{-1}	>0.3		GB/T 264
酸值增加/mg(KOH)·g^{-1} 或降低/%		>0.4 >35	GB/T 264 本标准 3.3 条
水分/%	>0.1	>0.1	GB/T 260
机械杂质/%	>0.1		GB/T 511
正烷不溶物/%		>0.10	GB/T 8926A 法
铜片腐蚀(100℃,3h)	≥2 级	>2a 级	GB/T 5096

表 17-2-100 **WOE-80 油包水型乳化液压油技术指标**

项 目		质量指标	分析方法
水含量/%	不少于	40	GB/T 260
40℃运动黏度/$mm^2\cdot s^{-1}$		60～100	GB/T 265
密度(20℃)/kg·L^{-1}		0.918～0.948	GB/T 2540
凝点/℃	不高于	−20	GB/T 510
液相锈蚀(蒸馏水)		无锈	GB/T 11143
铜片腐蚀(50,3h)/级	不大于	1	GB/T 5096

续表

项目			质量指标	分析方法
消泡性(24℃)	泡高/mL	不大于	50	GB/T 12579
	消泡时间/min	不大于	10	
pH值			8	GB/T 7304
热稳定性(85℃,48h)游离水/%		不大于	1.0	SH/T 0568
冻融稳定性(-9～21℃,16h)(室温8h,10周期)游离水/%		不大于	10	SH/T 0568
润滑性(1500r/min,室温)	P_B/N	不小于	392	GB/T 3142
	d_{30min}^{294N}/mm	不大于	1.0	
热歧管抗燃试验(704℃)			通过	SH/T 0567

2）水-乙二醇液压液　本产品采用约50%（体积分数）软化水与乙二醇混合，并加入水溶性稠化剂、抗磨剂、防锈剂、抗泡剂等调制而成。具有优良的抗燃性、良好的稳定性和润滑性，而且黏度指数高、倾点低，对橡胶适应性好，使用温度为-20～50℃，技术指标见表17-2-101。

这类产品适用于冶金行业煤矿的低压和中压系统以及易于着火的工作环境，如铝或锌压铸机、金属挤压机、轧钢机、玻璃成形机、起重机、连铸机、炼焦炉门控制机构、钢包滑动口及转炉烟罩升降设备等。

3）HF聚酯抗燃液压液　属合成型抗燃液压液，具有良好的化学稳定性、热稳定性、黏温性，有效的润滑性、耐腐蚀性、金属钝化性、抑制氧化及水解稳定性等优良性能，较高的闪点、燃点和沸点，与钢及钢合金、有色金属完全相适应，与大多数橡胶也相适应。表17-2-102列出了具有代表性产品的质量指标，该产品适用于各种液压装置，使用压力为（210～500）$\times10^5$Pa，操作温度不高于60℃。

表17-2-101　　水-乙二醇液压液技术指标

项目			质量指标			方法
			WG-46	WG-38	WG-25	
40℃运动黏度/$mm^2\cdot s^{-1}$			41～51	35～40	20～25	GB/T 265
黏度指数		不小于	140	140	140	GB/T 2541
pH值			9.0～11.0	9.0～11.0	9.0～11.0	GB/T 7304
凝点/℃			-50	-50	-50	GB/T 510
密度(20℃)/$kg\cdot L^{-1}$			1.047	1.046	1.075	GB/T 2540
气相锈蚀(钢-铜,50℃,24h)			无锈	无锈	无锈	内部方法
液相锈蚀			无锈	无锈	无锈	GB/T 11143
铜片腐蚀			合格	合格	合格	GB/T 5096
消泡性(24℃)	泡高/mL	不大于	400	400	400	GB/T 12579
	消泡时间/min	不大于	10	10	10	
润滑性(1500r/min,室温)	P_B/N	不小于	686	686	686	GB/T 3142
	d_{30min}^{294N}/mm	不大于	0.60	0.60	0.60	
热板抗燃试验(700℃)			通过	通过	通过	内部方法

表17-2-102　　HF抗燃液技术指标

项目			HF122	HF130
外观			清澈、琥珀黄色液体	
运动黏度/$mm^2\cdot s^{-1}$	40℃		40.0	60.7
	100℃		10.0	12.2
	0℃		273	466
	-18℃		932	1922
黏度指数		不小于	200	200
密度(15.5℃)/$kg\cdot L^{-1}$			0.91	0.92
凝点/℃			-28	-23
闪点(开口)/℃			270	290
燃点/℃			300	324

4）磷酸酯难燃液压液　该产品采用磷酸酯为基础液，加入抗氧、抗腐、酸性吸收、抗泡等添加剂调制而成，具有优良的抗燃性、润滑性和热安定性，而且清洁度高，氯含量低，使用温度范围广，耐高压，与二元乙丙橡胶、丁基橡胶、氟橡胶相匹配。表17-2-103列出了某企业生产的两种产品质量指标。该类产品适用于防火、高压、精密的液压设备，如冶金、发电、机械制造、制铝及汽车制造等部门防火设备的液压系统，尤其对有比例阀和伺服阀的精密液压系统更为适宜。

表 17-2-103　磷酸酯难燃液压液技术指标

项　目		质量指标		方　法
		L-HFDR32	L-HFDR46	
40℃运动黏度/$mm^2 \cdot s^{-1}$		28.8～35.2	41.4～50.6	GB/T 265
密度(20℃)/$kg \cdot L^{-1}$		1.123～1.165	1.123～1.165	GB/T 1884
倾点/℃	不高于	−17.5	−29	GB/T 3535
闪点(开口)/℃	不低于	220	263	GB/T 3536
酸值/mg(KOH)·g^{-1}	不大于	0.1	0.1	GB/T 264
水分/10^{-6}	不大于	500	500	SH/T 0246
铜片腐蚀(100℃,3h)/级	不大于	1	1	GB/T 5096
污染度(NAS)/级	不大于	6	6	FS791B30092
抗泡性(24℃)/(mL/mL)	不大于	50/10	50/10	GB/T 12579
热稳定性(170℃,12h)		合格	合格	SH/T 0560
最大无卡咬负荷 P_B 值/N		报告	报告	GB/T 3142
磨斑直径(396N)/mm		报告	报告	SH/T 0189
氯含量/10^{-6}	不大于	50	50	电量法
热歧管抗燃试验(704℃)		通过	通过	SH/T 0567

2.3.1.4　汽轮机油

汽轮机油是用于各种汽轮机润滑油的总称，包括蒸汽轮机、燃气轮机和水轮机等。汽轮机油主要用来润滑汽轮机的轴承、齿轮箱、调速器和液压控制系统。除润滑作用外，汽轮机油还具有冷却和液压介质作用。

（1）汽轮机的润滑条件及对润滑油的性能要求

汽轮机油的使用时间比较长，大多数使用数年甚至十几年不换油。随着火电行业的快速发展，蒸汽轮机日趋大型化，使用蒸汽也日趋高温、高压化（超临界压），使轴承表面的局部温度接近100℃，汽轮机油常在90℃以上的温度条件下循环，在高温和空气的作用下，可引起汽轮机油的氧化变质。汽轮机油氧化后，会生成过氧化物、羧酸和酯等化合物，进一步氧化则生成油泥，这种油泥会堵塞油路和滤清器。因此，汽轮机油应具备良好的氧化安定性。

汽轮机油在使用过程中，油中进水的机会是不可避免的，如果油和水不能迅速分离，则会引起润滑不良和锈蚀等问题，因此要求汽轮机油具有优异的抗乳化性和分水性以及良好的防锈性。

由于汽轮机润滑系统采用强制循环方式供油，汽轮机油被激烈搅拌，同时与空气接触会产生大量泡沫及油中生成气泡，泡沫会造成油液的外溢，气泡会形成气阻导致供油不足等问题，因此汽轮机油要求具有良好的抗泡沫性和空气释放性。

另外，汽轮机油在生产和储运过程中，水、油溶性污染物，特别是固体颗粒都会对油品造成危害，因此汽轮机油还具有严格的清净性要求。

（2）汽轮机油的分类

我国等效采用国际标准 ISO 6743/5—2006 制定了汽轮机油分类标准 GB/T 7631.10—2013，如表17-2-104所示。由表可见，蒸汽轮机油根据是否具备极压抗磨性和耐热性分为四类：TSA、TSC、TSD 和 TSE。燃气轮机油根据氧化安定性和耐热性分为五类：TGA、TGB、TGC、TGD 和 TGE。航空涡轮发动机润滑油因为使用的环境非常苛刻，油品组成与普通汽轮机油差别较大。我国汽轮机油品种目前尚不完善，只有抗氧防锈型（TSA）和抗氨型等少数品种。

（3）汽轮机油的选用

1）汽轮机油品种的选择　我国汽轮机油的品种少，选择余地较小。在选用汽轮机油时要特别注意在氨气压缩机中不能使用加有烯基丁二酸防锈剂的汽轮机油，以防烯基丁二酸与氨反应产生沉淀而增加磨损。

2）黏度等级

① 蒸汽汽轮机油　黏度的选择原则上参考设备的运转速度，转速与黏度牌号的对应关系见表17-2-105。

表 17-2-104 **汽轮机油分类标准**

特殊应用	具体应用	性能要求	符号 ISO-L	典型应用
蒸汽	一般用途	具有防锈和抗氧化性的深度精制的石油基润滑油	TSA	不需要润滑剂具有抗燃性的发电、工业驱动装置和相配套的控制机构和不需要改善齿轮承载能力的船舶驱动装置
	齿轮连接到负荷	具有防锈、抗氧化性和高承载能力的深度精制的石油基润滑油	TSE	需要润滑剂具有抗燃性的发电、工业驱动装置和相配套的控制机构
	抗燃	磷酸酯基润滑剂	TSD	要求润滑剂具有抗燃性的发电、工业驱动装置和相配套的控制机构
燃气直接驱动，或通过齿轮驱动	一般用途	具有防锈和抗氧化性的深度精制的石油基润滑油	TGA	不需要润滑剂具有抗燃性的发电、工业驱动装置和相配套的控制机构和不需要改善齿轮承载能力的船舶驱动装置
	高温用途	具有防锈和抗氧化性的深度精制的石油基润滑油	TGB	要求润滑剂具有抗燃性的发电、工业驱动装置和相配套的控制机构
	特殊用途	PAO 和相关烃类的合成液	TGCH	要求润滑剂具有特殊性能（增强的氧化安定性，低温性能的发电、工业驱动装置和相配套的控制系统）
	特殊用途	合成酯型的合成液	TGCE	要求润滑剂具有特殊性能（增强的氧化安定性，低温性能的发电、工业驱动装置和相配套的控制系统）
	抗燃	磷酸酯基润滑油	TGD	需要润滑剂具有抗燃性的发电、工业驱动装置和相配套的控制系统
	高承载能力	具有防锈和抗氧化性的深度精制的石油基润滑油	TGE	需要高润滑剂改善齿轮承载能力的发电、工业驱动装置和相配套的控制系统
	高温使用高承载能力	具有防锈和抗氧化性的深度精制的石油基润滑油	TGF	要求润滑剂具有抗高温和承载能力的发电、工业驱动装置及其相配套的控制系统
具有工况润滑系统，单轴连接循环涡轮机	高温使用	具有防锈和抗氧化性的深度精制的石油基或者合成润滑油	TGSB	不需要润滑剂抗燃性的发电和控制系统
	高温和高承载能力	具有防锈、高承载能力和抗氧化性的深度精制的石油基或者合成润滑油	TGSE	不需要润滑剂抗燃性，但需要改善齿轮承载能力的发电和控制系统
控制系统	抗燃	磷酸酯控制液	TCD	润滑剂和抗燃液分别独立供给的蒸汽、燃气、水力轮机控制装置
水力涡轮机	一般用途	具有防锈和抗氧化性的深度精制的石油基润滑油	THA	具有液压系统的水力涡轮机
	特殊用途	PAO 和相关烃类的合成液	THCH	需要润滑剂具有排水毒性低和环境保护性能的水力涡轮机
	特殊用途	合成酯型的合成液	THCE	需要润滑剂具有排水毒性低和环境保护性能的水力涡轮机
	高承载能力	具有抗摩擦和承载能力的防锈和抗氧化的深度精制的石油基润滑油	THE	没有液压系统的水力涡轮机

② 水轮机油　水轮机转速较慢，适应的润滑油黏度见表 17-2-106。

3）普通汽轮机油的选用　普通汽轮机油采用深度精制的基础油，加入适当的抗氧、抗泡等添加剂调制而成。与埃索公司的 Teresso、美孚公司的 Harmoney 等油品可互换使用。产品质量满足企业标准 Q/SH 011—1994～Q/SH 028—1994，如表 17-2-107 所示。

本产品适用于发电厂、船舶和其他行业的蒸汽轮机、水力轮机、发电机轴承等机械设备的润滑系统。

表 17-2-105 蒸汽汽轮机油黏度的推荐

黏度牌号(40℃)	转速/r·min⁻¹	黏度牌号(40℃)	转速/r·min⁻¹
32	3000 以上	68	1000～2000
46	2000～3000	100	1000 以下

表 17-2-106 水轮机油适宜的黏度

润滑部位	润滑方式	黏度牌号	润滑部位	润滑方式	黏度牌号
推力轴承 导轨轴承	油浴或循环 各种方法	46	卡布兰运行套节调速器	油浴 各种方法	68

表 17-2-107 普通汽轮机油技术指标

项目		质量指标				试验方法
		32	46	68	100	
40℃运动黏度/$mm^2 \cdot s^{-1}$		28.8～35.2	41.4～50.6	61.2～74.8	90.0～110	GB/T 265
黏度指数	不小于	90				GB/T 2541
倾点/℃	不高于	−7				GB/T 3535
闪点(开口)/℃	不低于	180	180	195	195	GB/T 3536
密度/$kg \cdot L^{-1}$		报告				GB/T 1884
中和值/mg(KOH)·g^{-1}		报告				GB/T 4945
机械杂质/%		无				GB/T 511
水分/%		无		痕迹		GB/T 260
抗乳化性(40-37-3mL)/min						GB/T 7305
54℃	不大于	15	15	30	—	
82℃	不大于	—	—	—	30	
泡沫性/(mL/mL)						GB/T 12579
24℃	不大于	450/0				
93℃	不大于	100/0				
后 24℃	不大于	450/0				
氧化安定性[酸值达 2.0mg(KOH)/g]/h		报告				GB/T 12581
铜片腐蚀(100℃,3h)/级	不大于	1				GB/T 5096

4）TSA 汽轮机油的选用 采用深度精制的基础油，加入适量的抗氧、防锈、抗泡等添加剂调制而成。它具有良好的润滑性、冷却性、抗氧性、防锈性、抗乳化性及抗泡性能。与壳牌公司的 Turbo、BP 公司的 Energol THB、美孚公司的 DTE、埃索公司的 Teresso 可互换使用。产品质量满足国家标准 GB 11120—2011，如表 17-2-108 所示。

TSA 汽轮机油属发电设备专用油，也可用于船舶和其他工业汽轮机组、水轮机组的润滑与密封，使用环境不应低于 0℃。

5）抗氨汽轮机油的选用 抗氨汽轮机油选用深度精制的基础油，加入抗氧、防锈、金属钝化等添加剂调制而成。与嘉士多公司的 Regal、壳牌公司的 Turbooil 等油品可互换使用。产品质量满足石化行业标准 SH/T 0362—1996（2007），如表 17-2-109 所示。

该产品适用于大型合成氨化肥装置的离心式合成压缩机、冰机及汽轮机组的润滑与密封，工作条件为 50～55℃，使用环境温度为 −10～50℃，其中 32D 可在 −20～50℃条件下使用。

6）船用汽轮机油 近代大型远洋轮载运能力达到 50 万吨以上的，有用蒸汽轮机作为主机动力的，功率可达 5 万甚至到 10 万千瓦以上，转速高达 3500r/min 以上。经过二级减速齿轮，转速降至 100～200r/min，推动主轴推进器。由于轴承的总负荷大，转速高，而且容易接触水和蒸汽，尤其是在海洋中难免要受海水盐雾的影响，并且要求使用时间长（一般要求连续使用 5～10 年以上），因此要求润滑油具有优良的抗乳化性、抗泡沫性、抗氧化性及防腐防锈性；另外由于船用汽轮机的润滑系统包括减速器齿轮，还要求汽轮机油具有极压抗磨性能，同时黏度应尽可能地小，以节省动力。我国海军舰船防锈汽轮机油规范 GJB 1601A—1998 见表17-2-110。

7）燃气轮机油 燃气轮机是用燃烧产生的高温气体冲击叶片，带动主轴旋转的涡轮机。燃气轮机与

表 17-2-108 L-TSA 和 L-TSE 汽轮机油技术要求

项目	质量指标							试验方法
	A 级			B 级				
黏度等级(GB/T 3141)	32	46	68	32	46	68	100	
外观	透明			透明				目测
色度/号	报告			报告				GB/T 6540
运动黏度(40℃)/$mm^2 \cdot s^{-1}$	28.8～35.2	41.4～50.6	61.2～74.8	28.8～35.2	41.4～50.6	61.2～74.8	90.0～110.0	GB/T 265
黏度指数 不小于	90			85				GB/T 1995①
倾点②/℃ 不高于	−6			−6				GB/T 3535
密度(20℃)/$kg \cdot m^{-3}$	报告			报告				GB/T 1884 和 GB/T 1885③
闪点(开口)/℃ 不低于	186		195	186		195		GB/T 3536
酸值(以 KOH 计)/$mg \cdot g^{-1}$ 不大于	0.2			0.2				GB/T 4945④
水分(质量分数)/% 不大于	0.02			0.02				GB/T 11133⑤
泡沫性(泡沫倾向/泡沫稳定性)⑥/(mL/mL) 不大于								GB/T 12579
程序Ⅰ(24℃)	450/0			450/0				
程序Ⅱ(93.5℃)	50/0			100/0				
程序Ⅲ(后 24℃)	450/0			450/0				
空气释放值(50℃)/min 不大于	5		6	5	6	8	—	SH/T 0308
铜片腐蚀(100℃,3h)/级 不大于	1			1				GB/T 5096
液相锈蚀(24h)	无锈			无锈				GB/T 11143(B 法)
抗乳化性(乳化液达到 3mL 的时间)/min 不大于								GB/T 7305
54℃	15		30	15		30	—	
82℃	—		—	—		—	30	
旋转氧弹⑦/min	报告			报告				SH/T 0193
氧化安定性								
1000h 后总酸值(以 KOH 计)/$mg \cdot g^{-1}$ 不大于	0.3	0.3	0.3	报告	报告	报告	—	GB/T 12581
总酸值达 2.0(以 KOH 计)mg/g 的时间/h 不小于	3500	3000	2500	2000	2000	1500	1000	GB/T 12581
1000h 后油泥/mg 不大于	200	200	200	报告	报告	报告	—	SH/T 0565
承载能力⑧								
齿轮机试验/失效级 不小于	8	9	10	—				GB/T 19936.1
过滤性								SH/T 0805
干法/% 不小于	85			报告				
湿法	通过			报告				
清洁度⑨/级 不大于	—/18/15			报告				GB/T 14039

① 测定方法也包括 GB/T 2541，结果有争议时，以 GB/T 1995 为仲裁方法。
② 可与供应商协商较低的温度。
③ 测定方法也包括 SH/T 0604。
④ 测定方法也包括 GB/T 7304 和 SH/T 0163，结果有争议时，以 GB/T 4945 为仲裁方法。
⑤ 测定方法也包括 GB/T 7600 和 SH/T 0207，结果有争议时，以 GB/T 11133 为仲裁方法。
⑥ 对于程序Ⅰ和程序Ⅲ，泡沫稳定性在 300s 时记录，对于程序Ⅱ，在 60s 时记录。
⑦ 该数值对使用中油品监控是有用的。低于 250min 属不正常。
⑧ 仅适用于 TSE。测定方法也包括 SH/T 0306，结果有争议时，以 GB/T 19936.1 为仲裁方法。
⑨ 按 GB/T 18854 校正自动粒子计数器（推荐采用 DL/T 432 方法计算和测量粒子）。
注：L-TSA 类分 A 级和 B 级，B 级不适用于 L-TSE 类。

蒸汽轮机一样，其润滑系统采用静压润滑。对于一般负荷的燃气轮机，润滑油的运行温度与蒸汽轮机相近，可以使用 TSA 汽轮机油。而某些高温的燃气轮机，进气温度高达上千摄氏度，润滑油的运行温度在 80℃左右，有时可超过 100℃，且与密封空气接触，很容易被氧化产生积炭油泥。因此高温燃气轮机油对氧化安定性的要求非常严格，只添加酚型抗氧剂不能满足要求，还需要加入胺型或 ZDDP 类的高温抗氧剂。不过在燃气轮机和蒸汽轮机的联合发电装置中，如果采用同一润滑系统，则不宜使用含 ZDDP 的汽轮机油，因 ZDDP 易发生水解造成油品乳化。表 17-2-111列出了我国生产的 32 号和 46 号燃气轮机用油的质量标准。

8）长寿命汽轮机油　KTL 长寿命汽轮机油产品系列以优质加氢基础油加入抗氧剂、防锈剂、金属钝化剂和抗泡剂等添加剂调制而成，适用于电力、工业、船舶等汽轮机组的润滑和密封。产品质量执行企业标准 Q/SY RH2087—2003，见表 17-2-112。

表 17-2-109　　抗氨汽轮机油质量标准

项　目	质量指标								方　法
	一　等　品				合　格　品				
黏度牌号	32	32D	46	68	32	32D	46	68	GB/T 3141
40℃运动黏度/$mm^2 \cdot s^{-1}$	28.8～35.2		41.4～50.6	61.2～74.8	28.8～35.2		41.4～50.6	61.2～74.8	GB/T 265
黏度指数　不小于	95				95				GB/T 2541
倾点/℃　不高于	−17	−27	−17	−17	−17	−27	−17	−17	GB/T 3535
闪点(开口)/℃　不低于	200				180				GB/T 3536
中和值/mg(KOH)·g^{-1}　加剂前	报告				报告				GB/T 4945
中和值/mg(KOH)·g^{-1}　加剂后　不大于	0.03				0.06				
加剂前灰分/%　不大于	0.005				0.005				GB/T 508
机械杂质/%	无				无				GB/T 511
水分/%	无				无				GB/T 260
酸值达 2.0mg(KOH)/g 的氧化时间/h　不小于	2000				1000				GB/T 12581
抗乳化性(54℃,40-37-3mL)/min　不小于	15			20	30				GB/T 7305
液相锈蚀试验(蒸馏水)	无锈				无锈				GB/T 11143
抗氨试验	合格				合格				SH/T 0302

表 17-2-110　　舰用防锈汽轮机油规格

项　目		质量指标	试验方法
40℃运动黏度/$mm^2 \cdot s^{-1}$		65～75	GB/T 265
黏度指数	不小于	90	GB/T 1995
倾点/℃	不高于	−7	GB/T 3535
闪点(开口)/℃	不低于	204	GB/T 3536
灰分(加剂前)/%	不大于	0.0025	GB/T 508
酸值/mg(KOH)·g^{-1}　加剂前	不大于	0.02	GB/T 264
酸值/mg(KOH)·g^{-1}　加剂后	不大于	0.5	
机械杂质/%		无	GB/T 511
水分/%		无	GB/T 260
破乳化时间/s	不大于	180	SH/T 0191
氧化安定性Ⅰ(125℃,3h)　氧化后沉积物/%	不大于	0.1	SH/T 0196
氧化安定性Ⅰ(125℃,3h)　氧化后酸值/mg(KOH)·g^{-1}	不大于	0.35	
氧化安定性Ⅱ　酸值达到 2.0mg(KOH)/g 的时间/h	不小于	1500	GB/T 12581
水溶性酸碱		无	GB/T 259

续表

项目		质量指标	试验方法
抗泡沫性/(mL/mL)			GB/T 12579
24℃	不大于	65/0	
93.5℃	不大于	65/0	
后 24℃	不大于	65/0	
铜片腐蚀(100℃,3h)/级	不大于	1	GB/T 5096
液相锈蚀试验(合成海水)		无锈	GB/T 5096
色度		实测	GB/T 6540
密度(20℃)/kg·m^{-3}		实测	GB/T 1884
透明度(20℃)		透明	目测

表 17-2-111　　燃气轮机油质量标准

项目			质量指标		试验方法
			32	46	
运动黏度(40℃)/mm^2·s^{-1}			28.8～35.2	41.4～50.6	GB/T 265
黏度指数		不小于	90	90	GB/T 1995
倾点/℃		不高于	−10	−10	GB/T 3535
闪点(开口)/℃		不低于	200	200	GB/T 3536
燃点/℃		不低于	230	230	GB/T 3536
铜片腐蚀(100℃,3h)/级		不大于	1b	1b	GB/T 5096
机械杂质/%(质量)			无	无	GB/T 511
酸值/mg(KOH)·g^{-1}		不大于	0.2	0.2	GB/T 4945
液相锈蚀(B 法)			无锈	无锈	GB/T 11143
泡沫性(泡沫倾向/泡沫稳定性)/(mL/mL)	24℃	不大于	25/0	25/0	GB/T 12579
	93.5℃	不大于	50/0	50/0	
	后 24℃	不大于	25/0	25/0	
抗乳化性(54℃,40-37-3mL)/min		不大于	15	15	GB/T 7305
锌含量/%(质量)		不大于	0.005	0.005	原子吸收光谱
水分/%(质量)			无	无	GB/T 260
FZG 承载能力试验,失效级		不小于	8	8	SH/T 0306
四球试验,磨斑直径(d^{392N}_{60min},75℃)/mm		不大于	0.6	0.6	SH/T 0189
氧化安定性(旋转氧弹)/min			报告	报告	SH/T 0193
氧化安定性 氧化后酸值达 2.0mg(KOH)/g 的时间/h		不小于	2000	2000	GB/T 12581
高温腐蚀和氧化安定性(175℃,72h)	40℃运动黏度增长率/%	不大于	20	20	GJB 563
	酸值/mg(KOH)·g^{-1}	不大于	3.0	3.0	

表 17-2-112　　KTL 长寿命汽轮机油的技术要求

项目		质量指标			试验方法
黏度等级		32	46	68	—
运动黏度(40℃)/mm^2·s^{-1}		28.8～35.2	41.4～50.6	61.2～74.8	GB/T 265
黏度指数	不小于	100			GB/T 1995 或 GB/T 2541
倾点/℃	不高于	−18			GB/T 3535
闪点(开口)/℃	不低于	205	210	220	GB/T 3536
密度①(20℃)/kg·m^{-3}		报告			GB/T 1884、SH/T 0604

第 17 篇

续表

项目			质量指标			试验方法
酸值/mg(KOH)・g^{-1}			报告			GB/T 4945
水分/%(质量)			无			GB/T 260
机械杂质/%(质量)			无			GB/T 511
抗乳化性(40-37-3mL)/min 54℃		不大于	15	15	30	GB/T 7305
泡沫性(泡沫倾向/泡沫稳定性)/(mL/mL)	24℃	不大于	450/0			GB/T 12579
	93.5℃	不大于	100/0			
	后 24℃	不大于	450/0			
液相锈蚀试验 合成海水			无锈			GB/T 11143
腐蚀试验(铜片,100℃,3h)/级		不大于	1			GB/T 5096
空气释放值(50℃)/min		不大于	5	6	8	SH/T 0308
氧化安定性②	总氧化产物/%		报告			SH/T 0124
	沉淀物/%		报告			
	氧化后酸值达 2.0mg(KOH)/g 的时间/h	不小于	10000			GB/T 12581

① 有争议时，以 GB/T 1884 测定结果为准。

② 属保证项目，每四年审定一次，必要时进行评定。

9）汽轮机油的换油指标 油品在使用过程中会因氧化和蒸发而使黏度增大，氧化物的增加会使抗乳化性能下降、酸值增大，氧化产生的低分子有机酸会腐蚀机件，同时混入的机械杂质和进入的水蒸气也会使油品变质，当油品质量下降到一定程度后，就需要更换。

行业标准 SH/T 0636—1996（2003）规定了 L-TSA汽轮机油的换油指标，见表 17-2-113；GJB 3711—1999 规定了舰艇用汽轮机油的正常换油指标，见表 17-2-114；行业标准 SH/T 0137—2013 规定了抗氨汽轮机油的换油指标，见表 17-2-115。

石油系统燃气轮机油的质量使用界限指标，一般推荐：对于 32 号产品，当 40℃运动黏度大于 $53mm^2/s$ 或小于 $25mm^2/s$ 时，应换油；水分含量超过 1.0% 左右，且不透明，需要进行脱水处理，如果处理仍不透明说明分离不良，也可能含有添加剂，需要进一步处理或换油；正常系统要求 100mL 油中 5μm 以上粒子数少于 15000，如果超过 60000 个必须改善过滤器并减少污染物的进入；总酸值超过 0.4mg（KOH）/g 时表明油品严重氧化变质，应该更换，而且装新油前要将旧油冲洗干净；当旋转氧弹或其他氧化试验结果表明，当油品的残余寿命达到新油的 25% 时应该更换。

2.3.1.5 压缩机油

压缩机是提高气体压力及输送气体的设备，广泛用于各个领域和部门。根据压缩机压缩气体方式和结构的不同，压缩机主要可以分为往复式压缩机和回转式压缩机。另外，按压缩气体性质不同，压缩机又可以分为空气压缩机和气体压缩机两种。压缩机油是一种用来润滑、密封及冷却气体压缩机运动部件的润滑油。随着压缩机应用领域的扩大，促进了压缩机技术的进一步提高，新型压缩机正朝着高速、重负荷及高热强度等方向发展，对压缩机润滑油的要求也越来越苛刻。

表 17-2-113 L-TSA 汽轮机油的换油指标

项目		换油指标				试验方法
黏度等级		32	46	68	100	GB 3141
40℃运动黏度变化率/%	超过	±10				①
酸值增加值/mg(KOH)・g^{-1}	大于	0.1				GB/T 264
氧化安定性/min	小于	60				SH/T 0193
闪点(开口)/℃		170		185		GB/T 3536
破乳化值/min	大于	40		60		GB/T 7305
液相锈蚀试验(合成海水)		轻锈				GB/T 11143

① 运动黏度变化率=(使用中机油黏度的实测值－新油黏度的实测值)/新油黏度的实测值，100 号 L-TSA 运动黏度的测试临床为 82℃。

表 17-2-114 舰艇汽轮机油的换油指标

项 目	换油指标	试验方法
40℃运动黏度变化率/% 超过	±10	①
酸值增加值/mg(KOH)·g^{-1} 大于	0.2	GB/T 264
水分/% 大于	0.2	GB/T 260
破乳化值/min 大于	60	GB/T 7305

① 运动黏度变化率=(使用中机油黏度的实测值－新油黏度的实测值)/新油黏度的实测值，100号L-TSA运动黏度的测试临床为82℃。

表 17-2-115 抗氨汽轮机油的换油指标

项 目	换油指标	试验方法
40℃运动黏度变化率/% 超过	±10	GB/T 263
酸值增加值/mg(KOH)·g^{-1} 大于	0.3	GB/T 7304
水分/% 大于	0.1	GB/T 260
破乳化时间/min 大于	80	GB/T 7305
液相锈蚀试验(蒸馏水)	不合格	GB/T 11143
氧化安定性(旋转氧弹,150℃)/min 小于	60	SH/T 0193
抗氨性能试验	不合格	SH/T 0302

(1) 压缩机润滑条件及对润滑油的性能要求

往复式压缩机的润滑系统，可分为内部和外部两部分，内部主要指气缸内部及排气阀的润滑与密封，外部主要指其他运动部件（曲轴轴承、连杆、十字头和滑板等）的润滑与冷却。在往复式压缩机中，内部润滑油由于直接接触压缩气体，易受气体性质的影响和高温高压的作用，使用条件比较苛刻。因此，往复式压缩机油所具备的性能，应主要根据其内部润滑特点来决定。往复式压缩机在工作过程中，其内部润滑油通常以雾状形式与高热金属表面接触，易被加热氧化，严重氧化会形成积炭而影响压缩机的正常工作。在往复式空气压缩机内，如果压缩空气温度超过润滑油闪点，一旦产生明火就会导致润滑油燃烧，结果是发生敲缸爆震，甚至引起爆炸。因此往复式压缩机油要求具有以下性能：适当的黏度；良好的氧化安定性；积炭倾向性小；抗腐蚀性好；良好的水分离性；较高的闪点。

回转式压缩机是一种借助气缸内一个或多个转子的旋转运动，产生工作容积变化而实现气体压缩的容积型压缩机。回转式压缩机的工作原理、润滑系统以及润滑油的使用情况，与一般的往复式压缩机有许多不同之处。油冷式压缩机是使用最为广泛的一种回转式压缩机，在使用过程中润滑油被直接喷入压缩室内，进行密封、冷却与润滑，然后与压缩气体一起排至分离器内进行油气分离，润滑油得以回收并循环使用。油冷回转式压缩机油被喷成雾状与热压缩空气接触，加上铜、钢等金属的催化作用，处于极恶劣的氧化环境，同时冷凝水也会造成油品的乳化。因此回转式压缩机油要求具有以下性能：抗氧化性好；黏度适宜；良好的水分离性；具有防腐蚀性；挥发性小。另外，回转式压缩机油还要求具有良好的抗泡性能和低温性能。

(2) 压缩机油的分类与应用

我国等效采用国际标准ISO/DIS 6743/3A—1987分类方法，制订了压缩机油分类标准GB/T 7631.9—2014，见表17-2-116。国际上较有影响的压缩机油规格是德国标准DIN 51506—1985，国际标准化组织(ISO)颁布的空气压缩机油规格就是参照该德国标准制订的。其中，往复式空气压缩机油有矿物油型DAA、DAB及合成油型DAC；回转式空气压缩机油有矿物油型DAG、DAH及合成型油型DAI。这六种油品的负荷及使用条件如表17-2-117所示。

表 17-2-116 压缩机油的分类

应用范围	特殊应用	更具体应用	产品类型或性能要求	品种代号	典型应用	备注
空气压缩机	压缩腔室有油润滑的容积型空压机	往复式或滴油回转(滑片)式压缩机		DAA	轻负荷	见GB/T 7631.9
				DAB	中负荷	
				DAC	重负荷	
		滴油回转式(滑片和螺杆)压缩机		DAG	轻负荷	
				DAH	中负荷	
				DAJ	重负荷	
	压缩腔室有油润滑的容积型空压机	液环式压缩机，喷水润滑和螺杆式压缩机，无油润滑往复式压缩机，无油润滑回转式压缩机		—	—	润滑油用于齿轮、轴承和运动部件
	速度型压缩机	离心式和轴流式透平压缩机				润滑油用于轴承和齿轮

续表

应用范围	特殊应用	更具体应用	产品类型或性能要求	品种代号	典型应用	备注
气体压缩机	容积型往复式和回转式压缩机，用于除冷冻循环或热泵循环或空气压缩机以外的所有气体压缩机	不与深度精制矿物油起化学反应或不使矿物油的黏度降低到不能使用程度的气体	深度精制矿油	DGA	$<10^4$kPa 压力下的氮、氢、氨、氩、二氧化碳以及任何压力下的氦、二氧化硫、硫化氢，$<10^3$kPa 压力下的一氧化碳	有些润滑油中所含的某些添加剂要与氨反应
		用于 DGA 油的气体，但含有湿气或冷凝物	特定矿物油	DGB		
		在矿物油中有高的溶解度而降低其黏度的气体	常用合成液	DGC	任何压力下的烃类，$>10^4$kPa 压力下的氨、二氧化碳	有些润滑油中所含的某些添加剂要与氨反应
		与矿物油发生化学反应的气体	常用合成液	DGD	任何压力下的氯化氢、氯、氧和富氧空气，$>10^3$kPa 压力下的一氧化碳	对于氧和富氧空气应禁止使用矿物油，只有少数合成液是合适的
		非常干燥的惰性气体或还原气(露点 −40℃)	常用合成液	DGE	$>10^4$kPa 压力下的氮、氢、氩	这些气体使润滑困难，应该特殊考虑

表 17-2-117 **空气压缩机油的种类与使用条件**

种类	负荷	操作使用条件	
DAA	轻	间断运转 连续运转	运转时有足够的时间进行冷却，压缩机开停频繁，排气量反复变化 1. 排气压力≤1000kPa；排气温度≤160℃；级压力比 3∶1 2. 排气压力>1000kPa；排气温度≤140℃；级压力比≤3∶1
DAB	中	间断运行	每次运转周期之间有足够的时间进行冷却 1. 排气压力≤1000kPa；排气温度>160℃ 2. 排气压力>1000kPa；排气温度>140℃，但≤160℃ 3. 级压力比>3∶1
DAC	重	间断运行 连续运行	当达到中负荷使用条件，而预期中负荷油(DAB)在压缩机排气系统剧烈形成积炭沉淀物的，则应选择重负荷油(DAC)
DAG	轻	空气和空气/油排出温度<90℃，空气排出压力<180kPa	
DAH	中	1. 空气和空气/油排出温度<100℃，空气排出压力 800～1500kPa 2. 空气和空气/油排出温度 100～110℃，空气排出压力<800kPa	
DAJ	重	1. 空气和空气/油排出温度>100℃，空气排出压力<800kPa 2. 空气和空气/油排出温度≥100℃，空气排出压力 800～1500kPa 3. 空气和空气/油排出温度>1500kPa	

DAA、DAB 和 DAC 空气压缩机油是活塞式（往复式）和滴油回转式空气压缩机的专用油，主要用于润滑压缩机气缸运动部件及排气阀，并起到防锈、防腐、密封和冷却作用，并具有良好的抗高温氧化性和较低的生成积炭倾向性。

DAG、DAH 和 DAJ 是回转式空气压缩机油，由于回转式空气压缩机具有结构简单、体积小、重量轻和运转平稳等特点，近年来得到迅速的应用与发展，要求压缩机油具有良好的中温氧化安定性和水分离性。DAG 和 DAH 为矿物油型，DAJ 为合成油型。

（3）压缩机油的黏度牌号

黏度是所有润滑油的首选要求，空气压缩机油也必须有合适的黏度，以适应不同工况条件的需求。按40℃运动黏度划分压缩机油有 32、46、68、100 和 150 这几个牌号，低温条件使用黏度较小的机油，如温度低于－10℃都使用 32 号压缩机油。一般来讲，高黏度油易产生积炭，而压缩机油非常忌讳积炭，因积炭过多会导致着火爆炸事故，因此压缩机油应尽可能选用低黏度油。表 17-2-118 和表 17-2-119 分别给出了在往复式和回转式压缩机油在不同工作条件下黏度级别的选择。

表 17-2-118 不同排气压力条件下压缩机油的适宜黏度

排气压力/MPa	压缩级数	黏度等级
＜0.7	1～2	32～68
0.7～5.0	2～3	68～100
5.0～20.0	3～5	100～150
＞20.0	＞5	150

表 17-2-119 回转式压缩机油的黏度推荐

压缩机类型	黏度等级(40℃)
一级压缩	黏度较低的轻负荷回转式空气压缩机油，如 15、22、32、46 等牌号
二级压缩或中负荷压缩机	中负荷回转式压缩机油，或黏度较高的轻负荷回转式压缩机油，如 68、100 等牌号

(4) 压缩机油的其他性能

1) 由于压缩机在工作过程中，吸入的湿气经高压、冷凝会形成积水，容易使机器部件生锈，因此压缩机油要求具有良好的防锈性能。

2) 一旦因吸入的湿气经高压、冷凝会形成积水以及冷却水的混入造成压缩机油的乳化，就会极大地影响压缩机油的性能，因此压缩机油必须具备良好的抗乳化性能。

3) 在压缩机工作过程中，润滑油在气缸内被反复雾化以及与高压、高温空气接触，加上钢、铁等金属的催化作用，润滑油很容易氧化变质，氧化变质不但会导致压缩机油的失效，还有可能产生油泥、形成积炭，对安全构成了威胁，因此压缩机油必须具备良好的氧化安定性。

4) 空气压缩机油形成的能力称为积炭倾向性，这种倾向性要求越小越好，因为形成的积炭在高温条件下会形成灼碳，成为明火，点燃润滑油发生着火爆炸。

(5) 压缩机油的更换

压缩机油的换油期，随着压缩机构造形式、压缩介质、操作条件、润滑方式和润滑油质量的不同而异。使用中应定期取样，观察油品颜色和清洁度，并定时分析油品黏度、酸值、正庚烷不溶物等油品技术指标。出现下列情况之一者，应更换新油：油品颜色出现绿色时，或色号加深 4 级时；酸值超过 0.5mg (KOH)/g 时；黏度变化超过±15%时；正庚烷不溶物超过 0.5%（质量）时。

对于轻负荷喷油回转式空气压缩机油，我国制订了换油标准 SH/T 0538—2013，见表 17-2-120，规定其中有一项指标达标时，就应该更换新油。

表 17-2-120 轻负荷回转式空气压缩机油的换油指标

项　　目	换油指标	试验方法
40℃运动黏度变化率/% 超过	±10	SH/T 0538 3.2 条
酸值(增加值)/mg (KOH)·g^{-1} 大于	0.2	GB/T 264
正戊烷不溶物/% 大于	0.2	GB/T 8926
润滑油氧化安定性/min 低于	50	SH/T 0193
水分(质量分数)/%大于	0.1	GB/T 260

(6) DAA 轻负荷往复式空气压缩机油的选用

采用精制矿物基础油，加入适量的抗氧、防锈等添加剂调制而成。各牌号产品可与德国 DIN 51506—1985 标准中的各种牌号产品互换使用。DAA 产品质量标准为 GB 12691—90，如表 17-2-121 所示。该产品适用于有润滑油润滑的往复式或滴油回转式轻负荷空气压缩机。

(7) 无灰空气压缩机油的选用

无灰空气压缩机油采用精制基础油，加入抗氧、防锈添加剂调制而成。该类产品具有优良的氧化安定性和清净分散性，在使用过程中不易产生沉淀和积炭；优良的防锈性和防腐性，以及优异的油水分离性和抗泡性，可保持设备的正常运行。该类产品适用于往复式中负荷空气压缩机，产品质量执行企业标准，如表 17-2-122 所示。

(8) DAB 中负荷往复式空气压缩机油的选用

采用精制的矿物基础油，加入抗氧、防锈、极压抗磨、金属钝化等添加剂调制而成。质量水平与德国 DIN 51506—1985、国际标准 ISO/DP 6521.2 相当。与美孚公司 Rarus424、425、426、427、429，嘉实多公司 Aircol PD，埃索公司 Nurex DF，壳牌公司 Talpa、Total Cortic 等油品可互换使用。产品质量符合国家标准 GB 12691—90，如表 17-2-123 所示。

本产品适用于润滑活塞式或滴油回转式中负荷空气压缩机，但不得用于氧气、氨、氯气和其他酸性气体等压缩机。

表 17-2-121 DAA轻负荷往复式空气压缩机油质量标准

项目			质量标准					试验方法
黏度等级			32	46	68	100	150	GB/T 3141
运动黏度/$mm^2 \cdot s^{-1}$	40℃		28.8～35.2	41.4～50.6	61.2～74.8	90.0～110	135～165	GB/T 265
	100℃		报告					
倾点/℃		不高于	-9				-3	GB/T 3535
闪点(开口)/℃		不低于	175	185	195	205	215	GB/T 3536
铜片腐蚀(100℃,3h)/级		不大于	1					GB/T 5096
老化特性(200℃空气)	蒸发损失/%	不大于	15					SH/T 0192
	康氏残炭增值/%	不大于	1.5			2.0		
中和值/mg(KOH)·g^{-1}	未加剂		报告					GB/T 4945
	加剂后		报告					
水溶性酸碱			无					GB/T 259
水分/%			痕迹					GB/T 260
机械杂质/%			0.01					GB/T 511

表 17-2-122 无灰空气压缩机油技术指标

项目		68	100	150	方法
100℃运动黏度/$mm^2 \cdot s^{-1}$		61.2～74.8	90～110	135～165	GB/T 265
闪点(开口)/℃	不低于	195	205	215	GB/T 3536
倾点/℃	不高于	-9	-9	-3	GB/T 3535
铜片腐蚀(100℃,3h)	不大于	1	1	1	GB/T 5096
抗乳化试验(40-37-3mL)/min	不大于	30(54℃)	30(82℃)	30(82℃)	GB/T 7305

表 17-2-123 DAB中负荷往复式空气压缩机油质量标准

项目			质量标准					试验方法
黏度等级			32	46	68	100	150	GB/T 3141
运动黏度/$mm^2 \cdot s^{-1}$	40℃		28.8～35.2	41.4～50.6	61.2～74.8	90.0～110	135～165	GB/T 265
	100℃		报告					
倾点/℃		不高于	-9				-3	GB/T 3535
闪点(开口)/℃		不低于	175	185	195	205	215	GB/T 3536
铜片腐蚀(100℃,3h)/级		不大于	1					GB/T 5096
抗乳化性(40-37-3mL)/min			30(54℃)			30(82℃)		
老化特性(200℃空气)	蒸发损失/%	不大于	20					SH/T 0192
	康氏残炭增值/%	不大于	2.5			3.0		
液相锈蚀试验(蒸馏水法)			无锈					GB/T 11143
硫酸盐灰分/%			报告					GB/T 2433
减压蒸馏蒸出80%后残留物性质								GB/T 9168
残留物康氏残炭/%		不大于	0.3				0.6	GB/T 268
新旧油40℃运动黏度之比		不大于	5					GB/T 265
中和值/mg(KOH)·g^{-1}	未加剂		报告					GB/T 4945
	加剂后		报告					
水溶性酸碱			无					GB/T 259
水分/%			痕迹					GB/T 260
机械杂质/%			0.01					GB/T 511

(9) DAG 轻负荷喷油回转式空气压缩机油的选用

采用精制矿物基础油，加入抗氧、防锈、抗磨等添加剂调制而成。质量水平相当于国际标准 ISO/DP 6521.3—1983，与美孚公司 Light Rarus424、425 产品可互换使用。产品质量执行国家标准 GB 5904—86，见表 17-2-124。

该类产品适用于轻负荷喷油内冷回转式空气压缩机的润滑系统，排气温度小于 100℃，有效工作压力小于 800kPa。

(10) DAH 中负荷回转式空气压缩机油的选用

采用深度精制的矿物基础油，加入多种添加剂调制而成。具有优良的热氧化安定性，积炭倾向低，挥发性低，防锈性、抗泡性和抗磨性优良。产品有通用型（32、46）和抗磨型（32A、46A）两种，质量标准如表 17-2-125 所示。该类产品适用于润滑低、中负荷螺杆空气压缩机。

(11) 合成烃空气压缩机油的选用

该类产品以合成烃聚合油为基础油，加入多种添加剂调制而成，具有良好的热氧化安定性、抗乳化性、防锈性和抗腐蚀性，而且凝固点低，使用时不易生成积炭，能保护系统清洁，耗油量低，使用寿命长。可与美孚公司 SHC600 系列和 400 系列、日本石油 Fairol RA 系列、嘉实多 Aircol PD 系列等油品可互换使用。该产品适用于各类螺杆压缩机、多叶回转式压缩机或其他高温、高压、高负荷压缩机。产品质量指标见表 17-2-126。

(12) 重负荷合成压缩机油的选用

为双酯型合成压缩机油，使用寿命为矿物油型的 4～8 倍，热导率较矿物油高 15%，比热容大 5%～10%，而且闪点高、耗油量小、积炭倾向性小、倾点低。按国际分类标准属于 DAC 和 DAJ 类。该类产品适用于重负荷条件下往复式和回转式压缩机的润滑，产品质量标准如表 17-2-127 所示。

(13) SLG 合成气体压缩机油的选用

属聚乙二醇型全合成气体压缩机油，符合主要压缩机制造商的质量要求。压缩气体范围广泛，包括液化天然气（甲烷和乙烷）、液化石油气（丙烷和丁烷）和化学气体（氨、氯乙烯和丁二烯）等。对烃类气体溶解度低，可长期保持油品的黏度。产品倾点很低，有较好的润滑性和抗磨性。

该类产品适用于润滑与烃类及化学气体直接接触的气体压缩机，如烃类压缩机、化学反应性气体压缩机等，而且能在高压（350MPa）条件下操作。表 17-2-128 给出了埃索公司的产品 SLG 质量指标。

表 17-2-124　　DAG 轻负荷回转式空气压缩机油质量标准

项　　目		质量标准					试验方法
黏度等级		32	46	68	100	150	GB/T 3141
运动黏度/mm²·s⁻¹	40℃	28.8～35.2	41.4～50.6	61.2～74.8	90.0～110	135～165	GB/T 265
	100℃	报告					
倾点/℃　　不高于		−9				−3	GB/T 3535
闪点(开口)/℃　　不低于		175	185	195	205	215	GB/T 3536
铜片腐蚀(100℃,3h)/级　　不大于		1					GB/T 5096
抗乳化性(40-37-3mL)/min		30(54℃)			30(82℃)		
老化特性(200℃空气)	蒸发损失/%　不大于	20					SH/T 0192
	康氏残炭增值/%　不大于	2.5			3.0		
液相锈蚀试验(蒸馏水法)		无锈					GB/T 11143
硫酸盐灰分/%		报告					GB/T 2433
减压蒸馏蒸出 80%后残留物性质							GB/T 9168
残留物康氏残炭/%　　不大于		0.3				0.6	GB/T 268
新旧油 40℃运动黏度之比　　不大于		5					GB/T 265
中和值/mg(KOH)·g⁻¹							GB/T 4945
未加剂		报告					
加剂后		报告					
水溶性酸碱		无					GB/T 259
水分/%		痕迹					GB/T 260
机械杂质/%		0.01					GB/T 511

表 17-2-125 DAH 中负荷回转式空气压缩机油质量标准

项目			质量标准				试验方法
黏度等级			32	46	32A	46A	GB/T 3141
运动黏度/$mm^2 \cdot s^{-1}$	40℃		28.8～35.2	41.4～50.6	28.8～35.2	41.4～50.6	GB/T 265
	100℃		报告		报告		
黏度指数		不小于	90		90		GB/T 2541
色度		不大于	1 号		1 号		GB/T 6540
密度(20℃)/$kg \cdot L^{-1}$			报告		报告		GB/T 1884
倾点/℃		不高于	−9		−9		GB/T 3535
闪点(开口)/℃		不低于	220		220		GB/T 3536
抗泡性(24℃)/(mL/mL)		不大于	300/0		300/0		GB/T 12579
铜片腐蚀(100℃,3h)/级		不大于	1b		1b		GB/T 5096
抗乳化性(40-37-3mL)/min			30		30		GB/T 7305
液相锈蚀试验(蒸馏水法)			无锈		无锈		GB/T 11143
氧化试验(200℃,空气)							SH/T 0192
挥发损失/%		不大于	20		20		
康氏残炭增加/%		不大于	2.5		2.5		
FZG 齿轮机试验失效级		不小于	—		10		SH/T 0306

表 17-2-126 合成烃空气压缩机油技术指标

项目		质量指标					试验方法
		4160	4161	4162	4163	4164	
黏度等级		32	46	68	100	150	GB/T 3141
运动黏度/$mm^2 \cdot s^{-1}$							GB/T 265
40℃		28.0～35.0	42～50	62～74	92～118	138～162	
100℃	不小于	5.6	7.0	9.0	11.0	15.2	
黏度指数	不小于	90					GB/T 2541
色度/号	不大于	1					GB/T 6540
凝点/℃	不高于	−40					GB/T 510
闪点(开口)/℃	不低于	220	220	230	230	230	GB/T 267
铜片腐蚀(100℃,3h)/级	不大于	1					GB/T 5096

表 17-2-127 重负荷合成压缩机油技术指标

项目			质量指标				方法
			32	46	68	100	
运动黏度/$mm^2 \cdot s^{-1}$	40℃		28.8～35.2	41.4～50.6	61.2～74.8	90～110	GB/T 265
	100℃	不小于	5.0	6.0	7.0	9.0	
闪点(开口)/℃		不低于	200	215	215	220	GB/T 267
凝点/℃		不高于	−40	−40	−40	−35	GB/T 510
酸值/mg(KOH)$\cdot g^{-1}$		不大于	0.5	0.5	0.5	0.5	GB/T 7304
蒸发损失(149℃,22h)/%(质量)			报告	报告	报告	报告	GB/T 7325
铜片腐蚀(100℃,3h)/级		不大于	1b	1b	1b	1b	GB/T 5096
残炭/%	氧化前	不大于	0.1	0.1	0.1	0.1	GB/T 268
	氧化后	不大于	0.3	0.3	0.3	0.3	

表 17-2-128 SLG 合成气体压缩机油技术指标

项目		质量标准	
		100	190
运动黏度/$mm^2 \cdot s^{-1}$	38℃	80	195
	99℃	16.3	35.1

续表

项　目		质量标准	
		100	190
黏度指数		220	226
密度(20℃)/kg·L^{-1}		1.049	1.051
倾点/℃		−48	−54
闪点(开口)/℃		232	304
水分/%	不大于	0.15	—
灰分/%	不大于	0.01	—
铜片腐蚀(100℃,3h)/级		—	1a
FZG齿轮机试验失效级		—	12

表 17-2-129　　加德士涡轮压缩机油技术指标

项　目		质量指标	
		32	46
运动黏度/mm^2·s^{-1}	40℃	30.6	44
	100℃	5.3	6.6
黏度指数		104	102
闪点(开口)/℃		212	218
倾点/℃		−9	−9
氨惰性试验	油垢/%	0.01	0.02
	酸值/mg(KOH)·g^{-1}	0.09	0.09

(14) 涡轮压缩机油的选用

属于含有专用非酸性防锈剂的压缩机油，可防止润滑油与氨发生化学反应生成有害的脂肪酸氨沉积物，能够有效地抑制精密零部件的锈蚀，氧化安定性优异，在高温条件下不易因水分和氨的存在而引起质量恶化，空气释放性抗泡性良好，有极好的分水性，能够快速分离漏入系统或由凝结产生的水分。

该类产品适用于润滑压缩氨或氨合成气的涡轮回转式压缩机的联合润滑系统，包括汽轮机轴承、加速器、挠性联轴器以及油封等。表 17-2-129 给出了加德士公司的产品质量指标。

2.3.1.6　轴承润滑油

轴承根据结构分为滑动轴承和滚动轴承两大类，润滑也具有各自的特点。滑动轴承通常用润滑油来润滑，滚动轴承一般用润滑脂润滑，但也有少部分速度指数 dn 值在 200000 以上或轴速大于 5m/s 的高速滚动轴承也采用润滑油润滑。

(1) 滑动轴承及其润滑特点

滑动轴承由轴颈和轴承两部分组成，按滑动方法可将轴承分为动压滑动轴承、静压滑动轴承、单油楔轴承和多油楔轴承等。按轴承受负荷类型又可将轴承分为径向轴承、推力轴承和混合轴承。

动压轴承的润滑特点是流体在轴承的两个摩擦面做相对运动而产生承载能力，在运动过程中轴承内部摩擦面间产生压力流体，借助于流体压力形成润滑油压力膜，使两个摩擦面完全分离，由压力流体支撑负荷。轴承内部产生的流体压力，主要靠随轴回转产生的油楔力（油楔膜效果）、两摩擦面接近时产生的挤压力（挤压膜效果）以及小到可以忽略的流动方向前沿流速阻滞所产生的张拉力三种作用产生。因此产生流体压力大小与润滑油黏度、油膜形状以及轴运动速度等因素有关。

把从外部将有压力的流体送到轴承间隙中，使其产生承载能力的滑动轴承称为静压轴承。使用静压轴承可以避免动压轴承中润滑受启动、停止、改变负荷、变速等不良因素的影响，而且有利于轴承的冷却和润滑油的净化，但存在设备复杂、造价高的问题，只有在特殊用途的较大型轴承上使用，如轧钢机上的油膜轴承等。

滑动轴承的最大特点就是在一定的转动速度下运动产生油楔力，而且转速越高产生的油楔力也越大，油膜也越坚韧。因此滑动轴承负载越小、转速越高，润滑效果也越好。但当载荷超过油膜所能够承受的最高压力或者反复变化或者温度过高，就会破坏流体润滑状态，导致烧结与磨损。

滑动轴承润滑的目的就是降低摩擦、减少磨损和促进轴承冷却。滑动轴承大多使用润滑油润滑，因为润滑油可以带走热量降低温度。润滑油的使用性能要求是黏度低、黏度指数高以及减摩性能好等。

(2) 轴承油的分类

按国际ISO标准分类，轴承用润滑油属于F类，目前主要有轴承油、主轴油和油膜轴承油三大类。我国等效采用ISO 6743/2—1981分类标准，制定了GB/T 7631.4—1989轴承润滑油分类标准，如表17-2-130所示。

随着冶金工业的快速发展，钢板高速轧机和无扭高速线材轧机逐步广泛采用。这类轧机使用摩根油膜轴承，国外将所需的油膜轴承油分为以下三档。

Ⅰ档：抗氧、抗乳化型，相当于美孚公司Vacuoline100系列，简称100系列；

Ⅱ档：抗氧、抗乳化、防锈型，相当于美孚公司Vacuoline300系列，简称300系列；

Ⅲ档：抗氧、抗乳化、防锈、抗磨型，相当于美孚公司Vacuoline500系列，壳牌公司Iso100、150、220，埃索公司Circulating Oil N100、150、220等，简称100系列。

(3) 轴承油的组成

各种轴承油，一般是以精制或深精制矿物油为基础油，加入各种添加剂调制而成。不同轴承油所需添加剂如表17-2-131所示。

(4) 轴承油的选用

1) 品种的选择　选用何种轴承油，应根据轴承类型、运转温度、*dn*值和轴承负荷等因素选择。使用温度高于100℃时，应选择高黏度轴承油，或抗氧、防锈型工业齿轮油。冬季室外使用时，应选择低凝点轴承油或低温液压油。有冲击负荷的场合，应使用含极压抗磨剂的轴承油。*dn*值大于300000的轴承，一般选用低黏度主轴油。

2) 黏度等级的选择　滑动轴承润滑油的黏度，可根据负荷、转速、温度和润滑方法综合考虑选择合适的黏度，如表17-2-132所示。滚动轴承润滑油黏度的选择，主要取决于*dn*值，如表17-2-133所示。

表17-2-130　　**轴承油分类标准**

组别符号	总体应用	具体应用	组成和特性	产品符号	典型应用	备　注
F	主轴、轴承和有关离合器	主轴、轴承和有关离合器	精制矿物油，加入添加剂，以改善其抗腐蚀性和抗氧性	FC	滑动或滚动轴承和有关离合器的压力、油浴和油雾（悬浮微粒）润滑	离合器不应使用含抗磨和极压（EP）添加剂的油，以防腐蚀（或“打滑”）的危险
		主轴和轴承	精制矿物油，加入添加剂，以改善其抗腐蚀性、抗氧化性和抗磨性	FD	滑动或滚动轴承的压力、油浴和油雾（悬浮微粒）润滑	

表17-2-131　　**轴承油的组成**

组　分		油品种类		
		FC	FD	油膜轴承油
基础油		中、低黏度基础油	中、低黏度基础油	中、高黏度基础油
添加剂	抗氧剂	◎	◎	◎
	防锈剂	◎	◎	◎
	极压抗磨剂	—	◎	◎
	抗乳化剂	—	—	◎
	抗泡剂	◎	◎	◎

注：◎代表需要添加。

表17-2-132　　**滑动轴承用润滑油黏度等级选择**

转速/r·min^{-1}	低负荷～中负荷（294N/cm^{2}以下）	
	运转温度（60℃以下）	
	给油方法	黏度等级（40℃）
50以下	循环，油浴，针阀，油垫，油环，油链，滴下，手加	150，150～220
50～100	循环，油浴，油垫，油环，油链，滴下，手加	100～150，100～220

续表

转速/r·min⁻¹	低负荷～中负荷(294N/cm² 以下)	
	运转温度(60℃以下)	
	给油方法	黏度等级(40℃)
100～150	循环,油浴,油环,油链,滴下,手加	68～100
500～1000	循环,油浴,油环,滴下,手加	68
1000～3000	循环,油浴,油环,滴下,喷雾	22～46
3000～5000	循环,油浴,油环,喷雾	22～32
5000以上	循环,喷雾	10～22

转速/r·min⁻¹	中负荷～重负荷(294～735N/cm²)	
	运转温度(60℃以下)	
	给油方法	黏度等级(40℃)
50以下	循环,油浴,针阀,油垫,油环,油链,滴下,手加	320
50～100	循环,油浴,油垫,油环,油链,滴下,手加	220,220～320
100～250	循环,油浴,油环,滴下,手加	150～220
250～500	循环,油浴,油环,滴下,手加	100～150
500～750	循环,油浴,油环,滴下,手加	100

表 17-2-133 滚动轴承油黏度级别选择

运转温度/℃	速度指数 dn 值	黏度等级(40℃)	
		普通负荷	高负荷或冲击负荷
-10～0	各种	15～32	22～46
0～60	15000以下 15000～80000 80000～150000 150000～500000	32～68 32～46 15～32 10～15	100 46～68 32～46 15～32
60～100	15000以下 15000～80000 80000～150000 150000～500000	100～150 68～100 46～68 22～32	150～220 100～150 68～150 46～68
100～150	各种	220～320	
0～60	自动调心滚动轴承	32～68	
60～100		100～150	

(5) 轴承油的更换（表 17-2-134）

(6) FC轴承油的选用

采用深度精制基础油，加入适量抗氧、防锈、油性、抗泡等添加剂调制而成，属于抗氧防锈型产品。产品符合石化行业标准 SH/T 0017—1990（2007），如表 17-2-135 所示。该类产品适用于滑动轴承或滚动轴承润滑，也适合于离合器在高于 0℃的环境温度条件下使用。

表 17-2-134 轴承油的换油指标

项　　目		质量指标	试验方法
运动黏度变化率/%	不大于	±10	GB/T 265
总酸值/mg(KOH)·g⁻¹	不大于	无添加剂油 1.0；含添加剂油 2.0	GB/T 7364
正庚烷不溶物/%(质量)	不大于	0.2	GB/T 8926 A法
水分/%(质量)	不大于	0.2(近水轴承的轴承油 1.0)	

表 17-2-135 **FC 轴承油质量指标**

项目		质量指标 一级品											方法
黏度级别		2	3	5	7	10	15	22	32	46	68	100	GB/T 3141
40℃运动黏度/$mm^2 \cdot s^{-1}$		1.98～2.42	2.88～3.52	4.14～5.06	6.12～7.48	9.00～11.0	13.5～16.5	19.8～24.2	28.8～35.2	41.4～50.6	61.2～74.8	90～110	GB/T 265
黏度指数		—			报告								GB/T 2541
倾点/℃	不高于	−18					−12					−6	GB/T 3535
闪点/℃	开口 不低于				115	140	140	140	160	180	180	180	GB/T 3536
	闭口 不低于	70	80	90									GB/T 261
铜片腐蚀/级	(50℃,3h) 不大于	1		—									GB/T 5096
	(100℃,3h) 不大于	—		1									
酸值达 2.0mg(KOH)/g 时的时间/h	不小于	—					1000						GB/T 12581
氧化安定性试验	酸值增加值/mg(KOH)·g^{-1} 不大于	0.2					—						SH/T 0196
	氧化后沉淀/% 不大于	0.02					—						
机械杂质/%	不大于	无								0.007			GB/T 511
水分/%	不大于	痕迹											GB/T 260
抗乳化性(40-37-3mL)/min		报告（黏度等级≤22 用 25℃；32～68 用 54℃；100 用 82℃）											GB/T 7305
中和值/mg(KOH)·g^{-1}		报告											GB/T 4945
抗泡沫性(24℃)/(mL/mL)	不大于	100/10											GB/T 12579
液相锈蚀试验(蒸馏水)		无锈											GB/T 11143
橡胶密封适应性指数		报告											SH/T 0305
色度/号		报告											GB/T 6540

(7) FD 轴承油的选用

采用深度精制的矿物基础油，加入适量抗氧、防锈、油性、抗泡等优质添加剂调制而成，属于抗氧、防锈、抗磨型产品。与 BP 公司的 Energol HP7、HP10，埃索公司的 Spinesso10、15、20，美孚公司的 Velocite3、6、8、10，壳牌公司的 Tellus11、13、15、21 等油品可互换使用。产品质量执行石化行业标准 SH/T 0017—1990（2007），如表 17-2-136 所示。该类产品适用于精密机床主轴轴承及其他以循环、油浴、喷雾等润滑方式的滑动轴承或精密滚动轴承，使用温度在 0℃以上，其中 5 号油和 7 号油也可用作纺织机械锭子油，10 号油可用作缝纫机油。

表 17-2-136 **FD 系列轴承油指标**

项目		质量指标 一级品							合格品							方法
黏度等级		2	3	5	7	10	15	22	2	3	5	7	10	15	22	GB/T 3141
40℃运动黏度/$mm^2 \cdot s^{-1}$		1.98～2.42	2.88～3.54	4.14～5.06	6.12～7.48	9.00～11.0	13.5～16.5	19.8～24.2	1.98～2.42	2.88～3.54	4.14～5.06	6.12～7.48	9.00～11.0	13.5～16.5	19.8～24.2	GB/T 265
黏度指数		—			报告				—			报告				GB/T 2541
闪点/℃	开口 不低于	—			115	140			—							GB/T 3536
	闭口 不低于	70	80	90	—				60	70	80	90	100	110	120	GB/T 261
倾点/℃	不高于	−12							—							GB/T 3535
凝点/℃	不高于	—							−15							GB/T 510
中和值/mg(KOH)·g^{-1}		报告							—							GB/T 4945

续表

项 目		质量指标						方 法
		一 级 品		合 格 品				
抗泡性(24℃)/(mL/mL)		不大于100/10		—				GB/T 12579
铜片腐蚀/级	(50℃,3h)	不大于1	—	不大于1	—			GB/T 5096
	(100℃,3h)	—	不大于1	—	不大于1			
液相锈蚀试验(蒸馏水)		无锈		—				GB/T 11143
最大无卡咬负荷 P_B/N 不小于		—		343	392	441	490	GB/T 3142
磨斑直径(196N,60min,75℃,1200r/min)/mm 不大于		0.5		—				SH/T 0189
氧化酸值达2.0mg(KOH)/g时的时间/h		—	不小于1000	—				GB/T 12581
氧化后酸值增加/mg(KOH)·g^{-1}		不大于0.2	—	不大于0.2				SH/T 0196
氧化后沉淀/%		不大于0.02	—	不大于0.02				
橡胶密封适应性指数		报告		—				SH/T 0305
硫酸盐灰分/%		报告		—				GB/T 2433
色度/号		报告		报告				GB/T 6540
水分/% 不大于		痕迹		痕迹				GB/T 260
机械杂质/% 不大于		无		无				GB/T 511
抗乳化性(40-37-3mL)/min		报告		—				GB/T 7305

(8) 油膜轴承油系列产品的选用

采用深度精制的基础油，加入抗氧、防锈、抗磨等添加剂调制而成，具有良好的黏温性、氧化安定性、防锈性、抗磨性和抗泡沫性等。尤其是抗乳化性能优异，使混入油中的水迅速分离。产品适用于大型冷、热轧机和高速线材轧机的油膜轴承。产品参照国外同类产品——美孚公司的Vacuoline100、300和500三大系列，质量指标如表17-2-137所示。其中，220号抗磨型油膜轴承油的质量标准号为Q/SY RH2037—2001，460号抗氧防锈型油膜轴承油的质量标准号为Q/SY RH2038—2001。这三个系列中又有不同的黏度级别，主要有100、150、220、320和460，黏度特性和闪点等指标见表17-2-138。

表17-2-137 油膜轴承油产品系列质量指标

项 目		质量指标			方 法
		100系列	300系列	500系列	
黏度指数	不小于	95	95	95	GB/T 2541
倾点/℃	不高于	−7	−12	−12	GB/T 3535
酸值/mg(KOH)·g^{-1}	不大于	0.15	0.10	—	GB/T 264
铜片腐蚀(100℃,3h)/级	不大于	1	1	1	GB/T 5096
抗泡性/(mL/mL)					GB/T 12579
24℃	不大于	50/0	50/0	50/0	
93.5℃	不大于	50/0	50/0	50/0	
后24℃	不大于	50/0	50/0	50/0	
24℃消泡最长时间/min	不大于	10	10	10	
抗乳化性(82℃,40-37-3mL)/min	不大于	30	30	30	GB/T 7304
旋转氧弹(150)/min	不大于	120	120	120	SH/T 0193
液相锈蚀试验(蒸馏水)		—	无锈	无锈	GB/T 11143
FZG齿轮机试验/失效级	不小于	—	—	9	SH/T 0306
四球机试验 P_D 值/N	不小于	—	—	1470	GB/T 3142

第17篇

表 17-2-138 油膜轴承油产品系列黏度特性

项目		黏度级别					
		100	150	220	320	460	680
100 系列							
40℃运动黏度/$mm^2 \cdot s^{-1}$		—	143～158	209～233	304～336	437～483	646～714
闪点(开口)/℃	不低于	—	224	224	238	263	293
300 系列							
40℃运动黏度/$mm^2 \cdot s^{-1}$		—	143～158	209～233	304～336	437～483	646～714
闪点(开口)/℃	不低于	—	224	224	238	263	293
500 系列							
40℃运动黏度/$mm^2 \cdot s^{-1}$		90～110	143～158	209～233	304～336	437～483	—
闪点(开口)/℃	不低于	224	224	224	238	263	—

2.3.1.7 铁路内燃机车用油

(1) 铁路内燃机车柴油机的润滑条件及对润滑油的性能要求

铁路机车的特点是功率大，单台机车功率目前已超过 2.94MW。由于受到空间和重量的限制，提高柴油机功率主要依靠提高增压压力和转速、缩短冲程及增大缸径来实现。因此，机车柴油机的机械负荷及热负荷系数都很大，强化系数可达 70～92 或者更高。由于铁路机车长期在野外行驶，环境条件复杂多变，而且较多地使用重质燃料，因此对机车柴油机油有以下几方面的性能要求：适宜的黏度；能够防止各动力部件的腐蚀磨损；具有较好的高温抗氧化性，以防止活塞环区、活塞冷却内腔等关键部位沉积物的生成，确保部件的正常运转；良好的氧化安定性和碱值保持性；适宜的高温清净性和低温分散性。

(2) 铁路内燃机车柴油机油的分类（表 17-2-139）

(3) 铁路内燃机车柴油机油的更换（表 17-2-140～表 17-2-142）

表 17-2-139 铁路内燃机车柴油机油的分类方法

美国 LMOA	美国 GE 公司	使用要求	油品特性
一代油		防止黏环	改善清净性和抗氧化性
二代油	优质Ⅰ类	延长滤清器寿命	首次提出油品分散性要求
三代油	优质Ⅱ类(7TBN)	改进 GE 公司发动机中抗黏环性	改善控制环区沉积物清净性
	优质Ⅲ类(11TBN)	改善碱度保持性，其余同二代油	有较高碱性
		提高保持碱度和控制不溶物能力，其余同二代油	有较高碱性和分散性
四代油	超性能(13TBN)	要求降低油耗和使用高硫燃料(S>0.5)	有相当高的碱性和分散性
五代油	超性能(17TBN)	要求抗腐蚀和控制油泥生成，降低氧化变稠	有更好的碱性和抗氧分散性

表 17-2-140 三代油暂定换油期

机车型号	使用里程	机车型号	使用里程
东风 4 型	一个架修期	东方红型	10×10^4km
老东风型	一个架修期	ND2 及其他型	12×10^4km
北京型	10×10^4km		

表 17-2-141　三代油暂定换油指标

项　目		北京	东风 4	东方红	其他型	NY 型	ND2 型
石油醚不溶物/%	大于	9.0	7.0	6.0	6.0	8.0	8.0
100℃运动黏度/$mm^2 \cdot s^{-1}$		小于 10.5;大于 18.0				小于 11.0	大于 18.0
闪点(开口)/℃	小于	180					
水分/%	大于	0.1					
总碱值/mg(KOH)·g^{-1}	小于	2.5					
pH 值		5.0					
斑点①/级		4					

① 油斑与污斑之比≥1.6。

表 17-2-142　国产四代油暂定换油指标（换油周期为 60000km）

项　目		指　标		
100℃运动黏度/$mm^2 \cdot s^{-1}$		小于 13;大于 18.5		
碱值/mg(KOH)·g^{-1}	小于	2.0(进口油 0.5)		
石油醚不溶物/%	大于	4.5(进口油 5.0)		
水分/%	大于	0.1		
元素含量/10^{-6}		正常	注意	异常
钠含量		0～100	100～200	大于 200
铅含量		0～20	20～30	大于 30 或增量大于 $10\times10^{-6}/10^4$km
铜含量		0～30	30～40	大于 40 或增量大于 $10\times10^{-6}/10^4$km
铬含量		0～5		大于 5
铝含量		0～5	5～10	大于 10
铁含量		0～25	25～50	大于 50 或增量大于 $20\times10^{-6}/10^4$km

(4) 铁路内燃机车用油的选用

1) 二代油的选用　产品质量符合中国石油润滑油公司的企业标准 Q/SH 018.3209—1990，如表 17-2-143所示，质量水平与壳牌公司的 Janus40 相当。该产品适用于柴油发动机强化系数在 50～70 的铁路内燃机车使用，如东风 4 型、北京型和法国 ND4 型等。

2) 三代油的选用　产品质量水平与美国机车保养者协会（LMOA）三代油相当，与雪佛龙公司 OLOA2939、阿莫科公司 Amoco655D 等复合剂调制的内燃机车三代油可互换使用。产品质量符合国家标准 GB/T 17038—1997，如表 17-2-143 所示。三代油适用于如东风 4 型、北京型、东方红型、进口 ND2、ND4 和 NY 型等内燃机车。

表 17-2-143　铁路内燃机车二代油和三代油质量标准

项　目		质量指标		试验方法
		二代油	三代油	
黏度等级		40	40	—
100℃运动黏度/$mm^2 \cdot s^{-1}$		14.0～16.0	14.0～16.0	GB/T 265
黏度指数	不低于	70	90	GB/T 1995
总碱值/mg(KOH)·g^{-1}	不低于	10	8	GB/T 7304
闪点(开口)/℃	不低于	210	225	GB/T 3536
倾点/℃	不高于	−15	−15	GB/T 3535
沉淀物/%(质量)	不大于	0.02	0.01	GB/T 6531
水分/%(质量)	不大于	痕迹	痕迹	GB/T 260
硫酸盐灰分/%(质量)		—	报告	GB/T 2433
钙含量/%(质量)	不小于	0.23	0.23	SH/T 0270

续表

项目		质量指标 二代油	质量指标 三代油	试验方法
锌含量/%(质量) 不小于		0.10	0.10	SH/T 0226
钡含量/%(质量) 不小于		0.40	—	
抗泡性/(mL/mL)	24℃ 不大于 93℃ 不大于 后24℃ 不大于	—	25/0 150/0 25/0	GB/T 12579
多金属氧化试验(12h)总评分 不大于		25	—	SH/T 0299
氧化安定性试验(强化法)总评分 不大于		—	10	SH/T 0299
高温摩擦磨损试验(B法)摩擦评价级/mm 不大于		—	0.30	SH/T 0577
承载能力试验(失效载荷)/级 不小于		—	9	SH/T 0306
高温氧化和轴瓦腐蚀试验	轴瓦腐蚀失重/mg 不大于	—	50	SH/T 0265
	活塞裙部漆膜评分 不小于	—	9.0	
高温清净性和抗磨损性试验	顶环槽积炭填充体积/% 不大于	—	80	GB/T 9933
	加权总评分 不大于	—	300	
	活塞环侧间隙损失/mm 不大于	—	0.013	

3）四代油的选用 产品质量水平与美国机车保养者协会（LMOA）四代油相当。其中20W/40有明显的节能效果，在不同工况条件下可节约燃料油1.2%～2.6%。与雪佛龙公司OLOA2939、路博润公司LZ3417、阿莫科公司Amoco655D等复合剂调制的内燃机车四代油可互换使用。产品质量符合国家标准GB/T 17038—1997，如表17-2-144所示。四代油适用于如东风4C型、东风6型、进口ND5型等内燃机车。

表17-2-144 **铁路内燃机车四代油技术指标**

项目		质量指标 含锌		质量指标 非锌		试验方法
黏度等级		20W/40	40	20W/40	40	—
100℃运动黏度/$mm^2 \cdot s^{-1}$		14.0～16.0		14.0～16.0		GB/T 265
黏度指数 不低于		—	90	—	90	GB/T 1995
低温动力黏度(−10℃)/mPa·s 不大于		4500	—	4500	—	GB/T 6538
边界泵送温度/℃ 不高于		−15	—	−15	—	GB/T 9171
总碱值/mg(KOH)·g^{-1} 不低于		11	11	11	11	GB/T 7304
闪点(开口)/℃ 不低于		215	225	215	225	GB/T 3536
倾点/℃ 不高于		−18	−5	−18	−5	GB/T 3535
沉淀物/%(质量) 不大于		0.01	0.01	0.01	0.01	GB/T 6531
水分/%(质量) 不大于		痕迹	痕迹	痕迹	痕迹	GB/T 260
硫酸盐灰分/%(质量)		—	报告	—	报告	GB/T 2433
钙含量/%(质量) 不小于		0.45	0.42	0.45	0.42	SH/T 0270
锌含量/%(质量) 不小于		0.09	0.10	—	—	SH/T 0226
抗泡性/(mL/mL)	24℃ 不大于 93℃ 不大于 后24℃ 不大于	25/0 150/0 25/0	25/0 150/0 25/0	25/0 150/0 25/0	25/0 150/0 25/0	GB/T 12579
氧化安定性试验(强化法)总评分 不大于		8	8	—	—	SH/T 0299
GE氧化试验	100℃运动黏度增长率/% 不大于	—	—	10	10	GB/T 17038
	碱值下降率/% 不大于	—	—	28	28	
高温摩擦磨损试验(B法)摩擦评价级/mm 不大于		0.30	0.30	0.30	0.30	SH/T 0577
承载能力试验(失效载荷)/级 不小于		9	9	7	7	SH/T 0306

第17篇

续表

项　　目			质量指标				试验方法
			含　锌		非　锌		
剪切安定性试验（100℃运动黏度下降率）/%		不小于	12.5	—	12.5	—	SH/T 0265 GB/T 265
高温氧化和轴瓦腐蚀试验	轴瓦腐蚀失重/mg	不大于	50	50	50	50	SH/T 0265
	活塞裙部漆膜评分	不小于	9.0	9.0	9.0	9.0	
高温清净性和抗磨损性试验	顶环槽积炭填充体积/%	不大于	80	80	80	80	GB/T 9933
	加权总评分	不大于	300	300	300	300	
	活塞环侧间隙损失/mm	不大于	0.013	0.013	0.013	0.013	

4）五代油的选用　适用于高增压、大功率、高机械负荷、高热效率的铁路内燃机的润滑。产品质量标准号为 Q/SY RH2020—2001，如表 17-2-145 所示。

表 17-2-145　**内燃机车五代柴油机油技术要求**

项　　目			质量指标		试验方法
黏度等级			40	20W/40	—
运动黏度(100℃)/$mm^2\cdot s^{-1}$			14～16		GB/T 265
低温动力黏度(−10℃)/mPa·s		不大于	—	4500	GB/T 6538
边界泵送温度/℃		不低于	—	−15	GB/T 9171
黏度指数		不小于	90	—	GB/T 1995 或 GB/T 2541
碱值/mg(KOH)·g^{-1}		不小于	17		SH/T 0251
闪点(开口)/℃		不低于	225	215	GB/T 3536
倾点/℃		不高于	−5	−18	GB/T 3535
水分/%(质量)		不大于	痕迹		GB/T 260
机械杂质/%(质量)		不大于	0.01		GB/T 511
硫酸盐灰分/%(质量)			报告		GB/T 2433
钙含量/%(质量)		不小于	0.53		SH/T 0270、 SH/T 0309、 GB/T 17476
锌含量/%(质量)		不小于	0.09		SH/T 0226、 SH/T 0309、 GB/T 17476
泡沫性(泡沫倾向/泡沫稳定性)/(mL/mL)	24℃	不大于	25/0		GB/T 12579
	93.5℃	不大于	150/0		
	后 24℃	不大于	25/0		
高温摩擦磨损试验(B 法)摩擦评价级/mm		不大于	0.30		SH/T 0577
氧化安定性试验(强化法)总评分		不大于	7.5		SH/T 0299
承载能力试验 失效级		不小于	10		SH/T 0306
剪切安定性 100℃运动黏度/$mm^2\cdot s^{-1}$		不小于	—	12.5	SH/T 0265 GB/T 265
高温氧化和轴瓦腐蚀试验 轴瓦失重/mg 活塞裙部漆膜评分		 不大于 不小于	 50 9.0		SH/T 0265
高温清净性和抗磨性试验($1G_2$ 法) 顶环槽充炭体积/% 加权总评分 活塞环侧向间隙损失/mm		 不大于 不大于 不大于	 80 300 0.013		GB/T 9933

第 17 篇

2.3.2 润滑脂

2.3.2.1 润滑脂的分类、代号及组成

我国等效采用国际标准ISO 6743/9—1987，对润滑脂进行分类，分类标准为GB/T 7631.8—1990，如表17-2-146所示。

但是，国内目前通常仍是根据用途不同，将润滑脂大致分为：通用润滑脂；车辆润滑脂；工业润滑脂；精密轴承润滑脂；防锈润滑脂。

表17-2-146 润滑脂的分类

代号字母	总的用途	使用要求									标记	备注
		操作温度范围/℃				水污染	字母4	负荷EP	字母5	稠度		
		最低温度	字母2	最高温度	字母3							
X	使用润滑脂的场合	0 −20 −30 −40 <−40	A B C D E	60 90 120 140 160 180 >180	A B C D E F G	在水污染的条件下，润滑脂的润滑性、抗水性和防锈性	A B C D E F G H I	在高负荷或低负荷条件下，表示润滑脂的润滑性和极压性，用A表示非极压型脂，用B表示极压型脂	A B	可选用如下稠度号 000 00 0 1 2 3 4 5 6	一种润滑脂的标记是由代号字母X与其他4个字母及稠度等级号联系在一起来标记	包含在这个分类体系范围里所有润滑脂彼此相容是不可能的，而由于缺乏相容性，可能导致润滑脂性能水平的剧烈降低，因此在允许不同的润滑脂接触之前，应和产销部门协商

2.3.2.2 润滑脂的选用

(1) 通用润滑脂

在组成上不含特殊功能基础油和添加剂，又未明确特指用途的皂基或非皂基脂，统称为通用润滑脂。其中，皂基脂主要有钙基脂、锂基脂、钠基脂、复合锂基脂、复合钙基脂及复合铝基脂等；非皂基脂有聚脲脂、烃基脂、膨润土脂和硅脂等。

1) 通用润滑脂的组成　通用型润滑脂一般不含有添加剂，有时只含少量抗氧剂，其组成情况见表17-2-147。

2) 润滑脂的性能对比　与润滑油相比，润滑脂的优点是具有更好的防护性和密封性，不需要经常添加，不易流失。缺点是散热性差、黏滑性强、启动力矩大。各种润滑脂的性能对比见表17-2-148。

3) 通用润滑脂的选用　润滑脂主要用来润滑各种轴承，包括80%以上的滚动轴承和大致20%的滑动轴承。瑞典SKF轴承公司根据润滑脂稠化剂的类型，推荐其使用温度范围可供参考，如表17-2-149所示。

表17-2-147 通用润滑脂的组成

基础油	中、高黏度矿物油
稠化剂	脂肪酸锂、钙、钠皂，复合锂、钙、铝皂，脲类，膨润土，硅胶
添加剂	抗氧剂有二苯胺、N-苯基-α-萘胺，其他剂有苯骈三氮唑和颜料

表17-2-148 各种润滑脂性能对比

润滑脂种类	耐热性	耐水性	机械安定性	抗极压性	泵送性
钙基脂	×	◎	◎	×	△
钠基脂	△	×	×	×	×
钙-钠基脂	△	×	×	×	△
锂基脂	◎	◎	◎	△	◎
复合铝基脂	◎	◎	◎	◎	◎
复合锂基脂	◎	◎	◎	◎	○
复合钙基脂	◎	△	○	◎	△
聚脲脂	◎	◎	◎	◎	◎

注：◎优，○良，△尚可，×差。

表 17-2-149 SKF 推荐润滑脂的使用温度范围

润滑脂种类	使用温度范围/℃	润滑脂种类	使用温度范围/℃
锂基脂	−30～110	复合钙基脂	−20～130
复合锂基脂	−20～140	复合钡基脂	−20～130
钠基脂	−30～80	复合铝基脂	−30～110
复合钠基脂	−20～140	膨润土脂、硅脂	−30～130
钙基脂	−10～60	聚脲脂	−30～140

合理选用一种润滑脂，除温度条件外，还必须考察其承载能力、基础油黏度和高速性能（*dn* 值）等，选用润滑脂的一般标准可参照表 17-2-150。

除了种类选择，润滑脂稠度的选择也很重要。选择合适的润滑脂稠度等级，应根据轴承运转温度、转速、轴承类型、安装方式和运转状态等条件。一般情况，使用温度越高、转速因子 *dn* 值越大，选用润滑脂稠度等级也越大。表 17-2-151 给出了根据使用温度范围和 *dn* 值范围润滑脂稠度等级的选用方法。

另外，考虑安装和运转因素，轴承垂直或倾斜安装时，应首选 2 号脂或 3 号脂；要求低启动力矩，应选择 1 号脂或 2 号脂；要求好的密封性，应选择 3 号脂；要求好的可输送性，应选择 1 号脂或 2 号脂；要求低的运转噪声，应选择 2 号脂或 3 号脂。

润滑脂加入量过大，会导致摩擦力矩增大，轴温升高，脂的稠度下降，流失量增多，如此不但起不到润滑作用，还会带来许多弊端。一般情况，润滑脂的加入量为轴承空间的 1/3 较为适宜。

4）润滑脂的更换 润滑脂中的某些指标，当达到下列情形之一时，应予以更换新脂：稠度与使用前相比上升或下降 30 个单位（0.1mm），有大量析油或变硬时；滴点降低 20℃ 以上时；酸值达 3mg(KOH)/g 时；基础油被氧化或大量蒸发时；腐蚀试验不合格时；混入杂质异物时；灰分在原值上增加 2%时。

5）钙基润滑脂的选用 具有良好的耐水性、机械安定性和润滑性，但耐温性较差。与埃索公司的 Firmax，美孚公司的 AA、B，壳牌公司的 Unedo 等产品可互换使用。产品质量符合国家标准 GB/T 491—2008，见表 17-2-152。钙基润滑脂适用于汽车、拖拉机、冶金、纺织等机械设备的润滑，使用温度不超过 60℃。

表 17-2-150 选择润滑脂的一般标准

润滑部位的条件			皂基脂				复合皂基脂			聚脲脂	基础油黏度			锥入度			备注
			Ca	Na	Ca-Na	Li	Ca	Al	Li		高	中	低	硬	中	软	
轴承	滑动		○	○	○	○				○							长时间使用要求加有抗氧剂
	滚动		○	○	○	○	○	○	○	○							
环境	接触水分		○	×	×	○	×	○	○	○							
	接触化学品		×	×	×	×	×	×	×	○							
	轴承温度/℃	高	×	△	△	○	○	○	○	○	○	×	×	○	○	×	复合皂基脂特别适于高温下使用
		中	○	○	○	○	○	○	○	○	×	○	×	○	○	○	
		低	○	×	×	○	○	○	○	○	×	×	○	×	○	○	
运转条件	转速因子 *dn* 值	大	×	○	△	○	○	○	○	○	×	○	○	○	○	×	复合皂基脂可用于 *dn* 值大的场合
		小	○	○	○	○	○	○	○	○	○	○	×	×	○	○	
	负荷/Pa	大	×	○	○	○	○	○	○	○	○	×	×	○	○	×	复合皂基脂能承受冲击负荷
		小	○	○	○	○	○	○	○	○	×	○	○	×	○	○	
	冲击负荷		×	○	○	○	○	○	○	○	○	○	×	○	○	×	
供脂方式	人工		○	○	○	○	○	○	○	○	○	○	○	○	○	×	
	脂杯		○	○	○	○	○	○	○	○	○	○	○	○	○	○	
	压力注脂器		○	○	○	○	○	○	○	○	×	○	○	×	○	○	
	集中润滑		×	×	△	○	○	○	○	○	×	○	○	×	○	○	

注：1. ○适用；△可用；×不可用。

2. 基础油黏度（40℃）：高＞100mm^2/s；中 32mm^2/s、46mm^2/s、68mm^2/s；低＜22mm^2/s。

3. 锥入度（0.1mm）：硬＜205；中 220～295；软＞310。

4. 温度：高＞80℃；中 40～80℃；低＜40℃。

5. 转速因子（*dn* 值）：大＞20×10^4；小＜10×10^4。

表 17-2-151 **润滑脂稠度适用的温度范围和转速因子 dn 值范围**

温度范围/℃	转速因子 dn 值范围/mm·r·min^{-1}				
	(7.5～10)×10^4	(7.5～15)×10^4	(10～20)×10^4	(15～30)×10^4	(20～30)×10^4
−35～−18		1号		2号	
−18～38		1号或2号		2号或3号	
38～66	2号		2号或3号		3号
66～121	2号		3号		3号

表 17-2-152 **钙基润滑脂的质量指标**

项目		质量指标				试验方法
		1号	2号	3号	4号	
外观		淡黄色至暗褐色均匀油膏				目测
工作锥入度/0.1mm		310～340	265～295	220～250	175～205	GB/T 269
滴点/℃	不低于	80	85	90	95	GB/T 4929
腐蚀(T2铜片,室温,24h)		铜片表面无绿色或黑色变化				GB/T 7326
水分/%(质量)	不大于	1.5	2.0	2.5	3.0	GB/T 512
灰分/%(质量)	不大于	3.0	3.5	4.0	4.5	SH/T 0327
钢网分油量(60℃,24h)/%(质量)	不大于	—	12	8	6	SH/T 0324
延长工作锥入度(1万次与工作锥入度差值)/0.1mm	不大于	—	30	35	40	GB/T 269
水淋流失量(38℃,1h)/%(质量)	不大于	—	10	10	10	SH/T 0109①
矿物油黏度(40℃)/mm^2·s^{-1}		28.8～74.8				GB/T 265

① 水淋后，轴承烘干条件为（77±6）℃，16h。

6）钠基润滑脂的选用　滴点较高，但耐水性差。与BP公司的Energrease、加德士公司的Marfak、壳牌公司的Albida等产品可互换使用。产品质量符合国家标准GB/T 492—89，如表17-2-153所示。该产品适用于一般中等负荷机械设备的润滑，不适用于与水接触的润滑部位，使用温度为−10～110℃。

7）钙钠基润滑脂的选用　性能介于钙基脂和钠基脂之间，具有一定的耐水性和耐温性，与BP公司的Energrease RM、加德士公司的Regal Starfak等产品可互换使用。产品质量符合石化行业标准SH/T 0368—1992，如表17-2-154所示，适用于中、低转速，中负荷电动机、拖拉机、汽车及其他设备的轴承润滑，使用温度不超过100℃。

8）通用锂基润滑脂的选用　具有良好的抗水性、机械安定性、防氧性和氧化安定性，是一种多效长寿命润滑脂。与壳牌公司的Aivania Grease R1、R2、R3，嘉实多公司的LM，美孚公司的MP等产品可互换使用。产品质量指标见表17-2-155，符合国家标准GB 7324—2010。该产品适用于润滑各种机械设备和电机、汽车滚动轴承及其他摩擦部位。

表 17-2-153 **钠基润滑脂的技术指标**

项目			质量指标		试验方法
			2号	3号	
滴点/℃		不低于	160	160	GB/T 4929
锥入度/0.1mm	工作		265～295	220～250	GB/T 269
	延长工作(10×10^{4}次)	不大于	375	375	
腐蚀试验(T2铜片,室温,24h)			铜片表面无绿色或黑色变化		GB/T 7326(乙法)
蒸发量(99℃,22h)/%(质量)		不大于	2.0	2.0	GB/T 7325

注：原料矿物油黏度（40℃）为41.4～165mm^2/s。

表 17-2-154 **钙钠基润滑脂质量指标**

项目		质量指标		试验方法
		1号	2号	
外观		黄色到深棕色均匀油膏		目测
工作锥入度/0.1mm		250～290	200～240	GB/T 269
滴点/℃	不低于	120	135	GB/T 4929
水分/%(质量)	不大于	0.7	0.7	GB/T 512
腐蚀(40或50钢片,59黄铜片,100℃,3h)		合格	合格	SH/T 0331
游离碱(NaOH)/%(质量)	不大于	0.2	0.2	SH/T 0329
游离有机酸	不大于	无	无	SH/T 0329
机械杂质(酸分解法)		无	无	GB/T 512
矿物油黏度(40℃)/mm^2·s^{-1}		41.4～74.8		GB/T 265

表 17-2-155　**通用锂基润滑脂技术要求和试验方法**

项　目		质量指标			试验方法
		1 号	2 号	3 号	
外观		浅黄至褐色光滑油膏			目测
工作锥入度/0.1mm		310～340	265～295	220～250	GB/T 269
滴点/℃	不低于	170	175	180	GB/T 4929
腐蚀(T_2 铜片,100℃,24h)		铜片无绿色或黑色变化			GB/T 7326,乙法
钢网分油(100℃,24h)(质量分数)/%	不大于	10	5		SH/T 0324
蒸发量(99℃,22h)(质量分数)/%	不大于	2			GB/T 7325
杂质(显微镜法)/个·cm^{-3}					SH/T 0336
10μm 以上	不大于	2000			
25μm 以上	不大于	1000			
75μm 以上	不大于	200			
125μm 以上	不大于	0			
氧化安定性(99℃,100h,0.760MPa) 压力降/MPa	不大于	0.070			SH/T 0325
相似黏度(−15℃,$10s^{-1}$)/Pa·s	不大于	800	1000	1300	SH/T 0048
延长工作锥入度(100000 次)/0.1mm	不大于	380	350	320	GB/T 269
水淋流失量(38℃,1h)(质量分数)/%	不大于	10	8		SH/T 0109
防腐蚀性(52℃,48h)		合格			GB/T 5018

9）复合铝基润滑脂的选用　具有良好的耐高温性、抗水性、防锈性、机械安定性、氧化安定性和胶体安定性，热可逆性独特，皂含量低，纤维短，能显示良好的泵送性。与壳牌公司的 Rhodina、埃索公司的 Ladex 等产品可互换使用。产品质量执行石化行业标准 SH/T 0378—1992(2003)，见表 17-2-156。

10）复合钙基润滑脂的选用　具有较好的机械安定性和胶体安定性，耐温、耐压性能良好。与加德士公司的 RPM Multimotive grease 等产品可互换使用。产品质量执行石化行业标准 SH/T 0370—1995，见表 17-2-157。复合钙基润滑脂适用于润滑高温及潮湿条件下中、重负荷设备，如冶金轧机轴承、窑车轴承以及印染焙烧机、造纸干燥机、塑料热轧机等。

表 17-2-156　**复合铝基脂技术指标**

项　目		质量指标			试验方法
		0 号	1 号	2 号	
工作锥入度/0.1mm		355～385	310～340	265～295	GB/T 269
滴点/℃	不低于	235	235	235	GB/T 4929
钢网分油量(100℃,24h)/%(质量)	不大于	—	10	7	SH/T 0324
相似黏度(−15℃,$D=10s^{-1}$)/Pa·s	不大于	250	300	550	SH/T 0048
腐蚀试验(T2 铜片,100℃,24h)		铜片表面无绿色或黑色变化			GB/T 7326(乙法)
蒸发量(99℃,22h)/%(质量)	不大于	1.0	1.0	1.0	GB/T 7325
水淋流失量(38℃,1h)/%(质量)	不大于	—	10	10	SH/T 0109
延长工作锥入度(10×10^4 次)/0.1mm	不大于	420	390	360	GB/T 269
防腐蚀性能(52℃,48h)/级	不大于	1	1	1	GB/T 5018
氧化安定性(99℃,100h,758kPa) 压力降/kPa	不大于	68.6	68.6	68.6	SH/T 0325
机械杂质/个·cm^{-3}					SH/T 0336
25μm 以上	不大于	3000	3000	3000	
75μm 以上	不大于	500	500	500	
125μm 以上	不大于	0	0	0	

表 17-2-157　　**复合钙基润滑脂技术指标**

项　目		质量指标			试验方法
		1 号	2 号	3 号	
工作锥入度/0.1mm		310～340	265～295	220～250	GB/T 269
滴点/℃	不低于	200	210	230	GB/T 4929
钢网分油量(100℃,24h)/%(质量)	不大于	6	5	4	SH/T 0324
腐蚀试验(T2 铜片,100℃,24h)		铜片表面无绿色或黑色变化			GB/T 7326(乙法)
蒸发量(99℃,22h)/%(质量)	不大于	2.0	2.0	2.0	GB/T 7325
水淋流失量(38℃,1h)/%(质量)	不大于	5	5	5	SH/T 0109
延长工作锥入度(10 万次)变化率/%	不大于	25	25	30	GB/T 269
氧化安定性(99℃,100h,760kPa)压力降/kPa		报告			SH/T 0325
表面硬化试验(50℃,24h),非工作 1/4 锥入度与工作锥入度差/0.1mm	不大于	35	30	25	GB/T 265

11）复合锂基润滑脂的选用　具有优良的耐高温性、极压抗磨型、抗水性、防锈性、机械安定性和胶体安定性。天津润滑油脂有限公司生产的复合锂基润滑脂的质量指标见表 17-2-158，该产品适用于润滑冶金行业连轧机、连铸机、连烧机、出钢辊道，以及印染、大型电动机、窑车、热油泵设备的高温摩擦部位。

12）聚脲润滑脂的选用　采用新型脲类化合物稠化高黏度基础油，加入多种添加剂调制而成。该类产品具有滴点高、高温寿命长、机械安定性好以及无灰分等特点，即使在 250℃以上的工作环境也不会有聚合物生成，此外还有优良的氧化安定性、抗水性、泵送性、防锈性及抗辐射性。

天津润滑油脂有限公司生产的聚脲润滑脂技术指标见表 17-2-159，产品适用于润滑冶金行业连铸机、连轧机及其他行业超高温摩擦部位。

表 17-2-158　　**复合锂基润滑脂技术指标**

项　目	质量指标			试验方法
	1 号	2 号	3 号	
工作锥入度/0.1mm	327	275	234	GB/T 269
滴点/℃	258	267	273	GB/T 4929
钢网分油量(100℃,24h)/%(质量)	2.9	1.3	0.4	SH/T 0324
相似黏度(−15℃,$D=10s^{-1}$)/Pa·s	171	253	700	SH/T 0048
腐蚀试验(T2 铜片,100℃,24h)	铜片表面无绿色或黑色变化			GB/T 7326(乙法)
蒸发量(99℃,22h)/%(质量)	0.64	0.42	0.33	GB/T 7325
水淋流失量(38℃,1h)/%(质量)	3.7	2.25	0.75	SH/T 0109
漏失量(104℃,6h)/g	0.51	0.26	0.13	GB/T 0326
延长工作锥入度(10×10^4 次)变化率/%	7	12.3	11	GB/T 269
防腐蚀性能(52℃,48h)/级	1	1	1	GB/T 5018
氧化安定性(99℃,100h,770kPa)压力降/kPa	29	27	27	SH/T 0325
极压性能(四球机法)				SH/T 0202
P_B 值/N	实测			
P_D 值/N	>3089			
ZMZ 值/N	>441			
极压性能(Timken 法)(OK 值)/N	>156	>156	>156	SH/T 0203

表 17-2-159　　**聚脲润滑脂技术指标**

项　目	质量指标		试验方法
	EMALUBE-L	1 号	
工作锥入度/0.1mm	347	331	GB/T 269
滴点/℃	>260	>260	GB/T 4929
钢网分油量(100℃,24h)/%(质量)	6.5	1.8	SH/T 0324
表观黏度(−10℃,$D=10s^{-1}$)/Pa·s	134		SH/T 0338
腐蚀试验(T2 铜片,100℃,3h)	铜片表面无绿色或黑色变化		GB/T 7326(乙法)

续表

项目	质量指标		试验方法
	EMALUBE-L	1号	
蒸发量(99℃,22h)/%(质量)	0.07	0.07	GB/T 7325
水淋流失量(38℃,1h)/%(质量)	6.25	6.14	SH/T 0109
工作与非工作锥入度差/0.1mm 延长工作锥入度(10×10⁴次)/0.1mm	7 354	3 355	GB/T 269
防腐蚀性能(52℃,48h)	1级	1级	GB/T 5018
氧化安定性(99℃,100h,785kPa)压力降/kPa	9.0	9.0	SH/T 0325
滚筒安定性(80℃,4h,165r/min)/0.1mm 加水质量分数为10%	349	331	SH/T 0122
灰分/%(质量)	0.068	0.068	SH/T 0202
红外光谱分析(FT-IR)	合格	合格	JIS K0117
基础油黏度(100℃)/$mm^2 \cdot s^{-1}$	25～35		GB/T 265

13）复合钡基润滑脂的选用　具有优良的氧化安定性、高温性、抗水性、防护性、极压抗磨性和较长的使用寿命。与德国 FAGL74 润滑脂可互换使用。产品技术指标见表 17-2-160，适用于润滑印染、纺织和船舶等行业的机械设备，以及其他高温、重负荷、水和酸存在条件下使用的设备，使用温度为－20～150℃。

14）膨润土润滑脂的选用　无滴点，具有较好的胶体安定性，但对金属的防腐蚀性稍差。可与壳牌公司的 Darina、CS 等产品互换使用。产品质量符合石化行业标准 SH/T 0536—1993，如表 17-2-161 所示。该产品适用于润滑中、低速机械设备，使用温度为0～160℃。

表 17-2-160　**复合钡基润滑脂技术指标**

项目		质量指标	试验方法
工作锥入度/0.1mm		220～295	GB/T 269
滴点/℃	不低于	250	GB/T 4929
钢网分油量(100℃,30h)/%(质量)	不大于	3	SH/T 0324
腐蚀试验(T2铜片,100℃,3h)		合格	SH/T 0331
氧化安定性(99℃,100h,0.80MPa)压力降/MPa	不大于	0.03	SH/T 0325
延长工作锥入度(10×10⁴次)/0.1mm	不大于	375	GB/T 269
极压性能(四球机法)*ZMZ* 值/N	不小于	550	SH/T 0202

表 17-2-161　**膨润土润滑脂技术指标**

项目		质量指标			试验方法
		1号	2号	3号	
工作锥入度/0.1mm		310～340	265～295	220～250	GB/T 269
滴点/℃	不低于	270	270	270	GB/T 4929
钢网分油量(100℃,30h)/%(质量)	不大于	5	5	3	SH/T 0324
腐蚀试验(T2铜片,100℃,24h)		铜片表面无绿色或黑色变化			GB/T 7326(乙法)
蒸发量(99℃,22h)/%(质量)	不大于	1.5	1.5	1.5	GB/T 7325
水淋流失量(38℃,1h)/%(质量)	不大于	10	10	10	SH/T 0109
延长工作锥入度(10×10⁴次)变化率/%	不大于	15	20	25	GB/T 269
氧化安定性(99℃,100h,0.77MPa) 压力降/MPa	不大于	0.070	0.070	0.070	SH/T 0325
相似黏度(0℃,$D=10s^{-1}$)/Pa·s		报告			SH/T 0048

15）硅胶润滑脂的选用　具有良好的电器绝缘性，与化学品接触稳定性优良，耐高真空性好，使用温度为－54～205℃。该产品适用于橡胶与金属间的密封与润滑、电位器的阻尼、电器的绝缘与密封，以及用作液体联轴器的填充介质等，此外还用于某些与化学品接触的玻璃、陶瓷或金属阀门旋塞、接头等低速滑动部位的润滑与密封。产品质量满足石化行业标准 SH/T 0432—1992，见表 17-2-162。

16）酰胺润滑脂（7014-1 号高温润滑脂）的选用　具有良好的抗高温性及润滑性，使用温度为 −40～200℃。产品质量标准见表 17-2-163。适用于高温条件下工作的各种滚动轴承的润滑，如滚珠、滚柱和滚针轴承，也可用于一般的滑动轴承和齿轮。

表 17-2-162　　硅胶润滑脂的技术指标

项　　目			质量指标		试验方法
			7502 号	7503 号	
外观			白色半透明光滑均匀油膏		目测
工作锥入度/0.1mm			55～70	62～75	GB/T 269
蒸发量(200℃)/%(质量)		不大于	2.0	3.0	SH/T 0337
腐蚀(LC9 超硬铝合金,45 钢,100℃,3h)			合格	合格	SH/T 0331
相似黏度/Pa·s	−40℃,$D=10s^{-1}$	不大于	1100	—	SH/T 0048
	−54℃,$D=125s^{-1}$	不大于	—	250	
分油量(压力法)/%		不大于	5.0	8.0	GB/T 392
钢网法及蒸发损失/%	(204℃,30h)	不大于	8.0	—	SH/T 0324
	(150℃,24h)	不大于	—	4.0	
蒸发损失/%(质量)	(204℃,30h)	不大于	2.0	—	SH/T 0324
	(150℃,24h)	不大于	—	2.0	
烘烤试验(204℃,24h) 1/4 锥入度/0.1mm		不大于	70	—	SH/T 0432
抗水密封性			合格	合格	SH/T 0432
化学安定性(0.78MPa 氧压,100℃,100h) 压力降/MPa		不大于	—	0.034	SH/T 0335
储存安定性(38℃±3℃,6 个月) 1/4 锥入度/0.1mm			55～70	62～75	SH/T 0452

表 17-2-163　　7014-1 号高温润滑脂技术指标

项　　目			质量指标	试验方法
外观			黄色至浅褐色光滑均匀油膏	目测
工作锥入度/0.1mm			62～75	GB/T 269
滴点/℃		不低于	280	GB/T 3498
分油量/%(质量)	压力法	不大于	15	GB/T 392
	钢网法	不大于	15	SH/T 0324
蒸发损失/%(质量)	(200℃,1h)	不大于	5	SH/T 0337
	(204℃,22h)	不大于	10	GB/T 7325
腐蚀(45 钢,100℃,3h)			合格	SH/T 0331
化学安定性(0.78MPa 氧压,121℃,100h) 压力降/MPa		不大于	0.034	SH/T 0335
水淋流失量(38℃±3℃)/%(质量)		不大于	10	SH/T 0109
延长工作锥入度(10 万次)/0.1mm		不大于	375	GB/T 269
相似黏度(−40℃,$D=10s^{-1}$)/Pa·s		不大于	1500	SH/T 0048
机械杂质/个·cm^{-3}	25～74μm 以上	不大于	5000	SH/T 0336
	75～124μm 以上	不大于	1000	
	125μm 及以上	不大于	无	
高温负荷(177℃±3℃,10000r/min,轴向负荷 22.24N,径向负荷 13.34N)轴承寿命/h			报告	SH/T 0428
储存安定性(38℃±3℃,6 个月) 工作锥入度/0.1mm 外观		不大于	 30 允许轻微分油	SH/T 0452

（2）车辆润滑脂

1）车用润滑脂的性能要求　汽车润滑脂主要用于两大部位，即轮毂轴承和汽车底盘。汽车用脂性能要求如下：在高负荷、高温和高速条件下，能有效地降低摩擦和磨损；在低温条件下，能保持润滑部件平稳运转；在长期工作中，能保持润滑脂结构和稠度稳定，有较长的使用寿命；与橡胶密封件及其他材料有较好的相容性；防锈和防腐蚀性好；降低噪声；耐水性好。

2）车用润滑脂的分类　美国材料试验协会（ASTM）、美国汽车工程师学会（SAE）和美国润滑脂协会（NLGI）联合提出了汽车用脂分类标准ASTM D4950—2014，见表17-2-164。底盘脂润滑球节轴承、转向枢轴、万向节十字头及其他润滑部位，其代号为LA和LB；轮毂脂润滑汽车轮毂轴承，其代号为GA、GB和GC。

等速联轴器（CVJ）是前轮驱动轿车的关键部件，伴随着高转矩和高速化进程出现了新一代等速联轴器脂。

3）车用润滑脂的组成（表17-2-165）

4）车用润滑脂的更换　美国和日本主要汽车制造公司，推荐汽车轮毂轴承换脂周期为40000km或24个月，底盘换脂周期为48000km或36个月。

5）汽车通用锂基润滑脂的选用　具有良好的机械安定性、防锈性、氧化安定性和抗水性。与壳牌公司的Retinax A2、加德士公司的Marfak multi purpose 2等产品可互换使用。产品质量符合国家标准GB/T 5671—2014，见表17-2-166。该产品适用于轿车、载重汽车的轮毂轴承、底盘、水泵和发电机等摩擦部位的润滑，使用温度为－30～＋120℃。

（3）工业润滑脂

工业润滑脂是工业生产中各种机械设备所用润滑脂的总称，所润滑的部件主要是轴承、齿轮和钢丝绳等。

1）工业润滑脂的性能要求　冶金行业使用的润滑脂不仅量大，而且对性能要求较为苛刻，对润滑脂质量要求也很高。冶金行业的生产大致分为炼铁、炼钢和轧制三个阶段。而冶金行业用脂一般是指用于轧辊的润滑脂，而且大都是集中润滑。

轧辊轴承经受钢坯的热辐射和传导热负荷的影响，轴温较高，即使在有水冷却的情况下，炉前辊道轴承温度也可以达到200℃左右，一般钢坯辊道轴承温度在100℃左右。辊道又受到钢坯经过时的冲击、滚动等交变负荷的影响，此外轴承还受到粉尘、冷却水喷淋的影响，工况较为恶劣。因此，轧辊轴承润滑脂应具备耐极压或冲击负荷，耐高温，抗水性、防锈性、防腐性优良，抗水淋性好，泵送性良好等特点。

2）工业润滑脂的分类　美国润滑脂协会（NLGI）和美国材料试验学会（ASTM）等组织联合推出了多用途工业润滑脂、开式齿轮润滑脂和绳索润滑脂三类工业润滑脂的分类方法，分别见表17-2-167～表17-2-169。

3）工业润滑脂的更换　现代钢铁设备的润滑点极多，广泛采用集中给脂的润滑方式定时供脂，注脂周期主要根据工艺条件及设备状况来决定。

表17-2-164　**车用润滑脂NLGI-ASTM-SAE联合分类**

种类	标号	性能要求	使用温度范围/℃	稠度	可行驶距离/km
底盘车体脂	LA	轻中负荷，抗氧化、防锈、抗磨、机械安定性	—	主要2号	轿车3200以下
	LB	苛刻负荷，振动、水接触、长期运转	－40～＋120	主要2号	轿车3200以上
轮毂轴承脂	GA	较轻负荷	－20～＋70	—	—
	GB	较轻到中负荷，抗氧、抗腐、抗磨、安定	－40～＋120 （有时到160）	主要2号 （1、3号也用）	高速公路用
	GC	中到苛刻负荷，抗氧、抗腐、抗磨	－40～＋160 （有时到200）	主要2号 （1、3号也用）	开、停频繁用

表17-2-165　**车用润滑脂的组成**

基础油		中高黏度矿物油	基础油		中高黏度矿物油
稠化剂	底盘脂	钙皂、锂皂	添加剂	底盘脂	增黏剂、抗磨剂
	轮毂脂	钙皂、锂皂、复合锂皂		轮毂脂	抗氧剂、防锈剂
	CUJ脂	锂皂、脲类		CUJ脂	固体润滑剂

第17篇

表 17-2-166 汽车通用锂基润滑脂技术要求和试验方法

项 目		质量指标		试验方法
		2 号	3 号	
工作锥入度/0.1mm		265～295	220～250	GB/T 269
延长工作锥入度(100000 次)变化率/%	不大于	20		GB/T 269
滴点/℃	不低于	180		GB/T 4929
防腐蚀性(52℃,48h)		合格		GB/T 5018
蒸发量(99℃,22h)(质量分数)/%	不大于	2.0		GB/T 7325
腐蚀(T_2,铜片,100℃,24h)		铜片无绿色或黑色变化		GB/T 7326,乙法
水淋流失量(79℃,1h)(质量分数)/%	不大于	10.0		SH/T 0109
钢网分油(100℃,30h)(质量分数)/%	不大于	5.0		NB/SH/T 0324
氧化安定性(99℃,100h,0.77MPa),压力降/MPa	不大于	0.070		SH/T 0325
漏失量(104℃,6h)/g	不大于	5.0		SH/T 0326
游离碱含量(以折合的 NaOH 质量分数计)/%	不大于	0.15		SH/T 0329
杂质含量(显微镜法)/个·cm^{-3}				SH/T 0336
10μm 以上	不大于	2000		
25μm 以上	不大于	1000		
75μm 以上	不大于	200		
125μm 以上	不大于	0		
低温转矩(−20℃)/mN·m	不大于			SH/T 0338
	启动	790	990	
	运转	390	490	

注：如果需要，基础油运动黏度应该在实验报告中进行说明。

表 17-2-167 多用途工业润滑脂的分类和用途

代号	用 途	性能要求
MA	用于轻型或重型工业设备,包括集中分散系统,满足轴颈轴承和抗磨轴承的润滑	润滑脂应不含任何不可分散的颗粒,使用温度为−18～120℃
MB	用于轻型或重型工业设备,包括集中分散系统,可以与水接触或有高剪切,满足轴颈轴承和抗磨轴承及滑动接触的润滑	润滑脂应不含任何不可分散的颗粒,使用温度为−18～150℃,在使用期间,应具有抗氧化、抗水淋、稠度变化不影响润滑脂对润滑部件的防锈性能
MC	用于重型工业设备,包括集中分散系统,工况为重负荷、高剪切、与大量水接触,满足轴颈轴承和抗磨轴承及滑动接触的润滑	润滑脂应不含任何不可分散的颗粒,使用温度为−18～150℃,在使用期间,应具有抗氧化、低挥发、抗水淋、稠度变化不影响润滑脂对润滑部件的防锈性能,而且在重负荷、潮湿情况下可以提供足够的润滑

表 17-2-168 工业开式齿轮润滑脂的分类和用途

代号	用 途	性能要求
EA	用于暴露的齿轮连接部位的正齿或斜齿	要求有抗水性和黏附性,使用温度为−18～120℃
EB	用于暴露的齿轮连接部位	要求有抗水性、黏附性和极压性,在−7～66℃内使用
EC	用于暴露的齿轮连接部位,可以有负荷或抖动,同时允许使用部位由于润滑困难而引起的温升或润滑限制	润滑脂要求具有抗水性、黏附性和极压性,可在−7～66℃内使用,基本组成是高黏度油

表 17-2-169 工业绳索润滑脂的分类和用途

代号	用 途	使用温度/℃
WA	保护暴露于空气中和有防护的工业绳索或接触缓和气体或液体的工业绳索	−18～79
WB	保护暴露于空气中和有防护的工业绳索或接触缓和气体或液体的工业绳索	−18～79

4）极压锂基润滑脂的选用　具有良好的机械安定性、抗水性、防锈性、极压抗磨性和泵送性。与壳牌公司的 Alvania EP grease、加德士公司的 Multifak EP、美孚公司的 Grease MP、埃索公司的 Beacon EP 等产品可互换使用。产品符合国家标准 GB 7323—2008，见表 17-2-170。该类产品适用于润滑轧机、锻造机、传送辊等

高负荷机械设备轴承及齿轮。

5）极压负荷锂基润滑脂的选用 采用高级脂肪酸复合锂皂稠化矿物油制成，含有极压添加剂，具有优良的极压抗磨性能和耐高温性。产品质量执行行业标准 SH/T 0535—1993，如表 17-2-171 和表 17-2-172 所示。

产品适用于冶金行业的连铸机、连轧机、烧结机、出钢辊道，以及其他高温、重负荷设备，使用温度 −20～160℃。

表 17-2-170 极压锂基脂质量指标

项目			质量指标			试验方法
			0 号	1 号	2 号	
工作锥入度/0.1mm			355～385	310～340	265～295	GB/T 269
滴点/℃		不低于	170	170	170	GB/T 4929
钢网分油量(100℃,24h)/%(质量)		不大于	—	10	5	SH/T 0324
相似黏度(−10℃,D =10s^{-1})/Pa·s		不大于	150	250	500	SH/T 0048
腐蚀试验(T2 铜片,100℃,24h)			铜片表面无绿色或黑色变化			GB/T 7326(乙法)
蒸发量(99℃,22h)/%(质量)		不大于	2.0	2.0	2.0	GB/T 7325
水淋流失量(38℃,1h)/%(质量)		不大于	—	10	10	SH/T 0109
延长工作锥入度(10 万次)/0.1mm		不大于	420	380	350	GB/T 269
防腐蚀性能(52℃,48h)/级		不大于	1	1	1	GB/T 5018
最大无卡咬负荷(P_B 值)/N		不低于	588	588	588	SH/T 0202
极压性能(Timken 法)OK 值/N		不低于	156	156	156	SH/T 0203
机械杂质/个·cm^{-3}	25μm 以上	不大于	3000	3000	3000	SH/T 0336
	75μm 以上	不大于	500	500	500	
	125μm 以上	不大于	0	0	0	

表 17-2-171 极压负荷锂基脂质量指标（一等品）

项目			质量指标			试验方法
			1 号	2 号	3 号	
工作锥入度/0.1mm			310～340	265～295	220～250	GB/T 269
滴点/℃		不低于	260	260	260	GB/T 3498
相似黏度(−10℃,D =10s^{-1})/Pa·s		不大于	500	800	1200	SH/T 0048
腐蚀试验(T2 铜片,100℃,24h)			不大于 2 级			GB/T 7326(甲法)
水淋流失量(38℃,1h)/%(质量)		不大于	5	5	5	SH/T 0109
延长工作锥入度变化率/%	10000 次	不大于	10	10	10	GB/T 269
	100000 次	不大于	10	10	10	
防腐蚀性能(52℃,48h)/级		不大于	1	1	1	GB/T 5018
漏失量(104℃,6h)/g		不大于	2.5	2.5	2.5	SH/T 0326
漏失量(163℃,60g,6h)/g		不大于	2.5	2.5	2.5	SH/T 0326
极压性能(四球机法)	P_D 值/N	不小于	3089	3089	3089	SH/T 0202
	ZMZ 值/N	不小于	637	637	637	
极压性能(Timken 法)OK 值/N		不低于	200	200	200	SH/T 0203
抗磨性能(四球机法)/mm		不大于	0.5	0.5	0.5	SH/T 0204
轴承寿命(149℃)/h		不小于	400	400	400	SH/T 0428

表 17-2-172 极压负荷锂基脂质量指标（合格品）

项目		质量指标			试验方法
		1 号	2 号	3 号	
工作锥入度/0.1mm		310～340	265～295	220～250	GB/T 269
滴点/℃	不低于	250	260	260	GB/T 3498
钢网分油量(100℃,24h)/%(质量)	不大于	6	5	3	SH/T 0324
相似黏度(−10℃,D =10s^{-1})/Pa·s	不大于	500	800	1200	SH/T 0048
腐蚀试验(T2 铜片,100℃,24h)		铜片表面无绿色或黑色变化			GB/T 7326(乙法)
蒸发度(180℃,1h)/%(质量)	不大于	5	5	5	SH/T 0337

续表

项　　目		质量指标			试验方法
		1号	2号	3号	
水淋流失量(38℃,1h)/%(质量)	不大于	10	10	10	SH/T 0109
漏失量(104℃,6h)/g	不大于	5.0	5.0	5.0	SH/T 0326
延长工作锥入度(10万次)变化率/%	不大于	15	20	20	GB/T 269
防腐蚀性能(52℃,48h)/级	不大于	2	2	2	GB/T 5018
氧化安定性(99℃,100h,0.77MPa) 压力降/MPa	不大于	0.070	0.070	0.070	SH/T 0325
极压性能(四球机法)					SH/T 0202
P_D 值/N	不小于	3089	3089	3089	
ZMZ 值/N	不小于	637	637	637	
极压性能(Timken法)OK值/N	不低于	200	200	200	SH/T 0203

6）极压复合铝基脂的选用　具有优良的极压抗磨性、耐高温性，以及良好的抗水性、胶体安定性和防锈性。产品质量符合行业标准 SH/T 0534—1993，见表 17-2-173，适用于冶金行业连轧机、连铸机、烧结机、出钢辊道以及其他高温、重负荷设备的润滑。

7）石墨钙基润滑脂的选用　具有良好的抗水性和极压性，与加德士公司的 904、904W 等产品可互换使用。产品质量符合行业标准 SH/T 0369—1992，如表 17-2-174 所示。该产品适用于压延机人字齿轮、汽车弹簧、钢丝绳、拖拉机部件、吊车和矿山机械，以及其他重负荷、低转速部位的润滑，使用温度不高于 65℃。

8）二硫化钼锂基润滑脂的选用　具有良好的极压抗磨性、抗水性和防锈性。产品质量执行企业标准，如表 17-2-175 所示。该类产品适用于润滑载重汽车各润滑部位及其他重负荷机械设备。

(4) 精密轴承润滑脂

精密轴承润滑脂是满足高精度轴承使用的润滑脂，具有以下特性：结构光滑、均匀、不含颗粒；胶体安定性好，分油量适中；机械安定性好，能保证在长期工作时脂的结构不过早地被破坏；机械杂质含量少；能确保轴承平滑、灵活运转，而且不产生噪声。表 17-2-176 列出了一种低噪声长寿命电机轴承润滑脂的技术指标，该产品适用于中小型电机轴承、家用电器设备轴承等，使用温度为 −40～125℃。

表 17-2-173　　极压复合铝基脂质量指标

项　　目		质量指标			试验方法
		0号	1号	2号	
工作锥入度/0.1mm		355～385	310～340	265～295	GB/T 269
滴点/℃	不低于	235	240	240	GB/T 3498
钢网分油量(100℃,24h)/%(质量)	不大于	—	10	7	SH/T 0324
相似黏度(−10℃,$D=10s^{-1}$)/Pa·s	不大于	250	300	550	SH/T 0048
腐蚀试验(T2铜片,100℃,24h)		铜片表面无绿色或黑色变化			GB/T 7326(乙法)
蒸发量(99℃,22h)/%(质量)	不大于	1.0	1.0	1.0	GB/T 7325
水淋流失量(38℃,1h)/%(质量)	不大于	—	10	10	SH/T 0109
延长工作锥入度(10万次)变化率/%	不大于	10	13	15	GB/T 269
防腐蚀性能(52℃,48h)/级	不大于	2	2	2	GB/T 5018
氧化安定性(99℃,100h,0.77MPa) 压力降/MPa	不大于	0.070	0.070	0.070	SH/T 0325
机械杂质/个·cm^{-3}					SH/T 0336
25μm 以上	不大于	3000	3000	3000	
75μm 以上	不大于	500	500	500	
125μm 以上	不大于	0	0	0	
极压性能(Timken法)OK值/N	不低于	156	156	156	SH/T 0203

表 17-2-174　　石墨钙基润滑脂质量指标

项　　目		质 量 指 标	试 验 方 法
外观		黑色均匀油膏	目　测
工作锥入度/0.1mm		220～250	GB/T 269
滴点/℃	不低于	80	GB/T 4929
腐蚀(45 号钢片,100℃,3h)		合格	SH/T 0331
水分/%(质量)	不大于	2.0	GB/T 512
胶体安定性		合格	在密闭玻璃器中保存一个月无油析出为合格

表 17-2-175　　二硫化钼锂基脂质量指标

项　　目		质 量 指 标			试验方法
		ZL-2E	ZL-3E	ZL-4E	
外观		灰色至黑色均匀油膏			目　测
工作锥入度/0.1mm		265～295	220～250	175～205	GB/T 269
滴点/℃	不低于	175	180	185	GB/T 4929
分油量(压力法)/%	不大于	20	12	8	GB/T 392
腐蚀试验(钢片、铜片,100℃,24h)		合格			GB/T 7326(乙法)
游离碱 NaOH/%	不大于	0.10	0.15	0.15	SH/T 0329
游离有机酸		无	无	无	SH/T 0329
机械杂质(酸分解法)/%(质量)		无	无	无	GB/T 513
水分/%(质量)	不大于	痕迹	痕迹	痕迹	GB/T 512
氧化安定性(99℃,100h,0.77MPa) 压力降/kg·cm^{-2}	不大于	0.5	0.5	0.5	SH/T 0325
氧化后酸值		无	无	无	SH/T 0329

表 17-2-176　　低噪声长寿命电机轴承润滑脂技术指标

项　　目			质 量 指 标		试验方法
			2 号	3 号	
工作锥入度/0.1mm			265～295	220～250	GB/T 269
滴点/℃		不低于	165	165	GB/T 4929
钢网分油量(100℃,30h)/%(质量)		不大于	7	5	SH/T 0324
延长工作锥入度(10 万次)/0.1mm		不大于	370	340	GB/T 269
蒸发量(99℃,22h)/%(质量)		不大于	2	2	GB/T 7325
腐蚀试验(T2 铜片,100℃,24h)			铜片表面无绿色或黑色变化		GB/T 7326(乙法)
相似黏度(−25℃,D =10s^{-1})/Pa·s		不大于	1000	1500	SH/T 0048
水淋流失量(38℃,1h)/%(质量)		不大于	7	7	SH/T 0109
氧化安定性	100h 压力降/kPa 400h 压力降/kPa	不大于	34.4 报告	34.4 报告	SH/T 0325
机械杂质 /个·cm^{-3}	10μm 以上 25μm 以上 75μm 以上 125μm 以上	不大于 不大于 不大于 不大于	5000 3000 500 0	5000 3000 500 0	SH/T 0336
防腐蚀性/级		不大于	1	1	GB/T 5018

(5) 防锈润滑脂

为了使轴承及其他机械加工件获得更好的防锈效果，通常利用石油脂型防锈脂进行防护处理。这是一类以石油蜡为稠化剂的防锈材料，其特点是油膜后，不易流失和挥发，较耐冲刷和碰擦，防锈期较长。

1) 防锈脂的分类　日本、美、英等国外防锈脂分类见表 17-2-177。按使用方法不同，我国一般将防锈脂分为热涂脂和冷涂脂。

第17篇

表 17-2-177　　日、美、英等国防锈脂分类

日本工业规格(JIS)		美国军用规格(MIL)			英国规格	主要用途
NP-4 Z1801	防锈石油脂第 1 种 (硬脂膜)	P-4	MIL-C-11796 1 类	重置防锈剂热浸，硬膜		大型机械或部件防锈，长期室外防锈
NP-5 Z1802	防锈石油脂第 2 种 (中脂膜)	P-5	MIL-C-11796 2 类	中质防锈剂软膜、加热浸渍	TP3 热浸渍软膜	一般机械和小件精密加工部件防锈，缓和条件的室外封存，一般室内用
NP-6 Z1802	防锈石油脂第 3 种 (软脂膜)	P-6	MIL-C-11796 3 类	轻质防锈剂软膜	TP5 擦涂软膜	轴承等高级机械加工面防锈，室内长期防锈

2）无黏接预应力筋专用防腐润滑脂的选用　具有良好的化学安定性、抗氧性、防锈防腐性、耐水性、高低温性和润滑性。产品质量符合建工行业标准 JG 3007—1993，见表 17-2-178。该类产品适用于正常环境下无黏接预应力筋的润滑、防锈和防腐，也可用于金属的封存保护和机械设备摩擦部位的润滑。

3）石油脂型防锈脂的选用　1 号脂属冷涂脂，对黑色金属有较好的防护性；2 号脂和 3 号脂属热涂脂，其中 2 号脂对黑色金属防锈性好，3 号脂对黑色金属和铜均有良好的防锈效果。

产品质量执行石化行业标准 SH/T 0366—1992，见表 17-2-179。该类产品适用于轴承、工具、大型机件的长期封存，可采取冷涂工艺和热涂工艺。

4）钢丝绳表面脂的选用　具有良好的化学安定性、防锈性、润滑性、抗水性和低温性。产品质量执行行业标准 SH/T 0387—1992，见表 17-2-180，适用于钢丝绳的封存防护和润滑。

5）钢丝绳麻芯脂的选用　具有良好的化学安定性、防锈性、润滑性、抗水性、黏附性和渗透性。产品质量执行行业标准 SH 0388—1992，见表17-2-181，适用于钢丝绳麻芯的浸渍和润滑。

表 17-2-178　　无黏接预应力筋专用防腐润滑脂技术指标

项　目		质量指标		试验方法
		1 号	2 号	
工作锥入度/0.1mm		296～325	265～295	GB/T 269
滴点/℃	不低于	160	160	GB/T 4929
钢网分油量(100℃,24h)/%(质量)	不大于	8.0	8.0	SH/T 0324
蒸发量(99℃,22h)/%(质量)	不大于	2.0	2.0	GB/T 7325
腐蚀(45 钢片,100℃,24h)		合格	合格	SH/T 0331
水分/%(质量)	不大于	0.1	0.1	GB/T 512
低温性能(−40℃,30min)		合格	合格	SH/T 0387
湿热试验(45 钢片,72h)/级	不大于	2	2	GB/T 2361
盐雾试验(45 钢片,72h)/级	不大于	2	2	SH/T 0081
氧化安定性(100℃,100h,785kPa)				SH/T 0325
压力降/kPa	不大于	147	147	
酸值/ mg(KOH)·g^{-1}	不大于	1.0	1.0	GB/T 264
对套管的兼容性(65℃,960h)				
吸油率/%	不大于	10	10	HG2-146
拉伸强度变化率/%	不大于	30	30	GB/T 1040

第 17 篇

表 17-2-179 石油脂型防锈脂技术指标

项目			质量指标			试验方法
			1号	2号	3号	
滴点/℃		不低于	—	55	55	GB/T 270
滑落点/℃		不低于	55	—	—	SH/T 0366
锥入度/0.1mm		不小于	200	—	—	GB/T 269
湿热试验/h	钢片	不小于	720	720	720	GB/T 2361
	铸铁片	不小于	336	336	336	
	铜片	不小于	—	—	168	
盐雾试验/h	钢片	不小于	336	336	336	SH/T 0081
	铸铁片	不小于	168	168	168	
	铜片	不小于	—	—	120	
腐蚀试验(336h)	铸铁片		合格			SH/T 0080
	铜片		合格			
叠片试验(49℃±1℃,168h)(钢片)			合格			SH 0366
水溶性酸碱			无			GB/T 259
磨削物			实测			SH 0366
耐寒性			合格			SH 0366
水分/%(质量)			无			SH/T 0257
油及稳定性			合格			SH 0366

表 17-2-180 钢丝绳表面脂质量指标

项目	质量指标	试验方法
外观	褐色至深褐色均匀油膏	目测
滴点/℃ 不低于	58	SH/T 0115
100℃运动黏度/mm²·s⁻¹ 不小于	20	GB/T 265
水溶性酸或碱	无	GB/T 259
腐蚀(100℃,3h)	合格	SH/T 0331
滑落试验(55℃,1h)	实测	SH 0387
水分/%(质量) 不大于	痕迹	GB/T 512
低温性能(−30℃,30min)	合格	SH 0387
湿热试验(钢片,720h)	合格	GB/T 2361
盐雾试验(钢片)	实测	SH/T 0081

表 17-2-181 钢丝绳麻芯脂技术指标

项目	质量指标	试验方法
外观	褐色至深褐色均匀油膏	目测
滴点/℃	45～55	SH/T 0115
100℃运动黏度/mm²·s⁻¹ 不小于	25	GB/T 265
水溶性酸或碱	无	GB/T 259
腐蚀(100℃,3h)	合格	SH/T 0331
水分/%(质量) 不大于	痕迹	GB/T 512
低温性能(−30℃,30min)	合格	SH 0387
湿热试验(钢片,720h)	合格	GB/T 2361
盐雾试验(钢片)	实测	SH/T 0081

2.3.2.3 润滑脂稠度分类

表 17-2-182 润滑脂稠度分类(NLGI)

编号	锥入度(于25℃工作60次后)/0.1mm	编号	锥入度(于25℃工作60次后)/0.1mm
000	445～475	3	220～250
00	400～430	4	175～205
0	355～385	5	130～160
1	310～340	6	85～115
2	265～295		

2.3.3 合成润滑剂

目前使用的合成油主要有酯类油、聚醚、合成烃、硅油、氟油和磷酸酯六大类。

表 17-2-183 合成润滑剂种类及性能

种类		性能
酯类油	种类与结构	作为润滑油基础油的酯类油有双酯、多元醇酯和复酯几类。双酯是二元酸与一元醇或二元醇与一元酸反应的产物。常用的双酯如癸二酸双酯、壬二酸双酯和己二酸双酯等。其中癸二酸二(2-乙基己酯)酯(也称癸二酸二异辛酯)曾广泛用作喷气发动机润滑油的基础油 多元醇酯是分子中含有两个以上羟基的多元醇与直链脂肪酸反应的产物。常用的多元醇酯如三羟甲基甲烷酯、季戊四醇酯和新戊基多元醇酯等 复酯是二元酸与二元醇(或多元醇)缩聚形成的长链分子,端基再用一元酸或一元醇酯化得到的产物。按分子中心结构不同,复酯又分为以醇为中心的复酯和以酸为中心的复酯,复酯的平均分子量一般在 800～1500
酯类油	主要性能	①较好的黏-温特性或较高的黏度指数;②良好的低温性能和较低的凝点;③蒸发性远比矿物油小,常用于飞机发动机润滑;④由于酯类油分子中含有极性基团酯基,易吸附在摩擦表面形成边界油膜,因此酯类油的润滑性能优于矿物油;⑤酯类油的黏度随压力的变化小于矿物油,受温度的影响也小于矿物油;⑥由于酯类油具有极性,对添加剂的溶解能力较强,因此对添加剂的感受性较好。但是,酯类油的抗水解性较差,需要使用添加剂加以改善,另外酯类油对氯丁橡胶的溶胀性较为严重,因此使用酯类油宜采用氟橡胶或丁腈橡胶作为密封材料
聚醚		聚醚是环氧乙烷、环氧丙烷、环氧丁烷和四氢呋喃等单体发生开环均聚或共聚生成的线性化合物,具有以下特性: ①聚醚的黏度及黏度指数随其相对分子量的增加而增大。相对分子质量和黏度相近的聚醚,其黏度指数顺序为双醚＞单醚＞双羟基醚＞三羟基醚。环氧乙烷与环氧丙烷无规共聚醚比环氧丙烷均聚醚黏度指数高,并当环氧乙烷在共聚醚中占 50%(质量)时黏度指数最高 ②聚醚的黏压系数基本由其化学结构和分子链长度决定的,而且聚醚的黏压系数均小于矿物油 ③聚醚一般具有较低的凝点,在低温条件下具有良好的流动性 ④由于聚醚具有极性,几乎在所有润滑状态下都能形成非常稳定的具有很大吸附能力和承载能力的润滑膜,因此聚醚的润滑性能优于同黏度的矿物油、聚烯烃和双酯,但不如多元醇酯和磷酸酯 ⑤在热和氧的作用下,聚醚容易断链,因此聚醚的热氧化稳定性不佳,但聚醚对抗氧剂有良好的感受性,加抗氧剂后聚醚的分解温度可提高到 240℃ ⑥根据聚醚中环氧烷的类型、比例和端基结构可分为水溶性、非水溶性及油溶性几类。环氧乙烷均聚物和环氧乙烷比例超过 25%的环氧乙烷-环氧丙烷共聚物可溶于水,环氧丙烷均聚物不溶于水也不溶于油,环氧丙烷与四氢呋喃、环氧丁烷的共聚物是油溶性的 ⑦一般聚醚的闪点在 204～260℃之间,加入抗氧剂可使聚醚的闪点提高 10～50℃ ⑧聚醚产品在 20℃下的蒸汽压均小于 1.33Pa,是低挥发性合成油
合成烃油		合成烃油是由化学合成方法制备的烃类润滑油,包括聚 α 烯烃(PAO)、聚丁烯、烷基苯与合成环烷烃。由于合成烃油也是碳氢化合物,所以具有与矿物油相似的性能,但又具备一些优于矿物油的特性,因此在工业上得到广泛应用,合成烃油约占合成油产量的 1/3
合成烃油	聚 α 烯烃合成油	聚 α 烯烃比矿物油拥有更好的热稳定性、氧化安定性和水解安定性,而且与矿物油有良好的相溶性。由于 α 烯烃原料来源丰富,生产工艺简单,价格较为便宜,因此是一种很有发展前途的合成油品种
合成烃油	聚丁烯合成油	聚丁烯合成油是以异丁烯和少量正丁烯共聚的合成烃油。聚丁烯随着分子量的增加,由油状液体变成蜡状半固体。聚丁烯的特点是在不太高温度下会全部分解而不留残余物。因此适合做金属加工淬火油、高压压缩机油及二冲程发动机油。由于聚丁烯不含蜡状物质,因此具有较好的电气性能
合成烃油	烷基苯合成油	烷基苯合成油具有优良的低温性能,蒸发损失小,黏度指数高,能与矿物油以任意比例混合,是合成油中很有发展前途的品种。直链烷基苯比带支链的烷基苯倾点低,黏度指数高,其中带 C_{13} 烷链的二烷基苯最适合调制各种低温润滑油,如 R_1 和 R_2 为 C_{10}～C_{14} 的二烷基苯,40℃运动黏度为 30～35mm^2/s,黏度指数为 107～120,倾点为－56.7～－51.1℃

续表

种类	性　能
硅油和硅酸酯	作为合成润滑材料的硅油主要有甲基硅油、乙基硅油、甲基苯基硅油和甲基氯苯基硅油等。硅油和硅酸酯具有无机聚合物和有机聚合物的许多特性，如耐高温性、耐老化、耐臭氧、电绝缘性好、疏水、难燃、低温流动性好、无腐蚀性以及黏-温系数高等特点 硅油是无色、无味、无毒、不易挥发的透明液体，具有以下特性： ①在所有润滑油中，硅油和硅酸酯的黏-温特性是最好的，其中又以甲基硅油为最好 ②硅油具有良好的热稳定性和氧化稳定性，是高温润滑剂不可缺少的材料。甲基硅油的长期使用温度范围为－50～180℃，随着分子中苯基含量的增加，使用温度可再提高 20～70℃。甲基硅油在 200℃以上才缓慢被氧化。为进一步提高硅油的热氧化稳定性可加入某些稳定剂。硅油与矿物油混配可提高硅油的耐氧化稳定性，将少量硅油加入矿物油中也可以提高矿物油的氧化稳定性。硅酸酯的热稳定性也很好，热分解温度在 300℃以上，它具有中等程度的氧化稳定性，由于对添加剂的稳定性良好，容易用添加剂来提高其氧化稳定性 ③硅油具有良好的低温稳定性，甲基硅油的凝点低于－50℃，在甲基硅油中引入少量苯基，因破坏了其结构的对称性，凝点会进一步降低，苯基含量在 5%左右时，甲基苯基硅油的凝点可达－75℃左右。但随着苯基含量的增加，聚合物有机性增强，凝点又会上升 ④由于硅-氧链易曲挠，是硅油具有较高的可压缩性，但黏度随压力的变化较小，利用硅油这种特性可做液体弹簧 ⑤由于硅油侧链上的非极性烷基阻止水分子的进入，因此硅油具有疏水性，在常温下对水是稳定的。而硅酸酯较容易水解，水解后生成硅酸、醇或酚，最后形成硅胶，高温下生成二氧化硅会引起金属的磨损，使用时应注意。为改善硅酸酯的水解安定性，可加入芳胺类化合物 ⑥与其他合成润滑油相比，硅油的润滑性能不好，尤其对钢-钢摩擦副的边界润滑性能不好。黏度较大的硅油适合于做塑料、橡胶的润滑剂，为改善硅油的润滑性能常加入添加剂
氟油	氟油是分子中含有氟元素的合成润滑油，主要有全氟烃油、氟氯碳油、全氟聚醚和氟硅油等。含氟硅油、全氟聚醚油都是无色、比矿物油重的难燃液体，具有以下特性： ①氟油的最大特点就是化学稳定性好，是矿物油与其他合成油无法相比的，在 100℃温度下与强酸、强碱均不起反应，属于化学惰性物质 ②全氟聚醚油具有极好的氧化稳定性，其分子结构受热、氧化作用很少，与氯气、过氧化氢、高锰酸钾等氧化剂也不起反应 ③氟油与大部分金属、橡胶、塑料都有很好的相容性，与添加剂的相容性也很好 ④氟油的润滑性比一般矿物油好，但氟油的溶解能力有限，很少能加入添加剂改善其性能
磷酸酯	磷酸酯具有良好的抗燃性和润滑性，是重要的合成润滑油品种，具有以下特性： ①难燃性。这是磷酸酯最突出的性能，因此适合做高温条件下的液压油，其性能比水-乙二醇也更好 ②磷酸酯具有良好的润滑性，适合做极压剂和抗磨剂 ③磷酸酯的热氧化稳定性优于矿物油 ④磷酸酯对许多有机化合物有极强的溶解能力，是一种很好的溶剂，但这一性能也容易造成对密封材料的溶胀侵蚀 ⑤磷酸酯的水解安定性不好，易发生分解反应形成酸性物质 ⑥磷酸酯的挥发性低，与矿物油相比，其挥发性只是与它黏度相当的烃类的 1/5～1/10 ⑦磷酸酯有一定的毒性，对皮肤和呼吸道有刺激作用

2.3.4　固体润滑剂

固体润滑剂就是能够保护运动表面不受损伤、并能降低摩擦与磨损的粉末或薄膜。在航空、航天、宇宙、核能工程中，润滑剂要承受剧烈的温度变化、高温辐射，还受到气体、燃料、溶剂以及各种化学试剂的作用，为解决这些极端状态下的润滑，往往需要使用固体润滑剂。固体润滑剂具有以下特点。

1） 能在摩擦表面牢固地黏附并保护表面。

2） 具有较低的抗剪切度。

3） 具有较好的热稳定性和化学稳定性，可以在高温、超低温以及在化学介质中使用保持润滑性能不变。

4） 较高的承载能力，经常在低速、高负荷的条件下使用。但固体润滑剂也有摩擦因数比润滑油脂大，传热冷却性能差，使用时会产生噪声、振动，产生磨屑污染摩擦表面，自行修补润滑膜性能差等缺点。

表 17-2-184　固体润滑剂的作用原理、种类和性能

作用原理	当固体润滑剂粉末擦涂到润滑部位时，由于其剪切强度小，在摩擦过程中会吸附到基材表面形成润滑膜，并且会转移到对偶材料表面形成转移膜使原来摩擦副之间的干摩擦变成润滑膜和转移膜之间的摩擦，由于摩擦是发生在低剪切系数的极薄固体膜内部，所以使摩擦和磨损都大为降低

续表

种类和性能		
种类和性能	目前应用最广的固体润滑剂是石墨和二硫化钼等具有层状结构的无机固体润滑材料和聚四氟乙烯等高分子润滑材料。此外软金属、氧化物、硫化物和氟化物等固体润滑剂也有一定的应用	
	石墨	石墨是碳单质的一种同素异形体，外观呈黑色并有脂肪的滑腻感。石墨晶体具有层状六方晶体结构，在层状结构内部每个碳原子与相邻的三个碳原子以共价键牢固结合在一起不易被破坏。而层与层之间距离较远，靠结合力较弱的范德华力结合，因此在受剪切力作用时，层与层之间容易滑动起润滑作用 石墨有天然与人工两种，天然石墨是将石墨矿精选浮选，脱水干燥，经高速锤式粉碎机粉碎，并经旋风分离器和除尘集尘器收集制得。人工石墨是用石油焦在1400℃高温煅烧，粉碎后加煤焦沥青和无烟煤成形，在800℃烧制后再用煤焦沥青浸泡，然后在2600～3000℃的高温下石墨化处理，再经粉碎制成 石墨的高温安定性好，而且温度越高强度越大，抗拉、抗弯、抗压强度均随温度上升而加大。石墨的黏着性好，是热和电的良好导体，真空中蒸发性小，因此适用于宇航设备等特殊机械的润滑。石墨有良好的化学稳定性，与水共存时其润滑性能不减，可制成水分散胶体石墨使用。石墨作为固体润滑剂可以以干粉形态进行飞溅润滑，也可作为添加剂制成水剂和油剂，也可以与其他材料组成复合材料使用
	二硫化钼	天然二硫化钼是从辉钼矿提纯得到的矿物质，属于六方晶系的层状结构。二硫化钼晶体是由S-Mo-S三个平面层组成的单元层，在单元层内部每个钼原子被三棱形分布的硫原子包围，靠墙共价键联系在一起，单元层之间靠弱分子间力连接，极易从层与层之间辟开。二硫化钼与金属表面有很强的结合力，比石墨强，能够形成牢固的润滑膜，是目前应用最广泛的固体润滑剂，可以粉剂、油剂、水剂等形式或与其他金属或高分子材料组成复合润滑材料使用。把分散在水中或挥发性溶剂中形成的二硫化钼悬浮液，喷涂在金属表面，待溶剂挥发后再经揉抹或擦光可形成牢固的二硫化钼润滑膜。利用等离子焰产生的高温将二硫化钼粉末熔化再喷涂到零件表面上形成一种类似电镀的致密润滑膜
	二硫化钨	用钨酸铵与硫化氢反应或用三氧化钨与碳酸钠、硫磺、碳混合加热到900℃可生成二硫化钨。它的晶体也具有六方晶形层状结构，通常填充在润滑脂或石蜡、地蜡中使用，或添加在金属基复合材料中使用
	氮化硼	具有类似石墨的结构，因此许多物理性能与石墨相似。由于其外观白色或淡黄色也被称为“白石墨”，不像石墨那样使机件变黑。高纯度的氮化硼，具有良好的耐热性、化学稳定性和电气绝缘性，适合做高温润滑剂 氮化硼粉末可直接喷涂，也可分散在水、油、溶剂中，喷涂在摩擦表面，待溶剂挥发后形成干膜，还可以填充在树脂、陶瓷、金属表层做成耐高温的自润滑复合材料。氮化硼单独使用效果不理想，通常与其他润滑剂复合使用
	金属氟化物	主要是氟化钙和氟化钡，它们的耐高温性能很好，在1000℃以上仍然能够保持良好的润滑性能，适合在超音速飞机和航天飞机的方向舵上使用
	金属氧化物	这类润滑材料主要有氧化铅、三氧化二铬、二氧化钛、二氧化锆等。它们具有熔点高，在热、氧环境中不会氧化变质等优点，因此可以在250℃以上的温度下使用。其他耐热润滑材料还有氮化硅、氧化铝和玻璃粉，这些物质在低于250℃时润滑性能不好，但在高温条件下熔融紧密附着在金属表面并均匀延展表现出良好的润滑性能。用玻璃粉形成的自润滑复合涂层具有耐高温、耐腐蚀及耐磨的优点，但也存在质脆难加工的缺点
	软金属	作为固体润滑剂的软金属有金、银、铅、锡、锌、铟等。它们的晶体属于面心立方晶格的结构，因此不具有石墨、二硫化钼那样的承载能力，但具有与高黏度液体相似的润滑行为，有一定的自修补性，也没有低温脆性，因此在低温条件下也不丧失润滑性能，可在较宽的温度范围内使用 软金属具有前切强度低的优点，因此发生摩擦时软金属会在对偶材料表面形成转移膜，使摩擦发生在软金属润滑膜和转移膜之间，从而降低摩擦因数并减少磨损 许多软金属熔点较低，在摩擦过程中产生的瞬间温度可超过其熔点使其熔化而产生润滑作用。软金属的热导性好，使摩擦热很快散失，有利于摩擦表面降温 软金属的蒸发率很低，适合在高度真空环境中使用。软金属的缺点是容易被氧化降低润滑性能。铅、锌、锡等低熔点软金属通常直接当作干润滑膜使用，也可以将软金属通过烧结、铸造、浸渍等方式添加到合金或粉末合金中作润滑成分使用
	高分子固体润滑剂	①聚四氟乙烯　聚四氟乙烯由具有无规则的非结晶区及薄层和具有带状结晶结构的结晶区组成，其分子呈线性直链结构而没有分支，分子链之间也不形成交链。这种分子结构使聚四氟乙烯具有摩擦因数低的特性，其摩擦因数比石墨、二硫化钼都低。在运动过程中聚四氟乙烯又容易在极短的时间内在对偶材料表面形成转移膜，使摩擦副变成聚四氟乙烯内部的摩擦。聚四氟乙烯具有极好的化学稳定性，在高温条件下也不与浓酸、浓碱和强氧化剂发生反应。其性能在使用温度从－195～250℃的范围内都不会降低，因此是高分子润滑材料中使用最多的一种 但是由于其晶体结构特性决定了聚四氟乙烯在对偶材料上的黏着性差，因此摩擦时磨损量大，为弥补这个缺陷，通常不单独使用聚四氟乙烯，而使用含各种添加剂的填充改性聚四氟乙烯。根据所用填料不同，将其复合材料分为无机物填充、金属填充和高聚物填充三类。为更好地弥补聚四氟乙烯的缺陷，目前国外还采用共聚的化学方法进行改性处理 ②其他高分子固体润滑剂　工业上使用的高分子固体润滑剂还有尼龙、聚甲醛和聚酰亚胺等。尼龙是热塑性聚酰胺树脂，具有优良的力学性能和耐磨损性能，但缺点是吸水性大容易吸潮，尺寸稳定性差，只能在100℃以下使用。聚甲醛是一种高熔点、高结晶性的热塑性线性工程塑料，是一种力学性能与金属最接近的工程塑料，具有优良的自润滑性能，适用于长期滑动的部件。聚酰亚胺是耐热性最好的工程塑料，具有优良的耐摩擦磨损性能和尺寸稳定性，但不耐酸碱

2.3.5 其他润滑材料

表 17-2-185 其他润滑材料及其性能

种类	性 能
气体润滑剂	气体也是一种流体,同样符合流体润滑的物理规律,因此在一定条件下气体也可以像液体一样成为润滑剂。气体润滑剂的优点是摩擦因数小,在高速条件下产生摩擦热少,温升低,运转灵活,工作温度范围广,形成的润滑膜比液体薄,气体支承能保持较小间隙,在高速支承中容易保持较高的回转精度,在放射性和其他特殊环境中也能保持正常工作,而且能在润滑表面普遍分布,不会产生局部热斑,不存在密封、堵塞和污染等问题 气体润滑剂可以在比润滑油脂更高或更低的温度范围内使用,如在 10000～600000r/min 的高速转动条件下和在 -200～2000℃的温度范围内润滑滑动轴承,其摩擦因数可低到测不出的程度。使用在高速精密轴承(如医用牙钻、精密磨床主轴及惯性导航陀螺)上可获得高精度 但气体润滑剂密度低,因此承载能力低,只能用在 30～70kPa 的空气动力装置和不高于 100kPa 的空气静力学装置中,对使用设备的精度要求很高,需要用价高的特殊材料制成,而且排气噪声高 常用的气体润滑剂有空气、氦气、氮气和氢气等,空气适合在 650℃以下使用,氮气和氦气等惰性气体可在 1000℃以上使用 气体润滑剂要求清洁度很高,使用前必须经过严格的精制处理。目前在高速设备中气体润滑剂的应用有增加的趋势,如在精密光学仪器中,牙医的钻床中,测量仪器中,电子计算机中,精密的研磨设备中以及在制药、化学、食品、纺织及核工业等这类低负荷而要求避免污染的行业设备
动植物油脂	这是人类最早使用的润滑剂。作为润滑剂的动植物油脂主要有菜籽油、蓖麻油、花生油、葵花籽油等,还有动物脂肪如鲸鱼油和猪油等,动植物油脂的特点是油性好,生物降解性好,但氧化安定性差,容易变质,低温性能也不够好,目前主要用于一些金属加工用油中。但随着石油资源的短缺以及环保要求的日趋严格,动植物油脂又得到了人们的重视 直接用动植物油脂做润滑剂的情况已大为减少,目前主要是将其经改性后使用或与矿物油混用。应环保要求,可生物降解型润滑油研究较为活跃,可生物降解型润滑油就是以植物油为主要成分,目前在农田、森林和草原等地的机械上得到了应用。还有食品机械的润滑,特别是与食品可接触部位,因植物油无毒而被采用 将油脂添加到矿物油中,不仅可增加矿物油的黏度,还可以提高油品的黏附性,如蒸汽气缸油就采用这种办法调制。因植物油容易被水乳化,目前还有相当一部分的金属加工用油如切削油,采用植物油。对于非水溶性的金属加工用油,如合金钢切削油,还有使用猪油或硫化猪油的。另外,随着石油资源的日益短缺,植物油有可能在未来成为矿物油的代用品
水基润滑剂	水基润滑剂就是含水的液体润滑剂,有溶液型核乳化型两类。由于水具有无毒、不燃、无污染、价格低、来源丰富、储运方便以及冷却性好等特点,用水代替油不仅可以节约资源、降低成本,而且使用安全、利于环保。但水基液的润滑性差、凝固点高、易腐败变质,因此使用范围受到了限制 水基液目前主要用于金属加工,如切削、轧制和拉拔等,水基液压油最早作为抗燃液压油,大量用于冶金和矿山机械,目前仍在使用。在水中加入乙二醇等防冻剂以及水溶性的防锈剂、抗磨剂等添加剂,制成水溶液性润滑剂也已得到应用,如汽车发动机防冻液,不仅用来冷却,还可以润滑水循环泵 随着石油资源的减少以及节约要求的日益迫切,水基润滑剂也是一种很有发展前途的润滑剂,在一定程度上替代矿物油

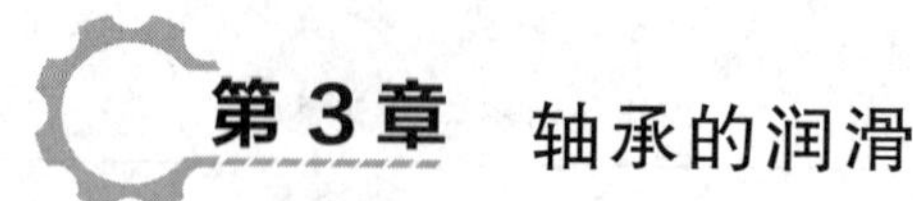

第 3 章 轴承的润滑

3.1 滚动轴承的润滑

3.1.1 润滑的作用和润滑剂的选择

为使轴承能够正常运转，避免零件表面直接接触，减小轴承内部的摩擦及磨损，提高轴承性能，延长轴承的使用寿命，必须对轴承进行润滑。轴承的实际应用中，选择合适的润滑剂和润滑方式十分重要。一般情况下滚动轴承都是采用润滑油、润滑脂或固体润滑剂。润滑脂由于其流动性差常用于不需要专门润滑系统的机械中，使该机械的结构变得简单。脂润滑的优点是轴承座、密封结构及润滑设施简单，维护保养容易，并且润滑脂不易泄漏，有一定的防止水、气、灰尘和其他有害杂质侵入轴承的能力。因此脂润滑得到广泛的应用。同样，由于润滑脂的流动性较差，不容易快速进入润滑表面之间，因此不宜在高速机械上使用，即 dn 大于 40000（d 为轴承的内径，mm，对于大轴承，即直径大于 65mm 的轴承，d 采用其内外径的平均值；n 为轴承的转速，r/min）的机械，见表 17-3-1。

表 17-3-1 各种润滑方式下轴承的 dn 值 mm · r/min

轴承类型	脂润滑	油润滑			
		油浴	滴油	循环油	喷雾
深沟球轴承	160000	250000	400000	600000	>600000
调心球轴承	160000	250000	400000	—	—
角接触球轴承	160000	250000	400000	600000	>600000
圆柱滚子轴承	120000	250000	400000	600000	—
圆锥滚子轴承	100000	160000	230000	300000	—
调心滚子轴承	80000	120000	—	250000	—
推力球轴承	40000	60000	120000	150000	—

注：滴油润滑、油雾、油气润滑、喷射润滑的 dn 值适用于高速和高精度轴承。对于承受重载荷的轴承，应取表列数值的 85%。

和润滑脂相比润滑油的流动性好，能较容易地进入润滑的两个表面之间带走磨屑以及其他杂物，特别是润滑油能带走摩擦所产生的热量，从而改善滚动轴承的工作状态。但是润滑油润滑需要有一套润滑系统，从结构上增加了机械的复杂性。油润滑的优点是可用于重载、高速、高温等场合，润滑油流动性良好。

在某些特殊环境如高温和真空条件下，也可采用固体润滑的方法。固体润滑时，润滑剂通常为二硫化钼、聚四氟乙烯和石墨等，将它们作为表面涂层或渗入到保持架的材料中即可。

第17篇

3.1.2 润滑脂润滑

3.1.2.1 润滑脂的选用

润滑脂是用基础油、稠化剂及添加剂等制成的半固体状润滑剂。润滑脂的基础油为矿物油或聚硅氧烷油、二酯油等合成油，基础油的黏度对润滑脂的润滑性能起主要作用。添加剂主要用于增强润滑脂的抗氧、防锈、极压等性能。在承受重载荷时，就应该采用含有极压添加剂的润滑脂。要求润滑脂能长时间工作而不补充新脂的场合，则应选用含抗氧化剂的润滑脂。稠化剂的成分对脂的性能特别是温度特性、抗水性、析油性等有重要影响。稠化剂分为金属皂基和非皂基两类。

润滑脂按稠化剂的种类不同可分为钙基、钠基、钙钠基、铝基、锂基、钡基和烃基等多种。钙基润滑脂的特点是不溶于水、滴点低，适用于温度较低、环境潮湿的轴承部件中。钠基润滑脂的特点是耐高温，但易溶于水，适用于温度较高、环境干燥的轴承部件中。锂基润滑脂的特点是较好的抗水性、滴点较高，可以用于潮湿和与水接触的机械部位。铝基润滑脂的特点是有高耐水性，可以用于与水接触的部位，适用于集中润滑系统和航运机械部位的润滑及防蚀。钡基润滑脂的特点是有良好的抗水性、滴点较高、不溶于汽油和醇等有机溶剂，适用于油泵、水泵等摩擦部位的润滑。

润滑脂的种类和一般特性、用途见表 17-3-2。同是一个种类的润滑脂，也会因牌号不同而性能相差很大，所以在选用时应注意。

润滑脂按其流动性即锥入度分为若干等级。锥入度数值越大表示润滑脂越软。不同锥入度润滑脂的使用场合见表 17-3-3。特殊润滑脂的使用温度范围见表 17-3-4。

表 17-3-2　　常用润滑脂的性能与用途

润滑脂			锥入度 /(0.1mm)	滴点 /℃ ≥	组　成	特性与用途
	名称	牌号				
钙基	钙基润滑脂	ZG-1 ZG-2 ZG-3 ZG-4 ZG-5	310～340 265～295 220～250 175～205 130～160	75 80 85 90 95	脂肪酸钙皂稠化中黏度矿物润滑油	具有良好的抗水性，用于工业、农业和交通运输等机械设备，使用温度为1号和2号脂不高于55℃，3号和4号脂不高于60℃，5号脂不高于65℃
钙基	合成钙基润滑脂	ZG-2H ZG-3H	270～330 220～270	75 85	合成脂肪酸钙皂稠化中黏度矿物油	用途同上，使用温度为1号脂不高于55℃，2号脂不高于60℃
钙基	合成复合钙基润滑脂	ZFG-1H ZFG-2H ZFG-3H ZFG-4H	310～340 265～295 220～250 175～205	180 200 220 240		机械安定性和胶体安定性较好，适用于较高使用温度
钙基	复合钙基润滑脂	ZFG-1 ZFG-2 ZFG-3 ZFG-4	310～340 265～295 210～250 175～205	180 200 224 240	醋酸钙复合的脂肪酸钙皂稠化润滑油	分别适用于120～180℃的使用温度，如轧钢机前设备，染色、造纸、塑料、橡胶加热滚筒
钠基	钠基润滑脂	ZN-2 ZN-3 ZN-4	265～295 220～250 175～205	140 140 150	天然脂肪酸钠皂稠化润滑油	适用于各种机械，耐热不耐水，使用温度为2号和3号脂不高于120℃，4号脂不高于135℃
钠基	合成钠基润滑脂	ZN-1H ZN-2H	225～275 175～225	130 150	合成脂肪酸钠皂稠化润滑油	适用于温度低于100℃，不与湿气、水分接触的汽车、拖拉机及其他设备的润滑
钙钠基	压延机润滑脂	ZGN40-1 ZGN40-2	310～355 250～295	80 85	硬化油和硫化棉籽油的钙钠皂稠化气缸油	具有良好的泵送性、极压性，适于集中供脂的压延机使用。1号脂冬季用，2号脂夏季用
钙钠基	滚动轴承润滑脂		250～290	120	蓖麻油钙钠皂稠化6号合成汽油机油	有良好的机械和胶体安定性，适用于温度低于90℃的球轴承，如机车导杆、汽车和电机轴承
铝基	铝基润滑脂	ZU	230～280	75	脂肪酸铝皂稠化润滑油	具有良好的耐水性，适用于航运机械润滑及金属表面防锈
铝基	合成复合铝基润滑脂	ZFU-1H ZFU-2H ZFU-3H ZFU-4H	310～350 260～300	180 200 220 240	低分子有机酸或苯甲酸和合成脂肪酸复合铝皂磷化润滑油	滴点高，机械和胶体安定性好，适用于铁路机车、汽车、水泵、电机等各种轴承润滑，分别用于150～180℃的工作温度
锂基	通用锂基润滑脂	ZL-1 ZL-2 ZL-3	310～340 265～295 265～295	170 175 180	天然脂肪酸锂皂稠化中黏度润滑油加抗氧剂	良好的抗水性、机械安定性、防锈性和氧化安定性，适用于－20～120℃范围内各种机械设备的滚动轴承和滑动轴承及其他摩擦部位
锂基	极压锂基润滑脂	0 1 2	355～385 310～340 265～295	170		良好的机械安定性、抗水性、防锈性、极压抗磨性和泵送性，适用温度范围－20～120℃，用于压延机、锻造机、减速机等重载机械设备及齿轮、轴承的润滑

续表

<table>
<tr><th colspan="3">润 滑 脂</th><th rowspan="2">锥入度/(0.1mm)</th><th rowspan="2">滴点/℃ ≥</th><th rowspan="2">组 成</th><th rowspan="2">特性与用途</th></tr>
<tr><th colspan="2">名称</th><th>牌号</th></tr>
<tr><td rowspan="3">锂基</td><td>合成锂基润滑脂</td><td>ZL-1H
ZL-2H
ZL-3H
ZL-4H</td><td>310～340
265～295
220～250
175～205</td><td>170
180
190
200</td><td>合成脂肪酸锂皂稠化中黏度润滑油</td><td>与天然锂皂基本相似，适用温度相同</td></tr>
<tr><td>精密机床主轴润滑脂</td><td></td><td>265～295
220～250</td><td>180
180</td><td>锂皂稠化低黏度、低凝点润滑脂</td><td>具有抗氧化安定性、胶体安定性和机械安定性，适用于各种精密机床</td></tr>
<tr><td>精密仪表脂</td><td>ZT53-7
ZT53-75</td><td>35
45</td><td>160
140</td><td>硬脂酸锂皂地蜡稠化仪表油</td><td>适用于精密仪器、仪表轴承。适用温度范围：特7号为－70～120℃，特75号为－70～80℃</td></tr>
<tr><td rowspan="2">钡基</td><td>钡基润滑脂</td><td>ZB-3</td><td>200～260</td><td>150</td><td>脂肪酸钡皂稠化中黏度润滑油</td><td>耐水、耐高温、极压性好，适用于抽水机、船舶推进器及高温、高压、潮湿条件下工作的重型机械</td></tr>
<tr><td>多效密封润滑脂</td><td>ZB10-2</td><td>260～330</td><td>110</td><td>硬脂酸钡皂稠化低凝点合成变压器油</td><td>用于密封酒精、机油、水和空气导管系统的结合处，也用于转速急剧变化的滚动轴承</td></tr>
<tr><td rowspan="3">烃基</td><td>仪表润滑脂</td><td>ZT53-3</td><td>230～265</td><td>60</td><td rowspan="3">地蜡稠化仪表油</td><td rowspan="3">适用于－60～55℃温度范围下工作的仪器</td></tr>
<tr><td>精密仪表脂</td><td>ZT53</td><td>30</td><td>70</td></tr>
<tr><td>润滑脂</td><td>ZT-11</td><td>160</td><td>70</td></tr>
</table>

表 17-3-3 不同锥入度润滑脂的使用场合

锥入度代号	0	1	2	3	4
锥入度值	355～385	310～340	265～295	220～250	175～205
使用场合	用于易发生微动磨损的场合	用于低温及易发生微动磨损的场合	一般密封球轴承	一般高温用密封球轴承	高温用脂，密封场合

表 17-3-4 特殊润滑脂的使用温度范围

润滑脂牌号	7001	7007	7008	7011	7012	7013	7014	7014-1
使用温度范围/℃	－60～120	－60～120	－60～120	－60～120	－70～120	－70～120	－60～200	－40～200
润滑脂牌号	7014-2	7015	7016	7017	7018	7019	7020	7021
使用温度范围/℃	－50～200	－70～180	－60～230	－60～250	－45～160	－20～150	－20～300	－60～150

3.1.2.2 填脂量和换脂周期

(1) 润滑脂的填脂量

填脂量对轴承寿命可靠性及密封性能影响很大，注脂量要根据密封轴承的结构、润滑脂的寿命、润滑脂的泄漏及防止灰尘侵入性能等来选择。注脂量少，防尘、防漏性能较好，但不容易形成油膜，造成轴承润滑不良，造成轴承的早期疲劳失效。注脂量过多，易造成轴承温度升高，脂软化泄漏、氧化变质、吸附外部灰尘等，轴承的密封性能反而下降，使轴承寿命可靠性降低。综合考虑，密封轴承的填脂量为轴承有效空间的20%～50%较好。

一般润滑脂的填充量可以根据轴承采用脂润滑时所允许的极限转速 n_j 与轴承实际工作转速 n 的比值（转速比）来确定。其值见表 17-3-5。

表 17-3-5 润滑脂的填充量

转速比(n_j/n)	填 脂 量
$n_j/n \leqslant 1.25$	轴承内部有效空间的1/3
$1.25 < n_j/n \leqslant 5$	轴承内部有效空间的1/3～2/3
$n_j/n > 5$	轴承内部有效空间的2/3

以上填脂量是针对采用外加密封装置的轴承而言。对于密封轴承，轴承行业制订了相应的机械行业标准（JB/T 7752—2005），规定了深沟球轴承（内径 $d=3\sim120$mm）典型型号的填脂量（见表 17-3-6）。

表 17-3-6　**深沟球轴承的填脂量**

轴承型号	填脂量 / g	轴承型号	填脂量 / g	轴承型号	填脂量 / g
6002—2RZ	0.30～0.5	6024—2RZ	24.4～39.1	6220—2RZ	36.7～58.7
6003—2RZ	0.38～0.6	6200—2RZ	0.28～0.5	6300—2RZ	0.54～0.9
6004—2RZ	0.73～1.2	6201—2RZ	0.40～0.6	6301—2RZ	0.73 ～1.2
60/22—2RZ	0.75～1.2	6202—2RZ	0.51～0.8	6302—2RZ	0.96～1.5
6005—2RZ	0.86～1.4	6203—2RZ	0.73～1.2	6303—2RZ	1.26～2.0
60/28—2RZ	0.99～1.6	6204—2RZ	1.20～1.9	6304—2RZ	1.53～2.4
6006—2RZ	1.19～1.9	62/22—2RZ	1.17～1.9	63/22—2RZ	1.95～3.1
60/32—2RZ	1.41～2.3	6205—2RZ	1.44～2.3	6305—2RZ	2.38～3.8
6007—2RZ	1.68～2.7	62/28—2RZ	1.77～2.8	63/28—2RZ	2.97～4.8
6008—2RZ	2.07～3.3	6206—2RZ	2.07～3.3	6306—2RZ	3.62～5.8
6009—2RZ	2.75～4.4	62/32—2RZ	2.40～3.8	63/32—2RZ	4.19～6.7
6010—2RZ	2.98～4.8	6207—2RZ	2.98～4.8	6307—2RZ	5.16～8.3
6011—2RZ	4.45～7.1	6208—2RZ	3.93～6.3	6308—2RZ	6.71～10.7
6012—2RZ	4.81～7.7	6209—2RZ	4.55～7.3	6309—2RZ	9.58～15.3
6013—2RZ	5.14～8.2	6210—2RZ	5.44～8.7	6310—2RZ	12.5～20.1
6014—2RZ	7.10～11.4	6211—2RZ	7.15～11.4	6311—2RZ	16.5～6.4
6015—2RZ	7.54～12.1	6212—2RZ	8.64～13.8	6312—2RZ	20.0～31.9
6016—2RZ	9.43～15.1	6213—2RZ	10.6～16.9	6313—2RZ	25.1～40.2
6017—2RZ	10.1～16.2	6214—2RZ	11.4～18.2	6314—2RZ	30.8～49.2
6018—2RZ	13.3～21.2	6215—2RZ	13.2～21.1	6315—2RZ	37.5～60.0
6019—2RZ	13.8～22.0	6216—2RZ	15.8～25.2	6316—2RZ	44.9～71.8
6020—2RZ	14.2～22.8	6217—2RZ	19.9～31.9	6317—2RZ	52.1～83.3
6021—2RZ	18.1～29.0	6218—2RZ	25.7～41.1		
6022—2RZ	22.8～36.5	6219—2RZ	31.6～50.6		

（2）润滑脂的更换周期

一般情况下，润滑脂的寿命低于轴承的计算寿命。因此，需要在润滑脂丧失润滑性能之前更换新的润滑脂，以确保轴承的正常工作。因此，润滑脂的更换周期不仅取决于润滑脂本身的性能和品质，还与润滑脂使用的工作环境条件、温度、运转速度和承受的载荷有关。轴承使用温度每升高 10～15℃，润滑脂的寿命就下降二分之一。表 17-3-7 是轴承再润滑周期的参考值。

最好定期补充润滑油脂，补充量可以按式(17-3-1)和式(17-3-2)估算：

从轴承外圈或内圈的环形槽和油孔补充油脂

$$G = 0.005DB \tag{17-3-1}$$

从轴承侧面补充油脂

$$G = 0.002DB \tag{17-3-2}$$

式中　G——润滑脂补充量，g；

D——轴承外径，mm；

B——轴承宽度（推力轴承使用总高度 H），mm。

表 17-3-7　**脂润滑的再润滑周期**

润滑速度因数 dn/mm·r·min^{-1}	再润滑周期/月
50000	36
100000	18
200000	6
300000	6
400000	1

注：推力球轴承或圆柱滚子轴承，再润滑的间隔是上表的一半。

原则上，牌号不同的润滑脂不能混合，含有不同种类稠化剂的脂相混合会破坏润滑脂的结构和稠度，不同基油的脂相混合会造成两相流体而影响连续润滑。因此，一般应避免混合使用各种润滑脂，若必须更换牌号相异的润滑脂时，应把轴承内原有的润滑脂完全清除后，再填入新的润滑脂。

3.1.3 润滑油润滑

3.1.3.1 润滑油的选择

滚动轴承的油润滑，一般采用不含添加剂的矿物油，仅在特殊场合才使用带添加剂的润滑油，以提高某种润滑性能，如耐极压、防老化等。合成油一般仅用于温度或转速极高或极低等特殊场合的轴承润滑。

黏度是润滑油的重要性能指标之一，是选择合适润滑油的主要依据。润滑油黏度与温度有关，它随温度上升而下降，为了保证滚动体与滚道的接触表面间能形成足够的润滑油膜，润滑油在工作温度下必须保持一定的黏度。黏度过低，不能充分形成油膜，造成轴承异常磨损和寿命下降；黏度过高，由于黏性阻力而造成发热，扩大动力损失。

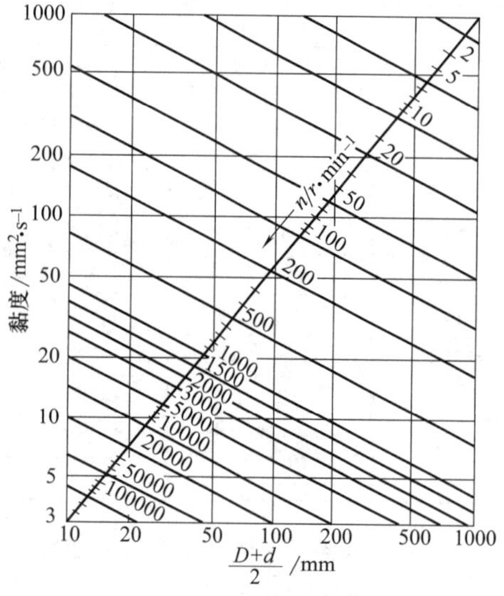

图 17-3-1 润滑油合适黏度的选取

一般而言，转速高应选用低黏度的油；载荷大、轴承大，则应选择高黏度的润滑油。通常希望在轴承工作温度下，对球轴承润滑剂的黏度不应低于 $13mm^2/s$，滚子轴承不应低于 $20mm^2/s$，推力调心滚子轴承不应低于 $32mm^2/s$。

在运行温度下轴承润滑所需的运动黏度见图 17-3-1。如果运行温度已知，则在国际标准参考温度 40℃（或其他温度）时润滑油黏度的对应值可由图 17-3-2 查出，图 17-3-2 是在黏度指数为 85 时绘出的。

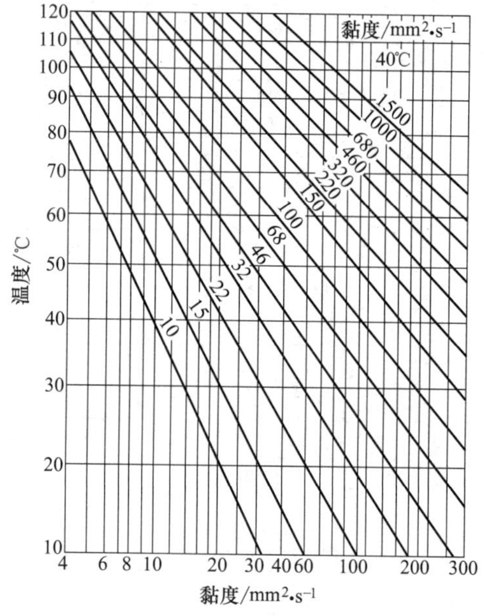

图 17-3-2 黏度-温度关系

3.1.3.2 润滑方式的选择

表 17-3-8 润滑方式的选择

润滑方式	说 明
油绳润滑	利用油绳的纤维特性吸住油，然后用甩油环使油雾化进入润滑表面实现润滑
油浴润滑	将轴承的一部分浸入到油池中实现润滑，油浴润滑多用于低、中速轴承的润滑。油浴润滑时轴承的一部分浸在油槽中，润滑油由轴承的旋转部分带起润滑轴承然后又回到油槽中。当轴承静止时，油浴润滑的油液面一般应保持在最低滚动体的中心处，见图(a) 油面 油面计 图(a) 油浴润滑

续表

润滑方式	说　　明
滴油润滑	用油杯或油管将润滑油滴到轴承或轴颈上让其流到润滑表面实现润滑。滴油润滑多用于较高转速的小型轴承，通过可视的油杯或油管给轴承滴油，油量一般为每分钟数滴
飞溅润滑	通过装在轴颈上的齿轮、叶片回转或甩油环将油溅起进入润滑表面实现润滑，这种方法广泛用于汽车变速箱和差动齿轮装置以及机床齿轮箱等，见图(b) 图(b)　飞溅润滑
循环润滑	用油泵将经过过滤的润滑油输送到轴承部件中。通过轴承后的润滑油再经过过滤、冷却后循环使用，如图(d)所示。由于油循环可带走一定的热量，使轴承温度降低，故此方法适用于转速较高的轴承部件。循环供油系统的过滤装置可以排除磨粒和外界杂质，还可装置恒温控制阀以保证油的黏度处于最优范围。循环润滑的油量可参考图(c)选取。若采用循环油润滑不是为了散热，而只是给轴承润滑，只需很少量的油就够了。若要散热，则需要较大的油量，在润滑油流过轴承时为防止润滑油积存在轴承前面，可按图(d)中的(ⅱ)和(ⅲ)确定油流量的上限。具体在单位时间内需要供给多大的油量，以得到满意的工作温度，取决于发热与散热的比率，通常需要实验确定 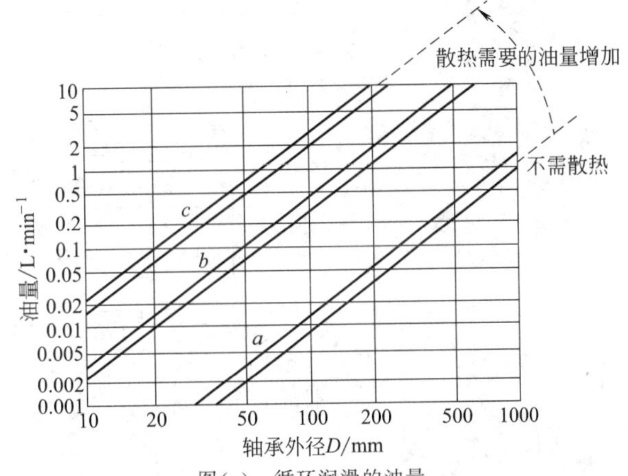 图(c)　循环润滑的油量 a—充足油量的润滑；b—对称型轴承的上限；c—非对称型轴承的上限 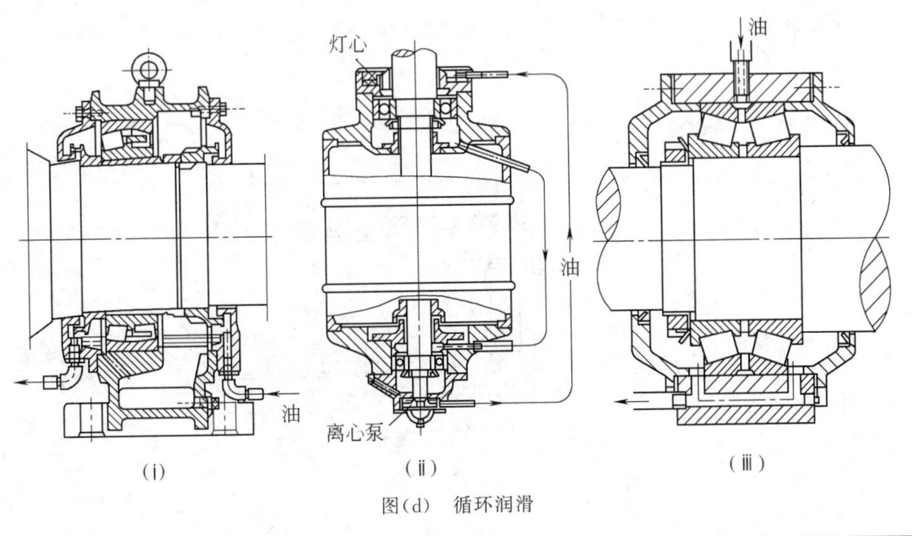 图(d)　循环润滑

续表

润滑方式	说明
喷射润滑	见下
油雾润滑	见下

喷射润滑

用油泵将高压油经喷嘴喷射到轴承中。在高速轴承中，当轴颈旋转时，滚动体、保持架也以相当高的速度旋转，使其周围的空气形成一种密封气流，因而用一般润滑方法很难将润滑油输入轴承中，这时必须采用此种方法。喷射润滑时的喷嘴的位置应指向内圈和保持架之间的间隙处。喷射润滑所需要的油量主要取决于润滑油应带走的热量。下表给出了与轴承大小对应的喷射润滑所需油量的大概值。根据油量确定喷嘴直径和压力大小，如图(e)所示，当喷嘴前的油压不大于 10MPa，喷嘴直径一般可取 0.7～2.0mm 之间。在喷射润滑系统中，一般安装一个滤油器，以避免喷嘴堵塞，如图(f)所示

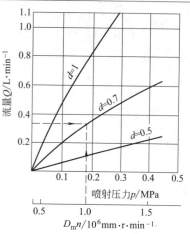

喷射润滑的用油量

轴承内径/mm	≤50	>50～120	>120
需油量/L·min^{-1}	0.5～1.5	1.1～4.2	2.5

图(e) 润滑油流量和喷射压力的关系

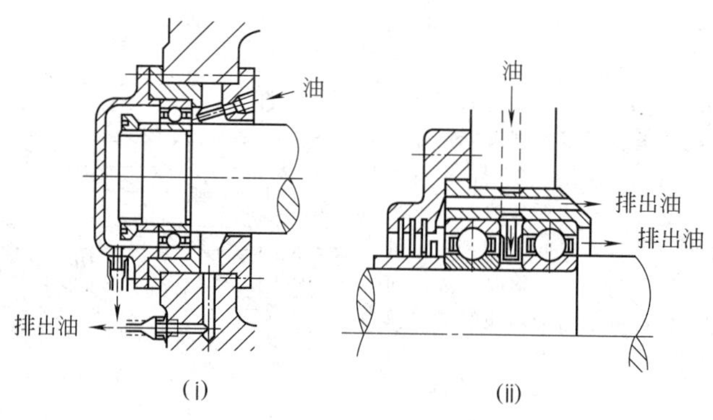

图(f) 喷射润滑

油雾润滑

采用经过过滤的干燥，洁净的压缩空气将润滑油雾化然后吹到轴承表面实现润滑。轴承座内的气流可冷却轴承，而轴承座内产生的压力又可有效地防止杂质进入，润滑油量可精确调节，因而搅拌阻力小，适用于高速高温轴承部件的润滑。油雾润滑如图(g)所示

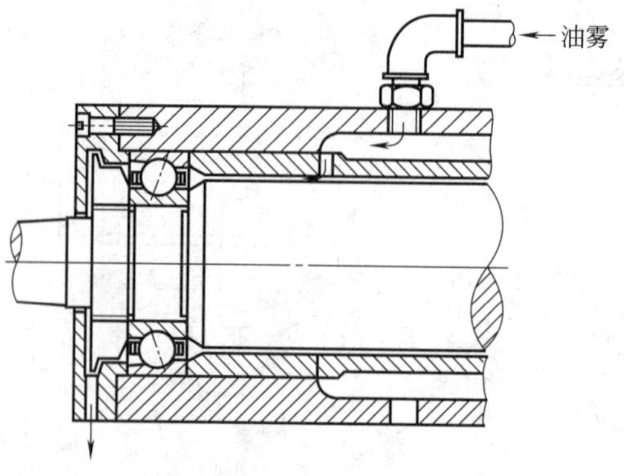

图(g) 油雾润滑

续表

润滑方式	说　　明
油气润滑	采用活塞式定量分配器，每隔一定时间将微量油送到压缩空气的管内，在管壁上形成连续流动的油流，提供给轴承。由于经常送进新的润滑油因而油不会老化。压缩空气使得外部杂质不易侵入轴承内部。油的微量供给减少了对周围环境的污染。油气润滑比油雾润滑油量少且稳定，摩擦力矩小，温升低，特别适用于高速轴承。油气润滑如图(h)、图(i)所示 压缩空气 图(h)　油气润滑原理图 1—电磁阀；2—泵；3—油箱；4，8—压力继电器；5—定量柱塞式分配器；6—喷嘴；7—节流阀；9—时间继电器 图(i)　油气润滑
油烟润滑	用加热或其他方法将润滑油气化形成油烟到达润滑表面后再凝结在润滑表面上实现润滑

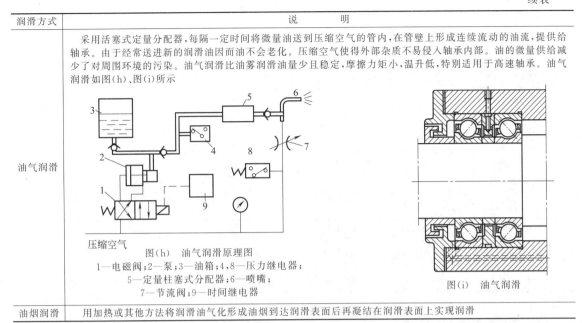

3.1.3.3　换油周期

润滑油的更换周期是根据轴承的工作条件、环境条件、油量及润滑油的种类等决定的。但更换润滑油的时间并不容易掌握，换油过早、太过频繁会造成浪费。当采用循环润滑、油浴润滑或飞溅润滑时，油箱的储油在 250L 以下的小型润滑系统，润滑油的更换周期可参考表 17-3-9 进行。对大于 250L 以上的润滑系统可定时检测润滑油的理化性能或机械杂质含量变化来确定更换周期。

表 17-3-9　小型润滑系统润滑油的更换周期

润滑系统	油浴(飞溅)润滑	循环润滑		
工作温度/℃	约 70	约 50	50～70	>70
更换周期	1 年	2～3 年	1 年	3 个月

3.2　滑动轴承的润滑

3.2.1　非完全流体润滑轴承的润滑

(1) 滑动轴承的润滑结构要素（表 17-3-10）

表 17-3-10　润滑槽（GB/T 6403.2—2008）　　mm

滑动轴承上用的润滑槽形式	平面上用的润滑槽形式
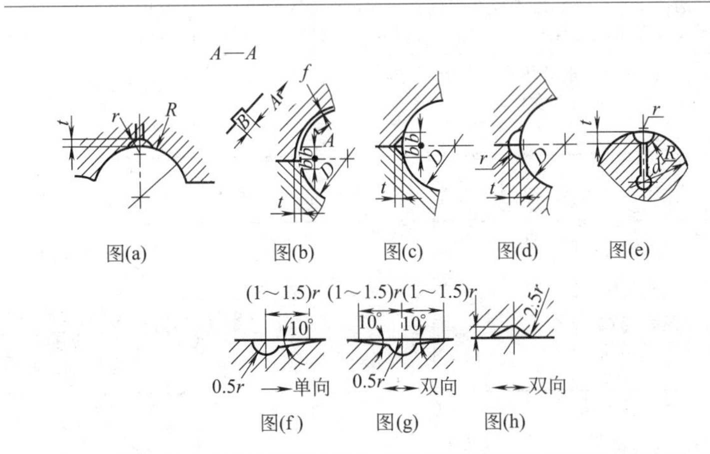 图(a)　图(b)　图(c)　图(d)　图(e) 图(f)　图(g)　图(h) 图(a)～图(d)用于径向轴承的轴瓦上；图(e)用于径向轴承的轴上；图(f)、图(g)用于推力轴承上；图(h)用于推力轴承的轴断面上	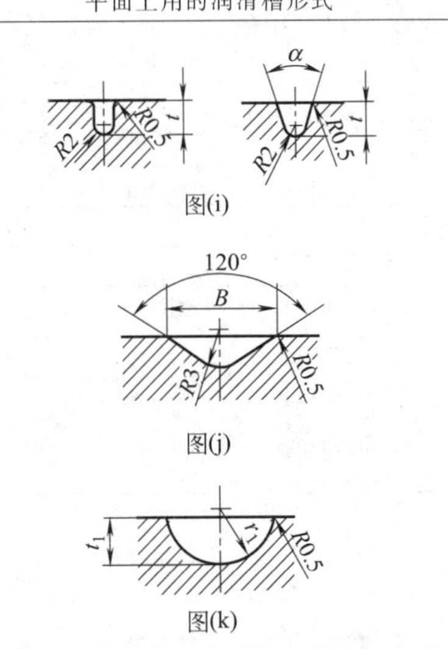 图(i) 图(j) 图(k)

续表

滑动轴承上用的润滑槽形式								平面上用的润滑槽形式
直径 D	直径 d	t	r	R	B	f	b	
≤50		0.8	1.0	1.0	—	—	—	B:4,6,10,12,16 α:15°,30°,45° t:3,4,5 t_1:1,1.6,2 r_1:1,6,2.5,4
		1.0	1.6	1.6	—	—	—	
		1.6	3.0	6.0	6.0	1.6	4.0	
>50～120		2.0	4.0	10	8.0	2.0	6.0	
		2.5	5.0	16	10	2.0	8.0	
		3.0	6.0	20	12	2.5	10	
>120		4.0	8.0	25	16	3.0	12	
		5.0	10	32	20	3.0	16	
		6.0	12	40	25	4.0	20	

注：标准中未注明尺寸的棱边，按小于 0.5mm 倒圆。

(2) 滑动轴承的润滑方法及润滑剂的选择（表 17-3-11～表 17-3-15）

表 17-3-11　　滑动轴承润滑方法的选择

K	润滑方法	K 值计算方式	说　明
≤2 >2～15 >15～30 >30	用润滑脂润滑(可用黄油杯) 用润滑油润滑(可用针阀油杯等) 用油环,飞溅润滑,需用水或循环油冷却 必须用循环压力润滑	$K=\sqrt{pv^3}$ $p=\dfrac{P}{d\times B}$	p——轴颈上的平均压强,MPa v——轴颈的圆周速度,m/s P——轴承所受的最大径向载荷,N d——轴颈直径,mm B——轴承工作宽度,mm

表 17-3-12　　滑动轴承对润滑脂的要求

要求项目	对润滑脂要求
锥入度	主要是根据加脂的方法来选定锥入度的大小,以便于加入轴承,形成润滑膜,同时又不致往外流失。对于油集中润滑系统,为保证系统的泵送性能,润滑脂应适当软些,即锥入度大些,一般应在 270 以上。手动油枪及脂杯用脂的锥入度为 240～260。轴承载荷大、转速低时,应选锥入度小的润滑脂,反之要选锥入度大的。高速轴承选锥入度小的、机械安定性良好的润滑脂
滴点	一般应高于工作温度 20～30℃,以避免工作时由于温度影响使润滑脂变稀,造成过多流失浪费。同时引起轴承缺脂而过早磨损。高温连续运转情况,不要超过润滑脂允许的使用温度范围
轴承的工作环境	如有水淋或潮湿的地方,应选用具有抗水性的钙基、铝基或锂基润滑脂,不宜用钠基脂。如在高温、干燥环境下工作,应选用钠基脂、钙-钠基脂或高温合成脂。如在高温又有蒸汽的环境中工作,应选用复合锂(或铝)基脂;环境或温差范围变化很大时,则应采用温度范围适应较广的硅酸脂
承受特大载荷的轴承	采用有极压添加剂的润滑脂。如要求使用寿命较长的,采用加抗氧化添加剂的润滑脂。如要求对轴承周围环境气氛控制很严的,可采用挥发性较小的润滑脂
黏附性能	具有较好的黏附性能

表 17-3-13　　滑动轴承润滑脂的选择

平均压强 /MPa	圆周速度 /m·s^{-1}	最高工作温度/℃	选用润滑脂	平均压强 /MPa	圆周速度 /m·s^{-1}	最高工作温度/℃	选用润滑脂
<1	≤1	75	3 号钙基脂	>6.5	≤0.5	110	1 号钙-钠基脂
1～6.5	0.5～5	55	2 号钙基脂	1～6.5	≤1	50～100	锂基脂
>6.5	≤0.5	75	3 号钙基脂	>6.5	0.5	60	2 号压延机脂
>6.5	0.5～5	120	2 号钠基脂				

注：1. 在潮湿环境，温度在 75～120℃的条件下，应考虑用钙-钠基润滑脂。

2. 在潮湿环境，工作温度在 75℃以下，没有 3 号钙基脂也可以用铝基脂。

3. 工作温度在 110～120℃可用锂基脂或钡基脂。

4. 集中润滑时，稠度要小些。

表 17-3-14　**滑动轴承的加脂周期**

工作条件	轴的转速 /r·min^{-1}	加脂周期	工作条件	轴的转速 /r·min^{-1}	加脂周期
偶然工作、不重要的零件	<200 >200	5 天 1 次 3 天 1 次	连续工作、其工作温度<40℃	<200 >200	1 天 1 次 每班 1 次
间断工作	<200 >200	2 天 1 次 1 天 1 次	连续工作、其工作温度 40～100℃	<200 >200	每班 1 次 每班 2 次

表 17-3-15　**滑动轴承润滑油的选用**

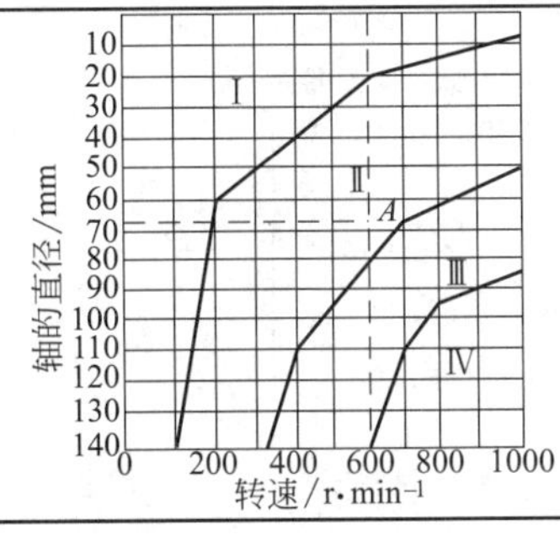

平均压力 /MPa	机械油牌号			
	Ⅰ	Ⅱ	Ⅲ	Ⅳ
<0.5	20 号	20 号	10 号	10 号
0.5～6.5	50 号	40 号	30 号	20 号
6.5～15	70 号	50 号	40 号	30 号

①在下列情况下应比本表内用油的黏度大 10～20mm^2/s：温度超过 60℃的工作条件；在工作过程中有严重振动、冲击和往复运动；经常启动及在运动中速度经常变化

②在 10℃以下的工作条件及用于循环系统时，则要比本表内用油的黏度小些

3.2.2　液体静压滑动轴承

液体静压滑动轴承是在液体静力润滑状态下工作的滑动轴承。通常是靠外部供油系统向轴承供给压力油，通过补偿元件输送到轴承的油腔中，形成具有足够压力的润滑油膜将轴径浮起，由液体的静压力支承外载荷，保证了轴径在任何转速（包括零转速）和预定载荷下都与轴承处于完全液体摩擦的状态。

常用的恒压供油静压轴承系统组成包括径向和推力轴承、补偿元件（小孔节流式、毛细管式、内部节流式、滑阀反馈式和薄膜反馈式节流器等）、供油装置三部分，如图 17-3-3 所示。

（1）润滑油的选择

表 17-3-16　**静压轴承推荐使用的润滑油**

轴承形式	润滑油	备注
小孔节流式静压轴承	①轴颈线速度 v 不小于 15m/s 时，使用 L-FC5 或 50% L-FC2 + 50% L-FC5 轴承油（SH/T 0017—1998，下同） ②轴颈线速度 v 不大于 15m/s 时，使用 L-FC2 或 L-FC3 轴承油	静压轴承使用的润滑油，除了满足润滑油的一般要求外，应特别注意清洁，润滑油必须经过严格过滤 确定润滑油品种时，应根据静压轴承的节流形式和不同的工作条件选择。尽可能使轴回转摩擦功率同供油装置中的油泵功率消耗之和为最小
毛细管节流式静压轴承	①高速轻载时，使用 L-FC7 或 L-FC10 轴承油 ②低速重载时，使用 L-FC15、L-FC22 或 L-FC32 轴承油	
滑阀反馈节流式及薄膜反馈节流式静压轴承	①高速轻载时，使用 L-FC15 或 L-FC22 轴承油 ②中速中载时，使用 L-FC32 或 L-FC46 轴承油 ③低速重载时，使用 L-FC46 或 L-FC68 轴承油	

注：1. 允许采用黏度与性能相近的其他牌号的润滑油。

2. 常用轴承油的运动黏度值请参见 SH/T 0017—1998，不同的黏度指数的润滑油在各种温度下所具有的相应运动黏度值参见 GB/T 3141—1994 的有关表格。

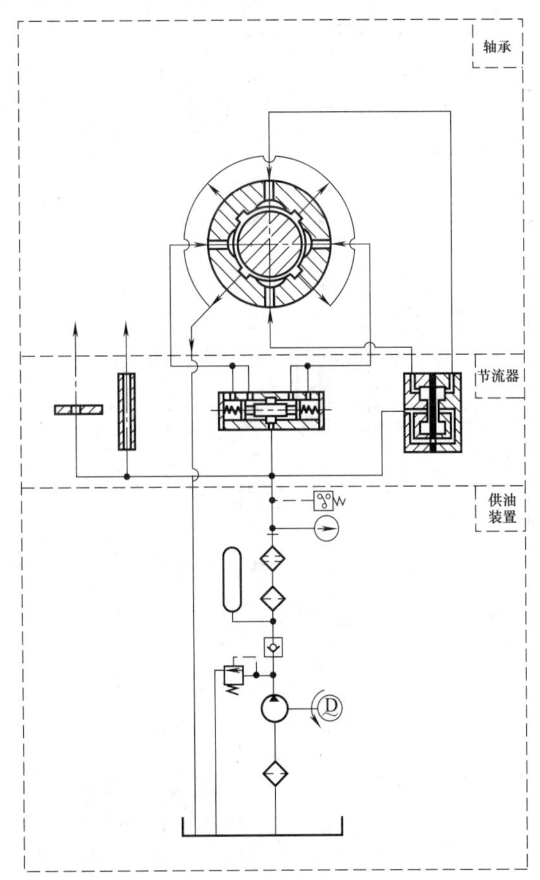

图 17-3-3　液体静压轴承系统组成

（2）供油系统的设计及元件的选择

液体静压轴承供油系统元件（如油泵、溢流阀、单向阀、滤油器、压力继电器、油箱等）的选择，可参见《现代机械设计手册》有关液压传动的章节（第 20 篇）。

表 17-3-17　　**供油方式、特点和应用**

方式	结　构	特　点	应　用
恒压供油	见图 17-3-3	轴承的各个油腔，采用一个泵，油泵输出的恒定压力的润滑油先通往节流器，然后进入轴承各油腔，利用节流器调节油腔压力。前面所述的液体静压轴承均属恒压供油方式，结构简单，调整方便 供油压力的选择原则是：保证满足轴承最大承载能力和足够油膜刚度的条件下，使供油系统中的油泵功率消耗最小，既有利于降低轴承系统温度，又能改善轴承的动态性能。当严格要求控制润滑油温度时，应装设换热器或恒温装置 一般取供油压力 $p_s \geqslant 1\text{MPa}$	国内外广泛应用
恒流量供油	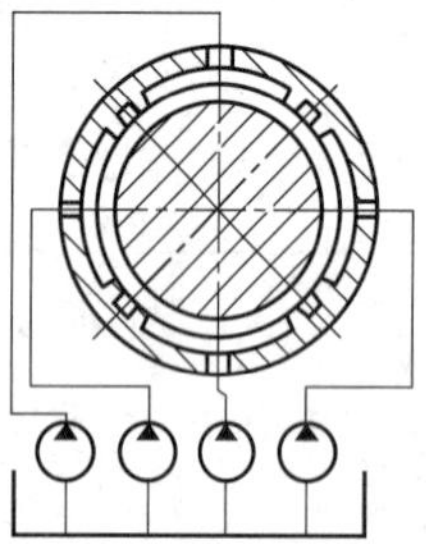	轴承的每个油腔各有一个流量相同的油泵（或阀），油泵将恒流量的润滑油直接输送到轴承油腔，它的优点是： ①工作可靠，不存在节流器堵塞的问题 ②轴承的油膜刚度大于固定节流静压轴承的油膜刚度 ③油泵功率损耗较小，温升较低 缺点： ①若用多个流量相同的油泵，则所需油泵的数量多；若用多供油点的油泵，则油泵制造精度要求高 ②油膜刚度、厚度受温度的影响大	因结构复杂，国内外用于特殊场合，如大型和重型机床等

表 17-3-18　　**供油系统、特点和应用**

系　统	结构及特点		应　用
具有蓄能器的供油系统	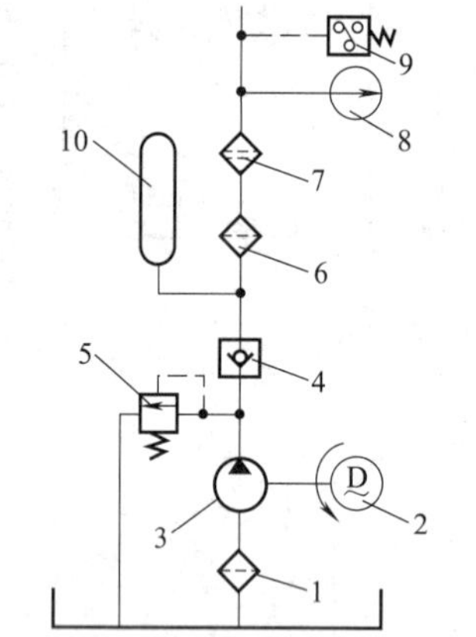 1—粗过滤器，用铜丝布制成；2—电机；3—油泵；4—单向阀；5—溢流阀；6—粗过滤器，可用线隙式滤油器；7—精滤油器，用纸质过滤器等；8—压力表；9—压力继电器，用以保证轴承中的油液在建立一定压力后，才能启动轴；10—蓄能器	能保证突然停电或油泵等发生故障时，仍然把具有一定压力的润滑油供给轴承，以保证在轴转动惯性大的情况下，不致发生轴和轴承磨损或烧坏	适用于轴转速高、轴系统惯性较大的机床和设备的轴承
没有蓄能器的供油系统	此种系统基本与具有蓄能器的供油系统相同，所不同的只是没有蓄能器及单向阀（对于重型机床和设备，最好保留单向阀，以防止油泵停止供油后润滑油倒流）因为当突然停电或油泵等发生故障及刹车时，在轴惯性小的情况下，不至于使轴磨损及烧坏，而且轴承中多少还有些油能起润滑作用		适用于轴转速低、轴系统惯性较小的机床和设备的轴承

第 4 章　齿轮传动的润滑

4.1　齿轮润滑基础

4.1.1　齿轮润滑的特点和作用

齿轮的传动是通过齿面啮合来完成的，一对啮合齿面的相对运动包含滚动和滑动。对于传递动力的齿轮，要研究齿轮的受力和变形，需要应用力学知识；齿轮两齿面之间有润滑油，又涉及流体力学的知识；如果研究润滑剂与齿轮表面相互作用生成的表面膜，需要物理、化学方面的知识。在有润滑剂的条件下，要真实全面地反映齿轮传动的运动学和动力学问题都必须考虑润滑剂的存在。

齿轮润滑的特点见表 17-4-1。

4.1.2　齿轮传动的润滑状态

简单说来，齿轮传动的润滑机理就是使润滑剂进入相啮合的齿轮表面处，形成润滑膜迫使啮合齿面分开，将啮合齿面的干摩擦变为润滑剂内部分子间的内摩擦，由润滑膜产生的动压力平衡齿面载荷，同时润

表 17-4-1　　齿轮润滑的特点

序号	说　明
1	齿轮传动中同时存在着滚动和滑动，滑动量和滚动量的大小因啮合位置而异，这就表明齿轮的润滑状态会随时间的改变而改变
2	齿轮的接触压力非常高，例如轧钢机的主轴承比压一般为 20MPa，而轧钢机减速器齿轮比压一般达到500～1400MPa
3	与滑动轴承相比较，渐开线齿轮的诱导曲率半径小，因此形成油楔条件差
4	齿轮润滑是断续性的，每次啮合都需要重新建立油膜，形成油膜的条件较轴承相差很远。例如轧钢机主轴承的 $\eta n/p$ 值（η 为油的运动黏度；n 为主轴的每分钟转数；p 为单位面积压力）一般为 140，而轧钢机减速器齿轮仅为 20 左右
5	齿轮的材料性质，尤其是表面粗糙度、表面硬度等对齿轮的润滑状态影响很大
6	齿轮传动的润滑方式，对润滑效果有直接影响，必须加以重视
7	齿轮的几种主要失效形式，例如点蚀、胶合、磨损等都和润滑剂有着重要关系

表 17-4-2　　齿轮润滑的目的和作用

目的	润滑的目的是在机械设备摩擦副相对运动的表面间加入润滑剂以降低摩擦阻力和能源消耗，减少表面磨损，延长使用寿命，保证设备正常运转	
作用	降低摩擦	如果两齿面被润滑剂流体膜隔开，则避免了金属与金属的直接接触，把干摩擦变成了流体摩擦。或者由于在齿面上形成物理、化学吸附膜或化学反应膜，减少摩擦，避免齿轮点蚀和胶合的发生
	减少磨损	在齿面间形成的润滑剂膜，可降低摩擦并支承载荷，因此可以减少齿面磨损及划伤，保持齿轮两齿面的正常啮合
	散热	润滑油可以把啮合齿面间产生的热量带走，避免温度过高引起的胶合等齿面损伤的发生
	防锈	润滑剂覆盖了齿轮和其他零件表面，起到了隔绝空气、水蒸气及腐蚀性气体的作用，避免了齿轮的氧化锈蚀
	降低振动冲击和噪声	由于润滑剂的黏滞性，能起到降低齿轮振动、冲击和噪声的作用
	排除污物	润滑能冲刷齿面上的磨粒和杂质，带走油池或润滑系统中的污物，保证齿面的清洁，减少磨损

滑膜具有较低的抗剪切强度，从而达到减少摩擦、降低磨损、延长齿轮使用寿命的目的。当齿面负荷较低时，相啮合的两齿面间具有较厚的油膜。当负荷增加时，啮合区的压力也增加，从而引起油膜厚度的降低。当齿面负荷增加到足够大时，齿面间的流体膜便不能阻挡相啮合齿面最高点之间的接触，从而发生磨损，甚至出现胶合现象。

齿轮在啮合过程中，大多数用润滑油来润滑。摩擦学中常用油膜比厚的概念来描述润滑状态。油膜比厚是齿面之间的最小油膜厚度与两齿面综合粗糙度之比，其数学表达式为：

$$\lambda = h_{\min} / \sqrt{\sigma_1^2 + \sigma_2^2} \qquad (17\text{-}4\text{-}1)$$

式中　λ——油膜比厚；

$h_{\min}$——最小油膜厚度，μm；

σ_1——小齿轮的齿面粗糙度值 Ra 或 Rz，μm；

σ_2——大齿轮的齿面粗糙度值 Ra 或 Rz，μm。

油膜厚度与油品本身的性质、齿轮的几何形状、负荷、速度、材料、工作条件等有关。油膜厚度可利用弹性流体动力润滑的道森公式计算出。油膜比厚越大，润滑剂分离两个啮合齿面的趋势就越强。

一般情况下，只有在高速、轻载、齿面良好的情况下，才有形成全膜润滑状态的可能，也就是说高速轻载齿轮传动容易得到全膜润滑。而低速重载齿轮传动常处于边界润滑状态。在我们所讨论的情况中，以及在实际使用的齿轮传动中，大多数是处于混合润滑状态，即部分全膜润滑，部分边界润滑。目前齿轮传动向着高速重载方向发展，例如轧钢机齿轮、汽车齿轮、重载蜗杆传动等润滑状态均处于边界润滑和混合润滑状态。

齿轮的润滑状态是和摩擦工况紧密相关的，工况参数的改变可能导致润滑状态的转化，例如对于全膜润滑状态的齿轮副，随着载荷的增大和速度的减小，就有可能逐步过渡到边界润滑，并最终导致齿面金属的干摩擦。

两个相啮合轮齿之间的完整油膜是由边界油膜和流动油膜两部分组成（见图 17-4-1）。这两种油膜的形成原理完全不同。边界油膜是靠润滑油中的极性分子（表面活性物质），在靠近金属表面时，与金属表面发生静电吸附，产生垂直方向的定向排列。与此同时，非极性分子在电场作用下，它们的电子轨道发生变形而成为暂时性的极性分子，并且也如极性分子

表 17-4-3　齿轮润滑状态

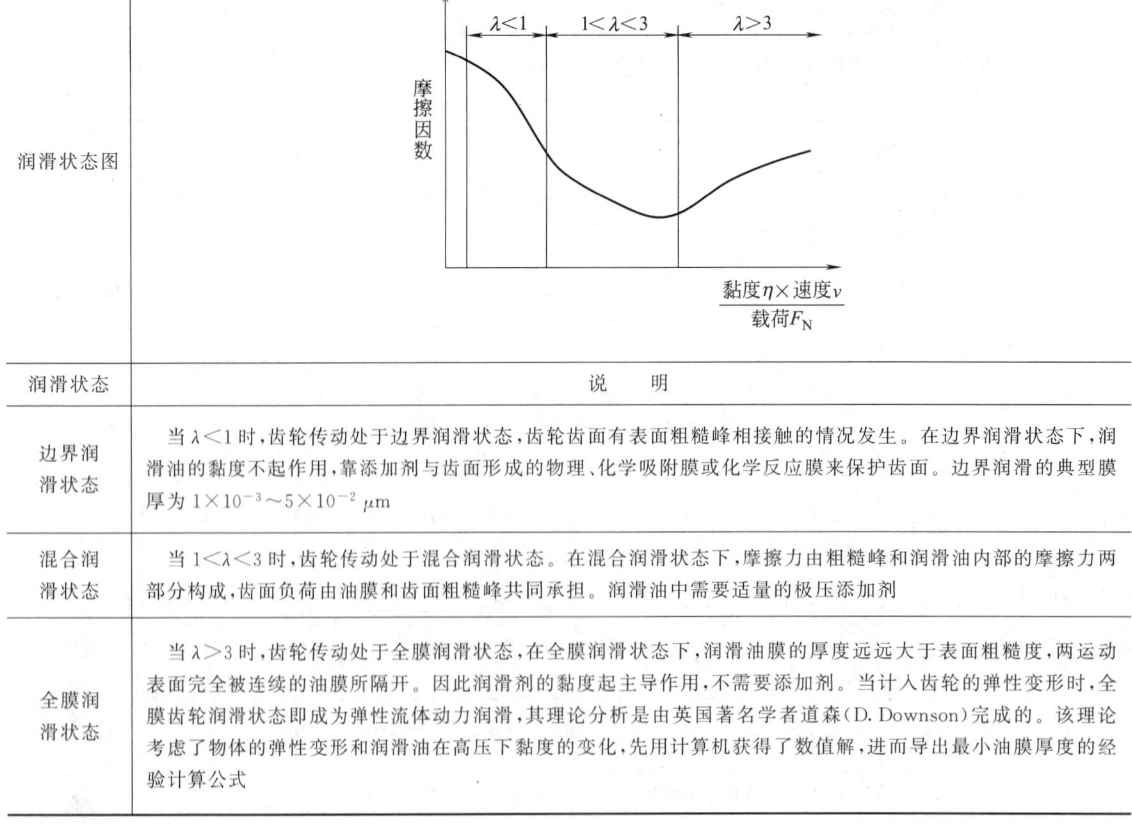

润滑状态图	（见上图）
润滑状态	说　明
边界润滑状态	当 $\lambda<1$ 时，齿轮传动处于边界润滑状态，齿轮齿面有表面粗糙峰相接触的情况发生。在边界润滑状态下，润滑油的黏度不起作用，靠添加剂与齿面形成的物理、化学吸附膜或化学反应膜来保护齿面。边界润滑的典型膜厚为 $1\times10^{-3}\sim5\times10^{-2}$ μm
混合润滑状态	当 $1<\lambda<3$ 时，齿轮传动处于混合润滑状态。在混合润滑状态下，摩擦力由粗糙峰和润滑油内部的摩擦力两部分构成，齿面负荷由油膜和齿面粗糙峰共同承担。润滑油中需要适量的极压添加剂
全膜润滑状态	当 $\lambda>3$ 时，齿轮传动处于全膜润滑状态，在全膜润滑状态下，润滑油膜的厚度远远大于表面粗糙度，两运动表面完全被连续的油膜所隔开。因此润滑剂的黏度起主导作用，不需要添加剂。当计入齿轮的弹性变形时，全膜齿轮润滑状态即成为弹性流体动力润滑，其理论分析是由英国著名学者道森（D. Downson）完成的。该理论考虑了物体的弹性变形和润滑油在高压下黏度的变化，先用计算机获得了数值解，进而导出最小油膜厚度的经验计算公式

那样，在金属表面发生静电吸附和定向排列。这样吸附的结果，在金属表面就形成了一层比较牢固的边界油膜。距金属表面越远的地方，极性分子的吸引力就越小。因此，边界油膜仅能保持一定的厚度，一般为 0.1～0.4μm。在两边界油膜之间的油膜叫做流动油膜，其内部的润滑油分子可以自由流动，并依靠润滑油本身的运动（齿面相对运动）来产生油压，承受一定的负荷而不被挤出，所以也叫做动压油膜。正是这两部分油膜形成了流体动力油楔，把相啮合轮齿的表面完全隔开，使两齿表面的摩擦转变为油膜内部分子之间的摩擦，使磨损大大地降低，从而起到了润滑作用。

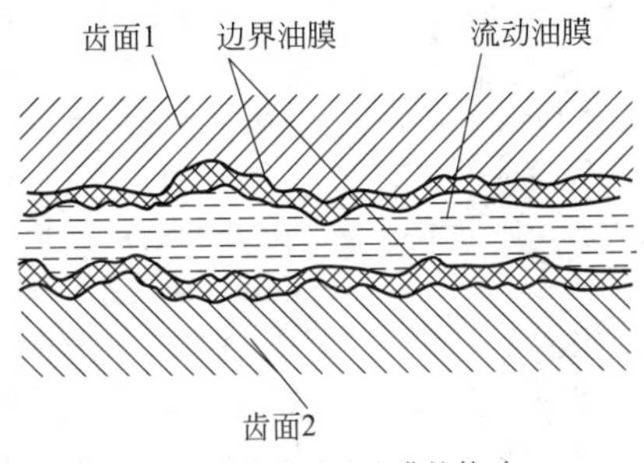

图 17-4-1　润滑油膜的构造

润滑及磨损的性质依速度不同而异。在速度很低时（圆周速度在 3m/s 以下），润滑油膜的承载能力随速度的降低而增加。在中、高速齿轮传动中，如果啮合和润滑参数设计适当，相啮合轮齿可以在厚油膜区域工作，即齿轮传动的润滑状态是流体动力润滑。在高速齿轮传动中，润滑油膜的承载能力随速度的增加而增加。这归因于两个因素：一是松弛现象，二是挤压作用。松弛现象是，在润滑油经受大的变形时，它像弹性固体一样起反应。挤压作用是指要把全部润滑油从啮合轮齿之间的接触区域挤出去需要一定的时间，而在高速时，由于接触时间太短，以致来不及把全部润滑油挤出，这就产生润滑油的挤压作用。由于以上两种现象的存在，大大改善了在高速运转下流体动力油膜的承载能力。

流体动压油膜的厚度和承载能力除与齿轮转速有关外，还与相啮合齿面的共轭曲率、齿轮材料的力学性能、齿面粗糙度及润滑油的黏度等有关。共轭曲率半径大，油膜厚度就大；当量弹性模量越小，油膜厚度越大；润滑油的黏度越高，油膜越厚，承载能力和抗磨性能就越好。然而，从对润滑油其他性能来看，希望它的黏度要低些，这是个矛盾。所以必须综合考虑对润滑性能的要求。

由于边界润滑是靠吸附于相啮合轮齿表面的极性化合物（如油性剂）的分子膜把轮齿工作表面隔开，而在局部区域又可能发生表面突起点的直接接触，所以在使用一般的非反应型的润滑油的齿轮传动中，如果外加负荷超过油膜的极限负荷时，就会使边界油膜破裂，导致齿轮表面凸起点的直接接触，造成强烈的摩擦，并产生大量的热，最后发生胶合。为此，在高负荷的情况下，必须使用反应型的极压齿轮油。极压齿轮油就是在润滑油中加入极压添加剂，在高温时与金属起化学反应，生成化学反应膜而起润滑作用。这种润滑状态称为极压润滑。

4.2　齿轮润滑油及添加剂

由于齿轮的类型及工作条件变化很大，因此齿轮润滑油的种类也很多，从矿物油、动植物油、合成油到固体润滑剂等，均可用作齿轮传动装置的润滑剂，见表 17-4-4。

表 17-4-4　齿轮润滑油种类

种类	说　明
矿物油	齿轮传动装置润滑用油，大部分是采用石油类产品，这是因为矿物油具有较宽的黏度范围，对不同的负荷、速度和温度条件下工作的齿轮装置提供了较宽的选择余地。同时还可提供低的、稳定的摩擦因数，能有效地从摩擦面带走热量，同时价格较为低廉，各项理化性能比较均衡，完全能满足齿轮传动润滑的要求，因而获得广泛应用
合成油	合成油又包含多种不同类型、不同化学结构和不同性能的化合物，主要用于工况比较苛刻的特殊用途的齿轮传动装置。例如航空发动机减速齿轮，该齿轮装置的工作范围较宽，要求在高温下具有良好的安定性，又要求在低温下具有良好的流动性。为了考虑减轻飞机重量、简化机械结构，使齿轮减速器和喷气发动机使用同一润滑油。因此润滑油必须同时满足发动机及齿轮减速器的润滑要求，只有采用合成油来润滑才较为合适
动植物油	动植物油脂的优点是油性好、生物降解性好，缺点是氧化安定性和热稳定性差、低温性能也不够好。因此，动植物油很少单独用于齿轮润滑，主要用作齿轮润滑油的油性添加剂，或在矿物油中加入一定量（3%～10%）的动植物油制成"复合油"用作润滑蜗杆传动装置
固体润滑剂	固体润滑剂多用于齿轮啮合时产生的热量很小，并能通过传导和辐射散热，保持较低的工作温度的传动装置上。在空间技术中，当齿轮箱不可能增压，流体润滑剂在低压下容易蒸发时，必须使用固体润滑剂。固体润滑剂以薄膜的形式用于齿轮上，能提高齿轮的承载能力。这种物质有石墨、二硫化钼、氧化铅、聚四氟乙烯、尼龙以及铅、锌、金、银等软金属层。但是由于散热问题或是表面镀层使用寿命不长，而且又不能再生的情况下，就不能采用固体润滑剂而必须采用液态的齿轮润滑油

齿轮传动润滑用油通常分为工业齿轮油和车辆齿轮油两大类。工业齿轮油又分为闭式工业齿轮油和开式工业齿轮油两大类。车辆齿轮油主要用于各种车辆的手动变速箱和后桥传动齿轮。

4.2.1 齿轮润滑油的基础油及添加剂

齿轮润滑油一般由基础油与添加剂调制而成。基础油一般由矿物油经过加工精制而成，也有由合成油制成的。

目前使用最多的润滑油是从石油中提炼生产的，通称为矿物润滑油。制取这类润滑油的原料充足、价格便宜，质量也能满足各种机械设备的使用要求，且可以利用加入具有特殊性能的添加剂的方法，不断提高质量，因而得到广泛的应用。

4.2.1.1 齿轮润滑油的基础油

用于调制齿轮润滑油的基础油有以下几种：

① 低黏度指数（0～50）的环烷基油；

② 常规精制的高黏度指数（50～100）的石蜡基油；

③ 加氢精制的高黏度指数（80～110）的石蜡基油；

④ 合成油（黏度指数 100～160）基础油。

成品润滑油的特性在很大程度上取决于基础油原料的固有物理特性，为提供所要求的特性，可在基础油中加入合适的添加剂。

一般首先选用黏度指数较高的石蜡基基础油调和优质工业齿轮油，美国钢铁公司 224 规格要求基础油的黏度指数不低于 85。一般可以按一定比例将重质光亮油和轻质中性油调和得到所需的黏度。在不同的基础油中相同的添加剂表现出不同的感受性。如在 ASTMD665A 锈蚀试验中，对于黏度相同但黏度指数不同的两种基础油，可能一种合格，而另一种不合格。锈蚀、极压性、磨损、氧化和破乳化性试验，对不同基础油均是敏感的。因此，评价一种用于各种基础油的复合添加剂是非常重要的。在使用温度变化极大的工作条件下，要求润滑油应具有高黏度指数和热稳定性。因此，合成润滑油则日益受到重视。由于合成油基础油具有的优越性，其使用量与日俱增，它有利于延长润滑油的使用寿命，保持设备的清洁，并减少能耗。

合成基础油有聚 α-烯烃、合成酯类、烷基化芳烃等。合成油具有很宽的使用温度范围，安定性好，比普通的矿物油优越，适合于作为低温黏度指数要求高的多级齿轮油的基础油。

由于合成油价格太高，纯合成油的使用受到限制。为了使多级齿轮油的价格降低而又基本上保持合成油的优越性能，发展了部分合成油，即矿物油与合成油的调和油。该油具有良好的低温流动性、热氧化安定性和剪切安定性，为齿轮油的生产提供了值得重视的途径。

不同基础油的齿轮油性能比较如表 17-4-5 所示。

从表 17-4-5 可以看出，75W 矿物油和 75W 部分合成油可满足 MIL-L-2105C 要求，而 75W 100%双酯齿轮油不能满足要求，甚至在较高黏度下也是如此。实际上，部分合成油比低黏度矿物油有利，摩擦因数较低，摩擦性质得到了改进。

矿物油与合成油基础油的性能比较见表 17-4-6。

表 17-4-5 不同基础油的齿轮油性能比较

黏度级	调和油类型	极压剂/%（质量）	100℃黏度 /$mm^2\cdot s^{-1}$	−40℃黏度 /$mm^2\cdot s^{-1}$	L-37 试验	L-42 试验	摩擦因数①
75W	矿物油	7.0	6.27	130000	通过	通过	0.130
75W	部分合成油（30%加氢低聚烯烃）	7.0	9.91	146500	通过	通过	0.110
75W	合成油（100%双酯）	10.0	13.94	<150000	失败	—	0.153
75W/90	黏度指数改进剂	7.0	15.0	150000	通过	通过	0.138
80W/140	黏度指数改进剂	5.25	28.0	<150000（−26℃）	通过	通过	0.143
80W/90	矿物油（标准油）	5.25	15.5	<150000（−26℃）	通过	通过	0.140

① 摩擦因数采用四球机法测得。

表 17-4-6 矿物油与合成油基础油性能比较

类 别	黏度指数	倾点/℃	热稳定性
矿物油（石蜡基）	85～100	−15	不好
合成油（聚丁烯）	≥120	−60	极好
合成油（双酯）	≥120	−60	极好

第 17 篇

4.2.1.2 齿轮润滑油的添加剂

润滑油用的添加剂一般为各种极性化合物、高分子聚合物、或含有硫、磷、氯等活性元素的化合物。把这些化合物加入基础油中，首先要受制于基础油本身的质量。基础油精制深度恰当或质量优良，则这类化合物改善润滑油性能的作用也较明显；反之其作用或改善油品性质的程度受到限制。齿轮润滑油添加剂的分类及功能如表 17-4-7 所示。

表 17-4-7　齿轮润滑油添加剂的分类及性能

分类	说明
按功能分	齿轮润滑油的添加剂按其功能可分为改善润滑油性能的添加剂，如黏度指数改进剂、破乳剂、抗泡剂、降凝剂；保护金属表面和油品本身性能的添加剂，如油性剂、极压抗磨剂、防锈剂、防腐剂、抗氧化剂等
按性质分	适用于调制工业齿轮润滑油的添加剂，一般可分为化学惰性和化学活性两大类。化学惰性添加剂用于改善润滑油的性能，如黏度、倾点、起泡倾向或破乳化能力；化学活性添加剂通过润滑油中或金属表面上的化学反应起作用，包括改善润滑油性能和保护金属本身及其表面，防止润滑油的氧化和热分解，防止金属部件锈蚀和腐蚀，并减少由于金属接触磨损所产生的物质 化学惰性添加剂主要是黏度指数改进剂、降凝剂、抗泡剂和破乳剂 化学活性添加剂主要是油性剂、极压抗磨剂、抗氧化剂、防锈剂、金属钝化剂等
复合添加剂	目前，国外一些生产齿轮油添加剂的公司大多提供复合添加剂，而且添加剂往往是多用途的，即改变复合添加剂的用量，就可分别配制高质量的工业齿轮油和车辆齿轮油 齿轮油复合添加剂有两种类型：一种是单用途齿轮油复合添加剂，即工业齿轮油复合添加剂和车辆齿轮油复合添加剂；另一种是通用齿轮油复合添加剂，即一种复合添加剂以较高的剂量配制车辆齿轮油，以较低的剂量配制工业齿轮油 车辆齿轮油和工业齿轮油的性能要求有相同点也有不同点。车辆齿轮油的极压性要求高，需要使用高活性添加剂，铜腐蚀性强，因而车辆齿轮油对铜腐蚀要求不如工业齿轮油严格。此外，车辆齿轮油不要求抗乳化性，工业齿轮油要求梯姆肯性能。重负荷工业齿轮油梯姆肯试验 OK 负荷不低于 267N，许多极压剂并不能有效提高 OK 负荷。工业齿轮油对铜腐蚀有严格要求，润滑油的铜腐蚀实际上是油品化学活性的量度，对铜腐蚀性的限制实际上限制了复合添加剂的化学活性，这与车辆齿轮油的高极压性的要求是互相矛盾的。为满足抗乳化性要求，要使用抗乳化剂。抗乳化剂是表面活性物质，在金属表面上有较强的吸附能力，会干扰极压抗磨剂在金属表面的吸附 国外添加剂公司投入市场的齿轮油复合添加剂有 Lubrizol 公司的 Anglamol99 和 Anglamol6044B、Ethyl 公司的 Hitec370、Mobil 公司的 Mobil ad G521、Exxon 公司的 Parapoidll 483 等 我国研制的通用齿轮油复合添加剂由含硫极压剂、含磷极压抗磨剂、腐蚀抑制剂、抗乳化剂和抗泡剂等组成。可用于配制重负荷工业齿轮油和重负荷车辆齿轮油。其使用性能已在 320 重负荷工业齿轮油以及 80W/90 重负荷车辆齿轮油中通过验证，满足使用性能的要求 研制的通用复合添加剂由硫烯含磷剂 A、硫烯含磷剂 B、防锈剂、防腐剂和稀释油合成的 LAN4201 齿轮油通用复合添加剂，可以调制车辆齿轮油，也可以调制重负荷工业齿轮油。实现了工业齿轮油、车辆齿轮油的通用 新型多元素齿轮油复合添加剂是采用有机硫化物、有机磷化物、有机氮化物、有机硼化物和有机金属化合物等复合配制的，在各种基础油中具有良好的相溶性、极压抗磨性、热氧化安定性、防腐蚀性和抗乳化性，是较为理想的齿轮油复合添加剂

4.2.2 齿轮润滑油的调制

齿轮润滑油通常是将基础油与添加剂根据使用要求进行选配与调和而成，齿轮油的调制往往需经反复试验研究确定，而且还应考虑生产成本。

4.2.3 齿轮润滑油的分类

齿轮润滑油按其用途分为工业齿轮油和车辆齿轮油两大类。其产品的应用包括两个要素：黏度等级和质量等级。工业齿轮油和车辆齿轮油的黏度等级和质量等级分属两个不同的体系，表示方法也不尽相同。

4.2.3.1 工业齿轮油的分类

我国的工业齿轮油根据其用途分为：工业闭式齿轮油、蜗轮蜗杆油、工业开式齿轮油，高速齿轮传动通常采用汽轮机油。我国工业齿轮油分类是参照 ISO 6743-6—1990 标准及 AGMA 和美国钢铁公司 224 等标准制订的。

表 17-4-8　**齿轮润滑油的调制**

项目		内容
基础油的选择		基础油是齿轮油的主要成分，它的选择依据是齿轮的使用条件。基础油选择的主要方面是基础油的种类、黏度、黏温特性、精制深度、与添加剂的配伍性等
	种类的选择	用做润滑剂的矿物型基础油有两类：一类是石蜡基的；另一类是环烷基的。前者的热氧化安定性好，黏温特性较好；后者的低温性能好，凝点低。因此对于一般动力传动齿轮，特别是蜗轮蜗杆传动用油，要使用石蜡基的油作为基础油。而对于凝点要求低的使用场合，如冷冻机齿轮、寒区工作的齿轮装置应选择环烷基油作为基础油。对于开式齿轮传动的基础油往往采用残渣油和沥青配制 对黏温特性、抗乳化性、抗氧化性要求较高，且与极压剂等添加剂配伍性能要求较高的情况，可以考虑使用合成油作为基础油
	黏度及黏温特征的选择	选择基础油黏度及黏温特性（黏度指数）的主要依据是齿轮的运转状态，即负荷与速度的特点。为了满足不同的使用条件，应采用若干个黏度范围。然而要使每种原料油一一符合这些黏度要求是不大可能的。为此，可采用两种或几种基础原料油按一定比例进行调和，而得到所需要的黏度
	精制深度	为了改善油品的理化指标或使用性能，往往要加深基础油的精制深度。一般说来，随着基础油精制深度的加深，其安定性与破乳化能力得到改善，油品对添加剂的感受性变好，油品的低温性能变好。但随着精制深度的加深，油品中的胶质、沥青质和稠环化合物被除去，而使油品的黏附力降低，油膜强度下降。同时使基础油本身的抗磨性差，负荷能力降低。因此，精制深度较深的基础油适于配制极压型齿轮油，而精制深度较浅的某些渣油及溶剂精制抽出油所配制的基础油，适于作为非极压型齿轮油或用来调制中、低极压型齿轮油 极压型齿轮油的基础油最好是用精制深度较高的石蜡基油。因为其热氧化安定性好，对抗氧剂的感受性好，黏温特性好
添加剂的使用		齿轮油中所加的各种添加剂是为了补充基础油某方面性能的不足，或满足齿轮在某种使用场合的特殊要求。如在重载荷下轧钢机齿轮及汽车后桥传动中的齿轮油应考虑添加优质的极压添加剂。在造纸机械及轧钢机等易有水污染的环境，应考虑加入足量的防锈剂及破乳剂。在开式齿轮中应加入油性剂等。另一方面由于添加剂是较为昂贵的，因此在满足齿轮使用条件的前提下，应尽量采用廉价的添加剂，并在可能的条件下应尽量少用
	抗磨添加剂的选用	由于齿轮油的油性剂与极压添加剂往往很难区分开来。例如，硫化鲸鱼油，它是一个很好的油性剂，但是它又是个极压剂。磷化物在低温的情况下是个油性剂，但它在高温高压下却又能放出活性元素与铁起反应生成反应膜，起到极压剂的作用。因此，在选用齿轮油的添加剂时，往往将油性剂与极压剂结合使用。它们通称为抗磨剂 抗磨剂种类的选取及各种抗磨剂的配比是根据齿轮的工况而定的。目前，抗磨剂的广泛使用与精心选配是调制极压型工业齿轮油及车辆齿轮油的一个显著特点
	抗磨添加剂与其他添加剂的配合	根据齿轮的使用状态，即负荷与速度的特点来选择油的黏度和抗磨添加剂。但这只是一个方面，而另一个方面则是在选择基础油和抗磨剂的同时，要考虑油品的使用寿命，即氧化安定性、破乳化性、防腐蚀性及防锈性等问题。在试验选配齿轮油的极压抗磨剂时经常遇到的情况是某个配方的极压性能很高（如梯姆肯 OK 值或四球机的烧结负荷），但是其抗氧化安定性、抗腐蚀性、抗乳化性及防锈性却因加入极压添加剂而受到影响。为此，在选配极压抗磨添加剂时，要根据齿轮的使用条件兼顾上述两方面的要求
调制中应注意的问题		齿轮润滑油的某些成分在调制时会发生沉降分离，使有效成分发生损失，以致影响润滑效果。这种现象往往发生在含有极压添加剂的润滑油中，这种分离沉降的倾向是由于某些成分的溶解度不够或各种成分的反应所引起。因为有时添加剂的浓度较高（如在 9%以上），所以应当选择适当的基础油，使其能容纳更多的处于分散状态或悬浮状态的添加剂 在润滑油中所形成的油渣，随着温度的增加而增加，这可能是由于构成极压剂的那些化合物发生反应的结果。齿轮润滑油中形成沉淀或淤渣时，将使有价值的成分产生损失，以致影响它的润滑效果。另外，润滑油中的沉降作用可能在轴承、离合器的牙齿、油沟中产生沉积物。这些沉积物可能对机构的运转产生不利的影响，所以对于循环润滑或新添油之前需对油进行过滤

续表

齿轮润滑油的可混合性	属于纯矿物油的各种齿轮油在正常的环境温度和压力下，可以以任意不同比例混合。其混合物的物理性能不是严格按混合成分的比例确定的，而是一个近似的平均值 对于含有添加剂的齿轮润滑油，如果把它们以不同的比例混合起来，其性能可能随不同的物理或化学变化而变化。例如，某些极压添加剂在高黏度指数润滑油中的溶解度有一定限度，若将该添加剂先以悬浮状态溶于环烷基润滑油中，然后再将其混合物与高黏度指数的润滑油相混合，则部分添加剂可能从混合物中沉淀出来 齿轮润滑油的可混合性，主要对于汽车等传动装置是非常重要的。为了便于识别各种来源的齿轮润滑油的可混合性，有些国家(如美国)的管理机构规定在齿轮润滑剂的说明书中应注明其混合性，即该润滑油可与哪些润滑油相混合 原则上讲，同一类型基础油并加有相同品种添加剂的齿轮油可以互相混合。也就是说同一个炼油厂生产的齿轮油产品允许混合使用(许多用户都是这样做的)，但也不能排除同一炼厂的产品采用不同添加剂配方的可能性，对此应加以注意 同一类型基础油并加有相同主剂的齿轮油混合后，对使用性能有无影响，有多大影响，目前尚未见到这方面的试验数据，难以定论。遇此情况应尽量避免混用，迫不得已非要混用不可时，对混合后的油品主要质量指标必须进行分析测定，使用中要加强对运转情况的观察和对油的质量监测 不同类型基础油加有同一类型主剂的齿轮油，情况同上(即难以定论)，原则上不能混存混用 不管基础油是否相同，只要加入的主添加剂不同，绝对禁止混存或混用

我国工业齿轮油的黏度分级采用以 40℃ 运动黏度为基础的 GB/T 3141—1994《工业用润滑油黏度分类》标准。此分类法与国际通用的 ISO 3448《工业润滑油黏度分类法》相当。对于工业用齿轮油，按其 40℃ 运动黏度的中心值分为 N68、N100、N150、N220、N320、N460、N680 共七个牌号，表 17-4-9 中列出了与相应黏度等级的对应关系。

（1）工业闭式齿轮油的分类

工业闭式齿轮油适用于齿轮节圆圆周速度不超过 25m/s 的中、低速工业闭式齿轮传动的润滑。按 GB/T 7631.7—2008《润滑剂和有关产品（L 类）的分类第 7 部分：C 组（齿轮）》的规定，我国工业闭式齿轮油的分类见表 17-4-10。

应指出，工业闭式齿轮油的分类及其规格标准，事实上以 AGMA 和美钢 USS222 和 USS224 标准为代表。前者针对抗氧防锈油（包括复合油）和极压油制订。后者以钢铁厂压延设备使用的重负荷齿轮油为对象。其中美钢 USS220 和 AGMA 的抗氧防锈油为一般负荷用齿轮油。美钢 USS222 和 AGMA250.03 是较早的极压工业齿轮油。美钢 USS224 和 AGMA250.04 则是较新的极压工业齿轮油规格。

表 17-4-9　工业齿轮油的黏度等级

GB 3141 黏度级	40℃运动黏度 /$mm^2 \cdot s^{-1}$	相当于旧牌号(50℃黏度)	AGMA① 黏度级	ISO 黏度级
N68	61.2～74.8	50	2EP	VG68
N100	90～100	70	3EP	VG100
N150	135～165	90	4EP	VG150
N220	198～242	120	5EP	VG220
N320	288～352	200	6EP	VG320
N460	414～506	250	7EP	VG460
N680	612～748	350	8EP	VG680

① AGMA 9EP 相当 ISO 黏度 1500；10EP、11EP、12EP、13EP 黏度分别为 3200mm^2/s、4600mm^2/s、6800mm^2/s、32000mm^2/s；13EP 100℃ 运动黏度 182～214mm^2/s；14R^0 100℃ 运动黏度 429～858mm^2/s；15R^0 100℃运动黏度 858～1715mm^2/s。

表 17-4-10　工业闭式齿轮油的分类

分类 ISO	分类 中国	现行名称	组成、特性及使用说明	相对应的国外标准
CKB	CKB 抗氧防锈型	工业齿轮油	由精制矿物油加入抗氧、防锈添加剂调配而成，有严格的抗氧、防锈、抗泡、抗乳化性能要求，适用于一般轻载荷的齿轮润滑	AGMA251.02 的 R & O 型
CKC	CKC 极压型	中负荷工业齿轮油	由精制矿物油加入抗氧、防锈、极压抗磨剂调配而成，比 CKB 具有较好的抗磨性，适用于中等载荷的齿轮润滑	AGMA 250.03 的 EP 型
CKD	CKD 极压型	重负荷工业齿轮油	由精制矿物油加入抗氧、防锈、极压抗磨剂调配而成，比 CKC 具有更好的抗磨性和热氧化安定性，适用于高温下操作的重载荷的齿轮润滑	AGMA250.04 的 EP 型 USS224

续表

分类		现行名称	组成、特性及使用说明	相对应的国外标准
ISO	中国			
CKE	CKE 蜗轮蜗杆	蜗轮蜗杆油	由精制矿物油或合成烃加入油性剂等调配而成，具有良好润滑特性和抗氧、防锈性能，适用于蜗轮蜗杆传动润滑	AGMA250.03 的 COMP 油
CKT	CKT 合成烃 极压型	低温中载荷 工业齿轮油	由合成烃为基础油，加入同 CKC 相似的添加剂，性能除具有 CKC 的特性外，有更好的低温、高温性能，适用于在高、低温环境下的中载荷齿轮的润滑	AGMA250.03 合成烃油
CKS	CKS 合成烃型	合成烃 齿轮油	由合成油或半合成油为基础油加入各种相配伍的添加剂，适用于低温、高温或温度变化大，耐化学品以及其他特殊场合的齿轮传动润滑	

(2) 工业开式齿轮油的分类

开式齿轮传动一般速度不高，要求润滑油具有黏附力强、黏度高和良好的防锈性能。可采用润滑油润滑、润滑脂润滑、润滑成膜膏润滑等。工业开式齿轮油分类见表 17-4-11。

另外，开式齿轮传动也可采用润滑脂润滑。这种润滑脂由稠化剂、基础油和添加剂组成。稠化剂一般采用钙基皂。锥入度是润滑脂最重要的指标，用来控制润滑脂工作稠度。各国的润滑脂大都是按锥入度以美国国家润滑脂学会（NLGI）的规定进行分号的。推荐按表 17-4-12 选择润滑脂的牌号。

(3) 蜗轮蜗杆油的分类

蜗轮蜗杆传动一般以钢蜗杆和铜合金蜗轮相匹配，具有结构紧凑、体积小、传动比大、运转平稳、噪声低和承载能力大等优点。它的齿面滑动速度高，因此，齿面温度高，油膜容易破坏，润滑条件苛刻。近代在蜗轮蜗杆油中使用摩擦改进剂、高效油性剂。传统的蜗轮蜗杆油中常加有 3%～10%动植物油型的油性添加剂。由于在冶金大型减速机上使用，对蜗杆油在抗氧化性和抗乳化性方面也提出了较高要求，见表 17-4-13。

表 17-4-11 工业开式齿轮油的分类

分类		现行名称	组成、特性、使用说明	性能要求	相对应的国外标准
ISO	中国				
CKH	CKH	普通 开式 齿轮油	由精制润滑油加抗氧防锈剂调制而成，具有较好的抗氧防锈性和一定的抗磨性。适用于一般载荷的开式齿轮和半封闭式齿轮润滑		AGMA251.02 的 R&O 型
CKJ	CKJ	极压 开式 齿轮油	由精制润滑油加入多种添加剂调制而成，它比 CKH 油具有更好的极压性能。适用于苛刻条件下的开式或半封闭式的齿轮箱润滑	梯姆肯 OK 值不小于 200N 或 FZG 齿轮试验通过 9 级以上	AGMA251.02 的 EP 型
CKK	CKK	溶剂稀 释型开 式齿轮油	由高黏度的普通开式或极压开式齿轮油加入挥发溶剂调制而成，当溶剂挥发后，齿面上形成一层油膜，该油膜具有一定的极压性能	溶剂挥发后的油膜强度梯姆肯 OK 值不小于 200N 或 FZG 齿轮试验通过 9 级以上	AGMA251.02 的溶剂 挥发型
CKM	CKM	特种开 式齿轮 润滑剂	由矿物油加入高聚物和其他专门添加剂制成，具有好的黏附性能，能生成很黏的润滑膜，并具有很好的耐水性、防锈性和极压性	梯姆肯 OK 值不小于 200N 或 FZG 齿轮试验通过 9 级以上	AGMA251.02

表 17-4-12 NLGI 规定的润滑脂牌号

环境温度/℃	传动形式	选用脂锥入度(25℃)	NLGI 分号
0～20	开式齿轮传动	290～330	1
20～60	开式齿轮传动	230～290	2、3
0～50	开式蜗轮传动	320～370	0、1

表 17-4-13　**蜗轮蜗杆油**

分类	使用说明
L-CKE 蜗轮蜗杆油 （轻负荷蜗轮蜗杆油）	L-CKE 蜗轮蜗杆油的性能和质量符合美军 MIL-L-15019E(6135)规格和美国齿轮制造者协会 AGMA250.04 规格中的复合蜗轮蜗杆油的要求。该油有矿油型和合成型两类，含有一定的减摩抗磨剂，适用于钢-铜匹配的圆柱形和双包络等类型承受轻负荷、传动中平稳无冲击的蜗轮蜗杆副的润滑。在使用过程中，应防止局部过热和油温在 100℃以上时长期运转
L-CKE/P 蜗轮蜗杆油 （重负荷蜗轮蜗杆油）	L-CKE/P 蜗轮蜗杆油的性能和质量符合美军 MIL-L-18486B(OS)—82 的规格要求。该油有矿油型和合成型两类，含有油性剂、极压抗磨剂、抗氧抗腐剂、抗泡剂等，能降低摩擦因数，提高传动效率，适用于钢-铜匹配的圆柱形承受重负荷、传动中有振动和冲击负荷的蜗轮蜗杆副的润滑，可代替轧钢机油等使用。如果要用于双包络等类型的蜗轮蜗杆副，必须有蜗轮蜗杆副设计部门的推荐建议

（4）高速齿轮润滑油的分类

目前高速齿轮（齿轮节圆圆周速度大于 25m/s）传动通常使用各种汽轮机油（又称透平油）来润滑，见表 17-4-14。

表 17-4-14　**高速齿轮润滑油**

分类	使用说明
L-TSA 汽轮机油 （防锈汽轮机油，GB 11120—1989）	该油品以深度精制、脱蜡的润滑油组分为基础油，加入抗氧、防锈、抗泡添加剂调和而成，具有优良的润滑性、冷却性、抗氧性、防锈性、抗乳化性、防腐性及抗泡性。适用于发动机、工业驱动装置及其相配套的控制系统及不需改善齿轮承载能力的船舶驱动装置
抗氨汽轮机油 （SH 0362—1996）	该油品以精制矿油或低温合成烃润滑油为基础油，加入抗氧、防锈、抗泡等添加剂调和而成，除满足防锈汽轮机油的性能要求外，还具有良好的抗氨性。适用于大型合成氨化肥装置离心式合成气压缩机、冷冻机及汽轮机组的润滑和密封
L-TSE 汽轮机油 （极压汽轮机油）	L-TSE 汽轮机油是指在满足防锈汽轮机油质量指标的基础上，增加 FZG 齿轮承载能力试验不小于 9 级的指标要求，目前我国尚未制订此类产品统一的规格标准

（5）ISO 及 AGMA 对工业齿轮油的分类（表 17-4-15）

表 17-4-15　**美国齿轮制造者协会（AGMA）的工业齿轮油分类与我国工业齿轮油对照**

AGMA 分类	组　　成	我国的分类	说　　明
抗氧防锈型矿物油	矿物油＋防锈剂＋抗氧剂	抗氧防锈型工业齿轮油	使用温度为－20～120℃
极压齿轮油	矿物油＋极压抗磨剂＋其他添加剂	中负荷（中极压）工业齿轮油	加有硫磷型极压抗磨剂、防锈剂、抗氧剂、抗泡剂、减摩剂，使用温度为－20～120℃
复合油	矿物油 3%～10%脂肪油或合成脂肪油	蜗轮蜗杆油	油性较好，一般用于蜗杆传动
合成油	合成烃、羧酸酯、聚二醇醚、聚苯醚、硅油和氟油等	合成油	其优点是热氧化安定性好，黏度指数高，凝点低，抗磨性好。用于在特殊运转条件下工作的封闭式齿轮和蜗轮蜗杆，工作温度为－73～260℃
开式工业齿轮油	加有黏附剂	开式齿轮油	适用于开式齿轮，工作温度为 5～120℃
润滑脂	在润滑油中加入稠化剂（皂类）稠化而制成凝胶状物质	润滑脂	适用于低速或间断操作的轻载荷零件，使用寿命长，工作温度为－20～120℃

4.2.3.2　车辆齿轮油的分类

车辆齿轮油主要用于各种车辆的变速箱、后桥齿轮箱和转向机构的润滑。车辆齿轮的工作特点是：

① 啮合部位承受的压力很高；

② 工作温度高，一般工业齿轮的工作温度为10～80℃，在苛刻条件下短时间内可达到90～100℃，准双曲面齿轮的工作温度可达到120～180℃；

③ 滑动速度大，冲击载荷大，润滑条件苛刻。因此对车辆齿轮所用齿轮油提出了更高的要求。

（1）车辆齿轮油的黏度分类

SAE J306C黏度分类是车辆齿轮油的代表性黏度分类。各国均参照采用。我国参照SAE黏度分类，制订了驱动桥和手动变速器齿轮润滑油黏度分类（见表17-4-16）。

表17-4-16　驱动桥和手动变速器齿轮润滑油黏度分类（GB/T 7631.7—2008）

黏度牌号	黏度为150000mPa·s时最高温度/℃	运动黏度（100℃）/$mm^2 \cdot s^{-1}$	
		最小	最大
70W	−55	4.1	—
75W	−40	4.1	—
80W	−26	7.0	—
85W	−12	11.0	—
90	—	13.5	<24.0
140	—	24.0	<41.0
250	—	41.0	

（2）车辆齿轮油的质量等级分类

汽车后桥一般均使用GL-5水平车辆齿轮油。手动变速器则主要使用GL-4或GL-5水平的车辆齿轮油。其分类见表17-4-17～表17-4-19。

表17-4-17　美国石油学会（API）汽车变速箱和驱动桥润滑剂使用分类

分类	使用说明
GL-1	低齿面压力、低滑动速度下运行的汽车螺旋锥齿轮的驱动桥以及各种手动传动箱规定用GL-1齿轮油，直馏矿油能满足这类情况的要求。可以加入抗氧剂、防锈剂和消泡剂改善其性能
GL-2	适用于汽车蜗轮后桥齿轮，由于其负荷温度和滑动变速的状况，使得GL-1齿轮油不能满足要求的蜗轮齿轮规定用GL-2的齿轮油，这种油通常都加有脂肪添加剂
GL-3	适用于速度和负荷比较苛刻的汽车手动传动箱和螺旋锥齿轮的驱动桥规定用GL-3类的油，这种油耐负荷能力比GL-1和GL-2要高，但比GL-4要低
GL-4	在低速高转矩，高速低转矩工况下的各种齿轮，特别是客车和其他车辆用的准双曲面齿轮，规定用GL-4的油。要求油品抗擦伤性能等于或优于CRC参考油RGO-105，并要通过试验程序，其性能水平达到1972年4月实施的ASTMSTP-512规定的要求
GL-5	在高速冲击负荷、高速低转矩、低速高转矩下操作的各种齿轮，特别是客车和其他车辆的准双曲面齿轮规定用GL-5油。要求其抗擦伤性能等于或优于CRC参考油RGO-110，并要通过试验程序，其性能达到1972年4月实施的ASTMSTP-512规定的要求
GL-6	这个分类已经被废除，评价润滑油性能试验程序所用的设备已经不存在了

表17-4-18　我国车辆齿轮油的详细分类（GB/T 7631.7—1995）

代号	组成特性和使用说明	使用部位
CLC	精制矿油加抗氧剂、防锈剂、抗泡剂和少量极压剂等制成，适用于中等速度和负荷比较苛刻的手动变速器和螺旋锥齿轮的驱动桥	手动变速器、螺旋锥齿轮的驱动桥
CLD	精制矿油加抗氧剂、防锈剂、抗泡剂和极压剂等制成，适用于在低速高转矩、高速低转矩下操作的各种齿轮，特别是客车和其他各种车辆用的准双曲面齿轮	手动变速器、螺旋锥齿轮和使用条件不太苛刻的准双曲面齿轮的驱动桥
CLE	精制矿油加抗氧剂、防锈剂、抗泡剂和极压剂等制成，适用于在高速冲击负荷，高速低转矩和低速高速转矩下操作的各种齿轮，特别是客车和其他各种车辆的准双曲面齿轮	操作条件缓和或苛刻的准双曲面齿轮及其他各种齿轮的驱动桥，也可用于手动变速器

表17-4-19　我国车辆齿轮油的详细分类与API使用分类的对应关系

我国车辆齿轮油的详细分类	相当API使用分类
CLC	GL-3
CLD	GL-4
CLE	GL-5

4.2.4　齿轮润滑油的规格标准（质量指标）

表 17-4-20　齿轮润滑油的规格标准

工业齿轮油的规格标准	①工业闭式齿轮油的规格标准见 GB 5903—2011 ②蜗轮蜗杆油的规格标准见 SH/T 0094—1991 ③开式齿轮油的规格标准见 SH/T 0363—1992(2007) ④汽轮机油(高速齿轮润滑油)的规格标准:目前高速齿轮(节圆圆周速度大于 25m/s)传动通常使用各种汽轮机油来润滑。我国的汽轮机油,大都加有抗氧剂和抗泡剂,主要用于发电厂、船舶和其他工业的汽轮机及高速齿轮传动,也可用于一些要求液压油抗氧化性能好、使用寿命长的中、低液压系统中 我国的 L-TSA 汽轮机油(防锈汽轮机油)以及抗氨汽轮机油的质量指标分别见 GB 11120—2011 和 SH/T 0362—1996(2007)
车辆齿轮油的规格标准	我国普通车辆齿轮油(GL-3)的质量指标见 SH/T 0350—1992(2007),我国中负荷车辆齿轮油(GL-4)的质量指标暂时还没有制订国家或行业标准,目前执行暂行标准。我国重负荷车辆齿轮油(GL-5)的质量指标见 GB 13895—2018 在车辆齿轮油的性能指标中,表观黏度、成沟性、铜片腐蚀、储存稳定性和台架试验属于车辆齿轮油的专用试验方法 在台架试验中的锈蚀试验(SH/T 0517)、抗擦伤试验(SH/T 0519)、承载能力试验(SH/T 0518)和热氧化试验(SH/T 0520),分别相当于 CRC-L-33、CRC-L-37、CRC-L-42 和 CRC-L-60 四个台架评定试验。其中 L-37 低速高转矩试验和 L-42 高速冲击负荷试验,反映了汽车后桥齿轮在实际行车中的抗磨损性要求。但是,这四项台架试验不但非常苛刻,且互相制约,除了平衡硫、磷添加剂之间耐极压抗磨性能之外,尚需平衡极压抗磨剂与防锈剂、油性剂、破乳剂之间关系,才能全面通过四项台架试验 表观黏度与汽车后桥齿轮油的低温流动性有关。测定时,将齿轮油在冷浴中冷却到规定温度,然后在布氏黏度计中测定其表观黏度,以 150000mPa·s 时的温度表示之。例如 75W 黏度齿轮油要求不高于－40℃,80W/90 油不高于－26℃,85W/90 和 85W/140 两个油均不高于－12℃ 齿轮油的成沟性,测定齿轮油在低温不流动并盖住底部的温度。标准中规定了成沟点的温度。例如 75W 齿轮油的成沟点要求不高于－40℃;80W/90 油不高于－35℃;85W/90 和 85W/140 油均不高于－20℃ 铜片腐蚀试验对于齿轮油则反映了油中添加剂的活性和类型。对于承载性能好的齿轮油,铜片腐蚀试验允许到 3 级 储存稳定性试验,反映了添加剂对于基础油和添加剂之间的互溶性和储存稳定性

国外使用较多的是 GL-3，GL-4 和 GL-5 水平车辆齿轮油。GL-1、GL-2 等质量较低的油品，可用性能相当的工业齿轮油来代替。我国国家标准已取消与其相对应的 CLA、CLB 两类油。

CLC、CLD 车辆齿轮油在我国原来都被称为双曲面齿轮油，分为两类。

① 渣油型双曲面齿轮油　适用于一般载荷的准双曲面齿轮，按 100℃黏度，又分为 22、28 两个牌号，现在该油品由于质量不好，已停止生产。

② 馏分型双曲面齿轮油　按其所含极压剂类型又分为硫-磷-氯-锌型和硫-磷型两类（后者的热氧化安定性、防锈性能等优于前者），该油品可用于苛刻条件下的小轿车、公共汽车、载重汽车的准双曲面齿轮，按 100℃黏度又分为 18、26 两个牌号，其质量水平相当于 CLC 或 CLD 车辆齿轮油。

4.3　齿轮润滑油的合理选用方法

目前，国际上还没有一个统一的公认的齿轮润滑油选用方法标准。各国及有关国际组织根据使用经验与试验研究制订了各种不同的齿轮润滑油选用规范。有的按转速、功率、润滑方式及传动比推荐油品黏度；有的按中心距、环境温度及载荷级别推荐油品黏度；有的按圆周速度、齿面硬度和材料选择油品黏度。在使用上各有方便之处。由于影响齿轮润滑状态的因素极为复杂，根据生产实践的经验，在选择合适的齿轮润滑油品种和黏度级别时，需考虑表 17-4-21 所示的重要因素以及与之有关的性能。

表 17-4-21　齿轮润滑油选择需要考虑的因素

考虑因素	说　明
从齿轮啮合原理考虑	不同型式的齿轮传动由于其啮合几何学特征不同,也对润滑剂提出了不同的要求。例如渐开线直齿、斜齿轮平行轴传动,其啮合线与滑动速度方向基本垂直,因此具有较好的形成油膜条件。而蜗轮蜗杆传动、双曲线齿轮等轴交叉或交错传动属于空间啮合,其啮合线与相对速度方向的夹角较小,不利于形成油楔,因此这些传动就需要黏度较高且含有一定的添加剂来改善润滑条件

续表

考虑因素	说　明
从负荷与速度考虑	从负荷与速度的大小来分，在工业生产中常用的是高速轻载、高速重载和低速重载三类齿轮传动。高速轻载齿轮的齿面负荷低且速度高，形成油膜的条件好，一般用黏度低的不含极压添加剂的润滑油即可。而高速重载，特别是低速重载齿轮传动形成动压油膜条件差，应选用油性较好、极压抗磨性能较好的齿轮润滑油
从齿轮的润滑状态考虑	齿轮的润滑状态分为边界润滑、混合润滑和全膜润滑 在边界润滑状态下，由于油膜比厚 $\lambda<1$，无法靠油膜将两齿面分开，只能靠边界膜来保护金属表面不受损伤，这种边界膜主要是物理吸附膜、化学吸附膜和化学反应膜三种。因此处于边界润滑状态下的齿轮，应使用含极压抗磨剂的润滑油 在齿轮全膜润滑状态（弹性流体动压润滑）下润滑油的黏度越高，油膜厚度越大。此时润滑油黏度是主要的，而添加剂不起什么作用 在混合润滑状态下，边界润滑和全膜润滑兼而有之，因此应当是选黏度适当的含少量添加剂的润滑油
从工作环境条件考虑	齿轮的用途相当广泛，对于一些特殊的场合，对润滑油提出了特殊的要求。例如用于钢铁企业的齿轮，工作环境为高温、多水，这就需要具有较强的抗氧化、抗乳化、抗泡性的齿轮油。而用于电力、大型化肥等行业中的高速齿轮，由于常常采用集中润滑，油量大，这就要求润滑油具有良好的抗氧、防锈性、油水分离性和抗氨性等 环境温度和工作温度高时，油液黏度会明显降低，故宜选用黏度较大的齿轮油。而当环境温度较低时，宜用凝点或倾点较低、低温流动性能较好的齿轮油。如果环境潮湿，油液中有进水的可能时，宜选用防锈性、抗乳化性、抗氧化性能较好的齿轮油 总之，在齿轮油的黏度选择上，应在保证齿轮润滑要求的前提下，尽量选择黏度较低的油品，以达到节约资金和节能的目的

表 17-4-22　油温、环境温度的分类（ISO 6743/6—1990）

温度分类	温度/℃	温度分类	温度/℃
更低温	<－34	中等温度	70～100
低温	－34～－16	高温	100～120
正常温度	－16～＋70	更高温	>120

表 17-4-23　齿轮负载的分类（ISO 6743/6—1990）

载荷分类	齿面接触应力	v_g/v	说　明
轻载	<500MPa	<0.3	当齿轮工作条件为齿面接触应力低于 500 MPa，而且齿轮表面最大滑动速度与节圆线速度之比低于 1/3 时，这样的载荷水平称为轻载
重载	>500MPa	>0.3	当齿轮工作条件为齿面接触应力高于 500 MPa，而且齿轮表面最大滑动速度与节圆线速度之比大于 1/3 时，这样的载荷水平称为重载

注：v_g—齿轮表面最大滑动速度；v—齿轮节圆线速度。

表 17-4-24　齿轮润滑油的使用要求

使用要求	说　明
环境温度	一般情况下，安装的齿轮装置可在环境温度为－40～＋55℃范围条件下工作。环境温度定义为最接近所安装齿轮装置的地方的大气温度。在某种程度上，所用润滑油的具体种类和黏度等级由环境温度来决定
油池温度	矿物基工业齿轮油的油池温度最高上限为 95℃，合成型工业齿轮油的油池温度最高上限为 107℃。因为在超过上述规定的油池最高温度值时，许多润滑剂失去了其稳定性能
其他需要考虑的条件	对于直接的太阳光照射、高的湿度和空气中悬浮灰尘或化学制品的环境条件应加以特殊考虑。直接暴露在太阳光线下的齿轮装置将会比一个用途相同但遮蔽起来的齿轮装置工作起来更热一些。暴露在一个潜在的或实际有害的条件下（如热、湿度、灰尘和化学制品或其他因素）的齿轮装置应由其制造者特殊考虑并具体推荐一合适的润滑油
低温工业齿轮油	在寒冷地区工作的齿轮传动装置必须保证润滑油能自由循环流动及不引起过大的启动转矩。这时，可以选择一合适的低温工业齿轮油（极温工业齿轮油或极温重负荷工业齿轮油），所选用润滑油的倾点至少要比预期的环境温度最低值低 5℃。润滑油必须有足够低的黏度以便在启动温度下润滑油能自由流动，但是，润滑油又必须有足够的黏度以便在工作温度下承受负荷
油池加热器	如果环境温度与所选润滑油的倾点接近，齿轮传动装置就必须配备油池加热器，用以把润滑油加热到启动时油能自由循环流动的温度值。加热器的设计应避免过度集中加热以致引起润滑油加速变质
冷却	当齿轮传动装置长期连续运转以致引起润滑油的工作温度超过上述规定的油池最高温度时，就必须采取措施冷却润滑油

4.3.1　工业闭式齿轮油的选用方法（包括高速齿轮的润滑）

我国原国家专业标准 ZBJ 17003—1989“工业齿轮润滑油选用方法”主要是参考德国 DIN 51509-Teil1《齿轮润滑剂的选择》（1976 年 6 月版），同时吸收美国 AGMA250.04 等有关标准内容而制订的。考虑到近年来工业齿轮油的升级换代及润滑油、添加剂新技术的快速发展，DIN 51509-Teil1 的有关选油方法已不适合当前工业齿轮油的应用现状。美国齿轮制造者协会于 1994 年发布了 ANSI/AGMA 9005-D94《工业齿轮的润滑》，该标准规定的选油方法反映了目前工业齿轮润滑油的最新技术发展方向和应用情况。我国也于 2000 年参照采用 ANSI/AGMA 9005-D94 标准对原 ZBJ 17003—1989 标准进行了修订，修订后的标准为 JB/T 8831—2001《工业闭式齿轮的润滑油选用方法》，并已于 2001 年发布实施。

JB/T 8831—2001 标准规定了工业闭式齿轮的润滑油选用方法，包括选择润滑油的种类、黏度以及润滑方式。该标准适用于具有如下齿轮类型的工业闭式齿轮传动的润滑：渐开线圆柱齿轮、圆弧圆柱齿轮及锥齿轮，其转速应低于 3600r/min 或节圆圆周速度不超过 80m/s。

以下内容为 JB/T 8831—2001 规定的工业闭式齿轮油选用方法。

4.3.1.1　润滑油种类的选择

表 17-4-25　润滑油种类的选择

品种	选择步骤	说　明
工业闭式齿轮油种类的选择	①渐开线圆柱齿轮齿面接触应力 σ_H 按式(17-4-2)计算 $$\sigma_H=Z_HZ_EZ_\varepsilon Z_\beta\sqrt{\frac{F_t}{d_1b}K_AK_VK_{H\beta}K_{H\alpha}\frac{u\pm1}{u}}\quad(17\text{-}4\text{-}2)$$	式中的“+”号用于外啮合传动，“−”号用于内啮合传动。式中具体参数的选择及计算按 GB/T 3480—1997 的规定
	②锥齿轮齿面接触应力 σ_H 按式(17-4-3)计算 $$\sigma_H=Z_HZ_EZ_\varepsilon Z_\beta Z_k\sqrt{\frac{F_{mt}}{d_{v1}b_{eH}}K_AK_VK_{H\beta}K_{H\alpha}\frac{u_v+1}{u_v}}\quad(17\text{-}4\text{-}3)$$	式中具体参数的选择及计算按 GB/T 10062—2003 的规定
	③双圆弧齿轮齿面接触应力 σ_H 按式(17-4-4)计算 $$\sigma_H=\left(\frac{T_1K_AK_VK_1K_{H2}}{2\mu_\varepsilon+K_{\Delta\varepsilon}}\right)^{0.73}\frac{Z_EZ_uZ_\beta Z_\alpha}{Z_1m_n^{2.19}}\quad(17\text{-}4\text{-}4)$$	式中具体参数的选择及计算按 GB/T 13799—1992 的规定
	④根据计算出的齿面接触应力和齿轮使用工况	参考表 17-4-26 即可确定工业闭式齿轮油的种类
高速齿轮润滑油种类的选择	①高速齿轮齿面接触负荷系数按式计算 $$K=\frac{F_t}{bd_1}\times\frac{u\pm1}{u}$$	K——齿面接触负荷系数，MPa F_t——端面内分度圆周上的名义切向力，N b——工作齿宽，mm d_1——小齿轮的分度圆直径，mm u——齿数比，$u=z_2/z_1$ 式中的“+”号用于外啮合传动，“−”号用于内啮合传动
	②根据计算出的齿面接触负荷系数和齿轮使用工况	参考表 17-4-27 即可确定高速齿轮润滑油的种类

表 17-4-26 工业闭式齿轮润滑油种类的选择

条件		推荐使用的工业闭式齿轮润滑油
齿面接触应力 σ_H/ MPa	齿轮使用工况	
<350	一般齿轮传动	抗氧防锈工业齿轮油(L-CKB)
350~500 (轻负荷齿轮)	一般齿轮传动	抗氧防锈工业齿轮油(L-CKB)
	有冲击的齿轮传动	中负荷工业齿轮油(L-CKC)
500~1100① (中负荷齿轮)	矿井提升机、露天采掘机、水泥磨、化工机械、水力电力机械、冶金矿山机械、船舶海港机械等的齿轮传动	中负荷工业齿轮油(L-CKC)
>1100 (重负荷齿轮)	冶金轧钢、井下采掘、高温有冲击、含水部位的齿轮传动等	重负荷工业齿轮油(L-CKD)
<500	在更低的、低的或更高的环境温度和轻负荷下运转的齿轮传动	极温工业齿轮油(L-CKS)
≥500	在更低的、低的或更高的环境温度和重负荷下运转的齿轮传动	极温重负荷工业齿轮油(L-CKT)

① 在计算出的齿面接触应力略小于 1100MPa 时，若齿轮工况为高温、有冲击或含水等，为安全计，应选用重负荷工业齿轮油。

表 17-4-27 高速齿轮润滑油种类的选择

条件		推荐使用的高速齿轮润滑油
齿面接触负荷系数 K/MPa	齿轮使用工况	
硬齿面齿轮：$K<2$ 软齿面齿轮：$K<1$	不接触水、蒸汽或氨的一般高速齿轮传动	防锈汽轮机油
	易接触水、蒸汽或海水的一般高速齿轮传动，如与蒸汽轮机、水轮机、涡轮鼓风机相连的高速齿轮箱，海洋航船、汽轮机齿轮箱等	防锈汽轮机油
	在有氨的环境气氛下工作的高速齿轮箱，如大型合成氨化肥装置离心式合成气压缩机、冷冻机及汽轮机齿轮箱等	抗氨汽轮机油
硬齿面齿轮：$K\geqslant 2$ 软齿面齿轮：$K\geqslant 1$	要求改善齿轮承载能力的发电机、工业装置和船舶高速齿轮装置	极压汽轮机油

注：硬齿面齿轮：硬度≥45HRC；软齿面齿轮：硬度≤350HB。

4.3.1.2 润滑油黏度的选择

(1) 齿轮节圆圆周速度 v 的计算

$$v=\frac{\pi d_{w1} n_1}{60000} \quad (17\text{-}4\text{-}5)$$

式中 v——齿轮节圆圆周速度，m/s；

d_{w1}——小齿轮的节圆直径，mm；

n_1——小齿轮的转速，r/min。

(2) 选择润滑油的黏度

根据计算出的低速级齿轮节圆圆周速度和环境温度，参考表 17-4-28 即可确定所选润滑油的黏度等级。

表 17-4-28 工业闭式齿轮传动装置润滑油黏度等级的选择

平行轴及锥齿轮传动	环境温度/℃			
低速级齿轮节圆圆周速度②/m·s^{-1}	−40~−10	−10~+10	10~35	35~55
	润滑油黏度等级① $v_{40℃}$/mm^2·s^{-1}			
≤5	100(合成型)	150	320	680
>5~15	100(合成型)	100	220	460
>15~25	68(合成型)	68	150	320
>25~80③	32(合成型)	46	68	100

① 当齿轮节圆圆周速度≤25m/s 时，表中所选润滑油黏度等级为工业闭式齿轮油。当齿轮节圆圆周速度>25m/s 时，表中所选润滑油黏度等级为汽轮机油。当齿轮传动承受严重冲击负荷时，可适当增加一个黏度等级。

② 锥齿轮传动节圆圆周速度是指锥齿轮齿宽中点的节圆圆周速度。

③ 当齿轮节圆圆周速度>80m/s 时，应由齿轮装置制造者特殊考虑并具体推荐一合适的润滑油。

4.3.1.3　润滑方式的选择

润滑方式直接影响齿轮传动装置的润滑效果，必须予以重视。

齿轮传动装置的润滑方式是根据节圆圆周速度来确定的（见表 17-4-29）。若采用特殊措施，节圆圆周速度可超过表中给出的标准值，例如使用冷却装置和专用箱体等。

表 17-4-29　节圆圆周速度与润滑方式的关系

节圆圆周速度/$m \cdot s^{-1}$	推荐润滑方式
≤15	油浴润滑[①]
＞15	喷油润滑

① 特殊情况下，也可同时采用油浴润滑和喷油润滑。

4.3.2　开式工业齿轮油（脂）的选用方法

开式齿轮一般传动速度不高，要求润滑油具有黏着力强、黏度高和良好的防锈性。

我国将开式齿轮油分为三种类型：抗氧防锈开式齿轮油；极压型开式齿轮油和溶剂稀释性开式齿轮油。这三种油分别相当于美国 AGMA251.02 中的 R&O 型、EP 型和溶剂挥发型油。

开式齿轮油种类的选择见表 17-4-30。开式齿轮油黏度的选择（美国 AGMA 标准）见表 17-4-31。另外，根据转速选择开式齿轮油黏度的方法见表 17-4-32。

表 17-4-30　开式齿轮油种类选择

开式齿轮油种类	适用范围
抗氧防锈开式齿轮油	适用于一般轻负荷半封闭式或开式齿轮传动
极压型开式齿轮油	适用于重载开式齿轮传动。齿面接触应力参考值大于 500MPa
溶剂稀释型开式齿轮油	适用于重载开式齿轮传动。齿面接触应力参考值大于 500MPa

表 17-4-31　开式齿轮油黏度选择（美国 AGMA 标准）

给油方法	推荐黏度范围(98.9℃)/ $mm^2 \cdot s^{-1}$		
	环境温度/℃		
	−15～17	5～38	22～46
油浴	151～216(37.8℃)	16～22	22～26
热涂刷	193～257	193～257	386～536
冷涂刷	22～26	32～41	193～257
手涂	151～216(37.8℃)	22～26	22～41

表 17-4-32　按转速选择开式齿轮油的黏度

小齿轮转速/$r \cdot min^{-1}$	润滑方式	环境温度		
		5℃以下	5～38℃	38℃以上
500～1000	油浴	260～400(50℃)	30～50	50～90
	涂抹	30～50	50～100	100～250
500 以下	油浴	260～400(50℃)	50～100	100～150
	涂抹	30～150	100～250	200～450

注：除指明者外，均为 100℃时的运动黏度（mm^2/s）。

轻载的开式齿轮传动多用润滑脂润滑，可以选用齿轮润滑脂或铝基润滑脂。但也有由原来使用润滑脂改用开式齿轮油的，据报道其使用寿命可延长 2～3 倍。

对于低速重载的开式齿轮传动，不论是采用润滑油或润滑脂，多采用涂抹加油（脂）。涂抹前应将齿面清洗干净，然后将润滑油或润滑脂均匀涂抹在小齿轮上。为了保证润滑效果，每周应进行 3～4 次。有的工厂采用喷枪喷涂，据报道效果比涂抹方法更好，冬季如因保管不善而使润滑脂冻硬时，可将其加热到 40℃，用润滑油调匀使用。

推荐按表 17-4-33 选用开式齿轮传动的润滑脂。

表 17-4-33　开式齿轮传动润滑脂的选取

环境温度/℃	传动形式	选用脂锥入度(25℃)
0～20	齿轮传动	290～330
20～60	齿轮传动	230～290
0～50	蜗杆传动	320～370

4.3.3　蜗轮蜗杆油的选用方法

4.3.3.1　蜗轮蜗杆油种类的选择

表 17-4-34　蜗轮蜗杆油种类的选择

使用工况	推荐使用的蜗轮蜗杆油	使用说明
主要用于钢-铜配对的圆柱形和环面蜗杆等类型的承受轻负荷、传动中平稳无冲击的蜗轮蜗杆副，包括该设备中的齿轮、轴承、气缸及离合器等部件的润滑 该类油品不能用于承受重负荷、传动中有振动和冲击的蜗轮蜗杆副。在使用过程中应防止局部过热和油温在100℃以上的长期运转	普通型蜗轮蜗杆油（L-CKE）(相当于美军 MIL-L-15019E6135 油，美国齿轮制造者协会 AGMA250.04 Comp 油)	该类油品油性好、摩擦因数低、减摩性能好，油温低，可明显提高滑动速度较大的钢-铜匹配蜗轮蜗杆副的传动效率，使用寿命长
主要用于钢-铜配对的圆柱形承受重负荷、传动中有振动和冲击、启动频繁的蜗轮蜗杆副，包括该设备中的齿轮、轴承等部件的润滑。如果要用于环面蜗杆等类型的蜗轮蜗杆副(承受重负荷、传动中有振动和冲击)必须有油品生产厂的说明和蜗轮蜗杆副制造者的同意	极压型蜗轮蜗杆油（L-CKE/P）[相当于美军 MIL-L-18486B（OS）油]	该类油品极压性能好，油性好、摩擦因数低，油温低，可提高承受重负荷钢-铜匹配的蜗轮蜗杆副的传动效率及承载能力，使用寿命长

第17篇

4.3.3.2 蜗轮蜗杆油黏度的选择

蜗轮蜗杆传动的工作特点是滑动速度大，油膜形成困难，发热大，效率低。因此，一般选择黏度较大的润滑油。目前，国际上有多种选择蜗轮蜗杆油黏度的方法，但主要有以下几种。

1）按中心距和转速选择蜗轮蜗杆油的黏度（美国 AGMA250.04 法），见表 17-4-35。

2）根据力-速度因子选择润滑油黏度（德国 DIN51509 法）。

该方法在选择润滑油黏度时，不仅考虑到速度的影响，而且把输出扭矩也考虑在内，因此，该选油方法比较全面、科学，在目前我国还没有制订出蜗轮蜗杆润滑油选用方法标准的情况下，建议暂推广使用该选油方法。

① 力-速度因子的计算：

$$K_s/v=\frac{M_2}{a^3 n_1} \tag{17-4-6}$$

式中 K_s/v——力-速度因子，N·min/m²；

M_2——输出扭矩，N·m；

a——中心距，m；

n_1——蜗杆转速，r/min。

② 根据计算出的 K_s/v 值查表 17-4-36 即可得到所需要的润滑油黏度牌号。

3）按滑动速度选择润滑油的黏度，见表 17-4-37。

表 17-4-35 按中心距及蜗杆转速选择蜗轮蜗杆油的黏度

类型	中心距 a/mm	蜗杆转速 n_1 /r·min⁻¹	环境温度 −10～+10℃ AGMA黏度级	环境温度 −10～+10℃ ISO-VG或GB级	环境温度 +10～+50℃ AGMA黏度级	环境温度 +10～+50℃ ISO-VG或GB级	蜗杆转速 n_1 /r·min⁻¹	环境温度 −10～+10℃ AGMA黏度级	环境温度 −10～+10℃ ISO-VG或GB级	环境温度 +10～+50℃ AGMA黏度级	环境温度 +10～+50℃ ISO-VG或GB级
圆柱蜗杆传动	≤150	≤700	7Comp. 7EP	460	8Comp. 8EP	680	>700	7Comp. 7EP	460	8Comp. 8EP	680
	>150～300	≤450	7Comp. 7EP	460	8Comp. 8EP	680	>450	7Comp. 7EP	460	7Comp. 7EP	460
	>300～450	≤300	7Comp. 7EP	460	8Comp. 8EP	680	>300	7Comp. 7EP	460	7Comp. 7EP	460
	>450～600	≤250	7Comp. 7EP	460	8Comp. 8EP	680	>250	7Comp. 7EP	460	7Comp. 7EP	460
	>600	≤200	7Comp. 7EP	460	8Comp. 8EP	680	>200	7Comp. 7EP	460	7Comp. 7EP	460
环面蜗杆传动	≤150	≤700	8Comp.	680	8A Comp.	1000	>700	8Comp.	680	8Comp.	680
	>150～300	≤450	8Comp.	680	8A Comp.	1000	>450	8Comp.	680	8Comp.	680
	>300～450	≤300	8Comp.	680	8A Comp.	1000	>300	8Comp.	680	8Comp.	680
	>450～600	≤250	8Comp.	680	8A Comp.	1000	>250	8Comp.	680	8Comp.	680
	>600	≤200	8Comp.	680	8A Comp.	1000	>200	8Comp.	680	8Comp.	680

注：1. 蜗杆转速 n_1>2400r/min 或滑动速度 v_s>10m/s 时，应采用压力喷油润滑。此时，应选用比本表中黏度值低的油。

2. 表中“Comp.”指复合油，“EP”指极压齿轮油，数字为 AGMA 润滑油级别。对于圆柱蜗杆传动两种油均可适用；环面蜗杆传动如拟采用 EP 油时应征询蜗杆减速器制造厂的意见，还可采用合成油作各类蜗杆传动的润滑油，其黏度值同上面推荐的级别。

表 17-4-36 选择蜗轮蜗杆油所需的黏度牌号

力-速度因子 / N·min·m⁻²	所需润滑油的黏度牌号	力-速度因子 / N·min·m⁻²	所需润滑油的黏度牌号
<70	220	400～2500	460
70～400	320	>2500	680

表 17-4-37 按滑动速度选取蜗轮蜗杆油的黏度①

滑动速度 v_s/m·s⁻¹	≤1.5	>1.5～3.5	>3.5～10	>10
黏度值 ν_{40}/mm²·s⁻¹	>612	414～506	288～352	198～242
ISO-VG 级或 GB 级	680	460	320	220

① 表内黏度值用于蜗杆下置浸油润滑，若蜗轮下置可将黏度值提高 30%～50%。

第17篇

4.3.3.3　蜗杆传动装置润滑方式的选择

蜗杆传动装置的润滑方式是根据蜗杆齿面间滑动速度来确定的，见表 17-4-38。

表 17-4-38　齿面间滑动速度与润滑方式的关系

装配形式	齿面间滑动速度 v_s/m·s^{-1}	润滑方式
蜗杆在下	≤10 >10	油浴润滑 喷油润滑
蜗杆在上	≤4 >4	油浴润滑 喷油润滑

4.3.4　车辆齿轮油的选用方法

4.3.4.1　车辆齿轮润滑油种类的选择

车辆齿轮润滑油种类的选择可根据表 17-4-39、表 17-4-40 进行。其中，表 17-4-39 是按照汽车后桥齿轮的形式来选择润滑油的种类。表 17-4-40 是根据汽车部件和齿轮类型选择润滑油的种类。部分国产汽车以前所选用的齿轮油见表 17-4-41。

表 17-4-39　车辆齿轮油种类的选择

油品类型	齿轮形式	推荐车型
普通车辆齿轮油 GL-3	后桥渐开线、准双曲面锥齿轮	解放 CA10B，CA10C，黄河 JN150，跃进 NJ130，上海 SH380，解放 CA30A
中载荷车辆齿轮油 GL-4	后桥准双曲面锥齿轮	东风 EQ140，北京 BJ130，北京 BJ212，上海 SH70-0
重载荷车辆齿轮油 GL-5	后桥准双曲面锥齿轮	红旗 CA770 轿车，进口高级轿车，进口重载汽车，进口工程车辆

表 17-4-40　按汽车部件和齿轮类型选择车辆齿轮油的种类

汽车部件	齿轮类型	齿面接触应力/MPa	应选用的齿轮油
汽车变速箱和轮边减速器	直齿轮或斜齿轮	<2000	GL-2 或 GL-3①
后桥主减速器	曲齿锥齿轮 准双曲面齿轮		GL-4 GL-5

① 如变速齿轮机构中有铜质配件，则不许使用含极压剂的齿轮油，可选用内燃机油或液力传动油。

表 17-4-41　部分国产汽车以前所选用的齿轮油种类

汽车类型	变速箱齿轮油	后桥齿轮箱用油
解放牌载重车 CA-10B，跃进牌载重车 NJ-130，黄河牌载重车	普通车辆齿轮油	普通车辆齿轮油
北京 BJ130，北京 BJ212 东风 EQ140，东风 EQ240	普通工业齿轮油，极压工业齿轮油，双曲线齿轮油	双曲线齿轮油
进口载重车，上海牌轿车 红旗牌轿车，进口轿车	双曲线齿轮油	

4.3.4.2　车辆齿轮油黏度的选择

根据使用的最低环境温度和最高操作温度确定车辆齿轮油的黏度牌号。气温低、负荷小可选用成沟点较低、黏度较小的齿轮油；反之，气温高、负荷较重的车辆，宜选用黏度较大的齿轮油。多级油（例如 85W/90、85W/140 或 80W/90、80W/140 等）则可以同时满足低温冷启动和正常操作条件下温度的要求。

车辆齿轮油黏度的选择可按最低使用温度来选择，见表 17-4-42。或按小齿轮转速及工作温度选择 100℃时的运动黏度，见表 17-4-43。

表 17-4-42　按最低使用温度选择黏度牌号

最低使用温度/℃	SAE 黏度等级
−40	75W/90
−30	80W/90
−20	85W/90
−10	90

表 17-4-43　按小齿轮转速和工作温度选择黏度（100℃）　mm^2/s

小齿轮转速 n/r·min^{-1}	给油方法	工作温度/℃		
		−30～70	0～70	15～120
1800 以上	油浴	15	18	18
	循环	13	15	18
900～1800	油浴	17	30	30
	循环	14	18	18
900 以下	油浴	18	30	30
	循环	15	18	18

进口汽车的手动变速箱及后桥齿轮一般都要求使用美国 API GL-4 或 GL-5 车辆齿轮油，见表 17-4-44。

第 17 篇

表 17-4-44 国外汽车手动变速箱及后桥推荐用油

汽车制造厂	手动变速器	后 桥	轮边减速器
美国汽车公司	80W/90 GL-5，80W/90、80W/140 GL-4		
克莱斯勒	Dexron，Dexron Ⅱ（液压自动传动油）	75W、80W、80W/90、85W/90、90GL-5	75W、80W、80W/90、85W/90、90GL-5
通用汽车公司	3 速、4 速用 80W、80W/90，5 速用 Dexron，Dexron Ⅱ	80W、80W/90、90GL-4	
日产汽车	75W、80W、85W/90、85W/140 GL-4	75W、80W、85W/90、85W/140 GL-5	
富士重工		80W、85W/90 GL-4、GL-5	80W、85W/90 GL-4、GL-5
丰田汽车	80W、85W、90、80W/90 GL-4	80W、85W、90 GL-5	
伏克斯瓦根		90 GL-5	80W、80W/90 GL-4，90 GL-5
马克货车	30、40、50CC 级柴油机油，80W/90、90、140 GL-4、GL-5	80W/90、90、140 GL-5	
福特汽车公司	80W ESW-M2 C83-C	90 ESP-M2 C 154A	90W ESW-M2 C83-C

4.3.5 仪表齿轮传动的润滑

在仪器仪表中，广泛应用着各种齿轮，这些齿轮的尺寸、模数都比较小，$m\leqslant 1$ 的占大多数。仪表齿轮主要用来传递运动，有一些也用来传递功率，控制装置的运行，但功率消耗很小，一般都忽略不计。

仪表齿轮有渐开线齿轮传动、渐开线齿条传动、修正摆线齿轮传动、双圆弧齿轮传动、螺旋齿轮传动、锥齿轮传动、蜗轮蜗杆传动、非圆齿轮传动和谐波齿轮传动等。仪表齿轮抗外界干扰能力差，因为它传递的力矩很小，振动、冲击、灰尘、磁力和油垢等都会影响正常工作。仪表齿轮经常在润滑不良的条件下工作，一般都没有润滑系统，往往是定期加油或清洗时加油，有的齿轮还经常工作在半干摩擦状态。

仪表齿轮传递力矩很小，抗外界干扰能力差，润滑要求油品的使用寿命与仪表寿命一样长或者要求润滑周期更长，希望在此周期内润滑油不发生任何损伤仪表性能及其准确度的质量问题。无论采用润滑油或润滑脂，都要具有良好的抗老化性能、抗低温性能、抗磨损性能、摩擦阻力要小，不易变质，不易挥发。

表 17-4-45 国产仪表油种类及性能

种类	性 能
仪表油 (SH/T 0138—1992)	该油品由低凝原油精制、脱蜡、补充精制所得基础油加入添加剂而得，具有良好的低温流动性、抗氧化安定性和抗腐蚀性等
精密仪表油 (SH/T 0454—1992)	该油品系合成油与矿油混合的润滑油。按质量分为特 3、特 4、特 5、特 14 和特 16 号共五个牌号。1966 年制订暂行部标准，1980 年制订部标准，1988 年确认为 SY 1225—80(88)，1992 年调整为行业标准 SH/T 0454—1992。本产品的主要组分为乙基硅油，并加有低凝点优质矿油调和而成。各牌号中乙基硅油与低凝点优质矿油的比例不同：特 3 号为 60∶40；特 4 号为 75∶25；特 5 号为 85∶15；特 14 号为 65∶35；特 16 号为 75∶25。黏度低、黏温性好，在较宽的温度范围内能满足精密仪器的润滑要求
4122 号高低温仪表油 (SH/T 0465—1992)	4122 号高低温仪表油系合成型精密仪表润滑油。1982 年制订部标准，1988 年确认为 SY 4014—82(88)，1999 年调整为行业标准 SH/T 0465—1992。该产品以高黏度氯苯基硅油制成。高低温性和抗磨性好，在宽温度范围内和有冲击、振动负荷的条件下，能满足微型电机轴承的润滑要求。蒸发损失量小，氧化安定性好，在 200℃ 高温下不易发生分解和氧化反应，黏度和酸值变化很小，常温下长期储存不易氧化变质。质量水平相当于美国 MIL-L-27694A 另外有 4122 号低温仪表油系双酯型合成油；4113、4114、4115 号高低温仪表油系以 70% 双酯和 30% 硅油的合成油；4116、4117-1 号高低温仪表油系硅油型合成油，均为一坪化工厂企标

第 17 篇

仪表润滑脂有多种，如特 12 号精密仪表润滑脂 (SH/T 0458—1992)，使用温度为－70～110℃；锂基润滑脂 7007～7012 仪表润滑脂，使用温度为－60～120℃；烃基润滑脂 ZJ53-3 号仪表润滑脂，使用温度为－60～55℃。

4.4　润滑对齿轮传动性能的影响

对于齿轮传动装置来说，润滑无疑具有十分重要的意义，除了可以降低摩擦、减少磨损之外，还可起到散热、防锈、减振降噪等作用，润滑可以提高产品质量、降低生产成本，提高生产效率和产品精度，延长设备使用寿命和保障生产安全等。

齿轮润滑剂对齿轮传动的影响主要表现在摩擦、磨损、胶合性能、点蚀、振动、噪声水平、齿轮箱热平衡性能等诸多方面。因此，在进行齿轮设计时不能忽略润滑剂这一重要参数。润滑对齿轮传动失效的影响见表 17-4-46。从润滑角度防止齿轮失效的对策见表 17-4-47。

表 17-4-46　　润滑对齿轮传动失效的影响

齿轮失效形式		磨损	腐蚀性磨损	擦伤与胶合	点蚀	剥落	齿体塑变	峰谷塑变	起皱	断齿	滚轧与锤击
润滑	润滑油黏度	△		△	△	△	△	△	△		
	润滑性质	△	△	△	△	△	△	△	△		
	润滑方式及润滑油供油量	△		△	△	△	△		△		

注：△表示有影响。

表 17-4-47　　从润滑角度防止齿轮失效的对策

失效形式	对　策
点　蚀	提高润滑油黏度或采用含极压添加剂的中负荷工业齿轮油
剥　落	选用含极压剂的中、重负荷工业齿轮油，提高润滑油的黏度
磨　损	提高润滑油黏度，选用合适的润滑剂，降低油温，采用合适的密封形式，在润滑装置中增设过滤装置，适时更换润滑油和清洗有关零件
胶　合	必须保证齿轮在一定载荷、速度、温度下始终具有良好的润滑状态，使齿面润滑充分，采用含极压添加剂的润滑油或合成齿轮润滑油，还可使用重负荷工业齿轮油，润滑系统加冷却装置
起脊、鳞皱	改善润滑状况，采用含极压添加剂的工业齿轮油和增加润滑油的黏度，经常更换润滑油，润滑装置增加过滤系统
齿体塑变	对循环润滑的齿轮传动，防止润滑供油不足和中断，油池润滑时注意油面位置，提高润滑油的黏度

4.4.1　润滑对齿面胶合的影响

国家标准 GB/Z 6413.2—2003《圆柱齿轮、锥齿轮和准双曲面齿轮 胶合承载能力计算方法 第 2 部分：积分温度法》给出了由于载荷和滑动速度引起的齿面高温导致润滑油膜破裂所造成的胶合损伤的计算方法和标准规范。该标准采用积分温度法，即以齿面本体温度与加权后的各啮合点瞬时温升的积分平均值之和作为计算齿面温度，然后与发生胶合时的试验结果或统计结果在同条件下确定出的齿面温度相比较来评定设计齿轮的胶合承载能力。

胶合计算安全系数 S_B 必须大于或等于胶合承载能力最小安全系数 S_{Bmin}，即：

$$\frac{\theta_{sintT}}{\theta_{int}}=S_B\geqslant S_{Bmin} \tag{17-4-7}$$

式中　S_B——胶合承载能力的计算安全系数；

S_{Bmin}——胶合承载能力的最小安全系数，可参照表 17-4-48 选取；

θ_{sintT}——齿面出现胶合失效时的极限积分温度。通常是根据试验结果得出的，试验证明，对一种“油-材料”组合，θ_{sintT} 为常数，不随运转条件改变，其计算式为 $\theta_{sintT}=\theta_{MT}+1.5X_W\theta_{fla\ intT}$，℃；

θ_{MT}——试验齿轮的本体温度，℃；

$\theta_{fla\ intT}$——试验齿轮的积分平均温升，℃；

X_W——材料焊合系数；

θ_{int}——齿面积分温度，$\theta_{int}=\theta_M+1.5\theta_{fla\ int}$，℃；

θ_M——即将进入啮合时的齿面温度，θ_M 可用任何适宜的精确方法（如热网络法、精确测量等）来确定，$\theta_M=(\theta_{oil}+0.7\theta_{fla\ int})X_S$，℃；

θ_{oil}——润滑油的工作温度，℃；

$\theta_{fla\ int}$——齿面积分平均温升，是指齿面各啮合点瞬时温升 θ_{fla} 沿啮合线的积分平均值；

X_S——润滑系数，是考虑润滑方式对传热的影响，由试验得出。油浴润滑时：$X_S=1.0$；喷油润滑时：$X_S=1.2$。

当油品的承载能力是按照 GB/T 3142—1982《润滑剂承载能力测定法（四球法）》的 FZG（A/8.3/90）试验得出时，则试验齿轮的本体温度 θ_{MT} 和积分平均温升 $\theta_{fla\ intT}$ 与载荷的关系曲线如图 17-4-2 所示。此时，θ_{MT} 和 $\theta_{fla\ intT}$ 的值可根据设计齿轮所选用润滑油的黏度 $\nu_{40℃}$ 和 FZG 胶合载荷级由图 17-4-2 查取。

表 17-4-48　胶合承载能力的最小安全系数 S_{Bmin}

计算依据或使用要求	S_{Bmin}	备　注
依据尖峰载荷计算时（如剪床、冲床）	1.5	
依据名义载荷计算时（如工业汽轮机）	1.5～1.8	有实测载荷谱为依据精确确定 K_A 时，可取为 1.5
高可靠性要求（如飞机、汽轮机）	2～2.5	有实测载荷谱为依据精确确定 K_A 时，可取为 1.8

注：经逐级加载跑合时取小值，不经跑合者取大值。

为了便于计算机计算，图 17-4-2 中的曲线可近似用下述公式表示：

$$\theta_{MT}=0.032T_{1T}^{1.301}+90 \qquad (17\text{-}4\text{-}8)$$

$$\theta_{fla\ intT}=0.08T_{1T}^{1.2}\left(\frac{100}{\nu_{40}}\right)^{(\nu_{40}-0.4)} \qquad (17\text{-}4\text{-}9)$$

式中　T_{1T}——FZG 胶合载荷级相应的试验齿轮小轮转矩，N·m，见图 17-4-2；

ν_{40}——润滑油在 40℃ 时的名义运动黏度，mm^2/s。

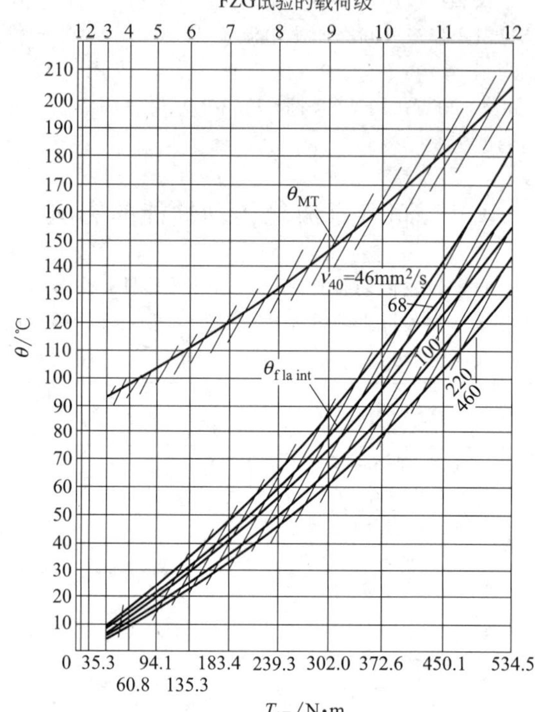

图 17-4-2　FZG（A/8.3/90）试验齿轮的本体温度 θ_{MT} 和积分平均温升 $\theta_{fla\ intT}$

润滑油的 FZG 胶合载荷级作为油品的性能标准，由油品的生产厂家提供。常用油品的 FZG 胶合载荷级见表 17-4-49。

影响齿面胶合的因素很多，但润滑对于胶合起着极大的作用，如表 17-4-50 所示。

表 17-4-49　常用油品的 FZG 胶合载荷级

油类		机械油液压油	汽轮机油	工业用齿轮油	轧钢机油	气缸油	柴油机油	航空用齿轮油	准双曲面齿轮油
FZG 胶合载荷级	矿物油	2～4	3～5	5～7	6～8	6～8	6～8	5～8	
	加极压抗磨添加剂的矿物油	5～8	6～9	中负荷>9 重负荷>11					>12
	高性能合成油	9～11	10～12	>12				8～11	

注：油品的胶合载荷级随原油产地、生产厂家的不同而有所不同，应以油品生产厂家提供的指标为准，重要场合应经专门试验确定。

表 17-4-50　润滑对胶合的影响

因素	机 理 分 析
润滑油黏度对胶合的影响	齿轮胶合极限负荷随着润滑油黏度的提高而提高。日本的会田俊夫等学者为此进行了专门的试验研究，下表为其试验研究结果

续表

<table>
<tr><th>因素</th><th>机 理 分 析</th></tr>
<tr><td>润滑油黏度对胶合的影响</td><td>
润滑油黏度对齿轮胶合的影响
<table>
<tr><th rowspan="2">油品名称</th><th colspan="2">运动黏度/$mm^2 \cdot s^{-1}$</th><th rowspan="2">密度(15℃时)/$g \cdot cm^{-3}$</th><th rowspan="2">基础油</th><th rowspan="2">添加剂</th><th rowspan="2">胶合极限转矩(调质处理齿面磨齿)/N·m</th></tr>
<tr><th>37.8℃</th><th>98.9℃</th></tr>
<tr><td>1＃锭子油</td><td>9.83</td><td>2.50</td><td>0.870</td><td>石蜡系</td><td>抗氧防锈添加剂
防泡剂</td><td>174</td></tr>
<tr><td>2＃透平油</td><td>64.15</td><td>8.02</td><td>0.880</td><td>石蜡系</td><td>抗氧防锈添加剂等</td><td>308</td></tr>
<tr><td>齿轮油</td><td>195.6</td><td>17.05</td><td>0.891</td><td>石蜡系</td><td>抗氧防锈添加剂等</td><td>461</td></tr>
</table>
注：上述试验结果是用 IAE 齿轮试验装置试验直齿轮而得出的
润滑油靠黏性抗胶合的机理是：当轮齿迅速接触时，由于润滑油的黏性来不及将油挤掉，而形成所谓“流体静力挤压油膜”以抵抗齿面的靠近，这种作用在滚动接触时更易出现。这时与齿面接触的第一层油液是不动的或称之为有较大的黏性。吸附层越厚，其润滑效果越好
在某种情况下，轮齿在一定负荷下接触时，其润滑油的弹性可能占主导地位，即以弹性抵抗其变形，这就是通常所说的“松弛作用”。在滚动接触的情况下，流体动力油膜能够维持在两接触表面之间，就是这种润滑机理作用的结果。在“松弛”现象中，时间要素是很重要的。在给定时间内，物质显示的黏滞性和弹性随“松弛”作用的大小而定。如果润滑剂承受最大负荷的时间小于或等于临界“松弛”时间，则润滑剂将以弹性而不是黏性工作，这时油膜将不被挤出，从而防止了金属之间的直接接触，也即防止了胶合
以上的机理也可以说明齿面间的流体油膜实际能承担的负荷为什么比按常规计算得的结果要高得多。另外，还必须考虑到润滑油在承受压力的情况下黏度的变化，润滑油的黏度随着压力的增加而明显增加，润滑油的这种压力-黏度特性对其负荷能力可能产生很大的影响。例如有人曾把几对齿轮加载运转到齿轮发生疲劳点蚀，然而却无润滑油失效的迹象，这时齿面的应力为 $1750N/mm^2$，而油的黏度为 40 赛氏秒（37.8℃）。其次，润滑油的黏弹性对于具有冲击负荷的齿轮传动能起缓冲作用。例如，对于汽车后桥双曲线齿轮，冲击负荷约为 $2800N/mm^2$，在这巨大的冲击下，润滑油的黏度在抗胶合的因素中也是必不可少的
</td></tr>
<tr><td>润滑油添加剂对齿面胶合的影响</td><td>
齿轮油的极压性是指齿轮油中的添加剂（极压抗磨剂）在极高压力、很高速度和高温下能在齿面上与金属发生化学反应生成无机膜，减缓齿面磨损和防止齿面胶合的能力
强极压条件是在重载荷或冲击载荷等情况下形成的，如汽车后桥的准双曲面齿轮，它传递的压力达数十亿 Pa，而且齿面间的滑动速度很大，因而形成很高的瞬时温度（600～800℃）。一般油性添加剂在 100℃左右就会从摩擦表面脱附，不能形成油膜。只有含氯、磷、硫等活性元素的物质，才能在较高温度下与金属齿面生成无机保护膜。这些活性元素可以单个地合成油溶性有机物，然后将几个含不同活性元素的有机物加入油中，也可以将两个以上的活性元素加入同一油溶性有机物中。前者如氯化石蜡、三甲苯基磷酸酯、二苯甲基二硫化物或者在个别情况下直接用元素硫。后者如硫氯化油脂、氯磷化物、硫代磷酸酯等
除了氯、磷、硫三种元素的有机物外，金属铅的有机物如环烷酸铅、油酸铅等也可作极压抗磨剂。由于铅会污染环境，故采用铅有机物作极压抗磨剂的已日益减少。近年来出现了硼酸盐及有机聚合物膜新型添加剂，从初步试验结果来看，是有发展前途的极压抗磨剂
各种极压抗磨剂都具有自身的特点。一般地说，含磷极压抗磨剂在条件不太苛刻、运转稳定的情况下较为有效。含氯，特别是含硫的极压抗磨剂，在包括有冲击负荷的苛刻条件下比较有效。氯化物约在 200℃开始起作用，超过 300℃摩擦表面生成的氯化铁膜会破裂失效，而硫化铁膜的润滑作用可以一直持续到 850℃。为使齿轮油具备适应各种工作条件的极压性能，因此，在油中加入了多种抗磨剂或含多种活性元素的极压抗磨剂。例如有一种双曲面齿轮油含有氯化石蜡 5%，二烷基二硫代磷酸锌 3%，烷基萘 1%
近年来开始用碱性硼酸盐微球作为齿轮油的极压添加剂。由于微球不但很小（平均直径仅约 0.1μm），而且密度也较小，所以能很好地分散在油中，不会在储存中沉降下来。含有硼酸盐添加剂的齿轮油，在使用中硼酸盐与铁的表面作用，形成一弹性良好的薄膜，因而使润滑油的承载能力大为提高。在梯姆肯试验机上所得的结果表明，含硼酸盐添加剂的润滑油，试验时通过的最大压力比含铅剂的润滑油大 2 倍，比含 S-P 剂的润滑油大 1 倍
行车试验的结果表明，卡车的分动器中使用含硼酸盐的齿轮油时，可以满意地工作到 250000km。经行车试验后的润滑油未发现受到氧化和出现磨损颗粒等情形
关于极压添加剂的作用是比较复杂的，尚未能找到一普遍的指导原则来预计其可能提高的承载能力。但可以肯定的是，极压性能中等的齿轮油（如加环烷酸铅的）其承载能力比基础油提高 1～3 倍。极压性强的齿轮油（含氯、硫、锌等元素）其承载能力可提高到约 9 倍
</td></tr>
</table>

续表

因素	机理分析
供油量和润滑方式对齿面胶合的影响	供油量充足可以提高胶合极限负荷,但油量多到一定程度,胶合极限负荷不再提高 喷油润滑比油浴润滑的冷却效果好。对于高速齿轮传动,为了得到良好的冷却效果,推荐把油供到啮出侧
齿轮材料及热处理方式对齿面胶合的影响	齿轮材料对其抗胶合的影响甚大,这里仅从齿轮材料及热处理方式对其润滑的作用方面进行讨论 含镍钢易发生胶合,而高速工具钢及白口铁抵抗胶合的能力较大。氮化齿轮较渗碳淬火齿轮有较高的抗胶合能力。这除了与材料的热硬性有关外,还与油对不同的钢种的附着能力有关。由试验得知油对钢的附着能力与含铬、含镍及含钨高碳钢的关系是:加钨量越多则抵抗胶合的能力越大,加铬的效果先是与加钨相同,但含铬量达到4½原子量的百分比后,就几乎完全不发生效应。加镍的效果总是降低对胶合的抵抗性 对于制造铜蜗轮的不同材料的分析如下:用含锡 12%的磷青铜制造的蜗轮抗胶合的效果最好,但其抗点蚀的能力较差,弯曲强度也略低,因此在低速大扭矩的蜗轮传动中都采用铝青铜,该种材料也较经济。但铝青铜的缺点是易受胶合的损伤,甚至在跑合很久后仍然如此。其原因之一就是由于其表面覆盖的一层薄而脆的氧化铝,虽然可以保护齿面不受侵蚀,但它不能与润滑油形成稳定的有机衍生物,因而与锡相比不易润滑。因此对于铝青铜的蜗轮传动最好的办法是用黏度较大的油来发挥流体动力润滑的作用,而不依赖于边界润滑的作用 在计算齿轮胶合承载能力时,材料焊合系数 X_W 是考虑设计齿轮与试验齿轮的材料及表面处理不同而引入的修正系数,它是一个相对的比值,由不同材料及表面处理的试验齿轮与标准试验齿轮进行对比试验得出,其值由表 17-4-51 查取

表 17-4-51 **材料焊合系数 X_W**

材料及表面处理		X_W
奥氏体钢(不锈钢)		0.45
渗碳淬硬钢	残余奥氏体含量高于正常值	0.85
	残余奥氏体含量正常(约 20%)	1.00
	残余奥氏体含量低于正常值	1.15
表面氮化钢		1.50
表面磷化钢		1.25
表面镀铜		1.50
其他情况(如调质钢)		1.00

4.4.2 润滑对齿面磨损的影响

表 17-4-52 **润滑对齿面磨损的影响**

因素	影响机理
齿轮磨损机理	磨损是摩擦的必然结果,由于齿面的相互摩擦,不断有微粒脱落,而使表面尺寸、几何形状和其他性质发生改变。在完全的流体润滑状态时,齿面不会发生磨损 在闭式齿轮传动中,如果润滑油保持干净,则齿面磨损不显著。如果工作环境(如农业机械、工程机械和矿山机械等),粉尘多,且易进入齿轮啮合区,则会造成磨粒磨损,磨损速度较快。开式齿轮传动则更为典型。这种情况下磨损往往成为齿轮传动失效的主要形式 轮齿的齿形不同,表面滑动速度状况也不相同。例如,圆弧齿轮因齿面各点的滑动速度在理论上大致相同,故沿其齿面的磨损基本上是均匀的。渐开线齿轮因其齿面上的滑动速度大小及方向都是变化的,所以齿面的磨损状况也是变化的。渐开线齿轮在初期磨损阶段,齿面磨损量的分布,基本上符合滑动速度的大小和方向。进入正常磨损阶段后,对于铸铁,则齿面的磨损趋于均匀化。而对于软钢,因传动多种因素的影响(如齿面塑性变形的影响),磨损分布出现特异情况,即滑动速度大的地方磨损量不一定是最大。小齿轮在节圆附近的磨损量最大,其次是齿顶高的部位,齿根部位的磨损不大。大齿轮也是在节圆附近和齿顶高的部位磨损较大,齿根部位磨损较小,在节圆附近出现凸起
润滑油对齿轮磨损的影响	磨损是由摩擦所致,除保持润滑油清洁外,减少齿面金属的直接接触,就可有效地减少磨损。提高润滑油黏度和油性都能减少磨损,加入某些极压抗磨添加剂对减少齿面磨损能起到极好的作用

续表

<table>
<tr><th>因素</th><th colspan="2">影 响 机 理</th></tr>
<tr><td rowspan="2">润滑油对齿轮磨损的影响</td><td>润滑油产生磨粒磨损</td><td>如果润滑油中混入泥沙、灰渣等其他磨料或齿轮经初期跑合后没及时更换润滑油，都会产生磨粒磨损，加快齿面的磨损。齿轮润滑油对磨粒磨损不存在改善作用，但齿轮油可以把外来的磨损颗粒从齿面的啮合区域内洗除。然而，如果磨损微粒不能沉淀，那么将继续起研磨剂的作用。因此，要求将润滑油的黏度降低一些，对洗除齿面上磨损颗粒的效果较好，同时可将较大的外来磨损颗粒沉淀在油速低的区域里，使其变得无害。此外，对于磨粒性磨损最好的改善方法是排除陈旧污染的润滑油，冲洗齿轮箱，然后换以清洁的润滑油。其次，在润滑油的循环系统中配备滤清器。同时保证在润滑油的储存系统中有适当的沉淀时间，把磨损颗粒过滤和沉降出来。在汽车等某些齿轮箱中，可配备磁化的放油塞，以清除钢铁微粒等物质</td></tr>
<tr><td>润滑油黏度对齿轮磨损的影响</td><td>在弹性流体动压润滑及液体动压润滑的范围内，黏度是润滑油最重要的性质。一般齿轮油的黏度愈大，防止齿面遭受各种损坏的保护能力愈强。因为黏度增大有利于油膜厚度的增加，即润滑油的黏度愈大，齿轮的磨损愈小
在齿面负荷不太大的情况下，黏度较大的润滑油可使齿面磨损控制在一定的水平上。当然黏度控制磨损的程度也是有一定范围的，当齿面负荷超过一定极限后，磨损迅速增大，并在齿面上出现擦伤等现象，这说明所加的负荷已超过了润滑油的承载能力。此时，就需要在润滑油中加入极压抗磨添加剂，在极高压力和高温下在齿面上与金属发生化学反应生成无机膜，减缓齿面磨损和擦伤的能力
润滑油黏度增大能降低齿面磨损的这种特点，吸引了一些人去寻找二者之间的定量关系。如布洛克(Blok)研究了冲击载荷下，润滑油的黏度和化学组成对齿轮磨损的影响。他采用了硬度较低的齿轮(HRC 为 28 及 33)和黏度 12～170mm^2/s 的一系列润滑油进行试验，试验结果证明随着黏度的增大，齿面的磨损降低，并得出了以下关系：
$$W=C/\nu^{1.45} \quad (17\text{-}4\text{-}10)$$
式中　W——磨损后齿轮的失重
ν——70℃时润滑油的黏度
C——常数，是齿轮及润滑油工作条件的特性参数，例如硬度 28HRC 的齿轮，其磨损量就比 33HRC 的大 3 倍
由于各种齿轮传动装置的齿轮类型、材质、力学性能、工作条件等的不同，常数 C 也就各不相同，上述公式已失去其普遍意义，只能表示特定条件下润滑油黏度与齿轮磨损的关系。
根据布洛克的试验，在冲击载荷下，润滑油的化学组成对齿轮的磨损无影响。即使是加有各种抗磨添加剂的润滑油，比起同黏度的纯矿物油来说，也没有什么优越性。由此试验结果可以认为，在冲击载荷下，减少齿轮磨损主要靠润滑油的缓冲作用，而润滑油的这种缓冲作用仅取决于黏度。润滑油的缓冲性能差，未必能用加添加剂的办法得到补偿。由此可以看出润滑油黏度对齿轮传动装置的重要意义。
布洛克还提出过“临界擦伤温度”的概念。用纯矿物油润滑的齿轮表面由于操作条件的变化温度升高，当瞬时温度超过一定值后，表面间的油膜破裂，齿面就会擦伤，齿面出现擦伤前的最高温度值称为临界擦伤温度。临界擦伤温度与润滑油的性质和齿轮材料有关。对于纯烷基矿物油及 IAE 齿轮试验机、FZG 齿轮试验机所用的齿轮来说，临界擦伤温度见下表
临界擦伤温度
<table>
<tr><th>60℃时润滑油的运动黏度/$mm^2 \cdot s^{-1}$</th><th>临界擦伤温度/℃</th><th>60℃时润滑油的运动黏度/$mm^2 \cdot s^{-1}$</th><th>临界擦伤温度/℃</th></tr>
<tr><td>20</td><td>120～140</td><td>50</td><td>170～210</td></tr>
<tr><td>23</td><td>130～160</td><td>81</td><td>190～230</td></tr>
<tr><td>34</td><td>150～200</td><td>147</td><td>210～260</td></tr>
</table>
也就是说润滑油的黏度愈大，齿面愈不易擦伤。齿轮油的黏度大，能提高承载能力，减少齿轮的磨损。但是，在实际工作中使用高黏度润滑油是受到齿轮传动装置的工作环境及工作条件限制的。对于一些在室外工作的齿轮传动装置，还要求能在较低温度下启动自如，黏度大的油在低温下不易启动。另外，润滑油的黏度过大，在高速搅动下，摩擦损失大，而且摩擦产生的热量多，不易散出，会使油温升高。因此，对一定的齿轮传动装置来说，润滑油的黏度应该多大要根据工作环境、工作条件等全面考虑</td></tr>
</table>

续表

因素	影响机理
腐蚀剂对齿轮磨损的影响	当润滑油或添加剂劣化变质而产生酸性物质时，或油中混水及其他腐蚀剂时，齿面会发生各种不同的锈蚀或孔蚀现象，造成所谓腐蚀性磨损。另外，如果油中的极压添加剂过于活泼，在齿面上产生的薄膜不但起不到承压膜的作用，反而在摩擦的作用下不断的脱落新生，这实际上就加速了齿面的磨损。这种现象往往用于减速器的初期跑合，而对长期使用来说是不允许产生的 因此，在润滑油中一定要控制腐蚀介质，如采用化学添加剂时一定要掌握其成分和含量；润滑油中添加适当的阻蚀剂以降低电极反应速率；不使水、酸等有害物质进入润滑油中；在达到规定的使用期时一定要及时更换润滑油

4.4.3 润滑对齿面疲劳点蚀的影响

表 17-4-53 润滑对齿面疲劳点蚀的影响

<table>
<tr><th>因素</th><th>影响机理</th></tr>
<tr><td>齿面疲劳机理</td><td>表面疲劳是当反复作用在表面或者表层的应力超过材料的耐久极限时的材料的损伤。其特征是金属脱落并形成凹坑。这些凹坑可能是收敛的，或许是扩展的，也许初始就很大
初始疲劳裂纹，是在表面还是在表层产生，取决于应力分布和材料表层硬度分布和物理特性。对于硬度175～400HB的钢，初始疲劳裂纹产生在表面，然后一次裂纹由于剪应力向里扩展，继而由于拉应力形成二次裂纹向外扩展，最终形成点蚀。对于表面硬化钢齿轮，初始裂纹产生的位置取决于从表面到某一深度内最大剪应力与材料强度极限之比，裂纹产生在材料强度最薄弱处。对于合理的热处理方法，表层硬度不会出现明显的突变。另一方面，混合润滑状态下，最大剪切应力在表面。因此，疲劳裂纹可能萌生于表面，最后形成点蚀，而不产生剥落
无论疲劳裂纹萌生于表面还是表层，它都与表面摩擦牵拽力密切相关。随着摩擦因数增大，材料中的最大剪应力增大，且其位置移向表面。不同种类的润滑油的摩擦特性是不同的。润滑油的极压性能和流变性能强烈影响摩擦力。实际轮齿在工作时，齿面间形成表面膜，包括部分 EHL 膜、油性吸附膜和化学反应膜。其摩擦因数与干摩擦的和流体润滑的不同。各种表面膜的形态和表面覆盖率对齿面平均摩擦因数和瞬时局部摩擦因数有强烈影响。因此，正确估计边界润滑和混合润滑状态下的摩擦因数，对分析齿面接触应力分布、疲劳裂纹的萌生与扩展，合理选择和配制润滑油都非常有益
齿轮传动的平均摩擦因数正常情况下小于 0.18，通常在设计计算中简易估算为 0.06。按此值估计最大剪应力，最大危险点仍在齿轮轮齿的表层。那么为什么材料的疲劳裂纹萌生于表面呢？最常见的解释是表面的缺陷比表层的多，所以在表面薄弱环节首先破坏。实际上是表面凸峰接触、碰撞和摩擦造成瞬时局部摩擦力增大，局部摩擦为边界润滑或者干摩擦，齿面摩擦因数超过 0.18。则最大剪切应力在微凸体峰上。因此，疲劳裂纹首先萌生于表面微凸体的凸峰附近
在混合润滑状态下，凸峰接触处的高剪应力致使软齿面的表面材料发生范性形变，而对于硬齿面，微凸体附近将产生垂直于运动方向的横向裂纹。但是，这种局部高剪应力，在有润滑剂润滑时，常常被忽视。这是由于目前无法测出瞬时局部摩擦力，能测量的是平均摩擦力。瞬时局部摩擦力以一定的比例与油膜剪切力同时测量。尽管凸峰接触处产生高剪应力，平均摩擦因数的测量值仍然不发生突变。因此，在估计齿面摩擦力时，不仅要估计平均摩擦因数，而且要估计瞬时局部的摩擦因数及其影响因素，即摩擦机理分析
表面接触强度最弱的环节是微凸体峰附近，因而初始裂纹萌生于微凸体附近。形成点蚀的表面裂纹是由微凸体处萌生的裂纹源毗邻相互连接的结果。这种裂纹的萌生与扩展与润滑剂的物理特性和化学特性密切相关。选择高黏度指数和高极压性能的润滑油可以延缓初始疲劳裂纹在表面萌生。另外，在润滑剂中加入减摩剂，将直接降低微凸体的摩擦，能有效地延缓裂纹的萌生</td></tr>
<tr><td>齿轮抗点蚀能力的影响因素</td><td>表面疲劳寿命的影响因素很多，如工作环境包括了齿面应力、温度和腐蚀等。评价润滑油和添加剂对其影响，最有效的方法还是通过接触疲劳试验。所有通过摩擦机理分析所采取的措施都必须经接触疲劳试验检验
下表为一组齿轮润滑油在 JP-BD1500 型滚动接触疲劳试验机上进行的齿轮点蚀失效试验结果。试件是 45 钢，调质处理，表面硬度为 250～280HB，表面粗糙度 $Ra=0.8\mu m$
各种润滑油的点蚀失效试验结果
<table>
<tr><th>油品类型</th><th>平均点蚀失效运转次数</th><th>相对于 N220 纯矿物油相对点蚀失效值</th><th>相对于 N220 中负荷油相对点蚀失效值</th></tr>
<tr><td>N220 纯矿油</td><td>3.71×10^5</td><td>1</td><td>0.67</td></tr>
<tr><td>N220 中负荷油</td><td>5.53×10^5</td><td>1.49</td><td>1</td></tr>
<tr><td>N320 中负荷油</td><td>5.73×10^5</td><td>1.54</td><td>1.036</td></tr>
<tr><td>N460 中负荷油</td><td>5.93×10^5</td><td>1.60</td><td>1.072</td></tr>
<tr><td>N220 重负荷油</td><td>4.56×10^5</td><td>1.23</td><td>0.83</td></tr>
<tr><td>N220 中负荷油加减摩剂</td><td>6.2×10^5</td><td>1.67</td><td>1.12</td></tr>
<tr><td>N46 节能油加减摩剂(环烷基)</td><td>4.52×10^5</td><td>1.22</td><td>0.82</td></tr>
<tr><td>N32 节能油加减摩剂(石蜡基)</td><td>4.80×10^5</td><td>1.29</td><td>0.87</td></tr>
<tr><td>N32 节能油加减摩剂(纯滚)</td><td>$>8.5\times10^5$</td><td>2.29</td><td>1.53</td></tr>
</table></td></tr>
</table>

续表

<table>
<tr><th>因素</th><th colspan="2">影响机理</th></tr>
<tr><td rowspan="5">齿轮抗点蚀能力的影响因素</td><td>润滑油黏度的影响</td><td>上表中的中负荷工业齿轮油，黏度等级为 N220、N320 和 N460 的疲劳寿命相对值分别为 1、1.036 和 1.072。结果表明，极压添加剂类型相同，极压水平相同时，试验润滑油的黏度等级对齿轮抗点蚀能力影响不大，黏度等级高的油其抗点蚀能力略微大一点。其主要原因是高黏度油品在 100℃时的黏度差别不大，本接触疲劳试验的本体温度按理论计算约为 85℃。但是，另有试验结果证明，黏度等级 N100 以下的润滑油，随黏度下降，齿轮抗点蚀能力明显降低。其主要原因是 N100 以下黏度在 100℃时的黏度差别较大。润滑油在本体温度下的黏度，影响 EHL 润滑的膜厚比，从而影响微凸体的接触概率和瞬时局部摩擦力。规定的润滑油黏度等级的黏度值通常与本体温度下的黏度不同。如果用黏度等级划分油的抗点蚀能力，N150 以上的润滑油的抗点蚀能力差别不大。从低黏化角度考虑，黏度等级为 N150 的油可以代替 N220 到 N460 的油。研究接触疲劳裂纹扩展的试验结果也表明，在相同的工作条件下，黏度高有利于油膜的建立，即油膜的厚度大，油品的黏度高，齿面接触部分的应力愈均匀化，并缓和冲击，从而相对地降低了齿面最大接触应力值；同时，高黏度油对裂纹的渗入和扩展作用，不如稀油积极活泼
随着齿面压力的增高或齿面滑动速度造成润滑条件的不利，齿面逐步趋近于边界润滑状态。这时润滑油的黏度已不起主要作用。为了提高齿轮的抗点蚀能力，降低摩擦因数，提高边界润滑油膜的强度，需要在齿轮油中加入适量的油性剂及极压抗磨剂。这里需要注意的是，对于蜗轮传动，加入极压剂有时反而对抗点蚀不利
从上表可以看出，N220 黏度等级的纯矿物油、中负荷和重负荷齿轮油的点蚀失效相对值分别为 1、1.49 和 1.23。试验结果表明含极压添加剂的润滑油的抗点蚀能力都比纯矿物油高。但是，重负荷工业齿轮油与中负荷工业齿轮油相比，前者接触疲劳寿命较低。这可能是齿面微凸体上反应膜覆盖面积太大引起激烈的腐蚀磨损，以致使材料的耐久极限降低。润滑油极压水平是根据抗胶合承载能力而确定的，并不意味着其抗点蚀能力也很高。因此，重负荷工业齿轮油中的极压添加剂不仅要考虑添加量，而且要注意添加剂的复配。添加剂类型最好是既能减少微凸体接触的摩擦力，又不会引起较激烈的腐蚀</td></tr>
<tr><td>润滑油中减摩剂的影响</td><td>黏度等级 N220 中负荷工业齿轮油加入 0.3%的含氮减摩剂，其点蚀失效循环次数增加 12%。试验结果表明减摩剂能有效地提高抗点蚀能力，这也进一步证实表面摩擦力是影响接触疲劳寿命的主要因素。含减摩剂的润滑油之所以显著影响抗点蚀承载能力，是因为减摩剂分子牢固地吸附在金属表面，形成几个分子层厚的吸附膜，降低了微凸体接触的边界摩擦</td></tr>
<tr><td>基础油分子结构的影响</td><td>从上表可以看出，其他条件相同，分子结构不同的石蜡基 N32 节能齿轮油和环烷基 N46 节能齿轮油的点蚀失效相对值分别为 1.29 和 1.22。试验结果表明石蜡基油的疲劳寿命比环烷基油的疲劳寿命高。尽管 N46 黏度等级相对较高，但其抗点蚀能力相对低一些，这说明不同润滑油基础油分子结构，在表面将形成不同的吸附膜。另有试验结果证明石蜡基油的基础油、中负荷和重负荷工业齿轮油的平均摩擦因数都分别小于环烷基的基础油、中负荷和重负荷工业齿轮油的平均摩擦因数</td></tr>
<tr><td>滑动摩擦力的影响</td><td>从上表可以看出，N32 节能油在纯滚动条件下和滑动差为 10%的条件下的点蚀失效相对值分别为 2.29 和 1.29。这主要是由于滑动摩擦力的影响。在纯滚动条件下，最大剪应力在 0.786b 处，初始裂纹在表层产生，表面裂纹相对产生得晚，润滑油对疲劳裂纹扩展影响小。在有滑动摩擦情况下，最大剪应力增大并向表面移动，表面初始裂纹形成得早，并且裂纹在摩擦力作用和润滑油的作用下扩展得相对较快</td></tr>
<tr><td>润滑方式的影响</td><td>供油方式与供油量对齿轮的抗点蚀能力有影响，有人做过试验，将油浴法与喷油法进行对比试验，油浴法是将大齿轮浸在油里(齿高为 7mm)，浸油深为 20mm，试验结果是：
①在同样转动方向的情况下(对于小模数及低功率传动)，喷油法的抗点蚀能力比油浴法小 11%
②当供油方向与啮合方向同向时，即啮入方向供油要比啮出方向供油的抗点蚀能力小(油浴法小 8%，喷油法小 20%左右)
③用节流阀调节喷油量，也发现供油量愈大愈易点蚀
关于供油量，有人认为供油量愈充分则愈容易出现点蚀。但要说明，这仅是从产生点蚀的观点出发的。而从防止齿面磨损与胶合的方面出发，则供油量愈充分愈好</td></tr>
</table>

续表

因素		影响机理
齿轮抗点蚀能力的影响因素	腐蚀性的影响	如果润滑油混有腐蚀物质，或本身就具有严重的腐蚀性，则在循环应力的作用下，材料的疲劳强度是非常低的。对轴承的试验结果表明，有严重锈蚀的接触疲劳寿命仅为无锈蚀的$\frac{1}{10}$ 在腐蚀介质的作用下，譬如润滑油里含有水，则活性的氧原子将使金属齿面发生锈蚀，引起应力集中，锈蚀处就成为裂纹的发源地。另外，在腐蚀介质的作用下裂纹的发展是迅速的，因为在腐蚀性介质作用下的材料没有疲劳极限(即 S-N 曲线无水平段)，疲劳强度随循环次数持续下降 在腐蚀介质的作用下，材料性能的优越性不能发挥。材料的疲劳强度与抗拉强度成正比，如果有腐蚀的作用，则抗拉强度对疲劳强度无效 油中的气泡对点蚀也有影响，在齿轮传动中，由于气泡的空化作用，也会加速小金属块的脱落 在分析润滑油对齿轮点蚀的影响时，必须从油的黏度、添加剂的性能(油性、极压性、氧化安定性、抗乳化性、抗腐蚀性、防锈性)等综合考虑。油性剂、极压剂对于提高边界油膜强度、防止齿面干摩擦、降低摩擦因数有利，从而可以提高抗点蚀能力，但选用不当(如有腐蚀性)反而更坏。提高油的黏度虽可以提高抗点蚀寿命，但也是有条件的。这里必须考虑到油性，因为油性好、黏度低的油在某种情况下可能比油性差、黏度高的油抗点蚀能力更好

4.4.4 润滑对齿轮振动、噪声的影响

齿轮的噪声分为两大类，一类叫运转噪声，是由齿轮的振动、摩擦产生；另一类叫流体噪声，是由于润滑油从齿面挤出与空气发生紊流而产生所谓紊流噪声。此外由于油的搅拌和飞溅箱壁也造成噪声。润滑对上述两方面的噪声都有影响，见表 17-4-54。

表 17-4-54 润滑对齿轮运转噪声的影响

因素	影响机理
润滑油黏度和供油量的影响	齿轮在无油状态下运转噪声大。譬如，齿轮在有润滑状态下运转时，突然切断润滑油供应，则运转噪声明显增大。如在润滑状态下继续增加供油量(增加油面高度)，运转噪声无明显变化 有关试验证明：齿轮传动的振动、噪声都是随着润滑油黏度的增加而减少。润滑油的黏度从 6mm²/s(50℃)增加到 230mm²/s(50℃)，则运转噪声相差 1～4dB，平均下降 2dB；这是由于随着润滑油黏度的增加，齿面间形成的油膜厚度增大，使齿轮的综合误差对啮合的影响得到缓和，也就是油膜对齿轮的综合误差能起到补偿作用，油膜厚度越厚，这种补偿作用越强。另外，随着润滑油黏度的增加，齿面间阻尼增大，对振动、噪声的衰减作用增强，同时齿面间的油膜厚度的变化，也影响轮齿的啮合刚度。但是在润滑油黏度相差值较小时其对齿轮传动振动、噪声影响不明显，如润滑油黏度从 50mm²/s 增加到 100mm²/s 时，则运转噪声几乎没有什么变化 润滑油中加入极压剂和减摩剂对齿轮传动的振动、噪声有降低作用，但效果不明显。也就是说不同品种的润滑油对齿轮振动、噪声一般无明显影响。汽车后桥双曲线齿轮，使用双曲线齿轮油比用一般齿轮油的噪声小
润滑方法的影响	如果保证齿面间存在足够的油量，则由于润滑油的衰减系数的增大及油膜的缓冲作用，齿轮的振动、运转噪声得到改善。有关试验证明：离心润滑法(连续冲离冷却)比从啮出侧喷油法润滑油的衰减系数大幅度增加 由于润滑不当造成齿面的损伤、齿形变化，此时运转噪声会非常大 综上所述可以看出，润滑油本身(黏度、品种)和供油量对噪声的影响是不显著的，而由于润滑不当造成齿面损伤所产生的运转噪声是非常大的

4.4.5 润滑对齿轮传动效率的影响

齿轮传动功率的损失，一是由于齿面的摩擦造成，二是由于搅拌油所造成。

金属间的摩擦将产生热量，并引起动力的损耗。当然，损耗的大小要依润滑条件而定，在流体动力润滑条件下，金属间的摩擦几乎为零。在边界润滑条件下，润滑剂可以靠油性剂及极压添加剂的作用在金属间形成一层薄膜，部分地充填金属的沟纹，防止或减少金属表面的直接接触，从而提高了齿轮传递的效率。

齿轮处于流体润滑下工作是最为理想的，这时齿轮的啮合效率几乎为 100%；在边界润滑状态下，通过测定与计算，它的摩擦因数 $f=0.09$，效率 $\eta\approx 98.84\%$；在混合润滑状态下 $f=0.05\sim0.07$，其效率 $\eta=99.34\%\sim99.08\%$，可以看出在轮齿未出现胶合之前齿面摩擦造成的啮合效率的变化是不大的。

由于搅油造成的功率损失，与供油方法及黏度有关。有关试验表明：在油浴润滑条件下，在同样的转速时，润滑油黏度愈高则功率损失越大。但在蜗轮传动中，出现的结果相反，这是因为蜗轮传动摩擦大，功率损失大（效率低），工作温度高，一般需要黏度高的润滑油。

喷油润滑不存在搅油现象，但甩油现象也会造成功率损失。

4.4.6　润滑对齿面烧伤和轮齿热屈服的影响

润滑油选择不当或齿面供油不足时，会使齿面产生高温，于是齿面可能被烧伤，烧伤处的材料强度降低，成为点蚀、胶合的发源地。另外在高温的作用下，材料在强度降低的同时，轮齿会发生热膨胀，并可能发生热屈服，造成传动的失效。

为了避免轮齿的热屈服现象，一方面应改进齿轮的材质，热处理方法和强调润滑油的冷却作用。另一方面因高速齿轮沿齿长方向的温升不均匀，会引起轮齿膨胀的不均匀，所以目前对高速齿轮的设计，采取了对齿向方向进行修形的方法。

4.5　齿轮传动装置的润滑方式及润滑系统的设计

润滑系统是向机器或机组的摩擦点供送润滑剂的系统。在润滑工作中，根据各种设备的实际工况，合理选择和设计其润滑方法、润滑系统和润滑装置，对保证设备具有良好的润滑状况和工作性能以及保持较长的使用寿命，具有十分重要的意义。

表 17-4-55　齿轮传动装置润滑系统的选择要求

项目	说　明
机械设备的润滑系统应满足的要求	①保证均匀、连续地对各供应点供应一定压力的润滑剂，油量充足 ②工作可靠性高。采用有效的密封和过滤装置，保持润滑剂的清洁，防止外界环境中灰尘、水分等进入润滑系统，并防止因泄漏而污染环境 ③结构简单，尽可能标准化，便于维修及调整，便于检查和更换润滑剂，维修费用低 ④带有工作参数的指示、报警、保护及工况监测装置，能及时发现润滑故障 ⑤当润滑系统需要保证合适的润滑剂工作温度时，可加装冷却及预热装置或热交换器
齿轮传动润滑系统的分类	齿轮传动装置的润滑普遍采用润滑油或润滑脂，在一些特殊的食品机械、制药机械、摄影机械、军事工程或低速重载场合等不能采用润滑油或润滑脂的条件下，可以采用固体润滑剂。齿轮装置的润滑尚未有采用气体润滑的报导，其原因是气体润滑膜比液体、固体润滑膜要薄很多，承载能力很低，动态稳定性差，排气噪声较高等。但是，如果采用气体润滑，对超高速齿轮传动的冷却会更有利 齿轮传动装置的润滑系统可分为润滑油（稀油）润滑、润滑脂（干油）润滑及固体润滑三种形式。而润滑油润滑又可分为油浴润滑、循环喷油润滑、油雾润滑、离心润滑等。润滑脂润滑又可分为涂油法、滴油法、油槽法、喷射润滑法等
齿轮传动装置润滑系统的选择要求	①在设计齿轮传动装置润滑系统时，应对齿轮传动装置各部分的润滑要求作全面分析，确定所需使用的润滑剂的品种、黏度、油量等。在保证齿轮副良好润滑条件下，综合考虑其他润滑点（如轴承）的润滑，要确保润滑质量 ②应使润滑系统既满足齿轮运转中对润滑的需要，又应与设备的工况条件和使用环境相适应，以免产生不适当的摩擦、温度、噪声及过早的失效 ③应使润滑系统供送的油保持清洁，防止外界尘屑等的侵入造成污染，损伤齿轮摩擦表面，提高润滑油使用中的可靠性 ④供应润滑剂的温度、压力等应能调整和恒定，选用的仪表信号应能在现场或控制室反应，预警装置反应灵敏 ⑤润滑系统不允许有任何滴漏在装置外的现象，润滑剂中热气冒出应有指定地点，以保证其安全性 ⑥目前润滑系统尚未形成国家标准，但是润滑系统中的各种零部件有的已形成国家标准、行业标准或企业标准，多数产品已投入市场应用。因此，在设计选用润滑系统中的各零部件时应最大限度地采用标准件，方便备件采购和维修，降低生产和维修成本

续表

项目	说明								
	润滑方法	适用范围	供油质量	结构复杂性	冷却作用	可靠性	耗油量	初始成本	维修工作量	劳务费
齿轮装置常用润滑方式的特点	手工加油润滑	主要用于低速、轻载或间歇工作的开式齿轮的润滑	差	低	差	差	大	很低	小	高
	滴油润滑	主要用于轻、中载荷与低速的开式齿轮的润滑	中	中	差	中	大	低	中	中
	油雾润滑	主要用于载荷较小的机床齿轮箱的润滑	优	高	优	好	小	中至高	大	中至高
	飞溅或油浴润滑	主要用于低、中速的闭式齿轮传动的润滑	好	中	好	好	小	低	小	低
	循环喷油润滑	主要用于中、高速的闭式齿轮传动的润滑	优	高	优	好	中	高	中	中

4.5.1 齿轮传动装置的润滑方式和润滑装置

当齿轮传动装置的润滑剂选定之后，如何采用适当的润滑方式，保证摩擦部位的润滑，使润滑剂的性能真正发挥作用就显得十分重要。采用适当的润滑方式，对保证齿轮润滑，防止润滑故障，延长齿轮箱的使用寿命，以及减少润滑剂消耗都有重要的意义。

齿轮装置常用的润滑方式有油浴润滑、循环喷油润滑、油雾润滑、离心润滑、润滑脂润滑、固体润滑等。

4.5.1.1 油浴润滑

采用油浴润滑方式时大都以减速箱箱体作为油箱，部分大齿轮浸入油中一定深度，靠齿轮旋转时飞溅起来的油润滑闭式传动的各个摩擦部分，见图 17-4-3。此方法简单、可靠而又节约成本。其缺点为油的容量有限（油容易老化变质），不能中间冷却和过滤。

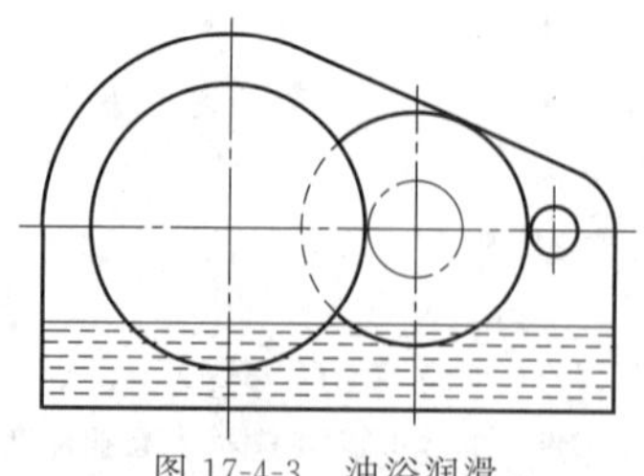

图 17-4-3 油浴润滑

齿轮可以自身浸在油中（如第一级）或是用一个与齿轮啮合的浸油轮浸在油中，也可采用特殊的溅油盘、杆件将油直接加到齿廓上，或通过从箱壁上的滴落或通过接油板和导油沟间接将油加到齿廓上。但通过飞溅来润滑位于上方的轴承或齿轮，只有当 $v^2/d \geqslant 5$（v 为齿轮圆周速度，m/s；d 为浸油齿轮直径，m）时才可靠，否则必须装刮油器。汽车后桥齿轮一般亦为油浴润滑。

4.5.1.2 循环喷油润滑

循环喷油润滑（见图 17-4-4）可以将油在循环中过滤冷却并进行监控，还可以将油引入轴承。油量可以按需要扩散的热量精确控制。还可以用齿轮箱或设在箱体外的容器作为油箱。

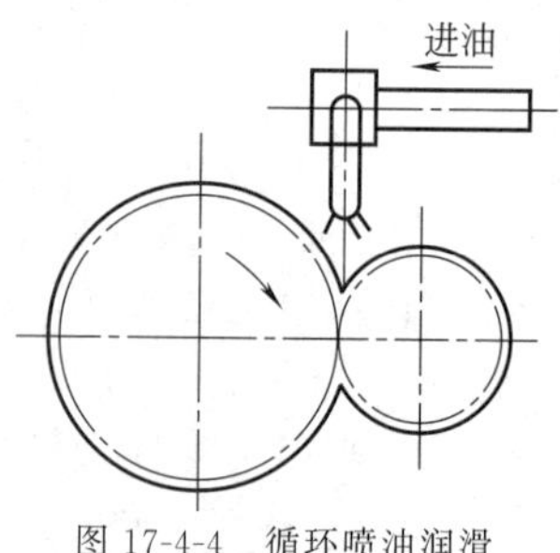

图 17-4-4 循环喷油润滑

循环喷油润滑方式有两种形式：一种以减速器箱体为油箱，另加一套润滑装置，用油泵将油经过滤器、冷却器后再打入箱体内润滑齿轮和轴承。此种润滑方式可能会使个别大齿轮浸到油中，使油浴喷油润滑两种方式都存在。该种润滑形式多用在单台减速器工作的场合；第二种润滑形式为集中供油润滑，对于在同一生产线上工作的多台减速器，多采用润滑油站集中供油润滑。

表 17-4-56　**各种齿轮的润滑方式**

润滑方式	说　明
低速齿轮的润滑方式	低速齿轮传动可分为低速重载和低速通用齿轮传动 低速重载齿轮传动一般是指矿山、冶金、建材设备上选用的大、中转矩的齿轮传动，通常采用喷油-油浴润滑相结合的润滑方式，比较安全可靠，也有利于散热 低速通用齿轮传动，如起重机减速器、抽油机减速器等，基本上采用油浴润滑方式。此方法简单、可靠而又节约成本，其缺点为油的容量有限，不能中间冷却，也不能过滤
高速齿轮的润滑方式	高速齿轮装置应采用喷油压力循环润滑，这种方法可以避免搅油损耗，可以将油在循环中过滤、冷却并进行监控，还可将油引入轴承。油量可按需要带走的热量来确定
蜗杆传动的润滑方式	蜗杆传动的润滑方式可分为油浴润滑和压力喷油润滑。其区分主要是根据齿面间滑动速度 v_s 或蜗杆转速 n_1 的大小。速度过高时（$v_s \geqslant 10m/s$），油滴将由于离心力的作用甩走，难以进入啮合区，因此必须采用压力喷油润滑。一般中、低速蜗杆传动大多采用油浴润滑

表 17-4-57　**油浴润滑设计**

项目	说　明
极限速度	一般情况，极限圆周速度为： 直齿及斜齿圆柱齿轮、锥齿轮　　$v \leqslant 15m/s$ 蜗杆传动　　$v_s \leqslant 10m/s$ 如果齿轮传动装置的轴承也靠飞溅润滑，则圆周速度应在 3m/s 以上。如将高速级与低速级的齿轮用分隔的油池润滑，则圆周速度也可到 30m/s。特殊情况有用到 40m/s 以上的，但此时搅油损失很大
浸油深度	浸油深度在圆周速度 $v<3m/s$ 时为 3～6 倍的模数。当 $v>3m/s$ 时为 1～3 倍的模数。对于多级齿轮箱，最好将各级齿轮分别浸在高度不同的可以溢流的分隔室中。下表为各种减速器的浸油深度推荐值 （见下表“浸油深度推荐值”） 油面高度按箱体容积及散热所需油量确定，油量约为损耗每千瓦功率需 5～10L。装油量多，则油的使用寿命可长一些，杂质与磨屑还能较好地沉淀。要用油面观测装置经常检查工作状态的油面位置，以保证浸油深度。为了平衡，由于发热而引起的箱体内的压力升高，必须设置排气装置，必要时还可在箱体底部设置磁塞，吸住金属颗粒
油温	工作持续时间、油量、添加剂、环境和其他运转条件都影响油温的高低，从而影响油的使用寿命。油温高，油的寿命降低，黏度减少，齿面胶合的危险性增加。各类齿轮箱油浴润滑时的最高油温见下表。 （见下表“各类齿轮箱的最高油温”）

浸油深度推荐值

齿轮的种类		浸　油　深　度
二级减速器（直齿、斜齿圆柱齿轮）		大齿轮浸在油内，最深为齿高的 3 倍，最浅为 1/3 齿高
三级减速器（直齿、斜齿圆柱齿轮）		中间大齿轮浸在油内的深度值同上
多级减速器（直齿、斜齿圆柱齿轮）		选一基准齿轮，使其浸油深度符合上值
圆锥齿轮		浸油深度在全齿宽以上
蜗杆传动	蜗杆在下边	最深浸到蜗杆的中心，最浅浸到蜗杆齿高
	蜗杆在上边	最深浸到蜗轮直径的 1/6，最浅浸到蜗轮的齿高

各类齿轮箱的最高油温

齿轮箱类型	最高油温①/℃
大型工业齿轮箱	60～80
起重机齿轮箱	40～50
组合式小型齿轮箱	90～100
汽车变速箱	100～130
汽车后桥齿轮箱	130～150

①下限值适用于环境温度为 20℃左右，上限值适用于夏季或热带气温

表 17-4-58 循环喷油润滑设计

项 目	说 明
喷油量	喷油量由齿轮箱的总效率进行热平衡计算后得出。但每毫米齿宽至少要有 0.05L/min 的油量。一般可按每毫米齿宽 0.08～0.1L/min 进行估算
总油量	需要考虑油的循环冷却时间，需要循环冷却的时间越长，总油量越大。通常可按喷油量乘以循环时间计算。循环时间通常为 4～30min。对于工业齿轮箱，至少为 4～5min；对于透平齿轮箱，至少为 5～10min。在从油箱中吸油时，要用 0.5～2min 的时间。油箱体积可按总油量适当加大。如环境温度在 4℃以下，配管长度大于 8m 或油箱容积超过 2500L，要加预热装置。如果油温超过 60℃，要加冷却装置
喷油压力	在工业齿轮箱中，进入齿面之前的油压为 $(0.5\sim1.0)\times10^5$ Pa 表压，在工作温度较高的飞机齿轮箱中和齿轮线速度小于 150m/s 的高速齿轮箱中，约为 1.5×10^5 Pa，在齿轮线速度还要高时，可达 3.5×10^5 Pa 左右。压力越高，油从密封中漏失的危险性也越大
喷油方向	在低速时，油主要用于润滑；在高速时，油主要用于冷却。高速齿轮润滑油量的很大一部分是用来带走热量的，在圆周速度超过 60m/s 时，有 80%或更多的油用于冷却。在低于 25～30m/s 时及立式齿轮箱中，油从啮入侧喷入；在超过 60m/s 时，要从啮出侧喷入；在 30～60m/s 之间，喷油方向没有严格要求。而在超过 100m/s 时要从啮出与啮入侧同时喷入
喷嘴	当量孔径不宜过小，以免堵塞。对于过滤得较好的稀油（如飞机齿轮箱），孔径要大于 0.75mm；对于工业齿轮箱，要大于 2～2.5mm；在油有弄脏的危险的地方，可达 5mm。在高压时，可用勺形喷嘴造成一个片状的油幕。喷嘴离齿顶的距离约为 150～200mm。喷嘴与喷嘴之间的距离为 150mm 左右，第一个喷嘴要离齿端 50mm 左右
过滤器	过滤器及其安装要可靠。在装有狭喷嘴的飞机齿轮箱中，常用孔径（或网眼尺寸）≤10μm 的纸质（或网式）过滤器；对于同时要润滑滑动轴承的高速齿轮箱，要用网式（或缝隙式）过滤器，网眼（或缝隙）尺寸≤50μm；对于工业齿轮箱网眼≤100μm
油温	喷油润滑的油温通常低于油浴润滑。其喷油温度及出油与喷油的温差见下表

喷油润滑的油温

齿轮箱类型	喷油温度/℃	出油与喷油的温差/℃
工业齿轮箱	40～60	<10
高速齿轮箱	40～60 49（美国 API 规定）	15～20 28（美国 API 规定）
船用齿轮箱（大型）	45～55	10
船用齿轮箱（小型）	55～65	20
飞机齿轮箱	50～70	10～30
飞机齿轮箱（合成油）	≤160	≤40

4.5.1.3 油雾润滑

油雾润滑是用压缩空气通过一个包含贮油器的装置把油变成雾状，然后用低压喷入齿轮的啮合部位，同时起到冷却和润滑的作用。这种方法的优点是没有搅拌损失，不会因密封不好而产生漏油，没有由磨屑产生的磨损，能有效地防止箱体内零件生锈。缺点为不能通过油散热，不宜用于载荷较大的场合。常用于机床齿轮箱。

1）雾化装置 雾化装置见图 17-4-5。另外，还需要装空气过滤器、空气压力调节阀及其他辅助设备。

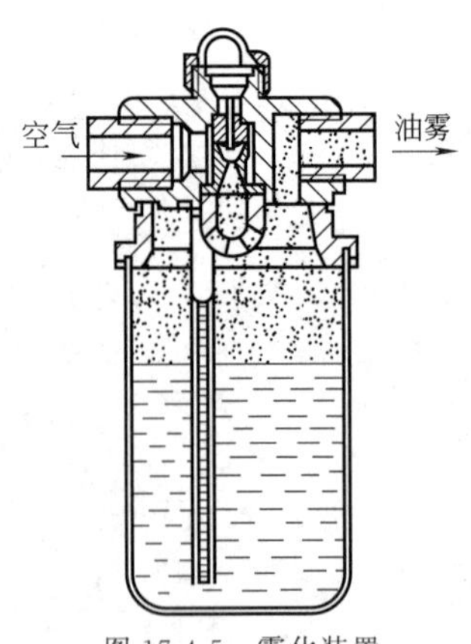

图 17-4-5 雾化装置

2）对喷雾的要求 油雾润滑的润滑油黏度一般为 15～32mm²/s（40℃）。在齿轮圆周速度低于5m/s 的小齿轮箱中，只要喷到封闭的齿轮箱中就已足够，不必将雾直接喷到啮合处。在速度较高时（齿轮圆周速度可达到 40m/s），则要在啮入侧向齿面喷油雾，喷嘴孔离齿项的距离约为 10mm。压缩空气的压力低于 5000Pa，空气流速约为 6m/s。空气经过雾化装置的速度约为 45m/s 以上。

4.5.1.4　离心润滑

离心润滑是在齿槽底部钻若干个径向小孔见图 17-4-6。将油喷向齿圈，靠离心力甩向啮合面。常用于薄齿轮（如飞机齿轮箱）及行星齿轮箱。

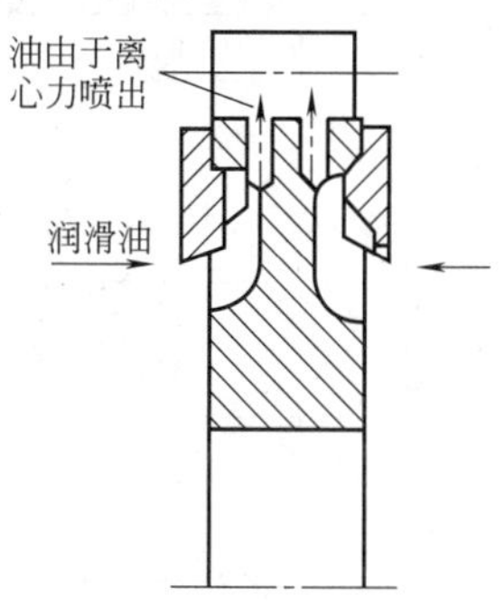

图 17-4-6　齿轮的离心润滑

4.5.1.5　润滑脂润滑

润滑脂润滑主要用于某些低速的闭式及开式齿轮传动。其优点为密封简单，不易漏油；缺点为散热性差，有些方法在使用时还比较麻烦。

润滑脂包括流动性脂及黏附性润滑脂两类。流动性脂可以在润滑部位持续流动，多用于闭式减速器。黏附性润滑脂一般在润滑部位不能持续流动。它们在有冷胶合以至形成严重磨损的危险性时都可加入 MoS_2、石墨或 EP 添加剂。

有些黏附性润滑脂在涂抹时必须加热或用溶剂稀释。含沥青的黏附性润滑脂形成的是有黏着性的脂肪状外层，能防止大气的影响；不含沥青的黏附性润滑脂形成的是干的润滑膜。黏附性润滑脂的润滑周期可长达 2 周。

开式齿轮传动中易落入尘、屑等外部介质而造成润滑剂污染，齿轮易于产生磨料磨损。除了在某些场合下润滑剂可以循环回流外，此时应设置油池。开式齿轮油传动的润滑方法一般是全损耗型的，而任何全损耗型润滑系统，最终在其齿轮表面只有薄层覆盖膜，它们常处在边界润滑条件下，因为当新油脂补充到齿面时，由于齿面压力作用而挤出，加上齿轮回转时离心力等的综合作用，只能在齿面上留下一层薄油膜，再加上考虑齿轮磨合作用，因此润滑剂必须具备高黏度或高稠度和较强的黏附性，以确保有一层连续的油膜保持在齿轮表面上。

开式齿轮暴露在变化的环境条件中工作，例如北方运河水闸的开式齿轮在冬季工作 0℃以下的环境中；造纸机干燥机滚筒的开式齿轮系统则工作在高湿度和 60℃以上的环境温度中；水泥窑转筒环形齿轮工作在热、雨和灰尘环境条件下；而在自动化生产工厂中，对于大型机械冲床中的大型开式齿轮，其环境虽然不是苛刻的因素，但如果齿轮上的润滑剂被抛离，那么损坏齿轮的危险照样存在。

润滑脂润滑方法见表 17-4-59。其稠度选择见表 17-4-61。

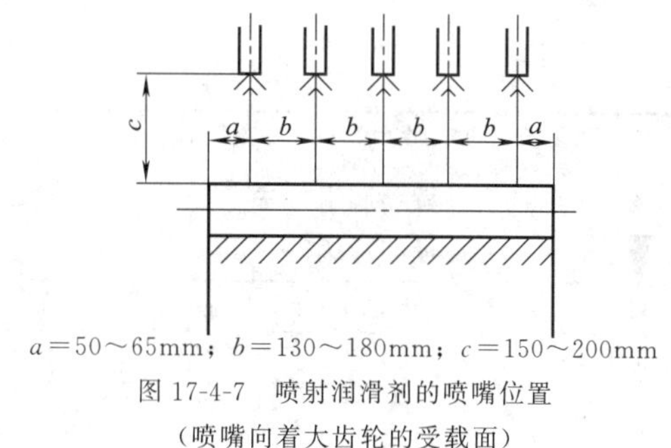

$a=50\sim65$mm；$b=130\sim180$mm；$c=150\sim200$mm

图 17-4-7　喷射润滑剂的喷嘴位置
（喷嘴向着大齿轮的受载面）

表 17-4-59　润滑脂润滑方法

润滑方法	说　明
涂油法	涂油法是最简单的给油方法，用刷子或油壶定期给油。如果灰尘较多可以设置防护罩。通常是在每工作 8h 甚至两周后，在热的状态下将流动脂与黏附性润滑剂涂抹在齿面上
滴油法	当齿轮线速度较大时，手涂比较危险，可用滴油器给油
油槽法	油槽法是在齿轮的下端放置浅的碟形油槽，与闭式齿轮传动的油浴润滑相似，但油膜形成条件不如闭式传动。无灰砂的场合可达 6 个月换油，有灰砂的场合一般 2～4 个月就得换油
浸泡润滑	将齿轮浸泡在流动脂或特种黏附性润滑剂中作永久润滑（一次性填装）。一般用于间歇工作。为了使齿轮不在脂中挖出沟来，要用 000 级至 0 级的润滑脂
喷射润滑法	上述四种润滑方法均易产生油的飞溅或滴漏损失，不经济且齿面上油的分布不均匀。喷射润滑是把润滑剂稀释，用压缩空气通过喷嘴喷到齿面上。每隔一定的时间喷油一次。此方法是目前开式齿轮传动润滑比较先进的方法，多用于大型齿轮传动。最简单的方式为移动式喷射器通过固定的喷嘴向啮合处喷射流动脂。重要的场合用集中润滑站供油。喷射润滑剂的喷嘴向着大齿轮的受载面，见图 17-4-7。每次喷脂量见表 17-4-60

表 17-4-60　　每一次的喷脂量　　g

类　型	方　法	齿轮直径/mm	齿宽/mm			
			200	400	600	800
自动喷射装置	每隔 15min 喷射	300	6	9	11	14
		360	9	9	11	14
		420	9	11	14	17
		480	11	14	17	20
		550	14	17	20	23
	每隔 30min 喷射	300	11	17	23	28
		360	17	20	26	31
		420	20	23	28	34
		480	23	28	34	40
		550	28	34	40	45
半自动或手动喷射	每隔 1h 喷射	300	23	34	45	57
		360	34	40	51	62
		420	40	45	57	68
		480	45	57	68	79
		550	57	68	79	90
	每隔 4h 喷射	300	140	170	230	280
		360	170	200	255	310
		420	200	230	280	340
		480	230	280	340	400
		550	280	340	400	450

注：其他情况可按照每 25mm 齿宽喷射 0.02～0.054g，喷射时间可按齿轮每 1～2 转后喷一次。

表 17-4-61　按照润滑方法选择润滑脂的稠度

润滑方法	NLGI 级	备　注
手工涂抹	1～3	多级脂为 NLGI 2～3 级
集中润滑	1～2	可以泵送
喷射润滑	00～0	可以喷射
浸泡润滑	000～0	有流动性

4.5.1.6　固体润滑和自润滑

在极高温和极低温时，在有灰尘作用时，对主要为传递运动用的轻载齿轮或在真空中工作的齿轮，可用固体润滑。润滑剂为石墨或 MoS_2 粉末，做成油膏或半干性黏附膜。

将以 MoS_2 为基础的减摩漆焙烧在齿面上（厚度为 5μm 左右），可以起到自润滑作用，但寿命只有几个小时。用粉末冶金制造的配对齿轮浸油，也可起到自润滑作用。

4.5.2　齿轮传动的冷却

4.5.2.1　功率损耗与效率

功率损耗以热的形式出现，从而决定了齿轮会出现温度变化，也就对润滑剂的黏度及寿命提出了要求，因此，它成为选择冷却方式的种类与规模的基础参数，见表 17-4-62。

表 17-4-62　　齿轮传动的功率损耗与效率

项　目	说　明
总效率的计算	闭式齿轮传动的总效率可按下式计算： $$\eta=\eta_1\eta_2\eta_3 \quad (17\text{-}4\text{-}11)$$ 式中　η_1——齿轮啮合的效率 η_2——仅考虑油阻损失时的效率 η_3——轴承的效率

续表

项　　目		说　　明
功率损失的计算	齿轮啮合损失	齿轮啮合损失是由于轮齿间的摩擦力所引起的。所以，凡能使摩擦因数增大和影响油膜形成的各因素均将使啮合损失增加。例如，齿面粗糙、低速、重载和润滑油黏度过小等。啮合中的摩擦损失与载荷成正比： $$\eta_1=1-\varphi_1 \tag{17-4-12}$$ $$\varphi_1=0.01f\Delta n \tag{17-4-13}$$ 式中　f——轮齿间的滑动摩擦因数，一般取 $f=0.05\sim0.10$（齿面跑合较好时取小值） 　　Δn——根据齿数由下图确定。对于角变位直齿轮按图求出的数值乘上 $0.643/\sin2\alpha$；对于斜齿轮应乘上 $0.8\cos\beta$；对于锥齿轮应按当量齿数 z_v 选取 Δn。（其中 α、β 分别为分度圆压力角及螺旋角） 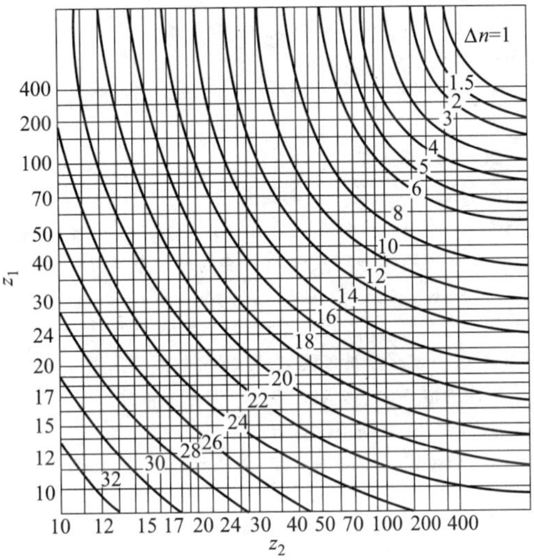 确定系数 Δn
	润滑油的搅动和飞溅损失	这种损失随着润滑油黏度 ν_t、圆周速度 v、齿轮宽度 b 及浸油深度的增加而增大的 $$\eta_2=1-\varphi_2 \tag{17-4-14}$$ 浸入油中的深度不大于两倍齿高时，一个齿轮的 φ_2 值为： $$\varphi_2=\frac{0.75vb\sqrt{v\nu_t\frac{200}{Z_\Sigma}}}{10^5P_1} \tag{17-4-15}$$ 式中　P_1——传动功率，kW 　　v——齿轮节圆圆周速度，m/s 　　b——浸入油中的齿轮宽度，对锥齿轮应根据结构和浸油深度按图样确定，mm 　　ν_t——润滑油在其工作温度下的运动黏度，mm^2/s 　　Z_Σ——齿数和，$Z_\Sigma=Z_1+Z_2$ 在喷射润滑的情况下，上式中的系数 0.75 应以 0.5 代替 在高速齿轮传动中，齿轮与箱体之间的间隙越小时，润滑油飞溅和搅动的功率损耗急剧增加
	轴承摩擦损耗的效率 η_3	$$\eta_3=1-\varphi_3 \tag{17-4-16}$$ 对于滚动轴承和液体摩擦滑动轴承，$\varphi_3\approx0.005$；对于半液体摩擦滑动轴承，$\varphi_3\approx0.01$
提高效率的措施		①啮合效率　可采用较小的齿顶啮合长度，较大的齿廓曲率半径也即较小的模数，较多的齿数。在高速时采用较低的油的黏度，采用合适的合成润滑剂及较小的齿廓粗糙度 ②限制浸油深度　只允许浸泡大齿轮并且尽可能减少喷油量 ③轴承效率　滚动轴承要比滑动轴承有利

第 17 篇

4.5.2.2 自然冷却

稳定的工作温度可由产生的损耗与散发的热量之间热平衡而得到调节。自然冷却中热量（冷却功率）可由下列方式散走：由齿轮箱表面通过对流与辐射散发到周围环境中去；通过所连接的轴和基础传向相邻的构件。

自然冷却的相关计算见表 17-4-63。

表 17-4-63 自然冷却的相关计算

项目		说明
通过齿轮箱表面散热		齿轮箱体表面散热消耗的功率大致为 0.8～1.2kW/m²。连续工作中产生的热量 Q_1 为： $Q_1=3600(1-\eta)P_1$ (kJ/h) (17-4-17) 式中 η——传动效率 P_1——输入轴的传动功率，kW 箱体表面排出的最大热量 $Q_{2\max}$ 为： $Q_{2\max}=4.1868hS(\theta_{y\max}-\theta_0)$ (17-4-18) 式中 h——传热系数，kJ/(m²·h·℃) S——散热的计算面积，m² $\theta_{y\max}$——油温的最大许用值(℃)对齿轮传动允许到 60～70℃ θ_0——周围空气的温度，由减速器所放置的地点而定，普通取室温为 20℃ 式中系数 h，在传动装置箱体散热及油池中油的循环条件良好时(如有较好的自然通风，外壳上无灰尘杂物，箱体内也无肋板阻碍油的循环，油的运动速度快以及油的运动黏度小等)可取较大值；反之，则取较小值。在自然通风良好的地方，$h=50\sim63$kJ/(m²·h·℃)；在自然通风不好的地方，$h=31\sim38$kJ/(m²·h·℃) 散热的计算面积系指内表面能被油浸着或飞溅到，而其所对应的外表面又能被空气所冷却的箱体外表面积，而其中凸缘、箱底及散热片的散热面积，仅按实有面积的一半计算 若 $Q_1<Q_{2\max}$，则传动装置散热情况良好 若 $Q_1>Q_{2\max}$，则传动装置只能间断工作，若需连续工作时，必须加以人工冷却
按散热条件所允许的最大功率 P_Q	P_Q 的计算	连续工作时 $P_Q=\dfrac{Q_{2\max}}{3600(1-\eta)}\geqslant P_1$ (17-4-19) 间断工作时 $P_Q=\dfrac{Q_{2\max}}{3600(1-\eta)}\geqslant\dfrac{\sum P_i t_i}{\sum t_i}$ (17-4-20) 式中 P_i——任一加载阶段的功率，kW t_i——任一加载阶段的时间，h
	油温 θ_y (℃)	连续工作时 $\theta_y=\dfrac{3600(1-\eta)P_1}{hS}+\theta_0\leqslant\theta_{y\max}$ (17-4-21) 间断工作时 $\theta_y=\dfrac{e^{\beta}(e^{\alpha}-1)}{e^{\alpha}e^{\beta}-1}\dfrac{\theta_1}{hS}+\theta_0\leqslant\theta_{y\max}$ (17-4-22) $\alpha=\dfrac{hSt_g}{m_q c_q+m_y c_y}$；$\beta=\dfrac{52.3hS(t_a-t_g)}{m_q c_q+m_y c_y}$；e=2.718 式中 m_q，m_y——减速器和润滑油的质量，kg c_q——减速器金属零件的平均比热容，$c_q\approx0.5$kJ/(kg·℃) c_y——润滑油的平均比热容，$c_y=1.67$KJ/(kg·℃) t_a——每一循环总时间，h t_g——每一循环工作时间，h
	连续运转时间	若 $P_Q<P_1$ 或 $\theta_y>\theta_{y\max}$，则减速器允许的连续运转时间(h)为： $t=\dfrac{(m_q c_q+m_y c_y)(\theta_y-\theta_0)}{Q_1-0.5hS(\theta_y-\theta_0)}$ (17-4-23)
	冷却所需的停转时间	$t'=\dfrac{m_q c_q+m_y c_y}{0.5hS}$ (h) (17-4-24)

4.5.2.3 强制冷却

当工作中产生的热量大于箱体表面排出的最大热量，齿轮传动装置需进行强制冷却。强制冷却常见有三种形式，其相关计算见表 17-4-64。

表 17-4-64　强制冷却的相关计算

形式		计　算

风扇吹风冷却的参数计算

风扇吹风时传动装置排出的最大热量

风扇吹风冷却时传动装置排出的最大热量为：

$$Q_{2max}=(hS''+h'S')\times(\theta_{ymax}-\theta_0) \quad (17\text{-}4\text{-}25)$$

式中　h'——风吹表面传热系数，一般可在 75.36～146.54kJ/(m^2·h·℃)的范围内选取(风速较大时取上限值)。也可按 $h\approx 57.78\sqrt{v_f}$ 关系确定，式中 v_f 为冷却箱壳的风速，其概略值见下表(风扇装在高速轴上)

S'——箱体受风吹的表面积，m^2

S''——箱体不受风吹的表面积，m^2

转速与风速关系

高速轴转速/r·min^{-1}	风速/m·s^{-1}
750	3.75
1000	5
1500	7.5

冷却所需风量

冷却所需的风扇风量 q_f：

$$q_f=\frac{h's'(\theta_{ymax}-\theta_0)}{v_f c_f(\theta_{1f}-\theta_0)\eta_f} \quad (m^3/h) \quad (17\text{-}4\text{-}26)$$

式中　θ_{1f}——风吹经箱体后的温度，$\theta_{1f}=\theta_0+(3\sim6)$℃

v_f——干空气的密度，$v_f=1.29kg/m^3$

c_f——空气定压比热容，$c_f\approx 1.005$kJ/(kg·℃)

η_f——吹风的利用系数，取 $\eta_f\approx 0.8$

水管冷却的参数计算

水管冷却时传动装置排出的最大热量

水管冷却时传动装置排出的最大热量为：

$$Q_{2max}=hS(\theta_{ymax}-\theta_0)+h'S_g[\theta_{ymax}-0.5(\theta_{1s}+\theta_{2s})] \quad (17\text{-}4\text{-}27)$$

式中　h'——蛇形管的传热系数，对紫铜管或黄铜管按下表选取。对壁厚 1～3mm 的钢管，下表中的 h' 值应降低 5%～15%

S_g——蛇形管的外表面积，m^2

θ_{1s}——蛇形管出水温度，$\theta_{1s}\approx\theta_{2s}+(5+10)$℃，℃

θ_{2s}——蛇形管进水温度，℃

蛇形管的传热系数 h'

齿轮的圆周速度/m·s^{-1}	冷却水的流速/m·s^{-1}		
	0.1	0.2	≥0.4
≤4	126	135	142
4～6	132	140	250
6～8	139	150	160
8～10	145	155	168
12	150	160	175

冷却水所需的循环水量

冷却水所需的循环水量 q_s：

$$q_s=\frac{hS_g[\theta_{ymax}-0.5(\theta_{1s}+\theta_{2s})]}{1000(\theta_{1s}-\theta_{2s})} \quad (m^3/h) \quad (17\text{-}4\text{-}28)$$

式中　S_g——所需的蛇形管外表面积，m^2

$$S_g=\frac{\theta_{2max}-hS(\theta_{ymax}-\theta_0)}{h'[\theta_{ymax}-0.5(\theta_{1s}-\theta_{2s})]}$$

润滑油循环冷却的计算

润滑油循环冷却时传动装置排出的最大热量

传动装置排出的最大热量 Q_{2max} 为：

$$Q_{2max}=hS(\theta_{ymax}-\theta_0)+60q_y v_y c_y(\theta_{1y}-\theta_{2y})\eta_y \quad (17\text{-}4\text{-}29)$$

式中　q_y——循环油量，L/min

v_y——润滑油的重度，$v_y\approx 0.9$，kg/L

θ_{1y}——循环油排出的温度，$\theta_{1y}\approx\theta_{2y}+(5\sim8)$℃，℃

θ_{2y}——循环油进入的温度，℃

η_y——循环油的利用系数，取 $\eta_y=0.5\sim0.7$

冷却所需的润滑油量

冷却所需的润滑油量 q_y 为：

$$q_y=\frac{\theta_{2max}-hS(\theta_{ymax}-\theta_0)}{60v_y c_y(\theta_{1y}-\theta_{2y})\eta_y} \quad (L/min) \quad (17\text{-}4\text{-}30)$$

4.5.3 齿轮润滑油的过滤净化

在齿轮传动装置循环喷油润滑系统中，由于润滑剂被周围环境及系统工作过程中产生的各种杂质、尘埃、水分、磨屑、微生物及油泥等污染，造成润滑剂劣化、变质，使被润滑零件表面磨损及损伤、腐蚀，从而使润滑系统和元件发生故障，可靠性降低，使用寿命缩短。因此，实施润滑系统的污染控制，及时净化润滑剂中的污染物或更换新油，保持润滑剂的清洁，是润滑系统维护管理中的重要环节。

设备润滑油液的净化方法有四种：①过滤；②沉淀和离心；③黏附；④磁选，后两种方法常作为与前者同时使用的净化方法。其中，过滤是润滑油液中最常用的净化方法。一般机械设备中的润滑和液压系统均设有过滤器，在设备加油及油料库中，常采用过滤车、过滤机等使油液净化。

（1）过滤器的基本要求及类型

过滤器就是利用过滤介质分离悬浮在润滑剂中污染微粒的装置。它是在压力差的作用下，迫使流体通过过滤介质孔隙，将润滑剂中的固体微粒截留在过滤介质上，从而达到从润滑剂分离悬浮在其中的污染微粒的目的。过滤器的基本要求、技术指标及分类见表17-4-65。

表 17-4-65 过滤器的基本要求、技术指标及分类

<table>
<tr><td>基本要求</td><td colspan="2">①具有较高的过滤精度，能满足系统对润滑剂提出的过滤要求
②通油性能好。在润滑剂从过滤器通过时，单位过滤面积通过的流量要大，不致引起过高的压力损失
③过滤介质要有一定的机械强度，在压力油作用下不致变形破坏
④须提供对过滤状态的指示与监控装置
⑤容易清洗及维修，便于更换过滤介质
⑥价格便宜，易于购置</td></tr>
<tr><td>技术指标</td><td colspan="2">过滤器的主要技术指标是工作压力、压降特性与过滤精度。过滤器的压降特性是指当液体流经过滤器时由于过滤介质对液体流动的阻力产生一定的压力损失，因而在滤芯元件的出入口两端出现一定的压力降
过滤器的过滤精度是指过滤器对各种不同尺寸粒子的滤除能力。它直接关系到润滑系统中油液清洁度的等级。过滤器的精度一般分为四级（按能过滤的杂质的最大颗粒度 d 为指标）：①粗过滤器，$d\geqslant 0.1$mm；②普通过滤器，$d=0.01\sim0.1$mm；③精过滤器，$d=0.001\sim0.005$mm；④特精过滤器，$d=0.0005\sim0.001$mm</td></tr>
<tr><td rowspan="2">分类</td><td>按结构形式分</td><td>从过滤器的结构形式看，可分为沉淀式过滤器和直通式过滤器两大类，其中又可分为有、无安全阀与压差发讯器（或指示器）两种结构形式</td></tr>
<tr><td>按过滤材料分</td><td>按过滤材料可分为表面型过滤器、深度过滤器与磁性过滤器等三类。表面型过滤器是指被滤除的微粒污染物被看作全部截留在滤芯元件靠油液上游的一面，它可滤除所有大于滤芯材料孔隙尺寸的粒子，如线隙式、片式及编制方孔网的滤芯等。深度型过滤器的滤芯元件为多孔可透性材料，内部具有曲折迂回的通道，大于表面孔径的粒子进入过滤材料内部，碰撞到通道的壁上，并由于吸附作用使其保持在那里得到滤除。另外在这些通道上流体的流动方向和速度发生变化，也有利于污染粒子的沉积和截留，这类滤芯有不锈钢烧结纤维毡、烧结金属和陶瓷、毛毡、纸类及各种纤维毡制品等。表17-4-66为几种常用过滤材料类型和特点分析</td></tr>
</table>

表 17-4-66 过滤器过滤材料类型和特点

<table>
<tr><td colspan="2">滤芯种类
名称</td><td>构造及规格</td><td>过滤精度
/μm</td><td>允许压力损失
/MPa</td><td>滤芯材料特性</td></tr>
<tr><td colspan="2">金属丝网编织的网式滤布</td><td>0.18、0.154、0.071μm 等的黄铜或不锈钢丝网</td><td>80
100
180</td><td>0.01</td><td>结构简单，通油能力大，压力损失小，易于清洗，但过滤效果差，精度低</td></tr>
<tr><td rowspan="2">线隙式滤芯</td><td>吸油口</td><td rowspan="2">在多角形或圆形金属框架外缠绕直径为0.4mm的钢丝或铝丝而成</td><td>80
100</td><td>≤0.02</td><td rowspan="2">结构简单，过滤效果好，通油能力大，压力损失小，但精度低，不易清洗</td></tr>
<tr><td>回油口</td><td>10
20</td><td>≤0.35</td></tr>
<tr><td rowspan="2">纸式滤芯</td><td>压油口</td><td rowspan="2">用厚0.35～0.75mm的平纹或厚纹酚醛树脂或木浆微孔滤纸制成。三层结构：外层用粗眼铜丝网，中层过滤纸式滤材，内层为金属丝网</td><td>10
20</td><td>0.08～0.2</td><td rowspan="2">过滤效果好，精度高，通油能力较大，抗腐蚀，容易更换但压力损失大，易阻塞，不能回收，无法清洗，需经常换滤芯</td></tr>
<tr><td>回油口</td><td>30
50</td><td>≤0.35</td></tr>
</table>

续表

滤芯种类名称	构造及规格	过滤精度/μm	允许压力损失/MPa	滤芯材料特性
烧结式滤芯	用颗粒状青铜粉烧结成杯、管、板、碟状滤芯。最好与其他滤芯合用	10～100	0.03～0.06	能在很高温度下工作，强度高，耐冲击，抗腐蚀，性能稳定，容易制造。但易堵塞，清洗困难
磁性滤芯	设置高磁能的永久磁铁与其他滤芯合用效果更好			可吸除油中的黑色金属微粒，过滤效果好
片式滤芯	金属片(铜片)叠合而成，可旋转片进行清洗	80～200	0.03～0.07	强度大，通油能力大，但精度低，易堵塞，价高，将逐渐淘汰
高分子材料滤芯(如聚丙烯、聚乙烯醇缩甲醛等)	制成不同孔隙度的高分子微孔滤材亦可用三层结构	3～70	0.1～2	重量轻，精度高，流动阻力小，易清洗，寿命长，价廉
熔体滤芯	用不锈钢纤维烧结毡制成各种聚酯熔体滤芯	40	0.14～5	耐高温(300℃)，耐高压(30MPa)，耐腐蚀，渗透性好，寿命长，可清洗，价格贵

(2) 过滤器的选用

在选择过滤器（滤油器）时，应当考虑到以下一些因素。

① 所过滤的油液的性质与过滤材料（滤芯）和壳体材料的相容性。注意它是否有可能腐蚀滤芯或壳体。

② 具有合适的过滤精度。过滤器的过滤精度通常包括绝对过滤精度，即能通过滤芯元件的坚硬球形粒子的最大尺寸；公称过滤精度：过滤比 β_x 值，即过滤器上游油液单位容积中大于同一尺寸的颗粒数 N_u 与下游油液单位容积中大于同一尺寸的颗粒数 N_d 之比。过滤比能够确切地反映过滤器对于不同尺寸颗粒污染物的过滤能力，因此已被国际标准化组织采纳作为评定过滤器过滤精度的性能指标。β_x 值越大，过滤器的过滤精度越高。一般过滤精度值是指最大过滤精度，而公称过滤精度目前很少采用。

不同的润滑系统和不同的工作状态，可选择不同过滤精度的过滤器。一般来说，选用较高精度的过滤器可大大提高润滑系统工作可靠性和元件寿命，但过滤器的过滤精度越高，过滤器滤芯元件堵塞越快，滤芯更换与清洗周期就越短，成本越高。故选择过滤器时应根据工况和设备情况合理地选择滤油器的精度，以达到所需的油液清洁度。

③ 具有足够的通油能力。当过滤器压力降达到规定值以前可以滤除并容纳的污染物数量大，即纳垢容量大，则过滤效率高。一般来说，过滤器的过滤面积越大，其纳垢容量就越大，在流量一定的情况下，随着过滤面积的增大，单位过滤面积上通过的流量减小，滤芯的压差也减小，因而达到额定压差时滤芯能够容纳更多的污染物。

过滤器的有效过滤面积（片式过滤器除外），按下式计算：

$$A=\frac{Q\mu}{\alpha\Delta P}\times\frac{1}{60} \tag{17-4-31}$$

式中　A——有效过滤面积，cm^2；

Q——过滤器的额定流量，L/min；

μ——液体的动力黏度，Pa·S；

ΔP——压力降，Pa；

α——过滤材料单位面积通油能力（L/cm^2），在液体温度为20℃时，对于特种滤网，α 值取为0.003～0.006；纸质滤芯，α 值为0.035；线隙式滤芯，α 值为1；一般网式滤芯，α 值为2。

④ 选择过滤器的流量。过滤器的流量决定后，可按样本规定选择过滤器的规格。

⑤ 温度适当。过滤液体的温度影响液体的黏度、壳体腐蚀速度以及过滤液体与过滤材料的相容性。随着温度的升高，液体的黏度降低。如果液体的黏度过高，可进行适当的预热，但重要的是根据润滑系统工作温度确定液体的黏度，合理地选择滤芯。

⑥ 容易清洗并便于更换过滤材料。

(3) 过滤器的使用注意事项

① 安装过滤器时要注意过滤器壳体上标明的液流方向，正确安装在工作系统中，否则，将会把滤芯冲毁，造成系统污染。

② 当过滤器压差指示器显示红色信号时，要及时清洗或更换滤芯。

③ 在清洗或更换滤芯时，要防止外界污染物浸入工作系统。

④ 清洗金属编织方孔网滤芯元件时，可用刷子在汽油等中刷洗。而清洗高精度滤芯元件，则需用超净的清洗液或清洗剂。金属丝编织的特种网和不锈钢纤维烧结毡等可以用超声波清洗或液流反向冲洗。而纸质滤芯及化纤滤芯，切忌用超声波清洗，只能在清洗液中刷洗。

⑤ 滤芯元件在清洗时，应堵住滤芯端口，防止清洗下的污物进入滤芯内腔造成内污染。

4.6 齿轮传动装置油液监测

所谓油液监测就是要通过种种分析手段提取润滑油中所包含的设备运转状况的信息，其目的是为了预防和预测事故的发生，延长其使用寿命，降低维修费用。

对润滑油所做的分析可分为两大类，一是润滑油本身性能；二是润滑油中所携带的各种磨损磨粒及其他不熔物。润滑油本身性能包括黏度、酸值、水分和闪点等常规理化指标，还有添加剂水平、抗磨性能、抗极压性能等项目。使用性能合格的润滑油是设备能否良好运行的关键。润滑油本身性能的劣化，自然会导致润滑性能降低及设备磨损加剧，甚至引发事故。因此，监测和控制这些项目可以防止润滑失效事故的发生，也被称为主动预防维修。

另外，润滑油中还携带了大量的杂质成分，这些成分包括机器部件的磨损颗粒，摩擦聚合物，金属氧化物，润滑油的劣变产物、尘埃等。它们从不同方面反映了设备本身的运行状况，特别是机器中运动部件的磨损颗粒所具有的数量、尺寸、形貌等特性最能说明设备的运行状况，其分析结果可以判定设备正在发生着何种形式、何种性质的磨损，并可作为预测事故的依据。因此，在发达的工业国家中，这种磨损分析方法常用于设备的故障诊断和预测性维修。

4.6.1 油液监测的方法和分析手段

表 17-4-67 油液监测的方法

方法		说明
在线监测	适用场合	在线监测应用于工作现场，监测仪器可以对机器设备进行随时取样分析。在线监测要求自动化程度高，尽量消除人为因素的影响，规范、实时、稳定；而在线监测的技术依赖性强，适用性差，所监测的对象单一，诊断层次低，常用于大型重要设备的初级报警
	设备	可以通用的在线监测仪器并不很多，除了相对简单一些的黏度、水分等小型分析仪外，在线铁谱仪是一个较完善的仪器，国内也有生产
离线监测	适用场合	离线监测一般是在实验室进行，从取油样到进行各种分析都有人的参与。离线监测是常规通用的油液分析方法，对分析仪器无特殊要求，费用较低。可以对油样进行多方面、深层次的分析，以达到故障诊断之目的。其缺点是干扰因素多，人为因素影响大，分析速度慢，实时性差
	设备	可用于油液离线监测分析的实验仪器设备大致可分为以下三类： ①用于对润滑油进行性能分析。润滑油性能指标项目很多，有十几种到几十种不等，但常用的有黏度、水分、酸值、闪点、铜片腐蚀、机械杂质、破乳化能力和抗负荷能力等。各个指标的分析仪器和分析方法都有相关的国家标准，这些常规的分析仪器是相当完善的，国内都能生产 ②用于对润滑油进行磨损分析。常用设备是分析式铁谱仪和光谱仪。铁谱仪可以将油中的铁磁性金属颗粒，利用高强度磁场的作用，按尺寸区分开来并呈规律状排列，制成谱片。与之相配的有双色光学显微镜，可利用它观察谱片上磨损颗粒的尺寸、数量、形貌和颜色，从而确定磨损颗粒的材料、磨损类型等，为故障诊断提供依据。铁谱仪对 1～100μm 的磨损颗粒都很敏感，其缺点是重复性和再现性较差。光谱仪一般指原子发射光谱，它是根据油中金属原子受激发后发出光的波长和强度来确定其元素种类及其含量。可以精确到 ppm 级，一般对小于 10μm 金属颗粒敏感。光谱仪分析速度快，各元素相对含量分析值精确可信，其缺点是对大于 10μm 的大颗粒不敏感。一般与铁谱仪配合使用 ③用于对润滑油进行污染度分析。污染度分析是为了确定润滑油的清洁度水平，也可用于故障的早期报警。常用仪器按工作原理不同有遮光型、电阻型和微子阻尼型等几种

表 17-4-68 取样要求

取样要求	说明
取样原则	①从润滑系统的最佳固定位置取样。对于强制循环润滑的齿轮箱来说，取样点应该在滤清器前的回油管路上一点；并且尽量避免从管子底部取样，在取样前要放掉一些油以冲洗阀门。对于采用油池飞溅润滑的齿轮装置，取样点应设置在油样中某一固定点，一般将取样管插入到油面高度一半略下的深度 ②要做到不停机取样或停机后立即取样 ③防止在"死角"处取样，最佳的取样位置和时机应经实践后确定

第17篇

续表

取样要求	说　　明
取样量	以下所列是有关分析项目所需油样的数量，要根据分析项目的多少提取足够的油样 黏度：70mL　酸值：15mL　水分：100mL 闪点：50mL　FZG 试验：1300mL　铁谱分析：50mL 发射光谱：20mL　污染度：70mL
取样瓶	严格来说，取样瓶应为专门制作的玻璃容器，其内壁光滑并经过专门的处理。工业现场所用取样瓶也要尽量做到使用新瓶，并用清洁煤油反复冲洗后晾干 取样瓶的容积要足够大，保证取够油样后瓶内剩有 1/4 左右的空间，以便于分析前摇动油样，使油样均匀
取样频率	取样频率的确定要考虑以下因素：设备的重要程度，设备处于何种运行期，取样的分析目的等因素。取样过频则分析数据变化甚微，浪费人力财力；间隔太长又影响分析的准确性和及时性。总之，要根据不同的工况，灵活掌握。例如在进行蜗轮蜗杆油胶合台架试验时是负荷每增加 120N·m 取一次油样；在做 FZG 齿轮油台架试验时，每个载荷级均要取油样；而在进行齿轮油工业现场验证试验时一般要求每月取一次油样
油样处理	油样提取后要尽可能快地进行各项分析，存放时间太长会造成沉淀和油质变化。无论做何种分析项目，在分析前将试样搅拌均匀是非常必要的。特别是对于铁谱分析和污染度分析而言，油样的沉淀会造成分析结果的巨大偏差。在分析前使用试样搅拌器对油样进行充分搅拌，分析效果比较理想

4.6.2　油液监测流程图及取样要求

根据齿轮传动装置自身的特点，齿轮传动装置离线油液监测的流程见图 17-4-8。

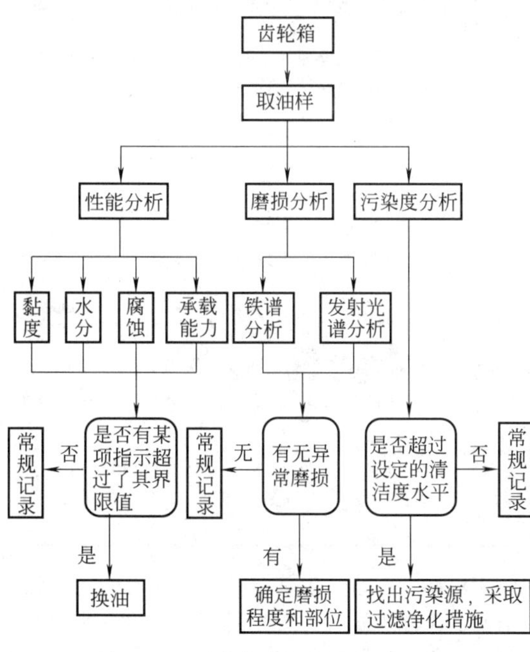

图 17-4-8　齿轮箱离线油液监测流程图

在对齿轮传动装置进行油液监测的过程中，提取分析油样是关键技术之一。分析人员所取的油样中必须含有表征设备主要磨损部位信息的有代表性的磨粒，即油样要有代表性。

4.7　齿轮润滑油的更换

4.7.1　齿轮油使用中质量变化原因

齿轮油和其他润滑油一样，使用过程中质量不断发生变化，变化的形态因使用条件不同而异，但归结起来有以下两个方面：一是油品自身发生的内在变化，二是外部杂质混入引起的变化。通常，前者称为老化，后者称为污损，总称为劣化。老化和污损密切相关，互为因果，互相促进。例如，油的老化加剧磨损，磨屑作为催化剂又加速了油品的老化。引起齿轮油劣化的各种因素见图 17-4-9。

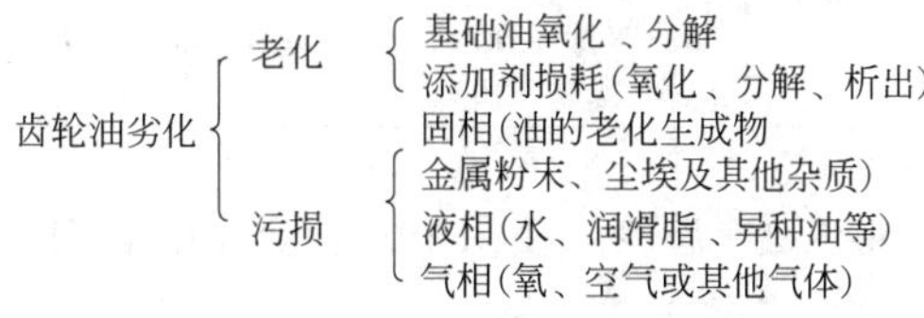

图 17-4-9　齿轮油劣化的诸因素

表 17-4-69　引起齿轮油劣化的各种因素分析

因　素	分析说明
基础油氧化	基础油氧化首先生成醇、酮、醚之类的含氧有机化合物，继而生成有机酸，使酸值上升，腐蚀加重。深度氧化生成缩合物，如胶质、沥青质及其他沉淀物，使油的颜色变深，黏度增大，不溶物增加，抗泡性下降等 影响齿轮油基础油氧化速度的条件，除油品自身的化学组成和添加剂之外，还有以下 4 个因素： ①空气或氧　油品的氧化主要是通过溶解在油中的氧与烃类发生化学反应而进行的。氧化速度与氧的浓度以及与空气接触面的大小有关。例如完全相同的两个油样，一个吹入空气，一个在空气中静置，在相同的时间内，前者的氧化速度远大于后者。因此，齿轮油的氧化与润滑方式有关，对飞溅式(油池式)润滑而言，转速愈快，氧化也愈快

第 17 篇

续表

因　素	分 析 说 明
基础油氧化	②温度　一般认为，无催化剂存在和不加抗氧剂的情况下，温度上升 10℃左右，油品的氧化速度上升 1 倍。但是，油品在 100℃以下时的氧化速度较慢，只有温度再升高时才显著加快。因为工业齿轮油的油箱温度除少数在高温工况下使用的之外，大多都不很高（一般低于 60℃），所以工业齿轮油使用过程中氧化并不严重 ③金属及其他物质的催化作用　齿轮油的氧化速度与金属种类和接触面的大小有关，铜的催化作用比较大。水的存在能大大促进金属对油品氧化的催化作用 ④氧化时间　氧化速度一般是开始时最慢，逐渐加快，当达到最大速度后又开始下降，其原因是氧化初期生成物有加速氧化的作用，深度氧化生成的胶质等有抑制氧化的作用
添加剂损耗	齿轮油使用中添加剂损耗主要指极压抗磨剂损耗。极压抗磨剂损耗可分为两种情况，一是正常损耗，二是非正常损耗 正常损耗可以从极压剂作用机理得到解释。例如，含硫极压抗磨剂在极压条件下与齿面金属发生化学反应，生成有承载能力的金属硫化物膜，含磷极压抗磨剂与齿面金属反应生成磷酸铁膜等，通过这些反应膜使两个摩擦面避免直接接触，达到降低摩擦减少磨损的作用。显然，伴随着这些膜的生成—破坏—再生成的反复过程，极压剂不断从油中损耗 极压剂不是由于生成极压膜而引起的其他各种损耗均属非正常损耗。例如，常用的齿轮油极压添加剂如氯化石蜡、二烷基二硫代磷酸锌（T202）等遇水易发生分解产生沉淀。以硫苄和 T202 为主剂的中负荷工业齿轮油在进行工业应用试验时发现，一旦混入水分若不能及时分离出水，就会出现明显的分层现象，使黏度和不溶物上升，酸值下降。再如，国产氯化石蜡和 T202 的热分解温度分别为 110～120℃，但发生变化的温度要比这低得多，有资料说 T202 超过 54.5℃（130 ℉）时，就可能开始热分解或热氧化。试验表明，硫化烯烃的热氧化安定性或者几种添加剂复合后调配的齿轮油的热氧化安定性，与基础油相比都大大下降，这是因为就极压抗磨添加剂作用机理而言，必须是化学结构不稳定的化合物，以利于在热作用下分解出活性元素与金属反应形成极压保护膜。因此，对热不稳定的极压抗磨剂，在热氧化条件下易分解形成沉淀，使粒度和不溶物增加 齿轮油中极压剂的损耗必然使其抗负荷性能下降，这是显而易见的。不仅如此，酸性添加剂损耗后可使酸值下降，其损耗产物可使腐蚀加重，添加剂的非正常损耗会引起黏度和不溶物的明显上升
金属磨粒及其他固体杂质的混入	金属磨粒主要是铁粒子，它来源于齿轮或轴承的磨损。铁的催化作用可促进齿轮油的老化，同时铁的存在量超过一定限度时，铁粒子本身能使齿面和轴承造成损伤（磨粒磨损）。其他固体杂质（如尘埃、老化生成物等）的混入，因其种类、数量、形态不同，对其性能影响亦不一样
水分的混入	使用中的齿轮油混入水分的来源有 3 种情况：①油中原来存在的；②油箱密封不严，因温度变化引起呼吸作用混入的凝缩水；③冷却水管漏水或其他意外情况混入的。前两种情况混入的水量一般都很少，特别是使用中不与水或水蒸气直接接触的条件下的就更少 齿轮油中的水，除上述对添加剂的水解作用之外，还可使油乳化，油中极压剂作为表面活性物质促进乳化液的稳定，使黏度和不溶物上升 齿轮油中的水分可促进金属（如铁、铜）对氧化反应的催化作用，而大大加速油品的老化 D. Scott 等学者通过在 Boerlage 型四球式转动疲劳试验机上进行的试验表明，润滑油中的水分可促进钢球的点状腐蚀，1%的水可使钢球的使用寿命缩短一半
其他	齿轮油使用中质量变化的原因和变化的速度，除上述因素之外，还与油品质量、工作状况、油箱相对容量、补加油数量等有关。无疑，油品质量愈好，工作状况愈缓和，油箱容量愈大，补加油数量愈多，则齿轮油劣化速度愈慢，质量变化愈小

4.7.2　齿轮油使用中质量变化的表现

齿轮油的劣化，本质是结构的变化，现象是其结构特性和使用特性发生了改变。通常表现为黏度、腐蚀、不溶物、酸值、耐负荷性能、抗泡性、抗乳化性、闪点及含铁量、含水量等指标的变化。因此，可以通过理化分析和性能测定，对其质量性能状况加以掌握和判断。

表 17-4-70　　齿轮油理论分析和性能测定指标

项目	说　　明
黏度	黏度是润滑油的最基本性质，几乎是各种润滑油使用中必不可少的监测项目。黏度在齿轮油使用中一般是随时间呈上升趋势，其原因主要是氧化、乳化、添加剂的水解、热分解。正常情况下，由于工业齿轮油的使用条件不像汽车齿轮那样苛刻，又加之油箱容量较大等因素，其氧化并不严重，黏度上升率多在 5%以下。只有当混入水分引起添加剂水解或使油品乳化、黏度、酸值和不溶物等才可能会有大的变化 含黏度指数改进剂或高分子聚合物降凝剂的齿轮油，使用中由于齿轮运转的剪切作用而引起这些添加剂的损耗（分解），从而使黏度呈下降趋势

第 17 篇

续表

项目	说　明
油泥——溶剂不溶物	润滑油中的油泥通常指储运或使用中劣化生成的不溶于油的物质，外观呈黏稠的油状、软膏状或坚固的碳素状。其组成除油的深度氧化产物外，还有析出的添加剂的分解物、金属粉末、尘埃等。有水存在时经激烈搅动有可能形成乳状油泥 油泥的生成倾向一般用正戊烷不溶物或苯不溶物表示。也有用石油醚、正庚烷等代替正戊烷使用的，三者本质上并无多大差别，只是溶解能力稍有不同。测定不溶物有两种方法，一是离心分离法，二是薄膜过滤法。正戊烷只溶解油和溶于油的添加剂，所以正戊烷不溶物基本上可以代表油泥的总量。苯几乎能溶解所有的有机化合物，故苯不溶物是齿轮油中金属粉末、尘埃及碳质老化生成物等的总值。欲进一步查明苯不溶物的具体组成，需要采用光谱或其他分析方法。正戊烷不溶物与苯不溶物的差值，可以近似地认为是齿轮油老化生成物的量 N. K. Meckel 等学者在齿轮装置上进行氧化安定性试验时发现，添加剂分解物是齿轮油中正戊烷不溶物的主要成分之一。据分析，其中二硫化磷酸盐、环烷酸铅等有机金属型极压剂最易于分解生成油泥，硫化烯烃次之，其他硫、磷、氯型极压剂，如硫化油脂、氯化石蜡、磺酸盐等生成油泥倾向较小。同一种添加剂生成油泥的倾向随添加量的增加而增加。添加剂水解也是不溶物增加的另一个主要原因。 正常情况下，工业齿轮油在使用中不溶物的增长不很明显，甚至有可能只在一定范围内波动。这一方面是因为分析测定误差和部分不溶物的沉淀，破坏了理论上可加性积累的简单规律；另一方面也充分说明了工业齿轮油生成油泥的倾向确实并不严重 正戊烷不溶物： 　苯不溶物：尘埃等、金属粉末、碳质老化生成物 　苯溶解物：非碳质老化生成物、添加剂析出或分解氧化产物 正戊烷溶解物：润滑油 溶剂不溶解物组成示意图
腐蚀和锈蚀	腐蚀是润滑油中的某些物质因发生化学或电化学反应，使与其接触的金属表面受到破坏的现象。有水或其他条件下因氧化而发生的腐蚀称为锈蚀。工业齿轮油腐蚀性的测定方法见 GB 5096。它是将规定的铜片放入 121℃的试油中，经 3h 后观察铜片的变色情况，并与标准比色板相比较以确定试油的腐蚀性 使用中的齿轮油对金属造成腐蚀的物质，主要是含硫、磷、氯等极压剂分解或氧化生成的活性物质，其次是老化产生的无机酸、有机酸及其他腐蚀性物质。腐蚀性的变化比较有规律，大体上都遵循着 1 级→2 级→3 级的变化顺序。变化的速度与油品质量及工作状况有关。有的油品使用两年仍保持在 1 级；有的油品仅使用 2 个月就变为 2 级，1 年变成 3 级；也有的油品使用 3 年多才变为 3 级
酸值	现代齿轮油都是由基础油和添加剂组成。基础油的酸值很低，一般在 0.05mg(KOH)/g 以下，有的为 0。只是由于添加剂的加入才使其具有了较高的酸值。例如，T202 的酸值就在 120 以上。由于加入添加剂的种类和数量不同，成品齿轮油的酸值一般在 0.5～3.0mg(KOH)/g 之间，有的可高达 5mg(KOH)/g 以上。齿轮油的质量标准中对酸值没有要求 不含添加剂或不含酸性或碱性添加剂的润滑油，使用中酸值或者保持基本不变，或者因氧化呈上升趋势。齿轮油中都含有酸性添加剂，使用中一方面因基础油氧化而引起酸值上升，另一方面因酸性添加剂的损耗引起酸值下降，宏观上表现出的酸值变化，是以上述两种作用的综合效果。这样因所含添加剂的种类和数量不同，基础油的种类和精制深度不同，以及使用条件上的差异，齿轮油使用中酸值的变化就可能会出现以下几种情况：在一定范围内波动，无明显上升或下降；缓慢上升；缓慢下降；开始阶段下降，经过一定时间后又转为上升。第一种情况是因为氧化没怎么进行，添加剂也没怎么损耗，或二者引起酸值的变化大抵相当；氧化效果占优势则呈现第二种情况；添加剂损耗占优势则出现第三种情况；第四种情况比较复杂，其原因是开始阶段氧化进行比较缓慢，添加剂损耗速度逐渐降低，以至于最后接近于平衡状态，经过一定时间后，氧化速度却逐渐加快，这是因为氧化的初级产物以及慢慢积累起来的金属粉末有加速氧化的作用 水分对含有易水解添加剂的齿轮油酸值有异常明显的影响
极压剂损耗与承载能力	承载能力是齿轮油最重要的性能之一，它主要是通过加入极压添加剂而得到提高。所以齿轮油使用中随着极压剂的损耗，其承载能力也必然会相应下降 极压剂损耗通常是通过测定极压剂有效化合物(化学结构)和极压剂中的活性元素(极压元素)的含量来表示。但极压剂残存率与极压元素残存率不具有成比例的直线关系，即使极压剂残存率为 0，极压元素仍可残存 60%以上。这是因为极压剂的损耗主要表现在分子结构的改变，而分子中的极压元素只能是存在状态的变化，它除了有限量的挥发，被吸附和沉淀等形式的损失之外，不存在其他损失途径。另外，有些极压元素(例如硫)在基础油中就可能含有一部分，这部分极压元素与极压剂的损耗无任何关系 齿轮油使用中，极压剂损耗速度开始快，随时间逐渐变慢，当残存率降到 20%～30%时则非常慢，接近于平衡状态。这可能是由于开始阶段形成极压膜所消耗的全部是极压剂，其后则因为某些损耗掉的极压剂生成物具有一定的耐负荷性能。例如，由二烷基二硫代磷酸锌分解生成的烃基和硫的聚合物、由磷酸酯分解生成的磷酸等，它们同样可以在摩擦面上形成极压膜(修补破坏的极压膜)，当然极压剂的损耗就变慢了

续表

项目	说　明
极压剂损耗与承载能力	工业齿轮油在使用过程中，磨斑直径(D_{40}^{60})上升，抗擦伤能力(OK 值)下降，二者变化皆有较好的规律性。而最大无卡咬负荷(P_B值)的变化则非常不明显，只在一定范围内波动
水分	齿轮油使用中，仅仅因为油箱密封不严和温度变化，通过呼吸作用混入凝缩水虽难以避免，但数量却是极其有限的。例如某普通工业齿轮油在850 轧机上运行 16 个月；某 S-P$_b$ 型极压工业齿轮油在 2×1250 减速机上运行 53 个月；某中负荷工业齿轮油在水泥厂 6 台不同型号减速机上运行 19～30 个月不等，但油中含水量经检测皆为无或痕迹 但是，若油箱密封不严，在有水(或雨、雪)水蒸气等特殊环境下工作，特别是遇有冷却水管(油箱内)漏水或其他意外情况，齿轮油中也会混入较多的水。例如，某厂引进设备减速机使用中负荷工业齿轮油润滑，运行到第 13 个月时因冷却水管漏水，含水量一下上升到 9.3%。所以，齿轮油使用中对水分的监测是必不可少的
水溶性酸	新的齿轮油不含水溶性酸，使用中有可能在高温有水条件下某些极压剂水解或基础油氧化而产生。一般来说，经过磨合的齿轮只要用油得当，正常情况下不会有水溶性酸产生，所以通常水溶性酸不作为换油指标的监测项目。不过，一旦发现油中有水溶性酸存在，不管什么原因都必须立即换油
抗泡性	齿轮油使用中抗泡性能逐渐下降，其主要原因是抗泡剂消失(黏附到设备上或沉降到底部)以及混入(或老化生成)表面活性物质(如润滑脂等)。但只要不产生大量的稳定泡沫就不影响使用。许多单位的使用实践都证明了当发现油中出现较多泡沫时只要及时补加一定量的抗泡剂，仍可继续使用，有的甚至又继续使用了几年亦未因此发生什么问题。但是，大量稳定的泡沫对润滑危害很大，会造成油面计指示不准、油箱中油外溢、供油不足、润滑不良等问题，并能加速油的老化，齿轮油抗泡沫性能的下降往往是油品劣化加速的先导。因此，齿轮油的抗泡性虽一般不作为换油指标中的项目，但是泡沫的产生及其稳定性也必须加以注意
灰分	齿轮油的灰分主要成分是尘埃、金属粉末、添加剂中的金属及其氧化物或金属盐等。以前常把它看作是了解齿轮或轴承磨损情况的大致标准。对含有金属添加剂的油，它还表示添加剂的含有量。因此，对使用中的齿轮油往往要求它没有显著的增减。鉴于它与不溶物、含铁量的项目具有一定的对应关系，现在，一般不将灰分作为换油指标中的检测项目
闪点	有关齿轮油使用中闪点变化的试验数据不多。据有关工业应用试验发现，工业齿轮油使用中闪点基本不变或呈稍微下降趋势。这可能是由于基础油或添加剂在使用中发生分解生成低闪点组分，或是由于油在使用中热安定性下降，在闪点测定过程中遇热分解生成低闪点成分所致

表 17-4-71　**齿轮油变化原因及改进措施**

问　题	可能原因	改进措施
腐蚀	①缺少防锈剂 ②油中含水 ③腐蚀性的极压剂 ④污染物，如植物酸 ⑤油氧化产生的酸性物质	①用加足够防锈剂的油 ②勤排水、勤换油 ③防止污染物进入油
泡沫	①缺少抗泡剂 ②抗泡剂析出 ③油面高度不当 ④空气进入油中 ⑤油中含水	①用含抗泡剂的油 ②补加抗泡剂 ③控制加油量 ④防止空气和水进入油中
沉淀或油泥	①添加剂析出 ②遇水乳化 ③油氧化生成不溶物	①使用储存稳定性好的油 ②使用抗乳化性好的油或补加抗乳化剂 ③使用氧化安定性好的油
黏度增加	①氧化 ②过热	①使用氧化安定性好的油 ②避免过热
黏度下降	增黏剂被剪断	使用剪切稳定性高的增黏剂
漏油	①齿轮箱缺损 ②密封件损伤	①用高黏度油 ②更换密封件

续表

问　　题	可 能 原 因	改 进 措 施
不正常发热	①齿轮箱中油太多 ②油黏度太大 ③齿轮供油量不足 ④载荷过高 ⑤齿轮箱外壳尘土堆积妨碍散热	①控制加油量 ②降低油黏度 ③降低载荷 ④清洁齿轮箱外壳及邻接的金属部件
污染	①主机装配或零件加工时留下的污物 ②磨屑 ③由通气孔进入的污染物	①排掉脏油、清洁齿轮箱、换新油 ②防止污染物由通气孔进入齿轮箱
齿面磨粒磨损	磨屑或其他污染粒子	换油、清洁齿轮箱
齿面烧伤	①缺油 ②载荷过高	①提供足够的油量 ②降低载荷
擦伤	①齿面温度高 ②油膜破裂	①降低操作温度 ②用极压齿轮油
点蚀	①油黏度太小 ②齿面粗糙 ③局部压力太高	①增加油的黏度 ②降低齿面粗糙度 ③用极压齿轮油
胶合	①油黏度太小 ②重载荷下滑动 ③齿面粗糙 ④安装误差引起轮齿啮合不良 ⑤低温启动	①增加油的黏度 ②使用极压齿轮油 ③降低齿面粗糙度 ④改进装配质量 ⑤低温启动前预热油

4.7.3　齿轮润滑油的换油指标

所谓换油指标就是润滑油能够完全使用的最低质量限值，是油品的可靠性标准。由于油品质量指标与油品实际使用性能之间不具有完全一致的对应关系，加之油品组成、使用条件、环境状况、维护管理等的不同，制订科学合理的换油指标是非常困难的。

表 17-4-72 为美国 AGMA 工业齿轮油换油标准；表 17-4-73 为我国 SH/T 0586—1994 规定的 L-CKC 工业闭式齿轮油换油指标；表 17-4-74 和表 17-4-75 分别给出了 L-TSA 汽轮机油换油指标（SH/T 0636—2013）和抗氨汽轮机油换油指标（SH/T 0137—2013）。

对普通车辆齿轮油（GL-3）换油标准，我国目前执行石化行业标准 SH/T 0475—1992（见表17-4-76），其他类型车辆齿轮油可参照此标准适当调整。

表 17-4-72　　美国 AGMA 工业齿轮油换油标准

项目或工作条件	黏度	总酸值	不溶物(重)	水	一般条件	磨合时间	沉淀或结焦
更换标准或时间	±15%	0.5mg(KOH)/g	0.5%	0.2%	6 个月或 2500h	1～3 个月	立即更换

表 17-4-73　　L-CKC 工业闭式齿轮油换油指标（SH/T 0586—1994）

项　　目	换 油 指 标	试 验 方 法
外观①	异常	目测
运动黏度变化率②(40℃)/%	超过+15 或-20	GB/T 265
水分/%	>0.5	GB/T 260
机械杂质/%	≥0.5	GB/T 511
铜片腐蚀(100℃,3h)/级	≥3b	GB/T 5096
梯姆肯 OK 值/N	≤133.4	GB/T 11144

① 油品在使用过程中，若发现抗泡性能变差时，可根据使用情况向油品中补加抗泡沫添加剂。

② 40℃运动黏度变化率 η（%）按下式计算：$变化率\% = \frac{使用中油品的黏度实测值-新油的黏度实测值}{新油的黏度实测值} \times 100\%$。

第 17 篇

表 17-4-74　**L-TSA 汽轮机油换油指标**（SH/T 0636—2013）

项　目	换油指标				试验方法
黏度等级(按 GB/T 3141)	32	46	68	100	—
40℃运动黏度变化率①/%	超过±10				GB/T 265
酸值/(mgKOH/g)增加值	>0.1				GB/T 264
氧化安定性/min	<60				SH/T 0193
闪点(开口)/℃	<170		<185		GB/T 3536
破乳化值(40-37-3)mL,54℃②/min	>40		>60		GB/T 7305
液相锈蚀试验(合成海水)	低于轻锈				GB/T 11143

① 变化率$\%=\dfrac{\text{使用中汽轮机油的黏度实测值}-\text{新油的黏度实测值}}{\text{新油的黏度实测值}}\times 100\%$。

② 当使用100号油时，测试温度为82℃。

表 17-4-75　**抗氨汽轮机油换油指标**（SH/T 0137—2013）

项　目	换油指标	试验方法
运动黏度(40℃)变化率①/%	超过±10	GB/T 265
酸值/mg(KOH)·g^{-1}	>0.2	GB/T 264
闪点(开口)/℃	比新油标准低8	GB/T 267
水分/%	>0.1	GB/T 260
破乳化时间/min	>80	GB/T 7305
液相锈蚀试验(15号钢棒,24h)　蒸馏水	锈	GB/T 11143
氧化安定性/min	<60	SH/T 0193
抗氨性能试验	不合格	SH/T 0302

① 变化率$\%=\dfrac{\text{使用中汽轮机油的黏度实测值}-\text{新油的黏度实测值}}{\text{新油的黏度实测值}}\times 100\%$。

表 17-4-76　**车辆齿轮油换油指标**（SH/T 0475—1992）

项　目		换油指标	试验方法
100℃运动黏度变化率/%	大于	+20～−10	GB/T 265①
水分重量/%	大于	1.0	GB/T 260
酸值增加值/mg(KOH)·g^{-1}	大于	0.5	GB/T 8030
戊烷不溶物重量/%	大于	2.0	GB/T 8926
铁含量重量/%	大于	0.5	SY2662②

① 黏度变化率用下式计算：变化率$\%=\dfrac{\text{使用中油的黏度实测值}-\text{新油的黏度实测值}}{\text{新油的黏度实测值}}\times 100\%$。

② 铁含量测定允许采用原子吸收光谱法。

齿轮润滑油的换油标准也有按换油期执行的。工业齿轮油的换油期是以时间特征表示的油品可靠性，即由使用时间表示的换油标准。国产齿轮传动装置出厂说明书规定及各使用单位实际执行的一般为3～12个月不等，也有设备漏油严重或管理水平差的企业随油品消耗补加而长期不进行全量更换的。国内某水泥厂2×1250kW减速机使用极压工业齿轮油，相当于中负荷工业齿轮油，通过监测换油期长达4年半以上(其间总补油量约为40%)，润滑状况一直良好。美国AGMA规定，工业齿轮油的换油期正常情况下为6个月或2500h，运转条件苛刻的为1～3个月。另外，不与水直接接触的引进齿轮减速机使用说明书规定工业齿轮油的换油期大多为4000～5000h或6～12个月，因运转条件不同也有短至2000h，长至8000h的。据有关单位在电缆、水泥两个行业7台减速机上进行的长期使用试验证明，选用国产中负荷工业齿轮油，其换油期一般可以比设备说明书上规定的延长至少1倍以上。

对于车辆齿轮油来说，换油期是以实际运行公里数来表示的。一般情况下，车辆齿轮油采用定期换油。换油期要根据油品质量和使用条件而相应作出规定。一般规定新齿轮第一次换油在1500km左右，以便及时放出初期磨损颗粒；第二次换油是在 3000km 左右；以后为 16000～24000km 左右。

4.7.4　齿轮润滑油的混用与代用

4.7.4.1　齿轮润滑油的混用

在润滑油的使用过程中，有时会发生一种油与另一种油混用问题。包括国产油与国外油；国产油中这类油与另一类油；同一类油不同生产厂家或不同牌号；新油与使用中的“旧”油混用等。油品相混合，是否会引起质量变化，哪些油品能相混，相混时应注意哪些问题，都是润滑工作者最为关切的问题。

表 17-4-77　混用的原则

序号	说　　明
1	一般情况下，应尽量避免混用，因为设备用了混合油，如果出了毛病，要找原因就更困难了。另外，不同润滑油混合使用后也就难以对油品质量进行确切的考察
2	在下列情况下，油品可以混用： ①原则上，同一类型基础油并加有相同品种添加剂的齿轮油可以互相混合。也就是说同一生产厂生产的同类油品允许调和使用 ②同一类型基础油并加有相同主添加剂的齿轮油混合后，对使用性能有无影响，有多大影响，尚未见到这方面的试验数据，难以定论。遇此情况应尽量避免混用，迫不得已非要这样做不可时，对混合后的油品主要质量指标必须进行分析测定，使用中要加强对运转情况的观察和对油的质量监测 ③不同类型的油品，如果知道两种对混的油品都是不加添加剂的，或其中一个是不加添加剂，或两种油都加添加剂但相互不起反应的，一般也可以混用，只是混用后对质量高的油品来说质量会有所降低
3	对于不了解性能的油品，如果确实需要混用，要求在混用前作混用试验，观察混用油有无异味或沉淀等异常现象，如果发现异味或沉淀生成，则不能混用。有条件的单位，最好测定混用前后润滑油的主要理化性能

表 17-4-78　油品混合后理化性能变化

项　　目	说　　明
黏度变化	黏度不同的两种润滑油相混后，黏度是要变化的，变化的范围总是在高黏度油和低黏度油之间。已知两种油的黏度，要得到基于二者之间的黏度的混合油，可按不同比例进行调和，其调和比例可用以下公式进行计算： $\lg\nu = V_A\lg\nu_A + V_B\lg\nu_B$　(17-4-32) 式中　V_A、V_B——A 油和 B 油的体积(以 1.0 代替 100%，即 $V_A+V_B=1$)，L ν_A、ν_B——A 油和 B 油在同一温度下的黏度，mm^2/s ν——混合油在同一温度下的黏度，mm^2/s 还可查“两组分黏度调和图”求混合油黏度，若要求十分精确，还应该做小调试验
闪点变化	两种润滑油相混，闪点也会发生变化，特别是高闪点油中混入了低闪点油，即使其量不多，对油品的闪点也会降低甚大 混合油的闪点可通过查“两组分近似闪点调和表”得到
比重、酸值、残炭及灰分的变化	可以通过以下公式进行计算： $p=\frac{x_A p_A + x_B p_B}{100}$　(17-4-33) 式中　p——要求混合油的某项质量指标 x_A——A 种油的配比，% p_A——A 种油的某项质量指标数 x_B——B 种油的配比，% p_B——B 种油的某项质量指标数
注意事项	①军用特种油、专用油料不宜与别的油混用 ②有抗乳化性要求的油品，不得与无抗乳化性要求的油品相混 ③抗氨汽轮机油不得与其他汽轮机油(特别是加烯基丁二酸防锈剂的)相混 ④不同类型基础油加有同一类型主添加剂的齿轮油，原则上不能混存混用 ⑤不管基础油是否相同，只要加入的主添加剂不同，绝对禁止混存或混用

4.7.4.2 齿轮润滑油的代用

首先必须强调，要正确选用齿轮润滑油，避免代用，更不允许乱代用。但是在实际使用中，会碰上一时买不到合适的润滑油，新试制（或引进）的设备，相应的新油品试制或生产未跟上，需要靠润滑油代用来解决润滑问题。

润滑油的代用原则如下：

1）尽量用同类油品或性能相近、添加剂类型相似的油品。

2）黏度要相当，以不超过原用油黏度±15％为宜。一般情况下，可采用黏度稍大的润滑油代替。

3）质量以高代低，即选用质量高一档的油品代用，这样对设备润滑比较可靠，同时，还可延长油品使用期，经济上也合算。在我国，过去由于高档油品不多，不少工矿企业，在代用油上都习惯质量以低代高，这样做害处很多，应当改变。

4）选择代用油时，要考虑环境温度与工作温度，对工作温度变化大的机械设备，代用油的黏温性要好一些，对于低温工作的机械，选用代用油的凝点要低于工作温度 10℃ 以下，而对于高温下工作的机械，则要考虑代用油的闪点要高一些，氧化安定性也要满足使用要求。

第 5 章　其他元器件的润滑

5.1　导轨的润滑

5.1.1　导轨油的分类及规格

导轨油要求有良好的黏-滑性能，防止导轨低速滑动时“爬行”滑动，以保证加工精度。

根据 GB/T 7631.11—1994 润滑剂和有关产品（L 类）的分类第 11 部分 G 组（导轨），导轨油只有一种。在一些应用场合如导轨油兼作液压介质时，可使用 L-HG 液压导轨油。表 17-5-1 为我国现行导轨油的行业标准 SH/T 0361—1998。国内外导轨油产品对照表见表 17-5-2。

导轨油是以精制矿物油为基础油，并加入适量黏附、油性、抗氧和防锈添加剂制成。按 40℃ 运动黏度分为 32、68、100 和 150 四个黏度牌号。导轨油的黏-滑特性良好，能在导轨金属表面上生成牢固的油膜，不致被挤压掉，或被切削液冲掉，隔离金属的直接接触，降低动、静摩擦因数的差值，从而起到防止爬行的作用。氧化安定性和防锈性良好，使用中不易氧化变质，不腐蚀、锈蚀导轨金属表面。导轨油主要用于各种精密机床的纵向导轨、垂直导轨、工作台水平导轨的润滑，以及有冲击振动（负荷）摩擦部位的润滑。在储存和使用时，容器和加油工具必须保持清洁密封，防止混入水分、杂质，不得与其他油品混用。

表 17-5-1　导轨油（SH/T 0361—1998）

项　目		质量指标				试验方法
牌号(GB/T 3141)		N32	N68	N100	N150	—
相近的原牌号(按 50℃时运动黏度分)		20	40	70	90	—
运动黏度(40℃)/$mm^2 \cdot s^{-1}$		28.8～35.2	61.2～74.8	90～110	135～165	GB/T 265
黏度指数	不小于	70	70	70	70	GB/T 2541
闪点(开口)/℃	不小于	170	190	190	190	GB/T 267
凝点/℃	不大于	−10	−10	−10	−5	GB/T 510
最大无卡咬负荷 P_B/N(kgf)	不小于	588(60)	686(70)	784(80)	882(90)	GB/T 3142①
水溶性酸或碱		无				GB/T 259
机械杂质		无				GB/T 511
铜片腐蚀(T3 铜片,100℃,3h)		合格				GB/T 5096
防锈性(蒸馏水)		无锈				GB/T 11143
水分		无				GB/T 260
黏-滑特性(静-动摩擦因数差值)	不大于	0.08				SH/T 0361

① 为保证项目，定期进行测定，每批产品出厂可不作检验，但必须合格。

表 17-5-2　国内外导轨油产品对照

中国	ESSO 公司	Shell 公司	AGIP 公司	BP 公司	Caltex 公司	Mobil 公司	Elf 公司	GULF 公司
L-G 32	Febis K 32	Tonna oil 32	Exidia 32	Maccurat 32	Way Lubricant 32	Vactra oil 1	Moglia 32	Gulfstone 10
L-G 68	Febis K 68	Tonna oil 68	Exidia 68	Maccurat 68	Way Lubricant 68	Vactra oil 2	Moglia 68	Gulfstone 30
L-G 100	—	Tonna oil 100	—	Maccurat 100	—	—	Moglia 100	—
L-G 150	Febis (K 220)	Tonna oil 150	Exidia (220)	Maccurat 150	Way Lubricant (220)	Vactra oil 3	Moglia 150	—

第 17 篇

5.1.2 导轨润滑油的选用

表 17-5-3 选用机床导轨润滑油时应考虑的因素

<table>
<tr><th>因 素</th><th>说 明</th></tr>
<tr><td>同时用作液压介质的导轨润滑油</td><td>根据不同类型的机床导轨的需要，同时用作液压介质的导轨润滑油，既要满足导轨的润滑要求，又要满足液压系统的要求。例如对于像坐标镗床之类的机床，导轨油的黏度应选得高一些（N68、N100、N150），但像各类磨床，常常将导轨润滑油由液压系统供给，而液压系统的要求较高，必须满足，此时导轨-液压润滑油的黏度应选得低一些（N32、N46、N68），即液压系统所需要的黏度</td></tr>
<tr><td>按滑动速度和平均压力来选择黏度</td><td>下表是按照导轨滑动速度和平均压力来选择其润滑油的黏度（40℃时的黏度），其中的黏度与 GB/T 7632“机床用润滑剂的选用”中所推荐的两种导轨油 L-G68、L-G150（相当于老牌号 40 号、90 号），和两种导轨-液压油 L-HG32 与 L-HG68（相当于老牌号 20 号和 40 号）的黏度相当

按滑动速度和平均压力来选择其黏度（40℃） mm^2/s
<table>
<tr><th rowspan="2">比压/MPa</th><th colspan="6">滑动速度/$mm \cdot min^{-1}$</th></tr>
<tr><th>0.01</th><th>0.1</th><th>1</th><th>10</th><th>100</th><th>1000</th></tr>
<tr><td>0.05
0.1</td><td>N68</td><td>N68</td><td>N68</td><td>N68</td><td>N32</td><td>N32</td></tr>
<tr><td>0.2
0.4</td><td>N150 或
N220</td><td>N150 或
N220</td><td>N150 或
N220</td><td>N150 或
N220</td><td>N68</td><td>N68</td></tr>
</table></td></tr>
<tr><td>根据国内外机床导轨润滑实际应用来选择</td><td>在选择使用导轨润滑油时，还可参考国内外现有机床导轨润滑实际应用的例子来选用，根据多年来实践经验，可将机床导轨润滑油的选择归纳如下

机床导轨润滑油的选择
<table>
<tr><th>机床类型</th><th>润滑油名称、牌号</th><th>机床类型</th><th>润滑油名称、牌号</th></tr>
<tr><td>卧式车床、钻床、铣床</td><td>L-HL32、L-HL46 液压油</td><td>镗床、镗铣床</td><td>L-G68～L-G150 导轨油</td></tr>
<tr><td>万能磨、外圆磨、内圆磨、平磨</td><td>L-HG32～L-HG68 液压导轨油</td><td>大型滚齿机、落地镗、光学坐标镗</td><td>L-G100～L-G150 导轨油</td></tr>
<tr><td>齿轮磨、其他齿轮加工机床</td><td>L-G32～L-G68 导轨油</td><td>镗铣床（超重型）</td><td>L-G220 导轨油</td></tr>
<tr><td>龙门铣、刨铣床、曲轴磨、导轨磨、大型车床</td><td>L-G68 导轨油</td><td></td><td></td></tr>
</table></td></tr>
<tr><td>日本有关机构推荐的导轨油脂选用指标</td><td>导轨润滑多用润滑油来润滑，也有采用润滑脂润滑的（主要是滚动式导轨），还有使用二硫化钼等固体润滑剂
日本装置保养协会润滑技术委员会推荐的导轨润滑油及润滑脂选用指标见下面两表
合成树脂润滑材料的 PV 值低，但其静与动摩擦因数的差值小，因而可防止爬行现象，而在中小型 NC 机床导轨上用填充青铜粉的 PTFE 薄板覆盖，或用热硬化树脂为结合剂而把 PTFE 粉末覆在导轨面上

导轨润滑油选用指标
<table>
<tr><th colspan="2">用 途</th><th>黏度（40℃）/$mm^2 \cdot s^{-1}$</th><th>ISO VG</th><th>GB、SY</th></tr>
<tr><td colspan="2">导轨液压共用</td><td>29～33</td><td>32</td><td>N32</td></tr>
<tr><td rowspan="2">导轨用</td><td>轻负荷</td><td>50～77</td><td>68</td><td>N68</td></tr>
<tr><td>重负荷</td><td>144～230</td><td>150、220</td><td>N150、N220</td></tr>
</table>

导轨润滑脂选用指标
<table>
<tr><th>负 荷</th><th>润滑方法</th><th>锥入度（25℃，0.1mm）</th><th>NLGI/号</th></tr>
<tr><td rowspan="2">轻</td><td>涂抹</td><td>265～295</td><td>2</td></tr>
<tr><td>集中系统</td><td>310～385</td><td>1，0</td></tr>
<tr><td rowspan="2">重</td><td>涂抹</td><td>265～295（EP 级）</td><td>2</td></tr>
<tr><td>集中系统</td><td>310～385</td><td>1，0</td></tr>
</table></td></tr>
</table>

表 17-5-4　机床导轨的润滑方法

导轨类型	使用何种润滑剂	润滑方法	备注
普通滑动导轨	L-AN 全损耗系统用油	油绳、油轮、油枪、压力循环	没有爬行的卧式机床
	液压-导轨油	从液压系统来的油	各类磨床导轨和液压系统采用同一种油
	导轨油	油绳、油轮、油枪、压力循环	适用于有爬行现象的机床
		油雾	排除空气，并要求工作表面没有切屑
	润滑脂	滑动面较短时用脂枪或压盖脂杯注入到油槽里	适用于垂直导轨和偶尔有慢速运动的导轨
静压导轨	空气或润滑油	在高压下，经过控制阀到较短的润滑面的油腔中	摩擦很小，没有爬行，同时有较高的局部刚度，要求工作面没有切屑
滚动导轨	润滑油	下滚动面应恰好接触油槽里的油	不能用于各种外形及位置，必须防止污染
	润滑脂	组装时填好，但应装有润滑脂嘴，便于补充	必须防止污染

表 17-5-5　滑动导轨面润滑系统事故特例分析

事故原因	事故现象
尘埃、切屑及磨屑的混入	①导轨面的烧伤，严重磨损 ②集中供油装置末端的过滤器堵塞，导轨面烧伤 ③上、下导轨面黏着
非水溶性切削油、水溶性切削油的混入	①集中供油装置末端的过滤器堵塞，导轨面烧伤 ②导轨面油的性能降低，产生爬行 ③在液压-导轨同一润滑系统的情况：非水溶性切削油中的油脂，水溶性切削油中的防锈添加剂老化变质引起黏着性，产生导轨的冲击。同时使进油端过滤器堵塞，液压阀黏着、烧坏、使液压缸、液压泵叶片黏着等

5.1.3　机床导轨润滑方法的选择

机床导轨润滑方法可按机床使用说明书的规定执行，如设计新机床导轨时，在考虑选择润滑方式时，可参考表 17-5-4。

为使润滑油能均匀分布在导轨工作面上，通常在导轨面上设置润滑油槽。由于在导轨中间采用纵向油槽或对角线油槽容易破坏油膜，削弱油膜承载刚度并增加侧向泄漏，故不推荐使用这些油槽。横向油槽也不宜太多，以免导轨承压力下降。

5.1.4　机床导轨的维护保养

为了确保导轨的正常润滑，除选择适合的品种牌号润滑油外，维护保养也很重要。一般的机床导轨面多数是暴露式的（高级的精密机床导轨是全封闭式的），易进入切屑和磨屑，应经常注意导轨刮屑板及防护罩的作用是否正常。而且还有些磨床有进入切削液的可能，从而引起导轨油性能降低，出现导轨面的磨损、烧伤以及出现爬行现象等。尘埃杂质对导轨面的摩擦磨损有极大影响，据有关试验证明，没有刮扫器比有刮扫器的磨损大 7 倍。这样的事故在工厂屡见不鲜，故使用中应定期检视滤油器及切削液过滤器。表 17-5-5 所示为一些润滑系统事故分析。

5.2　自动变速器的润滑

5.2.1　自动变速器油的特性

在自动变速器内装有液力变扭器、齿轮机构、液压机构、湿式离合器等，而这些机件都用一种油（ATF）来润滑，所以要求该油具有许多方面的特性。对液力变扭器来说，要求应具有动力传递介质油的性能；齿轮机构要求 ATF 具有良好的抗烧结性能和抗磨性能；液压机构要求油品具有良好的低温流动性。另外，ATF 不换油而长期使用的情况较多，所以要求油品具有良好的氧化安定性、抗泡性、橡胶相容性、防锈性能等，见表 17-5-6。

表 17-5-6 自动变速器油的特性

项 目	说 明
黏度	自动变速器油的使用温度范围一般在－25～170℃以内，油品要能在这么宽的温度范围内使用，必须具有高的黏度指数和低的倾点。一般自动变速器油的黏度指数在160以上。典型的DexronⅡ的黏度指数为170，倾点为－40℃。而用合成油调制的自动变速器油黏度指数可高达190，倾点低于－50℃ 高温和低温黏度要求是这样考虑的，作为传递介质，必须要求黏度低，而作为润滑油又希望黏度高，兼顾两者的需要，将高温黏度（100℃）规定为不小于7.0mm²/s；低温黏度特性尤为重要，因为除照顾低温启动性及泵送效率外，还必须注意离合器板烧伤的危险。目前，自动变速器油的低温黏度的测定在国外已有标准方法，即ASTM D2983或DIN51398。国外各公司的油品规格中对低温黏度的要求是一致的
热及氧化安定性	汽车在行驶中自动变速器油的温度，由于汽车行驶条件的不同而不同。在停停开开的出租汽车中，自动变速器油的温度可达90～115℃，在高速公路上行驶的家庭用车中，自动变速器油的温度只有80～88℃。这种温度对自动变速器油氧化的影响，虽然并不比曲轴箱油苛刻，但是，如果受到氧化生成油泥、漆膜之类的物质，则引起油压系统的工作不正常，润滑性能恶化，金属被腐蚀等 近年来，由于要求延长换油期，自动变速器本身的小型化所引起的油温升高，加之排气措施及带拖车的高负荷条件下连续高速运转的情况增多等，使自动变速器油的使用条件变得相当苛刻，氧化安定性就更重要了
与密封材料的适应性	自动变速器油对自动变速器各部分的密封胶必须没有明显的膨胀、收缩、硬化等不良影响。自动变速器油对橡胶的性能影响，通常是用ASTD471烧杯浸泡试验来评定，该试验是在一定温度和一定浸泡时间下，评定密封材料的体积、表面硬度、张力强度的变化，以及极限伸长和破裂趋势。其中以体积变化和破裂趋势为常考察的性能 自动变速器油的橡胶膨胀性主要与基础油有关。一般来说，石蜡基基础油对橡胶有收缩的倾向，环烷基基础油使橡胶有膨胀倾向，通常以这两种基础油进行调和以获得所需要的膨胀特性。橡胶的膨胀特性和基础油的苯胺点有密切的关系，基础油的苯胺点愈高，橡胶的膨胀特性就愈小。由此说明，橡胶膨胀性和芳烃有关，因此可以用某些芳烃化合物作为橡胶膨胀剂，来调节自动变速器油的橡胶膨胀性。这种橡胶膨胀剂有时能减少或消除密封泄漏。常用的三种橡胶中，丁腈橡胶膨胀最低，聚丙烯酸酯橡胶比丁腈橡胶膨胀性能大，硅橡胶的体积膨胀则为20％～30％
剪切安定性	自动变速器油在液力变矩器中进行动力传递时，会受到强烈的剪切力。一般来说，基础油对于剪切是比较稳定的，但黏度指数改进剂之类的高分子化合物则易受到切断，其结果使油品黏度降低，引起油压下降，最后导致离合器打滑。在自动变速器油的各规格中，通常要规定台架试验以后油品的最低黏度，用以控制油品的剪切稳定性 一般说来，增黏效果及低温黏度特性好的黏度指数添加剂，其剪切安定性就差。因此，有人为了提高油品的剪切安定性，采取提高基础油的黏度指数的办法而减少黏度指数添加剂的用量
起泡性能	自动变速器油在自动变速器中的狭小油路里高速循环很容易起泡。如果泡沫混入油压回路，就会引起油压降低，其结果导致离合器打滑、烧结等事故发生。所以在自动变速器油中要加入抗泡添加剂 用通常的起泡试验方法（ASTM D892）来测定自动变速器油的起泡性是不够的，通用汽车公司研究制订了作为自动变速器油用的新的起泡试验方法。该起泡试验方法的装置是由加热器、油循环系统、电动机及搅拌器所组成。该试验是在95℃和135℃下进行，测定液面上的泡沫高度和消泡时间。DexronⅡ规格要求95℃时无泡，135℃最大泡沫高度10mm，消泡时间小于23s
摩擦特性	自动变速器油的摩擦特性，就是要求有适当的油性，换言之，就是要求有相匹配的静摩擦因数 f_s 和动摩擦因数 f_k。以换高速挡时的输出扭矩来说，动摩擦因数对启动扭矩的大小有影响。如动摩擦因数过小，则离合器在搭合阶段的滑动机会就多，因此换挡时间长。静摩擦因数的大小和最大扭矩的大小有密切关系，如果静摩擦因数过大，换挡的最后阶段就会引起扭矩的激剧增大，这就是产生“嗄、嗄”声噪声的原因，换挡感觉就是显著恶化，因此希望自动变速器油具有较大的动摩擦因数和较小的静摩擦因数。这种摩擦特性是通用汽车公司自动变速器所要求的 关于自动变速器油摩擦特性的评定方法，大致可分为四种：静摩擦试验，动周期摩擦试验，台架实机周期试验，行车试验
抗磨性	自动变速器油应具有防止行星齿轮、轴套、止推垫圈、油泵、离合器组件和自动器传送件的磨损。在其规格中也规定有抗磨性指标和评定方法

5.2.2 自动变速器油的分类和规格

在ISO 6743/A分类标准中，液体动力系统用油仅粗略地分为自动传动液（HA）和联轴节（或转换器）液（HN）两个品种。ASTM和API把自动变速器油按使用分类提出了分类方案（见表17-5-7）。

表 17-5-7　**国外自动变速器油的使用分类**

分　类	适 用 范 围	国外相应规格
PTF-1	轿车、轻型卡车的自动传动装置	Dexron ⅡD、ⅡE、Ⅲ MERCON F、G NEW MERCON
PTF-2	重负荷大功率转换器、重负荷卡车的自动传动装置、多级变矩器及液力耦合器	Allison C_2、C_3、C_4 SAEJ 1285-80
PTF-3	适用于农业及建筑机器液压、齿轮、刹车和发动机共用的润滑系统	JOHN DEER J-20、20B、14B、JDT303 M2G41A(FORD 公司)

由于汽车自动变速器油分类规格比较复杂，在美国，此类油品主要由各大汽车或相关设备的公司制定自己的专用规格。其中通用汽车公司的 Dexron、福特汽车公司的 MERCON、Allison 公司的 Allison 系列和卡特匹勒公司的 TO 系列被认为此类油的代表性规格。

自动变速器油的规格演变和不断更新，主要是在提高低温性能、抗氧化性能和摩擦特性以及有关评定设备的不断更新等方面。因为作为动力传递介质要求较低的黏度，但作为润滑介质却要求在 100℃时有一个适宜或较高的黏度。对于小轿车、轻型卡车，100℃黏度可以在 7.0～8.5mm²/s；对于重负荷功率转换器，则按 SAEJ300 的要求从 3.8～16.3mm²/s 分为五级黏度；而拖拉机的液压-齿轮-传动三用油则规定在 8～12mm²/s。

ATF（自动变速器油）的低温黏度要求如表 17-5-8所示。

低温黏度不断更新，主要在于满足采用电子控制以及节能和冬季易于启动或换挡等要求。

我国的自动变速器油按 GB/T 7631.2—2003 标准称为液力传动油。红色透明液体，以石油润滑油馏分为原料，经脱蜡、深度精制，并加入增黏、抗磨、油性、抗氧防锈、抗泡和染色等添加剂制成。按 100℃时运动黏度订牌号。其黏温性和低温流动性良好，低温下易启动、换挡，变速平稳；氧化安定性和抗泡性良好，可满足传递功率大、摩擦力矩大等运转条件下的润滑要求。防锈性能较好，可防止液力传动系统的锈蚀。适用于汽车、机械的液力传动系统润滑。

我国液力传动油质量指标目前还没有制订国家标准或行业标准，只有一些企业标准 Q/SH 018.4403（见表 17-5-9）。其他还有企标 Q/SH 011.042、Q/SH 013.01.022、Q/SH 033.01.011 等。

表 17-5-8　**ATF 低温黏度要求**

公　司	自动变速器油类型及低温黏度	
	类　型	低 温 黏 度
GM 公司	Dexron ⅡD Dexron ⅡE Dexron Ⅲ Dexron Ⅳ	−40℃布氏黏度不超过 50000mPa·s −40℃布氏黏度不超过 20000mPa·s −40℃布氏黏度不超过 20000mPa·s −40℃布氏黏度不超过 5000mPa·s
Ford 公司	Mercon New Mercon Mercon V	−40℃布氏黏度不超过 50000mPa·s −40℃布氏黏度不超过 20000mPa·s −40℃布氏黏度不超过 10000mPa·s
Allison 公司	Allison C_3 Allison C_4	对 SAE10W，−18℃不超过 2400mPa·s 报告达到 3500mPa·s 时的温度
Chrysler 公司	−28.9℃黏度不超过 4500mPa·s 今后要增加−40℃的黏度新要求	
日本汽车制造商	−30℃不超过 3800mPa·s −40℃不超过 20000mPa·s	
Benz 公司	与 GM 公司的要求相同	

表 17-5-9 **液力传动油质量标准**（Q/SH 018.4403）

项 目		质量指标 6	质量指标 8	试验方法
黏度等级(按 100℃运动黏度划分)		6	8	
运动黏度/mm²·s⁻¹ 100℃ −20℃		 5～7 —	 7.5～8.5 2000	GB/T 265
运动黏度比($\nu_{50℃}/\nu_{100℃}$)	不大于	4.2	3.6	GB/T 265
闪点(开口)/℃	不小于	160	155	GB/T 267
凝点/℃	不大于	−30	−50	GB/T 510
水溶性酸或碱		—	无	GB/T 259
水分/%	不大于	痕迹	痕迹	GB/T 260
腐蚀试验(铜片,100℃,3h)	不大于	1 级	1 级	GB/T 5096
机械杂质/%	不大于	0.01	0.01	GB/T 511
最大无卡咬负荷 P_B/N		报告	报告	SH/T 3142
磨斑直径(294N,30min)/mm		报告	报告	SH/T 0189
泡沫性质(泡沫倾向/泡沫稳定性)/(mL/mL)	24℃ 93.5℃ 后 24℃	报告 报告 报告	报告 报告 报告	GB/T 12579

8 号液力传动油用于高级轿车及进口车辆的液力传动系统，除作动力传递介质外，还可启闭阀门实现自动换挡，对液力传动系统中的轴承、齿轮等摩擦副兼起润滑、冷却作用。6 号液力传动油用于内燃机车、载重汽车、工程和矿山机械的液力传动系统。密封件应选用耐油橡胶制品。8 号液力传动油质量水平相当于美国通用汽车公司（GM）DexronⅡ油。6 号液力传动油质量水平相当于通用汽车公司（GM）Truck& Coach Allison C-3 油。我国目前生产液力传动油的厂家主要有：兰州炼油化工总厂、大庆石油化工总厂、营口石油化工厂、大连石化公司、茂名石化公司、长城高级润滑油公司及上海高桥石化公司炼油厂等。

5.3 离合器的润滑

表 17-5-10 **离合器的润滑**

润滑形式		润滑特点及要求
电磁式离合器的润滑		电磁离合器是利用励磁线圈电流产生的电磁力来操纵接合元件，使离合器接合或脱开 电磁离合器多数装在变速箱中，和轴承、齿轮等摩擦副共用一种润滑油。为了考虑各摩擦副润滑的需要和油的黏性太大会使脱开时间太长，推荐用 N15 号主轴油或 10 号变压器油（加入 1%的油性添加剂），使用油品的黏度（40℃）最大不要超过 30mm²/s
摩擦式离合器的润滑与冷却	干式润滑要求	摩擦式离合器的摩擦接合元件的工作方式分为干式和湿式两种情况，湿式摩擦元件虽然散热条件比干式有利，但由于压紧力大，发热量也不小，因此都有发热和冷却问题 在干式下工作的摩擦元件，为了避免摩擦因数发生变化，影响传递扭矩的工作能力和启动性能，应严格防止润滑油和润滑脂进入摩擦表面，其散热一般是依靠通过离合器壳体散逸到周围环境中去，当散热面不足，温升过高时，也可采用风扇等强制冷却，以保证离合器壳体在长期工作中，其外壳工作温度不超过 70～80℃
	湿式润滑要求	对于在湿式下工作的摩擦元件，不但要保证润滑充分，而且对润滑剂的性能也有一定的要求，对润滑油的要求有： ①摩擦性能好，与摩擦表面的黏附力大、油膜强度高，既防止两摩擦面直接接触，又要具有高的摩擦因数 ②适当的黏度和黏温指数，使其在低速时，不致因黏度过大，油膜厚度增加，延长离合器的接合时间；高速时，不会因黏度大而增加空转扭矩和发热，也不会因黏度太低不易形成油膜而发生干摩擦，降低使用寿命 ③耐热性好，抗氧化性高，不产生泡沫，不易老化变质，使用寿命长 ④化学性能稳定，不与摩擦元件发生腐蚀作用 除了电动起重机中的摩擦离合器外，只要求润滑引导摩擦片压紧和松开的离合器轴承，它可用润滑油或润滑脂来润滑。用脂润滑时，用脂枪加油，推荐用短纤维的 4 号钠基脂。用油润滑时，推荐用 N100 号汽轮机油。某些种类的起重机摩擦离合器要求用油润滑和冷却，推荐选用 L-HL46 液压油

续表

<table>
<tr><th>润滑形式</th><th colspan="2">润滑特点及要求</th></tr>
<tr><td>摩擦式离合器的润滑与冷却</td><td>湿式离合器润滑方式</td><td>①飞溅润滑　这种润滑装置简单，适用于与齿轮箱组合在一起的场合，依靠浸入油池中齿轮转动将油飞溅到离合器的摩擦元件，但当齿轮线速度太低（<1.5m/s）或离合器接合频繁时，则不易得到充分的润滑
②浸油润滑　将离合器浸在油中，浸入深度，一般为外径的 10%，由于搅动油产生阻力使离合器的空转扭矩增加，接合时间延长，一般用于线速度≤2m/s 的离合器
③滴油或喷油润滑　将润滑油直接滴入或加压喷入离合器，但当离合器线速度>5m/s 时，润滑油就难以进入离合器，故一般用于线速度<5m/s 的场合
④轴心润滑　润滑油通过离合器轴的中心孔，依靠油压或离心力流到摩擦元件的摩擦面上，这种润滑方式比较合理，摩擦元件的使用寿命长，但结构比较复杂</td></tr>
<tr><td>气压式离合器的润滑</td><td colspan="2">气压离合器利用压缩空气操纵接合机构，常用压缩空气的压力为 0.4～1N/mm²。气压离合器的特点为：结构简单，接合平稳，能传递很大的扭矩，而且可高频离合，动作迅速；不需要调整磨损间隙，使用寿命长，维护方便，能自动控制和遥控；介质清洁对环境无污染，比较安全，适用范围大
气压离合器大多数为干式离合器，对于某些类型的气动离合器则要求润滑，要求所用润滑油同时起冷却离合器片的作用。即要求润滑油在满负荷传动时，迅速由摩擦片间挤出，除要保证其间最大压力外，并不得发生打滑现象。最适用的润滑剂，就是相对密度（20℃）约 0.87～0.89，黏度（40℃）为 61.2～74.8mm²/s，黏度指数为 90～100 的润滑油</td></tr>
<tr><td>超越式离合器的润滑</td><td colspan="2">超越离合器是一种靠主、从动部分的相对运动速度变化或回转方向的变换能自动接合或脱开的离合器。按照工作原理，超越离合器可分为嵌合式（棘爪式）和摩擦式
超越离合器一般不但要求润滑油润滑摩擦部位，而且还要求吸收结合部件间所产生的热能。滚柱式离合器可根据速度来选油，高速时选用 L-AN32 全损耗系统用油；中速时选用 L-AN68 全损耗系统用油；低速重载时选用 40 号柴油机油。楔块式离合器用脂润滑时，推荐用 2 号纳基脂。同时有滚柱又有楔块的组合式离合器，应选用具有极压性和抗磨性要求的润滑剂。操作环境温度低于－10℃时，要求采用凝点为－35℃和黏度（40℃）为 15mm²/s 的润滑油，如 45 号变压器油或冷冻机型的润滑油。</td></tr>
<tr><td>离心式离合器的润滑</td><td colspan="2">离心式离合器是一种依靠离心体产生的离心力来达到自动分离或接合的离心器。其结构形式主要有闸块式和钢球式两类
离心式离合器的启动过程比较平稳，过载时能打滑，有安全保护作用，其传递扭矩能力与转速平方成比例，故不适宜用于变速传动和低速传动系统。此外也不宜在打滑时间较长的工况下工作，防止引起摩擦件因温升过高而失效，一般打滑时间应限制在 1～1.5min 以内。离心离合器一般情况下可用全损耗系统用油（普通机械油）来润滑</td></tr>
</table>

5.4　联轴器的润滑

啮合式联轴器一般都应用油或脂来润滑，见表 17-5-11。用油润滑时应注意油的注入及密封，还应开通气孔。特别是在高速下运转的联轴器，更应重视润滑，保持良好润滑状态。润滑错误或不充分是啮合式联轴器的一个主要失效原因，齿式联轴器更是如此。

联轴器所用润滑剂有润滑油或润滑脂，在确定润滑剂的种类和牌号时，应考虑载荷大小、速度高低以及使用的工况条件，同时还要考虑所连两轴相对位移的方向和大小。

润滑脂的保持性好，在离心力作用下，不易流失，对密封的要求不很严格，但其散热性不好，也不易排出摩擦界面的磨屑。此外，在高离心力作用下有可能使增稠剂与基础油发生分离现象。

啮合式联轴器在可动元件的摩擦界面形成润滑油膜的条件不易满足，因此，要求润滑剂除了具有适当的黏度外，还应有良好的油性，使润滑剂具有较好的边界润滑性能。啮合式联轴器的润滑剂的选用可参考表 17-5-11。

表 17-5-11　　选用联轴器润滑油、脂的规范

联轴器类型	最高圆周速度 /m·s⁻¹	能补偿偏移的种类①	润滑剂类型	润滑剂牌号②	润滑剂用量	换油、脂周期③	对润滑剂的特殊要求④
双头齿形联轴器	≈60	θ、δ、S	脂	0 号或 1 号脂	装满联轴器	6～12 个月	黏着性要好，对密封要求不严

续表

联轴器类型	最高圆周速度/m·s^{-1}	能补偿偏移的种类①	润滑剂类型	润滑剂牌号②	润滑剂用量	换油、脂周期③	对润滑剂的特殊要求④
双头齿形联轴器	≈60	θ、δ、S	油	N150工业齿轮油 N220工业齿轮油	装一半，使静止时不漏油	12个月	对密封要求不严
	≈150	θ、δ、S	油	N150工业齿轮油 N220工业齿轮油	足够的流量		沿轴向连续地通过联轴器，无密封
单头齿形联轴器	≈60	θ、S	脂	0号或1号脂	装满联轴器	6～12个月	附着性要好，对密封要求不严
	≈60	θ、S	油	N150工业齿轮油 N220工业齿轮油	装一半，使静止时不漏油	12个月	普通矿物油，对密封要求不严
	≈30	θ、δ、S	脂	0号或1号脂	联轴器两端都装满	6个月	附着性要好，对密封要求不严
牙嵌式联轴器	≈150	S	油	N150工业齿轮油 N220工业齿轮油	足够的流量		沿轴向连续地通过联轴器，无密封
弹簧片式联轴器	≈30	θ、S、ϕ	脂	1号脂	装满联轴器	1000h	对密封要求不严
盘式弹簧联轴器	≈60	θ、S、ϕ	脂	2号或3号脂	装满联轴器	12个月	对密封要求不严
	≈150	θ、S、ϕ	油	N150工业齿轮油 N220工业齿轮油	足够的流量		沿轴向连续地流向联轴器
十字滑块式联轴器	≈30	θ、δ、S	脂	2号脂	中间滑块的空隙充满脂	100h	适合采用球轴承脂
	≈30	θ、δ、S	油	N220工业齿轮油	中间滑块的闪隙充满油	1000h	有时采用浸满油的毛毡垫
滚子链式联轴器	≈12.5	θ、δ、S	脂	1号或2号脂	充满壳体	1000h	对密封要求不严
	≈12.5	θ、δ、S	油	N150工业齿轮油	充满壳体	500h	对密封要求不严

① θ—角偏移；δ—平行偏移；S—轴向偏移；ϕ—转角。

② 也可以采用联轴器生产厂推荐的润滑剂；对于载荷大的部位建议用黏度高的润滑油或二硫化钼锂基脂；对于低运转温度下的整装联轴器应该用合成润滑脂。

③ 润滑剂的使用寿命受工作条件的影响大。功率小、温度不超过50℃，又无泄漏的联轴器，换油周期可比上表的数据延长一倍。换润滑脂时应该把联轴器冲洗干净。

④ 在通常情况下，普通润滑油和润滑脂都可采用。对于载荷大或速度高以及偏移虽大但在第一次装配时已校正的，建议用极压齿轮油或极压润滑脂，但必须对非铁金属不产生坏影响。

5.5 机械无级变速器的润滑

机械无级变速传动通常由传动机构、加压装置和调速机构三部分组成。它的常用类型有钢球式、环锥式、棱式、多盘式、齿链式等。在无级变速器的传力元件接触区内，润滑油膜承受高压力、高剪切率应变率（高牵引力），同时还由于受到剪切而发热。变速器的摩擦特性与所用润滑油有很大关系，选用不当，就会产生不良影响，因而对润滑油品有许多特殊要求。

5.5.1 机械无级变速器油的分类和规格

目前还未见到有关无级变速器油的正式国内外标准或规格。在已生产的产品中大致可分为矿物油型与合成油型（如环己基脂环族化合物等）两大类。

表17-5-12是广州机床研究所研制生产的无级变速器油规格，表17-5-13是北京石油化工研究院研制生产的无级变速器油规格，其中S系列油品属于合成油，N32、N68、HM-150属于矿物油。我国生产的无级变速器油，暂时未列入牵引系数指标。

表17-5-14为美国孟山都公司（Monsanto Industrial Chemicals）Santotrac系列牵引油的技术性能。

另外，对于一些不太强调效率，而又不宜频繁加油的小型牵引驱动装置，或为了防止润滑油泄漏等情况下，可用牵引驱动润滑脂。牵引驱动用润滑脂的性能取决于基础润滑油的性能，因而要用牵引系数大的润滑油作为基础油。稠化剂有金属皂和非皂型两种，但在用合成油作为基础油来制备牵引润滑脂时，使用皂基稠化剂也有导致牵引系数下降的可能，因而要注意选用。

表 17-5-12　U_b 系列无级变速器油

项　目	质量指标				试验方法
	U_b-1	U_b-2	U_b-3	U_b-4	
运动黏度(40℃)/$mm^2 \cdot s^{-1}$	10～15	15～20	30～40	160～180	GB/T 265
黏度指数		>90			GB/T 1995
凝点/℃	－10	－10	－5	0	GB/T 510
闪点(开口)/℃	135	160	170	200	GB/T 3536
酸值/mg(KOH)·g^{-1}	0.04	0.14	0.16	0.35	GB/T 264
铜片腐蚀(100℃,3h)		合格			GB/T 5096
抗泡沫性		良好			GB/T 12579
最大无卡咬负荷 P_B/N	441	686	882	735	GB/T 3142

表 17-5-13　S 系列及矿油型无级变速器油

项　目		质量指标						试验方法
		S-20	S-30	S-80	N32	N68	HM-150	
运动黏度/$mm^2 \cdot s^{-1}$	40℃	19.8	31.9	80.6	32	68	150	GB/T 265
	100℃(0℃)	3.55	5.85	15.38	(420)	(1400)	(2000)	
黏度指数		17	128	203	90	90	90	GB/T 1995
凝点/℃		－42	－42	－42	－15	－9	－9	GB/T 510
闪点(开口)/℃		160	160	161	180	200	200	GB/T 3536
酸值/mg(KOH)·g^{-1}		中性	中性	中性	中性	中性	中性	GB/T 264

表 17-5-14　美国孟山都公司生产的 Santotrac 系列牵引油

项　目		Santotrac			
		30	40	50	70
运动黏度/$mm^2 \cdot s^{-1}$	40℃	13.6	26.32	32.02	80.7
	100℃	3.0	3.6	5.7	11.7
	－40℃	23400	31600(－29℃)	41500(－29℃)	93904(－18℃)
黏度指数		—	24	121	123
凝点/℃		－50	－40	－35	－29
闪点/℃		163	169	163	168
牵引系数/%		8.4	9.5	9.5	9.5

5.5.2　机械无级变速器油的选用

表 17-5-15　机械无级变速器润滑油推荐表

无级变速器的名称	润滑油黏度(40℃)/$mm^2 \cdot s^{-1}$	润滑油牌号
钢球无级变速器 钢球平盘式无级变速器	10～15 10～15	U_b-1 无级变速器油
钢球内锥轮式无级变速器	15～20	U_b-2 或 S-20 无级变速油
行星锥轮式无级变速器 棱锥式无级变速器	30～40 30～40	U_b-3 或 S-20 无级变速器油
滚锥平盘式无级变速器 锥盘-环盘式无级变速器 转臂输出行星锥滚子式无级变速器 封闭行星锥滚子式无级变速器	30～40 30～40 30～40 30～40	U_b-3 或 S-30 无级变速器油
齿链式无级变速器	68～160	U_b-5(或 S-80)无级变速器油
脉动式无级变速器	100～110	U_b-3B 无级变速器油
多盘式无级变速器	160～168	U_b-4 无级变速器油

第 17 篇

5.5.3 机械无级变速器油的合理使用

① 无级变速器油必须选用专用的牵引油，而不能用普通机械油等代替。

② 影响牵引系数的因素错综复杂，最好通过试验进行选油。

③ 润滑油的牵引系数值受滑滚比 w_b/w_r、滑动率 ε、摩擦副的材料匹配、表面形貌、载荷和温度等影响，概括地说，随着 w_b/w_r 的增大，牵引系数值及牵引系数-滑动率曲线上升的斜率均较小。当 $\varepsilon=0$（纯滚动）时，牵引系数等于 0；当 ε 逐渐增大时，牵引系数上升较快；当 ε 值超过一定值后牵引系数上升缓慢甚至反而下降；因此，设计时应限制 ε 及 w_b/w_r。

④ 新的无级变速器开始使用时，由于磨合过程所产生的金属碎屑较多，一般使用约 200h 就必须更换新油，清除金属碎屑，以防止由于金属碎屑的存在而使变速器工作不正常。

⑤ 无级变速器油的使用寿命与其使用温度的高低有很大关系，故应根据油温的高低来考虑油品的寿命，例如油温保持在 45～55℃时，油品寿命可保持在一年以上；而在 70℃以上时，油品寿命仅 3 个月左右。

⑥ 在使用中还必须经常观察油品颜色、黏度、酸值、无级变速器有无不正常噪声等的变化情况，在发现异常时及时更换油品。

5.6 螺旋副的润滑

螺旋副包括丝杠、螺杆与螺母，可用于螺纹连接与螺旋传动。螺纹连接是利用螺纹零件构成的可拆连接；而螺旋传动在几何和受力关系上与螺纹连接相似，主要用于变回转运动为直线运动，同时传递能量或力，也可用以调整零件的相互位置，有时兼有几种作用。螺纹连接与螺旋传动的摩擦和润滑具有不同的特点，分述如下。

5.6.1 螺纹连接的润滑

螺纹连接由螺纹紧固件或被连接件的螺纹部分构成，如螺钉、螺栓、螺母与管件螺纹连接等。通常要求能圆滑的旋紧、松开并兼有自锁作用，有的还要求紧密性，为使能圆滑地上紧螺纹或拆卸，而需向螺纹上涂抹一般的机械油或其他常用润滑油。由于螺纹的相对摩擦并不苛刻，除最终几扣外，面压不大，而且连接后并不运动，因而对其润滑性能要求不高。但润滑剂长期固定放置会因环境介质如潮湿、受热和在金属作用下等影响而变质，对金属发生腐蚀或锈蚀作用，因而对润滑油的防腐蚀和防锈性有较高的要求。一般要用黏度（40℃）为 20～50mm²/s 的防锈润滑油。常用的管件螺纹连接用润滑组合物的组成及性能见表 17-5-16。

在一些受振动影响的机械如行走机械和车辆的螺纹连接部位，虽然名义上静止，但相互间有微幅摆动，可能发生微动磨损，必须采取措施减轻微动磨损的影响。推荐使用含二硫化钼或二硫化钨及含极压剂的润滑油膏，可减少微动磨损。

5.6.2 回转变位及微调用螺旋副的润滑

回转变位或微调用螺旋副，如主动螺杆和行进螺杆或螺母，以及微细调整的变位螺旋、测微计或卡尺上的尺寸放大或缩小的调位螺旋副等，一般承受面压不大，但运动频度高，为了使运动圆滑、均匀并减少磨损，须使用适当的润滑油进行润滑。对小型轻载的螺旋副，可使用低黏度的 L-AN 全损耗系统用油；中型或载荷较重的应用黏度稍高一些的 L-AN 全损耗系统用油或汽轮机油来润滑；大型、重载的应用高黏度（N100 以上）的气缸油或工业齿轮油。对于一些加油方便的小型机械的螺旋副，可用手浇或滴油润滑，但对一些在机械内部的行进螺杆和螺母，则需直接向螺母（或行进内螺杆）加油润滑，对一些不能靠油自然流入的螺旋副，则需采用加压给油进行润滑。

表 17-5-16 管件螺纹连接用润滑组合物的组成及性质

组合物名称及含量（质量分数）/%	改进螺纹脂	硅螺纹脂	成品性质		指标
基础脂	36.0±2.5	20.5±0.5	锥入度 25℃，工作后 0.1mm(NIGI 号 1)		310～340
硅组合物	—	12.9±0.3	−18℃冷却后 滴点/℃	最低 最低	200 87.8
硅油	—	2.6±0.2	蒸发量(100℃，24h)/%	最大	2.0
石墨	18.0±1.0	18.0±1.0	分油量(镍锥 24h，65.6℃)/%	最大	5.0
铅粉	30.5±0.6	30.5±0.6	放气量(65.6℃，120h)/mL	最大	2.0
锌粉	12.2±0.6	12.2±0.6	水漂溶量	最大	2.0
铜薄片粉	3.2±0.3	3.3±0.3	抗刷性		−18℃适用

5.6.3 机床螺旋传动的润滑

机床螺旋传动可分为滑动螺旋、滚动螺旋和静压螺旋。它们具有不同的润滑特点，见表 17-5-17。

表 17-5-17 机床螺旋传动的润滑要求

类型	说明
滚动螺旋副的润滑	滚动螺旋副即滚珠丝杠副，它的润滑方法一般多采用润滑脂，例如 2 号锂基脂润滑，将脂充填在螺母内及丝杠螺纹滚道上；亦可采用滴油润滑，例如用 L-HL32～L-HL68 液压油或 L-HG 液压导轨油；亦可采用主轴轴承油或导轨油。要求润滑油具有防锈、减摩性能，在不允许有微量发热的数控机床或高速运转的情况下，还可采用油雾润滑
静压螺旋副的润滑	静压螺旋副即静压丝杠副的供油装置及所使用润滑油基本上与静压轴承或导轨所使用的相同，应特别注意润滑油的清洁，润滑油必须经过严格过滤。用于机床进给运动的静压丝杠副，一般要求能得到准确的传动精度，因此希望润滑油温度变化所引起的热变形小，所以供油系统中需要有恒温装置或冷却装置
滑动螺旋副的润滑	不同类型机床的螺旋传动对润滑的要求也不同，如立式车床中的螺旋传动，表面压力可高达 10MPa，所以必须选用黏度高及抗磨性好的导轨油；精密机床中的螺旋传动要求长期保持其精度、较小的温升和较低的摩擦因数，宜用黏度低及抗磨性好的主轴油或液压油。各种机床中的螺旋传动的润滑油选用见下表：

各种机床螺旋传动的用油牌号

机床名称	润滑部位	用油牌号
立式车床	横梁升降用	L-G100、L-G150 导轨油
落地镗铣床	横梁升降用	L-G100、L-G150 导轨油
坐标镗床	横梁升降用	L-HG68 液压导轨油
坐标镗床	传动用	L-HG68 液压导轨油
摇臂钻床	升降用	L-G100、L-G150 导轨油
铣床	升降用	L-HG68 液压导轨油
尤门刨床	升降用	L-G100、L-G150 导轨油
尤门刨床	升降用	L-HG68 液压导轨油
螺纹车床	进给用	L-HL46 液压油
螺纹车床	走刀用	L-HL46 液压油
刻线机	分度系统用	N7 主轴轴承油

类型	说明
重载荷螺旋副的润滑	如压力机、压榨机、冲压机、压延机、剪板机、大虎钳、大管钳等的螺旋驱动部分的面压很大(一般在 1～5MPa 以上)，一般用淬火硬化钢等热处理材料，而润滑油则多用黏度(40℃)20～50mm²/s，甚至到 350mm²/s 以上的润滑油
螺杆和蜗轮架的润滑	为降低过去采用的齿条和小齿轮或螺丝杆及螺丝架等的面压，大型机床广泛采用移动机构。蜗杆和蜗轮架需用黏附性极好的高黏度润滑油[一般用加有油性或极压添加剂的润滑油，其黏度(40℃)一般为 50～90mm²/s]。由于是在蜗轮移动中连续加油润滑的，容易吸附尘埃增加磨损，因而要用防尘罩或密封装置
球窝型螺旋副的润滑	因球窝螺旋副的摩擦阻力小，并多用于行进螺旋装置上。在公螺旋和母螺旋间有许多小球，起滚动接触作用，而大大降低摩擦因数。由于接触面是经淬火并精研磨加工的，而摩擦机构大体类似滚动轴承，因而一般只需用黏度(40℃)为 40mm²/s 左右的润滑油即可
高温腐蚀环境下螺旋副的润滑	在高温环境下螺旋副的润滑推荐一种金色的膏剂，它含有高成分的金属及润滑性添加剂，对在腐蚀环境或高温下之螺钉、双头螺柱、连接头及其他固定牙，有防止腐蚀性及抗磨的作用。目前在国内还没有生产这种润滑剂，建议采用英国的 Rocol Anti-Seize Compound 166 螺钉护理膏和 Rocol Anti-Seize Spray 螺钉护理喷剂。前者耐高温可达 1100℃，后者性能与前者相同，但它使用起来极为方便

5.7 钢丝绳的润滑

5.7.1 钢丝绳润滑剂的种类及性能

钢丝绳润滑剂的种类一般分为以下五种：石油脂润滑剂、沥青基组合物、润滑脂、轻质润滑油、植物油等。

石油脂在其熔点以下的温度，一般在 80～110℃的范围内使用，即热石油脂以保证充分的润滑，并加有耐水防锈蚀添加剂。

沥青基润滑剂一般在 77～177℃范围内使用。沥青基润滑剂具有良好黏附性，适于钢丝绳室外储存，和用于热的地方、船舶或湿润的地方。在寒冷地带使用时要注意结块而失去润滑性。

润滑脂是用于热浸渍钢丝绳，一般用纳基、锂基和铝基脂。

第 17 篇

表 17-5-18　　钢丝绳润滑剂应具有的性能要求

性能要求	说　明
黏附性好	能黏附在扭绳上，不致轻易被擦掉，并在温度变化时不影响润滑效果。这种黏附性能还对防止卷扬鼓轮打滑有一定作用，特别是对提升缆绳的附着摩擦力有重要的意义
良好的流动和渗透能力	能迅速渗入扭绳内部以及衬芯进行润滑和防锈，并防止细菌在纤维上滋生
较高的油膜强度	能在极重载荷下抵抗相互接触钢丝之间存在的极高正压力
有较高的内聚力	能减少润滑油的滴落，并避免运动时离心甩失
自复的能力强	钢丝绳工作时不断在弯曲变形，致使其表面油膜也不断受到扩展或挤压。这要求油膜较为柔和，并在较高湿润性才不致出现断裂，即偶尔断裂也较易自复。在低温下工作的钢丝绳（−23℃以下）润滑油还须不硬化和开裂
不能含有引起锈蚀的成分	否则致使钢丝锈蚀，钢丝绳润滑油的主要功能是防止其锈蚀
能抵抗水洗或乳化	这有助于在水湿条件下减少润滑油损失和防止腐蚀和锈蚀。船用钢丝绳常须镀锌防锈。油田钻井设备的钢丝绳常受化学侵蚀，故其润滑用油必须能抵抗这种侵蚀
稀释后喷涂的黏着性好	如润滑油需用溶剂稀释以进行喷涂，则在溶剂蒸发之后，润滑油应能迅速黏着并抵抗流失
重质油能固化	如为重质油而必须加热使用时，则在涂敷后，应能固化，以提供光滑而均匀的膜层

表 17-5-19　　钢丝绳润滑脂的一般性能要求

	锥入度(25℃，0.1mm)	滴点/℃	灰分(质量分数)/%	蒸发量(105℃，8h)(质量分数)/%	铜片腐蚀	水分(体积分数)/%	备　注
冬用	310/385	>45	<1.0	<1.0	合格	<0.5	实际上是防锈高黏度混脂油或极软质润滑脂
夏用	250/295	>50	<1.0	<1.0	合格	<0.5	

注：1. 油品生产厂生产冬用、夏用等的品种，用户可根据自己使用要求选用适当品种。
2. 一般钢丝绳油，即指钢丝绳润滑脂而言，应具有良好的防锈性和耐水性，而是一种混成脂。

表 17-5-20　　典型钢丝绳润滑剂质量指标

质量项目		沥　青	石油脂	润滑脂
黏度(100℃)/$mm^2 \cdot s^{-1}$		8453	23.96	—
滴点/℃		74.4	72.2	—
锥入度(60 次工作后)		72	86	209
黏附性/kPa		77.9	66.8	—
耐水冲刷性/%		0.03	1～5	—
锈蚀试验/评分		1	1	1
四球机 EP 试验	烧结点/N	315	—	1600
	负荷指数(LWI)	46.7	—	31.1
四球机磨损试验蚀刻	200N 时	0.54	0.69	0.30
	400N 时	0.94	0.72	0.61
脱落温度/℃		—	71.1	—

5.7.2　钢丝绳的合理润滑

表 17-5-21　　钢丝绳润滑的基本要求

钢丝绳的润滑应考虑的几个问题	钢丝绳的润滑的复杂性并不太为人们所了解，而常受到忽视。实际钢丝绳在制造过程中就须进行预润滑，而在使用和工作中还须保证维护润滑。钢丝绳是否需要连续的润滑和其润滑的周期，则应按其使用的工作条件而定 在选用钢丝绳润滑剂时要考虑以下情况： ①受雨水、海水的冲淋或冲洗作用 ②高气温致使润滑脂变稀，由于离心力而甩掉，或自行滴落，或在储存中被雨水冲掉 ③低温时致使润滑剂结块并脱落 ④受大气中的酸碱或含盐大气的作用 ⑤接触转鼓或滑轮时的磨损作用 ⑥易受砂子、岩石和煤灰等摩擦物质的磨损作用

第17篇

续表

钢丝绳制造时的润滑	①主绳芯　纤维绳芯在制造时应得到适当的修整(涂油)。这比制好浸泡在加热的润滑油脂里更有效。嵌在各绳股里的单独的钢丝绳芯子,要与绳股一样地给以润滑 ②绳股　制成的绳股里的每条钢丝都成螺旋形,因而留下一系列螺栓形管状的空隙,这些空隙必须填满润滑剂以抵抗腐蚀。润滑剂总是在扭绳股时在扭转位置加进去 ③钢丝绳　把钢股(由3～50股)拧在一起最后成为一股绳子时,也会留出空隙,必须填充润滑剂。如果需要一层厚的表面层的话,可以在制造过程中将润滑剂加在各股拧成绳子的地方,或者随后浸泡在油池里 根据钢丝绳的用途来选择股绳和整个绳子用的润滑剂,它可以是矿脂基的或沥青基的化合物。对于某些用途,制造厂可以用专门的技术施加润滑剂 尽管钢丝绳是在制造时施加过润滑剂的,但是钢丝绳的性能的提高与工作期间适当的和正确的润滑密切相关
钢丝绳在工作期间的润滑	电梯等牵引用钢丝绳所需润滑剂比鼓风炉升降机等用量少,但质量要好,耐用寿命要长,减磨性要好 钢丝绳的润滑系滑动和滚动摩擦的混合摩擦,而且时常处于极压和边界润滑状态,因而对润滑剂质量应有严格要求 钢丝绳一般用于低速重载运动机械,由于拉力和滑轮的摩擦压力,使表面钢丝发生疲劳和伸延,因而大大影响使用寿命。一般钢丝绳的润滑是靠绳芯中浸润的润滑油(脂),钢丝表面涂抹的润滑油(脂)和镀锌(0.35cm以下的小径钢丝绳镀锡)等综合进行的 一般钢丝绳外面涂抹润滑油(脂),向受拉力的钢丝绳内部浸渗进去的可能性很少,因而较之钢丝间的减摩之外,而主要为以使钢丝绳和滑轮间的减摩和防锈为目的。因这些钢丝绳外部涂抹油主要在露天或尘埃多的室内使用,而必须用耐水性、附着性好的润滑性能极好的润滑油(脂) 对于运载乘人或搬运重负荷货物的钢丝绳,必须经常检查,以确保安全。此外,由于控制用钢丝绳主要靠外部润滑,因而必须认真考虑保持其外部润滑所需的润滑剂和防止泄漏。最近为减少摩擦阻力而在汽车、摩托车等上采用了特夫纶系树脂涂层的钢丝绳 个别场合,例如汽车里程表钢丝绳缆等回转传动用钢丝绳,必须保持在钢丝回转传动中,不使润滑剂流失,要求润滑脂的黏附性良好,并充分黏附在绳缆外壳的内臂上,以保持良好的润滑

表 17-5-22　各种工作条件下钢丝绳采用的润滑

应用范围	应用设备举例	润滑剂性质及要求	
		性　质	黏度(40℃)/$mm^2 \cdot s^{-1}$
低速重载荷吊运用缆索	摇臂吊、行车、挖掘机、电铲等用吊绳、拉车绳	纯矿油残留油(特殊制备高黏着高渗透能力油品)及重载荷工业齿轮油或钢丝绳防锈脂	320～630
在高速运行下的卷扬缆绳	矿用卷扬机或提升机、电梯	纯矿物残留油(特殊制备高黏着高渗透能力油品)及重载荷工业齿轮油	100～320
以高速和重载荷在斜坡上运行的牵引绳	木材及矿石吊运鼓风炉及挖斗机卷扬	纯矿油残留油(特殊制备高黏着高渗透能力油品)及重载荷工业齿轮油或钢丝绳防锈脂	220～320
以中高速旋转,中、轻载荷的牵引绳	牵引机、货物卷扬机	纯矿油残留油(特殊制备高黏着高渗透能力油品)及重载荷工业齿轮油或钢丝绳防锈脂	220～320
固定不动或暴露在水湿化学气氛中的钢丝绳	加固和悬挂用绳	纯矿油残留油(特殊制备高黏着高渗透能力油品)或钢丝绳防锈脂	220～250

表 17-5-23　各种工作条件下钢丝绳损坏原因及润滑对策

工作条件	条件(1)	条件(2)	条件(3)	条件(4)	条件(5)
	钢丝绳在工业或海运环境中工作	钢丝绳承受严重磨损	钢丝绳绕绳轮工作,但条件(1)、(2)不是关键的	同条件(3),但用于摩擦传动	钢丝绳不受弯曲,吊挂用
钢丝绳损坏主导原因	腐蚀	磨损	疲劳	疲劳、腐蚀	腐蚀

第17篇

续表

	条件(1)	条件(2)	条件(3)	条件(4)	条件(5)
工作条件	钢丝绳在工业或海运环境中工作	钢丝绳承受严重磨损	钢丝绳绕绳轮工作,但条件(1)、(2)不是关键的	同条件(3),但用于摩擦传动	钢丝绳不受弯曲,吊挂用
典型用途	在船上、码头或污染的空气里工作的吊车、吊杆	矿山牵引、挖掘机、拉铲式挖掘机、括斗和扒矿绞车	吊车、抓斗、杆子吊绳、打桩机、打井机、钻井机	升降机吊挂、补偿和控制绳摩擦绞盘上的矿山提升绳	吊车和挖掘机的下垂绳、桅杆和烟筒拉绳
涂油要求	很好地穿透到钢丝内部,有排出湿气能力,防护内外腐蚀,能耐冲刷,耐乳化能力	好的抗磨特性,好的黏附性,耐机械力磨损的性能	很好地穿透到绳内部,好的润滑性能,耐甩掉的性能	不打滑的特性,能很好地穿透到绳内部,排出湿气能力,防护内外腐蚀	好的防腐蚀能力,耐冲刷能力,耐表面破裂性
润滑剂种类	通常用溶剂,以便留下一层(0.1mm)厚而软的润滑膜	通常用很黏的油或含 MoS_2 或石墨的软润滑脂,黏性添加剂能有好处	通常用质量好的、一般用途的、约SAE30 的黏度的润滑油	通常用溶剂分散的、暂时的防腐蚀剂,使留下一薄层半硬膜	通常用相当稠的、沥青类化合物并加溶剂以利于施用
施用技术	人工或机械	人工或机械	机械	正常用手	正常用手
施用时间间隔①	每月	每月	每日 10～20 次	每月	6 个月～2 年

① 间隔指的是普通情况。运转的频率、环境条件和涂油的经济性将用来更正确地决定所需要的工作时间间隔。

表 17-5-24 钢丝绳及缆绳用润滑油黏度及牌号对照

种类	用途		黏度(40℃)/$mm^2 \cdot s^{-1}$	ISO VG①	GB、SY
静止绳	支撑绳		460～680	460、680	N460、N680
	架空缆绳(索道)		320～680	320、460、680	N320、N460、N680
移动绳	矿山卷扬机		220～460	220、320、460	N220、N320、N460
	工程机、土建机		220～320	220、320	N220、N320
	天车、提升机	室内	220～320	220、320	N220、N320
		室外	320～460	320、460	N320、N460

① 日本设备维修保养协会推荐。

5.8 链传动的润滑

5.8.1 链传动对润滑剂的要求和选用

如果选择链传动润滑剂时，如已考虑其速度和载荷，操作条件不会对链润滑起坏的作用。正常的使用，将使销子、套筒和链等其他零件，由于链和链轮间在高速冲击的瞬时油膜破坏情况下又能重新形成油膜。当油在操作温度下是液体并能最大限度地发挥毛细管作用，那么油膜重新形成过程就能实现，在某些特殊情况下，某些滚子链专家推荐采用比原推荐油黏度更高的油，以抵消由于反常载荷条件所带来的影响，但要注意对小间隙的零件，其高黏度油的流动性和渗透性太差，事实上这样对密封有利但妨碍接触表面的连续润滑。

链的间隙太小依赖于链环的类型，其次是润滑剂的稠度或黏度，在其预测操作温度下，达到最佳的稠度或黏度。其间隙大小应足以使油进入，如果没有这种润滑油膜，那么固体磨料或腐蚀性气体将进入其间隙内。很明显，当链必须在磨料、化学气体或水分存在的条件下工作，载荷将增加对润滑剂的负担，在这里，润滑将起到双重效应——润滑和保护。

对于高温操作的地方，如炉子，传送带链应该用带有二硫化钼或石墨粉的润滑剂，这些固体润滑剂是在热蒸汽下由于溶剂挥发而沉积在链表面，对于温度低于 260℃时，也可以使用合成液体如氯氟烃聚合物，它们具有好的热稳定性、润滑性和无毒。

应采用一种预浸渍油的烧结钢轴承，并对滚子链的润滑作了某些改进，在运转时离开此种轴承的润滑油，当链未运转时将重新吸附在轴承上。然而对于这种周期使用的链，最好在停机时间，把这种轴承浸泡到用油箱装好的一种轻油中，其黏度（40℃）为 30mm²/s，以便于这种轴承重新吸附油。在食品工业中，暴露的链如通过手加油将会污染食品，如果链条的销子和套筒采用这种自润滑方法，既能保护链又能防止污染食品。

良好的润滑能使链条使用寿命延长 3～10 倍。润滑的作用是显著减轻链条铰链的磨损，降低摩擦温度、降低传动噪声、减缓啮合冲击，增强冷却效果，防止腐蚀及避免铰链胶合。润滑不良时，则会在结合表面呈现出棕褐色或红色氧化物。

链传动润滑剂应具有良好的牵引特性、耐水淋性、抗流落性、耐反转弯曲性能及低温脆裂脱落性能，此外在实际使用性能上，还要求具有良好的抗腐蚀性和耐高温性能等。

适用于链传动用润滑剂类型有 L-AN 全损耗系统润滑油、L-HL 液压油、L-EQB 级汽油机油、工业齿轮油、车辆齿轮油及润滑脂等。

根据以上对于链的速度、载荷、间隙、工作温度等各种条件的分析，下面将以表 17-5-25 和表 17-5-26 表示这些参数与润滑剂黏度的关系。

在选用链传动润滑剂时，可根据润滑方式、周围温度及链轮节距来选择链传动用的润滑油种类及牌号（见表 17-5-27）。日本设备维护保养协会推荐的链条用润滑油（脂）见表 17-5-28。

表 17-5-25　链条润滑用润滑油（脂）黏度（锥入度）　mm^2/s

链条载荷/MPa	链条速度/$m \cdot s^{-1}$						
	<1	1～5	>5	<5	5～10	10～100	>100
	手加油			过油箱			
<10	70～100	50～80	30～60	50～80	30～60	20～40	10～20
10～20	80～120	70～100	60～80	80～110	70～100	40～60	20～40
>20	160～240	120～160	80～120	160～200	120～160	80～120	65～100
	可用锥入度为 310～340 的二硫化钼锂基脂						

表 17-5-26　链条润滑用油润滑油黏度

工作环境温度/℃	适用黏度(40℃)/$mm^2 \cdot s^{-1}$	润滑方法		
		链速<3m/s	3～8m/s	链速>8m/s
<0 0～10 10～40 40～70	30～40 50～60 100～120 160～240	油浴、涂抹、手浇	油浴、涂抹、手浇	圆盘、喷射、循环

表 17-5-27　链传动用的润滑油牌号

润滑方式	周围温度	小节距	中等节距		大节距
		9.525～15.875	19.05～25.4	31.75	38.1～76.2
用刷子或油壶人工周期润滑、滴油润滑、油浴润滑	−10～0℃	L-AN46	L-AN68		L-AN100
	0～40℃	L-AN68	L-AN100		L-EQB30
	40～50℃	L-AN100	L-EQB30		L-EQB40
	50～60℃	L-EQB30	L-EQB40		工业齿轮油 150(冬季用 90 号 GL-4 车辆齿轮油)
飞溅润滑	−10～0℃	L-AN46			L-AN68
	0～40℃	L-AN68			L-AN100
	40～50℃	L-AN100			L-EQB30
	50～60℃	L-EQB30			L-EQB40

表 17-5-28　链条用润滑油推荐表

运转条件	润滑方法	黏度(40℃)/$mm^2 \cdot s^{-1}$	ISO VG	GB、SY
高速	油浴	77～117	68、100	N68、N100
	喷雾	45～72	46、68	N46、N68
低速	手浇	135～320	150、220、320	N150、N220、N320
	涂抹	混脂齿轮油 120～250mm^2/s(100℃) 润滑脂 310～340(25℃锥入度)		

5.8.2 链条润滑方法的选择

链传动常用润滑方法有手工涂刷、滴油、油浴（链条部分通过油池）和泵送循环喷油润滑等。

表 17-5-29 链传动常用润滑方法

润滑方法	说 明
手工涂抹润滑	用刷子或油壶定期地在链条松边的内外链板环接处加油，最好是工作 8h 加一次油。其加油量和周期应足以防止链环接处的润滑油不变色。在低速范围内（$v<1$m/s），采用标准的猪毛刷，而高速范围内（$v>5$m/s）采用尼龙毛刷，在中速范围内（$v=1\sim5$m/s）两者都可应用。但在速度极高时（$v>10$m/s）要求强制送油润滑以便散热降温，其一般温度不应超过 70℃
滴油润滑	利用滴油油杯将油滴落在两链接板之间。其加油量和周期应足以防止链环铰接处的润滑油不变色。单排链每分钟滴油约 5～20 滴，速度高时多滴些。必须预防油滴受风吹而有偏离，如滴油在链的中心，不能有效润滑其结合的面积。必须将润滑油导引到销轴内侧和滚子侧板表面上
油浴或油盘润滑	利用油浴润滑时，将下侧链条通过变速箱中的油池。其油面应达到链条最低位置的节圆线上。利用油盘润滑时，则链在油面之上工作，油盘从油池里带上的油常利用一油槽导引，使油沉降至链上。油盘的直径应足以产生 3.3～4.5m/s 的旋转速度。链宽大于 125mm 时，应在链轮两侧都装油盘
喷油润滑	这种润滑是对每条传动链供给一连续的油流。油应加在链环的内侧，正好对准链板环接处，沿着链宽很均匀地喷在松弛一侧的链上

表 17-5-30 各种润滑方法所允许的最高链速 m/s

润滑方法	链号									
	35	40	50	60	80	100	120	140	160	200
手工	2	1.6	1.3	1.1	0.9	0.8	0.7	0.6	0.5	0.4
滴油	9.3	7.0	5.5	4.6	3.5	2.8	2.3	2.0	1.8	1.4
油浴	15	12.5	11.0	10.0	8.3	7.1	6.6	6	5.5	5.0
泵送循环	适用到链传动允许的最大链速									

表 17-5-31 链条润滑油耗量（ANSIB 29.1）

传递功率/kW	40	75	110	150	190	220	300	370	450	520	600	670	750	1120	1500
最低给油量/g·min^{-1}	0.25	0.5	0.75	1	1.25	1.5	2	2.5	3	3.25	3.75	4.25	4.75	7	10

5.9 活塞环和气缸的润滑

5.9.1 活塞环的润滑

活塞环对缸筒内起气密作用，要求润滑油有十分良好的润滑和气密性，以便减少摩擦磨损和防止发生断环、卡环，而有利于长期耐用。活塞环润滑状态在很大程度上是与润滑油黏度、负荷强度相关联的边界润滑，以及某些金属干摩擦的混合润滑。但小型高速内燃机等的活塞环还是接近于润滑油的黏性流体润滑状态。磨合终了后，活塞环具有利于形成黏性流体油膜的缓圆弧形状的滑动面，但磨合初期，对于冲程的两端有强烈的边缘负荷，并成为苛刻的边界润滑，因而对磨合期要特别重视。而且对燃烧重质燃油的大型柴油机等的燃烧残渣和高碱性气缸析出的油泥等软质碳化物，除阻碍润滑之外，还会成为活塞环结焦的原因，并可能发生过大的磨损和卡环、断环等事故，因而要格外注意。

活塞环一般大多是矩形断面的平环，但在滑动面设有 1°～2°偏斜面，可使初期磨合的磨斜加快，滑动面下边沿有缺角的“下切型”可使刮油机能改善；在沿环圆周方向设有油沟的槽型环，可使边界润滑性能提高；上缘向内侧缓坡的拱面型有利于防止结焦卡环，在同一环沟里装上二道环以有利于防止环口串气；对于环承受背压很大的高压压缩机或蒸汽机，则应用类似内燃发动机油环那样的凹形滑动面，并具有中间窄透槽沟通的环；而内燃机油环则是滑动面的凹面较宽，而中间窄透槽沟也大的环；使油环在上行程时刮油少（减少活塞冠部积炭），而下行时刮油多的措施，是把凹面的两凸部的上侧角削平，并同时将下凸部的下侧角带洼陷的环。在环口设计上虽有多种，但从润滑角度上看，是以直切型较好，而角切型、双环型或滑动面圆弧面的环则较不利。在环材质方面从耐磨角度上看，对十字头型活塞用环，以有均匀分布斯氏体的珠光冶金基本材质为好，而对时有折断活塞环可能的筒式活塞，则通常多选用具有粒状石墨组织的、强度较高的球墨冶金基本材质的活塞环。

5.9.2　活塞和气缸的润滑

在润滑方法上，小型筒式活塞多用曲轴箱飞溅式润滑。对大型筒式或十字头式活塞，则多用油泵润滑。在飞溅润滑中，润滑油量不易调整得恰如其分，而易浪费润滑油，因而除采用刮油环外，同时还需使用油膜较薄的、环面较窄的压缩环。而设有油泵的润滑法，所用油量调节方便，不必要求活塞环的刮油作用，因而所用压缩环的环面宽而润滑状态良好。

对气缸壁的材质，则要求耐磨性好，同时耐烧结性高的材料，一般多用球墨铸铁，而石墨的形状和分布情况及组织结构对耐烧结性有较大影响。耐磨损性则是取决于材质的组织结构和金属组成及其化合物的性质。高碳钢高硅型缸套筒的抗烧结性好，但抗磨损性差。经过淬火和退化的具有马氏体组织的材质，耐烧结性和抗磨损性都较好，是一般小型缸筒使用较多的材料。但最近一般多用低合金铸钢、镍铬钼系、钼铬钒系和钼铬系等低合金铸钢。对大型缸筒则多有加入磷、锰等元素，以提高其耐磨损性。此外镀铬缸筒的耐磨损性较好，近年也广泛使用。

一般情况下，不同种类机器的气缸和活塞采用不同的润滑油来润滑。例如，汽油机的气缸和活塞采用汽油机油或航空汽油机油来润滑；柴油机采用柴油机油；蒸汽机采用气缸油；压缩机采用压缩机油；冷冻机采用冷冻机油来润滑等。

表 17-5-32　气缸和活塞用油

种　类	说　明
内燃机油	内燃机油又称为发动机油，是用于内燃机发动机的润滑油，通常分为汽油机油、柴油机油、汽油机和柴油机通用油等。专用品种有二冲程汽油机油、船舶用柴油机油、铁路机车用柴油机油、船用气缸油、试车用内燃机油，军用品种有坦克发动机油、飞机发动机油 内燃机油是润滑油中的大类，其用量约占润滑油总量的 40%～50%，它的工况有一定特点，要与温度较高的部件如气缸、活塞等部件接触，也要受到燃料燃烧气的侵袭，而且如凸轮挺杆等部件，其摩擦条件比较苛刻。由于近代各种发动机朝着高热效、高速、重负荷方向发展，因此对内燃机油的要求也越来越高 作为内燃机油应具有润滑、冷却、清洗、密封、防腐蚀等作用，因此，内燃机油应具有以下主要性能： ①良好的黏温特性、适当的黏度 ②较强的抗氧化能力 ③良好的清净分散性 ④良好的润滑性、抗磨性 ⑤良好的抗腐蚀性和酸中和性 ⑥良好的抗泡沫性 ⑦良好的抵制生成漆膜倾向及抵制生成沉淀物的倾向
压缩机油	压缩机油主要用于润滑压缩机的气缸、活塞环、轴承、增速齿轮、曲柄连杆及曲轴箱润滑系统。压缩机油应具有如下主要性能： ①合适的黏度 ②良好的抗氧化安定性 ③积炭的倾向性小 ④良好的抗乳化性、防腐蚀性和抗泡沫性 在 ISO 6743/3A 分类中(我国为 GB/T 7631 压缩机油分类)把容积式空气压缩机油分为 DAA、DAB、DAC 和 DAG、DAH、DAJ 共六个品种。前三种用于活塞式或回转滴油滑片式压缩机，后三种用于喷油回转式空压机。其中 DAC、DAJ 两个品种为合成油型空气压缩机油
冷冻机油	冷冻机油主要用于润滑冷冻机中需要润滑的部位，如活塞式冷冻机中压缩机的活塞-气缸组及连杆曲轴机构等。冷冻机油应具有以下主要性能： ①适合的黏度 ②较低的倾点 ③挥发性小、闪点高 ④良好的化学稳定性和热氧化安定性 ⑤不含水和杂质 ISO 6743/3B—1988 将冷冻机油分为 L-DRA、DRB、DRC 和 DRD 四个品种。目前我国尚未发布冷冻机油分类标准。产品行业标准有 SH/T 0349—1992，其质量水平相当于 L-DRA 级油
气缸油	气缸油是用于往复式蒸汽机或蒸汽往复泵、蒸汽锤等机械上的润滑油。它在蒸汽机中，除了润滑气缸、活塞、配气机构等摩擦面外，还在气缸壁和活塞环之间起密封作用以防止蒸汽泄漏 气缸油分为饱和气缸油和过热气缸油。在用饱和蒸汽工作的蒸汽机中使用饱和气缸油。在过热蒸汽机中使用过热气缸油。过热气缸油和饱和气缸油比较，它有更大的黏度、更高的闪点

表 17-5-33 活塞和气缸选用润滑油合适黏度参考

气缸名	主要工作参数	润滑方法	适用黏度/mm²·s⁻¹	适用油的黏度牌号
一般汽油机 一般航空汽油机	约 30kW/缸 约 150kW/缸	飞溅 加压循环及飞沫	(100℃) 4.1～12.5 12.5～21.9	汽油机油 SAE10W～30 航空汽油机油 SAE40～50
高速柴油机	150kW 以下	飞沫	4.1～12.5	柴油机油 SAE10W～40
	150kW 以上	飞沫循环	12.5～16.3	柴油机油 SAE20W～40
	约 50kW/缸	飞沫循环	5.6～16.3	柴油机油 SAE20W～40
	50～150kW/缸	飞沫循环	9.3～16.3	柴油机油 SAE30～40
	350～600kW/缸	飞沫循环	9.3～21.9	柴油机油 SAE30～50
	600kW/缸以上	飞沫循环	12.9～21.9	柴油机油 SAE40～50
蒸汽机	饱和蒸汽,＜180℃,1.2MPa 180～220℃,1～2MPa	强制滴油 强制滴油	(40℃) 90～242 198～352	气缸油 ISO VG100～220 气缸油 ISO VG220～320
	过热蒸汽,＜280℃,4MPa 280～360℃,4～6MPa 320～420℃,6～20MPa	强制滴油 强制滴油 强制滴油	288～506 414～506 414～748	气缸油 ISO VG320～460 气缸油 ISO VG320～460 气缸油 ISO VG460～680
压缩机	＜1000m³/h,＜5MPa 每段压缩比＜5 每段压缩比 5～8 每段压缩比＞8	强制滴油 强制滴油 强制滴油	(40℃) 90～110 90～110 135～165	压缩机油 ISO VG100 压缩机油 ISO VG100 压缩机油 ISO VG150
	＜1000m³/h,＞5MPa 每段压缩比＜5 每段压缩比＞5	强制滴油 强制滴油	135～165 135～165	压缩机油 ISO VG150 压缩机油 ISO VG150
	＜2500m³/h,＜20MPa	强制滴油	135～165	压缩机油 ISO VG150
	＞2500m³/h,＞20MPa	强制滴油	135～165	压缩机油 ISO VG150
冷冻机	冷冻剂		(40℃)	
	氨、二氧化碳	强制滴油	19.8～24.2	冷冻机油 ISO VG22
	二氧化碳	强制滴油	19.8～24.2	抗氧化性好、无水分的、 沉度精制油 ISO VG22
	氟利昂 R-11、R-12、R-113、R-114、 R-115、R-21、R-22、R-500、R-501、R-502	强制滴油	13.5～35.2	冷冻机油 ISO VG15、22、32

5.10 凸轮的润滑

凸轮和凸轮随动体的总成是内燃机、纺织机、机床等各种机械常用的重要机构，是由滑动运动和滚动运动两者混合运动组成的，双方同时转动或随凸轮转动而转动，随动体的滑动运动或往复运动等复杂运动所组成，特别还有受冲击或振动的作用，因而对减轻接触运动面的摩擦和磨损问题极受重视。为减少摩擦磨损，多将凸轮随动体采用滚筒式或滚动轴承式的总成，在所用材料方面除用各种钢材、铜合金等外，对轻负荷的还使用合成树脂。一般其接触面的承受压力负荷较大，且多是包括滑动摩擦的混合摩擦，因而为防止烧结和减少磨损，对润滑问题十分重视。

汽车等发动机的气门开关用凸轮总成为高转速凸轮，一般除多采用表面淬火钢外，也用铸钢或密烘(meehanite)铸铁等经表面淬火或氮化的材料。有些高级汽车发动机的凸轮负荷变化到 22000～36000N/mm²，转速在 3000r/min 以上，为保证凸轮总成的良好润滑，在凸轮轴的内部设有油道，并在凸轮的基圆上设有油孔进行强制润滑（润滑油流出压力为 100～300kPa)。

凸轮用润滑油，除要有适当的黏度（依凸轮的工作条件而定）之外，还必须使用具有良好极压性能的润滑油，润滑油膜强度较强，并具有良好的恢复性。对于受高温影响的内燃机发动机等使用的凸轮油，还要具有较好的抗氧化性和热氧化安定性。

5.11 弹簧的润滑

弹簧的种类很多，但对润滑的要求大体相同，一般是负荷变化大，而摩擦运动速度低，同时多带有冲击和振动，因而对润滑油要求耐负荷性和极压性好，黏附性大。由于弹簧各部的接触间隙不同而变化大，以致油膜变化也大，且时有油膜被挤掉的现象，所以要求润滑油的渗入性和扩展性良好，以便于进入接触面，和迅速恢复被挤压掉的油膜。此外，由于有些暴露的弹簧，常受尘埃、水分的影响，因而要求所用润滑剂不吸收尘埃和水分，并具有不致被水冲掉的耐水性和良好的防锈性。一般多用耐水性好的润滑脂，或加入石墨或二硫化钼等固体润滑剂的润滑脂，也有直接使用胶体石墨或二硫化钼的（有时用挥发溶剂稀释后喷在弹簧上），也有直接使用高黏度残馏润滑油的。对于一些要求清洁或负荷不大的弹簧，也有使用石蜡、地蜡或凡士林润滑的。

5.12　键销的润滑

各种压榨机、冲压机的曲轴销子或喷射铸型机、锻压机等肘节结合销等低速重负荷润滑点，多用强制润滑。但轻负荷部位，则多用手浇润滑。轻负荷销子只靠加油孔即可满足润滑，但重负荷销子则除加油孔外，还要设有油沟以保证良好的润滑。油沟和滑动面的交点应尽量成圆边，油孔的长度应为销套长度的50%～60%。例如锻压机的肘节结合销的周速60mm/min，销子的最终接触压力到125000kPa，回转角度100°，驱动转速3r/min。工作温度在常温时（40℃以下），可以使用加有极压油性添加剂的，40℃时的黏度为41.4～74.8mm^2/s的润滑油。

第17篇

第6章 润滑方法及装置的选用

6.1 润滑方法及装置简介

6.1.1 润滑方法的分类

润滑方法主要分为：稀油润滑、干油润滑、固体润滑和气体润滑。

表 17-6-1 稀油润滑

润滑方法			润滑设备	润滑原理	案例
分散润滑	间歇无压润滑		油壶、压配式压注油杯，B 型、C 型弹簧盖油杯	利用簧底油壶或其他油壶将油注入孔中，油沿着摩擦面流散形成暂时性油膜	轻载荷或低速、间歇工作的摩擦副。如开式齿轮、链条、钢丝绳以及一些简易机械设备
	间歇压力润滑		直通式压注油杯、接头式压注油杯、旋盖式压注油杯	利用油枪加油	载荷小、速度低、间歇工作的摩擦副。如金属加工机床、汽车、拖拉机、农业机器等
	连续无压润滑	油绳、油垫润滑	毛毡制的油垫	利用油绳、油垫的毛细管产生虹吸作用向摩擦副供油	低速、轻载荷的轴套和一般机械
		滴油润滑	针阀式注油杯	利用油的自重一滴一滴地流到摩擦副上，滴落速度随油位改变	在数量不多而又容易靠近的摩擦副上。如机床导轨、齿轮、链条等部位的润滑
		油环、油链、油轮、油池润滑	套在轴颈上的油环、油链固定在轴颈上的油轮	油环套在轴颈上做自由旋转，油轮则固定在轴颈上。这些润滑装置随轴转动，将油从油池带入摩擦副的间隙中形成自动润滑	一般适用轴颈连续旋转和旋转速度不低于 50～60r/min 的水平轴的场合。如润滑齿轮和蜗杆减速器、高速传动轴的轴承、传动装置的轴承、电动机轴承和其他一些机械的轴承
			油池	油池润滑即飞溅润滑，是由装在密封机壳中的零件所做的旋转运动来实现的	主要是用来润滑减速器内的齿轮装置，齿轮圆周速度不应超过 14m/s
		强制润滑	柱塞式油泵	通过装在机壳中柱塞泵的柱塞的往复运动来实现供油	要求油压在 20MPa 以下，润滑油需要量不大和支承相当大载荷的摩擦副
			叶片式油泵	叶片泵可装在机壳中，也可与被润滑的机械分开。靠转子和叶片的转动来实现供油	要求油压在 0.3MPa 以下，润滑油需要量不太多的摩擦副、变速箱等
			齿轮泵	齿轮泵可装在机壳中，也可与被润滑的机械分开，靠齿轮旋转供油	要求油压在 1MPa 以下，润滑油需要量多少不等的摩擦副
		喷射润滑	油泵、喷射阀	采用油泵直接加压实现喷射	用于圆周速度大于 14m/s、用飞溅润滑效率较低时的闭式齿轮
		油雾润滑	油雾发生器凝缩嘴	以压缩空气为能源，借油雾发生器将润滑油形成油雾，随压缩空气经管道、凝缩嘴送至润滑点	适用高速的滚动轴承、滑动轴承、齿轮、蜗轮、链轮及滑动导轨等各种摩擦副上
		油气润滑	油泵、分配器、喷嘴	压缩空气与润滑油液混合后，经喷嘴呈微细油滴送向润滑点	润滑封闭的齿轮、链条滑板、导轨及高速重载滚动轴承等

续表

润滑方法		润滑设备	润滑原理	案例
集中润滑	压力循环润滑（连续压力润滑）	稀油润滑装置	润滑站由油箱、油泵、过滤器、冷却器、阀等元件组成。用管道输送定量的压力油到各润滑点	主要用于金属切削机床、轧钢设备等的大量润滑点或某些不易靠近的或靠近有危险的润滑点

表 17-6-2　**干油润滑**

润滑方式		润滑设备	润滑原理	案例
分散润滑	间歇无压润滑	无润滑装置	靠人工将润滑脂涂到摩擦表面上	用在低速粗制机器上
	连续无压润滑	设备的机壳	将适量的润滑脂填充在机壳中而实现润滑	滚动轴承、摩擦副、重载的齿轮传动和蜗轮传动、链、钢丝绳等
	间歇压力润滑	旋盖式油杯 压注式油杯	旋盖式油杯靠旋紧杯盖而造成的压力将润滑脂压到摩擦副上；压注式油杯利用专门的带配帽的油（脂）枪将油脂压入摩擦副	旋盖式油杯一般适用于圆周速度在 4.5m/s 以下的各种摩擦副。 压注式油杯用于速度不大和载荷小的摩擦部件，以及当部件的结构要求采用小尺寸的润滑装置时
集中润滑	间歇压力润滑	安装在同一块板上的压注式油杯	用油枪将油脂压入摩擦副	布置在加油不方便的地方的各种摩擦副
	压力润滑	手动干油站	利用储油器中的活塞，将润滑脂压入油泵中。当摇动手柄时，油泵的柱塞即挤压润滑脂到给油器，并输送到润滑点	用于给单独设备的轴承及其他摩擦副供送润滑脂
	连续压力润滑	电动干油站	柱塞泵通过电动机、减速器带动，将润滑脂从储油器中吸出，经换向阀，顺着给油主管向各给油器压送。给油器在压力作用下开始动作，向各润滑点供送润滑脂	润滑各种轧机的轴承及其他摩擦元件。此外也可以用于高炉、铸钢、破碎、烧结、吊车、电铲以及其他重型机械设备中
		风动干油站	用压缩空气作能源，驱动风泵，将润滑脂从储油器中吸出，经电磁换向阀，沿给油主管向各给油器压送润滑脂，给油器在具有压力的润滑脂的挤压作用下动作，向各润滑点供送润滑脂	用途范围与电动干油站一样。尤其在大型企业如冶金工厂，具有压缩空气管网设施的厂矿，或在用电不方便的地方等可以使用
		多点干油泵	由传动机构（电动机、齿轮、蜗杆蜗轮）带动凸轮，通过凸轮偏心距的变化使柱塞进行径向往复运动，不停顿地定量输送润滑脂到润滑点（可以不用给油器等其他润滑元件）	用于重型机械和锻压设备的单机润滑，直接向设备的轴承座及各种摩擦副自动供送润滑脂

第17篇

表 17-6-3　**固体润滑和气体润滑**

润滑方法		润滑原理
固体润滑	整体润滑	不需要任何润滑装置，靠材料本身实现润滑。主要材料有石墨、尼龙、聚四氟乙烯、聚酰亚胺、聚对羟基苯甲酸、氮化硼、氮化硅等。主要用于不宜使用润滑油、脂或温度很高（可达1000℃）或低温、深冷以及耐腐蚀等部位
	覆盖膜润滑	用物理或化学方法将石墨、二硫化钼、聚四氟乙烯、聚对羟基苯甲酸等材料，以薄膜形式覆盖于其他材料上，实现润滑
	组合、复合材料润滑	用石墨、二硫化钼、聚四氟乙烯、聚对羟基苯甲酸、氟化石墨等与其他材料制成组合或复合材料，实现润滑
	粉末润滑	把石墨、二硫化钼、二硫化钨、聚四氟乙烯等材料的微细粉末，直接涂覆于摩擦表面或盛于密闭容器（减速器壳体、汽车后桥齿轮包）内，靠搅动使粉末飞扬撒在摩擦表面实现润滑，也可用气流将粉末送入摩擦副，既能润滑又能冷却
气体润滑	强制供气润滑	用洁净的压缩空气或其他气体作为润滑剂润滑摩擦副。如气体轴承等，其特点为提高运动精度

6.1.2 集中润滑系统的分类

集中润滑系统是指由一个集中油源向机器或机组的各润滑部位（摩擦点）供送润滑油的系统，包括输送、分配、调节、冷却、加热和净化润滑剂，以及指示和监测油压、油位、压差、流量和油温等参数和故障的整套系统。先进合理的润滑系统应能够满足机械设备所有工况对润滑的要求，并且结构简单、运行可靠、操作方便、易于监测、调整与维修。

表 17-6-4 集中润滑系统的分类

系统及其含义	全损耗型润滑系统			循环型润滑系统			工作原理
	原理图	润滑剂	操作	原理图	润滑剂	操作	
节流式	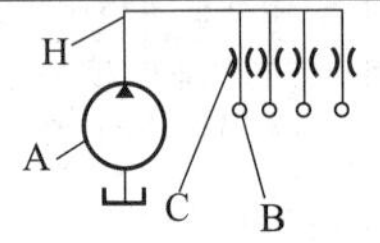	润滑油	手动、半自动或自动	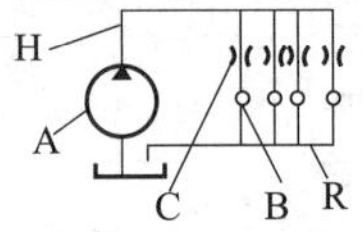	润滑油	半自动或自动	利用液流阻力分配润滑剂
单线式	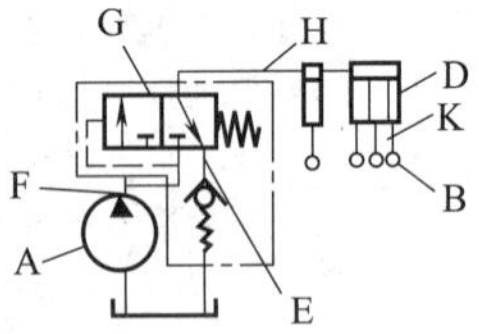	润滑油或润滑脂		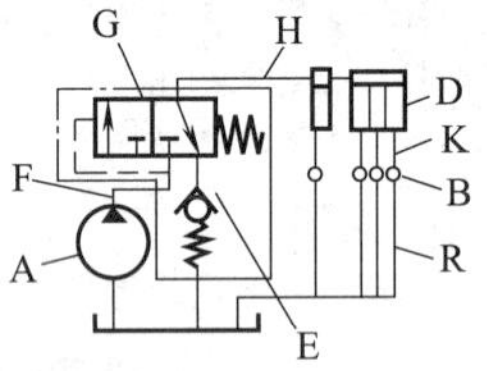			在间歇压力作用下润滑剂通过分配器送往各润滑点
双线式	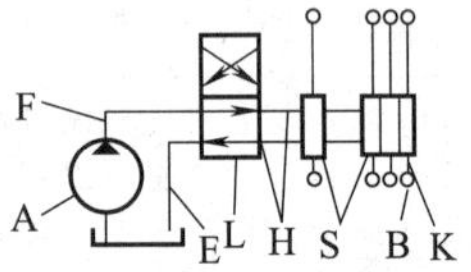						将润滑剂通过换向阀供送至分配器,由管路的压力变换送往各润滑点
多线式	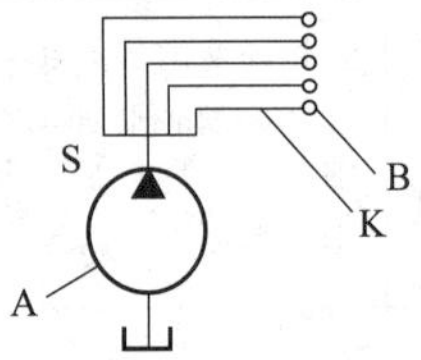			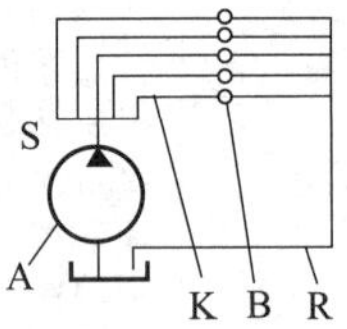			油泵的多个出油口各有一条管路直接将定量的润滑剂供送至各润滑点
递进式	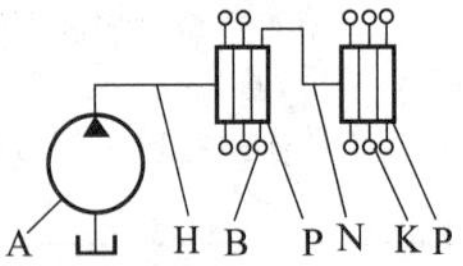			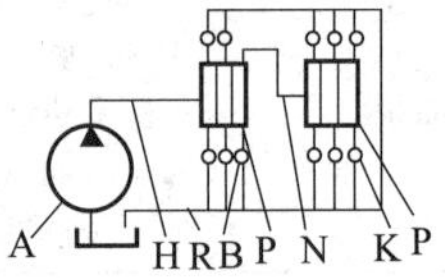			由分配器按递进的顺序将定量的润滑剂供送至各润滑点
油雾式、油气式	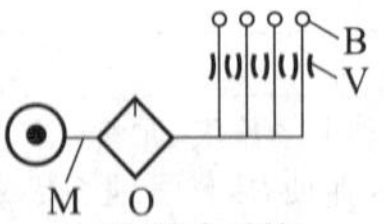 油雾式系统 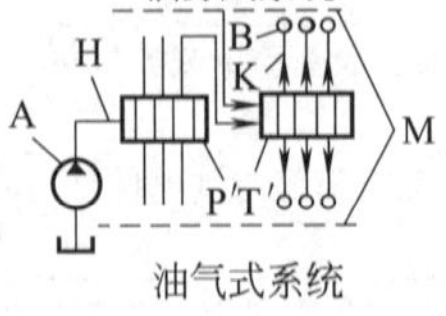 油气式系统	润滑油	自动	润滑油微粒借助气体载体运送;用凝缩嘴、喷嘴分配油量,并使微粒凝缩后供送至各润滑点			

注:A—(带油箱的)泵;B—润滑点;C—节流阀;D—单线分配器;E—卸荷管路;F—压力管路;G—卸荷阀;H—主管路;K—润滑管路;L—二位四通换向阀;M—压缩空气管路;N—支管路;O—油雾器;P—递进分配器;R—回油管路;S—双线分配器;V—凝缩嘴、喷嘴;P′—油气流预分配器;T′—润滑点的油气液分配器

6.1.3　润滑部件及图形符号

6.1.3.1　润滑元件

表 17-6-5　　油杯基本型式及尺寸　　mm

名称	标记示例	d	H	h	h_1	S 基本尺寸	S 极限偏差	钢球（GB/T 308.1—2013）
直通式压注油杯（JB/T 7940.1—1995）	标记示例①：d=M10×1，直通式压注油杯，标记为油杯 M10×1 GB 1152	M6	13	8	6	8	0 −0.22	3
		M8×1	16	9	6.5	10		
		M10×1	18	10	7	11		

名称	标记示例	d	d_1	α	S 基本尺寸	S 极限偏差	直通式压注油杯的连接螺纹（按 JB/T 7940.1—1995）
接头式压注油杯（JB/T 7940.2—1995）	标记示例：d=M10×1.45°接头式压注油杯，标记为油杯 45°M10×1 GB 1153	M6	3	45° 90°	11	0 −0.22	M6
		M8×1	4				
		M10×1	5				

名称	标记示例	最小容量/cm^3	d	l	H	h	h_1	d_1	D A 型	D B 型	L_{max}
旋盖式油杯（JB/T 7940.3—1995）	标记示例：最小容量 25cm^3，A 型旋盖式油杯，标记为油杯 A25 GB 1154	1.5	M8×1	8	14	22	7	3	16	18	33
		3	M10×1		15	23	8	4	20	22	35
		6			17	26			26	28	40
		12	M14×1.5	12	20	30	10	5	32	34	47
		18			22	32			36	40	50
		25			24	34			41	44	55
		50	M16×1.5		30	44			51	54	70
		100			28	52			68	68	85
		200	M24×1.5	16	48	64	16	6	—	86	105

名称	标记示例	d 基本偏差	d 尺寸偏差	H	钢球	d 基本偏差	d 尺寸偏差	H	钢球
压配式压注油杯（JB/T 7940.4—1995）	标记示例：d=6mm，压配式压注油杯，标记为油杯 6 GB 1155	6	+0.040 +0.028	6	4	16	+0.063 +0.045	20	11
		8	+0.049 +0.034	10	5	25	+0.085 +0.064	30	13
		10	+0.058 +0.040	12	6				

与 d 相配孔的极限偏差按 H8

续表

弹簧盖油杯（JB/T 7940.5—1995）

A型

标记示例：最小容量 3cm³ 的 A 型弹簧盖油杯，标记为 油杯 A3 GB 1157

最小容量/cm³	d	H ≤	D ≤	l_2 ≈	l	S 基本尺寸	S 极限偏差
1	M8×1	38	16	21	10	10	0 −0.22
2		40	18	23			
3	M10×1	42	20	25		11	
6		45	25	30			
12	M14×1.5	55	30	36	12	18	0 −0.27
18		60	32	38			
25		65	35	41			
50		68	45	51			

B型

标记示例：d=M10×1，B 型弹簧盖油杯，标记为 油杯 B M10×1 GB 1157

d	d_1	d_2	d_3	H	h_1	l	l_1	l_2	S 基本尺寸	S 极限偏差
M6	3	6	10	18	9	6	8	15	10	0 −0.22
M8×1	4	8	12	24	12	8	10	17	13	0 −0.27
M10×1	5									
M12×1.5	6	10	14	26	14	10	12	19	16	
M16×1.5	8	12	18	28				23	21	0 −0.33

C型

标记示例：d=M10×1，C 型弹簧盖油杯，标记为 油杯 C M10×1 GB 1157

d	d_1	d_2	d_3	H	h_1	L	l_1	l_2	S 基本尺寸	S 极限偏差	螺母（按 GB 6172）
M6	3	6	10	18	9	25	12	15	10	0 −0.22	M6
M8×1	4	8	12	24	12	28	14	17	13	0 −0.27	M8×1
M10×1	5					30	16				M10×1
M12×1.5	6	10	14	26	14	34	19	19	16		M12×1.5
M16×1.5	8	12	18	30	18	37	23	23	21	0 −0.33	M16×1.5

针阀式油杯（JB/T 7940.6—1995）

A型　B型

标记示例：最小容量 25cm³，A 型针阀式油杯，标记为 油杯 A25 GB 1158

最小容量/cm³	d	H	D	l	S 基本尺寸	S 极限偏差	螺母
16	M10×	105	32	12	13	0 −0.27	M8×1
25	M14×1.5	115	36				
50		130	45		18	0 −0.33	M10×1
100		140	55				
200	M16×1.5	170	70	14	21		
400		190	85				

① GB 1152—1989 被 JB/T 7940.1—1995 替代，标记时仍采用 GB 1152。本表其他型式油杯同此。

表 17-6-6　**油环尺寸、截面形状及浸入油内深度**

简图及尺寸	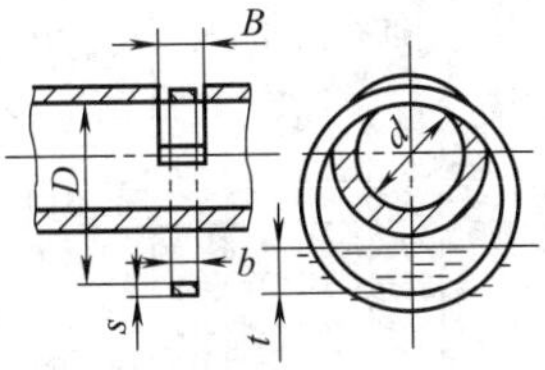			
截面形状	内表面带轴向沟槽	半圆形和梯形	光滑矩形	圆形
	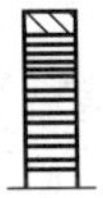	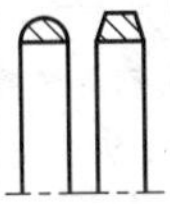	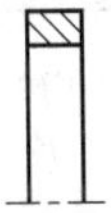	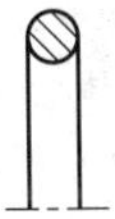
特点	用于高黏度油	用于高速	带油效果好	带油量少
油环直径 D		70～310	40～65	25～40
浸油深度		$t=D6$ =12～52	$t=D5$ =9～13	$t=D4$ =6～10

d	D	b	s	B 最小	B 最大
10 12 13	25 30	5	2	6	8
14 15 16 17 18	35	6	2	7	10
22 45	40 45				
25 28	50	8	3	9	12
30 32	55 60				
35 38 40 42	65 70 70 75	10		11	14

d	D	b	s	B 最小	B 最大
45 48 50	80	12	4	13	16
52 55	90				
60	100	12	4	13	16
62 65	110				
80	130				
90 95 100 105	140 150 165	15	5	18	20
110 115 120	180				

注：油环仅适用水平轴的润滑，载荷较小，圆周速度以 0.5～32m/s(转速 250～1800r/min)为宜，轴承长度大于轴径 1.5 倍时，应设两个油环。

表 17-6-7　**标准手动油枪的类型和性能**

类型：油枪是一种手动的储油(脂)筒，可将油(脂)注入油杯或直接注入润滑部位进行润滑。使用时，注油嘴必须与润滑点上的油杯相匹配。标准的手动操作油枪有压杆式和手推式两种

手推式(JB/T 7942.2—1995)

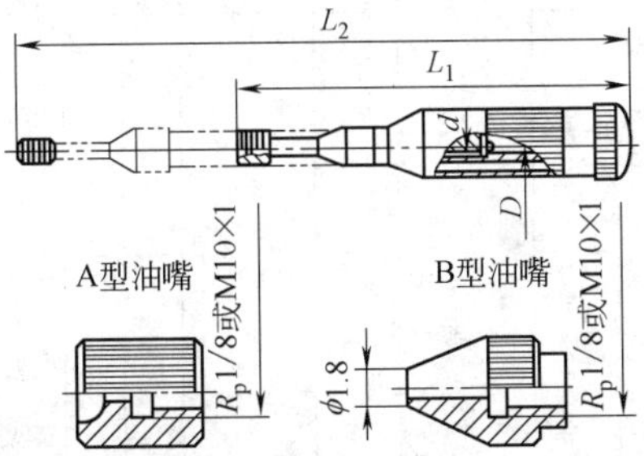

标记示例：
储油量 50cm³、带 A 型油嘴的手推式油枪，标记为
油枪　A50　JB/T 7942.2—1995

储油量 /cm³	公称压力 /MPa	出油量 /cm³	推荐尺寸 D	推荐尺寸 L_1	推荐尺寸 L_2	推荐尺寸 d
50	6.3 (Ⅰ)*	0.3	33	230	330	5
100		0.5				6

说明：
1. A 型油嘴仅用于压注润滑脂
2. 公称压力指压注润滑脂的给定压力
3. (Ⅰ)* 为压力等级代号

续表

压杆式（JB/T 7942.1—1995）

标记示例：

储油量 200cm³、带 A 型注油嘴的压杆式油枪，标记为

油枪　A200　JB/T 7942.1—1995

储油量 /cm³	公称压力 /MPa	出油量 /cm³	推荐尺寸 D	L	B	b	d	
100	16(K)*	0.6	35	255	90	30	8	A 型仅用于 JB/T 7940.1—1995、JB/T 7940.2—1995 规定的油杯
200		0.7	42	310	96			
400		0.8	53	385	125		9	
说明	1. 油枪本体与油嘴间用硬管或软管连接 2.(K)* 为压力等级代号							

压力等级代号 /MPa	压力等级	代号	压力等级	代号	压力等级	代号	压力等级	代号	压力等级	代号	压力等级	代号
	0.16	—	0.8	E	4.0	H	20.0	L	50.0	Q	125	U
	0.25	B	1.0	F	6.3	I	25.0	M	63.0	R	—	—
	0.40	C	1.6	W	10.0	J	31.5	N	80.0	S	—	—
	0.63	D	2.5	G	16.0	K	40.0	P	100	T	—	—

表 17-6-8　**标准油标的类型和尺寸**　mm

类　型	油标是安装在储油装置或油箱上的油位显示装置，有压配式圆形、旋入式圆形、长形和管状四种型式的油标。为了便于观察油位，必须选用适宜的型式和安装位置

压配式圆形油标

（JB/T 7941.1—1995）

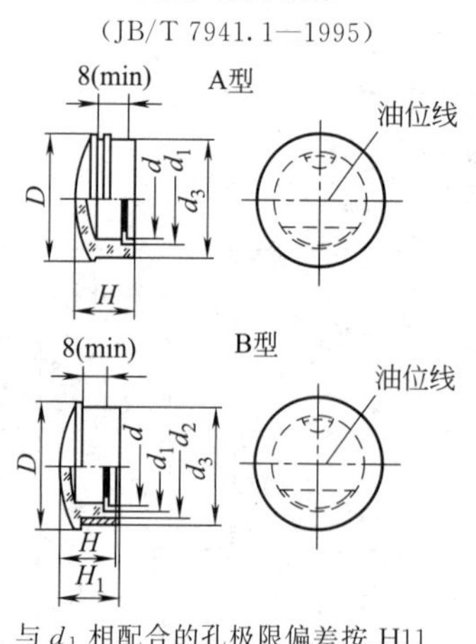

1. 与 d_1 相配合的孔极限偏差按 H11

2. A 型用 O 形橡胶密封圈沟槽尺寸按 GB/T 3452.1—2005，B 型用密封圈由制造厂设计选用标记示例：

视孔 $d=32$，A 型压配式圆形油标，标记为

油标　A32　JB/T 7941.1—1995

d	D	d_1 基本尺寸	d_1 极限偏差	d_2 基本尺寸	d_2 极限偏差	d_3 基本尺寸	d_3 极限偏差	H	H_1	O 形橡胶密封圈（GB/T 3452.1—2005）
12	22	12	−0.050	17	−0.050 −0.160	20	−0.065 −0.195	14	16	15×2.65
16	27	18	−0.160	22	−0.065 −0.195	25				20×2.65
20	34	22	−0.065 −0.195	28		32	−0.080 −0.240 −0.080	16	18	25×3.55
25	40	28		34	−0.080 −0.240	38				31.5×3.55
32	43	35	−0.080 −0.240	41		45		18	20	38.7×3.55
40	58	45		51		55				48.7×3.55
50	70	55	−0.100 −0.290	61	−0.100 −0.200 −0.100	65	−0.100 −0.290 −0.100	22	24	—
63	85	70		76		30				

续表

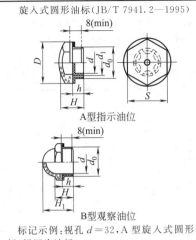

旋入式圆形油标（JB/T 7941.2—1995）

A型指示油位

B型观察油位

标记示例：视孔 $d=32$，A 型旋入式圆形油标，标记为油标
A32 JB/T 7941.2—1995

d	d_0	D 基本尺寸	D 极限偏差	d_1 基本尺寸	d_1 极限偏差	S	H	H_1	h
10	M16×1.5	22	−0.065 −0.195	12	−0.050 −0.160	21	15	22	8
20	M27×1.5	36	−0.065 −0.195	22	−0.065 −0.195	32	18	30	10
32	M42×1.5	52	−0.100 −0.290	35	−0.080 −0.240	46	22	40	12
50	M60×2	72		55	−0.100 −0.290	65	26	—	14

长形油标（JB/T 7941.3—1995）

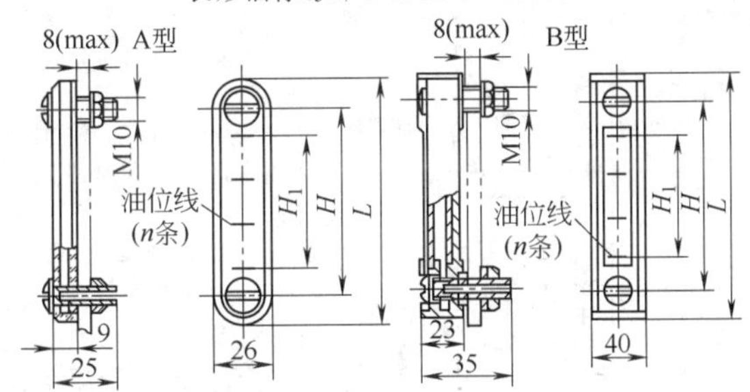

标记示例：
$H=80$，A 型长形油标，标记为
油标　A80　JB/T 7941.3—1995
说明：O 形橡胶密封圈沟槽尺寸按 GB 3452.3—2005 的规定

H 基本尺寸 A 型	H 基本尺寸 B 型	H 极限偏差	H_1 A 型	H_1 B 型	L A 型	L B 型	n（条数）A 型	n（条数）B 型
80		±0.17	40		110		2	
100			60	—	130	—	3	—
125	—	±0.20	80	—	155	—	4	—
160			120		190		6	
—	250	±0.23	—	210	—	280	—	8
O 形橡胶密封圈（GB/T 3452.1—2005）						10×2.65		
六角螺母（GB/T 6172.1—2016）						M10		
弹性垫圈（GB/T 861.1—1987）						10		

管状油标（JB/T 7941.4—1995）

标记示例：
$H=200$，A 型管状油标，标记为油标　A200　JB/T 7941.4—1995

A 型 H	B 型 H 基本尺寸	B 型 H 极限偏差	B 型 H_1	B 型 L	A 型及 B 型 O 形橡胶密封圈（GB/T 3452.1—2005）	A 型及 B 型 六角螺母（GB/T 6172.1—2016）	A 型及 B 型 弹性垫圈（GB/T 861.1—1987）
80、100、125、160、200	200	±0.23	175 226	226	11.8×2.65	M12	12
	250		225 276	276			
	320	±0.26	295 346	346			
	400	±0.28	375 426	426			
	500	±0.35	475 526	526			
	630		605 656	656			
	800	±0.40	775 826	826			
	1000	±0.45	975	1026			

6.1.3.2　集中润滑系统的分类与图形符号

集中润滑系统是指由一个集中油源向机器或机组的各润滑部位（摩擦点）供送润滑油的系统，包括输送、分配、调节、冷却、加热和净化润滑剂，以及指示和监测油压、油位、压差、流量和油温等参数和故障的整套系统。先进合理的润滑系统应能够满足机械设备所有工况对润滑的要求，并且结构简单、运行可靠、操作方便、易于监测、调整与维修。

表 17-6-9　　集中润滑系统的图形符号（JB/T 3711.1—2017、JB/T 3711.2—2017）

序号	图形符号	名词术语	含　义
1		润滑点	向指定摩擦点供送润滑剂的部位。润滑点是机器或机组集中润滑系统的组成部分
2		放气点	润滑系统规定的排气部位（作用点），排气可利用排气阀进行（如开关）
3		定量润滑泵	依靠密闭工作容积的变化，实现输送润滑剂的泵带电动机驱动的润滑泵以“××泵装置”标志。在集中润滑系统中通常使用诸如齿轮油泵装置、螺杆油泵装置、叶片油泵装置和多柱塞油泵装置等 不带电动机驱动的润滑泵（例如带轴伸或杠杆等传动装置）以“××泵”标志。在集中润滑系统中通常使用诸如柱塞泵、多柱塞泵等
4		变量润滑泵	
5	M	泵装置	
6	M	定量多点泵（5 个出油口）	有多个出油口的润滑泵。各出油口的排油容积可单独调节
7	5	定量多点泵（5 个出油口）	
8	5	变量多点泵（5 个出油口）	
9	或		搅拌器（润滑脂用）
10	或		随动活塞（润滑脂用）
11			过滤器-减压阀-油雾器
12		油雾器	借助压缩空气使润滑剂雾化而喷射在润滑点上的润滑装置
13		油箱	储放润滑油（脂）的容器
14		节流分配器（3 个出油口）	由一个或几个节流阀或压力补偿节流阀和一块油路板组成的分配器。全部零件也可合并为一个部件
15		可调节流分配器（3 个出油口）	

序号	图形符号	名词术语	含　义
16		单线分配器（3 个出油口）	由一块油路板和一个或几个单线给油器组成的分配器。全部零件也可合并为一个部件
17	和	双线分配器（8 个和 4 个出油口）	由一块油路板和一个或几个双线给油器组成的分配器。全部零件也可合并为一个部件
18		递进分配器（8 个出油口）	以递进的顺序向润滑点供送润滑剂的分配器。由递进给油器和管路辅件组成。全部零件也可合并为一个部件
19		凝缩嘴	利用流体阻力分配送往润滑点的油雾量和从油雾流中凝结油滴的一种分配器
20		喷雾嘴	一种不进行润滑剂分配而只是向摩擦点喷注润滑剂的装置
21		喷油嘴	
22		时间调节程序控制器	按照规定的时间重复接通集中润滑系统的控制器
23		机器循环程序控制器	按照规定的机器循环数重复接通集中润滑系统的控制器
24		换向阀（操纵型式未示出）	交替地以两条主管路向双线式系统供送润滑剂的二位四通换向阀
25		循环分配阀	为完成一个工作循环，按照规定的润滑剂循环数开启和关闭的二位三通换向阀
26		卸荷阀	使单线式系统主管路中增高的压力卸荷至卸荷压力的二位三通换向阀
27		单向阀	当入口压力高于出口压力（包括可能存在的弹簧力）时即被开启的阀
28		溢流阀	控制入口压力将多余流体排回油箱的压力控制阀

续表

序号	图形符号	名词术语	含　义	序号	图形符号	名词术语	含　义
29		减压阀	入口压力高于出口压力，且在入口压力不定的情况下，保持出口压力近于恒定的压力控制阀	43		油流指示器	指示流量的装置。一般是一个弹簧加载的零件，安装在润滑油流中，当油流超过一定流量时在油流作用下，向一个方向运动。不带弹簧加载零件的其他结构，仅指示润滑油流的存在
30		节流阀	调节通流截面的流量控制阀。送往润滑点的流量与压差、黏度有关				
31		可调节流阀					
32		压力补偿节流阀	使排出流量自动保持恒定的流量控制阀。流量大小与压差无关	44		功能指示　电器	以电气、机械方式指示元件功能的装置，例如分配器的指示杆等
33		节流孔	通流截面恒定且很短的流量控制阀。其流量与压差有关，与黏度无关			功能指示　机械	
34		开关	使电接触点接通或断开的仪器				
35		压力开关	借助压力使电接触点接通或断开的仪器	45		液位指示器	示油窗、探测杆（电气液位指示器）、带导杆的随动活塞等指示装置
36		压差开关	借助压差使电接触点接通或断开的仪器	46		计数器	计算润滑次数并作数字显示的指示仪器（用于润滑脉冲或容积计量）
37		电接点压力表	带目视指示器的压力开关	47		流量计	
				48		温度计	
38		压力表		49		稀油过滤器	从润滑油中分离非溶性固体微粒并滤除的装置或元件
39		液位开关	借助液位变化使电接触点接通或断开的仪器（如浮子开关等）	50		干油过滤器	从润滑脂中分离非溶性固体微粒并滤除的装置或元件
40		温度开关	借助温度变化使电接触点接通或断开的仪器	51		油气分配器	对油-空气介质进行二次分配的元件
41		油流开关	借助流量变化使电接触点接通或断开的仪器				
42		压力指示器	一般是一个弹簧加载的小活塞，由检测流体加压，达到一定值时克服弹簧力而反向运动，作为指示杆的活塞杆便由油缸内退出	52		油气混合器	对输入的润滑油和压缩空气进行混合，输出油-空气的元件

6.2　稀油集中润滑系统

6.2.1　稀油集中润滑系统设计的任务及步骤

6.2.1.1　设计任务

稀油集中润滑系统的设计任务是根据机械设备总体设计中各机构及摩擦副的润滑要求、工况和环境条件，进行集中润滑系统的技术设计，并确定合理的润滑系统，包括润滑系统的类型确定、计算和选定组成系统的各种润滑元件及装置的性能、规格、数量，系统中各管路的尺寸及布局等。

6.2.1.2　设计步骤

① 确定润滑系统的方案，围绕润滑系统设计要

求、工况和环境条件，收集必要的参数。例如：几何参数，如最高、最低及最远的润滑点的位置尺寸、润滑点范围、摩擦副有关尺寸等；工况参数，如速度、载荷及温度等；环境条件，如温度、湿度、有无沙尘等；力能参数，如传递功率、系统的流量、压力等；运动形式，如变速运动、连续运动、间歇运动、摆动等。在此基础上考虑和确定润滑系统方案。对于主轴轴承、重要齿轮、导轨等精密、重要部件的润滑方案，要进行特别的分析、对比。

② 计算各润滑点所需润滑油的总消耗量和压力。在被润滑摩擦副未给出润滑油黏度和所需流量、压力时，应先计算被润滑的各摩擦副在工作时克服摩擦所消耗的功率和总效率，以便计算出带走摩擦副在运转中产生的热量所需的油量，再加上形成润滑油膜、达到流体润滑作用所需的油量和压力，即为润滑油的总消耗量和供油压力，并确定润滑油黏度。

③ 计算及选择润滑泵。根据系统所消耗的润滑油总量、供油压力和油的黏度以及系统的组成，可确定润滑泵的最大流量、工作压力、泵的类型和相应的电动机。这些计算与液压系统的计算类似，但要考虑黏度的影响。

④ 确定定量分配系统。根据各个摩擦副上安置的润滑点数量、位置、集结程度，按尽量就近接管原则将润滑系统划分为若干个润滑点群，每个润滑点群设置 1～2 个（片）组，按（片）组数确定相应的分配器，每组分配器的流量必须平衡，这样才能连续按需供油，对供油量大的润滑点，可选用大规格分配器或采用数个油口并联的方法。然后可确定标准分配器的种类、型号和规格。

⑤ 油箱的设计或选择。油箱除了要容纳设备运转时所必需储存的油量以外，还必须考虑分离及沉积油液中的固体和液体沉淀污物并消除泡沫、散热和冷却，需有让循环油在油箱内停留一定时间所需的容积。此外，还必须留有一定的裕度（一般为油箱容积的 1/5～1/4），以使系统中的油全部回到油箱时不致溢出。一般在油箱中设置相应的组件，如泄油及排污用油塞或阀、过滤器、挡板、指示仪表、通风装置、冷却器和加热器等，并作相应的设计。表 17-6-10～表 17-6-14 分别列出了稀油集中润滑系统的简要计算，各类设备的典型油循环系统，过滤器过滤材料类型和特点，润滑系统零部件技术要求，润滑系统与元件设计注意事项。

表 17-6-10　稀油集中润滑系统的简要计算

序号	计算内容	公　式	单位	说　明
1	闭式齿轮传动循环润滑给油量	$Q=5.1\times10^{-6}P$ $Q=0.45B$	L/min	P——传递功率，kW B——齿宽，cm
2	闭式蜗轮传动循环润滑给油量	$Q=4.5\times10^{-6}C$	L/min	C——中心距，cm
3	滑动轴承循环润滑给油量	$Q=KDL$	L/min	K——系数，高速机械（蜗轮鼓风机、高速电动机）的轴承 0.06～0.15，低速机械的轴承 0.003～0.006 D——轴承孔径，cm L——轴承长度，cm
4	滚动轴承循环润滑给油量	$Q=0.075DB$	g/h	D——轴承孔径，cm B——轴承宽度，cm
5	滑动轴承散热给油量	$Q=\dfrac{2\pi nM_1}{\rho c\Delta t}$	L/min	n——转速，r/min M_1——主轴摩擦转矩，N·m ρ——润滑油密度，0.85～0.91kg/L c——润滑油比热容，1674～2093J/(kg·K) Δt——润滑油通过轴承的实际温升，℃
6	其他摩擦副散热给油量	$Q=\dfrac{T}{\rho c\Delta tK_1}$	mL/h	T——摩擦副的散热量，J/min K_1——润滑油利用系数，0.5～0.6 b——滑动导轨或凸轮、链条宽度，mm L——导轨-滑板支承长度，mm I——滚子排数 D——凸轮最大直径，mm l——链条长度，mm
7	水平滑动导轨给油量	$Q=0.00005bL$		
8	垂直滑动导轨给油量	$Q=0.0001bL$		
9	滚动导轨给油量	$Q=0.0001LI$		
10	凸轮给油量	$Q=0.0003Db$		
11	链轮给油量	$Q=0.00008lb$		

续表

序号	计算内容	公　　式	单位	说　　明
12	直段管路的沿程损失	$H_1=\sum\left(0.032\frac{\mu v}{\rho d^2}l_0\right)$	油柱高,m	l_0——管段长度,m μ——油的动力黏度,10Pa·s d——管子内径,mm v——流速,m/s ξ——局部阻力系数,可在流体力学及液压技术类手册中查到 g——重力加速度,9.81m/s^2 Q——润滑油流量,L/min
13	局部阻力损失	$H_2=\sum\left(\xi\frac{v^2}{2g}\right)$	油柱高,m	
14	润滑油管道内径	$d=4.63\sqrt{Q/v}$	mm	

表 17-6-11　　各类设备的典型油循环系统

设备类别	润滑零件	油的黏度(40℃)/mm^2·s^{-1}	油泵类型	在油箱中停留时间/min	滤油器过滤精度/μm
冶金机械、磨机等	轴承、齿轮	68～680	齿轮泵、螺杆	20～60	25～150
造纸机械	轴承、齿轮	150～320	齿轮泵、螺杆	40～60	5～120
汽轮机及大型旋转机械	轴承	32	齿轮泵及离心泵	5～10	5
电动机	轴承	32～68	螺杆泵、齿轮泵	5～10	5
往复空压机	外部零件、活塞、轴承	68～165	齿轮泵、螺杆泵	1～8	5
飞机	轴承、齿轮、控制装置	10～32	齿轮泵	0.5～1	5
液压系统	泵、轴承、阀	4～220	各种油泵	3～5	5～100
机床	轴承、齿轮	4～165	齿轮泵	3～8	10

表 17-6-12　　过滤器过滤材料类型和特点

滤芯种类名称		结构及规格	过滤精度/μm	允许压力损失/MPa	特　　性
金属丝网编织的网式滤布		0.18mm、0.154mm、0.071mm等的黄铜或不锈钢丝网	100～180	0.01～0.02	结构简单,通油能力大,压力损失小,易于清洗,但过滤效果差,精度低
线隙式滤芯	吸油口	在多角形或圆形金属框架外缠绕直径0.4mm的铜丝或铝丝而成	80～100	≤0.02	结构简单,过滤效果好,通油能力大,压力损失小,但精度低,不易清洗
	回油口		10～20	≤0.35	
纸质滤芯	吸油口	用厚0.35～0.75mm的平纹或厚纹酚醛树脂或木浆微孔滤纸制成。三层结构:外层用粗眼铜丝网,中层用过滤纸质滤材,内层为金属丝网	5～20	0.08～0.2	过滤效果好,精度高,耐蚀,容易更换但压力损失大,易阻塞,不能回收,无法清洗,需经常更换
	回油口		30～50	≤0.35	
烧结滤芯		用颗粒状青铜粉烧结成杯、管、板、碟状滤芯。最好与其他滤芯合用	10～100	0.03～0.06	能在很高温度下工作,强度高,耐冲击,耐蚀,性能稳定,容易制造。但易堵塞,清洗困难
片式滤芯		金属片(铜片)叠合而成,可旋转片进行清洗	80～200	0.03～0.07	强度大,通油能力大,但精度低,易堵塞,价高,将逐渐淘汰
高分子材料滤芯(如聚丙烯、聚乙烯醇缩甲醛等)		制成不同孔隙度的高分子微孔滤材,亦可用三层结构	3～70	0.1～2	重量轻,精度高,流动阻力小,易清洗,寿命长,价廉,流动阻力小
熔体滤芯		用不锈钢纤维烧结毡制成	40	0.14～5	耐高温(300℃)、耐高压(30MPa)、耐蚀、渗透性好,寿命长,可清洗,价格高

表 17-6-13 **润滑系统零部件技术要求**（GB/T 6576—2002）

名 称	技 术 要 求
润滑油箱	1)损耗性润滑系统的油至少应装有工作 50h 后才加油的油量；循环润滑系统的油至少要工作 1000h 后才放掉旧油并清洗。油箱应有足够的容积，能容纳系统全部油量，除装有冷却装置外，还要考虑为了发散多余热量所需的油量。油箱上应标明正常工作时最高和最低油面的位置，并清楚地示出油箱的有效容积 2)容积大于 0.5L 的油箱应装有直观的油面指示器，在任何时候都能观察油箱内从最高至最低油面间的实际油量。在自动集中损耗性润滑系统中，要有最低油面的报警信号控制装置。在循环系统中，应提供当油面下降到低于允许油面时的报警信号并使机械停止工作的控制 3)容积大于 3L 的油箱，在注油口必须装有适当过滤精度的筛网过滤器，同时又能迅速注入润滑剂。还必须有密封良好的放油旋塞，以确保迅速完全地将油放尽。油箱应当有盖，以防止外来物质进入油箱，并应有一个通气孔 4)在循环系统油箱中，管子末端应当浸入油的最低工作面以下。吸油管和回油管的末端距离尽可能远，使泡沫和乳化影响减至最小 5)如果采用电加热，加热器表面热功率一般应不超过 1W/cm^2
润滑脂箱	1)应装有保证泵能吸入润滑脂的装置和充脂时排除空气的装置 2)自动润滑系统应有最低脂面出现的报警信号装置 3)加脂器盖应当严实并装有防止丢失的装置，过滤器连接管道中应装有筛网过滤器，且应使装脂十分容易 4)大的润滑脂箱应设有便于排空润滑脂和进行内部清理的装置 5)箱内表面的防锈涂层应与润滑脂相容
管道	1)软、硬管材料应与润滑剂相容，不得起化学作用。其机械强度应能承受系统的最大工作压力 2)润滑脂管内径：主管路应不小于 4mm，供脂管路应不小于 3mm 3)在管子可能受到热源影响的地方，应避免使用电镀管。如果管子要与含活性或游离硫的切削液接触，应避免使用铜管

表 17-6-14 **润滑系统与元件设计注意事项**（GB/T 6576—2002）

名 称	设计注意事项
润滑系统	系统设计应确保润滑系统和工艺润滑介质完全分开。只有当液压系统和润滑系统使用相同的润滑剂时，液压系统和润滑系统才能合在一起使用同一种润滑剂，但务必要过滤除去油中污染物及杂质
油嘴和单个润滑器	1)油嘴和润滑器应装在操作方便的地方。使用同一种润滑剂的润滑点可装在同一操作板上，操作板应距工作地面 500～1200mm 并易于接近 2)建议尽量不采用油绳、滴落式、油脂杯和其他特殊类型的润滑器
油箱和泵	1)用手动加油和油箱，应距工作地面 500～1200mm，注油口应位于易于与加油器连接处。放油孔塞易于操作，箱底应有向放油塞的坡度并能将油箱的油放尽 2)油箱在容易看见的位置应备有油标 3)在油箱中充装润滑脂时，最好使用装有过滤器的辅助泵(或滤油小车) 4)泵可放在油箱的里面或外面，应有适当的防护。调整和维修均应方便
管路和管接头	1)管路的设计应使压力损失最小，避免急弯。软管的安装应避免产生过大的扭曲应力 2)除了内压以外，管路不应承受其他压力，也不应被用来支撑系统中其他大的元件 3)在循环系统中，回油管应有远大于供油管路的横截面积，以使回油顺畅 4)在油雾/油气润滑系统中，所有主管路均应倾斜安装，以便使油回到油箱，并应提供防止积油的措施，例如在下弯管路底部钻一个约 1mm 直径的小孔。如果用软管，应避免管子下弯 5)管接头应位于易接近处
过滤器和分配器	1)过滤器和分配器应安装在易于接近、便于安装、维护和调节处 2)过滤器的安装应避免吸入空气，上部应有排气孔。分配器的位置应尽可能接近润滑点。除油雾/油气润滑系统外，每个分配器只给一个润滑点供油
控制和安全装置	1)所有直观的指示器(例如压力表、油标、流量计等)应位于操作者容易看见处 2)在装有节流分配器的循环系统中，应装有直观的流量计

6.2.2　稀油集中润滑系统的主要设备

6.2.2.1　润滑油泵及润滑油泵装置

表 17-6-15　DSB 型手动润滑油泵

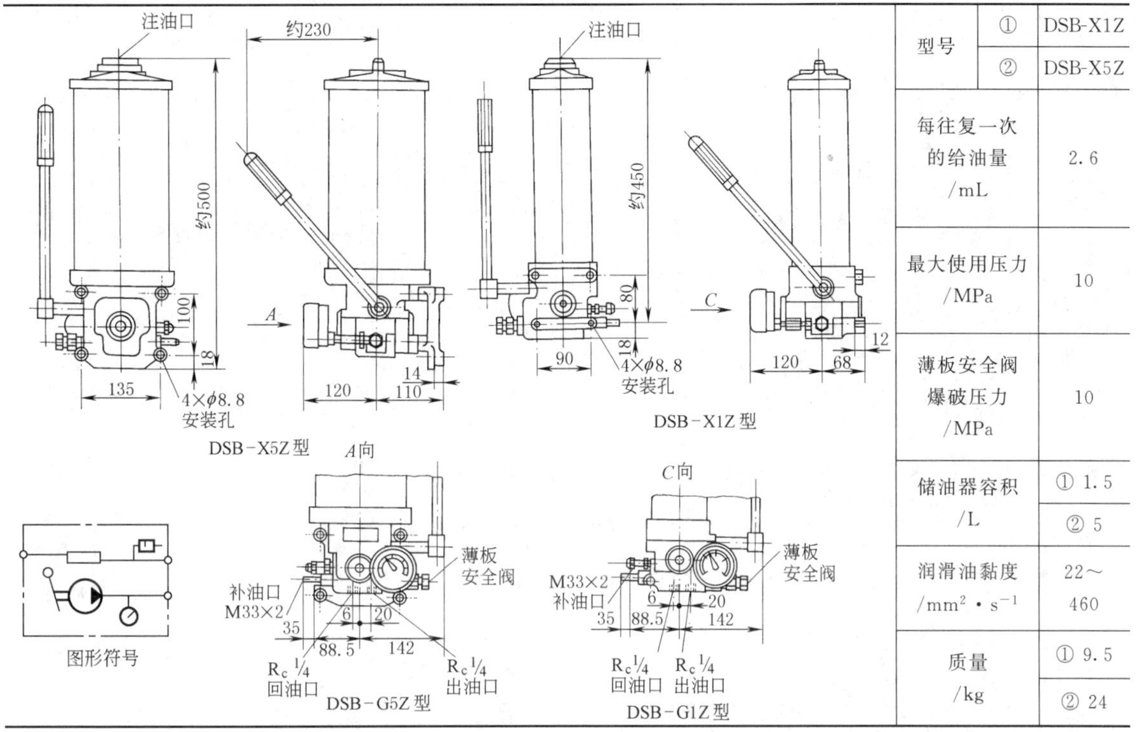

<table>
<tr><td rowspan="2">型号</td><td>①</td><td>DSB-X1Z</td></tr>
<tr><td>②</td><td>DSB-X5Z</td></tr>
<tr><td colspan="2">每往复一次的给油量/mL</td><td>2.6</td></tr>
<tr><td colspan="2">最大使用压力/MPa</td><td>10</td></tr>
<tr><td colspan="2">薄板安全阀爆破压力/MPa</td><td>10</td></tr>
<tr><td colspan="2" rowspan="2">储油器容积/L</td><td>① 1.5</td></tr>
<tr><td>② 5</td></tr>
<tr><td colspan="2">润滑油黏度/$mm^2 \cdot s^{-1}$</td><td>22～460</td></tr>
<tr><td colspan="2" rowspan="2">质量/kg</td><td>① 9.5</td></tr>
<tr><td>② 24</td></tr>
</table>

表 17-6-16　DBB 型定流向摆线转子润滑泵性能参数（JB/T 8376—1996）

<table>
<tr><td>公称排量/$mL \cdot r^{-1}$</td><td>公称转速/$r \cdot min^{-1}$</td><td>额定压力/MPa</td><td>自吸性/kPa</td><td>容积效率/%</td><td>噪声/dB(A)</td><td>清洁度/mg</td><td>适用范围</td><td>DBB □-□ □ □
① ② ③ ④ ⑤</td></tr>
<tr><td>≤4</td><td rowspan="4">1000</td><td>0.4</td><td>≥12</td><td>≥80</td><td>≤62</td><td rowspan="2">≤80</td><td rowspan="4">以精制矿物油为介质的润滑泵</td><td rowspan="4">①产品名称代号,定流向摆线转子润滑泵
②结构代号:1,2…
③额定压力,MPa(1MPa 以下为 A)
④排量,mL/r
⑤油口螺纹代号(细牙螺纹为 M,锥螺纹为 Z)</td></tr>
<tr><td>6～12</td><td>0.6</td><td>≥16</td><td>≥85</td><td>≤65</td></tr>
<tr><td>16～32</td><td>0.8</td><td rowspan="2">≥20</td><td rowspan="2">≥90</td><td>≤72</td><td rowspan="2">≤100</td></tr>
<tr><td>40～63</td><td>1.0</td><td>≤75</td></tr>
</table>

6.2.2.2　稀油润滑装置

（1）XYHZ 型稀油润滑装置（JB/T 8522—2014）

适用于冶炼、轧制、矿山、电力、石化、建材等机械设备的稀油循环润滑系统。

表 17-6-17　稀油润滑装置基本参数

<table>
<tr><td rowspan="4">基本参数</td><td rowspan="3">公称压力/MPa</td><td rowspan="3">介质黏度/$m^2 \cdot s^{-1}$</td><td rowspan="3">过滤精度/mm</td><td colspan="4">冷却器</td><td colspan="3">加热方式</td><td rowspan="3">油介质工作温度/℃</td></tr>
<tr><td rowspan="2">进水温度/℃</td><td rowspan="2">进水压力/MPa</td><td rowspan="2">进油温度/℃</td><td rowspan="2">油温降/℃</td><td rowspan="2">电加热</td><td colspan="2">蒸汽加热</td></tr>
<tr><td>蒸汽温度/℃</td><td>蒸汽压力/MPa</td></tr>
<tr><td>0.5(供油口压力)</td><td>2.2×10^{-5}～46×10^{-5}</td><td>0.08～0.13</td><td>≤33</td><td>0.4</td><td>≤50</td><td>≥8</td><td>用于 Q≤800L/min</td><td>≥133
用于 Q≥1000L/min</td><td>0.3</td><td>40±5</td></tr>
</table>

表 17-6-18　　　　系统元件与主要部件要求

项目		内　容
系统		1)$Q \leqslant 800$L/min 的装置。采用自力式温调阀装置或采用温度调节器等装置 2)$Q \geqslant 1000$L/min 的装置。采用自力式温调阀装置的系统,采用温度调节器装置的系统可参见相关产品样本
元件	1)泵装置	a. 两台泵装置,一台工作,一台备用 b. 采用螺杆泵、人字齿轮泵、摆线齿轮泵与斜齿轮泵
	2)过滤器	a. 推荐用双筒网式过滤器 b. 过滤器的压差 $\Delta p \geqslant 0.15$MPa 时,差压继电器接通发出电信号,说明滤芯应更换并应清洗
	3)冷却器	a. 推荐用列管式油冷却器,可用板式油冷却器 b. 冷却器使用介质黏度 $1\times10^{-5}\sim46\times10^{-5}$ m^2/s,工作温度小于 100℃,公称压力 1.6MPa,换热系数大于等于 200kcal/(m^2·h·℃),压力损失;油侧小于等于 0.1MPa,水侧小于等于 0.05MPa;在冷却器进水管上应装有直读式温度计,进、出水管上装有截止阀
	4)出口油温调节元件	a. 油温调节可采用自力式温调阀(按反作用工作),亦可采用温度自动调节器 b. 当调节温控元件损坏时,应能切换到手动操作
	5)泵出口压力调节元件	推荐在泵出口旁接膜片式溢流阀,亦可采用安全阀
	6)油箱中油温控制元件	a. $Q \leqslant 800$L/min 的装置采用带保护套管的电加热器加热,温度继电器控制 b. $Q \geqslant 1000$L/min 的装置采用蒸汽加热,在蒸汽入口管道上安装自力式温调阀(正作用式),温调阀出故障时,应能切换为手动操作 c. 亦可采用在蒸汽入口管道上安装电磁阀,由温度继电器控制,当电磁阀出故障时,应能切换为手动操作
	7)开关阀及其选择	a. 各种开关阀的耐压等级 1.6MPa b. 对 $Q \leqslant 63$L/min 装置的开关阀采用球阀;$Q \geqslant 100$L/min 的装置采用对夹式蝶阀 c. 泵出口止回阀:$Q \leqslant 63$L/min 的装置采用润滑系统用单向阀或低压液系统用单向阀;$Q \geqslant 100$L/min 的装置采用对夹式止回阀,亦可用单向阀
	8)检测和显示元件及安装要求	a. 压力表测量范围 0～1.6MPa;1.5 级表盘直径:$Q \leqslant 63$L/min 的装置,ϕ100mm;$Q \geqslant 100$L/min 的装置,ϕ150mm b. 温度显示仪表范围 0～100℃;1.5 级表盘直径:$Q \leqslant 63$L/min 的装置,ϕ100mm;$Q \geqslant 100$L/min 的装置,ϕ150mm c. 温度继电器用电子式温度继电器,温度范围 0～100℃;触点数:3 d. 压力继电器用电子式压力继电器,压力范围 0～1.6MPa;触点数:3 e. 液位控制继电器 $Q \leqslant 800$L/min 的装置,油箱液位发信号采用三位液位继电器;$Q \geqslant 1000$L/min 的装置,采用油位检测器,发信号装置数量 $n=3$;油位显示采用直读型液位计
元件	8)检测和显示元件及安装要求	f. 安装要求 压力、温度显示仪表及继电器集中安装在仪表盘上,但信号检出点必须设置在需要检出信号的位置液位控制继电器应安装在油箱顶板上。油位检测器应安装在油箱正面的壁板上靠两侧的位置 $Q \leqslant 800$L/min 的装置,整体组装出厂,所有继电器、检测器在装置出厂前必须将引出线与接线盒端子接好。接线应固定好,排列整齐
主要部件	1)油箱	a. 回油区应有隔板和滤网与其余部分分开,并应安放适量的永久磁铁或棒式磁滤器,且应便于安放和清洗 b. 油箱上部应装有空气滤清器和可以在三个不同的油位高度发出控制电信号的三位液位继电器 c. 在油箱的前面应装有直读式液位计,其左上方安装装置的标牌 d. 油箱应设有人孔,人孔的尺寸应不小于 280mm×380mm,其位置应便于人孔盖的安装和拆卸 e. 检测油箱中油温的三触点温度继电器和直读式温度计的温包的接口设置在油箱前壁板上 f. 公称流量 $Q \leqslant 800$L/min 的装置的油箱,在前壁板靠近油箱底部安装电加热器,其电加热器的数量应是“3”的整倍数(当电加热器电压为 380V 时无此要求) g. 公称流量 $Q > 800$L/min 的装置,在靠近油箱底部应按要求设置蒸汽加热蛇形管。蒸汽的进、出口位置根据具体布置而定,出口应在最低位置 h. 油箱底部应有斜度,并在最低处安装有放油闸阀,以便清洗油箱时放掉污油
	2)压力罐	a. 按照工况要求决定是否需要压力罐 b. 压力罐与装置的出口管道并联 c. 压力罐气源压力 0.5～0.6MPa d. 压力罐的容积应能保证当电网突然断电时,被润滑点 3～4min 内有润滑油供给
	3)仪表盘	a. 装置的油箱油温显示温度计、出口油温显示温度计、出口压力显示压力表、泵出口压力显示压力表集中安装在仪表盘的上排 b. 油箱油温检测温度继电器、装置出口温度继电器、压力继电器集中安装在仪表盘的下排 c. 对 $Q \leqslant 800$L/min 的装置,仪表盘焊装在油箱的正面右上方油箱顶板上;对 $Q \geqslant 1000$L/min 的装置,按总体布置要求确定仪表盘安装位置
	4)电控箱	a. 电控箱大小应与装置相适应,XYHZ6.3～XYHZ200 装置,制成比较小的电控箱;XYHZ250～XHYZ800 装置,则制成较大的电控箱 b. 电控箱安装位置按装置和其他设备总体布置要求确定

表 17-6-19　XYHZ6.3～XYHZ25 装置尺寸（Q=6.3～25L/min 的装置）　mm

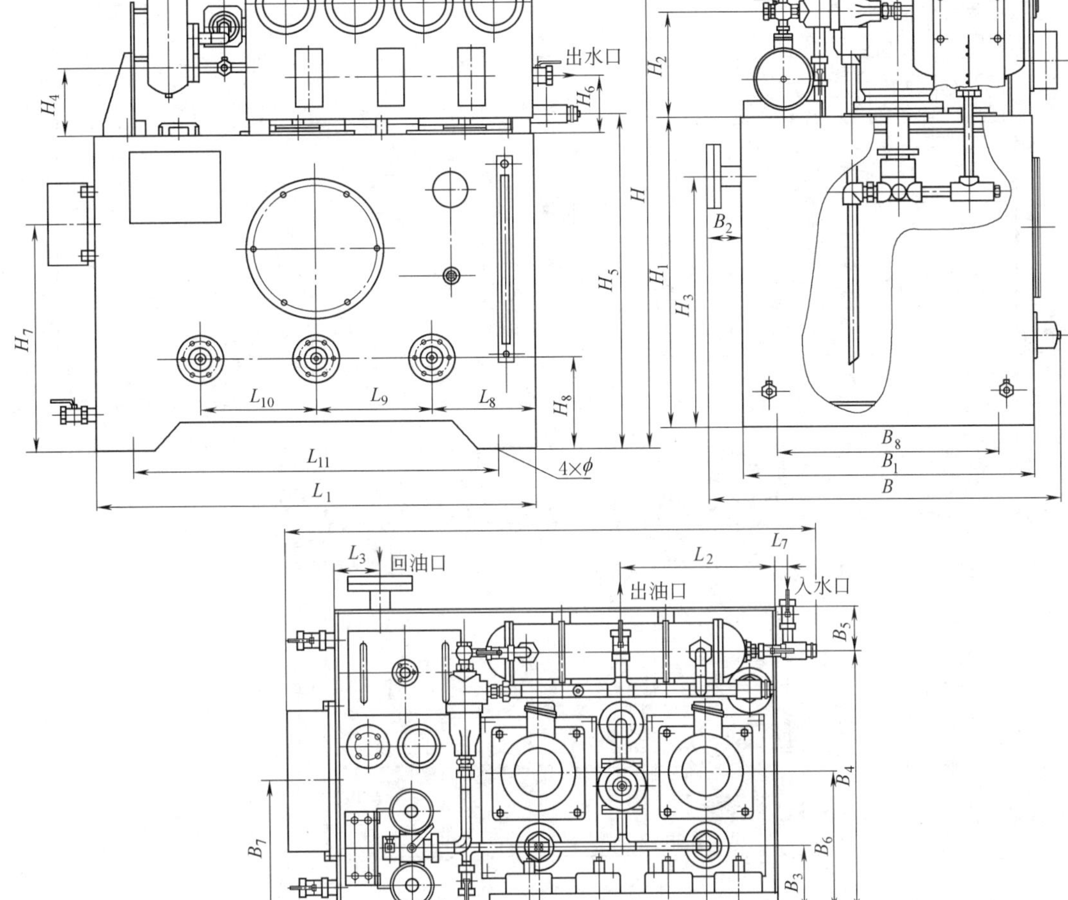

型号	L	B	H	L_1	B_1	H_1	接口尺寸			回油口	L_2	L_3	L_4	L_5	L_6	L_7	L_8
							出油口	排油口	出入水口								
XYHZ6.3 XYHZ10	1160	810	1060	950	650	660	G1/2	G1/2	G1/2	DN32	330	100	150	360	160	30	225
XYHZ16 XYHZ25	1650	994	1315	1300	800	820	G1	G1	G1	DN50	650	75	200	300	200	60	240

型号	L_9	L_{10}	L_{11}	ϕ	B_2	B_3	B_4	B_5	B_6	B_7	B_8	H_2	H_3	H_4	H_5	H_6	H_7	H_8
XYHZ6.3 XYHZ10	250	250	790	15	70	145	562	93	300	290	490	222	530	136	700	118	470	190
XYHZ16 XYHZ25	410	410	1180	15	100	160	700	100	520	225	680	380	600	495	720	78	630	240

表 17-6-20 XYHZ40～XYHZ125 装置尺寸（$Q=40\sim125$L/min 的装置） mm

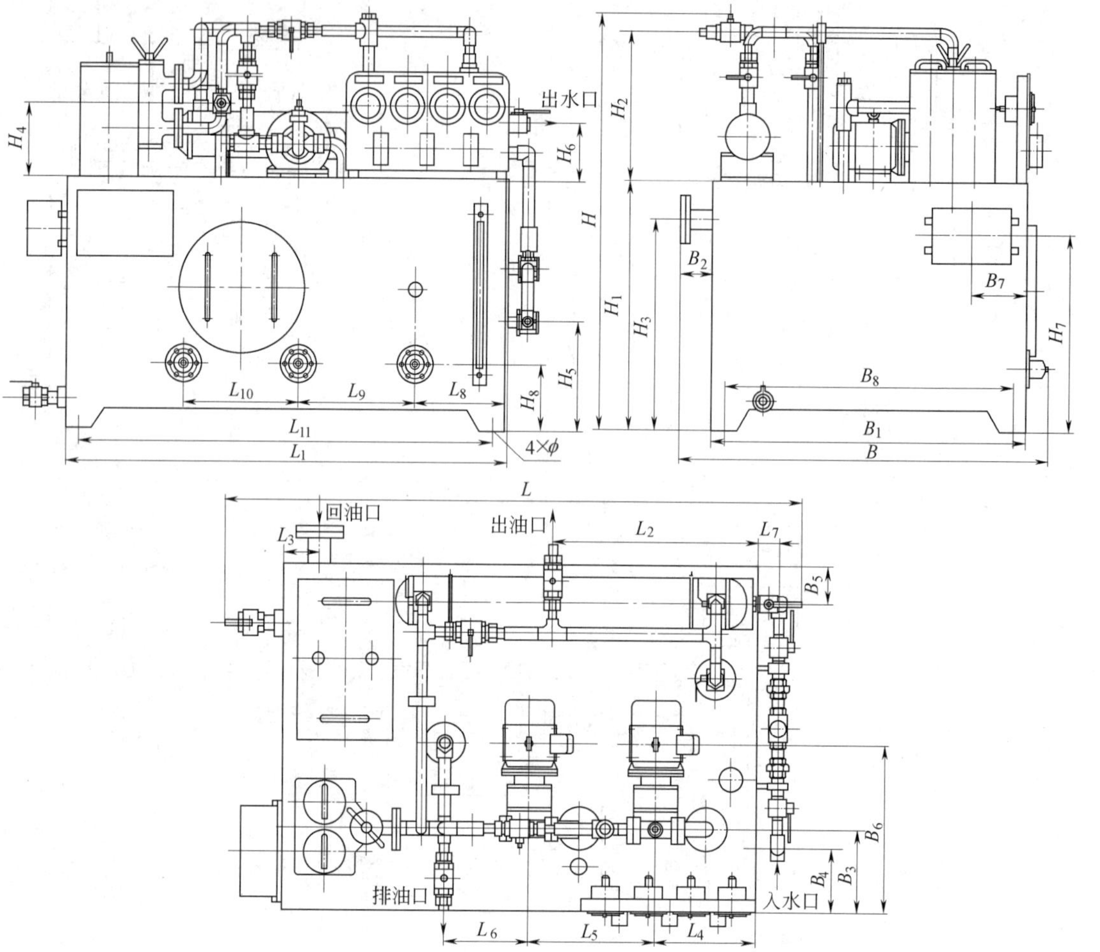

<table>
<tr><th>型号</th><th>L</th><th>B</th><th>H</th><th>L_1</th><th>B_1</th><th>H_1</th><th>出油口</th><th>排油口</th><th>出入水口</th><th>回油口</th><th>L_2</th><th>L_3</th><th>L_4</th><th>L_5</th><th>L_6</th><th>L_7</th><th>L_8</th><th>L_9</th><th>L_{10}</th></tr>
<tr><td>XYHZ40</td><td rowspan="2">2000</td><td rowspan="2">1350</td><td rowspan="2">1530</td><td rowspan="2">1700</td><td rowspan="2">1200</td><td rowspan="2">950</td><td rowspan="2">DN32</td><td rowspan="2">DN32</td><td rowspan="2">DN32</td><td rowspan="2">DN65</td><td rowspan="2">730</td><td rowspan="2">130</td><td rowspan="2">360</td><td rowspan="2">400</td><td rowspan="2">900</td><td rowspan="2">80</td><td rowspan="2">400</td><td rowspan="2">450</td><td rowspan="2">450</td></tr>
<tr><td>XYHZ63</td></tr>
<tr><td>XYHZ100</td><td rowspan="2">2820</td><td rowspan="2">1660</td><td rowspan="2">1820</td><td rowspan="2">2500</td><td rowspan="2">1400</td><td rowspan="2">1000</td><td rowspan="2">DN50</td><td rowspan="2">DN50</td><td rowspan="2">DN50</td><td rowspan="2">DN80</td><td rowspan="2">800</td><td rowspan="2">200</td><td rowspan="2">500</td><td rowspan="2">700</td><td rowspan="2">600</td><td rowspan="2">120</td><td rowspan="2">400</td><td rowspan="2">300</td><td rowspan="2">1100</td></tr>
<tr><td>XYHZ125</td></tr>
</table>

<table>
<tr><th rowspan="2">型号</th><th rowspan="2">L_{11}</th><th rowspan="2">ϕ</th><th rowspan="2">B_2</th><th rowspan="2">B_3</th><th colspan="2">B_4</th><th rowspan="2">B_5</th><th colspan="3">B_6</th><th rowspan="2">B_7</th><th rowspan="2">B_8</th><th rowspan="2">H_2</th><th rowspan="2">H_3</th><th rowspan="2">H_4</th><th colspan="2">H_5</th><th rowspan="2">H_6</th><th rowspan="2">H_7</th><th rowspan="2">H_8</th></tr>
<tr><th>A 进</th><th>B 进</th><th>螺</th><th>齿</th><th>摆</th><th>A 进</th><th>B 进</th></tr>
<tr><td>XYHZ40</td><td rowspan="2">1580</td><td rowspan="2">15</td><td rowspan="2">126</td><td rowspan="2">290</td><td rowspan="2">230</td><td rowspan="2">1070</td><td rowspan="2">130</td><td rowspan="2">750</td><td rowspan="2">720</td><td rowspan="2">720</td><td rowspan="2">310</td><td rowspan="2">1080</td><td rowspan="2">530</td><td rowspan="2">800</td><td rowspan="2">132</td><td rowspan="2">420</td><td rowspan="2">780</td><td rowspan="2">213</td><td rowspan="2">800</td><td rowspan="2">250</td></tr>
<tr><td>XYHZ63</td></tr>
<tr><td>XYHZ100</td><td rowspan="2">2400</td><td rowspan="2">22</td><td rowspan="2">100</td><td rowspan="2">210</td><td rowspan="2">125</td><td rowspan="2">1230</td><td rowspan="2">170</td><td rowspan="2">820</td><td rowspan="2">720</td><td rowspan="2">720</td><td rowspan="2">360</td><td rowspan="2">1300</td><td rowspan="2">630</td><td rowspan="2">850</td><td rowspan="2">820</td><td rowspan="2">380</td><td rowspan="2">760</td><td rowspan="2">290</td><td rowspan="2">630</td><td rowspan="2">350</td></tr>
<tr><td>XYHZ125</td></tr>
</table>

注：螺—采用螺杆泵的装置；齿—采用人字齿轮泵或斜泵轮泵的装置；摆—用摆线齿轮泵的装置；A 进—采用自力式温度调节阀装置的进水管；B 进—采用手动式温度调节阀装置的进水管。

表 17-6-21 XYHZ160～XYHZ800 装置尺寸（Q＝160～800L/min 的装置） mm

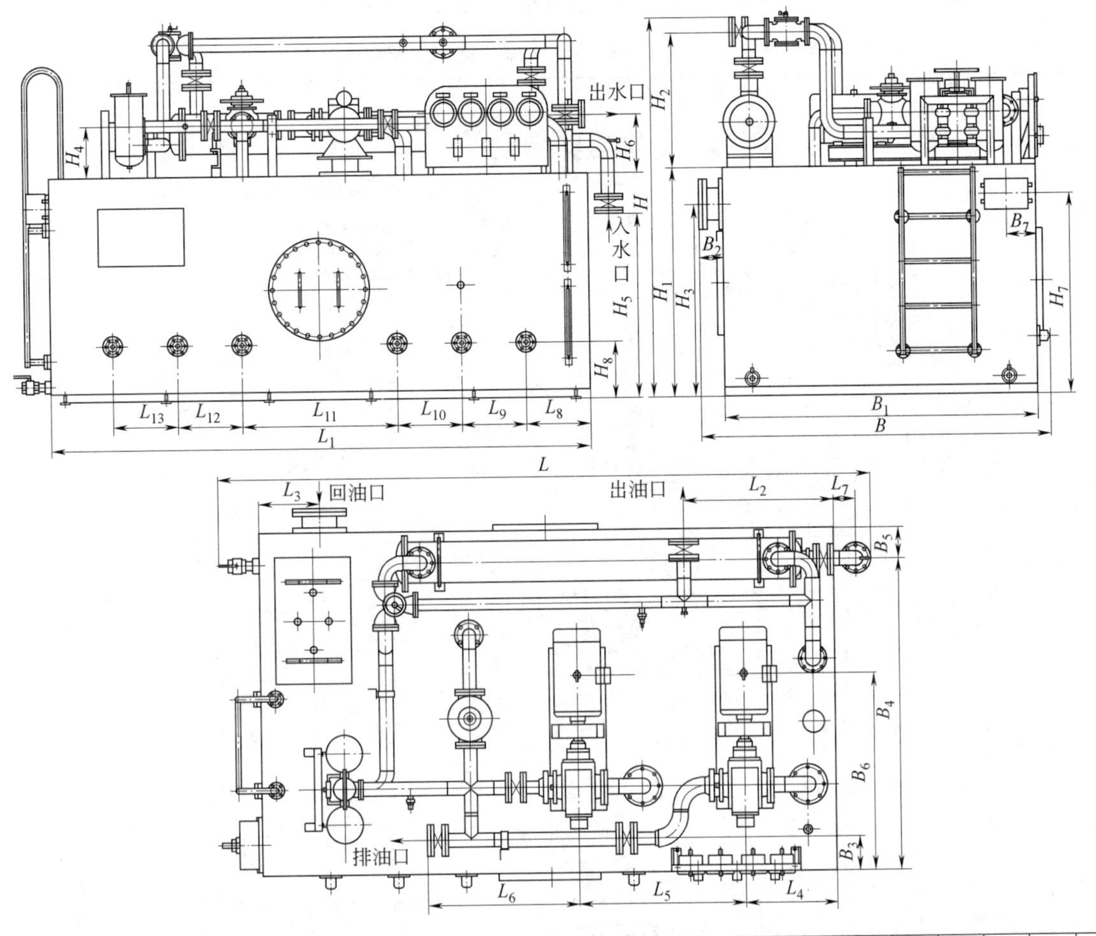

型号	L	B	H	L_1	B_1	H_1	出油口	排油口	出入水口	回油口	L_2	L_3	L_4	L_5	L_6	L_7	L_8	L_9	L_{10}
XYHZ160 XYHZ200	3720	2050	2000	3000	1800	1200	DN65	DN65	DN65	DN125	950	250	675	775	1450	240	650	1500	500
XYHZ250 XYHZ315	3800	2400	2150	3300	2200	1300	DN80	DN80	DN65	DN150	1200	250	650	1000	1100	160	480	390	390
XYHZ400 XYHZ500	4300	2400	2510	3800	2200	1550	DN100	DN100	DN80	DN200	1000	400	750	1100	920	140	450	450	450
XYHZ630 XYHZ800	5700	2840	2600	5200	2600	1550	DN100	DN100	DN80	DN250	1300	400	1200	1300	950	150	900	450	450

型号	L_{11}	L_{12}	L_{13}	B_2	B_3	B_4		B_5	B_6		B_7	B_8	H_2	H_3	H_4	H_5		H_6	H_7	H_8
						A 进	B 进		螺	齿						A 进	B 进			
XYHZ160 XYHZ200	—	—	—	150	150	－25	950	200	950	1000	460	—	780	1050	290	930	930	－670	930	350
XYHZ250 XYHZ315	780	390	390	150	170	500	1970	230	1180	1130	445	—	750	1150	240	630	1180	314	1200	400
XYHZ400 XYHZ500	1100	450	450	150	220	930	2000	200	1300	1300	210	—	840	1300	350	510	900	400	1280	390
XYHZ630 XYHZ800	1100	450	450	150	200	500	2370	230	1540	1400	600	—	820	1350	350	700	1400	405	1250	400

注：螺—采用螺杆泵的装置；齿—采用人字齿轮泵或斜泵轮泵的装置；（仅 Q＝160～500L/min 六个规格的装置采用斜齿轮泵）；A 进—采用自力式温度调节阀装置的进水管；B 进—采用手动式温度调节阀装置的进水管。

第 17 篇

（2）XHZ 稀油润滑装置（JB/ZQ 4586—2006）

适用于冶金、矿山、电力、石化、建材、轻工等作业机械设备的稀油循环润滑系统。

表 17-6-22　XHZ-6.3～XHZ-125 型稀油润滑装置外形尺寸及原理图　mm

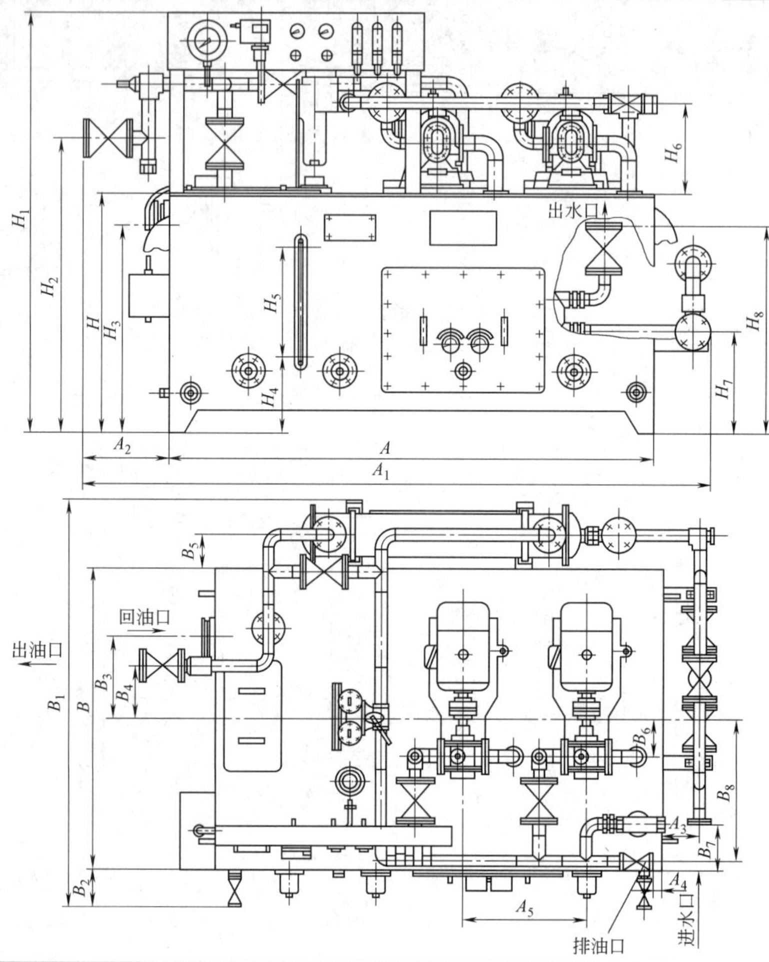

型　号	A	A_1	A_2	A_3	A_4	A_5	B	B_1	B_2	B_3	B_4	B_5
XHZ-6.3 XHZ-10	1100	1640	410	70	70	350	700	980	110	235	190	90
XHZ-16 XHZ-25	1400	1935	400	80	0	420	850	1250	140	200	0	112
XHZ-40 XHZ-63	1800	2400	380	100	35	490	1200	1610	150	300	200	130
XHZ-100 XHZ-125	2400	2980	350	100	100	680	1400	1800	150	450	200	130

型　号	B_6	B_7	B_8	H	H_1	H_2	H_3	H_4	H_5	H_6	H_7	H_8
XHZ-6.3 XHZ-10	150	80	430	590	1240	715	490	230	270	220	290	510
XHZ-16 XHZ-25	125	200	495	650	1300	800	550	250	280	290	360	683
XHZ-40 XHZ-63	160	200	600	890	1540	1060	780	280	400	395	380	775
XHZ-100 XHZ-125	100	70	495	1040	1690	1330	920	380	400	370	610	980

注：1. 回油口法兰连接尺寸按 JB/T 81《凸面板式平焊钢制管法兰》（PN=1MPa）的规定。

2. 上列稀油润滑装置均无地脚螺栓孔，就地放置即可。

表 17-6-23　　XHZ-160～XHZ-500 型稀油润滑装置原理图及外形尺寸　　mm

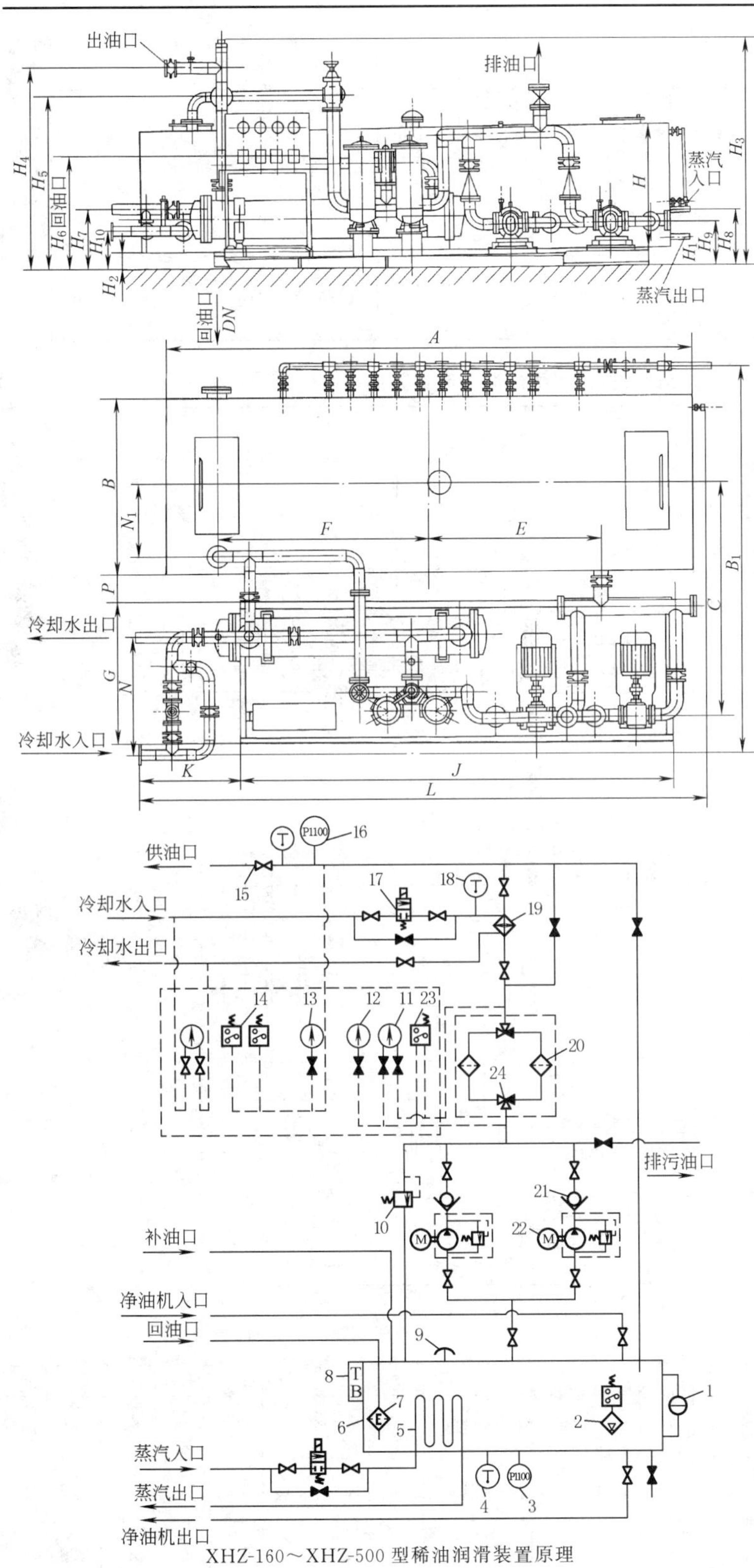

XHZ-160～XHZ-500 型稀油润滑装置原理

型号	XHZ-160	XHZ-200	XHZ-250 XHZ-315	XHZ-400 XHZ-500
A	3840		5200	6100
B	1700		1800	2000
B_1	3870		4463	4665
C	2250		2575	2800
E	1150		1875	2250
F	1900		2325	2770
G	1300		1500	1600
H	1040		1350	1600
H_1	390		410	430
H_2	140		160	180
H_3	1950	1860	2200	2900
H_4	1688		1960	2340
H_5	1400		1650	2000
H_6	1250		1220	1400
H_7	622		610	737
H_8	818		838	858
H_9	400		440	480
H_{10}	422		375	502
J	4200		4500	5000
K	700		760	1200
L	4900		5750	6640
N	1150		1400	1325
N_1	600		650	750
P	500		500	500
DN	125		150	200

XHZ-500 型稀油润滑装置

JB/ZQ 4586—2006

1—油液指示器；2—油位控制器；3，4，12—电接触式温度计；5—加热器；6—油箱；7—回油过滤器；8—电气模线盒；9—空气过滤器；10—安全阀；11，13—压力计；14—压力继电器；15—截断阀；16—温度开关；17—二位二通电磁阀；18—温度计；19—冷却器；20—双筒过滤器；21—单向阀；22—带安全阀的齿轮油泵；23—压差开关；24—过滤器切换阀

表 17-6-24 XHZ-160～XHZ-500 型地基尺寸 mm

型号	A	B	C	C_1	地脚螺栓 d	E	F	H_1
XHZ-160	3490	1800	1275	1250	M16	1000	1000	140
XHZ-200								
XHZ-250	5300	1900	1404	14420	M16	1090	1100	160
XHZ-315								
XHZ-400	6200	2100	1532	1536	M16	930	1200	180
XHZ-500								

表 17-6-25 XHZ-160A～XHZ-500A 型稀油润滑装置外形尺寸 mm

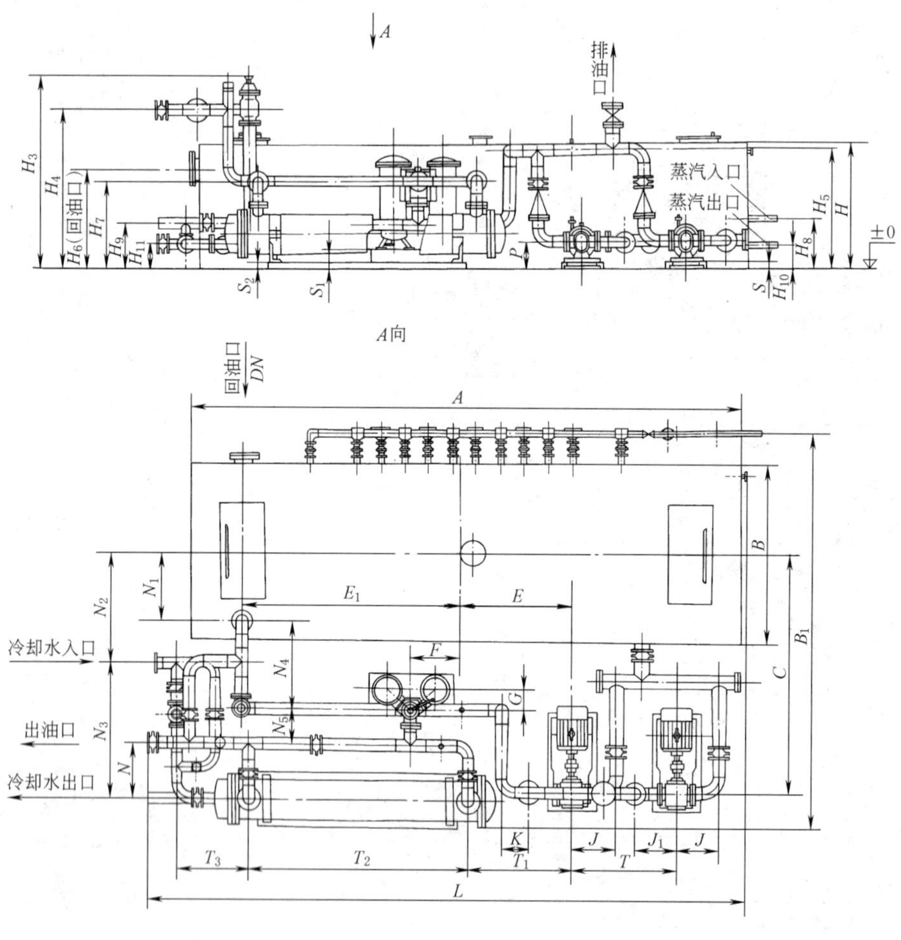

型号	A	B	B_1	C	E	E_1	F	G	H	H_3	H_4	H_5	H_6	H_7	H_8	H_9	H_{10}	H_{11}	J
XHZ-160A	4300	1500	3643	2000	850	190	70	200	1300	1500	1260	1100	1250	800	678	560	250	360	400
XHZ-200A	3800	1700																	
XHZ-250A	5200	1800	4075	2350	870	2325	700	222	1350	1900	1540	1350	1220	940	678	511	250	276	440
XHZ-315A																			
XHZ-400A	6100	2000	4510	2620	1230	2770	580	221	1600	2185	1800	1320	1400	1000	678	511	250	276	490
XHZ-500A																			

续表

型号	J_1	K	L	N	N_1	N_2	N_3	N_4	N_5	P	S	S_1	S_2	T	T_1	T_2	T_3	DN
XHZ-160A XHZ-200A	300	240	5128	502	600	1160	1140	910	300	260	40	160	98	800	700	1700	600	125
XHZ-250A XHZ-315A	390	270	5730	550	650	1200	1400	982	358	280	51	32	80	1080	1000	1960	870	150
XHZ-400A XHZ-500A	410	322	7100	610	750	1310	1470	971	391	300	27	220	80	1140	1130	2645	800	200

表 17-6-26　　XHZ-160A～XHZ-500A 型地基尺寸　　mm

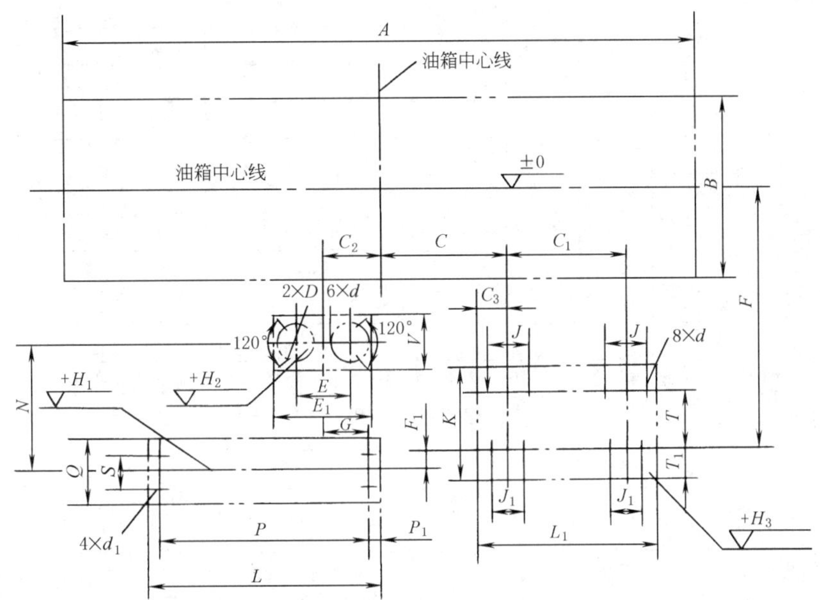

型号	A	B	C	C_1	C_2	C_3	D	地脚螺栓 d	地脚螺栓 d_1	E	E_1	F	F_1	G	H
XHZ-160A XHZ-200A	3840	1700	850	800	700	300	260	M16	M16	474	1000	1935	365	602	90
XHZ-250A XHZ-315A	5200	1800	870	1080	700	300	350	M16	M16	529	950	2295	305	340	80
XHZ-400A XHZ-500A	6100	2000	1230	1140	580	300	350	M16	M16	550	920	2615	215	470	80

型号	H_2	H_3	J	J_1	K	L	L_1	N	P	P_1	Q	S	T	T_1	V
XHZ-160A	170	48	350	250	900	1675	1300	1000	1475	100	500	300	510	90	400
XHZ-200A			400												
XHZ-250A XHZ-315A	320	51	420	310	1000	1700	1680	1130	1500	100	620	300	700	250	500
XHZ-400A XHZ-500A	220	27	430	310	1100	2480	1740	1230	2225	1275	620	300	740	250	500

（3）XYZ-G 型稀油站（JB/ZQ 4147）

适用于润滑介质运动黏度在 40℃时为 22～320mm^2/s 的稀油循环润滑系统中，如冶金、矿山、电力、石化、建材、交通、轻工等行业的机械设备的稀油润滑。

表 17-6-27　　**XYZ-G 型稀油站技术性能参数**

型号	供油压力/MPa	公称压力/$L \cdot min^{-1}$	供油温度/℃	油箱容积/m^3	电动机		过滤面积/m^2	换热面积/m^2	冷却水/$m^3 \cdot h^{-1}$	电加热器		蒸汽/$kg \cdot h^{-1}$	质量/kg
					功率/kW	转速/$r \cdot min^{-1}$				功率/kW	电压/V		
XYZ-6G	≤0.4	6	40±3	0.15	0.55	1400	0.05	0.8	0.36	2	220	—	308
XYZ-10G		10		0.15	0.55	1400	0.05	0.8	0.6	2		—	309
XYZ-16G		16		0.63	1.1	1450	0.13	3	1	6		—	628
XYZ-25G		25		0.63	1.1	1450	0.13	3	1.5	6		—	629
XYZ-40G		40		1	2.2	1430	0.19	5	3.6	12		—	840
XYZ-63G		63		1	2.2	1430	0.19	5	5.7	12		—	842
XYZ-100G		100		1.6	4	1440	0.4	6	9	24		—	1260
XYZ-125G		125		1.6	4	1440	0.4	6	11.25	24		—	1262
XYZ-250G		250		6.3	5.5	1440	0.52	24	17			100	3980
XYZ-400G		400		10	7.5	1460	0.83	36	30			160	5418
XYZ-630G		630		16	15	1460	1.31	45	45			250	8750
XYZ-1000G		1000		25	22	1470	2.2	54	75			400	12096
其他参数	稀油站的过滤精度：0.08～0.12mm；润滑油温降小于等于 8℃；冷却水温度小于等于 30℃、冷却水压力0.2～0.4MPa；使用蒸汽加热油时蒸汽压力为 0.2～0.4MPa；换热器进油温度约为 50℃												
公称流量 ≤125L/min	采用电加热，全部部件都装在油箱上，为整体式结构；就地放置，无地基												
公称流量 ≥250L/min	采用蒸汽加热，用户如欲改用电加热，订货时请说明；其主要部件均装于基础上，为分体式结构，有地基												

注：XYZ-G 型稀油站及其改进型产品在国内应用广泛；各生产厂都有所改进，在稀油站选用元件、仪表及相关尺寸均有所不同，请用户以各生产厂的选型手册或样本为准，如需改进或改变时，需和生产厂联系。

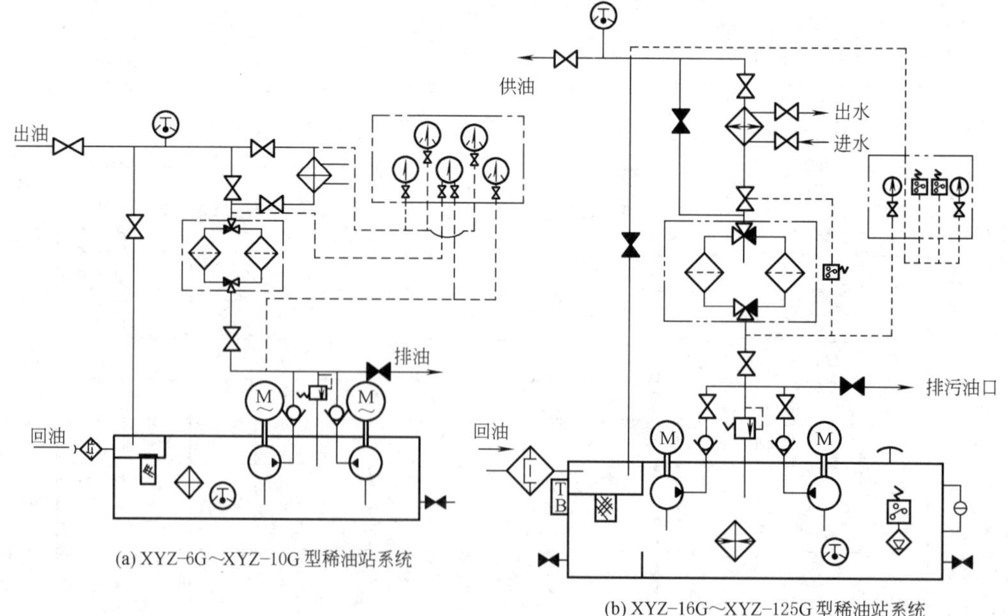

(a) XYZ-6G～XYZ-10G 型稀油站系统

(b) XYZ-16G～XYZ-125G 型稀油站系统

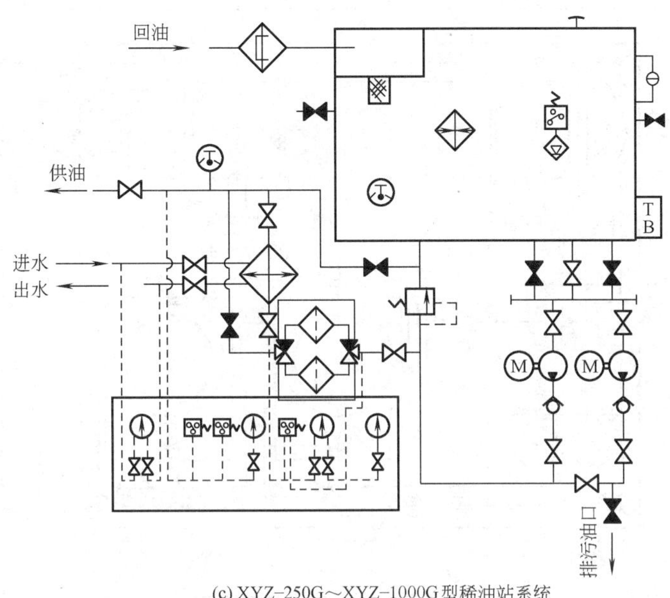

(c) XYZ-250G～XYZ-1000G 型稀油站系统

图 17-6-1　稀油站系统原理图

表 17-6-28　　XYZ-6G～XYZ-125G 型稀油站外形尺寸　　mm

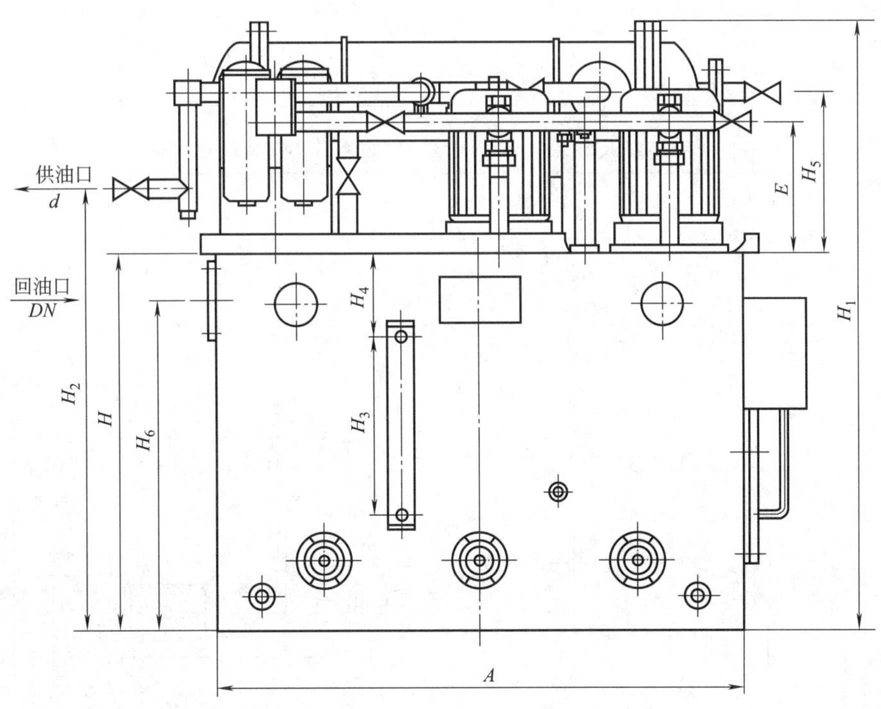

续表

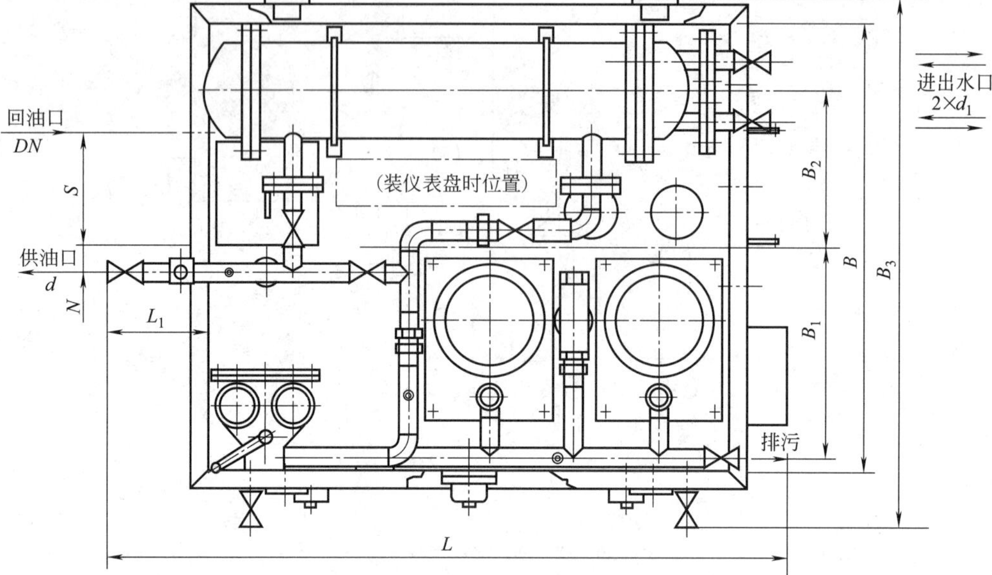

型号	DN	d	A	B	H	L	L_1	S	N	B_1	B_2	B_3	d_1	H_1	H_2	H_3	H_4	H_5	H_6
XYZ-6G XYZ-10G	25	G 1/2	700	550	450	1190	190	150	0	255	220	730	G3/4	764	550	200	75	268	345
XYZ-16G XYZ-25G	50	G1	1000	900	700	1505	256	175	35	410	363	1095	G1	1205	855	300	150	350	580
XYZ-40G XYZ-63G	50	G 1¼	1200	1000	850	1700	235	248	60	470	345	1200	G 1¼	1360	990	400	190	355	740
XYZ-100G XYZ-125G	80	G 1½	1500	1200	950	2300	390	170	100	560	444	1400	G 1¼	1480	978	450	170	375	820

表 17-6-29　　XYZ-250G～XYZ-1000G 型稀油站外形及安装尺寸　　mm

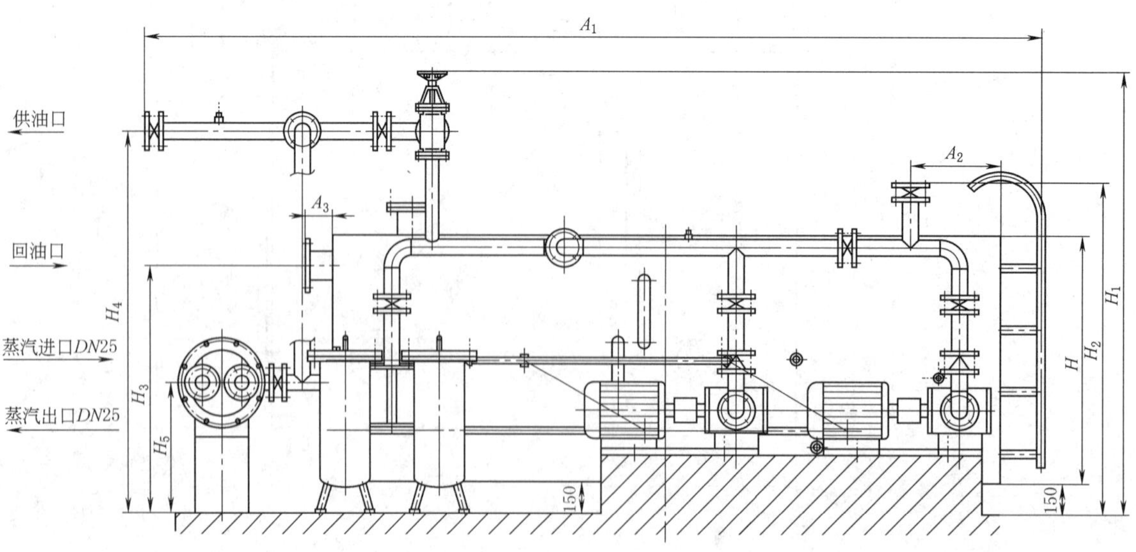

续表

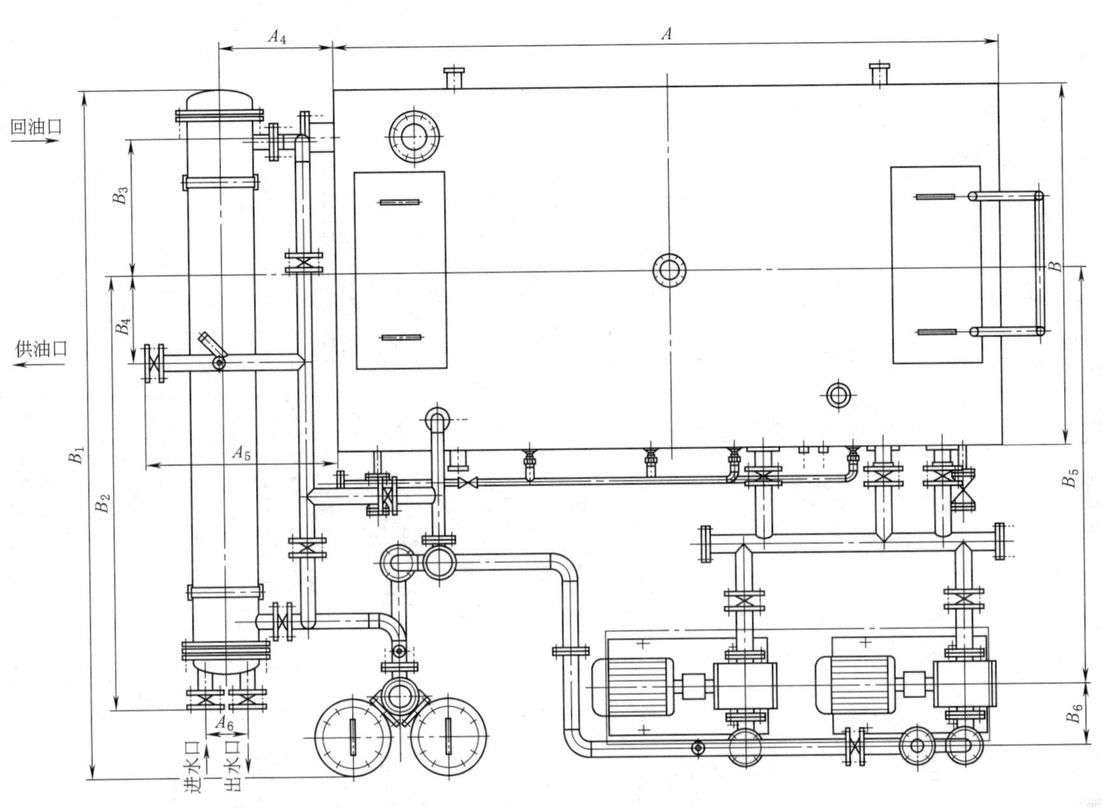

型号	回油通径	供油通径	进出水通径	A	B	H	A_1	A_2	A_3	A_4	A_5	A_6
XYZ-250G	125	65	65	3300	1600	1200	4445	442	630	560	945	200
XYZ-400G	150	80	100	3600	2000	1500	4600	492	700	572	800	235
XYZ-630G	200	100	100	4500	2600	1600	5950	560	882	650	1345	235
XYZ-1000G	250	125	200	5500	2600	1900	7600	630	1020	1080	1900	235

型号	B_1	B_2	B_3	B_4	B_5	B_6	H_1	H_2	H_3	H_4	H_5	蒸汽接口
XYZ-250G	3280	2050	570	364	1960	300	2172	1600	1485	1850	630	G1(电加热时无此接口)
XYZ-400G	3690	2340	750	907	2230	300	2325	1750	1740	1965	620	
XYZ-630G	4550	2536	1020	320	2700	390	2465	1067	1835	2080	780	
XYZ-1000G	4700	2736	1000	500	2720	450	2865	2285	2175	2480	1060	

表 17-6-30 XYZ-250G～XYZ-1000G 型稀油站地基及其图尺寸

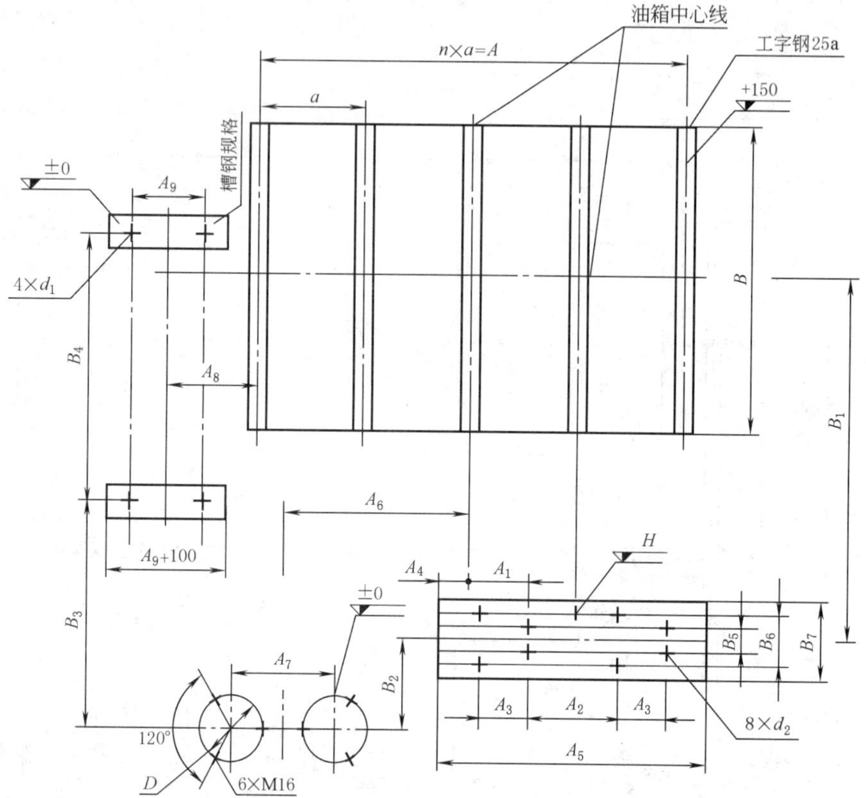

型号	A	A_1	A_2	A_3	A_4	A_5	A_6	A_7	A_8	A_9	B	B_1
XYZ-250G	3200	350	660	450	320	1900	1350	474	610	300	1600	1960
XYZ-400G	3500	385	590	450	370	2050	1420	529	622	300	2000	2230
XYZ-630G	4200	559	825	655	295	2500	1610	550	800	300	2800	2700
XYZ-1000G	5190	840	1210	655	510	3520	2180	779	1235	300	2800	2720

型号	槽钢规格	B_2	B_3	B_4	B_5	B_6	B_7	d_1	d_2	D	H	N	a
XYZ-250G	12	210	712	1835	280	380	550	M20	M16	260	286	4	800
XYZ-400G	12	230	830	1232	280	380	600	M20	M16	350	315	4	875
XYZ-630G	12	240	833	2042	315	465	640	M20	M20	350	260	5	840
XYZ-1000G	20a	270	1045	2042	315	465	710	M20	M20	600	330	6	865

（4）微型稀油润滑装置

1）WXHZ 型微型稀油润滑装置（JB/ZQ 4709—1998）

表 17-6-31 WXHZ 型微型稀油润滑装置

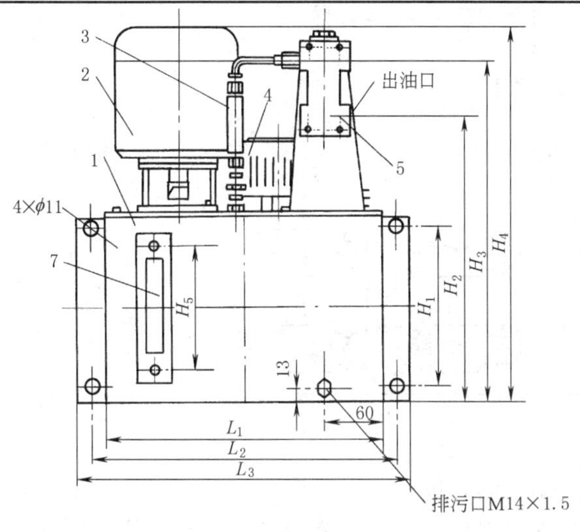

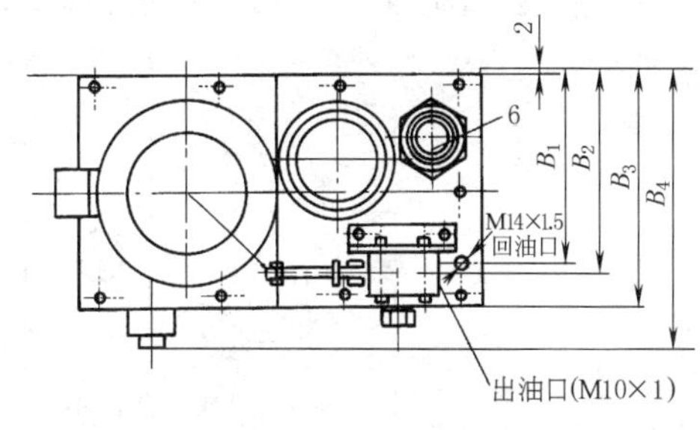

1—油箱；2—CBZ4 型齿轮油泵装置；3—单向阀；4—空气滤清器；5—出油过滤器；6—液位控制器；7—液位计

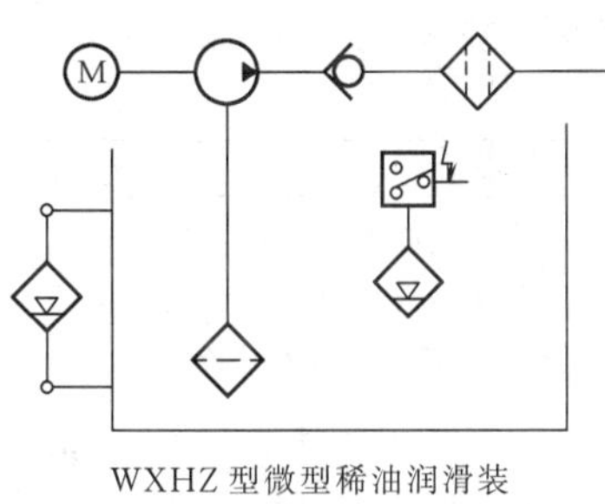

WXHZ 型微型稀油润滑装置系统原理图

标记示例：

公称压力 1.6MPa，流量 500mL/min 的微型稀油润滑装置，标记为

WXHZ-W500 微型稀油润滑装置 JB/ZQ 4709—1998

型号	公称流量/mL·min⁻¹	公称压力/MPa	电动机特性			油箱容积/L	YKJD液位控制器触点容量
			型号	功率/W（极数）	电压/V		
WXHZ-350	350	1.6(W) 4.0(H) 6.3(I) W、H、I为压力级别代号	A02-5624 B14型	90 (4)	380	3、6、11、15	24V 0.2A
WXHZ-500	500						
WXHZ-800	800						
WXHZ-1000	1000						

注：1. 油泵的出油管道推荐 GB/T 1527—2017《拉制铜管》。材料为 T3，管子规格为 $\phi6\times1$。

2. 适用于黏度值 22～460mm²/s 的润滑油；过滤器的过滤精度 20μm，亦可根据用户要求调整；过滤面 13cm²。

表 17-6-32 WXHZ 型油箱容积与尺寸

尺寸	油箱容积/L				尺寸	油箱容积/L			
	3	6	11	15		3	6	11	15
L_1	240	275	275	275	B_1	115	135	135	135
L_2	270	305	305	305	B_2	124	144	144	144
L_3	290	325	325	325	B_3	145	165	165	165
H_1	138	205	360	370	B_4	170	190	190	190
H_2	223	290	445	555	H_5	80	125	254	400
H_3	283	350	505	615	质量/kg	8	11.5	13	14
H_4	315	382	537	647					

2）DWB 型微型循环润滑系统。适用于数控机械、金属切削机床、锻压与铸造机械以及化工、塑料、轻纺、包装、建筑运输等行业中负荷较轻的机械及生产线设备的循环润滑系统。主要由 DWB 型微型油泵装置、JQ 型节流分配器、吸油过滤器和管道附件等部分组成。DWB 型微型油泵装置（图 17-6-2）由齿轮油泵、微型异步电动机、溢流阀、压力表、管道等部分组成。装置通常为卧式安装，直接插入减速器、电动机或机器壳体的油池中，但吸油口必须在最低油位线以下。DWB-350～DWB-1000 型油泵装置带有网状吸油

过滤器，直接拧于吸油口 d_1，对 DWB-2.5～DWB-6 型，用户可根据需要自行配置吸油管道及过滤器。装置也可垂直安装，但应注意，泵的最大吸入高度不应超过 500mm。

3）RHZ 型微型稀油润滑装置。由齿轮油泵、微型异步电动机、溢流阀、压力表、油箱、吸油过滤器及管道等组成。

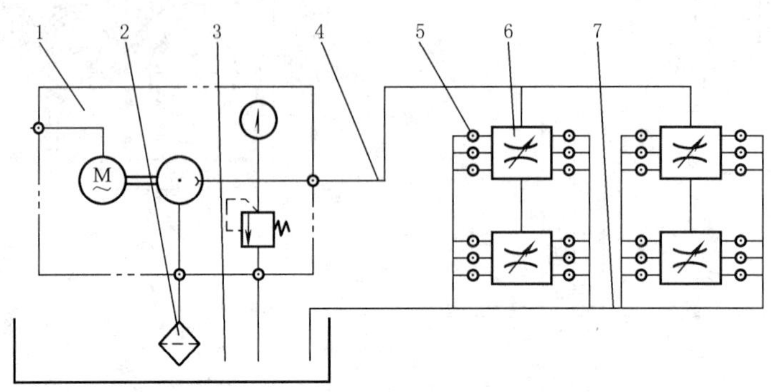

图 17-6-2　DWB 型微型循环润滑系统原理图

1—微型油泵装置；2—吸油过滤器；3—油池；4—压油管道；5—机器润滑点；6—节流分配器（JQ 型）；7—回流通道

表 17-6-33　　DWB 型基本参数

型　　号	工作压力 /MPa	流　　量 /mL·min⁻¹	电动机特性				质量/kg
			型　　号	功　率/W	电　压/V	转速/r·min⁻¹	
DWB-350	0.6	350	YS-5624	90	380	1400	5.25
DWB-500	1.6	500					5.3
DWB-1000	2.5	1000	YS-5634	120			5.4
DWB-2.5	0.6	2.5	YS-7126	250	380	1000	20
DWB-4		4					20
DWB-6		6	YS-7124	370		1500	22

表 17-6-34　　DWB 型微型油泵装置的外形及连接尺寸　　mm

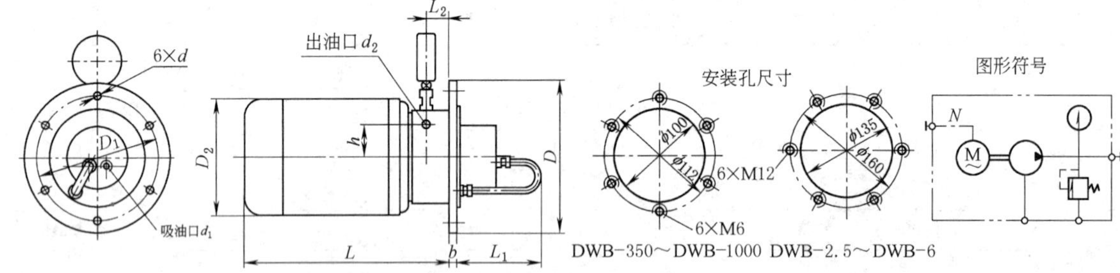

型　　号	D	D_1	D_2	b	L	L_1	L_2	h	d	d_1	d_2
DWB-350	0.6	112	112	8	186	90	30	14	6.5	M8×1	φ8×1 铜管
DWB-500	1.6										
DWB-1000	2.5										
DWB-2.5	0.6	190	160	14	280	145	35	42	13	φ12×1 铜管	φ10×1 铜管
DWB-4											
DWB-6											

表 17-6-35　RHZ 型微型稀油润滑装置外形结构、尺寸及基本参数（建议配置 JQ 型节流分配器）

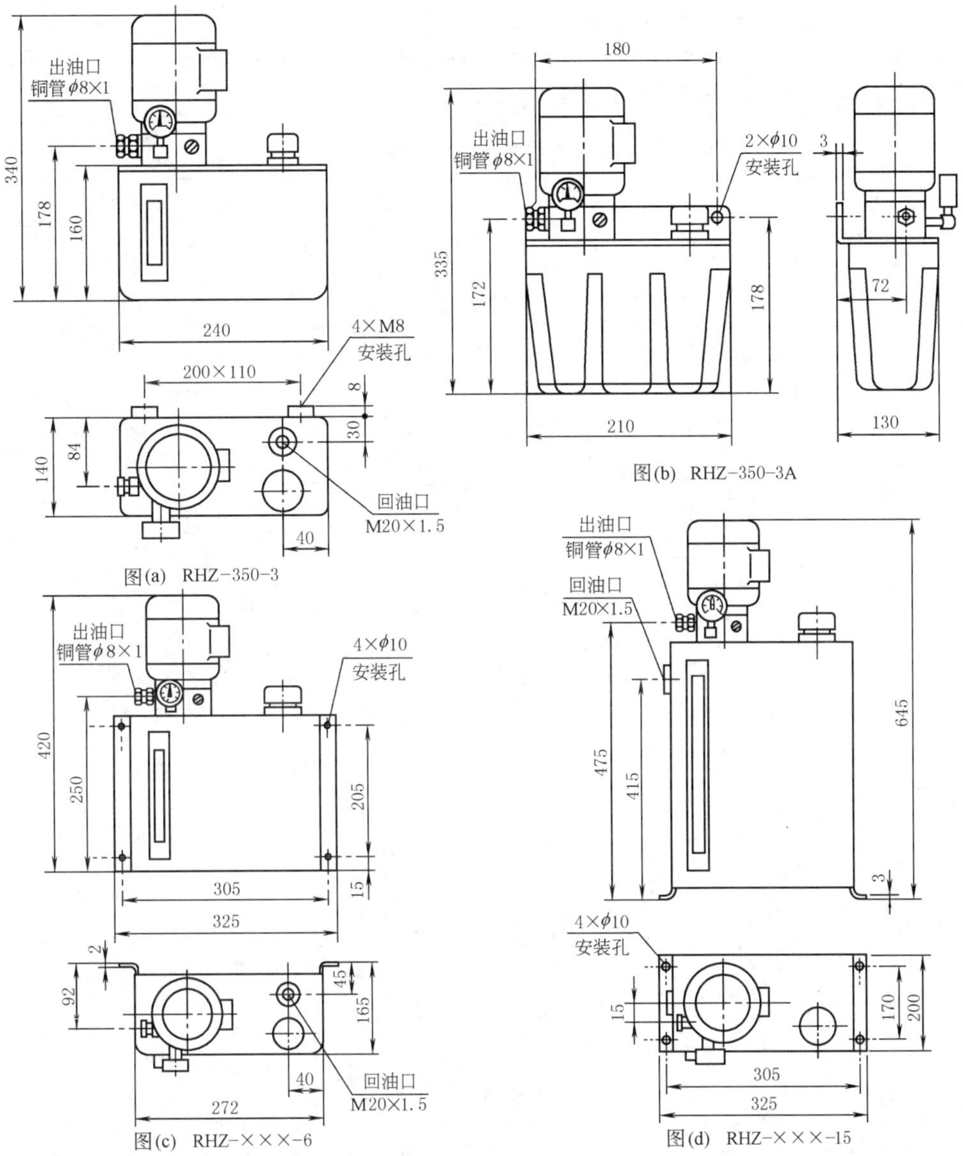

<table>
<tr><th rowspan="2">型　　号</th><th rowspan="2">工作压力
/MPa</th><th rowspan="2">流量
/mL·min^{-1}</th><th rowspan="2">油箱容积
/L</th><th colspan="4">电动机特性</th><th rowspan="2">质量/kg</th></tr>
<tr><th>型号</th><th>功率/W</th><th>电压/V</th><th>转速/r·min^{-1}</th></tr>
<tr><td>RHZ-350-3</td><td rowspan="3">0.6</td><td rowspan="4">350</td><td rowspan="2">3</td><td rowspan="6">YS-5624</td><td rowspan="6">90</td><td rowspan="8">380</td><td rowspan="8">1400</td><td>8</td></tr>
<tr><td>RHZ-350-3A</td><td>6</td></tr>
<tr><td>RHZ-350-6</td><td>6</td><td>12</td></tr>
<tr><td>RHZ-350-15</td><td rowspan="2">1.6</td><td>15</td><td>16</td></tr>
<tr><td>RHZ-500-6</td><td rowspan="2">500</td><td>6</td><td>12</td></tr>
<tr><td>RHZ-500-15</td><td rowspan="3">2.5</td><td>15</td><td>16</td></tr>
<tr><td>RHZ-1000-6</td><td rowspan="2">1000</td><td>6</td><td rowspan="2">YS-5634</td><td rowspan="2">120</td><td>12</td></tr>
<tr><td>RHZ-1000-15</td><td>15</td><td>16</td></tr>
</table>

(5) GXYZ 型 A 系列高低压稀油站

适用于装有动静压轴承的磨机、回转窑、电动机等大型设备的稀油循环润滑系统。根据动静压润滑工作原理，在启动、低速和停车时用高压系统，正常运行时用低压系统，以保证大型机械在各种不同转速下均能获得可靠的润滑，延长主机寿命。稀油站的高压部分压力为 31.5MPa，流量 2.5L/min，低压部分压力小于等于 0.4MPa，流量 16～125L/min，稀油站具有过滤、冷却、加热等装置和连锁、报警、自控等功能。

表 17-6-36 GXYZ 型 A 系列高低压稀油站基本参数及原理图

原理图

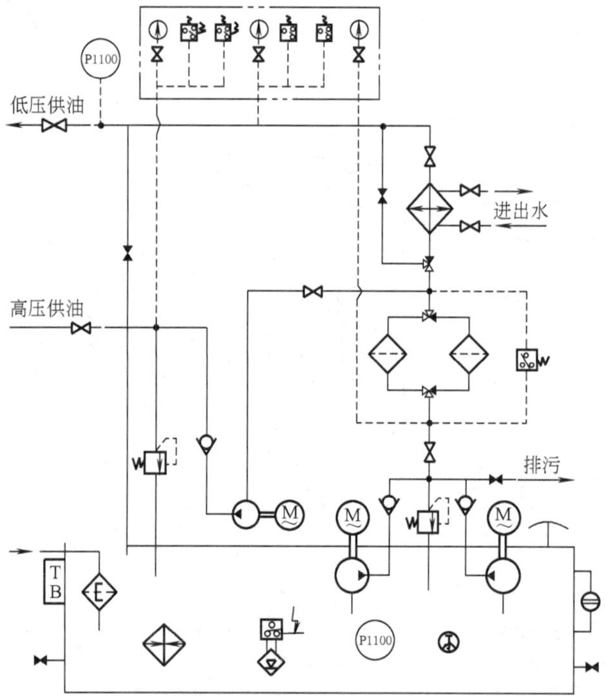

参数			GXYZ-A					
			2.5/16	2.5/25	2.5/40	2.5/63	2.5/100	2.5/125
低压系统	泵装置型号		16	25	40	63	100	125
	流量/L·min^{-1}		16	25	40	63	100	125
	供油压力/MPa		≤0.4					
	供油温度/℃		40±3					
	电动机	型号	Y90S-4,V1		Y100L1-4,V1		Y112M-4,V1	
		功率/kW	1.1		2.2		4	
		转速/r·min^{-1}	1450		1440		1440	
油箱容积/m^3			0.8		1.2		1.6	
高压系统	泵装置型号		2.5MCY14-1B					
	流量/L·min^{-1}		2.5					
	供油压力/MPa		31.5					
	电动机	型号	Y112M-6,B35					
		功率/kW	2.2					
		转速/r·min^{-1}	940					
过滤精度/mm			0.08～0.12					
过滤面积/m^2			0.13		0.20		0.41	
冷却面积/m^2			3		5		7	
冷却水耗量/m^3·h^{-1}			1	1.5	3.6	5.7	9	11.25
电加热功率/kW			3×4		3×4		6×4	
外形尺寸/mm			1490×1230×1500		1620×1430×1550		—	

表 17-6-37　　GXYZ 型 A 系列稀油站外形图及其高低压稀油站外形尺寸　　mm

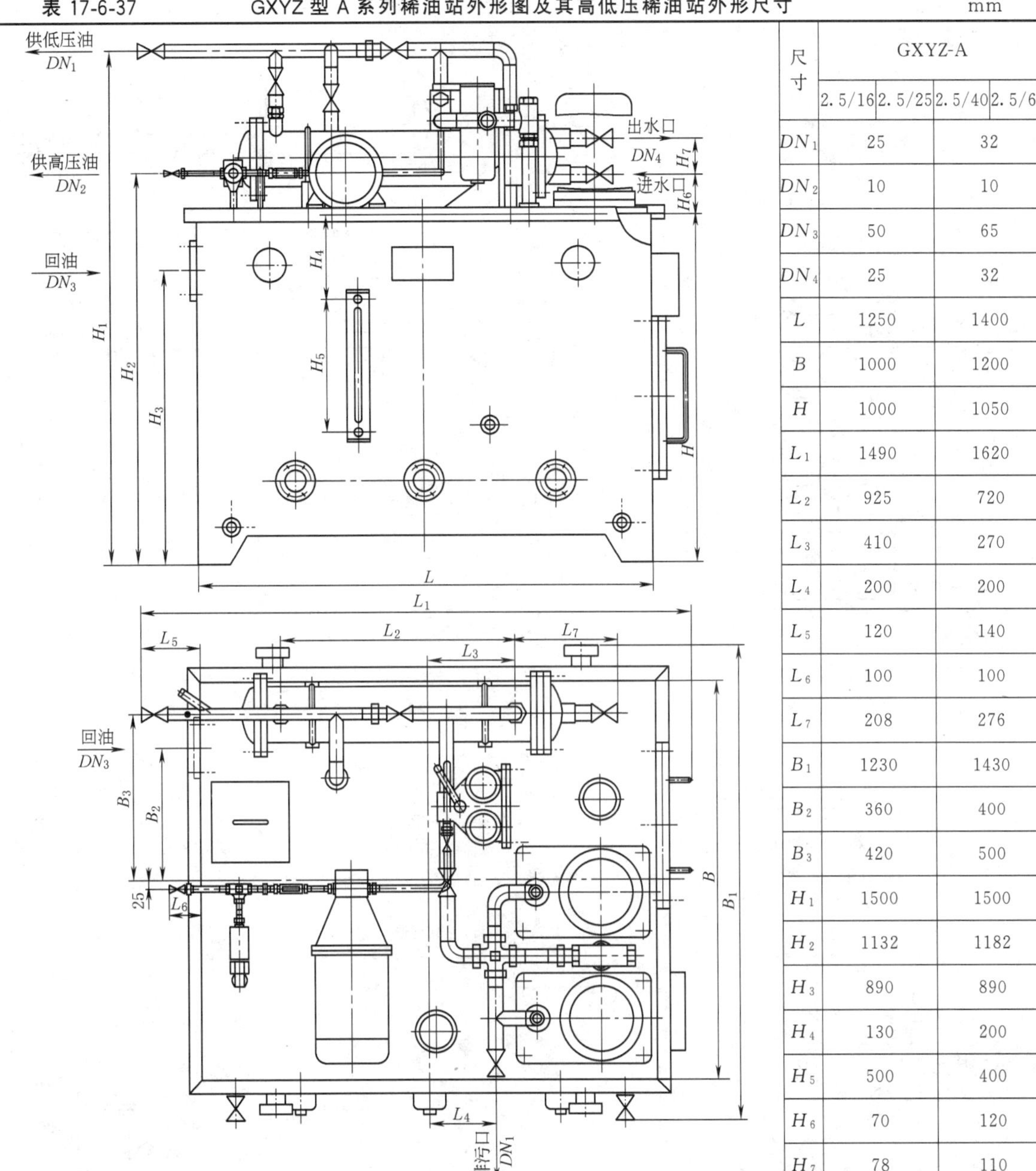

尺寸	GXYZ-A			
	2.5/16	2.5/25	2.5/40	2.5/63
DN_1	25		32	
DN_2	10		10	
DN_3	50		65	
DN_4	25		32	
L	1250		1400	
B	1000		1200	
H	1000		1050	
L_1	1490		1620	
L_2	925		720	
L_3	410		270	
L_4	200		200	
L_5	120		140	
L_6	100		100	
L_7	208		276	
B_1	1230		1430	
B_2	360		400	
B_3	420		500	
H_1	1500		1500	
H_2	1132		1182	
H_3	890		890	
H_4	130		200	
H_5	500		400	
H_6	70		120	
H_7	78		110	

（6）专用稀油润滑装置

除了以上稀油润滑装置以外，目前在冶金、矿山、电力、化工、交通、轻工等行业中常用的稀油润滑装置还有 XYZ-GZ 型整体式稀油站、GDR 型双高低压稀油站和这些型号的改进型产品等。

（7）国外的稀油润滑系统简介

1）日本大阪金属公司的稀油润滑站系统。该公司生产的稀油润滑站有 AN、BN、CN、DN 4 个系列 30 余种规格的产品。其中 AN 系列稀油站为小型单机配套，供油能力范围 6～100L/min，属于整体安装形式，图 17-6-3为其系统图。该系列主要用于对润滑要求不高，供油量较少的小型减速器、通风机、压缩机及小型机械的润滑。BN 系列稀油站供油能力范围为 120～1000L/min，主要用于中型减速器、轧钢辅助设备、造纸机械及大型通风机械等设备的润滑，图 17-6-4 为其系统图。CN 及 DN 系列稀油站均为大型稀油站，供油能力分别为 170～3000L/min 及 420～3000L/min。

2）德国奈迪格（Neidig）公司的稀油润滑站系统。该系列稀油站与日本大金 AN 系列稀油站相似，二者均不设置备用泵，其特点是在系统先冷却后过滤，并采用螺杆泵及带磁性的双筒网式过滤器，过滤芯的更换、清洗不影响系统的连续工作，提高了过滤效果，保证流经系统元件的润滑油均经过滤。图 17-6-5为其系统图。

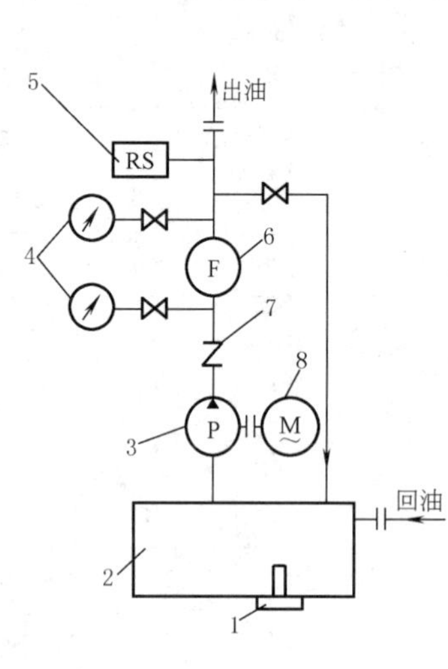

图 17-6-3 日本大金 AN 系列稀油站系统图

1—电热器；2—油箱；3—油泵；4—压力表；5—压力调节器；6—过滤器；7—逆止阀；8—电动机

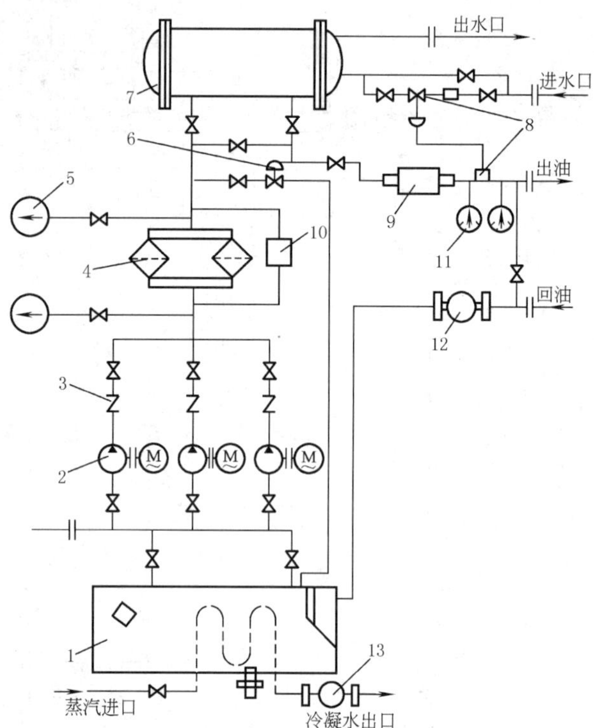

图 17-6-4 日本大金 BN 系列稀油站系统图

1—油箱；2—齿轮油泵；3—逆止阀；4—双筒网式过滤器；5—压力计；6—压力调节阀（安全阀）；7—冷却器；8—调节阀；9—流量计；10—电接点压差计；11—电接点压力计；12—回油油流指示计；13—蒸汽冷凝器

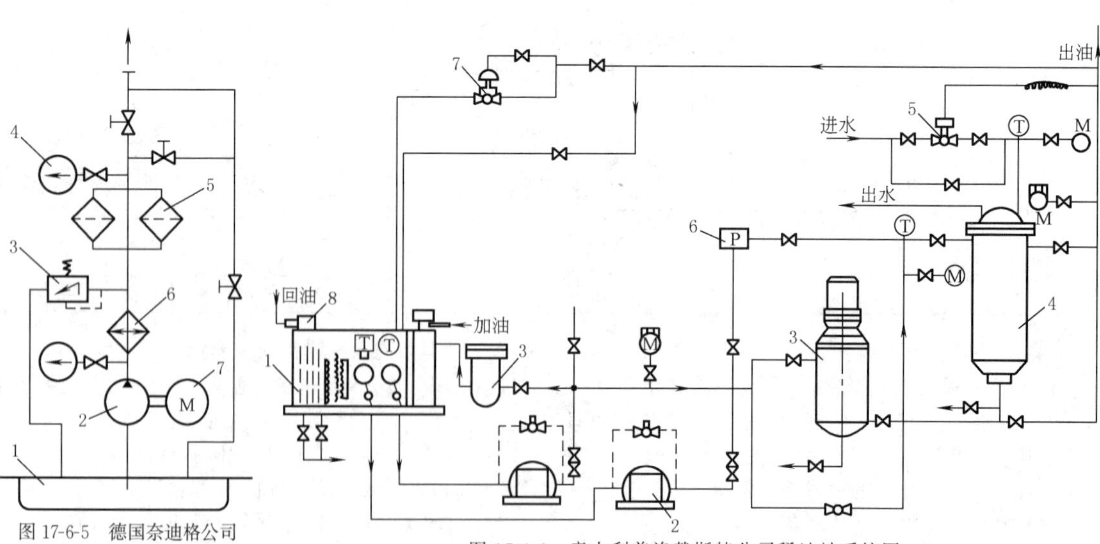

图 17-6-5 德国奈迪格公司稀油站系统图

1—油箱；2—油泵；3—安全阀；4—压力计；5—过滤器；6—冷却器；7—电动机

图 17-6-6 意大利普洛戴斯特公司稀油站系统图

1—油箱；2—油泵；3—过滤器；4—冷却器；5—温度调节器；6—压力开关；7—弹簧安全阀；8—磁过滤器

3）意大利普洛戴斯特（Prodest）公司稀油润滑站系统。该系列稀油站的工作原理与齿轮泵循环润滑站基本相同。其特点是自动化程度高，在油箱的回油口装有磁性过滤器，油泵的出油管路上设有圆盘式过滤器，另外还设置了一个专门的站内循环过滤系统，以保证润滑油的清净程度。图 17-6-6 为其系统图。

6.2.2.3 辅助装置及元件

（1）冷却器

1）列管式油冷却器（JB/T 7356—2016）。GLC、GLL 型列管式冷却器适用于冶金、矿山、电力、化工、轻工等行业的稀油润滑装置、液压站和液压设备中，将热工作油冷却到要求的温度。GLL5、GLL6、GLL7 系列具有立式装置。

表 17-6-38 列管式油冷却器系列的基本参数与特点

型号	公称压力/MPa	公称冷却面积/m²								工作温度	工作压力	油水流量比	黏度/mm²·s⁻¹	换热系数/kcal·m⁻²·h⁻¹·℃⁻¹	特点	
GLC1	0.63(D) 1(F) 1.6(W)	0.4	0.6	0.8	1	1.2	—	—	—	≤100℃ 水温 ≤30℃	≤1.6	1∶1	≤100	>300	产品体积小、重量轻，冷却效果好，便于维护检修	换热管采用紫铜翅片管，水侧通道为双管程填料函浮动管板式
GLC2		1.3	1.7	2.1	2.6	3	3.5	—	—							
GLC3		4	5	6	7	8	9	10	11							
GLC4		13	15	17	19	21	23	25	27							
GLC5		30	34	37	41	44	47	50	54							
GLC6		55	60	65	70	75	80	85	90							
GLL3	0.63(D) 1(F)	4	5	6	7	—	—	—	—			1∶1.5	10～460	>200		换热管采用裸(光)管，水侧通道为双管程或四管程填料函浮动管板式
GLL4		12	16	20	24	28	—	—	—							
GLL5		35	40	45	50	60	—	—	—							
GLL6		80	80	120	—	—	—	—	—							
GLL7		160	200	—	—	—	—	—	—							

表 17-6-39 GLC 型列管式油冷却器型式与尺寸 mm

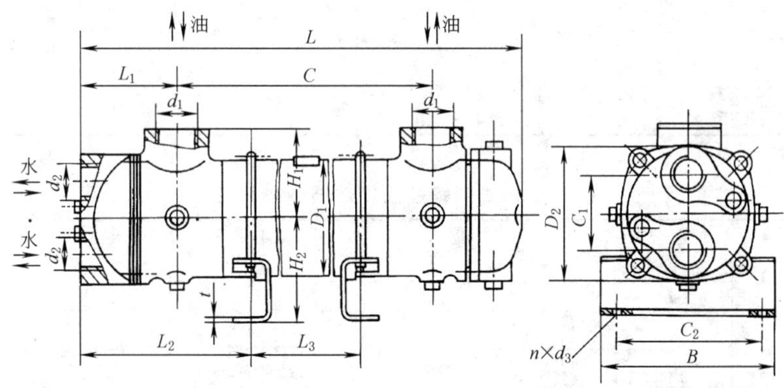

标记示例：公称冷却面积 0.3m²，公称压力 1.0MPa，换热管型式为翅片管的列管式油冷却器，标记为

GLC1-0.3/1.0 冷却器 JB/T 7356—2016

型号	L	C	L_1	H_1	H_2	D_1	D_2	C_1	C_2	B	L_2	L_3	t	$n \times d_3$	d_1	d_2	质量/kg
GLC1-0.4/×	370	240	67	60	68	78	92	52	102	132	115	145	2	4×ϕ11	G1	G¾	8
GLC1-0.6/×	540	405										310					10
GLC1-0.8/×	660	532										435					12
GLC1-1/×	810	665										570					13
GLC1-1.2/×	940	805										715					15

续表

型号	L	C	L_1	H_1	H_2	D_1	D_2	C_1	C_2	B	L_2	L_3	t	$n\times d_3$	d_1	d_2	质量/kg
GLC2-1.3/×	560	375	98	85	93	120	137	78	145	175	172	225	2	4×ϕ11	G1	G1	19
GLC2-1.7/×	690	500										350					21
GLC2-2.1/×	820	635										485					25
GLC2-2.6/×	960	775										630					29
GLC2-3/×	1110	925										780					32
GLC2-3.5/×	1270	1085										935					36
GLC3-4/×	840	570	152	125	158	168	238	110	170	210	245	380	10	4×ϕ15	G1½	G1½	74
GLC3-5/×	990	720										530					77
GLC3-6/×	1140	870										680					85
GLC3-7/×	1310	1040										850					90
GLC3-8/×	1470	1200	152	125	158	168	238	110	170	210	245	1010	10	4×ϕ19	G2	G1½	96
GLC3-9/×	1630	1360										1170					105
GLC3-10/×	1800	1530										1340					110
GLC3-11/×	1980	1710										1520					118
GLC4-13/×	1340	985	197	160	208	219	305	140	270	320	318	745	12	4×ϕ19	G2	G2	152
GLC4-15/×	1500	1145										905					164
GLC4-17/×	1660	1305										1068					175
GLC4-19/×	1830	1475										1235					188
GLC4-21/×	2010	1665										1415					200
GLC4-23/×	2180	1825										1585					213
GLC4-25/×	2360	2005										1765					225
GLC4-27/×	2530	2175										1935					—
GLC5-30/×	1932	1570	202	200	234	273	355	180	280	320	327	1320	12	4×ϕ23	G2	G2½	—
GLC5-34/×	2152	1790										1540					—
GLC5-37/×	2322	1960										1710					—
GLC5-41/×	2542	2180										1930					—
GLC5-44/×	2712	2350										2100					—
GLC5-47/×	2872	2510										2260					—
GLC5-51/×	3092	2730										2480					—
GLC5-54/×	3262	2900										2650					—
GLC6-55/×	2272	1860	227	230	284	325	410	200	300	390	362	1590	12	4×ϕ23	G2½	G3	—
GLC6-60/×	2452	2040										1770					—
GLC6-65/×	2632	2220										1950					—
GLC6-70/×	2182	2400										2130					—
GLC6-75/×	2992	2580										2310					—
GLC6-80/×	3172	2760										2490					—
GLC6-85/×	3352	2940										2670					—
GLC6-90/×	3532	3120										2850					—

注：×为标注公称压力值。

表 17-6-40 GLL 型卧式列管式油冷却器型式与尺寸 mm

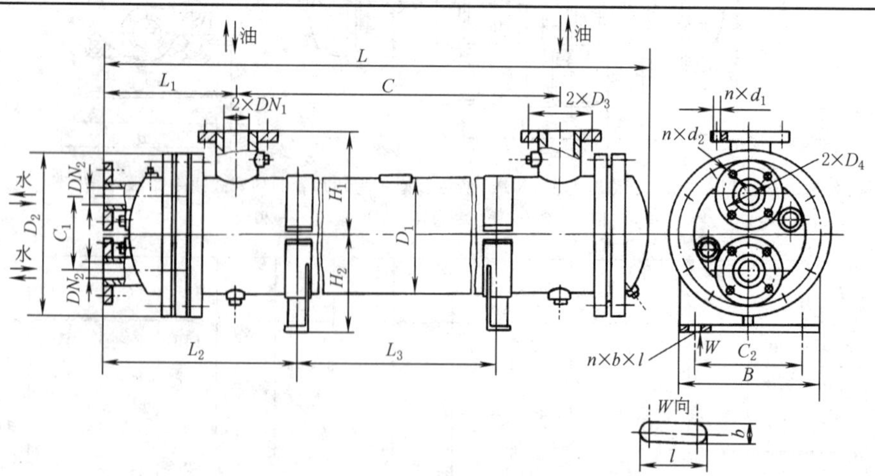

标记示例：公称冷却面积 60m²，公称压力 0.63MPa，换热管为裸管，水侧通道为四管程(S)的立式(L)列管式油冷却器，标记为 GLL5-60/0.63SL

续表

型号	L	C	L_1	H_1	H_2	D_1	D_2	C_1	C_2	B	L_2	L_3	D_3	D_4	$n\times d_1$	$n\times d_2$	$n\times b\times l$	DN_1	DN_2	质量/kg
GLL3-4/××	1165	682	265	190	210	219	310	140	200	290	367	485	100	100	4×ϕ18	4×ϕ18	4×20×28	32	32	143
GLL3-5/××	1465	982										785								168
GLL3-6/××	1765	128										1085	110					40		134
GLL3-7/××	2065	1512										1385								220
GLL4-12/××	1555	860	345	262	262	325	435	200	300	370	497	660	145	145	4×ϕ18	4×ϕ18	4×20×28	65	65	319
GLL4-16/××	1960	1365										1065								380
GLL4-20/××	2370	1775										1475								440
GLL4-24/××	2780	2175	350									1885	160		8×ϕ17.5			80		505
GLL4-28/××	3190	2585										2295								566
GLL5-35/××	2480	1692	500	315	313	426	535	235	300	520	730	1232	180	180		8×ϕ18	4×20×230	100	100	698
GLL5-40/××	2750	1962										1502								766
GLL5-45/××	3020	2202	515								725	1772	210					125		817
GLL5-50/××	3290	2472										2042								900
GLL5-60/××	3830	3012										2582								1027
GLL6-80/××	3160	2015	700	500	434	616	780	360	750	550	935	1555	295	295	8×ϕ22	8×ϕ23	4×25×32	200	200	1617
GLL6-100/××	3760	2615										2155								1890
GLL6-120/××	4360	3215										2755								2163

注：1. 第一个×为标注公称压力值，第二个×为标注水程管程数（四管程标 S，双管程不标注）。

2. 法兰连接尺寸按 JB/T 81—2015《凸面板式平焊钢制管法兰》中 PN=1MPa 的规定。

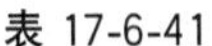

表 17-6-41　GLL 型立式油冷却器型式与尺寸　mm

型号	L	C_1	L_1	H	D_1	D_2	D_3	DN	D_4	$n\times d_1$	$n_1\times d_2$	质量/kg
GLL5-35/××L	2160	1692	470	315	426	640	590	80	160	6×ϕ30	4×ϕ18	
GLL5-40/××L	2880	1962										
GLL5-45/××L	3120	2202						100	180		8×ϕ18	
GLL5-50/××L	3390	2472										
GLL5-60/××L	3930	3012										
GLL5-80/××L	3255	2015	705	235	500	616	1075	125	210	6×ϕ40	2×ϕ18	
GLL5-100/××L	3822	2615										
GLL5-120/××L	4455	3215						150	240		8×ϕ23	
GLL5-160/××L	3320	2010	715		602	820	120					
GLL5-200/××L	3970	2660						200	295			

2）板式油冷却器

表 17-6-42 BRLQ 型板式油冷却器基本参数（JB/ZQ 4593—2006）

型号	公称冷却面积/m²	油流量/L·min⁻¹		进油温度/℃	出油温度/℃	油压降/MPa	进水温度/℃	水流量/L·min⁻¹		应用
		50# 机械油	28# 轧钢机油					50# 机械油	28# 轧钢机油	
BRLQ0.05-1.5	1.5	20	10	50	≤42	≤0.1	≤30	16	8	①适用于稀油润滑系统中冷却润滑油，其黏度值不大于 460mm²/s ②板式冷却器油和水流向应相反 ③冷却水用工业用水，如用江河水需经过滤或沉淀 ④工作压力小于 1MPa ⑤工作温度－20～150℃ ⑥50# 机械油相当于 L-AN100 全损耗系统用油或 L-HL100 液压油。28# 轧钢机油行业标准已废除，可考虑使用 LCKD460 重载荷工业齿轮油
BRLQ0.05-2	2	32	16					25	13	
BRLQ0.05-2.5	2.5	50	25					40	20	
BRLQ0.1-3	3	80	40					64	32	
BRLQ0.1-5	5	125	63					100	50	
BRLQ0.1-7	7	200	100					100	80	
BRLQ0.1-10	10	250	125					200	100	
BRLQ0.2A-13	13	400	160					320	130	
BRLQ0.2A-18	18	500	250					400	200	
BRLQ0.2A-24	24	600	315					500	250	
BRLQ0.3A-30	30	650	400					520	320	
BRLQ0.3A-35	35	700	500					560	400	
BRLQ0.3A-40	40	950	630					800	500	
BRLQ0.5-60	60	1100	800					900	640	
BRLQ0.5-70	70	1300	1000					1050	800	
BRLQ0.5-80	80	2100	1600					1670	1280	
BRLQ0.5-120	120	3000	2100					2400	1600	
BRLQ1.0-50	50	1000	715					850	570	
BRLQ1.0-80	80	2100	1600					1670	1280	
BRLQ1.0-100	100	2500	1800					2040	1440	
BRLQ1.0-120	120	3000	2100					2400	1600	
BRLQ1.0-150	150	3500	2500					2950	2400	
BRLQ1.0-180	180	4000	2850					3500	2600	
BRLQ1.0-200	200	4500	3150					3800	3000	
BRLQ1.0-250	250	5000	3500					4400	3400	

表 17-6-43 BRLQ 型板式油冷却器外形尺寸

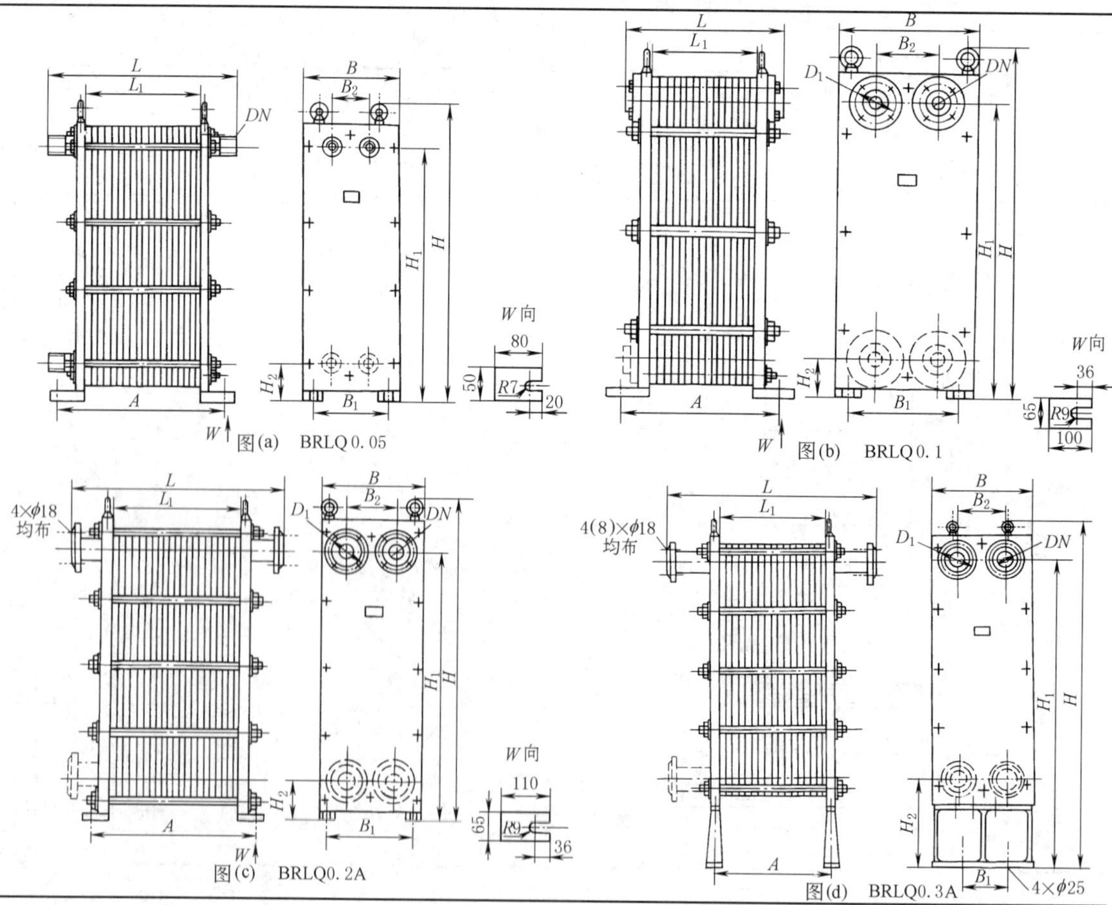

图(a) BRLQ0.05　图(b) BRLQ0.1　图(c) BRLQ0.2A　图(d) BRLQ0.3A

续表

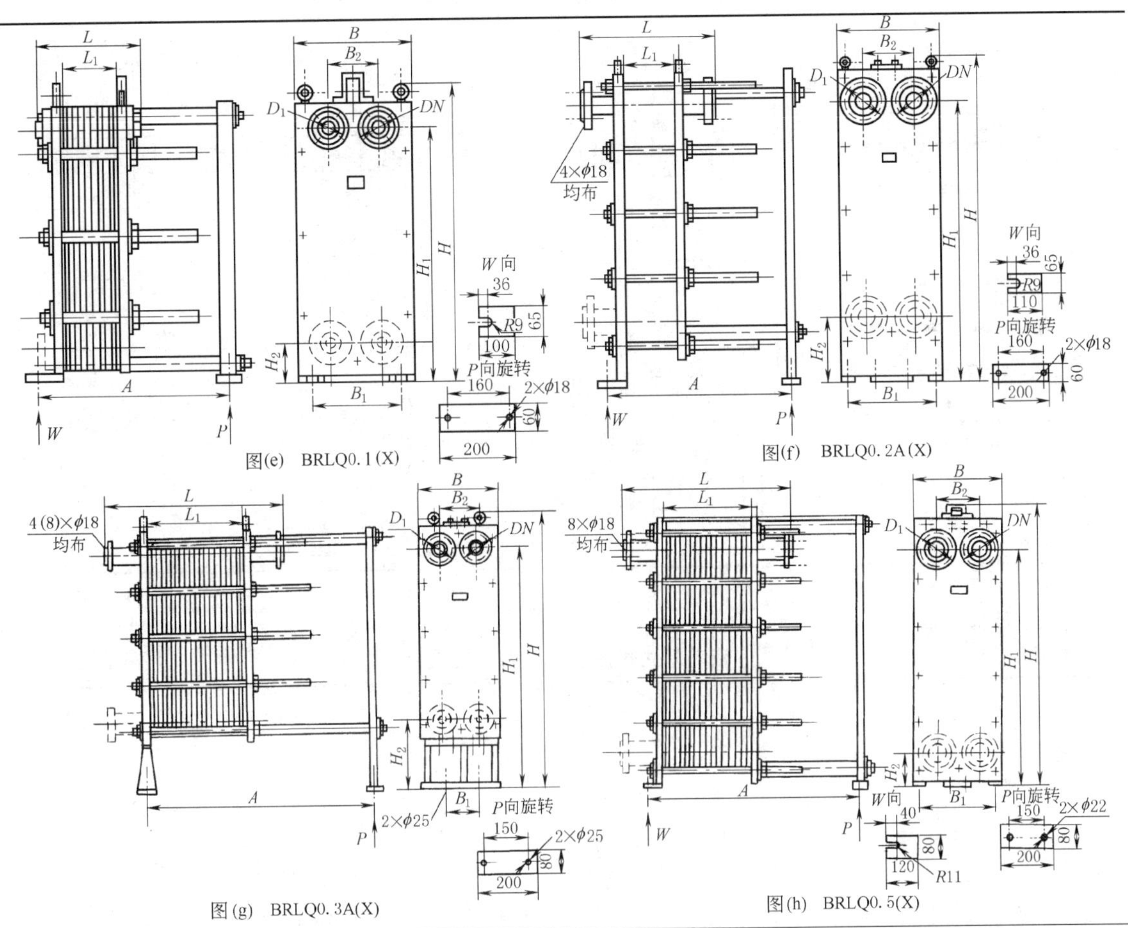

图(e)　BRLQ0.1(X)　　图(f)　BRLQ0.2A(X)

图(g)　BRLQ0.3A(X)　　图(h)　BRLQ0.5(X)

标记示例：单板冷却面积 0.3m²，公称面积 35m²，第一次改型的悬挂式板式油冷却器，标记为

BRLQ0.3A-35X　冷却器 JB/ZQ 4593—2006

板片规格		0.05			0.1 / 0.1(X)				0.2A / 0.2A(X)			0.3A / 0.3A(X)			0.5(X)			
公称冷却面积/m²		1.5	2	2.5	3	5	7	10	13	18	24	30	35	40	60	70	80	120
尺寸/mm	L_1≈	3.8×n			4.9×n				6.5×n			6.2×n			4.8×n			
	A	L_1+120			L_1+128				L_1+150			L_1+46			n×7+806			
					n×7+410				n×9+720			n×10+600						
	B_1	165			250				335			200			310			
	B_2	80			142				190			218			268			
	H_2	74			88.5				140			415			230			
									222									
	H	638			760				1164			1598			1840			
					778				1246									
	B	215			315				400			480			590			
	DN	G1¼B			32	10	50	60	65			80			125			
	D_1	—			92				145			160			210			
质量/kg		73	80	86	160	200	270	320	500	700	930	965	1040	1115	1650	1790	1925	2450
					170	210	280	330	530	730	965	985	1080	1160				

注：1. 除 0.05、0.1 及 0.1（X）外，其余连接法兰的连接尺寸按 JB/T 81—2015《凸面板式平焊钢制管法兰》中，PN＝1MPa的规定。

2. n＝公称冷却面积/单板冷却面积＋1，表示板片数。

3. 型号中 A 为改型标记，有“(X)”标记的为悬挂式，无“(X)”标记的为落地式。

第17篇

表 17-6-44　　　　BRLQ1.0（X）型板式油冷却器尺寸

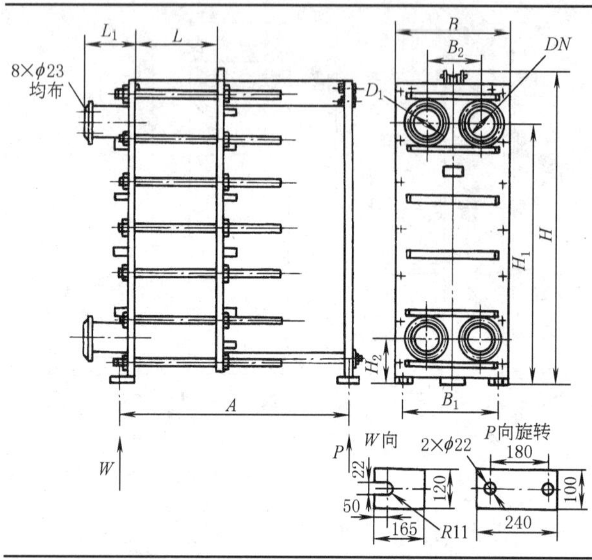

板片规格		1.0(X)							
公称冷却面积/m^2		50	80	100	120	150	180	200	250
尺寸/mm	L	326	518	646	774	966	1158	1286	1606
	A	1340	1580	1750	1920	2180	2430	2600	3030
	B_1	740							
	H_1	1980.5							
	L_1	300							
	B_2	433							
	H_2	314.5							
	H	2325							
	B	860							
	DN	225							
	D_1	325							
质量/kg		2496	2870	3120	3370	3744	4118	4367	4990

（2）过滤器

表 17-6-45　　　　双筒网式过滤器参数及外形尺寸　　　　mm

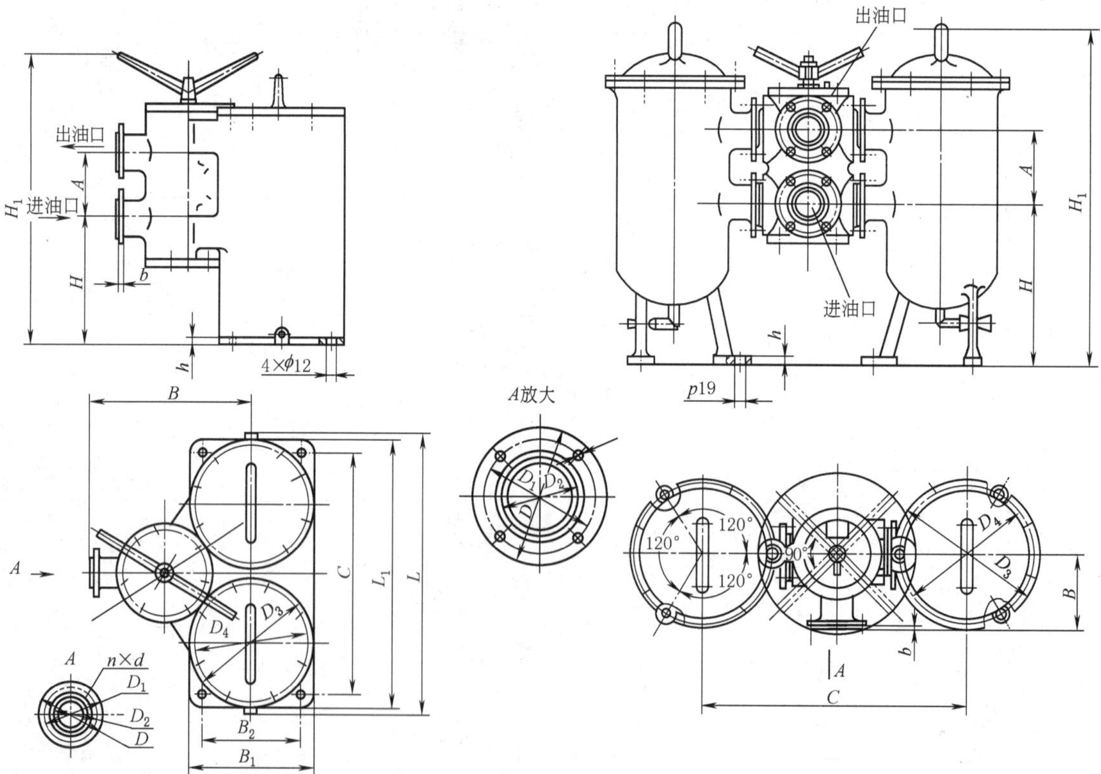

公称通径 32mm、40mm 双筒网式过滤器(整体式)　　　　公称通径 50～150mm 双筒网式过滤器(组合式)

续表

型号	公称通径	公称压力 /MPa	过滤面积 /m²	运动黏度/mm²·s⁻¹										质量 /kg
				46		68		100		150		460		
				过滤精度/mm										
				0.08	0.12	0.08	0.12	0.08	0.12	0.08	0.12	0.08	0.12	
				通过能力/L·min⁻¹										
SWQ-32	32	0.63	0.08	130	310	120	212	63	151	29	69	19	49	82
SWQ-40	40		0.21	330	790	305	540	160	384	72	175	48	125	115
SWQ-50	50		0.31	485	1160	447	793	250	565	107	256	69	160	205
SWQ-65	65		0.52	820	1960	760	1340	400	955	180	434	106	250	288
SWQ-80	80		0.83	1320	3100	1200	2150	630	1533	288	695	170	400	345
SWQ-100	100		1.31	1990	4750	1840	3230	1000	2310	436	1050	267	630	468
SWQ-125	125		2.20	3340	8000	3100	5420	1680	3890	730	1770	450	1000	1040
SWQ-150	150		3.30	5000	12000	4650	8130	2520	5840	1094	2660	679	1600	1185

型号	公称通径	A	B	B_1	B_2	C	D_3	D_4	D_1	H	H_1	L	L_1	h	进、出油口法兰					
															D	D_1	D_2	b	d	n
SWQ-32	32	140	250	186	154	344	—	—	G3/8	145	440	397	386	20	135	100	78	18	18	4
SWQ-40	40	165	265	222	184	410	—	—		180	515	480	447		145	110	85			
SWQ-50	50	190	165	—	—	693	330	280	G1/2	355	800	—	—		160	125	100	20		
SWQ-65	65	200	170	—	—	713	374	300		395	860	—	—		180	145	120			
SWQ-80	80	220	202	—	—	830	374	320	G3/4	500	990	—	—	20	195	160	135	22	18	8
SWQ-100	100	250	202	—	—	895	442	400		610	1190	—	—		215	180	155			
SWQ-125	125	260	240	—	—	1200	755	600	G1	640	1270	—	—	30	245	210	185	24		
SWQ-150	150	300	240	—	—	1200	755	600		860	1530	—	—		280	240	210		23	

注：1. 法兰尺寸按 JB/T 79.1—2015（PN=1.6MPa）的规定。

2. 在工作时过滤器进、出口初始压差小于等于 0.035MPa，当压差大于等于 0.15MPa 时，应立即进行换向清洗或更换过滤网。

3. 运动黏度按 GB/T 3141—1994《工业液体润滑剂 ISO 黏度分类》的规定。

表 17-6-46　　双筒网式磁芯过滤器参数及外形尺寸　　mm

型　号	公称通径	过滤面积 /m²	运动黏度/mm²·s⁻¹										质量 /kg
			46		68		100		150		460		
			过滤精度/mm										
			0.08	0.12	0.08	0.12	0.08	0.12	0.08	0.12	0.08	0.12	
			通过能力/L·min⁻¹										
SWQ-50	50	0.31	485	1160	447	793	250	565	107	256	69	160	136
SWQ-65	65	0.52	820	1960	760	1340	400	955	180	434	106	250	165
SWQ-80	80	0.83	1320	3100	1200	2150	630	1533	288	695	170	400	220
SWQ-100	100	1.31	1990	4750	1840	3230	1000	2310	436	1050	267	630	275
SWQ-125	125	2.80	3340	8000	3100	5420	1686	3890	730	1770	450	1000	680
SWQ-150	150	3.30	5000	12000	4650	8130	2520	5840	1094	2660	679	1600	818
SWQ-200	200	6.00	9264	22140	8568	15114	4620	10788	2034	4908	1254	2898	1185
SWQ-250	250	9.40	14513	34686	13423	23678	7238	16901	3186	7689	1964	4540	1422
SWQ-300	300	13.50	20844	49815	19278	34006	10395	24273	4576	11043	2821	6520	2580

续表

型号	公称通径	A	B	B_1	b	b_1	C	D_2	D_3	H	H_1	H_2	h	d	d_1	进、出油口法兰					
																DN	D	D_1	n	d_2	d_3
SWQ-50	50	459	325	130	18	20	170	260	240	660	480	70	170	19	G½	50	160	125	4	18	M16
SWQ-65	65	474	340	140	20	20	170	260	240	810	630	70	200	19	G½	65	180	145	4	18	M16
SWQ-80	80	529	367	145	20	20	180	350	300	820	620	70	220	19	G½	80	195	160	4	18	M16
SWQ-100	100	550	381	160	22	20	180	350	300	1000	780	70	250	19	G½	100	215	180	8	18	M16
SWQ-125	125	779	494	165	24	20	220	600	550	1340	1060	100	300	19	G½	125	245	210	8	18	M16
SWQ-150	150	817	533	190	24	30	220	600	550	1460	1120	100	340	24	G½	150	280	240	8	23	M20
SWQ-200	200	938	613	230	24	30	260	650	600	1500	1120	120	420	24	G½	200	335	295	8	23	M20
SWQ-250	250	1034	676	260	26	30	260	700	640	1600	1190	120	500	24	G½	250	390	350	12	23	M20
SWQ-300	300	1288	814	290	28	30	260	1000	900	1720	1120	120	570	24	G½	300	440	400	12	23	M20

注：法兰连接尺寸按 JB/T 81—2015《凸面板式平焊钢制管法兰》（PN＝1MPa）的规定。

表 17-6-47　　网片式油滤器的品种规格和性能参数

型号		公称通径 DN/mm	额定流量/$m^3\cdot h^{-1}$（$L\cdot min^{-1}$）	滤片尺寸/mm		过滤面积（单筒）/m^2	其他参数
双筒系列	单筒系列			内径	外径		
SPL15	—	15	2(33.4)	20	40	0.05	1. 最高工作温度 95℃ 2. 最高工作压力 0.8MPa 3. 滤芯清洗压降 0.15MPa 4. 试验介质为黏度 24mm²/s 的清洁油液，当以额定流量通过油滤器时，原始压降不大于 0.08MPa（过滤精度 0.04mm） 安装型式：D—顶挂型；C—侧置型；X—下置型
SPL25	DPL25	25	5(83.4)	30	65	0.13	
SPL32	—	32	8(134)			0.20	
SPL40	DPL40	40	12(200)	45	90	0.41	
SPL50	—	50	20(334)	60	125	0.54	
SPL65	DPL65	65	30(500)			0.84	
SPL80	DPL80	80	50(834)	70	155	1.31	
SPL100	—	100	80(1334)			2.62	
SPL125	—	125	120(2000)	90	175	3.11	
SPL150	DPL150	150	180(3000)			4.67	
SPL200	DPL200	200	520(5334)			8.10	

表 17-6-48　　单筒网片式油滤器型式和基本尺寸　　mm

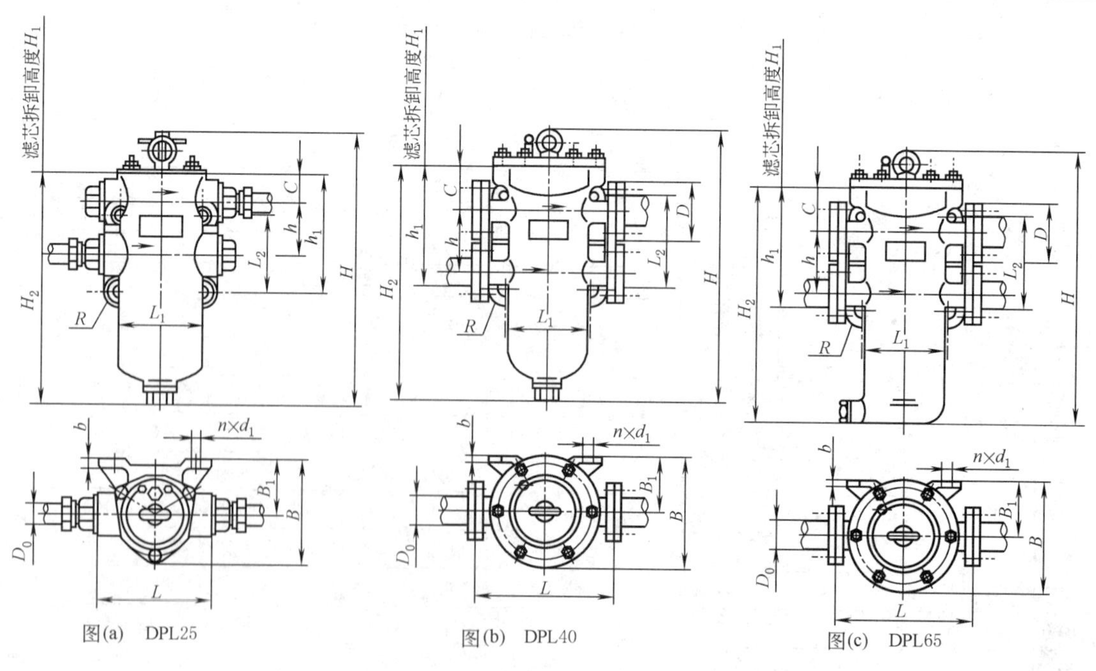

图(a)　DPL25　　图(b)　DPL40　　图(c)　DPL65

续表

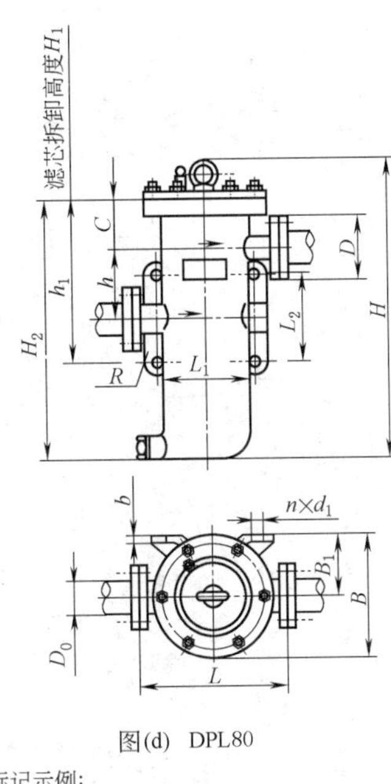

图(d)　DPL80

标记示例：

单筒系列，公称通径150mm，下置型带手动气冲洗的网片式油滤器，标记为

DPL/150X-QX　CB/T 3025—2008

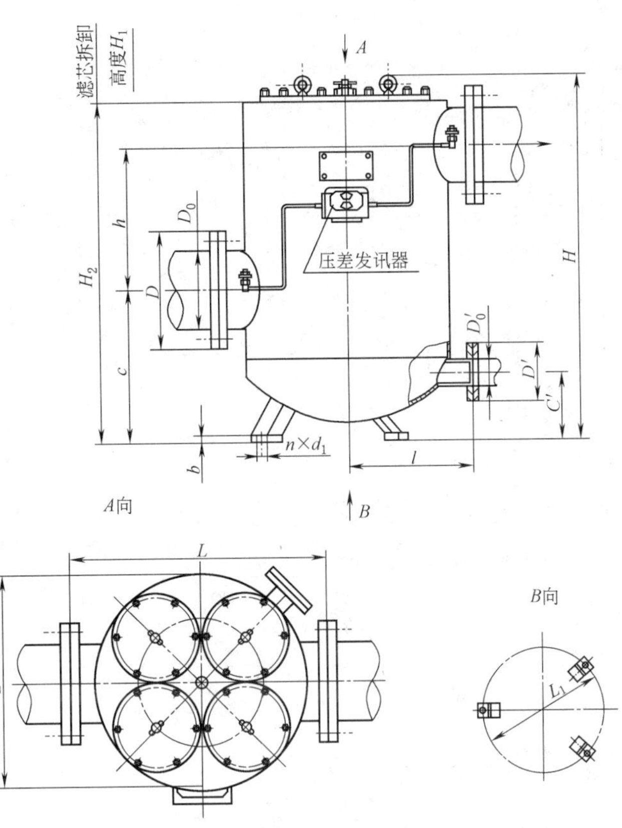

图(e)　DPL100～DPL200

公称通径	安装型式	外形尺寸			拆装滤芯距离	管路连接尺寸		管路安装尺寸				基座安装尺寸							质量/kg
DN		H	B	L	H_1	D	D_0	c	h	B_1	H_2	h_1	L_1	L_2	b	R	n	d_1	
25	C	315	130	135	270	M39×2	25	34	60	70	264	139	100	90	12	15	4	16	6
40	C	440	143	173	360	66×66	45	36	70	80	364	177	130	125	14	20	4	18	12
65	C	580	195	285	535	100×100	70	79	105	105	517	261	165	150	18	25	4	22	25
80	C	700	238	320	685	ϕ185	89	90	120	128	630	310	170	170	18	25	4	22	30

公称通径	安装型式	H	B	L	H_1	D	D_0	D'	D'_0	C	h	L	H_2	C'	L_1	b	n	d_1	质量/kg
100	X	800	412	528	790	190	108	140	42	290	360	264	734	150	335	18	3	18	115
150	X	940	550	660	790	240	158	135	57	380	380	335	870	180	470	20	3	24	160
200	X	1050	612	750	945	310	219	135	57	438	30	368	980	180	550	20	3	24	210

第17篇

表 17-6-49 双筒网片式油滤器的安装型式和基本尺寸 mm

A—A

滤芯拆卸高度H_1

进出口用管接头连接（DN≤25mm时）

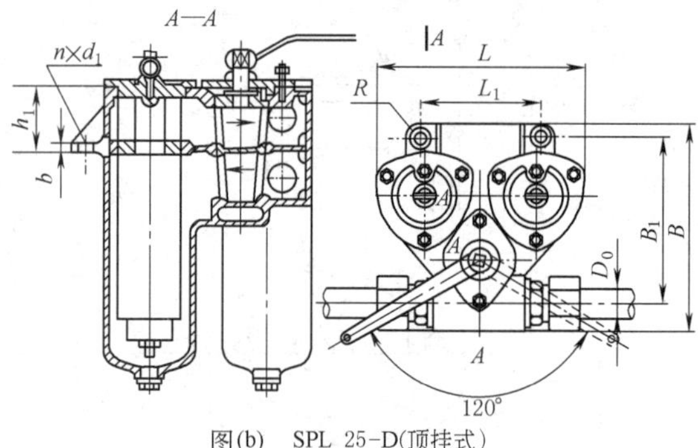

图(b) SPL 25-D(顶挂式)

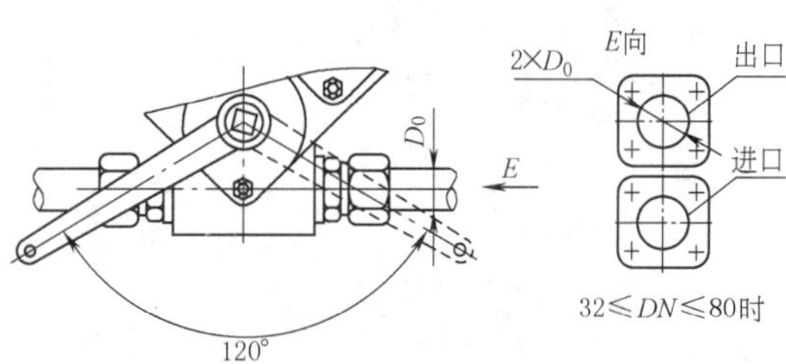

32≤DN≤80时

进出口用方法兰连接（DN≥32mm时）

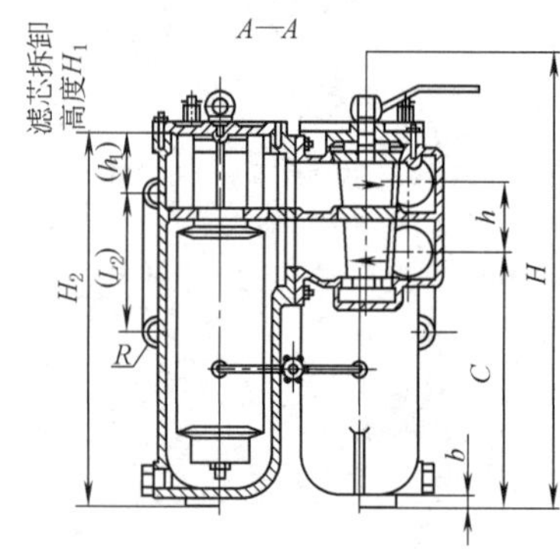

图(c) SPL 50～SPL 80-C(侧置式)

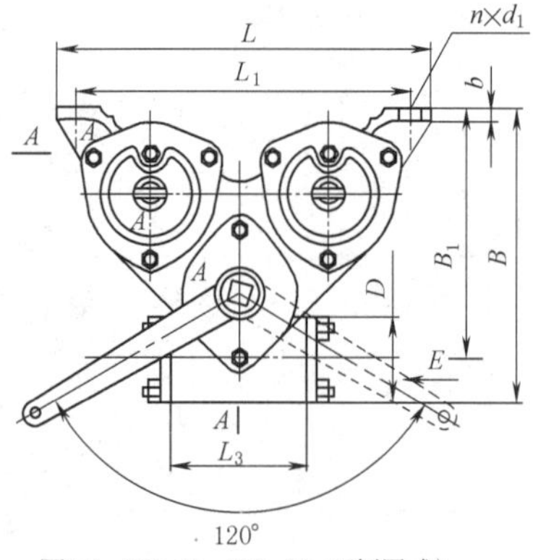

图(a) SPL 15～SPL 40-C(侧置式)

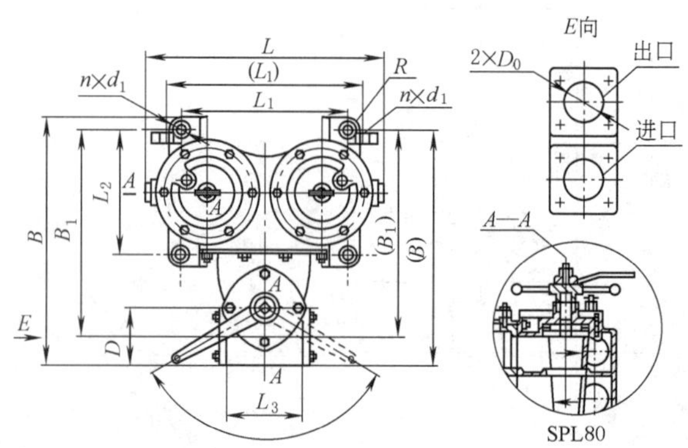

图(d) SPL 50～SPL 80-X(下置式)

续表

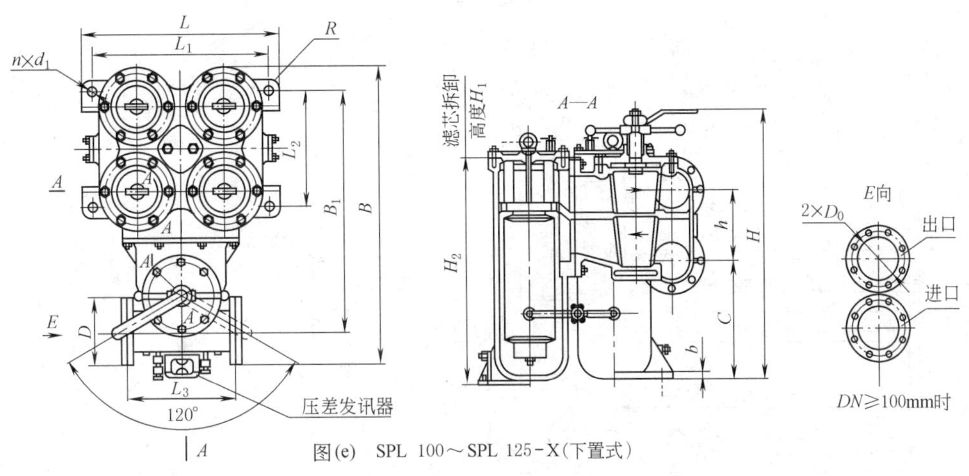

图(e)　SPL 100～SPL 125-X(下置式)

标记示例：双筒系列，公称通径 65mm，侧置型网片式油滤器，标记为 SPL　65C　CB/T 3025—2008

公称通径	安装型式	外形尺寸			拆装滤芯距离	管路连接尺寸			管路安装尺寸					基座安装尺寸							质量/kg
						螺纹连接	法兰连接														
DN		H	B	L	H_1	DW	D	D_0	c	h	L_3	B_1	H_2	h_1	L_1	L_2	b	R	n	d_1	
15	C	328	180	196	260	M30×2			38	55	88	155	291	88	166	80	12	16	4	12	9.5
20	C	310	207	260	230	M33×2			34	65	90	177	258	90	230	100	12	15	4	15	11.5
25	D	315	232	230	270	M39×2			34	65	90	185	265	90	156	100	12	15	2	16.5	12
	C	315	205	260					34	65	90	177	265	90	230	100	12	15	4	16.5	12
32	C	380	207	260	330		60×60	38	34	65	96	175	330	50	230	100	12	15	4	16.5	12
40	C	462	261	314	360		66×66	45	43	70	110	224	363	100	274	130	15	20	4	17	22
50	X	447	425	410	425		86×86	57	220	90	140	355	422		260	210	18	25	4	20	85
	C	447	400	410	425		86×86	57	220	90	140	355	412	92	350	130	18	25	4	20	85
65	X	580	453	410	535		100×100	70	365	105	160	375	527		260	210	28	25	4	20	120
	C	580	453	410	535		100×100	70	365	105	160	375	527		260	210	28	25	4	20	120
80	X	780	541	492	660		116×116	89	443	124	190	456	650		350	370	20	20	4	22	165
100	X	765	847	560	660		190	108	336	200	300	687	640		500	330	20	32	4	22	370
125	X	850	900	605	760		215	133	385	225	340	682	730		540	270	20	32	4	22	420
150	X	890	1000	990	790		240	150	380	250	400	825	760		750	460	30	32	4	22	680
200	X	1058	1155	1180	945		310	219	450	315	440	960	910		920	520	30	40	4	24	800

第 17 篇

表 17-6-50　　**平床过滤机的基本参数、型号与尺寸**　　mm

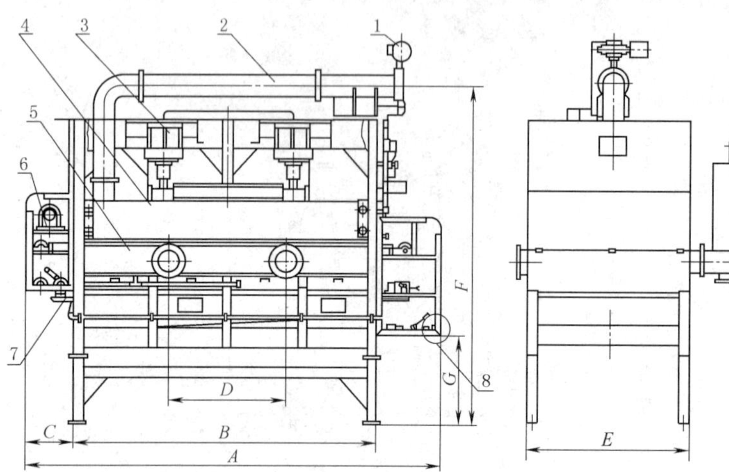

标记示例：过滤面积 3.6m^2 的平床过滤机，标记为 PGJ-3.6

平床过滤机 JB/ZQ 4601—2006

1—入口阀；2—软管；3—液压油缸；4—上室；5—下室；6—纸带输送装置；7—油盘；8—过滤纸；9—液位箱

型号	过滤能力 /L·min^{-1}	工作压力 /MPa	夹紧压力 /MPa	过滤精度 /μm	过滤面积 /m^2	换纸时间 /min	油口尺寸 DN 进	油口尺寸 DN 出	地脚螺钉孔	安装尺寸（长×宽）	质量/kg
PGJ-0.5	630	0.021	0.4～0.6	15	0.5	3	65	80	4×ϕ22	875×870	1260
PGJ-0.8	1000				0.8		80	100	4×ϕ22	1030×1250	1675
PGJ-1.25	1500				1.25		100	125	4×ϕ22	1480×1180	2560
PGJ-1.80	2000				1.8		125	150	4×ϕ22	1970×1500	3240
PGJ-2.50	3000				2.5		150	175	4×ϕ22	2240×1500	4500
PGJ-3.15	4000				3.15		200	250	4×ϕ22	2875×1500	5670
PGJ-3.60	4500				3.6		200	250	4×ϕ32	3400×1485	6210
PGJ-4.50	5500				4.5		250	300	4×ϕ32	4250×1500	7650
PGJ-5.00	6000				5		250	300	4×ϕ32	4711×1500	8200
PGJ-6.30	8000				6.3		300	335	8×ϕ32	6000×1500	10000
PGJ-8.00	10000				8		325	375	8×ϕ32	7175×1500	12000
PGJ-10	12500				10		375	425	8×ϕ32	6000×1500	14000
PGJ-12	15000				12		400	475	8×ϕ32	7100×2170	16000
PGJ-15	18000				15		450	500	8×ϕ32	9025×2170	18000

型　号	A	B	C	D	E	F	G
PGJ-0.5	2100	930	560	610	935	2125	720
PGJ-0.8	2350	1235	510	610	1090	2185	670
PGJ-1.25	2810	1540	460	815	1240	2490	890
PGJ-1.80	3715	2030	765	915	1575	2540	200
PGJ-2.50	4175	2345	765	1070	1575	2540	200
PGJ-3.15	5085	2955	915	1220	1575	2620	200
PGJ-3.60	6010	3570	915	1525	1575	2620	200
PGJ-4.50	6930	4185	1220	1525	1575	2620	200
PGJ-5.00	7840	4791	1525	1525	1575	2620	200
PGJ-6.30	9080	6030	1525	1525	1575	2620	200
PGJ-8.00	10915	7255	1830	1830	1575	2670	200
PGJ-10	9300	6100	1830	1375	2290	2815	105
PGJ-12	10975	7315	1830	1830	2290	2815	105
PGJ-15	12805	9145	1830	1830	2290	2815	105

表 17-6-51　**精密过滤机型号、尺寸与基本参数**

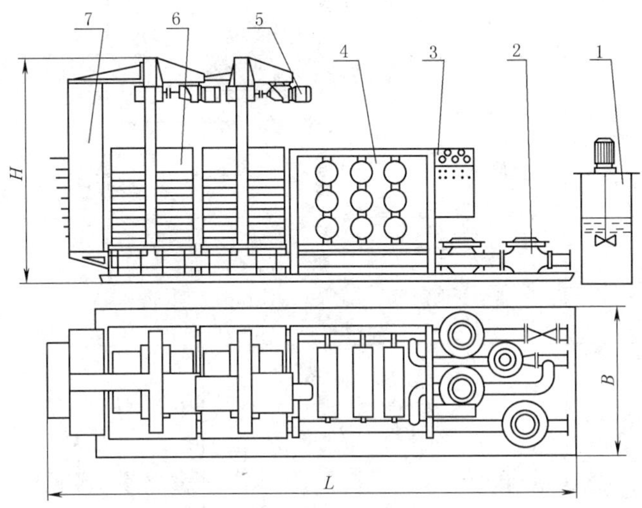

1—混合箱;2—过滤泵;3—控制箱;4—滤纸架;
5—提升夹紧机构;6—过滤箱;7—运纸机构
标记示例:公称流量 630L/min 的精密过滤机,标记为
JLJ-630 精密过滤机 JB/ZQ 4085—2006

型　号	公称流量 /L·min^{-1}	公称通径 /mm	公称压力 /MPa	清洗换纸时间/min	公称过滤精度/μm	过滤的循环时间/h	过滤箱夹紧力/N	外形尺寸/mm			质量 /kg
								L	B	H	
JLJ-630	630	65	0.4(C)	30	0.5～5	24	411×10^3	5710	2040	2250	7200
JLJ-1000	1000	85						5900	2040	2700	9200
JLJ-1500	1500	100						1310	2040	3150	11000
JLJ-2000	2000	125						6310	2100	3570	15000
JLJ-2500	2500	150						6310	2100	4000	16500
JLJ-3000	3000	150						7660	2100	3150	17700
JLJ-3500	3500	150						7660	2100	3450	19000
JLJ-4000	4000	200						8860	2300	3650	20500
JLJ-4500	4500	200						10210	2300	3210	25000
JLJ-5000	5000	200						8860	2300	4100	26500
JLJ-6300	6300	200						10210	2300	3650	32000
JLJ-8000	8000	250						10700	2500	4200	33000
JLJ-8500	8500	250						12000	2500	4200	41000
JLJ-10000	10000	300						12000	2700	4400	52000

(3) 其他元件

表 17-6-52 **其他元件** mm

单向阀

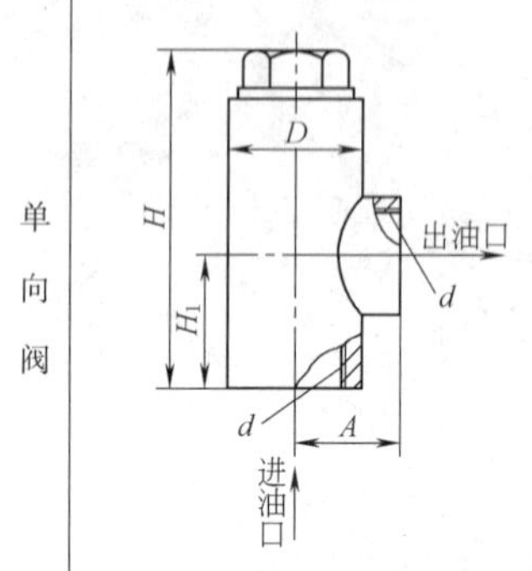

型号	公称通径 DN	公称压力 /MPa	d	D	H_1	H	A	质量/kg
DXF-10	10	0.8	G⅜	40	30	100	35	1.2
DXF-15	15		G½	40	40	110	32	1.2
DXF-25	25		G1	50	45	115	40	1.8
DXF-32	32		G1¼	55	55	120	45	2.0
DXF-40	40		G1½	60	55	120	52	2.2
DXF-50	50		G2	75	65	128	68	3.4

1. 用于稀油润滑系统,防止油流反向流动的单向阀
2. 适用于黏度 22～460mm²/s 的润滑油

安全阀

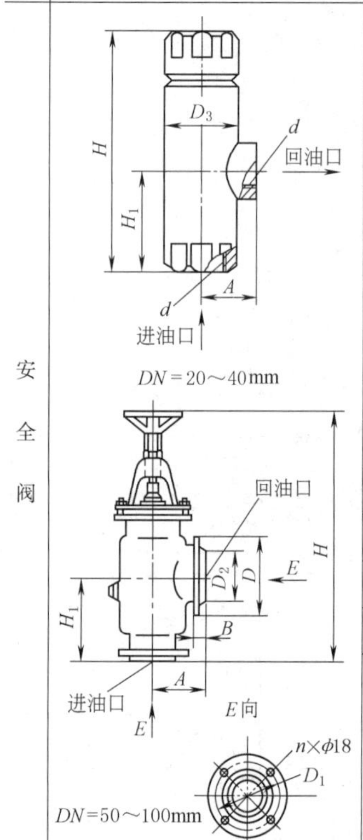

型号	公称通径 DN	公称压力 /MPa	d	H	H_1	A	法兰尺寸 D	D_1	D_2	B	n	D_3	质量/kg
AF-E20/0.5	20	0.8	G¾	140	56	35.5	—	—	—	—	—	45	1.2
AF-E20/0.8							—	—	—	—	—		
AF-E25/0.5	25		G1	165	70	40	—	—	—	—	—	50	1.6
AF-E25/0.8							—	—	—	—	—		
AF-E32/0.5	32		G1¼	194	88	48	—	—	—	—	—	60	2.8
AF-E32/0.8							—	—	—	—	—		
AF-E40/0.5	40		G1½	194	88	52	—	—	—	—	—	60	2.8
AF-E40/0.8							—	—	—	—	—		
AF-E50/0.8	50		—	420	110	110	165	125	100	18	4	—	15
AF-E80/0.8	80		—	185	125	125	200	160	135	18	8	—	23
AF-E100/0.8	100		—	540	155	135	220	180	155	18	8	—	31

1. 用于稀油集中润滑系统,使系统压力不超过调定值
2. 适用于黏度 22～460mm²/s 的润滑油
3. 法兰连接尺寸按 JB/T 81—2015《凸面板式平焊钢制管法兰》($PN=1.6$MPa)的规定
4. 标记示例:公称压力 0.8MPa,公称通径 40mm,调节压力 0.2～0.5MPa 的安全阀,标记为 AF-E 40/0.5 安全阀 JB/ZQ 4594—2006

GZQ给油指示器

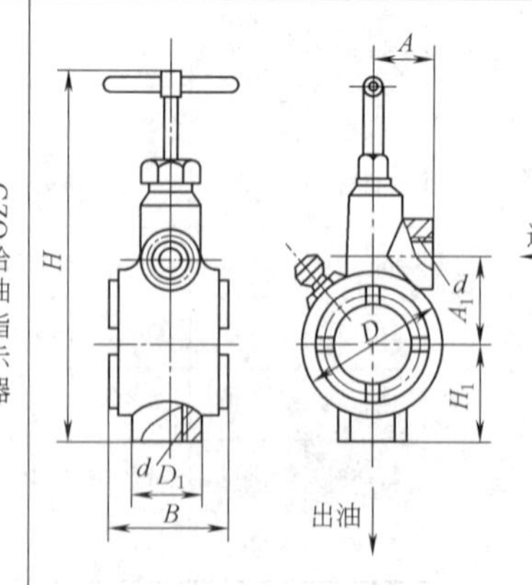

型号	公称通径 DN	公称压力 /MPa	d	D	B	A_1	A	H	H_1	D_1	质量/kg
GZQ-10	10	0.63	G⅜	65	58	35	32	142	45	32	1.4
GZQ-15	15		G½	65	58	35	32	142	45	32	1.4
GZQ-20	20		G¾	50	60	28	38	150	60	41	2.2
GZQ-25	25		G1	50	60	28	38	150	60	41	2.2

1. 用于稀油润滑系统,观察向润滑点给油情况和调节油量的给油指示器
2. 适用于黏度 22～460mm²/s 的润滑油;与管路连接时尽量垂直安装
3. 标记示例:公称通径 15 的给油指示器,标记为

GZQ-15 给油指示器 JB/ZQ 4597—2006

续表

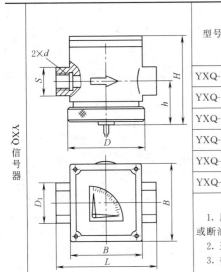

YXQ信号器

型号	公称通径 DN	公称压力 /MPa	连接螺纹 d	L	D	H	h	B	D_1	S	干簧管触点容量 电压/V	电流/A	功率/W	质量 /kg
YXQ-10	10	0.4	G⅜	100	70	75	37	65	32	27	12	0.05	0.5	0.7
YXQ-15	15		G½	100	70	75	37	65	32	27				0.7
YXQ-20	20		G¾	120	82	82	40	78	48	40				0.9
YXQ-25	25		G1	120	82	82	40	78	48	40				0.9
YXQ-40	40		G1½	150	110	106	53	106	68	60				1.1
YXQ-50	50		G2	150	110	106	53	106	68	75				1.2

1. 用于稀油润滑系统，通过指针观察油流情况，通过干簧管发出管路中油量不足或断油信号
2. 适用于黏度 22～460mm²/s 的润滑油
3. 标记示例：公称通径 10mm 的油流信号器，标记为

YXQ-10 信号器 JB/ZQ 4596—1997

JBQ型积水报警器

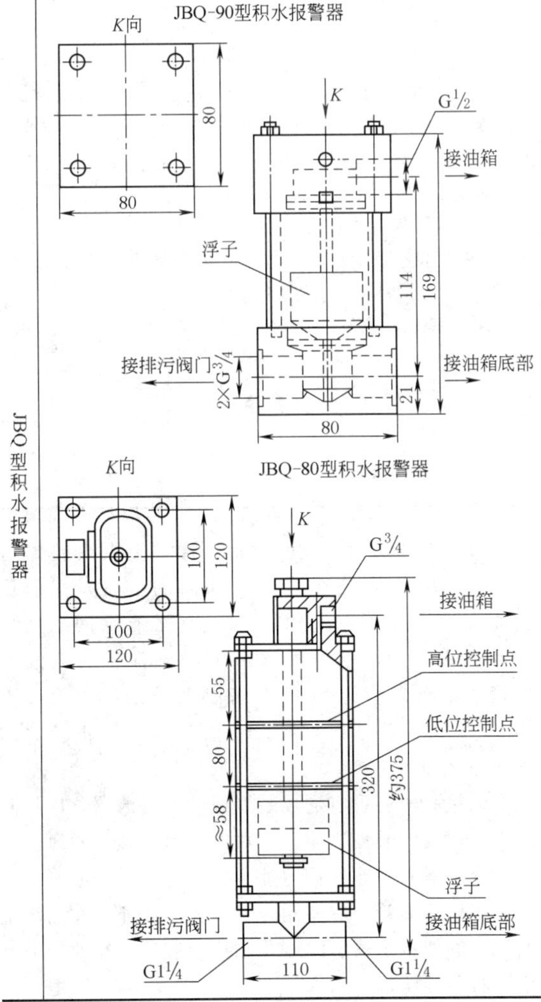

参数名称		型号 JBQ-80 型	JBQ-90 型
浮子中心与油水分界面偏差	/mm	±2	±1.5
发信号报警的水面高度误差		±2	±1.5
控制积水高度		80	90
排水阀开启的水面高度误差		±2	±2
适用油箱容积/m³		>10	≤10
电气参数		0Hz,220V,50V·A	
介质黏度/mm²·s⁻¹		22～460	
适用温度/℃		0～80	

1. 适用于稀油集中润滑系统，用来控制油箱中积水量，并能及时显示报警；使用时通过截止阀与油箱底部连通
2. 积水报警器与手动阀门配套时，报警器可发出报警信号，实现人工排水。积水报警器与排污电磁阀、电气控制箱等配套时，可以实现油箱积水的自动控制，自动放水和关闭排污电磁阀
3. 油箱中的油液切忌发生乳化，因一旦发生乳化本产品将不能正常工作，故应选用抗乳化性强的油品
4. 标记方法：控制积水高度 80mm 的积水报警器，标记为

JBQ-80 型积水报警器　JB/ZQ 4708—2006

续表

DRQ加热器

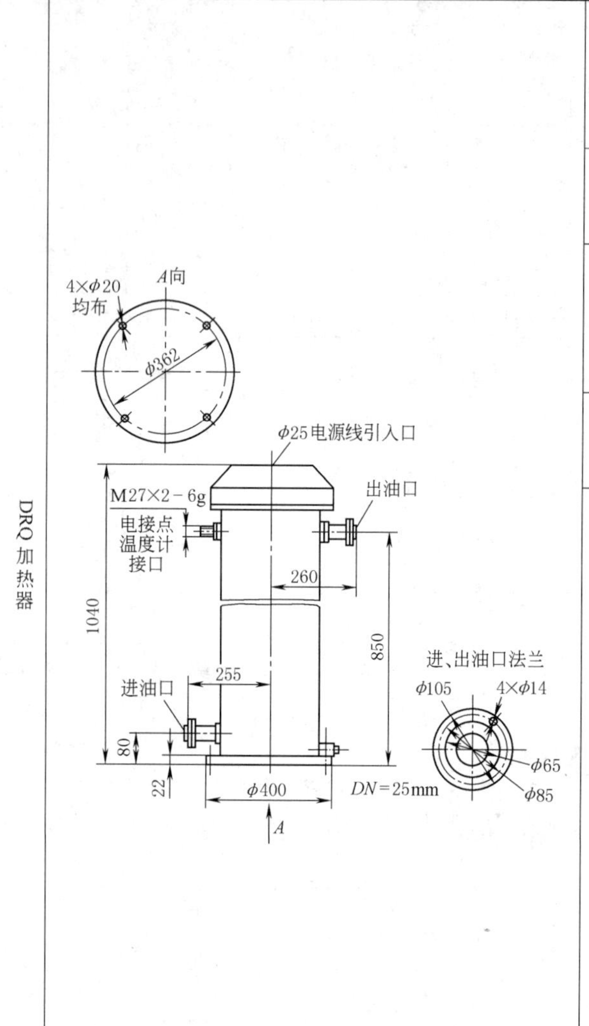

型号	总功率 /kW	公称流量 /L・min^{-1}	公称压力 /MPa	温升 /℃
DRQ-28	28	25	0.25(G)	≥35

型号	最高允许温度 /℃	电加热器型号	电压 /V	质量 /kg
DRQ-28	90	GYY2/4	220	90

1. 进、出口法兰按 JB/T 81—2015《凸面板式平焊钢制管法兰》(PN=1MPa,DN=25)的规定
2. 用于稀油集中润滑系统。当脏油进入净油机之前将其加热以减低油的黏度
3. 被加热油品的闪点应不低于 120℃
4. 标记示例:功率 28kW 的电加热器,标记为

DRQ-28　加热器　JB/ZQ 4599—2006

6.2.2.4　润滑油箱

(1) 通用润滑油箱

润滑油箱的用途有：储存润滑系统所需足够的润滑油液；分离及沉积油液中的固体及液体沉淀污物和消除泡沫；散热和冷却作用。油箱常安装在设备下部，管道有（1∶10)～(1∶30）的倾斜度，以便于让润滑油顺利流回油箱。在油箱最低处装设泄油或排污油塞（或阀)，加油口设有粗滤网过滤油中的污染物。为增加润滑油的循环距离、扩大散热效果，并使油液中的气泡和杂质有充分的时间沉淀和分离，在油箱中加设挡板，以控制箱内的油流方向（使之改变 3～5 次)，挡板高度为正常油位的 2/3，其下端有小的开口，另外要求吸油管和回油管的安装距离要尽可能远。回油管应装在略高于油面的上方，截面比吸油管直径大 3～4 倍，并通过一个有筛网的挡板降低回油流速，减少喷溅和消除泡沫。而吸油管离箱底距离为管径 D 的 2 倍以上，距箱边距离不小于 $3D$。吸油管口一般设有滤油器，防止较大的磨屑进入油中。

油箱一般还设有通风装置或空气过滤器，以排除湿气和挥发的酸性物质。也可以用风扇强制通风或设置油冷却器和加热器调节油温。在环境污染或有沙尘环境工作的油箱，应使用密封类型。此外，在油箱上均设有油面指示器、温度计和压力表等，在油箱内部应涂有耐油防锈涂料。

表 17-6-53　**YXZ型油箱基本参数**（JB/ZQ 4587—2006）

项　目	型号									结构特点
	YXZ-5	YXZ-10	YXZ-16	YXZ-20	YXZ-25	YXZ-31.5	YXZ-40	YXZ-50	YXZ-63	1. 最高液面和最低液面是指油站工作时，泵在运行中的液面最高极限和最低极限位置，用液位信号器发出油箱极限液面信号。信号器的触点容量：220V、0.2A 2. 蒸汽耗量是指蒸汽压力为 0.2～0.4MPa 时的耗量 3. 油箱有结构独特的消泡脱气装置，能够有效地消除油中夹杂的气泡，并将空气从油中排出 4. 油箱除设有精度为 0.25mm 的过滤装置外，还设有磁性过滤装置，用于吸收回油中的微细铁磁性杂质。
容积/m^3	5	10	16	20	25	31.5	40	50	63	
适用油泵排油量/$L \cdot min^{-1}$	60/200	250/315	400/500	630	800	1000	1250	1600	2000	
加热器加热面积/m^2	2	3.5	5.5	7	9	10.5	14	18	21	
蒸汽耗量/$kg \cdot h^{-1}$	40	65	90	120	140	180	220	260	310	
过滤面积/m^2	0.48	0.56	0.58	0.63	0.75	0.8	0.88	0.96	1.1	
过滤精度/mm	0.25									
最高液面/mm	1190	1240	1440	1540	1640	1690	1890	2110	2290	
最低液面/mm	290	340	340	290	340	340	340	390	390	
质量/kg	2395	3290	4593	5264	6062	6467	7607	11006	13813	

表 17-6-54　**几种工业上常用的油箱结构**

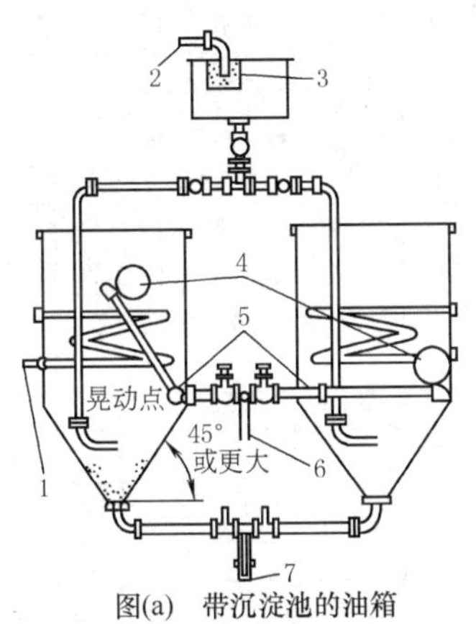

图(a)　带沉淀池的油箱

1—加热盘管；2—旧油进口；3—粗滤器；4—浮标；5—摆动接头；6—净油进口；7—排油口

为一种带沉淀池的油箱，这种小型油箱的排污阀常安装在底部

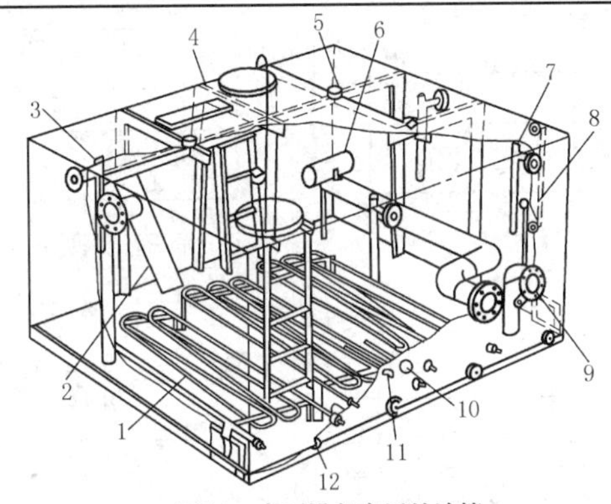

图(b)　大型设备应用的油箱

1—蒸汽加热盘管；2—主要回油；3—从净化器回油；4—蒸汽盘管回槽；5—通气孔；6—正常吸油管（浮动式）；7—压力表（控制回油）；8—油标；9—低吸口；10—温度表；11—温度控制器容积约有 0.9m^3，这种油箱由于常有切削液或水等侵入，12—净化器吸管接头需经常清理保持清洁

装有浮动的吸油管可自动调节吸油口的高低，保证吸上部清洁油液

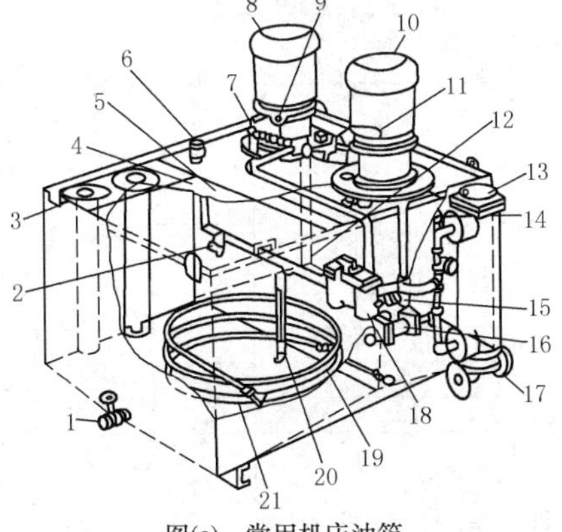

图(c)　常用机床油箱

1—放油阀塞；2—呼吸器；3—回油接管；4—可卸盖；5—闸板和粗滤器；6—充油接管；7—逆止阀；8—润滑油主循环泵；9—关闭阀；10—润滑油备用循环泵；11—压力表；12—脚阀和吸油端粗滤器；13—冷油器；14—温度表；15—永磁放油塞；16—溢流阀；17—冷却水接头；18—双重过滤器；19—恒温控制器；20—油标；21—加热盘管

第17篇

表 17-6-55　　YX2 型油箱外形及法兰尺寸　　mm

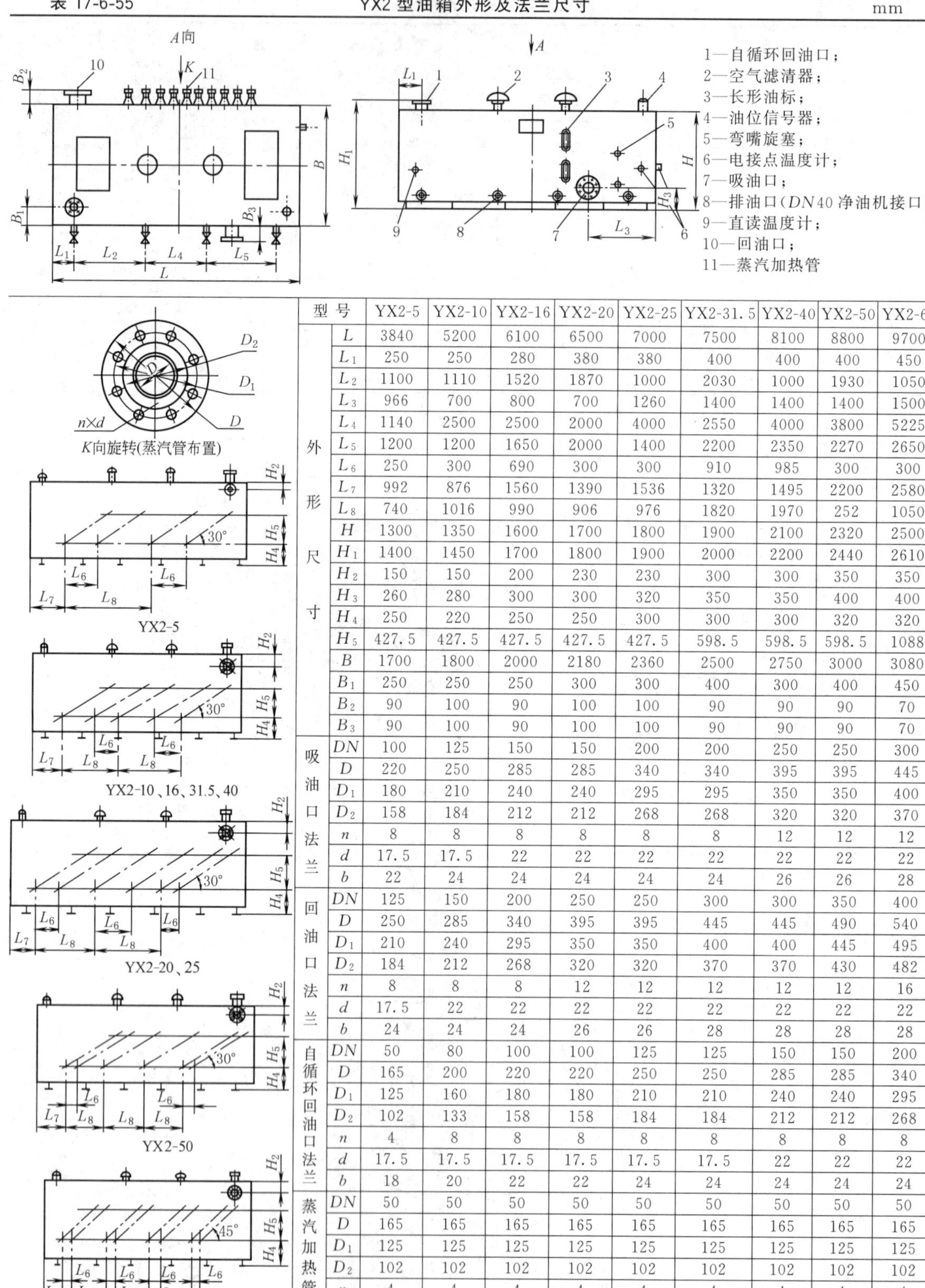

型号		YX2-5	YX2-10	YX2-16	YX2-20	YX2-25	YX2-31.5	YX2-40	YX2-50	YX2-63
外形尺寸	L	3840	5200	6100	6500	7000	7500	8100	8800	9700
	L_1	250	250	280	380	380	400	400	400	450
	L_2	1100	1110	1520	1870	1000	2030	1000	1930	1050
	L_3	966	700	800	700	1260	1400	1400	1400	1500
	L_4	1140	2500	2500	2000	4000	2550	4000	3800	5225
	L_5	1200	1200	1650	2000	1400	2200	2350	2270	2650
	L_6	250	300	690	300	300	910	985	300	300
	L_7	992	876	1560	1390	1536	1320	1495	2200	2580
	L_8	740	1016	990	906	976	1820	1970	252	1050
	H	1300	1350	1600	1700	1800	1900	2100	2320	2500
	H_1	1400	1450	1700	1800	1900	2000	2200	2440	2610
	H_2	150	150	200	230	230	300	300	350	350
	H_3	260	280	300	300	320	350	350	400	400
	H_4	250	220	250	250	300	300	300	320	320
	H_5	427.5	427.5	427.5	427.5	427.5	598.5	598.5	598.5	1088
	B	1700	1800	2000	2180	2360	2500	2750	3000	3080
	B_1	250	250	250	300	300	400	300	400	450
	B_2	90	100	90	100	100	90	90	90	70
	B_3	90	100	90	100	100	90	90	90	70
吸油口法兰	DN	100	125	150	150	200	200	250	250	300
	D	220	250	285	285	340	340	395	395	445
	D_1	180	210	240	240	295	295	350	350	400
	D_2	158	184	212	212	268	268	320	320	370
	n	8	8	8	8	8	8	12	12	12
	d	17.5	17.5	22	22	22	22	22	22	22
	b	22	24	24	24	24	24	26	26	28
回油口法兰	DN	125	150	200	250	250	300	300	350	400
	D	250	285	340	395	395	445	445	490	540
	D_1	210	240	295	350	350	400	400	445	495
	D_2	184	212	268	320	320	370	370	430	482
	n	8	8	8	12	12	12	12	12	16
	d	17.5	22	22	22	22	22	22	22	22
	b	24	24	24	26	26	28	28	28	28
自循环回油口法兰	DN	50	80	100	100	125	125	150	150	200
	D	165	200	220	220	250	250	285	285	340
	D_1	125	160	180	180	210	210	240	240	295
	D_2	102	133	158	158	184	184	212	212	268
	n	4	8	8	8	8	8	8	8	8
	d	17.5	17.5	17.5	17.5	17.5	17.5	22	22	22
	b	18	20	22	22	24	24	24	24	24
蒸汽加热管法兰	DN	50	50	50	50	50	50	50	50	50
	D	165	165	165	165	165	165	165	165	165
	D_1	125	125	125	125	125	125	125	125	125
	D_2	102	102	102	102	102	102	102	102	102
	n	4	4	4	4	4	4	4	4	4
	d	17.5	17.5	17.5	17.5	17.5	17.5	17.5	17.5	17.5
	b	18	18	18	18	18	18	18	18	18

(2) 磨床动静压支承润滑油箱（JB/T 8826—1998）

油箱的型式分为普通型、精密（M）型和精密温控（K）型。根据油箱的结构和使用特点，其 500L、油液黏度 2～68mm²/s 的磨床动静压支承润滑安装形式可分为悬置式（代号 1）和落地式（代号 2）。

表 17-6-56　　磨床动静压支承润滑油箱参数及性能要求

参数										
	最大流量 /L·min⁻¹	2.5	4	6	10	16	25	40	60	100
	油箱容量 /L	10								
		16	10							
		25	6	25						
			25	40	40					
				63	63	63				
					100	100	100			
						160	160	160		
						250	250	250	250	
						315	315	315	315	315
								500	500	500
	制冷电机功率/kW	0.75、1.5、2.2			2.2、4.0、5.5			5.5、7.5、11		
	额定压力 /MPa	2.5、6.3、1								

性能要求	性能指标		
供油压力	不小于 95%额定压力		
供油流量	不小于 95%额定流量		
压力振摆 /MPa	额定压力		
	≤2.5	>2.5～6.3	>6.3～10.0
	0.1	0.2	0.3
耐压性	不小于 150%额定压力		
噪声 /dB	≤10	>10～35	>35～100
	≤70	≤72	≤75
温升/℃	≤25		
温度/℃	≤50		
选用 N32 液压油，油温 40℃时进行检测			

表 17-6-57　　悬置式和落地式油箱的布局形式和使用特点

形式	布局形式	使用特点
悬置式润滑油箱	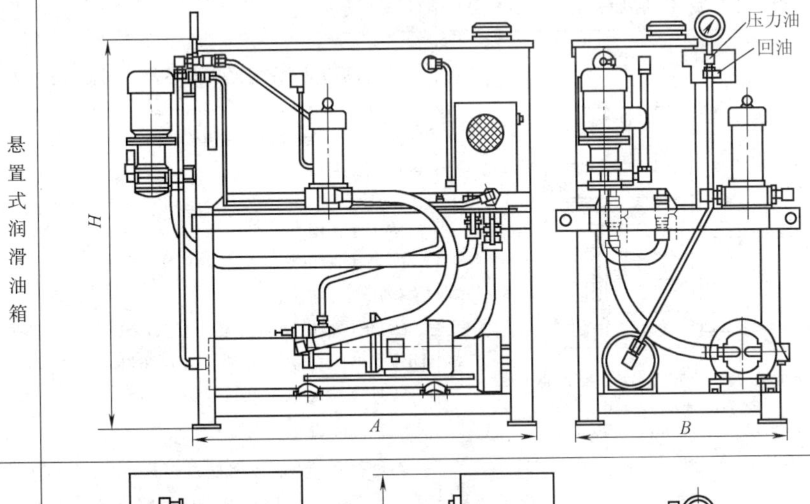	适用于润滑油黏度较高的支承润滑系统，其油箱内油液液面高于油泵吸油口，油箱一般置于油泵装置上面或侧面，布局形式如图
落地式润滑油箱	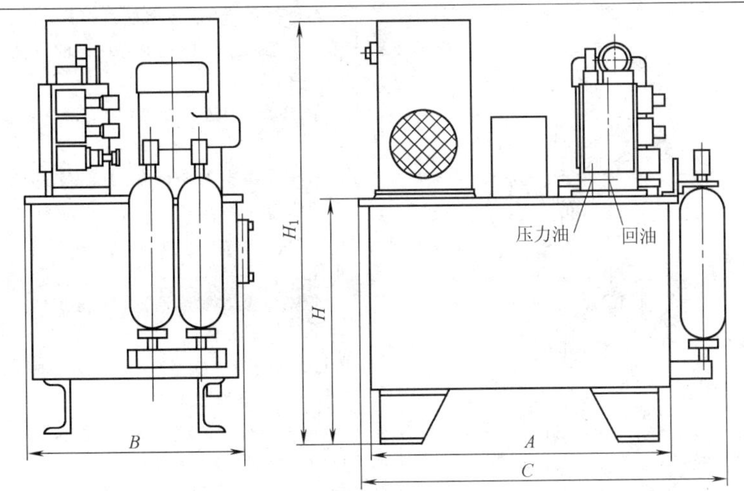	适用于润滑油黏度不高的支承润滑系统，其油箱内油液液面高于油泵吸油口，油箱一般置于地面上，油泵放在油箱上面，布局形式如图

6.3 干油集中润滑系统

6.3.1 干油集中润滑系统的分类和组成

表 17-6-58 干油集中润滑系统的分类及组成

分类		系统简图	特点及应用
单线式	终端式与环式	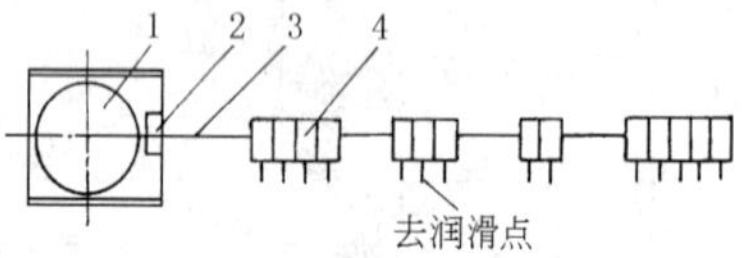 单线终端式干油集中润滑系统 1—干油泵站；2—操纵阀；3—输脂主管；4—分配器 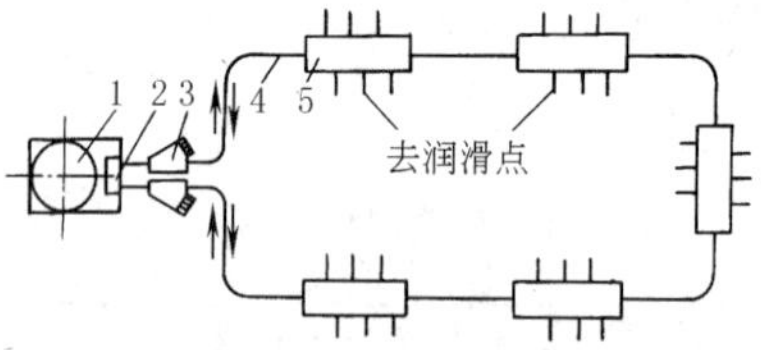 单线环式干油集中润滑系统 1—干油泵站；2—换向阀；3—过滤器；4—输脂主管；5—分配器	结构紧凑，体积小，重量轻，供脂管路简单，节省材料，但制造工艺性差，精度要求高，供脂距离比双线式短，主要用于润滑点不太多的单机设备适用元件 ①QRB 型气动润滑泵(JB/ZQ 4548—1997) ②DPQ 型单线分配器(JB/ZQ 4581—1986) ③GGQ 型干油过滤器(JB/ZQ 4535—1997 或 JB/ZQ 4702—2006、JB/ZQ 4554—1997 等)
	手动终端式	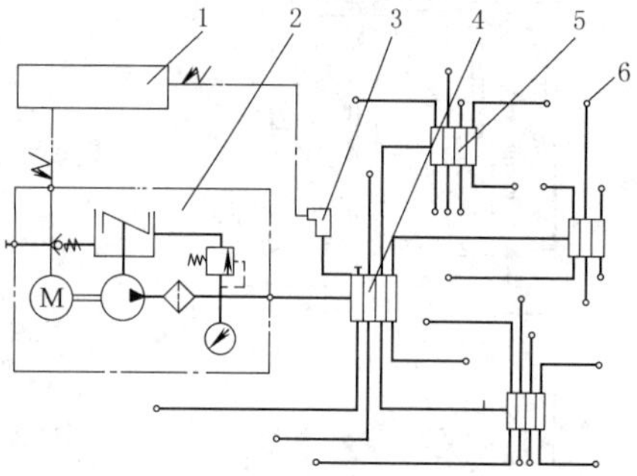 1—电控设备；2—电动润滑脂泵；3—脉冲开关(分配器自带)；4—一次分配器；5—二次分配器(3 个)；6—润滑点	可连续给油，分配器换向不需换向阀，分配器有故障可发出信号或警报，系统简单可靠，安装方便，节省材料，便于集中管理广泛用于各种设备适用元件 ①JPQ 型递进分配器(JB/T 8464—1996)，工作压力 16MPa ②SNB 型手动润滑泵(JB/T 8651.1—1997)，工作压力 10MPa ③DRB 型电动润滑泵(JB/ZQ 4559—2006)或 DBJ 型微型电动润滑泵(JB/T 8651.3—1997) ④JPQ 型递进分配器(JB/T 8464—1996)
双线式	手动终端式	线内为递进式系统 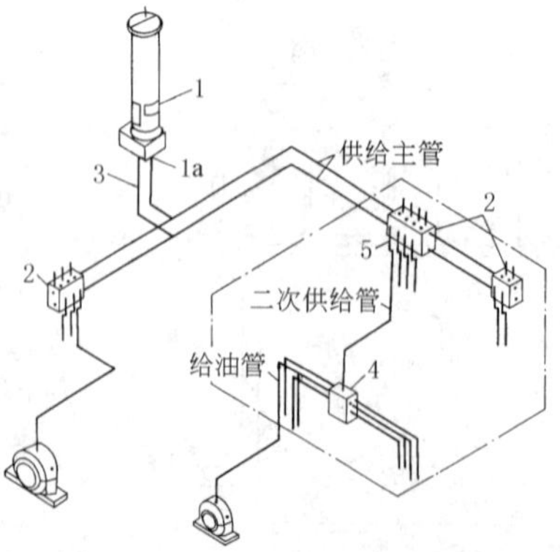 1—手动泵；1a—换向阀；2—分配器(出口装单向阀)；3—过滤器；4—二次分配器；5—单向阀接口	系统简单，设备费用低，操作容易，润滑简便用于给油间距较长的中等规模的机械或机组适用元件 ①JPQ 型递进分配器(JB/T 8464—1996)，工作压力 16MPa ②SGZ 型手动润滑泵(JB/ZQ 4087—1996)，工作压力 6.3MPa ③SRB 型手动润滑泵(JB/ZQ 4557—2006)，工作压力 10MPa、20MPa ④SGQ 型双线给油器(JB/ZQ 4089—1997)，工作压力 10MPa ⑤DSPQ、SSPQ 型双线分配器(JB/ZQ 4560—2006)工作压力 20MPa ⑥GGQ 型干油过滤器(JB/ZQ 4535—1997 或 JB/ZQ 4702—2006、JB/ZQ 4554—1997 等)

续表

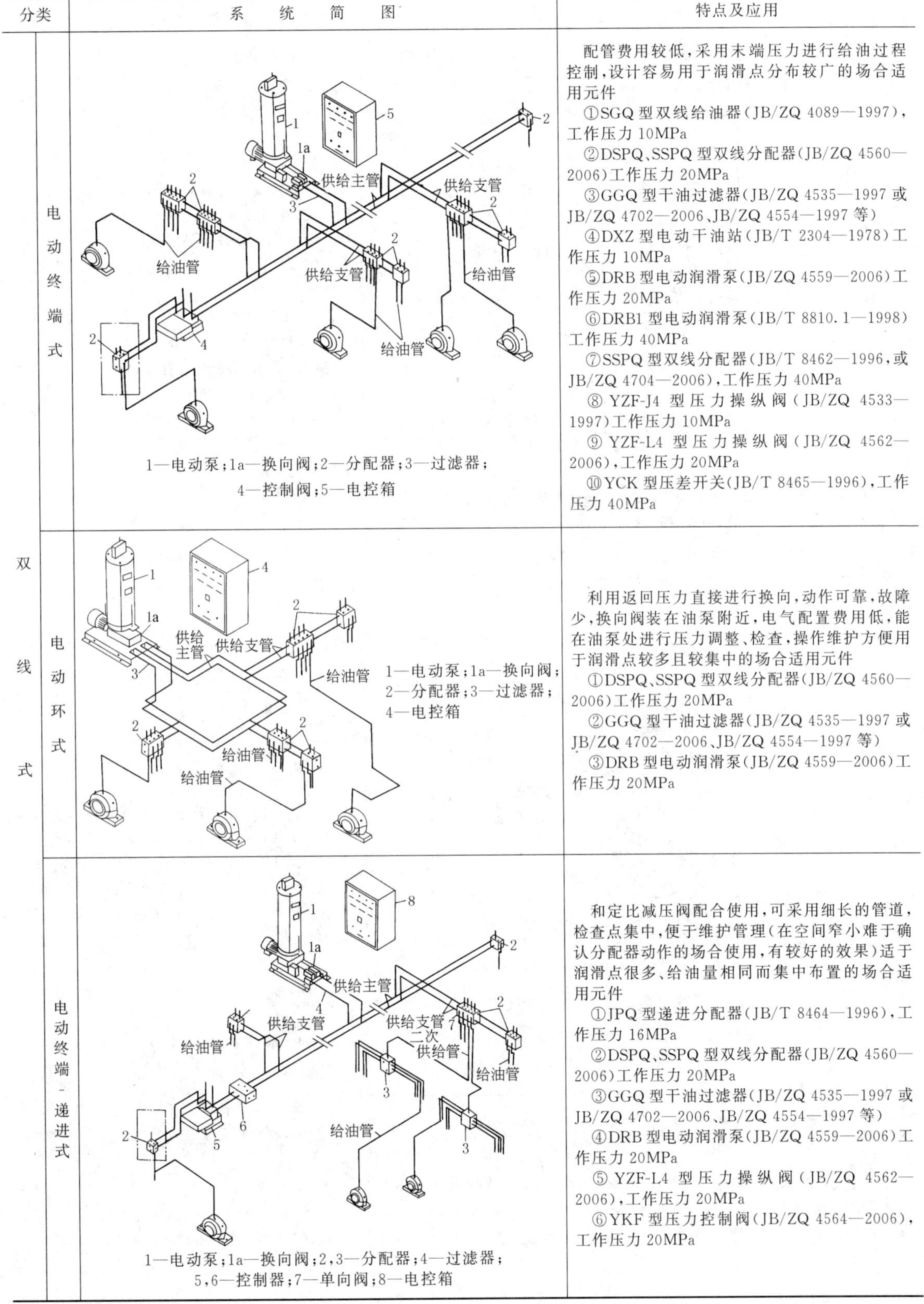

分类		系统简图	特点及应用
双线式	电动终端式	1—电动泵;1a—换向阀;2—分配器;3—过滤器;4—控制阀;5—电控箱	配管费用较低,采用末端压力进行给油过程控制,设计容易用于润滑点分布较广的场合适用元件 ①SGQ型双线给油器(JB/ZQ 4089—1997),工作压力10MPa ②DSPQ、SSPQ型双线分配器(JB/ZQ 4560—2006)工作压力20MPa ③GGQ型干油过滤器(JB/ZQ 4535—1997或JB/ZQ 4702—2006、JB/ZQ 4554—1997等) ④DXZ型电动干油站(JB/T 2304—1978)工作压力10MPa ⑤DRB型电动润滑泵(JB/ZQ 4559—2006)工作压力20MPa ⑥DRB1型电动润滑泵(JB/T 8810.1—1998)工作压力40MPa ⑦SSPQ型双线分配器(JB/T 8462—1996,或JB/ZQ 4704—2006),工作压力40MPa ⑧YZF-J4型压力操纵阀(JB/ZQ 4533—1997)工作压力10MPa ⑨YZF-L4型压力操纵阀(JB/ZQ 4562—2006),工作压力20MPa ⑩YCK型压差开关(JB/T 8465—1996),工作压力40MPa
	电动环式	1—电动泵;1a—换向阀;2—分配器;3—过滤器;4—电控箱	利用返回压力直接进行换向,动作可靠,故障少,换向阀装在油泵附近,电气配置费用低,能在油泵处进行压力调整、检查,操作维护方便用于润滑点较多且较集中的场合适用元件 ①DSPQ、SSPQ型双线分配器(JB/ZQ 4560—2006)工作压力20MPa ②GGQ型干油过滤器(JB/ZQ 4535—1997或JB/ZQ 4702—2006、JB/ZQ 4554—1997等) ③DRB型电动润滑泵(JB/ZQ 4559—2006)工作压力20MPa
	电动终端-递进式	1—电动泵;1a—换向阀;2,3—分配器;4—过滤器;5,6—控制器;7—单向阀;8—电控箱	和定比减压阀配合使用,可采用细长的管道,检查点集中,便于维护管理(在空间窄小难于确认分配器动作的场合使用,有较好的效果)适于润滑点很多、给油量相同而集中布置的场合适用元件 ①JPQ型递进分配器(JB/T 8464—1996),工作压力16MPa ②DSPQ、SSPQ型双线分配器(JB/ZQ 4560—2006)工作压力20MPa ③GGQ型干油过滤器(JB/ZQ 4535—1997或JB/ZQ 4702—2006、JB/ZQ 4554—1997等) ④DRB型电动润滑泵(JB/ZQ 4559—2006)工作压力20MPa ⑤YZF-L4型压力操纵阀(JB/ZQ 4562—2006),工作压力20MPa ⑥YKF型压力控制阀(JB/ZQ 4564—2006),工作压力20MPa

第17篇

续表

分类		系统简图	特点及应用
双线式	电动喷射式	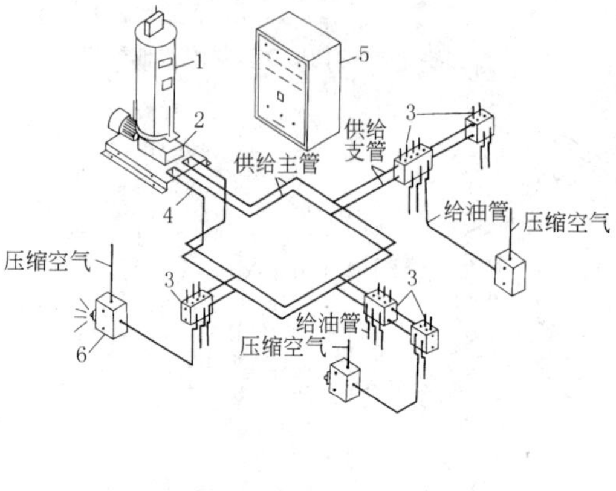 1—泵；2—换向阀；3—分配器；4—过滤器；5—电控箱；6—喷射阀 喷射式系统可由手动终端式，电动终端式系统加喷射阀组成，其压缩空气入口处，须设置过滤器、减压阀、油雾器	可使用润滑脂、高黏度润滑油或加入挥发性添加剂的其他润滑材料，使用的压缩空气压力低，给油时间可调，可显示给油时间间隔、储油器无油、过负荷运转等故障适于开式齿轮传动、支承辊轮、滑动导轨等摩擦部位的润滑适用元件 ①DSPQ、SSPQ型双线分配器(JB/ZQ 4560—2006)工作压力20MPa ②DRB型电动润滑泵(JB/ZQ 4559—2006)工作压力20MPa ③PF型干油喷射阀(JB/ZQ 4566—2006)，工作压力10MPa
单线多点式	经给油器供油式	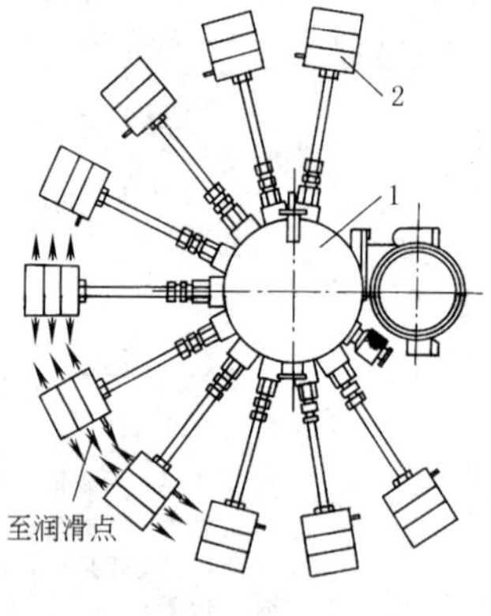 1—多点干油泵；2—片式分配器(3片)	图是多点干油泵与片式分配器联合组成的多点干油集中润滑系统，可增加润滑点数，如采用三片组合的片式分配器，则多点干油泵的每个出油孔可供6个润滑点，10个供油孔(点)可供60个点润滑单线多点式供油管线较多，布置困难，安装、维护、检修不便。一般用于润滑点数不多，系统简单的小型机械上适用元件 ①DDB型多点干油泵(JB/ZQ 4088—2006)，工作压力10MPa ②DDRB型多点润滑泵(JB/T 8810.3—1998)工作压力31.5MPa
	经管线直接供油式	经管线直接供油式是采用多点干油泵，经输油管线直接与润滑点连接供油	

第17篇

表 17-6-59　　集中供脂系统的类型

类型		简　图	运　转	驱动	适用的锥入度(25℃,150g)/0.1mm	管路标准压力/MPa	调整与管长限度
直接供脂式	单独的活塞泵	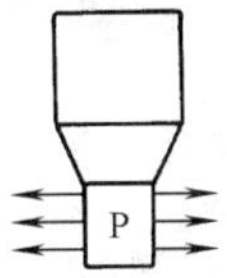	由凸轮或斜圆盘使各活塞泵 P 顺序工作	电动机 机械 手动	>265	0.7～2.0	在每个出口调整冲程 9～15m
	阀分配系统		利用阀把一个活塞泵的输出量依次供给每条管路	电动机 机械 手动	>220 <265	0.7～2.0	由泵的速度控制输出 25～60m
	分支系统	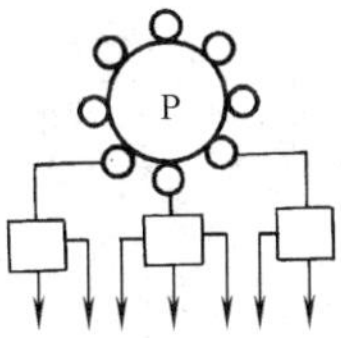	每个泵的输出量由分配器分至各处	电动机 机械	>220	0.7～2.8	在每个输出口调整或用分配阀组调整泵到分配阀18～54m 分配阀到支承 6～9m
间接供脂递进式	单线式	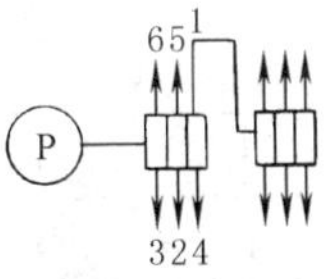	第一阀组按 1、2、3…顺序输出。其中的一个接口用来使第二阀组工作。以后的阀组照此顺序工作	电动机 机械 手动	>265	14～20	用不同容量的计量阀，否则靠循环时间调整干线 150mm（据脂和管子口径决定），到支承的支线 6～9mm
	单线式反向	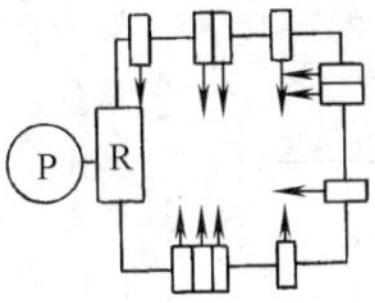	换向阀 R 每动作一次各阀依次工作			1.4～2.0	
	双线式	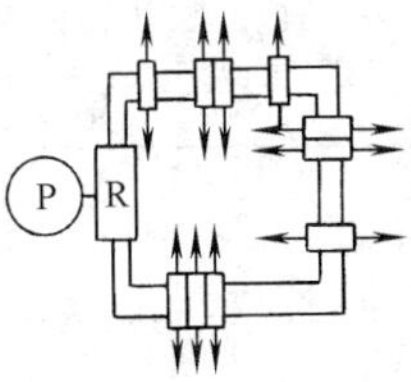	脂通过一条管路按顺序运送到占总数一半的出口。换向阀 R 随后动作，消除第一条管路压力，把脂送到另一条管路，供给其余出口				
间接供脂并列式	单线式	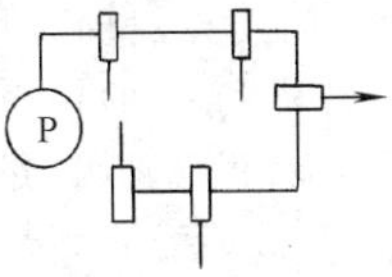	由泵上的装置使管路交替加压、卸压。有两种系统：一是利用管路压力作用在阀的活塞上射出脂；二是利用弹簧压力作用在阀的活塞上射出脂	电动机 手动	>310	约 17.0 约 8.0	工作频率能调整，输出量由脂的特性决定 120m

续表

类型		简图	运转	驱动	适用的锥入度(25℃,150g)/0.1mm	管路标准压力/MPa	调整与管长限度
间接供脂并列式	油或气调节的单线式	P 供油或空气	泵使管路或阀工作,用油压或气压操纵阀门	电动机	>220	约40.0	用周期定时分配阀调整600m
	双线式	P R	润滑脂压力在一条管路上同时操纵占总数一半的排出口。然后换向阀R反向,消除此条管路压力,把脂导向另一条管路,使其余排出口工作	电动机 手动	>265	约40.0	用周期定时分配阀调整自动120m、手动60m

6.3.2 干油集中润滑系统的设计计算

6.3.2.1 润滑脂消耗量的计算

表 17-6-60 润滑脂消耗量的计算

<table>
<tr><th>部位</th><th colspan="8">公式及数据</th><th>说明</th></tr>
<tr><td rowspan="5">滑动轴承
滚动轴承
滑动平面</td><td colspan="8">$Q=0.025\pi DL(K_1+K_2)$
$Q=0.025\pi DN(K_1+K_2)$
$Q=0.025BL_1(K_1+K_2)$</td><td rowspan="6">D——轴孔直径,cm
L——轴承长度,cm
N——系数,单列轴承2.5,双列轴承5
B——滑动平面的宽度,cm
L_1——滑动平面的长度,cm
b——小齿轮的齿宽,cm
d——小齿轮的节圆直径,cm</td></tr>
<tr><td>转速/$r\cdot min^{-1}$</td><td colspan="2">微动</td><td>20</td><td>50</td><td>100</td><td>200</td><td>300</td><td>400</td></tr>
<tr><td>K_1</td><td colspan="2">0.3</td><td>0.5</td><td>0.7</td><td>1.0</td><td colspan="2">1.8</td><td>2.5</td></tr>
<tr><td>工况条件</td><td>粉尘作业</td><td>室外作业</td><td colspan="3">高温(>80℃)</td><td colspan="2">气体及水污染</td></tr>
<tr><td>K_2</td><td colspan="2">0.3～1</td><td colspan="5">0.3～6</td></tr>
<tr><td>齿轮</td><td colspan="8">$Q=0.025bd$</td></tr>
</table>

6.3.2.2 润滑脂泵的选择计算

$$Q=\frac{Q_1+Q_2+Q_3+Q_4}{T}$$

式中 Q——润滑脂泵的最小流量,mL/min(电动泵)或mL/每循环(手动泵);

Q_1——全部分配器给脂量的总和,若单向出脂时为Q_1,双向出脂时为$\frac{Q_1+Q_2}{2}$,mL;

Q_2——全部分配器损失脂量的总和(表17-6-61);

Q_3——液压换向阀或压力操纵阀的损失脂量,mL;

Q_4——压力为10MPa或20MPa时,系统管路内油脂的压缩量,mL;

T——润滑脂泵的工作时间,指全部分配器都工作完毕所需的时间。电动泵以5min为宜,最多不超过8min;手动泵以25个循环为宜,最多不超过30个循环(电动泵用min,手动泵用循环数)。

第17篇

表 17-6-61　　**分配器损失脂量**

型号	公称压力/MPa	给油型式	每孔每次给油量/mL	每孔损失量/滴・min^{-1}	型号	公称压力/MPa	给油型式	每口每次给油量/mL	损失量/mL
SGQ-※1	10	单向给油	0.1～0.5	4	※DSPQ-L1	20	单向给油	0.2～1.2	0.06
SGQ-※2			0.5～2.0	6	※DSPQ-L2			0.6～2.5	0.10
SGQ-※3			1.5～5.0	8	※DSPQ-L3			1.2～5.0	0.15
SGQ-※4			3.0～10.0	10	※DSPQ-L4			3.0～14.0	0.68
SGQ-※5			6.0～20.0	14	×SSPQ-L1			0.15～0.6	0.17
SGQ×1S		双向给油	0.1～0.5	4	×SSPQ-L2		双向给油	0.2～1.2	0.20
SGQ×2S			0.5～2.0	6	×SSPQ-L3			0.6～2.5	0.20
SGQ×3S			1.5～5.0	8	×SSPQ-L4			1.2～5.0	0.20
SGQ×4S			3.0～10.0	10					

注：1. 表中数据摘自 JB/ZQ 4089—1997 及 JB/ZQ 4560—2006；“※”依次为 1，2，3，4；“×”依次为 2，4，6，8。
2. 给油量是指活塞上、下行程给油量的算术平均值；损失量是指推动导向活塞需要的流量。

表 17-6-62　　**阀件损失脂量**

型　号	名　称	公称压力/MPa	调定压力/MPa	损失脂量/mL
YHF-L1	液压换向阀	20(L)	5	17.0
YHF-L2				2.7
YZF-L4	压力操纵阀		4	1.5
YZF-J1		10(J)		1.0

表 17-6-63　　**管道内润滑脂单位压缩量**　　mL/m

公称直径/mm		8	10	15	20	25	32	40	50
公称压力/MPa	10	0.16	0.32	0.58	1.04	1.62	2.66	3.74	6.22
	20	0.29	0.57	1.06	1.88	2.95	4.82	6.80	11.32

6.3.2.3　系统工作压力的确定

系统的工作压力，主要用于克服主油管、给油管的压力损失和确保分配器所需的给油压力，以及压力控制元件所需的压力等。干油集中润滑系统主油管、给油管的压力损失见表 17-6-64，分配器的结构及所需的给油压力（以双线式分配器为例）见表 17-6-65。考虑到干油集中润滑系统的工作条件，随季节的更换而变化，且系统的压力损失也难以精确计算，因此，在确定系统的工作压力时，通常选择不超过润滑脂泵额定工作压力的 85%为宜。

6.3.2.4　滚动轴承润滑脂消耗量估算方法

滚动轴承润滑脂的消耗量，除了表 17-6-60 所列的计算方法外，一些国外滚动轴承公司，例如德国 FAG 公司，推荐了每周至每年添加润滑脂量 m_1 的估算方法，见式（17-6-1）。

$$m_1=DBX \quad (g) \qquad (17\text{-}6\text{-}1)$$

式中，D 为轴承外径，mm；B 为轴承宽度，mm；X 为系数，每周加一次时 $X=0.002$，每月加一次时 $X=0.003$，每年加一次时 $X=0.004$。

表 17-6-64　　**主油管与给油管压力损失**

主油管

公称通径/mm	公称流量/mL·min^{-1}					公称流量/mL·循环$^{-1}$	
	600	300	200	100	60	3.5	8
10					0.32	0.33	0.41
15			0.26	0.22	0.19	0.20	0.25
20	0.21	0.18	0.15	0.13	0.11	0.12	0.14
25	0.13	0.11	0.10	0.09	0.07	使用 GB/T 7323—2008 中 1 号极压锂基润滑脂时测得	
32	0.08	0.07	0.06	0.05	0.05		
40	0.06	0.05	0.05				
50	0.04						

给油管

公称通径/mm	公称流量(0℃时)/10mL·min^{-1}		最大配管长度/m
	1 号润滑脂	0 号润滑脂	
4	0.60	0.35	4
6	0.32	0.20	7
8	0.21	0.14	10

表 17-6-65　　**分配器所需给油压力**　　MPa

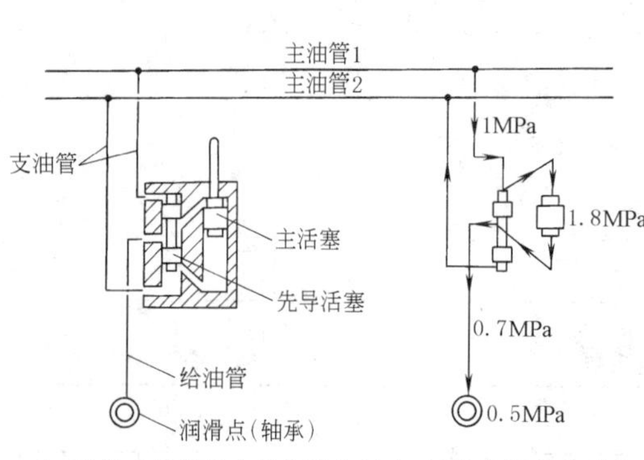

1. 双线式分配器主活塞动作压力，只给出最大的动作压力。每一规格分配器的动作压力可详见产品参数

2. 输油管、连接管的压力损失，随管道直径、长度和油温而变化

3. 安全给油压力是分配器不发生意外动作设计中预加的压力

4. 本表是以递进式系统为例

压力种类	主管路	双线式系统	递进式系统	双线递进式系统
双线分配器先导活塞动作压力	1	—	—	—
双线分配器主活塞动作压力	—	1.8	—	1.8
单向阀开启压力	—	—	—	0.5
递进分配器活塞动作压力	—	—	1.2	1.2
润滑点背压	—	0.5	0.5	0.5
输油压力损失	—	0.7	0.7	0.7
连接管压力损失	—	—	—	2.8
安全给油压力	2	2	2	2
合计	3	5	4.1	9.5

当环境条件不好时，系数 X 应有增量，增量值可参阅表 17-6-60 中的增量值 K_2。另外，极短的再润滑间隔所添加的润滑脂量 m_2 为

$$m_2=(0.5\sim20)V\quad(\text{kg/h})$$

$$V=(\pi/4)\times B\times(D^2-d^2)\times10^{-9}-(G/7800)\quad(\text{m}^3)$$

停用几年后启动前所添加的润滑脂量 m_3

$$m_3=DB\times0.01\quad(\text{g})$$

式中，V 为轴承里的自由空间；d 为轴承内孔直径，mm；G 为轴承质量，kg。

滚动轴承润滑脂使用寿命的计算值与润滑间隔，是根据失效可能性来考虑的。轴承的工作条件与环境

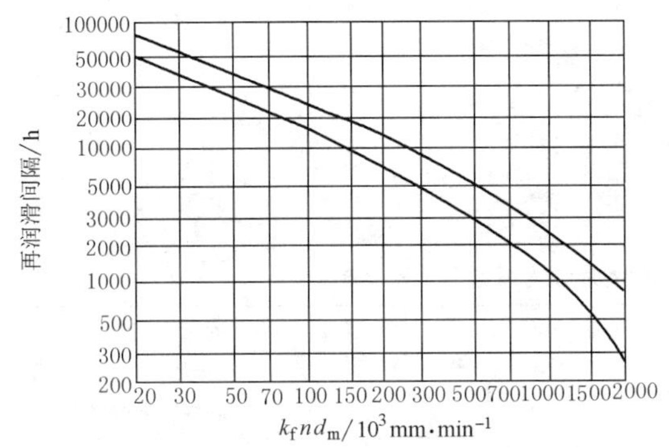

图 17-6-7　在正常环境条件下轴承的润滑间隔

条件差时，润滑间隔将减少。通常润滑脂的标准再润滑周期，是在环境温度最高为 70℃，平均轴承负荷 $P/C<0.1$ 的情况下计算的。矿物油型锂基润滑脂在工作温度超过 70℃以后，每升温 15℃，润滑间隔将减半，此外，轴承类型、灰尘和水分、冲击负荷和振动、负荷高低、通过轴承的气流等都对润滑间隔有一定影响。图 17-6-7 是速度系数 d_{mn} 值对再润滑间隔的影响，应用于失效可能性 10%～20%；k_f 为再润滑间隔校正因数，与轴承类型有关，承载能力较高的轴承，k_f 值较高，当工作条件与环境条件差时，减少的润滑间隔可由下式求出。

表 17-6-66　轴承的再润滑间隔校正因数 k_f

轴 承 类 型	形式	k_f
深沟球轴承	单列 双列	0.9～1.1 1.5
角接触球轴承	单列 双列	1.6 2
主轴轴承	$\alpha=15°$ $\alpha=25°$	0.75 0.9
四点接触球轴承		1.6
调心球轴承		1.3～1.6
推力球轴承		5～6
角接触推力球轴承	单列	1.4
圆柱滚子轴承	单列 双列 满装	3～3.5 3.5 25
推力圆柱滚子轴承		90
滚针轴承		3.5
圆锥滚子轴承		4
中凸滚子轴承		10
无挡边球面滚子轴承(E 型结构)		7～9
有中间挡边球面滚子轴承		9～12

注：1. $k_f=2$，适用于径向负荷或增加止推负荷；$k_f=3$ 适用于恒定止推负荷。

2. 再润滑过程中通常不可能去除用过的润滑脂。再润滑间隔 t_{fq} 必须降低 30%～50%。

$$t_{fq}=f_1f_2f_3f_4f_5t_f$$

式中，t_{fq} 为减少的润滑间隔；t_f 为润滑间隔；f_1～f_5 为工作条件与环境条件差时润滑间隔减少因数，参见表 17-6-67。

表 17-6-67　工作条件与环境条件差时的润滑间隔减少因数

灰尘和水分对轴承接触面的影响	中等	$f_1=0.7\sim0.9$
	强	$f_1=0.4\sim0.7$
	很强	$f_1=0.1\sim0.4$
冲击负荷和振动的影响	中等	$f_2=0.7\sim0.9$
	强	$f_2=0.4\sim0.7$
	很强	$f_2=0.1\sim0.4$
轴承温度高的影响	中等(最高 75℃)	$f_3=0.7\sim0.9$
	强(75～85℃)	$f_3=0.4\sim0.7$
	很强(85～120℃)	$f_3=0.1\sim0.4$
高负荷的影响	$P/C=0.1\sim0.15$	$f_4=0.7\sim0.9$
	$P/C=0.15\sim0.25$	$f_4=0.4\sim0.7$
	$P/C=0.25\sim0.35$	$f_4=0.1\sim0.4$
通过轴承的气流的影响	轻气流	$f_5=0.5\sim0.7$
	重气流	$f_5=0.1\sim0.5$

第 17 篇

6.3.3 干油集中润滑系统的主要设备

6.3.3.1 润滑脂泵及装置

(1) 手动润滑泵

表 17-6-68 SGZ型、SRB型、SNB-J型手动润滑泵

SGZ型手动润滑泵

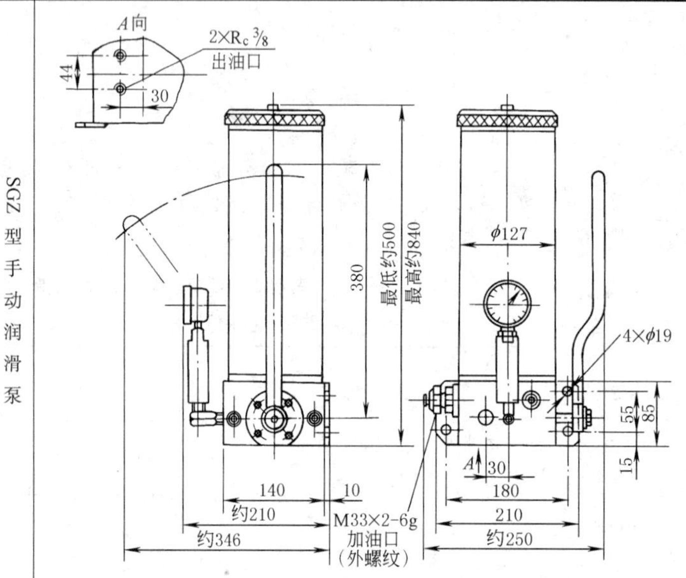

型号	给油量/mL·循环$^{-1}$	公称压力/MPa	储油筒容积/L	质量/kg
SGZ-8	8	6.3(Ⅰ)	3.5	24

1. 用于双线式和双线喷射式干油集中润滑系统,采用锥入度(0.1mm)不低于265(25℃,150g)的润滑脂,环境温度为0~40℃

2. 标记示例:给油量为8mL/循环的手动润滑泵,标记为

SGZ-8 润滑泵 JB/ZQ 4087—1997

SRB型、SNB-J型手动润滑泵

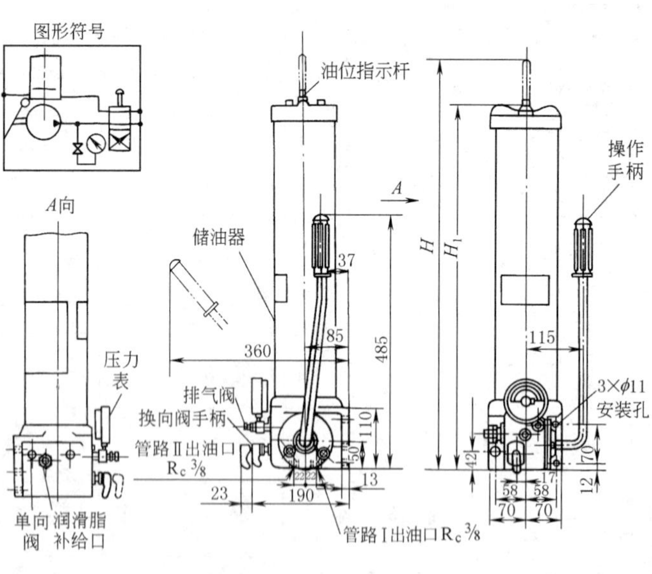

标记示例:公称压力20MPa,给油量3.5mL/循环,使用介质为润滑脂,储油器容积5L的手动润滑泵,标记为

SRB-L3.5Z-5 润滑泵 JB/ZQ 4557—2006

型号	给油量/mL·循环$^{-1}$	公称压力/MPa	储油筒容积/L	质量/kg
SRB-J7Z-2	7	10	2	80
SRB-J7Z-5			5	
SRB-L3.5Z-2	3.5	20	2	50
SRB-L3.5Z-5			5	

型号	配管通径/mm	配管长度/m	质量/kg
SRB-J7Z-2	20	50	18
SRB-J7Z-5			21
SRB-L3.5Z-2	12	50	18
SRB-L3.5Z-5			21

型号	H	H_1
SRB-J7Z-2 SRB-L3.5Z-2	576	370
SRB-J7Z-5 SRB-L3.5Z-5	1196	680

1. 本泵与双线式分配器、喷射阀等组成双线式或双线喷射干油集中润滑系统,用于给油频率较低的中小机械设备或单独的机器上。工作时间一般为2~3min工作寿命可达50万个工作循环

2. 适用介质为锥入度(0.1mm)310~385(25℃,150g)的润滑脂

续表

SNB-J 型手动润滑泵

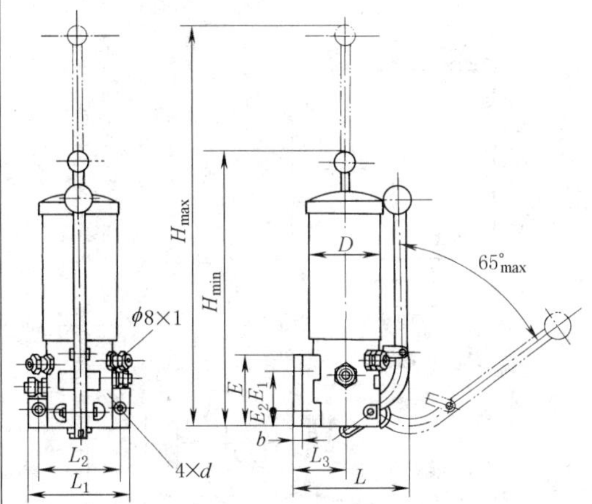

1. 允许在 0～45℃的环境温度下工作，使用介质锥入度(0.1mm)大于 295(25℃、150g)的符合 GB/T 491—2008、GB/T 492—1989、GB/T 7324—2010要求的润滑脂

2. 供油嘴的连接管若为 $\phi6\times1$，根据需要可特殊订货

标记示例：给油点数 5 个，每嘴出油容量 0.9mL/循环，储油器容积 1.37L 的手动润滑泵，标记为

5SNB-Ⅲ　润滑泵　JB/T 8651.1—1997

型号	1SNB-J			2SNB-J			5SNB-J			6SNB-J			8SNB-J		
主参数代号	Ⅰ	Ⅱ	Ⅲ	Ⅰ	Ⅱ	Ⅲ	Ⅰ	Ⅱ	Ⅲ	Ⅰ	Ⅱ	Ⅲ	Ⅰ	Ⅱ	Ⅲ
给油点数/个	1			2			5			6			8		
每嘴出油容量/mL・次$^{-1}$	4.50			2.25			0.90			0.75			0.56		
公称压力/MPa	10(J)														
储油器容积/L	0.42	0.75	1.37	0.42	0.75	1.37	0.42	0.75	1.37	0.42	0.75	1.37	0.42	0.75	1.37
供油嘴连接管/mm	$\phi8\times1$														

外形尺寸/mm												
主参数代号	H_{max}	H_{min}	D	L	L_1	L_2	L_3	E	E_1	E_2	d	b
Ⅰ	392	292	74	128	120	98	50	94	61	15	11.5	14
Ⅱ	500	350	86	145								
Ⅲ		360	114	175								

（2）电动润滑泵及干油泵

表 17-6-69　　DDB 型多点干油泵（10MPa）尺寸及参数（JB/ZQ 4088—2006）

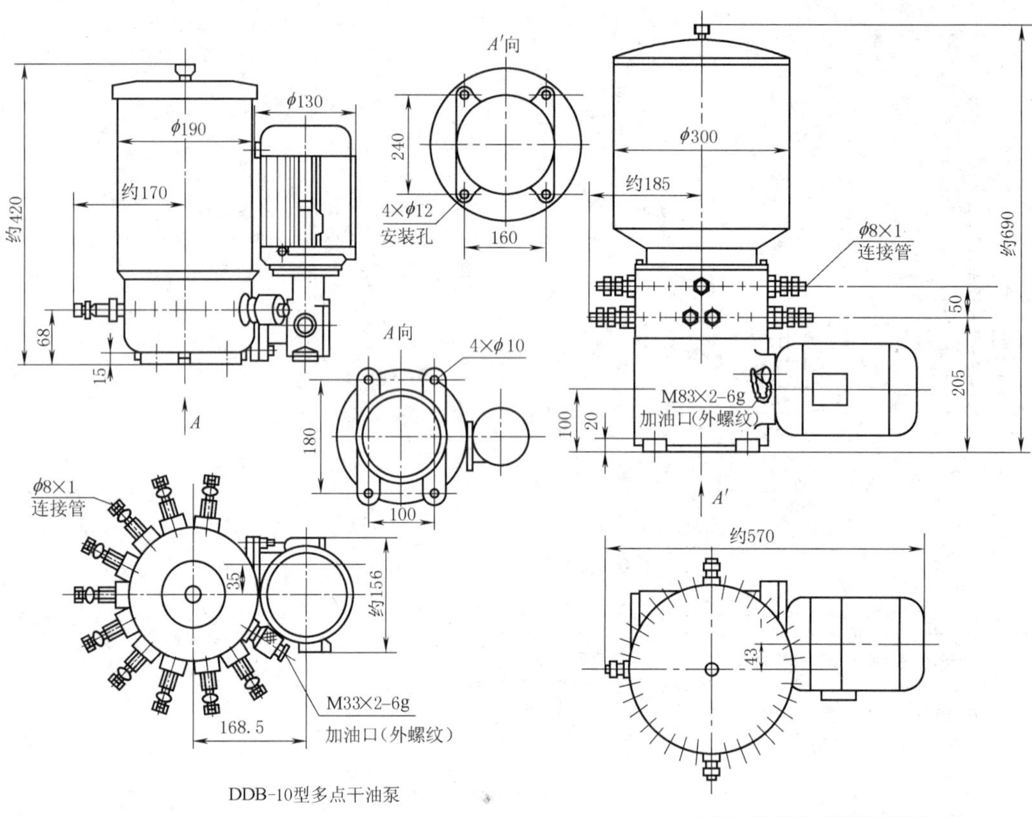

DDB-10型多点干油泵

DDB－18,DDB－36型多点干油泵

型号	出油点数	公称压力/MPa	每点给油量/mL·次$^{-1}$	给油次数/次·min^{-1}	储油器容积/L	电动机功率/kW	质量/kg	
DDB-10	10	10(J)	0～0.2	13	7	0.37	19	1. 工作环境温度 0～40℃ 2. 适用于锥入度(0.1mm)不低于 265(25℃,150g)的润滑脂 标记示例:出油口为10个的多点干油泵,标记为 DDB-10　干油泵　JB/ZQ 4088—2006
DDB-18	18				23	0.56	75	
DDB-36	36						80	

表 17-6-70　**电动润滑泵**（40MPa）**型式与尺寸**（JB/T 8810.1—1998）

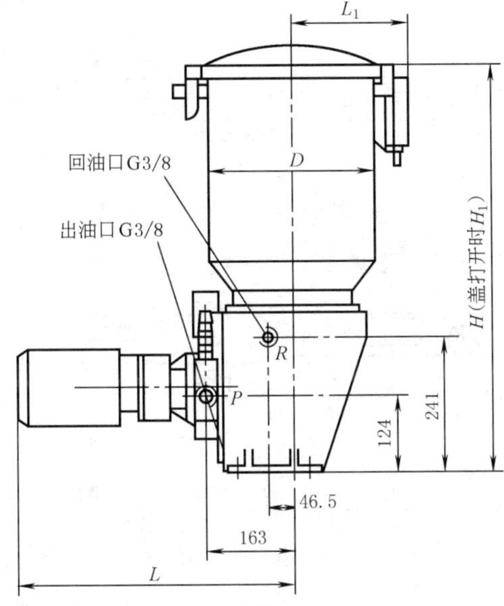

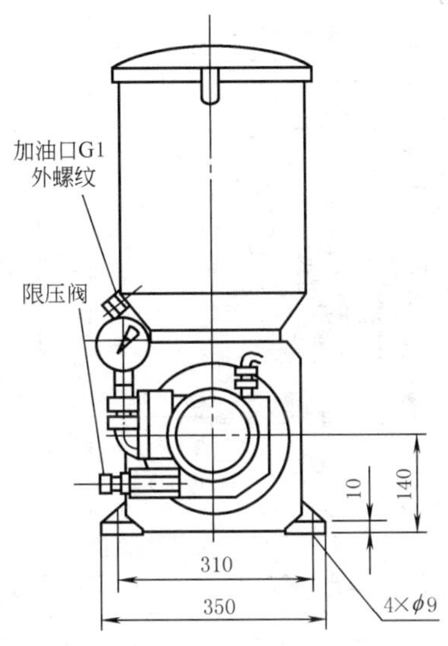

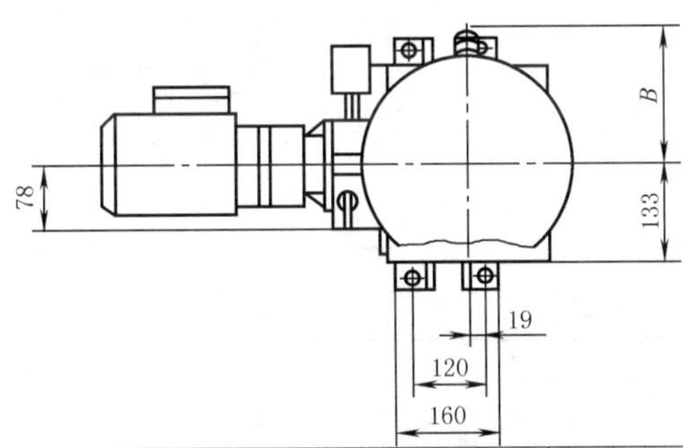

1. 适用于锥入度（0.1mm）大于等于 220（25℃，150g）的润滑脂

2. 润滑泵为电动高压柱塞式，工作压力在公称压力范围内可任意调整，有双重过载保护

3. 储油器具有油位自动报警装置

标记示例：公称压力 40MPa，额定给油量 120mL/min，储油器容积 30L，减速电动机功率 0.75kW 的电动润滑泵，标记为

DRB2-P120　润滑泵　JB/T 8810.1—1998

规格		尺寸/mm					
		D	H	H_1	B	L	L_1
储油器	30L	310	760	1140	200	—	233
	60L	400	810	1190	230	—	278
	100L	500	920	1200	280	—	328
电动机	0.37kW，80r/min	—	—	—	—	500	—
	0.75kW，80r/min	—	—	—	—	563	—
	1.5kW，160r/min	—	—	—	—	575	—
	1.5kW，250r/min	—	—	—	—	575	—

型号	公称压力/MPa	额定给油量/mL·min^{-1}	储油器容积/L	减速电动机		环境温度/℃	质量/kg
				功率/kW	电压/V		
DRB1-P120Z	40	120	30	0.37	380	0～80	56
DRB2-P120Z				0.75		−20～80	64
DRB3-P120Z			60	0.37		0～80	60
DRB4-P120Z				0.75		−20～80	68
DRB5-P235Z		235	30	1.5		0～80	70
DRB6-P235Z			60				74
DRB7-P235Z			100				82
DRB8-P365Z		365	60				74
DRB9-P365Z			100				82

表 17-6-71　　电动润滑泵装置（20MPa）（JB/T 2304—2001）　　mm

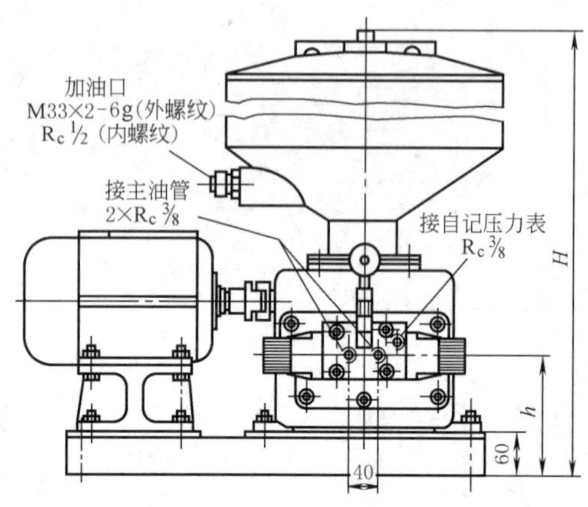

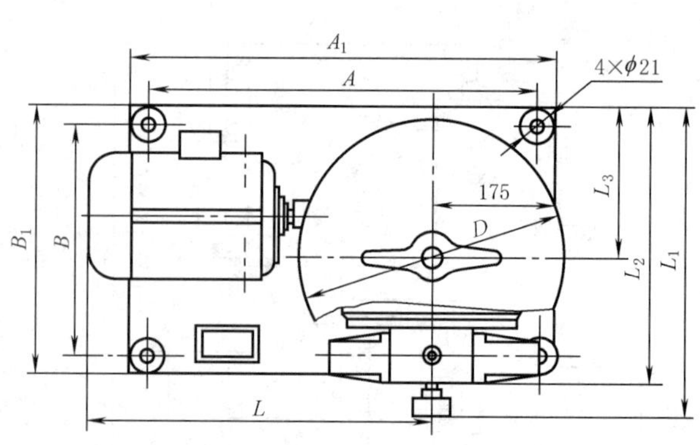

型　号	给油能力 /mL·min⁻¹	公称压力 /MPa	储油器容积 /L	电动机 型号	电动机 功率/kW	电动机 转速/r·min⁻¹	电磁铁电压 /V	质量 /kg
DRZ-L100	100	20(L)	50	Y801-4-B₃	0.55	1390	220	191
DRZ-L315	315		75	Y90S-4-B₃	1.1	1400		196
DRZ-L630	630		120	Y90L-4-B₃	5.5	1400		240

型　号	A	A_1	B	B_1	h	D	$L\approx$	$L_1\approx$	L_2	L_3	最高	最低
DRZ-L100	460	510	300	350	151	408	406	414	368	200	1330	925
DRZ-L315	550	600	315	365	167		474	434	392	210	1770	1165
DRZ-L630						508	489				1820	1215

表 17-6-72　　DB 型单线干油泵装置参数（JB/T 2306—1999）

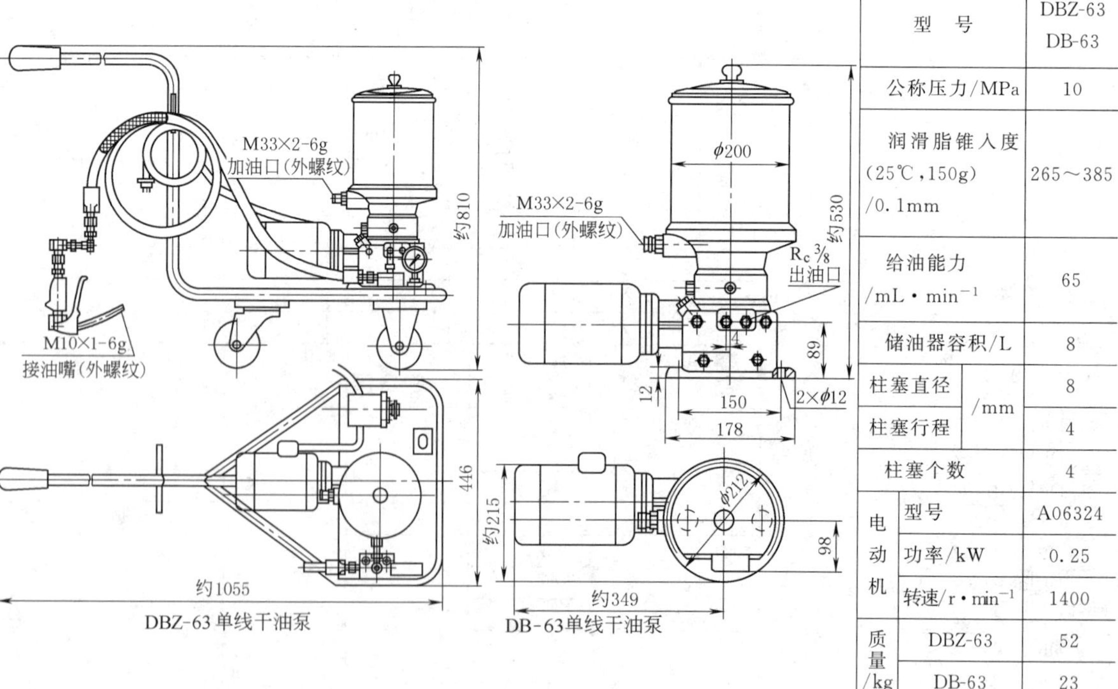

DBZ-63 单线干油泵　　DB-63单线干油泵

型　号		DBZ-63 DB-63
公称压力/MPa		10
润滑脂锥入度 (25℃,150g) /0.1mm		265～385
给油能力 /mL·min⁻¹		65
储油器容积/L		8
柱塞直径	/mm	8
柱塞行程	/mm	4
柱塞个数		4
电动机	型号	A06324
电动机	功率/kW	0.25
电动机	转速/r·min⁻¹	1400
质量/kg	DBZ-63	52
质量/kg	DB-63	23

表 17-6-73　DRB 系列电动润滑泵结构型式、工作原理、技术参数及尺寸（JB/ZQ 4559—2006）　mm

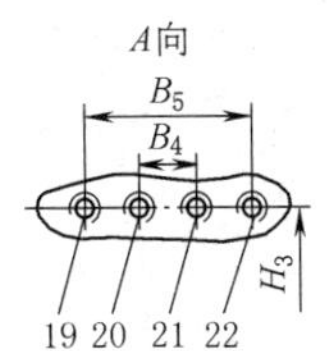

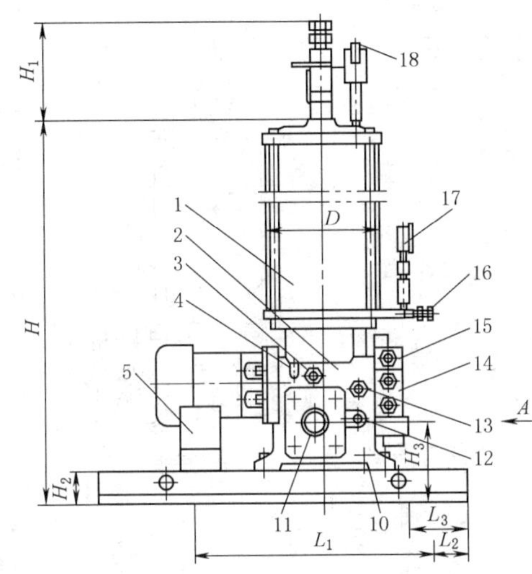

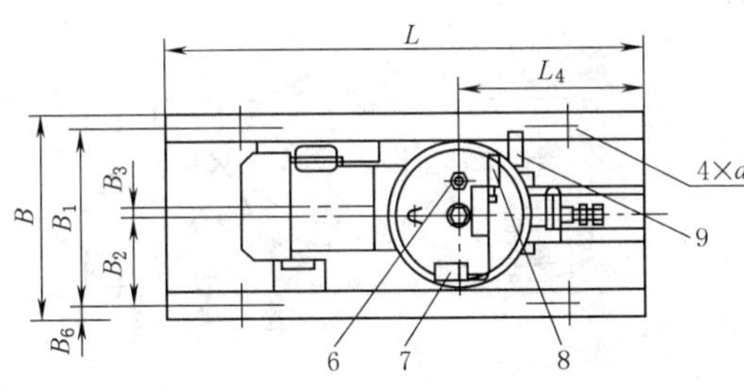

图(a)　DRB-L60Z-H、DRB-L195Z-H环式电动润滑泵

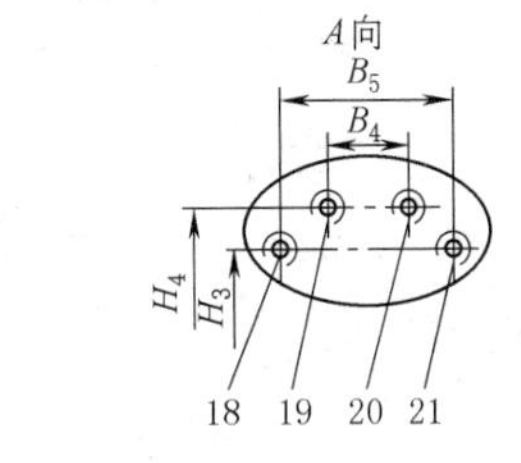

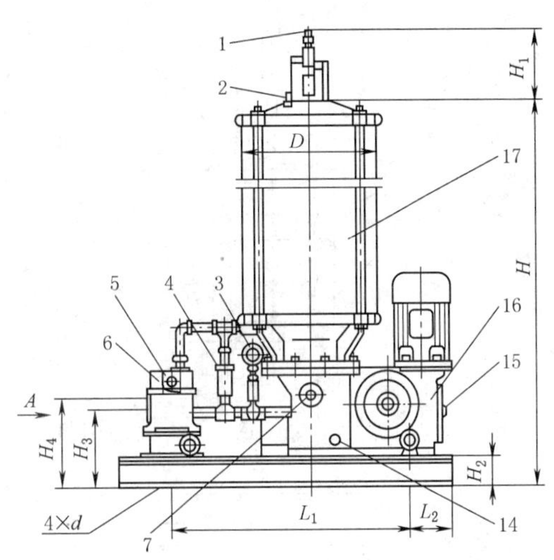

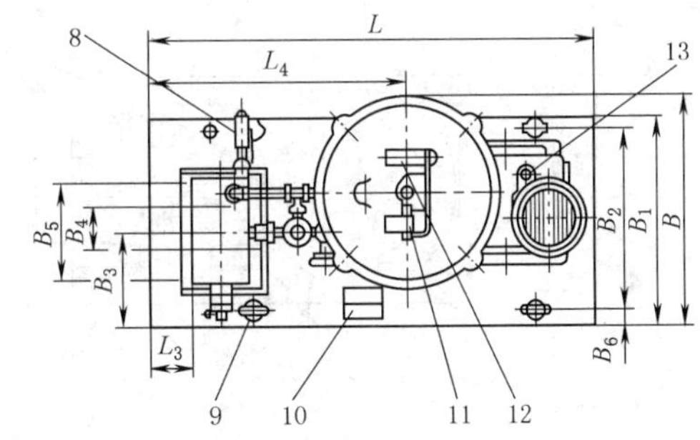

图(b)　DRB-L585Z-H环式电动润滑泵

1—储油器[17，图(b)中该零件号，下同]；2—泵体(16)；3—排气塞；4—润滑油注入口(13，润滑油注入口 R_c)；5—接线盒(10)；6—排气阀(储油器活塞下部空气)(1)；7—储油器低位开关(11)；8—储油器高位开关(12)；9—液压换向限位开关(8)；10—放油螺塞(14，放油螺塞 R_c)；11—油位计(15)；12—润滑脂补给口 M33×2-6g(7)；13—液压换向阀压力调节螺栓(6)；14—液压换向阀(5)；15—安全阀(4)；16—排气阀(出油口)；17—压力表(3)；18—排气阀(储油器活塞上部空气)(2)；19—管路Ⅰ出油口 R_c(19，R_c)；20—管路Ⅰ回油口；21—管路Ⅱ回油口；22—管路Ⅱ出油口

第17篇

续表

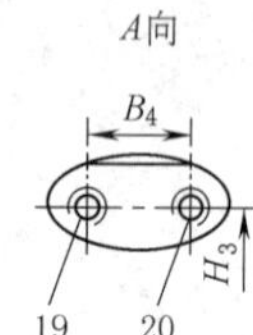

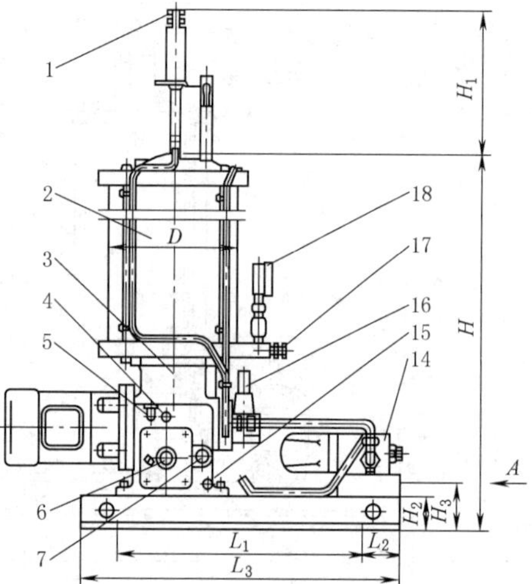

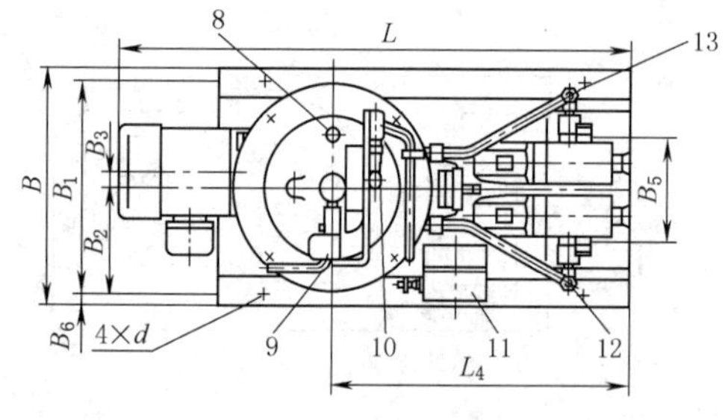

图(c) DRB-L60Z-Z、DRB-L-195Z-Z 终端式电动润滑泵

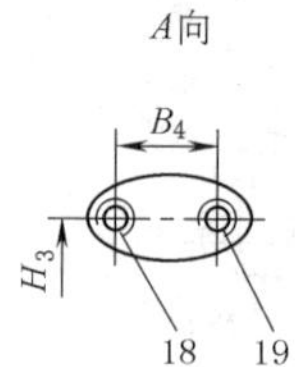

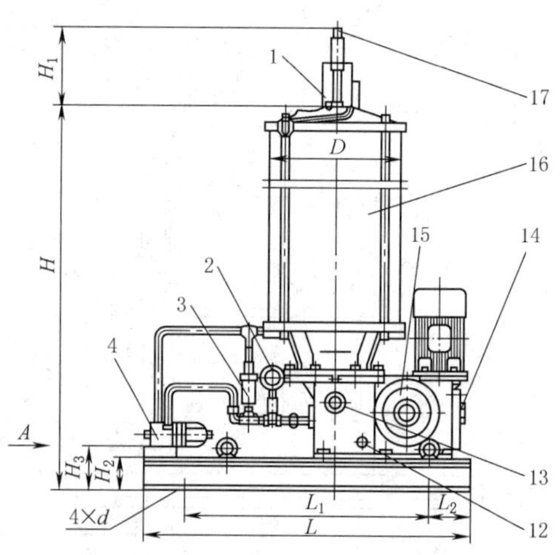

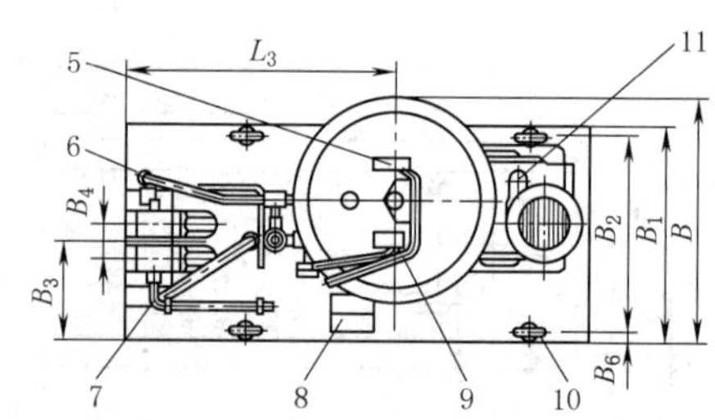

图(d) DRB-L585Z-Z 终端式电动润滑泵

1—排气阀(储油器活塞上部空气)[1,图(d)中该零件号,下同];2—储油器(16);3—泵体(15);4—排气塞;5—润滑油注入口(11,润滑油补给口 R_c);6—油位计(14);7—润滑脂补给口 M33×2-6g(13);8—排气阀(储油器活塞下部空气)(17);9—储油器低位开关(9);10—储油器高位开关(5);11—接线盒(8);12—储油器接口(6);13—泵接口(7);14—电磁换向阀(4);15—放油螺塞(12,R_c);16—安全阀(3);17—排气阀(出油口);18—压力表(2);19—管路Ⅰ出油口 R_c(18);20—管路Ⅱ出油口 R_c(19);图(d)中,10—吊环

续表

结构型式、工作原理

该型电动润滑泵由柱塞泵、(柱塞式定量容积泵)储油器、换向阀、电动机等部分组成。柱塞泵在电动机的驱动下，从储油器吸入润滑脂，压送到换向阀，通过换向阀交替地沿两个出油口输送润滑脂时，另一出油口与储油器接通卸荷该型电动润滑泵可组成双线环式集中润滑系统，即系统的主管环状布置，由返回润滑泵的主管末端的系统压力来控制液压换向阀，使两条主管交替地供送润滑脂的集中润滑系统；也可组成双线终端式集中润滑系统，即由主管末端的压力操纵阀来控制电磁换向阀交替地使两条主管供送润滑脂的集中润滑系统环式结构电动润滑泵配用液压换向阀，有 4 个接口，外接 2 根供油主管及 2 根分别由供油管引回的回油管，依靠回油管内油脂的油压推动换向阀换向终端式结构电动润滑泵配用电磁换向阀，有 2 个接口，外接 2 根供油主管，依靠电磁铁的得失电实现换向供油

技术参数、外形尺寸

<table>
<tr><th>型号</th><th>公称流量/L·min^{-1}</th><th>公称压力/MPa</th><th>转速/r·min^{-1}</th><th>储油器容积/L</th><th>减速器润滑油量/L</th><th>电动机功率/kW</th><th>减速比</th><th>配管方式</th><th>润滑脂锥入度(25℃,150g)/0.1mm</th><th>质量/kg</th><th>L</th><th>B</th><th>H</th><th>L_1</th><th>L_2</th></tr>
<tr><td>DRB-L60Z-H</td><td rowspan="2">60</td><td rowspan="6">20</td><td rowspan="2">100</td><td rowspan="2">20</td><td rowspan="2">1</td><td rowspan="2">0.37</td><td rowspan="2">1∶15</td><td>环式</td><td rowspan="4">310～385</td><td>140</td><td>640</td><td rowspan="2">360</td><td rowspan="2">986</td><td rowspan="2">500</td><td rowspan="2">60</td></tr>
<tr><td>DRB-L60Z-Z</td><td>终端式</td><td>160</td><td>780</td></tr>
<tr><td>DRB-L195Z-H</td><td rowspan="2">195</td><td rowspan="4">75</td><td rowspan="2">35</td><td rowspan="2">2</td><td rowspan="2">0.75</td><td rowspan="4">1∶20</td><td>环式</td><td>210</td><td>800</td><td rowspan="2">452</td><td rowspan="2">1056</td><td rowspan="2">600</td><td rowspan="2">100</td></tr>
<tr><td>DRB-L195Z-Z</td><td>终端式</td><td>230</td><td>891</td></tr>
<tr><td>DRB-L585Z-H</td><td rowspan="2">585</td><td rowspan="2">90</td><td rowspan="2">5</td><td rowspan="2">0.5</td><td>环式</td><td rowspan="2">265～385</td><td>456</td><td rowspan="2">1160</td><td rowspan="2">585</td><td rowspan="2">1335</td><td rowspan="2">860</td><td rowspan="2">150</td></tr>
<tr><td>DRB-L585Z-Z</td><td>终端式</td><td>416</td></tr>
</table>

<table>
<tr><th rowspan="2">型号</th><th rowspan="2">L_3</th><th rowspan="2">L_4</th><th rowspan="2">B_1</th><th rowspan="2">B_2</th><th rowspan="2">B_3</th><th rowspan="2">B_4</th><th rowspan="2">B_5</th><th rowspan="2">B_6</th><th colspan="2">H_1</th><th rowspan="2">H_2</th><th rowspan="2">H_3</th><th rowspan="2">H_4</th><th rowspan="2">D</th><th rowspan="2">d</th><th rowspan="2">地脚螺栓</th></tr>
<tr><th>最大</th><th>最小</th></tr>
<tr><td>DRB-L60Z-H</td><td>126</td><td>290</td><td rowspan="2">320</td><td>157</td><td rowspan="2">23</td><td>42</td><td>118</td><td rowspan="2">20</td><td rowspan="2">598</td><td rowspan="2">155</td><td rowspan="2">60</td><td>130</td><td rowspan="2">—</td><td rowspan="2">269</td><td rowspan="2">14</td><td rowspan="2">M12×200</td></tr>
<tr><td>DRB-L60Z-Z</td><td>640</td><td>450</td><td>200</td><td>160</td><td>—</td><td>85</td></tr>
<tr><td>DRB-L195Z-H</td><td>125</td><td>300</td><td rowspan="2">420</td><td rowspan="2">226</td><td rowspan="2">39</td><td>42</td><td>118</td><td rowspan="2">16</td><td rowspan="2">687</td><td rowspan="2">167</td><td rowspan="2">83</td><td>164</td><td rowspan="2">—</td><td rowspan="2">319</td><td rowspan="2">18</td><td rowspan="2">M16×400</td></tr>
<tr><td>DRB-L195Z-Z</td><td>800</td><td>500</td><td>160</td><td>—</td><td>108</td></tr>
<tr><td>DRB-L585Z-H</td><td>100</td><td rowspan="2">667</td><td rowspan="2">520</td><td rowspan="2">476</td><td>244</td><td>111</td><td>226</td><td rowspan="2">22</td><td rowspan="2">815</td><td rowspan="2">170</td><td rowspan="2">110</td><td>248</td><td>277</td><td rowspan="2">457</td><td rowspan="2">22</td><td rowspan="2">M20×500</td></tr>
<tr><td>DRB-L585Z-Z</td><td>667</td><td>239</td><td>160</td><td>—</td><td>135</td><td>—</td></tr>
</table>

应用

DRB-L 型电动润滑泵适用于润滑点多、分布范围广、给油频率高、公称压力 20MPa 的双线式干油集中润滑系统。通过双线分配器向润滑部位供送润滑脂。适用于锥入度(0.1mm)250～350(25℃、150g)的润滑脂或黏度值为 46～150mm^2/s 的润滑油

表 17-6-74 双列式电动润滑脂泵（31.5MPa）外形及参数（JB/ZQ 4701—2006）

标记示例：公称压力 31.5MPa，公称流量 60mL/min，环式配管的双列式电动润滑脂泵，标记为

SDRB-N60H 双列式电动润滑脂泵 JB/ZQ 4701—2006

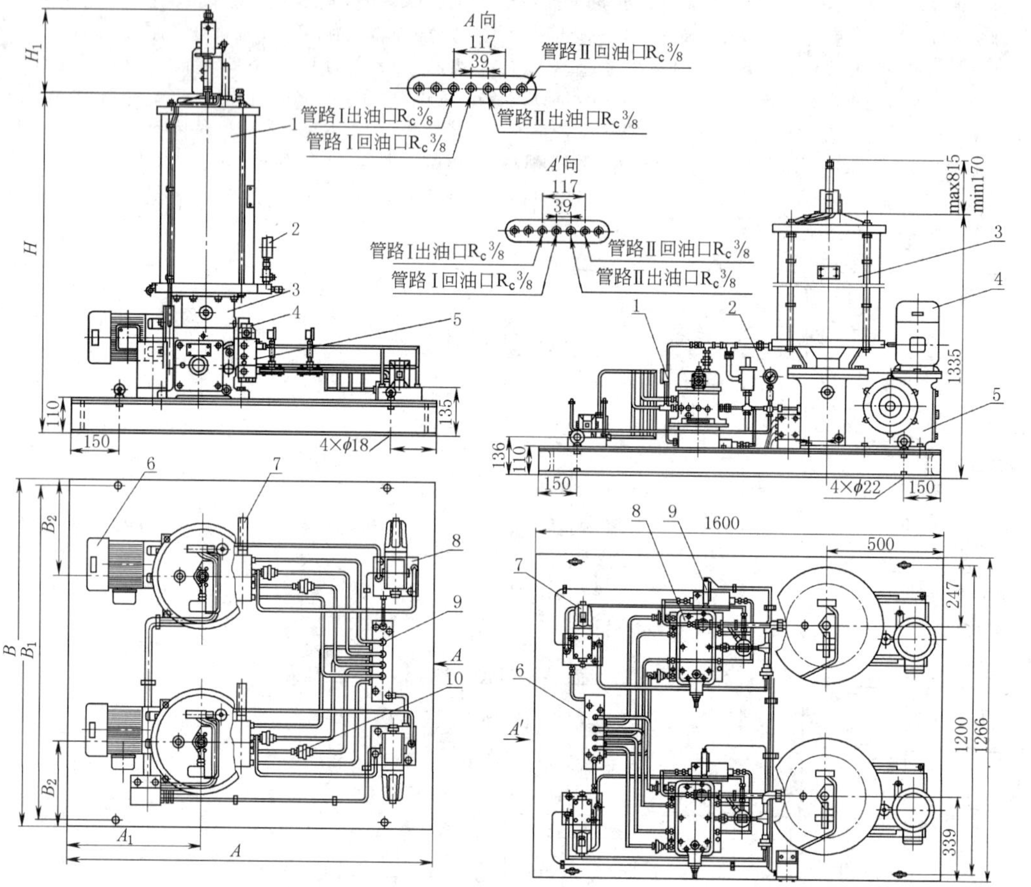

图(a) SDRB-N60H、SDRB-N195H 双列式电动润滑脂泵外形图
1—储油器；2，10—压力表；3—电动润滑脂泵；4—溢流阀；5，9—液压换向阀；6—电动机；7—限位开关；8—电磁换向阀

图(b) SDRB-N585H 双列式电动润滑脂泵外形图
1，2—压力表；3—储油器；4—电动机；5—电动润滑脂泵；6，8—液压换向阀；7—电磁换向阀；9—限位开关

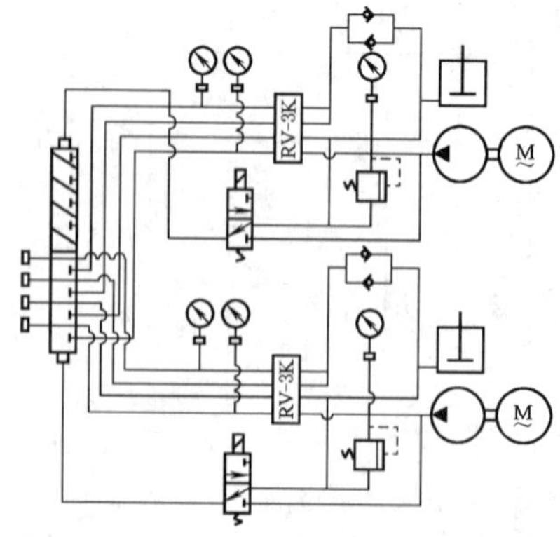

图(c) SDRB-N60H、SDRB-N195H 双列式电动润滑脂泵系统原理图

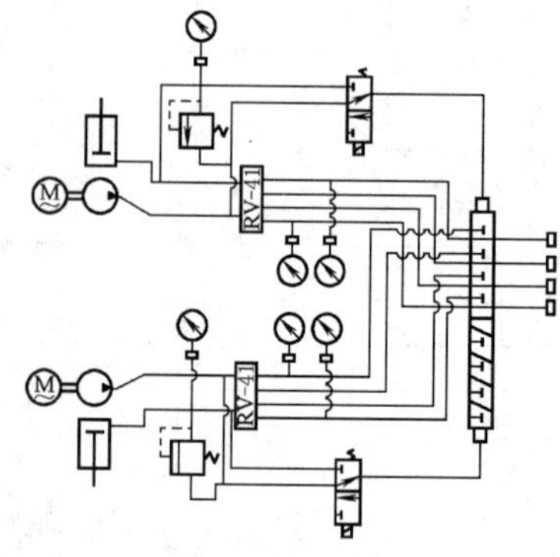

图(d) SDRB-N585H 双列式电动润滑脂泵系统原理图

续表

技术参数和外形尺寸

型　号	公称流量 /L·min^{-1}	公称压力 /MPa	储油器容积 /L	配管方式	电动机功率 /kW	润滑脂锥入度(25℃,150g) /0.1mm	质量 /kg
SDRB-N60H	60	31.5	20	环式	0.37	265～385	405
SDRB-N195H	195		35		0.75		512
SDRB-N585H	585		90		1.5		975

型　号	A	A_1	B	B_1	B_2	H	H_1
SDRB-N60H	1050	351	1100	1054	296	1036	598(max)
							155(min)
SDRB-N195H	1230	503.5	1150	1104	310	1083	671(max)
							170(min)

表 17-6-75　单线润滑泵（31.5MPa）型式、尺寸与基本参数（JB/T 8810.2—1998）

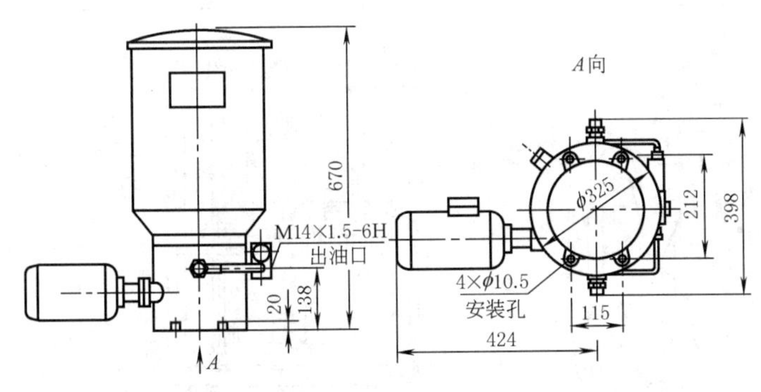

适用于锥入度(0.1mm)不低于 265(25℃，150g)的润滑脂或黏度值不小于 68mm^2/s 的润滑油。工作环境温度 −20～80℃

标记示例：

DB-N50　单线润滑泵　JB/T 8810.2—1998

型　号	额定给油量 /mL·min^{-1}	公称压力 /MPa	储油器容积/L	电动机 功率 /kW	电动机 电压 /V	质量 /kg
DB-N25	0～25	31.5	30	0.37	380	37
DB-N45	0～45					39
DB-N50	0～50					37
DB-N90	0～90					39

DB-N 系列的多点润滑泵适用于润滑频率较低、润滑点在 50 点以下、公称压力为 31.5MPa 的单线式中小型机械设备集中润滑系统中，直接或通过单线分配器向各润滑点供送润滑脂的输送供油装置适用于冶金、矿山、运输、建筑等设备的干油润滑

表 17-6-76 **多点润滑泵（31.5MPa）型式、尺寸与基本参数**（JB/T 8810.3—1998）

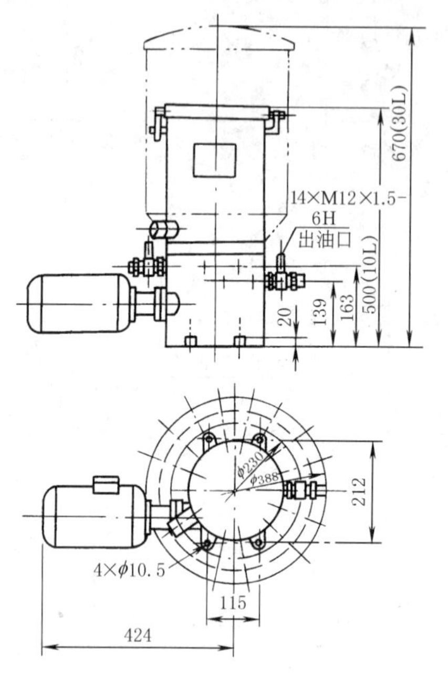

公称压力/MPa	出油口数	额定给油量/mL·min^{-1}	储油器容积/L	电动机		质量/kg
				功率/kW	电压/V	
31.5	1～14	0～1.8	10,30	0.18	380	43
		0～3.5				
		0～5.8				
		0～10.5				

1. 适用于锥入度(0.1mm)不低于265(25℃,150g)的润滑脂或黏度值不小于46mm^2/s的润滑油。工作环境温度－20～80℃

2. 标记示例：公称压力31.5MPa,出油口数6个,每出油口额定给油量0～5.8mL/min,储油器容积10L的多点润滑泵,标记为

6DDRB-N5 8/10 多点泵 JB/T 8810.3—1998

（3）气动润滑泵

表 17-6-77 **FJZ型风动加油装置及基本参数**

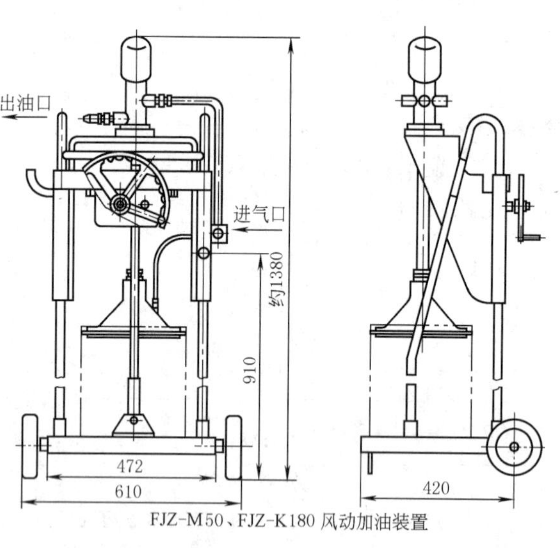

FJZ-M50、FJZ-K180风动加油装置

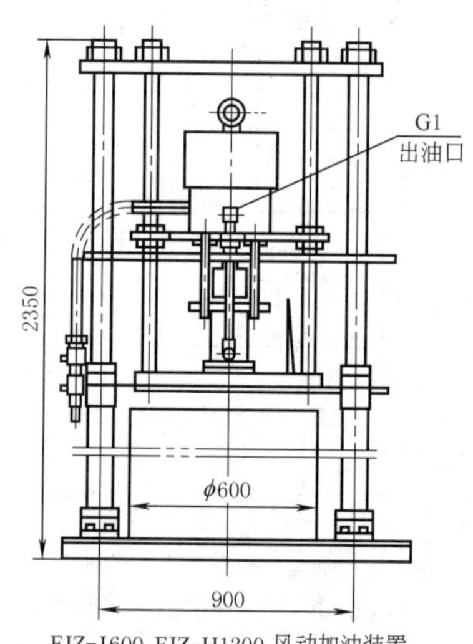

FJZ-J600、FJZ-H1200风动加油装置

型号	加油能力/L·h^{-1}	储油器容积/L	空气压力/MPa	压送油压比	空气耗量/m^3·h^{-1}	每次往复排油量/mL	每分钟往复次数
FJZ-M50	50	17	0.4～0.6	1∶50	5	4.72	180
FJZ-K180	180			1∶35	80	50	60
FJZ-J600	600	1800		1∶25	200	180	
FJZ-H1200	1200			1∶10	200	350	

适用于向干油站的储油器填充润滑脂,也可用于各种类型的润滑脂供应站风动加油装置的主体为一风动柱塞式油泵。FJZM50和FJZ-K180两种装置配上加油枪可以给润滑点直接供油,也可作为简单的单线润滑系统使用风动加油装置输送润滑脂的锥入度为(25℃,150g)265～385/10mm

第17篇

表 17-6-78 QRB 型气动润滑泵（16MPa）（JB/ZQ 4548—1997）

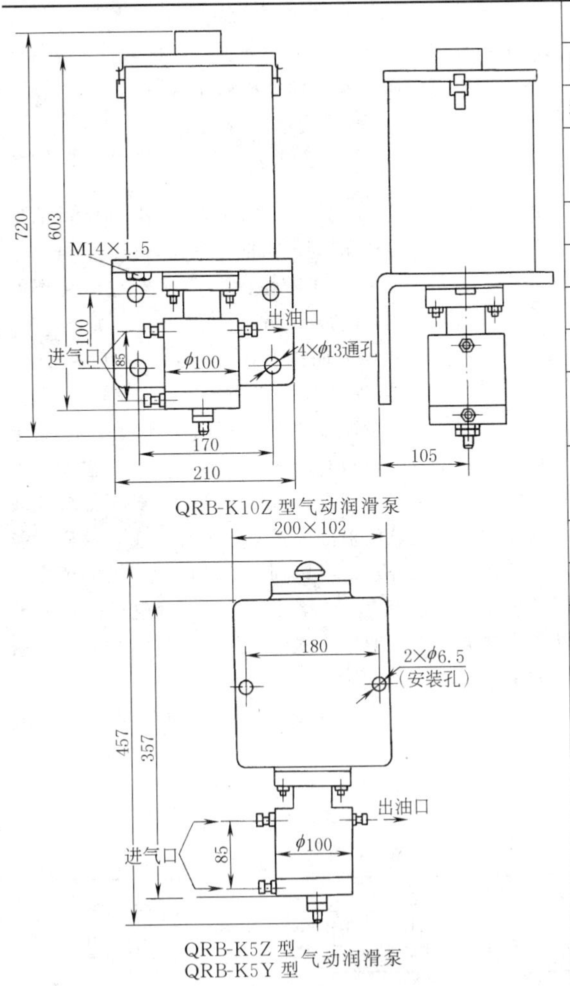

QRB-K10Z 型气动润滑泵

QRB-K5Z 型 QRB-K5Y 型 气动润滑泵

参　数	QRB-K10Z	QRB-K5Z	QRB-K5Y
出油压力/MPa	16		
进气压力/MPa	0.63		
出油量(可调)/mL·次$^{-1}$	0～6		
储油器容积/L	10	5	
进气口螺纹	M10×1-6H		
出油口螺纹	M14×1.5-6H		
油位监控装置	有	无	
最大电源电压/V	220	—	—
最大允许电流/mA	500	—	—
润滑介质	润滑脂		润滑油
质量/kg	39.10	13.26	12.81

1. 适用于锥入度(0.1mm)为250～350(25℃,150g)的润滑脂或黏度值46～150mm²/s的润滑油

2. 标记示例：

a. 供油压力16MPa,储油器容积5L,使用介质为润滑脂的气动润滑泵,标记为

QRB-K5Z　润滑泵　JB/ZQ 4548—1997

b. 供油压力16MPa,储油器容积5L,使用介质为润滑油的气动润滑泵,标记为

QRB-K5Y　润滑泵　JB/ZQ 4548—1997

表 17-6-79 GSZ 型干油喷射润滑装置基本参数（JB/ZQ 4539—1997）

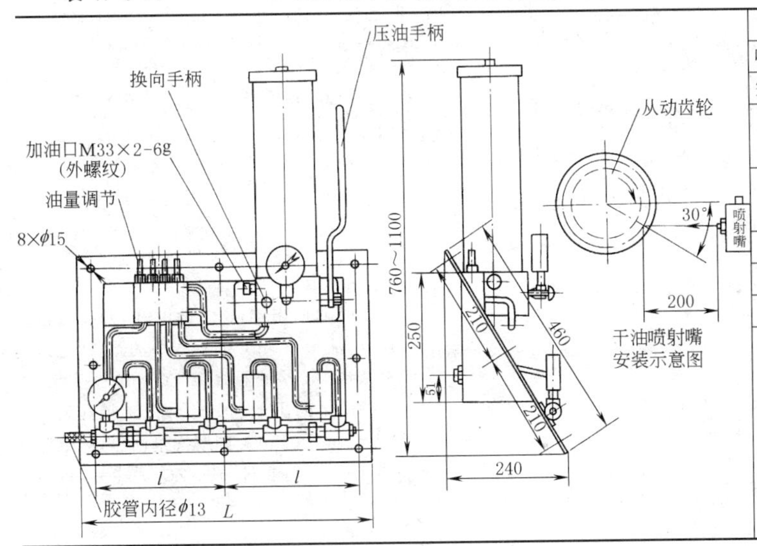

干油喷射嘴安装示意图

参　数	GSZ-2	GSZ-3	GSZ-4	GSZ-5
喷射嘴数量/个	2	3	4	5
空气压力/MPa	0.45～0.6			
给油器每循环给油量/mL	1.5～5			
喷射带(长×宽)/mm×mm	200×65	320×65	320×65	320×65
L/mm	520	560	600	730
l/mm	240	260	280	345
质量/kg	49	52	55	60

1. 适用于介质为锥入度(0.1mm)不小于300(25℃,150g)的润滑脂

2. 标记示例：空气压力为0.45～0.6MPa,喷射嘴为3个的干油喷射润滑装置,标记为

GSZ-3　喷射装置　JB/ZQ 4539—1997

6.3.3.2 分配器与喷射阀

分配器是把润滑剂按照要求的数量、周期可靠的供送到摩擦副的润滑元件。

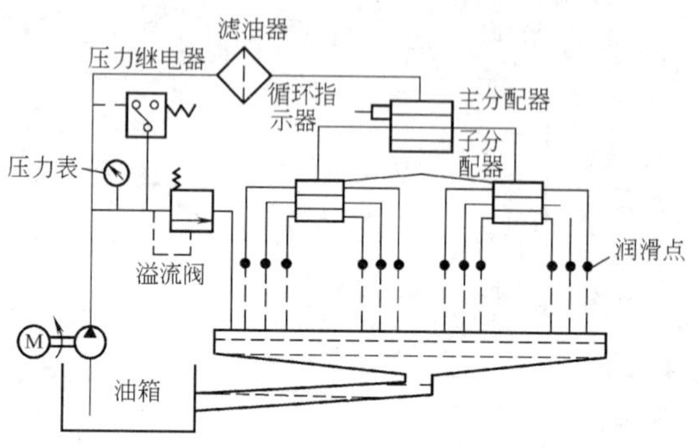

图 17-6-8 典型定量分配器线路

根据各润滑点的耗油量，可确定每个摩擦副上安置几个润滑点，从而选用相应类型的润滑系统，然后选择相应的润滑泵及定量分配器。其中多线式系统是通过多点式或多头式润滑油泵的每个给油口直接向润滑点供油，而单线式、双线式和递进式润滑系统则用定量分配器（图 17-6-8）供油。在设计时，首先按润滑点数量、集结程度遵循就近接管的原则将润滑系统划分为若干个润滑点群，每个润滑点群设置 1～2 个片组，按片组数初步确定分油级数。在最后 1 级分配器中，单位时间内所需循环次数 n_n 可按下式计算：

$$n_n=\frac{Q_1}{Q_n}$$

式中 Q_1——该分配器所供给的润滑点群中耗油量最小的润滑点的耗油量，mL/min；

Q_n——选定的合适的标准分配器每一循环的供油量，mL；

n_n——单位时间内所需循环数，一般在 20～60 循环/min 范围内。

在同一片组分配器中的一片的循环次数 n_1 确定后，则其他各片也按相同循环次数给油。对供油量大的润滑点，可选用大规格分配器或采用数个油口并联的方式。每组分配器的流量必须相互平衡，这样才能连续供油。此外还需考虑到阀件的间隙、油的可压缩性损耗（可估算为 1% 容量）等。然后就可确定标准分配器的种类、型号、规格。几种常用的分配器介绍如下。

（1）10MPa SGQ 系列双线给油器（JB/ZQ 4089—1997）

表 17-6-80 10MPa SGQ 系列双线给油器外形尺寸

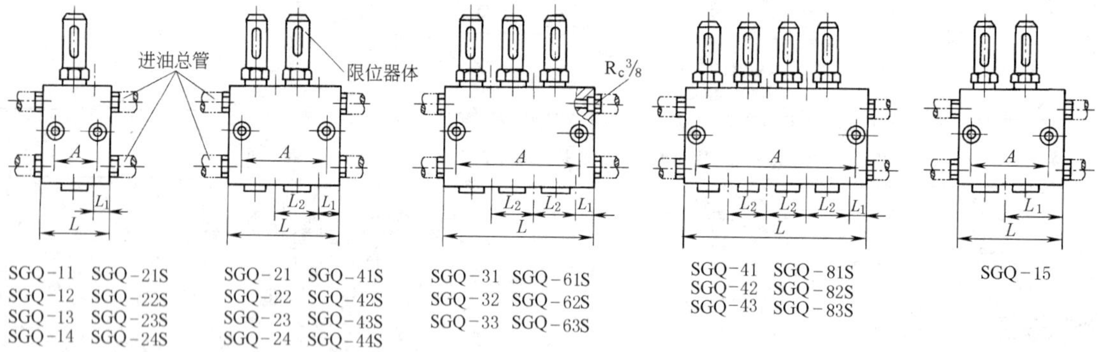

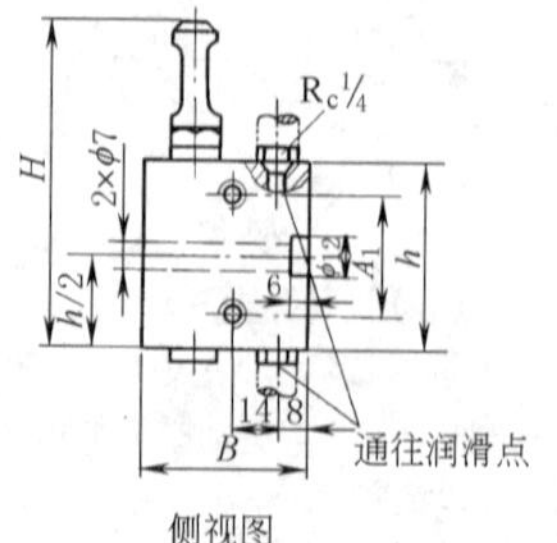

侧视图

标记示例：

(a)双向出油，6 个给油孔，每孔每次最大给油量 2.0mL 的双线给油器，标记为
SGQ-62S 给油器 JB/ZQ 4089—1997

(b)单向出油，1 个给油孔，每孔每次最大给油量 0.5mL 的双线给油器，标记为
SGQ-11 给油器 JB/ZQ 4089—1997

续表

型　　号	给油孔数	公称压力/MPa	每孔每次给油量/mL			L	B	H	h	L_1	L_2	A	A_1	质量/kg
			系列	最小	最大	mm								
SGQ-11	1	10	1	0.1	0.5	54	44	85	56	20	23	40	34	1.0
SGQ-21	2					77						63		1.3
SGQ-31	3					100						86		1.8
SGQ-41	4					123						109		2.3
SGQ-21S	2					54						40		1.0
SGQ-41S	4					77						63		1.3
SGQ-61S	6					100						86		1.7
SGQ-81S	8					123						109		2.3
SGQ-12	1		2	0.5	2.0	55	47	99	62	20	25	41	40	1.1
SGQ-22	2					80						66		1.7
SGQ-32	3					105						91		2.3
SGQ-42	4					130						116		2.8
SGQ-22S	2					55						41		1.1
SGQ-42S	4					80						66		1.7
SGQ-62S	6					105						91		2.2
SGQ-82S	8					130						116		2.8
SGQ-13	1		3	1.5	5.0	55	53	105	65	20	25	41	40	1.4
SGQ-23	2					80						66		2.0
SGQ-33	3					105						91		2.7
SGQ-43	4					130						116		3.4
SGQ-23S	2					55						41		1.4
SGQ-43S	4					80						66		2.0
SGQ-63S	6					105						91		2.7
SGQ-83S	8					130						116		3.3
SGQ-14	1		4	3	10	58	57	123	77	20	30	44	52	1.8
SGQ-24	2					88						74		2.9
SGQ-24S	2					58						44		1.8
SGQ-44S	4					88						74		2.9
SGQ-15	1		5	6	20	88	57	123	77	50	—	74	52	2.9

注：1. 单向出油的给油器只有下给油孔，活塞正、反向排油时都由下给油孔供送润滑脂。
2. 双向出油的给油器有上、下给油孔，活塞正、反向排油时由上、下给油孔交替供送润滑脂。
3. 表中的给油量是指活塞上、下行程给油量之和的算术平均值。

第
17
篇

（2）20MPa DSPQ 系列及 SSPQ 系列双线分配器（JB/ZQ 4560—2006）

表 17-6-81 20MPa DSPQ 系列及 SSPQ 系列双线分配器基本参数

型号	公称压力/MPa	动作压力/MPa	出油口数/个	每口每循环给油量/mL			损失量/mL	每转一圈的调整量/mL	质量/kg	适用介质
				系列	最大	最小				
1DSPQ-L1	20	≤1.5	1	1	1.2	0.2	0.06		0.8	锥入度(0.1mm)265～385(25℃,150g)的润滑脂
2DSPQ-L1			2						1.4	
3DSPQ-L1			3						1.8	
4DSPQ-L1			4						2.3	
1DSPQ-L2			1	2	2.5	0.6	0.1	0.2	1	
2DSPQ-L2			2						1.9	
3DSPQ-L2			3						2.7	
4DSPQ-L2			4						3.2	
1DSPQ-L3		≤1.2	1	3	5.0	1.2	0.15		1.4	
2DSPQ-L3			2						2.4	
3DSPQ-L3			3						3.5	
4DSPQ-L3			4						4.6	
1DSPQ-L4			1	4	14	3.0	0.68		2.4	
2DSPQ-L4			2						4.2	
2SSPQ-L1		≤1.5	2	1	0.6	0.15	0.17	0.04	0.5	
4SSPQ-L1			4						0.8	
6SSPQ-L1			6						1.1	
8SSPQ-L1			8						1.4	
2SSPQ-L2		≤1.5	2	2	1.2	0.2	0.20(损失量是指推动导向活塞需要的流量)	0.06	2.4	
4SSPQ-L2			4						3.4	
6SSPQ-L2			6						4.4	
8SSPQ-L2			8						1.4	
2SSPQ-L3			2	3	2.5	0.6		0.1	2.4	
4SSPQ-L3			4						3.4	
6SSPQ-L3			6						4.4	
8SSPQ-L3			8						1.4	
2SSPQ-L4		≤1.2	2	4	5.0	1.2		0.15	2.4	
4SSPQ-L4			4						3.4	
6SSPQ-L4			6						4.4	
8SSPQ-L4			8						0.8	

表 17-6-82　　20MPa DSPQ 系列双线分配器（JB/ZQ 4560—2006）外形尺寸　　mm

标记示例：公称压力 20MPa，4 个出油口，每口每循环给油量（最大）2.5mL 的单向出油的双线分配器，标记为 4DSPQ-L2.5 分配器 JB/ZQ 4560—2006

型号	L	B	H	L_1	L_2	L_3	L_4	L_5	L_6	L_7	L_8	H_1	H_2	H_3	H_4	d_1	d_2
1DSPQ-L1	44	38	104	8	29	11	22.5	27	10	24	11	64	11	42	39	$R_c3/8$	$R_c1/4$
2DSPQ-L1	73								—	—					41		
3DSPQ-L1	102								10	82							
4DSPQ-L1	131									111							
1DSPQ-L2	50	40	125	9.5	31		25	29		30		76		54	48		
2DSPQ-L2	81									61							
3DSPQ-L2	112									92							
4DSPQ-L2	143									123							
1DSPQ-L3	53	45	138		37	14	28	34		33	14	83	13	57	53		
2DSPQ-L3	90									70							
3DSPQ-L3	127			10						107							
4DSPQ-L3	164									144							
1DSPQ-L4	62	57	149		46	29	33	45		42	20	89	16		56		
2DSPQ-L4	108									88							

表 17-6-83　　20MPa SSPQ 型双线分配器（JB/ZQ 4560—2006）外形尺寸　　mm

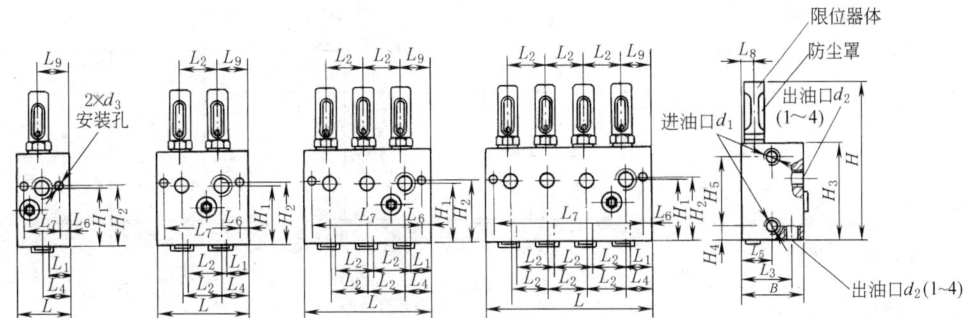

标记示例：公称压力 20MPa，4 个出油口，每口每循环给油量（最大）2.5mL 的双向出油的双线分配器，标记为 4SSPQ-L2.5　分配器　JB/ZQ 4560—2006

续表

型号	L	B	H	L_1	L_2	L_3	L_4	L_5	L_6	L_7	L_8	L_9	H_1	H_2	H_3	H_4	H_5	d_1	d_2	d_3
2SSPQ-L1	36	40	81	18	17	32.5	18	21	6	24	8	18	33	34	54	8.5	37	R_c¼	R_c⅙	7
4SSPQ-L1	53									41										
6SSPQ-L1	70									58										
8SSPQ-L1	87									75										
2SSPQ-L2	44	54	120		32	44	22	27	7	30	12	24	47	52	79	11	57	R_c⅜	R_c¼	9
4SSPQ-L2	76									62										
6SSPQ-L2	108									94										
8SSPQ-L2	140									126										
2SSPQ-L3	44		127							30										
4SSPQ-L3	76									62										
6SSPQ-L3	108									94										
8SSPQ-L3	140									126										
2SSPQ-L4	44		137							30										
4SSPQ-L4	76									62										
6SSPQ-L4	108									94										
8SSPQ-L4	140									126										

(3) 40MPa SSPQ 系列双线分配器（JB/ZQ 4704—2006）

40MPa SSPQ 系列双线分配器适用于黏度不小于 68mm²/s 的润滑油或润滑脂的锥入度（0.1mm）不小于 220（25℃，150g）。工作环境温度－20～80℃。

表 17-6-84　　40MPa SSPQ 系列双线分配器外形尺寸　　mm

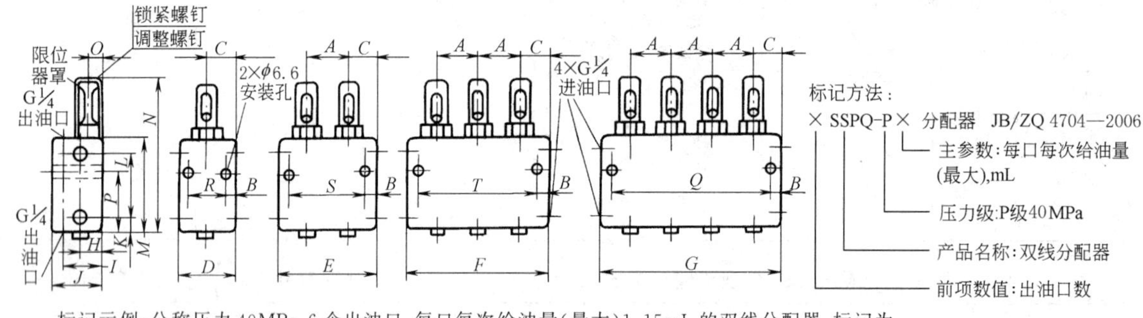

标记示例：公称压力 40MPa，6 个出油口，每口每次给油量（最大）1.15mL 的双线分配器，标记为

6SSPQ-P1.15　分配器　JB/ZQ 4704—2006

型　号	A	B	C	D	E	F	G	H	I	J	K	L	M	N	O	P	R	S	T	Q
2SSPQ-P1.15	27	7	24	48	—	—	—	20	37	52	10.5	32	54	105	9	27	34	—	—	—
4SSPQ-P1.15				—	75	—	—										—	61	—	—
6SSPQ-P1.15				—	—	102	—										—	—	88	—
8SSPQ-P1.15				—	—	—	129										—	—	—	115

型　号	启动压力 /MPa	出油口数	每口每次给油量 /mL		损失量 /mL	质量 /kg
			max	min		
2SSPQ-P1.15	≤1.8	2	1.15	0.35	0.17	1.2
4SSPQ-P1.15		4				1.7
6SSPQ-P1.15		6				2.2
8SSPQ-P1.15		8				2.7

1. 工作环境温度－20～80℃
2. 适用于锥入度（0.1mm）不小于 265（25℃，150g）的润滑脂
3. 每个出油口均有带调整螺钉的限位器，旋动限位器上的调整螺钉，即可分别调节各出油口的给油量，满足不同润滑部位不同需油量的要求

第 17 篇

表 17-6-85　　双线分配器基本参数

型号	公称压力/MPa	启动压力/MPa	控制活塞工作油量/mL	出油口每循环额定给油量/mL	给油口数	说明	1. 工作环境温度－20～80℃ 2. 适用于锥入度(0.1mm)不小于 220(25℃，150g)的润滑脂或黏度值不小于 68mm²/s 的润滑油
×SSPQ×-P0.5	40	≤1	0.3	0.5	1～8	配带装置	给油螺钉，运动指示调节装置
×SSPQ×-P1.5				1.5			给油螺钉，运动指示调节装置，行程开关调节装置
×SSPQ×-P3.0				3.0	1～4		运动指示调节装置

表 17-6-86　　SSPQ 系列双线分配器

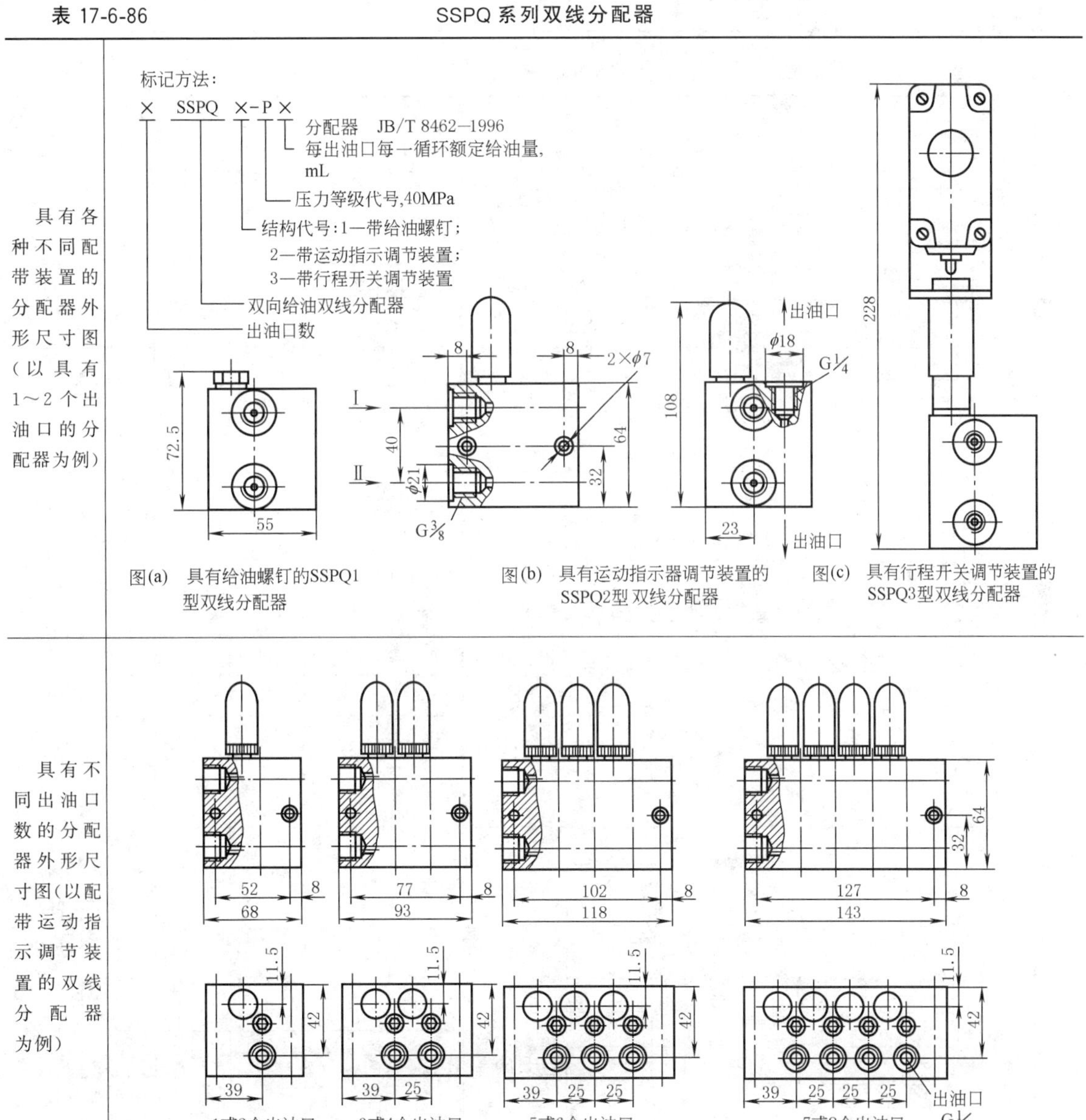

标记示例：公称压力 40MPa、8 个出油口，每出油口每一循环额定给油量 1.5mL，带运动指示调节装置的双向双线分配器，标记为
8SSPQ2-P1.5　分配器　JB/T 8462—2016

（4）16MPaJPQ系列递进分配器（JB/T 8464—1996）

每个出油口按步进顺序定量输油，出油口数随分配器组合片数的不同而不同，有不同的出油量。适用于黏度不小于68mm²/s的润滑油或锥入度（0.1mm）不小于220（25℃，150g）的润滑脂，工作环境温度为－20～80℃。

表 17-6-87 **JPQ系列递进分配器基本参数**

型号	公称压力/MPa	每循环每出油口额定给油量/mL	启动压力/MPa	组合片数	给油口数	
×JPQ1-K×	16	0.07,0.1,0.2,0.3	≤1	3～12	6～24	JPQ1型、JPQ2型分配器在系统中串联使用 JPQ3型、JPQ4型分配器在系统中并联使用，根据需要可以安装超压指示器 JPQ4型在组合时需有一片控制片，此片无给油口
×JPQ2-K×		0.5,1.2,2.0				
×JPQ3-K×		0.07,0.1,0.2,0.3				
×JPQ4-K×		0.5,1.2,2.0		4～8	6～14	

表 17-6-88 **分配器外形尺寸** mm

型号	外形图	尺寸					
JPQ1型、JPQ3型		出油口数	6	8	10	12	14
		片数	3	4	5	6	7
		H/mm	48	64	80	96	112
		质量/kg	0.91	1.2	1.5	1.7	2.0
		出油口数	16	18	20	22	24
		片数	8	9	10	11	12
		H/mm	128	144	160	176	192
		质量/kg	2.3	2.5	2.8	3.1	3.3
JPQ2型		出油口数	6	8	10	12	14
		片数	3	4	5	6	7
		H/mm	75	100	125	150	175
		质量/kg	3.5	4.5	5.5	6.5	7.5
		出油口数	16	18	20	22	24
		片数	8	9	10	11	12
		H/mm	200	225	250	275	300
		质量/kg	8.5	9.5	10.5	11.5	12.5
		出油口数	8	10	12	14	16
		片数	4	5	6	7	8
		H/mm	100	125	150	175	200
		质量/kg	4.5	5.5	6.5	7.5	8.5

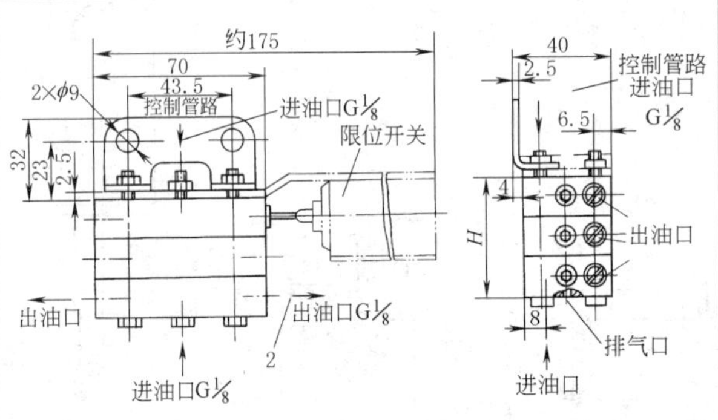

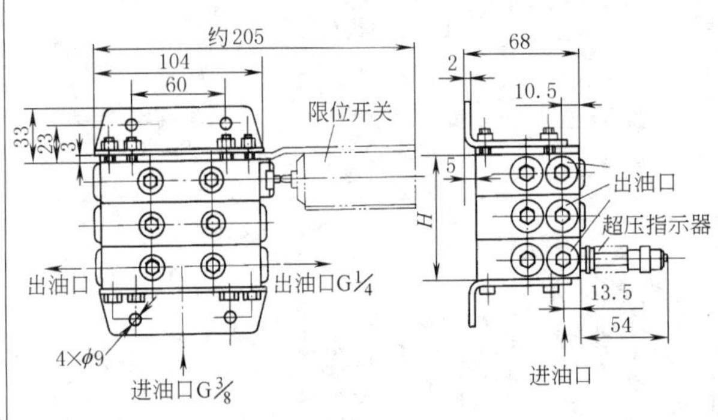

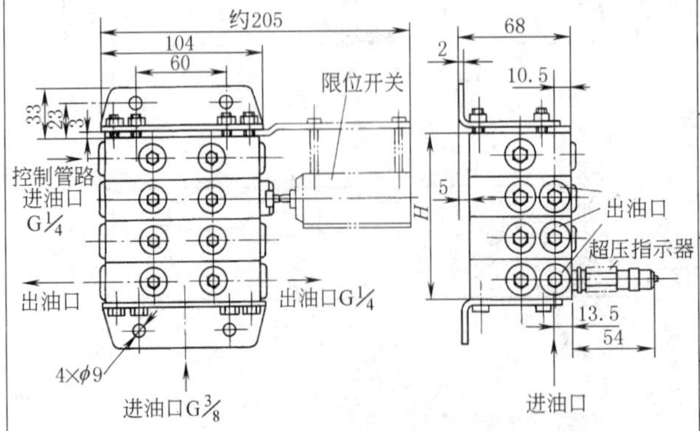

标记示例：公称压力16MPa，6个出油口，每出油口每一循环额定给油量为2mL的JPQ2型递进分配器，标记为

6JPQ2-K2 分配器 JB/T 8464—1996

表 17-6-89　**16MPa JPQ 系列递进分配器**（JB/ZQ 4550—2006）

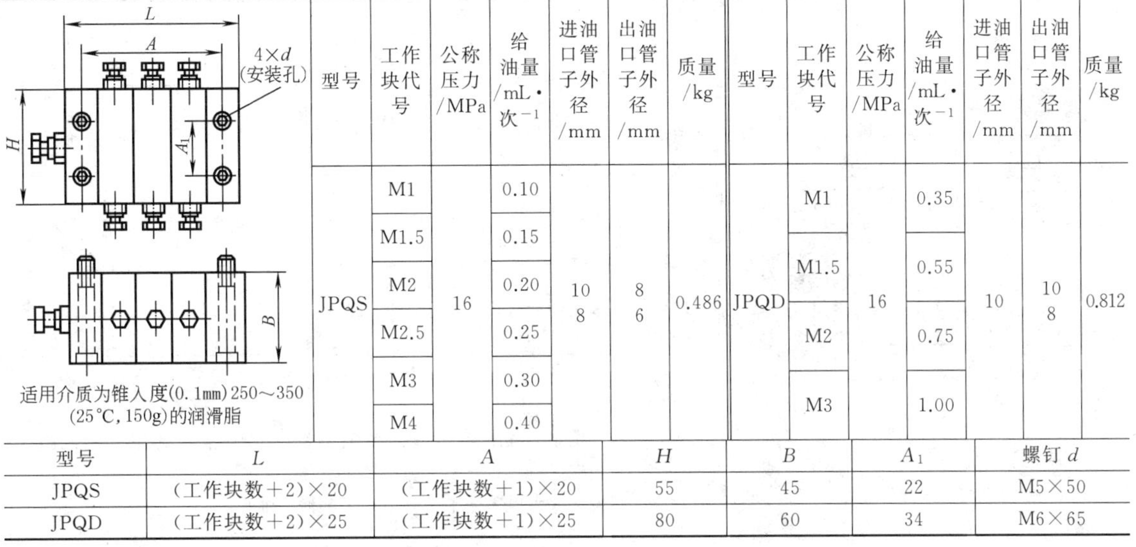

型号	工作块代号	公称压力/MPa	给油量/mL·次$^{-1}$	进油口管子外径/mm	出油口管子外径/mm	质量/kg	型号	工作块代号	公称压力/MPa	给油量/mL·次$^{-1}$	进油口管子外径/mm	出油口管子外径/mm	质量/kg
JPQS	M1	16	0.10	10 8	8 6	0.486	JPQD	M1	16	0.35	10	10 8	0.812
	M1.5		0.15					M1.5		0.55			
	M2		0.20					M2		0.75			
	M2.5		0.25					M3		1.00			
	M3		0.30										
	M4		0.40										

型号	L	A	H	B	A_1	螺钉 d
JPQS	（工作块数＋2）×20	（工作块数＋1）×20	55	45	22	M5×50
JPQD	（工作块数＋2）×25	（工作块数＋1）×25	80	60	34	M6×65

递进分配器为单柱塞多片组合式结构，每片有两个给油口，用于公称压力 16MPa 的单线递进式干油集中润滑系统，把润滑剂定量地分配到各润滑点。每种型式的分配器，一般按额定给油量相等的单片组合，必要时也可将额定给油量不同的单片混合组合。相邻的两个或两个以上的给油口可以合并为一个给油口给油，此给油口的给油量为所有被合并给油口的额定给油量之和。分配器均装有一个运动指示杆，用以观察分配器的工作情况，根据需要还可以安装限位开关，对润滑系统进行控制和监视。

递进分配器由首块 A、中间块 M、尾块 E 组成分油器组，中间块的件数可根据需要选择，最少 3 件，最多可达 10 件，每件中间块有两个出油口，因此每一分配器组的出油口在 6～20 个之间，也就是每一分配器组可供润滑 6～20 个润滑点，润滑所需供油量的多少，可按型号规格表列数据选用。如果某润滑点在一次循环供油中需要供油量较大或特大，可采用图 17-6-9 的方法，取出中间块内部的封闭螺钉，并在出油口增加一个螺堵，使两个出油口的油量合并到一个出油口。注意所合并的供油量是中间块排列中下一个中间块型号所规定的供油量，如果合并两个出油口的供油量仍然不满足需要，可采用图 17-6-10 的方法，增加三通或二通桥式接头，以汇集几个出油口的油量来满足需要。

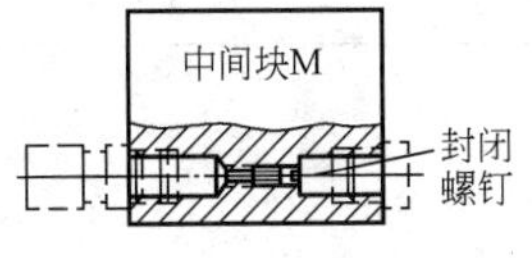

图 17-6-9　方法一

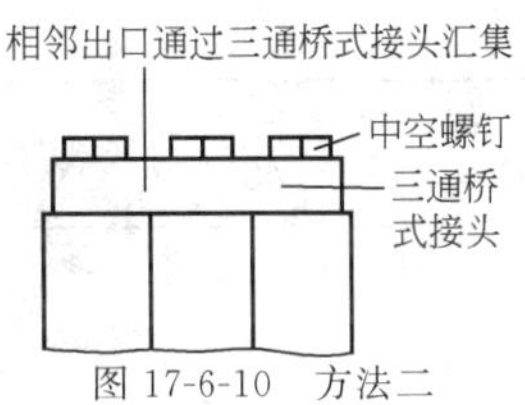

图 17-6-10　方法二

递进分配器在使用时，可以施行监控，用户如果需要监控，可在标记后注明带触杆（或带监控器）。递进分配器的组合按进油口元件首块 A、工作块 M 和尾块 E，从左到右排列，在队列下方出口称为左，在队列上方出口称为右。分配器组如图 17-6-11 所示。标记方法与示例：

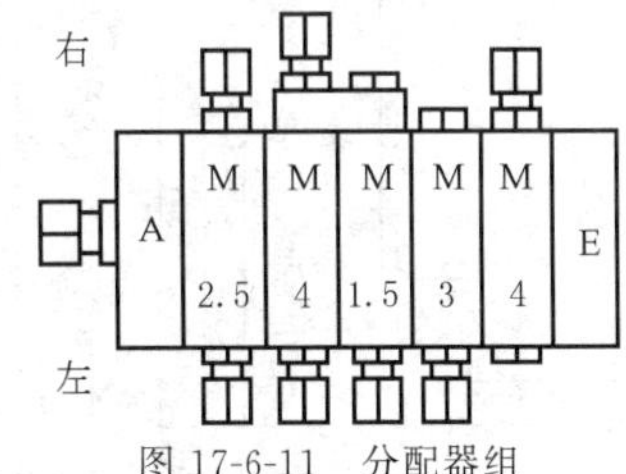

图 17-6-11　分配器组

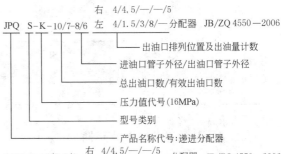

JPQ　S-K-10/7-8/6　右 4/4.5/—/—/5　左 4/1.5/3/8/—　分配器　JB/ZQ 4550—2006

- 出油口排列位置及出油量计数
- 进油口管子外径/出油口管子外径
- 总出油口数/有效出油口数
- 压力值代号(16MPa)
- 型号类别
- 产品名称代号：递进分配器

JPQS-K-10/7-8/6　右 4/4.5/—/—/5　左 4/1.5/3/8/—　分配器　JB/ZQ 4550—2006

表 17-6-90 10MPa 喷射阀（JB/ZQ 4566—2006）

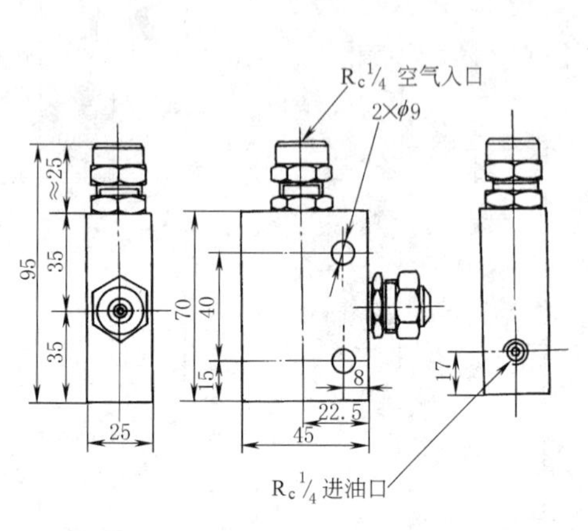

标记示例：公称压力 10MPa，额定喷射距离 200mm 的喷射阀，标记为

PF-J200 喷射阀 JB/ZQ 4566—2006

型　号	PF-200	型　号	PF-200
公称压力/MPa	10(J)	空气压力/MPa	0.5
额定喷射距离/mm	200	空气用量/L・min^{-1}	380
额定喷射直径/mm	120	质量/kg	0.7

用于公称压力 10MPa 的干油喷射集中润滑系统，将润滑脂喷射到润滑点上。介质为锥入度(0.1mm)265～385(25℃，150g)的润滑脂或黏度不低于 120mm²/s 的润滑油

表 17-6-91 40MPa YCK 型压差开关型式尺寸与参数（JB/T 8465—1996）

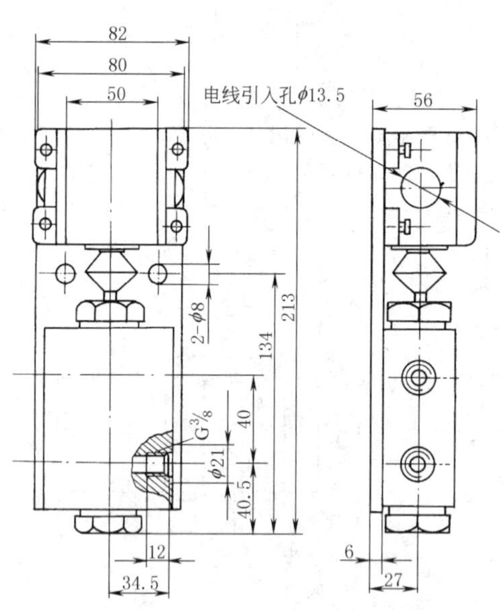

1. 适用于锥入度(0.1mm)不小于 220(25℃，150g)的润滑脂或黏度大于等于 68mm²/s 的润滑油
2. 工作环境温度－20～80℃
3. 标记示例：公称压力 40MPa，发信压差 5MPa 的压差开关，标记为

YCK-P5 压差开关 JB/T 8465—1996

型　号	公称压力/MPa	开关最大电压/V	开关最大电流/A	发信压差/MPa	发信油量/mL	质量/kg
YCK-P5	40(P)	约>500	15	5	0.7	3

6.3.4 其他辅助装置及元件

(1) 手动加油泵及电动加油泵

表 17-6-92　　**手动加油泵**

SJB 型手动加油泵

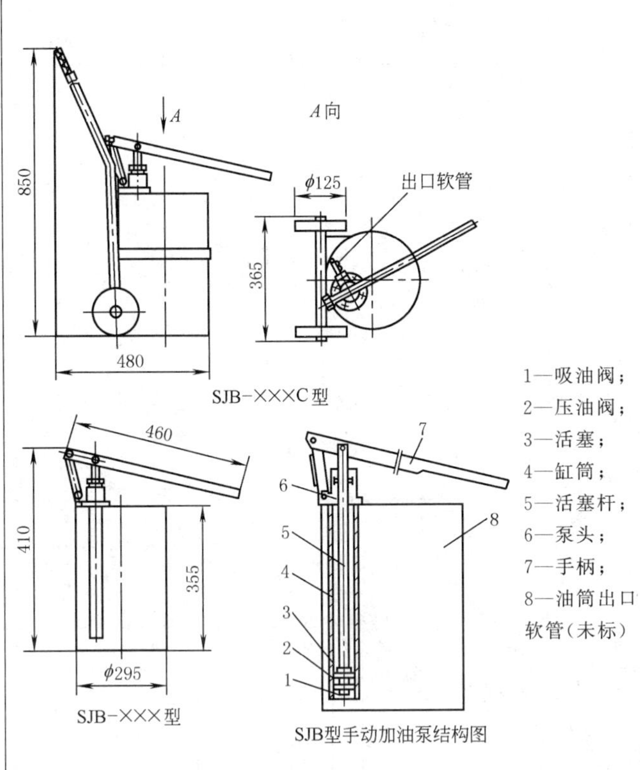

SJB型手动加油泵结构图

1—吸油阀；
2—压油阀；
3—活塞；
4—缸筒；
5—活塞杆；
6—泵头；
7—手柄；
8—油筒出口软管（未标）

型号	每循环加油量/mL	工作压力/MPa	油筒容量/kg	手柄作用力/N	质量/kg
SJB-J12	12.5	70	18	约 250	8
SJB-J12C					12
SJB-V25	25	3.15			8
SJB-V25C					12
SJB-D60	60	0.63			8
SJB-D60C					12

1. 按照不同的需要，用户可在出口软管末端自行装设快换接头及注油枪，油筒采用18kg 标准润滑脂筒，将油泵盖直接安装在新打开的润滑脂筒上即可使用，摇动手柄润滑脂即被泵出。SJB-D100C1 型加油泵不带油筒，将打开的润滑脂筒放在小车上即可使用

2. 加油泵出口软管末端为 M18×1.5 接头螺母（J12、J12C、V25、V25C）、M33×2 接头螺母（D100、D100C）、R1/4 接头（D100C1）

3. 适用于锥入度（0.1mm）265～385（25℃，150g）的润滑脂

SJB-V 型手动加油泵

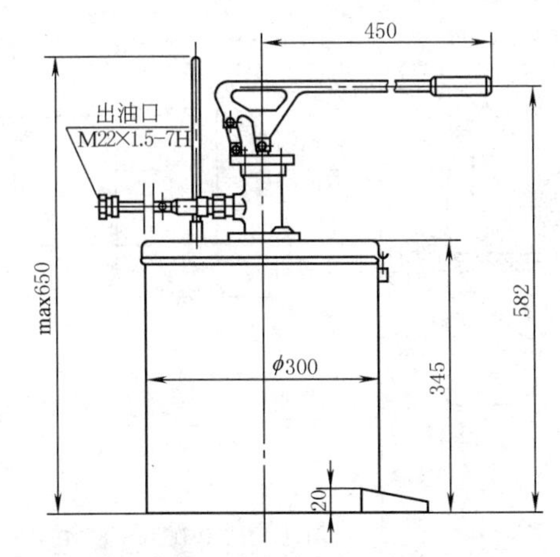

标记示例：公称压力 2.5MPa，每一循环额定出油量 25mL 的手动加油泵，标记为

SJB-V25　加油泵　JB/T 8811.2—1998

公称压力/MPa	每循环额定出油量/mL	最大手柄力/N	储油器容积/L	质量/kg
2.5(G)	25	≤160	20	20

适用于锥入度(0.1mm)为 220～385(25℃、150g)的润滑脂或黏度不小于 $46mm^2/s$ 的润滑油

表 17-6-93　　**电动加油泵**

DJB-H 电动加油泵

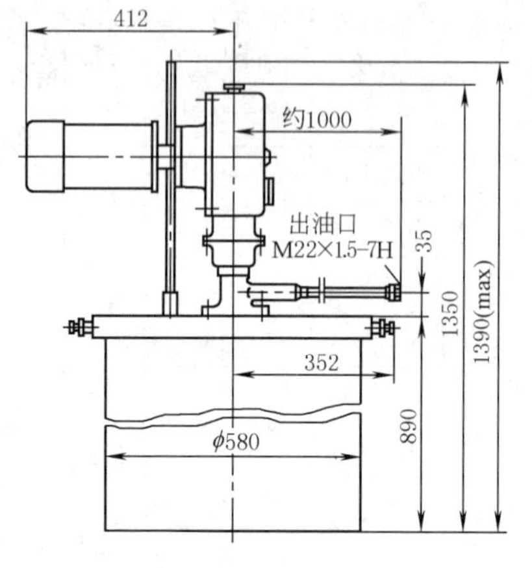

标记示例：公称压力 4MPa，额定加油量 1.6L/min 的电动加油泵，标记为

DJB-H1.6　加油泵　JB/T 8811.1—1998

公称压力/MPa	额定加油量/L·min^{-1}	储油器容积/L	电动机功率/kW	质量/kg
4(H)	1.6	200	0.37	90

适用于锥入度(0.1mm)不低于 220(25℃，150g)润滑脂或黏度不小于 $68mm^2/s$ 的润滑油

DJB 型电动加油泵

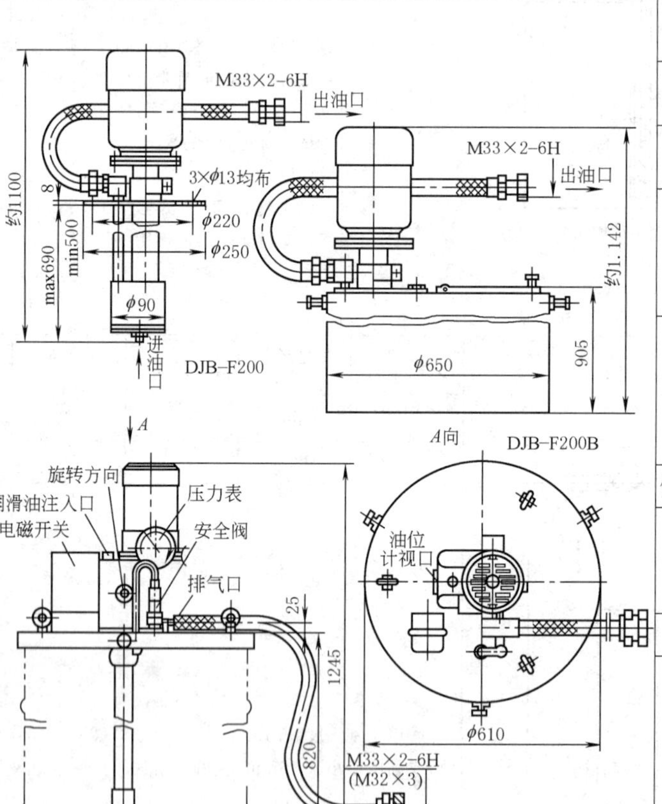

标记示例：公称压力 1MPa，加油量 200L/h，不带储油器的电动加油泵，标记为

DJB-F200　电动加油泵　JB/ZQ 4543—2006

参数		DJB-F200	DJB-F200B	DJB-G70
公称压力/MPa		1(F)		2.5(G)
加油量/L·h^{-1}		200		70
柱塞泵	转速/r·min^{-1}	—		56
	减速比	—		1∶25
电动机	型号	Y90S-4-B5		A02-7124
	转速/r·min^{-1}	1400		
	功率/kW	1.1		0.37
储油器容积/L		—	270	—
减速箱润滑油黏度/mm^2·s^{-1}		—	—	>200
质量/kg		50	138	55

DJB-G70 工作压力 3.15MPa

(2) 其他辅助装置

表 17-6-94　　其他辅助装置

YZF 型压力操纵阀

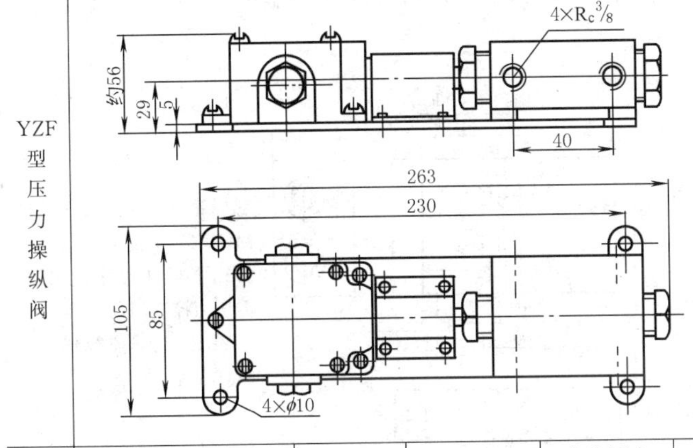

参数	公称压力/MPa	测定压力/MPa	压力调整范围/MPa	公称通径 DN/mm	行程开关	质量/kg
YZF-J	10	4	3.5～4.5	10	3SE3120—0B	

1. 用于双线油脂集中润滑系统
2. 标记示例：公称压力 10MPa，调定压力 4MPa 的压力操纵阀，标记为
YZF-J4　操纵阀　JB/ZQ 4533—1997

DXF 型单项阀

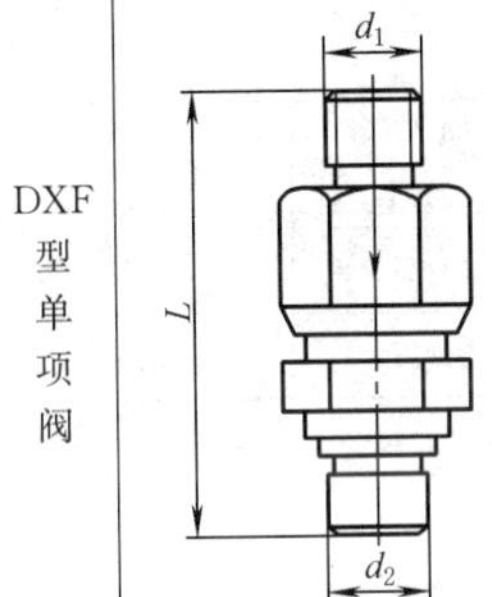

型号	管子外径	公称压力/MPa	d_1	d_2	L	质量/kg
DXF-K8	8	16	M10×1-6g	M14×1.5-6g	34	0.15
DXF-K10	10		M14×1.5-6g	M16×1.5-6g	48	0.18
DXF-K12	12		M18×1.5-6g	M18×1.5-6g	60	0.24

1. 适用于锥入度(0.1mm)250～350(25℃,150g)润滑脂或黏度 46～150mm²/s 的润滑油
2. 标记示例：公称压力 16MPa，管子外径 8mm 的单向阀，标记为
DXF-K8　单向阀　JB/ZQ 4552—1997

AF 型安装阀

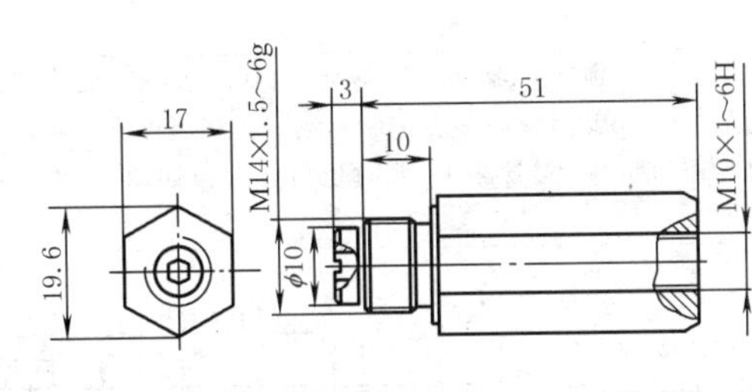

型号	公称压力/MPa	调定压力/MPa	质量/kg
AF-K10	16	2～16	0.144

1. 适用于锥入度(0.1mm)250～350(25℃,150g)的润滑脂或黏度 45～150mm²/s 的润滑油
2. 标记示例：公称压力 16MPa，出油口螺纹直径 M10×1 的安全阀，标记为
AF-K10　安全阀　JB/ZQ 4553—1997

YZF 型压力操纵阀

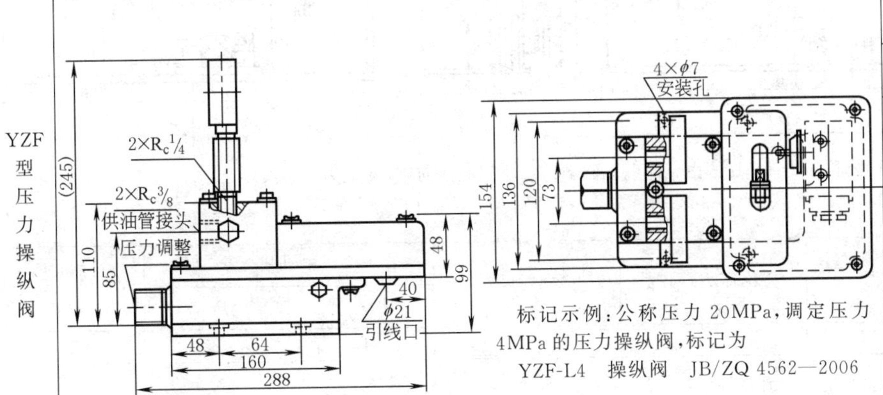

标记示例：公称压力 20MPa，调定压力 4MPa 的压力操纵阀，标记为
YZF-L4　操纵阀　JB/ZQ 4562—2006

参　数	YZF-L4
公称压力/MPa	20
调定压力/MPa	4
压力调定范围/MPa	3～6
损失量/mL	1.5
质量/kg	8.2

1. 用于双线终端式油脂集中润滑系统
2. 适用于锥入度(0.1mm)310～385(25℃,150g)的润滑脂

续表

压力控制阀在双线式集中润滑系统中和液压换向阀或压力操纵阀组合使用，用以提高管路内的压力，可以使供油支管比较细长，分配器集中布置，动作可靠，扩大给油范围，同时使日常的检查工作方便。该阀更适用于二级分配的系统中，可提高一级分配器的给油压力，使其能够可靠地再进行二级分配

结构型式、技术参数

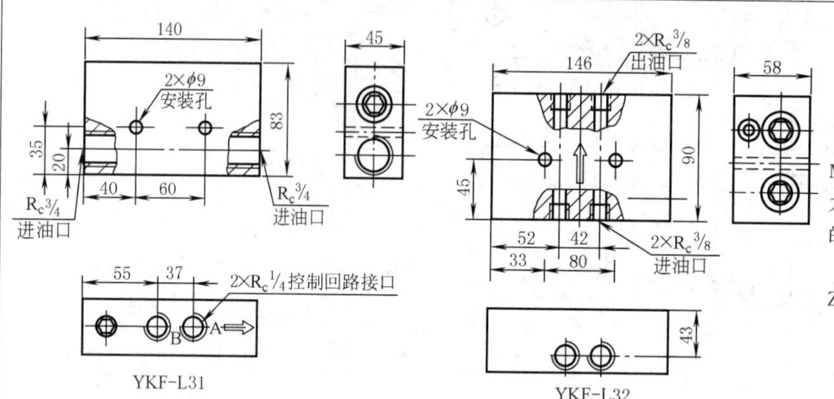

标记示例：公称压力 20MPa，进口压力与出口压力比值3∶1，2 个进出油口的压力控制阀，标记为

YKF-L32　控制阀　JB/ZQ 4564—2006

型　　号	公称压力 /MPa	压力比 （进口压力∶出口压力）	进出油口数量	损失量 /mL	质量 /kg
YKF-L31	20	3∶1	1	2	3.8
YKF-L32	20		2	0.8	5.5

1. 用于双线油脂润滑系统
2. 适用于锥入度(0.1mm)310～385(25℃，150g)的润滑脂
3. 使用时按箭头方向在 1m 内用配管将出口和液压换向阀的回油口或压力操纵阀的进油口接通。用两个 YKF-L31 压力控制阀和一个 YHF-L1 液压换向阀组合使用时，应将其中的一个压力控制阀的控制管路接口 A 同另一个压力控制阀的控制管路接口 B 用配管接通

EJF 型二位四通换向阀

功能

24EJF-M 型(原 SA-V 型)二位四通换向阀是一种采用直流电机驱动阀芯移动，以开闭供油管道或转换供油方向的集成化换向控制装置，即使在恶劣的工作条件下(如低温或高黏度油脂)，动作仍相当可靠该阀适用于公称压 40MPa 以下的干、稀油集中润滑系统以及液压系统的主、支管路中，同时也可作二位四通、二位三通和二位二通三种型式使用

结构型式、技术参数

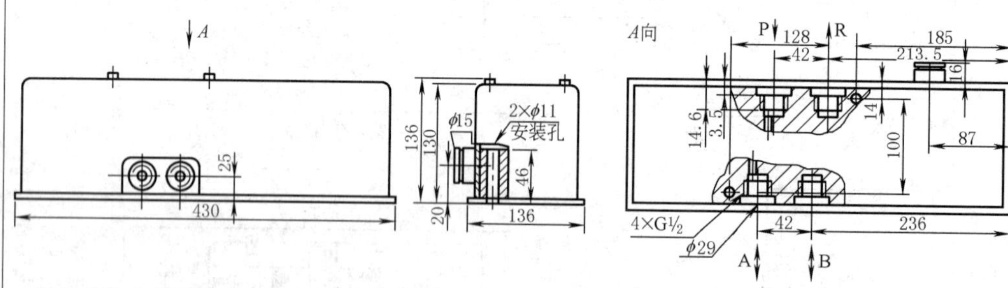

标记示例：公称压力 40MPa，由直流电机驱动的二位四通换向阀，标记为

24EJF-M　换向阀　JB/T 8463—1996

型　　号	公称压力/MPa	换向时间/s	电动机		质量 /kg
			功率/W	电压/V	
24EJF-M	40	0.5	40	220	13

注：1. 用于双线油脂集中润滑系统

2. 适用于锥入度(0.1mm)不低于 220(25℃，150g)的润滑脂或黏度不小于 68mm²/s 的润滑油，工作温度：－20～80℃

续表

23DF型二位三通电磁铁换向阀

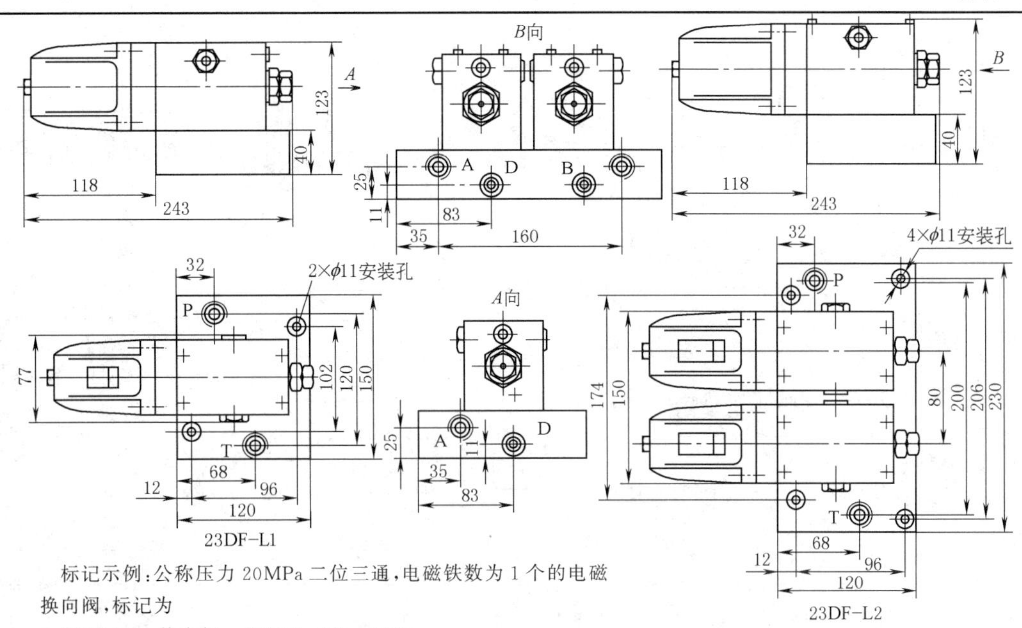

标记示例：公称压力 20MPa 二位三通，电磁铁数为 1 个的电磁换向阀，标记为

23DF-L1 换向阀 JB/ZQ 4563—2006

P—油泵接 $R_c½$；T—储油器接口 $R_c½$；

A—出油口 $R_c½$；D—泄油口 $R_c½$；B—出油口 $R_c½$；D—泄油口 $R_c⅜$

参 数	23DF-L1	23DF-L2		参 数	23DF-L1	23DF-L2
公称压力/MPa	20		电磁铁	电源	220V，50Hz	
回油管路允许压力/MPa	10			功率/W	30	
最大流量/L·min^{-1}	3			电流/A	0.6	
允许切换频率/L·min^{-1}	30			瞬时电流/A	6.5	
环境温度/℃	0～50			允许电压波动	−15%～10%	
弹簧形式	补偿式			相对湿度	0～95%	
通路个数	3	4		暂载率	100%	
进出油口数	$R_c½$			绝缘等级	H	
质量/kg	10	17				

1. 适用于双线终端式油脂润滑系统
2. 适用于锥入度(0.1mm)310～385(25℃，150g)的润滑脂

YHF型液压换向阀

结构型式、技术参数

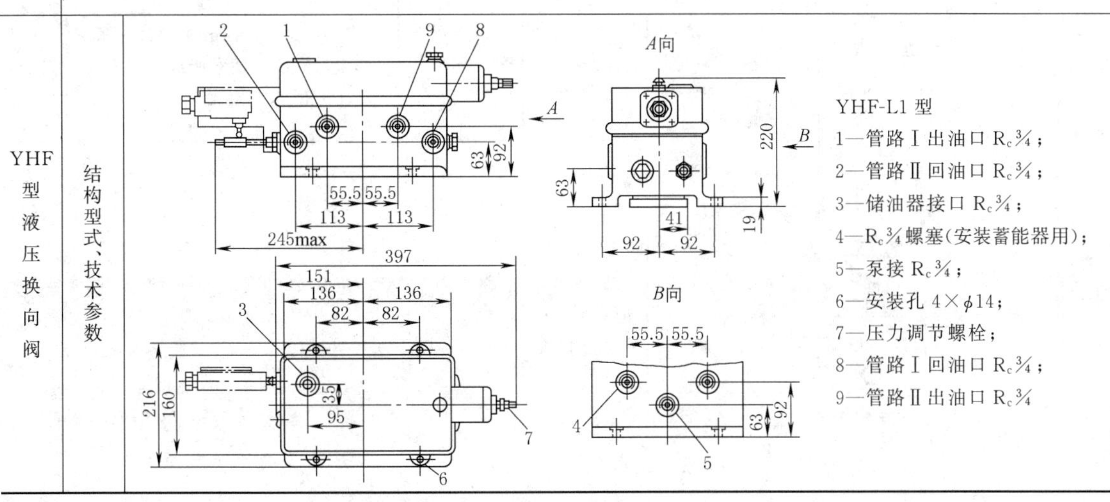

YHF-L1 型

1—管路Ⅰ出油口 $R_c¾$；

2—管路Ⅱ回油口 $R_c¾$；

3—储油器接口 $R_c¾$；

4—$R_c¾$螺塞(安装蓄能器用)；

5—泵接 $R_c¾$；

6—安装孔 4×ϕ14；

7—压力调节螺栓；

8—管路Ⅰ回油口 $R_c¾$；

9—管路Ⅱ出油口 $R_c¾$

续表

YHF型液压换向阀

结构型式、技术参数

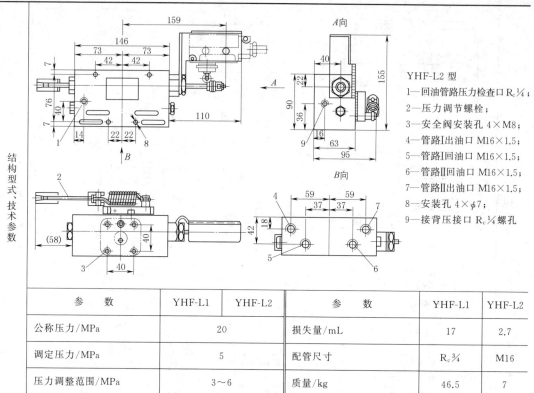

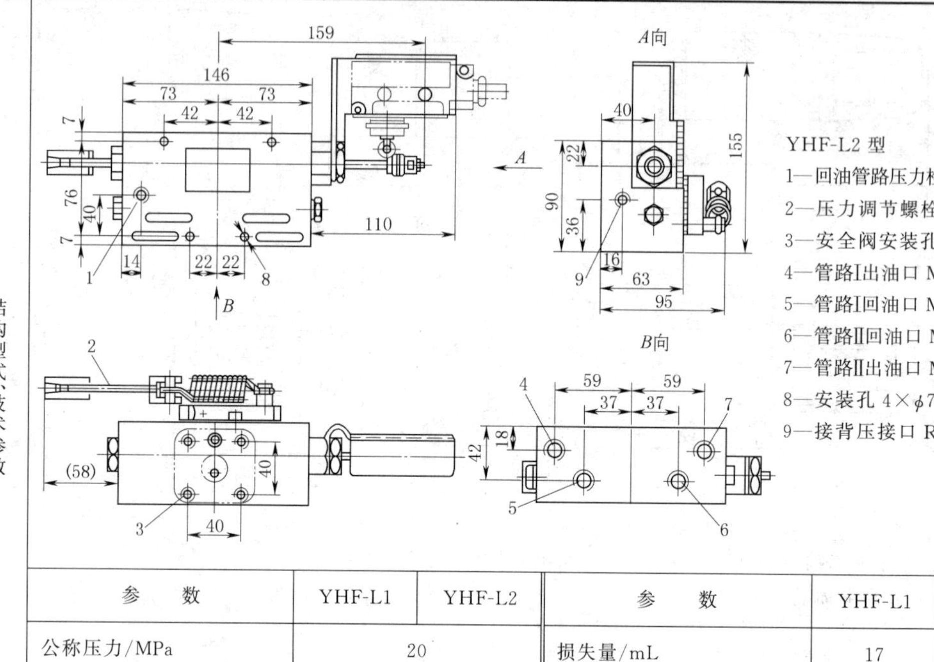

YHF-L2 型

1—回油管路压力检查口 R_c¼；
2—压力调节螺栓；
3—安全阀安装孔 4×M8；
4—管路Ⅰ出油口 M16×1.5；
5—管路Ⅰ回油口 M16×1.5；
6—管路Ⅱ回油口 M16×1.5；
7—管路Ⅱ出油口 M16×1.5；
8—安装孔 4×ϕ7；
9—接背压接口 R_c¼螺孔

参　　数	YHF-L1	YHF-L2	参　　数	YHF-L1	YHF-L2
公称压力/MPa	20		损失量/mL	17	2.7
调定压力/MPa	5		配管尺寸	R_c¾	M16
压力调整范围/MPa	3～6		质量/kg	46.5	7

1. 适用于锥入度(0.1mm)265～385(25℃,150g)的润滑脂

2. 标记示例：使用类型代号，1—用于 DRB-L585Z-H 润滑泵；2—用于 DRB-L60Z-H、DRB-L60Y-H、DRB-L195Z-H、DRB-L195Y-H 润滑泵。例如，公称压力 20MPa，使用类型代号为 1 的液压换向阀，标记为

YHF-L1　换向阀　JB/ZQ 4565—2006

GQ型过滤器

出油口(D_0=10mm)
2×M6×45
(安装螺栓)
进油口
(D_0=10mm)
108
100
50
66
44
40

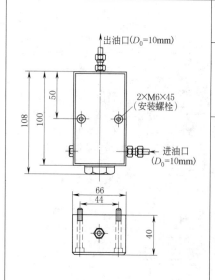

型号	公称压力/MPa	过滤介质	质量/kg
GQ-K10	16	锥入度(0.1mm)250～350(25℃,150g)的润滑脂或黏度为46～150mm²/s的润滑油	1.25

标记示例：公称压力 16MPa，进出油口管子外径 10mm 过滤器，标记为

GQ-K10　过滤器　JB/ZQ 4554—1997

续表

GGQ型干油过滤器

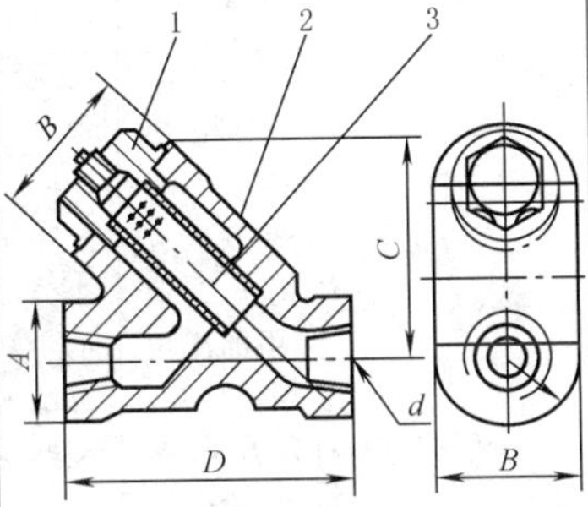

1—螺盖；2—本体；3—滤网筒

标记示例：公称压力 40MPa，公称通径 8 的干油过滤器，标记为

GGQ-P8　过 滤 器　JB/ZQ 4702—2006

<table>
<tr><th rowspan="2">型号</th><th rowspan="2">公称通径/mm</th><th rowspan="2">d</th><th rowspan="2">公称压力/MPa</th><th rowspan="2">润滑脂锥入度(25℃,150g)/(10mm)⁻¹</th><th rowspan="2">过滤精度/μm</th><th rowspan="2">最高使用温度/℃</th><th colspan="4">尺寸/mm</th><th rowspan="2">质量/kg</th></tr>
<tr><th>A</th><th>B</th><th>C</th><th>D</th></tr>
<tr><td>GGQ-P8</td><td>8</td><td>G¼</td><td rowspan="5">40</td><td rowspan="5">265～385</td><td rowspan="5">160</td><td rowspan="5">120</td><td rowspan="2">32</td><td rowspan="2">42</td><td rowspan="2">57</td><td rowspan="2">83</td><td>1.15</td></tr>
<tr><td>GGQ-P10</td><td>10</td><td>G⅜</td><td>1.1</td></tr>
<tr><td>GGQ-P15</td><td>15</td><td>G½</td><td>38</td><td>52</td><td>71</td><td>96</td><td>1.4</td></tr>
<tr><td>GGQ-P20</td><td>20</td><td>G¾</td><td rowspan="2">50</td><td rowspan="2">58</td><td rowspan="2">76</td><td rowspan="2">112</td><td>1.5</td></tr>
<tr><td>GGQ-P25</td><td>25</td><td>G1</td><td>1.6</td></tr>
</table>

UZQ型过压指示器

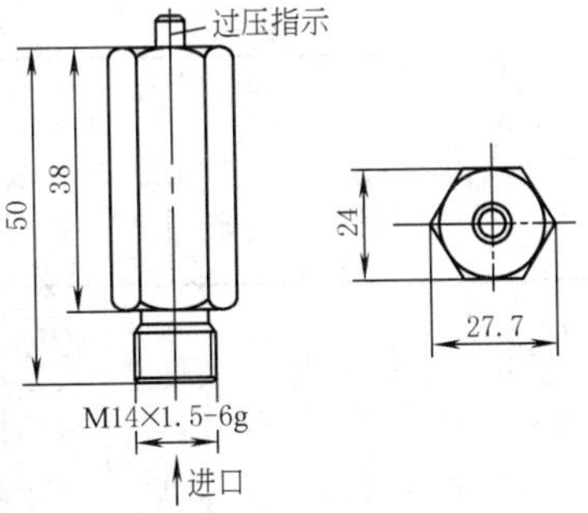

型　　号	公称压力/MPa	指示压力/MPa	质量/kg
UZQ-K13	16	13	0.16

1. 用于管路中压力超过规定值时指示
2. 适用介质为锥入度(0.1mm)250～350(25℃，150g)的润滑脂
3. 标记示例：公称压力 16MPa，指示压力 13MPa 的过压指示器，标记为

UZQ-K13　过压指示器　JB/ZQ 4555—2006

6.3.5　干油集中润滑系统的管路附件

6.3.5.1　配管材料

表 17-6-95　　配管材料

类别	工作压力	规格尺寸										附件	材料	应用
管路系统用钢管	20MPa	公称通径	mm	8	10	15	20	25	32	40	50	螺纹连接用管径通常小 20mm	推荐用 GB/T 8163—2008《输送流体用无缝钢管》中的冷拔或冷轧品种，材料为 10 钢或 20 钢，尺寸偏差为普通级	用于油泵至分配器间的主管路及分配器至分配器间的支管路上
			in	¼	⅜	½	¾	1	1¼	1½	2			
		外径/mm		14	18	22	28	34	42	48	60			
		壁厚/mm	螺纹连接	3	3.5		4							
			插入焊接	2.5		3	4	4.5	5		5.5			
		容积/mL·m⁻¹	螺纹连接	50.2	78.5	176	314.2							
			插入焊接	63.6	137	201	314	490.9	840.4	1134	1962			
		质量/kg·m⁻¹	螺纹连接	0.81	1.25	1.6	2.37							
			插入焊接	0.70	0.95	1.41	2.37	3.27	4.56	4.34	6.78			
	40MPa	公称通径/mm		4	5	6	8	10	15	20		用卡套式管路附件	推荐用 GB/T 3639—2009《冷拔或冷轧精密无缝钢管》材料为 10 钢或 20 钢	用于油泵至分配器间的主管路及分配器至分配器间的支管路上
		外径/mm		6	8	10	14	18	22	28				
		壁厚/mm		1	1.5	2	3	4	4	5				
		容积/mL·m⁻¹		12.6	19.6	28.3	50.2	78.5	153.9	254.3				
		质量/kg·m⁻¹		0.123	0.240	0.395	0.814	1.38	1.77	2.84				
润滑管路用铜管	允许工作压力≤10MPa	公称通径/mm		4	6	8	10	由分配器到润滑点的这段管路通常称为"润滑管"，通常采用铜管 推荐用 GB/T 1527—2017《铜及铜合金拉制管》中的拉制或轧制铜管，牌号应不低于 T3						
		外径/mm		6	8	10	14							
		壁厚/mm		1	1	1	2							
		容积/mL·m⁻¹		12.6	28.3	50.2	78.5							
		质量/kg·m⁻¹		0.14	0.19	0.24	0.65							

6.3.5.2　管路附件

表 17-6-96　　20MPa 管接头　　mm

类型	管子外径 D_0	d	L	L_1	S	D	S_1	D_1	质量/kg
直通型管接头(JB/ZQ 4570—2006)	6	4	40	6	14	16.2	10	11.2	0.043
	8	6	50	7	17	19.2	14	16.2	0.078
	10	8	52	8	19	21.9	17	19.2	0.11
	14	10	70	13	24	27.7	19	21.9	0.18

1. 管子按 GB/T 1527—2017《铜及铜合金拉制管》选用
2. 适用于 20MPa 油脂润滑系统
3. 标记示例：管子外径 D_0 6mm 的直通管接头，标记为
   管接头　6　JB/ZQ 4570—2006

续表

管接头（JB/ZQ 4569—2006）

管子外径 D_0	d	d_1	L	l	l_0	S	D	S_1	质量/kg
6	R_c1/8	4	30	7	4	14	16.2	10	0.022
6	R_c1/4	4	30	10	6	14	16.2	10	0.028
6	R_c3/8	4	30	12	6.4	14	16.2	10	0.046
8	R_c1/8	4	38	7	4	17	19.6	14	0.044
8	R_c1/4	6	38	10	6	17	19.6	14	0.045
8	R_c3/8	6	34	12	6.4	17	19.6	14	0.051
8	R_c1/2	6	34	14	8.2	17	19.6	14	0.081
10	R_c1/8	4	38	7	4	19	21.9	17	0.059
10	R_c1/4	6	38	10	6	19	21.9	17	0.058
10	R_c3/8	8	36	12	6.4	19	21.9	17	0.058
10	R_c1/2	8	36	14	8.2	19	21.9	17	0.083
14	R_c1/8	4	48	7	4	20	27.7	22	0.082
14	R_c1/4	6	48	10	6	20	27.7	22	0.096
14	R_c3/8	8	48	12	6.4	20	27.7	22	0.1
14	R_c1/2	10	46	14	8.2	20	27.7	22	0.098
14	R_c3/4	12	46	16	9.5	30	34.6	22	0.116

1. 管子按 GB/T 1527—2017《铜及铜合金拉制管》选用
2. 适用于 20MPa 油脂润滑系统
3. 标记示例：管子外径 $D_0$10mm，连接螺纹 R_c1/4 的管接头，标记为

管接头　10-R_c1/4　JB/ZQ 4569—2006

直角管接头（JB/ZQ 4571—2006）

管子外径 D_0	d	L	B	H	L_1	H_1	l	l_0	S	D	质量/kg
6	R_c1/8	25	12	22	11	16	7	4	10	11.5	0.042
6	R_c1/4	33	14	28	18	21	10	6	10	11.5	0.046
8	R_c1/8	37	20	35	18	25	7	4	14	16.5	0.076
8	R_c1/4	37	20	35	18	25	10	6	14	16.5	0.086
8	R_c3/8	37	20	35	18	25	12	6.4	14	16.5	0.096
10	R_c1/8	38	20	35	18	25	7	4	17	19.6	0.085
10	R_c1/4	38	20	35	18	25	10	6	17	19.6	0.095
10	R_c3/8	38	20	35	18	25	12	6.4	17	19.6	0.105
14	R_c1/4	48	24	45	28	35	10	6	24	27.7	0.13
14	R_c3/8	48	24	45	28	35	12	6.4	24	27.7	0.15
14	R_c1/2	48	24	45	28	35	14	8.2	24	27.7	0.16

1. 管子按 GB/T 1527—2017《铜及铜合金拉制管》选用
2. 适用于 20MPa 油脂润滑系统
3. 标记示例：管子外径 $D_0$6mm，连接螺纹为 R_c1/4 的直角管接头，标记为

管接头　6-R_c1/4　JB/ZQ 4571—2006

等径直角螺纹接头（JB/ZQ 4572—2006）

公称通径 DN	D	d	H_1	H_2	H_3	L	质量/kg
6	R_c1/8	R_c1/8	30	14	22	16	0.03
8	R_c1/4	R_c1/4	41	19	30	22	0.07
10	R_c3/8	R_c3/8	46	22	34	24	0.11
15	R_c1/2	R_c1/2	55	25	40	30	0.17
20	R_c3/4	R_c3/4	60	32	44	32	0.23
25	R_c1	R_c1	72	40	52	40	0.32

1. 适用于 20MPa 油脂润滑系统
2. 标记示例：公称通径 $DN=6$mm，连接螺纹为 R_c1/8 的等径直角螺纹接头，标记为

直角接头　R_c1/8　JB/ZQ 4572—2006

续表

单向阀接头（JB/ZQ 4573—2006）

正向单向阀接头

逆向单向阀接头

D	d	L	L_1	S	质量/kg
$R_c\frac{1}{8}$	$R_c\frac{1}{8}$	50	10	18	0.07
$R_c\frac{1}{4}$	$R_c\frac{1}{4}$	54	13	24	0.181
$R_c\frac{3}{8}$	$R_c\frac{3}{8}$	56			0.187

1. 适用于 20MPa 油脂润滑系统
2. 开启压力 0.4MPa
3. 标记示例：连接螺纹为 $R_c\frac{1}{8}$ 的正向单向阀接头，标记为单向阀接头　$R_c\frac{1}{8}$-Z　JB/ZQ 4573—2006；连接螺纹为 $R_c\frac{1}{8}$ 的逆向单向阀接头，标记为

单向阀接头　$R_c\frac{1}{8}$-N　JB/ZQ 4573—2006

旋转接头（JB/ZQ 4574—2006）

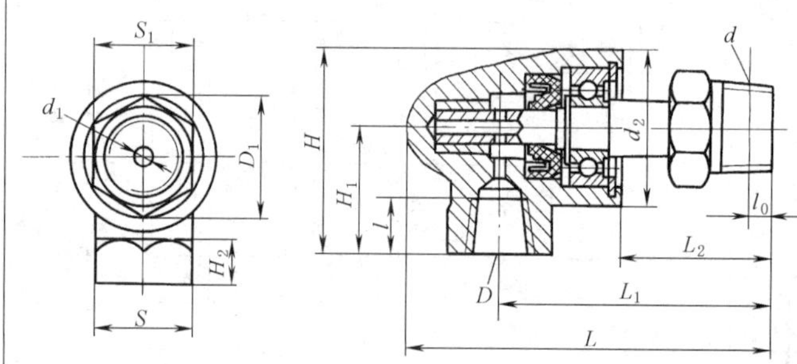

1. 适用于 20MPa 油脂润滑系统
2. 标记示例：连接螺纹直径为 $R_c\frac{1}{4}$ 的旋转接头，标记为

旋转接头　R_c 1/4　JB/ZQ 4574—2006

D	d	d_1	L	d_2	H	L_1	L_2	l_0	l	H_1	H_2	S	S_1	D_1	质量/kg
$R_c\frac{1}{4}$	$R_c\frac{1}{4}$	3	69	29	38.5	52	29	6	11	24	8	19	14	16.2	0.17
	$R_c\frac{3}{8}$		71			54	31	6.4					17	19.6	0.19

可逆接头（JB/ZQ 4575—1997）

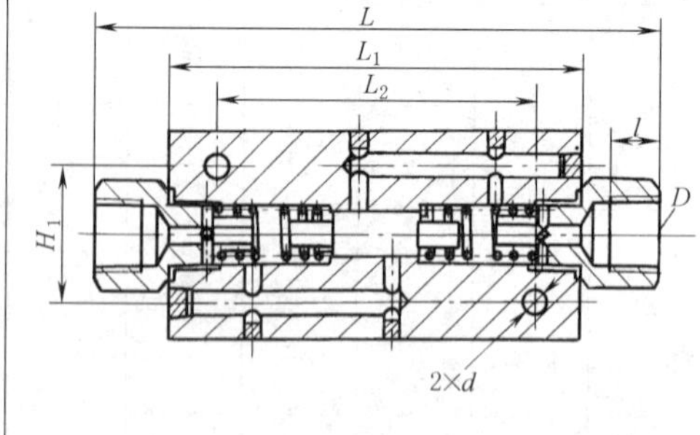

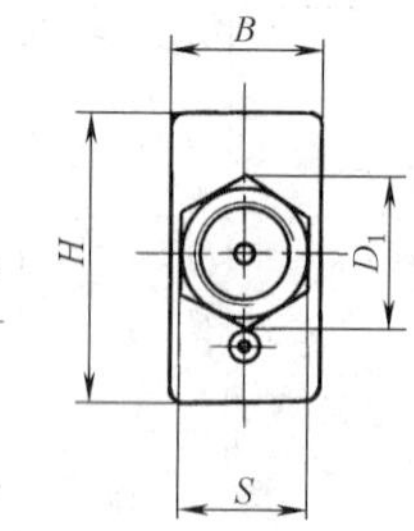

1. 适用于 20MPa 油脂润滑系统。开启压力为 0.45MPa
2. 标记示例：连接螺纹为 $R_c\frac{3}{8}$ 的可逆接头，标记为

可逆接头　R_c 3/8　JB/ZQ 4575—1997

D	L	B	H	L_1	L_2	l	H_1	S	D_1	d	质量/kg
$R_c\frac{3}{8}$	154	28	47	110	80	12	30	24	27.6	9	1.1
$R_c\frac{3}{4}$	210	40	76	154	120	16	50	34	39	11	1.7

表 17-6-97　　衬板与法兰　　mm

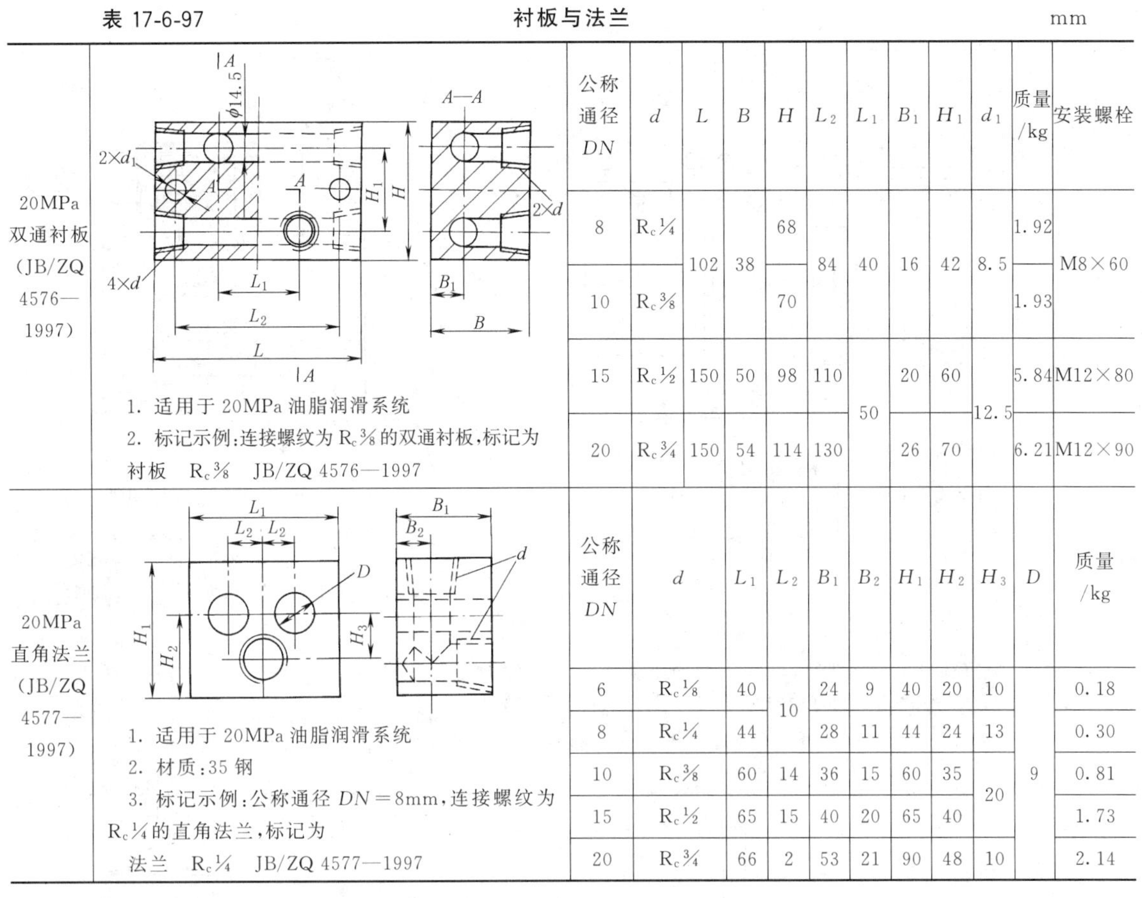

名称	公称通径 DN	d	L	B	H	L_2	L_1	B_1	H_1	d_1	质量/kg	安装螺栓
20MPa 双通衬板（JB/ZQ 4576—1997）	8	R_c1/4	102	38	68	84	40	16	42	8.5	1.92	M8×60
	10	R_c3/8			70						1.93	
	15	R_c1/2	150	50	98	110	50	20	60	12.5	5.84	M12×80
	20	R_c3/4	150	54	114	130		26	70		6.21	M12×90

1. 适用于 20MPa 油脂润滑系统
2. 标记示例：连接螺纹为 R_c3/8 的双通衬板，标记为
衬板　R_c3/8　JB/ZQ 4576—1997

名称	公称通径 DN	d	L_1	L_2	B_1	B_2	H_1	H_2	H_3	D	质量/kg
20MPa 直角法兰（JB/ZQ 4577—1997）	6	R_c1/8	40	10	24	9	40	20	10	9	0.18
	8	R_c1/4	44		28	11	44	24	13		0.30
	10	R_c3/8	60	14	36	15	60	35	20		0.81
	15	R_c1/2	65	15	40	20	65	40			1.73
	20	R_c3/4	66	2	53	21	90	48	10		2.14

1. 适用于 20MPa 油脂润滑系统
2. 材质：35 钢
3. 标记示例：公称通径 $DN=8$mm，连接螺纹为 R_c1/4 的直角法兰，标记为
法兰　R_c1/4　JB/ZQ 4577—1997

6.4　油雾润滑

油雾润滑是一种较先进的稀油集中润滑方式，已成功地应用于滚动轴承、滑动轴承、齿轮、蜗轮、链轮及滑动导轨等各种摩擦副。在冶金机械中有多种轧机的轴承采用油雾润滑，如带钢轧机的支承辊轴承，四辊冷轧机的工作辊和支承辊轴承，以及高速线材轧机的滚动导轨等的润滑。

6.4.1　油雾润滑工作原理、系统及装置

6.4.1.1　工作原理

油雾润滑装置工作原理如图 17-6-12（a）所示，当电磁阀 5 通电接通后，压缩空气经分水滤气器 2 过滤，进入调压阀 3 减压，使压力达到工作压力，经减压后的压缩空气，经电磁阀 5，空气加热器 7 进入油雾发生器，如图 17-6-12（b）所示，在发生器体内，沿喷嘴的进气孔进入喷嘴内腔，并经文氏管喷出高速气流，进入雾化室产生文氏效应，这时真空室内产生负压，并使润滑油经滤油器、喷油管吸入真空室，然后滴入文氏管中，油滴被气流喷碎成不均匀的油粒，再从喷雾罩的排雾孔进入储油器的上部，大的油粒在重力作用下落回到储油器下部的油中，只有小于 3μm 的微小油粒留在气体中形成油雾，油雾经油雾装置出口排出，通过系统管路及凝缩嘴送至润滑点。

这种型式的油雾装置配置有空气加热器，使油雾浓度大大提高，在空气压力过低，油雾压力过高的故障状态下可进行声光报警。在油雾的形成、输送、凝缩、润滑过程中的较佳参数如下：油雾颗粒的直径一般为 1～3μm；空气管线压力为 0.3～0.5MPa；油雾浓度（在标准状况下，每立方米油雾中的含油量）为 3～12g/m^3；油雾在管道中的输送速度为 5～7m/s；输送距离一般不超过 30m；凝缩嘴根据摩擦副的不同，与摩擦副保持 5～25mm 的距离。

6.4.1.2　油雾润滑系统和装置

油雾润滑系统由三部分组成，即油雾润滑装置、系统管道和凝缩嘴，见图 17-6-13。

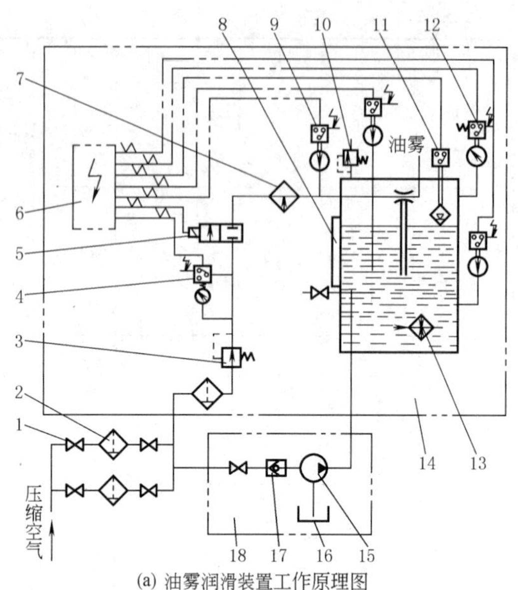

(a) 油雾润滑装置工作原理图

1—阀；2—分水滤气器；3—调压阀；4—气压控制器；5—电磁阀；6—电控箱；7—空气加热器；8—油位计；9—温度控制器；10—安全阀；11—油位控制器；12—雾压控制器；13—油加热器；14—油雾润滑装置；15—气动加油泵；16—储油器；17—单向阀；18—加油系统

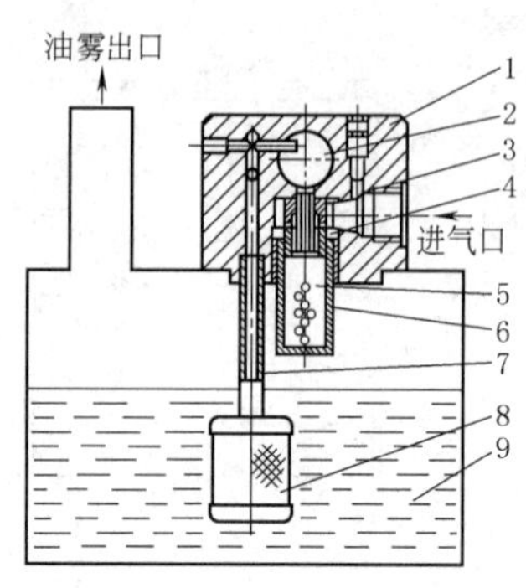

(b) 油雾发生器的结构及原理

1—油雾发生器体；2—真空室；3—喷嘴；4—文氏管；5—雾化室；6—喷雾罩；7—喷油管；8—滤油器；9—储油器

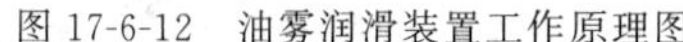
图 17-6-12　油雾润滑装置工作原理图

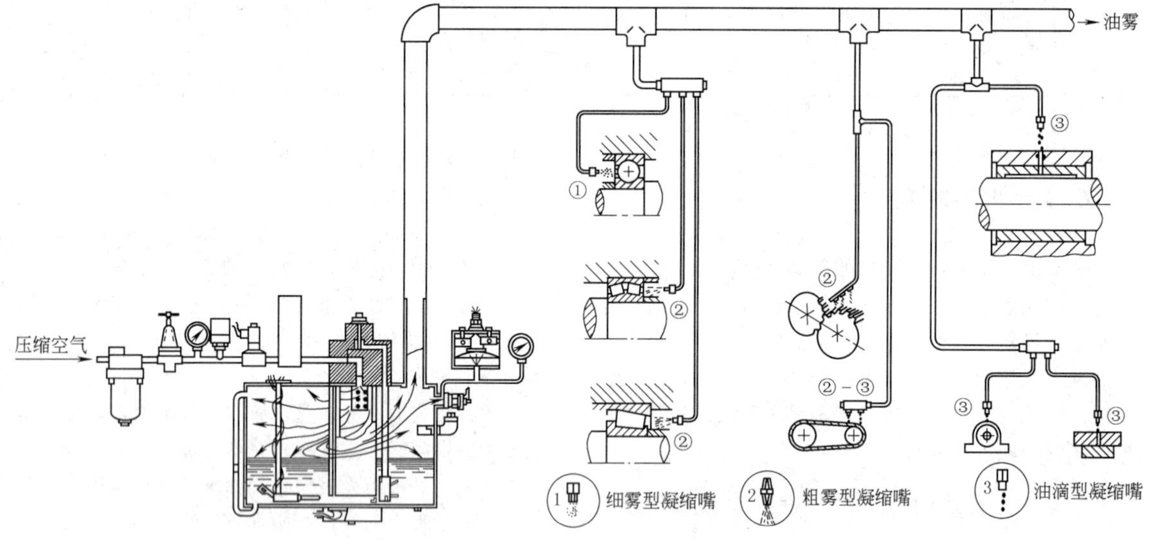

图 17-6-13　油雾润滑系统图

油雾润滑装置有两种类型，一种是气动系统，用三件组合式润滑装置，如图 17-6-14，它是最简单的油雾装置，主要用于单台设备或小型机组；另一种是封闭式的油雾润滑装置，其性能及外形尺寸见表 17-6-98。

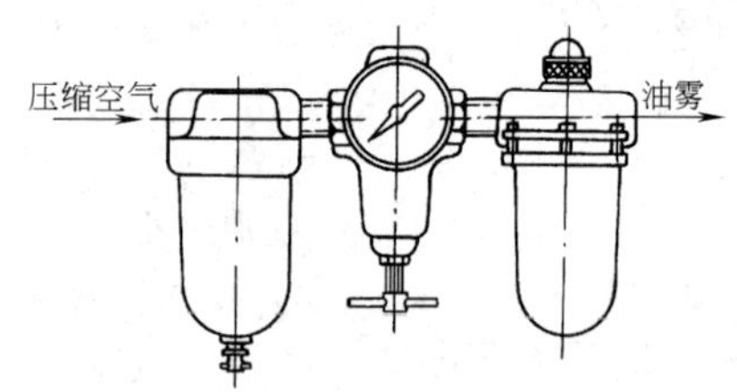

图 17-6-14　组合式润滑装置

表 17-6-98　　油雾润滑装置

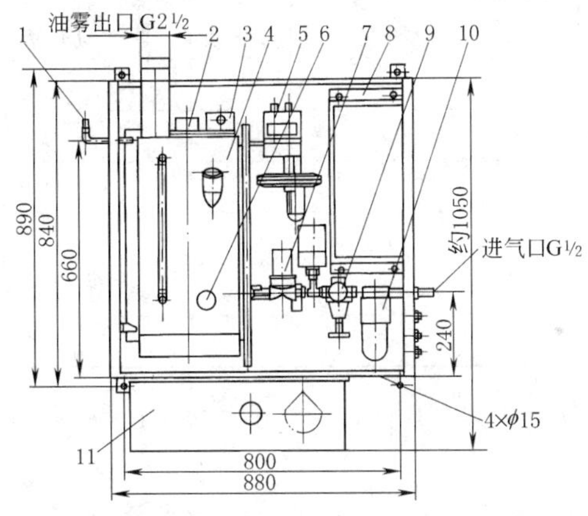

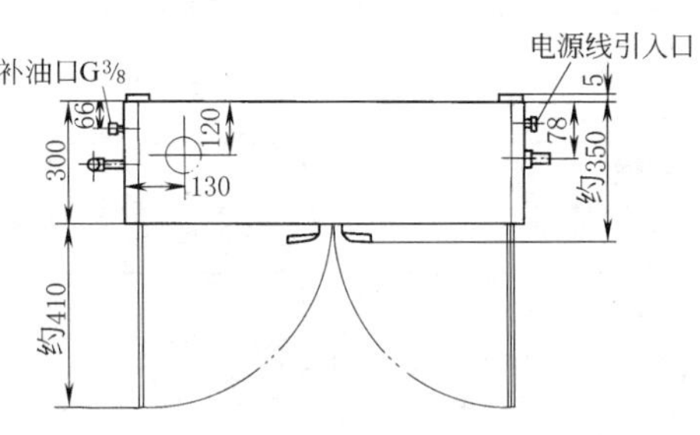

1—安全阀；2—液位信号器；3—发生器；4—油箱；5—压力控制器；6—双金属温度计；7—电磁阀；8—电控箱；9—调压阀；10—分水滤气器；11—空气加热器

标记示例：工作气压为 0.25～0.50MPa，油雾量为 25m³/h 的油雾润滑装置，标记为

WHZ4-25　油雾润滑装置　JB/ZQ 4710—2006

型　号	公称压力/MPa	工作气压/MPa	油雾/$m^3 \cdot h^{-1}$	耗气量/$m^3 \cdot h^{-1}$	油雾浓度/$g \cdot m^{-3}$	最高油温/℃	最高气温/℃	油箱容积/L	质量/kg	说　明
WHZ4-C6	0.16	0.25～0.5	6	6	3～12	80	80	17	120	1. 油雾量是在工作气压 0.3MPa，油温、气温均为 20℃时测得的 2. 油雾浓度是在工作气压 0.3MPa，油温、气温均为 20～80℃之间变化时测得的 3. 电气参数：50Hz、220V、2.5kW
WHZ4-C10			10	10						
WHZ4-C16			16	16						
WHZ4-C25			25	25						
WHZ4-C40			40	40						
WHZ4-C63			63	63						

6.4.2　油雾润滑系统的设计和计算

6.4.2.1　各摩擦副所需的油雾量

计算各摩擦副所需的油雾量，采用含有“润滑单位（LU）”的实验公式进行计算，其计算公式见表 17-6-99。把所有零件的“润滑单位（LU）”相加，可得系统总润滑单位载荷量（LUL）。

表 17-6-99　　润滑油雾量

零件名称	计　算　公　式	零件名称	计　算　公　式	说　　明
滚动轴承	$4dK_i \times 10^{-2}$	齿轮-齿条	$2d'_1b \times 10^{-4}$	1. 如齿轮反向转动，按表中公式计算后加倍 2. 如齿轮副的齿数比大于 2，则取 $d'_2 = 2d'_1$ 3. 如链传动 $n <$ 3r/s，则取 $n = 3$r/s
滚珠丝杠	$4d'[(i-1)+10] \times 10^{-3}$	凸轮	$2Db \times 10^{-4}$	
径向滑动轴承	$2dbK \times 10^{-4}$	滑板-导轨	$8lb \times 10^{-5}$	
齿轮系	$4b(d'_1 + d'_2 + \cdots + d'_n) \times 10^{-4}$	滚子链	$d'pin^{1.5} \times 10^{-5}$	
齿轮副	$4b(d'_1 + d'_2) \times 10^{-4}$	齿形链	$5d'bn^{1.5} \times 10^{-5}$	
蜗轮蜗杆副	$4(d'_1b_1 + d'_2b_2) \times 10^{-4}$	输送链	$b(25L + d') \times 10^{-4}$	
式中符号意义	i—滚珠、滚子排数或链条排数；d—轴径，mm；D—凸轮最大直径，mm；n—转速，r/s；d'—齿轮、链轮、滚珠丝杠的节圆直径，mm；b—径向滑动轴承、齿轮、蜗轮、凸轮、链条的支承宽度，mm；l—滑板支承宽度，mm；L—链条长度，mm；p—链条节距，mm；K—载荷系数，由轴承类型及预加负荷程度而定，见表 17-6-100；F—轴承载荷，N			

表 17-6-100 载荷系数 K

轴承类型		球轴承	螺旋滚子轴承	滚针轴承	短圆柱滚子轴承	调心滚子轴承	圆锥滚子轴承	径向滑动轴承
未加预加负荷		1	3	1	1	2	1	
已加预加负荷		2	3	3	3	2	3	
(F/bd) /MPa	<0.7							1
	0.7～1.5							2
	1.5～3.0							4
	3.0～3.5							8

6.4.2.2 凝缩嘴尺寸的选择

可根据每个零件计算出的定额润滑单位，参照图 17-6-15 选择标准的喷嘴装置或相当的喷嘴钻孔尺寸，其中标准凝缩嘴的润滑单位定额 LU 有 1、2、4、8、14、20 共 6 种。当润滑单位定额处在两标准钻头尺寸（钻头尺寸）之间时，选用较大的尺寸，当润滑单位定额超过 20 时，可采用多孔喷嘴。单个凝缩嘴能润滑的最大零件尺寸参看表 17-6-101。当零件尺寸超出表 17-6-101 的极限尺寸时，可用多个较低润滑单位定额的凝缩嘴，凝缩嘴间保持适当的距离。凝缩嘴的结构及用途见 17-6-102。

6.4.2.3 管道尺寸的选择

在确定了凝缩嘴尺寸后，即可根据每段管道上实际凝缩嘴的定额润滑单位之和作为配管载荷，按表 17-6-103 选用相应尺寸的管子。如油雾润滑装置的工作压力和需用风量已知，可由表 17-6-103 查得相应的管子规格。

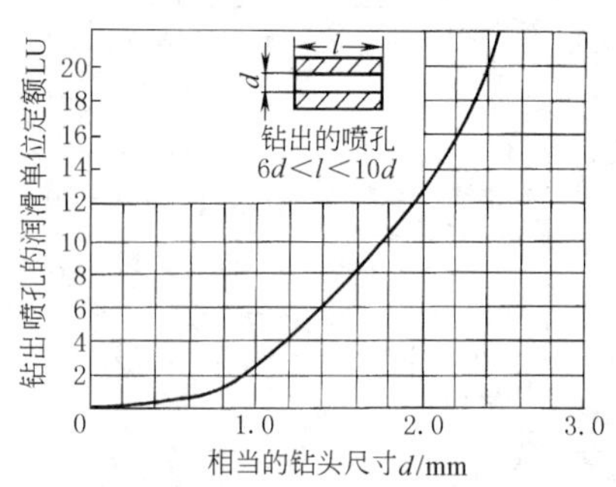

图 17-6-15 选择喷嘴钻孔尺寸

表 17-6-101 单个凝缩嘴能润滑的极限尺寸

零件名称	支承面宽度	轴承	链	其他零件
极限尺寸/mm	$l=150$	$B=150$	$b=12$	$b=50$

表 17-6-102 凝缩嘴的结构与用途

名 称	图 示	结 构	用 途
油雾型		具有较短的发射孔，使空气通过时产生最少涡流，因而能保持均匀的雾状	适用于要求散热好的高速齿轮、链条、滚动轴承等的润滑
喷淋型		具有较长的小孔，能使空气有较小的涡流	适用于中速零件的润滑
凝结型		应用挡板在油气流中增加涡流，使油雾互相冲撞，凝聚成为较大的油粒，更多地滴落和附着在摩擦表面	适用于低速的滑动轴承和导轨上

表 17-6-103 管子尺寸 mm

管 径	凝缩嘴载荷量(以润滑单位计)										
	10	15	30	50	75	100	200	300	500	650	1000
铜管(外径)	6	8	10	12	16	20	25	30	40	50	62
钢管(内径)	—	6	8	10	—	15	20	25	32	40	50

6.4.2.4 空气和油的消耗量

(1) 空气消耗量 q_r

是油雾润滑系统总载荷量 NL 的函数。可按下式算 $q_r=15NL\times10^{-6}$ (m^3/s)（体积是在一个大气压下自由空气的体积）。

(2) 总耗油量 Q_r

将各润滑点选定的凝缩嘴的润滑单位 LU 量相加，可得到系统的总的润滑单位载荷量 LUL，然后根据总载荷量算出总耗油量。

$$Q_r = 0.25(\mathrm{LUL})\ (\mathrm{cm^3/h})$$

根据总耗油量 Q_r，选用相应的油雾润滑装置，使油雾发生能力等于或大于系统总耗油量 Q_r。

6.4.2.5 发生器的选择

将所有凝缩嘴装置和喷孔的定额润滑单位加起来，得到总的凝缩嘴载荷量（NL），然后根据此载荷量，选择适合于润滑单位定额的发生器，且一定要使发生器的最小定额小于凝缩嘴的载荷量。

6.4.2.6 润滑油的选择

油雾润滑用的润滑油，一般选用掺加部分防泡剂（每吨油要加入 5～10g 的二甲基硅油作为防泡剂，硅油加入前应用 9 倍的煤油稀释）和防腐剂（二硫化磷锌盐、硫酸烯烃钙盐、烷基酚锌盐、硫磷化脂肪醇锌盐等，一般摩擦副用 0.25%～1% 防腐剂，齿轮用 3%～5%）的精制矿物油。

润滑油的黏度按表 17-6-104 选取。图 17-6-16 为润滑油工作温度和润滑油黏度的关系。当黏度值在曲线 A 以上、B 以下时，需将油加热；在 B 以上时，油及空气均需加热；在 A 以下时，空气和油均不加热。

表 17-6-104　润滑油的黏度

润滑油黏度(40℃)/$m^2 \cdot s^{-1}$	润滑部位类别
20～100	高速轻负荷滚动轴承
100～200	中等负荷滚动轴承
150～330	较高负荷滚动轴承
330～520	高负荷的大型滚动轴承,冷轧机轧辊辊颈轴承
440～520	热轧机轧辊辊颈轴承
440～650	低速重载滚子轴承,联轴器,滑板等
650～1300	连续运转的低速高负荷大齿轮及蜗轮传动

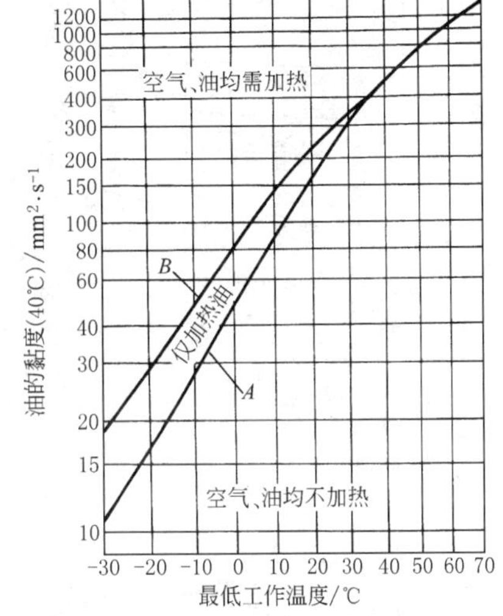

图 17-6-16　润滑油工作温度和黏度的关系

6.4.2.7 凝缩嘴的布置方法

表 17-6-105　凝缩嘴的布置方法

名称	图例	说明
滚动轴承	油雾 将密封开孔或开缺口 油雾 油雾 拆除密封 油雾 图(a) 凝缩嘴通孔面积为1.13mm² φ1.8 油雾 排气口断面积 2.5mm² 图(b)	为使油雾能从轴承中通过,轴承中阻碍油雾流通的密封应拆除或至少将油雾加入面的密封拆除,而排出面的密封加开排气口,见图(a) 排气口的断面积最小应为凝缩嘴通孔面积的 2 倍。轴承座在油雾排出面如装有轴承盖,也应在其上加开适当的排气口或槽口,见图(b)通过一个中心入口润滑双列轴承时,应使轴承两侧排气口的面积近似相等。当用迷宫密封时,则不需另开排气口。在某些结构情况下,有时会在轴承座内部积油,这时必须在轴承座底部设置排油口,以将积油迅速排出。当排气口设在轴承座最低位置时,排气口可兼作排油口,见图

续表

名称	图　　例	说　　明
滚动轴承	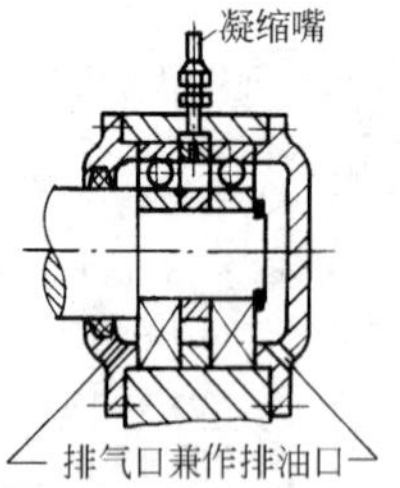 图(c) 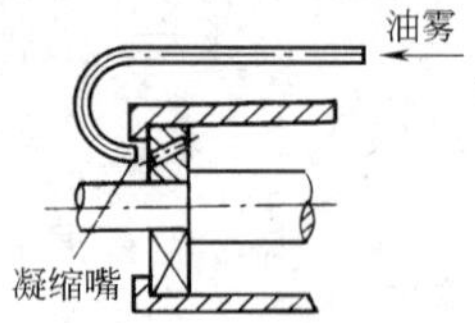　图(d) 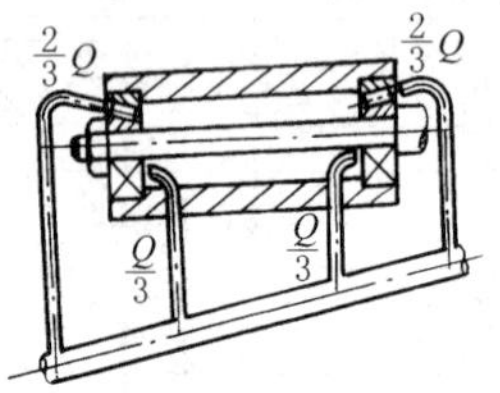　图(e) 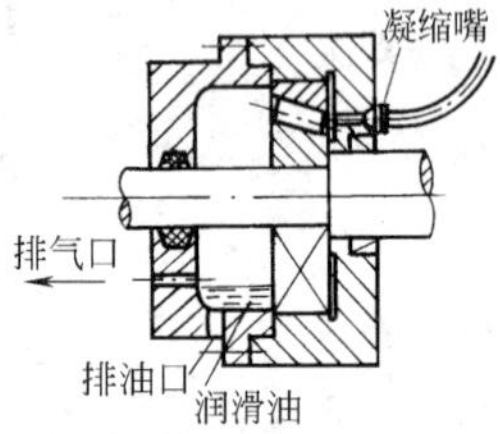　图(f)	(c)无预加负荷的圆锥滚子轴承，油雾从圆锥滚子小头一边给入。凝缩嘴安装在距轴承表面适宜的距离 6～15mm，见图(d)有预加负荷的圆锥滚子轴承，必须配置两个凝缩嘴，一个安装在圆锥滚子大头一侧，其 Q 值的分配量为 2/3，另一个安装在圆锥滚子小头一侧，其 Q 值的分配量为 1/3，见图(e)在预加负荷特别大的情况下，除凝缩嘴给油外，在轴承座的下部应储存有润滑油，使下部的滚动体先浸在油中，以达到启动初期的给油目的，见图(f)当用球面或圆柱滚子轴承时，应将 Q 值均等分配于两个凝缩嘴，在轴承的两面各用一个凝缩嘴供油
滑动轴承	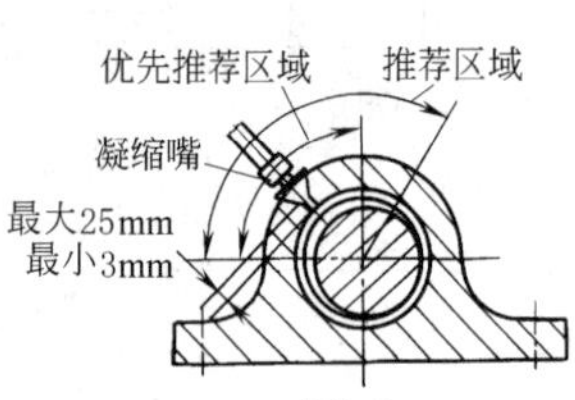 图(g) 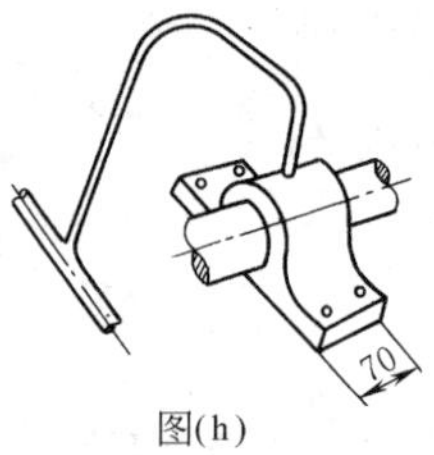　图(h)	凝缩嘴安装在轴承没有负荷部位的纵向油槽中部，距轴承表面适宜的距离 6～15mm，最小 5mm，最大 25mm，见图(g)轴承长度小于 150mm 时，可在中间配置一个凝缩嘴，见图(h)；轴承长度大于 150mm 时，所需凝缩嘴个数取大于等于轴承长度/150 向上圆整为整数。当凝缩嘴为两个时，分别配置在距两端各约为全长 1/4 的位置，每个凝缩嘴的 Q 值的分配量为 $Q'=Q$ 凝缩嘴个数，见图(i)
	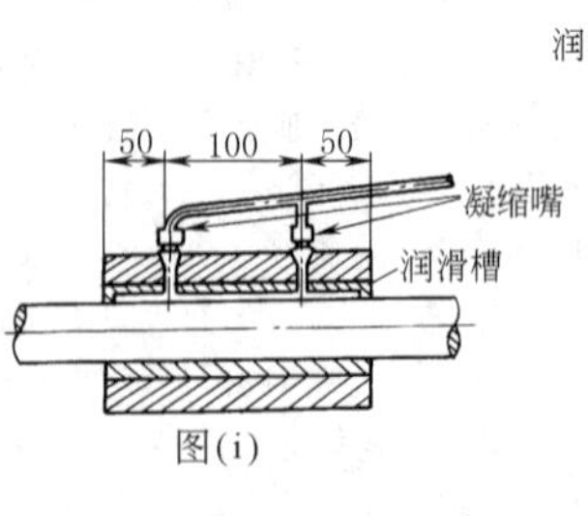 图(i) 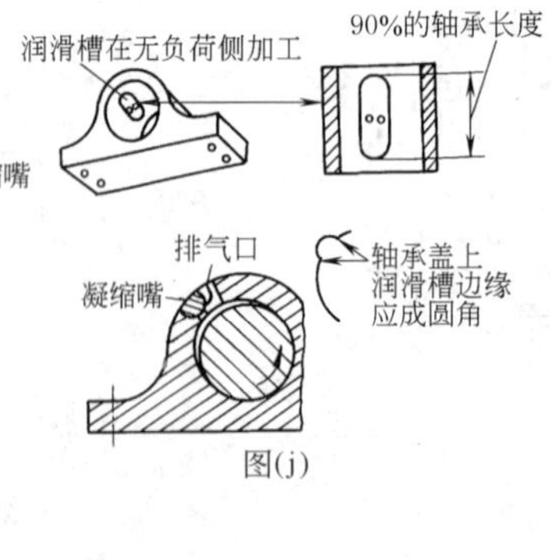　图(j)	精密滑动轴承：为了使整个摩擦面均匀地分配油雾，应设计润滑槽和排气口。润滑槽配置在轴承盖上没有负荷部位的内侧，长度为 90％的轴承长度，其边缘应修磨成圆角。当轴承的间隙不足以排出空气时，必须另设排气口。排气口应设在和凝缩嘴同一截面上，并用纵向润滑槽连通，其位置配置在与轴旋转方向相反的一边，见图(j)摆动式水平轴承：当轴承长度小于 150mm 时，最少需要两个凝缩嘴，分别配置在轴的上方，并在垂直中心线的两边，见图(k)，当轴承长度大于 150mm 时，所需凝缩嘴列数取大于等于轴承长度/150 向上圆整为整数

续表

名称	图　例	说　明
滑动轴承	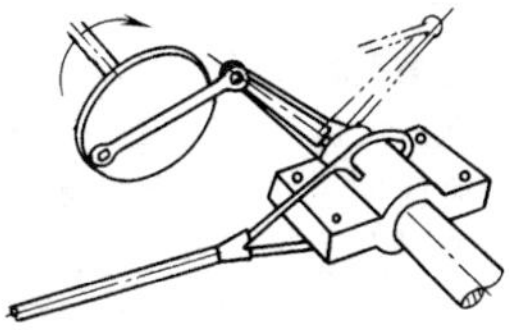 图(k) 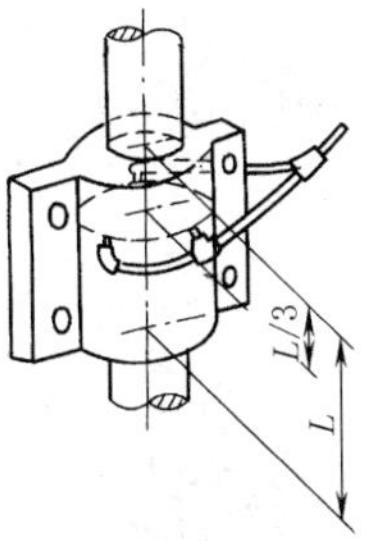　图(l)	摆动式垂直轴承：当轴径小于 25mm 时，距上端 1/3 的高度配置一个凝缩嘴；当轴径大于 25mm 时，距上端 1/3 的高度应配有一定数量的凝缩嘴。凝缩嘴所需个数大于等于轴径/25 向上圆整为整数，分别等距配置在周向，并用润滑槽连通，见图(l)
滑动导轨	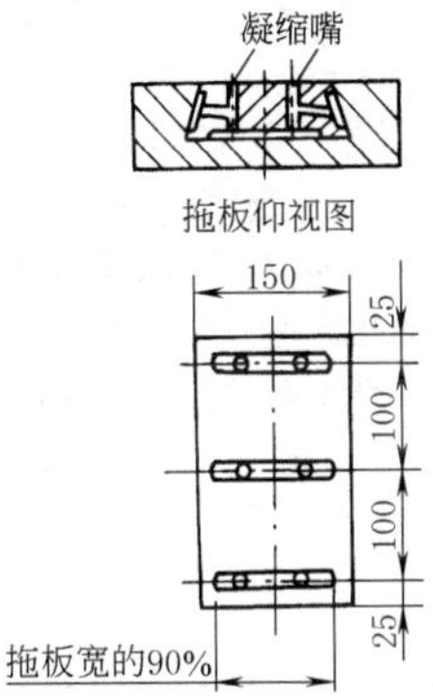 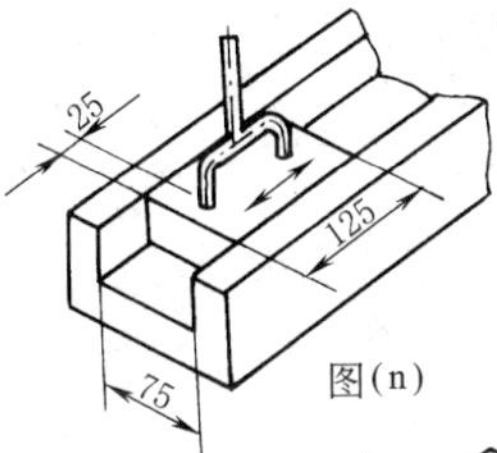 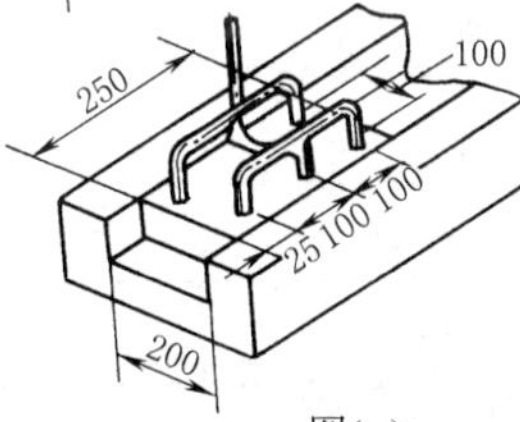 凝缩嘴　拖板仰视图　150　25　100　100　25　拖板宽的90%　图(m)　25　125　75　图(n)　250　100　25 100 100　200　图(o)	凝缩嘴安装在拖板上，且与运动呈垂直方向的润滑槽中。润滑槽的设计与滑动轴承相同。见图(m)拖板长度小于 100mm 时，只需配置一个凝缩嘴拖板行程大于拖板长度时，应于拖板两端距边缘约 25mm 处各配置一个凝缩嘴；拖板行程小于拖板长度时，约每 100mm 配置一个凝缩嘴，端部的凝缩嘴配置在距首末两端各约 25mm 的位置见图(n)拖板宽度小于 150mm 时，配置一列凝缩嘴；拖板宽度大于 150mm 时，所需凝缩嘴列数取大于等于拖板宽度/150 向上圆整为整数。当凝缩嘴为两列时，分别配置在距两端各约为全宽 1/4 的位置，见图(o)垂直方向的拖板，考虑到油向下流，在靠近拖板上部的位置安装凝缩嘴
齿轮传动	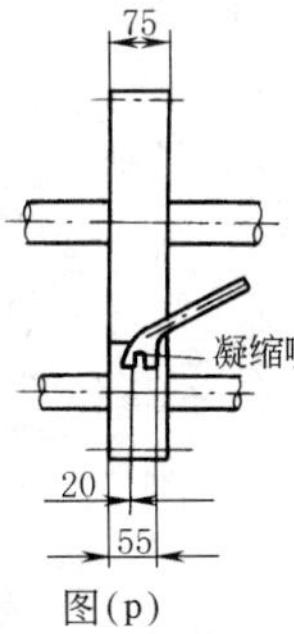 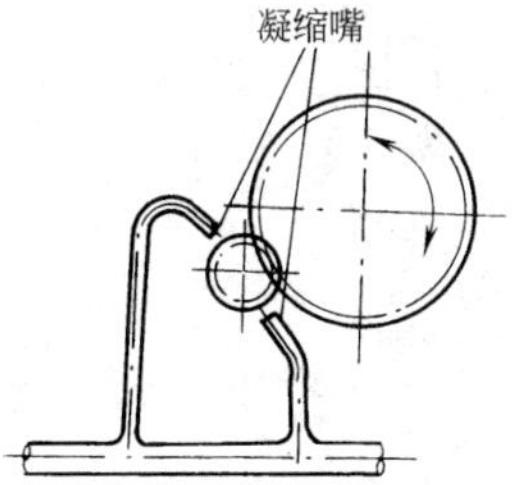 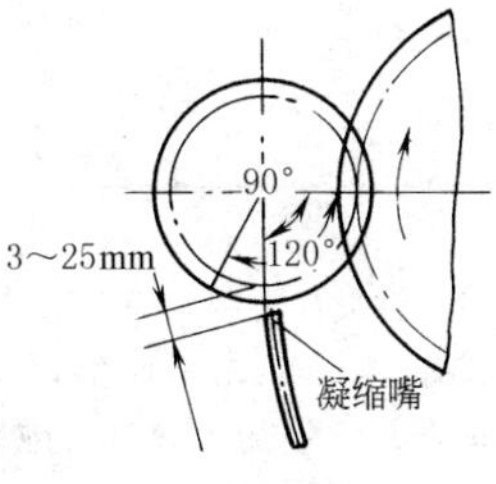 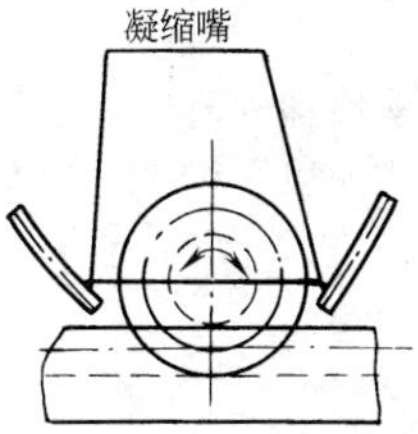 75　凝缩嘴　20　55　图(p)　凝缩嘴　图(r)　90°　120°　3～25mm　凝缩嘴　图(q)　凝缩嘴　图(s)	齿轮的齿宽小于 50mm 时，配置 1 个凝缩嘴；齿宽大于 50mm 时，所需凝缩嘴个数取大于等于齿宽/50 向上圆整为整数。当凝缩嘴为 2 个时，分别配置在距两端各约为全宽 1/4 的位置，每个凝缩嘴 Q 值的分配量为 $Q'=Q$ 凝缩嘴个数，见图(p)对于所有齿轮传动，凝缩嘴安装的最佳位置是在啮合点前的 90°～120°的方位，且应朝向主动齿轮的负荷侧，距齿面的适宜距离 6～15mm，最小 5mm，最大 25mm，见图(q)齿轮、齿条与齿轮为可逆传动时，啮合点的两侧都应配置凝缩嘴，见图(r)、图(s)

续表

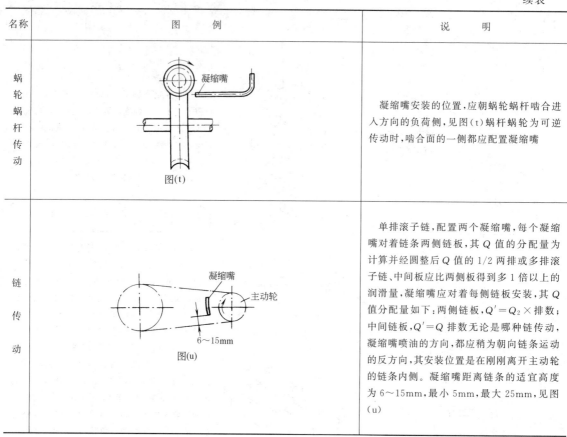

名称	图 例	说 明
蜗轮蜗杆传动	图(t)	凝缩嘴安装的位置，应朝蜗轮蜗杆啮合进入方向的负荷侧，见图(t)蜗杆蜗轮为可逆传动时，啮合面的一侧都应配置凝缩嘴
链传动	图(u)	单排滚子链，配置两个凝缩嘴，每个凝缩嘴对着链条两侧链板，其 Q 值的分配量为计算并经圆整后 Q 值的 1/2 两排或多排滚子链、中间板应比两侧板得到多 1 倍以上的润滑量，凝缩嘴应对着每侧链板安装，其 Q 值分配量如下：两侧链板，$Q'=Q_2\times$排数；中间链板，$Q'=Q$ 排数无论是哪种链传动，凝缩嘴喷油的方向，都应稍为朝向链条运动的反方向，其安装位置是在刚刚离开主动轮的链条内侧。凝缩嘴距离链条的适宜高度为 6～15mm，最小 5mm，最大 25mm，见图(u)

6.5 油气润滑

6.5.1 油气润滑工作原理、系统及装置

油气润滑是一种新型的气液两相流体冷却润滑技术，适用于高温、重载、高速、极低速以及有冷却水、污物和腐蚀性气体浸入润滑点的工况条件恶劣的场合。例如各类黑色和有色金属冷热轧机的工作辊、支承辊轴承，平整机、带钢轧机、连铸机、冷床、高速线材轧机和棒材轧机的滚动导轨和活套、轧辊轴承和托架、链条、行车轨道、机车轮缘、大型开式齿轮(磨煤机、球磨机和回转窑等)、铝板轧机拉伸弯曲矫直机工作辊的工艺润滑等。

油气润滑与油雾润滑都是属于气液两相流体冷却润滑技术，但在油气润滑中，油未被雾化，润滑油以与压缩空气分离的极其精细油滴连续喷射到润滑点，用油量比油雾润滑大大减少，而且润滑油不像油雾润滑那样挥发成油雾而对环境造成污染，对于高黏度的润滑油也不需加热，输送距离可达 100m 以上，一套油气润滑系统可以向多达 1600 个润滑点连续准确地供给润滑油。图 17-6-17 为一种油气润滑装置的原理图。此外，新型油气润滑装置配备有机外程序控制(PLC)装置，控制系统的最低空气压力、主油管的压力建立、储油器里的油位与间隔时间等。图 17-6-18所示为四重式轧机轴承（均为四列圆锥滚子轴承）的油气润滑系统图。其中的关键部件，如油

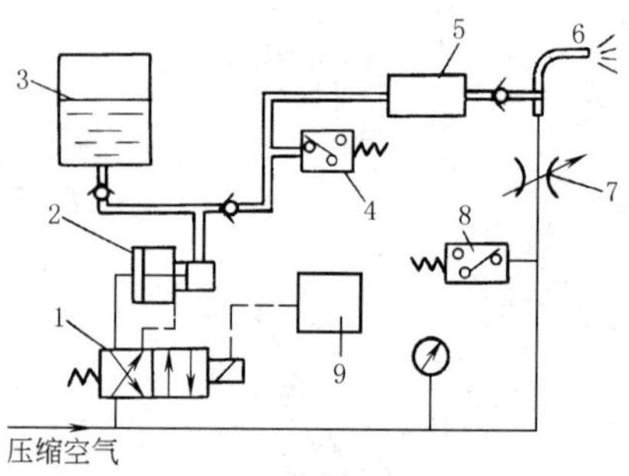

图 17-6-17 油气润滑装置原理图
1—电磁阀；2—泵；3—油箱；
4，8—压力继电器；5—定量柱塞式分配器；
6—喷嘴；7—节流阀；9—时间继电器

气润滑装置（包括油气分配器）和油气混合器等均已形成专业标准，如上面所介绍。

6.5.1.1　油气润滑装置

油气润滑装置（JB/ZQ 4711—2006）分为气动式和电动式两种类型。气动式 QHZ-C6A 由气站、PLC 控制、JPQ2 或 JPQ3 主分配器、喷嘴及系统管路组成。

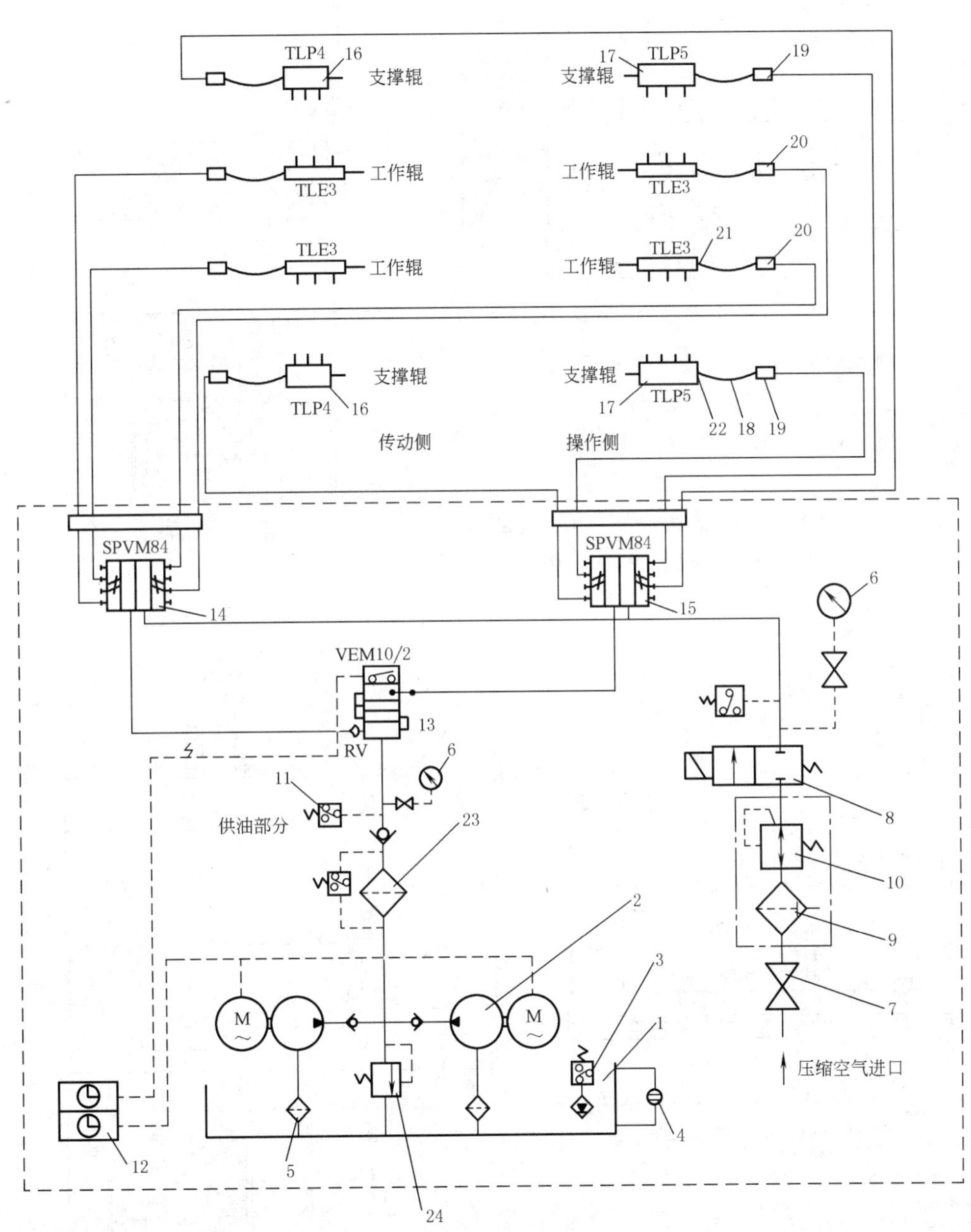

图 17-6-18　四重式轧机轴承的油气润滑系统

1—油箱；2—油泵；3—油位控制器；4—油位计；5—过滤器；6—压力计；7—气动管路阀；8—电磁阀；9—过滤器；10—减压阀；11—压力控制器；12—电子监控装置；13—递进式给油器；14,15—油气混合器；16,17—油气分配器；18—软管；19,20—节流阀；21,22—软管接头；23—精过滤器；24—溢流阀

第 17 篇

表 17-6-106 油气润滑装置（JB/ZQ 4711—2006）的类型和基本参数

气动式	图(a) QHZ-C6A气动式油气润滑装置系统原理图 1—电控柜；2—空气过滤器；3—二位二通电磁阀；4—空气减压阀；5—压力控制器；6—分配器DL或DM；7—二位五通电磁阀；8—气动泵；9—油箱 图(b) 润滑装置简图
电动式	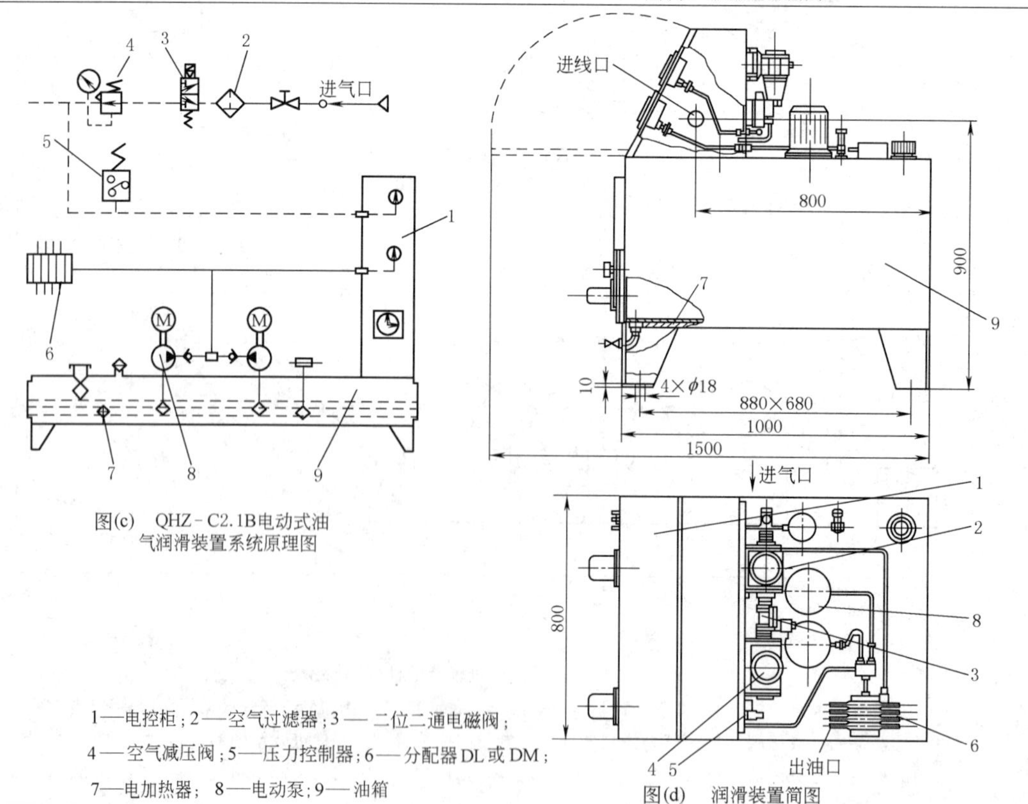 图(c) QHZ-C2.1B电动式油气润滑装置系统原理图 1—电控柜；2—空气过滤器；3—二位二通电磁阀；4—空气减压阀；5—压力控制器；6—分配器DL或DM；7—电加热器；8—电动泵；9—油箱 图(d) 润滑装置简图

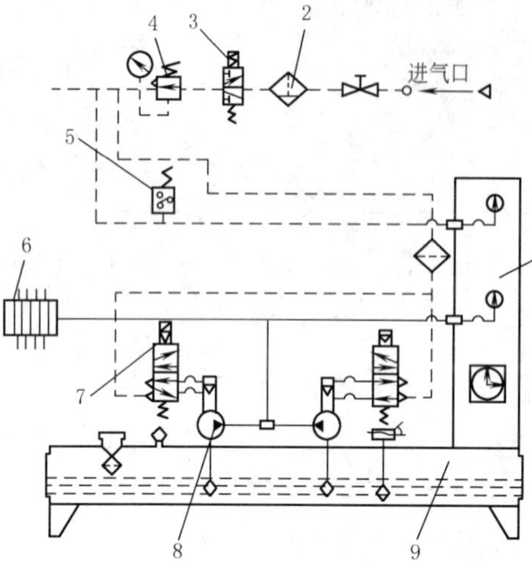

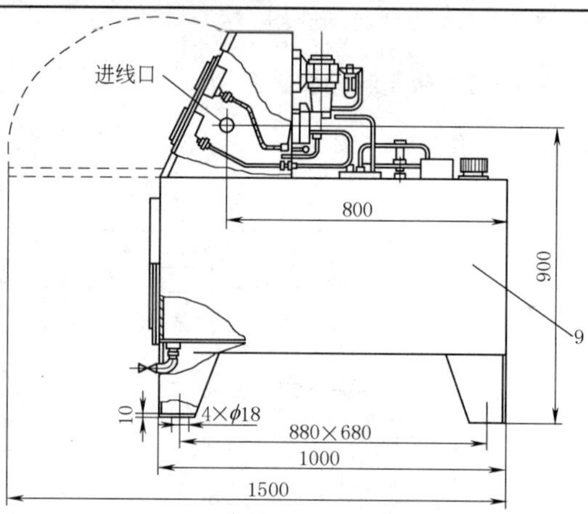

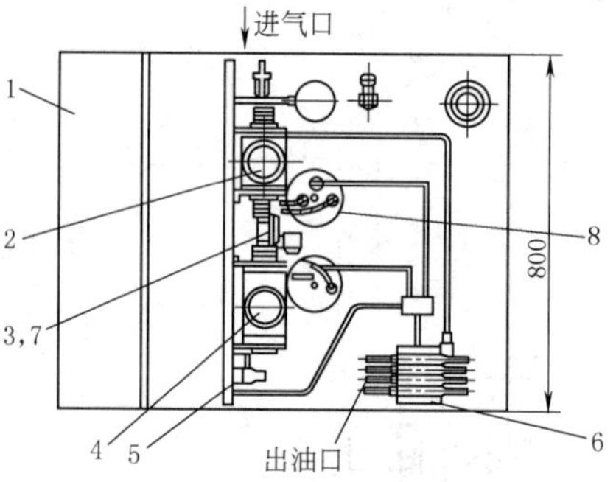

续表

电控柜

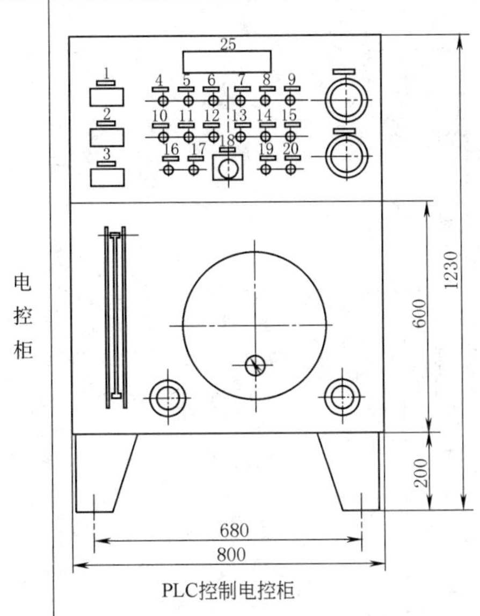

PLC控制电控柜

1. 标记方法：

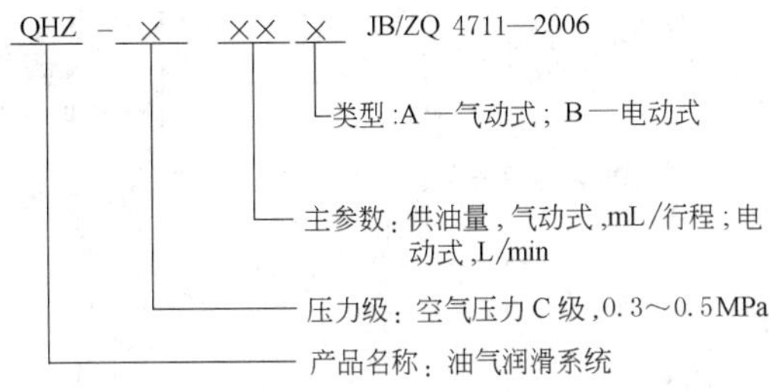

2. 标记示例：

空气压力0.3～0.5MPa，供油量6mL/行程的气动式油气润滑装置，标记为

QHZ－C6A　油气润滑装置　JB/ZQ 4711—2006

基本参数	型号	公称压力 /MPa	空气压力 /MPa	油箱容积 /L	压比 (空压∶油压)	供油量	电加热器
	QHZ-C6A	10	0.3～0.5	450	1∶2	6mL/行程	—
	QHZ-C2.1B		0.3～0.5	450	—	2.1L/min	2×3kW

6.5.1.2　油气润滑装置

油气润滑装置也分为气动式和电动式两种类型，其型式尺寸及基本参数见表 17-6-107。气动式（MS1 型）主要由油箱、润滑油的供给、计量和分配部分、压缩空气处理部分、油气混合和油气输出部分以及 PLC 控制等部分组成。电动式（MS2 型）主要由油箱、润滑油的供给、控制和输出部分以及 PLC 控制等部分组成。MS1 型用于 200 个润滑点以下的场合。

表 17-6-107　　油气润滑装置的类型和基本参数（JB/ZQ 4738—2006）

类型	原理图及装置简图
气动式	见下图

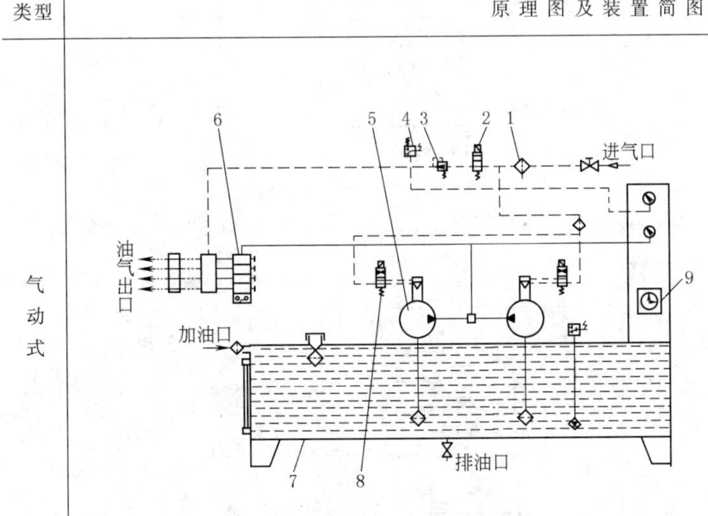

1—空气过滤器；2—二位二通电磁阀；3—空气减压阀；4—压力开关；5—气动泵；6—递进式分配器；7—油箱；8—二位五通电磁阀；9—PLC 电气控制装置

图(a)　MS1 型气动式油气润滑装置原理图

续表

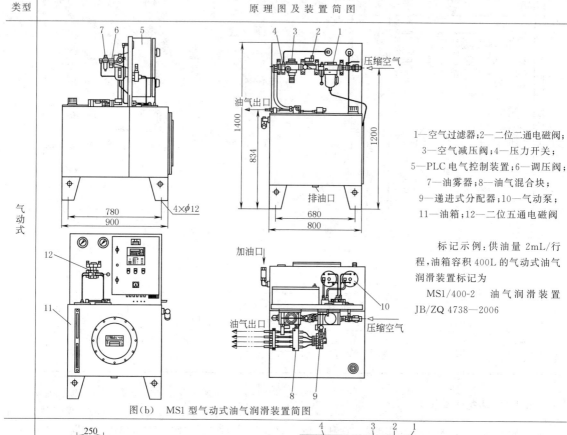

类型	原理图及装置简图
气动式	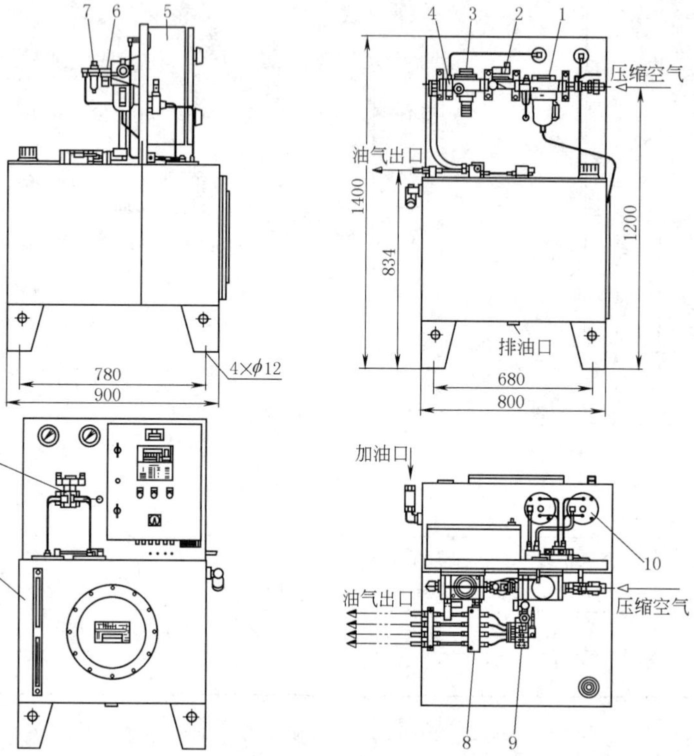 图(b) MS1 型气动式油气润滑装置简图 1—空气过滤器；2—二位二通电磁阀；3—空气减压阀；4—压力开关；5—PLC 电气控制装置；6—调压阀；7—油雾器；8—油气混合块；9—递进式分配器；10—气动泵；11—油箱；12—二位五通电磁阀 标记示例：供油量 2mL/行程，油箱容积 400L 的气动式油气润滑装置标记为 MS1/400-2 油气润滑装置 JB/ZQ 4738—2006
电动式	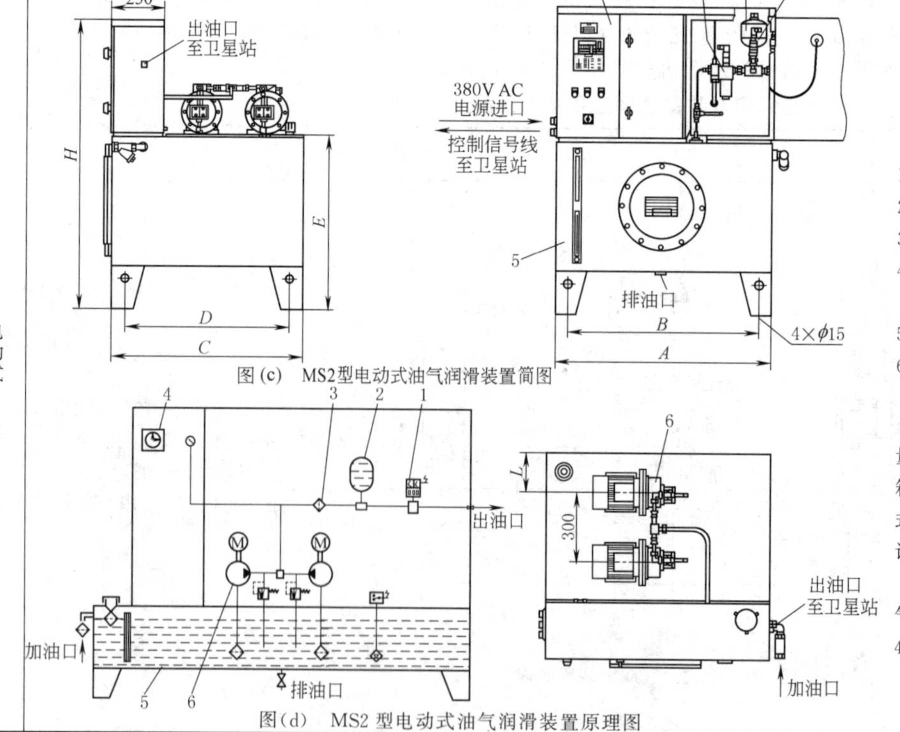 图(c) MS2型电动式油气润滑装置简图 图(d) MS2 型电动式油气润滑装置原理图 1—压力继电器； 2—蓄能器； 3—过滤器； 4—PLC 电气控制装置； 5—油箱； 6—齿轮泵装置 标记示例：供油量 1.4mL/min，油箱容积 500L 的电动式油气润滑装置标记为 MS2/500-1.4 油气润滑装置 JB/ZQ 4738—2006

续表

	型号	最大工作压力/MPa	油箱容积/L	供油量/L·min⁻¹	标记方法						
基本参数	MS2/500-1.4	10	500	1.4	×/×-× JB/ZQ 4738—2006 供油量 油箱容积:L 油气润滑装置 MS1型：用于200个润滑点以下的场合 MS2型：用于200个润滑点以上的场合						
	MS2/800-1.4		800								
	MS2/1000-1.4		1000								
	MS1/400-2	10	400		*A*	*B*	*C*	*D*	*E*	*H*	*L*
	MS1/400-3										
	MS1/400-4				1000	880	900	780	807	1412	170
	MS1/400-5				1100	980	1100	980	907	1512	270
	MS1/400-6				1200	1080	1200	1080	1007	1680	320

6.5.2 油气混合器及油气分配器

6.5.2.1 QHQ 型油气混合器

表 17-6-108　　油气混合器的基本参数和分配器工作原理

分配器工作原理图

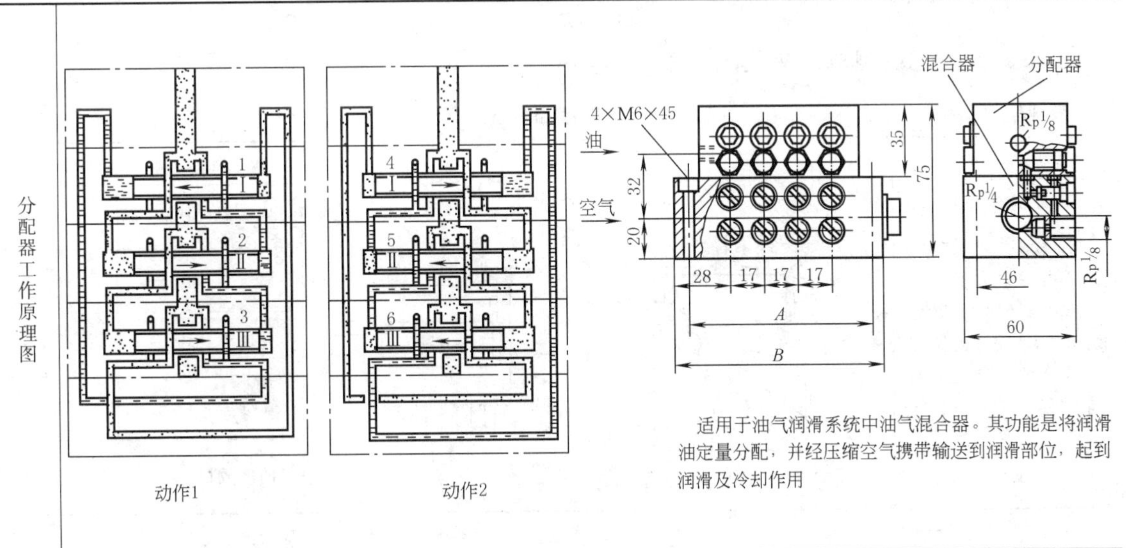

适用于油气润滑系统中油气混合器。其功能是将润滑油定量分配，并经压缩空气携带输送到润滑部位，起到润滑及冷却作用

油气混合器基本参数(JB/ZQ 4707—2006)

型号	最大进油压力/MPa	最小进油压力/MPa	最大进气压力/MPa	最小进气压力/MPa	每口每次给油量/mL	每口空气耗量/L·min⁻¹	油气出口数目	*A*/mm	*B*/mm
QHQ-J4A1	10	2.0	0.6	0.2	0.08	19	4	59	73
QHQ-J4A2					0.08	30			
QHQ-J4B1					0.16	19			
QHQ-J4B2					0.16	30			
QHQ-J6A1	10	2.0			0.08	19	6	76	90
QHQ-J6A2					0.08	30			
QHQ-J6B1					0.16	19			
QHQ-J6B2					0.16	30			
QHQ-J8A1	10	2.0			0.08	19	8	93	107
QHQ-J8A2					0.08	30			
QHQ-J8B1					0.16	19			
QHQ-J8B2					0.16	30			

续表

	型号	最大进油压力/MPa	最小进油压力/MPa	最大进气压力/MPa	最小进气压力/MPa	每口每次给油量/mL	每口空气耗量/L·min^{-1}	油气出口数目	A/mm	B/mm
油气混合器基本参数	QHQ-J10A1					0.08	19	10	110	124
	QHQ-J10A2					0.08	30			
	QHQ-J10B1					0.16	19			
	QHQ-J10B2					0.16	30			
	QHQ-J12A1					0.08	19	12	127	141
	QHQ-J12A2					0.08	30			
	QHQ-J12B1					0.16	19			
	QHQ-J12B2					0.16	30			

标记方法及示例

标记方法：

QHQ - × ×× × × 油气混合器 JB/ZQ 4707—2006

- 辅助代号：每口空气耗量，1—19L/min；2—30L/min
- 辅助代号：每口每次给油量，A—0.08mL；B—0.16mL
- 主参数：油气出口数目有 4、6、8、10、12
- 压力级：最大进油压力J级(10MPa)
- 产品名称：油气混合器

标记示例：QHQ 型油气混合器、最大进油压力 10MPa，油气出口数目 12，每口每次给油量 0.08mL，每口每次空气耗量 19L/min，标记为

QHQ-J12A1 油气混合器 JB/ZQ 4707—2006

6.5.2.2 AHQ 型双线油气混合器

表 17-6-109 AHQ 型双线油气混合器

组成、功能	外形图	型号	AHQ(NFQ)
AHQ 型双线油气混合器由一个或多个双线分配器和一个混合块组成，油在分配器中定量分配后通过不间断压缩空气进入润滑点	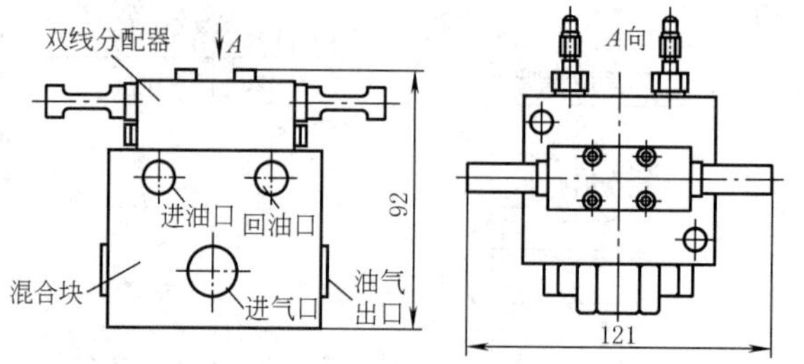 双线分配器、A、进油口、回油口、混合块、进气口、油气出口、92、A向、121	公称压力/MPa	3
		开启压力/MPa	0.8～0.9
		空气压力/MPa	0.3～0.5
		空气耗量/L·min^{-1}	20
		出油口数目	2,4,6,8

6.5.2.3 MHQ 型单线油气混合器

表 17-6-110 MHQ 型单线油气混合器

组成、功能	外形图	型号	AHQ(NFQ)
MHQ 型单线油气混合器由两个或多个单线分配器和一个混合块组成，油在分配器中定量分配后，通过不间断压缩空气进入润滑点适用于润滑点比较少或比较分散的场合	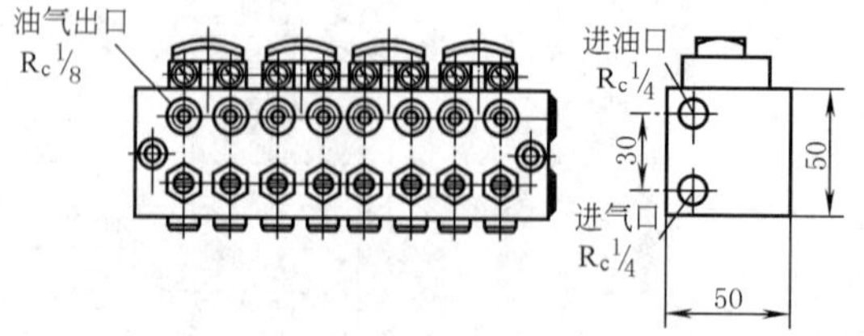 油气出口 $R_c\frac{1}{8}$、进油口 $R_c\frac{1}{4}$、进气口 $R_c\frac{1}{4}$、30、50、50	公称压力/MPa	6
		每口每次排油量/mL	0.12
		开启压力/MPa	1.5～2
		空气压力/MPa	0.3～0.5
		空气耗量/L·min^{-1}	20
		出油口数目	2,4,6,8,10

第17篇

6.5.2.4　AJS 型、JS 型油气分配器

AJS 型、JS 型油气分配器（JB/ZQ 4749—2006）适用于在油气润滑系统中对油气流进行分配，其中 AJS 型用于油气流的预分配，JS 型用于到润滑点的油气流分配。

表 17-6-111　　油气分配器类型、基本参数和型式尺寸　　mm

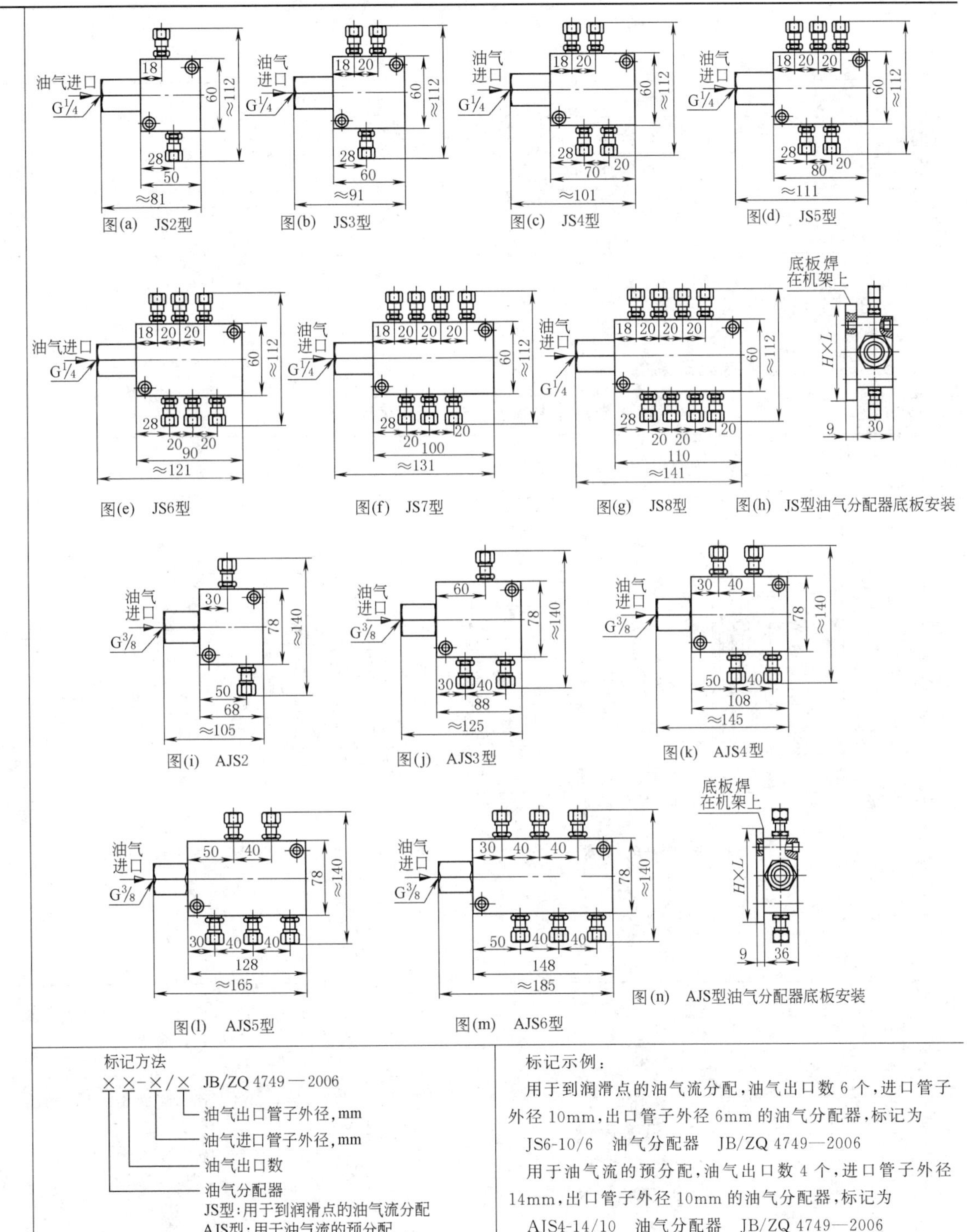

图(a)　JS2型　图(b)　JS3型　图(c)　JS4型　图(d)　JS5型

图(e)　JS6型　图(f)　JS7型　图(g)　JS8型　图(h)　JS型油气分配器底板安装

图(i)　AJS2　图(j)　AJS3型　图(k)　AJS4型

图(l)　AJS5型　图(m)　AJS6型　图(n)　AJS型油气分配器底板安装

标记方法	标记示例：
×　×-×/×　JB/ZQ 4749—2006 油气出口管子外径，mm 油气进口管子外径，mm 油气出口数 油气分配器 JS型：用于到润滑点的油气流分配 AJS型：用于油气流的预分配	用于到润滑点的油气流分配，油气出口数 6 个，进口管子外径 10mm，出口管子外径 6mm 的油气分配器，标记为 JS6-10/6　油气分配器　JB/ZQ 4749—2006 用于油气流的预分配，油气出口数 4 个，进口管子外径 14mm，出口管子外径 10mm 的油气分配器，标记为 AJS4-14/10　油气分配器　JB/ZQ 4749—2006

续表

	型号	空气压力/MPa	油气出口数	油气进口管子外径	油气出口管子外径
				mm	
基本参数、型式尺寸	JS	0.3～0.6	2,3,4,5,6,7	8,10	6
	AJS		2,3,4,5,6	12,14,18	8,10

型号	H	L	型号	H	L	型号	H	L	型号	H	L
JS2	80	56	JS6	80	96	AJS2	100	74	AJS5	100	134
JS3		66	JS7		106	AJS3		94	AJS6		154
JS4		76	JS8		116	AJS4		114			
JS5		86									

应用	油气分配器适用于在油气润滑系统中对油气流进行分配，其中 AJS 型用于油气流的预分配，JS 型用于到润滑点的油气流分配

6.5.3 专用油气润滑装置

6.5.3.1 油气喷射润滑装置

表 17-6-112 油气喷射润滑装置基本参数（JB/ZQ 4732—2006）

简图

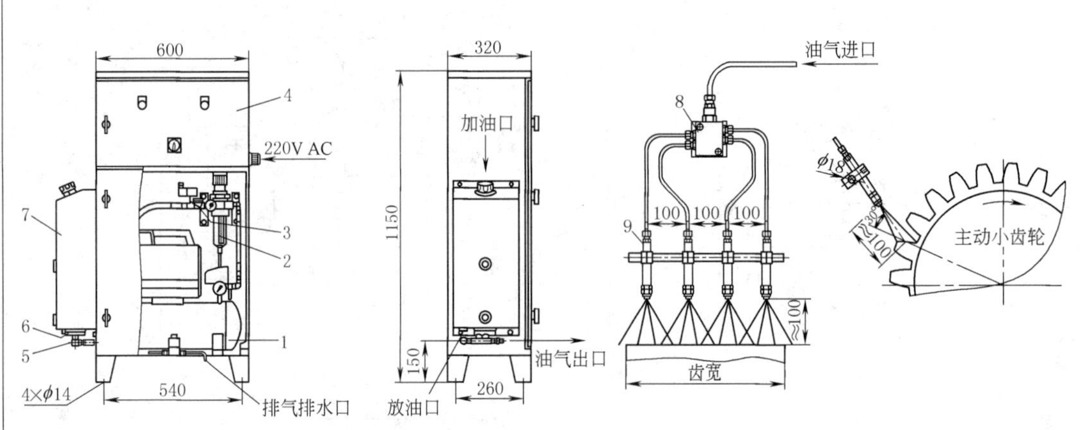

图(a) 油气喷射润滑装置　　图(b) 油气分配器和喷嘴安装示意图

1—空压机；2—过滤调压阀；3—电磁阀；4—PLC 电气控制装置；5—油气混合块；6—气动泵；7—油箱；8—油气分配器；9—喷嘴

标记方法：

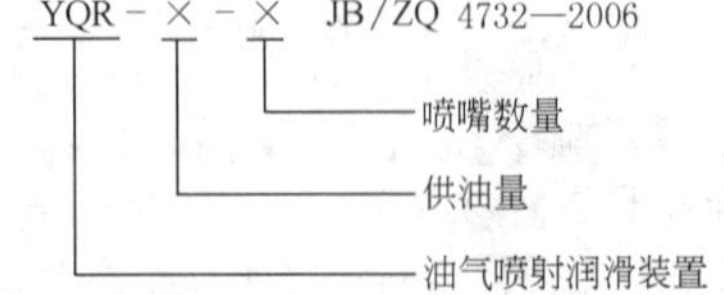

标记示例：

油箱容积 20L，供油量 0.5mL/行程，喷嘴数量为 4 的油气喷射润滑装置，标记为

YQR-0.5-4 油气喷射润滑装置 JB/ZQ 4732—2006

续表

	型号	最大工作压力/MPa	压缩空气压力/MPa	喷嘴数量	油箱容积/L	供油量/mL·行程$^{-1}$	电压(AC)/V
基本参数	YQR-0.25-3	5	0.4	3	20	0.25	220
	YQR-0.5-3					0.50	
	YQR-0.25-4			4		0.25	
	YQR-0.5-4					0.50	
	YQR-0.25-5			5		0.25	
	YQR-0.5-5					0.50	
	YQR-0.25-6			6		0.25	
	YQR-0.5-6					0.50	
应用	油气喷射润滑装置适用于在大型设备，如球磨机、磨煤机和回转窑等设备中，对大型开式齿轮等进行喷射润滑。润滑装置主要由主站(带 PLC 控制装置)、油气分配器和喷嘴等组成						

6.5.3.2　链条喷射润滑装置

(1) LTZ 型链条喷射润滑装置 (JB/ZQ 4733—2006)

表 17-6-113　　链条喷射润滑装置基本参数

原理图、装置简图

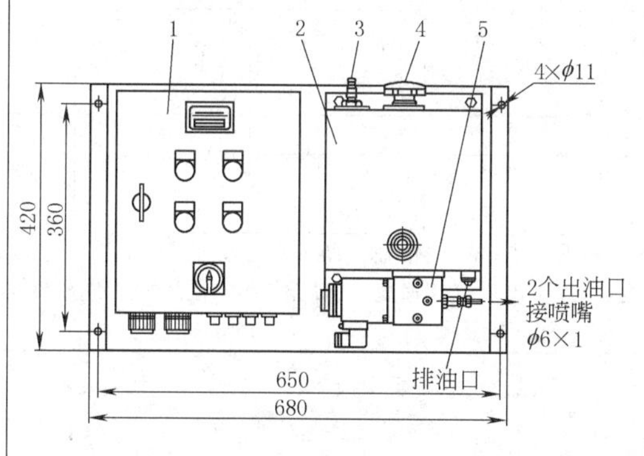

图(a)　A型链条喷射润滑装置

1—PLC 电气控制装置；2—油箱；3—液位控制继电器；4—空气滤清器；5—电磁泵

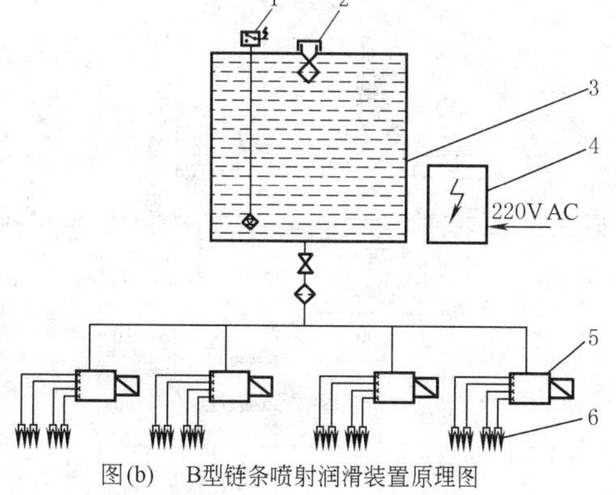

图(b)　B型链条喷射润滑装置原理图

1—空气滤清器；2—液位控制继电器；3—油箱；4—PLC 电气控制装置；5—电磁泵；6—喷嘴

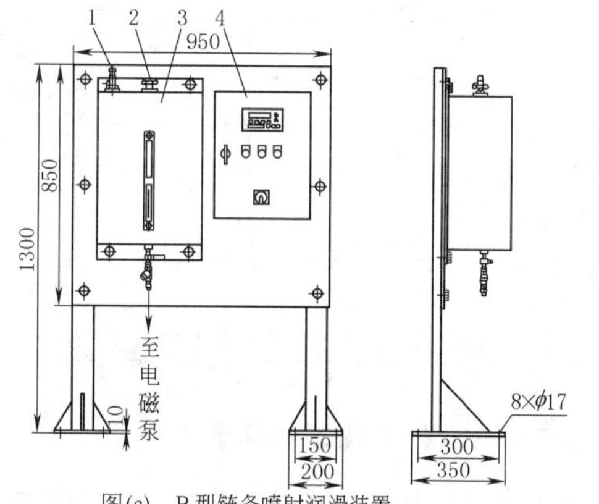

图(c)　B 型链条喷射润滑装置

1—空气滤清器；2—液位控制继电器；3—油箱；4—PLC 电气控制装置

标记方法：

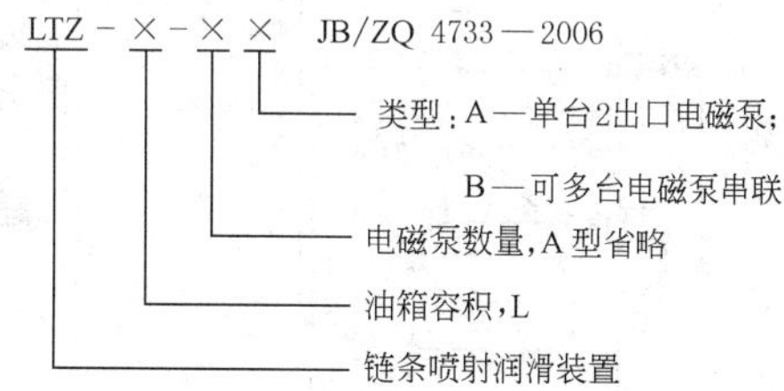

标记示例：

油箱容积 5L，供油量 0.05mL/行程的 A 型链条喷射润滑装置，标记为

LTZ-5-A　链条喷射润滑装置　JB/ZQ 4733—2006

油箱容积 50L，供油量 0.1mL/行程的 B 型链条喷射润滑装置，标记为

LTZ-50-4B　链条喷射润滑装置　JB/ZQ 4733—2006

续表

	型号	最大工作压力 /MPa	油箱容积 /L	每行程供油量 /mL	电磁泵数量	喷射频率 /次·s^{-1}	电压(AC) /V
基本参数	LTZ-5-A		5	0.05	1	≤2.5	220
	LTZ-50-×B		50	0.1	2～5		
应用	链条喷射润滑装置适用于对悬挂链和板式链的链销进行润滑。润滑装置主要由油箱、电磁泵、PLC 电气控制装置和喷嘴等组成；分 A 型(图 a)和 B 型(图 c)两种类型，B 型原理图如图(b)，其基本参数见本表						

(2) DXR 型链条自动润滑装置

表 17-6-114 **DXR 型链条自动润滑装置技术性能**

DXR 型自动润滑装置工作原理图

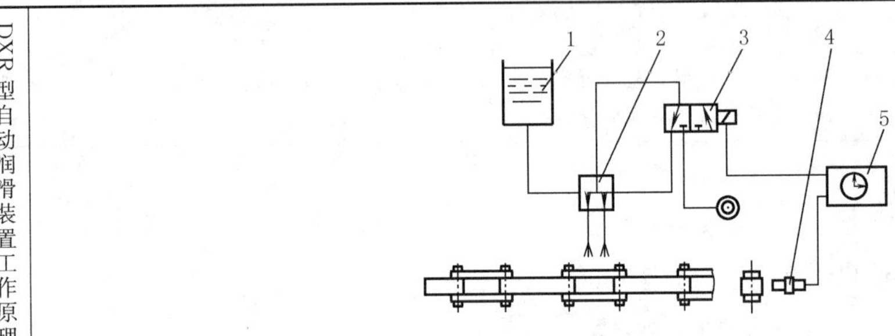

1—油箱；2—气动泵；3—电磁空气阀；4—红外线光电开关；5—电控箱

	型号	适用速度范围 /m·min^{-1}	空气压力 /MPa	润滑油量 /mL·点$^{-1}$	润滑点数	油箱容积 /L	电气参数	质量 /kg
基本参数	DXR-12	0～18	0.4～0.7	0.17	2	8	AC，220V，50Hz	8
	DXR-13			0.12	3	8		8
	DXR-14			0.17	4	25		25
应用	链条自动润滑装置适用于对悬挂式、地面式输送系统的各个运动接点(链条、销轴、滚轮、轨道等)自动、定量进行润滑。润滑装置由油箱、气动泵等组成，参见上图。当光电开关发出信号时，电磁气阀通电，气动泵工作，混合的油-空气喷向润滑点。系统工作时，光电开关不断发出信号，使每个润滑点均可得到润滑							

6.5.3.3 行车轨道润滑装置

表 17-6-115 **行车轨道润滑装置基本参数** (JB/ZQ 4736—2006)

装置简图及其喷嘴安装图

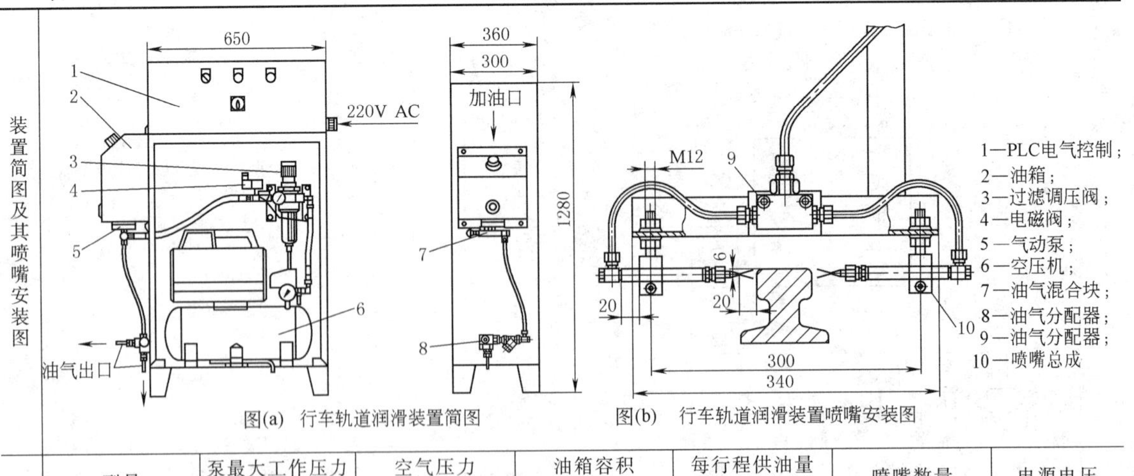

图(a) 行车轨道润滑装置简图　　图(b) 行车轨道润滑装置喷嘴安装图

	型号	泵最大工作压力 /MPa	空气压力 /MPa	油箱容积 /L	每行程供油量 /mL	喷嘴数量	电源电压
参数	行车轨道润滑装置适用于对行车轨道进行润滑。润滑装置主要由油箱、气动泵、油气分配器、PLC 电气控制装置和喷嘴等组成						

6.6　微量润滑

6.6.1　微量润滑工作原理、系统及装置

微量润滑是一种先进的润滑方式，其中包含油气两项与油水气三相微量润滑。适合于高温、高速、极压等各种工况。例如高速带锯、圆锯、冲床铣面、车床、铣床、龙门、加工中心、滚齿机、铣齿机、插齿机的润滑和高速轴承、齿轮等设备润滑。

微量润滑是通过专用的气动精密柱塞泵，根据工况要求将精确、微量的润滑油通过特殊的喷嘴喷射到润滑表面。从而达到冷却润滑的要求。微量润滑每次打油量为 0.01～0.1mL 且无雾化，减少了对环境的污染，节约了用油量。

6.6.1.1　油气两相微量润滑

油气两相微量润滑装置主要由气站、油水分离器、电磁阀、频率发生器、精密泵、喷嘴、管路及油杯等组成。

表 17-6-116　　油气两相微量润滑装置

类型	原理图
柱塞式	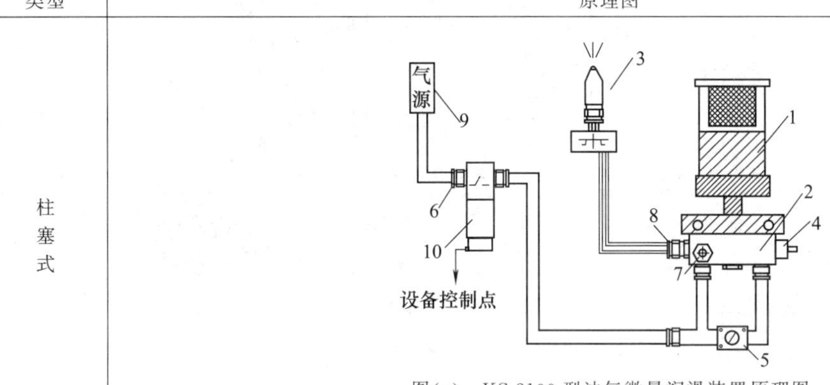 图(a)　KS-2100 型油气微量润滑装置原理图 1—油杯;2—组合阀;3—组合喷嘴;4—油量控制按钮;5—频率调制器; 6—压缩空气接口;7—气压控制按钮;8—油气接口;9—气源;10—电磁阀
潜水泵	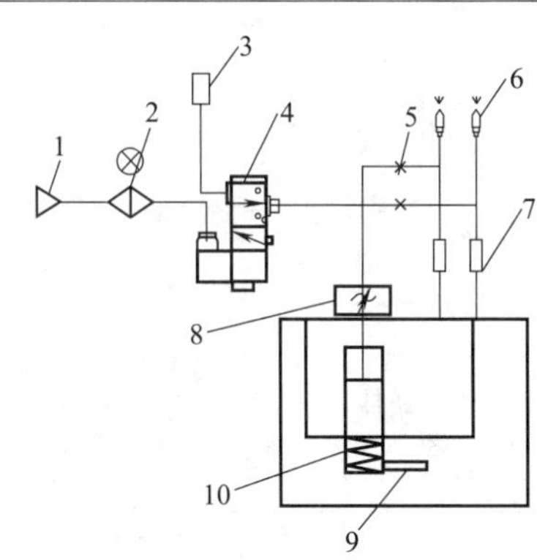 图(b)　KS-2105 型油气微量润滑装置原理图 1—气源输入口;2—油水分离器;3—电信号;4—电磁阀;5—节流阀; 6—组合喷嘴;7—定量发阀;8—频率发生器;9—潜水泵;10—过滤器

类型	型号	公称压力	空气压力	油箱容积	供油量/mL	压比	耗气量/L·min^{-1}
基本参数	KS-2100	2MPa	0.3～0.7MPa	500mL	0.01～0.1	1∶7	0.07
	KS-2105-2	2MPa	0.3～0.7MPa	3000mL	0.01～0.1	1∶7	0.14
	KS-2105-3	2MPa	0.3～0.7MPa	3000mL	0.01～0.1	1∶7	0.21
	KS-2105-4	2MPa	0.3～0.7MPa	3000mL	0.01～0.1	1∶7	0.28
	KS-2106-2	2MPa	0.3～0.7MPa	500mL	0.01～0.1	1∶7	0.14
	KS-2106-3	2MPa	0.3～0.7MPa	500mL	0.01～0.1	1∶7	0.21

6.6.1.2 油水气三相微量润滑

油水气三相微量润滑装置分为单机式和集中供水式两种，其主要由气站、油水分离器、电磁阀、频率发生器、精密泵、压力水箱或隔膜泵、净水器、喷嘴、管路及油杯等设备组成。

表 17-6-117 油水气三相微量润滑装置

类型	原理图
单机式	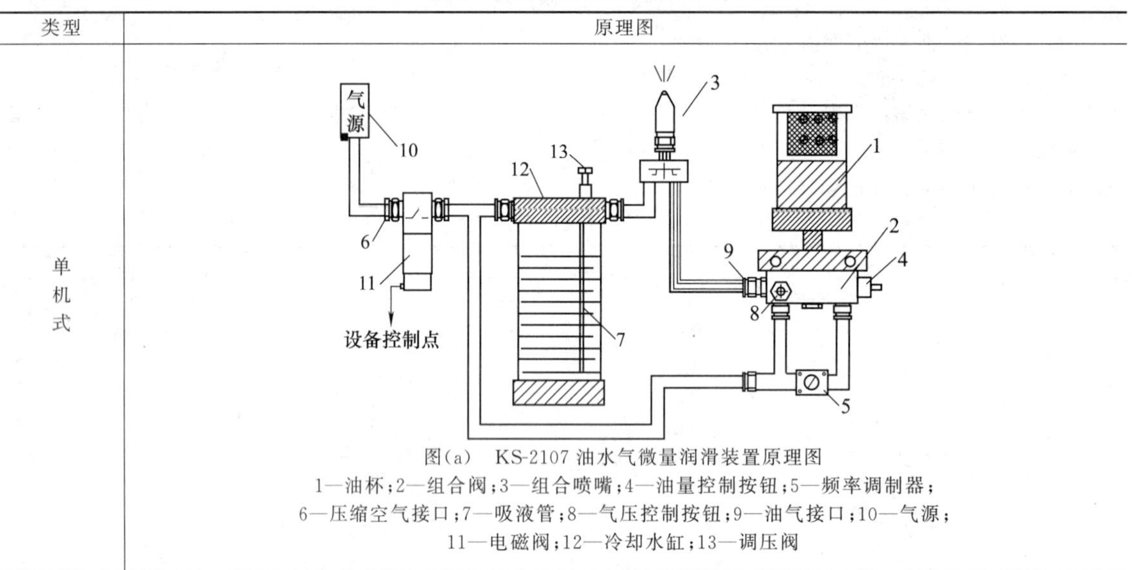 图(a) KS-2107 油水气微量润滑装置原理图 1—油杯；2—组合阀；3—组合喷嘴；4—油量控制按钮；5—频率调制器；6—压缩空气接口；7—吸液管；8—气压控制按钮；9—油气接口；10—气源；11—电磁阀；12—冷却水缸；13—调压阀
集中供水式	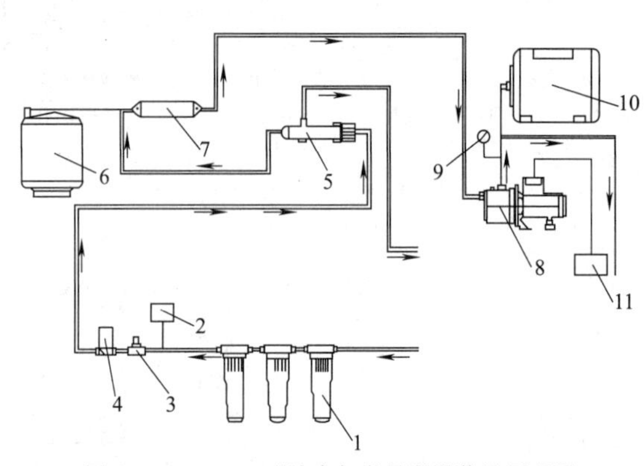 图(b) KS-2209 型油水气微量润滑装置原理图 1—颗粒活性炭滤器；2—低压开关；3—进水电磁阀；4—增压泵；5—RO 滤膜器；6—过滤器压力罐；7—后置活性炭滤器；8—喷射式微型电泵；9—压力表；10—膜式压力罐；11—控制器

类型	型号	公称压力	空气压力	油箱容积	供油量/mL	压比	耗气量/L·min^{-1}
基本参数	KS-2107-1	2MPa	0.3～0.7MPa	500mL	0.01～0.1	1∶7	0.07
	KS-2107-2	2MPa	0.3～0.7MPa	3000mL	0.01～0.1	1∶7	0.14
	KS-2107-3	2MPa	0.3～0.7MPa	3000mL	0.01～0.1	1∶7	0.21
	KS-2107-4	2MPa	0.3～0.7MPa	3000mL	0.01～0.1	1∶7	0.28
	KS-2209-5	2MPa	0.3～0.7MPa	500mL	0.01～0.1	1∶7	0.14
	KS-2209-6	2MPa	0.3～0.7MPa	500mL	0.01～0.1	1∶7	0.14
	KS-2209-7	2MPa	0.3～0.7MPa	500mL	0.01～0.1	1∶7	0.14
	KS-2209-8	2MPa	0.3～0.7MPa	500mL	0.01～0.1	1∶7	0.14
	KS-2209-9	2MPa	0.3～0.7MPa	500mL	0.01～0.1	1∶7	0.14

6.6.2　微量润滑装置元件

6.6.2.1　精密气动泵

精密气动泵（表 17-6-118）是微量润滑装置的核心，通过频率发生器所提供的信号源，可以将微量润滑油精准输出、无级调节，每次供油量在 0.01～0.1mL，最多每分钟可以供油 120 次，满足各种加工的润滑要求。

6.6.2.2　混合阀

混合阀（表 17-6-119）分为油气混合阀和油水气混合阀两种，通过特质的密封腔在一定的压力情况下，将介质进行均匀混合后从出油口输出。

表 17-6-118　精密气动泵

结构简图

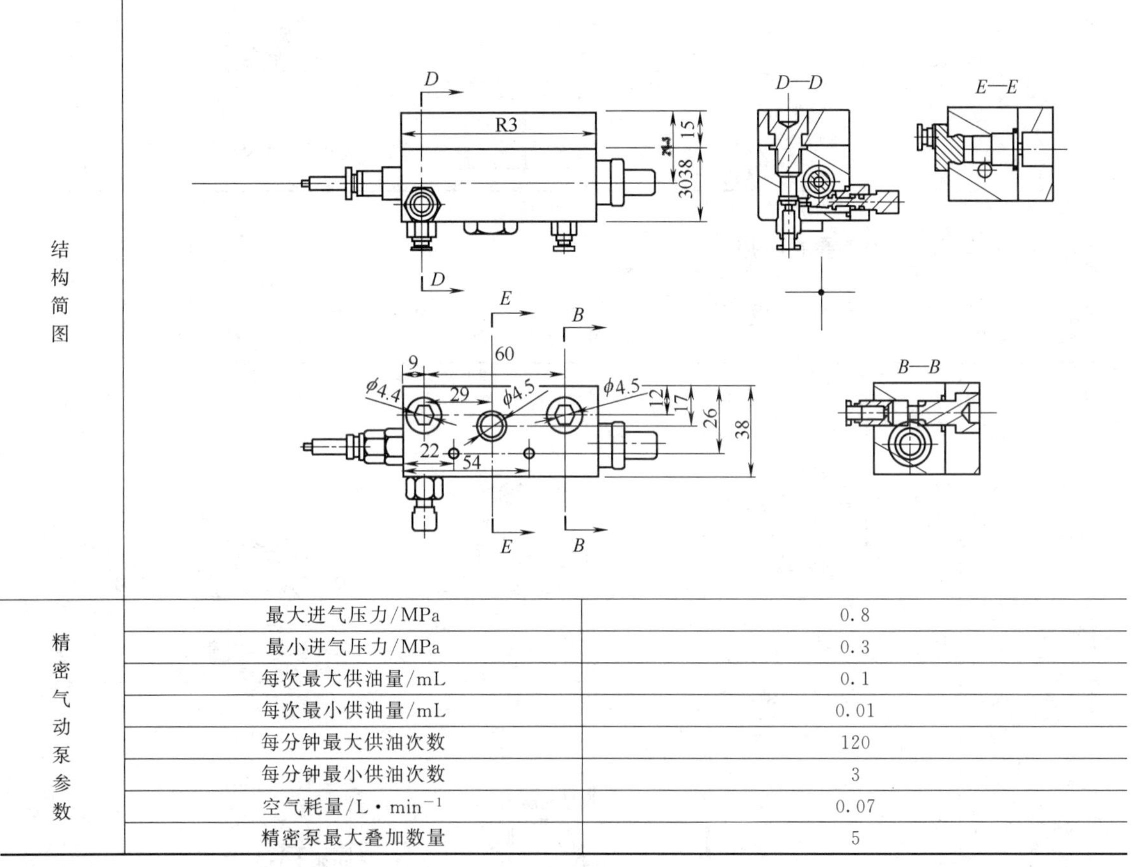

精密气动泵参数	
最大进气压力/MPa	0.8
最小进气压力/MPa	0.3
每次最大供油量/mL	0.1
每次最小供油量/mL	0.01
每分钟最大供油次数	120
每分钟最小供油次数	3
空气耗量/$L\cdot min^{-1}$	0.07
精密泵最大叠加数量	5

表 17-6-119　混合阀

功能	外形图	属性	参数
将油气或者油水气三者在密封腔里进行均匀混合后再喷射而出	φ2.5 15 30 9.5 20 15 6 8 15	空气压力/MPa	0.3～0.7
		混合种类	油气或油水气
		空气耗量/$L\cdot min^{-1}$	0.07

第 17 篇

6.6.2.3　频率发生器

微量润滑装置的动力源通过频率发生器提供的动力，控制气动泵开启实现微量润滑。

表 17-6-120　　频率发生器

功能	外形图	属性	参数
控制气动泵的开启	46　27　73.70　14　46　32	最大频率/(次/min)	200
		最小频率/(次/min)	3
		最大进气压力/MPa	0.8
		最小进气压力/MPa	0.3

6.6.3　微量润滑装置的应用

每种微量润滑装置所适用的工况是不一样的，根据不同的加工工艺及设备，选择合适的微量润滑装置。

表 17-6-121　　微量润滑装置应用

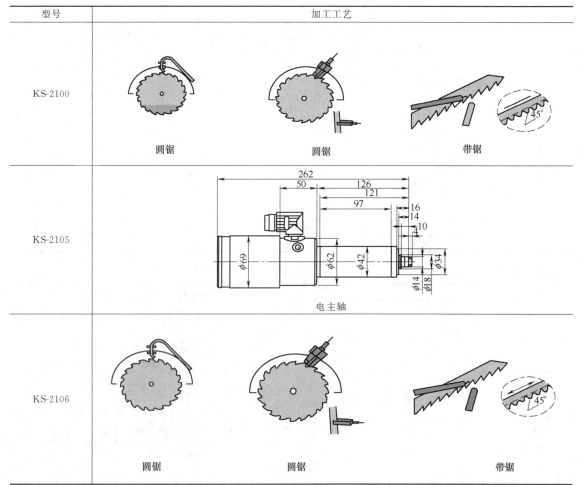

型号	加工工艺
KS-2100	圆锯　圆锯　带锯
KS-2105	262　50　126　121　97　16　14　10　4　$\phi69$　$\phi62$　$\phi42$　$\phi34$　$\phi14$　$\phi18$ 电主轴
 KS-2106	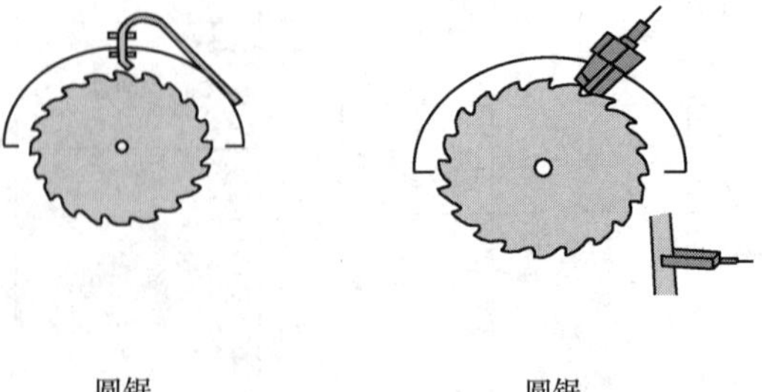  圆锯　圆锯　带锯

续表

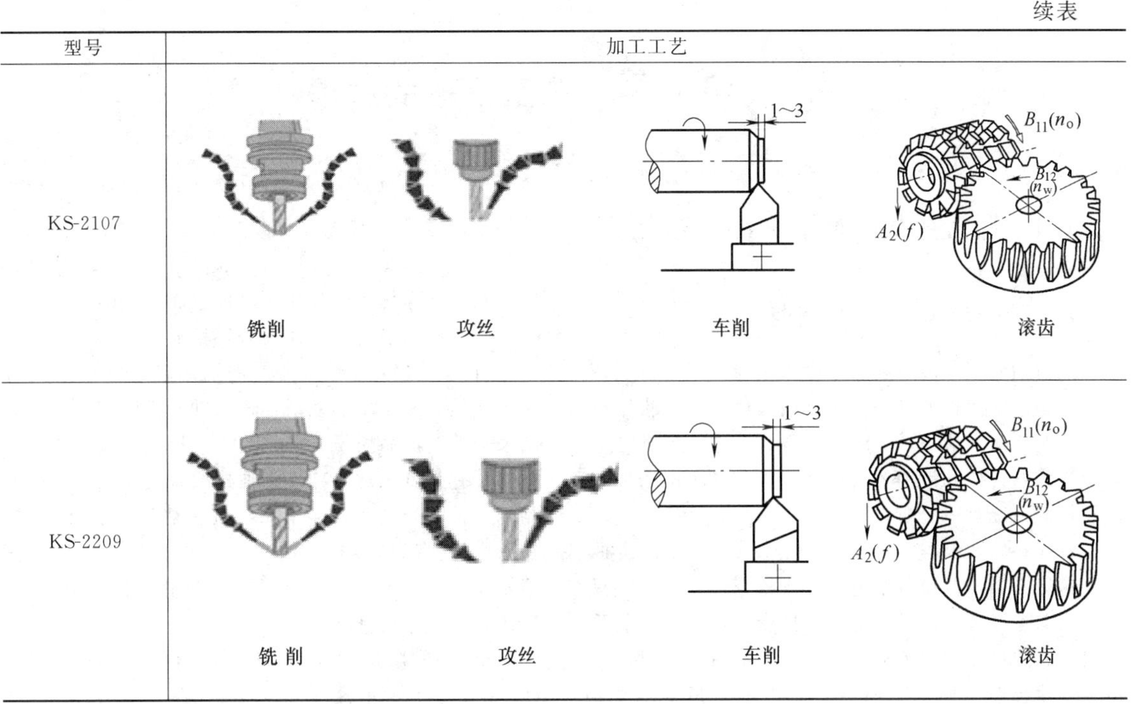

型号	加工工艺			
KS-2107	铣削	攻丝	车削	滚齿
KS-2209	铣 削	攻丝	车削	滚齿

6.6.4　微量润滑油

微量润滑设备需要配合专用的微量润滑油，才能保证足够的润滑冷却效果。根据不同工艺，不同加工材质，所需要的微量润滑油的种类也是不一样的。

表 17-6-122　　微量润滑油

型号	适用工况	颜色	倾点/℃	运动黏度/$mm^2 \cdot s^{-1}$
KS-1102	铝合金及软金属轻载到中载加工	淡绿色	−28	15～20
KS-1106	铝合金及软金属中载到重载加工	淡紫色	−36	20～25
KS-1108	铝合金及软金属的重载，高速锯切加工	淡蓝色	−10	32～38
KS-1040	黑色金属车，铣，钻，齿轮加工，不锈钢亦可	淡黄色	−20	65～70
KS-1042B	黑色金属中高速车，铣，攻，钻等加工	淡蓝色	−5	10～13
KS-1042C	铝合金及软金属的中高速车，铣，攻，钻等加工	淡红色	−18	4.5～6
KS-1602	高速轴承，电主轴的冷却润滑	淡黄色	−35	17～19

注：表中内容来源于上海金兆节能科技有限公司技术规范 Q/JZZB 101—2015。

第 7 章 典型设备的润滑

7.1 润滑系统的换油和冲洗净化

7.1.1 润滑油的更换周期

润滑油使用一段时间后，由于本身的氧化以及使用过程中外来因素的影响，会逐渐变质以至要报废更换，适时更换润滑油，对维护设备、节约油料都是很有意义的。更换润滑油要根据用油单位的工况条件和油品检验情况具体分析。

(1) 根据设备制造单位的介绍和设备运转情况换油

这里必须强调设备制造单位所推荐的换油期，只能作为参考。特别是过去出产的机床，由于缺乏实验手段，有的厂家就规定换油期为半年或者一年。这种规定不尽合理，即便有的设备制造厂换油期是通过实验制定出来的，但是对于具体设备使用单位的工况条件还差别较大。有的单位设备的工作温度较高，有的常与粉尘、水分接触，这样，换油期相应缩短。相反，可适当长些。

另外，还得根据设备运转的情况，如油温油压是否正常，运转中有无异常现象，检查油路是否正常等。在设备检修时，更应检查润滑系统，有无严重锈蚀、剥落、擦伤等因油质不良而造成的缺陷。

(2) 根据油料检验情况确定换油期

目前，确定润滑油的换油期比较科学可靠的方法，就是对使用中的润滑油进行抽样检验，根据检验结果来评定油品质量并确定要不要换油。具体抽样检验时，有几点注意事项：①油样要有代表性，要在油品经过长时间循环，润滑系统处于热运转状况取样，在补充新油以前取样；②采样工具和装油容器要清洁；③要掌握新油的化验数据及润滑油补加数量等，以便对比并作出判断。

至于具体换油指标，国外有代表性的加德士(GAL-TEX)润滑油部分油品报废指标见表 17-7-1～表 17-7-3，国外一些有关换油期和换油标准见表 17-7-4～表 17-7-7。我国部分润滑油产品换油指标国家标准和行业标准见表 17-7-8～表 17-7-12。部分企业的换油指标见表17-7-13、表 17-7-14。

表 17-7-1 加德士公司液压和循环系统油报废指标

检验项目	质量变化控制指标	备注	检验项目	质量变化控制指标	备注
运动黏度(40℃)/$mm^2 \cdot s^{-1}$	±20%		抗氧剂	新油之 50%	每年测定
			防锈剂	锈蚀试验失败	每年测定
水	0.2%		水分离性(Ca)	10mg/kg	
抗磨剂	新油之 50%	每年测定	乳化特征	120min 乳液到 32mL	

表 17-7-2 加德士公司汽轮机油报废指标

检验项目	透平变化控制指标	备注	检验项目	透平变化控制指标	备注
外观和气味	迅速变化	观定者判断	水含量	0.2%(体积分数)	
爆裂试验	有水	测定水分	抗氧剂	新油的 50%	每年测定
运动黏度(40℃)变化率/%	±20		防锈剂	锈蚀试验失败	每年测定
			钙含量	10mg/kg	
总酸值	0.30mg(KOH)/g	也称中和值	乳液特性	120min 乳液到 3mL	

注：防锈汽轮机油的总酸值不受此限制。

表 17-7-3 加德士公司变压器油报废指标

检验项目	质量变化控制指标	备注
介电强度/kV	30	如小于 30 测水分
总酸值(TAN)/mg(KOH)·g^{-1}	5.3	也称中和值
水/μg·g^{-1}	30	用爆裂试验测不出水

表 17-7-4　　世界主要汽车公司推荐的换油期

汽车公司(汽油机)	换油里程/km	汽车公司(汽油机)	换油里程/km
美国汽车公司	12000	丰田	15000
克莱斯勒	12000	本田	10000
福特	12000	日产	10000
通用汽车	13000	丸善	10000
大众	7500	五十铃	5000
菲亚特	10000	中国	10000 左右
奔驰	15000		

表 17-7-5　　世界主要柴油机公司推荐的换油期

柴油机公司	换油期/km	柴油机公司	换油期/km
马克	40000	卡特皮勒	16000～80000
皮卡索	6000～18500	日产柴油机	6000～12000
斯堪尼亚	50000～800000	日野	10000～20000
沃尔沃	10000～100000	三菱发动机	5000
柏里特	50000	五十铃	5000
库明斯	16000～40000	中国	10000～30000

注：厂家推荐的换油期主要是根据发动机功率大小，增压或自然吸气，柴油喷射方式以及机油的质量与黏度级别来定的。厂家从保护发动机角度出发，一般推荐的机油质量都高些，换油期短些。

表 17-7-6　　国外发动机油正常使用达到危险水平指标

项目		指标
100℃运动黏度		以新油为准，黏度下降不低于 25%，或黏度增长不高于 35%
总碱值(TBN)		不低于 1mg(KOH)/g
强酸值		在使用过的机油中不应有强酸存在
闪点		柴油机油闪点不低于新油闪点 25℃
不溶物		戊烷不溶物(加凝聚剂)不允许增加到 5%～6%
水含量		不高于 0.5%，无游离水存在
稀释		可接受的限度为 5%(一般汽油机油为 1%～2%)
磨损金属	铁含量	不应高于 500μg/g，正常水平允许到 150μg/g
	铝含量	危险水平 60μg/g，正常水平低于 20μg/g
	铜含量	危险水平 75μg/g，正常水平低于 30μg/g
	铅含量	柴油机正常水平铅量稍低(低于 30μg/g)
	硅含量	正常水平低于 25μg/g，达到 100μg/g 或更高发动机会发生磨料磨损

表 17-7-7　　日本推荐的液压油使用界限（指与新油的变化量）

项　　目	精密液压系统	一般液压系统	项　　目	精密液压系统	一般液压系统
相对密度(15℃/4℃)	±0.03	±0.05	戊烷不溶物/%	0.03	0.1
燃点/℃	−30	−60	苯不溶物/%	0.02	0.04
黏度/%	±10	±20	树脂量/%	0.02	0.05
黏度指数	±5(−10)	±10(−20)	污染度(微孔<5um)/(微粒数/100mL)	600000	1200000
总酸值/mg(KOH)·g^{-1}	±0.4	±0.7			
酸性度(pH)	−2.5(4.0)	−3.5(5.2)	过滤残渣重/mg·$(100mL)^{-1}$	20	40
表面张力/dyn·cm^{-1}	−10	−15			
比色	+3	+4	水分/%	0.05	0.2

注：1dyn/cm=10^{-5}N/cm。

表 17-7-8　　L-HL 液压油换油指标（SH/T 0476—1992，2003）

项　　目		换油指标	试验方法
外观		不透明或混浊	目测
运动黏度 40℃变化率/%	大于	±10	GB/T 265①
色度变化(比新油)/号	等于或大于	3	GB/T 6540
酸值/mg(KOH)·g^{-1}	大于	0.3	GB/T 264
水分/%	大于	0.1	GB/T 260
机械杂质/%	大于	0.1	GB/T 511
铜片腐蚀(100℃,3h)/级	等于或大于		GB/T 5096

① 运动黏度变化率按下式计算：

$$\eta=(\nu_1-\nu_2)/\nu_2\times100$$

式中，ν_1 为使用中油的黏度实测值，mm^2/s；ν_2 为新油黏度实测值，mm^2/s。

第 17 篇

表 17-7-9 L-HM 液压油换油指标（SH/T 599—1994）

项　目		换油指标	试验方法
运动黏度变化率(40℃)/%	超过	215 或 −10	GB/T 265
水分/%	大于	0.1	GB/T 290
色度增加(比新油)/号	大于		GB/T 6d540
酸值			
降低/%	超过	35	GB/T 264①
或增加值/mg(KOH)·g^{-1}	大于	0.4	
正戊烷不溶物/%	大于	0.10	GB/T 9826A 法②
铜片腐蚀(100℃,3h)/级	大于	2a	GB/T 509

① 酸值降低百分数 Y（%）按下式计算：

$$Y=(X_1-X_2)/X_1\times100$$

式中，X_1、X_2 分别为新油和使用中油酸值实测值，mg(KOH)/g。

② 允许采用 GB/T 511 方法，使用 60～90℃石油醚作溶剂，测定试样机械杂质。

车用汽油机油和柴油机油换油指标见表 17-2-44 和表 17-2-45。

表 17-7-10 拖拉机柴油机油换油指标①

项　目		换油指标	试验方法
运动黏度(100℃)变化率/%	超过	+35,−25	GB/T 265
酸值/mg(KOH)·g^{-1}	大于		GB/T 8030
碱值/mg(KOH)·g^{-1}	小于	1	SH/T 0251
水分/%	大于	0.5	GB/T 260
不溶物含量/%			
石油醚不溶物	大于	3	
苯不溶物	大于	1.5	

① 适用于拖拉机柴油机油在运行中的质量监控，当运行中的拖拉机柴油机油的不溶物含量接近本标准时，应采取相应的净化措施。其中有一项指标达到本标准时应更换新油。

表 17-7-11 普通车辆齿轮油换油指标（SH/T 0475—1992）

项　目		换油指标	试验方法
运动黏度(100℃)变化率/%	大于	+20,−10	GB/T 265
水分/%	大于	1.0	GB/T 960
酸值增加值/mg(KOH)·g^{-1}	大于	0.5	GB/T 8030
戊烷不溶物/%	大于	2.0	GB/T 8926
铁含量/%	大于	0.5	RH/T 0197

注：1. 本标准适用于普通车辆齿轮油在后桥渐开线齿轮润滑过程中的质量监控，当使用中油品有一项指标达到换油指标时应更换新油。

2. 执行本标准要求汽车后桥技术状况要良好，主动和从动齿轮的装配间隙符合检修公差，不漏油，并在使用过程中对油品的性质进行定期监测。

3. 执行本标准的换油里程定为 45000km。

4. 铁含量测定方法允许采用原子吸收光谱法。

表 17-7-12 化纤化肥工业用汽轮机油换油指标①

项　目			换油指标	试验方法
运动黏度(40℃)变化率/%		超过	±10	GB/T 265
酸值/mg(KOH)·g^{-1}	未加防锈剂的油	大于	0.2	GB/T 364
	加防锈剂的油	大于	0.3	
闪点(开口)/℃ 比新油标准低			8	GB/T 267
水分/%		大于	0.1	GB/T 260
破乳化时间/min		大于	60	GB/T 7305
液相锈蚀试验(15 号钢棒,24h,蒸馏水)			锈	GB/T 11143
氧化安定性/min		小于	60	SH/T 0193

① 本标准适用于化纤、化肥工业所使用的各种牌号的矿油型汽轮机油和防锈汽轮机油在运行中的质量监控。当运行中汽轮机油有一项指标达到本标准时，应采取相应的维护措施或更换新油。

第17篇

表 17-7-13　部分钢铁冶金企业极压型工业齿轮油换油指标

项　目	换油指标	项　目	换油指标
黏度变化/%	±15	机械杂质/%	0.5
酸值增加/mg(KOH)·g^{-1}	1.0	铜片腐蚀/级	2C
水分/%	1.0	梯姆肯试验 OK 值/N	133
正庚烷不溶物/%	1.0		

表 17-7-14　部分水泥厂极压型工业齿轮油换油指标

项　目	换油指标	项　目	换油指标
黏度变化率/%	±15	不溶物/%	0.3
酸值增加/mg(KOH)·g^{-1}	1.0	梯姆肯试验 OK 值/N	178
水分/%	2.0		

(3) 换油注意事项

① 不要轻易作出换油决定，要设法延长油品的使用期，办法是正确使用设备和油料，同时补充新油，有条件时还可补充添加剂。当然，延长换油期必须以保证设备安全运行和良好润滑为前提。对一些关键、精密的设备，则不应过分强调油品使用期的延长。

② 尽量结合检修换油。

③ 换油时不要轻易报废，如油质尚好，可以稍加处理（如沉降过滤，去除水分杂质）后再用或用于次要设备。废油则要分别收集，以利于今后再处理。

7.1.2　润滑系统的冲洗净化

表 17-7-15　润滑系统的冲洗净化及换油

项目	说　明
整体要求	根据润滑系统的油泥沉积和结垢情况，必要时换用新油之前，需把旧油放净，并把润滑系统冲洗干净。一般是用低黏度的，有时还加有特制清净分散添加剂的冲洗油，冲洗内燃机、汽轮机、液压系统以及一些润滑系统里油泥沉积和结焦膜及废用油等，以防污染新油，从而延长新油的使用寿命，并减少设备的磨损和腐蚀 对新购进的设备，也有在装配过程中，不可避免地带入一些尘埃、杂质及纤维或铁屑等，而需要在使用前用冲洗油冲洗干净后，再按规定向系统中加入新油后开始试运转或跑合，有时还要用专门的试车油或跑合(磨合)专用润滑油。在正常运转到规定的换油期(或间隔 1、2 个换油期)，或经测定润滑油变质情况决定换油时放出旧油之后，冲洗油把系统中残存的废油及油泥沉积物冲洗干净再加入规定的适用的新油
冲洗油的选择	选用的冲洗油一般比正常运转用油的黏度小 1～2 级，以有利于溶解油泥和胶质沉积物，并利于迅速渗入系统各部。同时要求冲洗油的溶解性能好，要有必要的清净浮游性和防锈性，而最好使用溶解能力较强的环烷基低黏度冲洗油，或加有清净分散剂、防锈剂及极压剂等添加剂的冲洗油。国外还用加有清洗剂、有机溶剂等冲洗油。也有用黏度指数 70 左右，40℃时黏度为 $10mm^2/s$、$14.5mm^2/s$ 和 $21.8mm^2/s$，中和值最大 0.05mg(KOH)/g，闪点最低 149℃，倾点最高 2℃的石蜡基冲洗油。这里必须指出，所用冲洗油的性能不得影响润滑油的质量指标和性能。如汽轮机冲洗油不得含有影响汽轮机油添加剂，否则冲洗变成了污染，起了反作用
非自驱润滑油泵润滑系统的冲洗	在冲洗前把旧油趁温度较高时放净。为了提高冲洗效果，而使冲洗油在适当的温度下加快流速进行循环，因而将主轴承等供油管线加上盲板，并装临时冲洗管线，使冲洗油通过旁路管线回流到冲洗油罐，并经沉降后过滤循环使用。一般清洗油用量约为正常运转时润滑油循环量的 50%～75%，非循环润滑系统的应依具体情况而定。在润滑油箱或油底壳或油冷却器里设闭式电热或蒸汽加热设备，并设自动调节控制设备。一般把冲洗油加热到 65～80℃，并用油泵进行循环，一般循环冲洗 2h，中间停 1h，如此反复 3 次以上(依实际需要情况决定)。在循环中经过滤机或离心机等，随时把杂质油泥等除掉，并应及时切换和清洗过滤器。根据循环冲洗系统中过滤器污染和离心机的清洁程度，可以判断冲洗达到要求的清洁度。冲洗完毕时，趁热放净冲洗油，而后加入置换油(运转用新油加防锈剂)，到正常运转用油量的 50%～75%加热到 60℃左右进行循环，循环中期把主轴承等润滑管线的盲板取下，使置换油通过正常润滑油系统管线，并时时转动机械设备，使其状态位相改变，用置换油循环 2～4h，同时依具体情况的需要，进行过滤器的切换和清洗及离心分离机的清洗，而后在高温下，将置换油放净，按规定数量加入正常运转用的润滑油
自驱润滑油泵润滑系统的冲洗	把旧油在高温情况下彻底放干净，把用过受污染润滑油的过滤芯换新，将 50%冲洗油和 50%运转用新油的混合油，按规定运转油量调制，并注入油箱或油底壳或曲轴箱内，将油在允许范围内，加热到 80～90℃(需设适当的加热装置)，对行使动力机械应将主轴离合器脱离，或将变速齿轮挂在空挡上，以减轻载荷并停止行进，使机械低速运转。同时将油温提高到 60%左右进行循环，循环时间一般 2～4h，循环中将润滑油过滤器随时切换，清扫除去杂质，循环外的污物用喷油进行清洗，最后停机趁热将冲洗油彻底放净，随后按规定数量加入正常运转用新油，按操作规定进行运转
油液的净化	在冲洗过程中应连续采用过滤器和离心机，以净化冲洗油液。如原润滑系统缺少这种装置，则需另行加装。热冲洗油液的循环应按需要继续一段时间，小型装置可以是 1～4h，而大型装置则需要更长的时间。当冲洗过程完成后，可立即从系统中放净冲洗油液，特别要注意放净管道和变速器等中的所有低凹位置。要人工清除落入油箱中的沾污杂质，检查轴承及其壳体和顶盖，拆开变速器的液压机构，清除外界杂质。小型和未涂防锈材料的润滑系统可以简化手续，利用和规定润滑油同样的油品进行冲洗工作。其清洗的方法和上述方法相同。需要注意的是：仍要防止任何可能的沾污，并不让外界杂质进入轴承和变速器中

续表

项目	说明
冲洗油的排出	冲洗油不符合润滑的要求，而且包含杂质太多(包括溶解和不溶解的)，必须彻底排除。特别大型重要的润滑系统，在清洗净化并放出冲洗油之后，还需利用和规定润滑油同样的油品加入系统中，加热至55～65℃，让其循环约2h，然后放出。因油的黏度高于清洗油的黏度，故能将一些更重的杂质悬浮起来而冲洗除掉。冲洗过的冲洗油和置换时用过的置换油，都要分别放入干净的容器里，经沉淀过滤和吸附净化，或送石油再生加工厂处理循环使用 经过上述办法冲洗净化的润滑系统，在加入规定润滑油运行几个星期后经实验室分析判定油的黏度和清洁度均无意外情况时，就可认为跑合终了，需要换一次油，然后作长期正常的运行
冲洗换油的基本步骤	① 准备检查阶段 对已到换油周期的设备进行换油时，先将回收废油的专用桶、清洗油、清洗工具和新油一并准备就绪，然后清理设备周围场地，不得有明火存在，换油设备必须切断电源 ② 冲洗换油阶段 根据润滑卡片或润滑图表所规定的部位，拆卸必要的罩壳、盖板，在放油口上接上油盘，拧开放油孔，放尽废油。接着，拆卸各级过滤器，认真清洗，拆卸油标、油毡、油线，并清洗干净。然后，再把冲洗用油倒入油箱或换油部位，用油拖把、油钩和纱布进行油箱体内的清洗，规格较大的油箱也可用油泵冲刷清洗。要求把箱内油垢、油泥、垃圾杂物清洗干净，油漆面显露本色。同时检查润滑系统中各元件是否完好，对损坏或失落的机件进行修配。最后，擦干油箱，装好过滤器、油窗、油标，旋上放油螺钉，按规定的油品牌号加油至规定油量 ③ 收尾调整阶段 加油后进行试车运转，认真检查润滑系统中各油路是否畅通，油量是否符合要求，及时加以调整。设备运行后的清洗也可参照上述方法进行

7.2 金属切削机床的润滑

7.2.1 机床润滑的特点

① 机床中的主要零部件多为典型机械零部件，标准化、通用化，系列化程度高 例如滑动轴承、滚动轴承、齿轮、蜗轮副、滚动及滑动导轨、螺旋传动副（丝杠螺母副）、离合器、液压系统、凸轮等，润滑情况各不相同。

② 机床的使用环境条件 机床通常安装在室内环境中使用，夏季环境温度最高为40℃，冬季气温低于0℃时多采取供暖方式使环境温度高于5～10℃。高精度机床要求恒温空调环境，一般在20℃上下。但由于不少机床的精度要求和自动化程度较高，对润滑油的黏度、抗氧化性（使用寿命）和油的清洁度的要求较严格。

③ 机床的工况条件 不同类型和不同规格尺寸的机床，甚至在同一种机床上由于加工件的情况不同，工况条件有很大不同，对润滑的要求有所不同。例如高速内圆磨床的砂轮主轴轴承与重型车床的重载、低速主轴轴承对润滑方法和润滑剂的要求有很大不同。前者需要使用油雾或油气润滑系统润滑，使用较低黏度的润滑油，而后者则需用油浴或压力循环润滑系统润滑，使用较高黏度的油品。

④ 润滑油品与润滑冷却液、橡胶密封件、油漆材料等的适应性 在大多数机床上使用了润滑冷却液，在润滑油中，常常由于混入冷却液而使油品乳化及变质、机件生锈等，使橡胶密封件膨胀变形，使零件表面油漆涂层起泡、剥落。因此应考虑润滑油品与润滑冷却液、橡胶密封件、油漆材料的适应性，防止漏油等。特别是随着机床自动化程度的提高，在一些自动化和数控机床上使用了润滑/冷却通用油，既可作润滑油、也可作为润滑冷却液使用。

7.2.2 机床润滑剂的选用

表 17-7-16 机床用润滑剂选用推荐表

字母	一般应用	特殊应用	更特殊应用	组成和特性	L类(润滑剂)的符号	典型应用	备注
A	全损耗系统			精制矿油	AN32 AN68 AN220	轻负荷部件	常使用HL液压油
C	齿轮	闭式齿轮	连续润滑（飞溅、循环或喷射）	精制矿油，并改善其抗氧性、抗腐蚀性（黑色金属和有色金属）和抗泡性	CKB32 CKB68 CKB100 CKB150	在轻负荷下操作的闭式齿轮（有关主轴箱轴承、走刀箱、滑架等）	CKB32和CKB68也能用于机械控制离合器的溢流润滑，CKB68可代替AN68。对机床主轴箱常用HL类液压油

续表

字母	一般应用	特殊应用	更特殊应用	组成和特性	L类(润滑剂)的符号	典型应用	备注
C	齿轮	闭式齿轮	连续润滑(飞溅、循环或喷射)	精制矿油，并改善其抗氧化性、抗腐蚀性(黑色和有色金属)、抗泡性、极压性和抗磨性	CKC100 CKC150 CKC200 CKC320 CKC460	在正常或中等恒定温度和在重负荷下运转的任何类型闭式齿轮(准双曲面齿轮除外)和有关轴承	也能用于丝杠进刀螺杆和轻负荷导轨的手控和集中润滑
F	主轴、轴承和离合器		主轴、轴承和离合器	精制矿油、并由添加剂改善其抗腐蚀性和抗氧化性	FC2 FC5 FC10 FC22	滑动轴承或滚动轴承和有关离合器的压力、油浴和油雾润滑	在有离合器的系统中，由于有腐蚀的危险，所以采用无抗磨和极压剂的产品是需要的
			主轴、轴承	精制矿物油、并由添加剂改善其抗腐蚀性、抗氧和抗磨性	FD2 FD5 FD10 FD22	滑动轴承或滚动轴承的压力、油浴和油雾润滑	也能用于要求油的黏度特别低的部件，如精密机械、液压或液压气动的机械、电磁阀、油气润滑器和静压轴承的润滑
G	导轨			精制矿油，并改善其润滑性和黏-滑性	G68 G100 G150 G220	用于滑动轴承、导轨的润滑，特别适用于低速运动的导轨润滑，使导轨的"爬行"现象减少到最小	也能用于各种滑动部件，如丝杠、进刀螺杆、凸轮、棘轮和间断工作的轻负荷蜗轮的润滑
H	液压系统	液压系统		精制矿油，并改善其防锈、抗氧性和抗泡性	HL32 HL46 HL68		
				精制矿油，并改进其防锈、抗氧、抗磨和抗泡性	HM15 HM32 HM46 HM68	包括重负荷元件的一般液压系统	也适用于作滑动轴承、滚动轴承和各类正常负荷的齿轮(蜗轮和准双曲面齿轮除外)的润滑，HM32 和 HM68 可分别代替 CKB32 和 CKB68
				精制矿物油，并改善其防锈、抗氧、黏温性和抗泡性	HV22 HV32 HV46	数控机床	在某些情况下，HV 油可代替 HM 油
		液压和导轨系统		精制矿物油，并改善其抗氧、防锈、抗磨、抗饱和黏-滑性	HG32 HG68	用于滑动轴承、液压导轨润滑系统合用的机械以减少导轨在低速下运动的"爬行"现象	如果油的黏度合适，也可用于单独的导轨系统，HG68 可代替 G68
X	用润滑脂的场合	通用润滑脂		润滑脂，并改善其抗氧和抗腐蚀性	XBA 或 XEB1、XBA 或 XEB2、XBA 或 XEB3	普通滚动轴承、开式齿轮和各种需加脂的部位	

注：AN—全损耗系统用油；CKB—抗氧化、防锈工业齿轮油；CKC—中负荷工业齿轮油；FC—轴承油；FD—改善抗磨性的 FC 轴承油；G—导轨油；HL—液压油；HM—液压油（抗磨型）；HV—低温液压油；HG—液压导轨油；XBA—抗氧及防锈润滑脂；XEB—抗氧、防锈及抗磨润滑脂。

7.2.3 机床常用润滑方法

表 17-7-17 机床常用的润滑方法

润滑方法	润滑原理	使用场合
手工加油润滑	手工将润滑油或润滑脂加到摩擦部位	轻载、低速或间歇工作的摩擦副。如普通机床的导轨、挂轮及滚子链(注油润滑)、齿形链(刷油润滑),$D<0.6\times10^6$ 的滚动轴承及滚珠丝杠副(涂脂润滑)等
滴油润滑	润滑油靠自重(通常用针阀滴油油杯)滴入摩擦部位	数量不多、易于接近的摩擦副。如需定量供油的滚动轴承,不重要的滑动轴承(圆周速度<4~5m/s,轻载),链条,滚珠丝杠副,圆周速度<5m/s 的片式摩擦离合器等
油绳润滑	利用浸入油中的油绳、油垫的毛细管作用或利用回转轴形成的负压进行自吸润滑	中、低速齿轮,需油量不大的滑动轴承,装在立轴上的中速、轻载滚动轴承等
油垫润滑		圆周速度<4m/s 的滑动轴承等
自吸润滑		圆周速度>3m/s,轴承间隙<0.01mm 的精密机床主轴滑动轴承
离心润滑	在离心力的作用下,润滑油沿着圆锥形表面连续地流向润滑点	装在立轴上的滚动轴承
油浴润滑	摩擦面的一部分或全部浸在润滑油内运转	中、低速摩擦副,如圆周速度<12~14m/s 的闭式齿轮;圆周速度<10m/s 的蜗杆、链条、滚动轴承;圆周速度<12~14m/s 的滑动轴承;圆周速度<2m/s 的片式摩擦离合器等
油环润滑	使转动零件从油池中通过,将油带到或激溅到润滑部位	载荷平稳,转速为 100~2000r/min 的滑动轴承
飞溅润滑		闭式齿轮,易于溅到油的滚动轴承,高速运转的滚子链,片式摩擦离合器等
刮板润滑		低速(30r/min)滑动轴承
滚轮润滑		导轨
喷射润滑	用油泵使高压油经喷嘴喷射入润滑部位	高速旋转的滚动轴承
手动泵压油润滑	利用手动泵间歇地将润滑油送入摩擦表面,用过的润滑油一般不再回收循环使用	需油量少、加油频度低的导轨等
压力循环润滑	使用油泵将压力油送到各摩擦部位,用过的油返回油箱,经冷却、过滤后供循环使用	高速、重载或精密摩擦副的润滑,如滚动轴承、滑动轴承、滚子链和齿形链等
自动定时定量润滑	用油泵将润滑油抽起,并使其经定量阀周期地送入各润滑部位	数控机床等自动化程度较高的机床上的导轨等
油雾润滑	利用压缩空气使润滑油从喷嘴喷出,将其雾化后再送入摩擦表面,并使其在饱和状态下析出,让摩擦表面黏附上薄层油膜,起润滑作用并兼起冷却作用,可大幅度地降低摩擦副的温度	高速($D>1\times10^6$)、轻载的中小型滚动轴承、高速回转的滚珠丝杠、齿形链、闭式齿轮、导轨等。一般用于密闭的腔室,使油雾不易跑掉

7.3 内燃机的润滑

7.3.1 内燃机的工作特点

表 17-7-18 内燃机的工作特点

特点	说明
温度高,温差大	内燃机除了产生摩擦热以外,还要受到燃料燃烧产生热的影响,因而当内燃机工作一段时间后,各摩擦面的温度都比较高,如活塞顶、气缸壁及气缸盖,大约在 250~300℃之间,活塞裙部大约在 110~150℃之间。主轴承、曲轴箱油温为 85~95℃。另外,内燃机大多在室外使用,冬季不工作时,其零部件的温度与环境温度接近。当冷机启动和运转开始时,各摩擦面极易发生干摩擦和半干摩擦

续表

特点	说　明
运动速度快	内燃机曲轴转速多为 1500～4800r/min，活塞平均速度高达 8～14m/s，摩擦面上形成润滑油膜十分困难。用喷溅或击溅方法进入活塞与气缸壁之间的润滑油，还会被未气化燃烧的液体燃料稀释和带入燃烧室而烧掉。因此，在活塞与气缸壁之间，经常处于边界润滑状态。热膨胀和热变形会影响各运动零件正常的配合间隙，严重时会导致发生摩擦面黏着和烧结等故障
载荷重	现代内燃机的热效率高，质量小，功率大，因而运动零件单位摩擦面的载荷很大。例如连杆的轴承负荷为 7.0～24.5MPa，主轴承的负荷为 5.0～12.0MPa。有一些摩擦零件，如凸轮和气门挺杆等，还断续地处于极压润滑状态，连杆的轴承要承受冲击负荷
易受到环境因素的影响	内燃机在进气冲程中吸入的尘埃，燃料燃烧生成的废气和固态物，以及润滑油在高温和低温下氧化生成的积炭、漆膜和油泥等沉积物，都会对各摩擦面起加速磨损和增大腐蚀的作用，缩短摩擦零件的使用寿命

7.3.2　内燃机油的基本性能

表 17-7-19　内燃机油的基本性能

基本性能	说　明
良好的黏温特性，适当的黏度	在内燃机的工作特点中提到，其工作温度范围非常宽，如在非严寒地区都要在－20～250℃以上的宽温度范围内工作。这就要求内燃机油不仅应有适当的黏度，而且还要有良好的黏温特性。如果黏度太低，则发动机的运动部件得不到良好的润滑。据有关资料介绍，不含黏度指数改进剂的内燃机油，100℃运动黏度低于 $6mm^2/s$ 时，连杆轴承和曲轴轴承的磨损会明显增加；含黏度指数改进剂的内燃机油，100℃运动黏度低于 $4.5mm^2/s$ 时，轴承的磨损也较严重。但是，如果油的黏度过高和黏温特性不好，也会使发动机低温下启动困难，发生干摩擦，而且也增大发动机磨损。根据流体动压润滑理论计算和实验证明，内燃机使用的润滑油，其 100℃运动黏度以 $10mm^2/s$ 左右为宜，黏度指数应在 90 以上 多级内燃机油，由于基础油的黏度低，并加入黏度指数改进剂提高其黏温性能，保证油品能够在更宽的温度范围内正常工作，并使发动机在低温下容易启动，是最理想的节能型内燃机油
较强的抗氧化能力，较好的稳定性	油品的氧化速度与温度、氧浓度以及金属的催化作用都有密切关系。内燃机油的工作温度比其他很多品种的润滑油都高，油在润滑系统中高速循环和在油箱中被剧烈地搅拌，显著增加了与空气接触的面积和氧的浓度，加之受机械零件的金属如铁、铜和铝等的催化作用，使油的氧化速度加快。同时，磨损的磨粒以及从气缸泄漏出来的气体中的固态物和尘埃等，也会起促进油加速氧化的作用。氧化的结果，生成腐蚀金属的酸性物质以及由于黏度增大，油泥和漆膜大量生成而使油失去应有的润滑作用 另外，充填在活塞环部分的气体，大部分是空气。活塞头部的温度在 200℃以上，这个温度又是油被氧化的危险温度。活塞与气缸壁之间是呈薄层状态。这些因素都会促使油发生剧烈的热氧化反应生成漆状胶膜，这种漆膜是热的不良导体，不仅会使活塞和气缸壁过热，发动机功率下降，而且能使活塞环黏结在活塞环槽内，轻者使活塞环失去弹力，严重时使活塞环烧毁。当活塞环失去密封性能后，不仅使内燃机油窜入燃烧室烧掉，增加耗油量和气缸积炭，而且由于未气化燃烧的燃料窜入曲轴箱，既降低发动机的功率，增大燃料消耗，又使内燃机油受稀释，降低润滑油性能 提高内燃机油抗氧化能力和热稳定性，采取选用抗氧性好的基础油并加入一定数量的抗氧抗磨添加剂
有良好的清净分散性	燃料在内燃机中燃烧生成的炭粒和烟尘，内燃机油氧化生成的积炭和油泥，很容易集结变大或沉积在活塞、活塞环槽、气缸壁和二冲程发动机的排气口，使发动机磨损增大、散热不良、活塞环黏结、换气不良、排气不畅、油耗上升和功率下降。油泥的沉积，还会堵塞润滑系统，使供油不足，造成润滑不良。因此，要求内燃机油不仅应该具有良好的高温清净作用，能将摩擦零件上的沉积物清洗下来，保持摩擦面的清洁，而且要具备良好的低温分散性，能阻止颗粒物的积聚和沉积，以便在通过机油滤清器时将它们除掉
有良好的润滑性、抗磨损性	内燃机轴承的负荷重，气缸壁上油膜的保持性很差，这就要求内燃机具有良好的油性，以减少摩擦磨损和防止烧结。凸轮-挺杆系统间歇地处于边界润滑状态，润滑条件苛刻，很容易造成擦伤磨损，连杆轴承也长期承受冲击负荷。因此，要求内燃机油应具有一定的抗磨性能
有较好的抗腐蚀性和中和酸性物质的能力	现代内燃机的强化程度较高，载荷很重，主轴轴承和曲轴轴承必须使用机械强度较高的耐磨合金，如铜铅、镉银、锡青铜或铅青铜等，但这些合金的抗腐蚀性能都很差。为了保证轴承不因腐蚀作用而损坏，要求内燃机油要有较强的抗腐蚀能力 另外，内燃机油在使用过程中，由于自身氧化生成酸性物质，特别是小汽车和公共汽车，经常处于时开时停，内燃机油更容易氧化产生酸性物质和低温油泥。其次是燃料燃烧后产生的腐蚀性物质混入油中，特别是使用硫含量高的柴油时，会生成二氧化硫、三氧化硫，并遇水生成腐蚀性很强的硫酸。因此，要求内燃机油要有中和酸性物质的能力

7.3.3 内燃机油的分类

（1）黏度分级

目前我国采用国际上通用的SAE（美国汽车工程师学会）黏度分级法。表17-7-20列出了我国参照SAE J300所制订的我国内燃机油黏度分类国家标准GB/T 14906—1994。表中有两组黏度级，一组后附字母W，一组未附。前者规定的流变性质有最高低温黏度、最高边界泵送温度和100℃最低黏度；后者只规定100℃黏度范围。

表17-7-20中10个黏度级号的油，就是通常所称的单级油。在数字后面加有字母W的一组表示冬用（W是英文Winter的缩写），不带W的一组表示夏用或非寒区使用。可以看出，单级油的使用有明显的地区范围和季节的限制。

表 17-7-20 我国参照SAE J300制订的内燃机油黏度分级（GB/T 14906—1994）

SAE 黏度级号	最高低温黏度①(CCS)		最高边界泵送温度②(60000mPa·s时)/℃	100℃运动黏度③/$mm^2\cdot s^{-1}$	
	mPa·s	温度/℃		最小	最大
0W	3250	−30	−35	3.8	
5W	3500	−25	−30	3.8	
10W	3500	−20	−25	4.1	
15W	3500	−15	−20	5.6	
24W	4500	−10	−15	5.6	
25W	6000	−5	−10	9.3	
20				5.6	<9.3
30				9.3	<12.5
40				12.5	<16.3
50				16.3	<21.9
60				21.9	<26.1

① 采用GB/T 6538方法测定。

② 对于0W、20W和25W油采用SH/T 0562方法测定。

③ 采用GB/T 265方法测定。

为了克服单级油的这一缺点，为了最大限度地节约能源，SAE设计了一种适用于较宽的地区范围和不受季节限制的多级油。根据SAE J300标准，用带尾缀和不带尾缀的两个级号组成，还可组成多个多级内燃机油的级号，例如0W/30、5W/30、10W/30、10W/40、15W/40、20W/50等。它们的低温黏度和边界泵送温度符合W级的要求，而100℃黏度则在非W级油的范围内。多级油能同时满足多个黏度等级的要求，如10W/30不仅能满足10W级的要求，在寒区或冬季使用，也能满足30级的要求，在非寒区夏季使用。另外还能满足从10W至30其他等级的要求。

（2）质量分级（表17-7-21）

表 17-7-21 中国的内燃机油质量分级

应用范围	品种代号	特性和使用场合
汽油机油	SA(废除)	用于运行条件非常温和的老式发动机，该油品不含添加剂，对使用性能无特殊要求
	SB(废除)	用于缓和条件下工作的货车、客车或其他汽油机，也可用于要求使用API SB级油的汽油机。仅具有抗擦伤、抗氧化和抗轴承腐蚀性能
	SC	用于货车、客车或其他汽油机以及要求使用API SC级油的汽油机。可控制汽油机高低温沉积物及磨损、锈蚀和腐蚀
	SD	用于货车、客车和某些轿车的汽油机以及要求使用APISD、SC级油的汽油机。此种油品控制汽油机高、低温沉积物，磨损，锈蚀和腐蚀的性能优于SC，并可代替SC
	SE	用于轿车和某些货车的汽油机以及要求使用API SE、SD级油的汽油机。此种油品的抗氧化性能及控制汽油机高温沉积物、锈蚀和腐蚀的性能优于SD或SC，并可代替SD或SC
	SF	用于轿车和某些货车的汽油机以及要求使用API SF、SE及5C级油的汽油机。此种油品的抗氧化和抗磨损性能优于SE，还具有控制汽油机沉积、锈蚀和腐蚀的性能。并可代替SE、SD或SC

续表

应用范围	品种代号	特性和使用场合
汽油机油	SG	用于轿车、货车和轻型卡车的汽油机以及要求使用 API SG 级油的汽油机。SG 质量还包括 CC(或 CD)的使用性能。此种油品改进了 SF 级油控制发动机沉积物、磨损和油的氧化性能，并具有抗锈蚀和腐蚀的性能，并可代替 SF、SF/CD、SE 或 SE/CC
	SH	用于轿车、货车和轻型卡车的汽油机以及要求使用 API SH 级油的汽油机。SH 质量在汽油机磨损、锈蚀、腐蚀及沉积物的控制和油的氧化方面优于 SG，并可代替 SG
柴油机油	CA（废除）	用于使用优质燃料、在轻到中负荷下运行的柴油机以及要求使用 AH CA 级油的发动机。有时也用于运行条件温和的汽油机。具有一定的高温清净性和抗氧抗腐性
	CB（废除）	用于燃料质量较低、在轻到中负荷下运行的柴油机以及要求使用 API CB 级油的发动机。有时也用于运行条件温和的汽油机。具有控制发动机高温沉积物和轴承腐蚀的性能
	CC	用于在中及重负荷下运行的非增压、低增压或增压式柴油机，并包括一些重负荷汽油机。对于柴油机具有控制高温沉积物和轴瓦腐蚀的性能，对于汽油机具有控制锈浊、腐蚀和高温沉积物的性能，并可代替 CA、船级油
	CD	用于需要高效控制磨损及沉积物或使用包括高硫燃料的非增压、低增压及增压式柴油机以及国外要求使用 API CD 级油的柴油机。具有控制轴承腐蚀和高温沉积物的性能，并可代替 CC 级油
	CD-Ⅱ	用于要求高效控制磨损和沉积物的重负荷二冲程柴油机以及要求使用 API CD-Ⅱ级油的发动机，同时也满足 CD 级油性能要求
	CE	用于在低速高负荷和高速高负荷条件下运行的低增压和增压式重负荷柴油机以及要求使用 API CE 级油的发动机，同时也满足 CD 级油性能要求
	CF-4	用于高速四冲程柴油机以及要求使用 API CF-4 级油的柴油机。在油耗和活塞沉积物控制方面性能优于 CE 并可代替 CE，此种油品特别适用于高速公路行驶的重负荷卡车

7.3.4　内燃机油的选用

表 17-7-22　　内燃机油的选用

<table>
<tr><th>项目</th><th>选用原则</th></tr>
<tr><td>黏度牌号的选用</td><td>黏度牌号选择的最主要依据是气温，对固定式发动机则是工作环境温度。气温高时选黏度较大的机油，北方寒冷季节选用有“W”的油，牌号小的有更好的低温流动性。也就是有更好的低温启动性及泵送性能。其选用大致原则见下表
中国各地区寒冷季节选用适宜的黏度牌号
<table>
<tr><td>黏度牌号</td><td>5W</td><td>10W</td><td>15W</td><td>20W</td><td>30</td></tr>
<tr><td>适用气温/℃
地区</td><td>低于－20
东北北部</td><td>－20～0
东北、北疆</td><td>－15～5
华北、西北</td><td>－10～0
华中、华东</td><td>大于 10
华南</td></tr>
</table>
工作温度或环境温度越高则需选用较高黏度的油。如我国南部夏天一般需选用 40 号以上的油。黏度的选用还要考虑到内燃机的机况，新设备各方面的配合间隙小，可选用较小的黏度，旧设备有一定程度的磨损，配合间隙大，需较黏的油以得到好的密封，其黏度比它在新时高一档为好
为了能使设备在较宽的条件下得到良好的润滑，避免在不同季节及环境下频繁变换牌号而造成管理上的麻烦，提倡使用多级油。由于它的黏温性能比单级油好得多，在寒冷天气下流动性能好，有好的启动性，而在高温下也有足够的黏度，因而使用的温度范围宽，选择适当的多级油，可做到冬夏通用，不需随季节变换而换牌号。因而多级油使用越来越广泛，先进国家的汽油机油几乎绝大多数为多级油，柴油机油也占一半以上。虽然多级油价格高于相应的单级油，但其优点除了通用性以外，在节能、减摩等方面都较单级油好</td></tr>
<tr><td>内燃机与润滑油有关的故障</td><td>润滑油的质量与保证发动机效率的发挥，减少故障，延长工作寿命等有极大关系。一般说来，与润滑有关的故障可分为两类：一类是由于润滑为主要原因而发生的问题，如由于润滑油清净分散性太差而造成黏环，导致停车或拉缸；由于油泥太多堵塞油滤清器及油道而使供油中断，造成烧瓦等。这些问题只要改用质量好的润滑油即可保证发动机正常运转。另一类是通过改进润滑油有助于改进机械问题，如发动机性能下降，保养期短等。在这类问题中，润滑油起辅助作用，若采用好的润滑油可使发动机性能及保养期等比原来有所改善。下表为内燃机与润滑油有关的故障</td></tr>
</table>

续表

<table>
<tr><th>项目</th><th colspan="9">选 用 原 则</th></tr>
<tr><td rowspan="12">内燃机与润滑油有关的故障</td><td colspan="9">内燃机与润滑油有关的故障</td></tr>
<tr><td colspan="2">故障类型</td><td colspan="7">与油有关的原因</td></tr>
<tr><td rowspan="2">发动机停止转动</td><td>卡环拉缸</td><td colspan="7">黏环，油膜破坏，活塞沉积物多使活塞过热；由于泡沫多或油高度氧化而造成黏度，导致供油中断；油泥多堵塞油路使供油中断</td></tr>
<tr><td>烧瓦</td><td colspan="7">机油被燃料稀释使油黏度太小，油过滤失效而使碎物进入轴瓦，油高度氧化或酸值太大，腐蚀轴损失合金，各种原因使供油失效</td></tr>
<tr><td>发动机性能下降</td><td>功率下降</td><td colspan="7">黏环或油黏度下降使密封性能下降，油抗磨性差使配合间隙大，油黏度太大造成阻力大；提前点火。二冲程机沉积物多堵塞进排气口，使进排气不畅，沉积物多使进排气阀关闭不严</td></tr>
<tr><td rowspan="7">其他</td><td>提前点火</td><td colspan="7">燃烧室积炭多</td></tr>
<tr><td>冷启动困难</td><td colspan="7">油低温黏度过大</td></tr>
<tr><td>热启动困难</td><td colspan="7">油高温黏度过低</td></tr>
<tr><td>保养期短</td><td colspan="7">油的抗磨损性能差</td></tr>
<tr><td>换油期短</td><td colspan="7">油的全面质量差</td></tr>
<tr><td>机油耗大</td><td colspan="7">黏环、油孔堵塞，基础油组分轻</td></tr>
<tr><td>油压不正常</td><td colspan="7">油黏度太高或太低、漏油</td></tr>
<tr><td rowspan="2">汽油机油的选用</td><td>质量等级</td><td>SB</td><td>SC</td><td>SD</td><td>SE</td><td>SF</td><td>SG</td><td>SH</td><td>SJ</td></tr>
<tr><td>适用车型</td><td>CA-10B，CNJ70 及旧型号汽油机</td><td>EQ-40
BJ-212</td><td>CA-141，EQ-141，新型跃进车，各型号微型车</td><td>大发，切诺基，70 年代进口的各类小汽车及轻型车</td><td>标致、桑塔纳、奥迪，80 年代进口小汽车，轻型车</td><td>适用于 89 型汽油机</td><td>适用于 93 型汽油机</td><td>适用于 97 型汽油机</td></tr>
<tr><td rowspan="2">柴油机油选用</td><td>热载荷及机械载荷的影响</td><td colspan="8">热载荷是柴油机对润滑油性能要求的最主要因素。因为热载荷高则机械载荷必然也高，这就决定了对油的高温性能，抗氧、抗磨及极压等一系列性能要求的苛刻性。因此热载荷高的柴油机对油质量要求也高。从油的角度，表示柴油机热载荷及机械载荷有以下两种方法：
① 活塞-环槽温度。一般热载荷高的柴油机其活塞-环槽温度也高。这就易于使机油老化变质和生成沉积物。一般可分为三挡：一环槽在 250℃以上为高挡，应选用 CD 以上的油；200～250℃为中挡，可用 CC 油；低于 200℃为低挡，用 CA 油。这种表示法较直观，但不易测量，结果误差大
② 强化系数 K_ϕ
$$K_\phi = P_e C_m Z \cdot 10\tau$$
$$P_e = 180 N_e \tau (Vn)$$
$$C_m = Sn/30$$
式中，P_e为平均有效压力，MPa；C_m为平均活塞线速度，m/s；Z 为常数，四冲程 $Z=0.5$，二冲程 $Z=1.0$；τ 为冲程，四冲程 $\tau=4$，二冲程 $\tau=2$；N_e为功率，kW；V 为工作容积，L；n 为转速，r/min；S 为行程，m
一般选油时 $K_\phi<30$ 有 CA 级油，K_ϕ为 30～50 时用 CC 油，$K_\phi>50$ 选用 CD 级以上的油</td></tr>
<tr><td>其他因素的影响</td><td colspan="8">除了热载荷及机械载荷外，很多其他因素也对油的性能有要求，有时在特定条件下起重要作用。例如：
① 燃料含硫量　燃料含硫量大，易于生成沉积物，增加腐蚀和磨损，要求油要有高的碱值，以中和硫燃烧后生成的酸，克服硫的危害
② 润滑油容量　对同一热载荷水平的柴油机，机油容量少则其循环次数就多，加快了油的变质速度。下表是皮特 AV-1 不同机油容量的试验结果
油容量对沉积物生成及油变质的影响
<table><tr><th>油容量/kg</th><th>活塞清净性评分</th><th>油炭质增加/%</th><th>50℃黏度增加</th><th>备　注</th></tr><tr><td>2</td><td>82.6</td><td>6.6</td><td>61</td><td rowspan="2">清净性评分越高越清净</td></tr><tr><td>4</td><td>88.8</td><td>3.2</td><td>32</td></tr></table>③ 工况　由于用途不同，内燃机工况相差很大。如车用内燃机有较大的贮备功率，绝大部分时间在部分载荷及多变工况下工作。而船用机或发电机组，则大多在额定功率下载荷恒定工况下工作。这两者对油的要求就有差别。此外还有润滑方式、冷却方式(风冷与水冷)、设计和加工水平、材质的差别等都会影响对油的要求，应具体情况具体分析</td></tr>
</table>

续表

<table>
<tr><th>项目</th><th>选 用 原 则</th></tr>
<tr><td>内燃机油的代用和混用</td><td>一般说来，不提倡代用和混用内燃机油，但在油品供应不及时或某些情况下，作为临时措施，必须代用或混用时，就需掌握一些原则，使代用或混用后，能在一定时间内保证发动机的正常润滑，不致造成由润滑不当而发生事故。大概原则如下：
① 尽量选择性能相近的油品，不应选用性能相差太远的，如柴油机油尽量选用 CA、CC 和 CD 各类尽量用相近的柴油机油代用或混用
② 黏度要相当，以不超过±25%为宜
③ 性能上以高代低，用高质量的油代低质量的油较好，但决不能相反
④ 不同生产厂的同类油要混用时，应先做混合试验。把两种油以 1：1 混合搅拌加温到 80～90℃后，观察有无异味或混浊沉淀等，如无异常现象方能混用。因为清净剂烷基水杨酸盐与磺酸盐在某些情况下不能相混
⑤ 其他油类，如齿轮油、液压油等绝不能当内燃机油使用</td></tr>
<tr><td>使用中的管理</td><td>内燃机油在使用中要进行科学管理，以延缓变质速度，使发动机保持良好润滑。管理方法如下：
① 尽量避免水、杂物等混入，控制油温不能过高
② 定期清理或更换空气、机油及燃油滤清器，及时除去油中的固体杂物
③ 定时采油样分析，记录油的变质及发动机的状况
④ 定期加油，以加到满刻度为好，加过量反而有害</td></tr>
</table>

7.4　压缩机的润滑

压缩机润滑的基本任务在于借助相对摩擦表面之间形成的液体层，来减少它们的磨损，降低摩擦表面的功率消耗，同时还起到冷却运动机构的摩擦表面，以及密封压缩气体的工作容积的作用。

表 17-7-23　　压缩机的润滑及对润滑油的要求

<table>
<tr><th>类型</th><th colspan="3">说 明</th></tr>
<tr><td rowspan="3">往复式压缩机的润滑</td><td colspan="3">往复式压缩机的润滑系统，可分为与压缩气体直接接触部分的内部润滑和与压缩气体不相接触部分的外部润滑两种。内部润滑系统主要指气缸内部的润滑、密封与防锈、防腐；外部润滑系统即是运动部件的润滑与冷却。通常在大容量压缩机、高压压缩机和有十字头式压缩机中，内部润滑系统和外部润滑系统是独立的，分别采用适合各自需要的内部油和外部油。而在小型无十字头式压缩机中，运动部件的润滑系统兼作对气缸内部的润滑，其内外部油是通用的</td></tr>
<tr><td>气缸内部的润滑</td><td>往复式压缩机气缸内部润滑具有如下的功能：减少气缸、活塞环、活塞杆及填料等摩擦表面的磨损；压缩气体的密封（在活塞环和气缸壁之间）；各部件的防锈、防腐蚀
内部润滑油在完成上述使命后，与压缩气体一起被排出，同时润滑排气阀，通过后冷却器，一部分经分离后排出，未被分离的油进入储气罐和罐前的管路。因此，往复式压缩机的内部润滑属全损失式润滑，润滑油在压缩机中的移动路线如图所示
目前，气缸内部润滑大致有如下三种方式：
① 飞溅润滑　大多数用于无十字头式的小型通用压缩机
② 吸油润滑　这是一种在压缩机进气中吸入少量润滑油的润滑方法，常用于无法采用飞溅润滑的无十字头式压缩机
③ 压力注油润滑　此方式的最大优点是能以最少的油量达到各摩擦表面的最均匀而合理的润滑，被广泛应用于有十字头式压缩机和其他大容量、高压压缩机 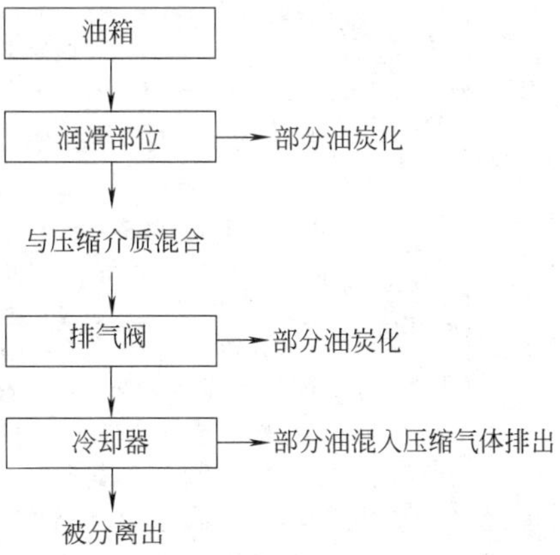</td><td>油箱
↓
润滑部位 → 部分油炭化
↓
与压缩介质混合
↓
排气阀 → 部分油炭化
↓
冷却器 → 部分油混入压缩气体排出
↓
被分离出</td></tr>
<tr><td>外部润滑（即运动机构的润滑）</td><td colspan="2">往复式压缩机运动机构的润滑目的，除了减少运动部件各轴承及十字头导轨等摩擦表面的磨损与摩擦功率消耗外，还有冷却摩擦表面及带走金属磨屑的作用
往复式压缩机运动机构润滑的主要方式是压力强制润滑，其特点是油量充足，润滑充分，并能有效地带走摩擦表面的热量与金属磨屑，因此在各种压缩机上广泛采用。而在微型压缩机和一部分小型压缩机中，还常采用飞溅的润滑方式</td></tr>
</table>

续表

类型		说　明
往复式压缩机的润滑	往复式压缩机油的使用条件	往复式压缩机，就其对润滑油恶劣影响的程度来说，内部润滑系统严重得多，内部润滑油由于直接接触压缩气体，易受气体性质的影响和高温高压的作用。使用条件就比较苛刻。因此，应该根据气缸内部工作条件和润滑特点来决定润滑油应具有的性能。其使用条件是：高温、高压缩比（温度可达 220℃以上），冷却条件差，容易氧化，形成积炭；高氧分压（指空气压缩机），油品与气氛的接触比在大气中多，更易被氧化；冷凝水和铜等金属在高温下的催化作用，会使油品更迅速地氧化，在气缸及排气系统中形成积炭；油品在气缸内部润滑完毕后被排出，不再回收、循环回气缸内使用
	往复式压缩机油基本性能要求	① 适宜的黏度。其要求是随其润滑部位的不同而异，对内部、外部润滑系统独立的，应采用不同黏度的油。对内外部油兼用的通用压缩机，应以润滑条件差的内部用油为来选择，黏度一般是考虑气缸与活塞环之间的润滑与密封要求，根据压缩压力、活塞速度、载荷及工作温度确定的。往复式压缩机外部润滑系统用润滑油黏度的选择，主要是考虑维持轴承液体润滑的形成。一般可采用黏度等级为 32～100 的汽轮机油或液压油 ② 良好的热氧化安定性。在高温下不易生成积炭 ③ 积炭倾向小，生成的积炭松软易脱落。通常深度精制的油比浅度精制的油、低黏度油比高黏度油、窄馏分油比宽油分油的积炭倾向小；环烷基油生成的积炭比石蜡基油松软 ④ 良好的防锈防腐蚀性。由于空气中含有水分，空气进入压缩机受压缩后凝缩出的水气会对气缸、排气管及排气阀等造成锈蚀，因此要求压缩机油有良好的防锈防腐性 ⑤ 好的油水分离性
回转式压缩机的润滑	润滑特点	回转式压缩机应用最广泛的是螺杆式和滑片式，按其采用的润滑方式又可分为三种润滑类型： ① 干式压缩机　指气腔内不给油，压缩机油不接触压缩介质，仅润滑轴承、同步齿轮和传动机构。其润滑条件相当于往复式压缩机的外部润滑系统或速度型压缩机，选油也相同 ② 滴油式压缩机（亦称非油冷式压缩机）　这是一种采用滴油润滑、双层壁水套冷却的滑片式压缩机，多数采用两级压缩，排气量较大，作为固定式使用。它有卸荷环式和无卸荷环式之分，采用一个油量可调节的注油器，通过管路将油注滴在气缸、气缸端盖及轴承座上的各个润滑点，以此润滑轴承、转子轴端密封表面及气缸、滑片、转子槽等摩擦表面，然后随压缩气体排出机外。其润滑条件与往复式压缩机内部润滑的压力注油方式相仿，选油也相同 ③ 油冷式（或称油浸式）压缩机　这是目前螺杆式和滑片式压缩机中最广泛采用的润滑方式。润滑油被直接喷入气缸压缩室内，如润滑、密封、冷却等作用，然后随压缩气体排出压缩室外经油气分离，润滑油得以回收、循环使用。油冷回转式压缩机与往复式压缩机的内部润滑或滴油回转式、滑片式压缩机相比具有两个明显的特点：供油量大（约排气量的 0.24%～1.1%），以保证最佳的冷却和有效的密封；润滑油可以回收和循环使用
	回转式压缩机油的使用条件	润滑油在油冷回转式压缩机中的工作条件是极其苛刻：油成为雾状并与热的压缩空气充分混合，与氧气的接触面积大大增加，受热强度大，这是油品最易氧化的恶劣条件；润滑油以高的循环速度，反复地被加热、冷却，且不断地受到冷却器中铜、铁等金属的催化，易氧化变质混入冷凝液造成润滑油严重乳化；易受吸入空气中颗粒状杂质、悬浮状粉尘和腐蚀性气体的影响。这些杂质常常成为强烈的氧化催化剂，加速油的老化变质
	回转式压缩机油的基本性能要求	① 良好的氧化安定性。否则，油品氧化，黏度增加就会减少油的喷入量，使油和压缩机的温度升高，导致漆膜和积炭生成，造成滑片运动迟钝，压缩机失效。由于回转式压缩机油循环使用，其老化变质、形成积炭的倾向甚至大于一次性使用的往复式压缩机油 ② 合适的黏度，以确保有效的冷却、密封和良好的润滑。为了得到最有利的冷却，在满足密封要求的前提下，尽量采用低黏度的润滑油。其黏度范围通常为 $5\sim15mm^2/s$(100℃) ③ 良好的水分离性（即抗乳化性）。一级回转式压缩机通常排气温度较高，使空气中的水分呈蒸汽状态随气流带出机外。但在两级压缩机中，有时会因温度过低凝结大量水分，促使润滑油乳化，其结果不仅造成油气分离不清，油耗量增大，而且造成磨损和腐蚀加剧。因此，对两级压缩机的润滑应该选用水分离性好的压缩机油，而不应该选用易与水形成乳化的油品（如使用内燃机油代用） ④ 防锈蚀性好 ⑤ 挥发性小与抗泡沫性好。为了使压缩机油从压缩空气中得到很好的分离与回收，必须选择一种比较不易挥发的油，通常石蜡基油比环烷基油具有低的挥发性而应优先选用。此外，回转式压缩机油还应具有良好的抗泡沫性，否则，会使大量的油泡沫灌进油分离器，使分油元件浸油严重，导致阻力增大，造成压缩机内部严重过载，并且会使油耗剧增

续表

类型	说　明
速度型压缩机的润滑	速度型压缩机的润滑油与气腔隔绝，润滑部位是轴承、联轴器、调速机构和轴封。其中高速旋转的滑动轴承的润滑是其主体，故可以应用蒸汽轮机轴承润滑所建立的技术理论 速度型压缩机油的使用条件及质量要求与蒸汽轮机油基本相同，主要要求油品具有适当的黏度、良好的黏温性能、氧化安定性、防锈性、抗乳化性以及抗泡沫性等 目前，运转中的速度型压缩机除特殊情况，一般均使用防锈汽轮机油

7.4.1　压缩机油的选用

压缩机油的质量选择主要是黏度选择。黏度的选择与压缩机的类型、功率、给油方法和工作条件（主要是出口温度和压力）有关，要求油的黏度对润滑部位能形成油膜，同时起到润滑、减摩、密封、冷却、防腐蚀等作用。表 17-7-24 是各类型压缩机使用的润滑油（包括内部油、外部油和内外部共用油）黏度选择方法之一。

选择压缩机油的基本原则有两个：

① 按压缩机的不同结构类型来选择压缩机油以适应其性能要求与工作条件，见表 17-7-25。

② 按不同压缩介质来选择压缩机油以使压缩介质不受影响，见表 17-7-26。

7.4.2　压缩机润滑管理

（1）正确控制给油量

供给压缩机的润滑油量，应在保证润滑和冷却的前提下尽量减少。给油量过多，会增加气缸内积炭，使气阀关闭不严，压缩效率下降，甚至引起爆炸，并浪费润滑油；给油量过少，则润滑和冷却效果不好，引起压缩机过热，增大机械磨损。因此，必须根据压缩机的压力、排气量和速度以及润滑方式和油的黏度等条件来正确控制给油量。关于最佳给油量，有不少的经验数据和计算公式，尚无统一的说法，一般认为：①遍及气缸全面，无块状油膜。②不从气缸底部外流。达到这种状况的给油量即为最佳给油量。

表 17-7-24　　压缩机油黏度选择参考表

压缩机型式				排气压力/0.1MPa	压缩级数	润滑部位	润滑方式	ISO 黏度等级
容积型	往复式	移动式		10 以下	1～2	气缸	强制、飞溅	46、68
						轴承	循环、飞溅	46、68
				10 以上	2～3	气缸	强制、飞溅	68、100
						轴承	循环、飞溅	46、68
		固定式		50～200	3～5	气缸	强制	68、100、150
						轴承	强制、循环	46、68
				2100～1000	5～7	气缸	强制	100、150
						轴承	强制、循环	46、68
				＞1000	多级	气缸	强制	100、150
						轴承	强制、循环	46、68
	回转式	滑片式	水冷式	＜3	1	气缸滑片侧盖轴承	压力注油	100、150
				7	2			
			油冷式	7～8	1	气缸	循环	32、46、68
				7～8	2			
		螺杆式	干式	3.5	1	轴承、同步齿轮传动机构	循环	32、46、68
				6～7	2			
				12～26	3～4			
			油冷式	3.5～7	1	气缸	循环	32、46、68
				7	2			
		转子式				齿轮	油浴、飞溅	46、68、100
						气缸、轴承	循环	46、68、100
速度型	离心式			7～9		轴承(有时含齿轮)	循环(或油环)	32、46、68
	轴流式			—				

第 17 篇

表 17-7-25 **不同类型的空气压缩机选油参考表**

压缩机类型	油品类型
无油润滑压缩机：往复式和回转式	DAA 压缩机油或汽轮机油或液压油
油润滑压缩机 ① 空冷往复式压缩机油（轴输入功率＜20kW） ② 空冷往复式压缩机（轴输入功率＞20kW） ③ 水冷往复式压缩机及滴油润滑回转式压缩机 ④ 油冷回转式压缩机	按压缩机载荷轻重选用： DAA 或 DAB 或 DAC 压缩机油；轻、中载荷亦可选用单级 CC、CD 发动机油① 按压缩机载荷： 轻、中载荷用 DAA、DAB 压缩机油，或汽轮机油、液压油；亦可选用单级 CC、CD 发动机油① 重载荷用 DAC 压缩机油 轻载荷用 DAA 油或汽轮机油或液压油中载荷用 DAB 油，可用单级 CC、CD 发动机油① 轻载荷用 DAG 油或汽轮机油或液压油 中载荷用 DAH 油 重载荷用 DAJ 油

① 不可选用多级发动机油。

表 17-7-26 **不同压缩介质压缩机选用润滑油参考表**

介质类别	对润滑油的要求	气缸内用润滑油
空气	因有氧，对油的抗氧化性要求高，油的闪点应比最高排气温度高 40℃	
氢、氮	无特殊的影响，可用压缩空气时用的油	压缩机油
氩、氖、氦	此类气体稀有贵重，经常要求气体中绝对无水、不含油。应用膜式压缩机	
氧	使矿物油剧烈氧化而爆炸。不可用矿物油	多采用无油润滑
氯（氯化氢）	因在一定条件下与烃起作用生成氯化氢	用浓硫酸或无油润滑（石墨）
硫化氢 二氧化碳 一氧化碳	润滑系统要求干燥。因水分溶解气体后生成酸，会破坏润滑油性能	防锈汽轮机油或压缩机油或单级 CC、CD 发动机油（往复式）
氧化碳氯 二氧化硫	能与油互溶，会降低油黏度。系统保持干燥，防止生成腐蚀性酸	防锈汽轮机油或压缩机油或单级 CC、CD 发动机油（往复式）
氨	如有水分会与油的酸性氧化物生成沉淀，还会与酸性防锈剂生成不溶性皂	抗氨汽轮机油
天然气	湿而含油	干气用压缩机油，湿气用复合压缩机油
石油气	会产生冷凝液，稀释润滑油	压缩机油
乙烯	在高压合成乙烯的压缩机中，为避免油进入产品，影响性能，不用矿物油	采用白油或液体石蜡
丙烷	易与油混合而稀释，纯度高的用无油润滑	乙醇肥皂润滑剂，防锈抗氧汽轮机油
焦炉气 水煤气	这些气体对润滑油没有特殊破坏作用，但比较脏，含硫较多时会有破坏作用	压缩机油或单级 CC、CD 发动机油（往复式）
煤气	杂质较多，易弄脏润滑油	多用过滤用过的压缩机油

往复活塞式压缩机的气缸内部和传动机构分别润滑时，气缸的给油量可根据压缩机的类型和运转条件不同直接用注油器调节，给油量原则上按气缸和活塞的滑动面积确定（如表 17-7-27），但即使滑动面积相同，如压力增加，给油量亦要增加。

滴油式回转压缩机的给油量按功率大小确定，如表 17-7-28。

对新安装或新更换活塞环的压缩机，则必须以 2～3 倍的最低给油量进行磨合运转。

表 17-7-27　　**往复活塞式压缩机气缸润滑参考给油量**

气缸直径/cm	活塞行程容积/m³	滑动表面积/m²·min⁻¹	给油量/mL·h⁻¹	给油滴数/min
15 以下	1 以下	45 以下	3	2/3
15～20	1～2	45～70	2	1
20～25	2～4	70～100	6	4/3
25～30	4～6	100～140	10	1～2
30～35	6～10	140～185	18	2～3
35～45	10～17	185～240	23	3～4
45～60	17～30	240～340	33	4～5
60～75	30～50	340～450	40	5～6
75～90	50～75	450～560	50	6～8
90～105	75～105	560～700	75	8～10
105～120	105～150	700～840	100	0～12

表 17-7-28　　**滴油式回转压缩机的参考给油量**

压缩机的功率/kW	55 以下	55～75	75～150	150～300
给油量/mL·h⁻¹	15～25	27～30	20～25	14～20

(2) 合理确定换油指标

压缩机的换油期，随着压缩机的构造形式、压缩介质、操作条件、润滑方式和润滑油质量的不同而异。通常，可以根据油品在使用过程中质量性能的变化情况确定换油。

往复式压缩机的内部油是全损式润滑，冷却器回收用过的油不再循环使用。

外部油及内外部共用油的换油指标可参考表17-7-29。油冷式回转空气压缩机油的换油标准可参考表17-7-30。

(3) 压缩机因润滑油选用不当或质量不好而引起的事故

① 和生成积炭有关的炭的附着、着火、爆炸等。

表 17-7-29　　**压缩机油换油参考指标**

类型	润滑部位	换油质量指标					备　注
		黏度		酸值/mg(KOH)·g⁻¹	残炭/%	正庚烷不溶物/%	
往复式	高压用	内部用(气缸)					不反复使用、排出可作轴承润滑用
		外部用(轴承)	1.5 倍	2.0	1.0	0.5	
	低压用	气缸轴承共用	1.5 倍	2.0	1.0	0.5	
回转式	气缸轴承共用	1.5 倍		0.5		0.2	主要使用汽轮机油和回转压缩机油
离心式	轴承用	1.5 倍		0.5		0.2	主要使用汽轮机油

表 17-7-30　　**油冷式回转压缩机油换油参考指标**

项　　目	指标	项　　目	指标
闪点/℃	下降 8	黏度变化/%	±(15～20)
杂质(在油浴最低部取样)/%	0.1	酸值变化/mg(KOH)·g⁻¹	0.2

② 和凝缩液排放有关的疏水器动作不良，滑阀启动不灵。

③ 气缸、活塞环的磨损、烧结。

其中，最危险的是排气管的着火、爆炸。

(4) 生成积炭的原因

① 排气温度高。

② 选油不当，例如，黏度过大、质量不好等。

③ 给油量过大。

④ 被压缩的气体不安全。

⑤ 油中混入了杂质或水（加速了油在高温下的老化）。

⑥ 管线结垢、锈蚀等。

其中，最常见的是给油量过大。

7.5 汽轮机的润滑

汽轮机的主轴滑动轴承，对润滑的要求较多，特别是一些大型发动机，轴颈可达5600mm以上，轴的圆周速度有时可超过100m/s，通常采用动压或静压滑动轴承，具有专门的供油系统循环供应润滑油，其齿轮减速箱、调速机（器）、励磁机等可用循环供油或油浴润滑方式供油。

7.5.1 汽轮机油的作用

表 17-7-31 汽轮机油的作用

作用	说 明
润滑作用	通过润滑油泵把汽轮机油输入到汽轮机组滑动轴承的主轴与轴瓦之间，在其间形成油楔，起到流体润滑作用。此外，汽轮机油还将给汽轮机组的齿轮减速箱及调速机构等运动摩擦部件提供润滑作用
冷却、散热作用	汽轮机组运行时，转速较高，一般达到3000r/min以上，轴承及润滑油的内摩擦会产生大量的热量。此外，对于蒸汽涡轮机和燃气涡轮机，蒸汽或燃气的热量也会通过叶轮传递到轴承。这些热量如不及时传递出来，将会严重影响机组的安全运行，甚至会导致主轴烧结的故障。因此，汽轮机油要在润滑油路中不断循环流动，把热量从轴承上吸走并带出机外，起到散热冷却的作用。一般，轴承的正常温度要在60℃以下，如果超过70℃，则表示轴承润滑或散热不良，需要增加供油量加以调节，或立即查找原因
调速作用	实际上用于汽轮机调速系统的汽轮机油是作为一种液压介质，传递控制机构给出的压力对汽轮机的运行起到调速作用

7.5.2 汽轮机油的性能

表 17-7-32 汽轮机油的性能

性能	说 明
适宜的黏度及良好的黏温特性	合适的黏度是保证汽轮机组正常润滑的一个主要因素。汽轮机对润滑油黏度的要求，依汽轮机的结构不同而异。用压力循环的汽轮机需选用黏度较小的汽轮机油；而对用油环给油润滑的小型汽轮机，因转轴传热，影响轴上油膜的黏着力，需用黏度较大的油；具有减速装置的小型汽轮发电机组和船舶汽轮机，为保证齿轮得到良好的润滑，也需要使用黏度较大的油。此外，汽轮机油还应有良好的黏温特性，通常都要求黏度指数在80、甚至90以上，以保证汽轮机组的轴承在不同温度下均能得到良好的润滑
优良的氧化安定性	汽轮机油的工作温度虽然不高，但用量较大，使用时间长，并且受空气、水分和金属的作用，仍会发生氧化反应并生成酸性物质和沉淀物。酸性物质的积累，会使金属零部件腐蚀，形成盐类及使油加速氧化和降低抗乳化性能；溶于油中的氧化物，会使油的黏度增大，降低润滑、冷却和传递动力的效果；沉淀析出的氧化物，会污染堵塞润滑系统，使冷却效率下降，供油不正常。因此，要求汽轮机油必须具有良好的氧化安定性，使用中老化的速度应十分缓慢，使用寿命不少于5～15年
优良的抗乳化性	蒸汽和水往往不可避免地在汽轮机的运行过程中从轴封或其他部位漏进汽轮机油系统，所以抗乳化性能是汽轮机油的一项主要性能。如果抗乳化性不好，当油中混入水分后，不仅会因形成乳浊液而使油的润滑性能降低，而且还会使油加速氧化变质对金属零部件产生锈蚀。压力循环给油润滑的汽轮发电机组，汽轮机油投入的循环油量很大，约1500L/min，始终处于湍流状态，遇水易产生乳化现象。要使汽轮机油具有良好的抗乳化性，则基础油必须经过深度精制，尽量减少油中的环烷酸、胶质和多环芳香烃
良好的防锈防腐性	汽轮机组润滑系统进入水后，不仅会造成油品的乳化，还会造成金属的锈蚀、腐蚀。同时，在船用汽轮机组中，润滑油冷却器的冷却介质是海水，由于海水含盐分多，锈蚀作用很强烈，如果冷却器发生渗漏，就会使润滑系统的金属部件产生严重锈蚀。因此，用于船舶的汽轮机油，更需要具有良好的防锈蚀性能
良好的抗泡沫性	汽轮机油在循环润滑过程中，会由于以下原因吸入空气：油泵漏气；油位过低，使油泵露出油面；润滑系统通风不良；润滑油箱的回油过多；回油管路上的回油量过大；压力调节阀放油速度太快；油中有杂质；油泵送油过量。 当汽轮机吸入的空气不能及时释放出去时，就会产生发泡现象，使油路发生气阻，供油量不足，润滑作用下降，冷却效率降低，严重时甚至使油泵抽空和调速系统控制失常。为了避免汽轮机油产生发泡现象，除了应按汽轮机规程操作和做好维护保养，尽可能使油少吸入空气外，还要求汽轮机油具有良好的抗泡沫性，能及时地将吸入空气释放出去
汽轮机油的特殊性能	用于以氨气为压缩介质的压缩机和汽轮机共用一套润滑系统的汽轮机油，就需具有抗氨性能，极压汽轮机油要具有极压抗磨性，难燃汽轮机油或称抗燃汽轮机油则要具有较矿物油型汽轮机油更好的难(耐)燃烧性，以适应大型发电机组中高压调速系统和液压系统的润滑及安全要求

表 17-7-33　**汽轮机用油、脂**

汽轮机型式			转速/r·min^{-1}	润滑部值	用油名称
电站汽轮机组	大型		3000	滑动轴承	L-TSA32 防锈汽轮机油
	中、小型		1500	滑动轴承、减速齿轮、发电机轴	L-TSA46 防锈汽轮机油
				液压控制系统	与润滑系统同一牌号的汽轮机油
水轮机	卧式		1000 以上	径向轴承 止推轴承	L-TSA32 防锈汽轮机油
			1000 以下		L-TSA46 防锈汽轮机油
	立式	大型		推力轴承 导轨轴承	L-TSA46、68 防锈汽轮机油
		中、小型			L-TSA46 防锈汽轮机油
船舶用汽轮机	军用船舰 大型远洋船			滑动轴承 减速齿轮	L-TSA68 防锈汽轮机油
	巨型远洋轮				L-TSA100 防锈汽轮机油
	船舶副机		3000 以上	滑动轴承	L-TSA32 防锈汽轮机油
			3000 以下		L-TSA46 防锈汽轮机油
励磁机轴承				轴承	同汽轮机润滑油
油泵电动机				轴承	2 号通用锂基脂
水轮机导向叶片或针阀操纵机构					极压 0 号或 1 号钙基脂或锂基脂
导向轴承				轴承	极性 0 号或 1 号钙基脂或锂基脂或 TSA32-68 汽轮机油

7.5.3　汽轮机油的选择及使用管理

表 17-7-34　**汽轮机油的选择及使用管理**

项目	说　明
汽轮机油的选择	根据汽轮机的类型选择汽轮机油的品种。如普通的汽轮机组可选择防锈汽轮机油，接触氨的汽轮机组需选择抗氨汽轮机油，减速箱载荷高、调速器润滑条件苛刻的汽轮机组需选择极压汽轮机油，而高温汽轮机则需选择难燃汽轮机油 根据汽轮机的轴转速选择汽轮机油的黏度等级。通常在保证润滑的前提下，应尽量选用黏度较小的油品。低黏度的油，其散热性和抗乳化性均较好
汽轮机油的使用管理	① 汽轮机油的容器，包括储油缸、油桶和取样工具等必须洁净。尤其是在储运过程中，不能混入水、杂质和其他油品。不得用镀锌、或有磷酸锌涂层的铁桶及含锌的容器装油，以防油品与锌接触发生水解和乳化变质 ② 新机加油或旧机检修后加油或换油前，必须将润滑油管路、油箱清洗干净，不得残留油污、杂质，尤其是如金属清洗剂等表面活性剂。合理的方法是先用少量油品把已清洗干净的管路循环冲洗一下，抽出后再进油。每次检修抽出的油品，应进行严格的过滤并经检验合格后，方可再次投入运行 ③ 汽轮机油的使用温度以 40～60℃为宜，要经常调节汽轮机油冷却器的冷却水量或供油量，使轴承回油管温度控制在 60℃左右 ④ 在机组的运行过程中，要防止漏气、漏水及其他杂质的污染 ⑤ 定期或不定期地将油箱底部沉积的水及杂质排出，以保持油品的洁净 ⑥ 定期或根据具体情况随机地对运行中的汽轮机油取样，观察油样的颜色和清洁度，并有针对性地对油样进行黏度、酸值、水分、杂质、水分离性、防锈性、抗氧剂的含量等项目的分析。如变化过大，应及时换油

表 17-7-35 **电厂运行中汽轮机油质量标准**

项 目		质量标准	测试方法
外观		透明	外观目视
运动黏度(50℃)/$mm^2\cdot s^{-1}$		与新油原始测值的偏离值<20%	GB/T 265
闪点(开口)/℃		1. 不比新油标准值低 8℃ 2. 不比前次测定值低 8℃	GB/T 2167
机械杂质		无	外观目测
酸值/mg(KOH)·g^{-1}	未加防锈剂的油 不大于 加防锈剂的油 不大于	0.2 0.3	GB 7599 或 GB/T 264
液相锈蚀		无锈	YS-21-1
破乳化度/min 不大于		60	GB 7605
水分/级			外观目视

7.6 起重运输机械的润滑

7.6.1 起重运输机械的润滑特点

起重运输机械是指吊运或顶举重物以及在一定线路上搬运、输送、装卸物料的物料搬运机械，包括千斤顶、葫芦、卷扬机、提升机、起重机、电梯、输送机、搬运及装卸车辆等，它们具有不同的润滑特点，简述如下。

① 由于起重运输机械使用的范围很广，环境及工况条件不同，包括室内或露天环境、常温及高温环境下使用等，因此在润滑材料的选择、润滑方法、更换补充周期常常会有很大差异。所以，对于两个完全相同的设备，常常因工况条件不同而选用不同的润滑材料。一些中、小吨位的桥式及门式起重机械，常常采用分散润滑，一些不易加油部件的滚动轴承及滑动轴承常采用集中供脂的润滑方法，一些大型起重机的减速器，又常用集中供油系统，包括油浴润滑或由油泵供油。

② 起重运输机械使用的润滑材料，通常需要耐水、耐高温、耐低温以及有防锈蚀和抗极压的特性。

③ 润滑材料的选用一定要遵照说明书及有关资料，并结合起重运输机械的实际使用条件进行综合考虑。

④ 起重运输设备不同部位的润滑材料差异较大。所以，千万不能混用，否则将要引起设备事故，导致零部件损坏。

起重运输机械的润滑点大致分布如下：吊钩滑轮轴两端及吊钩螺母下的推力轴承；固定滑轮轴两端（在小车架上），钢丝绳；各减速器（中心距大的立式减速器，高速一、二轴承处设有单独的润滑点）；各齿轮联轴器；各轴承箱（包括车轮组角型轴承箱）；电动机轴承；制动器上的各铰节点；长行程制动电磁铁（MZSI 型）的活塞部分；反滚轮；电缆卷筒，电缆拖车；抓斗的上、下滑轮轴，导向滚轮；夹轨器上的齿轮、丝杠和各节点。

7.6.2 起重运输机械典型零部件的润滑

钢丝绳的润滑：钢丝绳的用油选择主要是根据环境温度及绳的直径来考虑，环境温度愈高和绳的直径愈大，应选择黏度大的油，因为直径大时，钢丝绳的负荷也大。另外钢丝绳的运动速度愈高，润滑油被甩出愈厉害，所以油需要更黏稠些。

减速器的润滑：使用初期为每季一次，以后可根据油的清洁程度半年到一年更换一次，随着使用季节和环境的不同，选用油料也有所不同，可参见表 17-7-36。

开式齿轮的润滑：一般要求每半月添油一次，每季或半年清洗一次并添加新油脂，所选用润滑材料是 1 号齿轮脂。

齿轮联轴器、滚动轴承、卷筒内齿盘以及滑动轴承的润滑请参看表 17-7-37。

液压推杆与液压电磁铁的润滑：一般每半年更换一次，使用润滑条件在 −10℃ 以上时可用 25 号变压器油。使用润滑条件低于 −10℃ 时，可用 10 号航空液压油。

表 17-7-36 减速器润滑油的选用

工作条件	选用润滑油	工作条件	选用润滑油
夏季或高温环境下	CKB46 工业齿轮油	冬季低于－20℃	DRA22 冷冻机油
冬季不低于－20℃	CKB46 工业齿轮油		

表 17-7-37 齿轮联轴器、滚动轴承、卷筒内齿盘以及滑动轴承的润滑

零部件名称	添加时间	润滑条件	润滑材料的选用
齿轮联轴器	每月一次	1. 工作温度在－20～50℃	1. 冬季用 1 号、2 号锂基润滑脂，夏季用 3 号锂基润滑脂，但不能混合使用
滚动轴承	3～6 个月一次		
卷筒内齿盘	每 3～6 年添加一次（添满）	2. 工作温度高于 50℃	2. 用锂基润滑脂，冬季用 1 号，夏季用 3 号
滑动轴承	每 1～2 年添加一次	3. 工作温度低于－20℃	3. 用 1 号、2 号特种润滑脂

7.6.3 典型起重运输机械的润滑

表 17-7-38 典型起重运输机械润滑油的选用

设备名称		润滑材料选用
桥式与电动单梁起重机	30t 以下	减速箱：L-CKB68、CKC100 工业齿轮油 轴承：2 号、3 号钙基脂或锂基脂
	30t 以上	减速箱：L-CKB68、CKC100 工业齿轮油，680 号气缸油 轴承：2 号或 3 号钙基脂、或锂基脂
各种回转式起重机：铁路蒸汽机车，10t 以下		680 号、旧 11 号气缸油 2 号，3 号钙基脂或锂理基脂
各种回转式起重机：履带式，轮式起重机，其中：液压传动装置及轴承		减速箱：L-CKB68、CKC100 工业齿轮油 L-HL32 液压油，L-TSA32 汽轮机油及 2 号，3 号钙基脂或锂基脂
电动，手动旋管吊车及电葫芦，电铲加料斗，提升机，爪斗吊车		L-HL68、L-HL100 液压油，2 号、3 号钙基脂或锂基脂
各型运输机（带式、链式、裙式、螺旋式、斗式）	手浇润滑	L-HL68、L-HL100 液压油
	滚珠轴承	2 号、3 号锂基润滑脂
	链索	L-HL68、L-HL100 液压油、1 号齿轮脂
	开式齿轮	1 号齿轮脂、半流体锂基脂
卷扬机 2.2～150kW	滚珠轴承	2 号，3 号锂基脂
	滑动轴承及闸	L-HL46-L-HL100 液压油（按功率大小选用）
	闭式齿轮	L-CKB 或 CKC100～320 工业齿轮油、680 号（旧 24 号）气缸油（按功率大小选用）
	开式齿轮	1 号齿轮脂、半流体锂基脂
	液压系统	L-HL15、I-HL32 液压油
电梯（减速箱）		L-HL68、L-HL100 液压油
起重机、挖泥机、电铲等（低速重负荷）		1000 号气缸油或钢丝绳脂
电梯、卷扬机等（高速、重负荷）		680 号气缸油
矿山提升斗车、锅炉运煤车（在斜坡上高速重负荷的牵引绳）		1000 号气缸油或钢丝绳脂
牵引机、吊货车（中高速，轻中负荷的牵引绳）		680 号气缸油
支承及悬挂用的钢丝绳无运动，暴露在水、湿气或化学气体中的钢丝绳		钢丝绳脂

表 17-7-39 **典型起重运输机械的润滑要点**

<table>
<tr><th colspan="2">类型</th><th>润 滑 要 点</th></tr>
<tr><td rowspan="3">带式输送机润滑</td><td>减速机齿轮轴承的润滑</td><td>减速机齿轮常用飞溅润滑，就是通过齿轮转动，把润滑油带起，飞溅到各个齿轮工作表面，使之始终保持一层油膜，润滑油必须有较高的黏度和较好的油性。由于胶带机用的大多为二级齿轮减速机，一般用 46 号～68 号机械油润滑(北方常使用 00 号润滑脂)。为了减少传动的阻力和温升，飞溅润滑时中间轴上的大齿轮要浸入油中，其浸入深度等于 1～2 个齿高为宜，齿轮圆周速度高的还应该浅些、但不能小于 10mm。齿轮圆周速度低的最多可浸到 1/3 的齿轮半径。润滑圆锥齿轮时，齿轮浸入油中的深度应达到轮齿的整个宽度。齿轮减速机润滑油不宜太多，因为油太多会增加齿轮传动的阻力和增加润滑油的温升，润滑油的温升会加速油的氧化、降低润滑性能。但润滑油又不能太少，因为润滑油太少，起不到润滑齿轮轴承的作用，齿轮工作表面的油膜难以保持，从而会加速轴承和齿轮的磨损
减速机用的大多数为滚动轴承，当减速机浸油的齿轮的圆周速度在 3m/s 以上时，可采用飞溅润滑；当减速机浸油齿轮的圆周速度在 3m/s 以下时，由于浸油齿轮飞溅的油量不能满足轴承运转的需要，所以最好采用刮油润滑，或根据轴承转动速度的大小选用脂润滑或滴油润滑
要经常检查减速箱体上的油面指示器，判断润滑油是否达到油标要求，缺油要及时补加，以保证减速机齿轮轴承良好润滑；检修人员每半年应当打开减速器视孔盖，检查齿轮啮合，磨损和润滑情况，及时调整齿轮啮合间隙，改善齿轮润滑条件；专业技术人员应当每年从减速机中采取油样，利用铁谱仪与计算机辅助处理进行油样中磨损颗粒分析，以决定减速机是否换油。一般连续运转的减速机应当每三年更换一次润滑油，否则易使减速机中某些重要零部件出现早期失效</td></tr>
<tr><td>滚筒轴承的润滑</td><td>① 滑动轴承润滑：滑动轴承由轴承座、轴承盖、轴瓦等三部分组成，轴瓦有圆筒式和剖分式两种。轴瓦上开有油沟，用来储存润滑油。这种滚筒轴承在重载低速时应用最为广泛。其优点是结构简单，便于更换，承载能力强、缺点是磨损严重，耗铜量大，效率低。滑动轴承由于轴与轴瓦的接触面积大，润滑不良时会产生极大的摩擦力，甚至发热，导致铜瓦烧坏。滚筒滑动轴承润滑常采用旋盖式油杯间歇润滑，这种装置是应用广泛的脂润滑装置，上面有一个旋转的螺纹盖，润滑脂储存在杯体里，油杯下端与袖瓦油沟相连，拧动油杯盖，便可将润滑脂压入袖瓦油沟内。使袖与袖瓦间形成一层油膜，以减少袖与袖瓦的直接接触，减少磨损。所以操作工人要定时定量加油，一般是每班加油一次，加油量为 5mL，使用 2 号或 3 号钙基润滑脂。发现轴瓦发热，根据发热程度要采取不断给油或停机检查。滑动轴承的润滑方式可根据经验润滑系数 K 选定：$K=\sqrt{pv^3}$，式中，$p=F/(dB)$ 为平均压强，N/mm^2；v 为轴颈的线速度，m/s；d 和 B 为轴颈直径和有效宽度，mm；F 为轴承径向载荷，N。当 $K<2$ 时，用脂间歇润滑，黄油杯；当 $2<K<16$ 时，用油连续润滑，针阀式油杯；当 $16<K<32$ 时，用油连续润滑，油环或飞溅润滑；当 $K>32$ 时，集中压力连续润滑，润滑油站。因滚筒滑动轴承经验润滑系数 K 很小，故常采用油杯间歇润滑
② 滚动轴承润滑：滚动轴承润滑主要是为了降低摩擦阻力和减轻磨损。由于滚动轴承是点与点或线的滚动摩擦，其摩擦面积小、磨损少。其优点是摩擦阻力小、效率高、内部间隙小、精度高、润滑简单、耗油量小。滚动轴承的润滑方式可根据润滑经验系数 G 来选择：$G=D_m n$，式中 D_m 为轴承平均直径，mm；n 为转速，r/min。当 $G>6\times10^5$ mm·r/min 时，为高速轴承，采用喷油或油雾润滑；当 $3\times10^5<G<6\times10^5$ mm·r/min 时，为中速轴承，采用飞溅润滑，如胶带机的减速机轴承大多采用飞溅润滑；当 $G<3\times10^5$ mm·r/min 时，为低速轴承，采用脂润滑。而且能承受大载荷，结构简单，易于密封，润滑脂的装填量一般不超过轴承空间的 1/2，装脂过多，由于摩擦引起发热，装脂过少，起不到良好润滑效果，两种情况都能影响轴承的正常工作。如胶带机滚筒的滚动轴承和托辊滚动轴承属于低速轴承，大部分采用脂润滑，一般是每两个月用油枪注油一次，注油量根据轴承的大小而定，或半年清洗换油一次，可使用 2 号～4 号钙基润滑脂</td></tr>
<tr><td>托辊轴承润滑</td><td>托辊轴承润滑目的是为了减小托辊转动的阻力，减少托辊和橡胶带之间的磨损，延长托辊的使用寿命。托辊轴承大多数为滚动轴承，每台胶带机由几百个甚至几万个托辊支承着，同时托辊使用环境恶劣，粉尘较多。因此，托辊轴承的润滑工作就显得更加重要，只有尽可能延长托辊的使用寿命，才能降低生产成本，提高劳动生产率，降低工人的劳动强度。而托辊轴承的润滑方法跟低速滚动轴承润滑方法相似</td></tr>
<tr><td colspan="2">板式输送机润滑状况的改进</td><td>合格的板式输送机，应当无明显的爬行现象出现。连续运行一段时间后，输送机出现了爬行现象，可调整驱动轴与张紧轴的平行度；调节输送链舵张紧行程；给输送链及传动链同时加注润滑油。如果结果仍不理想，可从输送阻力上找原因。输送链条内套与销轴之间固定，而与滚轮之间相对滑动，装配链条时在内套与滚轮之间所加注的润滑油脂还能够满足使用初期的润滑需要，加之驱动装置的容量很大，不会出现爬行现象。输送机使用一段时间后，原有的润滑油逐渐干涸，摩擦状况由原来的半液体摩擦转变成半干摩擦，甚至是干摩擦。而半干摩擦的摩擦因数最大可取到 0.5，这样原系统设计的电机计算容量、减速机计算扭矩、传动链计算张力均要随着摩擦因数的增大而加大。此时电机容量及减速机输出扭矩严重不足，无法满足设备满负荷运行，从而出现爬行。为改善摩擦状况，应在内套与滚轮之间加油润滑，以减小摩擦因数。若在内套与滚轮之间加装轴承，将原来的滑动摩擦形式改为滚动摩擦，并在销轴上设计油脂加注点，这样系统阻力会大幅降低</td></tr>
</table>

第 17 篇

续表

<table>
<tr><th>类型</th><th colspan="5">润滑要点</th></tr>
<tr><td rowspan="6">辊道润滑系统的维护保养</td><td colspan="5">辊道运行作业率高、振动和冲击负荷大、粉尘多、温度变化大、润滑油容易泄漏流失。要经常检查辊道轴承压盖螺丝、齿轮箱连接螺丝，加油孔及观察孔，防止杂物进入润滑部位，消耗的润滑油要及时补充。辊道润滑要求如下表所示
辊道润滑要求</td></tr>
<tr><td>润滑部位</td><td>润滑方式</td><td>油脂品种牌号</td><td>加油周期</td><td>换油周期</td></tr>
<tr><td>减速箱</td><td>油浴</td><td>320 号中负荷齿轮油</td><td>3 月</td><td>1 年</td></tr>
<tr><td>分配箱</td><td>油浴</td><td>320 号中负荷齿轮油</td><td>3 月</td><td>1 年</td></tr>
<tr><td>辊道轴承</td><td>灌注</td><td>1 号复合铝基脂</td><td>10 天</td><td>1 年</td></tr>
</table>

7.7　轧钢机的润滑

7.7.1　轧钢机对润滑的要求

轧钢机主要包括轧钢机工作机座、万向接轴及其平衡装置、齿轮机座、主联轴器、减速机、电动机联轴器、电动机、前后卷取机、开卷机等。轧钢机对润滑的要求如下。

① 干油润滑。如热带钢连轧机中炉子的输入辊道、推钢机、出料机、立辊、机座、轧机辊道、轧机工作辊、轧机压下装置、万向接轴和支架、切头机、活套、导板、输出辊道、翻卷机、卷取机、清洗机、翻锭机、剪切机、圆盘剪、碎边机、垛板机等都用干油润滑。

② 稀油循环润滑。包括开卷机、机架、送料辊、滚动剪、导辊、转向辊和卷取机、齿轮轴、平整机等的设备润滑；各机架的油膜轴承系统等。

③ 高速高精度轧机的轴承，用油雾润滑和油气润滑。

在轧钢过程中，为了减小轧辊与轧材之间的摩擦力，降低轧制力和功率消耗，使轧材易于延伸，控制轧制温度，提高轧制产品质量，必须在轧辊和轧材接触面间加入工艺润滑冷却介质。

7.7.2　轧钢机润滑采用的润滑油、脂

（1）轧钢机采用的润滑油、脂（表 17-7-40）

表 17-7-40　轧钢机经常选用的润滑油、脂

设备名称	润滑材料选用	设备名称	润滑材料选用
中小功率齿轮减速器	L-AN68、LAN-100 全损耗系统用油或中负荷工业齿轮油	轧钢机油膜轴承	油膜轴承油
		干油集中润滑系统、滚动轴承	1 号、2 号钙基脂或锂基脂
小型轧钢机	L-AN100、L-150 全损耗系统用油或中负荷工业齿轮油		
		重型机械、轧钢机	1～5 号钙基脂
高负荷及苛刻条件用齿轮、蜗轮、链轮	中、重负荷工业齿轮油	干油集中润滑系统，轧机辊道	压延机脂（1 号用于冬季、2 号用于夏季）或极压锂基脂，中、重负荷工业齿轮油
轧机主传动齿轮和压下装置，剪切机、推床	轧钢机油，中、重负荷工业齿轮油	干油集中润滑系统、齿轮箱、联轴器、轧机	复合钙铅脂，中，重负荷工业齿轮油

（2）轧钢机典型部位润滑形式的选择

① 轧钢机工作辊辊缝间、轧材、工作辊和支承辊的润滑与冷却、轧机工艺润滑与冷却系统采用稀油循环润滑（含分段冷却润滑系统）。

② 轧钢机工作辊和支承辊轴承一般用于油润滑，高速时用油膜轴承和油雾、油气润滑。

③ 轧钢机齿轮机座、减速机、电动机轴承、电动压下装置中的减速器，采用稀油循环润滑。

④ 轧钢机辊道、联轴器，万向接轴及其平衡机构、轧机窗口平面导向摩擦副采用干油润滑。

7.7.3　轧钢机常用润滑系统

（1）稀油和干油集中润滑系统

由于各种轧钢机结构与对润滑的要求有很大差别，故在轧钢机上采用了不同的润滑系统和方法。如一些简单结构的滑动轴承；滚动轴承等零、部件可以用油杯、油环等单体分散润滑方式。而对复杂的整机及较为重要的摩擦副，则采用了稀油或干油集中润滑

系统。从驱动方式看，集中润滑系统可分为手动、半自动及自动操纵三类系统，从管线布置等方面看可分为节流式、单线式、双线式、多线式、递进式等，图17-7-1是电动双线干油润滑系统简图。

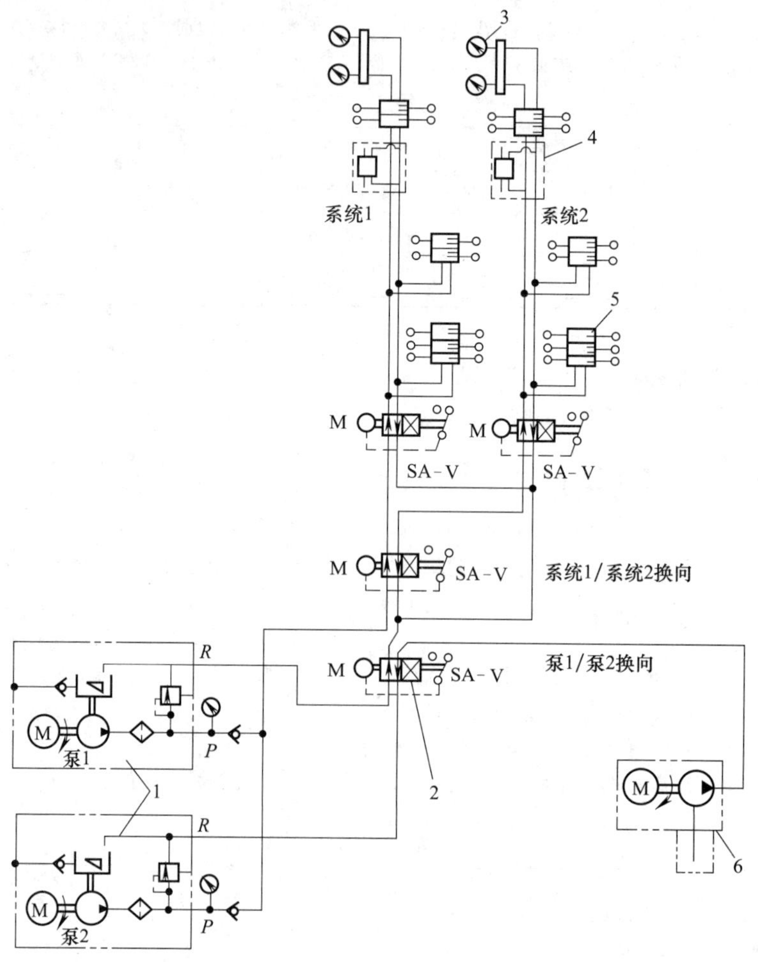

图17-7-1 电动双线干油润滑系统

1—泵装置；2—换向阀；3—压力表；4—压差开关；5—分配器；6—补油泵

（2）轧钢机油膜轴承润滑系统

轧钢机油膜轴承润滑系统有动压系统、静压系统和动静压混合系统。动压轴承的液体摩擦条件在轧辊有一定转速时才能形成。当轧钢机启动、制动或反转时，其速度变化就不能保障液体摩擦条件，限制了动压轴承的使用范围。静压轴承靠静压力使轴颈浮在轴承中，高压油膜的形成和转速无关，在启动、制动、反转，甚至静止时，都能保障液体摩擦条件，承载能力大、刚性好，可满足任何载荷、速度的要求，但需专用高压系统，费用高。所以，在启动、制动、反转、低速时用静压系统供高压油。而高速时关闭静压系统，用动压系统供油的动静压混合系统效果更为理想。图17-7-2为动压系统。

7.7.4 轧钢机常用润滑装置

重型机械（包括轧钢机及其辅助机械设备）常用润滑装置有干油、稀油、油雾润滑装置；国内润滑机械设备已基本可成套供给。

稀油润滑装置，工作介质黏度等级为N22～N460的工业润滑油，循环冷却装置采用列管式油冷却器。

稀油润滑装置的公称压力为0.63MPa；过滤精度：低黏度为0.08mm，高黏度为0.12mm；冷却水温度小于或等于30℃的工业用水；冷却水压力小于0.4MPa；冷却器的进油温度为50℃时，润滑油的温降大于或等于8℃。

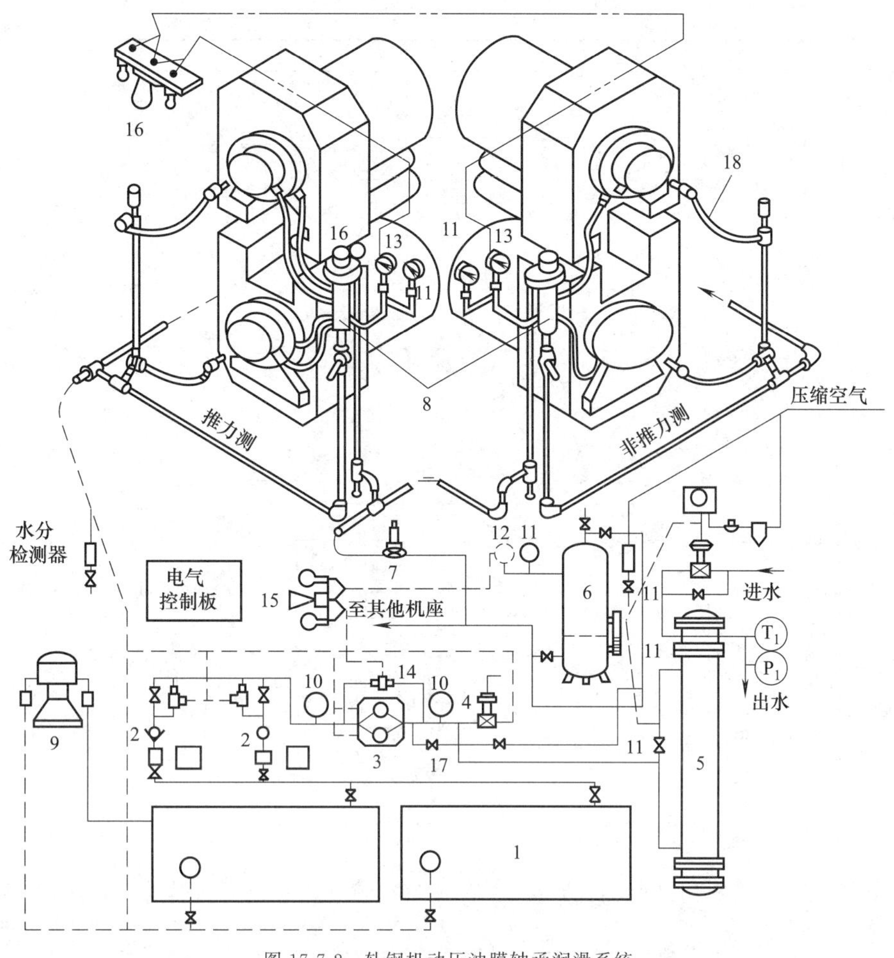

图 17-7-2　轧钢机动压油膜轴承润滑系统

1—油箱；2—泵；3—主过滤器；4—系统压力控制阀；5—冷却器；6—压力箱；7—减压阀；8—机架旁立管辅助过滤器；9—净油机；10—压力计（0～0.7MPa）；11—温度计（0～94℃）；12—水银接点开关（0～0.42MPa）；13—水银接点开关（0～0.1MPa）；14—水银差动开关，调节在 0.035MPa；15,16—警笛和信号灯；17—过滤器反冲装置；18—软管

7.7.5　轧钢机常用润滑设备的安装维修

表 17-7-41　轧钢机常用润滑设备的安装维修

项目	具体操作
设备的安装	认真审查润滑装置、润滑装置和机械设备的布管图纸、审查地基图纸，确认连接、安装关系无误后，进行安装 安装前对装置、元件进行检查；产品必须有合格证，必要的装置和元件要检查清洗，然后进行预安装(对较复杂系统) 预安装后，清洗管道；检查元件和接头，如有损失、损伤，则用合格、清洁件增补 清洗方法：用四氯化碳脱脂或用氢氧化钠脱脂后，用温水清洗；再用盐酸(质量)10%～15%，乌洛托品(质量)1%浸渍或清洗 20～30min，溶液温度为 40～50℃，然后用温水清洗；再用 1%(质量)的氨水溶液浸渍和清洗 10～15min，溶液温度 30～40℃，中和之后，用蒸气或温水清洗；最后用清洁的干燥空气吹干，涂上防锈油，待正式安装使用
设备的清洗、试压、调试	设备正式安装后，再清洗循环一次为好。干油和稀油系统的循环清洗图，可参考图(a)和图(b)。循环时间为 8～12h，稀油压力为 2～3MPa，清洁度为 NAS11、NAS12 对清洗后的系统，应以额定压力保压 10～15min 试验。逐渐升压，及时观察处理问题 试验之后，按设计说明书对压力继电器、温度调节、液位调节和各电器联锁进行调定，然后方可投入使用

第
17
篇

续表

<table>
<tr><th>项目</th><th>具体操作</th></tr>
<tr><td>设备的清洗、试压、调试</td><td>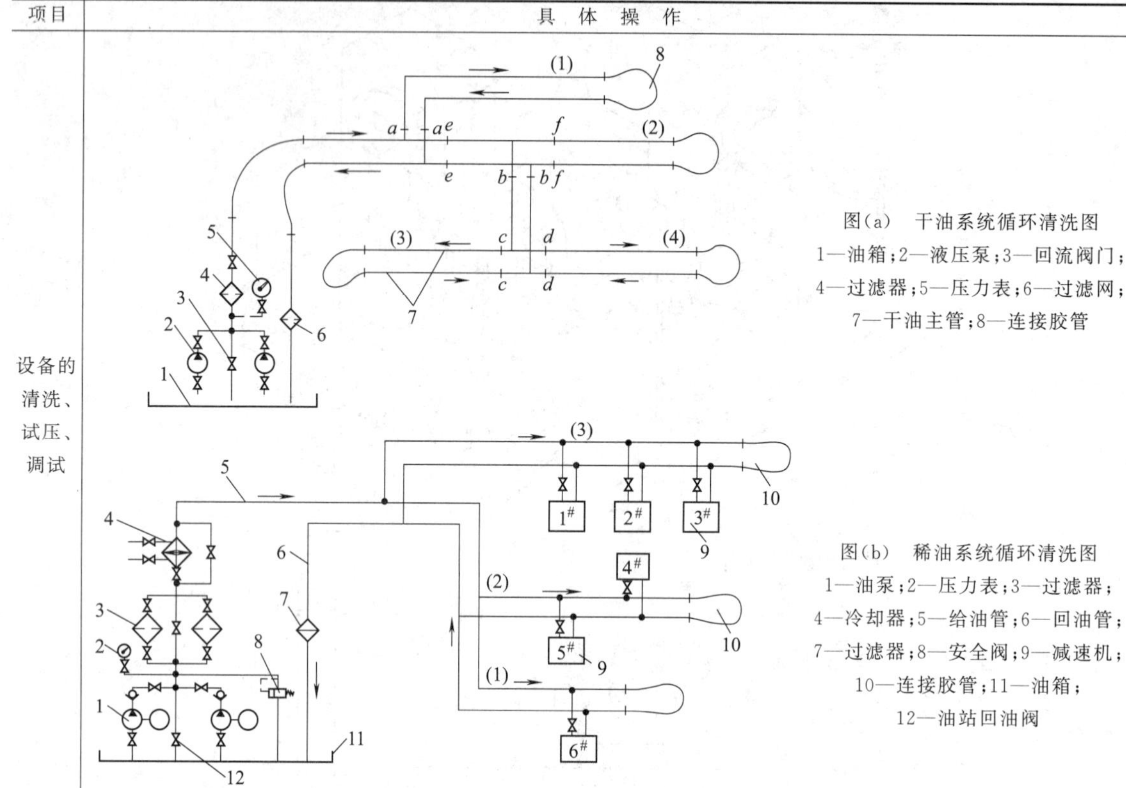
图(a)　干油系统循环清洗图
1—油箱；2—液压泵；3—回流阀门；4—过滤器；5—压力表；6—过滤网；7—干油主管；8—连接胶管

图(b)　稀油系统循环清洗图
1—油泵；2—压力表；3—过滤器；4—冷却器；5—给油管；6—回油管；7—过滤器；8—安全阀；9—减速机；10—连接胶管；11—油箱；12—油站回油阀</td></tr>
<tr><td>设备维修</td><td>现场使用者，一定要努力了解设备、装置、元件图样、说明书等资料，从技术上掌握使用、维护修理的相关资料，以便使用维护与修理

稀油站、干油站常见事故与处理

<table>
<tr><th>发生的问题</th><th>原因分析</th><th>解决方法</th></tr>
<tr><td>稀油泵轴承发热(滑块泵)</td><td>轴承间隙太小；润滑油不足</td><td>检查间隙，重新研合，间隙调整到0.06～0.08mm</td></tr>
<tr><td>油站压力骤然高</td><td>管路堵塞不通</td><td>检查管路，取出堵塞物</td></tr>
<tr><td>稀油泵发热(滑块泵)</td><td>① 泵的间隙不当
② 油液黏度太大
③ 压力调节不当，超过实际需要压力
④ 油泵各连接处的泄漏造成容积损失而发热</td><td>① 调整泵的间隙
② 合理选择油品
③ 合理调整系统中各种压力
④ 紧固各连接处，并检查密封，防止泄漏</td></tr>
<tr><td>干油站减速机轴承发热</td><td>滚动轴承间隙小；轴套太紧；蜗轮接触不好</td><td>调整轴承间隙；修理轴套；研合蜗轮</td></tr>
<tr><td>液压换向阀(环式)回油压力表不动作</td><td>油路堵塞</td><td>将阀拆开清洗、检查、使油路畅通</td></tr>
<tr><td>压力操纵阀推杆在压力很低时动作</td><td>止回阀不正常</td><td>检查弹簧及钢球，并进行清洗修理或换新的</td></tr>
<tr><td>干油站压力表挺不住压力</td><td>安全阀坏了；给油器活塞配合不良；油内进入空气；换向阀柱塞配合不严；油泵柱塞间隙过大</td><td>修理安全阀；更换不良的给油器；排出管内空气；更换柱塞；研配柱塞间隙</td></tr>
<tr><td>连接处与焊接处漏油</td><td>法兰盘端面不平；连接处没有放垫；管子连接时短了；焊口有砂眼</td><td>拆下修理法兰盘端面；垫紧螺栓；多放一个垫并锁紧；拆下管子重新焊接</td></tr>
</table>
</td></tr>
</table>

7.8　食品加工机械的润滑

食品加工机械包括各种食品加工、罐头加工机械、啤酒与饮料加工机械、制糖机械、乳品制造机械等。对食品加工机械的润滑所需关注的主要问题是防止食品受到污染，对润滑剂的原料必须满足有关药典、药物学中所规定的安全要求，生产中要做到设备专用，不与非食品机械润滑剂混用。

7.8.1　食品加工机械对润滑的要求

（1）润滑剂不得对食品造成污染

在某些食品加工机械中，润滑剂有可能与食品发生接触或造成食品污染，引起食用者中毒或其他不良影响。

白油可用烘烤食品、制备脱水水果与蔬菜的脱模剂，以及糖果制造时的抛光剂和脱模剂。

石油脂用途同白油，还可用于制备固体蛋白的脱模剂。

工业白油用于拉拔、冲压、印模与轧制包装食品用的铝箔容器的润滑冷却工艺，以及用于制造动物饲料、纤维袋及食品加工机械的润滑剂与防锈剂。应注意在法规中对各种用途都注有既定的极限。此外还可用于压缩机和制备食品与饮料包装用塑料的成形加工。

（2）加强对食品加工机械的润滑管理

食品加工机械的润滑管理应得到重视，必须选用符合设备性能要求或制造厂规定的润滑剂，改用不同性能润滑剂，必须取得设备和润滑剂制造厂的认可。润滑剂必需保持清洁。大桶应水平放置，并用手摇泵抽取供用。润滑脂需用手压泵压入脂枪或给脂器中，装润滑剂的小油听（盒）只限用于润滑剂。而用于食品饮料的容器，或清洗器/消毒器等绝对禁止用于润滑剂。原桶上的标记必要时可重复使用，但变换容器时应有明显标志，以免错用。

7.8.2　食品机械润滑剂的选用

食品机械一般使用专用的润滑剂。我国已有相应标准，如食品机械专用白油（GB/T 12494—1990），见表17-7-42；食品级白油（GB 4853—2008），见表17-7-43；另有食品机械润滑脂（GB 15179—1994）。

食品机械润滑主要用深度精制的白油，但对负荷大或冲击性负荷的润滑部位，则润滑性能不能满足要求，而必须加入油性剂或极压剂，但必须是无毒无臭无味的。油性剂可用鲸鱼油或蓖麻油等动植物油。极压剂可用聚烷基乙二醇经 FDA/USDA 承认的。

表 17-7-44 为乳品厂机械润滑实例。表 17-7-45 为制糖机械用润滑油（脂）质量及标号。表 17-7-46 为汽水生产机械设备润滑用油（脂）。

乳品生产用设备常常用不锈钢制成，为符合卫生要求，轴承都是密封全寿命的，其他如驱动齿轮等部件，也都是制成为封闭式，与产品或水隔离。

压缩空气是用于容器运转过程中搅拌乳液的，标准说明允许和乳液或乳制品接触，为使其不带有润滑油污染乳品，而用无润滑压缩机是必要的。

表 17-7-42　**食品机械专用白油**（GB/T 12494—1990）

项目			质量指标						试验方法
			10 号	15 号	22 号	32 号	46 号	68 号	
运动黏度(40℃)/$mm^2 \cdot s^{-1}$			9.0～11.0	13.5～16.5	19.8～24.2	28.8～35.2	41.4～50.6	61.2～74.8	GB/T 265
闪点(开口)/℃		不低于	140	150	160	180	180	200	GB/T 3536
赛波特颜色		不小于	+20 号	+20 号	+20 号	+20 号	+10 号	+10 号	GB/T 3555
倾点/℃		不高于	−5	−5	−5	−5	−5	−5	GB/T 3535
机械杂质			无	无	无	无	无	无	GB/T 511
水分			无	无	无	无	无	无	GB/T 260
水溶性酸碱			无	无	无	无	无	无	GB/T 259
腐蚀试验(100℃,h)			1 级	1 级	1 级	1 级	1 级	1 级	GB/T 5096
稠环芳烃紫外吸光度/nm 不大于	280～289nm		4.0	4.0	4.0	4.0	4.0	4.0	GB/T 11081
	290～299nm		3.3	3.3	3.3	3.3	3.3	3.3	
	300～329nm		2.3	2.3	2.3	2.3	2.3	2.3	
	330～350nm		0.8	0.8	0.8	0.8	0.8	0.8	

注：产品用于非直接接触的食品加工机械的润滑，如粮油加工、苹果加工、乳制品加工等设备的润滑。

表 17-7-43 **食品级白油技术要求和试验方法**

项目		质量指标					试验方法
		低、中黏度				高黏度	
		1号	2号	3号	4号	5号	
运动黏度(100℃)/$mm^2 \cdot s^{-1}$		2.0～3.0	3.0～7.0	7.0～8.5	8.5～11	≥11	GB/T 265
运动黏度(40℃)/$mm^2 \cdot s^{-1}$		报告	报告	报告	报告	报告	GB/T 265
初馏点/℃	大于	200	200	200	200	350	SH/T 0558
5%(质量分数)蒸馏点碳数	不小于	12	17	22	25	28	SH/T 0558
5%(质量分数)蒸馏点温度/℃	大于	224	287	356	391	422	SH/T 0558
平均相对分子质量①	不小于	250	300	400	480	500	SH/T 0398 SH/T 0730
颜色,赛氏号	不低于	+30	+30	+30	+30	+30	GB/T 3555
水溶性酸或碱		无	无	无	无	无	GB/T 259
易炭化物		通过	通过	通过	通过	通过	GB/T 11079
稠环芳烃,紫外吸光度(260～420nm)/cm	不大于	0.1	0.1	0.1	0.1	0.1	GB/T 11081
固态石蜡		通过	通过	通过	通过	通过	SH/T 0134
铅含量②/$mg \cdot kg^{-1}$	不大于	1	1	1	1	1	附录 A GB/T 5009.75
砷含量/$mg \cdot kg^{-1}$	不大于	1	1	1	1	1	GB/T 5009.76
重金属含量/$mg \cdot kg^{-1}$	不大于	10	10	10	10	10	GB/T 5009.74

① 平均相对分子质量的仲裁试验方法为 SH/T 0730。

② 铅的仲裁试验方法为附录 A。

表 17-7-44 **乳品厂机械润滑实例**

机械名称	润滑部件	润滑剂	润滑法	换油或加油期
乳液收入设备	卡车推进机	多级通用液压油(5W-20)	油箱、油盘	每年换
	乳灌液位表	多级通用液压油(5W-20)	油箱、油盘	
	码垛机选择器	多级通用液压油(5W-20)	油箱、油盘	
	铁路推进机	2号锂基脂	脂枪	每月加
	带式输送机轴承	2号锂基脂	脂枪	隔月加
	驱动齿轮箱	SAE 齿轮油	油箱、油盘	每年换
洗瓶	轴承	2号锂基脂	脂枪	每周加
	空气管路润滑器	5W-20 液压油	油箱、油盘	每天加
	闭式驱动装置	SAE90 齿轮油	油箱、油盘	每年换
	链索	5W-20 液压油	涂刷	必要时
灌装室	输送带轴承	2号锂基脂	脂枪	每周
	闭式驱动装置	SAE90 齿轮油	油盘、油箱	每年换
	阀类	USDA. H1 的 1 号、2 号脂	手挠	每天
	空气管路润滑器	5W-20 液压油	油盘、油箱	每天
	滑板(该处可能发生容器接触)	H1 型油 SAE30	气溶或涂刷	每周
原储料存乳灭菌	灭菌室	SAE90 EP 级齿轮油	油盘、油箱	每 6 个月换每天检查
	搅拌机驱动装置	SAE90 EP 级齿轮油	油盘、油箱	每 6 个月换每天检查
	分离机驱动装置	专用油	油盘、油箱	按规定
	澄清装置驱动装置	专用油	油盘、油箱	按规定
	泵类	2号锂基脂	脂枪	每周
均质器	均质器阀	USDA. H1 型的 2 号脂	手填充	每周
	均质器密封	USDA. H1 型的 2 号脂	手填充	每周

表 17-7-45　**制糖机械用润滑油（脂）质量及标号**

机械或润滑部位	润滑方法	适用润滑油黏度(40℃)/mm²·s⁻¹	润滑脂名称标号	润滑油(脂)名称及质量
轧滚轴颈轴承	机械强制润滑	135～165	2 号食品脂	优质润滑油(白油加蓖麻油)
液压系统	循环	61.2～74.8		优质高黏度指数油
各滚动轴承	脂枪			白油稠化钙基或复合钙基脂
汽轮机轴承及一级减速器	循环	61.2～74.8		白油加蓖麻油
一级减速齿轮	飞溅	135～165		白油加蓖麻油
多级减速齿轮	飞溅	135～165		白油加蓖麻油
主动减速齿轮				
第二减速齿轮	飞溅	135～242		白油加蓖麻油
第三减速齿轮	飞溅	135～165		白油加蓖麻油

表 17-7-46　**汽水生产机械设备润滑用油（脂）**

机械设备名称	润滑部位	适用油			适用脂	
		名称性能	黏度(40℃)/mm²·s⁻¹	ISOVG	名称	NLGI号
生产流水线机组	齿轮	S-P 极压齿轮油(无 Pb)	135～165	150		
	齿轮	S-P 极压齿轮油(无 Pb)	198～242	220		
	齿轮	S-P 极压齿轮油(无 Pb)	612～748	680		
	轴承				抗氧防锈钙基	2
	轴承				高温高负荷钙基	2
	齿轮	S-P 极压齿轮油(无 Pb)	288～352	320		
	齿轮	S-P 极压齿轮油(无 Pb)	61.2～74.8	68		
	液压系统	抗磨液压油(无毒)	61.2～74.8	68		
	液压系统	抗磨液压油(无毒)	28.8～35.2	32		
	开式齿轮	混脂开式齿轮油	612～748	680		
洗瓶机、鼓风机	轴承				防锈抗氧化耐水耐负荷极压钙基脂	2
回转单缸	中心轴轴承				食品专用脂	2
灌装机	灌装阀、排气阀上分配器				食品专用脂	2
	万向轴				抗氧化防锈通用复合钙脂	2
	离合器	抗氧化防锈精制极压液力变速器油	198～242	220		
	圆盘齿轮装置	抗磨液压油	61.2～74.8	68		
混合机、真空泵	轴承及密封				食品机械用真空泵脂	2
冷冻机	轴承、转子或气缸	冷冻机油(无毒白油)	61.2～74.8	68		

注：各种润滑油脂必须符合卫生部门关于食品机械用润滑油毒性控制的规定。

制糖机械用润滑油和其他食品工业机械一样，要求无味、无臭、无毒的润滑油，特别是可能和成品糖接触的工序更要注意，一般用硫酸深度精制的白油，为提高其油性有时加入如精制蓖麻油、椰子油等动植物油。有些滚动轴承则用白凡士林润滑。液压系统则用甘油-水系液压油。

制糖工艺用的榨糖机的压力高达 10MPa，转速低到 1r/min，而且温度较高，因而用黏度较大的带有一定抗磨油性的润滑油。根据各种机械的不同用途和要求，一般所用润滑油或润滑脂质量如表 17-7-45 所示。

凡是可能接触饮食制品的机械摩擦部位，必须使用符合国家卫生法令规定的，食品机械用润滑油（深度精制白油加各项无毒害添加剂），或食品机械用润滑脂（复合铝、钙、聚脲、精制膨润土等稠化剂稠化深度精制白油或无毒害合成油），见表 17-7-46，并加必要的无毒害添加剂。在必要时也可用精制椰子油，精制蓖麻油或精制棕榈油等代替白油，这些对防止毒害污染更为有利。

7.9 锻压设备的润滑

7.9.1 机械压力机的润滑

表 17-7-47 机械压力机的润滑

<table>
<tr><th>项目</th><th>说 明</th></tr>
<tr><td>润滑方式</td><td>
机械压力机包括热模锻压力机、冲压压力机、精压机及平锻机等类。它们都采用类似的带轮与齿轮传动机构、离合器与制动器机构、曲柄连杆或肘杆机构、凸轮机构、螺杆机构等。由于机械压力机是机械传动,传动环节多,摩擦副多,润滑点必然多。同时,大型压力机高度很高,人工加油也不方便。为了保证润滑效果,减少维修工作量,机械压力机通常采用集中润滑。对于不易实现集中润滑,或采用某些专用润滑方式更好时,才辅以分散润滑
① 稀油集中润滑 稀油集中润滑多数情况是压力循环润滑。一般是把润滑站(油箱、泵、阀等)安放在压力机的底座旁边或地坑内,用齿轮泵通过控制阀将润滑油送到各润滑点。常用在小吨位机械压力机的轴承、导轨、连杆上
② 稀油分散润滑 稀油分散润滑有人工润滑和自动润滑两种。人工加油润滑一般只用在不经常动作的小部件上,不易接通由集中润滑站供油的部位或不易回收的部位,例如凸轮、滚轮。稀油分散自动润滑在机械压力机上常被采用的有油池润滑和油雾润滑。封闭齿轮采用油池润滑,维护简单,润滑效果也不错。气缸采用油雾润滑是结构上的特殊需要
③ 干油集中润滑 干油集中润滑分机动油泵和手动油泵两种。机动油泵一般放在压力机顶部,也有安装在底座旁边的。手动油泵都安装在立柱上操作方便的地方。机动油泵由专用电动机带动,可以根据压力机运转的需要,开动或停止油泵供油;也有的油泵没有电动机,而是靠主传动通过一套另加的传动装置来驱动油泵。大型机械压力机的轴承、导轨常采用干油集中润滑
④ 干油分散润滑 干油分散润滑用在供油不易到达的部位,如一些旋转部件上。一般是定期用油枪加少量的油或直接涂抹。干油分散润滑比稀油分散人工润滑用得广泛些。机械压力机上的开式齿轮、连杆螺纹、离合器轴承常采用干油分散润滑。机械压力机的常用润滑方法,见下表
机械压力机的常用润滑方法
<table>
<tr><th>润滑方法</th><th>使 用 场 合</th></tr>
<tr><td>手工加油润滑</td><td>开式齿轮、滑轮销轴、蒸汽锤导轨、水压机导轨、蒸汽锤操纵机构</td></tr>
<tr><td>飞溅润滑</td><td>离合器飞轮轴承、蜗轮副</td></tr>
<tr><td>油浴润滑</td><td>密闭式齿轮、蜗轮副、调节螺杆</td></tr>
<tr><td>油环润滑</td><td>摩擦轮滑动轴承</td></tr>
<tr><td>压力循环润滑</td><td>传动轴轴承、滑块导轨、齿轮、调节螺杆、连杆轴承、销轴轴承、小型快速压力机曲轴轴承、空气锤曲拐轴承、压缩缸及工作缸、导轨、蒸汽锤及水压机导轨</td></tr>
<tr><td>油雾润滑</td><td>开式齿轮、离合器和制动器气缸、蒸汽锤气缸、摩擦压力机气缸</td></tr>
<tr><td>手工加脂润滑</td><td>螺杆、蒸汽锤、螺旋压力机及水压机导轨、空气锤气缸导轨、操纵机构和滑动销轴、传动系统及摩擦轮滚动轴承</td></tr>
<tr><td>电动干油站润滑</td><td>大型压力机主传动轴承及曲轴轴承</td></tr>
<tr><td>润滑脂润滑</td><td>滚动轴承、离合器飞轮滚动轴承、小型快速压力机主传动轴承及曲轴轴承</td></tr>
</table>
</td></tr>
<tr><td>润滑材料选用</td><td>
在机械压力机的润滑中,以采用 HL 液压油或 AN 全损耗系统用油和钙基润滑脂为主。常用的有 AN32、AN46、AN68、AN100、AN150,2 号、3 号钙基脂。当这两种润滑材料不满足需要时,再选用其他材料
采用集中润滑时,润滑点较多,而这些润滑点的负荷、速度、温度有可能不同,又不可能采用多种黏度的润滑材料来满足各润滑点的需要。在这种情况下,可采用两种办法:①按照最关键的润滑点的需要选择润滑材料;②采取折中的办法,即选择的润滑材料的黏度比这些润滑点所需黏度的中间值偏高一些
</td></tr>
</table>

7.9.2 螺旋压力机的润滑

液压螺旋压力机采用油作液压传动介质,液压缸、液压马达、顶出器等自身可以润滑。需要润滑的是螺旋副、导轨。润滑点少,一般采用分散润滑,但亦有对导轨采用集中润滑的。

摩擦压力机是机械传动,润滑部件较多,除螺杆、导轨外,还有摩擦轮轴承、操纵杆销轴轴承、各

种气缸。可以采用分散润滑，也可以采用集中润滑。

螺旋压力机的润滑材料与机械压力机类似。

7.9.3　锻锤的润滑

锻锤分空气锤、蒸汽-空气锤、无砧座锤、液压锤等。锻锤的特点是打击速度非常快，且伴有冲击、振动。使用蒸汽的锤，气缸温度很高，给润滑剂提出了很高要求。

液压锤采用液压驱动液压缸，当压力油进入液压缸下腔，使锤头上升到所需高度后，进油阀关闭，排油阀开，锤头落下，靠位能打击。液压锤用油作传压介质，液压缸自身可以润滑。导轨可以利用打击时液压缸密封处渗漏的油飞溅到导轨上的油滴进行润滑，所以液压锤无须特别加以润滑。

蒸汽-空气锤、无砧座锤结构较简单。共同的润滑部件是气缸、分配阀、导轨，不同的润滑部件，蒸汽-空气锤是操纵机构的销轴，无砧表座锤是滑轮。润滑方法如表 17-7-48 所示。

表 17-7-48　锻锤各部件的润滑

部件	润　滑　方　法
气缸的润滑	大型自由锻锤、模锻锤等采用过热蒸汽，温度高达 300℃以上，故对润滑油提出了十分严格的要求。蒸汽缸和分配阀的润滑油应具有较高的闪点、最小的蒸发量，较高的黏度与优良的油性、较好的抗水性和防锈性 蒸汽锤的气缸润滑是用稀油泵安装在锤柱上靠操纵机构杠杆的活动向各润滑点注油。由于锻锤振动过大，固定螺钉和泵内机件常被振松或振坏，使泵不能达到预期的效果。现通常改用油雾润滑。当锻锤为单台时，锤的气缸的润滑除采用机械压力机的离合器、制动器气缸采用的喷雾油杯润滑装置外，还可采用图(a)所示的自动加油装置。将润滑油加入容器内，并采用浮标装置保持容器内的油面高度 $A—A$ 与油管 2 末端出口处的高度相同。当管 1 中无空气流动时，润滑油亦保持静止不动。但当开动汽锤，有蒸汽或压缩空气在管 1 流过时，点 3 与断面 $B—B$ 之间由于克服摩擦阻力而产生一定的压力降，形成两点之间的压力差，润滑油因之不断被压入管 1 中而雾化，随着气流进入气缸内润滑缸壁
气缸的润滑	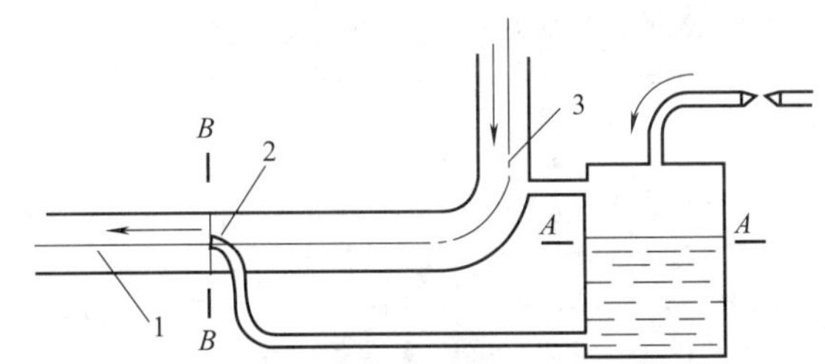 图(a)　锻锤的蒸汽汽缸自动加油装置原理图 1—压力气体管；2—油管嘴；3—储油箱与压力气体管道连接处 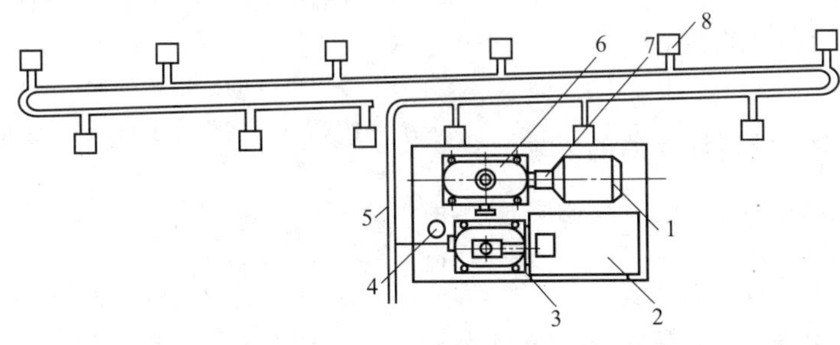 图(b)　锻锤集中润滑示意图 1—电动机；2—油箱；3—液压泵；4—压力表；5—进气管；6—蜗轮减速器； 7—联轴器；8—锻锤 润滑油管道上应设置阀门，以便调节进油量。盛油容器应安置在远离锤身的地方，以防止锤振动振松了调节阀，使润滑油失控 当锻锤为多台时，车间内各台锻锤的气缸可采用稀油集中润滑，见图(b)。设置单独的液压泵装置，液压泵以 3MPa 的压力将油喷入蒸汽总管，经过安置在总管内的细小喷嘴将润滑油喷成雾状与蒸汽混合进入各锻锤的气缸内。根据锻锤开动数量的多少来改变泵的出油量。这种润滑装置较简单、便于维修、能保证连续供油，对拥有多台锻锤的工厂是适用的。它的缺点是对近点供油量大，而对远点供油量小

第17篇

续表

部件	润滑方法
气缸的润滑	无论采用何种喷雾润滑装置都不是很理想的润滑方式，它是在特定条件下被迫使用的。因为蒸汽或压缩空气中的油雾有相当部分不能落到缸壁上，而随空气排出，污染环境，或随蒸汽排回锅炉，当油过量时会引起锅炉内沸水发泡，甚至造成事故。因此，要求进入锅炉凝结水的油含量不应超过 10^{-5}mg/kg 润滑材料的选择如下： ① 气缸内壁　采用过热蒸汽的气缸应使用 680～1500 号气缸油，采用饱和蒸汽的气缸应使用 680 号气缸油 ② 活塞杆(锤杆)　活塞杆的密封通常采用高压石棉铜丝布 V 形密封圈或聚四氛乙烯塑料密封圈。采用这两种密封圈，润滑油常被擦掉，不易进入密封圈内，故常采用固体润滑方式 高压石棉铜丝布 V 形密封圈是用长纤维石棉绳加上铜丝织成布，每层石棉铜丝布之间刷一层二硫化钼、石墨润滑脂和耐热橡胶一起经压制而成。石墨、二硫化钼润滑脂起润滑作用，铜丝除作加强肋外，也可减小摩擦
导轨的润滑	由于锤杆易坏，锤击时不允许出现大的偏心；滑块速度高，为 7～9m/s；锻锤结构紧凑，导轨离热工件很近，加上气缸温度高，所以导轨温度高；导轨垂直。由于这些特点，要求润滑剂耐高温，并具有中等黏度
空气锤的润滑	空气锤比蒸汽-空气锤复杂得多，除蒸汽锤具有的相同部分外，还有空压机的一套装置。其中，工作气缸、导轨、操作机构销轴等润滑部件是相同的。但增加了传动轴轴承、曲拐轴承、连杆、齿轮、压缩缸等润滑部件 空气锤润滑点多，有采用集中润滑的必要。同时，空气锤由于安装传动铀、压缩缸等的需要，锤身刚性很大，另外，吨位小，所以振动较小。润滑泵及元件不易被振松、振坏，锤身内又有足够空间安装这些元件，这就具备了采用集中润滑的可能性。空气锤摩擦副的负荷一般较小，且速度较快，所以采用稀油集中润滑 稀油集中润滑的自动液压泵可用气动液压泵或单柱塞液压泵 气动液压泵是利用压缩气缸的气压作动力，上部为一个油桶，下部有一个水平活塞，油桶和活塞之间的通路上有一个止回阀，压缩空气接口与压缩气缸的上腔相通。空转、提锤和压锤工位时，压缩气缸上腔始终与大气相通，气体无压力，气动油泵不动作。当锤处于轻、重连续打击工位时，压缩气缸上腔随曲拐的转动而处于压气和吸气的交替过程中。曲拐在轴线上部、压缩气缸上腔空气被压缩，压缩空气进入水平活塞左端，推动活塞向右移动，将活塞右端的润滑油压向各润滑点。由于止回阀的作用，活塞右端的油不会压回油箱。当压缩缸上腔吸气(与大气相通)时，水平活塞在弹簧力的作用下回到原始位置，同时油桶里的油被吸到活塞右端。锤头每下行一次，就供给一定的润滑油，调节活塞的行程即可调节供油量。相反，压缩空气接口也可与压缩气缸下腔相接，其原理相同，而供油时间略有差别 单一柱塞泵可利用传动轴作动力，经过带驱动另一带凸轮(或曲拐)的轴，传动轴带动出轮轴旋转，凸轮轴旋转一圈，泵的柱塞就工作一个循环，结构比气动液压泵复杂得多

7.10　矿山设备的润滑

7.10.1　矿山机械对润滑油的要求

① 矿山机械的体积和油箱的容积都小，所装的润滑油的量也少，工作时油温就较高，这就要求润滑油要有较好的热稳定性和抗氧化性。

② 因为矿山的环境恶劣，煤尘、岩尘、水分较多，润滑油难免受到这些杂质的污染，所以要求润滑油要有较好的防锈、抗腐蚀、抗乳化性能；要求润滑油受到污染时，其性能变化不会太大，即对污染的敏感性要小。

③ 露天矿的机械冬夏温度变化很大，有的地区昼夜温差也大，因此要求润滑油黏度随温度的变化要小，既要避免在温度高时，油品黏度变得太低，以致不能形成润滑膜，起不到应起的润滑作用，又要避免在温度低时黏度太高，以致启动、运转困难。

④ 对于某些矿山机械，特别在容易发生火灾、爆炸事故的矿山中使用的一些机械，要求使用抗燃性良好的润滑剂（抗燃液），不能使用可燃的矿物油。

⑤ 要求润滑剂对密封件的适应性要好，以免密封件受到损坏。

不同的矿山机械，要求使用不同类型、不同牌号、不同质量的润滑油。矿山机械厂、机修厂要用导轨油、轴承油、金属切削冷却液、淬火和退火介质、锻造、挤压、铸造用润滑剂等。运输汽车要用内燃机油、自动传动油、汽车制动液、减振器油、防冻液等。内燃机火车用内燃机油、气缸油、车轴油、三通阀油等。

7.10.2　矿山机械用油举例

1）有链牵引采煤机用油（见表 17-7-49）。

2）气动凿岩机及气（风）动工具用油（见

表 17-7-50），气动凿岩机及气动工具是既有往复运动又有旋转运动的带有冲击性的机具，对所使用的润滑油有以下要求：①要具有较高的油膜强度和极压性能；②不会产生造成环境污染的油雾与有毒气体；③不易被有压力气体吹走，不会干扰配气阀的动作；④对所润滑的部件无腐蚀性；⑤能适应高温和低温的气候条件。

润滑方式可通过注油器给油，或通过机具进气口对气动管线手动加油。

表 17-7-49　有链牵引采煤机用油

润滑部位及注油(脂)点名称	注油点数	注油方式	使用油(脂)名称和牌号
摇臂齿轮箱	2	注油器	CKC N320～CKC N460 中负荷工业齿轮油(OMAL320 或 460)
机头齿轮箱	2	注油器	CKC N320～CKC N460 中负荷工业齿轮油
牵引部液压泵箱	1	注油器	N100 抗磨液压油(TELLUS 100)
牵引部辅助液压箱	1	注油器	N100 抗磨液压油
牵引部齿轮箱	1	注油器	CKC N320～CKC N460 中负荷工业齿轮油(OMALA320 或 N460)
导链轮轴承	2	油枪	ZL-3 锂基脂
电动机轴承	4	手工	ZL-3 锂基脂
回转轴衬套和挡煤板衬套	2	油枪	ZL-3 锂基脂
破碎机构侧减速箱	1	注油器	CKC N320～CKC N460 中负荷工业齿轮油(OMALA320 或 460)
破碎机构耳轴	1	注油器	CKC N320～CKC 460 中负荷工业齿轮油
破碎机构摇臂齿轮箱	1	注油器	CKC N320～CKC460 中负荷工业齿轮油

注：表中 OMALA 为壳牌公司齿轮油牌号，TELLUS 为壳牌公司液压油牌号。

表 17-7-50　气动凿岩机及气（风）动工具用油

<table>
<tr><td rowspan="5">露天潜孔凿岩机钻机的润滑用油</td><td colspan="2">润滑部位</td><td>环境温度</td><td>用油名称</td></tr>
<tr><td colspan="2" rowspan="2">气缸、冲击器及其操纵阀</td><td>－15℃以上</td><td>HL32 液压油、TSA32 防锈汽轮机油</td></tr>
<tr><td>－15℃以下</td><td>HL15 或 HL22 液压油、DRA15 冷冻机油</td></tr>
<tr><td colspan="2">减速箱</td><td></td><td>半流体锂基脂、CKC220 工业齿轮油</td></tr>
<tr><td colspan="2">绳轮、直压油嘴部位、行走下滑轮、各铜瓦、脂杯部位</td><td></td><td>2 号锂基脂</td></tr>
<tr><td rowspan="9">潜孔钻机的润滑用油</td><td colspan="3">润滑部位</td><td>用油名称</td></tr>
<tr><td colspan="3">回转减速箱</td><td>CKC220 工业齿轮油</td></tr>
<tr><td colspan="3">主传动减速箱</td><td>CL-3 车辆齿轮油</td></tr>
<tr><td colspan="3">回转减速箱滚动轴承、顶部传动轴及提升主轴滚动轴承、辅卷卷筒滚动轴承、走行传动滚动轴承、主传动减速箱及单、双链轮滚动轴承</td><td>3 号锂基脂</td></tr>
<tr><td rowspan="2">液压系统用油</td><td rowspan="2">环境温度</td><td>－15℃以上</td><td>HL32 液压油</td></tr>
<tr><td>－15℃以下</td><td>HV32 液压油</td></tr>
<tr><td colspan="3">走行传动开式齿轮，主、副钻杆螺纹，链条</td><td>石墨钙基脂</td></tr>
<tr><td colspan="3">底部链轮轴、走行传动轴、履带装置</td><td>2 号、3 号锂基脂</td></tr>
<tr><td colspan="3">冲口器前后接夹螺纹</td><td>2 号二硫化钼锂基脂</td></tr>
<tr><td rowspan="3">履带潜孔钻机用油</td><td colspan="3">润滑部位</td><td>用油名称</td></tr>
<tr><td colspan="3">液压油箱</td><td>－15℃以上　32HL 液压油、
－15℃以下　32HV 液压油</td></tr>
<tr><td colspan="3">气动马达、各减速器、运动机构的加油处、重载轮、支承轮等旋转、活动零件上的所有压注油嘴</td><td>2 号锂基脂</td></tr>
<tr><td rowspan="3">气腿式凿岩机用油</td><td colspan="2">润滑部位</td><td>环境温度</td><td>用油名称</td></tr>
<tr><td colspan="2" rowspan="2">气缸、冲击器及其操作阀</td><td>－15℃以上</td><td>HL32 液压油、TS32 汽轮机油</td></tr>
<tr><td>－15℃以下</td><td>HL15 或 22 液压油、DRA15 冷冻机油</td></tr>
<tr><td rowspan="3">风动工具用油</td><td colspan="2">工具名称</td><td>环境温度</td><td>用油名称</td></tr>
<tr><td colspan="2" rowspan="2">铆钉机、风镐、风铲及风钻、板机、风砂轮等</td><td>－15℃以上</td><td>HL32 液压油、TSA32-100 汽轮机油</td></tr>
<tr><td>－15℃以下</td><td>HL15 或 22 液压油、DRA15 冷冻机油</td></tr>
</table>

第 17 篇

参考文献

[1] 温诗铸. 摩擦学原理. 第 3 版. 北京：清华大学出版社，2008.
[2] 颜志光主编. 新型润滑材料与润滑技术实用手册. 北京：国防工业出版社，1999.
[3] 董浚修. 润滑原理及润滑油. 北京：中国石化出版社，1987.
[4] 林子光等. 齿轮传动的润滑. 北京：机械工业出版社，1980.
[5] 蔡叔华等. 齿轮传动润滑及其用油. 北京：中国石化出版社，1998.
[6] 徐先盛编. 中国润滑油品大全. 大连：大连出版社，1995.
[7] [英] 斯科特 D 等. 工业摩擦学. 上海市机械工程学会摩擦学学组译. 北京：机械工业出版社，1982.
[8] 袁兴栋. 金属材料磨损原理. 北京：化学工业出版社，2014.
[9] 中国机械工程学会摩擦学学会. 润滑工程. 北京：机械工业出版社，1986.
[10] 丁振乾. 液体静压支承设计. 上海：上海科学技术出版社，1989
[11] 冯明昱等. 液压和液力传动油、液. 北京：中国石化出版社，1991.
[12] 吴晓铃. 齿轮润滑基础知识. 齿轮，1985 (5)、(6).
[13] 吴晓铃等. 齿轮摩擦学的研究及展望. 齿轮，1986 (3).
[14] 戚文正，吴晓铃等. 高速齿轮润滑油的选用方法. 石油商技，2000 (3)：16-18.
[15] 戚文正等. 蜗轮蜗杆油的选用方法. 设备管理与维修，2001 (1)：31-32.
[16] 戚文正等. 蜗轮蜗杆油胶合承载能力试验研究. 机械传动，2002 (2)：5-7.

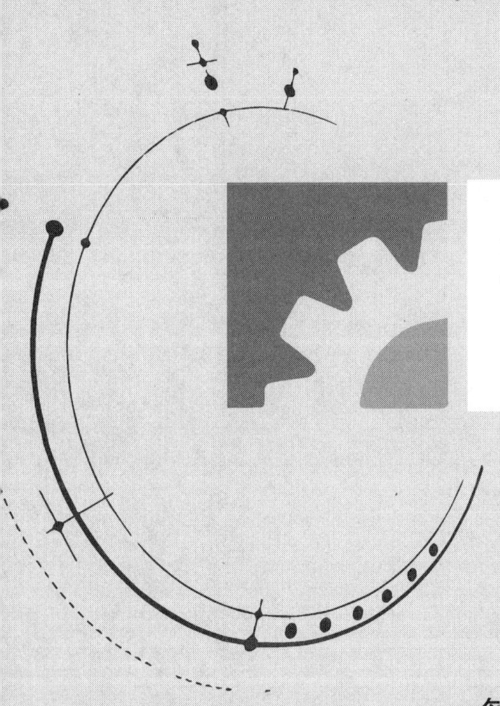

第 18 篇
密封

篇主编：郝木明
撰　稿：郝木明　孙鑫晖　王淮维　刘馥瑜
审　稿：陈大融

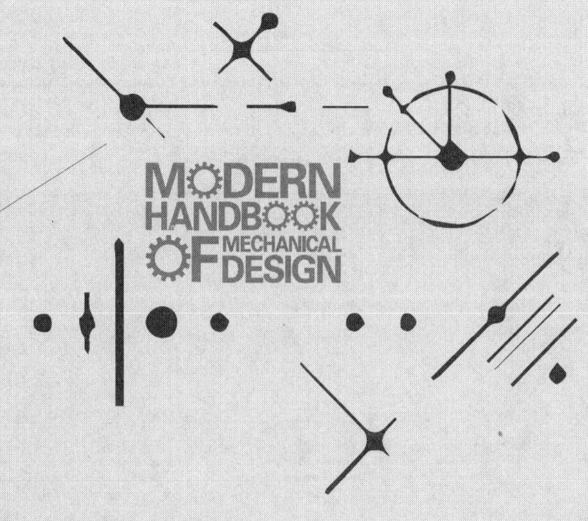

第1章　密封的分类及应用

1.1　泄漏方式、密封方法及密封设计要求

表 18-1-1　泄漏方式

泄漏方式	示意图	含义	成因	特点
穿漏	0　p　穿漏	流体穿过密封面间隙的泄漏	①流体存在压力差 Δp ②泄漏缝隙 h	单向泄漏，从高压侧→低压侧
渗漏	0　p　渗漏	在压力差的作用下，被密封流体通过密封件材料的毛细管的泄漏	①压力差 Δp ②密封件材料毛细管	单向分子泄漏
扩散	低浓度　高浓度　扩散	在浓度差的作用下，被密封介质通过密封间隙或密封材料的毛细管产生的物质传递	①介质浓度差 Δc ②密封间隙或密封材料毛细管	双向泄漏，泄漏量小。如醚类，渗透性强；采用波纹管密封

表 18-1-2　密封方法

密封方法	含义	举例
全封闭或部分封闭	将机器或设备用机壳或机罩全部密闭或部分密闭住	
填塞或阻塞	利用密封件填塞泄漏点或利用流体阻塞被密封流体	静密封的密封垫、密封圈、密封环和填缝敛合与动密封的软填料密封；气封、水封、水环密封、铁磁流体密封等
分隔或间隔	利用密封件将泄漏点与外界分隔开或利用气体或液体作为中间密封流体	隔膜密封、机械密封；气垫密封、中间有封液的双端面机械密封等
引出或注入	将泄漏流体引回到吸入室或通常为低压的吸入侧或将对被密封流体无害的流体注入密封室以阻止被密封流体的泄漏	抽气密封、抽射器密封；缓冲气密封、氮气密封等
流阻或反输	利用密封件狭窄间隙或曲折途径造成密封所需要的流动阻力或利用密封件对泄漏流体造成反压，使之部分平衡或完全平衡，将流体反输回上游，以达到密封的目的	缝隙密封、迷宫密封
贴合或黏合	利用研合密封面本身的加工质量使密封面贴合或利用密封剂使密封面黏合达到密封的目的	气缸中剖分面的密封；密封胶、密封膏等
焊合或压合	利用焊接或钎接的方法将泄漏点堵塞或加压使接触处微观不平处变形（如垫片密封、软填料密封等），形成固定的结合达到密封	垫片密封、软填料密封等
几种密封方法的组合	利用以上两种或几种密封方法和密封件组合在一起来达到密封	软填料密封与水封、螺旋密封与机械密封、迷宫密封与抽气密封、机械密封与浮环密封结合组成的组合密封

密封设计要求如下：

1）保证密封的可靠性、稳定性，使用寿命长。

2）结构紧凑、系统简单、制造维修方便。

3）通用化、标准化和系列化。

1.2 静密封的分类、特点及应用

表 18-1-3 静密封的分类、特点及应用

名称		原理、特点及简图	应用
法兰连接垫片密封		在两连接件（如法兰）的密封面之间垫上不同形式的密封垫片，如非金属、非金属与金属的复合垫片或金属垫片。然后将螺纹或螺栓拧紧，拧紧力使垫片产生弹性和塑性变形，填塞密封面的不平处，达到密封目的 密封垫的形式有平垫片、齿形垫片、透镜垫、金属丝垫等	密封压力和温度与连接件的形式、垫片的形式、材料有关。通常，法兰连接密封可用于温度范围为−70～600℃，压力大于1.333kPa（绝压）、小于或等于35MPa的场合。若采用特殊垫片，可用于更高的压力场合
自紧密封		压力 图(a) 压力 图(b) 密封元件不仅受外部连接件施加的力进行密封，而且还依靠介质的压力压紧密封元件进行密封。介质压力越高，对密封元件施加的压紧力就越大	图(a)为平垫自紧密封，介质压力作用在盖上并通过盖压紧垫片，用于介质压力为100MPa以下，温度为350℃的高压容器、气包的手孔密封 图(b)为自紧密封环，介质压力直接作用在密封环上，利用密封环的弹性变形压紧在法兰的端面上，用于高压容器法兰的密封
研合面密封		靠两密封面的精密研配消除间除，用外力压紧（如螺栓）来保证密封。实际使用中，密封面往往涂敷密封胶，以提高严密性	密封面粗糙度 $Ra2\sim5\mu m$。自由状态下，两密封面之间的间隙不大于0.05mm。通常密封100MPa以下的压力及550℃的介质，螺栓受力较大。多用于汽轮机、燃气轮机等气缸接面
O形环密封	非金属O形环	O形环装入密封沟槽后，其截面一般会产生15%～30%的压缩变形。在介质压力作用下，移至沟槽的一边，封闭需要密封的间隙达到密封的目的	密封性能好，寿命长，结构紧凑，装拆方便。根据选择不同的密封圈材料，可在−100～260℃的温度范围使用，密封压力可达100MPa。主要用于气缸、油缸的缸体密封
	金属O形环	图(a)　图(b) O形环的断面形状为长圆形。当环被压紧时，利用环的弹性变形进行密封。O形环用管材焊接而成，常用材料为不锈钢管，也可用低碳钢管、铝管和钢管等。为提高密封性能，O形环表面需镀覆或涂以金、银、铂、铜、氟塑料等。管子壁厚一般选取0.25～0.5mm，最大为1mm。用于密封气体或易挥发的液体，应选用较厚的管子；用于密封黏性液体，应选用较薄的管子	O形环分为充气式和自紧式两种。充气式是在封闭的O形环内充惰性气体，可增加环的回弹力，用于高温场合。自紧式是在环的内侧圆周上钻有若干小孔，因管内压力随介质压力增高而增高，使环有自紧性能，用于高压场合 金属空心O形环密封适用于高温、高压、高真空、低温等条件，可用于直径达6000mm，压力为280MPa，温度−250～600℃的场合 图(a)、图(b)表示O形环设置在不同的位置上
胶圈密封		1—壳体；2—橡胶圈；3—V形槽；4—管子	结构简单，质量轻、密封可靠，适用于快速装拆的场合。O形环材料一般为橡胶，最高使用温度为200℃，工作压力为0.4MPa，若压力较高或者为了密封更加可靠，可用两个O形环

续表

名称	原理、特点及简图	应　用
填料密封	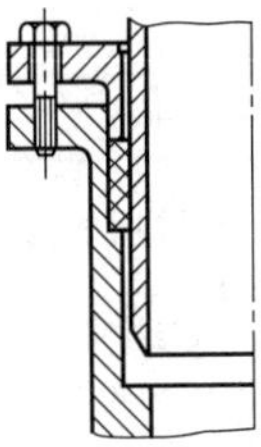 在钢管与壳体之间充以填料(俗称盘根),用压盖和螺钉压紧、以堵塞漏出的间隙,达到密封的目的	多用于化学、石油、制药等工业设备可拆式内伸接管的密封。根据充填材料不同,可用于不同的温度和压力
螺纹连接垫片密封	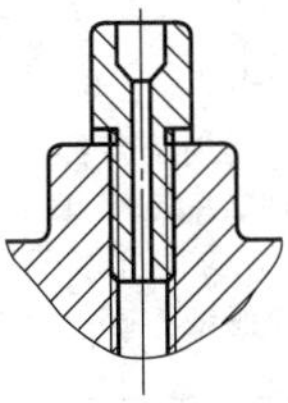 图(a) 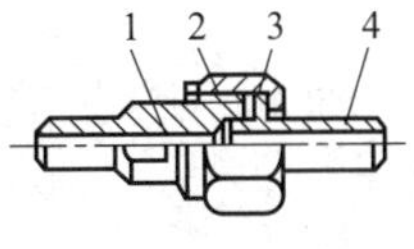　图(b) 1—接头体;2—螺母;3—金属平垫;4—接管	适用于小直径螺纹连接或管道连接的密封。图(a)中的垫片为非金属软垫片。在拧紧螺纹时,垫片不仅承受压紧力,还承受转矩,使垫片产生扭转变形,常用于介质压力不高的场合 图(b)所示为金属平垫密封,又称"活接头",结构紧凑,使用方便。垫片为金属垫,适用压力32MPa,管道公称直径 $DN \leqslant 32$mm
螺纹连接密封	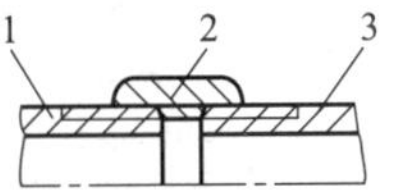 1—管子;2—接管套;3—管子 螺纹连接密封结构简单、加工方便	用于管道公称直径 $DN \leqslant 50$mm 的密封。由于螺纹间配合间隙校大,需在螺纹处放置密封材料,如麻、密封胶或聚四氟乙烯带等,最高使用压力为 1.6MPa
承插连接密封	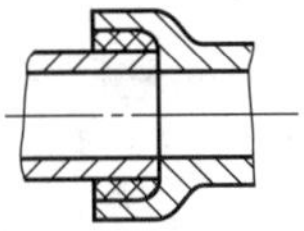	用于管子连接的密封。在管子连接处充填矿物纤维或植物纤维进行堵封,且需要耐介质的腐蚀,适用于常压、铸铁管材、陶瓷管材等不重要的管道连接密封
密封胶密封	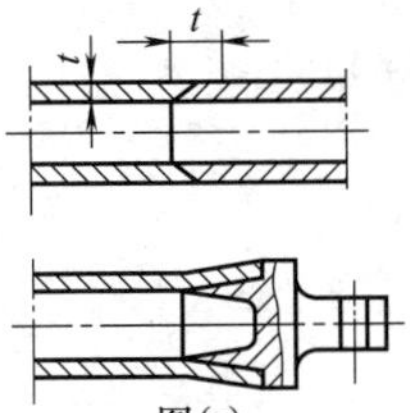 图(a) 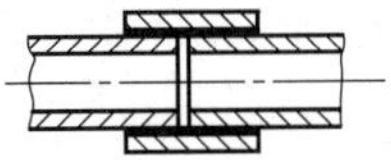　图(b) 用刮涂、压注等方法将密封胶涂在要紧压的两个面上,靠胶的浸润性填满密封面凹凸不平处,形成一层薄膜,能有效地起到密封作用 图(a)所示为斜对接封口。由于斜面连接大大增加了密封面积,比对接封口承载能力大,受力情况好,但要求被密封件有一定厚度,封口锥度尺寸一般取 $1/t \geqslant 10$。图(b)为双搭接,承载能力大	密封胶密封主要用于管道密封。密封胶密封适用于非金属材料,如塑料、玻璃、皮革、橡胶,以及金属材料制成的管道或其他零件的密封 密封牢固,结构简单,密封效果好,但耐温性差,通常用于 150℃以下,用于汽车、船舶、机车、压缩机、油泵、管道以及电动机、发动机等的平面法兰、螺纹连接、承插连接的胶封

1.3 动密封的分类、特点及应用

表 18-1-4 动密封的分类、特点及应用

名称			原理、特点及简图	应用
接触式密封	填料密封	毛毡密封	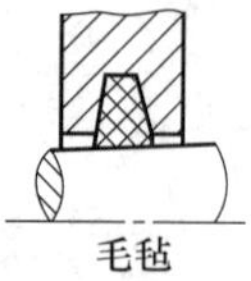 毛毡 在壳体槽内填以毛毡圈，以堵塞泄漏间隙，达到密封的目的。毛毡具有天然弹性，呈松孔海绵状，可储存润滑油和防尘。轴旋转时，毛毡又将润滑油从轴上刮下反复自行润滑	一般用于低速、常温、常压的电机、齿轮箱等机械中，用以密封润滑脂、油、黏度大的液体及防尘，但不宜用于气体密封。适用转速：粗毛毡，$v_c \leqslant 3\text{m/s}$；优质细毛毡且轴经过抛光，$v_c \leqslant 10\text{m/s}$。温度不超过 90℃；压力一般为常压
		软填料密封	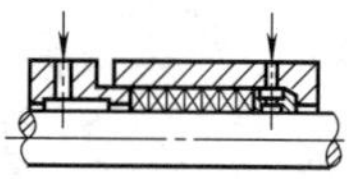 在轴与壳体之间充填软填料（俗称盘根），然后用压盖和螺钉压紧，以达到密封的目的。填料压紧力沿轴向分布不均匀，轴在靠近压盖处磨损最快。压力低时，轴转速可高，反之，转速要低	用于液体或气体介质往复运动和旋转运动的密封，广泛用于各种阀门、泵类，如水泵、真空泵等，泄漏率 10～100mL/h。选择适当填料材料及结构。可用于压力≤35MPa，温度≤600℃和速度≤20m/s 的场合
		硬填料密封	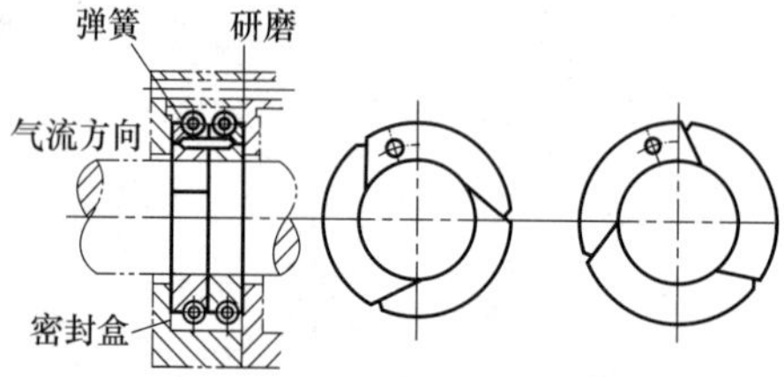 弹簧 研磨 气流方向 密封盒 密封箱内装有若干密封盒，盒内装有一组密封环，如图所示。分瓣密封环靠圈弹簧和介质压力差贴附于轴上。填料环在填料盒内有适当的轴向和径向间隙，使其能随轴自由浮动。填料箱上的锁紧螺钉的作用只压紧各级填料盒，而不作用在各级填料环上。密封环材料通常为青铜、巴氏合金、石墨等	适用于往复运动轴的密封，如往复式压缩机的活塞杆密封。为了能补偿密封环的磨损和追随轴的跳动，可采用分瓣环、开口环等。选择适当的密封结构和密封环形式，硬填料密封也适用于旋转轴的密封，如高压搅拌轴的密封 硬填料密封适用于介质压力为 350MPa、线速度为 12m/s、温度为－45～400℃的场合，但需要对填料进行冷却或加热
		挤压型密封	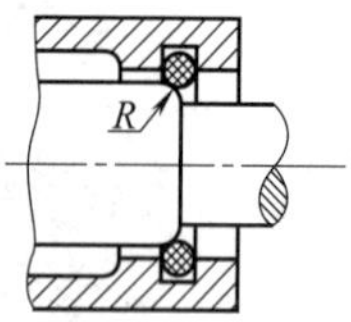 R 挤压型密封按密封圈截面形状分有 O 形、方形等，以 O 形应用最广 挤压型密封靠密封圈安装在槽内预先被挤压，产生压紧力，工作时，又靠介质压力挤压密封环，产生压紧力，封闭密封间隙，达到密封的目的。结构紧凑，所占空间小，动摩擦力小，拆卸方便，成本低，依靠密封唇的过盈量和工作介质压力所产生的径向压力即自紧作用，使密封件产生弹性变形，堵住泄漏间隙，达到密封的目的 所占空间小，动摩擦阻力小，拆卸方便，成本低	用于往复及旋转运动。密封压力从 1.33×10^{-5}Pa 的真空到 40MPa 的高压，温度达－60～200℃，线速度为≤3～5m/s
		唇形密封	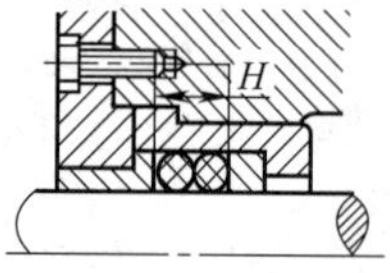 H 依靠密封唇的过盈量和工作介质压力所产生的径向压力即自紧作用，使密封件产生弹性变形，堵住漏出间隙，达到密封的目的。比挤压型密封有更显著的自紧作用。结构形式有 Y、V、U、L、J 形。与 O 形环密封相比，结构较复杂，体积大，摩擦阻力大，装填方便，更换迅速	在许多场合下，已被 O 形环所代替，因此应用较少。现主要用于往复运动的密封，选用适当材料的油封，可用于压力达 100MPa 的场合 常用材料有橡胶、皮革、聚四氟乙烯等

续表

名称		原理、特点及简图	应　用
接触式密封	油封密封	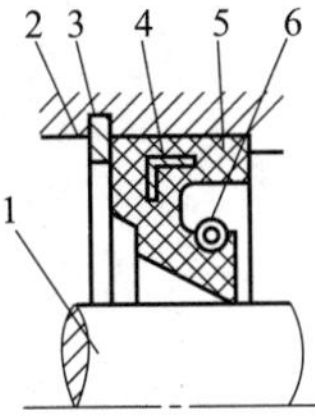 2 3 4 5 6 1 1—轴；2—壳体；3—卡圈；4—骨架；5—橡胶皮碗；6—弹簧 在自由状态下，油封内径比轴径小，即有一定的过盈量。油封装到轴上后，其刃口的压力和自紧弹簧的收缩力对密封轴产生一定的径向抱紧力，遮断泄漏间隙，达到密封目的。油封分有骨架与无骨架；有弹簧与无弹簧型。油封安装位置小，轴向尺寸小，使机器紧凑；密封性能好，使用寿命较长。对机器的振动和主轴的偏心都有一定的适应性。拆卸容易、检修方便、价格便宜，但不能承受高压	常用于液体密封，尤其广泛用于尺寸不大的旋转传动装置中密封润滑油，也用于封气或防尘 不同材料的油封适用情况：合成橡胶转轴线速度 $v_c \leqslant 20\text{m/s}$，常用于 12m/s 以下，温度 $\leqslant 150$℃。此时，轴的表面粗糙度为：$v_c \leqslant 3\text{m/s}$ 时，$Ra=3.2\mu\text{m}$；$v_c=3\sim5\text{m/s}$ 时，$Ra=0.8\mu\text{m}$；$v_c \geqslant 5\text{m/s}$ 时，$Ra=0.2\mu\text{m}$ 皮革 $v_c \leqslant 10\text{m/s}$，温度 $\leqslant 110$℃ 聚四氟乙烯用于磨损严重的场合，寿命约比橡胶高 10 倍，但成本高 以上各材料可使用压差 $\Delta p=0.1\sim0.2\text{MPa}$，特殊可用于 $\Delta p=0.5\text{MPa}$，寿命为 500～2000h
	涨圈密封	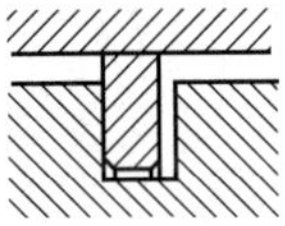 将带切口的弹性环放入槽中，由于涨圈本身的弹力，而使其外缘紧贴在壳体上，涨圈外径与壳体间无相对转动 由于介质压力的作用，涨圈一端面贴合在涨圈槽的一侧产生相对运动，用液体进行润滑和堵漏，从而达到密封	一般用于液体介质密封（因涨圈密封必须以液体润滑） 广泛用于密封油的装置。用于气体密封时，要有油润滑摩擦面。工作温度 $\leqslant 200$℃，$v_c \leqslant 10\text{m/s}$，压力：往复运动 $\leqslant 70\text{MPa}$，旋转运动 $\leqslant 1.5\text{MPa}$
	机械密封	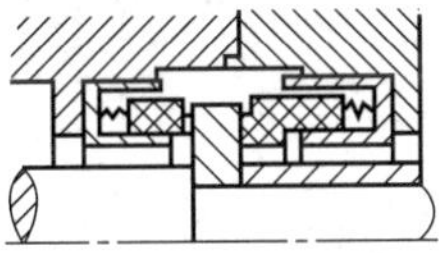 光滑平直的动环和静环的端面，靠弹性构件和密封介质的压力使其互相贴合并作相对转动，端面间维持一层极薄的液体膜而达到密封的目的	应用广泛。用于密封各种不同黏度、有毒、易燃、易爆、强腐蚀性和含磨蚀性固体颗粒的介质，寿命可达 2500h，一般不低于 800h。目前使用已达到如下技术指标：轴径为 5～2000mm；压力为 10^{-6}MPa 真空～45MPa；温度为－200～450℃；速度为 150m/s
非接触式密封	浮动环密封	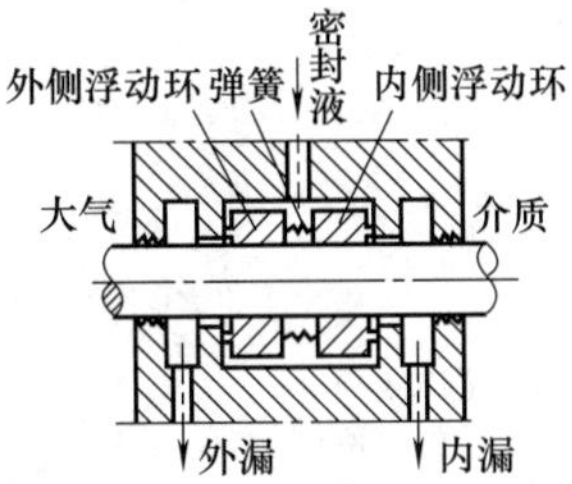 外侧浮动环 弹簧 密封液 内侧浮动环 大气 介质 外漏 内漏 浮动环可以在轴上径向浮动，密封腔内通入比介质压力高的密封油。径向密封靠作用在浮动环上的弹簧力和密封油压力与隔离环贴合而达到。轴向密封靠浮动环与轴之间的狭小径向间隙对密封油产生节流来实现	结构简单，检修方便，但制造精度高。需采用复杂的自动化供油系统 适用于介质压力＞10MPa、转速为 10000～2000r/min、线速度为 100m/s 以上的流体机械，如气体压缩机、泵类等轴封
	迷宫密封	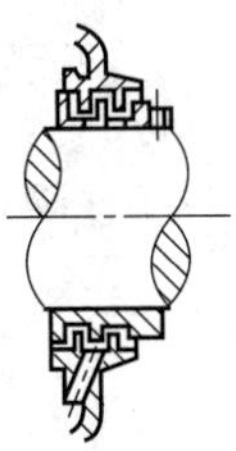 在旋转件和固定件之间形成很小的曲折间隙来实现密封。间隙内充以润滑脂	适用于高速，但须注意在周速大于 5m/s 时可能使润滑脂由曲路中甩出
		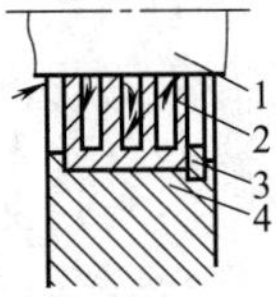 1 2 3 4 1—轴；2—箅齿；3—卡圈；4—壳体 流体经过许多节流间隙与膨胀空腔组成的通道，经过多次节流而产生很大的能量损耗，流体压头大为下降，使流体难以渗漏，以达到密封的目的	用于气体密封。若在箅齿及壳体下部设有回油孔，可用于液体密封

第 18 篇

续表

<table>
<tr><th colspan="2">名称</th><th>原理、特点及简图</th><th>应　　用</th></tr>
<tr><td rowspan="2">非接触式密封</td><td>干气密封</td><td> 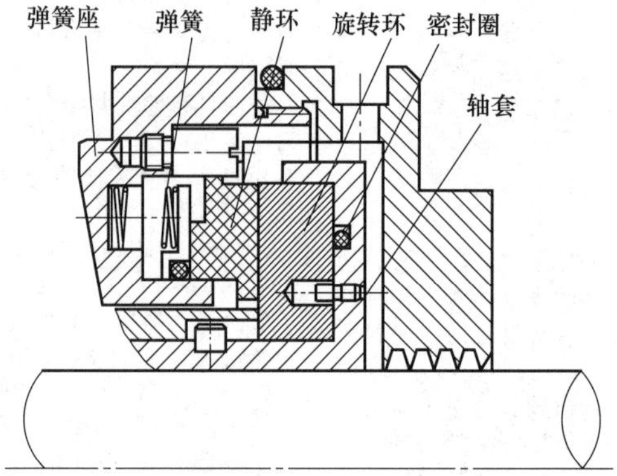
动环旋转时，在旋转状态下所产生的流体动、静压效应，使两端面被一稳定的薄气膜分隔而处于非接触运行状态。干气密封是一种新型、先进的旋转轴用机械密封，主要用来密封旋转流体机械中的气体或液体介质，与其他密封相比，干气密封具有低泄漏率、无磨损运转、低能耗、寿命长、效率高、操作简单可靠、被密封流体不受油污染等特点</td><td>使用压力：0～4MPa
适用线速度：≤150m/s
适用温度：－40～327℃
适用工况：二氧化碳压缩机、空压机、氮压机等</td></tr>
<tr><td>液膜密封</td><td> 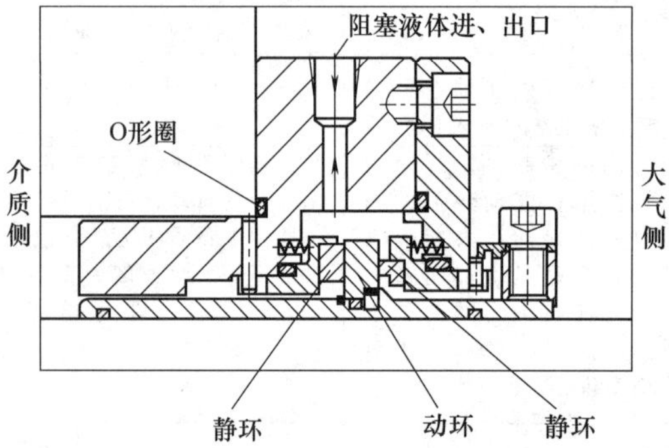
液膜密封的工作原理类似于干气密封，借助端面开设的流体动压槽在旋转条件下的黏性剪切作用将液体泵入密封端面之间，通过液膜压力的增加将两个密封端面分开，达到非接触密封的目的。液膜密封一般是指全液膜非接触式机械密封，减少被密封介质的泄漏，同时改善密封端面的润滑状况和操作稳定性。与普通接触式密封相比，液膜密封可实现被密封介质的零泄漏或零逸出，彻底消除对环境的污染，具有使用寿命延长、运行维护费用大大降低、经济效益明显等技术优势，再如防止有害液体向外界环境的泄漏、防止被密封液体介质中的固体颗粒进入密封端面、用液体来密封气相过程流体，或者普通接触型机械密封难以胜任的高速高压密封工况等</td><td>使用压力：0～1.5MPa
适用线速度：≤40m/s
适用温度：－40～327℃
适用工况：炼油厂糠醛装置、酮苯装置、石蜡加氢装置、蜡脱油装置、丁苯橡胶置、丁腈橡胶装置、电力行业脱硫装置等。各种间歇操作或频繁开停的离心泵、螺杆泵等</td></tr>
</table>

续表

名称		原理、特点及简图	应　　用
非接触式密封	离心密封	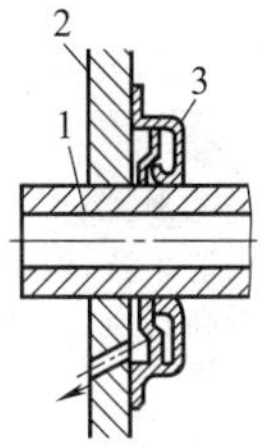 1—轴；2—壳体；3—密封盖 借离心力作用（甩油盘）将液体介质沿径向甩出，阻止液体进入泄漏缝隙，从而达到密封的目的。转速愈高，密封效果愈好，转速太低或静止不动，则密封无效	结构简单，成本低，没有磨损，不需维护。用于密封润滑油及其他液体，不适用于气体介质。广泛用于高温、高速的各种传动装置，以及压差为零或接近于零的场合
	螺旋密封	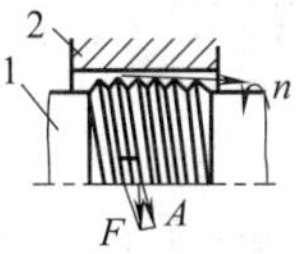 1—轴；2—壳体 利用螺杆泵原理，当液体介质沿漏泄间隙渗漏时，借螺旋作用而将液体介质赶回去，保证密封。在设计时，对于螺旋赶油的方向要特别注意。设轴的旋转方向 n 从右向左看为顺时针方向，则液体介质与壳体的摩擦力 F 为逆时针方向，而摩擦力 F 在该右螺纹的螺旋线上的分力 A 向右，故液体介质被赶向右方	结构简单，制造、安装精度要求不高。维修方便，使用寿命长，适用于高温、高速下的液体密封，不适用于气体密封。低速密封性能差，需设停机密封
	气压密封	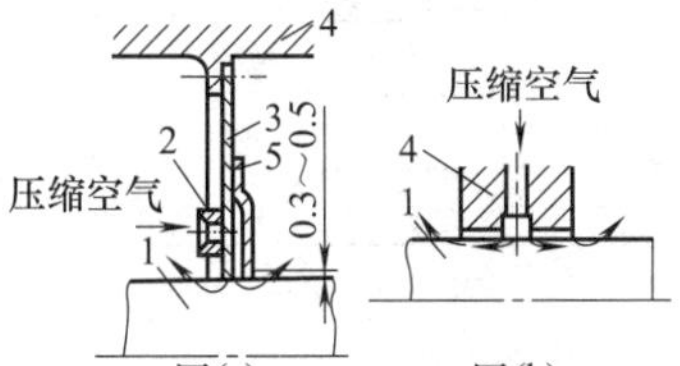 图(a)　图(b) 1—轴；2—空气接头；3—隔板；4—壳体；5—密封唇 利用空气压力来堵住旋转轴的泄漏间隙，以保证密封。结构简单，但要有一定压力的气源供气。气源的空气压力比密封介质的压力大 0.03～0.05MPa，图(a)、图(b)是最简单的气体密封结构，图(a)密封为板式结构，用在壳体与轴的距离很大情况下。图(b)在壳体 4 上加工环槽，并通入压缩空气，用以防止润滑油（特别是油雾）的渗漏，空气消耗量较大	不受速度、温度限制，一般用于压差不大的地方，如用以防止轴承腔的润滑油漏出。也用于气体的密封，如防止高温燃气漏入轴承腔内。气动密封往往与迷宫密封或螺旋密封组合使用
	喷射密封	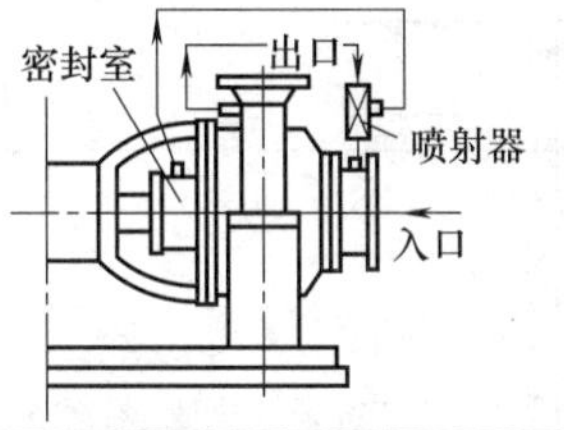 在泵的出口处引出高压流体高速通过喷射器，将密封腔内泄漏的流体吸入泵的入口处，达到密封的目的，但需设置停泵密封装置	结构简单，制造、安装方便，密封效果好，但容积效率低。适用于无固体颗粒、低温、低压、腐蚀性介质
	水力密封	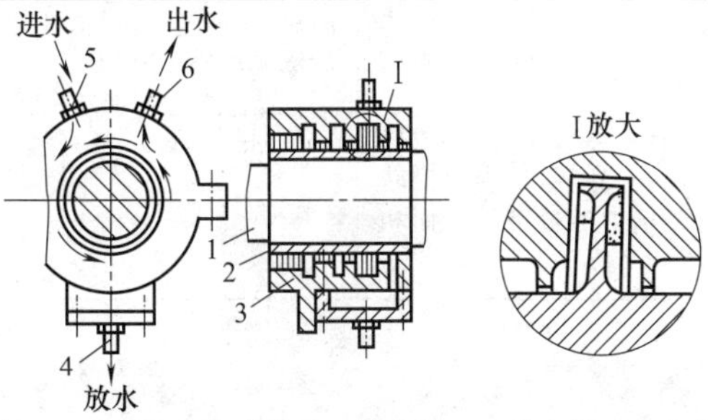 1—轴；2—密封套；3—壳体；4—放水管；5—进水管；6—出水管 利用旋转的液封盘将液体旋转产生离心压力来堵住泄漏间隙，以达到密封的目的 液封盘可制成光面（如图），也可以制成带有径向叶片，以增大水的离心力。为了减小水封盘两侧的压差，在封液盘的高压区设有迷宫密封	可用于气体或液体的密封。能达到完全不漏，故常用于对密封要求严格之处，如用于易燃、易爆或有毒气体的风机；在汽轮机上用以密封蒸汽 消耗功率大，温升高，为防止油品高温焦化，切向速度不宜超过 50m/s

续表

名称		原理、特点及简图	应　　用
非接触式密封	磁流体密封	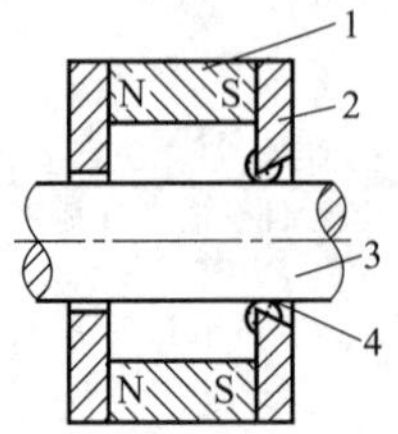 1—永久磁铁；2—软铁极板；3—导磁轴；4—铁磁流体 微小磁性颗粒如 Fe_3O_4 悬浮在甘油等载流体中形成铁磁流体，填充在密封腔内。壳体采用非磁性材料，转轴用磁性材料制成。磁极尖端磁通密度大，磁场强度高，与轴构成磁路，使铁磁流体集中而形成磁流体圈形环，起到密封作用	可达到无泄漏、无磨损，轴不需要高精度，不需外润滑系统，但不耐高温 适用于高真空、高速度的场合
	隔膜式	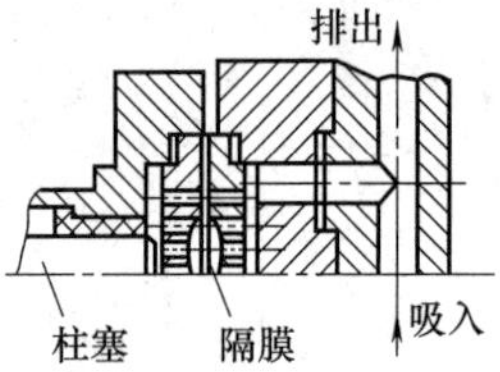 在柱塞泵缸前加一隔膜使抽送介质与泵缸隔开，并防止输送介质在动密封处泄漏。柱塞在缸内作往复运动，使缸内油产生压力，推动隔膜在隔膜腔内左右鼓动，达到吸排目的	多用于介质压力小于 50MPa 的剧毒、易燃、易爆或贵重介质的场合，如隔膜计量泵、隔膜阀、隔膜压缩机等往复运动的机械，达到完全无泄漏
	屏蔽式	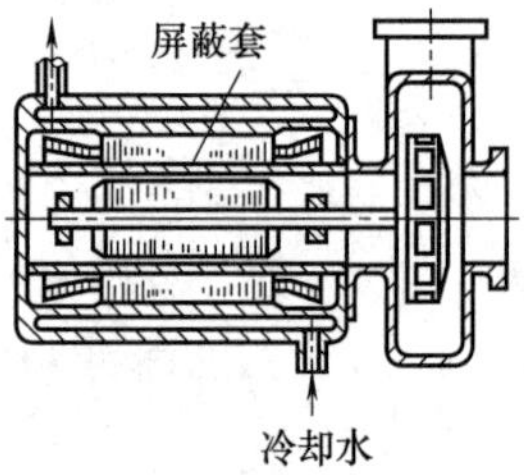 叶轮装在电机伸出轴上，泵送设备与电机组成一个整体。电机定子内腔和转子表面各有一层金属薄套保护，称屏蔽套，以防止输送介质进入定子和转子，轴承靠输送介质润滑	多用于介质为剧毒、易燃、易爆或贵重介质的场合，如屏蔽泵、屏蔽压缩机、搅拌釜、制冷机等旋转机械，达到完全无泄漏
	磁力转动式	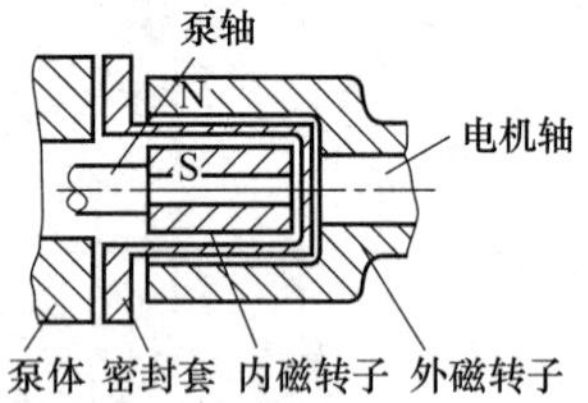 内磁转子装在泵轴端。并用密封套封闭在泵体内部，形成静密封。外磁转子装在电机轴端，套入密封套外侧，使内外磁转子处于完全耦合状态。内外转子间的磁场力透过密封套而相互作用，进行力矩的传递	多用于介质为剧毒、易燃、易爆或贵重介质的场合，如磁力泵、搅拌器等旋转机械，达到完全无泄漏 目前常用于传递功率在 75kW 以下的场合

第2章　垫片密封

2.1　垫片类型、应用及选择

表 18-2-1　　垫片类型、应用及选择

名称及简图		材　　料	使用范围		特点与应用
			压力/MPa	温度/℃	
管道法兰垫片	石棉橡胶板垫片	耐油石棉橡胶	2	300	寿命长，具有耐油性能，用于不常拆卸、更换周期长的部位，不宜用于苯及环氧乙烷；为防止石棉纤维混入油品，不宜用于航空汽油或航空煤油
	聚四氟乙烯 内衬材料 聚四氟乙烯包覆垫片	聚四氟乙烯＋石棉橡胶	5	150	耐腐蚀性优异，回弹性较好，广泛用于腐蚀性介质的密封
	不锈钢带　填料 缠绕式垫片	不锈钢带＋特制石棉带	25	500	压缩性、回弹性好、价格便宜、制造简单。以膨胀石墨带为填料的垫片，密封性能好。适用于有松弛、温度和压力波动，以及有冲动和振动的条件。用于航空汽油或航空煤油时需用膨胀石墨为填料
		不锈钢带＋柔性石墨带		650(氧化性介质为450)	
		不锈钢带＋聚四氟乙烯带		200	
	外包金属皮　填充物　垫片盖 金属包垫片	包皮材料：铅、铜、软钢、不锈钢、蒙乃尔合金 垫片材料：石棉、陶瓷纤维、玻璃纤维、聚四氟乙烯、柔性石墨	15	500	耐腐蚀性取决于包皮材料；耐温性能取决于包皮和垫片材料
	金属环垫片	08,10	42	450	密封接触面小，容易压紧，常用于高温、高压的场合 椭圆形金属垫安装方便、八角形金属垫加工较容易
		0Cr13		540	
		0Cr18Ni9 0Cr17Ni12Mo2		600	
	金属平垫片	紫铜、铝、铅、软钢、不锈钢、合金钢	20	600	适用介质：蒸汽、氢气、压缩空气、天然气、油品、溶剂、重油、丙烯、烧碱、酸、碱、液化气、水

续表

名称及简图		材料	使用范围		特点与应用
			压力/MPa	温度/℃	
其他连接用垫片	软钢纸垫	纸	0.4	120	由纸类经氯化锌及甘油、蓖麻油处理而成的软纤维板，用于需要确保间隙的连接，如齿轮泵侧面盖的密封垫
	橡胶垫片	丁腈橡胶	2	−30～110	耐油、耐热、耐磨、耐老化性能好
		氯丁橡胶		−40～100	耐老化、耐臭氧性能好
		氟橡胶		−50～200	耐油、耐热、机械强度大

2.2 法兰密封

2.2.1 法兰密封面形式

表 18-2-2 法兰密封面形式

名称	简图	说明
全平面		法兰密封面延伸至螺纹孔中心圆以外，密封面宽，常与铸铁法兰配用。多用于 $PN \leqslant 2.0$MPa 的场合
突平面		结构简单，加工方便，便于防腐衬里，配用金属软垫片，可使用到 $PN \leqslant 5.0$MPa；配用缠绕垫片，可使用到 $PN \leqslant 26.0$MPa。可配合各种垫片，使用面广
凹凸面		密封性能比突平面好，便于安装对中，能防止非金属软垫片由于内压作用被挤出。其适用的垫片有：各种非金属平垫片、金属包覆垫片，基本型及带内环型缠绕垫片及金属齿形垫片等
榫槽面		密封面窄，易于压紧。垫片不会因内压或变形而挤出。压力介质的渗漏以及腐蚀介质对垫片的影响较小。多用于剧毒介质或密封要求严格的场合
环连接面		与八角形或椭圆形环垫配用，密封可靠。可用于 PN2.0～42.0MPa 的场合。密封面及环垫的加工要求较高

2.2.2　管道法兰垫片选择

表 18-2-3　　密封垫片与密封垫片座的配合使用

密封垫片的种类 \ 法兰、密封垫片座			突平面	全平面	环连接面	凹凸面 大	凹凸面 小	榫槽面 大	榫槽面 小	密封垫片座表面粗糙度/μm
橡胶板密封垫片			△	◎	—	—	—	—	—	50
非石棉压缩板			◎	△	—	◎	△	◎	△	12.5～25
石棉压缩板			◎	○	—	◎	△	◎	△	
膨胀石墨密封垫片			◎	○	—	◎	△	◎	△	
PTFE 夹包密封垫片			○	○	—	△	△	◎	△	12.5～25
含填充材料 PTFE 密封垫片			○	○	—	△	△	◎	△	
纯 PTFE 密封垫片			△	△	—	△	—	◎	△	
缠绕密封垫片	石棉 非石棉	基本型	—	—	—	◎	△	◎	△	12.5①～25
		附内环	—	—	—	◎	△	△	—	
		附外环	◎	△	△	—	—	—	—	
		附内外环	◎	△	△	—	—	—	—	
	膨胀石墨 PTFE	基本型	—	—	—	△	△	◎	△	12.5①～25
		附内环	—	—	—	◎	△	—	—	
		附外环	△	△	△	—	—	—	—	
		附内外环	◎	△	—	—	—	—	—	
金属包覆密封垫片			○	△	—	◎	○	◎	○	6.3
金属平形密封垫片			○	—	—	○	◎	○	◎	
锯齿形密封垫片			○	—	—	◎	△	◎	△	
环形金属密封垫片			—	—	◎	—	—	—	—	

① 使用缠绕密封垫片密封气体时，法兰、密封垫片座的表面粗糙程度设定为 $Ra3.2\mu m$。

注：◎表示使用频率高的产品；○表示正在使用的产品；△表示虽然使用频率较低，但是根据条件，可以使用；—表示不可以使用。

表 18-2-4　　管道法兰垫片选用

介　质	法兰公称压力/MPa	工作温度/℃	密封面	垫片 形　式	垫片 材　料
油品、油气、溶剂（丙烷、丙酮、苯、酚、糠醛、异丙醇），石油化工原料及产品	≤1.6	≤200	突（凹凸）	耐油垫	耐油橡胶石棉板、聚四氟乙烯板
		201～250	突（凹凸）	缠绕垫、金属包垫、柔性石墨复合垫	0Cr13 钢带-石棉板、石墨-0Cr13 等骨架
	2.5	≤200	突（凹凸）	耐油垫、缠绕垫、金属包垫、柔性石墨复合垫	耐油橡胶石棉板、0Cr13 钢带-石棉板
		201～450	突（凹凸）	缠绕垫、金属包垫、柔性石墨复合垫	0Cr13 钢带-石棉板、石墨-0Cr13 等骨架
	4.0	≤40	凹凸	缠绕垫、柔性石墨复合垫	0Cr13 钢带-石棉板、石墨-0Cr13 等骨架
		41～450	凹凸	缠绕垫、金属包垫、柔性石墨复合垫	0Cr13 钢带-石棉板、石墨-0Cr13 等骨架
	6.4 10.0	≤450	凹凸	金属齿形垫	10、0Cr13、0Cr18Ni9
		451～530	环连接面	金属环垫	10、0Cr13、0Cr18Ni9、0Cr17Ni12Mo2

续表

介质	法兰公称压力/MPa	工作温度/℃	密封面	垫片	
				形式	材料
氢气、氢气与油气混合物	4.0	≤250	凹凸	缠绕垫、柔性石墨复合垫	0Cr13 钢带-石棉板、石墨-0Cr13 等骨架
		251～450	凹凸	缠绕垫、柔性石墨复合垫	0Cr18Ni19 钢带-石墨带、石墨-0Cr18Ni19 等骨架
		451～530	凹凸	缠绕垫、金属齿形垫	0Cr18Ni19 钢带-石墨带、0Cr18Ni9、0Cr17Ni12Mo2
	6.4 10.0	≤250	环连接面	金属环垫	10、0Cr13、0Cr18Ni9
		251～400	环连接面	金属环垫	0Cr13、0Cr18Ni9
		401～530	环连接面	金属环垫	0Cr18Ni9、0Cr17Ni12Mo2
氨	2.5	≤150	凹凸	橡胶垫	中压橡胶石棉板
压缩空气	1.6	≤150	突	橡胶垫	中压橡胶石棉板
蒸汽 0.3MPa	1.0	≤200	突	橡胶垫	中压橡胶石棉板
蒸汽 0.1MPa	1.6	≤280	突	缠绕垫、柔性石墨复合垫	0Cr13 钢带-石棉板、石墨-0Cr13 等骨架
蒸汽 2.5MPa	4.0	300		缠绕垫、柔性石墨复合垫、紫铜垫	0Cr13 钢带-石棉板、石墨-0Cr13 等骨架、紫铜板
蒸汽 3.5MPa	6.4	400	凹凸	紫铜垫	紫铜板
	10.0	450	环连接面	金属环垫	0Cr13、0Cr18Ni9
惰性气体	1.6	≤200	突	橡胶垫	中压橡胶石棉板
	4.0	≤60	凹凸	缠绕垫、柔性石墨复合垫	0Cr13 钢带-石棉板、石墨-0Cr13 等骨架
	6.4	≤60	凹凸	缠绕垫	0Cr13(0Cr18Ni9)钢带-石棉板
水	≤1.6	≤300	突	橡胶垫	中压橡胶石棉板
剧毒介质	≥1.6		环连接面	缠绕垫	0Cr13 钢带-石墨带
弱酸、弱碱、酸渣、碱渣	≤1.6	≤300	突	橡胶垫	中压橡胶石棉板
	≥2.5	≤450	凹凸	缠绕垫、柔性石墨复合垫	0Cr13 钢带-石棉板、石墨-0Cr13 等骨架
液化石油气	1.6	≤50	突	耐油垫	耐油橡胶石棉板
	2.5	≤50	突	缠绕垫、柔性石墨复合垫	0Cr13 钢带-石棉板、石墨-0Cr13 等骨架
环氧乙烷	1.0	260		金属平垫	紫铜
氢氟酸	4.0	170	凹凸	缠绕垫、金属平垫	蒙乃尔合金带-石墨带、蒙乃尔合金板
低温油气	4.0	−20～0	突	耐油垫、柔性石墨复合垫	耐油橡胶石棉板、石墨-0Cr13 等骨架

2.2.3 法兰密封设计

表 18-2-5 **法兰密封设计方法**

ASME 规范设计方法

①确定操作条件下需要的最小螺栓载荷 W_{m1}

$$W_{m1}=\frac{\pi}{4}D_G^2p+2\pi D_G bmp \tag{18-2-1}$$

式中 D_G——根据规程要求确定的垫片载荷作用中心的直径

p——介质压力

b——垫片有效密封宽度

②确定预紧条件下需要的最小螺栓载荷 W_{m2}

$$W_{m2}=\pi D_G by \tag{18-2-2}$$

续表

<table>
<tr><td>ASME规范设计方法</td><td>

当 $b_0 \leqslant 6.4$mm 时，$b=b_0$；

当 $b_0>6.4$mm 时，$b=2.53\sqrt{b_0}$

上式中的 b_0 为垫片基本密封宽度，它与压紧面形状和垫片接触宽度 N 有关，可按 ASME 规范附录方法确定

D_G相应确定方法如下：

当 $b_0 \leqslant 6.4$mm 时，D_G等于垫片接触面的平均直径；

当 $b_0>6.4$mm 时，D_G等于垫片接触面外直径减去 $2b$

③确定需要的最小螺栓面积 A_m

$$A_m=\max\begin{cases}A_{m1}=\dfrac{W_{m1}}{\sigma_{bp}^t}\\A_{m2}=\dfrac{W_{m2}}{\sigma_{bp}}\end{cases}\quad(18\text{-}2\text{-}3)$$

式中　σ_{bp}，σ_{bp}^t——分别为螺栓材料在常温和操作温度下的许用应力

选用的螺栓尺寸及数量应使实际螺栓的总横载荷面积 A_b不小于需要的螺栓总横载荷面积 A_m

④确定螺栓设计载荷

操作条件下螺栓设计载荷：

$$W=W_{m1}\quad(18\text{-}2\text{-}4)$$

预紧条件下螺栓设计载荷：

$$W=0.5(A_m+A_b)\sigma_{bp}\quad(18\text{-}2\text{-}5)$$

</td></tr>
<tr><td>PVRC设计方法</td><td>

①确定密封度等级 T_p（表 18-2-6 中系数 C）；选择垫片形式、材料和相应的垫片常数 G_b、a、G_s（表 18-2-7）

②计算最小紧密性参数 T_{pmin}

$$T_{pmin}=18.023Cp\quad(18\text{-}2\text{-}6)$$

式中　p——设计压力，MPa

③确定装配垫片应力对应的装配紧密型参数 T_{pn}

$$T_{pn}=18.023Cp_T\quad(18\text{-}2\text{-}7)$$

式中　p_T——试验压力，$p_T=1.5p$，MPa（1.5 的倍数系考虑装配时螺栓应拧紧到满足压力试验的要求）

④计算保证操作时达到 T_{pmin}需要的装配垫片应力

$$\sigma_{ya}=\frac{G_b}{\eta}T_{pn}^{a}\ (\text{MPa})\quad(18\text{-}2\text{-}8)$$

式中　η——连接效率，人工拧紧 $\eta=0.7$

⑤计算最小设计垫片应力 σ_m

取下列 σ_{mq}、σ_{m2}和 $2p$ 三者之中最大值

$$\sigma_{m1}=G_s\left[\frac{\eta\sigma_{ya}}{G_s}\right]^{\frac{1}{T_r}}\ (\text{MPa})\quad(18\text{-}2\text{-}9)$$

$$\sigma_{m2}=\frac{\sigma_{ya}}{1.5}\times\frac{[\sigma]_b}{[\sigma]_b^t}-p\frac{A_i}{A_g}\ (\text{MPa})\quad(18\text{-}2\text{-}10)$$

式中　T_r——紧密性参数比，$T_r=\dfrac{\lg T_{pn}}{\lg T_{pmin}}$

A_g——垫片预紧面积，$3.14N(D_{G0}-N)$，mm²

A_i——流体静压面积，$0.785D_G^2$，mm

D_{G0}——垫片外圆直径，mm

N——实际垫片宽度，mm

D_G——垫片压紧力作用中心圆直径，按 GB 150 规定计算，mm

$[\sigma]_b$——螺栓材料室温下的许用应力，MPa

$[\sigma]_b^t$——螺栓材料工作温度下的许用应力，MPa

⑥计算设计螺栓载荷 W_{mo}　　$W_{mo}=pA_i+\sigma_m A_g$ (N)　(18-2-11)

⑦确定需要的螺栓总截面积 A_m

$$A_m=\frac{W_{mo}}{[\sigma]_b^t}\quad(18\text{-}2\text{-}12)$$

</td></tr>
</table>

第18篇

表 18-2-6 **法兰设计的密封度等级**

密封度等级	单位垫片直径的质量泄漏率 L_{tM}/mg·s^{-1}·mm^{-1}	设计常数 C	应 用
T1(经济)	2×10^{-1}	0.1	公用(水、空气)工程
T2(标准)	2×10^{-3}	1	一般要求
T3(紧密)	2×10^{-5}	10	易燃、中、高度毒性介质
T4(严密)	2×10^{-7}	100	极度毒性介质、高真空
T5(极密)	2×10^{-9}	1000	核装置

表 18-2-7 **典型的 PVRC 垫片系数**

垫 片 类 型	G_b/MPa	a	G_s/MPa
压缩石棉橡胶板(1.6mm)	17	0.15	0.8069
压缩石棉橡胶板(3mm)	17	0.38	2.759
压缩无石棉橡胶板(1.6mm)	8	0.23	0.38621
石棉填充不锈钢带缠绕垫片(带外环)	23	0.30	0.04828
柔性石墨填充不锈钢带缠绕垫片(带外环)	14	0.237	0.08966
PTFE 填充不锈钢带缠绕垫片(带外环)	31	0.14	0.48276
不锈钢箔化学黏结柔性石墨多层板(1.6mm)	5	0.337	0.0005
不锈钢箔机械黏结柔性石墨多层板(1.6mm)	3	0.45	0.000062
软铝(1.6mm)	10	0.24	1.37931

2.2.4 高温法兰防漏措施

表 18-2-8 **高温法兰防漏措施**

措 施	说 明
采用弹性螺栓	当设计温度超过 300℃,或许可工作压力大于 4MPa 时,应当采用弹性螺栓。弹性芯杆长度不小于螺纹直径的两倍
防止垫片挤出	在中、低压高温法兰中,如采用凹凸面法兰和纯铝平垫时,应将法兰设计成带两道止口的形式。对于非平盖法兰,可在铝垫片的内圈侧另加一厚度稍薄的钢垫圈,以防止铝垫片被挤出并承受部分预紧力。当温度升高或因波动导致铝垫片放松时,钢圈释放出弹性能,这样减少了对铝圈密封比压的影响
采用高回弹性垫片	在高温情况下,尽可能采用回弹性好的垫片,如带内外环的柔性石墨缠绕垫
焊接密封	指在条件苛刻又不经常拆卸的法兰连接部位,不放置垫片,而采用焊接的方法保证其密封性能。该种结构比一般高压密封垫片的连接结构可靠,对高温下操作或者温差变化大的换热器较为合适,制造简便,加工要求比采用垫片的要低,能减小法兰厚度

2.3 高压与自紧密封

2.3.1 高压密封的特点及设计原则

表 18-2-9 **高压密封的特点及设计原则**

特点	①一般采用金属垫片。高压密封的垫片比压很大,非金属垫片材料往往无法满足。常用的金属垫片材料为延性好的退火铝、退火紫铜、软钢及不锈钢等 ②采用窄面密封。窄面密封有利于提高垫片比压,减少总的密封力,减小螺栓、法兰和封头的尺寸。有时亦采用线接触密封代替窄面密封以大大降低总的密封力 ③尽可能采用自紧密封。利用介质的压力在密封部位产生附加的密封比压,以阻止介质的泄漏。介质压力越高,垫片压得越紧,密封就越可靠。因此,预紧力不需很大,相应的连接件尺寸就可减小,并能保证压力和温度有波动时连接的紧密性。因此,自紧密封要比中低压容器中常用的强制密封的结构更为紧凑、可靠
设计原则	①在正常操作或压力、温度有波动的情况下,能保证容器的密封性能 ②结构简单,便于安装维修,减轻装拆过程的劳动强度,检修周期短 ③加工制造方便,不要求过高的表面粗糙度和精度 ④密封元件少,紧固件简单轻巧,结构紧凑,占用高压空间少,减轻设备质量 ⑤密封原件耐腐蚀,能多次重复使用

2.3.2　高压与自紧密封类型

表 18-2-10　**高压与自紧密封类型**

名称	简　　图	结构与特点	适用范围	备注
平垫密封	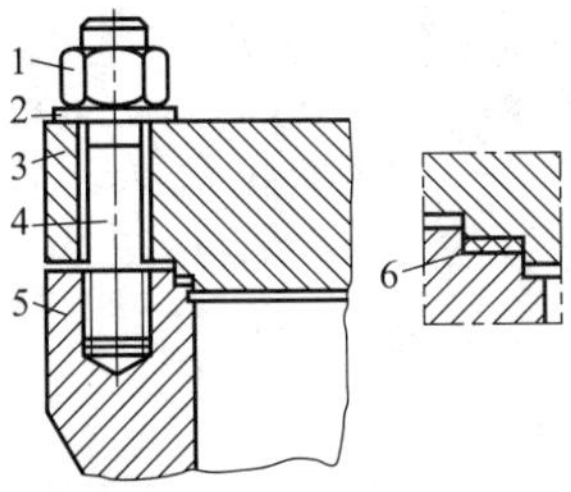 1—主螺母；2—垫圈；3—平盖；4—主螺栓；5—筒体端部；6—平垫片	这种结构与中低压容器密封中常用的法兰垫片密封相似 有结构简单，加工方便，使用成熟等特点 高压容器用平垫片材料可选用退火铝（硬度为 15～30HB）、退火紫铜（硬度为30～50HB）和 10 钢	在压力、温度有波动以及要求快速装拆时不宜采用。一般仅用于温度低于200℃、压力小于32MPa，容器内径不大于 800mm 的场合	平垫密封的螺栓载荷计算见表18-2-11
双锥环密封	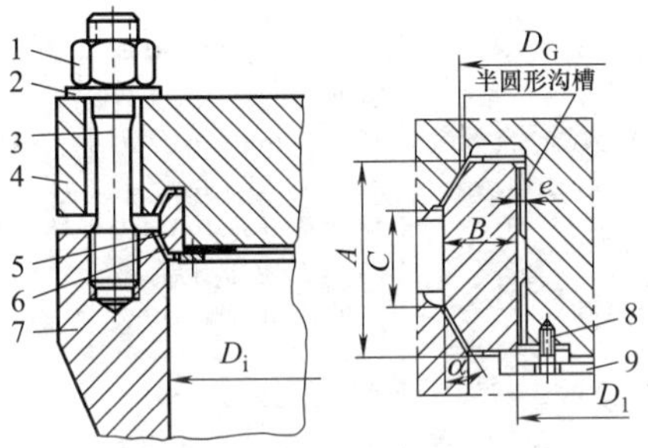 1—主螺母；2—垫圈；3—主螺栓；4—顶盖；5—双锥环；6—软金属垫片；7—筒体端部；8—螺栓；9—托环	当受内压力时，介质进入双锥环内圆柱面与顶盖回柱面的环形间隙中，使双锥环径向扩张，产生自紧作用 双锥密封面上垫有 1mm 左右的软金属垫片，如退火铝、退火紫铜等。为了提高密封可靠性，双锥环密封面上开有两条半径为 1～1.5mm 的半圆形沟槽 这种密封螺栓预紧力较小，结构简单，加工精度要求不高	在温度、压力有波动的场合密封可靠，适用于压力为200MPa，温度为300℃的高压容器中	双锥环密封的结构尺寸及螺栓载荷计算见表18-2-11
C形环密封	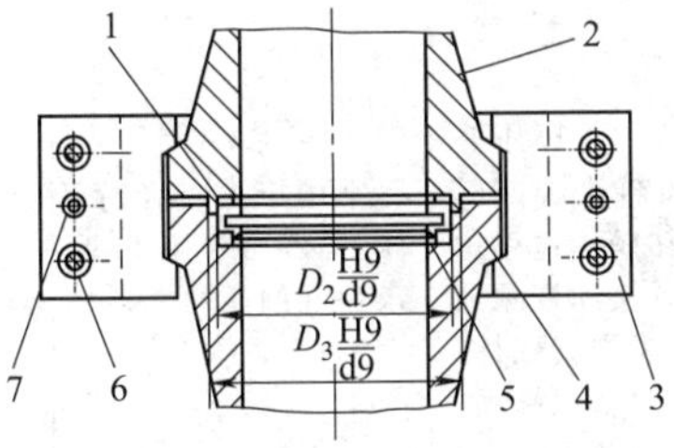 1—C 形环；2—上法兰；3—卡箍；4—下法兰；5—垫片；6—连接螺栓；7—顶丝	C 形环密封为自紧式密封，其由 C 形环、上法兰、下法兰、卡箍、垫片、连接螺栓以及顶丝所组成 这种密封结构的特点是卡箍作为紧固件，避免了采用大螺栓和笨重的大法兰，靠卡箍斜面的作用使 C 形环获得初始密封力	用于筒体内径1000mm 以下，压力小于 32MPa、温度低于 200℃的场合	C 形环的结构尺寸及螺栓载荷计算见表 18-2-12
金属空心O形环	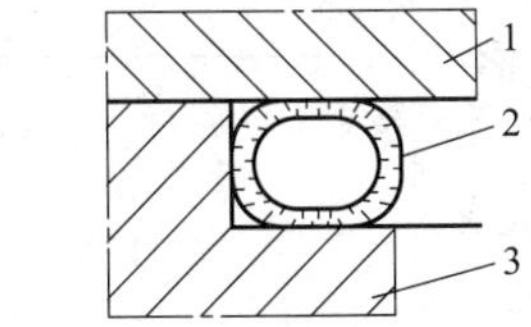 1—封头；2—O 形环；3—筒体端部	金属空心 O 形环密封结构由上法兰或封头、下法兰或筒体端部、紧固件和空心 O 形环所组成 结构简单，密封可靠，使用成熟	可用于从中低压到超高压容器的密封，压力最高可达280MPa，个别甚至可达 350～700MPa，温度可从常温到350℃，充气环甚至可用到 400～600℃	沟槽尺寸及螺栓载荷计算见表18-2-13
B形环密封	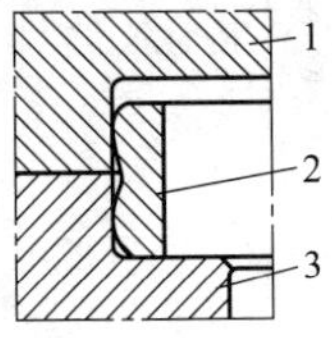 1—平盖或封头；2—B 形环；3—筒体端部	B 形环密封，属自紧密封，依靠 B 形环波峰和法兰、顶盖上密封槽之间的过盈达到预紧密封 装拆不便，密封面易被擦伤，加工精度要求高，制造困难	适用于压力为 3～300MPa、温度小于350℃、容器直径小于 1000mm 的场合	

续表

名称	简　图	结构与特点	适用范围	备注
八角垫和椭圆垫密封	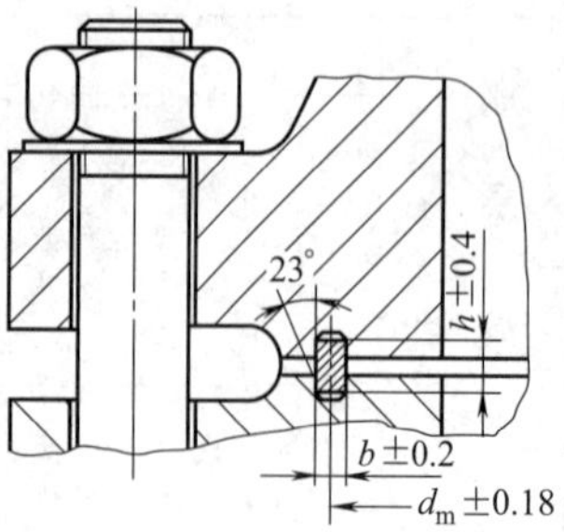	八角垫和椭圆垫密封属于径向自紧密封，垫圈的平均直径比垫槽平均直径稍大，靠垫圈与垫槽的内外斜面（主要是外斜面）接触并压紧而形成密封。垫圈与垫槽的斜面角度一般为 23°	适用于高温、高压设备或管道的密封面上	螺栓载荷计算见表 18-2-14
三角垫密封	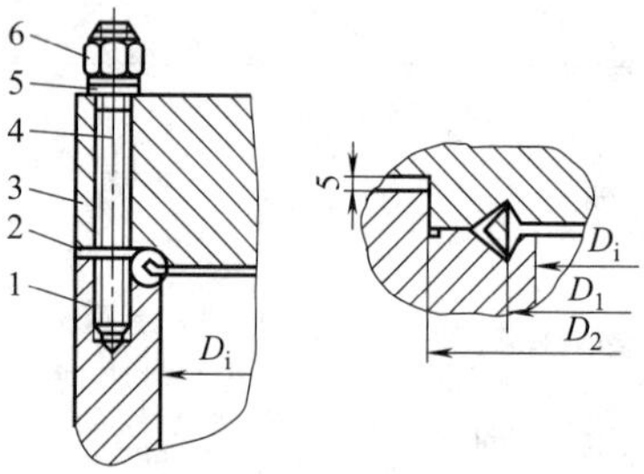 1—法兰；2—三角垫；3—顶盖；4—螺栓；5—垫圈；6—螺母	三角垫密封是径向自紧密封，有密封可靠、尺寸紧凑、开启方便、预紧力小的特点	可用于压力、温度有波动的场合，在内径 1600mm，压力 20～32MPa 的氨合成塔及压力 105MPa 的小型容器上有成熟的使用经验	螺栓载荷计算见表 18-2-14
卡扎里密封　外螺纹卡扎里密封	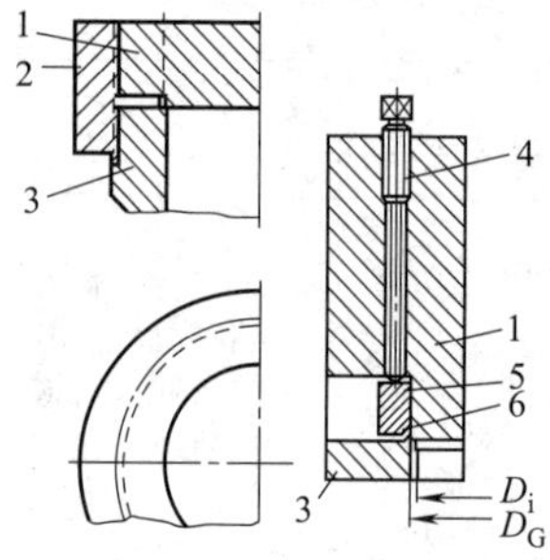 1—平盖；2—螺纹套筒；3—筒体端部；4—预紧螺栓；5—压环；6—密封垫	拧紧预紧螺栓后，压环压紧垫片，贴紧平盖和筒体端部并建立初始密封。在操作过程中若发现预紧螺栓有松动现象或出现泄漏，可以随时拧紧螺栓	常用于大直径、高压，需经常装拆和要求快开的压力容器	
卡扎里密封　内螺纹卡扎里密封	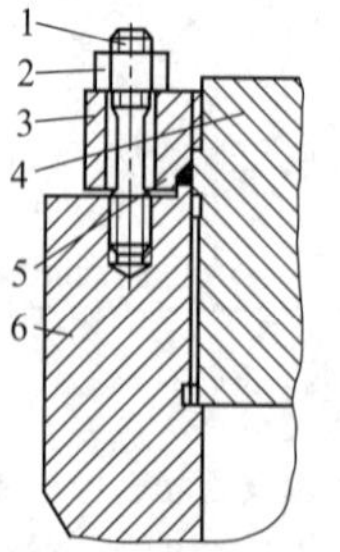 1—预紧螺栓；2—螺母；3—压环；4—平盖；5—密封垫；6—筒体端部	内螺纹卡扎里密封的筒体与平盖靠锯齿形螺纹连接，平盖占用高压空间多，平盖锻件笨重，装拆困难，螺纹受介质影响，工作条件差	一般只用于小直径的高压容器上	

续表

名称		简　图	结构与特点	适用范围	备注
卡扎里密封	改良卡扎里密封	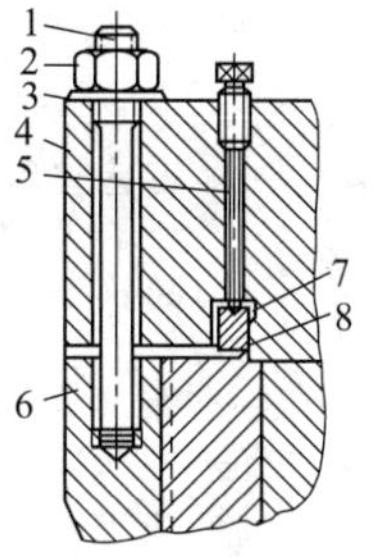 1—主螺栓；2—主螺母；3—垫圈；4—平盖；5—预紧螺栓；6—筒体端部；7—压环；8—密封垫	改良卡扎里密封仍旧采用主螺栓，以解决套筒螺纹锈蚀给装拆带来的困难，但预紧仍依靠预紧螺栓来完成，而主螺栓不需拧得很紧，从而装拆较为省力	目前很少采用	
伍德密封		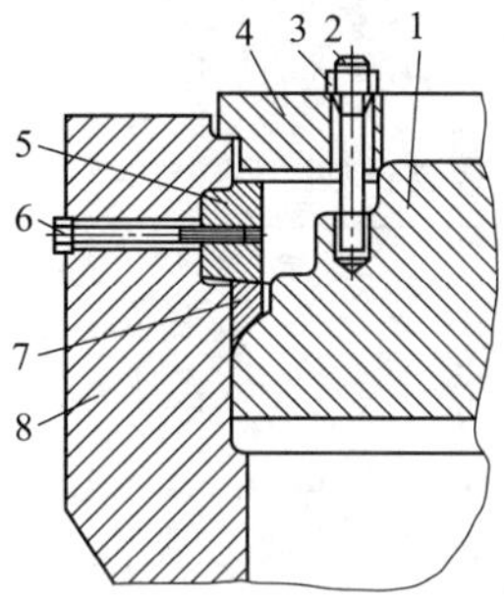 1—顶盖；2—牵制螺栓；3—螺母；4—牵制环；5—四合环；6—拉紧螺栓；7—压垫；8—筒体端部	较早出现的一种自紧式密封，压力和温度的波动不会影响密封的可靠性，无需主螺栓，拆卸方便	适用于压力和温度有波动的场合	
楔形垫密封		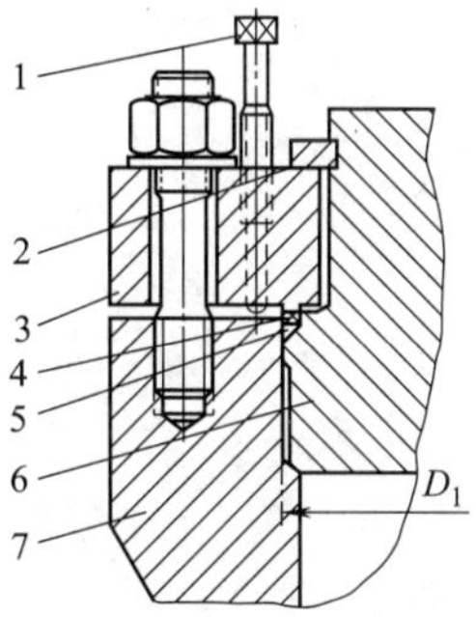 1—预紧螺栓；2—卡环；3—压紧顶盖；4—压环；5—楔形垫；6—凸肩头盖；7—筒体	楔形垫密封是轴向式自紧密封的一种，按楔形垫使用的材料和采用的密封比压的不同，可分为塑性环和弹性环	用于直径小于1000mm、温度小于350℃、操作压力小于100MPa的场合，但因开启困难而限制了它的大量推广使用	
透镜垫密封		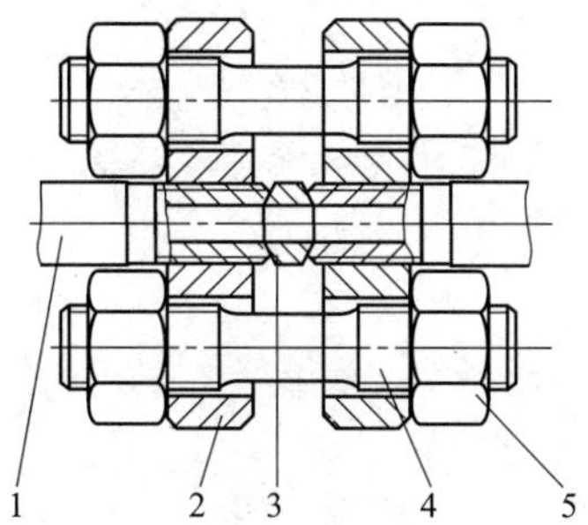 1—管子、管件或阀门(JB/T 2768)；2—螺纹法兰(JB/T 2769)；3—透镜垫(JB/T 2776)；4—双头螺栓；5—螺母	透镜垫两侧的密封面均为球面，与管道的锥形密封面相接触，初始状态为一环线。在预紧力作用下，透镜垫在接触处产生塑性变形，环线状变成环带状。透镜垫密封属于强制型密封，结构较大。密封面为球面与锥面相接触，易出现压痕，零件的互换性较差。此外，垫片制造成本较高，加工较困难	广泛使用于高压管道连接中	

续表

名称	简图	结构与特点	适用范围	备注
平垫自紧密封	1—螺纹套筒；2—顶盖；3—压环；4—平垫片；5—筒体端部	这种密封结构减少了笨重复杂的大螺栓法兰连接，而顶盖与筒体部以螺纹套筒连接，密封可靠	不适宜用于大直径容器，适用于某些直径较小的超高压容器 使用范围如下：$p\geqslant$ 30MPa；$D\leqslant$ 350mm；$t\leqslant$350℃	载荷计算见表 18-2-15

2.3.3 高压与自紧密封的设计和计算

表 18-2-11 平垫密封、双锥环密封的结构尺寸及螺栓载荷计算

平垫密封

平垫强制密封在升压前保证垫片密封所需的螺栓拧紧载荷 W_a

$$W_a=\pi D_G By \tag{18-2-13}$$

式中 D_G——垫片平均直径

B——垫片宽度

y——垫片预紧密封比压，退火铝取 98MPa，退火紫铜取 166MPa

内压升高后，顶盖有所上升，垫片与密封面之间的比压下降为 y_1，此时，螺栓的载荷 W_p 为

$$W_p=\frac{\pi}{4}D_G^2 p+\pi D_G B y_1 \tag{18-2-14}$$

式中 p——介质压力

y_1——工作条件下的密封比压，退火铝取 49MPa，退火紫铜取 83.3MPa

取 W_a、W_p 中较大者为螺栓计算载荷 W

双锥环密封

1)双锥环结构尺寸

双锥环高度 A 为

$$A=2.7\sqrt{D_i} \tag{18-2-15}$$

式中 D_i——筒体内径

双锥环外侧面高度 C 为

$$C=(0.5\sim0.6)A \tag{18-2-16}$$

双锥环厚度 B 为

$$B=\frac{A+C}{2}\sqrt{\frac{0.75p_c}{\sigma_m}} \tag{18-2-17}$$

式中 p_c——计算压力

σ_m——双锥环中点处的弯曲应力，一般可按 50～100MPa 选取

2)螺栓载荷

①预紧状态的主螺栓载荷 W_a

$$W_a=\frac{\pi}{2}D_G(A-C)y\frac{\sin(\alpha+\rho)}{\cos\alpha\cos\rho} \tag{18-2-18}$$

$$D_G=D_1+2B-\frac{A-C}{2}\tan\alpha \tag{18-2-19}$$

式中 D_G——密封面平均直径

ρ——摩擦角，钢与钢接触时 $\rho=8°18'$，钢与铜接触时 $\rho=10°31'$，钢与铝接触时 $\rho=15°$

②操作状态下主要载荷 W_p

$$W_p=F+F_p+F_c \tag{18-2-20}$$

$$F=\frac{\pi}{4}D_G^2 p \tag{18-2-21}$$

$$F_p=\frac{\pi}{4}D_G(A+C)p\tan(\alpha-\rho) \tag{18-2-22}$$

$$F_c=\pi S\frac{2e}{D_G}E\tan(\alpha-\rho) \tag{18-2-23}$$

$$S=AB-\left(\frac{A-C}{2}\right)^2\tan\alpha \tag{18-2-24}$$

式中 F——内压引起的总轴向力

F_p——双锥环自紧作用引起的轴向分力

F_c——双锥环回弹力引起的轴向分力

S——双锥环的截面积

表 18-2-12　　C 形环的结构尺寸及螺栓载荷计算　　mm

简图

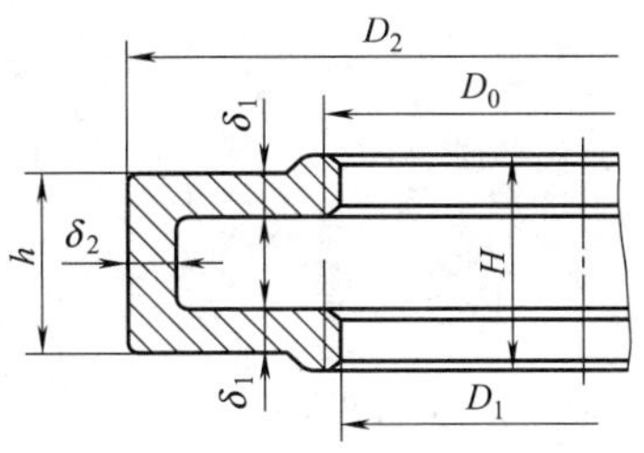

结构尺寸

公称直径 DN	内径 D_1	密封面直径 D_0	外径 D_2	环板厚 δ_1	壁厚 δ_2	壁高 h	环高 H
300	300	305	348	5.4	6.9	23	26
350	350	355	400	5.6	7.1	23	26
400	400	405	452	5.7	7.2	25	28
450	450	455	503	5.8	7.4	25	28
500	500	505	554	5.9	7.5	27	30
600	600	605	661	6.3	8.1	27	30
700	700	706	767	7.9	10.0	38	43
800	800	806	873	8.4	10.6	38	43
900	900	906	980	8.9	11.3	40	45
1000	1000	1006	1080	8.9	11.3	40	45

螺栓载荷计算

C 形环密封所需的螺栓总载荷 W 按式(18-2-25)计算

$$W=F+F_0=\frac{\pi}{4}D_0^2p+\pi D_0q_0 \quad (18\text{-}2\text{-}25)$$

式中　F——由内压引起的载荷

F_0——预紧时 C 形环的轴向载荷

D_0——C 形环密封面直径

q_0——C 形环预紧状态下的线密封比压

表 18-2-13　　金属空心 O 形环的沟槽尺寸及螺栓载荷计算

简图

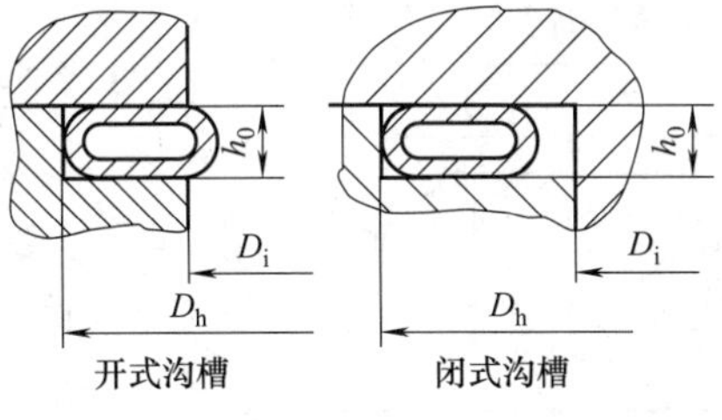

开式沟槽　　闭式沟槽

沟槽尺寸计算

①沟槽深度 h_0

无涂层时

$$h_0=\eta d \quad (18\text{-}2\text{-}26)$$

有涂层时

$$h_0=\eta d+\delta \quad (18\text{-}2\text{-}27)$$

式中　d——管子压扁前外径

δ——涂层厚度

②沟槽外壁直径 D_h

$$D_h=D+d_m\left(\frac{\pi}{2}-1\right)(1-\eta) \quad (18\text{-}2\text{-}28)$$

式中　D——O 形环压扁前的外径

d_m——管子的平均直径

续表

沟槽尺寸计算	③沟槽内壁直径 D_i 开口式 $$D_i \leqslant D-d-\frac{\pi d_m}{2}(1-\eta) \quad (18\text{-}2\text{-}29)$$ 闭口式 $$D_i \leqslant D-2d-2d_m\left(\frac{\pi}{2}-1\right)(1-\eta) \quad (18\text{-}2\text{-}30)$$
螺栓载荷计算	金属空心 O 形环操作工况下所需的螺栓总载荷 W 为 $$W=\frac{\pi}{4}D_m^2 p+\pi D_m q_0 \quad (18\text{-}2\text{-}31)$$ 式中 D_m——O 形环平均直径 q_0——预紧线密封比压，对碳钢和不锈钢 $q_0=200\sim300\text{N/mm}$；对铝 $q_0=100\text{N/mm}$；有电镀层时 $q_0=150\sim250\text{N/mm}$

表 18-2-14 八角垫和椭圆垫密封、三角垫密封的螺栓载荷计算

八角垫和椭圆垫密封	操作时的螺栓载荷为 $$Q=Q_1+Q_2 \quad (18\text{-}2\text{-}32)$$ $$Q_1=\frac{\pi}{4}d_m^2 p \quad (18\text{-}2\text{-}33)$$ $$Q_2=\pi d_m h p \tan\alpha\ (\alpha=23°) \quad (18\text{-}2\text{-}34)$$ 式中 Q_1——内压作用下顶盖上的轴向力 Q_2——垫圈受内压作用所产生自紧作用力的轴向分力 p——设计压力 d_m——垫圈的中径 h——垫圈高度，对椭圆垫圈应代入 h_1 值
三角垫密封	三角垫片与法兰槽的接触面积很小，其预紧力低于双锥环密封，一般取介质压力产生的轴向力的 5%～10%，容器内径小于 600mm 时取上限，大于 1000mm 时取下限。决定螺栓面积的总载荷 W 为 $$W=(1.05\sim1.10)\frac{\pi}{4}D_i^2 p \quad (18\text{-}2\text{-}35)$$ 式中 D_i——容器内径

表 18-2-15 平垫自紧密封的载荷计算

顶盖结构图	Ra 3.2, b, D_2, H, h, a, a, D_G, D_1
螺栓载荷计算	轴向载荷有以下两种情况 ①由内压引起的轴向载荷 Q_1 $$Q_1=\frac{\pi}{4}D_1^2 p\ \text{(N)} \quad (18\text{-}2\text{-}36)$$ ②预紧时平垫片的密封反力 Q_0 $$Q_0=\frac{\pi}{4}(D_1^2-D_2^2)p_0'\ \text{(N)} \quad (18\text{-}2\text{-}37)$$ 式中 p_0'——预紧密封压力 选取 Q_1、Q_0 中较大者作为计算载荷

2.4 垫片标准

2.4.1 管法兰用非金属平垫片尺寸（GB/T 9126—2008）

（1）范围

本标准规定了管法兰用非金属平垫片（以下简称垫片）的形式和尺寸。

本标准适用于公称压力 $PN0.25\sim PN63$ 和 Class150～Class600 的平面、突面、凹凸面和榫槽面管法兰用非金属平垫片。

（2）形式与尺寸

1）垫片与法兰密封面的配合形式有 4 种，见图 18-2-1。

2）公称压力用 PN 标记的管法兰用垫片的形式与尺寸，如表 18-2-16～表 18-2-19 所示。

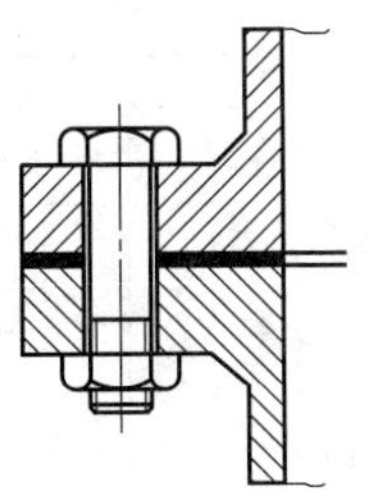
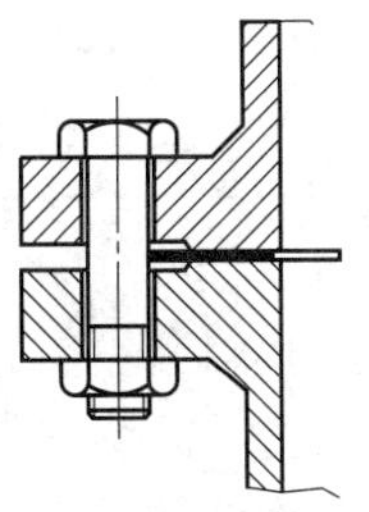

(a) 全平面(FF型)法兰密封面及适用的垫片　(b) 突面(RF型)法兰密封面及适用的垫片

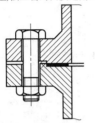

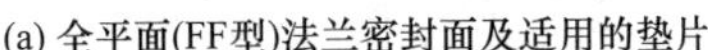
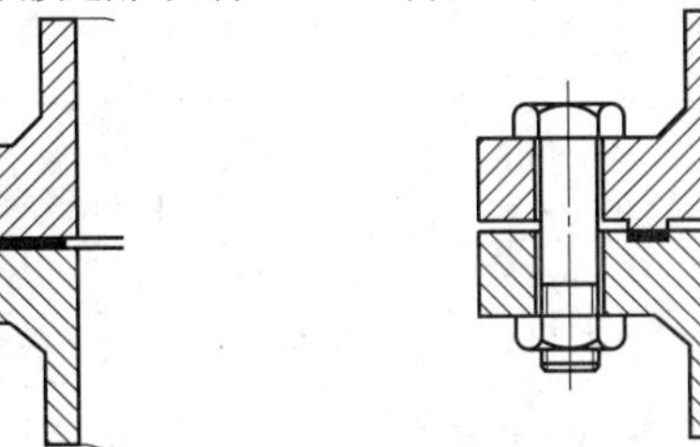

(c) 凹凸面(MF型)法兰密封面及适用的垫片　(d) 榫槽面(TG型)法兰密封面及适用的垫片

图 18-2-1　垫片与法兰密封面的配合形式

表 18-2-16　全平面（代号为 FF）管法兰用垫片形式与尺寸　mm

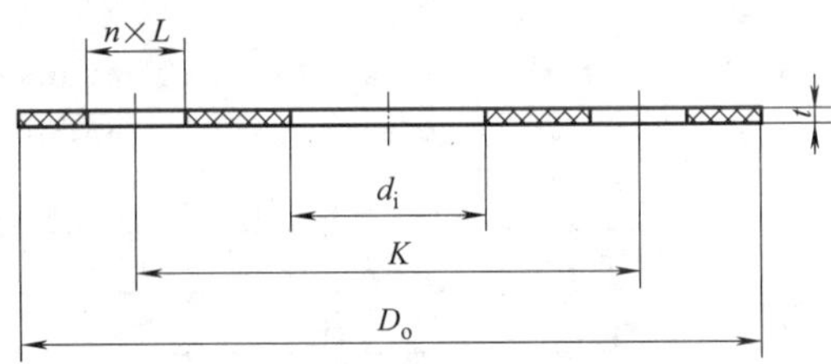

公称尺寸 DN	垫片内径 d_i	公称压力																								垫片厚度 t
		PN2.5				PN6				PN10				PN16				PN25				PN40				
		垫片外径 D_o	螺栓孔中心圆直径 K	螺栓孔径 L	螺栓孔数 n	垫片外径 D_o	螺栓孔中心圆直径 K	螺栓孔径 L	螺栓孔数 n	垫片外径 D_o	螺栓孔中心圆直径 K	螺栓孔径 L	螺栓孔数 n	垫片外径 D_o	螺栓孔中心圆直径 K	螺栓孔径 L	螺栓孔数 n	垫片外径 D_o	螺栓孔中心圆直径 K	螺栓孔径 L	螺栓孔数 n	垫片外径 D_o	螺栓孔中心圆直径 K	螺栓孔径 L	螺栓孔数 n	
10	18	使用 PN6 的尺寸				75	50	11	4	使用 PN40 的尺寸				使用 PN40 的尺寸				使用 PN40 的尺寸				90	60	14	4	0.8～3.0
15	22					80	55	11	4													95	65	14	4	
20	27					90	65	11	4													105	75	14	4	
25	34					100	75	11	4													115	85	14	4	
32	43					120	90	14	4													140	100	18	4	
40	49					130	100	14	4													150	110	18	4	
50	61					140	110	14	4													165	125	18	4	
65	77					160	130	14	4													185	145	18	8	
80	89					190	150	18	4													200	160	18	8	
100	115					210	170	18	4	使用 PN16 的尺寸				220	180	18	8					235	190	22	8	
125	141					240	200	18	8					250	210	18	8					270	220	26	8	
150	169					265	225	18	8					285	240	22	8					300	250	26	8	
200	220					320	280	18	8	340	295	22	8	340	295	22	12	360	310	26	12	375	320	30	12	

第18篇

续表

公称尺寸 DN	垫片内径 d_i	公称压力																								垫片厚度 t
		PN2.5				PN6				PN10				PN16				PN25				PN40				
		垫片外径 D_o	螺栓孔中心圆直径 K	螺栓孔径 L	螺栓孔数 n	垫片外径 D_o	螺栓孔中心圆直径 K	螺栓孔径 L	螺栓孔数 n	垫片外径 D_o	螺栓孔中心圆直径 K	螺栓孔径 L	螺栓孔数 n	垫片外径 D_o	螺栓孔中心圆直径 K	螺栓孔径 L	螺栓孔数 n	垫片外径 D_o	螺栓孔中心圆直径 K	螺栓孔径 L	螺栓孔数 n	垫片外径 D_o	螺栓孔中心圆直径 K	螺栓孔径 L	螺栓孔数 n	
250	273	使用 PN6 的尺寸				375	335	18	12	395	350	22	12	405	355	26	12	425	370	30	12	450	385	33	12	0.8～3.0
300	324					440	395	22	12	445	400	22	12	460	410	26	12	485	430	30	16	515	450	33	16	
350	356					490	445	22	12	505	460	22	16	520	470	26	16	555	490	33	16	580	510	36	16	
400	407					540	495	22	16	565	515	26	16	580	525	30	16	620	550	36	16	660	585	39	16	
450	458					595	550	22	16	615	565	26	20	640	585	30	20	670	600	36	20	685	610	39	20	
500	508					645	600	22	20	670	620	26	20	715	650	33	20	730	660	36	20	755	670	42	20	
600	610					755	705	26	20	780	725	30	20	840	770	36	20	845	770	39	20	890	795	48	20	
700	712	—				—				895	840	30	24	910	840	36	24	960	875	42	24	—				
800	813									1015	950	33	24	1025	950	39	24	1085	990	48	24					
900	915									1115	1050	33	28	1125	1050	39	28	1185	1090	48	28					
1000	1016									1230	1160	36	28	1255	1170	42	28	1320	1210	56	28					
1200	1220									1455	1380	39	32	1485	1390	48	32	1530	1420	56	32					
1400	1420									1675	1590	42	36	1685	1590	48	36	1755	1640	62	36					
1600	1620									1915	1820	48	40	1930	1820	56	40	1975	1860	62	40					
1800	1820									2115	2020	48	44	2130	2020	56	44	2195	2070	70	44					
2000	2020									2325	2230	48	48	2345	2230	62	48	2425	2300	70	48					

表 18-2-17 **突面（代号为 RF）管法兰用垫片形式与尺寸** mm

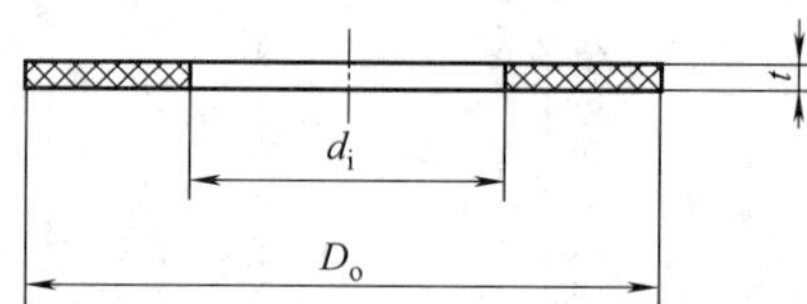

公称尺寸 DN	垫片内径 d_i	公称压力						垫片厚度 t
		PN2.5	PN6	PN10	PN16	PN25	PN40	
		垫片外径 D_o						
10	18	使用 PN6 的尺寸	39	使用 PN40 的尺寸	使用 PN40 的尺寸	使用 PN40 的尺寸	46	0.8～3.0
15	22		44				51	
20	27		54				61	
25	34		64				71	
32	43		76				82	
40	49		86				92	
50	61		96				107	
65	77		116				127	
80	89		132				142	
100	115		152	162	162		168	
125	141		182	192	192		194	
150	169		207	218	218		224	

续表

公称尺寸 DN	垫片内径 d_i	公称压力						垫片厚度 t
		PN2.5	PN6	PN10	PN16	PN25	PN40	
		垫片外径 D_o						
(175)①	141	使用PN6的尺寸	182	192	192	194	—	0.8～3.0
200	220		262	273	273	284	290	
(225)①	194		237	248	248	254	—	
250	273		317	328	329	340	352	
300	324		373	378	384	400	417	
350	356		423	438	444	457	474	
400	407		473	489	495	514	546	
450	458		528	539	555	564	571	
500	508		578	594	617	624	628	
600	610		679	695	734	731	747	
700	712		784	810	804	833	—	
800	813		890	917	911	942		
900	915		990	1017	1011	1042		
1000	1016		1090	1124	1128	1154		
1200	1220	1290	1307	1341	1342	1364		
1400	1420	1490	1524	1548	1542	1578		
1600	1620	1700	1724	1772	1764	1798		
1800	1820	1900	1931	1972	1964	2000		
2000	2020	2100	2138	2182	2168	2230		
2200	2220	2307	2348	2384	—	—		
2400	2420	2507	2558	2594				
2600	2620	2707	2762	2794				
2800	2820	2924	2972	3014				
3000	3020	3124	3172	3228				
3200	3220	3324	3382	—				
3400	3420	3524	3592	—				
3600	3620	3734	3804	—				
3800	3820	3931	—	—				
4000	4020	4131	—	—				

① 船舶法兰专用垫片尺寸。

表 18-2-18　　凹凸面（代号为 MF）管法兰用垫片形式与尺寸　　mm

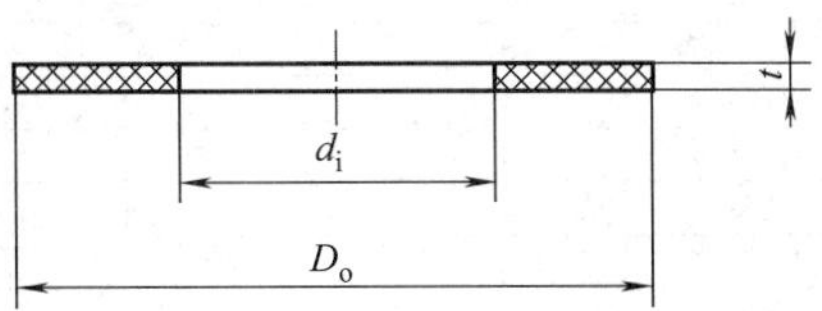

公称尺寸 DN	垫片内径 d_i	公称压力					垫片厚度 t
		PN10	PN16	PN25	PN40	PN63	
		垫片外径 D_o					
10	18	34	34	34	34	34	0.8～3.0
15	22	39	39	39	39	39	
20	27	50	50	50	50	50	
25	34	57	57	57	57	57	
32	43	65	65	65	65	65	
40	49	75	75	75	75	75	
50	61	87	87	87	87	87	

续表

公称尺寸 DN	垫片内径 d_i	公称压力					垫片厚度 t
		*PN*10	*PN*16	*PN*25	*PN*40	*PN*63	
		垫片外径 D_o					
65	77	109	109	109	109	109	0.8～3.0
80	89	120	120	120	120	120	
100	115	149	149	149	149	149	
125	141	175	175	175	175	175	
150	169	203	203	203	203	203	
(175)①	194	—	—	—	—	233	
200	220	259	259	259	259	259	
(225)①	245	—	—	—	—	286	
250	273	312	312	312	312	312	
300	324	363	363	363	363	363	
350	356	421	421	421	421	421	
400	407	473	473	473	473	473	
450	458	523	523	523	523	523	
500	508	575	575	575	575	575	
600	610	675	675	675	675		
700	712	777	777	777	—	—	1.5～3.0
800	813	882	882	882			
900	915	987	987	987			
1000	1016	1092	1092	1092			

① 船舶法兰专用垫片尺寸。

表 18-2-19　**榫槽面（代号为 TG）管法兰用垫片形式与尺寸**　mm

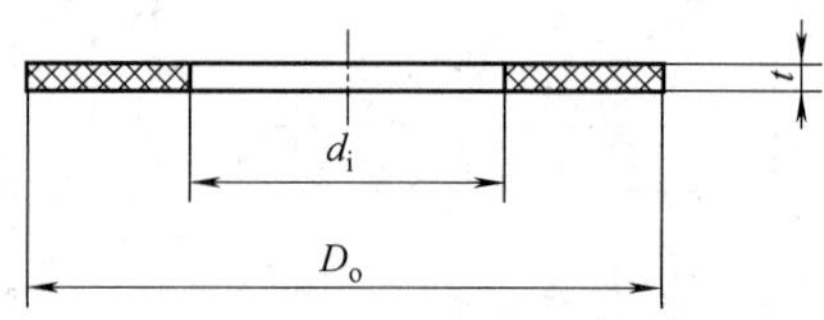

公称尺寸 DN	垫片内径 d_i	公称压力					垫片厚度 t
		*PN*10	*PN*16	*PN*25	*PN*40	*PN*63	
		垫片外径 D_o					
10	24	34	34	34	34	34	0.8～3.0
15	29	39	39	39	39	39	
20	36	50	50	50	50	50	
25	43	57	57	57	57	57	
32	51	65	65	65	65	65	
40	61	75	75	75	75	75	
50	73	87	87	87	87	87	
65	95	109	109	109	109	109	
80	106	120	120	120	120	120	
100	129	149	149	149	149	149	
125	155	175	175	175	175	175	
150	183	203	203	203	203	203	
200	239	259	259	259	259	259	
250	292	312	312	312	312	312	
300	343	363	363	363	363	363	
350	395	421	421	421	421	421	
400	447	473	473	473	473	473	
450	497	523	523	523	523	—	
500	549	575	575	575	575		
600	649	675	675	675	675		
700	751	777	777	777			1.5～3.0
800	856	882	882	882	—		
900	961	987	987	987			
1000	1061	1092	1092	1092			

3）公称压力用 Class 标记的管法兰用垫片的形式与尺寸，如表 18-2-20～表 18-2-23 所示。

表 18-2-20　全平面管法兰用垫片的形式与尺寸　mm

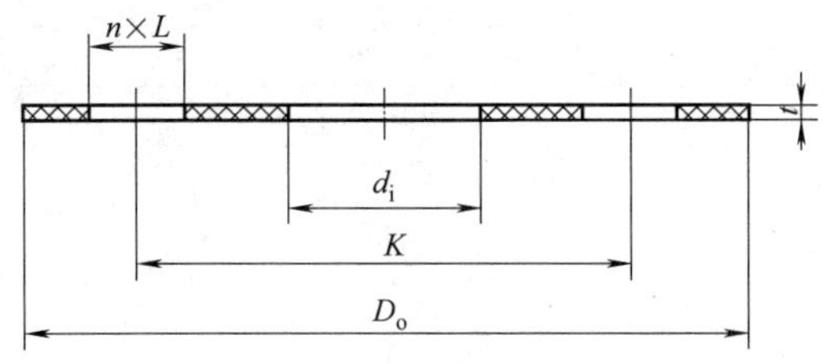

公称尺寸		公称压力					
		Class 150(PN20)					
NPS	DN	垫片内径 d_i	垫片外径 D_o	螺栓孔数 n	螺栓孔直径 L	螺栓孔中心圆直径 K	垫片厚度 t
1/2	15	22	89	4	16	60.3	1.5～3.0
3/4	20	27	98	4	16	69.9	
1	25	34	108	4	16	79.4	
1¼	32	43	117	4	16	88.9	
1½	40	49	127	4	16	98.4	
2	50	61	152	4	18	120.7	
2½	65	73	178	4	18	139.7	
3	80	89	191	4	18	152.4	
4	100	115	229	8	18	190.5	
5	125	141	254	8	22	215.9	
6	150	169	279	8	22	241.3	
8	200	220	343	8	22	298.5	
10	250	273	406	12	26	362.0	
12	300	324	483	12	26	431.8	
14	350	356	533	12	29	476.3	
16	400	407	597	16	29	539.8	
18	450	458	635	16	32	577.9	
20	500	508	699	20	32	635.0	
24	600	610	813	20	35	749.3	

表 18-2-21　突面管法兰用垫片的形式与尺寸　mm

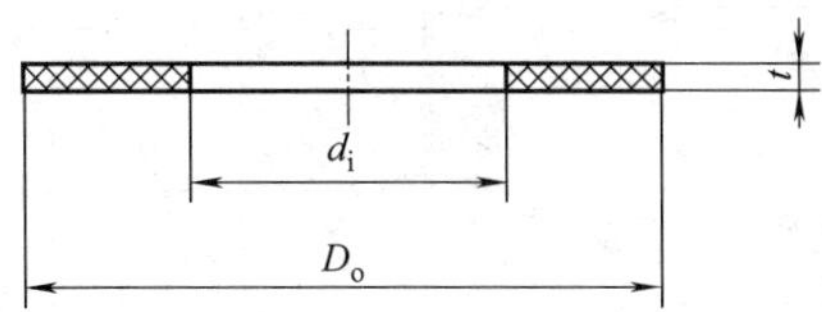

公称尺寸		垫片内径 d_i	公称压力		垫片厚度 t
			Class150(PN20)	Class300(PN50)	
NPS	DN		垫片外径 D_o		
1/2	15	22	47.5	54.0	1.5～3.0
3/4	20	27	57.0	66.5	
1	25	34	66.5	73.0	
1¼	32	43	76.0	82.05	
1½	40	49	85.5	95.0	
2	50	61	104.5	111.0	

续表

公称尺寸		垫片内径 d_i	公称压力		垫片厚度 t
			Class150(*PN*20)	Class300(*PN*50)	
NPS	*DN*		垫片外径 D_o		
2½	65	73	124.0	130.0	1.5～3.0
3	80	89	136.5	149.0	
4	100	115	174.5	181.0	
5	125	141	196.5	216.0	
6	150	169	222.0	251.0	
8	200	220	279.0	308.0	
10	250	273	339.5	362.0	
12	300	324	409.5	422.0	
14	350	356	450.5	485.5	
16	400	407	514.0	539.5	
18	450	458	549.0	597.0	
20	500	508	606.5	654.0	
24	600	610	717.5	774.5	

表 18-2-22 凹凸面管法兰用垫片的形式与尺寸 mm

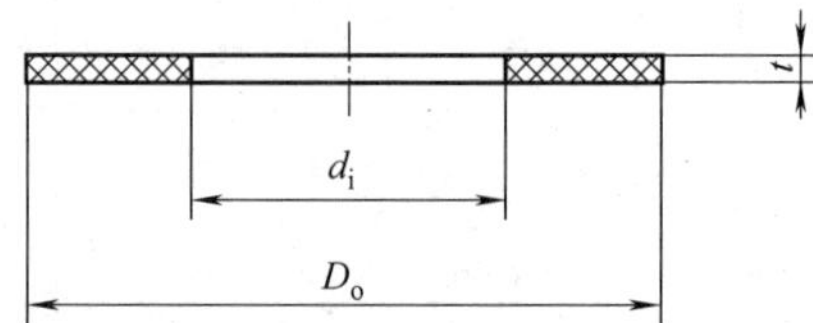

公称尺寸		公称压力		
		Class300(*PN*50)		
NPS	*DN*	垫片内径 d_i	垫片外径 D_o	垫片厚度 t
1/2	15	22	35.0	0.8～3.0
3/4	20	27	43.0	
1	25	34	51.0	
1¼	32	43	64.0	
1½	40	49	73.0	
2	50	61	92.0	
2½	65	73	105.0	
3	80	89	127.0	
4	100	115	157.0	
5	125	141	186.0	
6	150	169	216.0	0.8～3.0
8	200	220	270.0	
10	250	273	324.0	
12	300	324	381.0	
14	350	356	413.0	
16	400	407	470.0	
18	450	458	533.0	
20	500	508	584.0	
24	600	610	692.0	

表 18-2-23 榫槽面管法兰用垫片尺寸 mm

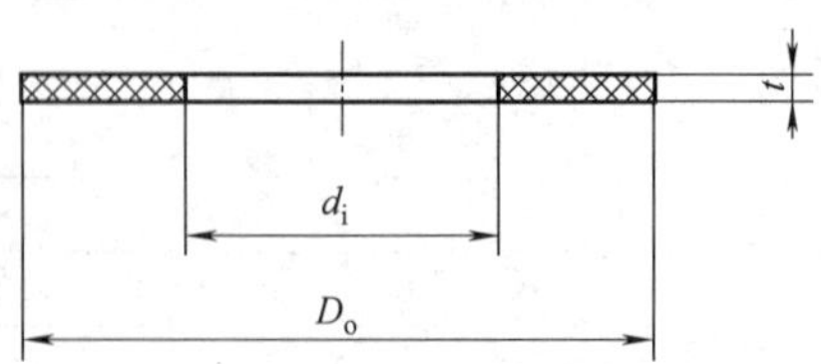

续表

公称尺寸		公称压力			公称尺寸		公称压力		
NPS	DN	Class300(PN50)			NPS	DN	Class300(PN50)		
		垫片内径 d_i	垫片外径 D_o	垫片厚度 t			垫片内径 d_i	垫片外径 D_o	垫片厚度 t
1/2	15	25.5	35.0	0.8～3.0	6	150	190.5	216.0	0.8～3.0
3/4	20	33.5	43.0		8	200	238.0	270.0	
1	25	38.0	51.0		10	250	286.0	324.0	
1¼	32	47.5	63.5		12	300	343.0	381.0	
1½	40	54.0	73.0		14	350	374.5	413.0	
2	50	73.0	92.0		16	400	425.5	470.0	
2½	65	85.5	105.0		18	450	489.0	533.0	
3	80	108.0	127.0		20	500	533.5	584.0	
4	100	132.0	157.0		24	600	641.5	692.0	
5	125	160.5	186.0						

(3) 技术要求

垫片的尺寸公差及其他要求应符合 GB/T 9129 的规定。

(4) 标记

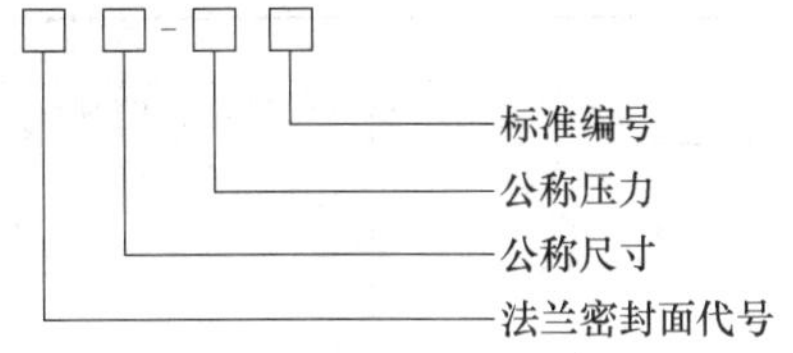

2.4.2 管法兰用非金属平垫片 技术条件(GB/T 9129—2003)

(1) 技术要求

1) 材料 非金属平垫片的材料为石棉橡胶板、聚四氟乙烯、非石棉纤维橡胶板和橡胶。

2) 性能

① 石棉橡胶垫片、聚四氟乙烯垫片和橡胶垫片的化学成分和物理、力学性能应符合有关材料标准的规定。

② 非石棉纤维橡胶垫片的物理、力学性能应符合表 18-2-24 的规定。

表 18-2-24 非石棉纤维橡胶垫片的物理、力学性能

项目		指标
横向抗拉强度/MPa		≥7.0
柔软性		不允许有纵横向裂纹
密度/g·cm^{-3}		1.7±0.2
耐油性	厚度增加率/%	≤15
	质量增加率/%	≤15

③ 垫片压缩率和回弹率的试验条件和指标应符合表 18-2-25 的规定。

表 18-2-25 垫片压缩率和回弹率的试验条件和指标

垫片类型	试验条件		指标	
	试样规格/mm	预紧比压/MPa	压缩率/%	回弹率/%
石棉橡胶垫片	ϕ109×ϕ61×1.6	35.0	12±5	≥47
聚四氟乙烯垫片		35.0	20±5	≥15
非石棉纤维橡胶垫片		35.0	12±5	≥45
橡胶垫片		7.0	25±10	≥18

④ 垫片应力松弛率的试验条件和指标应符合表 18-2-26 的规定。

表 18-2-26 垫片应力松弛率的试验条件和指标

垫片类型	试验条件		指标	
	试样规格/mm	预紧比压/MPa	试验温度/℃	应力松弛率/%
石棉橡胶垫片	ϕ75×ϕ55×1.6	40.8	300±5	≤40
非石棉纤维橡胶垫片				≤35

⑤ 垫片泄漏率的试验条件和指标应符合表 18-2-27 的规定。

⑥ 试验方法

a. 非石棉纤维橡胶垫片材料的横向抗拉强度试验按 GB/T 541 进行。

b. 非石棉纤维橡胶垫片材料的柔软性试验按 GB/T 540 进行。

c. 非石棉纤维橡胶垫片材料的密度试验按 GB/T 541 进行。

d. 非石棉纤维橡胶垫片材料的浸油厚度增加率试验按 GB/T 540 进行。

表 18-2-27 垫片泄漏率的试验条件和指标

<table>
<tr><th rowspan="2">垫片类型</th><th colspan="4">试验条件</th><th>指标</th></tr>
<tr><th>试样规格/mm</th><th>试验介质</th><th>预紧比压/MPa</th><th>试验压力/MPa</th><th>泄漏率/cm³·s⁻¹</th></tr>
<tr><td>石棉橡胶垫片</td><td rowspan="4">ϕ109×ϕ61×1.6</td><td rowspan="4">99.9%氮气</td><td>48.5</td><td>4.0</td><td>≤8.0×10⁻²</td></tr>
<tr><td>聚四氟乙烯垫片</td><td>35.0</td><td>4.0</td><td>≤1.0×10⁻³</td></tr>
<tr><td>非石棉纤维橡胶垫片</td><td>35.0</td><td>4.0</td><td>≤1.0×10⁻³</td></tr>
<tr><td>橡胶垫片</td><td>7.0</td><td>1.0</td><td>≤5.0×10⁻⁴</td></tr>
</table>

e. 非石棉纤维橡胶垫片材料的浸油质量增加率试验按 GB/T 540 进行。

f. 垫片压缩率和回弹率试验按 GB/T 12622—2008 中的方法 B 进行。

g. 垫片应力松弛率试验按 GB/T 12621—2008 中的方法 B 进行。

h. 垫片泄漏率试验按 GB/T 12385—2008 中的方法 A 进行。

3）外观

① 垫片表面应平整，无翘曲变形，不允许有夹渣、裂缝、气泡、外来杂质及其他可能影响使用的缺陷，边缘切割应整齐。

② 垫片一般不允许拼接，如需拼接，应取得需方同意。

4）尺寸的极限偏差

① 平面和突面管法兰用垫片尺寸的极限偏差应符合表 18-2-28 的规定。

② 凹凸面和榫槽面管法兰用垫片尺寸的极限偏差应符合表 18-2-29 的规定。

表 18-2-28 平面和突面管法兰用垫片尺寸的极限偏差 mm

<table>
<tr><th rowspan="2">公称通径 DN</th><th colspan="5">极限偏差</th></tr>
<tr><th>垫片内径 d_i</th><th>垫片外径 D_o</th><th>垫片厚度 t</th><th>螺栓孔径 L</th><th>螺栓孔中心圆直径 K</th></tr>
<tr><td>10</td><td rowspan="4">±0.5</td><td rowspan="6">±0.8</td><td rowspan="29">±0.2</td><td rowspan="29">+0.5
0</td><td rowspan="15">±0.8</td></tr>
<tr><td>15</td></tr>
<tr><td>20</td></tr>
<tr><td>25</td></tr>
<tr><td>32</td><td rowspan="5">±0.8</td></tr>
<tr><td>40</td></tr>
<tr><td>50</td><td rowspan="6">±1.2</td></tr>
<tr><td>65</td></tr>
<tr><td>80</td></tr>
<tr><td>100</td><td rowspan="4">±1.2</td></tr>
<tr><td>125</td></tr>
<tr><td>150</td></tr>
<tr><td>200</td><td rowspan="7">±2.0</td></tr>
<tr><td>250</td><td rowspan="7">±2.0</td></tr>
<tr><td>300</td></tr>
<tr><td>350</td><td rowspan="11">±1.6</td></tr>
<tr><td>400</td></tr>
<tr><td>450</td></tr>
<tr><td>500</td></tr>
<tr><td>600</td><td rowspan="4">±3.0</td></tr>
<tr><td>700</td><td rowspan="3">±3.0</td></tr>
<tr><td>800</td></tr>
<tr><td>900</td></tr>
<tr><td>1000</td><td rowspan="3">±4.0</td><td rowspan="3">±4.0</td></tr>
<tr><td>1200</td></tr>
<tr><td>1400</td></tr>
<tr><td>1600</td><td rowspan="3">±5.0</td><td rowspan="3">±5.0</td><td rowspan="3">±2.0</td></tr>
<tr><td>1800</td></tr>
<tr><td>2000</td></tr>
</table>

表 18-2-29　**凹凸面和榫槽面管法兰用垫片尺寸的极限偏差**　mm

公称压力 PN /MPa	极限偏差		
	垫片内径 d_i	垫片外径 D_o	垫片厚度 t
≤4.0	$^{+1.0}_{0}$	$^{0}_{-1.0}$	±0.2
5.0	$^{+1.5}_{0}$	$^{0}_{-1.5}$	±0.2

（2）检验（表 18-2-30）

表 18-2-30　**检验**

检验型式及项目	①产品检验分出厂检验和型式检验
	②出厂检验项目包括尺寸和外观质量
	③型式检验： a. 出厂检验的全部项目　c. 应力松弛性能 b. 压缩回弹性能　d. 密封性能
	④有下列情况之一时，应进行型式检验： a. 新产品或老产品转厂的试制定型鉴定 b. 正常生产时，每半年应进行一次检验 c. 停产 3 个月后，恢复生产时 d. 质量监督机构或用户提出进行型式检验要求时
检验方法	①外观质量　垫片外观质量由目测法检验 ②尺寸偏差　垫片尺寸用游标卡尺测量。垫片内、外径及厚度的测量应各测量 3 处，取其算术平均值(精确到 0.2mm) ③性能　垫片压缩回弹性能、应力松弛性能和密封性能的试验方法按技术要求中相关规定
抽样及判定规则	①同一材料的垫片以 100 片为一批，每批任意抽取 5 片(不足 100 片取 3 片)，对尺寸、外观质量进行检验，如有一片不符合本标准规定，则取加倍数量的垫片进行复检；如仍有一片不符合本标准规定，则该批产品需全检。不足抽样数量的产品需全检 ②同一材料、同一公称压力等级的垫片为一批，按规定的垫片规格抽取 3 片，没有试验所要求规格的应按同一工艺制造足够数量的试样进行压缩回弹性能、应力松弛性能、密封性能试验。任一项如有一片不符合本标准规定，则取加倍数量的垫片对该项进行复验；如仍有一片不符合本标准规定，则该批产品为不合格品或型式检验不合格

（3）标志、包装和储存（表 18-2-31）

表 18-2-31　**标志、包装和储存**

标志	垫片的标志可采用标签或其他方式，但标志应包括下列内容：①法兰密封面代号(RF 或 FF 按 GB/T 9126 中的规定)；②公称压力(按 bar 的数值标志)；③公称通径；④材料名称；⑤垫片厚度；⑥制造厂名称或商标
包装	除用户另有规定外，产品应按材料、厚度、规格分别包装，交货时必须附有产品质量检验合格证
储存	垫片的储存期应符合相应材料的储存期要求，储存期间应放置在常温及通风干燥的仓库内，防止日光直接照射，避免挤压、弯曲和靠近热源

2.4.3　管法兰连接用金属环垫　技术条件（GB/T 9130—2007）

（1）金属环垫的形式

金属环垫按截面形状分为八角形环（简称八角垫）和椭圆形环（简称椭圆垫），见图 18-2-2，尺寸名称及代号见表 18-2-32。

（2）要求

1）材料　金属环垫坯料的化学成分应符合相应标准的规定，其中软铁的化学成分（%）应符合表 18-2-33 的规定。常用材料的牌号、代号、推荐最高使用温度和执行标准见表 18-2-32。根据供需双方协

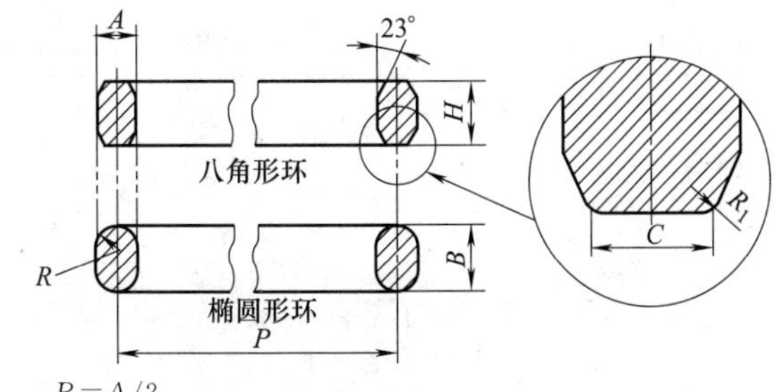

$R=A/2$

$R_1=1.6\text{mm}$（$A\leqslant 22.3\text{mm}$）

$R_1=2.4\text{mm}$（$A>22.3\text{mm}$）

图 18-2-2　八角形环和椭圆形垫

第 18 篇

商，允许采用表 18-2-32 之外的其他材料，其性能应符合相关标准要求。

表 18-2-32 金属材料的牌号、代号、推荐最高使用温度和执行标准

材料牌号	材料代号	推荐最高使用温度/℃	执行标准
软铁	D	450	—
08	08	425	GB/T 699
10	10	425	GB/T 699
4%～6%铬，0.5%钼	F5	450	ASTM A182A/A182M
0Cr13	410S	540	GB/T 1220
0Cr19Ni10	304L	450	GB/T 1220
00Cr17Ni14Mo2	316L	450	GB/T 1220
0Cr17Ni12Mo2	316	700	GB/T 1220
0Cr18Ni9	304	700	GB/T 1220
0Cr18Ni10Ti	321	700	GB/T 1220
0Cr18Ni11Nb	347	600	GB/T 1220

注：F5 标识仅表示 ASTM A182/A182M—2015 规定的化学成分要求。

表 18-2-33 软铁化学成分 %

C	Si	Mn	P	S
<0.05	<0.40	<0.60	<0.035	<0.04

2）金属环垫的硬度一般应低于法兰材料，以确保紧密连接。不锈钢合金法兰用金属环垫的硬度值由供需双方协商确定。同一金属环垫的硬度应均匀，其极差不得超过 10HB，测试各点的硬度不得超过表 18-2-34 的规定。

注：在某些情况下，金属环垫的硬度值可能不低于法兰用合金材料的硬度值。例如，为了获得最佳耐腐蚀状态而进行热处理的不锈钢法兰，与退火至最低硬度的用同样材料制成的环垫具有相同的硬度范围。

3）金属环垫的尺寸应符合 GB/T 9128 及有关标准的规定，尺寸极限偏差应符合表 18-2-35 的规定。

4）金属环垫的密封面（八角垫的斜面、椭圆垫的圆弧面）不得有划痕、磕碰、裂纹和凹坑，表面粗糙度不大于 $Ra1.6\mu m$。

表 18-2-34 常用材料的金属环垫推荐最大硬度值

金属环垫材料	推荐最大硬度值	
	布氏硬度	洛氏硬度
软铁	90HB	56HRB
08	120HB	68HRB
10	120HB	68HRB
4%～6%铬，0.5%钼	130HB	72HRB
0Cr13	140HB	82.5HRB
00Cr19Ni10	160HB	83HRB
00Cr17Ni14Mo2	150HB	83HRB
0Cr17Ni12Mo2	160HB	83HRB
0Cr18Ni9	160HB	83HRB
0Cr18Ni10Ti	160HB	83HRB
0Cr18Ni11Nb	160HB	83HRB

表 18-2-35 金属环垫的尺寸极限偏差

mm

尺寸名称	代 号	极限偏差
节径	P	±0.18
节宽	A	±0.20
环高	H 或 B	±0.40①
环平面高度	C	±0.20
角度 23°	—	±0.5°
圆角半径	R_i	±0.4

① 只要环垫的任意两点高度偏差不超过 0.4mm，金属环垫高度（H 或 B）的极限偏差可为+1.2mm。

5）对用易锈材料（如软铁、08 钢、10 钢、0Cr13）制成的环垫在加工、检验后均应进行防锈处理。

6）金属环垫不允许拼接。

7）每个金属环垫外侧应有标记。标记可以包括以下全部或部分内容或按需方规定。所做的标记不应损坏金属环垫的接触表面，也不应使金属环垫产生有害变形。

① 制造组织名称或商标。

② 垫片材料，如 R20。

③ 材料代号，如 304。

（3）检验方法

检验方法、检验规则、标志、包装、储运如表 18-2-36所示。

表 18-2-36 检验方法、检验规则、标志、包装、储运

检验方法	①布氏硬度按 GB/T 231.1、洛氏硬度按 GB/T 230.1 的规定。沿圆周方向等弧测量 4 处，取算数平均值为测量结果 ②测量用精度为 0.02mm 的专用游标卡尺，取等弧 3 处测量值的算术平均值为测量结果，准确到小数点后两位；环高、环宽、环平面宽度用精度为 0.02mm 的游标卡尺，取等弧 3 处测量值的算术平均值为测量结果，准确到小数点后两位。角度用精度为 2′的万用角度尺测量，取等弧 3 处测量值的算术平均值为测量结果，准确到分 ③金属环垫的外观质量用目视检查。表面粗糙度用表面粗糙度样块(GB/T 6060.2)进行比较测定
检验规则	①金属环垫需经制造组织质量检验部门按标准检验合格，并签发质量合格证后方可交付
	②检验分出厂检验和型式检验
	③金属环垫出厂检验项目为本标准规定的节径、环宽、环高、环平面宽、角度；型式检验项目同表 18-2-30
	④有下列情况之一时应进行型式检验： a. 新产品试验 b. 产品转型 c. 正式生产后在结构、材料、工艺上有较大改进，可能影响产品性能 d. 正常生产满 1 年 e. 停产 3 个月以后恢复生产 f. 质量监督机构或顾客提出型式检验要求

续表

检验规则		⑤抽样及判定规则： a. 金属环垫的样品应在生产现场或在仓库随机抽取 b. 用于硬度测试的金属环垫应按相同炉号、热处理批次的坯料或产品分批，其余按相同材料、规格的产品分批 c. 出厂检验以每 100 个产品为一批，每批抽 5 个(不足 100 个抽 3 个，不足 5 个应全检)，任何一项如有 1 个样品不符合本标准规定，则取加倍数量的金属环垫对该项进行复检，如仍有 1 个样品不符合本标准规定，则该批产品需全检。外观质量应全检 d. 型式检验以每 100 个产品为一批，每批抽 5 个样品逐项检查。任何一项如有 1 个样品不符合本标准规定，则取加倍数量的金属环垫对该项进行复检，如仍有 1 个样品不符合本标准规定，则判定该批产品为不合格品或型式检验不合格
标志、包装、储运	标志	金属环垫的包装箱上应注明： a. 产品名称　　d. 毛重、净重 b. 制造组织名称或商标　　e. 制造日期或生产批号 c. 产品型号或标记
	包装	①金属包垫的包装应保证在储运和运输过程中不致损坏或遗失 ②包装箱上应附有装箱单，其上应提供以下信息： a. 产品名称　　c. 产品规格 b. 制造组织名称或商标　　d. 制造日期 ③包装箱内应附有产品合格证，其上应注明： a. 批号　　d. 执行标准编号 b. 产品名称　　e. 检验员姓名或代号 c. 产品规格　　f. 检验日期
	储运	①金属环垫应储存在清洁、干燥的仓库内，严禁受潮、雨淋，不能和有腐蚀性的化学品混储 ②金属环垫在运输过程中应防止磕碰、雨淋或受潮

2.4.4　缠绕式垫片　分类（GB/T 4622.1—2009）

（1）垫片结构形式及代号（表 18-2-37）

表 18-2-37　　垫片结构形式与代号

垫片形式	图　示	代号	适用的法兰密封面形式
基本型(密封元件)	填充带　金属带	A	榫槽面
带内环型(带有内环和密封元件)	内环　填充带　金属带	B	凹凸面
带定位环型(带有定位环和密封元件)	定位环　填充带　金属带	C	平面 突面
带内环和定位环型(带有内环、定位环和密封元件)	定位环　内环　填充带　金属带	D	

（2）垫片材料代号（表 18-2-38）

表 18-2-38　　垫片材料代号

定位环材料		金属带材料		填充带材料		内　环	
名　称	代号	名　称	代号	名　称	代号	名　称	代号
无定位环	0	0Cr13	1	石棉	1	无内环	0
低碳钢	1	0Cr18Ni9	2	柔性石墨	2	低碳钢	1
0Cr18Ni9	2	0Cr17Ni12Mo2	3	聚四氟乙烯	3	0Cr18Ni9	2
		00Cr17Ni14Mo2	4	非石棉纤维	4	0Cr17Ni12Mo2Ti	3
		0Cr25Ni20	5	热陶瓷纤维	5	00Cr17Ni14Mo2	4
		0Cr18Ni10Ti	6			0Cr25Ni20	5
		0Cr18Ni12Mo2Ti	7			0Cr18Ni10Ti	6
		00Cr19Ni10	8			0Cr18Ni12Mo2Ti	7
						00Cr19Ni10	8
其　他	9	其　他	9	其　他	9	其　他	9

注：其余材料可由用户指定代号。

(3) 标记

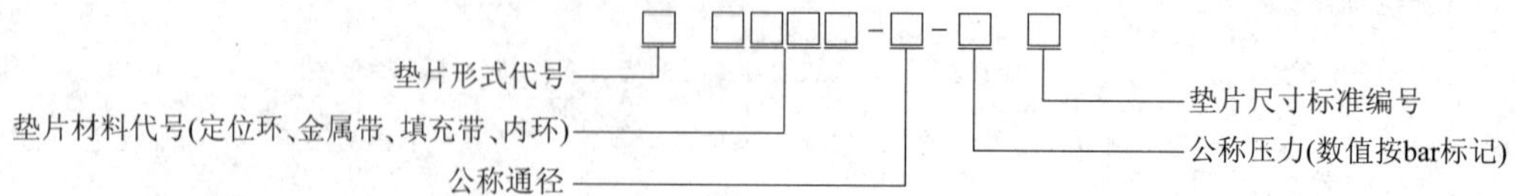

2.4.5 缠绕式垫片 管法兰用垫片(GB/T 4622.2—2008)

1) 公称压力用 *PN* 标记的法兰用垫片尺寸

表 18-2-39 榫槽面法兰用基本型缠绕式垫片尺寸 mm

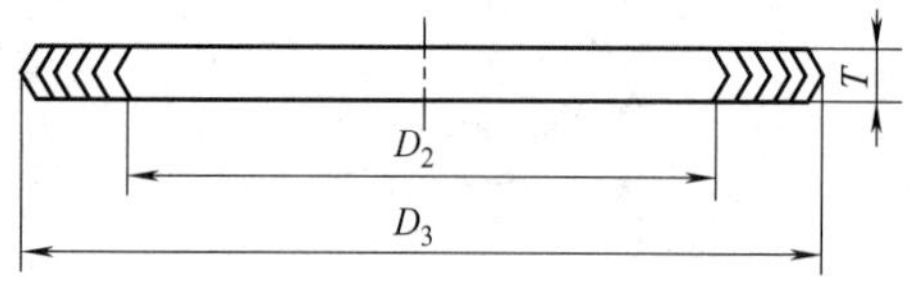

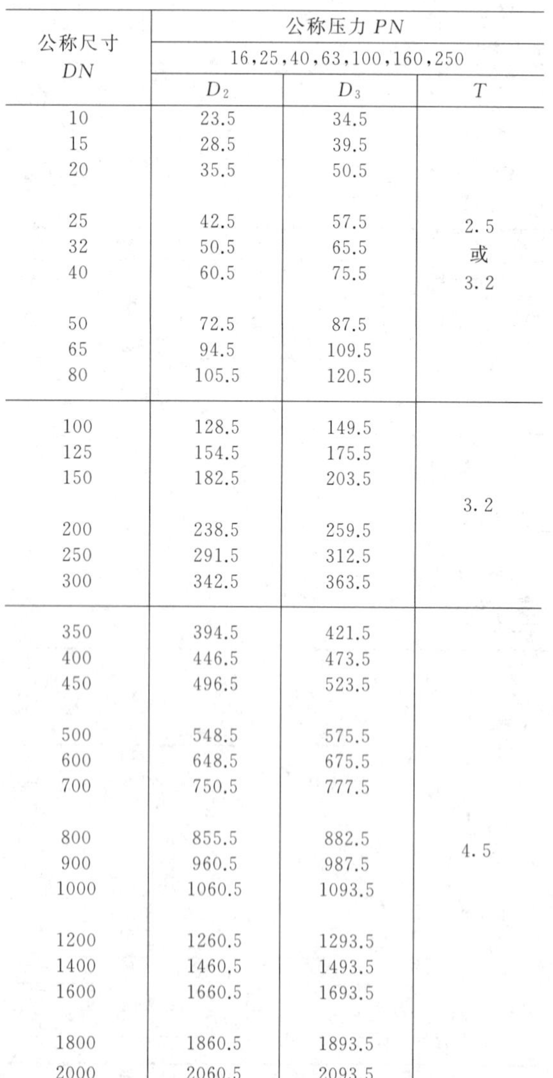

公称尺寸 DN	公称压力 PN 16,25,40,63,100,160,250		
	D_2	D_3	T
10	23.5	34.5	2.5 或 3.2
15	28.5	39.5	
20	35.5	50.5	
25	42.5	57.5	
32	50.5	65.5	
40	60.5	75.5	
50	72.5	87.5	
65	94.5	109.5	
80	105.5	120.5	
100	128.5	149.5	3.2
125	154.5	175.5	
150	182.5	203.5	
200	238.5	259.5	
250	291.5	312.5	
300	342.5	363.5	
350	394.5	421.5	4.5
400	446.5	473.5	
450	496.5	523.5	
500	548.5	575.5	
600	648.5	675.5	
700	750.5	777.5	
800	855.5	882.5	
900	960.5	987.5	
1000	1060.5	1093.5	
1200	1260.5	1293.5	
1400	1460.5	1493.5	
1600	1660.5	1693.5	
1800	1860.5	1893.5	
2000	2060.5	2093.5	

表 18-2-40 凹凸面法兰用带内环型缠绕式垫片尺寸 mm

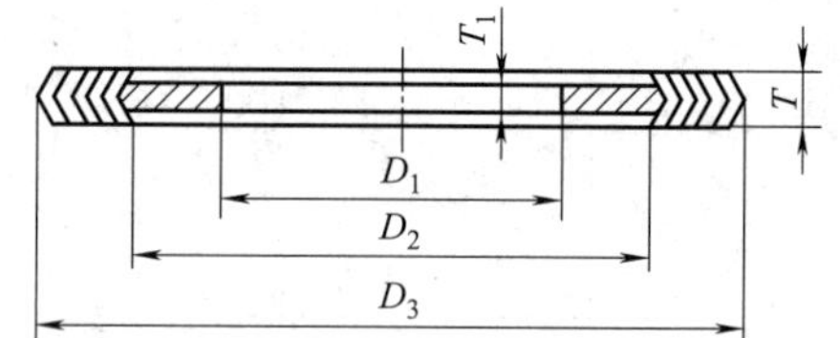

公称尺寸 DN	公称压力 PN 16,25,40,63,100,160,250			T_1	T
	D_1	D_2	D_3		
10	15.0	23.5	34.5	2.0	3.2
15	19.0	28.5	39.5		
20	24.0	35.5	50.5		
25	30.0	42.5	57.5		
32	39.0	50.5	65.5		
40	45.0	60.5	75.5		
50	63.0	72.5	87.5		
65	85.0	94.5	109.5		
80	96.0	105.5	120.5		
100	116.0	128.5	149.5	2.0 或 3.0	3.2 或 4.5
125	142.0	154.5	175.5		
150	170.0	182.5	203.5		
200	226.0	238.5	259.5		
250	279.0	291.5	312.5		
300	330.0	342.5	363.5		
350	378.0	394.5	421.5	3.0	4.5
400	430.0	446.5	473.5		
450	480.0	496.5	523.5		
500	532.0	548.5	575.5		
600	632.0	648.5	675.5		
700	734.0	750.5	777.5		
800	835.0	855.5	882.5		
900	940.0	960.5	987.5		
1000	1040.0	1060.5	1093.5		
1200	1240.0	1260.5	1293.5		
1400	1430.0	1460.5	1493.5		
1600	1630.0	1660.5	1693.5		
1800	1830.0	1860.5	1893.5		
2000	2030.0	2060.5	2093.5		

表 18-2-41　　全平面和突面法兰用带定位环型缠绕式垫片尺寸　　mm

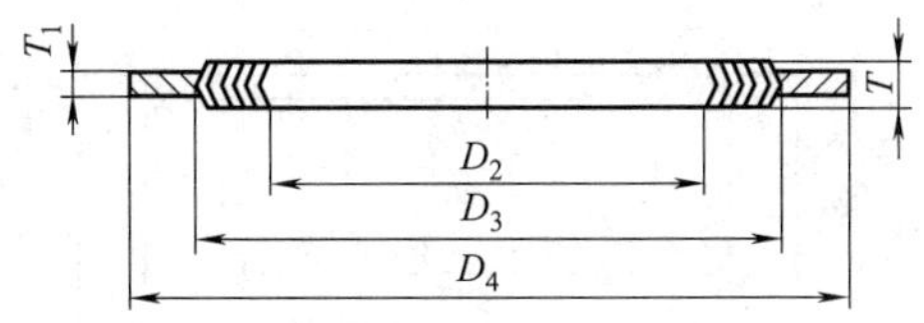

公称尺寸 DN	公称压力 PN										T_1	T
	10～160	10～40	63～160	10	16	25	40	63	100	160		
	D_2	D_3		D_4								
10	24	34	34	48	48	48	48	58	58	58		
15	29	39	39	53	53	53	53	63	63	63		
20	34	46	46	63	63	63	63	74	74	—		
25	41	53	53	73	73	73	73	84	84	84		
32	49	61	61	84	84	84	84	90	90	—		
40	56	68	68	94	94	94	94	105	105	105		
50	70	86	86	109	109	109	109	115	121	121		
65	86	102	106	129	129	129	129	140	146	146	3.0	4.5
80	99	115	119	144	144	144	144	150	156	156		
100	127	143	147	164	164	170	170	176	183	183		
125	152	172	176	194	194	196	196	213	220	220		
150	179	199	203	220	220	226	226	250	260	260		
200	228	248	252	275	275	286	293	312	327	327		
250	279	303	307	330	331	343	355	367	394	391		
300	334	358	362	380	386	403	420	427	461	461		
350	392	416	420	440	446	460	477	489	515			
400	438	466	472	491	498	517	549	546	575			
450	488	516	522	541	558	567	574					
500	542	570	576	596	620	627	631					
600	642	670		698	737	734	750					
700	732	766		813	807	836						
800	840	874		920	914	945						
900	940	974		1020	1014	1045						
1000	1030	1078		1127	1131	1158						
1200	1230	1280		1344	1345						3.0或5.0	4.5或6.5
1400	1450	1510		1551	1545							
1600	1660	1720		1775	1768							
1800	1860	1920		1975	1968							
2000	2050	2120		2185	2174							
2200	2260	2330		2388								
2400	2480	2530		2598								
2600	2660	2730		2798								
2800	2860	2930		3018								
3000	3060	3130		3234								

表 18-2-42　　**全平面和突面法兰用带内环和定位环型缠绕式垫片尺寸**　　mm

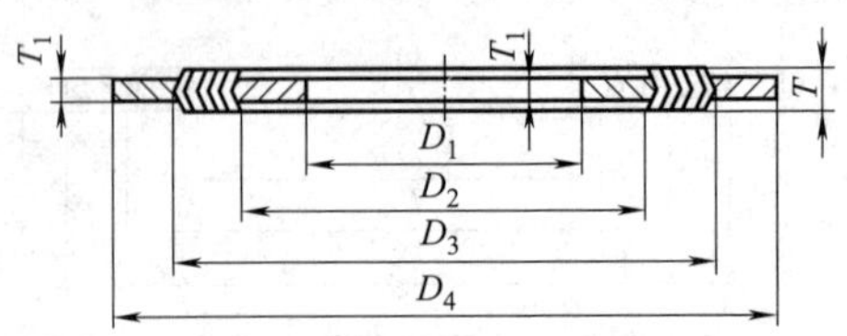

公称尺寸 DN	公称压力 PN												T_1	T
	16～250		10～40	63～250	10	16	25	40	63	100	160	250		
	D_1	D_2	D_3		D_4									
10	16	24	34	34	48	48	48	48	58	58	58	69		
15	21	29	39	39	53	53	53	53	63	63	63	74		
20	26	34	46	46	63	63	63	63	74	74	—	—		
25	33	41	53	53	73	73	73	73	84	84	84	85		
32	41	49	61	61	84	84	84	84	90	90	—	—		
40	48	56	68	68	94	94	94	94	105	105	105	111		
50	61	70	86	86	109	109	109	109	115	121	121	126		
65	77	86	102	106	129	129	129	129	140	146	146	156	3.0	4.5
80	90	99	115	119	144	144	144	144	150	156	156	173		
100	115	127	143	147	164	164	170	170	176	183	183	205		
125	140	152	172	176	194	194	196	196	213	220	220	245		
150	167	179	199	203	220	220	226	226	250	260	260	287		
200	216	228	248	252	275	275	286	293	312	327	327	361		
250	267	279	303	307	330	331	343	355	367	394	391	445		
300	322	334	358	362	380	386	403	420	427	461	461	542		
350	376	392	416	420	440	446	460	477	489	515				
400	422	438	466	472	491	498	517	549	546	575				
450	472	488	516	522	541	558	567	574						
500	526	542	570	576	596	620	627	631						
600	626	642	670		698	737	734	750						
700	716	732	766		813	807	836							
800	820	840	874		920	914	945							
900	920	940	974		1020	1014	1045							
1000	1010	1030	1078		1127	1131	1158							
1200	1210	1230	1280		1344	1345							3.0 或 5.0	4.5 或 6.5
1400	1420	1450	1510		1551	1545								
1600	1630	1660	1720		1775	1768								
1800	1830	1860	1920		1975	1968								
2000	2020	2050	2120		2185	2174								
2200	2230	2260	2330		2388									
2400	2430	2480	2530		2598									
2600	2630	2660	2730		2798									
2800	2830	2860	2930		3018									
3000	3030	3060	3130		3234									

2）公称压力用 Class 标记的法兰用垫片尺寸

表 18-2-43　榫槽面法兰用基本型缠绕式垫片尺寸　　mm

公称尺寸		公称压力		
NPS	*DN*	Class300(*PN*50)，Class600(*PN*110)，Class900(*PN*150)，Class1500(*PN*260)		
		D_2	D_3	T
1/2	15	24.3	36.0	4.5
3/4	20	32.3	43.9	
1	25	37.0	51.9	
1¼	32	46.5	64.6	
1½	40	52.9	74.1	
2	50	71.9	93.2	
2½	65	84.6	105.9	
3	80	106.9	128.1	
4	100	130.7	158.3	
5	125	159.3	186.8	
6	150	189.4	217.0	
8	200	237.0	271.0	
10	250	284.7	324.9	
12	300	341.8	382.1	
14	350	373.6	413.8	
16	400	424.4	471.0	
18	450	487.9	534.5	
20	500	532.3	585.3	
24	600	640.3	693.2	

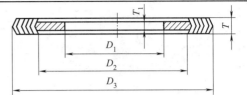

表 18-2-44　凹凸面法兰用带内环型缠绕式垫片尺寸　　mm

公称尺寸		公称压力			T_1	T
NPS	*DN*	Class300(*PN*50)，Class60(*PN*110)，Class900(*PN*150)，Class1500(*PN*260)				
		D_1	D_2	D_3		
1/2	15	14.2	24.3	36.0	3.0	4.5
3/4	20	20.6	32.3	43.9		
1	25	26.9	37.0	51.9		
1¼	32	38.1	46.5	64.6		
1½	40	44.5	52.9	74.1		
2	50	55.6	71.9	93.2		
2½	65	66.5	84.6	105.9		
3	80	81.0	106.9	128.1		
4	100	106.4	130.7	158.3		
5	125	131.8	159.3	186.8		
6	150	157.2	189.4	217.0		
8	200	215.9	237.0	271.0		
10	250	268.2	284.7	324.9		
12	300	317.5	341.8	382.1		
14	350	349.3	373.6	413.8		
16	400	400.1	424.4	471.0		
18	450	449.3	487.9	534.5		
20	500	500.1	532.3	585.3		
24	600	603.3	640.3	693.2		

表 18-2-45　全平面和突面法兰用带定位环型缠绕式垫片尺寸　　mm

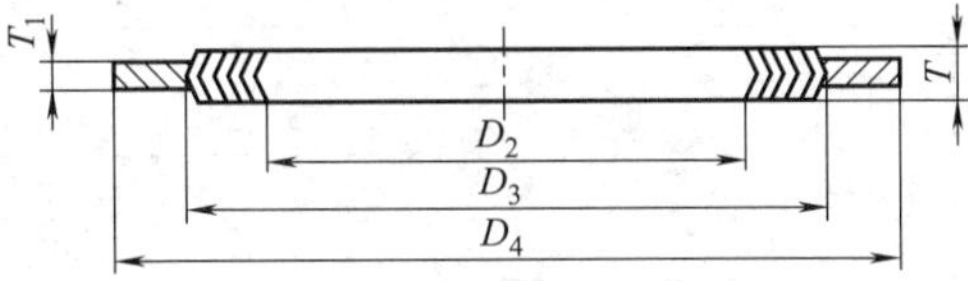

公称尺寸		公称压力															T_1	T
NPS	*DN*	Class150(*PN*20)			Class300(*PN*50)			Class600(*PN*110)			Class900(*PN*150)			Class1500(*PN*260)				
		D_2	D_3	D_4	D_2	D_3	D_4	D_2	D_3	D_4	D_2	D_3	D_4	D_2	D_3	D_4		
1/2	15	19.1	31.8	46.3	19.1	31.8	52.7	19.1	31.8	52.7	19.1	31.8	62.6	19.1	31.8	62.6	3.0	4.5
3/4	20	25.4	39.6	55.0	25.4	39.6	66.6	25.4	39.6	66.6	25.4	39.6	68.9	25.4	39.6	68.9		
1	25	31.8	47.8	65.4	31.8	47.8	72.9	31.8	47.8	72.9	31.8	47.8	77.6	31.8	47.8	77.6		
1¼	32	47.8	60.5	74.9	47.8	60.5	82.4	47.8	60.5	82.4	47.8	60.5	87.1	39.6	60.5	87.1		
1½	40	54.1	69.9	84.4	54.1	69.9	94.3	54.1	69.9	94.3	54.1	69.9	96.8	47.8	69.9	96.8		
2	50	69.9	85.9	104.7	69.9	85.9	111.0	69.9	85.9	111.0	69.9	85.9	141.1	58.7	85.9	141.1		
2½	65	82.6	98.6	123.7	82.6	98.6	129.2	82.6	98.6	129.2	82.6	98.6	163.5	69.9	98.6	163.5		
3	80	101.6	120.7	136.4	101.6	120.7	148.3	101.6	120.7	148.3	95.3	120.7	166.5	92.2	120.7	173.2		
4	100	127.0	149.4	174.5	127.0	149.4	180.0	120.7	149.4	191.9	120.7	149.4	205.0	117.6	149.4	208.3		
5	125	155.7	177.8	195.9	155.7	177.8	215.0	147.6	177.8	239.7	147.6	177.8	246.4	143.0	177.8	253.1		
6	150	182.6	209.6	221.3	182.6	209.6	249.9	174.8	209.6	265.1	174.8	209.6	287.5	171.5	209.6	281.5		
8	200	233.4	263.7	278.5	233.4	263.7	306.2	225.6	263.7	319.2	222.3	257.3	357.7	215.9	257.3	351.7		
10	250	287.3	317.5	338.0	287.3	317.5	360.4	274.6	317.5	398.8	276.4	311.2	433.9	266.7	311.2	434.6		
12	300	339.9	374.7	407.8	339.9	374.7	420.8	327.2	374.7	456.0	323.9	368.3	497.4	323.9	358.3	519.5		
14	350	371.6	406.4	449.3	371.6	406.4	484.4	362.0	406.4	491.0	355.6	400.1	519.8	362.0	400.1	579.0		
16	400	422.4	463.6	512.8	422.4	463.6	538.5	412.8	463.6	564.2	412.8	457.2	574.0	406.4	457.2	640.8		
18	450	474.7	527.1	547.9	474.7	527.1	595.6	469.9	527.1	612.0	463.6	520.7	637.8	463.6	520.7	704.7		
20	500	525.5	577.9	605.0	525.5	577.9	652.8	520.7	577.9	681.9	520.7	571.5	697.3	514.4	571.5	755.8		
24	600	628.7	685.8	716.3	628.7	685.8	773.8	628.7	685.8	790.2	628.7	679.5	837.7	616.0	695.5	900.6		

表 18-2-46 全平面和突面法兰用带内环和定位环型缠绕式垫片尺寸 mm

公称尺寸		公称压力																				T_1	T
NPS	DN	Class150(*PN*20)				Class300(*PN*50)				Class600(*PN*110)				Class900(*PN*150)				Class1500(*PN*260)					
		D_1	D_2	D_3	D_4	D_1	D_2	D_3	D_4	D_1	D_2	D_3	D_4	D_1	D_2	D_3	D_4	D_1	D_2	D_3	D_4		
1/2	15	14.2	19.1	31.8	46.3	14.2	19.1	31.8	52.7	14.2	19.1	31.8	52.7	14.2	19.1	31.8	62.6	14.2	19.1	31.8	62.6	3.0	4.5
3/4	20	20.6	25.4	39.6	55.0	20.6	25.4	39.6	66.6	20.6	25.4	39.6	66.6	20.6	25.4	39.6	68.9	20.6	25.4	39.6	68.9		
1	25	26.9	31.8	47.8	65.4	26.9	31.8	47.8	72.9	26.9	31.8	47.8	72.9	26.9	31.8	47.8	77.6	26.9	31.8	47.8	77.6		
1¼	32	38.1	47.8	60.5	74.9	38.1	47.8	60.5	82.4	38.1	47.8	60.5	82.4	33.3	47.8	60.5	87.1	33.3	39.6	60.5	87.1		
1½	40	44.5	54.1	69.9	84.4	44.5	54.1	69.9	94.3	44.5	54.1	69.9	94.3	41.4	54.1	69.9	96.8	41.4	47.8	69.9	96.8		
2	50	55.6	69.9	85.9	104.7	55.6	69.9	85.9	111.0	55.6	69.9	85.9	111.0	52.3	69.9	85.9	141.1	52.3	58.7	85.9	141.1		
2½	65	66.5	82.6	98.6	123.7	66.5	82.6	98.6	129.2	66.5	82.6	98.6	129.2	63.5	82.6	98.6	163.5	63.5	69.9	98.6	163.5		
3	80	81.0	101.6	120.7	136.4	78.7	101.6	120.7	148.3	78.7	101.6	120.7	148.3	78.7	95.3	120.7	166.5	78.7	92.2	120.7	173.2		
4	100	106.4	127.0	149.4	174.5	102.6	127.0	149.4	180.0	102.6	120.7	149.4	191.9	97.8	120.7	149.4	205.0	97.8	117.6	149.4	208.3		
5	125	131.8	155.7	177.8	195.9	128.3	155.7	177.8	215.0	128.3	147.6	177.8	239.7	124.5	147.6	177.8	246.4	124.5	143.0	177.8	253.1		
6	150	157.2	182.6	209.6	221.3	154.9	182.6	209.6	249.9	154.9	174.8	209.6	265.1	147.3	174.8	209.6	287.5	147.3	171.5	209.6	281.5		
8	200	215.9	233.4	263.7	278.5	205.7	233.4	263.7	306.2	196.9	225.6	263.7	319.2	196.9	222.3	257.3	357.7	196.9	215.9	257.3	351.7		
10	250	268.2	287.3	317.5	338.0	255.3	287.3	317.5	360.4	246.1	274.6	317.5	398.8	246.1	276.4	311.2	433.9	246.1	266.7	311.2	434.6		
12	300	317.5	339.9	374.7	407.8	307.3	339.9	374.7	420.8	292.1	327.2	374.7	456.0	292.1	323.9	368.3	497.4	192.1	323.9	368.3	519.5		
14	350	349.3	371.6	406.4	449.3	342.9	371.6	406.4	484.4	320.8	362.0	406.4	491.0	320.8	355.6	400.1	519.8	320.8	362.0	400.1	579.0		
16	400	400.1	422.4	463.6	512.8	389.9	422.4	463.6	538.5	374.7	412.8	463.6	564.2	368.3	412.8	457.2	574.0	368.3	406.4	457.2	640.8		
18	450	449.3	474.7	527.1	547.9	438.2	474.7	527.1	595.6	425.5	469.9	527.1	612.0	425.5	463.6	520.7	637.8	425.5	463.6	520.7	704.7		
20	500	500.1	525.5	577.9	605.0	489.0	525.5	577.9	652.8	482.6	520.7	577.9	681.9	476.3	520.7	571.5	697.3	476.3	514.4	571.5	755.8		
24	600	603.3	628.7	685.8	716.3	590.6	628.7	685.8	773.8	590.6	628.7	685.8	790.2	577.9	628.7	679.5	837.7	577.9	616.0	695.5	900.6		

2.4.6 缠绕式垫片 技术条件（GB/T 4622.3—2007）

（1）要求

1）材料

① 金属带

a. 金属带应采用厚度为0.15～0.23mm的冷轧钢带，常用的材料牌号、代号和适用温度见表18-2-47。根据供需双方协商，允许采用表18-2-47之外的其他材料。

表 18-2-47 金属带材料的牌号、代号及适用温度

金属带材料的牌号	金属带材料的代号	标准编号	适用温度/℃
0Cr18Ni9	304	GB/T 4239	−196～700
0Cr18Ni10Ti	321	GB/T 4239	−196～700
0Cr17Ni12Mo2	316	GB/T 4239	−196～700
0Cr25Ni20	310S	GB/T 4239	−196～810
00Cr17Ni14Mo2	316L	GB/T 4239	−196～450
00Cr19Ni10	304L	GB/T 4239	−196～450

b. 金属带表面应光滑、洁净，不允许有粗糙不平、裂纹、分层、划伤、凹坑及锈斑等缺陷。

c. 不锈钢带材料的化学成分和力学性能应符合GB/T 4239的规定。

② 填充带

a. 填充带的厚度为0.4～0.8mm，常用材料为非石棉纤维、石棉、柔性石墨和聚四氟乙烯，填充带的适用温度见表18-2-48。根据供需双方协商，可以选用其他填充材料。

表 18-2-48 填充带适用温度

填充带材料	非石棉纤维	石棉	柔性石墨	聚四氟乙烯
适用温度/℃	−50～300	−50～500	−196～800（氧化性介质不高于600）	−196～260

警告：根据法律要求，含石棉成分的材料在处理时应采取防范措施，确保它们对人体健康不构成危害。

b. 缠绕用石棉带的技术要求应符合JC/T 69的规定。

c. 缠绕用柔性石墨带的技术要求应符合JB/T 7758.2的规定。

d. 缠绕用聚四氟乙烯带的技术要求应符合JB/T 6618的规定。

③ 内环和定位环 除供需双方另有协议外，内环材料的耐腐蚀性能应等于或优于金属带；内环、定位环材料如使用碳钢材料，则应采用喷塑、金属镀层或其他涂层处理，以防大气腐蚀。内环、定位环的材质应符合GB/T 912、GB/T 11253、GB/T 3280或相关的规定。

2）工艺要求

① 缠绕式垫片由预成形的金属带和扁平填充带交错叠制而成（按圈数计数环绕层），金属带和填充带应紧密贴合，层次均匀，无折皱、空隙现象。对制成的垫片，填充带与金属带在两个端面上应均匀，填充带应适当高出金属带，层间纹理清晰，不应显露金属带。

② 内缠绕层至少应有三层没有填充物的预制金属带。开始两层应沿圆周最少点焊三处，最大间距为75mm。外缠绕带层亦至少应有三层没有填充物的预制金属带。沿圆周最少点焊三处，最后点焊为端点焊。没有填充物的金属带不计入密封面。

③ 从终端焊点到前一个焊点的距离不应大于35mm，带定位环型的缠绕垫片终端焊点后再加绕3～4圈松弛的预制金属带，可用来将垫片卡在定位环中。

④ 内环、定位环可由整板冲制、车制，或经拼焊、围焊后车制等工艺制成，环面应平整，其平面度允差应小于1%；环槽或倒角与内外圆应同心，与两端面应对称。

⑤ 带内环的垫片可直接在内环外圆上缠绕制成，亦可用专门机具将内环与密封元件紧密固定。

⑥ 定位环与密封元件之间应有适当的装配间隙，但应保证垫片在正常使用时不至于使定位环脱落。

⑦ 密封元件缠制后，其密封面不允许再进行任何机械加工或预压处理。

3）尺寸偏差

① 缠绕式垫片的尺寸测量范围应符合图18-2-3规定。

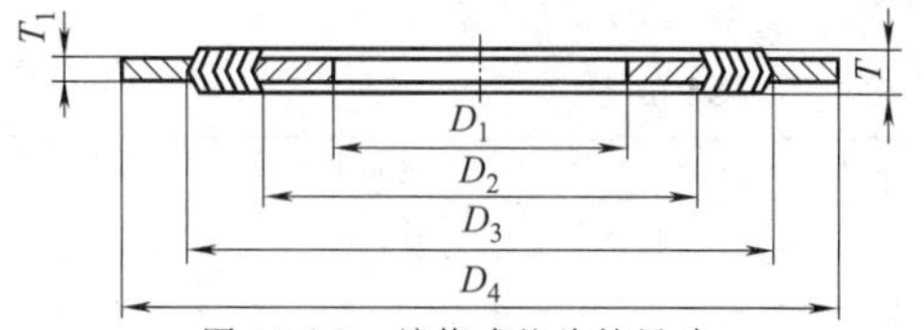

图 18-2-3 缠绕式垫片的尺寸

D_1—内环内径；D_2—密封元件内径；D_3—密封元件外径；D_4—定位环外径；T—密封元件厚度；T_1—内环/定位环厚度

② 密封元件和内环、定位环的内外径尺寸偏差应符合表18-2-49的规定；厚度偏差应符合表18-2-50的规定。

4）外观质量

① 密封元件表面不允许有影响密封性能的径向贯通的划痕、空隙、凹凸不平及锈斑等缺陷。

② 垫片表面的填充带应均匀，并适当高出金属带；层间纹理清晰，不应显露金属带。

③ 焊点应在金属带“V”形截面的对称面上，焊点间距离应均匀，不应有未熔合和过熔等缺陷。

表 18-2-49 密封元件和内环、定位环的内外径尺寸偏差 mm

公称尺寸 DN	密封元件		内环、定位环	
	$D_2$①	$D_3$①	D_1	D_4
≤200	±0.5	±0.8	+0.5	−0.8
250～600	±0.8	±1.3	+0.8	−1.3
650～1200	±1.5	±2.0	+1.5	−2.0
1300～3000	±2.0	±2.5	+2.0	−2.5

① 基本型和带内环型垫片 D_3 不应为正偏差，基本型垫片 D_2 不应为负偏差。

表 18-2-50 密封元件和内环、定位环的厚度偏差 mm

密封元件		内环、定位环	
T	极限偏差	T_1	极限偏差
2.5	+0.3	1.6	±0.14
3.2	0	2.0	±0.16
4.5	+0.4	3.0	±0.20
6.5	0	5.0	±0.24

④ 内环和定位环表面不应有毛刺、凹凸不平、锈斑等缺陷；密封元件的上下密封面应在内环和/或定位环上下表面的居中位置；内环与密封元件间应紧密固定，不允许松动；定位环与密封元件允许在圆周方向相对滑动。

⑤ 标记。垫片标记应符合 GB/T 4622.1 的规定。用户对标记和颜色识别另有要求时，由双方协商确定。

5）试验条件和性能指标

① 垫片压缩、回弹性能的试验条件和指标应符合表 18-2-51 的规定。

② 垫片氮气密封性能的试验条件和指标应符合表 18-2-52 的规定，垫片泄漏率应不大于 1.0×10^{-3} cm^3/s。

③ 垫片水压密封性能的试验结果应为：试样外缘在保压时间内无水珠出现、无脱焊及明显变形。

表 18-2-51 垫片压缩、回弹性能的试验条件和指标

密封元件	试样规格	压紧应力/MPa	加载、卸载速度/$MPa\cdot s^{-1}$	压缩率/%	回弹率/%
金属带＋非石棉纤维带 金属带＋石棉带	DN80(厚 4.5mm)带内环和定位环型	70.0±1.0	0.5	18～30	≥19
金属带＋柔性石墨带					≥17
金属带＋聚四氟乙烯带					≥15

表 18-2-52 垫片氮气密封性能的试验条件和指标

试样规格	试验条件	泄漏率等级/$cm^3\cdot s^{-1}$		
	预紧应力/MPa	1 级	2 级	3 级
DN80(厚 4.5mm)带内环和定位环型	70.0±1.0	$\leqslant1.2\times10^{-5}$	$\leqslant1.0\times10^{-4}$	$\leqslant1.0\times10^{-3}$

（2）检验方法（表 18-2-53）

表 18-2-53 检验方法

1)外观质量	垫片的外观质量用目视检查
2)尺寸偏差	垫片尺寸用精度为 0.02mm 的游标卡尺测量，精确到 0.1mm。公称尺寸 $DN\geqslant650$mm 的产品，内、外径尺寸可用精度为 1.0mm 的量尺测量，精确到 1.0mm ①密封元件、内环和定位环内、外径以直径相互垂直的任意两处测量值的算术平均值为测量结果(密封元件的测量应避开焊点) ②密封元件、内环、定位环的厚度应沿圆周方向等弧测量 3 点，取测量值的算术平均值为测量结果
3)性能试验	①垫片的压缩、回弹性能试验按 GB/T 12622 的规定 ②垫片的密封性能试验按 GB/T 12385 的规定 ③垫片的水压密封性能试验按 GB/T 14180 的规定

（3）检验规则（表 18-2-54）

表 18-2-54 检验规则

1)出厂检验和型式检验	①缠绕式垫片需经制造组织质量检验部门按本部分检验合格，并签发质量合格证后方可交付 ②缠绕式垫片出厂检验项目为(1)中第 3)项和第 4)项 ③缠绕式垫片型式检验项目为(1)中第 3)项和第 4)项、(1)中第 5)项中的①和②。当用户有要求时，根据双方协商可以增加(1)中第 5)项中的③ ④有下列情况之一时应进行型式检验： a. 新产品试验 b. 产品转型 c. 正式生产后在结构、材料、工艺上有较大改进，可能影响产品性能 d. 正常生产满 1 年 e. 停产 3 个月以上恢复生产 f. 质量监督机构或顾客提出型式检验要求

续表

2)抽样及判定规则	①缠绕式垫片的试样应在仓库或生产现场随机抽取 ②出厂检验时,同一结构形式、同一材料组合的垫片,以 100 片为一批,每一批任意抽取 5 片(不足 10 片时取 3 片;不足抽样数量需全检)按(3)中第 1)项中的②进行检验。任何一项如有 1 片不符合本部分规定,则取加倍数量的垫片对该项进行复检,如仍有 1 片不符合本部分规定,则该批产品需全检。外观质量应全检 ③形式检验时,同一材料组合、同一压力等级的垫片为一批,按表 18-2-51、表 18-2-52 规定的试样规格各取 3 片,没有试样规格的应按同一工艺制造足够数量的试样,按(3)中第 1)项中的③进行试验。任何一项如有 1 片不符合本部分规定,则取加倍数量的垫片对该项进行复检。如仍有 1 片不符合本部分规定,则判定该批产品为不合格品或形式检验不合格

(4) 标志、包装、储运（表 18-2-55）

表 18-2-55　标志、包装、储运

标志	标志缠绕式垫片的包装箱上可注明: a. 产品名称　　d. 毛重、净重 b. 制造组织名称或商标　　e. 制造日期或生产批号 c. 产品型号和标记
包装	①缠绕式垫片包装应保证其在储存和运输过程中不致损坏或遗失 ②包装箱上应附有装箱单,其上应注明: a. 产品名称　　d. 产品数量 b. 制造组织名称或商标　　e. 制造日期 c. 产品规格形式 ③包装箱内应附有产品合格证,其上应注明: a. 批号　　d. 检验员姓名或代号 b. 产品规格形式　　e. 检验日期 c. 标准编号
储运	缠绕式垫片应储存在常温清洁、通风干燥的仓库内,防止日光照晒,避免靠近热源。缠绕式垫片在运输过程中应防止雨淋或受潮

2.4.7　管法兰用聚四氟乙烯包覆垫片（GB/T 13404—2008）

表 18-2-56　垫片的形式及结构尺寸　mm

型式

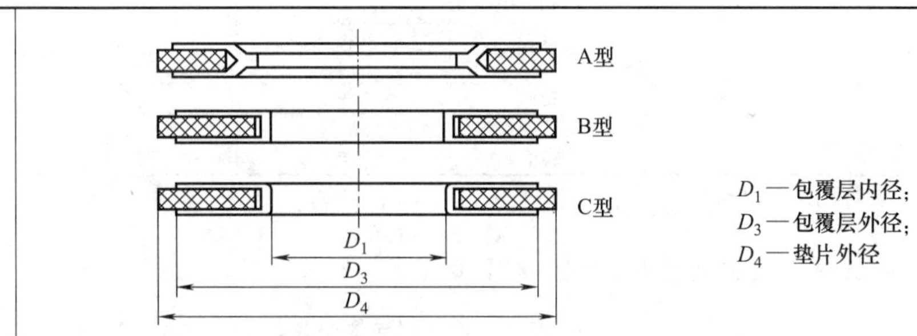

(1)公称压力用 *PN* 标记的管法兰用垫片尺寸

公称尺寸 DN	包覆层内径 D_1	包覆层外径 D_3	垫片外径 D_4 PN6	PN10	PN16	PN25	PN40	PN63	垫片形式
10	18	36	39	46	46	46	46	56	A 型和 B 型
15	22	40	44	51	51	51	51	61	
20	27	50	54	61	61	61	61	72	
25	34	60	64	71	71	71	71	82	
32	43	70	76	82	82	82	82	88	
40	49	80	86	92	92	92	92	103	
50	61	92	96	107	107	107	107	113	
65	77	110	116	127	127	127	127	138	
80	89	126	132	142	142	142	142	148	
100	115	151	152	162	162	168	168	174	
125	141	178	182	192	192	194	194	210	
150	169	206	207	218	218	224	224	247	

续表

(1)公称压力用 PN 标记的管法兰用垫片尺寸

公称尺寸 DN	包覆层内径 D_1	包覆层外径 D_3	垫片外径 D_4						垫片形式
			$PN6$	$PN10$	$PN16$	$PN25$	$PN40$	$PN63$	
200	220	260	262	273	273	284	290	309	A 型、B 型和 C 型
250	273	314	217	328	329	340	352	364	
300	324	365	373	378	384	400	417	424	
350	356	412	523	438	444	457	474	486	
400	407	469	473	489	495	514	546	543	C 型
450	458	528	528	539	555	564	571	—	
500	508	578	578	594	617	624	628	—	
600	610	679	679	695	734	731	747	—	

(2)公称压力用 Class 标记的管法兰用垫片尺寸

公称尺寸		包覆层内径 D_1	包覆层外径 D_3	垫片外径 D_4		垫片形式
NPS	DN			Class150($PN20$)	Class300($PN50$)	
1/2	15	22	40	47.5	54.0	A 型和 B 型
3/4	20	27	50	57.0	66.5	
1	25	34	60	66.5	73.0	
1¼	32	43	70	76.0	82.5	
1½	40	49	80	85.5	95.0	
2	50	61	92	104.5	111.0	
2½	65	73	110	124.0	130.0	
3	80	89	126	136.5	149.0	
4	100	115	151	174.5	181.0	
5	125	141	178	196.5	216.0	
6	150	169	206	222.0	251.0	
8	200	220	260	279.0	308.0	A 型、B 型和 C 型
10	250	273	314	339.5	362.0	
12	300	324	365	409.5	422.0	
14	350	356	412	450.5	485.5	
16	400	407	469	514.0	539.5	C 型
18	450	458	528	549.0	597.0	
20	500	508	578	606.5	654.0	
24	600	610	679	717.5	774.5	

注：用户有要求时 D_3 可以等于 D_4。

2.4.8 管法兰用金属包覆垫片（GB/T 15601—2013）

表 18-2-57　　管法兰用金属包覆垫片　　mm

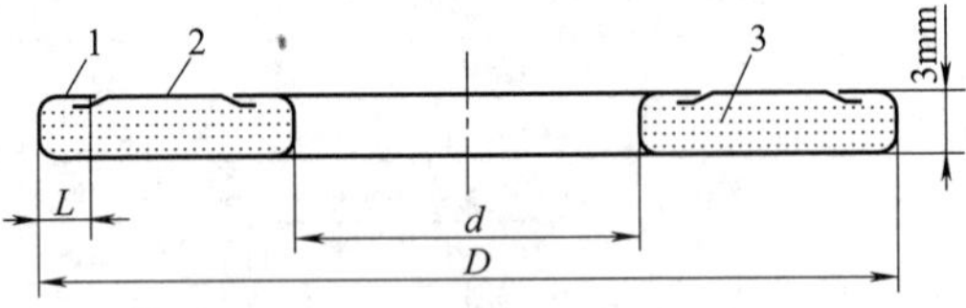

图(a)　平面型(F型)垫片结构

1—垫片外壳；2—垫片盖；3—填充材料

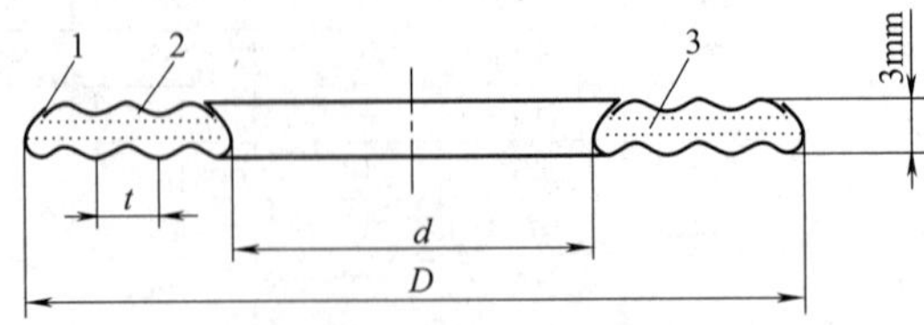

图(b)　波纹型(C型)垫片结构

1—垫片外壳；2—垫片盖；3—填充材料

续表

公称尺寸 DN	垫片内径 d	垫片外径 D						
		PN2.5	PN6	PN10	PN16	PN25	PN40	PN63
10	18	39	39	46	46	46	46	56
15	22	44	44	51	51	51	51	61
20	27	54	54	61	61	61	61	72
25	34	64	64	71	71	71	71	82
32	43	76	76	82	82	82	82	88
40	49	86	86	92	92	92	92	103
50	61	96	96	107	107	107	107	113
65	77	116	116	127	127	127	127	138
80	89	132	132	142	142	142	142	148
100	115	152	152	162	162	168	168	174
125	141	182	182	192	192	194	194	210
150	169	207	207	218	218	224	224	217
200	220	262	262	273	273	284	290	309
250	273	317	317	328	329	340	352	364
300	324	373	373	378	384	400	417	424
350	377	423	423	438	444	457	474	486
400	426	473	473	489	495	514	546	543
450	480	528	528	539	555	564	571	—
500	530	578	578	594	617	624	628	—
600	630	679	679	695	734	731	747	—
700	727	784	784	810	804	833	—	—
800	826	890	890	917	911	942	—	—
900	924	990	990	1017	1011	1042	—	—
1000	1020	1090	1090	1124	1128	1154	—	—
1200	1222	1290	1307	1341	1342	1364	—	—
1400	1422	1490	1524	1548	1542	1578	—	—
1600	1626	1700	1724	1772	1764	1798	—	—
1800	1827	1900	1931	1972	1964	2000	—	—
2000	2028	2100	2138	2182	2168	2230	—	—
2200	2231	2307	2348	2384	—	—	—	—
2400	2434	2507	2558	2594	—	—	—	—
2600	2626	2707	2762	2794	—	—	—	—
2800	2828	2924	2972	3014	—	—	—	—
3000	3028	3124	3172	3228	—	—	—	—
3200	3228	3324	3382	—	—	—	—	—
3400	3428	3524	3592	—	—	—	—	—
3600	3634	3734	3804	—	—	—	—	—
3800	3834	3931	—	—	—	—	—	—
4000	4034	4131	—	—	—	—	—	—

2.4.9　柔性石墨金属波齿复合垫片尺寸（GB/T 19066.1—2008）

（1）形式

表 18-2-58　　柔性石墨金属波齿复合垫片形式

基本型	基本型柔性石墨金属波齿复合垫片适用于榫槽面和凹凸面法兰 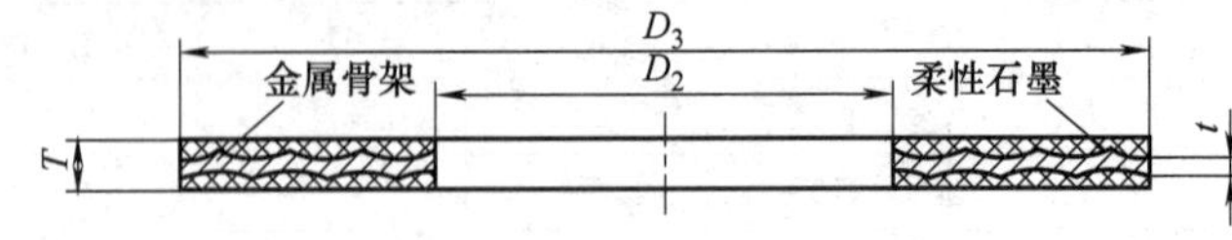
带定位环型	带定位环型柔性石墨金属波齿复合垫片适用于全平面和突面法兰 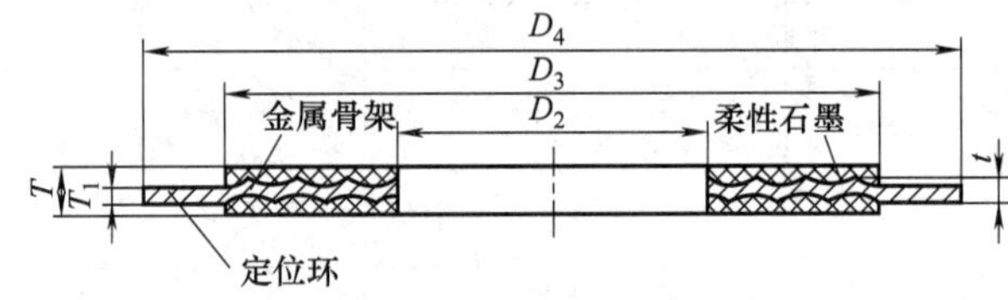
带定位耳型	带定位耳型柔性石墨金属波齿复合垫片用于全平面和突面法兰 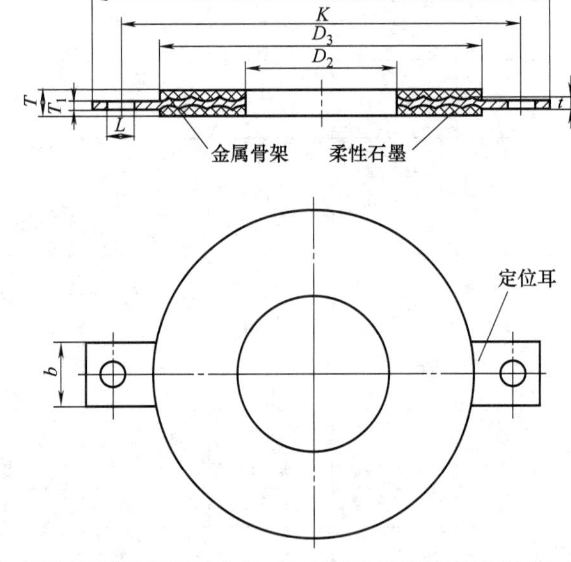

（2）尺寸

1）公称压力用 *PN* 标记的法兰用垫片尺寸

第18篇

表 18-2-59　　榫槽面法兰用基本型垫片尺寸　　mm

公称尺寸 *DN*	公称压力 *PN* 16,25,40,63,100,160,250		厚度 *T*	公称尺寸 *DN*	公称压力 *PN* 16,25,40,63,100,160,250		厚度 *T*
	D_3	D_2			D_3	D_2	
10	34.5	23.5	2.5 或 3.0	25	57.5	42.5	2.5 或 3.0
15	39.5	28.5		32	65.5	50.5	
20	50.5	35.5		40	75.5	60.5	

续表

公称尺寸 DN	公称压力 PN 16,25,40,63,100,160,250		厚度 T	公称尺寸 DN	公称压力 PN 16,25,40,63,100,160,250		厚度 T
	D_3	D_2			D_3	D_2	
50	87.5	72.5	2.5 或 3.0	500	575.5	548.5	3.0 或 4.0
65	109.5	94.5		600	675.5	648.5	
80	120.5	105.5		700	777.5	750.5	4.0 或 4.5
100	149.5	128.5	3.0 或 4.0	800	882.5	855.5	
125	175.5	154.5		900	987.5	960.5	
150	203.5	182.5		1000	1093	1061	
200	259.5	238.5		1200	1293	1261	
250	312.5	291.5		1400	1493	1461	4.5 或 5.5
300	363.5	342.5		1600	1693	1661	
350	421.5	394.5		1800	1893	1861	
400	473.5	446.5		2000	2093	2061	
450	523.5	496.5					

表 18-2-60 凹凸面法兰用基本型垫片尺寸 mm

公称尺寸 DN	公称压力 PN 16,25,40,63,100,160,250	16,25,40,63	100,160,250	厚度 T	公称尺寸 DN	公称压力 PN 16,25,40,63,100,160,250	16,25,40,63	100,160,250	厚度 T
	D_3	D_2				D_3	D_2		
10	34.5	16.5	16.5	2.5 或 3.0	350	421.5	381.5	373.5	3.0 或 4.0
15	39.5	21.5	21.5		400	473.5	433.5	417.5	
20	50.5	32.5	32.5		450	523.5	483.5	—	
25	57.5	39.5	39.5		500	575.5	535.5	—	
32	65.5	41.5	41.5		600	675.5	635.5	—	
40	75.5	51.5	51.5		700	777.5	737.5	—	4.0 或 4.5
50	87.5	63.5	63.5		800	882.5	842.5	—	
65	109.5	85.5	77.5		900	987.5	947.5	—	
80	120.5	88.5	88.5		1000	1093.5	1045.5	—	
100	149.5	117.5	109.5	3.0 或 4.0	1200	1293.5	1245.5	—	
125	175.5	143.5	135.5		1400	1493.5	1437.5	—	
150	203.5	171.5	163.5		1600	1693.5	1637.5	—	4.5 或 5.5
200	259.5	219.5	211.5		1800	1893.5	1837.5	—	
250	312.5	272.5	264.5		2000	2093.5	2037.5	—	
300	363.5	323.5	315.5						

表 18-2-61 **全平面、突面法兰用带定位环型垫片尺寸** mm

公称尺寸 DN	公称压力 PN												厚度	
	10	16	25	40	63	10,16,25,40,63		100	160	250	100,160,250			
	D_4					D_3	D_2	D_4			D_3	D_2	T	T_1
10	48	48	48	48	58	34.5	16.5	58	58	69	34.5	16.5	2.5 或 3.0	≤t①−0.5
15	53	53	53	53	63	39.5	21.5	63	63	74	39.5	21.5		
20	63	63	63	63	74	50.5	32.5	74	74	79	50.5	32.5		
25	73	73	73	73	84	57.5	39.5	84	84	85	57.5	39.5		
32	84	84	84	84	90	65.5	41.5	90	90	100	65.5	41.5		
40	94	94	94	94	105	75.5	51.5	105	105	111	75.5	51.5		
50	109	109	109	109	115	87.5	63.5	121	121	126	87.5	63.5		
65	129	129	129	129	140	109.5	85.5	146	146	156	109.5	85.5		
80	144	144	144	144	150	120.5	88.5	156	156	173	120.5	88.5		
100	164	164	170	170	176	149.5	117.5	183	183	205	149.5	109.5	3.0 或 4.0	
125	194	194	196	196	213	175.5	143.5	220	220	245	175.5	135.5		
150	220	220	226	226	250	203.5	171.5	260	260	287	203.5	163.5		
200	275	275	286	293	312	259.5	219.5	327	327	361	259.5	211.5		
250	330	331	343	355	367	312.5	272.5	394	391	445	312.5	264.5		
300	380	386	403	420	427	363.5	323.5	461	461	542	363.5	315.5		
350	440	446	460	477	489	421.5	381.5	515	—	—	421.5	373.5		
400	491	498	517	549	546	473.5	433.5	575	—	—	473.5	417.5		
450	541	558	567	574	—	523.5	483.5	—	—	—	—	—		
500	596	620	627	631	—	575.5	535.5	—	—	—	—	—		
600	698	737	734	750	—	675.5	635.5	—	—	—	—	—	4.0 或 4.5	
700	813	807	836	—	—	777.5	737.5	—	—	—	—	—		
800	920	911	945	—	—	882.5	842.5	—	—	—	—	—		
900	1020	1014	1045	—	—	987.5	947.5	—	—	—	—	—		
1000	1127	1131	1158	—	—	1093.5	1045.5	—	—	—	—	—		
1200	1344	1345	1368	—	—	1293.5	1245.5	—	—	—	—	—		
1400	1551	1545	1584	—	—	1493.5	1437.5	—	—	—	—	—	4.5 或 5.5	
1600	1775	1768	1804	—	—	1693.5	1637.5	—	—	—	—	—		
1800	1975	1968	2006	—	—	1893.5	1837.5	—	—	—	—	—		
2000	2185	2174	2236	—	—	2093.5	2037.5	—	—	—	—	—		
2200	2388	—	—	—	—	2293.5	2229.5	—	—	—	—	—		
2400	2598	—	—	—	—	2493.5	2429.5	—	—	—	—	—		
2600	2798	—	—	—	—	2693.5	2629.5	—	—	—	—	—		
2800	3018	—	—	—	—	2893.5	2829.5	—	—	—	—	—		
3000	3234	—	—	—	—	3093.5	3029.5	—	—	—	—	—		

① t 为金属骨架的厚度。

表 18-2-62 全平面、突面法兰用带定位耳型垫片尺寸 mm

公称尺寸 DN	公称压力 PN																						厚度	
	10				16				25				40				63				10,16,25,40,63			
	K	L	b	A	K	L	b	A	K	L	b	A	K	L	b	A	K	L	b	A	D_3	D_2	T	T_1
10	60	14	24	84	60	14	24	84	60	14	24	84	60	14	24	84	70	14	24	94	34.5	16.5	2.5 或 3.0	$\leqslant t$[①]-0.5
15	65	14	24	89	65	14	24	89	65	14	24	89	65	14	24	89	75	14	24	99	39.5	21.5		
20	75	14	24	99	75	14	24	99	75	14	24	99	75	14	24	99	90	18	28	118	50.5	32.5		
25	85	14	24	109	85	14	24	109	80	14	24	104	85	14	24	109	100	18	28	128	57.5	39.5		
32	100	18	28	128	100	18	28	128	100	18	28	128	100	18	28	128	110	22	37	142	65.5	41.5		
40	110	18	28	138	110	18	28	138	110	18	28	138	110	18	28	138	125	22	37	157	75.5	51.5		
50	125	18	28	153	125	18	28	153	125	18	28	153	125	18	28	153	135	22	37	167	87.5	63.5		
65	145	18	28	173	145	18	28	173	145	18	28	173	145	18	28	173	160	22	37	192	109.5	85.5		
80	160	18	28	188	160	18	28	188	160	18	28	188	160	18	28	188	170	22	37	202	120.5	88.5	3.0 或 4.0	
100	180	18	28	218	180	18	28	218	190	22	37	232	190	22	37	232	200	26	41	246	149.5	117.5		
125	210	18	33	248	210	18	28	248	220	26	41	266	220	26	41	266	240	30	50	290	175.5	143.5		
150	240	22	37	282	240	22	37	282	250	26	41	296	250	26	41	296	280	33	53	333	203.5	171.5		
200	295	22	37	337	295	22	37	337	310	26	41	356	320	30	50	370	345	36	56	401	259.5	219.5		
250	350	22	37	402	355	26	41	411	370	30	50	430	385	33	53	448	400	36	56	466	312.5	272.5		
300	400	22	37	452	410	26	41	466	430	30	50	490	450	33	53	513	460	36	56	526	363.5	323.5		
350	460	22	37	512	470	26	41	526	490	33	53	553	510	36	56	576	525	39	59	594	421.5	381.5		
400	515	26	41	571	525	30	50	585	550	36	56	616	585	39	59	654	585	42	62	657	473.5	433.5		
450	565	26	41	621	585	30	50	645	600	36	56	666	610	39	59	679	—	—	—	—	523.5	483.5		

第18篇

续表

公称尺寸DN	公称压力PN																				厚度	
	10				16				25				40				63				10,16,25,40,63			
	K	L	b	A	K	L	b	A	K	L	b	A	K	L	b	A	K	L	b	A	D_3	D_2	T	T_1
500	620	26	41	676	650	33	53	713	660	36	56	726	670	42	62	742	—	—	—	—	575.5	535.5	3.0或4.0	$\leqslant t$①-0.5
600	725	30	50	785	770	36	56	836	770	39	59	839	795	48	68	873	—	—	—	—	675.5	635.5		
700	840	30	50	910	840	36	56	916	875	42	62	957	—	—	—	—	—	—	—	—	777.5	737.5	4.0或4.5	
800	950	33	53	1023	950	39	59	1029	990	48	68	1078	—	—	—	—	—	—	—	—	882.5	842.5		
900	1050	33	53	1123	1050	39	59	1129	1090	48	68	1178	—	—	—	—	—	—	—	—	987.5	947.5		
1000	1160	36	56	1236	1170	41	61	1251	1210	55	75	1305	—	—	—	—	—	—	—	—	1094	1046		
1200	1380	39	59	1459	1390	48	68	1478	1420	55	75	1515	—	—	—	—	—	—	—	—	1294	1246	4.5或5.5	
1400	1590	42	62	1672	1590	48	68	1678	1640	60	80	1740	—	—	—	—	—	—	—	—	1494	1438		
1600	1820	48	68	1908	1820	56	76	1916	1860	60	80	1960	—	—	—	—	—	—	—	—	1694	1638		
1800	2020	48	68	2108	2020	56	76	2116	2070	68	88	2178	—	—	—	—	—	—	—	—	1894	1838		
2000	2230	48	68	2318	2230	62	82	2332	2300	68	88	2408	—	—	—	—	—	—	—	—	2094	2038		
2200	2440	56	76	2536	—	—	—	—	—	—	—	—	—	—	—	—	—	—	—	—	2294	2230		
2400	2650	56	76	2746	—	—	—	—	—	—	—	—	—	—	—	—	—	—	—	—	2494	2430		
2600	2850	56	76	2946	—	—	—	—	—	—	—	—	—	—	—	—	—	—	—	—	2694	2630		
2800	3070	56	76	3166	—	—	—	—	—	—	—	—	—	—	—	—	—	—	—	—	2894	2830		
3000	3290	62	82	3392	—	—	—	—	—	—	—	—	—	—	—	—	—	—	—	—	3094	3030		

① t 为金属骨架的厚度。

注：定位耳尺寸 b 和 A 仅供参考，不作为检验依据。

第18篇

2）公称压力用 Class 标记的法兰用垫片尺寸

表 18-2-63　　榫槽面法兰用基本型垫片尺寸　　mm

公称尺寸		公称压力 Class 300(*PN*50),Class 600(*PN*110), Class 900(*PN*150),Class 1500(*PN*260)		厚度 *T*
DN	NPS	D_3	D_2	
15	1/2	36	25	2.5 或 3.0
20	3/4	44	33	
25	1	52	37	
32	1¼	64	47	
40	1½	74	53	
50	2	93	72	
65	2½	106	85	
80	3	128	107	
100	4	158	131	3.0 或 4.0
125	5	187	160	
150	6	217	190	
200	8	271	239	
250	10	325	285	
300	12	382	342	
350	14	414	374	
400	16	471	427	
450	18	534	490	
500	20	585	533	
600	24	693	641	

表 18-2-64　　凹凸面法兰用基本型垫片尺寸　　mm

公称尺寸		公称压力			厚度 *T*
		Class 300(*PN*50), Class 600(*PN*110), Class 900(*PN*150), Class 1500(*PN*260)	Class 300(*PN*50)	Class 600(*PN*110), Class 900(*PN*150), Class 1500(*PN*260)	
DN	NPS	D_3	D_2		
15	1/2	36	18	18	2.5 或 3.0
20	3/4	43.9	25.9	25.9	
25	1	51.9	33.9	33.9	
32	1¼	64.6	40.6	40.6	
40	1½	74.1	50.1	50.1	
50	2	93.2	69.2	69.2	
65	2½	105.9	81.9	73.9	
80	3	128.1	96.1	96.1	
100	4	158.3	126.3	118.3	3.0 或 4.0
125	5	186.8	154.8	146.8	
150	6	217	185	177	
200	8	271	231	223	
250	10	324.9	284.9	276.9	
300	12	382.1	342.1	334.1	
350	14	413.8	373.8	365.8	
400	16	471	431	415	
450	18	534.5	494.5	470.5	
500	20	585.3	545.3	521.3	
600	24	693.2	653.2	629.2	

表 18-2-65 全平面、突面法兰用带定位环型垫片尺寸 mm

公称尺寸		公称压力									厚度	
		Class 150 (PN20)	Class 300 (PN50)	Class 150(PN20) Class 300(PN50)		Class 600 (PN110)	Class 900 (PN150)	Class 1500 (PN260)	Class 600(PN110), Class 900(PN150), Class 1500(PN260)			
DN	NPS	D_4		D_3	D_2	D_4			D_3	D_2	T	T_1
15	1/2	46.3	52.7	32	17	52.7	62.6	62.6	32	17	2.5 或 3.0	≤t[①]−0.5
20	3/4	55.9	66.6	40	22	66.6	68.9	68.9	40	22		
25	1	65.4	72.9	46	28	72.9	77.6	77.6	46	28		
32	1¼	74.9	82.5	60	36	82.4	87.1	87.1	60	36		
40	1½	84.4	94.3	68	44	94.3	96.8	96.8	68	44		
50	2	104.7	111	84	60	111	141.1	141.1	84	60		
65	2½	123.7	129.2	96	72	129.2	163.5	163.5	101	69		
80	3	136.4	148.3	120	96	148.3	166.5	173.2	120	88		
100	4	174.5	180	142	110	191.9	205	208.3	150	110	3.0 或 4.0	
125	5	195.9	215	170	138	239.7	246.5	253.1	175	135		
150	6	221.3	249.9	200	168	265.1	287.5	281.5	200	160		
200	8	278.5	306.2	255	215	319.2	357.5	351.7	260	212		
250	10	338	360.4	305	265	398.8	434	434.6	315	267		
300	12	407.8	420.8	360	320	456	497.5	519.5	370	322		
350	14	449.3	484.4	400	360	491	520	579	405	357		
400	16	512.8	538.5	455	415	564.2	574	640.8	460	404		
450	18	547.9	595.6	510	470	612	638	704.7	524	460		
500	20	605	652.8	560	520	681.9	697.5	755.8	570	506		
600	24	716.3	773.8	660	620	790.2	837.5	900.6	678	614		

① t 为金属骨架的厚度。

表 18-2-66 全平面、空面法兰用带定位耳型垫片尺寸 mm

公称尺寸		公称压力																								厚度	
DN	NPS	Class 150 (*PN*20)				Class 300 (*PN*50)				Class 150 (*PN*20), Class 300 (*PN*50)		Class 600 (*PN*110)				Class 900 (*PN*150)				Class 1500 (*PN*260)				Class 600(*PN*110), Class 900(*PN*150), Class 1500(*PN*260)			
		K	*L*	*b*	*A*	*K*	*L*	*b*	*A*	D_3	D_2	*K*	*L*	*b*	*A*	*K*	*L*	*b*	*A*	*K*	*L*	*b*	*A*	D_3	D_2	*T*	T_1
15	1/2	60.3	16	26	86	66.7	16	26	93	32	17	66.7	16	26	93	82.6	22	35	115	82.6	22	37	115	32	17	2.5或3.0	≤t①−0.5
20	3/4	69.9	16	26	96	82.6	19	29	112	40	22	82.6	19	29	112	88.9	22	35	121	88.9	22	37	121	40	22		
25	1	79.4	16	26	105	88.9	19	29	118	46	28	88.9	19	29	118	101.6	26	41	138	101.6	26	41	138	46	28		
32	1¼	88.9	16	26	115	98.4	19	29	127	60	36	98.4	19	29	127	111.1	26	41	147	111.1	26	41	147	60	36		
40	1½	98.4	16	26	124	114.3	22	37	146	68	44	114.3	22	37	146	123.8	29	49	163	123.8	29	49	163	68	44		
50	2	120.7	19	29	150	127	19	29	156	84	60	127	19	29	156	165.1	26	41	201	165.1	26	41	201	84	60		
65	2½	139.7	19	29	169	149.2	22	37	181	96	72	149.2	22	37	181	190.5	29	49	230	190.5	29	49	230	101	69		
80	3	152.4	19	29	181	168.3	22	37	200	120	88	168.3	22	37	200	190.5	26	41	227	203.2	32	52	245	120	88		
100	4	190.5	19	29	230	200	22	37	242	142	110	215.9	26	41	262	235	32	52	287	241.3	35	55	296	150	110	3.0或4.0	
125	5	216.9	22	37	259	235	22	37	277	170	138	266.7	29	49	316	279.4	35	55	334	292.1	42	62	354	175	135		
150	6	241.3	22	37	283	269.9	22	37	312	200	168	292.1	29	49	341	317.5	32	52	370	317.5	39	59	377	200	160		
200	8	298.5	22	37	341	330.2	26	41	376	255	215	349.2	32	52	401	393.7	39	59	453	393.7	45	65	459	260	212		
250	10	362	26	41	418	387.4	29	49	446	305	265	431.8	35	55	497	469.9	39	59	539	482.6	51	71	564	315	267		
300	12	431.8	26	41	488	450.8	32	52	513	360	320	489	35	55	554	533.4	39	59	602	571.5	55	75	657	370	322		
350	14	476.3	29	49	535	514.4	32	52	576	400	360	527	39	59	596	558.8	42	62	631	635	60	80	725	405	357		
400	16	539.8	29	49	599	571.5	35	55	637	455	415	603.2	42	62	675	616	45	65	691	704.8	67	87	802	460	404		
450	18	577.9	32	52	640	628.6	35	55	694	510	470	654	45	65	729	685.8	51	71	767	774.7	73	93	878	524	460		
500	20	635	32	52	697	685.8	35	55	751	560	520	723.9	45	65	799	749.3	55	75	834	831.8	79	99	941	570	506		
600	24	749.3	35	55	814	812.8	42	62	885	660	620	838.2	51	71	919	901.7	67	87	999	990.6	93	113	1114	678	614		

① t 为金属骨架的厚度。

注：定位耳尺寸 b 和 A 仅供参考，不作为检验依据。

(3) 代号与标记

1) 垫片形式代号与金属骨架的材料代号

表 18-2-67 垫片形式代号

垫片形式	代号	适用的法兰面形式
基本型	A	榫槽面,凹凸面
带定位环型	B	全平面,突面
带定位耳型	C	全平面,突面

表 18-2-68 金属骨架的材料代号

金属骨架材料	代号
低碳钢	1
06Cr13(0Cr13)	2
10(Cr17,1Cr17)	3
06Cr19Ni10(0Cr18Ni9)	4
022Cr19Ni10(00Cr19Ni10)	5
06Cr18Ni11Ti(0Cr18Ni10Ti)	6
06Cr17Ni12Mo2(0Cr17Ni12Mo2)	7
022Cr17Ni12Mo2(00Cr17Ni14Mo2)	8
其他特殊材料	9

2) 标记方法

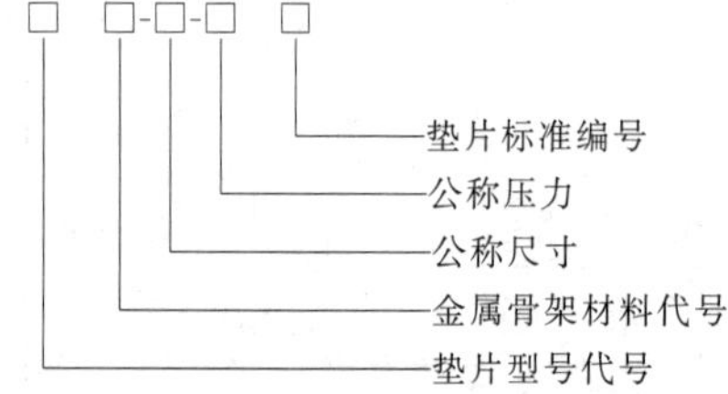

2.4.10 柔性石墨金属波齿复合垫片技术条件 (GB/T 19066.3—2003)

(1) 技术要求

1) 金属骨架

① 金属骨架的材料及硬度要求应符合表 18-2-68 的规定，其力学性能和化学成分应符合相应标准的规定。

② 金属骨架一般使用整张金属板制作，若受材料宽度限制需拼接时，拼接接头的数量不应超过表 18-2-69 的规定。对接切口应采用氩弧焊或电焊。对接焊缝必须打磨与母材齐平，焊缝处不应出现夹渣、气孔等影响焊接接头质量的缺陷。

③ 金属骨架的结构见图 18-2-4，其结构尺寸和参数由制造商设计确定，并确保金属骨架两侧面波峰与波谷应错开 1/2 齿距，波齿距一致，波齿圆弧半径相等，所有齿尖应在一个平面内，骨架无明显翘曲变形。成形后的金属骨架任意两点厚度偏差在制作骨架的板材厚度偏差范围之内。

表 18-2-69 金属骨架的材料、硬度要求及接头数量

金属骨架材料	材料标准	硬度(不大于)(HB)
08、10 或类似低碳钢	GB/T 699 GB/T 700 GB/T 710	137
0Cr13	GB/T 3280	200
1Cr13	GB/T 3280	183
1Cr18Ni9Ti 或类似奥氏体不锈钢	GB/T 3280	187
蒙乃尔合金等其他特殊材料	—	按相应标准
公称通径 *DN*	800～1200	1300～2000
接头个数	3～4	4～6

④ 定位环 (包括定位耳环) 厚度 (T_1) 通常为 $T_1 \leqslant t-0.5$，定位环可直接与波齿部分一起加工成一整体。定位环采用碳钢材料时，其表面应进行防锈处理。

⑤ 金属骨架尺寸的极限偏差应符合表 18-2-70 的规定。

⑥ 带隔条的复合垫片，隔条的结构与厚度应与圆环相同，隔条的宽度负偏差不大于 0.15mm，对称度偏差不大于 0.5mm。

⑦ 当垫片的单边宽度较狭窄时，宜采用较小的波齿距，并使单边不得少于 3 个齿尖，以保证密封性能。

表 18-2-70 金属骨架尺寸的极限偏差 mm

垫片外径 D_4		密封元件宽度(D_3-D_2)	
尺寸	极限偏差	尺寸	极限偏差
≤260	0 −0.5	≤16	±0.3
>260～600	0 −0.8	>16～30	±0.5
>600～1200	0 −1.5	>30	±0.8
>1200～2000	0 −2.0		
>2000	0 −2.5		

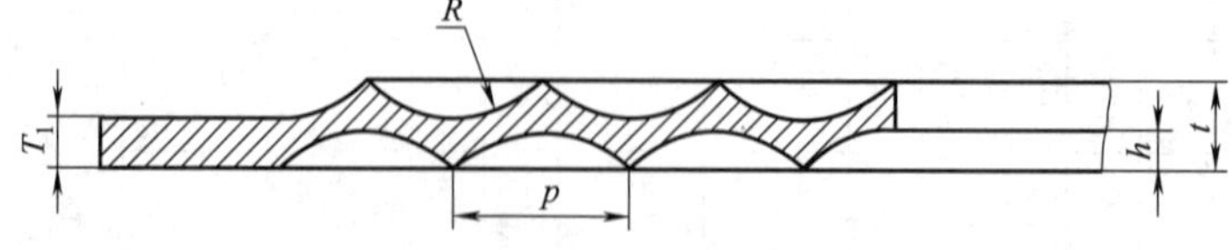

图 18-2-4 金属骨架结构

T_1—定位环厚度；p—波齿距；h—波齿深度；t—金属骨架厚度；R—波齿圆弧半径

第18篇

2）垫片的复合

① 垫片用黏合剂应符合有关标准的规定，柔性石墨应符合JB/T 7758.2的规定。

② 垫片复合后的截面图见图18-2-5，垫片的公称厚度一般为2.5mm、3.0mm、4.0mm和4.5mm四种，特殊厚度的垫片可根据用户要求制作。

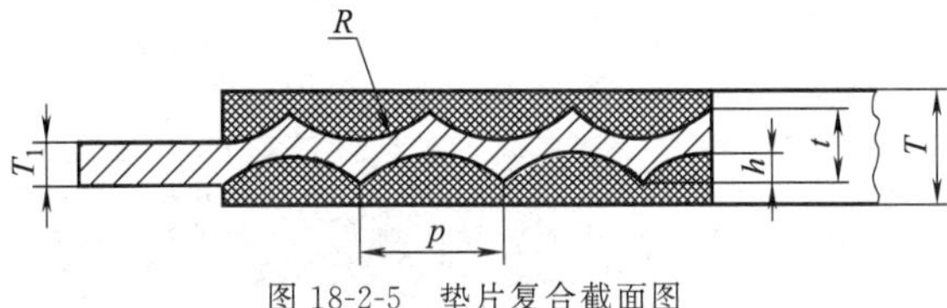

图18-2-5 垫片复合截面图

③ 复合后的垫片外径和密封元件宽度的极限偏差与金属骨架相同，垫片厚度和定位环厚度的极限偏差应符合表18-2-71的规定；波齿距、波齿深度以及波齿圆弧半径的尺寸及极限偏差由制造商自行确定。

④ 柔性石墨与金属骨架复合后应不脱胶，附着牢固，黏合无多余飞边。垫片厚度均匀一致，表面光滑平整，不允许有影响密封性能的径向贯通划伤、压痕及凹凸不平等缺陷。

表18-2-71 垫片厚度的极限偏差 mm

垫片厚度 T	极限偏差
2.5	$^{+0.20}_{0}$
3.0	$^{+0.25}_{0}$
4.0	$^{+0.30}_{0}$
4.5	$^{+0.40}_{0}$

⑤ 大规格垫片（$DN \geqslant 300$mm）石墨允许搭接，搭接部分的宽度为1.3mm，应采用斜口搭接，上下层搭接部分不能重叠，搭接处应光滑过渡。

（2）性能（表18-2-72）

表18-2-72 性能试验和技术指标

1)垫片压缩回弹性能的试验条件和技术指标

试样规格/mm	压缩应力/MPa	加载、卸载速度/MPa·s^{-1}	压缩率/%	回弹率/%	备注
ϕ120.5×ϕ84×3.0	45±1.0	0.5	35±10	≥15	金属骨架材料为奥氏体不锈钢

2)垫片应力松弛性能的试验条件和技术指标

试样规格/mm	压缩应力/MPa	试验温度/℃	试验时间/h	应力松弛率/%	备注
ϕ60.5×ϕ50.5×2.5	45±1.0	300±5	16	<25	金属骨架材料为奥氏体不锈钢

3)垫片密封性能的试验条件和技术指标

试验条件					允许泄漏率/mL·s^{-1}		备注
试样规格/mm	压缩应力/MPa	试验介质	试验温度/℃	试验压力/MPa	1级	2级	
ϕ120.5×ϕ84×3.0	45±1.0	99.9%氮气	20±5	1.1倍公称压力	$\leqslant 1.0\times10^{-4}$	$\leqslant 1.0\times10^{-3}$	金属骨架材料为奥氏体不锈钢

（3）检验方法（表18-2-73）

表18-2-73 检验方法

项目	检验方法
外观质量	垫片的外观质量由目测法检验
尺寸偏差	①垫片尺寸测量：测量垫片厚度、外径、密封元件宽度和定位环尺寸，各值至少测3处，取其算术平均值（精确到0.1 mm），测量结果应符合表18-2-70和表18-2-71的规定 ②带隔条型垫片，隔条宽度和对称度偏差应符合（1）中1）的第⑥条的规定
性能	①垫片压缩率及回弹率试验方法按GB/T 12622的规定进行 ②垫片应力松弛试验方法按GB/T 12621的规定进行 ③垫片密封性能试验方法按GB/T 12385的规定进行

（4）检验规则（表 18-2-74）

表 18-2-74　　垫片检验规则

出厂检验	垫片应进行出厂检验，检验合格后方可出厂。出厂检验项目按第(1)部分的规定进行
型式试验	有下列情形之一时，垫片应进行型式试验： a. 新产品或老产品转厂生产时的试制、定型和鉴定 b. 正式生产后，垫片的结构、材料、工艺有较大改变，可能影响产品性能 c. 出厂检验结果与上次型式试验有较大差异 d. 国家质量监督机构或用户提出型式试验要求 型式试验按第(1)部分和第(2)部分进行
抽样及判定规则	①同一结构形式、同一材料组合的垫片，以 100 片为一批，每批任意抽取 5 片(不足 100 片抽取 3 片)，对尺寸、外观质量进行检验。如有 1 片不符合本部分规定，则取加倍数量的垫片进行复验，如仍有 1 片不符合本部分规定，则该批产品需全检 ②同一材料组合的垫片，以 100 片为一批，按表 18-2-72 规定的垫片规格和形式各抽取 3 片进行垫片性能试验；如果没有试验要求的垫片规格，应按同一工艺制作足够数量的垫片进行压缩、回弹、应力松弛和密封性能试验。任一项如有 1 片不符合本部分规定，则取加倍数量的垫片对该项目进行复验，如仍有 1 片不符合规定，则该批产品判为不合格品

（5）标志、包装、运输及储存（表 18-2-75）

表 18-2-75　　标志、包装、运输与储存

标志	经检验合格的产品，制造厂应填写产品合格证，并随产品一起装箱发运。合格证主要应包括下列各项内容： a. 产品标记 b. 产品规格及符合标准的编号 c. 产品批号 d. 生产日期 e. 检验日期及检验者姓名、代号 f. 制造厂名称 g. 商标
包装	①垫片应用塑料薄膜缠绕包扎，同一类型、规格以 5～10 片为一捆，并以塑料薄膜捆扎，附以产品标记的标签 ②垫片包装应使用木箱(在征得用户同意时可采用其他包装形式)。垫片放置以不活动为原则。箱内应附装箱单，装箱单应注明垫片的标记、数量及装箱日期
运输	产品在运输过程中应严禁冲击、挤压、雨淋、受潮及化学品腐蚀
储存	垫片储存期间应放置在常温、通风、干燥的室内，防止日照，避免挤压、弯曲和受热

2.4.11　钢制管法兰用金属环垫尺寸（GB/T 9128—2003）

表 18-2-76　　金属环垫尺寸　　mm

$R=A/2$；

$R_1=1.6\text{mm}(A\leqslant 22.3\text{mm})$；

$R_1=2.4\text{mm}(A>22.3\text{mm})$

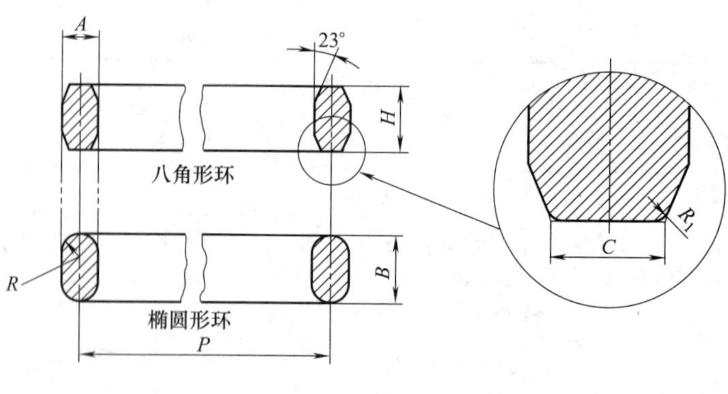

续表

公称通径 DN					环号	平均节径 P	环宽 A	环高		八角形环的平面宽度 C
PN20	PN50 及 PN110	PN150	PN260	PN420				椭圆形 B	八角形 H	
—	15	—	—	—	R.11	34.13	6.35	11.11	9.53	4.32
—	—	15	15	—	R.12	39.69	7.94	14.29	12.70	5.23
—	20	—	—	15	R.13	42.86	7.94	14.29	12.70	5.23
—	—	20	20	—	R.14	44.45	7.94	14.29	12.70	5.23
25	—	—	—	—	R.15	47.63	7.94	14.29	12.70	5.23
—	25	25	25	20	R.16	50.80	7.94	14.29	12.70	5.23
32	—	—	—	—	R.17	57.15	7.94	14.29	12.70	5.23
—	32	32	32	25	R.18	60.33	7.94	14.29	12.70	5.23
40	—	—	—	—	R.19	65.09	7.94	14.29	12.70	5.23
—	40	40	40	—	R.20	68.26	7.94	14.29	12.70	5.23
—	—	—	—	32	R.21	72.24	11.11	17.46	15.88	7.75
50	—	—	—	—	R.22	82.55	7.94	14.29	12.70	5.23
—	50	—	—	40	R.23	82.55	11.11	17.46	15.88	7.75
—	—	50	50	—	R.24	95.25	11.11	17.46	15.88	7.75
65	—	—	—	—	R.25	101.60	7.94	14.29	12.70	5.23
—	65	—	—	50	R.26	101.60	11.11	17.46	15.88	7.75
—	—	65	65	—	R.27	107.95	11.11	17.46	15.88	7.75
—	—	—	—	65	R.28	111.13	12.70	19.05	17.47	8.66
80	—	—	—	—	R.29	114.30	7.94	14.29	12.70	5.23
—	80①	—	—	—	R.30	117.48	11.11	17.46	15.88	7.75
—	80②	80	—	—	R.31	123.83	11.11	17.46	15.88	7.75
—	—	—	—	80	R.32	127.00	12.70	19.05	17.46	8.66
—	—	—	80	—	R.35	136.53	11.11	17.46	15.88	7.75
100	—	—	—	—	R.36	149.23	7.94	14.29	12.70	5.23
—	100	100	—	—	R.37	149.23	11.11	17.46	15.88	7.75
—	—	—	—	100	R.38	157.16	15.88	22.23	20.64	10.49
—	—	—	100	—	R.39	161.93	11.11	17.46	15.88	7.75
125	—	—	—	—	R.40	171.45	7.94	14.29	12.70	5.23
—	125	125	—	—	R.41	180.98	11.11	17.46	18.88	7.75
—	—	—	—	125	R.42	190.50	19.05	25.40	23.81	12.32
150	—	—	—	—	R.43	193.68	7.94	14.29	12.70	5.23
—	—	—	125	—	R.44	193.68	11.11	17.46	15.88	7.75
—	150	150	—	—	R.45	211.14	11.11	17.46	15.88	7.75
—	—	—	150	—	R.46	211.14	12.70	19.05	17.46	8.66
—	—	—	—	150	R.47	228.60	19.05	25.40	23.81	12.32
200	—	—	—	—	R.48	247.65	7.94	14.29	12.70	5.23
—	200	200	—	—	R.49	269.88	11.11	17.46	15.88	7.75
—	—	—	200	—	R.50	269.88	15.88	22.23	20.64	10.49
—	—	—	—	200	R.51	279.40	22.23	28.58	26.99	14.81
250	—	—	—	—	R.52	304.80	7.94	14.29	12.70	5.23
—	250	250	—	—	R.53	323.85	11.11	17.46	15.88	7.75
—	—	—	250	—	R.54	323.85	15.88	22.23	20.64	10.49
—	—	—	—	250	R.55	342.90	28.58	36.51	34.93	19.81
300	—	—	—	—	R.56	381.00	7.94	14.29	12.70	5.23
—	300	300	—	—	R.57	381.00	11.11	17.46	15.88	7.75
—	—	—	300	—	R.58	381.00	22.23	28.58	26.99	14.81
350	—	—	—	—	R.59	396.88	7.94	14.29	12.70	5.23

续表

公称通径 DN					环号	平均节径 P	环宽 A	环高		八角形环的平面宽度 C
PN20	PN50 及 PN110	PN150	PN260	PN420				椭圆形 B	八角形 H	
—	—	—	—	300	R.60	406.40	31.75	39.69	38.10	22.33
—	350	—	—	—	R.61	419.10	11.11	17.46	15.88	7.75
—	—	350	—	—	R.62	419.10	15.88	22.23	20.64	10.49
—	—	—	350	—	R.63	419.10	25.40	33.34	31.75	17.30
400	—	—	—	—	R.64	454.03	7.94	14.29	12.70	5.23
—	400	—	—	—	R.65	469.90	11.11	17.46	15.88	7.75
—	—	400	—	—	R.66	469.90	15.88	22.23	20.64	10.49
—	—	—	400	—	R.67	469.90	28.58	36.51	34.93	19.81
450	—	—	—	—	R.68	517.53	7.94	14.29	12.70	5.23
—	450	—	—	—	R.69	533.40	11.11	17.46	15.88	7.75
—	—	450	—	—	R.70	533.40	19.05	25.40	23.81	12.32
—	—	—	450	—	R.71	533.40	28.58	36.51	34.93	19.81
500	—	—	—	—	R.72	558.80	7.94	14.29	12.70	5.23
—	500	—	—	—	R.73	584.20	12.70	19.05	17.46	8.66
—	—	500	—	—	R.74	584.20	19.05	25.40	23.81	12.32
—	—	—	500	—	R.75	584.20	31.75	36.69	38.10	22.33
—	550	—	—	—	R.81	635.00	14.29	—	19.10	9.60
—	650	—	—	—	R.93	749.30	19.10	—	23.80	12.30
—	700	—	—	—	R.94	800.10	19.10	—	23.80	12.30
—	750	—	—	—	R.95	857.25	19.10	—	23.80	12.30
—	800	—	—	—	R.96	914.40	22.20	—	27.00	14.80
—	850	—	—	—	R.97	965.20	22.20	—	27.00	14.80
—	900	—	—	—	R.98	1022.35	22.20	—	27.00	14.80
—	—	—	—	—	R.100	749.30	28.60	—	34.90	19.80
—	—	650	—	—	R.101	800.10	31.70	—	38.10	22.30
—	—	700	—	—	R.102	857.25	31.70	—	38.10	22.30
—	—	750	—	—	R.103	914.40	31.70	—	38.10	22.30
—	—	800	—	—	R.104	955.20	34.90	—	41.30	24.80
—	—	850	—	—	R.105	1022.35	34.90	—	41.30	24.80
600	—	900	—	—	R.76	673.10	7.94	14.29	12.70	5.23
—	600	—	—	—	R.77	692.15	15.88	22.23	20.64	10.49
—	—	600	—	—	R.78	692.15	25.40	33.34	31.75	12.30
—	—	—	600	—	R.79	692.15	34.93	44.45	41.28	24.82

① 仅适用于环连接密封面对焊带颈松套钢法兰。

② 用于除对焊环带颈松套钢法兰以外的其他法兰。

第 3 章　密封胶及胶黏剂

3.1　密封胶及胶黏剂的特点及应用

表 18-3-1　密封胶和胶黏剂的对比

名　称	特点及应用
密封胶	密封胶是用于机械产品静密封部位的一种新型高分子密封材料，亦称液态垫片。它能较容易地填充在法兰、阀门、弯头、接头、插口、筒体及接合面较复杂的螺纹连接等接合部分的间隙中，形成均匀、连续、稳定的可剥离性或黏性、黏弹性薄膜，阻止流体介质的泄漏，起到密封垫片的作用。密封胶具有流动性，不存在固体垫片起密封作用时必须要有的压缩变形，因而没有内应力、松弛、蠕变和弹性疲劳破坏等导致泄漏的因素 密封胶一般呈液态或膏状，具有较好的密封性能，又有良好的耐热、耐压、耐油、耐化学试剂等特性，使用方便，价格便宜，因此在机械行业应用广泛
胶黏剂	胶黏剂又称胶接剂或黏合剂。胶黏剂具有良好的胶接性能，能把两种相同或不同的固体材料胶接在一起，可部分代替焊接、铆接、螺纹连接、套接及机械装配等连接方法，能减轻工作重量、简化生产工艺、降低制造成本、提高产品质量和劳动生产率，还可用作密封、堵漏的密封剂

3.2　密封胶的分类及特性

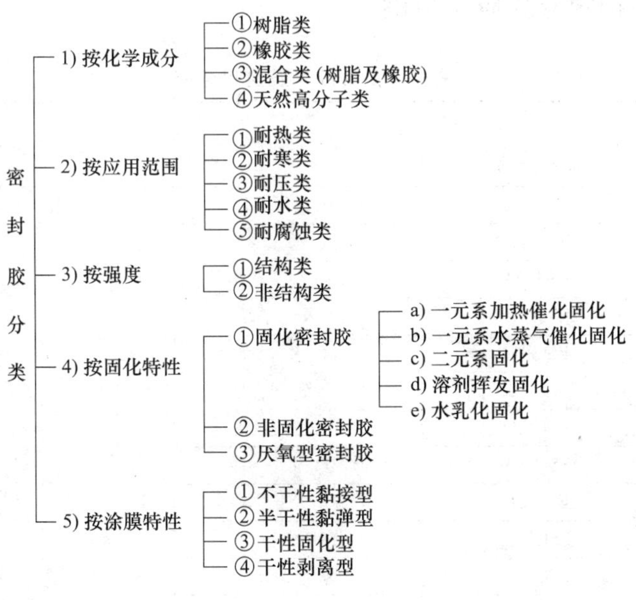

图 18-3-1　密封胶的分类

第18篇

表 18-3-2 密封胶的特性

固化特性	密封胶均有固化过程，其固化时间、温度、固化方式和相对湿度等是固化过程的主要影响因素 固化型密封胶的固化时间随着基本材料的固化方式、温度和相对湿度不同而不同，可从不足几小时到几天甚至几星期，而非固化型密封胶的固化时间即是水或溶剂的挥发时间 以热塑性树脂为基体的密封胶通过加热软化，固化过程不发生化学变化；以热固性树脂为基体的密封胶，热影响很小，固化时伴有化学变化
温度性能	包括密封胶的工作温度极限，承受温度变化的能力及温度变化频率。密封胶的长期工作温度一般为 −93.6～204.6℃，有些硅酮(聚硅氧烷)密封胶可在 260～371℃范围内连续工作数小时。密封胶的温度性能可根据其热收缩系数、弹性模量(随温度而变化)、延展性的降低和弹性疲劳来估计
化学性能	密封胶因化学腐蚀而分解、膨胀和脆化。这种化学腐蚀往往又会污染被密封的工作介质。微量水分也会使密封胶的耐化学腐蚀性能发生变化，密封胶的可透气性也影响化学性能。因此，要求密封胶对所密封的介质有良好的稳定性
耐候性能	耐候性能是评价密封胶优劣的一个重要指标，因为密封胶常在日光、冷热和某种自然环境中使用。因此，应根据实际需要选择耐候性能好的密封胶，防止其早期龟裂老化
力学性能	主要指标为抗拉强度、延展性、可缩性、弹性模量、抗撕裂性、耐磨及动态疲劳强度性能等。密封胶力学性能的选择取决于工况条件
黏附性	黏附性是密封胶的重要特性之一。它取决于密封胶与密封表面的相互作用力
电性能	包括绝缘强度、介电常数、体积电阻系数、表面电阻系数和介电损耗。考虑密封胶的绝缘强度时，应说明密封胶的使用条件，如温度、湿度以及与密封胶相接触的介质
色泽稳定性、可燃性和毒性	当对外观有一定要求时，密封胶应具备良好的色泽稳定性，而不应被环境污染。对于易燃场合必须选用阻燃密封胶。密封胶本身无毒，但有的密封胶有强烈的气味，如丙烯酸酯类和环氧树脂类密封胶等。也有的密封胶所用的催化剂有毒，如以环氧树脂为基体的干性附着型固化密封胶所使用的催化剂可导致皮炎
可修复性和可回用性	非固化型密封胶在使用后易于清理，而塑料和橡胶型密封胶比较困难。在回用性方面，许多密封胶特别是橡胶型密封胶在固化后不可回收利用；而有些溶剂型固化密封胶通过加入溶剂，加热或通过搅拌后可重复使用
工艺性能	工艺性能是选用密封胶必须考虑的重要内容。工艺性能好的密封胶是指储存期长、活性期适宜、流动性好、涂覆简单、施工方便、修整容易的密封材料

3.3 密封胶品种牌号及应用范围

表 18-3-3 密封胶品种牌号及应用范围

密封胶型号		被密封介质	使用参考压力/MPa	使用温度/℃
国产	国外产品			
RGM-1	FSC-1B	空气、低压蒸汽	≤34.3	0～280
RGM-2	FSC-2A	蒸汽、水、烃类		120～300
RGM-3	FSC-3A	蒸汽、水、酸及化学品		120～325
RGM-4	FSC-4A	热油及化学品		250～400
RGM-5	FSC-2B	蒸汽、水、烃类		120～300
RGM-6	FSC-1/2A	蒸汽、水		0～280
RGM-7	FSC-2C	蒸汽、高温烃		250～540
RGM-1	FSC-5A	低温酸及化学品		≤240
RGM-2	FSC-5B	低温酸及化学品		≤240
RGM-3	FSC-7A	高压蒸汽		450～550
RGM-4	FSC-6A	蒸汽、水		250～540
RGM-5	FSC-7B	高压蒸汽		0～540

3.4　密封胶选用及应用

表 18-3-4　密封胶选用及应用

密封胶选用	①干性黏接型密封胶　主要用于不经常拆卸的部位。由于它干硬缺少弹性，不宜在经常承受振动和冲击的连接部位使用，但它的耐热性较好 ②干性剥离型密封胶　由于其溶剂挥发后能形成柔软而具有弹性的胶膜，适用于承受振动或间隙比较大的连接部位，但不适用于大型连接面和流水线装配 ③不干性黏接型密封胶　可用于经常拆卸、检修的连接部位，形成的膜长期不干，并保持黏性，耐振动和冲击。适用于大型连接面和流水线装配作业，更适用于设备的应急检修。此类胶在高温下会软化，间隙大，效果不佳，此时，最好与固态垫片联用 ④半干性黏弹型密封胶　干燥后具有黏合性和弹性，受热后黏度不会降低。复原能力适中，密封涂层比较理想，可单独使用或用于间隙大的接合面。此类密封胶介于干性及不干性之间，兼有两者的优点，较为常用
密封胶的涂胶工艺	1)预处理　预处理的目的是除去密封面上的油污、漆皮、铁锈及灰尘等。柴油、汽油是常用的清洗液，精密的或小面积机械零件可用丙酮、醋酸乙酯及乙酸异戊酯(香蕉水)等溶剂洗刷，大的密封面常用氢氧化钠、碳酸钠、偏硅酸钠和偏磷酸钠等碱溶液清洗。比较理想的是用三氯乙烯蒸气进行处理。漆皮可用火焰喷灯烧焦后再用除锈剂或上述方法洗涤 2)机械处理　密封面上金属氧化物皮层可采用机械处理的方法除去。其中以喷砂效果最佳。沙砾材质根据被处理材料的软硬程度合理选择。硬金属可用铁砂，铝类软金属可用砂子或氧化铝 3)化学处理　化学处理的目的也是除去氧化膜，密封面经化学处理后，形成致密、均匀的新氧化膜，有利于胶液浸润，加上表面极性增大，黏附力显著提高 密封面经化学处理后，需烘干处理。烘干温度和时间要严格控制，切勿久放，烘干后应立即涂胶 4)预装　为了检查密封件在预处理后是否有变形而影响装配，要进行预装。对变形的密封面要进行修整，密封间隙要均匀，间隙最好在 0.1～0.2mm 之间，最大不超过 0.8mm，以适合密封装配要求 5)调胶　严格按照配方及操作顺序进行，调和要均匀 6)涂胶　在预处理后立即进行，要注意涂匀。常用方法有手涂、喷涂、滚涂、压注、压力浸胶和真空浸胶等。单件、少量的涂胶多用手工，采用各种形状的毛刷、刮勺和滚轮。大面积涂覆可采用喷枪，但胶液要稀。用高黏稠胶修补缝隙可采用压注法。大批量铸件的涂胶采用压力或真空浸胶法。 7)固化　在胶层固化过程中温度和时间起重要作用，同时需要一定的压紧力。加热温度取决于胶的固化特性，室温固化胶大多需放置 24h，才能达到较好的性能；热固化胶固化时间一般为 1～3h；厌氧胶需隔绝空气方能固化，室温固化需 24h，若加入固化促进剂数分钟即可固化 8)检验　检查胶层涂覆是否均匀，厚薄是否一致，固化是否完全充分。常用的检验方法有超声波、声发射、X 射线辐照、红外线以及全息摄影等 9)修整　修整是为了除去加压固化后挤出的多余胶边，提高外观质量，修整时勿使胶层剥离
密封胶的使用注意事项	①接合面间隙不可过大或翘曲不平。通常当间隙大于 0.2mm 时，仅用密封胶难以保证密封，需与固态垫片联用。小而粗糙的接合面应选用黏度大的密封胶，大而光洁的接合面则选用低黏度的密封胶 ②控制胶层厚度、保证胶层均匀。一般无机胶黏剂厚度为 0.1～0.2mm，有机胶黏剂厚度则为 0.03～0.1mm。胶层中的溶剂要充分挥发，采用稀释剂时应注意用量 ③密封胶型号选择恰当，密封胶与接触介质不应相溶。介质为气体时应选用成膜性的密封胶。选择毒性小且与工作条件相适应的胶种，当必须采用有毒胶种时应采取防护措施 ④多组分的胶种配制时应按比例，在规定时间内使用并一次用完，现用现配，超过有效期或变质干固的密封胶不能使用 ⑤购买和使用胶种时要注意组分(量)、使用方法和储存时间 ⑥在振动较大的地方，不宜进行涂胶工艺。还必须避免紧固扭矩不足、螺钉松动、结构不合理等 ⑦使用温度和压力不应超过密封胶的使用范围 ⑧高温固化剂要注意保持稳定的固化温度。室温固化时要注意季节以及相对湿度，热固性胶在固化后应逐渐自然冷却以免胶层收缩过快 ⑨应采用恒温箱、红外灯、烘道等固化加温设备，严禁用明火烤胶。尽量避免胶层长时间处于高温或日晒夜露

3.5 胶黏剂使用原则

选用胶黏剂时应了解以下内容。

1）被粘物材料性质　被粘物材料的种类、化学性质（如极性、表面活性）、厚度、形状等。

2）接头工作条件　接头所处的工作环境，如大气、湿度、光、酸雾、盐雾及各种化学介质等性能，以及粘接物的许用粘接强度、工作温度，是长期或是短期工作，是处于长期高温还是间断高温。

3）接头受力状态　接头将受何种力，如剪切力、拉力、扯力等。还应考虑到有无振动、持续受力等。

4）接头形状　接头形状与受力状态密切相关，故设计接头时，应使接头受力均匀并均布整个粘接面，同时尽量增大粘接面积，增加刚性，防止剥离。

5）固化条件

① 固化压力　加压固化可使胶层保持一定的厚度，改善胶黏剂对被粘物表面的浸润和渗透，同时使被粘物定位，但要注意整个粘接面上的压紧力应当均匀分布。

② 固化温度和时间　胶黏剂的固化温度和时间之间存在一定的关系，即使快速固化胶黏剂的最大强度也得几天后才能达到。热固性胶黏剂更需严格控制温度和时间，并选取热胀系数与被粘物相接近的胶黏剂。

③ 固化设备　固化设备一般有电热鼓风烘箱、远红外线炉、蒸汽或煤气炉等，固化设备内温度分布要均匀，并有控温装置。

6）胶黏工艺

① 胶黏环境　胶黏剂大部分含有挥发物，故胶粘操作须在通风良好、干燥的环境下进行，应尽量减少灰尘，以免污染胶黏剂，影响胶黏层的质量。

② 表面处理　被黏物的表面处理质量好坏直接影响粘接质量的高低。合理选择胶黏剂、胶黏工艺和接头是获得良好粘接效果的关键。

第4章　填料密封

4.1　毛毡密封

表 18-4-1　毛毡密封的形式及结构特点

简　图	结构特点	简　图	结构特点
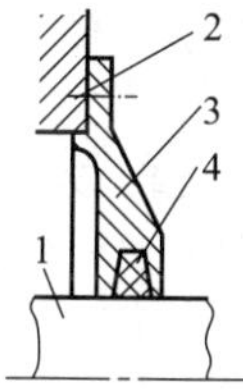 图(a)	毛毡呈松海绵状，毛毡本身是自由放置的，无轴向压紧力，被密封的介质只能是黏度较大的油品	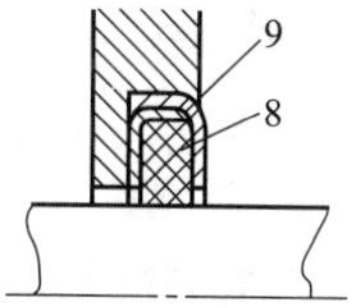 图(f)	毛毡与前盖8、后盖9装配成一个组件，在此组件中，毛毡预受轴向压紧力。更换毛毡时，整个组件一起更换，适用大量生产
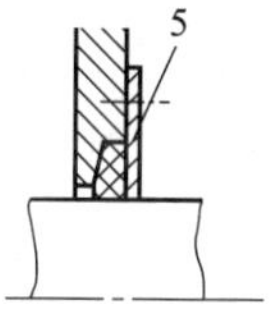 图(b)	用压板5轴向压紧毛毡，与上述结构相比，有轴向压紧力	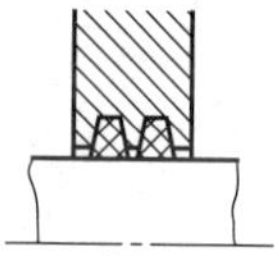 图(g)	并排适用两道毛毡。靠近机器内部的毛毡防止润滑油漏出；靠外的毛毡，防止灰尘渗入
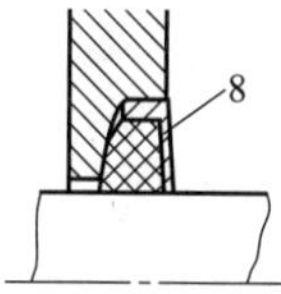 图(c)	同图(b)，但更紧凑、美观	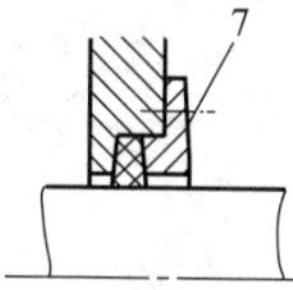 图(h)	压紧件7由两个半环组成，便于装卸和更换毛毡
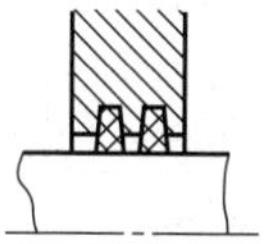 图(d)	两道毛毡槽仅一道槽装填毛毡，另一道槽充润滑油脂	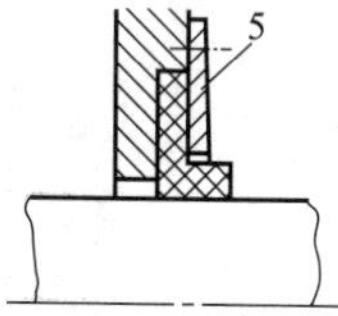 图(i)	增大毛毡与轴的接触面积，增强密封效果
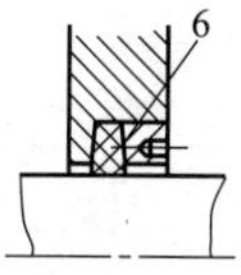 图(e)	用压紧螺圈6代替图(b)压板5，其压紧力可调，如发现渗漏，可进一步拧紧螺栓6	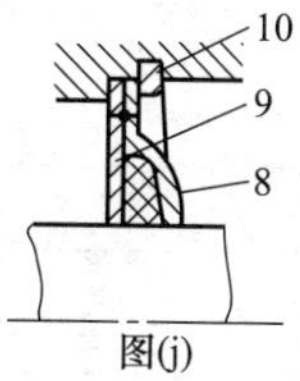 图(j)	不用密封盖时，毛毡可设在成形的前盖与后盖之间的空腔中

注：1. 1—轴，2—壳体，3—密封盖，4—毛毡，5—压板，6—压紧螺栓，7—压紧件，8—前盖，9—后盖，10—卡圈。
2. 因毛毡圈与轴摩擦力较大，不宜在需要转动灵活的场合中使用。
3. 毛毡圈在装设之前，应用热矿物油（80～90℃）浸渍。

4.2　软填料密封

4.2.1　基本结构、密封原理及应用

一种典型的软填料密封的基本结构如图 18-4-1 所示。

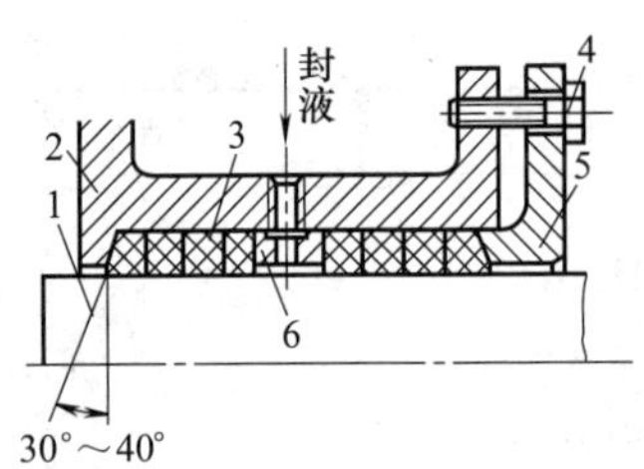

图 18-4-1　软填料密封的基本结构
1—轴；2—壳体；3—填料；4—螺钉；5—压盖；6—封液环

此结构为一旋转轴与泵体之间采用的软填料密封。该填料密封是首先将某种软质材料 3 填塞于轴 1 与壳体 2 的内壁之间，然后预紧压盖 5 上的螺钉 4，使填料沿壳体内壁轴向压紧，由此产生的轴向压缩变形引起填料沿径向内外扩张，形成其对轴和壳体内壁表面的贴紧，从而阻止内部流体向外泄漏。有时为了使填料起到更可靠的密封作用，需要设置封液环 6，通过它向环内注入有压力的中性介质、润滑剂或冷却液。有时在填料顶部和（或）底部加装衬套，使它与轴保持较小的间隙，防止填料挤出。此外，也可以在各段填料之间放置隔离环，起传递压紧载荷的作用。

软填料密封主要应用于高压、高温、高速下工作的机器或设备，构造简单并且容易更换，应用十分普遍。

4.2.2　软填料密封的设计和计算

表 18-4-2　　软填料密封的设计和计算

填料箱主要结构尺寸

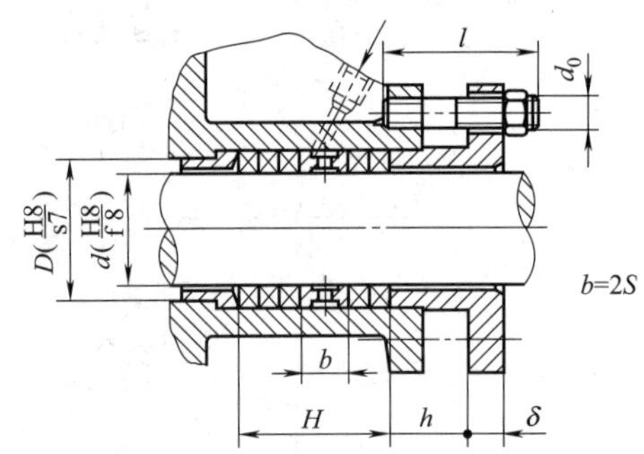

(1)填料截面边宽(正方形)S(mm)

$$S=\frac{D-d}{2}=(1.4\sim2)\sqrt{d} \tag{18-4-1}$$

或查表：

轴径/mm	<20	20～35	35～50	50～75	75～110	110～150	150～200	>200
边宽/mm	5	6	10	13	16	19	22	25

(2)填料高度 H(mm)

①旋转式或往复式

$$H=nS+b \tag{18-4-2}$$

式中　n——填料环数，按下表中选取

对于旋转式	压力/MPa	0.1	0.5	1
	填料环数 n	3～4	4～5	5～7

对于往复式	压力/MPa	<1	1～3.5	3.5～7	7～10	>10
	填料环数 n	3～4	4～5	5～6	6～7	7～8 或更多

第18篇

续表

项目	内容
填料箱主要结构尺寸	②静止式 $$H=2S \quad (18\text{-}4\text{-}3)$$ (3)填料压盖高度 h(mm) $$h=(2\sim4)S \quad (18\text{-}4\text{-}4)$$ 压盖及箱体与填料接触的端面可以与轴线垂直或与轴线呈 60° (4)填料压盖法兰厚度 δ(mm) $$\delta \geqslant 0.75d_0 \quad (18\text{-}4\text{-}5)$$ (5)压盖螺栓长度 l(mm) l 应保证在填料箱装满填料时不需事先下压即可拉紧填料箱 (6)压盖螺栓螺纹小径 d_0(mm) d_0 由压紧填料及达到密封所需的力来决定
压盖螺栓直径计算	压紧填料所需要的力 Q_1 为 $$Q_1=78.5(D^2-d^2)y\ (\mathrm{N}) \quad (18\text{-}4\text{-}6)$$ 式中　y——压紧压力，对于优质石棉填料，$y\approx4$MPa；黄麻、大麻填料，$y\approx2.5$MPa；柔性石墨填料，$y\approx3.5$MPa D——填料箱内壁直径，cm d——轴径，cm 使填料箱达到密封所需的力 Q_2 为 $$Q_2=236.5(D^2-d^2)p\ (\mathrm{N}) \quad (18\text{-}4\text{-}7)$$ 式中　p——介质压力，MPa 选取上述两式计算出的 Q 的较大值，计算螺栓直径 $$Q_{max} \leqslant 25\pi d_0^2 Z\sigma_p\ (\mathrm{N}) \quad (18\text{-}4\text{-}8)$$ 式中　Z——螺栓数目，一般取 2、3 或 4 个 σ_p——螺栓许用应力，对于低碳钢取 20～35MPa d_0——螺栓螺纹小径，cm
摩擦功率	填料与转轴间的摩擦力 F_m $$F_m=100\pi dHq\mu\ (\mathrm{N}) \quad (18\text{-}4\text{-}9)$$ $$q=K\frac{Q_{max}}{25\pi(D^2-d^2)} \quad (18\text{-}4\text{-}10)$$ 式中　q——填料的侧压力，MPa K——侧压力系数，对于油浸天然纤维类取 0.6～0.8，石棉类取 0.8～0.9，柔性石墨编结填料取 0.9～1.0 μ——填料和转轴间的摩擦因数，取 0.08～0.25 d——轴径，cm H——填料高度，cm 填料箱内的摩擦功率 N $$N=\frac{F_m v}{1000}\ (\mathrm{kW}) \quad (18\text{-}4\text{-}11)$$ $$v=\pi dn\ (\mathrm{m/s}) \quad (18\text{-}4\text{-}12)$$ 式中　v——圆周速度 n——轴的转速，r/s d——轴径，m
泄漏量计算	当填料与轴间隙很小，可以认为漏液作层流流动，泄漏量可按下式计算 $$Q=\frac{\pi ds^3}{12\eta L}\Delta p\ (\mathrm{mm^3/s}) \quad (18\text{-}4\text{-}13)$$ 式中　d——轴径，mm s——填料与轴半径间隙，mm η——液体黏度，Pa·s L——填料与轴接触长度，mm Δp——填料两侧的压差，Pa

续表

<table>
<tr><td rowspan="4">泄漏量计算</td><td colspan="5">一般旋转轴用填料密封允许泄漏量见下表：</td></tr>
<tr><td rowspan="2">允许泄漏量
/mL · min⁻¹</td><td colspan="4">轴径/mm</td></tr>
<tr><td>25</td><td>40</td><td>50</td><td>60</td></tr>
<tr><td>启动 30min 内</td><td>24</td><td>30</td><td>58</td><td>60</td></tr>
<tr><td></td><td>正常运行</td><td>8</td><td>10</td><td>16</td><td>20</td></tr>
<tr><td></td><td colspan="5">注：1. 转速 3600r/min，介质压力为 0.1～0.5MPa 下测得；
2. 1mL 泄漏量等于 16～20 滴液</td></tr>
<tr><td>对轴的要求</td><td colspan="5">①要求轴或轴套耐腐蚀
②轴与填料环接触面的粗糙度为 $Ra=1.6\mu m$，最好能达到 $Ra=0.8\sim0.4\mu m$
③要求轴表面有足够的硬度
④轴的偏摆量不大于 0.07mm，或不大于 $\sqrt{d}/100mm$</td></tr>
</table>

4.2.3 软填料密封材料及选择

表 18-4-3 软填料密封材料及选择

密封材料	旋转	往复	阀门	pH值	水	蒸汽	氨	空气	氧	石油	合成油	气体	溶剂	辐射	泥浆
石棉、PTFE 浸渍	●	●	●	2～14	●	●	●	●		●	●	●	●		
金属丝增强石棉、石墨、黏结剂				2～11	●	●	●	●		●	●		●		
石棉、MoS_2、石蜡				4～10	●	●	●	●		●	●	●			
石棉、黏结剂、石墨				2～11	●	●	●	●		●	●	●			
Aramid 纤维、PTFE 浸渍润滑剂	●	●		2～12	●	●	●	●		●	●		●		●
PTFE 纤维、PTFE 浸渍	●	●	●	0～14	●	●	●	●	●	●	●	●	●		
PTFE 纤维、石墨、油	●	●	●		●	●	●		●	●	●	●	●		●
碳素纤维、石墨	●	●	●	1～14	●	●	●	●		●	●	●	●		
石墨纤维、石墨	●			0～14	●	●	●	●		●	●	●	●	●	
柔性石墨组合环(泵用)	●				●	●	●	●	●	●	●	●	●	●	
柔性石墨组合环(阀用)			●		●	●	●	●	●	●	●	●	●	●	
柔性石墨(编织)	●		●		●	●	●	●	●	●	●	●	●	●	
膨胀 PTFE/石墨、硅树脂	●	●			●	●	●	●	●	●	●	●	●	●	

密封材料	轴速/m · s⁻¹			压力/MPa			温度/℃
	旋转	往复	阀门	旋转	往复	阀门	
石棉、PTFE 浸渍	10	2	2	2	4	7	−75～260
金属丝增强石棉、石墨、黏结剂	12			2	10	20	−40～540
石棉、MoS_2、石蜡	12			1.5	4	7	−40～150
石棉、黏结剂、石墨	15			2	4	7	−40～450
Aramid 纤维、PTFE 浸渍润滑剂	15			1.5	10	20	−75～260
PTFE 纤维、PTFE 浸渍	10			2	20	37	−40～260

第 18 篇

续表

密封材料	轴速/m·s^{-1}			压力/MPa			温度/℃
	旋转	往复	阀门	旋转	往复	阀门	
PTFE纤维、石墨、油	18	2	2	2	20	35	−75～260
碳素纤维、石墨	20			3.5	5	17	−200～455(大气) −200～650(蒸汽)
石墨纤维、石墨	30			3.5			
柔性石墨异性组合环(阀用)						69	
柔性石墨(编织)	(取决于编织形式)						
柔性石墨异性组合环(泵用)	20			3.5			260

4.2.4 软填料密封的结构设计

表 18-4-4 软填料密封的结构设计

结构类型	结构简图	密封原理及应用
简单填料密封	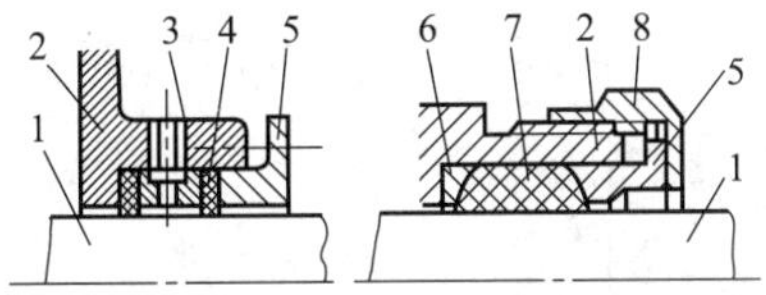 图(a) 图(b) 1—轴;2—壳体;3—孔环;4—橡胶环;5—压盖;6—垫圈;7—填料;8—螺母	图(a)用两个橡胶环4作为填料,结构简单,便于制造。图(b)为常用螺母旋紧的密封结构,也可用压盖压紧填料,填料7可用浸油石棉绳 这种密封结构未采用改善填料工况的辅助措施,如润滑、冲洗、冷却等措施,所以常用于不重要的场合,一般用于阀杆一类开关的密封,因拧开关的转速极低,开关的密封压力可达15MPa以上。当密封压力小于0.02MPa时,使用温度可达80～100℃
封液填料箱	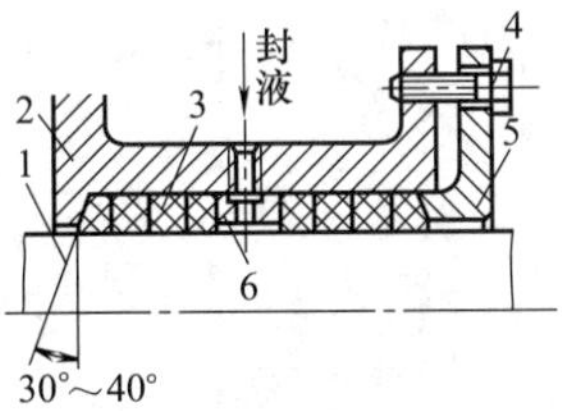 1—轴;2—壳体;3—填料;4—螺钉;5—压盖;6—封液环	典型的填料密封结构。压力沿轴向的分布不均匀,近压盖5的压力最高,远离压盖5的压力逐渐减小,因此填料磨损不均匀,靠近压盖处的填料易损坏。封液环6装在填料箱中部,它可以改善填料压力沿轴向分布不均匀性。在封液环处引入封液(每分钟几滴)进行润滑,减少填料的磨损,提高使用寿命。若在封液入口呈180°的壳体2上开一封液出口,则为贯通冲洗,漏液在封液处被稀释带走,可用于易燃,易爆介质或压力低于0.345MPa、温度小于120℃的场合
封液冲洗填料箱	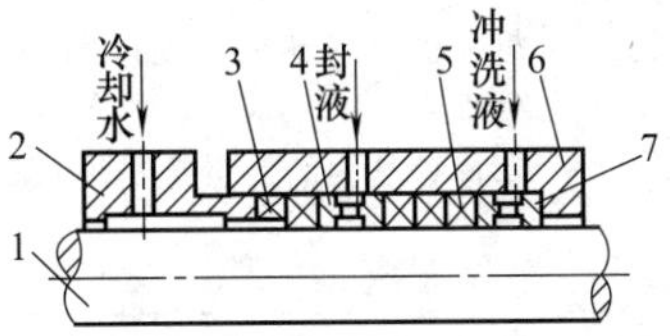 1—轴;2—压盖;3—外侧填料;4,7—封液环;5—内侧填料;6—箱体	在箱体6的底部装设封液环7,并引入压力较介质压力高约0.05MPa的清洁液体作为冲洗液,阻止被密封介质中的磨蚀性颗粒进入填料摩擦面。在封液环4处引入封液每分钟数滴,对填料进行润滑。也可以不设封液环4,直接由冲洗液流进行润滑。在压盖2处引入冷却水,带走漏液,冷却轴杆,并阻止环境中粉尘进入摩擦面
双重填料箱	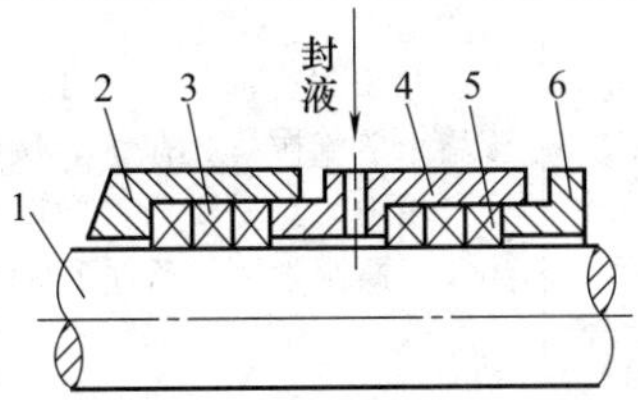 1—轴;2—内箱体;3—内侧填料;4—外箱体;5—外侧填料;6—压盖	两个填料箱叠加。外箱体4的底部兼作内箱体的填料压盖,通过螺钉压紧内侧填料3。在外箱体4可引入封液,进行冲洗、冷却,并稀释漏液。适用于密封易燃易爆介质,以及介质压力较高(高于1.2MPa)的场合

续表

结构类型	结构简图	密封原理及应用
改进型填料密封	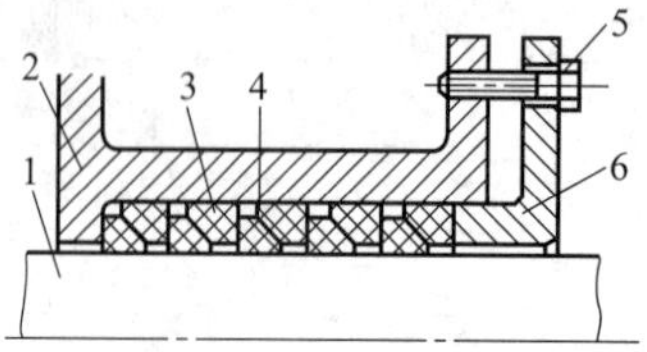 1—轴；2—壳体；3—上密封环；4—下密封环；5—螺钉；6—压盖	填料由橡胶或聚四氟乙烯制成的上密封环 3 和下密封环 4 组成，两者交替排列。上密封环与壳体接触，下密封环与轴接触，因此，盘根与轴的接触面积约减小一半，两个下密封环之间有足够的空间储存润滑油，对轴的压力沿轴向分布较均匀，改善了摩擦情况
填料旋转式填料箱	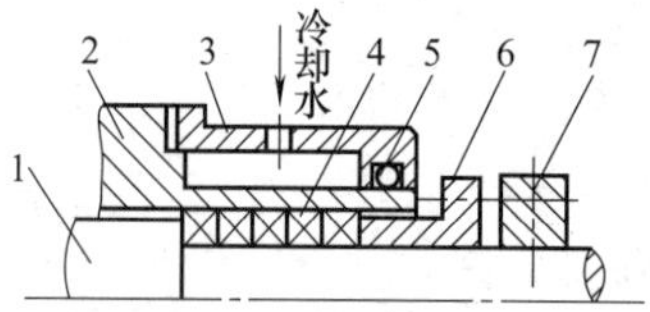 冷却水 1—轴；2—箱体；3—夹套；4—填料；5—O 形环；6—压盖；7—传动环	填料 4 的支承面不是在箱体 2 上，而是在旋转轴 1 的台肩上。压盖 6 上的螺钉与传动环 7 连接。填料靠传动环与轴台肩之间的压力产生的摩擦力随轴旋转，摩擦面位于填料外圆和箱体内侧表面，热量容易通过夹套 3 内的冷却水排除，可用于高速旋转设备，不磨损轴
夹套式填料箱	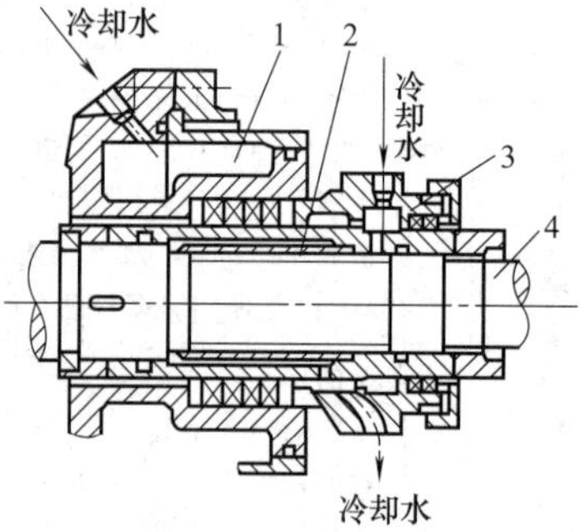 冷却水 冷却水 冷却水 1—夹套；2—轴套；3—压盖；4—轴	在填料箱外侧设有冷却夹套 1，通入冷却水进行冷却循环，用于介质压力低于 0.69MPa、温度低于 200℃ 的场合。若介质温度高于 200℃，为了防止热量通过轴传于轴承，在填料箱压盖 3 通入冷却水冷却传动轴 4，经轴套 2 外侧，再从压盖 3 上排液口排出
带轴套填料箱	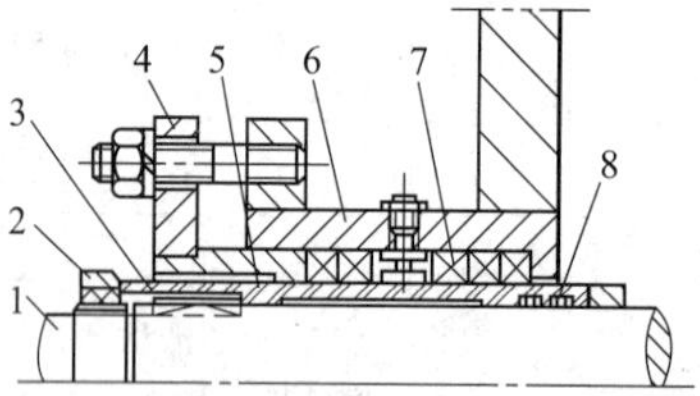 1—轴；2—螺母；3—键；4—压盖；5—轴套；6—箱体；7—填料；8—O 形环	填料 7 与轴 1 之间装设轴套 5。轴套与轴之间采用 O 形环 8 密封。O 形环材料应适合被密封介质的腐蚀及温度要求。轴套靠键 3 传动而随轴旋转，并利用螺母 2 固定到轴上。轴套与填料接触的部位进行硬化处理 这种结构的优点是当轴套磨损时，便于更换与维修
带节流衬套填料箱	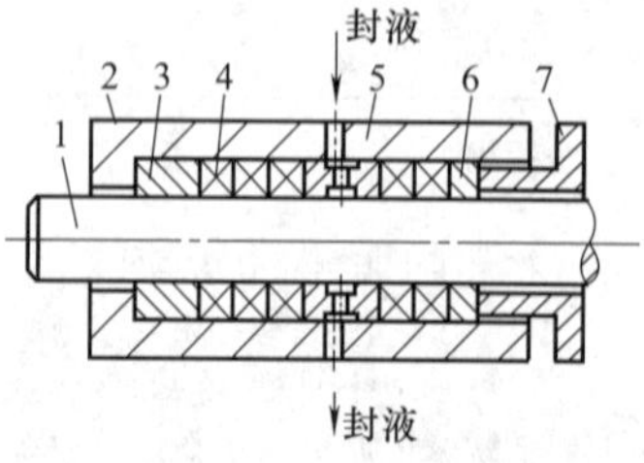 封液 封液 1—轴；2—箱体；3—节流衬套；4—填料；5—封液环；6—垫环；7—压盖	当被密封介质压力大于 0.6MPa 时，在填料箱底部应增设节流衬套 3，增大介质进入填料箱的阻力，降低密封箱内的介质压力。同时增设垫环 6，以防填料在压盖 7 高压紧力的条件下从缝隙中挤出

续表

结构类型	结 构 简 图	密封原理及应用
柔性石墨填料密封	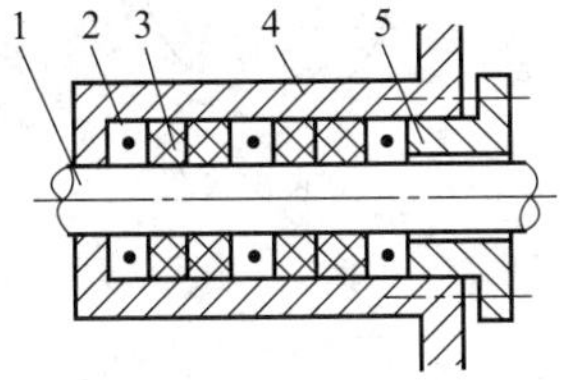 1—轴；2—填料环；3—柔性石墨环；4—箱体；5—压盖	柔性石墨填料环 3 系压制成形，具有高耐渗透能力和自润滑性，不需要过大的轴向压紧力，对轴可减少磨损。但由于柔性石墨抗拉、抗剪切力较低，一般需与其他强度较高的填料环 2 组合使用。通常，介质压力较低时，填料环 2 设置在填料箱内两端，材料为石棉；介质压力较高时，每 2 片柔性石墨环装设 1 片填料环 2，其材料为石棉、塑料(常温)，高温高压时用金属环。这样，可以防止石墨嵌入压盖与轴 1、填料箱体 4 与轴 1 之间的间隙。用于往复和旋转运动的各种密封。柔性石墨环装在轴上之前需用刀片切口，各环切口互成 90°或 120°
弹簧压紧填料密封	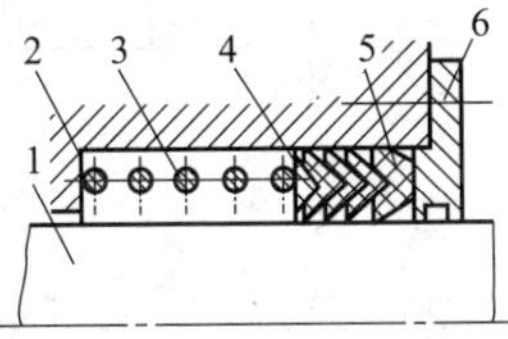 1—轴；2—壳体；3—弹簧；4—压圈；5—密封环；6—盖子	用弹簧压紧胶圈的密封，其压紧力为常数(取决于弹簧 3)。常用作往复运动的密封，有时也用于旋转运动的密封。橡胶密封环 5 的锐边应指向被密封介质，密封介质的压力将有助于自密封
弹簧压紧胶圈水泵填料密封	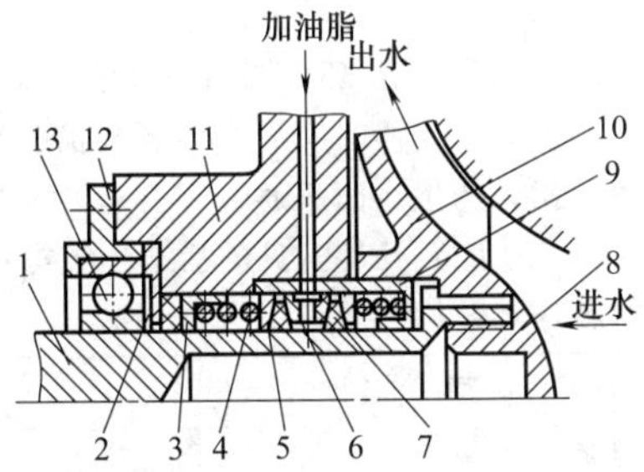 1—轴；2—挡板；3—压圈；4—弹簧；5—垫圈；6—孔环；7—橡胶密封件；8—螺母；9—轴承；10—叶轮；11—壳体；12—轴承盖；13—轴承	用弹簧压紧胶圈的水泵密封，轴 1 的左腔为润滑油腔，右腔为水腔，两腔之间装有三个橡胶密封件 7，用两个弹簧 4 压紧封严，孔环 6 加入润滑脂来润滑密封件 7 的摩擦表面。这种结构可防止油腔与水腔互相渗漏
胶圈填料密封	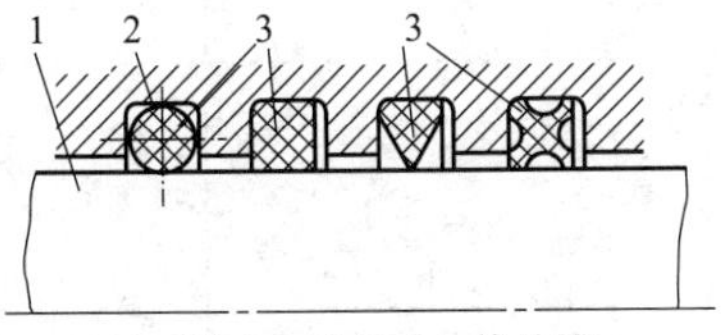 1—轴；2—壳体；3—橡胶圈	胶圈密封，是最简单的填料密封，摩擦力小，成本低，所占空间小，但不能用于高速胶圈密封。用于旋转运动时，其尺寸设计完全不同于用作固定密封或往复运动密封，因为旋转轴与胶圈之间摩擦发热很大，而橡胶却有一种特殊的反常性能，即在拉伸应力状态下受热，橡胶会急剧地收缩，因此设计时，一般取橡胶圈外径的压缩量为橡胶圈直径的 4%～5%，这个数值由橡胶圈外径大于相配槽的内径来保证 常用的是 O 形，但 X 形较理想

4.3 硬填料类型

4.3.1 活塞环及胀圈密封

4.3.1.1 密封结构及应用

活塞环和胀圈密封件均为开口环，是金属自胀型密封环，用于活塞式机器中称为活塞环，用于旋转机器中称为胀圈，两者结构形式及密封原理基本相同。此处重点介绍活塞环。

活塞环是活塞式压缩机和活塞式发动机中主要易损件之一，其作用为密封气缸工作表面和活塞之间的间隙，防止气体从压缩容积的一侧漏向另一侧，并在活塞往复运动中，在气缸内起着“布油”和“导热”的作用。

这种密封形式的工作压力可达 220MPa，最高线速度可达 100m/s。

（1）密封结构及原理

如图 18-4-2 所示，活塞环是一个带开口的圆环，在自由状态下，其外径大于气缸内径，装入气缸后直径变小，仅在切口处留下一定的热膨胀间隙，靠环的弹力使其外圆面与气缸内表面贴合产生一定的预紧比压。

活塞环主要依靠阻塞为主兼有节流来实现密封。活塞环的泄漏通道如图 18-4-3 所示。

从图 18-4-3 中可看出，气体从高压侧泄漏到低压侧有三条可能的通道。

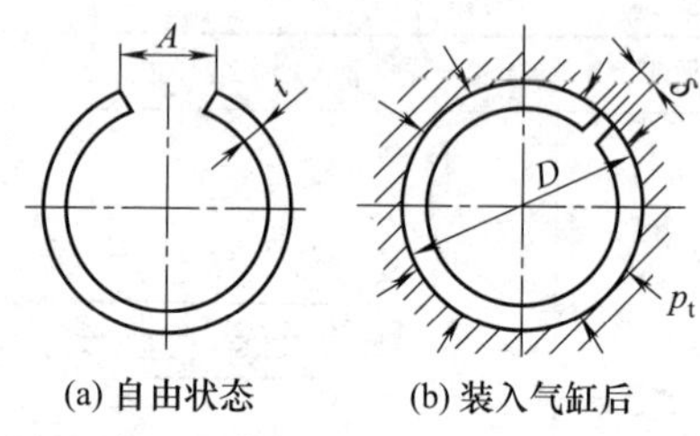

(a) 自由状态 (b) 装入气缸后

图 18-4-2 活塞环结构

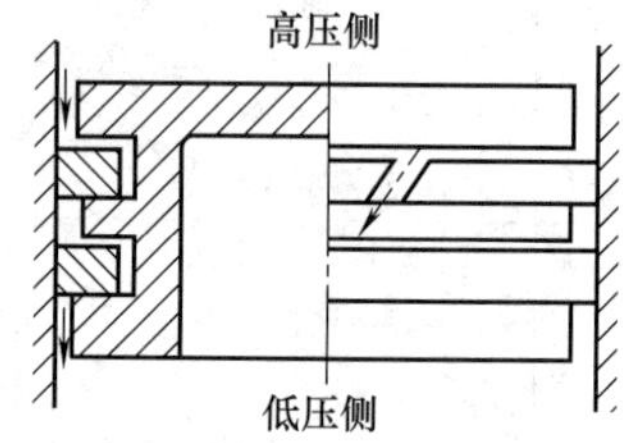

图 18-4-3 活塞环密封及泄漏通道

① 经活塞环的开口间隙的泄漏。为了获得弹力，活塞环必须具有切口，而且装入气缸后还需留有一定热膨胀间隙，所以切口泄漏是不可避免的，并且是造成泄漏的主要通道。

② 经环的两侧面与环槽两壁面交替紧贴的瞬时出现的间隙所造成的泄漏。

③ 活塞环外圆面与缸壁不能完全贴紧时的泄漏，当运转一段时间后产生径向磨损，活塞环弹性降低，就会产生大面积通道，引起更大的泄漏。

（2）几种常见的活塞环结构

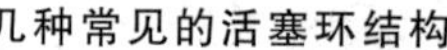
表 18-4-5 几种常见的活塞环结构

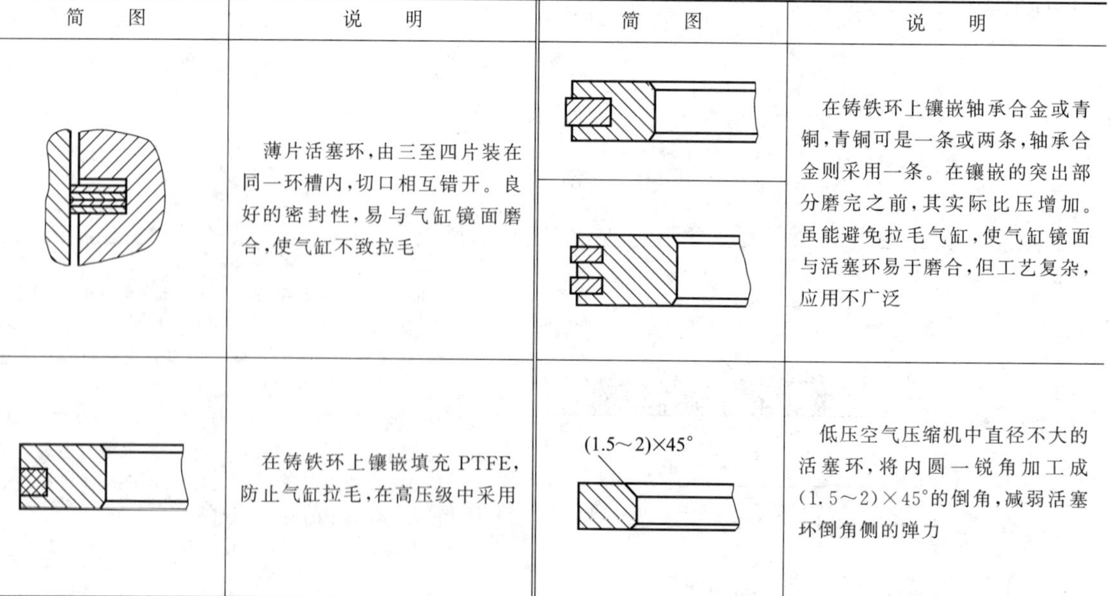

简 图	说 明	简 图	说 明
	薄片活塞环，由三至四片装在同一环槽内，切口相互错开。良好的密封性，易与气缸镜面磨合，使气缸不致拉毛		在铸铁环上镶嵌轴承合金或青铜，青铜可是一条或两条，轴承合金则采用一条。在镶嵌的突出部分磨完之前，其实际比压增加。虽能避免拉毛气缸，使气缸镜面与活塞环易于磨合，但工艺复杂，应用不广泛
	在铸铁环上镶嵌填充 PTFE，防止气缸拉毛，在高压级中采用		低压空气压缩机中直径不大的活塞环，将内圆一锐角加工成(1.5～2)×45°的倒角，减弱活塞环倒角侧的弹力

第 18 篇

4.3.1.2　密封设计

表 18-4-6　密封设计

<table>
<tr><th colspan="2">项目</th><th>内　容</th></tr>
<tr><td colspan="2">活塞环数</td><td>压缩机用活塞环数常用下面经验公式估算
$$z=\sqrt{\frac{\Delta p}{98}} \tag{18-4-14}$$
式中　z——活塞环数
Δp——活塞两边最大压差，kPa
上述计算值应根据实际情况增减。如高转速，从泄漏考虑环数可少些；高压级中从寿命考虑环数可多些；对于易漏气体可多些；采用塑料活塞环时，因密封性能好，环数可比金属环少些
活塞环数还可参考下表选用
<table><tr><td>Δp/MPa</td><td>＜0.5</td><td>0.5～3</td><td>3～12</td><td>12～24</td></tr><tr><td>z</td><td>2～3</td><td>3～5</td><td>5～10</td><td>12～20</td></tr></table></td></tr>
<tr><td rowspan="3">主要结构尺寸</td><td>径向厚度 t</td><td>活塞环的截面形状一般为矩形，其径向厚度 t 对于铸铁环通常取
$$t=\left(\frac{1}{36}\sim\frac{1}{22}\right)D \tag{18-4-15}$$
式中　t——活塞环径向厚度，mm
D——活塞环外径（即气缸内径），mm
对于大直径活塞环取下限；当 $D\leqslant 50$mm 时，可取
$$t=\left(\frac{1}{22}\sim\frac{1}{14}\right)D \tag{18-4-16}$$</td></tr>
<tr><td>轴向高度 h</td><td>轴向高度选取时，应考虑保证它在气体压力作用下具有足够的刚度，不至于发生弯曲和扭曲，而且为了能保持住油膜，轴向高度值也不能太小，一般应大于 2～2.5mm；但为了减少摩擦功耗以及因活塞环质量过大而导致对环槽的冲击，又应尽量取小些。一般取
$$h=(0.4\sim1.4)t \tag{18-4-17}$$
式中　h——活塞环轴向高度，mm
t——活塞环径向高度，mm
其中较小值用于大直径活塞环，较大值用于压差较大的情况</td></tr>
<tr><td>开口间隙 δ</td><td>活塞环装入气缸后，开口处留有环受热膨胀后的开口间隙，又称热膨胀间隙。其值为
$$\delta=\pi D\alpha\Delta t \tag{18-4-18}$$
式中　δ——活塞环开口间隙，mm
D——活塞环外径（即气缸内径），mm
α——活塞环材料的线胀系数，铸铁的线胀系数 $\alpha=1.1\times10^{-5}$℃$^{-1}$
Δt——温差，℃，通常取排气温度与室温之差</td></tr>
</table>

续表

项目		内　　容
主要结构尺寸	自由开口宽度 A	其值可由下式计算 $$A=\frac{7.08D\left(\frac{D}{t}-1\right)^{2}p_{k}}{E} \tag{18-4-19}$$ 式中　A——活塞环自由开口宽度，mm D——活塞环外径（即气缸内径），mm t——活塞环径向厚度，mm p_k——活塞环因弹性作用而产生的预紧贴合比压，50mm＜D≤150mm，p_k＝0.1～0.14MPa；D＞150mm，p_k＝0.038～0.1MPa；小直径的高压级，p_k＝0.2～0.3MPa；刮油环，p_k＝0.03～0.05MPa E——密封环材料的弹性模量，MPa，可按下表选取

材料	灰铸铁			球墨铸铁	合金铸铁	青铜	不锈钢
	D≤70	70＜D≤300	D＞300				
弹性模量 E/MPa	0.95×10^5	1×10^5	1.05×10^5	$(1.5\sim1.65)\times10^5$	$(0.9\sim1.40)\times10^5$	$(0.85\sim0.95)\times10^5$	2.10×10^5

4.3.2　活塞杆填料密封

活塞杆填料是往复活塞压缩机中易损件之一，一般采用硬填料。常用的材料为金属、金属与硬质填充塑料或石墨等耐磨材料。通常，对填料的主要要求是密封性好，耐磨性好，使用寿命长，结构简单，成本低，标准化、通用化程度高。硬填料主要分平面填料和锥面填料两类。

该密封是借助于密封前后的气体压力差来获得自紧密封。与活塞环类似，利用阻塞和节流实现密封。

表 18-4-7　　填料的分类及特性

填料形式		说　　明
平面填料	密封结构	常用的低、中压平面填料密封结构如下 该密封结构有五个密封室，用长螺栓 8 串联在一起，并以法兰固定在气缸体上。由于活塞杆的偏斜与振动对填料工作影响很大，故在前端设有导向套 1，内镶轴承合金，压力差较大时可在导向套内开沟槽起节流降压作用。填料和导向套靠注油润滑，注油还可带走摩擦热和提高密封性。注油点 A、B 一般设在导向套和第二组填料上方。填料右侧有气室 6，由填料漏出的气体和油沫自小孔 C 排出并用管道回收，气室的密封靠右侧的前置填料 7 来保证。带前置填料的结构一般用于密封易燃或有毒气体，必要时采用抽气或用惰性气体通入气室进行封堵，防止有毒气体漏出。填料函的每个密封室主要由密封盒、闭锁环、密封圈和镯形弹簧等零件组成。密封盒用来安放密封圈及闭锁环。密封盒的两个端面必须研磨，以保证密封盒以及密封盒与密封圈之间的径向密封

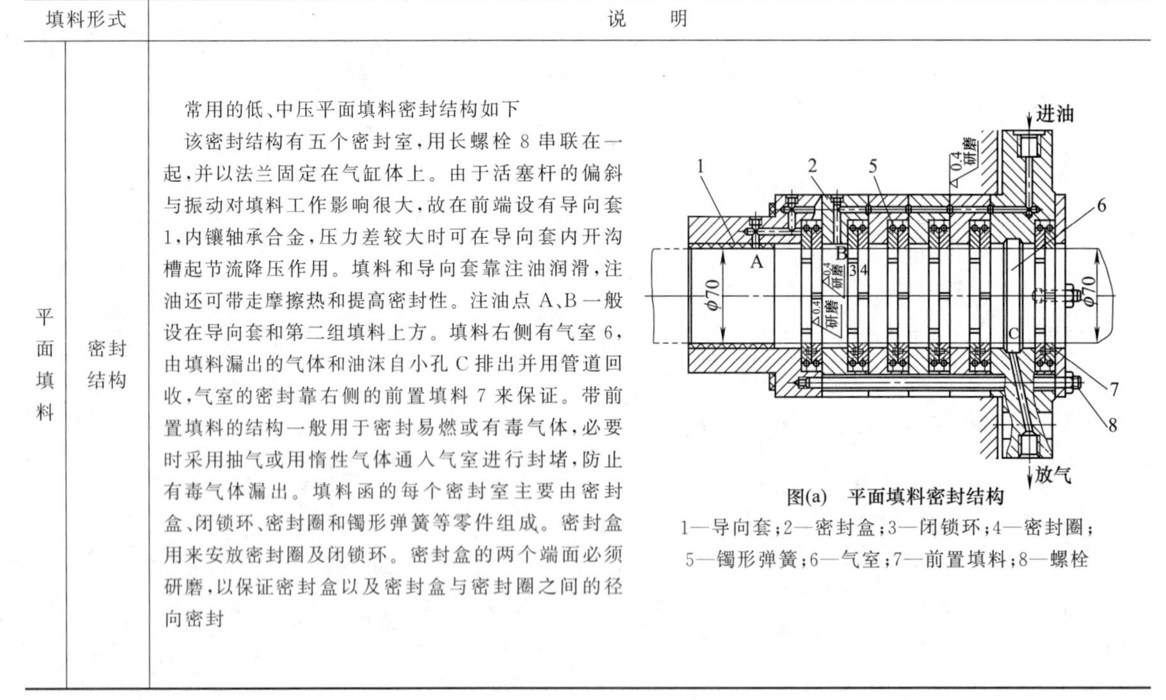

图(a)　平面填料密封结构

1—导向套；2—密封盒；3—闭锁环；4—密封圈；5—镯形弹簧；6—气室；7—前置填料；8—螺栓

续表

填料形式		说　　明
平面填料	三、六瓣平面填料	在密封盒内装有两种密封环，靠高压侧是三瓣闭锁环，有径向直切口；低压侧是六瓣密封圈，由三个鞍形瓣和三月形瓣组成，两个环的径向切口应互相错开，由定位销来保证。环的外部都用镯形弹簧把环箍紧在活塞杆上。切口与弹簧的作用是产生密封的预紧力，环磨损后，能自动紧缩而不致使圆柱间隙增大 六瓣密封圈在填料函中起主要密封作用，其切口沿径向被月形瓣挡住，轴向则由三瓣环挡住。工作时，高压气体可沿三瓣环的径向切口导入密封室，把六瓣环均匀地箍紧在活塞杆上而达到密封作用。气缸内压越高，六瓣环与活塞杆抱得越紧，因而也具有自紧密封作用。三、六瓣式平面填料主要用在压差 10MPa 以下的中压密封 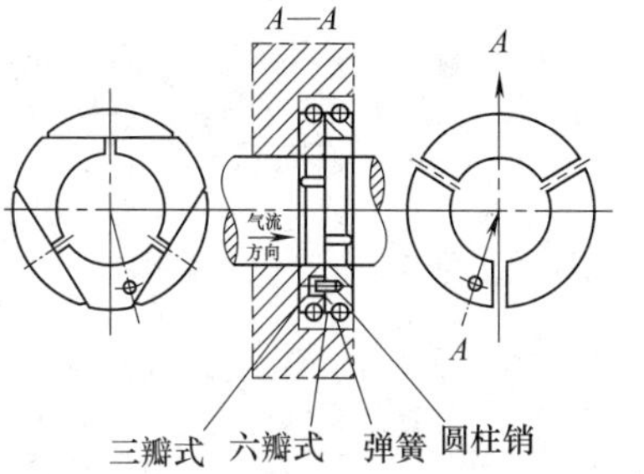 三瓣式　六瓣式　弹簧　圆柱销 图(b)　三、六瓣平面填料结构
	三瓣斜口密封圈平面填料	对压差在 1MPa 以下的低压密封也可采用三瓣斜口密封圈平面填料 三瓣斜口环结构简单而坚固，容易制造，成本低廉；但介质可沿斜口结合面产生泄漏而且环对活塞杆的贴合压力不均匀，其靠近锐角一侧的贴合压力大，在工作过程中磨损不均匀且主要靠近锐角一端 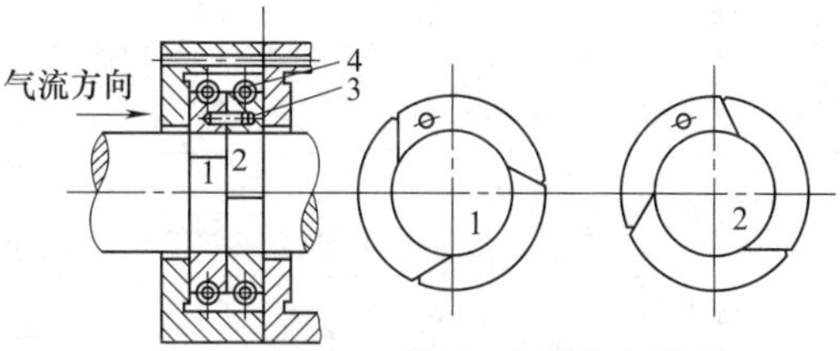 图(c)　三瓣斜口密封圈平面填料 1,2—三圈斜口密封圈；3—圆柱销；4—镯形弹簧
	活塞环式的密封圈	活塞环式的密封圈每组由三道开口环组成。内圈 1、2 是密封环，用铂合金、青铜或填充聚四氟乙烯制成。外圈是弹力环，并用圈簧抱紧，装配时，三环的切口要错开以免漏气。结构和制造工艺都很简单，内圈可按动配合 2 级精度或过渡配合公差加工 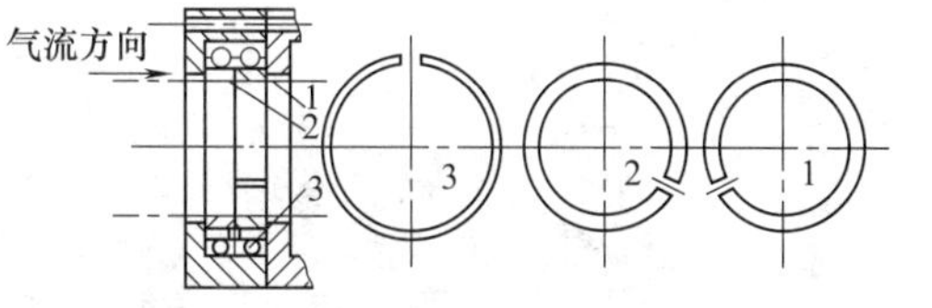 图(d)　活塞环式填料密封 1,2—内圈；3—外圈
	平面填料的组数	平面填料的组数可参考下表（见下表）
	材料及加工要求	平面填料一般采用铸铁 HT200，特殊情况用锡青铜 ZQSn8-12，轴承合金 ZChSnSb11-6 以及高铅青铜等。当用铸铁制造时，要求金相组织为片状及粗斑状珠光体，不允许有游离渗碳体存在。铸铁件硬度要求 180～230HBS。为保证密封性，密封圈的端面及内圆面应有较高表面粗糙度要求，端面应研磨，Ra 值为 0.2μm。密封圈的两端面应平行，平行度在 100mm 长度不得大于 0.02mm，内孔圆度及圆柱度不超过直径公差的一半。填料环在填料函内的轴向间隙为 0.035～0.150mm。填料函深度按 H8 或 H9 级公差加工

平面填料的组数可参考下表

活塞杆直径/mm	密封压力/MPa				
	1.0	2.5	4.0	6.4	10.0
	填料组数				
25～50	3	4	4～5	5～6	6～7
55～80	4	4～5	5～6	6～7	7～8
90～150	5	5～6	6～7	7～8	—

续表

<table>
<tr><th colspan="2">填料形式</th><th colspan="5">说 明</th></tr>
<tr><td rowspan="9">锥面填料</td><td>密封结构</td><td colspan="5">在高压下，如果仍采用平面填料，则由于气体压力很高，而填料本身又不能抵消气体压力作用，致使填料作用在活塞杆上的比压过大而加剧磨损。为降低密封圈作用在活塞杆上的比压，在高压密封中，可采用锥面填料，其结构如图(e)所示
锥面填料主要用于压差超过 10～100MPa 的高压压缩机活塞杆密封。它是自紧式密封，既有径向自紧作用，又有轴向自紧作用。当气体压力 p 从右边轴向作用在压紧环的端面时，通过锥面分解成一径向分压力 $p\tan\alpha$，此力使密封环抱紧在活塞杆上。α 角越大，径向力也越大，故此密封是靠气体压力实现自紧密封
在一组锥面填料组合中，靠气缸侧的密封环承受压差大，其径向分力也大。为使各组密封环所受径向分力较均匀，以使磨损均匀，可取前几组密封环的 α 角较小，后面的各组 α 角较大，常取 α 角为 10°、20°、30°的组合
气动压力 1 2 3 4 5 6 7 α α
图(e) 锥面填料结构
1—支承环；2—压紧环；3—T形环；4—前锥环；5—后锥环；6—轴向弹簧；7—圆柱销</td></tr>
<tr><td rowspan="7">锥面填料的组数和不同锥面角锥面填料组数的搭配关系</td><td colspan="5">锥面填料的组数可参考下表选定</td></tr>
<tr><td>密封压差/MPa</td><td><10</td><td>10～40</td><td>40～80</td><td>80～100</td></tr>
<tr><td>填料组数</td><td>3～4</td><td>4～5</td><td>5～6</td><td>6～7</td></tr>
<tr><td colspan="5">不同锥面角锥面填料组数的搭配关系由下表确定</td></tr>
<tr><td rowspan="2">密封压差/MPa</td><td colspan="4">锥面角 α</td></tr>
<tr><td>10°</td><td>20°</td><td colspan="2">30°</td></tr>
<tr><td colspan="5">填料组数
4.0～10 | — | 1 | 3
10～20 | — | 2 | 3
20～32 | 1 | 2 | 2</td></tr>
<tr><td>材料及加工要求</td><td colspan="5">T形环与锥形环常用锡青铜 ZQSn8-12(用于 $p>27.4$MPa)或巴氏合金 ChSnSb11-6(用于 $p\leqslant 27.4$MPa)，用锡青铜 ZQSn8-12 时，要求硬度为 60～65HBS。整体支承环与压紧环用碳钢
技术要求：T形环及两个锥形环的锥面要同时加工；T形环、锥形环对支承环和压紧环之间的锥面要保持良好贴合，贴合面不少于总面积 75%；T形环及锥形环内孔按 J7 级公差加工；锥形环的内孔直角部分不允许倒角棱</td></tr>
</table>

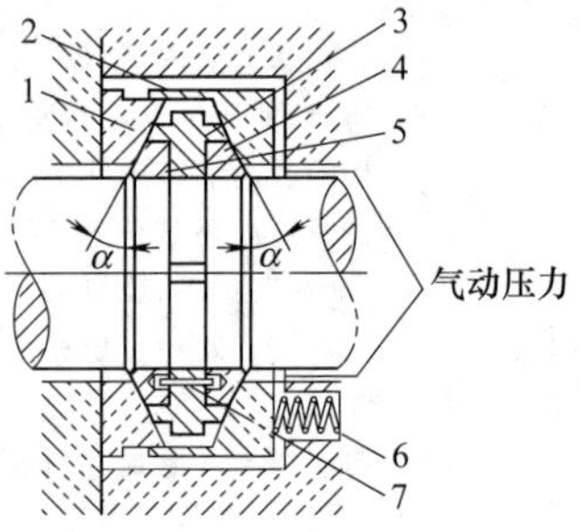

4.3.3 往复活塞压缩机金属平面填料

4.3.3.1 三斜口密封圈(JB/T 9102.1—2013)

表 18-4-8 A型 mm

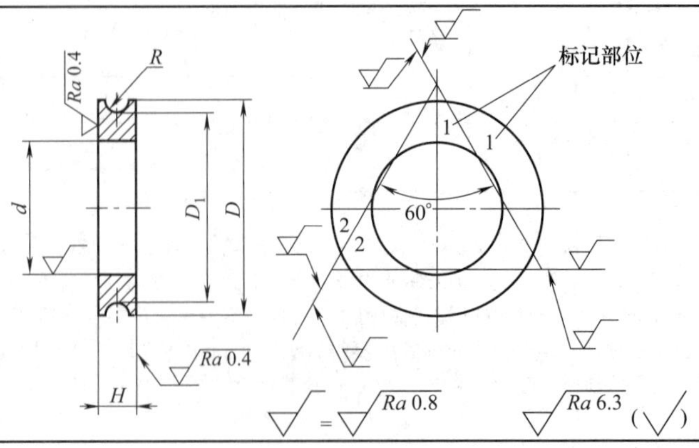

Ra 0.4 R d D_1 D Ra 0.4 H 标记部位 1 1 2 2 60°

$\sqrt{}$ = $\sqrt{Ra\,0.8}$ $\sqrt{Ra\,6.3}$ ($\sqrt{}$)

续表

d 基本尺寸	d 极限偏差	H 基本尺寸	H 极限偏差	D_1	D	R	配用弹簧 JB/T 9102.5
20	+0.012 −0.009	7	−0.013 −0.049	30	35	2.5	0.5×3×79
22				32	37		
25				35	40		0.5×3×93
28				38	43		
32	+0.014 −0.011			42	47		0.5×3×98
(35)				45	50		0.5×3×106
36				46	51		
40				50	55		0.5×3×115
45		8		54	60	3	0.5×3×127
50				64	70		0.8×4×189
(55)	+0.018 −0.012			69	75		0.8×4×203
56				70	76		
(60)				74	80		0.8×4×217
63				77	83		0.8×4×227
(65)				79	85		
70				84	90		0.8×4×243
80				99	105		0.8×4×275
90	+0.022 −0.013	9		109	115		1×5×302
100				119	125		1×5×327
110				129	135		1×5×355
125	+0.026 −0.014			144	150		1×5×393
140				159	165		1×5×435

注：括号内数值非优先参数。

表 18-4-9　　B 型　　mm

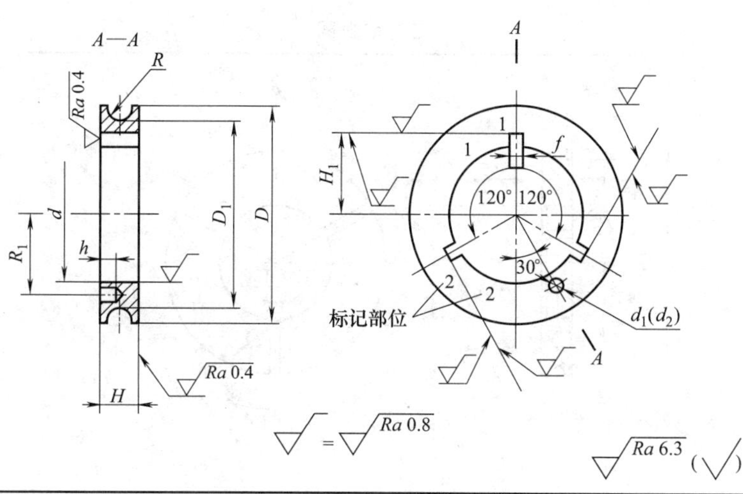

续表

d		H		D_1	D	H_1	R_1	f	R	h	d_1		d_2	配用弹簧 JB/T 9102.5
基本尺寸	极限偏差	基本尺寸	极限偏差								基本尺寸	极限偏差		
20	+0.012 −0.009	7	−0.013 −0.049	30	35	12	12.5	2.5	2.5	3	2	+0.020 0	2.4	0.5×3×79
22				32	37	13	13.5							
25				35	40	15	15							0.5×3×93
28				38	43	17	16.5							
32	+0.014 −0.011			42	47	19	18.5							0.5×3×98
(35)				45	50	20	20							0.5×3×106
36				46	51	20	20.5							
40				50	55	22	22.5							0.5×3×115
45		8		54	60	25	25	3	3	4	3	+0.025 0	3.5	0.5×3×127
50				64	70	28	28.5							0.8×4×189
(55)	+0.018 −0.012			69	75	30	31							
56				70	76	31	31.5							0.8×4×203
(60)				74	80	33	33.5							0.8×4×217
63				77	83	35	35							
(65)				79	85	36	36							0.8×4×227
70				84	90	38	39.5							0.8×4×243
80				99	105	44	44							0.8×4×275
90	+0.022 −0.013	9		109	115	50	51		3.5	5	4	+0.03 0	4.5	1×5×302
100				119	125	56	56							1×5×327
110				129	135	61	61.5							1×5×355
125	+0.026 −0.014			144	150	69	69							1×5×393
140				159	165	76	76.5							1×5×435

注：1. 括号内数值非优先参数。
2. 每对密封圈中，一个销孔的直径为 d_1，另一个为 d_2。

4.3.3.2　三、六瓣密封圈(JB/T 9102.3—2013)

表 18-4-10　　三瓣密封圈　　mm

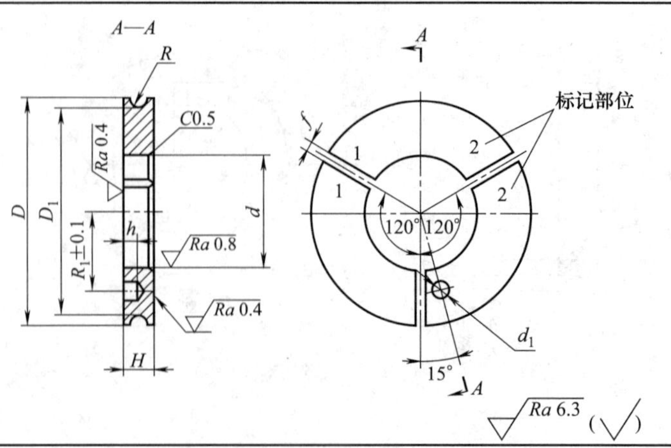

续表

d 基本尺寸	d 极限偏差	H 基本尺寸	H 极限偏差	D_1	D	R	f	d_1	h	R_1	配用弹簧 JB/T 9102.5
20	+0.012 −0.009	7	−0.013 −0.049	41	45	2	1.2	3.5	3.5	15	0.5×3×98
22				43	47					16	
25				46	50					18	0.5×3×106
28				49	53					19	
32	+0.014 −0.011			53	57					21	0.5×3×115
(35)				56	60					22.5	0.5×3×127
36				57	61					23	
40				61	65					25	0.5×3×137
45		8		65	70	2.5				27	0.8×4×189
50				70	75					30	0.8×4×203
(55)	+0.018 −0.012			75	80			4.5	4.5	33	0.8×4×217
56				76	81					34	
(60)				85	90					37	0.8×4×243
63				88	93					38	0.8×4×256
(65)				90	95					40	
70				95	100					42	0.8×4×275
80				105	110					47	0.8×4×300
90	+0.022 −0.013	9		114	120	3	1.5			52	1×5×316
100				124	130					57	1×5×341
110				134	140					62	1×5×368
125	+0.026 −0.014			149	155					69	1×5×407
140				164	170					77	1×5×447

注：括号内数值非优先参数。

表 18-4-11　　六瓣密封圈　　mm

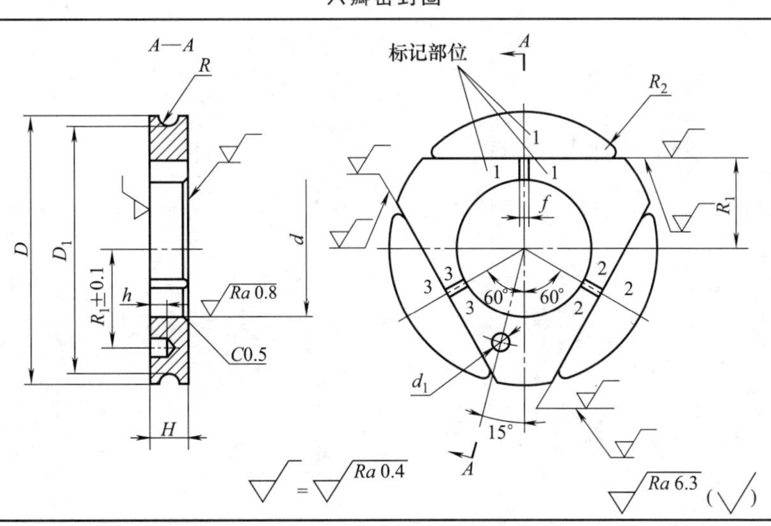

续表

d		H		D_1	D	R	f	d_1		h	R_2	R_1	H_1	配用弹簧 JB/T 9102.5
基本尺寸	极限偏差	基本尺寸	极限偏差					基本尺寸	极限偏差					
20	+0.012 −0.009	7	−0.013 −0.049	41	45	2	1.2	3.5	+0.020 0	3	1.5	15	13.5	0.5×3×98
22				43	47							16	14.5	
25				46	50							18	16.5	0.5×3×106
28				49	53							19	18.5	
32	+0.014 −0.011			53	57							21	20.5	0.5×3×115
(35)				56	60							23	21.5	0.5×3×127
36				57	61							23	23	
40				61	65							25	24	0.5×3×137
45		8		65	70	2.5						27	26.5	0.8×4×189
50				70	75							30	29	0.8×4×203
(55)	+0.018 −0.012			75	80			4.5	+0.025 0	4	2	33	31.5	0.8×4×217
56				76	81							34	32	
(60)				85	90							37	33	0.8×4×243
63				88	93							38	34.5	0.8×4×256
(65)				90	95							40	36.5	
70				95	100							42	39	0.8×4×275
80				105	110							47	45	0.8×4×300
90	+0.022 −0.013	9		114	120	3	1.5					52	50	1×5×316
100				124	130							57	55	1×5×341
110				134	140							62	60	1×5×368
125	+0.026 −0.014			149	155							69	67	1×5×407
140				164	170							77	74	1×5×447

注：括号内数值非优先参数。

4.3.3.3 径向切口刮油圈(JB/T 9102.4—2013)

表 18-4-12　　A 型　　mm

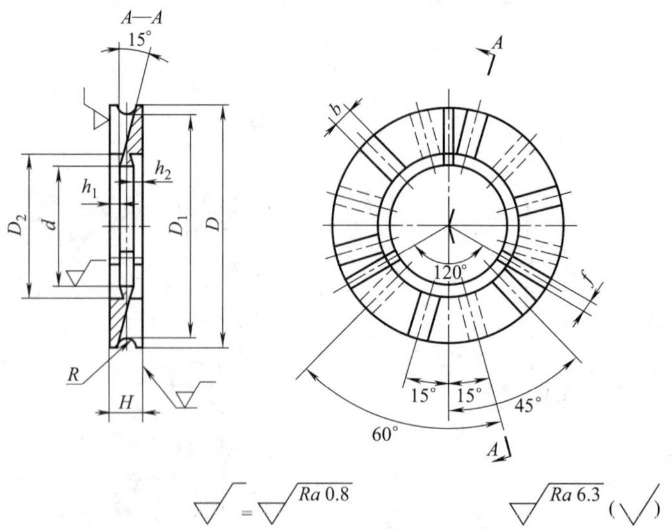

续表

d 基本尺寸	d 极限偏差	H 基本尺寸	H 极限偏差	D_1	D	D_2	R	b	h_1	f	配用弹簧 JB/T 9102.5
20	+0.012 −0.009	7	−0.013 −0.049	41	45	25	2	4	2	1.2	0.5×3×98
22				43	47	27					
25				46	50	30					0.5×3×106
28				49	53	33					
32	+0.014 −0.011			53	57	37					0.5×3×115
(35)				56	60	40					0.5×3×127
36				57	61	41					
40				61	65	45		5			0.5×3×137
45		8		65	70	50	2.5				0.8×4×189
50				70	75	55					0.8×4×203
(55)	+0.018 −0.012			75	80	61					0.8×4×217
56				76	81	62					
(60)				85	90	66		6			0.8×4×243
63				88	93	69					0.8×4×256
(65)				90	95	71					
70				95	100	76					0.8×4×275
80				105	110	86					0.8×4×300
90	+0.022 −0.013	9		114	120	96	3	8		1.5	1×5×316
100				124	130	106					1×5×341
110				134	140	116					1×5×368
125	+0.026 −0.014			149	155	131		10			1×5×407
140				164	170	146					1×5×447

注：括号内数值非优先参数。

表 18-4-13 B 型 mm

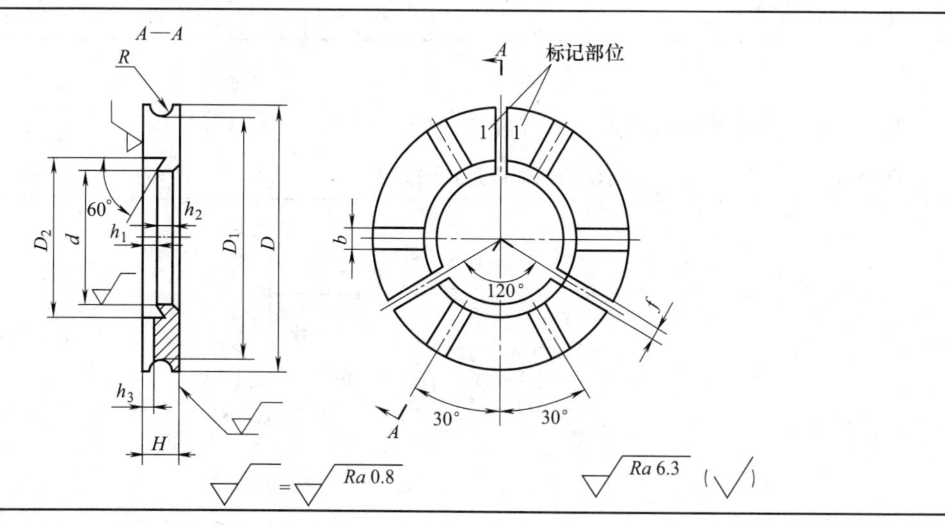

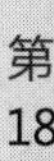

续表

d		H		D_1	D	D_2	R	b	h_1	h_2	h_3	f	配用弹簧 JB/T 9102.5
基本尺寸	极限偏差	基本尺寸	极限偏差										
20	+0.012 −0.009	7	−0.013 −0.049	41	45	25	2	4	2.5	3	2	1.2	0.5×3×98
22				43	47	27							
25				46	50	30							0.5×3×106
28				49	53	33							
32	+0.014 −0.011			53	57	37							0.5×3×115
(35)				56	60	40							0.5×3×127
36				57	61	41							
40				61	65	45							0.5×3×137
45		8		65	70	50	2.5	5	3	3.5	2.5		0.8×4×189
50				70	75	55							0.8×4×203
(55)	+0.018 −0.012			75	80	61							0.8×4×217
56				76	81	62							
(60)				85	90	66		6					0.8×4×243
63				88	93	69							0.8×4×256
(65)				90	95	71							
70				95	100	76							0.8×4×275
80				105	110	86							0.8×4×300
90	+0.022 −0.013	9		114	120	96	3	8	3.5	4		1.5	1×5×316
100				124	130	106							1×5×341
110				134	140	116							1×5×368
125	+0.026 −0.014			149	155	131		10					1×5×407
140				164	170	146							1×5×447

注：括号内数值非优先参数。

4.3.3.4　密封圈和刮油圈用拉伸弹簧(JB/T 9102.5—2013)

表 18-4-14　　密封圈和刮油圈用拉伸弹簧（JB/T 9102.5—2013）　　mm

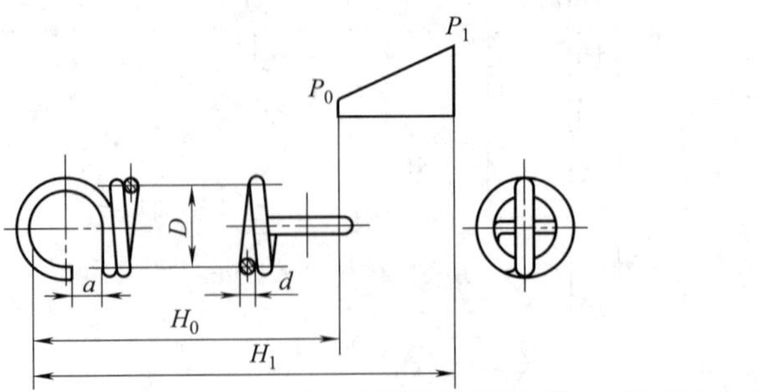

第 18 篇

续表

材料直径 d	弹簧中径 D	初拉力 P_0/N	工作负荷 P_1/N	钩环开口宽度 a	自由长度 H_0	工作长度 H_1	有效圈数 n	展开长度 L
0.5	3	1.61	7.35	$\frac{D}{3}$	79	112	148	1413
					93	126	176	1678
					98	143	185	1761
					106	151	201	1912
					115	168	218	2072
					127	181	243	2307
					137	202	265	2496
0.8	4	5.91	13.7		189	216	225	2851
					203	232	241	3052
					217	248	258	3265
					227	260	275	3479
					243	278	291	3680
					256	294	316	3994
					275	316	341	4308
					300	344	366	4622
1.0	5	9.23	25.5		316	377	307	4831
					341	408	332	5243
					368	440	359	5668
					407	487	398	6280
					447	534	438	6908

4.3.3.5　密封圈和刮油圈技术条件(JB/T 9102.6—2013)

表 18-4-15　　密封圈和刮油圈技术条件 (JB/T 9102.6—2013)

<table>
<tr><td rowspan="8">技术要求</td><td>1)元件用铁、铜基粉末冶金、铸造锡青铜灰铸铁(合金铸铁)、应符合右表规定，其他经试验鉴定能保证要求的材料允许代用</td><td>
<table>
<tr><th>序号</th><th>材 料 牌 号</th><th>标 准 代 号</th></tr>
<tr><td>1</td><td>FZ1265</td><td>GB/T 2688</td></tr>
<tr><td>2</td><td>FZ1365</td><td>GB/T 2688</td></tr>
<tr><td>3</td><td>FZ2175</td><td>GB/T 2688</td></tr>
<tr><td>4</td><td>FZ2270</td><td>GB/T 2688</td></tr>
<tr><td>5</td><td>ZCuSn5Pb5Zn5</td><td>GB/T 1176</td></tr>
<tr><td>6</td><td>ZCuSn10P1</td><td>GB/T 1176</td></tr>
<tr><td>7</td><td>灰铸铁</td><td>JB/T 6431</td></tr>
</table>
</td></tr>
<tr><td>2)元件的形状和位置公差应不低于右表的规定</td><td>
<table>
<tr><th>项目</th><th>两端面的平行度</th><th>两端面的平面度</th><th>两端面对内孔轴线的垂直度</th><th>内孔圆度</th><th>内孔圆柱度</th></tr>
<tr><td>公差等级(GB/T 1184)</td><td>5</td><td colspan="2">6</td><td colspan="2">7</td></tr>
</table>
</td></tr>
<tr><td colspan="2">3)元件内孔的漏光弧长不超过圆周的 10%,密封圈的每个切口密封面的漏光长度不得超过其长度之半</td></tr>
<tr><td colspan="2">4)元件的表面不应有气孔、砂眼、裂纹、夹渣等缺陷;不允许有毛刺、掉边缺角;内孔不得有轴向划痕,两端面不得有径向划痕,切口密封面不得有任何划痕</td></tr>
<tr><td colspan="2">5)元件外缘应倒棱,但刮油圈的刮油齿不得倒棱</td></tr>
<tr><td colspan="2">6)元件按图样规定打上标记</td></tr>
<tr><td colspan="2">7)元件与配用的拉伸弹簧应配套供应</td></tr>
<tr><td colspan="2">8)元件在压缩机规定工况下工作,其配套弹簧及对偶件活塞杆等零件的制造和装配符合设计与图样规定时,其更换期应不低于 4000h</td></tr>
</table>

续表

检验规则和试验方法

①元件材料的径向压溃强度、表观硬度的测定方法按 GB/T 6804、GB/T 9097.1 的规定

②元件各表面的表面粗糙度评定按 GB/T 1031 或 GB/T 6060.2 的规定，有争议时按 GB/T 1031 的规定仲裁

③元件内孔的圆度、圆柱度和切口密封面的漏光长度的检验可采用图(a)所示的漏光法。将元件放在图(a)所示的位置上，用目视检查

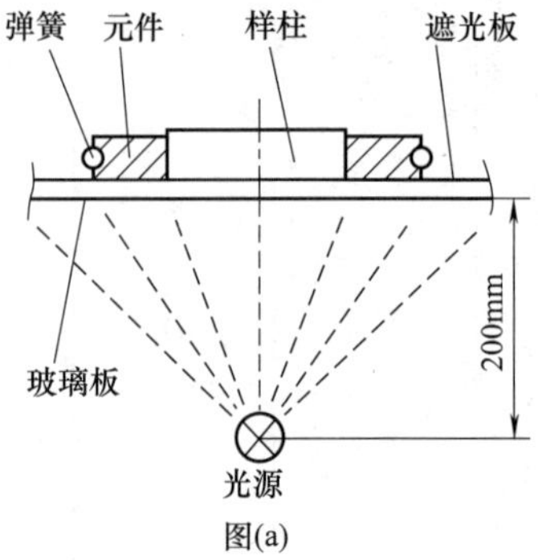

图(a)

样柱的外径公差为 GB/T 1801 的 J6；圆度公差为 GB/T 1184 的 6 级；外圆面表面粗糙度值为 $Ra0.4\mu m$；光源为 40W 白炽磨砂灯泡

④元件的表观硬度及径向压溃强度按 GB/T 2688、GB/T 1176 及 JB/T 6431 的规定，每批次抽取至少一件检验，径向压溃强度应在机械加工前检验

⑤元件的外径及厚度尺寸、表观、表面粗糙度应逐件检验

⑥元件的漏光度按制造工序逐件检验，形状和位置公差按制造工序抽检

⑦用户抽验产品质量时，如供需双方无协议规定，则应按 GB/T 2828.1 或 JB/T 7905 和本部分表 1 的规定

表 1

检验项目	合格质量水平 AQL	质量检查水平	抽样方案
外形尺寸	1.5	一般检查水平 Ⅱ级	正常两次抽样方案
形状和位置公差	2.5		
表面粗糙度			
表观			
其他尺寸与偏差	4.0		
径向压溃强度		特殊检查水平 S-2 级	
表观硬度			

标志、包装和储存

1)元件经防锈处理后，应配装弹簧，装入不透水的包装袋和包装盒

2)每盒产品应附有制造厂检验员签章的产品合格证

3)包装盒上应标明

a. 制造厂名称、厂标和地址

b. 产品名称、型号

c. 材料牌号

d. 数量

e. 包装日期

4)盒装的元件还必须装入有防潮措施的包装箱内，包装要求及标志应符合 GB/T 13384 的规定

5)包装的元件应放在通风良好的仓库内，自出厂之日起制造厂应保证元件在 1 年内不致锈蚀

第 5 章　成形填料密封

5.1　O 形密封圈

O 形密封圈，其截面呈圆形，形状简单，制造容易，成本低廉，使用温度范围可从－60℃到 200℃。使用不同材料的 O 形密封圈，大多可以满足各种介质和各种运动条件的要求。

O 形密封圈有如下特点：

① 密封部位结构简单，安装部位紧凑，质量较轻；

② 有自密封作用，往往只用一个密封件便能完成密封，密封性能较好，用作静密封时几乎可以做到没有泄漏；

③ 用于往复运动时，在往复行程中密封性能不变，泄漏很小，只在速度较高时才有些泄漏；

④ 运动摩擦阻力很小，对于压力交变的场合也能适应；

⑤ 尺寸和沟槽已标准化，成本低，便于使用和外购。

5.2　V 形密封圈

V 形密封圈是一种唇形密封圈，主要用于往复运动，作活塞或活塞杆的密封。V 形密封圈的唇口有“自封”作用。其结构如图 18-5-1 所示。

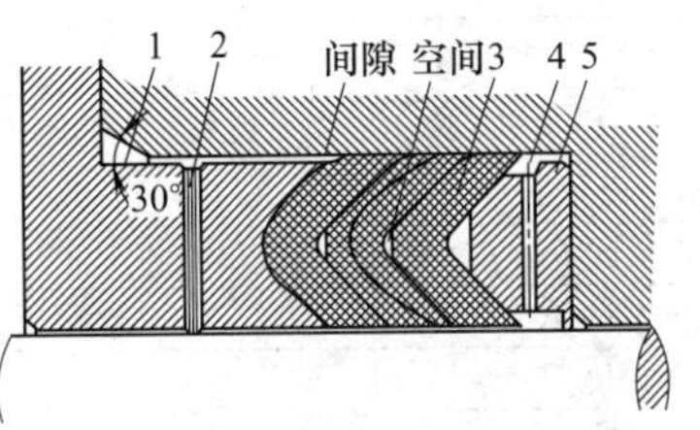

图 18-5-1　V 形密封圈
1—压环；2—调节垫；3—密封圈；4—连通孔；5—支撑环

V 形密封圈有如下特点：

① 密封性能良好；

② 允许一定的偏心载荷和偏心运动；

③ 可以多圈重叠使用，并通过调节压紧力来获得最佳密封效果；

④ 耐冲击压力和振动压力；

⑤ 当填料不能从轴向装入时，可以开切口使用，只要安装时将切口互相错开，不影响密封效果。

V 形密封圈适用于液压油、水和乳化液等介质，使用压力可达 40MPa 以上，表面线速度可在 0.5m/s，使用温度可在－30～120℃范围内。如采用塑料支承环时，使用温度一般不高于 100℃。在高温或在特种液压油如耐燃油中，必须使用夹织物橡胶圈；使用温度在－50～140℃时，可采用棉帆布氟橡胶；若用石棉氟橡胶，使用温度可为－50～160℃，短时期内可达 200℃。

表 18-5-1　O 形圈材料的选择

材　料	适用介质	使用温度/℃		备　注
		运动用	静止用	
丁腈橡胶	矿物油，汽油，苯	80	－30～120	
氯丁橡胶	空气，水，氧	80	－40～120	
丁基橡胶	动、植物油，弱酸，弱碱	80	－30～110	永久变形大，不适用矿物油
丁苯橡胶	碱，动、植物油，水，空气	80	－30～100	不适用矿物油
天然橡胶	水，弱酸，弱碱	60	－30～90	不适用矿物油
硅橡胶	高、低温油，矿物油，动、植物油，氧，弱酸，弱碱	－60～260	－60～260	不适用蒸汽，运动部位应避免使用
氯磺化聚乙烯	高温油，氧，臭氧	100	－10～150	运动部位应避免使用
聚氨酯橡胶	水，油	60	－30～80	耐磨，但应避免高速使用
氟橡胶	热油，蒸汽，空气，无机酸，卤素类溶剂	150	－20～200	
聚四氟乙烯	酸，碱，各种溶剂		－100～260	不适用运动部位

表 18-5-2 V 形密封圈材料的选择

项目		皮革	合成橡胶	夹织物橡胶
一般矿物系液压油		良	良	良
空气		良	良	良
水		良	良	良
不燃性液压油	磷酸酯系液压油	浸渍石蜡或聚硫化物	氟橡胶	氟橡胶
	水·乙醇系液压油	劣	丁钠橡胶	丁钠橡胶
	W/O 乳化剂	浸渍石蜡、聚氨酯或聚硫化物	丁钠橡胶	丁钠橡胶
密封面状态		不需镀铬	要求硬而光滑的表面，镀硬铬	要求硬而光滑的表面，镀硬铬
表面粗糙度 Ra/μm		1.6	0.4	0.8
密封间隙		一般配合	要求非常小	要求小
摩擦因数		小	较大	比合成橡胶小
磨损		小	较大	较大
最大使用压力/MPa		500	35	60
同轴度		普通	要求非常高	要求高
偏心载荷		适	不适	适
耐冲击压力		大	中	大
使用温度/℃		−60～100	−60～120	−25～200
漏油		有	无	无
寿命		最长	中	长

5.3 Y 形密封圈

表 18-5-3 Y 形密封圈

结构	Y 形密封圈通常由高硬度的丁腈橡胶模压而成，用于液压系统中的活塞、柱塞和活塞杆的密封。当密封圈装入沟槽中，密封唇仅与滑动表面沟槽底部金属相接触，产生一定的预应力，达到密封的效果。在压力的作用下，由于密封唇圆周方向的变形，产生接触压力，随着液体压力的增加，变形和接触压力也随之增大，使 Y 形密封圈达到自封的效果 Y 形密封圈的主要缺点是作往复式活塞密封时，容易出现密封圈移位和“反转”现象，内压过高时，也可能发生“胶料挤出”现象 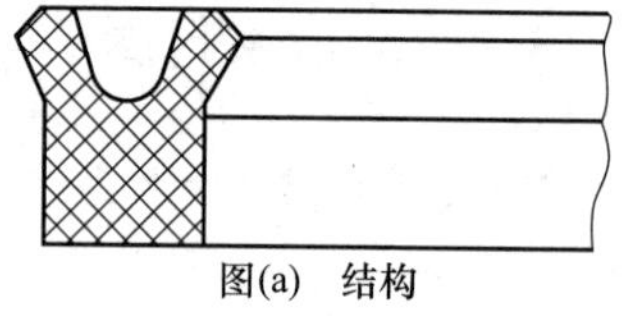 图(a) 结构
设计要点	①为了使唇能很好地张开起自封作用，常在填料腔上开一小孔，开孔方式如图(b)所示 ②密封圈底部的间隙应尽可能做到最小，以避免在高压下发生胶料挤出现象。当间隙不可能做到最小时，应与挡圈并用，或选用底面上镶有挡圈的专用密封圈 ③Y 形圈对偏心载荷和偏心运动的适应性不强。当活塞的运动和受力遇到偏心时，为了避免唇部偏心磨损，常在密封之间设一抗磨环。抗磨环的材料应耐磨和具有自润滑性，故一般用夹布酚醛塑料、尼龙或聚四氟乙烯 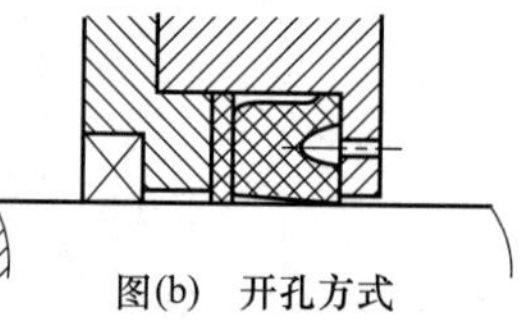 图(b) 开孔方式 ④接触面的粗糙度对 Y 形圈的寿命和密封性有很大影响，所以一般缸的内壁面粗糙度应在 1.6μm 以下，最好经过辊压。活塞杆的密封面，应镀硬铬并抛光，要求粗糙度在 0.8μm 以下。安装 Y 形圈的沟槽，也应有粗糙度的限制，侧面应为 3.2μm，底面应为 1.6～0.4μm ⑤Y 形圈通过的部位，不得有尖角、毛刺，因这些加工痕迹很容易刮伤 Y 形圈的唇部。为此，在设计时，对孔口和轴端应要求倒角或修圆 ⑥户外及外露的油缸所用的 Y 形圈，必须做防尘、防水设计，避免活塞杆磨损和密封圈老化，并保证活塞密封和油的洁净。防尘可用油封、毡封及其他防尘密封。当外部有冰冻时常在防尘圈之外另加防冰挡板

5.4 鼓形和山形密封圈

鼓形和山形密封圈（图 18-5-2）都适用于往复运动在液压缸活塞上起密封作用，并已标准化，有两种基本形式：第一种形式由一个鼓形夹织物橡胶密封圈和两个 L 形塑料环组成，如图 18-5-2（a）所示；第二种形式由一个山形橡胶密封圈和两个 J 形塑料环、两个矩形塑料环组成，如图 18-5-2（b）所示。

山形密封圈与鼓形密封圈的密封机理相同，下面以鼓形密封圈为例说明其密封机理。

鼓形密封圈的中间是一个鼓形橡胶圈，两侧是夹

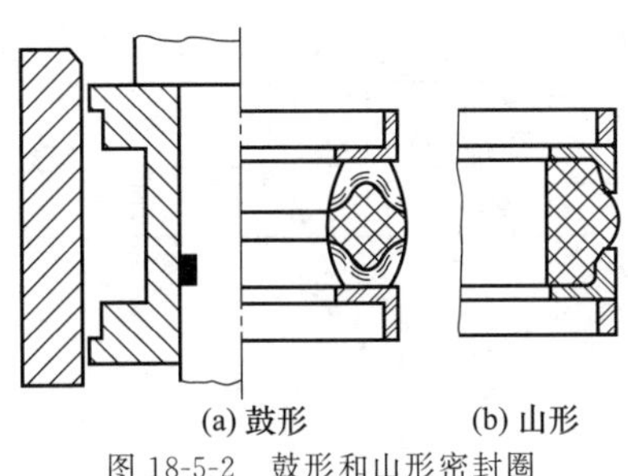

图 18-5-2　鼓形和山形密封圈

织物层，再两侧是酚醛树脂制的环，三者合成一体。鼓形橡胶圈相当于唇部，工作时，唇部以一定的预接触压力进行密封，同时两侧的夹织物层饱吸润滑剂，在缸壁之间的间隙处形成油楔，保证唇部得到良好的润滑。所以这种密封摩擦小、磨损少。最外层的两只挡环（支承环及导向环），保证密封圈不发生“挤出”现象，同时也无异常响声和“反转”事故，因此工作稳定。它比用两个 Y 形密封圈简单，可以减轻活塞的质量，适用于双向密封。

表 18-5-4　鼓形和山形密封圈的工作压力范围

往复运动范围 /m·s^{-1}	鼓形密封圈工作压力/MPa	山形密封圈工作压力/MPa
0.5	0.1～40	0～20
0.15	0.1～70	0～35

5.5　J 形和 L 形密封圈

表 18-5-5　J 形和 L 形密封圈

结构	J 形和 L 形密封圈都是用于工作压力不大于 1MPa 的气压或液压机械设备的密封。J 形密封圈用于活塞杆密封，其结构和安装示例见图(a) L 形密封圈用于活塞密封，其结构和安装示例见图(b) 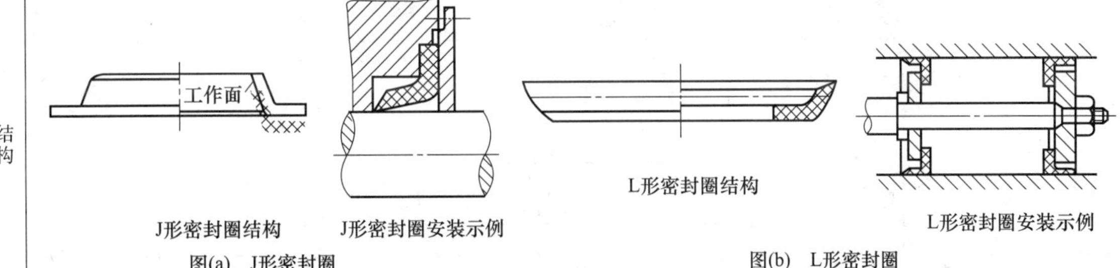 L 形密封圈的密封机理，与前面所述的基本相同，即有“自封作用”。但对于低压大直径的气缸，常因为间隙较大，唇的张开余量少，而使得接触压力不足，不能正常密封。因此，保证唇的正常张开，以形成必要的初始接触压力是非常必要的。所以对大尺寸的橡胶密封圈，在唇的内侧加装弹簧圈，对皮质密封圈，则加开口涨圈和菊花垫圈
设计要点	①为了固定密封圈，一般要用压板，压紧力的大小视胶料的硬度而定，以底面不产生较大的变形为原则。压板的外径一定要小于密封圈唇的内径。为避免热膨胀和溶胀，其间应有较大间隙，同时密封圈的唇部与缸内径之间不应有过大的过盈量。作气动密封时，应考虑气体压缩时的温升 ②密封圈底面的承压板（或活塞）外径与缸内径之间的间隙越小越好，其大小可参照其他密封圈选取，但要注意活塞与缸偏心的大小，尽量避免活塞的金属部分与缸内壁接触 ③缸内壁的表面粗糙度一般可取 3.2～0.8μm。压板和承压面的粗糙度可取 6.3～3.2μm ④在频繁冲击性内压作用下，设计上应保证唇的根部不致很快发生疲劳断裂和撕裂

5.6　管道法兰连接结构中的 U 形密封圈

管道法兰连接结构中的 U 形密封圈结构如图 18-5-3所示。这种密封圈截面呈 U 形，用于管路法兰连接结构中，公称通径 DN25～300mm，工作压力 PN≤4MPa。

管道法兰连接结构中的 U 形密封圈的常用材料为丁腈橡胶和氟橡胶，这两种橡胶的特性与工作条件见表 18-5-6。

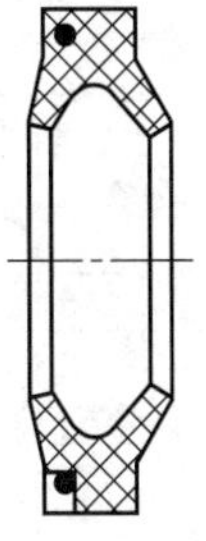

图 18-5-3　管道法兰连接结构中的 U 形密封圈

表 18-5-6　　丁腈橡胶与氟橡胶的特性和工作条件

胶料	胶料特性	工作压力/MPa	工作温度/℃	工作介质
丁腈橡胶	耐油	≤4	−40～100	矿物油、水-乙二醇、空气、水
氟橡胶	耐油、耐高温		−25～200	空气、水、矿物油

5.7　密封件及相关标准

5.7.1　O 形橡胶密封圈

5.7.1.1　液压气动用 O 形橡胶密封圈尺寸及公差（GB/T 3452.1—2005）

表 18-5-7　　一般应用的 O 形圈内径、截面直径尺寸和公差（G 系列）　　mm

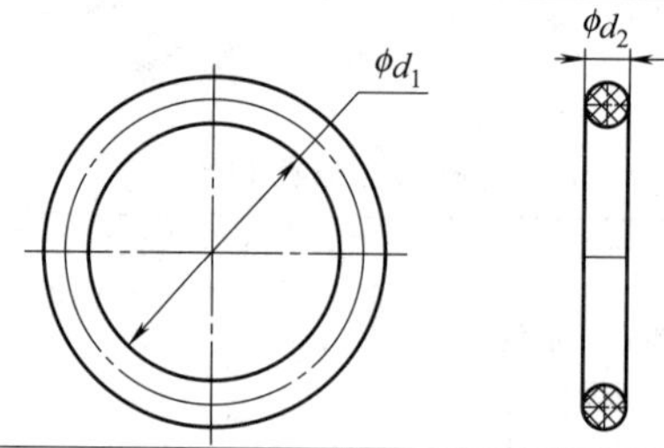

d_1 尺寸	d_1 公差±	d_2 1.8±0.08	d_2 2.65±0.09	d_2 3.55±0.10	d_2 5.3±0.13	d_2 7±0.15
1.8	0.13	×				
2	0.13	×				
2.24	0.13	×				
2.5	0.13	×				
2.8	0.13	×				
3.15	0.14	×				
3.55	0.14	×				
3.75	0.14	×				
4	0.14	×				
4.5	0.15	×				
4.75	0.15	×				
4.87	0.15	×				
5	0.15	×				
5.15	0.15	×				
5.3	0.15	×				
5.6	0.16	×				
6	0.16	×				
6.3	0.16	×				
6.7	0.16	×				
6.9	0.16	×				
7.1	0.16	×				
7.5	0.17	×				
8	0.17	×				
8.5	0.17	×				
8.75	0.18	×				
9	0.18	×				
9.5	0.18	×				
9.75	0.18	×				
10	0.19	×				
10.6	0.19	×	×			
11.2	0.20	×	×			
11.6	0.20	×	×			
11.8	0.19	×	×			
12.1	0.21	×	×			
12.5	0.21	×	×			
12.8	0.21	×	×			
13.2	0.21	×	×			
14	0.22	×	×			
14.5	0.22	×	×			
15	0.22	×	×			
15.5	0.23	×	×			
16	0.23	×	×			
17	0.24	×	×			
18	0.25	×	×	×		
19	0.25	×	×	×		
20	0.26	×	×	×		
20.6	0.26	×	×	×		
21.2	0.27	×	×	×		
22.4	0.28	×	×	×		
23	0.29	×	×	×		
23.6	0.29	×	×	×		
24.3	0.30	×	×	×		
25	0.30	×	×	×		
25.8	0.31	×	×	×		

续表

d_1		d_2					d_1		d_2				
尺寸	公差±	1.8±0.08	2.65±0.09	3.55±0.10	5.3±0.13	7±0.15	尺寸	公差±	1.8±0.08	2.65±0.09	3.55±0.10	5.3±0.13	7±0.15
26.5	0.31	×	×	×			106	0.87		×	×	×	
27.3	0.32	×	×	×			109	0.89		×	×	×	×
28	0.32	×	×	×			112	0.91		×	×	×	×
29	0.33	×	×	×			115	0.93		×	×	×	×
30	0.34	×	×	×			118	0.95		×	×	×	×
31.5	0.35	×	×	×			122	0.97		×	×	×	×
32.5	0.36	×	×	×			125	0.99		×	×	×	×
33.5	0.36	×	×	×			128	1.01		×	×	×	×
34.5	0.37	×	×	×			132	1.04		×	×	×	×
35.5	0.38	×	×	×			136	1.07		×	×	×	×
36.5	0.38	×	×	×			140	1.09		×	×	×	×
37.5	0.39	×	×	×			142.5	1.11		×	×	×	×
38.7	0.40	×	×	×			145	1.13		×	×	×	×
40	0.41	×	×	×	×		147.5	1.14		×	×	×	×
41.2	0.42	×	×	×	×		150	1.16		×	×	×	×
42.5	0.43	×	×	×	×		152.5	1.18			×	×	×
43.7	0.44	×	×	×	×		155	1.19			×	×	×
45	0.44	×	×	×	×		157.5	1.21			×	×	×
46.2	0.45	×	×	×	×		160	1.23			×	×	
47.5	0.46	×	×	×	×		162.5	1.24			×	×	×
48.7	0.47	×	×	×	×		165	1.26			×	×	×
50	0.48	×	×	×	×		167.5	1.28			×	×	×
51.5	0.49		×	×	×		170	1.29			×	×	×
53	0.50		×	×	×		172.5	1.31			×	×	×
54.5	0.51		×	×	×		175	1.33			×	×	×
56	0.52		×	×	×		177.5	1.34			×	×	×
58	0.54		×	×	×		180	1.36			×	×	×
60	0.55		×	×	×		182.5	1.38			×	×	×
61.5	0.56		×	×	×		185	1.39			×	×	×
63	0.57		×	×	×		187.5	1.41			×	×	×
65	0.58		×	×	×		190	1.43			×	×	×
67	0.60		×	×	×		195	1.46			×	×	×
69	0.61		×	×	×		200	1.49			×	×	×
71	0.63		×	×	×		203	1.51				×	×
73	0.64		×	×	×		206	1.53				×	×
75	0.65		×	×	×		212	1.57				×	×
77.5	0.67		×	×	×		218	1.61				×	×
80	0.69		×	×	×		224	1.65				×	×
82.5	0.71		×	×	×		227	1.67				×	×
85	0.72		×	×	×		230	1.69				×	×
87.5	0.74		×	×	×		236	1.73				×	×
90	0.76		×	×	×		239	1.75				×	×
92.5	0.77		×	×	×		243	1.77				×	×
95	0.79		×	×	×		250	1.82				×	×
97.5	0.81		×	×	×		254	1.84				×	×
100	0.82		×	×	×		258	1.87				×	×
103	0.85		×	×	×		261	1.89				×	×

续表

d_1		d_2					d_1		d_2				
尺寸	公差±	1.8±0.08	2.65±0.09	3.55±0.10	5.3±0.13	7±0.15	尺寸	公差±	1.8±0.08	2.65±0.09	3.55±0.10	5.3±0.13	7±0.15
265	1.91				×	×	429	2.96					×
268	1.92				×	×	433	2.99					×
272	1.96				×	×	437	3.01					×
276	1.98				×	×	443	3.05					×
280	2.01				×	×	450	3.09					×
283	2.03				×	×	456	3.13					×
286	2.05				×	×	462	3.17					×
290	2.08				×	×	466	3.19					×
295	2.11				×	×	470	3.22					×
300	2.14				×	×	475	3.25					×
303	2.16				×	×	479	3.28					×
307	2.19				×	×	483	3.30					×
311	2.21				×	×	487	3.33					×
315	2.24				×	×	493	3.36					×
320	2.27				×	×	500	3.41					×
325	2.30				×	×	508	3.46					×
330	2.33				×	×	515	3.50					×
335	2.36				×	×	523	3.55					×
340	2.40				×	×	530	3.60					×
345	2.43				×	×	538	3.65					×
350	2.46				×	×	545	3.69					×
355	2.49				×	×	553	3.74					×
360	2.52				×	×	560	3.78					×
365	2.56				×	×	570	3.85					×
370	2.59				×	×	580	3.91					×
375	2.62				×	×	590	3.97					×
379	2.64				×	×	600	4.03					×
383	2.67				×	×	608	4.08					×
387	2.70				×	×	615	4.12					×
391	2.72				×	×	623	4.17					×
395	2.75				×	×	630	4.22					×
400	2.78				×	×	640	4.28					×
406	2.82					×	650	4.34					×
412	2.85					×	660	4.40					×
418	2.89					×	670	4.47					×
425	2.93					×							

注：表中“×”表示包括的规格。

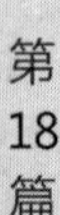

表 18-5-8　航空及类似应用的 O 形圈内径、截面直径尺寸和公差（A 系列）　mm

d_1		d_2					d_1		d_2				
尺寸	公差±	1.8±0.08	2.65±0.09	3.55±0.10	5.3±0.13	7±0.15	尺寸	公差±	1.8±0.08	2.65±0.09	3.55±0.10	5.3±0.13	7±0.15
1.8	0.10	×					2.8	0.11	×				
2	0.10	×					3.15	0.11	×				
2.24	0.11	×					3.55	0.11	×				
2.5	0.11	×					3.75	0.11	×				

续表

d_1		d_2					d_1		d_2				
尺寸	公差±	1.8±0.08	2.65±0.09	3.55±0.10	5.3±0.13	7±0.15	尺寸	公差±	1.8±0.08	2.65±0.09	3.55±0.10	5.3±0.13	7±0.15
4	0.12	×					32.5	0.29	×	×	×		
4.5	0.12	×	×				33.5	0.29	×	×	×		
4.87	0.12	×					34.5	0.30	×	×	×		
5	0.12	×					35.5	0.31	×	×	×		
5.15	0.12	×					36.5	0.31	×	×	×		
5.3	0.12	×	×				37.5	0.32	×	×	×	×	
5.6	0.13	×					38.7	0.32	×	×	×	×	
6	0.13	×	×				40	0.33	×	×	×	×	
6.3	0.13	×					41.2	0.34	×	×	×	×	
6.7	0.13	×					42.5	0.35	×	×	×	×	
6.9	0.13	×	×				43.7	0.35	×	×	×	×	
7.1	0.14	×					45	0.36	×	×	×	×	
7.5	0.14	×					46.2	0.37		×	×	×	
8	0.14	×	×				47.5	0.37	×	×	×	×	
8.5	0.14	×					48.7	0.38		×	×	×	
8.75	0.15	×					50	0.39	×	×	×	×	
9	0.15	×	×				51.5	0.40		×	×	×	
9.5	0.15	×	×				53	0.41	×	×	×	×	
10	0.15	×	×				54.5	0.42		×	×	×	
10.6	0.16	×	×				56	0.42	×	×	×	×	
11.2	0.16	×	×				58	0.44		×	×	×	
11.8	0.16	×	×				60	0.45	×	×	×	×	
12.5	0.17	×	×				61.5	0.46		×	×	×	
13.2	0.17	×	×				63	0.46	×	×	×	×	
14	0.18	×	×	×			65	0.48		×	×	×	
15	0.18	×	×	×			67	0.49	×	×	×	×	
16	0.19	×	×	×			69	0.50		×	×	×	
17	0.20	×	×	×			71	0.51	×	×	×	×	
18	0.20	×	×	×			73	0.52		×	×	×	
19	0.21	×	×	×			75	0.53	×	×	×	×	
20	0.21	×	×	×			77.5	0.55			×	×	
21.2	0.22	×	×	×			80	0.56	×	×	×	×	
22.4	0.23	×	×	×			82.5	0.57			×	×	
23.6	0.24	×	×	×			85	0.59	×	×	×	×	
25	0.24	×	×	×			87.5	0.60			×	×	
25.8	0.25		×	×			90	0.62	×	×	×	×	
26.5	0.25	×	×	×			92.5	0.63			×	×	
28	0.26	×	×	×			95	0.64	×	×	×	×	
30	0.27	×	×	×			97.5	0.66			×	×	
31.5	0.28	×	×	×			100	0.67	×	×	×	×	

续表

d_1		d_2					d_1		d_2				
尺寸	公差±	1.8±0.08	2.65±0.09	3.55±0.10	5.3±0.13	7±0.15	尺寸	公差±	1.8±0.08	2.65±0.09	3.55±0.10	5.3±0.13	7±0.15
103	0.69			×	×		206	1.26				×	×
106	0.71	×	×	×	×		212	1.29		×		×	×
109	0.72			×	×	×	218	1.32		×		×	×
112	0.74	×	×	×	×	×	224	1.35		×		×	×
115	0.76			×	×	×	230	1.39		×		×	×
118	0.77	×	×	×	×	×	236	1.42		×		×	×
122	0.80			×	×	×	243	1.46				×	×
125	0.81	×	×	×	×	×	250	1.49		×		×	×
128	0.83			×	×	×	258	1.54		×		×	×
132	0.85		×	×	×	×	26.5	1.57		×		×	×
136	0.87			×	×	×	272	1.61				×	×
140	0.89		×	×	×	×	280	1.65		×		×	×
145	0.92		×	×	×	×	290	1.71		×		×	×
150	0.95		×	×	×	×	300	1.76		×		×	×
155	0.98		×	×	×	×	307	1.80		×		×	×
160	1.00		×	×	×	×	31.5	1.84		×		×	×
165	1.03		×	×	×	×	325	1.90				×	×
170	1.06		×	×	×	×	335	1.95		×		×	×
175	1.09		×	×	×	×	345	2.00				×	×
180	1.11		×	×	×	×	355	2.05		×		×	×
185	1.14		×	×	×	×	365	2.11				×	×
190	1.17		×	×	×	×	375	2.16				×	×
195	1.20		×	×	×	×	387	2.22				×	×
200	1.22		×	×	×	×	400	2.29				×	×

注：表中“×”表示包括的规格。

5.7.1.2 液压气动用 O 形橡胶密封圈沟槽尺寸和设计计算准则(GB/T 3452.3—2005)

(1) O 形圈沟槽形式

表 18-5-9 O 形圈沟槽形式

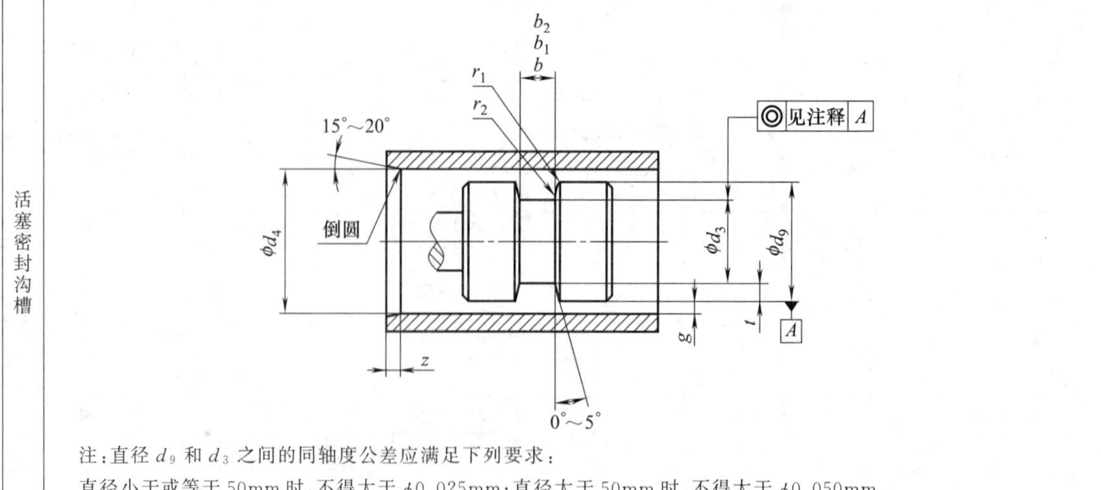

注：直径 d_9 和 d_3 之间的同轴度公差应满足下列要求：

直径小于或等于 50mm 时，不得大于 ϕ0.025mm；直径大于 50mm 时，不得大于 ϕ0.050mm

续表

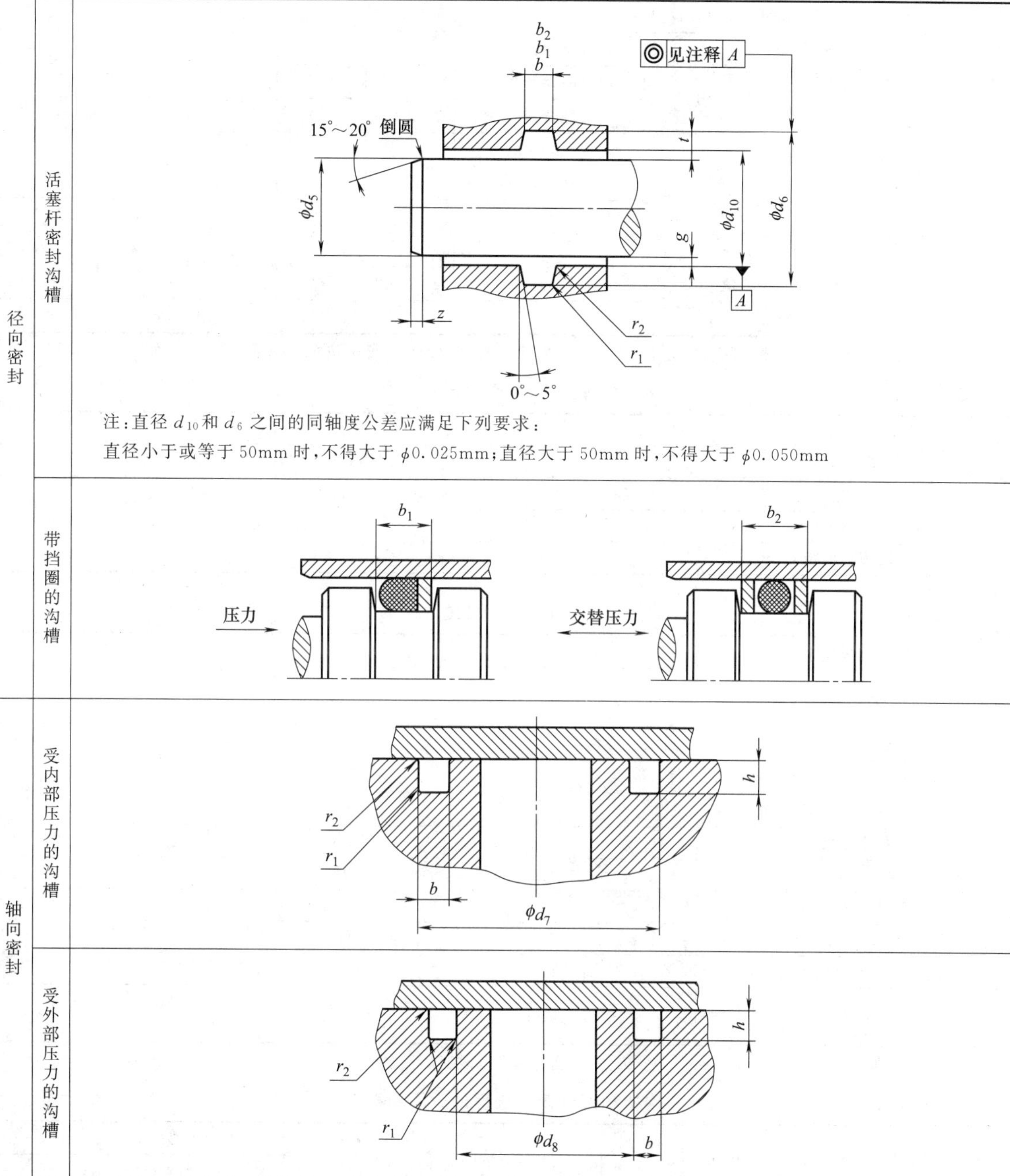

（2）O 形圈沟槽尺寸与公差

表 18-5-10　　径向密封沟槽尺寸　　mm

O 形圈截面直径 d_2			1.80	2.65	3.55	5.30	7.00
沟槽宽度	气动动密封		2.2	3.4	4.6	6.9	9.3
	液压动密封或静密封	b	2.4	3.6	4.8	7.1	9.6
		b_1	3.8	5.0	6.2	9.0	12.3
		b_2	5.2	6.4	7.6	10.9	15.1

续表

O形圈截面直径 d_2			1.80	2.65	3.55	5.30	7.00
沟槽宽度 t	活塞密封（计算 d_3 用）	液压动密封	1.35	2.10	2.85	4.35	5.85
		气动动密封	1.4	2.15	2.95	4.5	6.1
		静密封	1.32	2.0	2.9	4.31	5.85
	活塞杆密封（计算 d_6 用）	液压动密封	1.35	2.10	2.85	4.35	5.85
		气动动密封	1.4	2.15	2.95	4.5	6.1
		静密封	1.32	2.0	2.9	4.31	5.85
最小导角长度 z_{min}			1.1	1.5	1.8	2.7	3.6
沟槽底圆角半径 r_1			0.2～0.4		0.4～0.8		0.8～1.2
沟槽棱圆角半径 r_2			0.1～0.3				

注：t 值考虑了 O 形橡胶密封圈的压缩率，允许活塞或活塞杆密封沟槽深度值按实际需要选定。

表 18-5-11　　轴向密封沟槽尺寸　　mm

O形圈截面直径 d_7	1.80	2.65	3.55	5.30	7.00
沟槽宽度 b	2.6	3.8	5.0	7.3	9.7
沟槽深度 h	1.28	1.97	2.75	4.24	5.72
沟槽底圆角半径 r_1	0.2～0.4		0.4～0.8		0.8～1.2
沟槽棱圆角半径 r_2	0.1～0.3				

表 18-5-12　　沟槽尺寸公差　　mm

O形圈截面直径 d_2	1.8	2.65	3.55	5.30	7.00
轴向密封时沟槽深度 h	$^{+0.05}_{0}$			$^{+0.10}_{0}$	
缸内径 d_4	H8				
沟槽槽底直径(活塞密封) d_3	h9				
活塞直径 d_9	f7				
活塞杆直径 d_5	f7				
沟槽槽底直径(活塞杆密封) d_6	H9				
活塞杆配合孔直径 d_{10}	H8				
轴向密封时沟槽外径 d_7	H11				
轴向密封时沟槽内径 d_8	H11				
O形圈沟槽宽度 b、b_1、b_2	$^{+0.25}_{0}$				

注：为适应特殊应用需要，d_3、d_4、d_5、d_6 的公差范围可以改变。

表 18-5-13　　沟槽和配合偶件表面的表面粗糙度　　μm

表面	应用情况	压力状况	表面粗糙度	
			Ra	Ry
沟槽的底面和侧面	静密封	无交变、无脉冲	3.2(1.6)	12.5(6.3)
		交变或脉冲	1.6	6.3
	动密封		1.6(0.8)	6.3(3.2)
配合表面	静密封	无交变、无脉冲	1.6(0.8)	6.3(3.2)
		交变或脉冲	0.8	3.2
	动密封		0.4	1.6
导角表面			3.2	12.5

注：括号内的数值为要求精度较高的场合应用。

(3) O 形圈沟槽尺寸的确定

表 18-5-14　　液压活塞动密封沟槽尺寸　　mm

d_4 H8 / d_9 f7	d_3 h9	d_1
d_2=1.8		
7	4.3	4
8	5.3	5
9	6.3	6
10	7.3	6.9
11	8.3	8
12	9.3	8.75
13	10.3	10
14	11.3	10.6
15	12.3	11.8
16	13.3	12.5
17	14.3	14
18	15.3	15
19	16.3	16
20	17.3	17
d_2=2.65		
19	14.9	14.5
20	15.9	15.5
21	16.9	16
22	17.9	17
23	18.9	18
24	19.9	19
25	20.9	20
26	21.9	21.2
27	22.9	22.4
28	23.9	22.4
29	24.9	24.3
30	25.9	25
31	26.9	26.5
32	27.9	27.3
33	28.9	28
34	29.9	29
35	30.9	30
36	31.9	31.5
37	32.9	32.5
38	33.9	33.5
39	34.9	34.5
40	35.9	35.5
41	36.9	36.5
42	37.9	37.5
43	38.9	38.5
44	39.9	38.7
d_2=3.55		
24	18.3	18
25	19.3	19
26	20.3	20

d_4 H8 / d_9 f7	d_3 h9	d_1
d_2=3.55		
27	21.3	20.6
28	22.3	21.2
29	23.3	22.4
30	24.3	23.6
31	25.3	25
32	26.3	25.8
33	27.3	26.5
34	28.3	27.3
35	29.3	28
36	30.3	30
37	31.3	30
38	32.3	31.5
39	33.3	32.5
40	34.3	33.5
41	35.3	34.5
42	36.3	35.5
43	37.3	36.5
44	38.3	37.5
45	39.3	38.7
46	40.3	38.7
47	41.3	40
48	42.3	41.2
49	43.3	42.5
50	44.3	43.7
51	45.3	43.7
52	46.3	45
53	47.3	46.2
54	48.3	47.5
55	49.3	48.7
56	50.3	48.7
57	51.3	50
58	52.3	51.5
59	53.3	51.5
60	54.3	53
61	55.3	53
62	56.3	54.5
63	57.3	56
64	58.3	56
65	59.3	58
66	60.3	58
67	61.3	60
68	62.3	61.5
69	63.3	61.5
70	64.3	63
71	65.3	63
72	66.3	65

d_4 H8 / d_9 f7	d_3 h9	d_1
d_2=3.55		
73	67.3	65
74	68.3	67
75	69.3	67
76	70.3	69
77	71.3	69
78	72.3	71
79	73.3	71
80	74.3	73
81	75.3	73
82	76.3	75
83	77.3	75
84	78.3	77.5
85	79.3	77.5
86	80.3	77.5
87	81.3	80
88	82.3	80
89	83.3	82.5
90	84.3	82.5
91	85.3	82.5
92	86.3	85
93	87.3	85
94	88.3	87.5
95	89.3	87.5
96	90.3	87.5
97	91.3	90
98	92.3	90
99	93.3	92.5
100	94.3	92.5
101	95.3	92.5
102	96.3	95
103	97.3	95
104	98.3	97.5
105	99.3	97.5
106	100.3	97.5
107	101.3	100
108	102.3	100
109	103.3	100
110	104.3	103
111	105.3	103
112	106.3	103
113	107.3	106
114	108.3	106
115	109.3	106
116	110.3	109
117	111.3	109
118	112.3	109

续表

d_4 H8	d_9 f7	d_3 h9	d_1
$d_2=3.55$			
119		113.3	112
120		114.3	112
121		115.3	112
122		116.3	115
123		117.3	115
124		118.3	115
125		119.3	118
126		120.3	118
127		121.3	118
128		122.3	118
129		123.3	122
130		124.3	122
131		125.3	122
132		126.3	125
133		127.3	125
134		128.3	125
135		129.3	128
136		130.3	128
137		131.3	128
138		132.3	128
139		133.3	132
140		134.3	132
141		135.3	132
142		136.3	132
143		137.3	132
144		138.3	136
145		139.3	136
146		140.3	136
147		141.3	140
148		142.3	140
149		143.3	140
150		144.3	142.5
151		145.3	142.5
152		146.3	145
153		147.3	145
154		148.3	147.5
155		149.3	147.5
156		150.3	147.5
157		151.3	150
158		152.3	150
159		153.3	152.5
160		154.3	152.5
161		155.3	152.5
162		156.3	155
163		157.3	155
164		158.3	157.5
165		159.3	157.5

d_4 H8	d_9 f7	d_3 h9	d_1
$d_2=3.55$			
166		160.3	157.5
167		161.3	160
168		162.3	160
169		163.3	162.5
170		164.3	162.5
171		165.3	162.5
172		166.3	165
173		167.3	165
174		168.3	167.5
175		169.3	167.5
176		170.3	167.5
177		171.3	170
178		172.3	170
179		173.3	172.5
180		174.3	172.5
181		175.3	172.5
182		176.3	175
183		177.3	175
184		178.3	177.5
185		179.3	177.5
186		180.3	177.5
187		181.3	180
188		182.3	180
189		183.3	182.5
190		184.3	182.5
191		185.3	182.5
192		186.3	185
193		187.3	185
194		188.3	187.5
195		189.3	187.5
196		190.3	187.5
197		191.3	190
198		192.3	190
199		193.3	190
200		194.3	190
201		195.3	190
202		196.3	195
203		197.3	195
204		198.3	195
205		199.3	195
206		200.3	195
207		201.3	200
208		202.3	200
209		203.3	200
210		204.3	200
211		205.3	200
212		206.3	200

d_4 H8	d_9 f7	d_3 h9	d_1
$d_2=3.55$			
213		207.3	200
$d_2=5.3$			
50		41.3	40
51		42.3	41.2
52		43.3	42.5
53		44.3	43.7
54		45.3	43.7
55		46.3	45
56		47.3	46.2
57		48.3	47.5
58		49.3	48.7
59		50.3	48.7
60		51.3	50
61		52.3	51.5
62		53.3	51.5
63		54.3	53
64		55.3	54.5
65		56.3	54.5
66		57.3	56
67		58.3	56
68		59.3	58
69		60.3	58
70		61.3	60
71		62.3	61.5
72		63.3	61.5
73		64.3	63
75		66.3	65
76		67.3	65
77		68.3	67
78		69.3	67
79		70.3	69
80		71.3	69
82		73.3	71
84		75.3	73
85		76.3	75
86		77.3	75
88		79.3	775
90		81.3	80
92		83.3	82.5
94		85.3	82.5
95		86.3	85
96		87.3	85
98		89.3	87.5
100		91.3	90
102		93.3	92.5
104		95.3	92.5
105		96.3	95

续表

d_4 H8	d_9 f7	d_3 h9	d_1	d_4 H8	d_9 f7	d_3 h9	d_1	d_4 H8	d_9 f7	d_3 h9	d_1
$d_2=5.3$				$d_2=5.3$				$d_2=7$			
106		97.3	95	185		176.3	172.5	145		133.3	132
108		99.3	97.5	190		181.3	177.5	150		138.3	136
110		101.3	100	195		186.3	182.5	155		143.3	140
112		103.3	100	200		191.3	187.5	160		148.3	145
114		105.3	103	205		196.3	190	165		153.3	150
115		106.3	103	210		201.3	195	170		158.3	155
116		107.3	106	215		206.3	203	175		163.3	160
118		109.3	106	220		211.3	206	180		168.3	165
120		111.3	109	225		216.3	212	185		173.3	170
125		116.3	115	230		221.3	218	190		178.3	175
130		121.3	118	240		226.3	224	195		183.3	180
135		126.3	125	245		236.3	230	200		188.3	185
140		131.3	128	250		241.3	236	205		193.3	190
145		136.3	132	255		246.3	243	210		198.3	195
150		141.3	140	260		251.3	243	215		203.3	200
155		146.3	145	265		256.3	254	220		208.3	206
160		151.3	150	$d_2=7$				230		218.3	212
165		156.3	155	125		113.3	112	240		228.3	224
170		161.3	160	130		118.3	115	250		238.3	236
175		166.3	165	135		123.3	122	260		248.3	243
180		171.3	167.5	140		128.3	125				

表 18-5-15　　气动活塞动密封沟槽尺寸　　mm

d_4 H8	d_9 f7	d_3 h9	d_1	d_4 H8	d_9 f7	d_3 h9	d_1	d_4 H8	d_9 f7	d_3 h9	d_1
$d_2=1.8$				$d_2=2.65$				$d_2=3.55$			
7		4.2	4	26		21.7	21.2	25		19.1	18
8		5.2	5	27		22.7	22.4	26		20.1	19
9		6.2	6	28		23.7	22.4	27		21.1	20
10		7.2	6.9	29		24.7	23.6	28		22.1	21.2
11		8.2	8	30		25.7	25	29		23.1	22.4
12		9.2	8.75	31		26.7	25.8	30		24.1	23.6
13		10.2	10	32		27.7	27.3	31		25.1	24.3
14		11.2	10.6	33		28.7	28	32		26.1	25.8
15		12.2	11.8	34		29.7	28	33		27.1	26.5
16		13.2	12.8	35		30.7	30	34		28.1	27.3
17		14.2	14	36		31.7	30	35		29.1	28
18		15.2	15	37		32.7	31.5	36		30.1	29
$d_2=2.65$				38		33.7	32.5	37		31.1	30
				39		34.7	33.5	38		32.1	31.5
19		14.7	14.5	40		35.7	34.5	39		33.1	32.5
20		15.7	15.5	41		36.7	35.5	40		34.1	33.5
21		16.7	16	42		37.7	36.5	41		35.1	34.5
22		17.7	17	43		38.7	37.5	42		36.1	35.5
23		18.7	18	44		39.7	38.7	43		37.1	36.5
24		19.7	19	$d_2=3.55$				44		38.1	37.5
25		20.7	20	24		18.1	17	45		39.1	38.7

续表

d_4 H8 / d_9 f7	d_3 h9	d_1
$d_2=3.55$		
46	40.1	38.7
47	41.1	40
48	42.1	41.2
49	43.1	42.5
50	44.1	43.7
51	45.1	43.7
52	46.1	45
53	47.1	46.2
54	48.1	47.5
55	49.1	47.5
56	50.1	48.7
57	51.1	50
58	52.1	51.5
59	53.1	51.5
60	54.1	53
61	55.1	54.5
62	56.1	54.5
63	57.1	56
64	58.1	56
65	59.1	58
66	60.1	58
67	61.1	60
68	62.1	61.5
69	63.1	61.5
70	64.1	63
71	65.1	63
72	66.1	65
73	67.1	65
74	68.1	67
75	69.1	67
76	70.1	69
77	71.1	69
78	72.1	71
79	73.1	71
80	74.1	73
81	75.1	73
82	76.1	75
83	77.1	75
84	78.1	77.5
85	79.1	77.5
86	80.1	77.5
87	81.1	80
88	82.1	80
89	83.1	80
90	84.1	82.5
91	85.1	82.5
92	86.1	85
93	87.1	85
94	88.1	85
95	89.1	87.5
96	90.1	87.5
97	91.1	90
98	92.1	90
99	93.1	90
100	94.1	92.5
101	95.1	92.5
102	96.1	95
103	97.1	95
104	98.1	95
105	99.1	97.5
106	100.1	97.5
107	101.1	100
108	102.1	100
109	103.1	100
110	104.1	103
111	105.1	103
112	106.1	103
113	107.1	106
114	108.1	106
115	109.1	106
116	110.1	109
117	111.1	109
118	112.1	109
119	113.1	112
120	114.1	112
121	115.1	112
122	116.1	115
123	117.1	115
124	118.1	115
125	119.1	118
126	120.1	118
127	121.1	118
128	122.1	118
129	123.1	118
130	124.1	122
131	125.1	122
132	126.1	125
133	127.1	125
134	128.1	125
135	129.1	128
136	130.1	128
137	131.1	128
138	132.1	128
139	133.1	132
140	134.1	132
141	135.1	132
142	136.1	132
143	137.1	136
144	138.1	136
145	139.1	136
146	140.1	136
147	141.1	136
148	142.1	140
149	143.1	140
150	144.1	142.5
151	145.1	142.5
152	146.1	142.5
153	147.1	145
154	148.1	145
155	149.1	147.5
156	150.1	147.5
157	151.1	147.5
158	152.1	150
159	153.1	150
160	154.1	152.5
161	155.1	152.5
162	156.1	152.5
163	157.1	155
164	158.1	155
165	159.1	157.5
166	160.1	157.5
167	161.1	157.5
168	162.1	160
169	163.1	160
170	164.1	162.5
171	165.1	162.5
172	166.1	162.5
173	167.1	165
174	168.1	165
175	169.1	167.5
176	170.1	167.5
177	171.1	167.5
178	172.1	170
179	173.1	170
180	174.1	170
181	175.1	172.5
182	176.1	172.5
183	177.1	175
184	178.1	175
185	179.1	177.5
186	180.1	177.5

续表

d_4 H8　d_9 f7	d_3 h9	d_1
$d_2=3.55$		
187	181.1	177.5
188	182.1	180
189	183.1	180
190	184.1	182.5
191	185.1	182.5
192	186.1	182.5
193	187.1	185
194	188.1	185
195	189.1	187.5
196	190.1	187.5
197	191.1	187.5
198	192.1	190
199	193.1	190
200	194.1	190
$d_2=5.3$		
50	41	40
51	42	41.2
52	43	41.2
53	44	42.5
54	45	43.7
55	46	45
56	47	46.2
57	48	46.2
58	49	47.5
59	50	48.7
60	51	48.7
61	52	51.5
62	53	51.5
63	54	53
64	55	54.5
65	56	54.5
66	57	56
67	58	56
68	59	58
69	60	58
70	61	60
71	62	60
72	63	61.5
73	64	63
74	65	63
75	66	65
76	67	65

d_4 H8　d_9 f7	d_3 h9	d_1
$d_2=5.3$		
77	68	67
78	69	67
79	70	69
80	71	69
82	73	71
84	75	73
85	76	75
86	77	75
88	79	77.5
90	81	80
92	83	80
94	85	82.5
95	86	85
96	87	85
98	89	87.5
100	91	90
102	93	90
104	95	92.5
105	96	95
106	97	95
108	99	97.5
110	101	100
112	103	100
114	105	103
115	106	103
116	107	106
118	109	106
120	111	109
125	116	115
130	121	118
135	126	122
140	131	128
145	136	132
150	141	136
155	146	142.5
160	151	147.5
165	156	152.5
170	161	157.5
175	166	162.5
180	171	167.5
185	176	172.5
190	181	177.5
195	186	182.5

d_4 H8　d_9 f7	d_3 h9	d_1
$d_2=5.3$		
200	191	187.5
205	196	190
210	201	195
215	206	203
220	211	206
225	216	212
230	221	218
235	226	224
240	231	227
245	236	230
250	241	239
$d_2=7$		
125	112.8	109
130	117.8	115
135	122.8	118
140	127.8	125
145	132.8	128
150	137.8	136
155	142.8	140
160	147.8	145
165	152.8	150
170	157.8	155
175	162.8	160
180	167.8	165
185	172.8	170
190	177.8	175
195	182.8	180
200	187.8	185
205	192.8	190
210	197.8	195
215	202.8	200
220	207.8	206
225	212.8	206
230	217.8	212
235	222.8	216
240	227.8	224
245	232.8	230
250	237.8	236
255	242.8	239
260	247.8	243
265	252.8	250
270	257.8	254

表 18-5-16 **液压、气动活塞静密封沟槽尺寸** mm

d_4 H8 / d_9 f7	d_3 h11	d_1
$d_2=1.8$		
6	3.4	3.15
7	4.4	4
8	5.4	5.15
9	6.4	6
10	7.4	7.1
11	8.4	8
12	9.4	9
13	10.4	10
14	11.4	11.2
15	12.4	12.1
16	13.4	13.2
17	14.4	14
18	15.4	15
19	16.4	16
20	17.4	17
$d_2=2.65$		
19	15	14.5
20	16	15.5
21	17	16
22	18	17
23	19	18
24	20	19
25	21	20
26	22	21.2
27	23	22.4
28	24	23.6
29	25	24.3
30	26	25
31	27	26.5
32	28	27.3
33	29	28
34	30	28
35	31	30
36	32	31.5
37	33	32.5
38	34	33.5
39	35	34.5
40	36	35.5
41	37	36.5
42	38	37.5
43	39	37.5
44	40	38.7
$d_2=3.55$		
24	18.6	18
25	19.6	19
26	20.6	20
27	21.6	21.2

d_4 H8 / d_9 f7	d_3 h11	d_1
$d_2=3.55$		
28	22.6	21.2
29	23.6	22.4
30	24.6	23.6
31	25.6	25
32	26.6	25.8
33	27.6	27.3
34	28.6	28
35	29.6	28
36	30.6	30
37	31.6	30
38	32.6	31.5
39	33.6	32.5
40	34.6	33.5
41	35.6	34.5
42	36.6	35.5
43	37.6	36.5
44	38.6	36.5
45	39.6	38.7
46	40.6	40
47	41.6	41.2
48	42.6	41.2
49	43.6	42.5
50	44.6	43.7
51	45.6	45
52	46.6	45
53	47.6	46.2
54	48.6	47.5
55	49.6	48.7
56	50.6	50
57	51.6	50
58	52.6	51.5
59	53.6	53
60	54.6	53
61	55.6	54.5
62	56.6	56
63	57.6	56
64	58.6	58
65	59.6	58
66	60.6	58
67	61.6	60
68	62.6	60
69	63.6	61.5
70	64.6	63
71	65.6	63
72	66.6	65
73	67.6	65
74	68.6	67

d_4 H8 / d_9 f7	d_3 h11	d_1
$d_2=3.55$		
75	69.6	69
76	70.6	69
77	71.6	69
78	72.6	71
79	73.6	71
80	74.6	73
81	75.6	73
82	76.6	75
83	77.6	75
84	78.6	77.5
85	79.6	77.5
86	80.6	77.5
87	81.6	80
88	82.6	80
89	83.6	82.5
90	84.6	82.5
91	85.6	82.5
92	86.6	85
93	87.6	85
94	88.6	87.5
95	89.6	87.5
96	90.6	87.5
97	91.6	90
98	92.6	90
99	93.6	92.5
100	94.6	92.5
101	95.6	92.5
102	96.6	95
103	97.6	95
104	98.6	95
105	99.6	97.5
106	100.6	97.5
107	101.6	100
108	102.6	100
109	103.6	100
110	104.6	103
111	105.6	103
112	106.6	103
113	107.6	106
114	108.6	106
115	109.6	106
116	110.6	109
117	111.6	109
118	112.6	109
119	113.6	112
120	114.6	112
121	115.6	112

续表

d_4 H8 / d_9 f7	d_3 h11	d_1
$d_2=3.55$		
122	116.6	115
123	117.6	115
124	118.6	115
125	119.6	118
126	120.6	118
127	121.6	118
128	122.6	118
129	123.6	122
130	124.6	122
131	125.6	122
132	126.6	125
133	127.6	125
134	128.6	125
135	129.6	128
136	130.6	128
137	131.6	128
138	132.6	128
139	133.6	132
140	134.6	132
141	135.6	132
142	136.6	132
143	137.6	136
144	138.6	136
145	139.6	136
146	140.6	136
147	141.6	140
148	142.6	140
149	143.6	142.5
150	144.6	142.5
151	145.6	142.5
152	146.6	145
153	147.6	145
154	148.6	145
155	149.6	147.5
156	150.6	147.5
157	151.6	150
158	152.6	150
159	153.6	150
160	154.6	152.5
161	155.6	152.5
162	156.6	155
163	157.6	155
164	158.6	155
165	159.6	157.5
166	160.6	157.5
167	161.6	160
168	162.6	160

d_4 H8 / d_9 f7	d_3 h11	d_1
$d_2=3.55$		
169	163.6	160
170	164.6	162.5
171	165.6	162.5
172	166.6	165
173	167.6	165
174	168.6	165
175	169.6	167.5
176	170.6	167.5
177	171.6	167.5
178	172.6	170
179	173.6	170
180	174.6	172.5
181	175.6	172.5
182	176.6	172.5
183	177.6	175
184	178.6	175
185	179.6	177.5
186	180.6	177.5
187	181.6	177.5
188	182.6	180
189	183.6	180
190	184.6	182.5
191	185.6	182.5
192	186.6	182.5
193	187.6	185
194	188.6	185
195	189.6	187.5
196	190.6	187.5
197	191.6	187.5
198	192.6	190
199	193.6	190
200	194.6	190
201	195.6	190
202	196.6	190
203	197.6	195
204	198.6	195
205	199.6	195
206	200.6	195
207	201.6	195
208	202.6	200
209	203.6	200
210	204.6	200
211	205.6	200
212	206.6	200
213	207.6	200
$d_2=5.3$		
50	41.8	40

d_4 H8 / d_9 f7	d_3 h11	d_1
$d_2=5.3$		
51	42.8	41.2
52	43.8	42.5
53	44.8	43
54	45.8	43.7
55	46.8	45
56	47.8	46.2
57	48.8	47.5
58	49.8	48.7
59	50.8	48.7
60	51.8	50
61	52.8	51.5
62	53.8	51.5
63	54.8	53
64	55.8	54.5
65	56.8	54.5
66	57.8	56
67	58.8	56
68	59.8	58
69	60.8	58
70	61.8	60
71	62.8	61.5
72	63.8	61.5
73	64.8	63
74	65.8	63
75	66.8	65
76	67.8	65
77	68.8	67
78	69.8	67
79	70.8	69
80	71.8	69
82	73.8	71
84	75.8	73
85	76.8	75
86	77.8	75
88	79.8	77.5
90	81.8	80
92	83.8	80
94	85.8	82.5
95	86.8	85
96	87.8	85
98	89.8	87.5
100	91.8	87.5
102	93.8	90
104	95.8	92.5
105	96.8	95
106	97.8	95
108	99.8	97.5

续表

d_4 H8	d_9 f7	d_3 h11	d_1	d_4 H8	d_9 f7	d_3 h11	d_1	d_4 H8	d_9 f7	d_3 h11	d_1
d_2=5.3				d_2=5.3				d_2=5.3			
110		101.8	100	188		179.8	177.5	266		257.8	254
112		103.8	100	190		181.8	177.5	268		259.8	254
114		105.8	103	192		183.8	180	270		261.8	258
115		106.8	103	194		185.8	182.5	272		263.8	258
116		107.8	106	195		186.8	182.5	274		265.8	261
118		109.7	106	196		187.8	185	275		266.8	261
120		111.8	109	198		189.8	187.5	276		267.8	265
122		113.8	112	200		191.8	187.5	278		269.8	265
124		115.8	112	202		193.8	190	280		271.8	268
125		116.8	115	204		195.8	190	282		273.8	268
126		117.8	118	205		196.8	195	284		275.8	272
128		119.8	118	206		197.8	195	285		276.8	272
130		121.8	122	208		199.8	195	286		277.8	272
132		123.8	122	210		201.8	200	288		279.8	276
134		125.8	125	212		203.8	200	290		281.8	276
135		126.8	125	214		205.8	203	292		283.8	280
136		127.8	125	215		206.8	203	294		285.8	283
138		129.8	128	216		207.8	203	295		286.8	283
140		131.8	128	218		209.8	206	296		287.8	283
142		133.8	132	220		211.8	206	298		289.8	286
144		135.8	132	222		213.8	212	300		291.8	286
145		136.8	132	224		215.8	212	302		293.8	290
146		137.8	136	225		216.8	212	304		295.8	290
148		139.8	136	226		217.8	212	305		296.8	290
150		141.8	140	228		219.8	218	306		297.8	295
152		143.8	142.5	230		221.8	218	308		299.8	295
154		145.8	142.5	232		223.8	218	310		301.8	295
155		146.8	145	234		225.8	224	312		303.8	300
156		147.8	145	235		226.8	224	314		305.8	303
158		149.8	147.5	236		227.8	224	315		306.8	303
160		151.8	150	238		229.8	227	316		307.8	303
162		153.8	152.5	240		231.8	227	318		309.8	307
164		155.8	152.5	242		233.8	230	320		311.8	307
165		156.8	155	244		235.8	230	322		313.8	311
166		157.8	155	245		236.8	230	324		315.8	311
168		159.8	157.5	246		237.8	230	325		316.8	311
170		161.8	160	248		239.8	236	326		317.8	315
172		163.8	162.5	250		241.8	239	328		319.8	315
174		165.8	162.5	252		243.8	239	330		321.8	315
175		166.8	165	254		245.8	243	332		323.8	320
176		167.8	165	255		246.8	243	334		325.8	320
178		169.8	167.5	256		247.8	243	335		326.8	320
180		171.8	170	258		249.8	243	336		327.8	325
182		173.8	170	260		251.8	243	338		329.8	325
184		175.8	172.5	262		253.8	250	340		331.8	325
185		176.8	172.5	264		255.8	250	342		333.8	330
186		177.8	175	265		256.8	254	344		335.8	330

续表

d_4 H8	d_9 f7	d_3 h11	d_1	d_4 H8	d_9 f7	d_3 h11	d_1	d_4 H8	d_9 f7	d_3 h11	d_1
$d_2=5.3$				$d_2=7$				$d_2=7$			
345		336.8	330	132		121	118	210		199	195
346		337.8	335	134		123	118	212		201	195
348		339.8	335	135		124	122	214		203	200
350		341.8	335	136		125	122	215		204	200
352		343.8	340	138		127	122	216		205	203
354		345.8	340	140		129	125	218		207	203
355		346.8	340	142		131	128	220		209	203
356		347.8	345	144		133	128	222		211	206
358		349.8	345	145		134	132	224		213	206
360		351.8	345	146		135	132	225		214	212
362		353.8	350	148		137	132	226		215	212
364		355.8	350	150		139	136	228		217	212
365		356.8	350	152		141	136	230		219	212
366		357.8	355	154		143	140	232		221	218
368		359.8	355	155		144	142.5	234		223	218
370		361.8	355	156		145	142.5	235		224	218
372		363.8	360	158		147	145	236		225	218
374		365.8	360	160		149	147.5	238		227	224
375		365.8	360	162		151	147.5	240		229	227
376		367.8	365	164		153	150	242		231	227
378		369.8	365	165		154	152.5	244		233	230
380		371.8	365	166		155	152.5	245		234	230
382		373.8	370	168		157	155	246		235	230
384		375.8	370	170		159	155	248		237	230
385		376.8	370	172		161	157.5	250		239	236
386		377.8	375	174		163	160	252		241	236
388		379.8	375	175		164	160	254		243	239
390		381.8	375	176		165	162.5	255		244	239
392		383.8	375	178		167	165	256		245	239
394		385.8	383	180		169	165	258		247	243
395		386.8	383	182		171	167.5	260		249	243
396		387.8	383	184		173	170	262		251	243
398		389.8	387	185		174	170	264		253	250
400		391.8	387	186		175	172.5	265		254	250
402		393.8	387	188		177	175	266		255	250
404		395.8	391	190		179	175	268		257	250
405		396.8	391	192		181	177.5	270		259	250
410		401.8	395	194		183	180	272		261	258
415		406.8	400	195		184	180	274		263	258
420		411.8	400	196		185	182.5	275		264	261
$d_2=7$				198		187	185	276		265	261
122		111	109	200		189	185	278		267	261
124		113	109	202		191	187.5	280		269	265
125		114	112	204		193	190	282		271	268
126		115	112	205		194	190	284		273	268
128		117	115	206		195	190	285		274	268
130		119	115	208		197	190	286		275	272

续表

d_4 H8 / d_9 f7	d_3 h11	d_1	d_4 H8 / d_9 f7	d_3 h11	d_1	d_4 H8 / d_9 f7	d_3 h11	d_1
$d_2=7$			$d_2=7$			$d_2=7$		
288	277	272	366	355	350	445	434	429
290	279	276	368	357	350	446	435	429
292	281	276	370	359	355	448	437	433
294	283	280	372	361	355	450	439	433
295	284	280	374	363	360	452	441	437
296	285	280	375	364	360	454	443	437
298	287	283	376	365	360	455	444	437
300	289	286	378	367	360	456	445	437
302	291	286	380	369	365	458	447	443
304	293	290	382	371	365	460	449	443
305	294	290	384	373	370	462	451	443
306	295	290	385	374	370	464	453	450
308	297	290	386	375	370	465	454	450
310	299	295	388	377	370	466	455	450
312	301	295	390	379	375	468	457	450
314	303	300	392	381	375	470	459	450
315	304	300	394	383	379	472	461	456
316	305	300	395	384	379	474	463	456
318	307	303	396	385	379	475	464	456
320	309	303	398	387	383	476	465	456
322	311	307	400	389	383	478	467	462
324	313	307	402	391	387	480	469	462
325	314	311	404	393	387	482	471	466
326	315	311	405	394	391	484	473	466
328	317	311	406	395	391	485	474	466
330	319	315	408	397	391	486	475	466
332	321	315	410	399	395	488	477	466
334	323	320	412	401	395	490	479	475
335	324	320	414	403	400	492	481	475
336	325	320	415	404	400	494	483	475
338	327	320	416	405	400	495	484	479
340	329	325	418	407	400	496	485	479
342	331	325	420	409	406	498	487	483
344	333	330	422	411	406	500	489	483
345	334	330	424	413	406	502	491	487
346	335	330	425	414	406	504	493	487
348	337	330	426	415	412	505	494	487
350	339	335	428	417	412	506	495	487
352	341	335	430	419	412	508	497	493
354	343	340	432	421	418	510	499	493
355	344	340	434	423	418	512	501	493
356	345	340	435	424	418	514	503	493
358	347	340	436	425	418	515	504	500
360	349	345	438	427	418	516	505	500
362	351	345	440	429	425	518	507	500
364	353	350	442	431	425	520	509	500
365	354	350	444	433	429	522	511	500

续表

d_4 H8 d_9 f7	d_3 h11	d_1	d_4 H8 d_9 f7	d_3 h11	d_1	d_4 H8 d_9 f7	d_3 h11	d_1
$d_2=7$			$d_2=7$			$d_2=7$		
524	513	508	580	569	560	636	625	615
525	514	508	582	571	560	638	627	615
526	515	508	584	573	560	640	629	623
528	517	508	585	574	570	642	631	623
530	519	515	586	575	570	644	633	623
532	521	515	588	577	570	645	634	623
534	523	515	590	579	570	546	635	630
535	524	515	592	581	570	548	637	630
536	525	515	594	583	570	650	639	630
538	527	523	595	584	580	652	641	630
540	529	523	596	585	580	654	643	630
542	531	523	598	587	580	655	644	630
544	533	523	600	589	580	656	645	640
545	534	530	602	591	580	658	647	640
546	535	530	604	593	580	660	649	640
548	537	530	605	594	590	662	651	640
550	539	530	606	595	590	664	653	640
552	541	530	608	597	590	665	654	640
554	543	538	610	599	590	666	655	650
555	544	538	612	601	590	668	657	650
556	545	538	614	603	590	670	659	650
558	547	538	615	604	600	672	661	650
560	549	545	616	605	600	674	663	650
562	551	545	618	607	600	675	664	650
564	553	545	620	609	600	676	665	660
565	554	545	622	611	600	678	667	660
566	555	545	624	613	608	680	669	660
568	557	553	625	614	608	682	671	660
570	559	553	626	615	608	684	673	660
572	561	553	628	617	608	685	674	670
574	563	553	630	619	608	686	675	670
575	564	560	632	621	615	688	677	670
576	565	560	634	623	615	690	679	670
578	567	560	635	624	615			

表 18-5-17　**液压活塞杆动密封沟槽尺寸**　mm

d_5 f7 d_{10} H8	d_6 H9	d_1	d_5 f7 d_{10} H8	d_6 H9	d_1	d_5 f7 d_{10} H8	d_6 H9	d_1	d_5 f7 d_{10} H8	d_6 H9	d_1	d_5 f7 d_{10} H8	d_6 H9	d_1
$d_2=1.8$			$d_2=1.8$			$d_2=1.8$			$d_2=2.65$			$d_2=2.65$		
3	5.7	3.15	10	12.7	10	17	19.7	17	19	23.1	19	26	30.1	26.5
4	6.7	4	11	13.7	11.2	$d_2=2.65$			20	24.1	20	27	31.1	27.3
5	7.7	5.15	12	14.7	12.1	14	18.1	14	21	25.1	21.2	28	32.1	28
6	8.7	6	13	15.7	13.2	15	19.1	15	22	26.1	22.4	29	33.1	30
7	9.7	7.1	14	16.7	14	16	20.1	16	23	27.1	23.6	30	34.1	30
8	10.7	8	15	17.7	15	17	21.1	17	24	28.1	24.3	31	35.1	31.5
9	11.7	9	16	18.7	16	18	22.1	18	25	29.1	25	32	36.1	32.5

续表

d_5 f7	d_{10} H8	d_6 H9	d_1
$d_2=2.65$			
33		37.1	33.5
34		38.1	34.5
35		39.1	35.5
36		40.1	36.5
37		41.1	37.5
38		42.1	38.7
$d_2=3.55$			
18		23.7	18
19		24.7	19
20		25.7	20.6
21		26.7	21.2
22		27.7	22.4
23		28.7	23.6
24		29.7	24.3
25		30.7	25
26		31.7	26.5
27		32.7	27.3
28		33.7	28
29		34.7	30
30		35.7	31.5
31		36.7	31.5
32		37.7	32.5
33		38.7	33.5
34		39.7	34.5
35		40.7	35.5
36		41.7	36.5
37		42.7	37.5
38		43.7	38.7
39		44.7	40
40		45.7	41.2
41		46.7	42.5
42		47.7	42.5
43		48.7	43.7
44		49.7	45
45		50.7	46.2
46		51.7	47.5
47		52.7	48.7
48		53.7	48.7
49		54.7	50
50		55.7	51.5
51		56.7	53
52		57.7	53
53		58.7	54.5
54		59.7	56

d_5 f7	d_{10} H8	d_6 H9	d_1
$d_2=3.55$			
55		60.7	56
56		61.7	58
57		62.7	58
58		63.7	60
59		64.7	60
60		65.7	61.5
61		66.7	61.5
62		67.7	63
63		68.7	65
64		69.7	65
65		70.7	67
66		71.7	67
67		72.7	69
68		73.7	69
69		74.7	71
70		75.7	71
71		76.7	73
72		77.7	73
73		78.7	75
74		79.7	75
75		80.7	77.5
76		81.7	77.5
77		82.7	77.5
78		83.7	80
79		84.7	80
80		85.7	82.5
81		86.7	82.5
82		87.7	82.5
83		88.7	85
84		89.7	85
85		90.7	85
86		91.7	87.5
87		92.7	87.5
88		93.7	90
89		94.7	90
90		95.7	92
91		96.7	92
92		97.7	92.5
93		98.7	95
94		99.7	95
95		100.7	97.5
96		101.7	97.5
97		102.7	97.5
98		103.7	100

d_5 f7	d_{10} H8	d_6 H9	d_1
$d_2=3.55$			
99		104.7	100
100		105.7	103
101		106.7	103
102		107.7	103
103		108.7	106
104		109.7	106
105		110.7	106
106		111.7	109
107		112.7	109
108		113.7	109
109		114.7	112
110		115.7	112
111		116.7	115
112		117.7	115
113		118.7	115
114		119.7	115
115		120.7	118
116		121.7	118
117		122.7	118
118		123.7	122
119		124.7	122
120		125.7	122
121		126.7	122
122		127.7	125
123		128.7	125
124		129.7	125
125		130.7	128
$d_2=5.3$			
39		47.7	40
40		48.7	41.2
41		49.7	41.2
42		50.7	42.5
43		51.7	43.7
44		52.7	45
45		53.7	45
46		54.7	46.2
47		55.7	47.5
48		56.7	48.7
49		57.7	50
50		58.7	51.5
51		59.7	51.5
52		60.7	53
53		61.7	53
54		62.7	54.5

d_5 f7	d_{10} H8	d_6 H9	d_1
$d_2=5.3$			
55		63.7	56
56		64.7	58
57		65.7	58
58		66.7	60
59		67.7	60
60		68.7	61.5
61		69.7	61.5
62		70.7	63
63		71.7	65
64		72.7	65
65		73.7	67
66		74.7	67
67		75.7	69
68		76.7	69
69		77.7	71
70		78.7	71
71		79.7	73
72		80.7	73
73		81.7	75
74		82.7	75
75		83.7	77.5
76		84.7	77.5
77		85.7	77.5
78		86.7	80
79		87.7	80
80		88.7	82.5
82		90.7	82.5
84		92.7	85
85		93.7	87.5
86		94.7	87.5
88		96.7	90
90		98.7	92.5
92		100.7	95
94		102.7	95
95		103.7	97.5
96		104.7	97.5
98		106.7	100
100		108.7	103
102		110.7	103
104		112.7	106
105		113.7	106
106		114.7	109
108		116.7	109
110		118.7	112

d_5 f7	d_{10} H8	d_6 H9	d_1
$d_2=5.3$			
112		120.7	115
114		122.7	115
115		123.7	118
116		124.7	118
118		126.7	122
120		128.7	122
125		133.7	128
130		138.7	132
135		143.7	136
140		148.7	142.5
145		153.7	147.5
150		158.7	152.5
155		163.7	157.5
$d_2=7$			
105		116.7	106
110		121.7	112
115		126.7	118
120		131.7	122
125		136.7	128
130		141.7	132
135		146.7	136
140		151.7	142.5
145		156.7	147.5
150		161.7	152.5
155		166.7	157.5
160		171.7	162.5
165		176.7	167.5
170		181.7	172.5
175		186.7	177.5
180		191.7	182.5
185		196.7	187.5
190		201.7	195
195		206.7	200
200		211.7	203
205		216.7	206
210		221.7	212
215		226.7	218
220		231.7	224
225		236.7	227
230		241.7	236
235		246.7	236
240		251.7	243
245		256.7	250

表 18-5-18 气动活塞杆动密封沟槽尺寸 mm

d_5 f7	d_{10} H8	d_6 H9	d_1
$d_2=1.8$			
2		4.8	2
3		5.8	3.15
4		6.8	4
5		7.8	5
6		8.8	6
7		9.8	7.1
8		10.8	8

d_5 f7	d_{10} H8	d_6 H9	d_1
$d_2=1.8$			
9		11.8	9
10		12.8	10
11		13.8	11.2
12		14.8	12.1
13		15.8	13.2
14		16.8	14
15		17.8	15

d_5 f7	d_{10} H8	d_6 H9	d_1
$d_2=1.8$			
16		18.8	16
17		19.8	17
$d_2=2.65$			
14		18.3	14
15		19.3	15
16		20.3	16
17		21.3	17

续表

d_5 f7　d_{10} H8	d_6 H9	d_1
$d_2=2.65$		
18	22.3	18
19	23.3	19
20	24.3	20
21	25.3	21.2
22	26.3	22.4
23	27.3	23.6
24	28.3	25
25	29.3	25.8
26	30.3	26.5
27	31.3	28
28	32.3	28
29	33.3	30
30	34.3	30
31	35.3	31.5
32	36.3	32.5
33	37.3	33.5
34	38.3	34.5
35	39.3	35.5
36	40.3	36.5
37	41.3	37.5
38	42.3	38.7
$d_2=3.55$		
18	23.9	18
19	24.9	20
20	26.9	20
21	26.9	21.2
22	27.9	22.4
23	28.9	23.6
24	29.9	25
25	30.9	25
26	31.9	26.5
27	32.9	28
28	33.9	28
29	34.9	30
30	35.9	30
31	36.9	31.5
32	37.9	32.5
33	38.9	33.5
34	39.9	34.5
35	40.9	35.5
36	41.9	36.5
37	42.9	37.5
38	43.9	38.7
39	44.9	40
40	45.9	40
41	46.9	41.2
42	47.9	42.5
43	48.9	43.7
44	49.9	45
45	50.9	45
46	51.9	46.2
47	52.9	47.5
48	53.9	50
49	54.9	50
50	55.9	51.5
51	56.9	53
52	57.9	53
53	58.9	54.5
54	59.9	56
55	60.9	56
56	61.9	58

d_5 f7　d_{10} H8	d_6 H9	d_1
$d_2=3.55$		
57	62.9	58
58	63.9	60
59	64.9	60
60	65.9	61.5
61	66.9	63
62	67.9	63
63	68.9	65
64	69.9	65
65	70.9	67
66	71.9	67
67	72.9	69
68	73.9	69
69	74.9	71
70	75.9	71
71	76.9	73
72	77.9	73
73	78.9	75
74	79.9	75
75	80.9	77.5
76	81.9	77.5
77	82.9	77.5
78	83.9	80
79	84.9	80
80	85.9	82.5
81	86.9	82.5
82	87.9	85
83	88.9	85
84	89.9	85
85	90.9	87.5
86	91.9	87.5
87	92.9	90
88	93.9	90
89	94.9	90
90	95.9	92.5
91	96.9	92.5
92	97.9	95
93	98.9	95
94	99.9	95
95	100.9	97.5
96	101.9	97.5
97	102.9	100
98	103.9	100
99	104.9	100
100	105.9	103
101	106.9	103
102	107.9	103
103	108.9	106
104	109.9	106
105	110.9	109
106	111.9	109
107	112.9	109
108	113.9	112
109	114.9	112
110	115.9	112
111	116.9	115
112	117.9	115
113	118.9	115
114	119.9	118
115	120.9	118
116	121.9	118
117	122.9	118

d_5 f7　d_{10} H8	d_6 H9	d_1
$d_2=3.55$		
118	123.9	122
119	124.9	122
120	125.9	122
121	126.9	125
122	127.9	125
123	128.9	125
124	129.9	125
125	130.9	128
$d_2=5.3$		
39	48	40
40	49	41.2
41	50	42.5
42	51	42.5
43	52	43.7
44	53	45
45	54	45
46	55	46.2
47	56	48
48	57	50
49	58	50
50	59	51.5
51	60	53
52	61	53
53	62	54.5
54	63	56
55	64	56
56	65	58
57	66	58
58	67	60
59	68	60
60	69	61.5
61	70	63
62	71	63
63	72	65
64	73	65
65	74	67
66	75	67
67	76	69
68	77	69
69	78	71
70	79	71
71	80	73
72	81	73
73	82	75
74	83	75
75	84	77.5
76	85	77.5
77	86	77.5
78	87	80
79	88	80
80	89	82.5
82	91	85
84	93	85
85	94	87.5
86	95	87.5
86	97	90
90	99	92.5
92	101	95
94	103	97.5
95	104	97.5
96	105	97.5

续表

d_5 f7 / d_{10} H8	d_6 H9	d_1
$d_2=5.3$		
98	107	100
100	109	103
102	111	103
104	113	106
105	114	106
106	115	109
108	117	109
110	119	112
112	121	114
114	123	115
115	124	118
116	125	118
118	127	122
120	129	125
125	134	128
130	139	132
135	144	136

d_5 f7 / d_{10} H8	d_6 H9	d_1
$d_2=7$		
105	117.2	106
110	122.2	112
115	127.2	118
120	132.2	122
125	137.2	128
130	142.2	132
135	147.2	136
140	152.2	142.5
145	157.2	147.5
150	162.2	152.5
155	167.2	157.5
160	172.2	162.5
165	177.2	167.5
170	182.2	172.5
175	187.2	177.5
180	192.2	182.5
185	197.2	187.5

d_5 f7 / d_{10} H8	d_6 H9	d_1
$d_2=7$		
190	202.2	195
195	207.2	200
200	212.2	203
205	217.2	206
210	222.2	212
215	227.2	218
220	232.2	224
225	237.2	227
230	242.2	236
235	247.2	236
240	252.2	243
245	257.2	250
250	262.2	254

表 18-5-19　　液压、气动活塞杆静密封沟槽尺寸　　mm

d_5 f7 / d_{10} H8	d_6 H11	d_1
$d_2=1.8$		
3	5.6	3.15
4	6.6	4
5	7.6	5
6	8.6	6
7	9.6	7.1
8	10.6	8
9	11.6	9
10	12.6	10
11	13.6	11.2
12	14.6	12.1
13	15.6	13.1
14	16.6	14
15	17.6	15
16	18.6	16
17	19.6	17
$d_2=2.65$		
14	18	14
15	19	15
16	20	16
17	21	17
18	22	18
19	23	19
20	24	20
21	25	21.2
22	26	22.4
23	27	23.6
24	28	24.3
25	29	25
26	30	26.5
27	31	27.3
26	32	28
29	33	30
30	34	30
31	35	31.5
32	36	32.5
33	37	33.5
34	38	34.5
35	39	35.5
36	40	36.5
37	41	37.5
38	42	38.7
39	43	40

d_5 f7 / d_{10} H8	d_6 H11	d_1
$d_2=3.55$		
18	23.4	18
19	24.4	19
20	25.4	20
21	26.4	21.2
22	27.4	24.4
23	28.4	23.6
24	29.4	24.3
25	30.4	25
26	31.4	26.5
27	32.4	27.3
28	33.4	28
29	34.4	3.0
30	35.4	30
31	36.4	31.5
32	37.4	32.5
33	38.4	33.5
34	39.4	34.5
35	40.4	35.5
36	41.4	36.5
37	42.4	37.5
38	43.4	38.7
39	44.4	40
40	45.4	41.2
41	46.4	41.2
42	47.4	42.5
43	48.4	43.7
44	49.4	45
45	50.4	45
46	51.4	46.2
47	52.4	47.5
48	53.4	48.7
49	54.4	50
50	55.4	50
51	56.4	51.5
52	57.4	53
53	58.4	53
54	59.4	54.5
55	60.4	56
56	61.4	56
57	62.4	58
58	63.4	58
59	64.4	60

d_5 f7 / d_{10} H8	d_6 H11	d_1
$d_2=3.55$		
60	65.4	60
61	66.4	61.5
62	67.4	63
63	68.4	63
64	69.4	65
65	70.4	65
66	71.4	67
67	72.4	67
68	73.4	69
69	74.4	69
70	75.4	71
71	76.4	71
72	77.4	73
73	78.4	73
74	79.4	75
75	80.4	75
76	81.4	77.5
77	82.4	77.5
78	83.4	80
79	84.4	80
80	85.4	80
81	86.4	82.5
82	87.4	82.5
83	88.4	85
84	89.4	85
85	90.4	87.5
86	91.4	87.5
87	92.4	87.5
88	93.4	90
89	94.4	90
90	95.4	92.5
91	96.4	92.5
92	97.4	92.5
93	98.4	95
94	99.4	95
95	100.4	97.5
96	101.4	97.5
97	102.4	100
98	103.4	100
99	104.4	100
100	105.4	103
101	106.4	103

续表

d_5 f7 / d_{10} H8	d_6 H11	d_1
$d_2=3.55$		
102	107.4	103
103	108.4	106
104	109.4	106
105	110.4	106
106	111.4	109
107	112.4	109
108	113.4	109
109	114.4	112
110	115.4	112
111	116.4	112
112	117.4	115
113	118.4	115
114	119.4	115
115	120.4	115
116	121.4	118
117	122.4	118
118	123.4	122
119	124.4	122
120	125.4	122
121	126.4	125
122	127.4	125
123	128.4	125
124	129.4	125
125	130.4	125
126	131.4	128
127	132.4	128
128	133.4	128
129	134.4	132
130	135.4	132
131	136.4	132
132	137.4	132
133	138.4	136
134	139.4	136
135	140.4	136
136	141.4	136
137	142.4	140
138	143.4	140
139	144.4	140
140	145.4	140
141	146.4	142.5
142	147.4	145
143	148.4	145
144	149.4	145
145	150.4	147.5
146	151.4	147.5
147	152.4	150
148	153.4	150
149	154.4	150
150	155.4	152.5
151	156.4	152.5
152	157.4	155
153	158.4	155

d_5 f7 / d_{10} H8	d_6 H11	d_1
$d_2=3.55$		
154	159.4	155
155	160.4	157.5
156	161.4	157.5
157	162.4	160
158	163.4	160
159	164.4	160
160	165.4	162.5
161	166.4	162.6
162	167.4	165
163	168.4	165
164	169.4	165
165	170.4	167.5
166	171.4	167.5
167	172.4	170
168	173.4	170
169	174.4	170
170	175.4	172.5
171	176.4	172.5
172	177.4	175
173	178.4	175
174	179.4	175
175	180.4	177.5
176	181.4	177.5
177	182.4	180
178	183.4	180
179	184.4	180
180	185.4	182.5
181	186.4	185
182	187.4	185
183	188.4	185
184	189.4	185
185	190.4	187.5
186	191.4	190
187	192.4	190
188	193.4	190
189	194.4	190
190	195.4	195
191	196.4	195
192	197.4	195
193	198.4	195
194	199.4	195
195	200.4	200
196	201.4	200
197	202.4	200
198	203.4	200
$d_2=5.3$		
40	48.2	40
41	49.2	41.2
42	50.2	42.5
43	51.2	43.7
44	52.2	45
45	53.2	46.2

d_5 f7 / d_{10} H8	d_6 H11	d_1
$d_2=5.3$		
46	54.2	47.2
47	55.2	47.5
48	56.2	48.7
49	57.2	50
50	58.2	51.5
51	59.2	51.5
52	60.2	53
53	61.2	54.5
54	62.2	54.5
55	63.2	56
56	64.2	56
57	65.2	58
58	66.2	58
59	67.2	60
60	68.2	60
61	69.2	61.5
62	70.2	63
63	71.2	63
64	72.2	65
65	73.2	65
66	74.2	67
67	75.2	67
68	76.2	69
69	77.2	69
70	78.2	71
71	79.2	71
72	80.2	73
73	81.2	73
74	82.2	75
75	83.2	75
76	84.2	77.5
77	85.2	77.5
78	86.2	80
79	87.2	80
80	88.2	80
82	90.2	82.5
84	92.2	85
85	93.2	85
86	94.2	87.5
88	96.2	90
90	98.2	92.5
92	100.2	92.5
94	102.2	95
95	103.2	97.5
96	104.2	97.5
98	106.2	100
100	108.2	103
102	110.2	103
104	112.2	106
105	113.2	106
106	114.2	109

续表

d_5 f7 / d_{10} H8	d_6 H11	d_1	d_5 f7 / d_{10} H8	d_6 H11	d_1	d_5 f7 / d_{10} H8	d_6 H11	d_1
$d_2=5.3$			$d_2=5.3$			$d_2=5.3$		
108	116.2	109	186	194.2	190	265	273.2	268
110	118.2	112	188	196.2	190	266	274.2	268
112	120.2	115	190	198.2	195	268	276.2	272
114	122.2	115	192	200.2	195	270	278.2	272
115	123.2	118	194	202.2	195	272	280.2	276
116	124.2	118	196	203.2	200	274	282.2	276
118	126.2	118	196	204.2	200	275	283.2	280
120	128.2	122	198	206.2	200	276	284.2	280
122	130.2	125	200	208.2	203	278	286.2	280
124	132.2	125	202	210.2	206	280	288.2	286
125	133.2	125	204	212.2	206	282	290.2	286
126	134.2	128	205	213.2	206	284	292.2	286
128	136.2	128	206	214.2	212	285	293.2	286
130	138.2	132	208	216.2	212	286	294.2	290
132	140.2	132	210	218.2	212	288	296.2	290
134	142.2	136	212	220.2	218	290	298.2	295
135	143.2	136	214	222.2	218	292	300.2	295
136	144.2	136	215	223.2	218	294	302.2	300
138	146.2	140	216	224.2	218	295	303.2	300
140	148.2	140	218	226.2	224	296	304.2	300
142	150.2	145	220	228.2	224	298	306.2	300
144	152.2	145	222	230.2	224	300	308.2	303
145	153.2	145	224	232.2	227	302	310.2	307
146	154.2	147.5	225	233.2	230	304	312.2	307
148	156.2	150	226	234.2	230	305	313.2	307
150	158.2	150	228	236.2	230	306	314.2	311
152	160.2	155	230	238.2	236	308	316.2	311
154	162.2	155	232	240.2	236	310	318.2	315
155	163.2	155	234	242.2	236	312	320.2	315
156	164.2	157.5	235	243.2	239	314	322.2	320
158	166.2	160	236	244.2	239	315	323.2	320
160	168.2	162.5	238	246.2	243	316	324.2	320
162	170.2	165	240	248.2	243	318	326.2	320
164	172.2	165	242	250.2	250	320	328.2	325
165	173.2	167.5	244	252.2	250	322	330.2	325
166	174.2	167.5	245	253.2	250	324	332.2	330
168	176.2	170	246	254.2	250	325	333.2	330
170	178.2	170	248	256.2	250	326	334.2	330
172	180.2	175	250	258.2	254	328	336.2	330
174	182.2	175	252	260.2	254	330	338.2	335
175	183.2	175	254	262.2	258	332	340.2	335
176	184.2	180	255	263.2	258	334	342.2	340
178	186.2	180	256	264.2	258	335	343.2	340
180	188.2	182.5	258	266.2	261	336	344.2	340
182	190.2	185	260	268.2	265	338	346.2	345
184	192.2	185	262	270.2	265	340	348.2	345
185	193.2	187.5	264	272.2	268	342	350.2	345

续表

d_5 f7 / d_{10} H8	d_6 H11	d_1
$d_2=5.3$		
344	352.2	350
345	353.2	350
346	354.2	350
348	356.2	350
350	358.2	355
352	360.2	355
354	362.2	360
355	363.2	360
356	364.2	360
358	366.2	365
360	368.2	365
362	370.2	370
364	372.2	370
365	373.2	370
366	374.2	370
368	376.2	375
370	378.2	375
372	380.2	379
374	382.2	379
375	383.2	383
376	384.2	383
378	386.2	387
380	388.2	387
382	390.2	387
384	392.2	387
385	393.2	391
386	394.2	391
388	396.2	395
390	398.2	395
392	400.2	400
394	402.2	400
395	403.2	400
396	404.2	400
398	406.2	400
400	408.2	400
$d_2=7$		
106	117	109
108	119	109
110	121	112
112	123	115
114	125	115
115	126	118
116	127	118
118	129	122
120	131	122
122	133	125
124	135	125

d_5 f7 / d_{10} H8	d_6 H11	d_1
$d_2=7$		
125	136	128
126	137	128
128	139	132
130	141	132
132	143	136
134	145	136
135	146	136
136	147	140
138	149	140
140	151	142.5
142	153	145
144	155	145
145	156	147.5
146	157	147.5
148	159	150
150	161	152.5
152	163	155
154	165	155
155	166	157.5
156	167	157.5
158	169	160
160	171	162.5
162	173	165
164	175	167.5
165	176	167.5
166	177	167.5
168	179	170
170	181	172.5
172	183	175
174	185	177.5
175	186	177.5
176	187	180
178	189	180
180	191	182.5
182	193	185
184	195	187.5
185	196	187.5
186	197	190
188	199	190
190	201	195
192	203	195
194	205	195
195	206	200
196	207	200
198	209	200
200	211	203
202	213	206

d_5 f7 / d_{10} H8	d_6 H11	d_1
$d_2=7$		
204	215	206
205	216	212
206	217	212
208	219	212
210	221	212
212	223	218
214	225	218
215	226	218
216	227	218
218	229	224
220	231	224
222	233	224
224	235	227
225	236	230
226	237	230
228	239	230
230	241	236
232	243	236
234	245	236
235	246	239
236	247	239
238	249	243
240	251	243
242	253	250
244	255	250
245	256	250
246	257	250
248	259	250
250	261	254
252	263	254
254	265	258
255	266	258
256	267	258
258	269	261
260	271	265
262	273	265
264	275	268
265	276	268
266	277	268
268	279	272
270	281	272
272	283	276
274	285	276
275	286	280
276	287	280
278	289	280
280	291	283

续表

d_5 f7 / d_{10} H8	d_6 H11	d_1	d_5 f7 / d_{10} H8	d_6 H11	d_1	d_5 f7 / d_{10} H8	d_6 H11	d_1
$d_2=7$			$d_2=7$			$d_2=7$		
282	293	286	360	371	365	438	449	443
284	295	286	362	373	365	440	451	443
285	296	290	364	375	370	442	453	450
286	297	290	365	376	370	444	455	450
288	299	295	366	377	370	445	456	450
290	301	295	368	379	370	446	457	450
292	303	295	370	381	375	448	459	450
294	305	300	372	383	375	450	461	456
295	306	300	374	385	379	452	463	456
296	307	300	375	386	379	454	465	462
298	309	300	376	387	379	455	466	462
300	311	303	378	389	383	456	467	462
302	313	307	380	391	383	458	469	462
304	315	307	382	393	387	460	471	452
305	316	307	384	395	387	462	473	466
306	317	311	385	396	391	464	475	466
308	319	311	386	397	391	465	476	470
310	321	315	388	399	391	466	477	470
312	323	315	390	401	395	468	479	475
314	325	320	392	403	395	470	481	475
315	326	320	394	405	400	472	483	475
316	327	320	395	406	400	474	485	479
318	329	320	396	407	400	475	486	479
320	331	325	398	409	400	476	487	483
322	333	325	400	411	406	478	489	487
324	335	330	402	413	406	480	491	487
325	336	330	404	415	406	482	493	487
326	337	330	405	416	412	484	495	487
328	339	330	406	417	412	485	496	487
330	341	335	408	419	412	486	497	493
332	343	335	410	421	412	488	499	493
334	345	340	412	423	418	490	501	493
335	346	340	414	425	418	492	503	500
336	347	340	415	426	418	494	505	500
338	349	340	416	427	418	495	506	500
340	351	345	418	429	425	496	507	500
342	353	345	420	431	425	498	509	500
344	355	350	422	433	425	500	511	508
345	356	350	424	435	429	502	513	508
346	357	350	425	436	429	504	515	508
348	359	350	426	437	433	505	516	508
350	361	355	428	439	433	506	517	515
352	363	355	430	441	437	508	519	515
354	365	360	432	443	437	510	521	515
355	366	360	434	445	437	512	523	515
356	367	360	435	446	437	514	525	523
358	369	360	436	447	443	515	526	523

续表

d_5 f7	d_{10} H8	d_6 H11	d_1	d_5 f7	d_{10} H8	d_6 H11	d_1	d_5 f7	d_{10} H8	d_6 H11	d_1
$d_2=7$				$d_2=7$				$d_2=7$			
516		527	523	565		576	570	614		625	623
518		529	523	566		577	570	615		626	623
520		531	523	568		579	570	616		627	623
522		533	530	570		581	580	618		629	630
524		535	530	572		583	580	620		631	630
525		536	530	574		585	580	622		633	630
526		537	530	575		586	580	624		635	630
528		539	530	576		587	580	625		636	630
530		541	538	578		589	580	626		637	630
532		543	538	580		591	590	628		639	640
534		545	538	582		593	590	630		641	640
535		546	545	584		595	590	632		643	640
536		547	545	585		596	590	634		645	640
538		549	545	586		597	590	635		646	640
540		551	545	588		599	600	636		647	640
542		553	545	590		601	600	638		649	650
544		555	553	592		603	600	640		651	650
545		556	553	594		605	600	642		653	650
546		557	553	595		606	600	644		655	650
548		559	553	596		607	600	645		656	650
550		561	560	598		609	608	646		657	650
552		563	560	600		611	608	648		659	660
554		565	560	602		613	608	650		661	660
555		566	560	604		615	615	652		663	660
556		567	560	605		616	615	654		665	660
558		569	560	606		617	615	655		666	660
560		571	570	608		619	615	656		667	660
562		573	570	610		621	615	658		669	670
564		575	570	612		623	615	660		671	670

表 18-5-20　轴向密封沟槽尺寸（受内部压力）　mm

d_7 H11	d_1	d_7 H11	d_1	d_7 H11	d_1	d_7 H11	d_1	d_7 H11	d_1	d_7 H11	d_1
$d_2=1.8$		$d_2=1.8$		$d_2=2.65$		$d_2=2.65$		$d_2=3.55$		$d_2=3.55$	
7.9	4.5	12.2	8.75	19	14	33	28	26	20	41.5	35.5
8.2	5	12.4	9	20	15	35	30	27	21.2	42.5	36.5
8.6	5.15	12.9	9.5	21	16	36.5	31.5	28	22.4	43.5	37.5
8.7	5.3	13.4	10	22	17	37.5	32.5	29.5	23.6	44.5	38.7
9	5.6	14	10.6	23	18	38.5	33.5	31	25	46.5	40
9.4	6	14.6	11.2	24	19	39.5	34.5	31.5	25.8	47.5	41.2
9.7	6.3	15.2	11.8	25	20	40.5	35.5	32.5	26.5	48.5	42.5
10.1	6.7	15.9	12.5	26.5	21.2	41.5	36.5	34	28	49.5	43.7
10.3	6.9	16.6	13.2	27.5	22.4	42.5	37.5	36	30	51	45
10.5	7.1	17.3	14	28.6	23.6	43.8	38.7	37.5	31.5	52	46.2
10.9	7.5	18.4	15	30	25	$d_2=3.55$		38.5	32.5	53.5	47.5
11.4	8	19.4	16	31	25.8	24	18	39.5	33.5	54.5	48.7
11.9	8.5	20.4	17	31.5	26.5	25	19	40.5	34.5	56	50

续表

d_7 H11	d_1	d_7 H11	d_1	d_7 H11	d_1	d_7 H11	d_1	d_7 H11	d_1	d_7 H11	d_1
d_2=3.55		d_2=3.55		d_2=5.3		d_2=5.3		d_2=5.3		d_2=7	
57.5	51.5	139	132	73	63	170	160	410	400	270	258
59	53	143	136	75	65	175	165	d_2=7		275	265
60.5	54.5	147	140	77	67	180	170	119	109	285	272
62	56	152	145	79	69	185	175	122	112	290	280
64	58	157	150	81	71	190	180	125	115	300	290
66	60	162	155	83	73	195	185	128	118	310	300
67	61.5	167	160	85	75	200	190	132	122	320	307
69	63	172	165	88	77.5	205	195	135	125	325	315
71	65	177	170	90	80	210	200	138	128	335	325
73	67	182	175	93	82.5	215	206	142	132	345	335
75	69	187	180	95	85	220	212	146	136	355	345
77	71	192	185	98	87.5	227	218	150	140	365	355
79	73	197	190	100	90	232	224	155	145	375	365
81	75	202	195	103	92.5	240	230	160	150	385	375
83	77.5	207	200	105	95	245	236	165	155	400	387
86	80	d_2=5.3		108	97.5	253	243	170	160	410	400
88	82.5	50	40	110	100	260	250	175	165	430	412
91	85	51	41.2	113	103	267	258	180	170	435	425
93	87.5	53	42.5	116	106	275	265	185	175	450	437
96	90	54	43.7	119	109	280	272	190	180	460	450
98.0	92.5	55	45	122	112	290	280	195	185	475	462
102	95	56	46.2	125	115	300	290	200	190	485	475
105	97.5	58	47.5	128	118	310	300	205	195	500	487
107	100	59	48.7	132	122	315	307	210	200	510	500
110	103	60	50	135	125	325	315	215	206	525	515
116	109	62	51.5	138	128	335	325	222	212	540	530
119	112	63	53	142	132	345	335	228	218	555	545
122	115	64	54.5	145	136	355	345	234	224	570	560
125	118	65	56	150	140	365	355	240	230	590	580
129	122	68	58	155	145	375	365	246	236	610	600
132	125	70	60	160	150	385	375	253	243	625	615
135	128	72	61.5	165	155	395	387	260	250	640	630

表 18-5-21　　轴向密封沟槽尺寸（受外部压力）　　mm

d_8 H11	d_1	d_8 H11	d_1	d_8 H11	d_1	d_8 H11	d_1	d_8 H11	d_1	d_8 H11	d_1
d_2=1.8		d_2=1.8		d_2=1.8		d_2=1.8		d_2=2.65		d_2=2.65	
2	1.8	5.5	5.3	8.9	8.75	15.2	15	20.2	20	32.7	32.5
2.2	2	5.8	5.6	9.2	9	16.2	16	21.4	21.2	33.7	33.5
2.4	2.24	6.2	6	9.7	9.5	17.2	17	22.6	22.4	34.7	34.5
3	2.8	6.5	6.3	10.2	10	d_2=2.65		23.8	23.6	35.7	35.5
3.3	3.15	6.9	6.7	10.8	10.6	14.2	14	25.2	25	36.7	36.5
3.7	3.55	7.1	6.9	11.4	11.2	15.2	15	26	25.8	37.7	37.5
3.9	3.75	7.3	7.1	12	11.8	16.2	16	26.7	26.5	38.9	38.7
4.7	4.5	7.7	7.5	12.7	12.5	17.2	17	28.2	28	d_2=3.55	
5.2	5	8.2	8	13.4	13.2	18.2	18	30.2	30	18.2	18
5.3	5.15	8.7	8.5	14.2	14	19.2	19	31.7	31.5	19.2	19

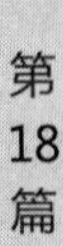

续表

d_8 H11	d_1	d_8 H11	d_1	d_8 H11	d_1	d_8 H11	d_1	d_8 H11	d_1	d_8 H11	d_1
$d_2=3.55$		$d_2=3.55$		$d_2=5.3$		$d_2=5.3$		$d_2=5.3$		$d_2=7$	
20.2	20	71.3	71	42.8	42.5	118.5	118	336	335	243	243
21.4	21.2	73.3	73	44	43.7	122.5	122	346	345	251	250
22.6	22.4	75.3	75	45.3	45	125.5	125	356	355	259	258
23.8	23.6	77.8	77.5	46.5	46.2	128.5	128	366	365	266	265
25.2	25	80.3	80	47.8	47.5	132.5	132	376	375	273	272
26.2	25.8	82.8	82.5	50	48.7	136.5	136	388	387	281	280
26.7	26.5	85.3	85	50.3	50	140.5	140	401	400	291	290
28.2	28	87.8	87.5	51.8	51.5	145.5	145	$d_2=7$		301	300
30.2	30	90.3	90	53.3	53	150.5	150	110	109	308	307
31.7	31.5	92.8	92.5	54.8	54.5	155.5	155	113	112	316	315
32.7	32.5	96.3	95	56.3	56	160.5	160	116	115	326	325
33.7	33.5	97.8	97.5	58.3	58	165.5	165	119	118	336	335
34.7	34.5	100.3	100	60.3	60	170.5	170	123	122	346	345
35.7	35.5	103.5	103	61.8	61.5	175.5	175	126	125	356	355
36.7	36.5	115.5	115	63.3	63	180.5	180	129	128	366	365
37.7	37.5	118.5	118	65.3	65	185.5	185	133	132	376	375
38.9	38.7	122.5	122	67.3	67	190.5	190	137	136	388	387
40.2	40	125.5	125	69.3	69	195.5	195	141	140	401	400
41.5	41.2	128.5	128	71.3	71	201	200	146	145	413	412
42.8	42.5	132.5	132	73.3	73	207	206	151	150	426	425
44.0	43.7	136.5	136	75.3	75	213	212	156	155	438	437
45.3	45	140.5	140	77.8	77.5	219	218	161	160	451	450
46.5	46.2	145.5	145	80.3	80	225	224	166	165	463	462
47.8	47.5	150.5	150	82.8	82.5	231	230	171	170	476	475
49	48.7	155.5	155	85.3	85	237	236	176	175	488	487
50.3	50	160.5	160	87.8	87.5	244	243	181	180	502	500
51.8	51.5	165.5	165	90.3	90	251	250	186	185	517	515
53.3	53	170.5	170	92.8	92.5	259	258	191	190	531	530
54.8	54.5	175.5	175	95.3	95	266	265	196	195	547	545
56.3	56	180.5	180	97.8	97.5	273	272	201	200	562	560
58.3	58	185.5	185	100.5	100	281	280	207	206	581	580
60.3	60	190.5	190	103.5	103	291	290	213	212	602	600
61.8	61.5	195.5	195	106.5	106	301	300	219	218	617	615
63.3	63	200.5	200	109.5	109	308	307	225	224	632	630
65.3	65	$d_2=5.3$		112.5	112	316	315	231	230	652	650
67.3	67	40.3	40	115.5	115	326	325	237	236	672	670
69.3	69	41.5	41.2								

(4) O 形圈沟槽设计准则

O 形圈沟槽尺寸应根据 O 形圈的预拉伸率 $y\%$、预压缩率 $k\%$、压缩率 $x\%$、O 形圈截面减小、溶胀等因素设计。

表 18-5-22　**O 形圈沟槽设计准则**

O 形圈的预拉伸率和预压缩率	①O 形圈的预拉伸率 $y\%$　活塞密封时，所选用的 O 形圈内径 d_1 应小于或等于沟槽槽底直径 d_3，最大预拉伸率不得大于下表中的规定值，最小预拉伸率应等于零。即： $$y_{\min}\%=\frac{d_{3\min}-d_{1\max}}{d_{1\max}}\times 100\%=0 \quad (18\text{-}5\text{-}1)$$ 或 $$d_{3\min}=d_{1\max} \quad (18\text{-}5\text{-}2)$$

续表

O形圈的预拉伸率和预压缩率

$$y_{max}\%=\frac{d_{3max}-d_{1min}}{d_{1min}}\times100\% \quad (18\text{-}5\text{-}3)$$

或

$$d_{3max}=d_{1min}\left(1+\frac{y_{max}}{100}\right) \quad (18\text{-}5\text{-}4)$$

式中，$y_{max}\%$应符下表的规定

活塞密封O形圈预拉伸率

应用情况	O形圈内径 d_1/mm	y_{max}/%
动密封或静密封	4.87～13.20	8
	14.0～38.7	6
	40.0～97.5	5
	100～200	4
	206～250	3
	258～400	3
静密封	412～670	2

②活塞杆密封O形圈预压缩率$k\%$　活塞杆密封时，所用的O形圈外径(d_1+2d_2)应大于或等于沟槽槽底直径d_6。最大预压缩率不得大于下表的规定值，最小预压缩率应等于零。即：

$$k_{min}\%=\frac{(d_{1min}+2d_{2min})-d_{6max}}{(d_{1min}+2d_{2min})}\times100\%=0 \quad (18\text{-}5\text{-}5)$$

或

$$d_{6max}=d_{1min}+2d_{2min} \quad (18\text{-}5\text{-}6)$$

$$k_{max}\%=\frac{(d_{1max}+2d_{2max})-d_{6min}}{(d_{1max}+2d_{2max})}\times100\% \quad (18\text{-}5\text{-}7)$$

或

$$d_{6min}=d_{1max}+2d_{2max}\left(1-\frac{k_{max}}{100}\right) \quad (18\text{-}5\text{-}8)$$

式中，$k_{max}\%$应符合下表的规定

活塞杆密封O形圈预压缩率

应用情况	O形圈内径 d_1/mm	k_{max}/%
动密封或静密封	3.75～10.0	8
	10.6～25	6
	25.8～60	5
	61.5～125	4
	128～250	3
静密封	258～670	2

③截面直径最大减小量a_{max}　O形圈被拉伸时截面会减小，其截面直径的最大减小量a_{max}可按以下经验公式计算

$$a_{max}=\frac{d_{2min}}{10}\sqrt{6\frac{d_{3max}-d_{1min}}{d_{1min}}} \quad (18\text{-}5\text{-}9)$$

注：上式对于预拉伸率在10%以下时，截面直径减小量的计算值比实际值稍微偏大一些

预拉伸率为4%时，可以近似假定截面直径减小量为3%

受拉伸后的O形圈最小截面直径可按下式计算

$$d_2'=\frac{d_{2min}(7d_{1min}-3d_{3max})}{4d_{1min}} \quad (18\text{-}5\text{-}10)$$

续表

O 形圈挤压

下面 4 幅图表示 O 形圈受挤压后的最大和最小压缩率 $x\%$

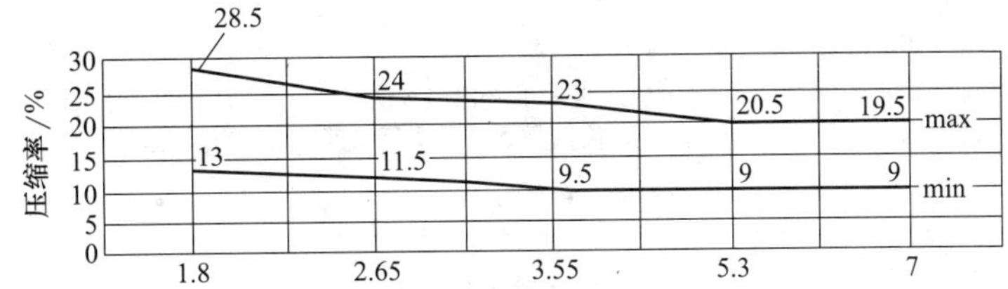

图(a)　液压动密封

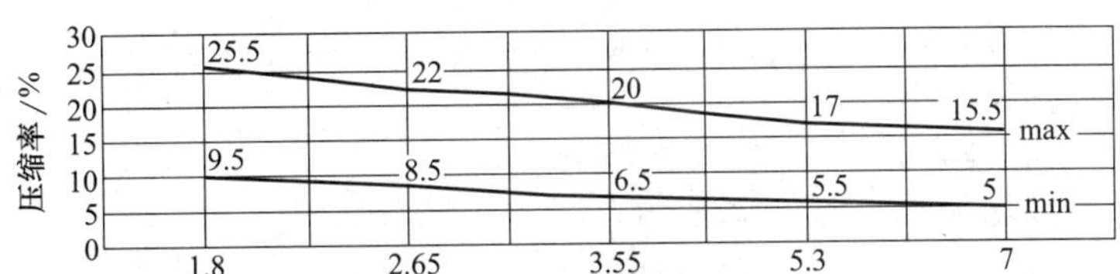

图(b)　气动动密封

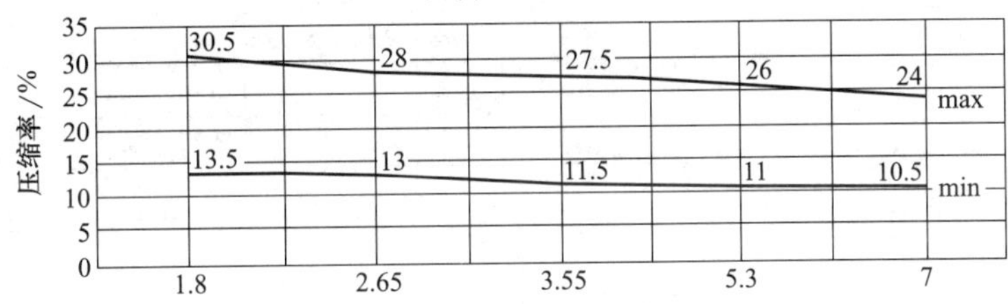

图(c)　液压、气动静密封

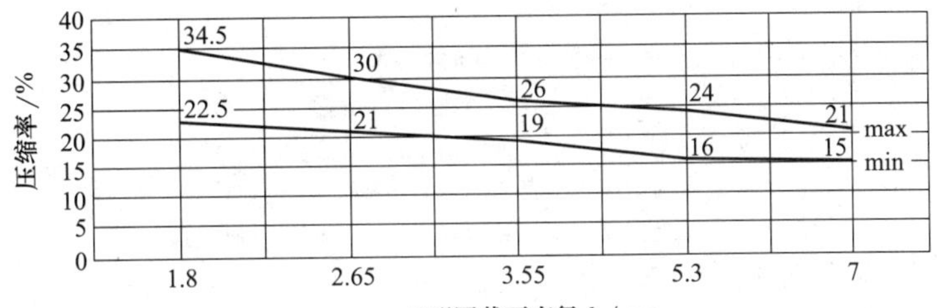

图(d)　轴向密封

根据压缩率 $x\%$，按下面公式来计算 O 形圈沟槽深度 t 或 h：

径向密封

$$t_{\min}=d_{2\max}\left(1-\frac{x_{\max}}{100}\right) \tag{18-5-11}$$

$$t_{\max}=d_{2\min}\left(1-\frac{x_{\min}}{100}\right) \tag{18-5-12}$$

轴向密封

$$h_{\min}=d_{2\max}\left(1-\frac{x_{\max}}{100}\right) \tag{18-5-13}$$

$$h_{\max}=d_{2\min}\left(1-\frac{x_{\min}}{100}\right) \tag{18-5-14}$$

压缩率数值可用于补偿拉伸引起的截面直径减小和沟槽加工误差，并保证在正常工作条件下有足够的密封性

对于一些特殊应用情况，可通过修改沟槽深度，增加或减少压缩率，以达到合适的密封要求。此时应考虑拉伸引起的截面减小

续表

O形圈溶胀

当O形圈和流体接触时，会吸收一定数量的流体，其溶胀性随不同流体而变化。O形圈沟槽的体积应能适应O形圈溶胀以及由于温度升高而产生的O形圈膨胀。本标准以体积溶胀值为15%来计算沟槽宽度尺寸“b”。对于静密封情况允许采用体积溶胀值为15%的密封材料。对动密封情况，推荐使用低溶胀值的O形圈材料，但应始终避免负溶胀，即“收缩”现象出现。当采用体积溶胀值超过15%的O形圈材料时，沟槽宽度应适当增加

沟槽深度

由O形圈截面压缩率数值确定径向密封沟槽深度及轴向密封沟槽深度

活塞密封、活塞杆密封沟槽深度的极限值及对应的压缩率　　mm

应用	截面直径 d_2	1.80±0.08		2.65±0.09		3.55±0.1		5.30±0.13		7.00±0.15	
		min	max	min	max	min	max	min	max	min	max
液压动密封	深度 t	1.34	1.49	2.08	2.27	2.81	3.12	4.32	4.70	5.75	6.23
	压缩率/%	13.5	28.5	11.5	24.0	9.5	23.0	9.0	20.5	9.0	19.5
气动动密封	深度 t	1.40	1.56	2.14	2.34	2.92	3.23	4.51	4.89	6.04	6.51
	压缩率/%	9.5	25.5	8.5	22.0	6.5	20.0	5.5	17.0	5.0	15.5
静密封	深度 t	1.31	1.49	1.97	2.23	2.80	3.07	4.30	4.63	5.83	6.16
	压缩率/%	13.5	30.5	13.0	28.0	11.5	27.5	11.0	26.0	10.5	24.0

注：本表给出的是极限值，活塞杆密封沟槽深度值及对应的压缩率应根据实际需要选定。

轴向密封沟槽深度的极限值及对应的压缩率　　mm

应用	截面直径 d_2	1.80±0.08		2.65±0.09		3.55±0.1		5.30±0.13		7.00±0.15	
		min	max	min	max	min	max	min	max	min	max
轴向密封	深度 h	1.23	1.33	1.92	2.02	2.70	2.79	4.13	4.34	5.65	5.82
	压缩率/%	22.5	34.5	21.0	30.0	19.0	26.0	16.0	24.0	15.0	21.0

沟槽宽度

根据O形圈材料体积溶胀值为15%来计算沟槽宽度b，即

$$V_h = 1.15V_o \tag{18-5-15}$$

式中　V_h——沟槽最小体积

V_o——O形圈最大体积

$$V_o = 2.467(d_{1max} + d_{2max})(d_{2max})^2 \tag{18-5-16}$$

由密封沟槽圆角半径而减小的体积按下面两式计算

$$V_{r3} = 1.35d_{3max}(r_{1max})^2 \tag{18-5-17}$$

$$V_{r4} = 1.35d_{3min}(r_{1max})^2 \tag{18-5-18}$$

式中　V_{r3}——由活塞密封沟槽圆角半径而减少的沟槽体积(近似值)

V_{r4}——由活塞杆密封沟槽圆角半径而减少的沟槽体积(近似值)

沟槽宽度b按下面两式计算

对活塞密封

$$b = \frac{1.15V_o + V_{r3}}{0.7854(d_{4min}^2 - d_{3max}^2)} \tag{18-5-19}$$

对活塞杆密封

$$b = \frac{1.15V_o + V_{r4}}{0.7854(d_{6min}^2 - d_{5max}^2)} \tag{18-5-20}$$

5.7.1.3　O形橡胶密封圈用挡圈

表 18-5-23　　O形橡胶密封圈用挡圈

名称	结构形式	应用场合	制造材料
螺旋式	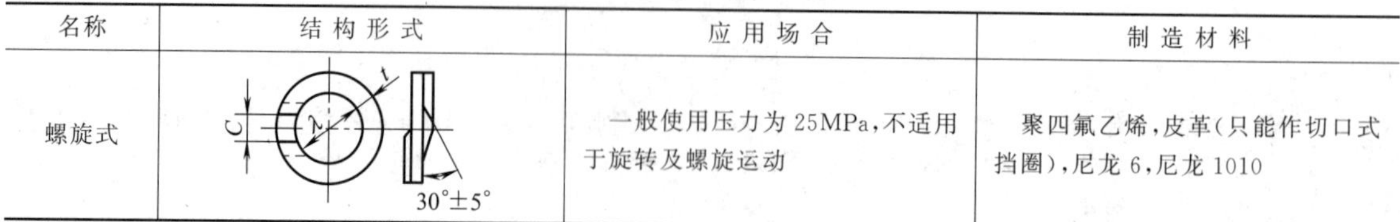	一般使用压力为25MPa，不适用于旋转及螺旋运动	聚四氟乙烯，皮革(只能作切口式挡圈)，尼龙6，尼龙1010

第18篇

续表

名称	结构形式	应用场合	制造材料
切口式	b, d, D, 22°, 0~0.15	使用压力可达 70MPa,用于整体式安装槽中	聚四氟乙烯,皮革(只能作切口式挡圈),尼龙 6,尼龙 1010
整体式	b, d, D	使用压力可达 70MPa,用于组合式安装槽中	

注：当介质有腐蚀性时，应当使用整体式的聚四氟乙烯挡圈，禁止使用切口式和螺旋式挡圈。

5.7.1.4 液压缸活塞和活塞杆动密封沟槽尺寸和公差(GB/T 2879—2005)

表 18-5-24　安装倒角　mm

密封沟槽径向深度 S	3.5	4	5	7.5	10	12.5	15	20
安装倒角最小轴向长度 C	2	2	2.5	4	5	6.5	7.5	10

表 18-5-25　活塞密封沟槽的公称尺寸　mm

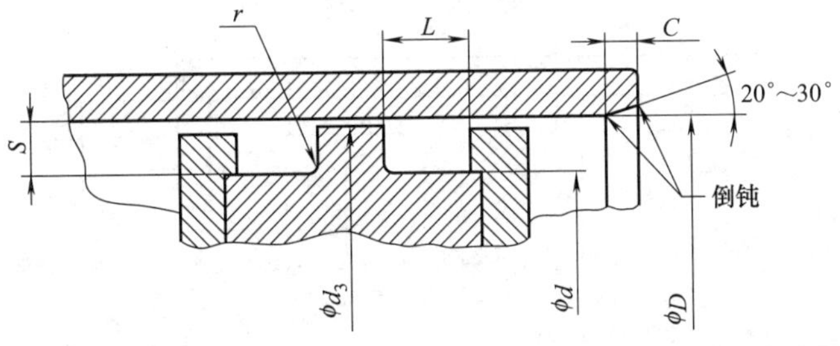

缸径[①] D	径向深度 S	内径 d	轴向长度 L 短	轴向长度 L 中	轴向长度 L 长	r max
16	4	8	5	6.3	—	0.3
20		12				
25		17				
	5	15	6.3	8	16	
32	4	24	5	6.3	—	
	5	22	6.3	8	16	
40	4	32	5	6.3	—	
	5	30	6.3	8	16	
50		40				
	7.5	35	9.5	12.5	25	0.4
63	5	53	6.3	8	16	0.3
	7.5	48	9.5	12.5	25	0.4
80		65				
	10	60	12.5	16	32	0.6

续表

缸径[①] D	径向深度 S	内径 d	轴向长度 L 短	轴向长度 L 中	轴向长度 L 长	r max
100	7.5	85	9.5	12.5	25	0.4
	10	80	12.5	16	32	0.6
125		105				
	12.5	100	16	20	40	0.8
160	10	140	12.5	16	32	0.6
	12.5	135	16	20	40	0.8
200		175				
	15	170	20	25	50	
250	12.5	225	16	20	40	
	15	220	20	25	50	
320		290				
400	20	360	25	32	63	1
500		460				

① 见 GB/T 2348。

表 18-5-26　　符合 ISO 6020-2 规定的液压缸活塞密封沟槽的公称尺寸　　mm

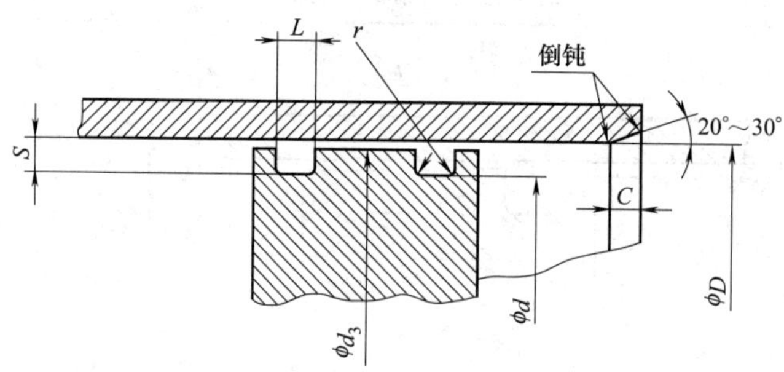

缸径[①] D	径向深度 S	内径 d	轴向长度 L	r max
25	3.5	18	5.6	0.5
32		25		
40	4	32	6.3	
50		42		
63		55		
80	5	70	7.5	
100		90		
125	7.5	110	10.6	
160		145		
200		185		

① 见 ISO 6020-2。

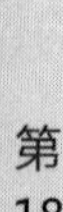

表 18-5-27　活塞杆密封沟槽的公称尺寸　mm

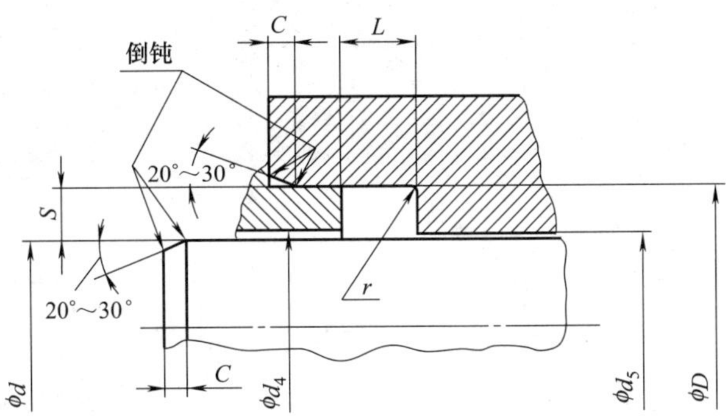

<table>
<tr><th rowspan="2">活塞杆直径①
d</th><th rowspan="2">径向深度
S</th><th rowspan="2">外径
D</th><th colspan="3">轴向长度 L</th><th rowspan="2">r
max</th></tr>
<tr><th>短</th><th>中</th><th>长</th></tr>
<tr><td>6</td><td rowspan="3">4</td><td>14</td><td rowspan="3">5</td><td rowspan="3">6.3</td><td rowspan="3">14.5</td><td rowspan="19">0.3</td></tr>
<tr><td>8</td><td>16</td></tr>
<tr><td rowspan="2">10</td><td>18</td></tr>
<tr><td>5</td><td rowspan="2">20</td><td>—</td><td>8</td><td>16</td></tr>
<tr><td rowspan="2">12</td><td>4</td><td>5</td><td>6.3</td><td>14.5</td></tr>
<tr><td>5</td><td rowspan="2">22</td><td>—</td><td>8</td><td>16</td></tr>
<tr><td rowspan="2">14</td><td>4</td><td>5</td><td>6.3</td><td>14.5</td></tr>
<tr><td>5</td><td rowspan="2">24</td><td>—</td><td>8</td><td>16</td></tr>
<tr><td rowspan="2">16</td><td>4</td><td>5</td><td>6.3</td><td>14.5</td></tr>
<tr><td>5</td><td rowspan="2">26</td><td>—</td><td>8</td><td>16</td></tr>
<tr><td rowspan="2">18</td><td>4</td><td>5</td><td>6.3</td><td>14.5</td></tr>
<tr><td>5</td><td rowspan="2">28</td><td>—</td><td>8</td><td>16</td></tr>
<tr><td rowspan="2">20</td><td>4</td><td>5</td><td>6.3</td><td>14.5</td></tr>
<tr><td>5</td><td rowspan="2">30</td><td>—</td><td>8</td><td>16</td></tr>
<tr><td rowspan="2">22</td><td>4</td><td>5</td><td>6.3</td><td>14.5</td></tr>
<tr><td>5</td><td>32</td><td>—</td><td>8</td><td>16</td></tr>
<tr><td rowspan="2">25</td><td>4</td><td>33</td><td>5</td><td>6.3</td><td>14.5</td></tr>
<tr><td rowspan="2">5</td><td>35</td><td>—</td><td rowspan="2">8</td><td rowspan="2">16</td></tr>
<tr><td rowspan="2">28</td><td>38</td><td>6.3</td></tr>
<tr><td>7.5</td><td>43</td><td>—</td><td>12.5</td><td>25</td><td>0.4</td></tr>
<tr><td rowspan="2">32</td><td>5</td><td>42</td><td>6.3</td><td>8</td><td>16</td><td>0.3</td></tr>
<tr><td>7.5</td><td>47</td><td>—</td><td>12.5</td><td>25</td><td>0.4</td></tr>
<tr><td rowspan="2">36</td><td>5</td><td>46</td><td>6.3</td><td>8</td><td>16</td><td>0.3</td></tr>
<tr><td>7.5</td><td>51</td><td>—</td><td>12.5</td><td>25</td><td>0.4</td></tr>
<tr><td rowspan="2">40</td><td>5</td><td>50</td><td>6.3</td><td>8</td><td>16</td><td>0.3</td></tr>
<tr><td>7.5</td><td>55</td><td>—</td><td>12.5</td><td>25</td><td>0.4</td></tr>
</table>

续表

<table>
<tr><th rowspan="2">活塞杆直径[①]
d</th><th rowspan="2">径向深度
S</th><th rowspan="2">外径
D</th><th colspan="3">轴向长度 L</th><th rowspan="2">r
max</th></tr>
<tr><th>短</th><th>中</th><th>长</th></tr>
<tr><td rowspan="2">45</td><td>5</td><td>55</td><td>6.3</td><td>8</td><td>16</td><td>0.3</td></tr>
<tr><td>7.5</td><td>60</td><td>—</td><td>12.5</td><td>25</td><td>0.4</td></tr>
<tr><td rowspan="2">50</td><td>5</td><td>60</td><td>6.3</td><td>8</td><td>16</td><td>0.3</td></tr>
<tr><td rowspan="2">7.5</td><td>65</td><td>—</td><td rowspan="2">12.5</td><td rowspan="2">25</td><td rowspan="2">0.4</td></tr>
<tr><td rowspan="2">56</td><td>71</td><td>9.5</td></tr>
<tr><td>10</td><td>76</td><td>—</td><td>16</td><td>32</td><td>0.6</td></tr>
<tr><td rowspan="2">63</td><td>7.5</td><td>78</td><td>9.5</td><td>12.5</td><td>25</td><td>0.4</td></tr>
<tr><td>10</td><td>83</td><td>—</td><td>16</td><td>32</td><td>0.6</td></tr>
<tr><td rowspan="2">70</td><td>7.5</td><td>85</td><td>9.5</td><td>12.5</td><td>25</td><td>0.4</td></tr>
<tr><td>10</td><td>90</td><td>—</td><td>16</td><td>32</td><td>0.6</td></tr>
<tr><td rowspan="2">80</td><td>7.5</td><td>95</td><td>9.5</td><td>12.5</td><td>25</td><td>0.4</td></tr>
<tr><td>10</td><td>100</td><td>—</td><td>16</td><td>32</td><td>0.6</td></tr>
<tr><td rowspan="2">90</td><td>7.5</td><td>105</td><td>9.5</td><td>12.5</td><td>25</td><td>0.4</td></tr>
<tr><td rowspan="2">10</td><td>110</td><td>—</td><td rowspan="2">16</td><td rowspan="2">32</td><td rowspan="2">0.6</td></tr>
<tr><td rowspan="2">100</td><td>120</td><td>12.5</td></tr>
<tr><td>12.5</td><td>125</td><td>—</td><td>20</td><td>40</td><td>0.8</td></tr>
<tr><td rowspan="2">110</td><td>10</td><td>130</td><td>12.5</td><td>16</td><td>32</td><td>0.6</td></tr>
<tr><td>12.5</td><td>135</td><td>—</td><td>20</td><td>40</td><td>0.8</td></tr>
<tr><td rowspan="2">125</td><td>10</td><td>145</td><td>12.5</td><td>16</td><td>32</td><td>0.6</td></tr>
<tr><td>12.5</td><td>150</td><td>—</td><td>20</td><td>40</td><td>0.8</td></tr>
<tr><td rowspan="2">140</td><td>10</td><td>160</td><td>12.5</td><td>16</td><td>32</td><td>0.6</td></tr>
<tr><td rowspan="2">12.5</td><td>165</td><td>—</td><td rowspan="2">20</td><td rowspan="2">40</td><td rowspan="10">0.8</td></tr>
<tr><td rowspan="2">160</td><td>185</td><td>16</td></tr>
<tr><td>15</td><td>190</td><td>—</td><td>25</td><td>50</td></tr>
<tr><td rowspan="2">180</td><td>12.5</td><td>205</td><td>16</td><td>20</td><td>40</td></tr>
<tr><td>15</td><td>210</td><td>—</td><td>25</td><td>50</td></tr>
<tr><td rowspan="2">200</td><td>12.5</td><td>225</td><td>16</td><td>20</td><td>40</td></tr>
<tr><td rowspan="4">15</td><td>230</td><td>—</td><td rowspan="4">25</td><td rowspan="4">50</td></tr>
<tr><td>220</td><td>250</td><td rowspan="3">20</td></tr>
<tr><td>250</td><td>280</td></tr>
<tr><td>280</td><td>310</td></tr>
<tr><td>320</td><td rowspan="2">20</td><td>360</td><td rowspan="2">25</td><td rowspan="2">32</td><td rowspan="2">63</td><td rowspan="2">1</td></tr>
<tr><td>360</td><td>400</td></tr>
</table>

① 见 GB/T 2348。

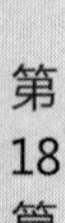

第 18 篇

表 18-5-28　　符合 ISO 6020-2 规定的液压缸活塞杆密封沟槽的公称尺寸　　mm

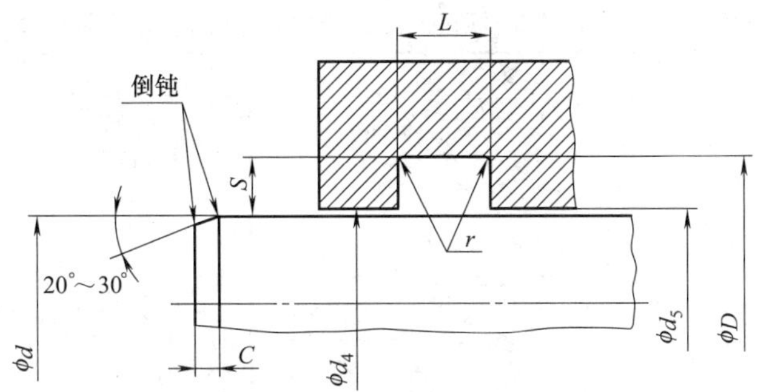

活塞杆直径① d	径向深度 S	外径 D	轴向长度 L	r max
12	3.5	19	5.6	0.5
14		21		
18		25		
22		29		
28	4	36	6.3	
36		44		
45		53		
56	5	66	7.5	
70		80		
90		100		
110	7.5	125	10.6	
140		155		

① 见 ISO 6020-2。

表 18-5-29　　密封沟槽径向深度（截面）公差　　mm

公称尺寸	公　　差	公称尺寸	公　　差
3.5	+0.15 −0.05	10	+0.25 −0.10
4	+0.15 −0.05	12.5	+0.30 −0.15
5	+0.15 −0.10	15	+0.35 −0.20
7.5	+0.20 −0.10	20	+0.40 −0.20

对于活塞，根据下列公式计算密封沟槽内径 d 的公差：

$$d_{min}=2D_{max}-d_{3min}-2S_{max}$$

$$d_{max}=d_{3min}-2S_{min}$$

对于活塞杆，根据下列公式计算密封沟槽外径 D 的公差：

$$D_{min}=d_{5max}+2S_{min}$$

$$D_{max}=2d_{min}-d_{5max}+2S_{max}$$

5.7.1.5 液压缸活塞和活塞杆窄断面动密封沟槽尺寸系列和公差(GB/T 2880—1981)

表 18-5-30 液压缸活塞用窄断面动密封的沟槽形式、尺寸系列和公差 mm

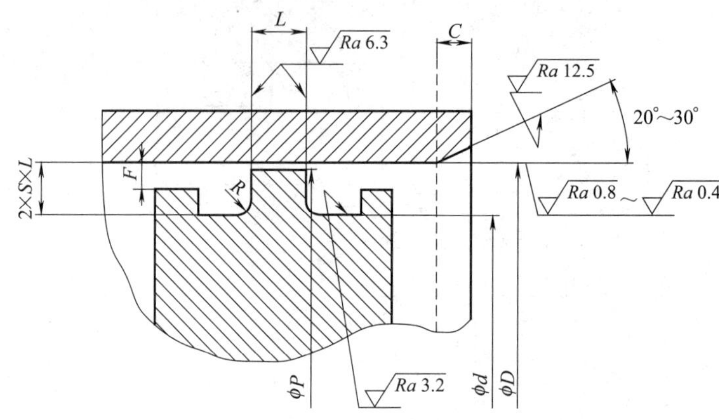

公称内径 D	沟槽深度 S	沟槽长度 L			沟槽底径		C ⩾	R ⩽	F
		L_1	L_2	公差	d	公差			
(12)	3.5	5.6	9	+0.25 0	5	+0.05 −0.17	2	0.3	0.5
(14)	3.5	5.6	9		7	+0.05 −0.17			
16	3.5	5.6	9		9	+0.15 −0.17			
(18)	3.5	5.6	9		11	+0.05 −0.17			
20	3.5	5.6	9		13	+0.04 −0.14			
(22)	3.5	5.6	9		15	+0.04 −0.14			
25	3.5	5.6	9		18	+0.04 −0.14			
(28)	3.5	5.6	9		21	+0.04 −0.14			
32	3.5	5.6	9		25	+0.04 −0.14			
(36)	4	6.3	11		28	+0.03 −0.11			
40	4	6.3	11		32	+0.03 −0.11			
(45)	4	6.3	11		37	+0.03 −0.11			
50	4	6.3	11		42	+0.03 −0.11			
(56)	4	6.3	11		48	−0.02 −0.07			
63	4	6.3	11		55	+0.02 −0.07			
(70)	5	7.5	13		60	+0.12 −0.07	3	0.4	1

续表

公称内径 D	沟槽深度 S	沟槽长度 L L_1	L_2	公差	沟槽底径 d	公差	C ≥	R ≤	F
80	5	7.5	13	+0.25 0	70	+0.12 −0.07	3	0.4	1
(90)	5	7.5	13		80	+0.11 −0.03			
100	5	7.5	13		90	+0.11 −0.03			
	7.5	10.6	19		85	+0.11 −0.13	4	0.6	
(110)	5	7.5	13		100	+0.11 −0.03	3	0.4	
	7.5	10.6	19		95	+0.11 −0.13	4	0.6	
125	5	7.5	13		115	+0.09 +0.006	3	0.4	
	7.5	10.6	19		110	±0.09	4	0.6	
(140)	5	7.5	13		130	+0.09 +0.006	3	0.4	
	7.5	10.6	19		125	±0.09	4	0.6	
160	5	7.5	13		150	+0.09 +0.006	3	0.4	
	7.5	10.6	19		145	±0.09	4	0.6	
(180)	7.5	10.6	19		165	+0.09 −0.09	4	0.6	
	10	13.2	23		160	+0.09 −0.19	5	0.8	
200	7.5	10.6	19		185	+0.07 −0.04	4	0.6	
	10	13.2	23		180	+0.07 −0.14	5	0.8	
(220)	7.5	10.6	19		205	+0.07 −0.04	4	0.6	
	10	13.2	23		200	+0.07 −0.14	5	0.8	
250	7.5	10.6	19		235	+0.07 −0.04	4	0.6	
	10	13.2	23		230	+0.07 −0.14	5	0.8	
(280)	7.5	10.6	19		265	+0.06 −0.003	4	0.5	
	10	13.2	23		260	+0.06 −0.10	5	0.8	
320	10	13.2	23		300	+0.04 −0.06	5	0.8	1
	12.5	16.5	30		295	+0.14 −0.16	6.5		1.5

续表

公称内径 D	沟槽深度 S	沟槽长度 L L_1	L_2	公差	沟槽底径 d	公差	C ⩾	R ⩽	F
(360)	10	13.2	23	+0.25 0	340	+0.04 −0.06	5	0.8	1
	12.5	16.5	30		335	+0.14 −0.16	6.5		1.5
400	12.5	16.5	30		375	+0.14 −0.16	6.5	0.8	1.5
	15	19	34		370	+0.24 −0.25	7.5	1	2
(450)	12.5	16.5	30		425	+0.13 −0.12	6.5	0.8	1.5
	15	19	34		420	+0.23 −0.22	7.5	1	2
500	12.5	16.5	30		475	+0.13 −0.12	6.5	0.8	1.5
	15	19	34		470	+0.23 −0.22	7.5	1	2

注：1. 公称内径 D 大于 500mm 时，按 GB/T 321《优先数和优先数系》中 $R10$ 数系选用。
2. 滑动面公差配合推荐 H9/f8。
3. 沟槽形式需要时也可采用装配式结构。
4. L_1 系列优先选用。L_2 系列适用于老产品或维修配件使用。
5. 括号内缸内径为非优先选用者。

活塞用动密封的标注方法：

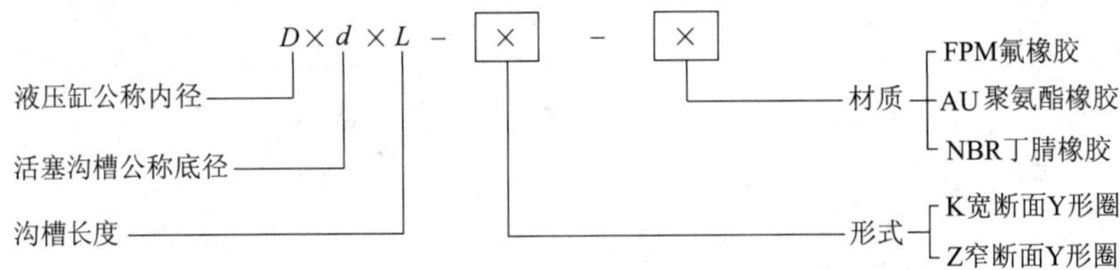

表 18-5-31　液压缸活塞杆用窄断面动密封的沟槽形式、尺寸系列和公差　mm

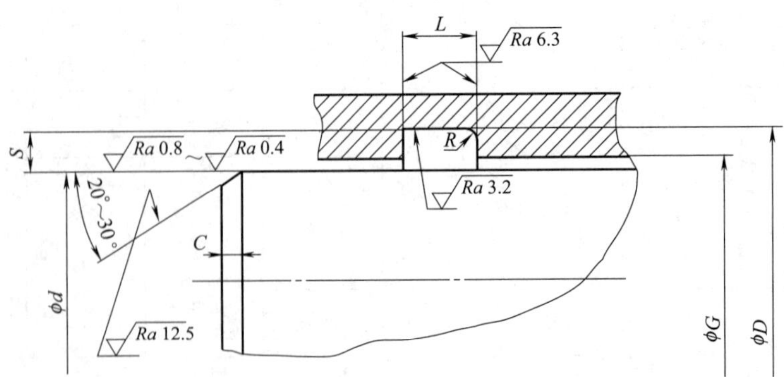

活塞杆公称外径 d	沟槽深度 S	沟槽长度 L L_1	L_2	公差	沟槽底径 D	公差	C ⩾	R ⩽
6	3.5	5.6	9	+0.25 0	13	+0.21 −0.07	2	0.3

续表

<table>
<tr><th rowspan="2">活塞杆公称外径 d</th><th rowspan="2">沟槽深度 S</th><th colspan="3">沟槽长度 L</th><th colspan="2">沟槽底径</th><th rowspan="2">C ≥</th><th rowspan="2">R ≤</th></tr>
<tr><th>L_1</th><th>L_2</th><th>公差</th><th>D</th><th>公差</th></tr>
<tr><td>8</td><td>3.5</td><td>5.6</td><td>9</td><td rowspan="23">+0.25
0</td><td>15</td><td>+0.19
−0.06</td><td rowspan="16">2</td><td rowspan="16">0.3</td></tr>
<tr><td>10</td><td>3.5</td><td>5.6</td><td>9</td><td>17</td><td>+0.19
−0.06</td></tr>
<tr><td>12</td><td>3.5</td><td>5.6</td><td>9</td><td>19</td><td>+0.17
−0.05</td></tr>
<tr><td>14</td><td>3.5</td><td>5.6</td><td>9</td><td>21</td><td>+0.17
−0.05</td></tr>
<tr><td>16</td><td>3.5</td><td>5.6</td><td>9</td><td>23</td><td>+0.17
−0.05</td></tr>
<tr><td>18</td><td>3.5</td><td>5.6</td><td>9</td><td>25</td><td>+0.17
−0.05</td></tr>
<tr><td>20</td><td>3.5</td><td>5.6</td><td>9</td><td>27</td><td>+0.14
−0.04</td></tr>
<tr><td>22</td><td>3.5</td><td>5.6</td><td>9</td><td>29</td><td>+0.14
−0.04</td></tr>
<tr><td>25</td><td>4</td><td>6.3</td><td>11</td><td>33</td><td>+0.14
−0.04</td></tr>
<tr><td>28</td><td>4</td><td>6.3</td><td>11</td><td>36</td><td>+0.14
−0.04</td></tr>
<tr><td>32</td><td>4</td><td>6.3</td><td>11</td><td>40</td><td>+0.11
−0.03</td></tr>
<tr><td>36</td><td>4</td><td>6.3</td><td>11</td><td>44</td><td>+0.11
−0.03</td></tr>
<tr><td>40</td><td>4</td><td>6.3</td><td>11</td><td>48</td><td>+0.11
−0.03</td></tr>
<tr><td>45</td><td>4</td><td>6.3</td><td>11</td><td>53</td><td>+0.11
−0.03</td></tr>
<tr><td>50</td><td>4</td><td>6.3</td><td>11</td><td>58</td><td>+0.11
−0.03</td></tr>
<tr><td>56</td><td>5</td><td>7.5</td><td>13</td><td>66</td><td>+0.07
−0.12</td></tr>
<tr><td>60*</td><td>5</td><td>7.5</td><td>13</td><td>70</td><td>+0.07
−0.12</td><td rowspan="5">3</td><td rowspan="5">0.4</td></tr>
<tr><td>63</td><td>5</td><td>7.5</td><td>13</td><td>73</td><td>+0.07
−0.12</td></tr>
<tr><td>70</td><td>5</td><td>7.5</td><td>13</td><td>80</td><td>+0.07
−0.12</td></tr>
<tr><td>80</td><td>5</td><td>7.5</td><td>13</td><td>90</td><td>+0.07
−0.12</td></tr>
<tr><td rowspan="2">90</td><td>5</td><td>7.5</td><td>13</td><td>100</td><td>+0.03
−0.11</td></tr>
<tr><td>7.5</td><td>10.6</td><td>19</td><td>105</td><td>+0.13
−0.11</td><td>4</td><td>0.6</td></tr>
<tr><td rowspan="2">100</td><td>5</td><td>7.5</td><td>13</td><td>110</td><td>+0.03
−0.11</td><td>3</td><td>0.4</td></tr>
<tr><td>7.5</td><td>10.6</td><td>19</td><td>115</td><td>+0.13
−0.11</td><td>4</td><td>0.6</td></tr>
</table>

续表

活塞杆公称外径 d	沟槽深度 S	沟槽长度 L			沟槽底径		C	R
		L_1	L_2	公差	D	公差	≥	≤
110	5	7.5	13		120	+0.03 −0.11	3	0.4
	7.5	10.6	19		125	+0.03 −0.11	4	0.6
125	5	7.5	13		135	−0.01 −0.10	3	0.4
	7.5	10.6	19		140	+0.08 −0.10	4	0.6
140	5	7.5	13		150	−0.01 −0.10	3	0.4
	7.5	10.6	19		155	−0.08 −0.10	4	0.6
160	7.5	10.6	19		175	+0.08 −0.10	4	0.6
	10	13.2	23		180	+0.18 −0.10	3	0.8
180	7.5	10.6	19		195	+0.08 −0.10	4	0.6
	10	13.2	23		200	+0.18 −0.10	5	0.8
200	7.5	10.6	19	+0.25 0	215	+0.04 −0.08	4	0.6
	10	13.2	23		220	+0.14 −0.08	5	0.8
220	7.5	10.6	19		235	+0.04 −0.08	4	0.6
	10	13.2	23		240	+0.14 −0.08	5	0.8
250	7.5	10.6	19		265	−0.04 −0.08	4	0.6
	10	13.2	23		270	+0.14 −0.08	5	0.8
280	10	13.2	23		300	+0.09 −0.07	5	0.8
	12.5	16	30		305	+0.19 −0.17	6.5	1
320	10	13.2	23		340	+0.05 −0.06	5	0.8
	12.5	16	30		345	+0.15 −0.16	6.5	1
360	12.5	16	30		385	+0.15 −0.16	6.5	1
	15	19	34		390	+0.25 −0.26	7.5	1

注：1. 活塞杆公称外径 d 大于 360mm 时，可按 GB/T 321 中 $R20$ 数系选用。

2. 滑动面公差配合推荐 H9/f8。

活塞杆用动密封的标注方法：

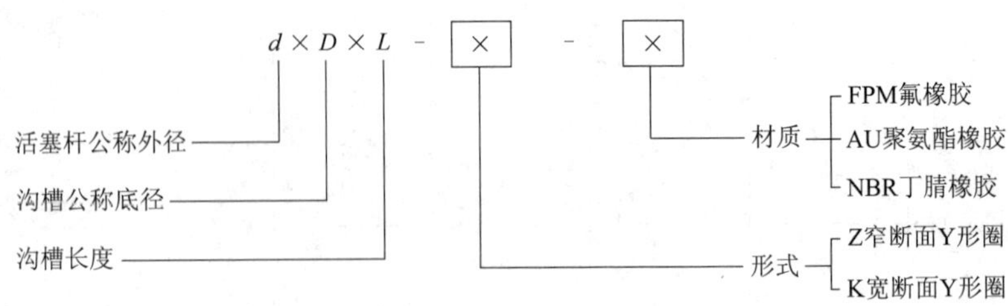

5.7.1.6　液压缸活塞用带支承环密封沟槽形式、尺寸和公差(GB/T 6577—1986)

表 18-5-32　液压缸活塞用带支承环密封沟槽　mm

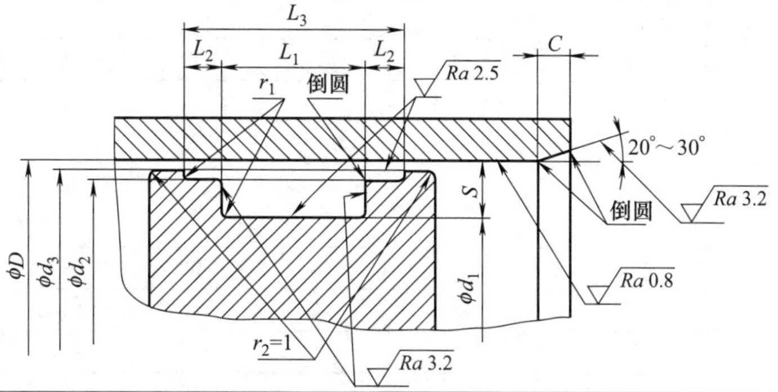

D H9	S	d_1 h9	$L_{1\,+0.10}^{\,+0.35}$	$L_{2\,0}^{\,+0.10}$	L_3	d_2 h9	d_3 h11	r_1	C ≥
25	4	17	10	4	18	22	24	0.4	2
	5	15	12.5		20.5				2.5
32	4	24	10	4	18	29	31	0.4	2
	5	22	12.5		20.5				2.5
40	4	32	10	4	18	37	39	0.4	2
	5	30	12.5		20.5				2.5
50	5	40	12.5	4	20.5	47	49	0.4	2.5
	7.5	35	20	5	30	46	48.5		4
(56)	5	46	12.5	4	20.5	53	55	0.4	2.5
	7.5	41	20	5	30	52	54.5		4
63	5	53	12.5	4	20.5	60	62	0.4	2.5
	7.5	48	20	5	30	59	61.5		4
(70)	7.5	55	20	5	30	66	68.5	0.4	4
	10	50	25	6.3	37.6	65	68	0.8	5
80	7.5	65	20	5	30	76	78.5	0.4	4
	10	60	25	6.3	37.6	75	78	0.8	5
(90)	7.5	75	20	5	30	86	88.5	0.4	4
	10	70	25	6.3	37.6	85	88	0.8	5
100	7.5	85	20	5	30	96	98.5	0.4	4
	10	80	25	6.3	37.6	95	98	0.8	5
(110)	7.5	95	20	5	30	106	108.5	0.4	4
	10	90	25	6.3	37.6	105	108	0.8	5
125	10	105	25	6.3	37.6	120	123	0.8	5
	12.5	100	32	10	52	119			6.5
(140)	10	120	25	6.3	37.6	135	138	0.8	5
	12.5	115	32	10	52	134			6.5
160	10	140	25	6.3	37.6	155	158	0.8	5
	12.5	135	32	10	52	154			6.5
(180)	10	160	25	6.3	37.6	175	178	0.8	5
	12.5	155	32	10	52	174			6.5

续表

D H9	S	d_1 h9	$L_1{}^{+0.35}_{+0.10}$	$L_2{}^{+0.10}_{0}$	L_3	d_2 h9	d_3 h11	r_1	C ≥
200	15	170	36	12.5	61	192	197	0.8	7.5
(220)	15	190	36	12.5	61	212	217	0.8	7.5
250	15	220	36	12.5	61	242	247	0.8	7.5
(280)	15	250	36	12.5	61	272	277	0.8	7.5
320	15	290	36	12.5	61	312	317	0.8	7.5
(360)	15	330	36	12.5	61	352	357	0.8	7.5
400	20	360	50	16	82	392	397	1.2	10
(450)	20	410	50	16	82	442	447	1.2	10
500	20	460	50	16	82	492	497	1.2	10

注：1. 括号内的缸孔内径为非优先选用尺寸。

2. 除缸内径 D=25～160，在使用小截面密封圈外，缸内径 D 的加工精度可选 H 11。

5.7.1.7 液压缸活塞杆用防尘圈沟槽形式、尺寸和公差(GB/T 6578—2008)

表 18-5-33 倒角 mm

沟槽径向深度 S	≤4	4.4	5	6.1	7.5	8	10
倒角的最小轴向长度 C	2	2.5		4		5	

表 18-5-34 A 型防尘圈沟槽 mm

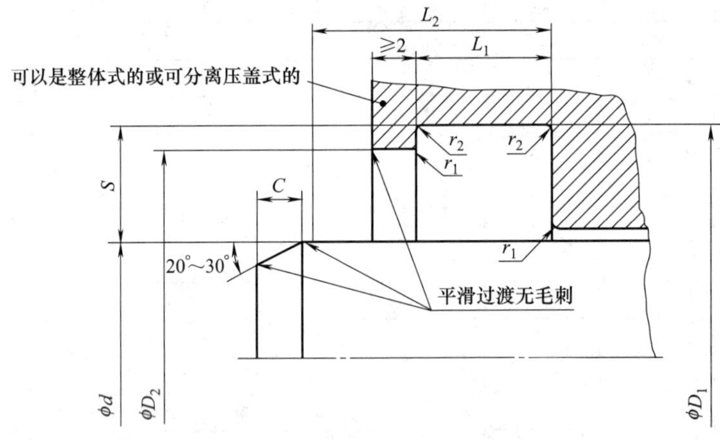

活塞杆直径[①②] d	沟槽径向深度 S	沟槽底径 D_1 H11	沟槽宽度 L_1	防尘圈长度 L_2 max	沟槽端部孔径 D_2 H11	r_1 max	r_2 max
4	4	12	$5^{+0.2}_{0}$	8	9.5	0.3	0.5
5	4	13		8	10.5	0.3	0.5
6	4	14		8	11.5	0.3	0.5
8	4	16		8	13.5	0.3	0.5
10	4	18		8	15.5	0.3	0.5
12	4	20		8	17.5	0.3	0.5
14	4	22		8	19.5	0.3	0.5
16	4	24		8	21.5	0.3	0.5

续表

<table>
<tr><th>活塞杆直径[①②] d</th><th>沟槽径向深度 S</th><th>沟槽底径 D_1 H11</th><th>沟槽宽度 L_1</th><th>防尘圈长度 L_2 max</th><th>沟槽端部孔径 D_2 H11</th><th>r_1 max</th><th>r_2 max</th></tr>
<tr><td>18</td><td>4</td><td>26</td><td rowspan="10">$5^{+0.2}_{0}$</td><td>8</td><td>23.5</td><td>0.3</td><td>0.5</td></tr>
<tr><td>20</td><td>4</td><td>28</td><td>8</td><td>25.5</td><td>0.3</td><td>0.5</td></tr>
<tr><td>22</td><td>4</td><td>30</td><td>8</td><td>27.5</td><td>0.3</td><td>0.5</td></tr>
<tr><td>25</td><td>4</td><td>33</td><td>8</td><td>30.5</td><td>0.3</td><td>0.5</td></tr>
<tr><td>28</td><td>4</td><td>36</td><td>8</td><td>33.5</td><td>0.3</td><td>0.5</td></tr>
<tr><td>32</td><td>4</td><td>40</td><td>8</td><td>37.5</td><td>0.3</td><td>0.5</td></tr>
<tr><td>36</td><td>4</td><td>44</td><td>8</td><td>41.5</td><td>0.3</td><td>0.5</td></tr>
<tr><td>40</td><td>4</td><td>48</td><td>8</td><td>45.5</td><td>0.3</td><td>0.5</td></tr>
<tr><td>45</td><td>4</td><td>53</td><td>8</td><td>50.5</td><td>0.3</td><td>0.5</td></tr>
<tr><td>50</td><td>4</td><td>58</td><td>8</td><td>55.5</td><td>0.3</td><td>0.5</td></tr>
<tr><td>56</td><td>5</td><td>66</td><td rowspan="5">$6.3^{+0.2}_{0}$</td><td>10</td><td>63</td><td>0.4</td><td>0.5</td></tr>
<tr><td>63</td><td>5</td><td>73</td><td>10</td><td>70</td><td>0.4</td><td>0.5</td></tr>
<tr><td>70</td><td>5</td><td>80</td><td>10</td><td>77</td><td>0.4</td><td>0.5</td></tr>
<tr><td>80</td><td>5</td><td>90</td><td>10</td><td>87</td><td>0.4</td><td>0.5</td></tr>
<tr><td>90</td><td>5</td><td>100</td><td>10</td><td>97</td><td>0.4</td><td>0.5</td></tr>
<tr><td>100</td><td>7.5</td><td>115</td><td rowspan="7">$9.5^{+0.3}_{0}$</td><td>14</td><td>110</td><td>0.6</td><td>0.5</td></tr>
<tr><td>110</td><td>7.5</td><td>125</td><td>14</td><td>120</td><td>0.6</td><td>0.5</td></tr>
<tr><td>125</td><td>7.5</td><td>140</td><td>14</td><td>135</td><td>0.6</td><td>0.5</td></tr>
<tr><td>140</td><td>7.5</td><td>155</td><td>14</td><td>150</td><td>0.6</td><td>0.5</td></tr>
<tr><td>160</td><td>7.5</td><td>175</td><td>14</td><td>170</td><td>0.6</td><td>0.5</td></tr>
<tr><td>180</td><td>7.5</td><td>195</td><td>14</td><td>190</td><td>0.6</td><td>0.5</td></tr>
<tr><td>200</td><td>7.5</td><td>215</td><td>14</td><td>210</td><td>0.6</td><td>0.5</td></tr>
<tr><td>220</td><td>10</td><td>240</td><td rowspan="5">$12.5^{+0.3}_{0}$</td><td>18</td><td>233.5</td><td>0.8</td><td>0.9</td></tr>
<tr><td>250</td><td>10</td><td>270</td><td>18</td><td>263.5</td><td>0.8</td><td>0.9</td></tr>
<tr><td>280</td><td>10</td><td>300</td><td>18</td><td>293.5</td><td>0.8</td><td>0.9</td></tr>
<tr><td>320</td><td>10</td><td>340</td><td>18</td><td>333.5</td><td>0.8</td><td>0.9</td></tr>
<tr><td>360</td><td>10</td><td>380</td><td>18</td><td>373.5</td><td>0.8</td><td>0.9</td></tr>
</table>

① 见 GB/T 2348 及 GB/T 2879。

② 整体式沟槽用于活塞杆直径大于 14mm 的液压缸。

表 18-5-35　　B 型防尘圈沟槽　　mm

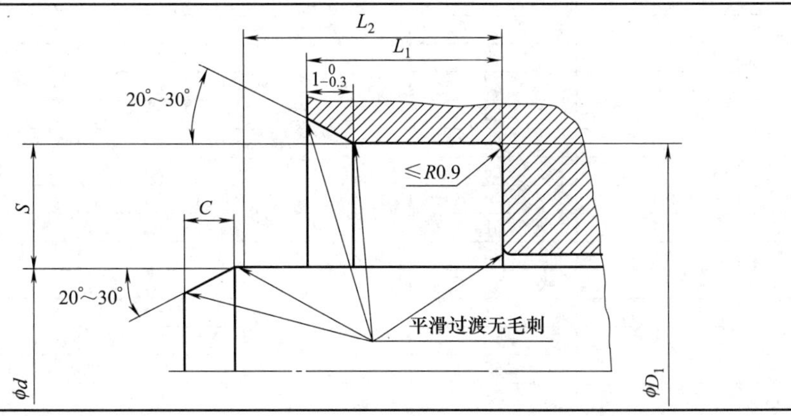

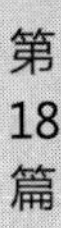

第18篇

续表

活塞杆直径①d	沟槽径向深度 S	沟槽底径 D_1H8	沟槽宽度 $L_1{}^{+0.5}_{0}$	防尘圈长度 L_2 max	活塞杆直径①d	沟槽径向深度 S	沟槽底径 D_1H8	沟槽宽度 $L_1{}^{+0.5}_{0}$	防尘圈长度 L_2 max
4	4	12	5	8	56	5	66	7	11
5	4	13	5	8	63	5	73	7	11
6	4	14	5	8	70	5	80	7	11
8	4	16	5	8	80	5	90	7	11
10	4	18	5	8	90	5	100	7	11
12	5	22	7	11	100	7.5	115	9	13
14	5	24	7	11	110	7.5	125	9	13
16	5	26	7	11	125	7.5	140	9	13
18	5	28	7	11	140	7.5	155	9	13
20	5	30	7	11	160	7.5	175	9	13
22	5	32	7	11	180	7.5	195	9	13
25	5	35	7	11	200	7.5	215	9	13
28	5	38	7	11	220	10	240	12	16
32	5	42	7	11	250	10	270	12	16
36	5	46	7	11	280	10	300	12	16
40	5	50	7	11	320	10	340	12	16
45	5	55	7	11	360	10	380	12	16
50	5	60	7	11					

① 见 GB/T 2348 及 GB/T 2879。

表 18-5-36　　C 型防尘圈沟槽　　mm

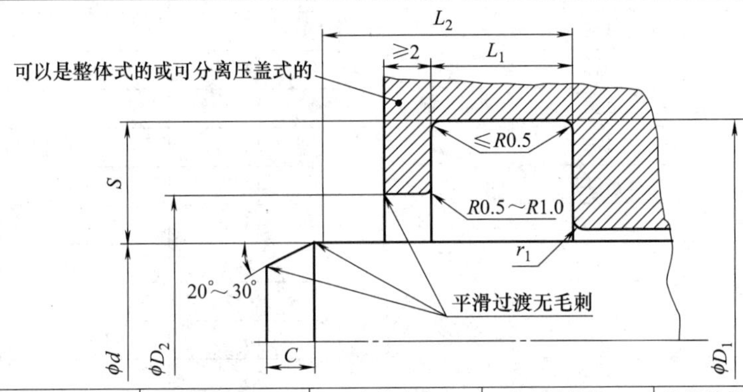

活塞杆直径①② d	沟槽径向深度 S	沟槽底径 D_1 H11	沟槽宽度 L_1	防尘圈长度 L_2 max	沟槽端部孔径 D_2 H11	半径 r_1 max
4	3	10	$4^{+0.2}_{0}$	7	6.5	0.3
5	3	11		7	7.5	0.3
6	3	12		7	8.5	0.3
8	3	14		7	10.5	0.3
10	3	16		7	12.5	0.3
12③	3	18		7	14.5	0.3
14③	3	20		7	16.5	0.3
16	3	22		7	18.5	0.3
18③	3	24		7	20.5	0.3
20	3	26		7	22.5	0.3
22③	3	28		7	24.5	0.3
25	3	31		7	27.5	0.3
28③	4	36	$5^{+0.2}_{0}$	8	31	0.3
32	4	40		8	35	0.3
36③	4	41		8	39	0.3
40	4	48		8	43	0.3
45③	4	53		8	48	0.3
50	4	58		8	53	0.3

续表

活塞杆直径[1][2] d	沟槽径向深度 S	沟槽底径 D_1 H11	沟槽宽度 L_1	防尘圈长度 L_2 max	沟槽端部孔径 D_2 H11	半径 r_1 max
56[3]	5	66	$6^{+0.2}_{0}$	9.7	59	0.3
63	5	73		9.7	66	0.3
70[3]	5	80		9.7	73	0.3
80	5	90		9.7	83	0.3
90[3]	5	100		9.7	93	0.3
100	5	110		9.7	103	0.3
110[3]	7.5	125	$8.5^{+0.3}_{0}$	13.0	114	0.4
125	7.5	140		13.0	129	0.4
140[3][4]	7.5	155		13.0	144	0.4
160	7.5	175		13.0	164	0.4
180[4]	7.5	195		13.0	184	0.4
200	7.5	215		13.0	204	0.4
220[4]	10	240	$12^{+0.3}_{0}$	18	226	0.6
250[4]	10	270		18	256	0.6
280[4]	10	300		18	286	0.6
320[4]	10	340		18	326	0.6
360[4]	10	380		18	366	0.6

① 见 GB/T 2348 和 GB/T 2879。

② 可分离压盖式沟槽用于活塞杆直径小于等于 18mm 的液压缸。

③ 这些规格推荐用于 16MPa 紧凑型系列单杆液压缸和 10MPa 系列的液压缸。

④ 这些规格推荐用于缸筒内径为 250～500mm 的 16MPa 紧凑型系列的单杆液压缸。

表 18-5-37　D 型防尘圈沟槽　mm

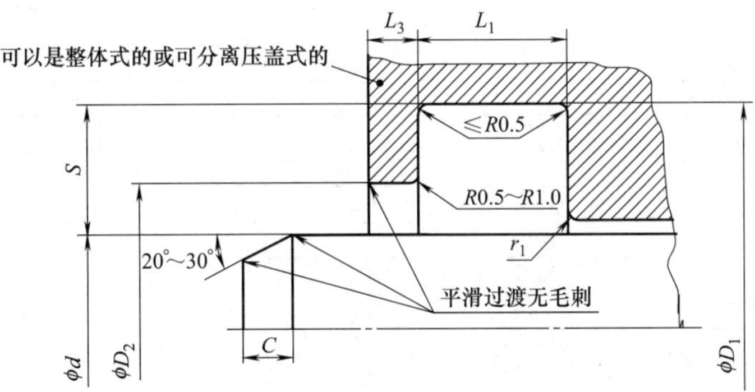

活塞杆直径[1][2] d	沟槽径向深度 S	沟槽底径 D_1 H9	沟槽宽度 $L_1{}^{+0.2}_{0}$	沟槽端部孔径 D_2 H11	沟槽端部宽度 L_3 min	半径 r_1 max
4	2.4	8.8	3.7	5.5	2	0.4
5	2.4	9.8	3.7	6.5	2	0.4
6	2.4	10.8	3.7	7.5	2	0.4
8	2.4	12.8	3.7	9.5	2	0.4
10	2.4	14.8	3.7	11.5	2	0.4
12	3.4	18.8	5	13.5	2	0.8
14	3.4	20.8	5	15.5	2	0.8
16	3.4	22.8	5	17.5	2	0.8
18	3.4	24.8	5	19.5	2	0.8
20	3.4	26.8	5	21.5	2	0.8
22	3.4	28.8	5	23.5	2	0.8

续表

活塞杆直径①② d	沟槽径向深度 S	沟槽底径 D_1 H9	沟槽宽度 $L_1{}^{+0.2}_{0}$	沟槽端部孔径 D_2 H11	沟槽端部宽度 L_3 min	半径 r_1 max
25	3.4	31.8	5	26.5	2	0.8
28	3.4	34.8	5	29.5	2	0.8
32	3.4	38.8	5	33.5	2	0.8
36	3.4	42.8	5	37.5	2	0.8
40③	3.4	46.8	5	41.5	2	0.8
	4.4	48.8	6.3	41.5	3	0.8
45	3.4	51.8	5	46.5	2	0.8
	4.4	53.8	6.3	46.5	3	0.8
50	3.4	56.8	5	51.5	2	0.8
	4.4	58.8	6.3	51.5	3	0.8
56	3.4	62.8	5	57.5	2	0.8
	4.4	64.8	6.3	57.5	3	0.8
63	3.4	69.8	5	64.5	2	0.8
	4.4	71.8	6.3	64.5	3	0.8
70	4.4	78.8	6.3	71.5	3	1
	6.1	82.2	8.1	72	4	1
80	4.4	88.8	6.3	81.5	3	1
	6.1	92.2	8.1	82	4	1
90	4.4	98.8	6.3	91.5	3	1
	6.1	102.2	8.1	92	4	1
100	4.4	108.8	6.3	101.5	3	1
	6.1	112.2	8.1	102	4	1
110	4.4	118.8	6.3	111.5	3	1
	6.1	122.2	8.1	112	4	1
125	4.4	133.8	6.3	126.5	3	1
	6.1	137.2	8.1	127	4	1
140	6.1	152.2	8.1	142	4	1
	8	156	9.5	142.5	5	1.5
160	6.1	172.2	8.1	162	4	1
	8	176	9.5	162.5	5	1.5
180	6.1	192.2	8.1	182	4	1
	8	196	9.5	182.5	5	1.5
200	6.1	212.2	8.1	202	4	1
	8	216	9.5	202.5	5	1.5
220	6.1	232.2	8.1	222	4	1
	8	236	9.5	222.5	5	1.5
250	6.1	262.2	8.1	252	4	1
	8	266	9.5	252.5	5	1.5
280	6.1	292.2	8.1	282	4	1.5
	8	296	9.5	282.5	5	1.5
320	6.1	332.2	8.1	322	4	1.5
	8	336	9.5	322.5	5	1.5
360	6.1	372.2	8.1	362	4	1.5
	8	376	9.5	362.5	5	1.5

① 见 GB/T 2348 和 GB/T 2879。

② 可分离压盖式沟槽用于活塞杆直径小于等于 18mm 的液压缸。

③ 活塞杆直径大于 40mm 的规格，轻型系列（径向深度较小）推荐用于固定液压设备，重型系列（径向深度较大）推荐用于行走液压设备。

5.7.1.8　不锈钢卡压式管件组件用 O 形橡胶密封圈(GB/T 19228.3—2012)

表 18-5-38　O 形橡胶密封圈　mm

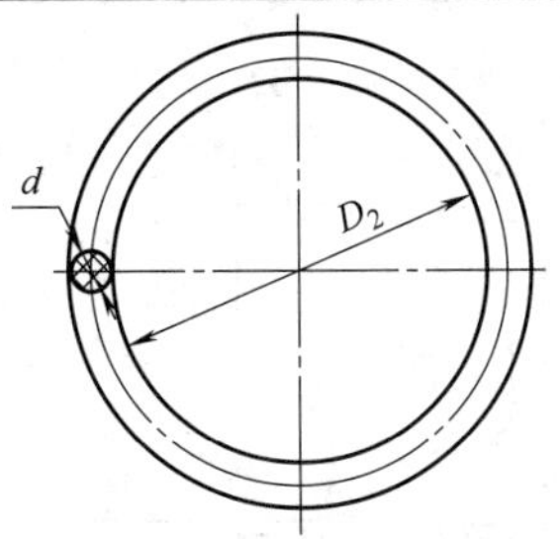

型式	公称尺寸 DN	内径 D_2		截面直径 d	
D 型:Ⅰ系列卡压式管件用 O 形圈	15	18.2	+0.15 −0.05	2.5	+0.15 −0.05
	20	22.2	+0.2 0	3.2	
	25	28.2		3.0	
	32	35.3		3.0	
	40	42.3	+0.3 0	4.0	
	50	54.3		4.0	
	65	77.0	+0.2 −0.1	7.0	+0.2 0
	80	90.0		8.0	
	100	109.0		10.0	
D 型和 S 型:Ⅱ系列卡压管件用 O 形圈	12	12.75	±0.10	2.0	±0.07
	15	16.04	±0.12	2.5	
	20	22.45	±0.15	3.0	±0.10
	25	28.85		3.0	
	32	34.50	±0.3	4.0	±0.15
	40	43.30	±0.5	5.0	
	50	49.30		5.5	
	60	61.50		6.5	
S 型:Ⅰ系列卡压管件用 O 形圈	10	12.75	±0.15	2.0	±0.1
	15	16.15		2.5	
	20	20.2		3.0	
	25	25.7		3.0	
	32	32.3	±0.3	4.5	±0.12
	40	40.4		5.5	
	50	51.2		6.2	
	60	63.9	±1.0	6.2	±0.16
	65	77.0		7.0	
	80	90.0		8.0	
	100	102.6		10.0	

技术要求		
技术要求	材料	密封圈材料可选用氯化丁基橡胶、三元乙丙橡胶、硅橡胶或丁腈橡胶等,所用的原材料中应不含对输送介质、密封圈的使用寿命及管材和管件有危害作用的物质
	外观	O 形圈的外观平整,不允许有气泡、裂口及影响其性能的其他缺陷
	物理性能	供水系统(饮用水、自来水、≤110℃热水等)用密封圈材料为氯化丁基橡胶、三元乙丙橡胶时,其材料物理性能应满足 GB/T 27572—2011 或 GB/T 21873—2008 中硬度级别为 70 或 80 的性能要求;生活饮用水供应系统用硅橡胶密封圈时,其物理性能应满足 GB/T 28604—2012 中硬度级别为 60 或 70 的性能要求 燃气、燃油类、石油等介质用橡胶圈材料为丁腈橡胶时,其材料物理性能应满足 GB/T 23658—2009 中硬度级别为 70 或 80 的性能要求
	卫生性能	用于生活饮用水的 O 形圈的卫生性能应符合 GB/T 17219—1998 中表 1 规定的要求

5.7.2 V_D 形橡胶密封圈（JB/T 6994—2007）

表 18-5-39　　S 型密封圈　　mm

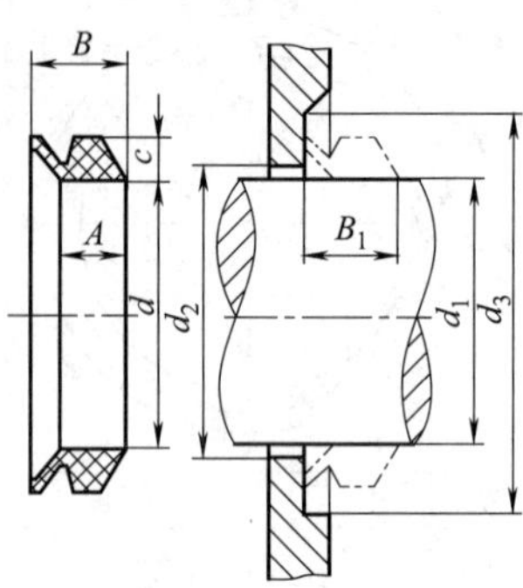

<table>
<tr><th>密封圈代号</th><th>公称轴径</th><th>轴径 d_1</th><th>d</th><th>c</th><th>A</th><th>B</th><th>d_{2max}</th><th>d_{3min}</th><th>安装宽度 B_1</th></tr>
<tr><td>V_D5S</td><td>5</td><td>4.5～5.5</td><td>4</td><td rowspan="4">2</td><td rowspan="4">3.9</td><td rowspan="4">5.2</td><td rowspan="4">d_1+1</td><td rowspan="4">d_1+6</td><td rowspan="4">4.5±0.4</td></tr>
<tr><td>V_D6S</td><td>6</td><td>5.5～6.5</td><td>5</td></tr>
<tr><td>V_D7S</td><td>7</td><td>6.5～8.0</td><td>6</td></tr>
<tr><td>V_D8S</td><td>8</td><td>8.0～9.5</td><td>7</td></tr>
<tr><td>V_D10S</td><td>10</td><td>9.5～11.5</td><td>9</td><td rowspan="5">3</td><td rowspan="5">5.6</td><td rowspan="5">7.7</td><td rowspan="8">d_1+2</td><td rowspan="5">d_1+9</td><td rowspan="5">6.7±0.6</td></tr>
<tr><td>V_D12S</td><td>12</td><td>11.5～13.5</td><td>10.5</td></tr>
<tr><td>V_D14S</td><td>14</td><td>13.5～15.5</td><td>12.5</td></tr>
<tr><td>V_D16S</td><td>16</td><td>15.5～17.5</td><td>14</td></tr>
<tr><td>V_D18S</td><td>18</td><td>17.5～19.0</td><td>16</td></tr>
<tr><td>V_D20S</td><td>20</td><td>19～21</td><td>18</td><td rowspan="8">4</td><td rowspan="8">7.9</td><td rowspan="8">10.5</td><td rowspan="8">d_1+12</td><td rowspan="8">9.0±0.8</td></tr>
<tr><td>V_D22S</td><td>20</td><td>21～24</td><td>20</td></tr>
<tr><td>V_D25S</td><td>25</td><td>24～27</td><td>22</td></tr>
<tr><td>V_D28S</td><td>28</td><td>27～29</td><td>25</td><td rowspan="11">d_1+3</td></tr>
<tr><td>V_D30S</td><td>30</td><td>29～31</td><td>27</td></tr>
<tr><td>V_D32S</td><td>32</td><td>31～33</td><td>29</td></tr>
<tr><td>V_D36S</td><td>36</td><td>33～36</td><td>31</td></tr>
<tr><td>V_D38S</td><td>38</td><td>36～38</td><td>34</td></tr>
<tr><td>V_D40S</td><td>40</td><td>38～43</td><td>36</td><td rowspan="6">5</td><td rowspan="6">9.5</td><td rowspan="6">13.0</td><td rowspan="6">d_1+15</td><td rowspan="6">11.0±1.0</td></tr>
<tr><td>V_D45S</td><td>45</td><td>43～48</td><td>40</td></tr>
<tr><td>V_D50S</td><td>50</td><td>48～53</td><td>45</td></tr>
<tr><td>V_D56S</td><td>56</td><td>53～58</td><td>49</td></tr>
<tr><td>V_D60S</td><td>60</td><td>58～63</td><td>54</td></tr>
<tr><td>V_D63S</td><td>63</td><td>63～68</td><td>58</td></tr>
<tr><td>V_D71S</td><td>71</td><td>68～73</td><td>63</td><td rowspan="7">6</td><td rowspan="7">11.3</td><td rowspan="7">15.5</td><td rowspan="7">d_1+4</td><td rowspan="7">d_1+18</td><td rowspan="7">13.5±1.2</td></tr>
<tr><td>V_D75S</td><td>75</td><td>73～78</td><td>67</td></tr>
<tr><td>V_D80S</td><td>80</td><td>78～83</td><td>72</td></tr>
<tr><td>V_D85S</td><td>85</td><td>83～88</td><td>76</td></tr>
<tr><td>V_D90S</td><td>90</td><td>88～93</td><td>81</td></tr>
<tr><td>V_D95S</td><td>95</td><td>93～98</td><td>85</td></tr>
<tr><td>V_D100S</td><td>100</td><td>98～105</td><td>90</td></tr>
</table>

续表

密封圈代号	公称轴径	轴径 d_1	d	c	A	B	d_{2max}	d_{3min}	安装宽度 B_1
V_D110S	110	105～115	99	7	13.1	18.0	d_1+4	d_1+21	15.5±1.5
V_D120S	120	115～125	108						
V_D130S	130	125～135	117						
V_D140S	140	135～145	126						
V_D150S	150	145～155	135						
V_D160S	160	155～165	144	8	15.0	20.5	d_1+5	d_1+24	18.0+1.8
V_D170S	170	165～175	153						
V_D180S	180	175～185	162						
V_D190S	190	185～195	171						
V_D200S	200	195～210	180						

表 18-5-40　A 型密封圈　mm

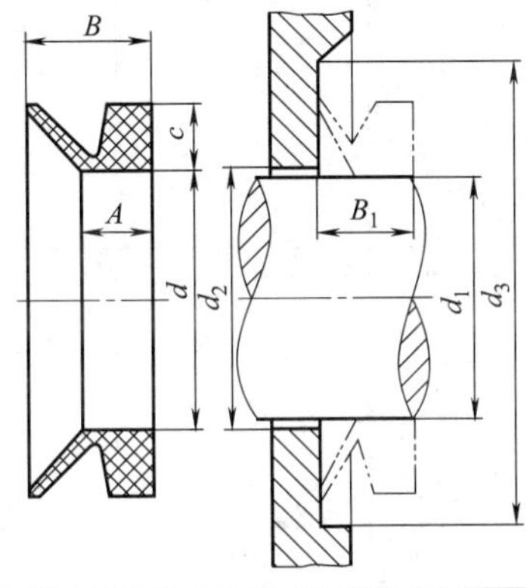

密封圈代号	公称轴径	轴径 d_1	d	c	A	B	d_{2max}	d_{3min}	安装宽度 B_1
V_D3A	3	2.7～3.5	2.5	1.5	2.1	3.0	d_1+1	d_1+4	2.5±0.3
V_D4A	4	3.5～4.5	3.2	2	2.4	3.7		d_1+6	3.0±0.4
V_D5A	5	4.5～5.5	4						
V_D6A	6	5.5～6.5	5						
V_D7A	7	6.5～8.0	6						
V_D8A	8	8.0～9.5	7						
V_D10A	10	9.5～11.5	9	3	3.4	5.5	d_1+2	d_1+9	4.5±0.6
V_D12A	12	11.5～12.5	10.5						
V_D13A	13	12.5～13.5	11.7						
V_D14A	14	13.5～15.5	12.5						
V_D16A	16	15.5～17.5	14						
V_D18A	18	17.5～19	16						
V_D20A	20	19～21	18	4	4.7	7.5		d_1+12	6.0±0.8
V_D22A	22	21～24	20						
V_D25A	25	24～27	22						
V_D28A	28	27～29	25				d_1+3		
V_D30A	30	29～31	27						

续表

密封圈代号	公称轴径	轴径 d_1	d	c	A	B	d_{2max}	d_{3min}	安装宽度 B_1
V_D32A	32	31～33	29	4	4.7	7.5	d_1+3	d_1+12	6.0±0.8
V_D36A	36	33～36	31						
V_D38A	38	36～38	34						
V_D40A	40	38～43	36	5	5.5	9.0		d_1+15	7.0±1.0
V_D45A	45	43～48	40						
V_D50A	50	48～53	45						
V_D56A	56	53～58	49						
V_D60A	60	58～63	54						
V_D63A	95	63～68	58						
V_D71A	71	68～73	63	6	6.8	11.0	d_1+4	d_1+18	9.0±1.2
V_D75A	75	73～78	67						
V_D80A	80	78～83	72						
V_D85A	85	83～88	76						
V_D90A	90	88～93	81						
V_D95A	95	93～98	85						
V_D100A	100	98～105	90						
V_D110A	110	105～115	99	7	7.9	12.8		d_1+21	10.5±1.5
V_D120A	120	115～125	108						
V_D130A	130	125～135	117						
V_D140A	140	135～145	126						
V_D150A	150	145～155	135						
V_D160A	160	155～165	144	8	9.0	14.5	d_1+5	d_1+24	12.0±1.8
V_D170A	170	165～175	153						
V_D180A	180	175～185	162						
V_D190A	190	185～195	171						
V_D200A	200	195～210	180	15	14.3	25	d_1+10	d_1+45	20.0±4.0
V_D224A	224	210～235	198						
V_D250A	250	235～265	225						
V_D280A	280	265～290	247						
V_D300A	300	290～310	270						
V_D320A	320	310～335	292						
V_D355A	355	335～365	315						
V_D375A	375	365～390	337						
V_D400A	400	390～430	360						
V_D450A	450	430～480	405						
V_D500A	500	480～530	450						
V_D560A	560	530～580	495						
V_D600A	600	580～630	540						
V_D630A	630	630～665	600						
V_D670A	670	665～705	630						
V_D710A	710	705～745	670						

续表

密封圈代号	公称轴径	轴径 d_1	d	c	A	B	d_{2max}	d_{3min}	安装宽度 B_1
V_D750A	750	745～785	705	15	14.3	25	d_1+10	d_1+45	20.0±4.0
V_D800A	800	785～830	745						
V_D850A	850	830～875	785						
V_D900A	900	875～920	825						
V_D950A	950	920～965	865						
V_D1000A	1000	965～1015	910						
V_D1060A	1060	1015～1065	955						
V_D1100A	(1100)	1065～1115	1000						
V_D1120A	1120	1115～1165	1045						
V_D1200A	(1200)	1165～1215	1090						
V_D1250A	1250	1215～1270	1135						
V_D1320A	1320	1270～1320	1180						
V_D1350A	(1350)	1320～1370	1225						
V_D1400A	1400	1370～1420	1270						
V_D1450A	(1450)	1420～1470	1315						
V_D1500A	1500	1470～1520	1360						
V_D1550A	(1550)	1520～1570	1405						
V_D1600A	1600	1570～1620	1450						
V_D1650A	(1650)	1620～1670	1495						
V_D1700A	1700	1670～1720	1540						
V_D1750A	(1750)	1720～1770	1585						
V_D1800A	1800	1770～1820	1630						
V_D1850A	(1850)	1820～1870	1675						
V_D1900A	1900	1870～1920	1720						
V_D1950A	(1950)	1920～1970	1765						
V_D2000A	2000	1970～2020	1810						

注：带括弧的尺寸为非标准尺寸，尽量不采用。

5.7.3　单向密封橡胶圈（GB/T 10708.1—2000）

表 18-5-41　活塞 L_1 密封沟槽用 Y 形圈尺寸和公差　mm

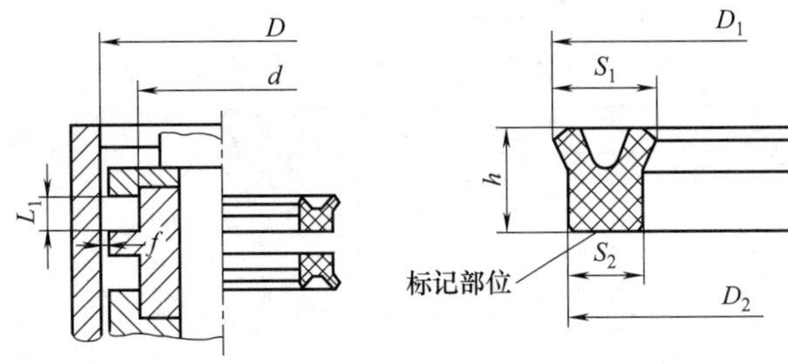

续表

D	d	L_1	外径			宽度			高度	
			D_1	D_2	极限偏差	S_1	S_2	极限偏差	h	极限偏差
12	4	5	13	11.5	±0.20	5	3.5	±0.15	4.4	±0.20
16	8		17	15.5						
20	12		21.1	19.4	±0.25					
25	17		26.1	24.4						
32	24		33.1	31.4						
40	32		41.1	39.4						
20	10	6.3	21.2	19.4		6.2	4.4		5.6	
25	15		26.2	24.4						
32	22		33.2	31.4						
40	30		41.2	39.4						
50	40		51.2	49.4	±0.35					
56	46		57.5	55.4						
63	53		64.2	62.4						
50	35	9.5	51.5	49.2		9	6.7		8.5	
56	41		57.5	55.2						
63	48		64.5	62.2						
70	65		71.5	69.2						
80	65		81.5	79.2						
90	75		91.5	89.2						
100	85		101.5	99.2						
110	95		111.5	109.2						
70	50	12.5	71.8	69		11.8	9		11.3	
80	60		81.8	79						
90	70		91.8	89						
100	80		101.8	99						
110	90		111.8	109						
125	105		126.8	124	±0.45					
140	120		141.8	139						
160	140		161.8	159						
180	160		181.8	179	±0.60					
125	100	16	127.2	123.8	±0.45	14.7	11.3		14.8	
140	115		142.2	138.8						
160	135		162.2	158.8						
180	155		182.2	178.8	±0.60					
200	175		202.2	198.8						
220	195		222.2	218.8						
250	225		252.2	248.8						
200	170	20	202.8	198.5		17.8	13.5	±0.20	18.5	±0.25
220	190		222.8	218.5						
250	220		252.8	248.5						
280	250		282.8	278.5	±0.90					
320	290		322.8	318.5						
360	330		362.8	358.5						
400	360	25	403.5	398	±1.40	23.3	18		23	
450	410		453.5	448						
500	460		503.5	498						

表 18-5-42　活塞杆 L_1 密封沟槽用 Y 形圈尺寸和公差　mm

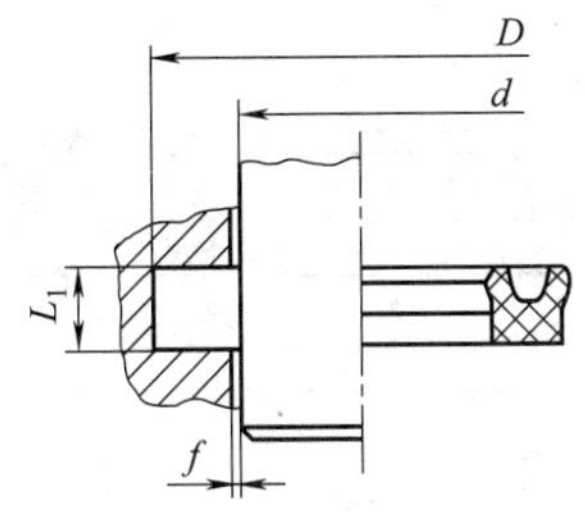

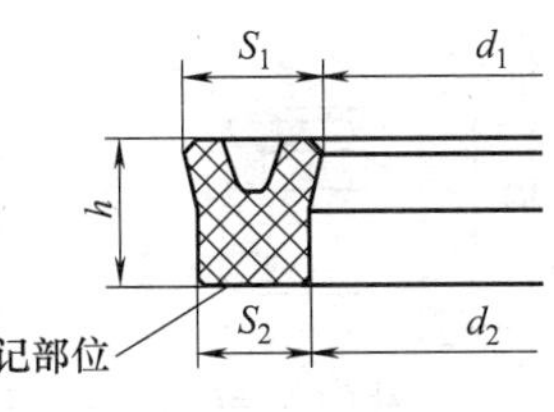

<table>
<tr><th rowspan="2">d</th><th rowspan="2">D</th><th rowspan="2">L_1</th><th colspan="3">内径</th><th colspan="3">宽度</th><th colspan="2">高度</th></tr>
<tr><th>d_1</th><th>d_2</th><th>极限偏差</th><th>S_1</th><th>S_2</th><th>极限偏差</th><th>h</th><th>极限偏差</th></tr>
<tr><td>6</td><td>14</td><td rowspan="10">5</td><td>5</td><td>6.5</td><td rowspan="5">±0.20</td><td rowspan="10">5</td><td rowspan="10">3.5</td><td rowspan="31">±0.15</td><td rowspan="10">4.6</td><td rowspan="31">±0.20</td></tr>
<tr><td>8</td><td>16</td><td>7</td><td>8.5</td></tr>
<tr><td>10</td><td>18</td><td>9</td><td>10.5</td></tr>
<tr><td>12</td><td>20</td><td>11</td><td>12.5</td></tr>
<tr><td>14</td><td>22</td><td>13</td><td>14.5</td></tr>
<tr><td>16</td><td>24</td><td>15</td><td>16.5</td><td rowspan="13">±0.25</td></tr>
<tr><td>18</td><td>26</td><td>17</td><td>18.5</td></tr>
<tr><td>20</td><td>28</td><td>19</td><td>20.5</td></tr>
<tr><td>22</td><td>30</td><td>21</td><td>22.5</td></tr>
<tr><td>25</td><td>33</td><td>24</td><td>25.5</td></tr>
<tr><td>28</td><td>38</td><td rowspan="6">6.3</td><td>26.8</td><td>28.6</td><td rowspan="6">6.2</td><td rowspan="6">4.4</td><td rowspan="6">5.6</td></tr>
<tr><td>32</td><td>42</td><td>30.8</td><td>32.6</td></tr>
<tr><td>36</td><td>46</td><td>34.8</td><td>36.6</td></tr>
<tr><td>40</td><td>50</td><td>38.8</td><td>40.6</td></tr>
<tr><td>45</td><td>55</td><td>43.8</td><td>45.6</td></tr>
<tr><td>50</td><td>60</td><td>48.8</td><td>50.6</td></tr>
<tr><td>56</td><td>71</td><td rowspan="5">9.5</td><td>54.5</td><td>56.8</td><td rowspan="5">9</td><td rowspan="5">6.7</td><td rowspan="5">8.5</td></tr>
<tr><td>63</td><td>78</td><td>61.5</td><td>63.8</td></tr>
<tr><td>70</td><td>85</td><td>68.5</td><td>70.8</td><td rowspan="4">±0.35</td></tr>
<tr><td>80</td><td>95</td><td>78.5</td><td>80.8</td></tr>
<tr><td>90</td><td>105</td><td>88.5</td><td>90.8</td></tr>
<tr><td>100</td><td>120</td><td rowspan="4">12.5</td><td>98.2</td><td>101</td><td rowspan="4">11.8</td><td rowspan="4">9</td><td rowspan="4">11.3</td></tr>
<tr><td>110</td><td>130</td><td>108.2</td><td>111</td><td rowspan="4">±0.45</td></tr>
<tr><td>125</td><td>145</td><td>123.2</td><td>126</td></tr>
<tr><td>140</td><td>160</td><td>138.2</td><td>141</td></tr>
<tr><td>160</td><td>185</td><td rowspan="3">16</td><td>157.8</td><td>161.2</td><td rowspan="3">14.7</td><td rowspan="3">11.3</td><td rowspan="3">14.8</td></tr>
<tr><td>180</td><td>205</td><td>177.8</td><td>181.2</td><td rowspan="4">±0.60</td></tr>
<tr><td>200</td><td>225</td><td>197.8</td><td>201.2</td></tr>
<tr><td>220</td><td>250</td><td rowspan="3">20</td><td>217.2</td><td>221.5</td><td rowspan="3">17.8</td><td rowspan="3">13.5</td><td rowspan="3">18.5</td></tr>
<tr><td>250</td><td>280</td><td>247.2</td><td>251.5</td></tr>
<tr><td>280</td><td>310</td><td>277.2</td><td>281.5</td><td rowspan="3">±0.90</td></tr>
<tr><td>320</td><td>360</td><td rowspan="2">25</td><td>316.7</td><td>322</td><td rowspan="2">23.3</td><td rowspan="2">18</td><td rowspan="2">±0.20</td><td rowspan="2">23</td><td rowspan="2">±0.25</td></tr>
<tr><td>360</td><td>400</td><td>356.7</td><td>362</td></tr>
</table>

表 18-5-43 活塞 L_2 密封沟槽用 Y 形圈、蕾形圈尺寸和公差 mm

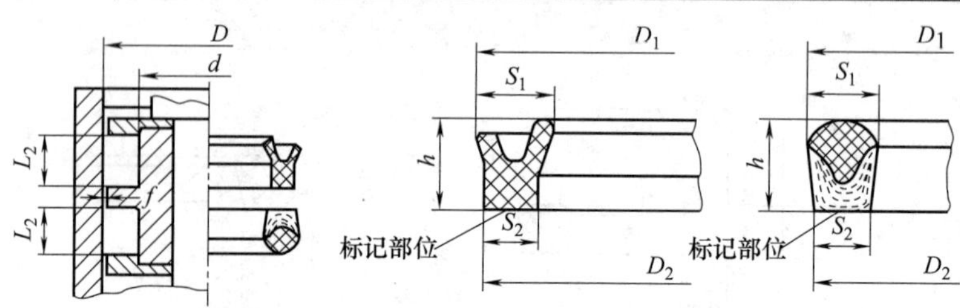

D	d	L_2	Y形圈								蕾形圈							
			外径			宽度			高度		外径			宽度			高度	
			D_1	D_2	极限偏差	S_1	S_2	极限偏差	h	极限偏差	D_1	D_2	极限偏差	S_1	S_2	极限偏差	h	极限偏差
12	4	6.3	13	11.5	±0.20	5	3.5	±0.15	5.8	±0.20	12.7	11.5	±0.18	4.7	3.5	±0.15	5.6	±0.20
16	8		17	15.5							16.7	15.5						
20	12		21	19.5	±0.25						20.7	19.5	±0.22					
25	17		26	24.5							25.7	24.5						
32	24		33	31.5							32.7	31.5						
40	32		41	39.5							40.7	39.5						
20	10	8	21.2	19.4		6.2	4.4		7.3		20.8	19.4		5.8	4.4		7	
25	15		26.2	24.4							25.8	24.4						
32	22		33.2	31.4							32.8	31.4						
46	30		41.2	39.4							40.8	39.4						
50	40		51.2	49.4							50.8	49.4						
56	46		57.2	55.4							56.8	55.4						
63	53		64.2	62.4							63.8	62.4						
50	35	12.5	51.5	49.2		9	6.7		11.5		51	49.1		8.5	6.6		11.3	
56	41		57.5	55.2							57	55.1						
63	48		64.5	62.2							64	62.1						
70	55		71.5	69.2	±0.35						71	69.1	±0.28					
80	65		81.5	79.2							81	79.1						
90	75		91.5	89.2							91	89.1						
100	85		101.5	99.2							101	99.1						
110	95		111.5	109.2	±0.45						111	109.1	±0.35					
70	50	16	71.8	69	±0.35	11.8	9		15		71.2	68.6	±0.28	11.2	8.6		14.5	
80	60		81.8	79							81.2	78.6						
90	70		91.8	89							91.2	88.6						
100	80		101.8	99							101.2	98.6						
110	90		111.8	109	±0.45						111.2	108.6	±0.35					
125	105		126.8	124							126.2	123.6						
140	120		141.8	139							141.2	138.6						
160	140		161.8	159							161.2	158.6						
180	160		181.8	179	±0.60						181.2	178.6	±0.45					
125	100	20	127.2	123.8	±0.45	14.7	11.3		18.5		126.3	123.2	±0.35	13.8	10.7		18	
140	115		142.2	138.8							141.3	138.2						
160	135		162.2	158.8							161.3	158.2						
180	155		182.2	178.8	±0.60						181.3	178.2	±0.45					
200	175		202.2	198.8							201.3	198.2						
220	195		222.2	218.8							221.3	218.2						
250	225		252.2	248.8							251.3	248.2						
200	170	25	202.8	198.5		17.8	13.5	±0.20	23	±0.25	201.4	198		16.4	12.7	±0.20	22.5	±0.25
220	190		222.8	218.5							221.4	218						
250	220		252.8	248.5							251.4	248						
280	250		282.8	278.5	±0.90						281.4	278	±0.60					
320	290		322.8	318.5							321.4	318						
360	330		362.8	358.5							361.4	358						
400	360	32	403.3	398	±1.40	23.3	18		29		401.8	397	±0.90	21.8	17		28.5	
450	410		453.3	448							451.8	447						
500	460		503.3	498							501.8	497						

表 18-5-44　活塞杆 L_2 密封沟槽用 Y 形圈、蕾形圈尺寸和公差　mm

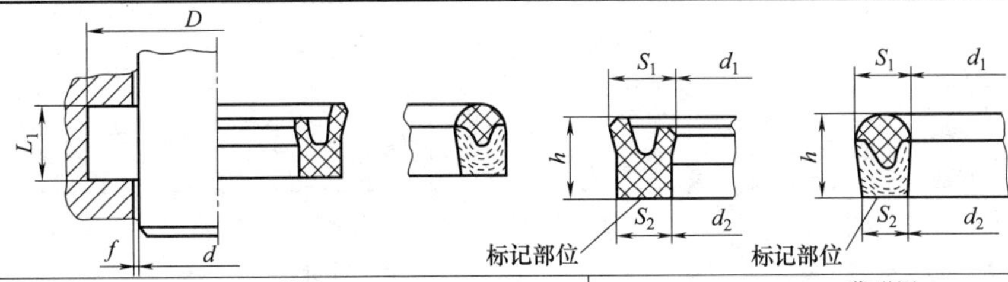

d	D	L_2	Y 形圈								蕾形圈							
			内径			宽度			高度		内径			宽度			高度	
			d_1	d_2	极限偏差	S_1	S_2	极限偏差	h	极限偏差	d_1	d_2	极限偏差	S_1	S_2	极限偏差	h	极限偏差
6	14	6.3	5	6.5	±0.20	5	3.5	±0.15	5.8	±0.20	5.3	6.5	±0.18	4.7	3.5	±0.15	5.5	±0.20
8	16		7	8.5							7.3	8.5						
10	18		9	10.5							9.3	10.5						
12	20		11	12.5							11.3	12.5						
14	22		13	14.5							13.3	14.5						
16	24		15	16.5							15.3	16.5						
18	26		17	18.5							17.3	18.5						
20	28		19	20.5							19.3	20.5						
22	30		21	22.5	±0.25						21.3	22.5	±0.22					
25	33		24	25.5							24.3	25.5						
10	20	8	8.8	10.6	±0.20	6.2	4.4		7.3		9.2	10.6	±0.18	5.8	4.4		7	
12	22		10.8	12.6							11.2	12.6						
14	24		12.8	14.6							13.2	14.6						
16	26		14.8	16.6							15.2	16.6						
18	28		16.8	18.6							17.2	18.6						
20	30		18.8	20.6							19.2	20.6						
22	32		20.8	22.6	±0.25						21.2	22.6	±0.22					
25	35		23.8	25.6							24.2	25.6						
28	38		26.8	28.6							27.2	28.6						
32	42		30.8	32.6							31.2	32.6						
36	46		34.8	36.6							35.2	36.6						
40	50		38.8	40.6							39.2	40.6						
45	55		43.8	45.6							44.2	45.6						
50	60		48.8	50.6							49.2	50.6						
28	43	12.5	26.5	28.8		9	6.7		11.5		27	28.9		8.5	6.6		11.3	
32	47		30.5	32.8							31	32.9						
36	51		34.5	36.8							35	36.9						
40	55		38.5	40.8							39	40.9						
45	60		43.5	45.8							44	45.9						
50	65		48.5	50.8							49	50.9						
56	71		54.5	56.8							55	56.9						
63	78		61.5	63.8	±0.35						62	63.9	±0.28					
70	85		68.5	70.8							69	70.9						
80	95		78.5	80.8							79	80.9						
90	105		88.5	90.8							89	90.9						
56	76	16	54.2	57	±0.25	11.8	9				54.8	57.4	±0.22	11.2	8.6		14.5	
63	83		61.2	64					15		61.8	64.4						
70	90		68.2	71	±0.35						68.8	71.4	±0.28					
80	100		78.2	81							78.8	81.4						

第
18
篇

续表

d	D	L_2	Y形圈									蕾形圈								
			内径			宽度			高度			内径			宽度			高度		
			d_1	d_2	极限偏差	S_1	S_2	极限偏差	h	极限偏差		d_1	d_2	极限偏差	S_1	S_2	极限偏差	h	极限偏差	
90	110		88.2	91	±0.35							88.8	91.4	±0.28						
100	120		98.2	101								98.8	101.4							
110	130	16	108.2	111		11.8	9		15			108.8	111.4		11.2	8.6		14.5		
125	145		123.2	126								123.8	126.4							
140	160		138.2	141								138.8	141.4							
100	125		97.8	101.2	±0.45			±0.15		±0.20		98.7	101.8	±0.35			±0.15		±0.20	
110	135		107.8	111.2								108.7	111.8							
125	150		122.8	126.2								123.7	126.8							
140	165	20	137.8	141.2		14.7	11.3		18.5			138.7	141.8		13.8	10.7		18		
160	185		157.8	161.2								158.7	161.8							
180	205		177.8	181.2								178.7	181.8							
200	225		197.8	201.2								198.7	201.8							
160	190		157.2	161.5								158.6	162							
180	210		177.2	181.5	±0.60							178.6	182	±0.45						
200	230	25	197.2	201.5		18.5	13.5		23			198.6	202		16.4	13		22.5		
220	250		217.2	221.5								218.6	222							
250	280		247.2	251.5				±0.20		±0.25		248.6	252				±0.20		±0.25	
280	310		277.2	281.5								278.6	282							
320	360	32	317.7	322	±0.90	23.3	18		29			318.2	323	±0.60	21.8	17		28.5		
360	400		357.7	362								358.2	363							

表 18-5-45　活塞 L_3 密封沟槽用 V 形圈、压环和弹性圈尺寸和公差　mm

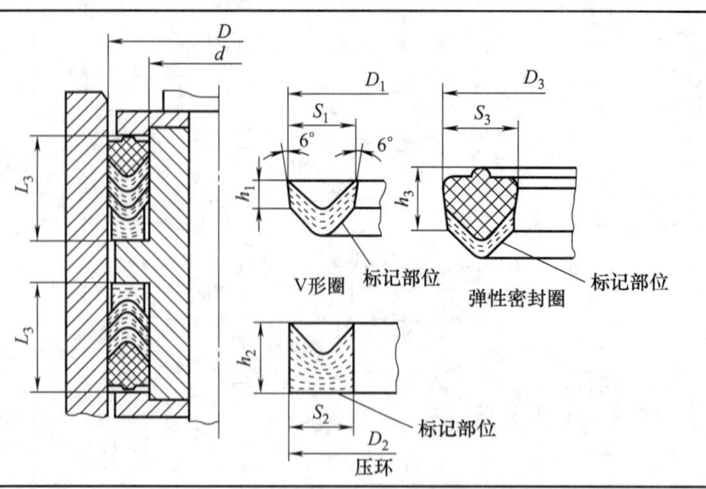

续表

<table>
<tr><th rowspan="2">D</th><th rowspan="2">d</th><th rowspan="2">L_3</th><th colspan="4">外　　径</th><th colspan="4">宽　　度</th><th colspan="4">高　　度</th><th rowspan="2">V 形圈数量</th></tr>
<tr><th>D_1</th><th>D_2</th><th>D_3</th><th>极限偏差</th><th>S_1</th><th>S_2</th><th>S_3</th><th>极限偏差</th><th>h_1</th><th>h_2</th><th>h_3</th><th>极限偏差</th></tr>
<tr><td>20</td><td>10</td><td rowspan="7">16</td><td>20.6</td><td>19.7</td><td>20.8</td><td rowspan="10">±0.22</td><td rowspan="7">5.6</td><td rowspan="7">4.7</td><td rowspan="7">5.8</td><td rowspan="37">±0.15</td><td rowspan="7">3</td><td rowspan="7">6</td><td rowspan="7">6.5</td><td rowspan="37">±0.20</td><td rowspan="7">1</td></tr>
<tr><td>25</td><td>15</td><td>25.6</td><td>24.7</td><td>25.8</td></tr>
<tr><td>32</td><td>22</td><td>32.6</td><td>31.7</td><td>32.8</td></tr>
<tr><td>40</td><td>30</td><td>40.6</td><td>39.7</td><td>40.8</td></tr>
<tr><td>50</td><td>40</td><td>50.6</td><td>49.7</td><td>50.8</td></tr>
<tr><td>56</td><td>46</td><td>56.6</td><td>55.7</td><td>56.8</td></tr>
<tr><td>63</td><td>53</td><td>63.6</td><td>62.7</td><td>63.8</td></tr>
<tr><td>50</td><td>35</td><td rowspan="8">25</td><td>50.7</td><td>49.5</td><td>51.1</td><td rowspan="8">8.2</td><td rowspan="8">7</td><td rowspan="8">8.6</td><td rowspan="8">4.5</td><td rowspan="8">7.5</td><td rowspan="8">8</td><td rowspan="24">2</td></tr>
<tr><td>56</td><td>41</td><td>56.7</td><td>55.5</td><td>57.1</td></tr>
<tr><td>63</td><td>48</td><td>63.7</td><td>62.5</td><td>64.1</td></tr>
<tr><td>70</td><td>55</td><td>70.7</td><td>69.5</td><td>71.1</td><td rowspan="9">±0.28</td></tr>
<tr><td>80</td><td>65</td><td>80.7</td><td>79.5</td><td>81.1</td></tr>
<tr><td>90</td><td>75</td><td>90.7</td><td>89.5</td><td>91.1</td></tr>
<tr><td>100</td><td>85</td><td>100.7</td><td>99.5</td><td>101.1</td></tr>
<tr><td>110</td><td>95</td><td>110.7</td><td>109.5</td><td>111.1</td></tr>
<tr><td>70</td><td>50</td><td rowspan="9">32</td><td>70.8</td><td>69.4</td><td>71.3</td><td rowspan="9">10.8</td><td rowspan="9">9.4</td><td rowspan="9">11.3</td><td rowspan="9">5</td><td rowspan="9">10</td><td rowspan="9">11</td></tr>
<tr><td>80</td><td>60</td><td>80.8</td><td>79.4</td><td>81.3</td></tr>
<tr><td>90</td><td>70</td><td>90.8</td><td>89.4</td><td>91.3</td></tr>
<tr><td>100</td><td>80</td><td>100.8</td><td>99.4</td><td>101.3</td></tr>
<tr><td>110</td><td>90</td><td>110.8</td><td>109.4</td><td>111.3</td><td rowspan="9">±0.35</td></tr>
<tr><td>125</td><td>105</td><td>125.8</td><td>124.4</td><td>126.3</td></tr>
<tr><td>140</td><td>120</td><td>140.8</td><td>139.4</td><td>141.3</td></tr>
<tr><td>160</td><td>140</td><td>160.8</td><td>159.4</td><td>161.3</td></tr>
<tr><td>180</td><td>160</td><td>180.8</td><td>179.4</td><td>181.3</td></tr>
<tr><td>125</td><td>100</td><td rowspan="7">40</td><td>126</td><td>124.4</td><td>126.6</td><td rowspan="7">13.5</td><td rowspan="7">11.9</td><td rowspan="7">14.1</td><td rowspan="7">6</td><td rowspan="13">12</td><td rowspan="7">15</td></tr>
<tr><td>140</td><td>115</td><td>141</td><td>139.4</td><td>141.6</td></tr>
<tr><td>160</td><td>135</td><td>161</td><td>169.4</td><td>161.6</td></tr>
<tr><td>180</td><td>155</td><td>181</td><td>179.4</td><td>181.6</td></tr>
<tr><td>200</td><td>175</td><td>201</td><td>199.4</td><td>201.6</td><td rowspan="6">±0.45</td></tr>
<tr><td>220</td><td>195</td><td>221</td><td>219.4</td><td>221.6</td></tr>
<tr><td>250</td><td>225</td><td>251</td><td>249.4</td><td>251.6</td></tr>
<tr><td>200</td><td>170</td><td rowspan="6">50</td><td>201.3</td><td>199.2</td><td>201.9</td><td rowspan="6">16.3</td><td rowspan="6">14.2</td><td rowspan="6">16.8</td><td rowspan="6">6.5</td><td rowspan="6">17.5</td><td rowspan="9">3</td></tr>
<tr><td>220</td><td>190</td><td>221.3</td><td>219.2</td><td>221.9</td></tr>
<tr><td>250</td><td>220</td><td>251.3</td><td>249.2</td><td>251.9</td></tr>
<tr><td>280</td><td>250</td><td>281.3</td><td>279.2</td><td>281.9</td><td rowspan="3">±0.60</td></tr>
<tr><td>320</td><td>290</td><td>321.3</td><td>319.2</td><td>321.9</td></tr>
<tr><td>360</td><td>330</td><td>361.3</td><td>359.2</td><td>361.9</td></tr>
<tr><td>400</td><td>360</td><td rowspan="3">63</td><td>401.6</td><td>399</td><td>402.1</td><td rowspan="3">±0.90</td><td rowspan="3">21.6</td><td rowspan="3">19</td><td rowspan="3">22.1</td><td rowspan="3">±0.20</td><td rowspan="3">7</td><td rowspan="3">14</td><td rowspan="3">26.5</td><td rowspan="3">±0.25</td></tr>
<tr><td>450</td><td>410</td><td>451.6</td><td>449</td><td>452.1</td></tr>
<tr><td>500</td><td>400</td><td>501.6</td><td>499</td><td>502.1</td></tr>
</table>

表 18-5-46　　活塞杆 L_3 密封沟槽用 V 形圈、压环和支撑环尺寸和公差　　mm

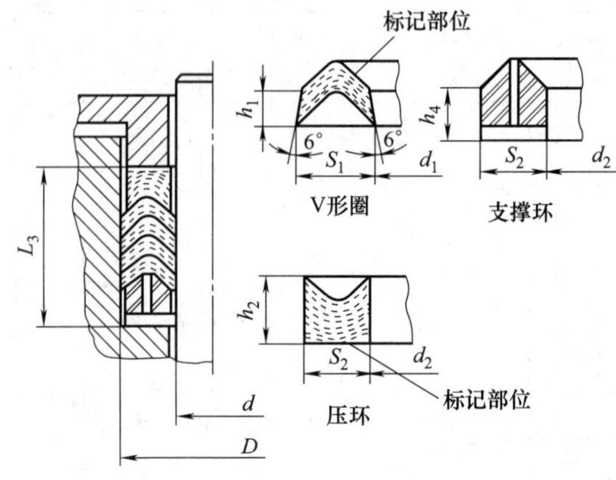

d	D	L_3	内径			宽度			高度				V 形圈数量
			d_1	d_2	极限偏差	S_1	S_2	极限偏差	h_1	h_2	h_4	极限偏差	
6	14	14.5	5.5	6.3	±0.18	4.5	3.7	±0.15	2.5	6	3	±0.20	2
8	16		7.5	8.3									
10	18		9.5	10.3									
12	20		11.5	12.3									
14	22		13.5	14.3									
16	24		15.5	16.3									
18	26		17.5	18.3	±0.22								
20	28		19.5	20.3									
22	30		21.5	22.3									
25	33		24.5	25.3									
10	20	16	9.4	10.3		5.6	4.7		3	6.5			
12	22		11.4	12.3									
14	24		13.4	14.3									
16	26		15.4	16.3									
18	28		17.4	18.3									
20	30		19.4	20.3									
22	32		21.4	22.3									
25	35		24.4	25.3									
28	38		27.4	28.3									
32	42		31.4	32.3									
36	46		35.4	36.3									
40	50		39.4	40.3									
45	55		44.4	45.3									
50	60		49.4	50.3									

续表

d	D	L_3	内径			宽度			高度				V形圈数量
			d_1	d_2	极限偏差	S_1	S_2	极限偏差	h_1	h_2	h_4	极限偏差	
28	43	25	27.3	28.5	±0.22	8.2	7	±0.15	4.5	8	3	±0.20	3
32	47		31.3	32.5									
36	51		35.3	36.5									
40	55		39.3	40.5									
45	60		44.3	45.5									
50	65		49.3	50.5									
56	71		55.3	56.6									
63	78		62.3	63.6									
70	85		69.3	70.5	±0.28								
80	95		79.3	80.5									
90	105		89.3	90.5									
56	76	32	55.2	56.6	±0.22	10.8	9.4		6	10			
63	83		62.2	63.6									
70	90		69.2	70.6	±0.28								
80	100		79.2	80.6									
90	110		89.2	90.6									
100	120		99.2	100.6									
110	130		109.2	110.6									
125	145		124.2	125.6	±0.35								
140	160		139.2	140.6									
100	125	40	99	100.6		13.5	11.9			12			4
110	135		109	110.6									
125	150		124	125.6									
140	165		139	140.6									
160	185		159	160.6									
180	205		179	180.6	±0.45								
200	225		199	200.6									
160	190	50	158.8	160.8	±0.35	16.2	14.2	±0.20	6.5	14		±0.25	5
180	210		178.8	180.8	±0.45								
200	230		198.8	200.8									
220	250		218.8	220.8									
250	280		248.8	250.8									
280	310		278.8	280.8	±0.60								
320	360	63	318.4	321		21.6	19	±0.25	7	15.5	4		6
360	400		358.4	361									

第18篇

5.7.4 Yx 形密封圈

5.7.4.1 孔用 Yx 形密封圈(JB/ZQ 4264—2006)

表 18-5-47 孔用 Yx 形密封圈 mm

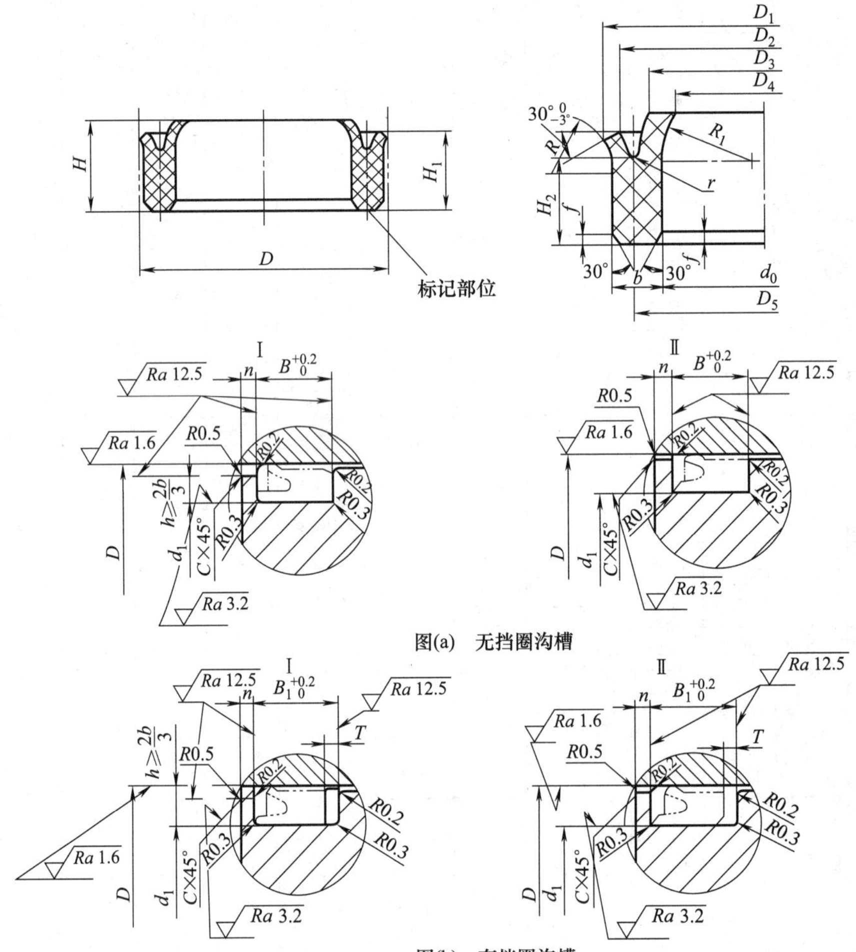

图(a) 无挡圈沟槽

图(b) 有挡圈沟槽

公称外径 D	密封圈																		沟槽				
	d_0		b		D_1		D_2	D_3	D_4		D_5	H	H_1	H_2	R	R_1	r	f	d_1	B	B_1	n	C
	基本尺寸	极限偏差	基本尺寸	极限偏差	基本尺寸	极限偏差			基本尺寸	极限偏差													
16	9.8	$^{\ 0}_{-0.4}$	3	$^{-0.06}_{-0.18}$	17.3	$^{+0.36}_{-0.12}$	15.9	10.7	8.6	$^{+0.1}_{-0.3}$	13	8	7	4.6	5	14	0.3	0.7	10	9	10.5	4	0.5
18	11.8				19.3	$^{+0.42}_{-0.14}$	17.9	12.7	10.6	$^{+0.12}_{-0.36}$	15								12				
20	13.8				21.3		19.9	14.7	12.6		17								14				
22	15.8				23.3		21.9	16.7	14.6		19								16				
25	18.8				26.3		24.9	19.7	17.6		22								19				
28	21.8				29.3		27.9	22.7	20.6	$^{+0.14}_{-0.42}$	25								22				
30	21.8		4	$^{-0.08}_{-0.24}$	31.9	$^{+0.50}_{-0.17}$	30	23.2	20		26.1	10	9	6	6	15	0.5	1	22	12	13.5		

续表

公称外径 D	密封圈																		沟槽				
	d_0		b		D_1		D_2	D_3	D_4		D_5	H	H_1	H_2	R	R_1	r	f	d_1	B	B_1	n	C
	基本尺寸	极限偏差	基本尺寸	极限偏差	基本尺寸	极限偏差			基本尺寸	极限偏差													
32	23.8	${}^{0}_{-0.4}$	4	${}^{-0.08}_{-0.24}$	33.9	${}^{+0.50}_{-0.17}$	32	25.2	22	${}^{+0.14}_{-0.42}$	28.1	10	9	6	6	15	0.5	1	24	12	13.5	4	0.5
35	26.8				36.9		35	28.2	25		31.1								27				
36	27.8				37.9		36	29.2	26		32.1								28				
40	31.8	${}^{0}_{-0.6}$			41.9		40	33.2	30		36.1								32				
45	36.8				46.9		45	38.2	35	${}^{+0.17}_{-0.50}$	41.1								37				
50	41.8				51.9	${}^{+0.60}_{-0.20}$	50	43.2	40		46.1								42				
55	46.8				56.9		55	48.2	45		51.1								47				
56	47.8				57.9		56	49.2	46		52.1	14	12.5	8.5	8	22	0.7	1.5	48				
60	47.7		6		62.6		59.4	50.3	45.3		54.2								48	16	18	5	1
63	50.7				65.6		62.4	53.3	48.3		57.2								51				
65	52.7				67.6		64.4	55.3	50.3	${}^{+0.20}_{-0.60}$	59.2								53				
70	57.7				72.6		69.4	60.3	55.3		64.2								58				
75	62.7				77.6		74.4	65.3	60.3		69.2								63				
80	67.7				82.6	${}^{+0.70}_{-0.23}$	79.4	70.3	65.3		74.2								68				
85	72.7				87.6		84.4	75.3	70.3		79.2								73				
90	77.7				92.6		89.4	80.3	75.3	${}^{+0.23}_{-0.70}$	84.2								78				
95	82.7	${}^{0}_{-1.0}$			97.6		94.4	85.3	80.3		89.2								83				
100	87.7				102.6		99.4	90.3	85.3		94.2								88				
105	92.7				107.6		104.4	95.3	90.3		99.2								93				
110	97.7				112.6		109.4	100.3	95.3		104.2								98				
115	102.7				117.6	${}^{+0.80}_{-0.26}$	114.4	105.3	100.3		109.2								103				
120	107.7				122.6		119.4	110.3	105.3		114.2								108				
125	112.7				127.6		124.4	115.3	110.3		119.2								113				
130	117.7				132.6		129.4	120.3	115.3		124.2								118				
140	127.7				142.6		139.4	130.3	125.3	${}^{+0.26}_{-0.80}$	134.2								128				
150	137.7				152.6		149.4	140.3	135.3		144.2								138				
160	147.7				162.6		159.4	150.3	145.3		154.2								148				
170	153.6		8	${}^{-0.10}_{-0.30}$	173.6		169.5	156.8	150.3		162.3	18	16	10.5	10	26	1	2	154	20	22.5	8	1.5
180	163.6				183.6		179.5	166.8	160.3		172.3								164				
190	173.6				193.6		189.5	176.8	170.3		182.3								174				
200	183.6				203.6	${}^{+0.90}_{-0.30}$	199.5	186.8	180.3	${}^{+0.3}_{-0.9}$	192.3								184				
220	203.6	${}^{0}_{-1.5}$			223.6		219.5	206.8	200.3		212.3								204				
230	213.6				233.6		229.5	216.8	210.3		222.3								214				
240	223.6				243.6		239.5	226.8	220.3		232.3								224			6	

续表

公称外径 D	密封圈 d_0 基本尺寸	d_0 极限偏差	b 基本尺寸	b 极限偏差	D_1 基本尺寸	D_1 极限偏差	D_2	D_3	D_4 基本尺寸	D_4 极限偏差	D_5	H	H_1	H_2	R	R_1	r	f	沟槽 d_1	B	B_1	n	C
250	233.6	$^{0}_{-1.5}$	8	$^{-0.10}_{-0.30}$	253.6	$^{+0.90}_{-0.30}$	249.5	236.8	230.3	$^{+0.3}_{-0.9}$	242.3	18	16	10.5	10	26	1	2	234	20	22.5	6	1.5
265	248.6				268.6	$^{+1.00}_{-0.34}$	264.5	251.8	245.3		257.3								249				
280	263.6				283.6		279.5	266.8	260.3	$^{+0.34}_{-1.00}$	272.3								264				
300	283.6				303.6		299.5	286.8	280.3		292.3								284				
320	295.5		12	$^{-0.12}_{-0.36}$	325.2		318.7	300.7	290.7		308.4	24	22	14	14	32	1.5	2.5	296	26.5	30	7	2
340	315.5				345.2		338.7	320.7	310.7		328.4								316				
360	335.5				365.2	$^{+1.10}_{-0.38}$	358.7	340.7	330.7		348.4								336				
380	355.5				385.2		378.7	360.7	350.7	$^{+0.38}_{-1.10}$	368.4								356				
400	375.5				405.2		398.7	380.7	370.7		388.4								376				
420	395.5				425.2		418.7	400.7	390.7		408.4								396				
450	425.5	$^{0}_{-2.0}$			455.2		448.7	430.7	420.7		438.4								426				
480	455.5				485.2		478.7	460.7	450.7		468.4								456				
500	475.5				505.2	$^{+1.35}_{-0.45}$	498.7	480.7	470.7		488.4								476				
530	505.5				535.2		528.7	510.7	500.7	$^{+0.45}_{-1.35}$	518.4								506				
560	535.5				565.2		558.7	540.7	530.7		548.4								536				
600	575.5				605.2		598.7	580.7	570.7		588.4								576				
630	605.5				635.2	$^{+1.5}_{-0.5}$	628.7	610.7	600.7		618.4								606				
650	625.5				655.2		648.7	630.7	620.7		638.4								626				

注：1. 沟槽 d_1 的公差推荐按 h9 或 h10 选取。

2. 根据工作情况，应按照 HG/T 2810《往复运动密封圈橡胶材料》选所需的材料。

表 18-5-48　　孔用 Yx 形密封圈用挡圈　　mm

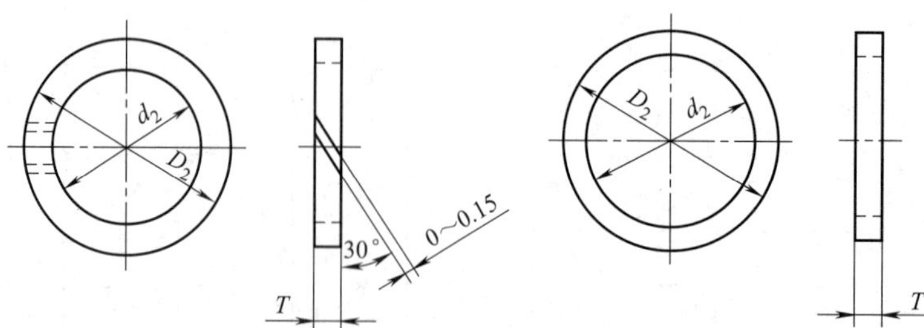

续表

孔用 Yx 形密封圈公称外径 D	挡圈						孔用 Yx 形密封圈公称外径 D	挡圈					
	D_2		d_2		T			D_2		d_2		T	
	基本尺寸	极限偏差	基本尺寸	极限偏差	基本尺寸	极限偏差		基本尺寸	极限偏差	基本尺寸	极限偏差	基本尺寸	极限偏差
16	16	−0.020 −0.070	10	+0.030 0	1.5	±0.1	130	130	−0.060 −0.165	118	+0.08 0	2	±0.15
18	18		12	+0.035 0			140	140		128			
20	20	−0.025 −0.085	14				150	150		138			
22	22		16				160	160		148			
25	25		19	+0.045 0			170	170		154		2.5	
28	28		22				180	180		164			
30	30		22				190	190	−0.075 −0.195	174			
32	32	−0.032 −0.100	24				200	200		184	+0.09 0		
35	35		27				220	220		204			
36	36		28				230	230		214			
40	40		32	+0.050 0			240	240		224			
45	45		37				250	250		234			
50	50		42				265	265	−0.090 −0.225	249			
55	55	−0.040 −0.120	47				280	280		264	+0.10 0	3	±0.20
56	56		48				300	300		284			
60	60		48		2	±0.15	320	320		296			
63	63		51	+0.06 0			340	340		316			
65	65		53				360	360		336			
70	70		58				380	380	−0.105 −0.255	356			
75	75		63				400	400		376	+0.12 0		
80	80		68				420	420		396			
85	85	−0.050 −0.140	73				450	450		426			
90	90		78				480	480		456			
95	95		83	+0.07 0			500	500		476			
100	100		88				530	530	−0.120 −0.260	506	+0.14 0		
105	105		93				560	560		536			
110	110		98				600	600		576			
115	115		103				630	630		606			
120	120		108				650	650	−0.130 −0.280	626			
125	125	−0.060 −0.165	113										

注：使用孔用 Yx 形密封圈时，一般不设置挡圈，当工作压力大于 16MPa 时，或因运动副有较大偏心，间隙较大的情况下，在密封圈支承面放置一个挡圈，以防止密封圈被挤入间隙，挡圈材料可选聚四氟乙烯、尼龙 6 或尼龙 1010。其硬度应≥90HS。

5.7.4.2 轴用 Yx 形密封圈(JB/ZQ 4265—2006)

表 18-5-49 轴用 Yx 形密封圈 mm

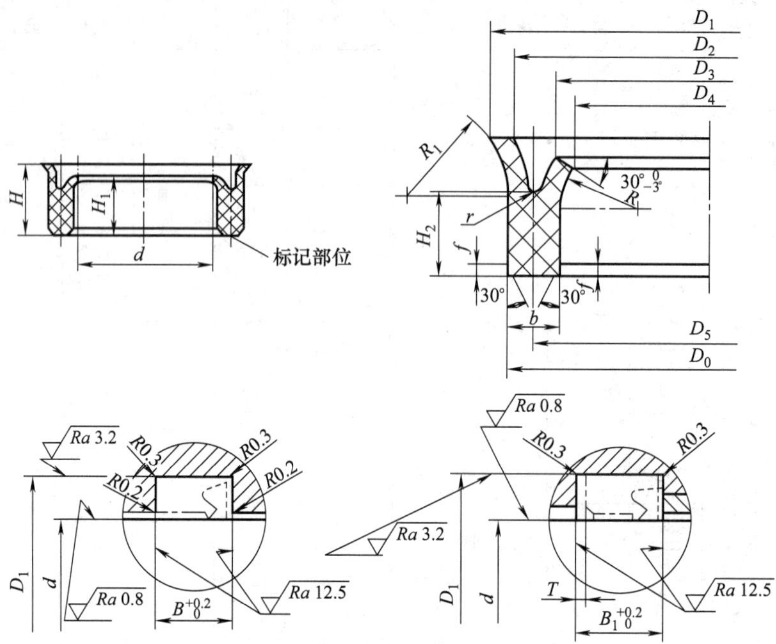

公称内径 d	密封圈																				沟槽		
	D_0		b		D_1		D_2	D_3	D_4		D_5	H	H_1	H_2	R	R_1	r	f	D_1	B	B_1
	基本尺寸	极限偏差	基本尺寸	极限偏差	基本尺寸	极限偏差			基本尺寸	极限偏差											
8	14.2	+0.4 0	3	−0.06 −0.18	15.4	+0.36 −0.12	13.3	8.1	6.7	+0.10 −0.30	11	8	7	4.6	5	14	0.3	0.7	14	6	10.5
10	16.2				17.4		15.3	10.1	8.7		13								16		
12	18.2				19.4	+0.42 −0.14	17.3	12.1	10.7	+0.12 −0.36	15								18		
14	20.2				21.4		19.3	14.1	12.7		17								20		
16	22.2				23.4		21.3	16.1	14.7		19								22		
18	24.2				25.4		23.3	18.1	16.7		21								24		
20	26.2				27.4		25.3	20.1	18.7	+0.14 −0.42	23								26		
22	28.2				29.4		27.3	22.1	20.7		25								28		
25	31.2	+0.6 0			32.4	+0.50 −0.17	30.3	25.1	23.7		28								31		
28	34.2				35.4		33.3	28.1	26.7		31								34		
30	38.2		4	−0.08 −0.24	40		36.8	30	28.1		33.9	10	9	6	6	15	0.5	1	38	12	13.5
32	40.2				42		38.8	32	30.1	+0.17 −0.50	35.9								40		
35	43.2				45		41.8	35	33.1		38.9								43		
36	44.2				46		42.8	36	34.1		39.9								44		
40	48.2				50		46.8	40	38.1		43.9								48		
45	53.2				55	+0.60 −0.20	51.8	45	43.1		48.9								53		

续表

公称内径 d	密封圈																		沟槽		
	D_0		b		D_1		D_2	D_3	D_4		D_5	H	H_1	H_2	R	R_1	r	f	D_1	B	B_1
	基本尺寸	极限偏差	基本尺寸	极限偏差	基本尺寸	极限偏差			基本尺寸	极限偏差											
50	58.2	+0.6 0	4	−0.08 −0.24	60	+0.60 −0.20	56.8	50	48.1	+0.20 −0.60	53.9	10	9	6	6	15	0.5	1	58	12	13.5
55	63.2				65		61.8	55	53.1		58.9								63		
56	64.2				66		62.8	56	54.1		59.9								64		
60	72.3		6		74.7		69.7	60.6	57.4		65.8	14	12.5	8.5	8	22	0.7	1.5	72	16	18
63	75.3				77.7		72.7	63.6	60.4		68.8								75		
65	77.3				79.7		74.7	65.6	62.4		70.8								77		
70	82.3	+1.0 0			84.7	+0.70 −0.23	79.7	70.6	67.4		75.8								82		
75	87.3				89.7		84.7	75.6	72.4		80.8								87		
80	92.3				94.7		89.7	80.6	77.4		85.8								92		
85	97.3				99.7		94.7	85.6	82.4	+0.23 −0.70	90.8								97		
90	102.3				104.7		99.7	90.6	87.4		95.8								102		
95	107.3				109.7		104.7	95.6	92.4		100.8								107		
100	112.3				114.7		109.7	100.6	97.4		105.8								112		
105	117.3				119.7		114.7	105.6	102.4		110.8								117		
110	122.3				124.7	+0.80 −0.26	119.7	110.6	107.4		115.8								122		
120	132.3				134.7		129.7	120.6	117.4		125.8								132		
125	137.3				139.7		134.7	125.6	122.4	+0.26 −0.80	130.8								137		
130	142.8				144.7		139.7	130.6	127.4		135.8								142		
140	152.3				154.7		149.7	140.6	137.4		145.8								152		
150	162.3				164.7		159.7	150.6	147.4		155.8								162		
160	172.3				174.7		169.7	160.6	157.4		165.8								172		
170	186.4		8	−0.10 −0.30	189.7	+0.90 −0.30	183.2	170.5	166.4		177.7	18	16	10.5	10	26	1	2	186	20	22.5
180	196.4				199.7		193.2	180.5	176.4		187.7								196		
190	206.4	+1.5 0			209.7		203.2	190.5	186.4	+0.30 −0.90	197.7								206		
200	216.4				219.7		213.2	200.5	196.4		207.7								216		
220	236.4				239.7		233.2	220.5	216.4		227.7								236		
250	266.4				269.7	+1.00 −0.34	263.2	250.5	246.4		257.7								266		
280	296.4				299.7		293.2	280.5	276.4	+0.34 −1.00	287.7								296		
300	316.4				319.7		313.2	300.5	296.4		307.7								316		
320	344.5		12	−0.12 −0.35	349.3		339.3	321.3	314.8		331.6	21	22	14	14	32	1.5	2.5	344	26.5	30
340	364.5				369.3	+1.10 −0.38	359.3	341.3	334.8		351.6								364		
360	384.5				389.3		379.3	361.3	354.8		371.6								384		
380	404.5	+2.0 0			409.3		399.3	381.3	374.8	+0.38 −1.10	391.6								404		
400	424.5				429.3		419.3	401.3	394.8		411.6								424		

第18篇

续表

公称内径 d	密封圈																		沟槽		
	D_0		b		D_1		D_2	D_3	D_4		D_5	H	H_1	H_2	R	R_1	r	f	D_1	B	B_1
	基本尺寸	极限偏差	基本尺寸	极限偏差	基本尺寸	极限偏差			基本尺寸	极限偏差											
420	444.5	+2.0 0	12	−0.12 −0.35	449.3	+1.10 −0.38	439.3	421.3	414.8	+0.38 −1.10	431.6	21	22	14	14	32	1.5	2.5	444	26.5	30
450	474.5				479.3		469.3	451.3	444.8		461.6								474		
480	504.5				509.3	+1.35 −0.45	499.3	481.3	474.8		491.6								504		
500	524.5				529.3		519.3	501.3	494.8		511.6								524		
530	554.5				559.3		549.3	531.3	524.8	+0.45 −1.35	541.6								554		
560	584.5				589.3		579.3	561.3	554.8		571.6								584		
600	624.5				629.3		619.3	601.3	594.8		611.6								624		
680	654.5				659.3	+1.5 −0.5	649.3	631.3	624.8		641.6								654		
650	674.5				679.3		669.3	651.3	644.8	+0.50 −1.50	661.6								674		

注：1. 沟槽 D_1 的公差推荐按 H9 或 H10 选取。

2. 根据工作情况，应按照 HG/T 2810《往复运动密封圈橡胶材料》选所需的材料。

表 18-5-50　　轴用 Yx 形密封圈用挡圈　　mm

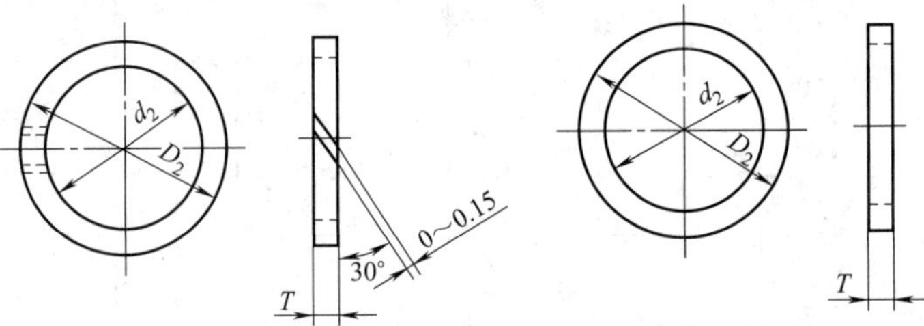

A型:切口式

轴用 Y_X 形密封圈公称内径 d	挡圈					
	d_2		D_2		T	
	基本尺寸	极限偏差	基本尺寸	极限偏差	基本尺寸	极限偏差
8	8	+0.030 0	14	−0.020 −0.070	1.5	±0.1
10	10		16			
12	12	+0.035 0	18			
14	14		20	−0.025 −0.085		
16	16		22			
18	18		24			
20	20	+0.045 0	26			
22	22		28			
25	25		31	−0.032 −0.100		
28	28		34			
30	30		38			

B型:整体式

轴用 Y_X 形密封圈公称内径 d	挡圈					
	d_2		D_2		T	
	基本尺寸	极限偏差	基本尺寸	极限偏差	基本尺寸	极限偏差
32	32	+0.050 0	40	−0.032 −0.100	1.5	±0.1
35	35		43			
36	36		44			
40	40		48			
45	45		53	−0.040 −0.120		
50	50		58			
55	55	+0.060 0	63			
56	56		64			
60	60		72		2	±0.15
63	63		75			
65	65		77			

续表

轴用 Y_X 形密封圈公称内径 d	挡圈 d_2 基本尺寸	挡圈 d_2 极限偏差	挡圈 D_2 基本尺寸	挡圈 D_2 极限偏差	挡圈 T 基本尺寸	挡圈 T 极限偏差
70	70	+0.060 0	82	−0.050 −0.140	2	±0.15
75	75		87			
80	80		92			
85	85	+0.070 0	97			
90	90		102			
95	95		107			
100	100		112			
105	105		117			
110	110		122	−0.060 −0.165		
120	120		132			
125	125	+0.08 0	137			
130	130		142			
140	140		152			
150	150		162			
160	160		172			
170	170		186	−0.075 −0.195	2.5	
180	180		196			
190	190	+0.09 0	206			
200	200		216			
220	220	+0.09 0	236	−0.075 −0.195	2.5	±0.15
250	250		266	−0.090 −0.225		
280	280	+0.10 0	296			
300	300		316			
320	320		344		3	±0.2
340	340		364	−0.105 −0.225		
360	360		384			
380	380	+0.12 0	404			
400	400		424			
420	420		444			
450	450		474			
480	480		504	−0.120 −0.260		
500	500		524			
530	530	+0.14 0	554			
560	560		584			
600	600		624			
630	630		654	−0.130 −0.280		
650	650	+0.15 0	674			

注：使用轴用 Y_X 形密封圈时，一般不设置挡圈。当工作压力大于 16MPa 时，或因运动副有较大偏心及间隙较大的情况下，在密封圈支承面放置一个挡圈，以防止密封圈被挤入间隙，挡圈材料可选聚四氟乙烯、尼龙 6 或尼龙 1010，其硬度应≥90HS。

5.7.5　双向密封橡胶密封圈（GB/T 10708.2—2000）

表 18-5-51　　鼓形圈和山形圈　　mm

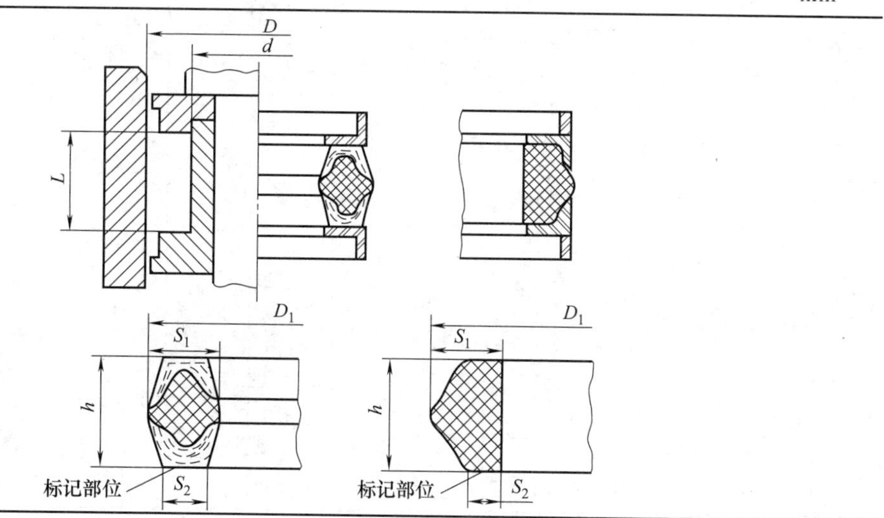

第18篇

续表

<table>
<tr><th rowspan="3">D</th><th rowspan="3">d</th><th rowspan="3">L</th><th colspan="2">外 径</th><th colspan="2">高 度</th><th colspan="6">宽 度</th></tr>
<tr><th rowspan="2">D_1</th><th rowspan="2">极限偏差</th><th rowspan="2">h</th><th rowspan="2">极限偏差</th><th colspan="3">鼓 形 圈</th><th colspan="3">山 形 圈</th></tr>
<tr><th>S_1</th><th>S_2</th><th>极限偏差</th><th>S_1</th><th>S_2</th><th>极限偏差</th></tr>
<tr><td>25</td><td>17</td><td rowspan="3">10</td><td>25.6</td><td rowspan="9">±0.22</td><td rowspan="3">6.5</td><td rowspan="29">±0.20</td><td rowspan="3">4.6</td><td rowspan="3">3.4</td><td rowspan="29">±0.15</td><td rowspan="3">4.7</td><td rowspan="3">2.5</td><td rowspan="29">±0.15</td></tr>
<tr><td>32</td><td>24</td><td>32.6</td></tr>
<tr><td>40</td><td>32</td><td>40.6</td></tr>
<tr><td>25</td><td>15</td><td rowspan="6">12.5</td><td>25.7</td><td rowspan="6">8.5</td><td rowspan="6">6.7</td><td rowspan="6">4.2</td><td rowspan="6">5.8</td><td rowspan="6">3.2</td></tr>
<tr><td>32</td><td>22</td><td>32.7</td></tr>
<tr><td>40</td><td>30</td><td>40.7</td></tr>
<tr><td>50</td><td>40</td><td>50.7</td></tr>
<tr><td>56</td><td>46</td><td>56.7</td></tr>
<tr><td>63</td><td>53</td><td>63.7</td></tr>
<tr><td>50</td><td>35</td><td rowspan="8">20</td><td>50.9</td><td rowspan="11">±0.28</td><td rowspan="8">14.5</td><td rowspan="8">8.4</td><td rowspan="8">6.5</td><td rowspan="8">8.5</td><td rowspan="8">4.5</td></tr>
<tr><td>56</td><td>41</td><td>56.9</td></tr>
<tr><td>63</td><td>48</td><td>63.9</td></tr>
<tr><td>70</td><td>55</td><td>70.9</td></tr>
<tr><td>80</td><td>65</td><td>80.9</td></tr>
<tr><td>90</td><td>75</td><td>90.9</td></tr>
<tr><td>100</td><td>85</td><td>100.9</td></tr>
<tr><td>110</td><td>95</td><td>110.9</td></tr>
<tr><td>80</td><td>60</td><td rowspan="8">25</td><td>81</td><td rowspan="8">18</td><td rowspan="8">11</td><td rowspan="8">8.7</td><td rowspan="8">11.2</td><td rowspan="8">5.5</td></tr>
<tr><td>90</td><td>70</td><td>91</td></tr>
<tr><td>100</td><td>80</td><td>101</td></tr>
<tr><td>110</td><td>90</td><td>111</td><td rowspan="4">±0.35</td></tr>
<tr><td>125</td><td>105</td><td>126</td></tr>
<tr><td>140</td><td>120</td><td>141</td></tr>
<tr><td>160</td><td>140</td><td>161</td></tr>
<tr><td>180</td><td>160</td><td>181</td><td rowspan="8">±0.45</td></tr>
<tr><td>125</td><td>100</td><td rowspan="4">32</td><td>126.3</td><td rowspan="4">24</td><td rowspan="4">13.7</td><td rowspan="4">10.8</td><td rowspan="4">13.9</td><td rowspan="4">7</td></tr>
<tr><td>140</td><td>115</td><td>141.3</td></tr>
<tr><td>160</td><td>135</td><td>161.3</td></tr>
<tr><td>180</td><td>155</td><td>181.3</td></tr>
<tr><td>200</td><td>170</td><td rowspan="6">36</td><td>201.5</td><td rowspan="6">28</td><td rowspan="9">±0.25</td><td rowspan="6">16.5</td><td rowspan="6">12.9</td><td rowspan="9">±0.20</td><td rowspan="6">16.7</td><td rowspan="6">8.6</td><td rowspan="9">±0.20</td></tr>
<tr><td>220</td><td>190</td><td>221.5</td></tr>
<tr><td>250</td><td>220</td><td>251.5</td></tr>
<tr><td>280</td><td>250</td><td>281.5</td><td rowspan="3">±0.60</td></tr>
<tr><td>320</td><td>290</td><td>321.5</td></tr>
<tr><td>360</td><td>330</td><td>361.5</td></tr>
<tr><td>400</td><td>360</td><td rowspan="3">50</td><td>401.8</td><td rowspan="3">±0.90</td><td rowspan="3">40</td><td rowspan="3">21.8</td><td rowspan="3">17.5</td><td rowspan="3">22</td><td rowspan="3">12</td></tr>
<tr><td>450</td><td>410</td><td>451.8</td></tr>
<tr><td>500</td><td>460</td><td>501.8</td></tr>
</table>

表 18-5-52　**塑料支承环**　mm

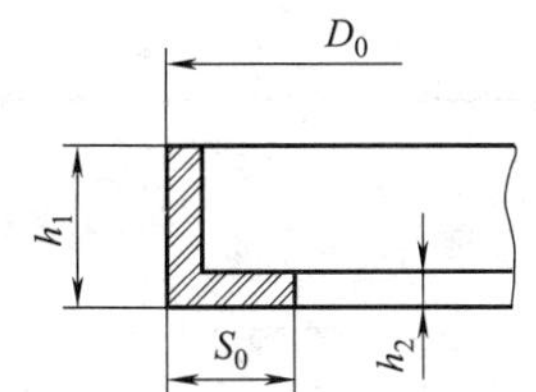

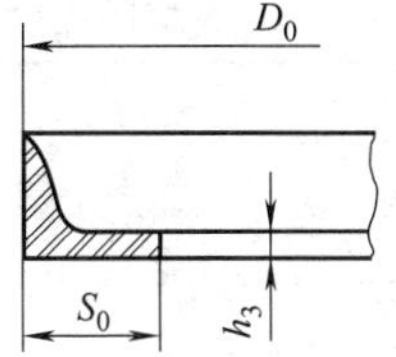

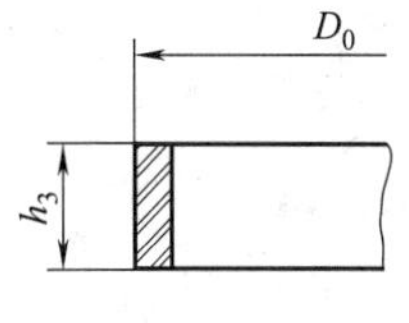

<table>
<tr><th rowspan="2">D</th><th rowspan="2">d</th><th rowspan="2">L</th><th colspan="2">外　径</th><th colspan="2">宽　度</th><th colspan="4">高　度</th></tr>
<tr><th>D_0</th><th>极限偏差</th><th>S_0</th><th>极限偏差</th><th>h_1</th><th>h_2</th><th>h_3</th><th>极限偏差</th></tr>
<tr><td>25</td><td>17</td><td rowspan="3">10</td><td>25</td><td rowspan="3">0
−0.15</td><td rowspan="3">4</td><td rowspan="29">0
−0.10</td><td rowspan="9">5.5</td><td rowspan="17">1.5</td><td rowspan="9">4</td><td rowspan="29">+0.10
0</td></tr>
<tr><td>32</td><td>24</td><td>32</td></tr>
<tr><td>40</td><td>32</td><td>40</td></tr>
<tr><td>25</td><td>15</td><td rowspan="6">12.5</td><td>25</td><td rowspan="6">0
−0.18</td><td rowspan="6">5</td></tr>
<tr><td>32</td><td>22</td><td>32</td></tr>
<tr><td>40</td><td>30</td><td>40</td></tr>
<tr><td>50</td><td>40</td><td>50</td></tr>
<tr><td>56</td><td>46</td><td>56</td></tr>
<tr><td>63</td><td>53</td><td>63</td></tr>
<tr><td>50</td><td>35</td><td rowspan="8">20</td><td>50</td><td rowspan="8">0
−0.22</td><td rowspan="8">7.5</td><td rowspan="8">6.5</td><td rowspan="8">5</td></tr>
<tr><td>56</td><td>41</td><td>56</td></tr>
<tr><td>63</td><td>48</td><td>63</td></tr>
<tr><td>70</td><td>55</td><td>70</td></tr>
<tr><td>80</td><td>65</td><td>80</td></tr>
<tr><td>90</td><td>75</td><td>90</td></tr>
<tr><td>100</td><td>85</td><td>100</td></tr>
<tr><td>110</td><td>95</td><td>110</td></tr>
<tr><td>80</td><td>60</td><td rowspan="8">25</td><td>80</td><td rowspan="12">0
−0.26</td><td rowspan="8">10</td><td rowspan="8">8.3</td><td rowspan="8">2</td><td rowspan="8">6.3</td></tr>
<tr><td>90</td><td>70</td><td>90</td></tr>
<tr><td>100</td><td>80</td><td>100</td></tr>
<tr><td>110</td><td>90</td><td>110</td></tr>
<tr><td>125</td><td>105</td><td>125</td></tr>
<tr><td>140</td><td>120</td><td>140</td></tr>
<tr><td>160</td><td>140</td><td>160</td></tr>
<tr><td>180</td><td>160</td><td>180</td></tr>
<tr><td>125</td><td>110</td><td rowspan="4">32</td><td>125</td><td rowspan="4">12.5</td><td rowspan="4">13</td><td rowspan="10">3</td><td rowspan="4">10</td></tr>
<tr><td>140</td><td>115</td><td>140</td></tr>
<tr><td>160</td><td>135</td><td>160</td></tr>
<tr><td>180</td><td>155</td><td>180</td></tr>
<tr><td>200</td><td>170</td><td rowspan="6">36</td><td>200</td><td rowspan="6">0
−0.35</td><td rowspan="6">15</td><td rowspan="6">0
−0.12</td><td rowspan="6">15.5</td><td rowspan="6">12.5</td><td rowspan="6">+0.12
0</td></tr>
<tr><td>220</td><td>190</td><td>220</td></tr>
<tr><td>250</td><td>220</td><td>250</td></tr>
<tr><td>280</td><td>250</td><td>280</td></tr>
<tr><td>320</td><td>290</td><td>320</td></tr>
<tr><td>360</td><td>330</td><td>360</td></tr>
<tr><td>400</td><td>360</td><td rowspan="3">50</td><td>400</td><td rowspan="3">0
−0.50</td><td rowspan="3">20</td><td rowspan="3">0
−0.15</td><td rowspan="3">20</td><td rowspan="3">4</td><td rowspan="3">16</td><td rowspan="3">+0.15
0</td></tr>
<tr><td>450</td><td>410</td><td>450</td></tr>
<tr><td>500</td><td>460</td><td>500</td></tr>
</table>

5.7.6 往复运动橡胶防尘密封圈（GB/T 10708.3—2000）

表 18-5-53 A 型防尘圈 mm

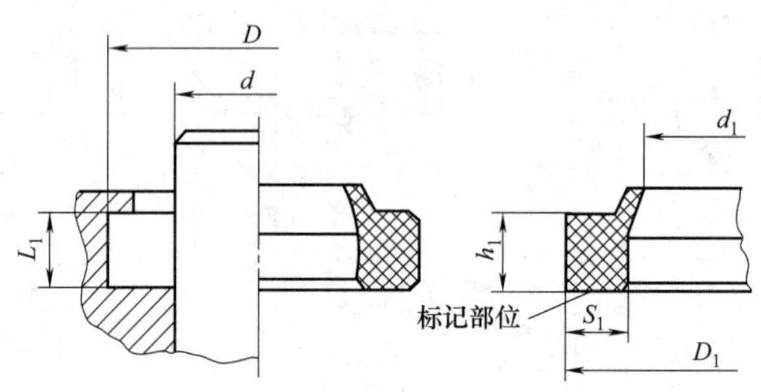

d	D	L_1	d_1		D_1		S_1		h_1	
			基本尺寸	极限偏差	基本尺寸	极限偏差	基本尺寸	极限偏差	基本尺寸	极限偏差
6	14	5	4.6	±0.15	14	±0.15	3.5	±0.15	5	−0.30 0
8	16		6.6		16					
10	18		8.6		18					
12	20		10.6		20					
14	22		12.5	±0.25	22					
16	24		14.5		24					
18	26		16.5		26					
20	28		18.5		28					
22	30		20.5		30					
25	33		23.5		33					
28	36		26.5		36					
32	40		30.5		40					
36	44		34.5		44					
40	48		38.5		48					
45	53		43.5		53					
50	58		48.5		58					
56	66	6.3	54		66	±0.35	4.3		6.3	
60	70		58		70					
63	73		61		73					
70	80		68	±0.35	80					
80	90		78		90					
90	100		88		100					
100	115	9.5	97.5	±0.45	115	±0.45	6.5		9.5	
110	125		107.5		125					
125	140		122.5		140					
140	155		137.5		155					
160	175		157.5		175					
180	195		167.5	±0.60	195	±0.60				
200	215		197.5		215					
220	240	12.5	217		240		8.7		12.5	
250	270		247		270					
280	300		277	±0.90	300	±0.90				
320	340		317		340					
360	380		357		380					

表 18-5-54　**B 型防尘圈**　mm

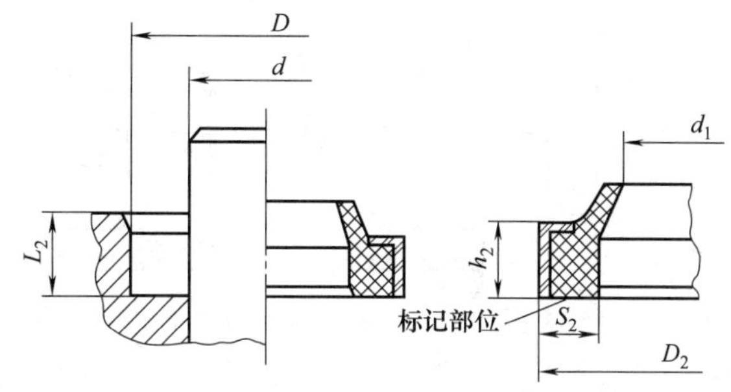

d	D	L_2	d_1 基本尺寸	d_1 极限偏差	D_2 基本尺寸	D_2 极限偏差	S_2 基本尺寸	S_2 极限偏差	h_2 基本尺寸	h_2 极限偏差
6	14	5	4.6	±0.15	14	S7	3.5	±0.15	5	−0.30 0
8	16		6.6		16					
10	18		8.6		18					
12	22	7	10.5	±0.25	22		4.3		7	
14	24		12.5		24					
16	26		14.5		26					
18	28		16.5		28					
20	30		18.5		30					
22	32		20.5		32					
25	35		23.5		35					
28	38		26.5		38					
32	42		30		42					
36	46		34		46					
40	50		38		50					
45	55		43		55					
50	60		48		60					
56	66		54		66					
60	70		58		70					
63	73		61		73					
70	80		68	±0.35	80					
80	90		78		90					
90	100		88		100					
100	115	9	97.5	±0.45	115		6.5		9	−0.35 0
110	125		107.5		125					
125	140		122.5		140					
140	155		137.5		155					
160	175		157.5		175					
180	195		177.5	±0.60	195					
200	215		197.5		215					
220	240	12	217		240		8.7		12	−0.40 0
250	270		247		270					
280	300		277	±0.90	300					
320	340		317		340					
360	380		357		380					

表 18-5-55 **C 型防尘圈** mm

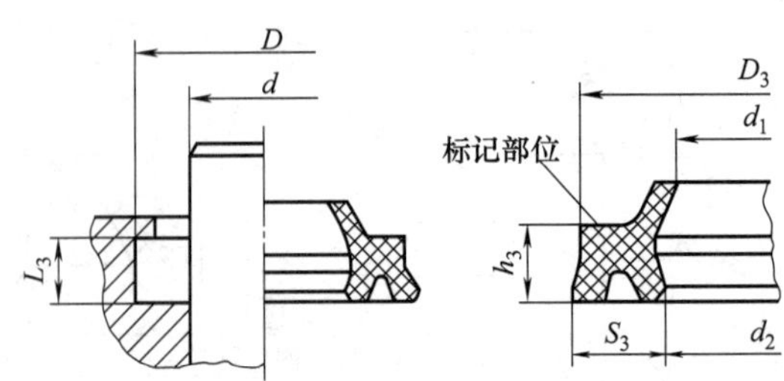

d	D	L_3	d_1 和 d_2			D_3		S_3		h_3	
			d_1	d_2	d_1,d_2 极限偏差	基本尺寸	极限偏差	基本尺寸	极限偏差	基本尺寸	极限偏差
6	12	4	4.8	5.2	±0.20	12	+0.10 −0.25	4.2	±0.15	4	−0.30 0
8	14		6.8	7.2		14					
10	16		8.8	9.2		16					
12	18		10.8	11.2		18					
14	20		12.8	13.2		20					
16	22		14.8	15.2		22					
18	24		16.8	17.2		24					
20	26		18.8	19.2		26					
22	28		20.8	21.2		28					
25	33	5	23.5	24	±0.25	33	+0.10 −0.35	5.5		5	
28	36		26.5	27		36					
32	40		30.5	31		40					
36	44		34.5	35		44					
40	48		38.5	39		48					
45	53		43.5	44		53					
50	58		48.5	49		58					
56	66	6	54.2	54.8		66		6.8		6	
60	70		58.2	58.8		70					
63	73		61.2	61.8		73					
70	80		68.2	68.8	±0.35	80	+0.10 −0.40				
80	90		78.2	78.8		90					
90	100		88.2	88.8		100					
100	115	8.5	97.8	98.4	±0.45	115	+0.10 −0.50	9.8		8.5	
110	125		107.8	108.4		125					
125	140		122.8	123.4		140					
140	155		137.8	138.4		155					
160	175		157.8	158.4		175					
180	195		177.8	178.4	±0.60	195	+0.10 −0.65				
200	215		197.8	198.4		215					
220	240	11	217.4	218.2		240		13.2		11	
250	270		247.4	248.2		270					
280	300		277.4	278.2	±0.90	300	+0.20 −0.90				
320	340		317.4	318.2		340					
360	380		357.4	358.2		380					

第18篇

5.7.7　液压缸活塞和活塞杆动密封装置

5.7.7.1　同轴密封件尺寸系列和公差（GB/T 15242.1—2017）

表 18-5-56　孔用方形同轴密封件　mm

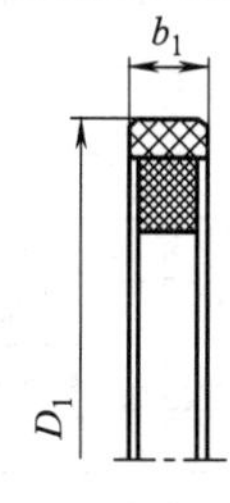

b_1
D_1

图(a)　弹性体截面为矩形圈

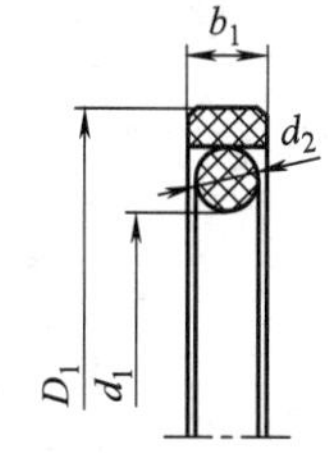

b_1
d_2
D_1
d_1

图(b)　弹性体截面为O形圈

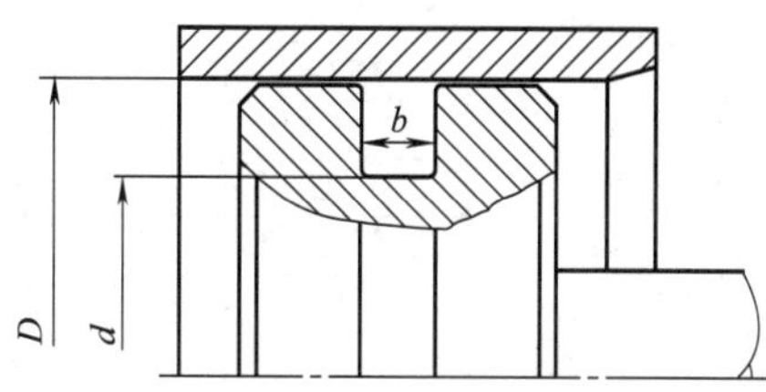

b
D
d

图(c)　安装沟槽

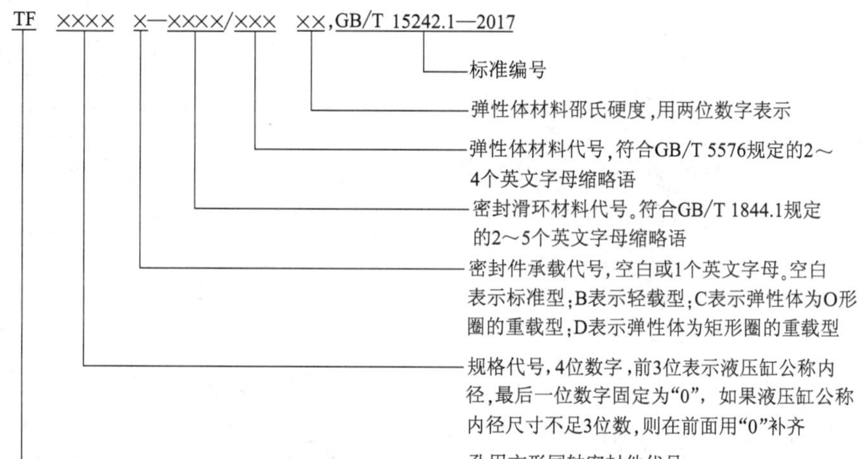

TF ×××× ×—××××/××× ××,GB/T 15242.1—2017
标准编号
弹性体材料邵氏硬度,用两位数字表示
弹性体材料代号,符合GB/T 5576规定的2～4个英文字母缩略语
密封滑环材料代号。符合GB/T 1844.1规定的2～5个英文字母缩略语
密封件承载代号,空白或1个英文字母。空白表示标准型;B表示轻载型;C表示弹性体为O形圈的重载型;D表示弹性体为矩形圈的重载型
规格代号,4位数字,前3位表示液压缸公称内径,最后一位数字固定为“0”,如果液压缸公称内径尺寸不足3位数,则在前面用“0”补齐
孔用方形同轴密封件代号

标记示例：液压缸缸径为 100mm 的轻载型孔用方形同轴密封件，密封滑环材料为填充聚四氟乙烯；弹性体材料为丁腈橡胶，邵氏硬度为 70，标记为：TF1000B—PTFE/NBR70，GB/T 15242.1—2017

规格代码	D	d	D_1		$b^{+0.2}_{0}$	$b_1\pm0.1$	配套弹性体规格
	H9	h9	公称尺寸	公差			$d_1\times d_2$
TF0160	16	8.5	16	+0.63 +0.20	3.2	3.0	8.0×2.65
TF0160B		11.1			2.2	2.0	10.6×1.8
TF0200	20	12.5	20	+0.77 +0.25	3.2	3.0	12.5×2.65
TF0200B		15.1			2.2	2.0	15×1.8
TF0250	25	17.5	25		3.2	3.0	17×2.65
TF0250B		20.1			2.2	2.0	20×1.8
TF0250C		14.0			4.2	4.0	14×3.55
TF0320	32	24.5	32	+0.92 +0.30	3.2	3.0	24.3×2.65
TF0320B		27.1			2.2	2.0	26.5×1.8
TF0320C		21.0			4.2	4.0	20.6×3.55
TF0400	40	29.0	40		4.2	4.0	28×3.55
TF0400B		32.5			3.2	3.0	32.5×2.65
TF0500	50	39.0	50		4.2	4.0	38.7×3.55
TF0500B		42.5			3.2	3.0	42.5×2.65
TF0500C		34.5			6.3	5.9	34.5×5.3
TF0560	56	45.0	56	+1.09 +0.35	4.2	4.0	45×3.55
TF0560B		48.5			3.2	3.0	47.5×2.65
TF0560C		40.5			6.3	5.9	40×5.3

第18篇

续表

规格代码	D	d	D_1		$b^{+0.2}_{0}$	$b_1 \pm 0.1$	配套弹性体规格
	H9	h9	公称尺寸	公差			$d_1 \times d_2$
TF0630	63	52.0	63	+1.09 +0.35	4.2	4.0	51.5×3.55
TF0630B		55.5			3.2	3.0	54.5×2.65
TF0630C		47.5			6.3	5.9	47.5×5.3
TF0700	70	59.0	70		4.2	4.0	58×3.55
TF0700B		62.5			3.2	3.0	61.5×2.65
TF0700C		54.5			6.3	5.9	54.5×5.3
TF0700D		55.0			7.5	7.2	△
TF0800	80	64.5	80		6.3	5.9	63×5.3
TF0800B		69.0			4.2	4.0	69×3.55
TF0800C		59.0			8.1	7.7	58×7
TF0800D		60.0			10	9.6	△
TF1000	100	84.5	100	+1.27 +0.40	6.3	5.9	82.5×5.3
TF1000B		89.0			4.2	4.0	87.5×3.55
TF1000C		79.0			8.1	7.7	77.5×7
TF1000D		80.0			10	9.6	△
TF1100	110	94.5	110		6.3	5.9	92.5×5.3
TF1100B		99.0			4.2	4.0	97.5×3.55
TF1100D		90.0			10	9.6	△
TF1250	125	109.5	125	+1.45 +0.45	6.3	5.9	109×5.3
TF1250B		114.0			4.2	4.0	112×3.55
TF1250C		104.0			8.1	7.7	103×7
TF1250D		105.0			10	9.6	△
TF1400	140	119.0	140		8.1	7.7	118×7
TF1400B		124.5			6.3	5.9	122×5.3
TF1400D		120.0			10	9.6	△
TF1600	160	139.0	160		8.1	7.7	136×7
TF1600B		144.5			6.3	5.9	142.5×5.3
TF1600D		135.0			12.5	12.1	△
TF1800	180	159.0	180		8.1	7.7	157.5×7
TF1800B		164.5			6.3	5.9	162.5×5.3
TF1800D		155.0			12.5	12.1	△
TF2000	200	179.0	200	+1.65 +0.50	8.1	7.7	177.5×7
TF2000B		184.5			6.3	5.9	182.5×5.3
TF2000D		175.0			12.5	12.1	△
TF2200	220	199.0	220		8.1	7.7	195×7
TF2200B		204.5			6.3	5.9	203×5.3
TF2200D		195.0			12.5	12.1	△
TF2500	250	229.0	250		8.1	7.7	227×7
TF2500C		225.5			8.1	7.7	224×7
TF2500D		220.0			15	14.5	△
TF2800	280	259.0	280	+1.85 +0.55	8.1	7.7	258×7
TF2800C		255.5			8.1	7.7	254×7
TF2800D		250.0			15	14.5	△
TF3000	300	279.0	300		8.1	7.7	276×7
TF3000C		275.5			8.1	7.7	272×7
TF3000D		270.0			15	14.5	△
TF3200	320	299.0	320	+2.00 +0.60	8.1	7.7	295×7
TF3200C		295.5			8.1	7.7	295×7
TF3200D		290.0			15	14.5	△

续表

规格代码	D	d	D_1		$b^{+0.2}_{0}$	$b_1 \pm 0.1$	配套弹性体规格
	H9	h9	公称尺寸	公差			$d_1 \times d_2$
TF3600	360	335.5	360	+2.00 +0.60	8.1	7.7	335×7
TF3600B		339.0			8.1	7.7	335×7
TF3600D		330.0			15	14.5	△
TF4000	400	375.5	400		8.1	7.7	375×7
TF4000D		370.0			15.0	14.5	△
TF4500	450	425.5	450	+2.20 +0.65	8.1	7.7	425×7
TF4500D		420.0			15.0	14.5	△
TF5000	500	475.5	500		8.1	7.7	475×7
TF5000D		470.0			15.0	14.5	△
TF5500	550	525.5	550	+2.45 +0.70	8.1	7.7	523×7
TF5500D		515.0			17.5	17.0	△
TF6000	600	575.5	600		8.1	7.7	570×7
TF6000D		565.0			17.5	17.0	△
TF6600	660	635.5	660	+2.75 +0.75	8.1	7.7	630×7
TF6600D		625.0			17.5	17.0	△
TF7000	700	672.0	700		9.5	9.0	670×8.4
TF7000D		665.0			17.5	17.0	△
TF8000	800	772.0	800		9.5	9.0	770×8.4
TF8000D		760.0			20.0	19.5	△

注："△"表示弹性体截面为矩形圈，矩形圈规格尺寸由用户与生产厂家协商而定。除"△"外，给出尺寸的均为 O 形圈规格。

表 18-5-57　　轴用阶梯形同轴密封件　　mm

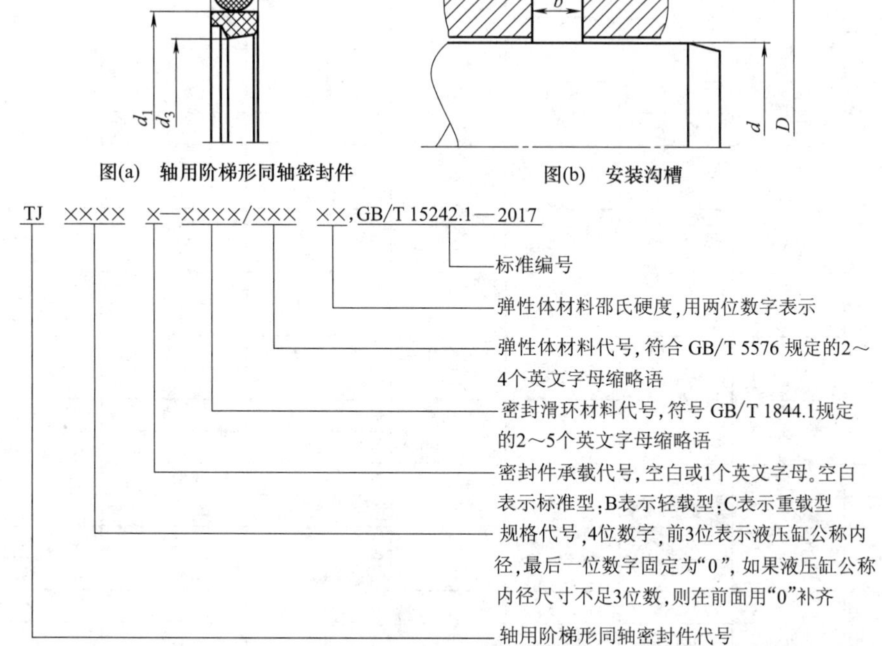

b_1
d_2
d_1
d_3
b
d
D
TJ ×××× ×—××××/××× ××,GB/T 15242.1—2017
标准编号
弹性体材料邵氏硬度,用两位数字表示
弹性体材料代号,符合 GB/T 5576 规定的2~4个英文字母缩略语
密封滑环材料代号,符号 GB/T 1844.1规定的2~5个英文字母缩略语
密封件承载代号,空白或1个英文字母。空白表示标准型;B表示轻载型;C表示重载型
规格代号,4位数字,前3位表示液压缸公称内径,最后一位数字固定为"0",如果液压缸公称内径尺寸不足3位数,则在前面用"0"补齐
轴用阶梯形同轴密封件代号

图(a)　轴用阶梯形同轴密封件　　图(b)　安装沟槽

标记示例:液压缸活塞杆直径为 100mm 的标准型轴用阶梯同轴密封件,密封滑环材料为填充聚四氟乙烯,弹性体密封圈材料为丁腈橡胶,邵氏硬度为 70,标记为:TJ1000—PTFE/NBR70,GB/T 15242.1—2017

续表

规格代码	d	D	d_3		$b^{+0.2}_{0}$	$b_1\pm0.1$	配套 O 形圈规格 $d_1\times d_2$
	h9	H9	公称尺寸	公差			
TJ0060	6	10.9	6	−0.15 −0.45	2.2	2.0	7.5×1.8
TJ0080	8	15.3	8	−0.15 −0.51	3.2	3.0	10.6×2.65
TJ0080B		12.9			2.2	2.0	9.5×1.8
TJ0100	10	17.3	10		3.2	3.0	12.8×2.65
TJ0100B		14.9			2.2	2.0	11.6×1.8
TJ0120	12	19.3	12	−0.20 −0.63	3.2	3.0	14.5×2.65
TJ0120B		16.9			2.2	2.0	14.0×1.8
TJ0140	14	21.3	14		3.2	3.0	17.0×2.65
TJ0140B		18.9			2.2	2.0	16.0×1.8
TJ0160	16	23.3	16		3.2	3.0	19.0×2.65
TJ0160B		20.9			2.2	2.0	18.0×1.8
TJ0180	18	25.3	18		3.2	3.0	20.6×2.65
TJ0180B		22.9			2.2	2.0	20.0×1.8
TJ0200	20	30.7	20	−0.25 −0.77	4.2	4.0	25.0×3.55
TJ0200B		27.3			3.2	3.0	23.0×2.65
TJ0220	22	32.7	22		4.2	4.0	26.5×3.55
TJ0220B		29.3			3.2	3.0	25.0×2.65
TJ0250	25	35.7	25		4.2	4.0	30.0×3.55
TJ0250B		32.3			3.2	3.0	28.0×2.65
TJ0280	28	38.7	28		4.2	4.0	32.5×3.55
TJ0280B		35.3			3.2	3.0	30.0×2.65
TJ0300	(30)	40.7	30		4.2	4.0	34.5×3.55
TJ0300B		37.3			3.2	3.0	32.5×2.65
TJ0320	32	42.7	32	−0.30 −0.92	4.2	4.0	36.5×3.55
TJ0320B		39.3			3.2	3.0	34.5×2.65
TJ0360	36	46.7	36		4.2	4.0	41.2×3.55
TJ0360B		43.3			3.2	3.0	38.7×2.65
TJ0400	40	55.1	40		6.3	5.9	46.2×5.3
TJ0400B		50.7			4.2	4.0	45.0×3.55
TJ0450	45	60.1	45		6.3	5.9	51.5×5.3
TJ0450B		55.7			4.2	4.0	50×3.55
TJ0500	50	65.1	50		6.3	5.9	56.0×5.3
TJ0500B		60.7			4.2	4.0	54.5×3.55
TJ0560	56	71.1	56	−0.35 −1.09	6.3	5.9	61.5×5.3
TJ0560B		66.7			4.2	4.0	60.0×3.55
TJ0600	(60)	75.1	60		6.3	5.9	65.0×5.3
TJ0600B		70.7			4.2	4.0	65.0×3.55
TJ0630	63	78.1	63		6.3	5.9	69.0×5.3
TJ0630B		73.7			4.2	4.0	67.0×3.55
TJ0700	70	85.1	70		6.3	5.9	75.0×5.3
TJ0700B		80.7			4.2	4.0	75.0×3.55
TJ0800	80	95.1	80		6.3	5.9	85.0×5.3
TJ0800B		90.7			4.2	4.0	85.0×3.55
TJ0900	90	105.1	90	−0.40 −1.27	6.3	5.9	95.0×5.3
TJ0900B		100.7			4.2	4.0	92.5×3.55
TJ0900C		110.5			8.1	7.7	97.5×7
TJ1000	100	115.1	100		6.3	5.9	106.0×5.3

续表

规格代码	d	D	d_3		$b^{+0.2}_{0}$	$b_1 \pm 0.1$	配套 O 形圈规格
	h9	H9	公称尺寸	公差			$d_1 \times d_2$
TJ1000B	100	110.7	100	$^{-0.40}_{-1.27}$	4.2	4.0	103.0×3.55
TJ1000C		120.5			8.1	7.7	109.0×7
TJ1100	110	125.1	110		6.3	5.9	115.0×5.3
TJ1100B		120.7			4.2	4.0	112.0×3.55
TJ1100C		130.5			8.1	7.7	118.0×7
TJ1200	(120)	135.1	120		6.3	5.9	125.0×5.3
TJ1200B		130.7			4.2	4.0	122.0×3.55
TJ1200C		140.5			8.1	7.7	128.0×7
TJ1250	125	140.1	125	$^{-0.45}_{-1.45}$	6.3	5.9	132.0×5.3
TJ1250B		135.7			4.2	3.9	128.0×3.55
TJ1250C		145.5			8.1	7.7	132.0×7
TJ1300	(130)	145.1	130		6.3	5.9	136.0×5.3
TJ1300B		140.7			4.2	3.9	132.0×3.55
TJ1300C		150.5			8.1	7.7	136.0×7
TJ1400	140	155.1	140		6.3	5.9	145.0×5.3
TJ1400B		150.7			4.2	3.9	142.5×3.55
TJ1400C		160.5			8.1	7.7	147.5×7
TJ1500	(150)	165.1	150		6.3	5.9	155.0×5.3
TJ1500C		170.5			8.1	7.7	157.5×7
TJ1600	160	175.1	160		6.3	5.9	165.0×5.3
TJ1600C		180.5			8.1	7.7	167.5×7
TJ1700	(170)	185.1	170		6.3	5.9	175.0×5.3
TJ1700C		190.5			8.1	7.7	177.5×7
TJ1800	180	195.1	180		6.3	5.9	185.0×5.3
TJ1800C		200.5			8.1	7.7	187.5×7
TJ1900	(190)	205.1	190	$^{-0.50}_{-1.65}$	6.3	5.9	195.0×5.3
TJ1900C		210.5			8.1	7.7	195.0×7
TJ2000	200	220.5	200				206.0×7
TJ2000C		224.0					212.0×7
TJ2100	(210)	230.5	210				218.0×7
TJ2200	220	240.5	220				227.0×7
TJ2400	240	260.5	240				250.0×7
TJ2500	250	270.5	250				258.0×7
TJ2800	280	304.0	280	$^{-0.55}_{-1.85}$			290.0×7
TJ2900	290	314.0	290				300.0×7
TJ3000	300	324.0	300				311.0×7
TJ3200	320	344.0	320	$^{-0.60}_{-2.00}$			330.0×7
TJ3600	360	384.0	360				370.0×7
TJ4000	400	424.0	400				412.0×7
TJ4200	420	444.0	420	$^{-0.65}_{-2.20}$			429.0×7
TJ4500	450	474.0	450				462.0×7
TJ4900	490	514.0	490				500.0×7
TJ5000	500	524.0	500				508.0×7
TJ5600	560	584.0	560	$^{-0.70}_{-2.45}$			570.0×7
TJ6000	600	624.0	600				608.0×7
TJ7000	700	727.3	700	$^{-0.75}_{-2.75}$	9.5	8.7	710.0×8.4
TJ8000	800	827.3	800				810.0×8.4

注：带括号的杆径为非优先选用。

第 18 篇

5.7.7.2　支承环尺寸系列和公差(GB/T 15242.2—2017)

表 18-5-58　　活塞用支承环　　mm

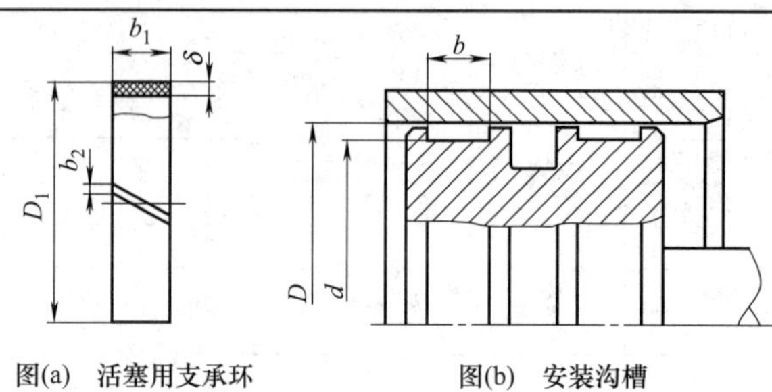

图(a)　活塞用支承环　　图(b)　安装沟槽

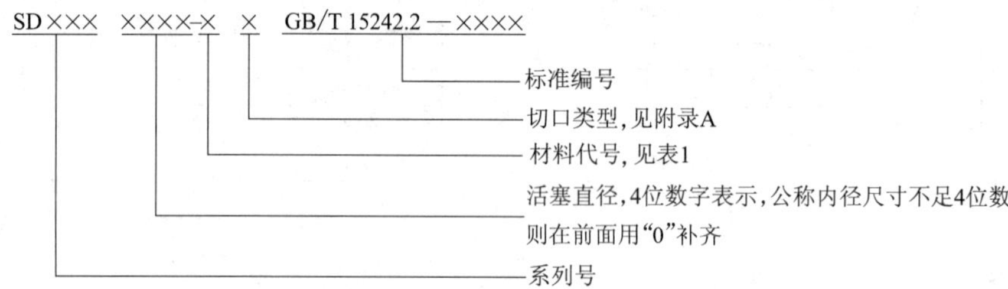

标记示例:活塞直径为 160mm,支承环安装沟槽宽度 b 为 9.7mm,支承环的截面厚度 δ 为 2.5mm,材料为填充 PTFE,切口类型为 A 的支撑环,标记为:SD097 0160-Ⅰ A GB/T 15242.2—××××

规格代号	D H9	d h8	$b^{+0.2}_{0}$	D_1	$b_{2\ -0.15}^{\ \ 0}$	$\delta_{-0.05}^{\ \ 0}$	b_2
SD0250008	8	4.9	2.5	8	2.4	1.55	1.0～1.5
SD0250010	10	6.9	2.5	10	2.4	1.55	
SD0400012	12	8.9	4.0	12	3.8	1.55	
SD0400016	16	12.9	4.0	16	3.8	1.55	
SD0560016		11.0	5.6		5.4	2.5	
SD0400020	20	16.9	4.0	20	3.8	1.55	
SD0560020		15	5.6		5.4	2.5	
SD0400025	25	21.9	4.0	25	3.8	1.55	
SD0560025		20	5.6		5.4	2.5	
SD0630025			6.3		6.1		
SD0400032	32	28.9	4.0	32	3.8	1.55	1.5～2.0
SD0560032		27	5.6		5.4	2.5	
SD0630032			6.3		6.1		
SD0970032			9.7		9.5		
SD0400040	40	36.9	4.0	40	3.8	1.55	
SD0560040		35	5.6		5.4	2.5	
SD0630040			6.3		6.1		
SD0810040			8.1		7.9		
SD0970040			9.7		9.5		
SD0400050	50	46.9	4.0	50	3.8	1.55	2.0～3.5
SD0560050		45	5.6		5.4	2.5	
SD0630050			6.3		6.1		
SD0810050			8.1		7.9		
SD0970050			9.7		9.5		
SD0560060	60	55	5.6	60	5.4	2.5	
SD0870060			9.7		9.5		
SD01500060			15.0		14.8		
SD097A0060		54	9.7		9.5	3.0	

续表

规格代号	D H9	d h8	$b^{+0.2}_{0}$	D_1	$b_{2}{}^{0}_{-0.15}$	$\delta^{0}_{-0.05}$	b_2
SD0560063	63	58	5.6	63	5.4	2.5	2.0～3.5
SD0630063			6.3		6.1		
SD0810063			8.1		7.9		
SD0970063			9.7		9.5		
SD1500063			15.0		14.8		
SD097A0063		57	9.7		9.5	3.0	
SD0630070	(70)	65	6.3	70	6.1	2.5	
SD0810070			8.1		7.9		
SD0970070			9.7		9.5		
SD0560080	80	75	5.6	80	5.4	2.5	
SD0630080			6.3		6.1		
SD0810080			8.1		7.9		
SD0970080			9.7		9.5		
SD1500080			15.0		14.8		
SD097A0080		74	9.7		9.5	3.0	
SD0560085	(85)	80	5.6	85	5.4	2.5	
SD0630085			6.3		6.1		
SD0810085			8.1		7.9		
SD0970085			9.7		9.5		
SD1500085			15.0		14.8		
SD097A0085		79	9.7		9.5	3.0	
SD0560090	(90)	85	5.6	90	5.4	2.5	3.5～5.0
SD0810090			8.1		7.9		
SD0970090			9.7		9.5		
SD1500090			15.0		14.8		
SD097A0090		84	9.7		9.5	3.0	
SD150A0090			15.0		14.8		
SD0560100	100	95	5.6	100	5.4	2.5	
SD0810100			8.1		7.9		
SD0970100			9.7		9.5		
SD1500100			15.0		14.8		
SD097A0100		94	9.7		9.5	3.0	
SD150A0100			15.0		14.8		
SD0560110	110	105	5.6	110	5.4	2.5	
SD0810110			8.1		7.9		
SD0970110			9.7		9.5		
SD1500110			15.0		14.8		
SD097A0110		104	9.7		9.5	3.0	
SD150A0110			15.0		14.8		
SD0560115	115	110	5.6	115	5.4	2.5	
SD0810115			8.1		7.9		
SD0970115			9.7		9.5		
SD1500115			15.0		14.8		
SD097A0115		109	9.7		9.5	3.0	
SD150A0115			15.0		14.8		
SD0810125	125	120	8.1	125	7.9	2.5	
SD0970125			9.7		9.5		
SD1500125			15.0		14.8		
SD2000125			20.0		19.5		

续表

规格代号	D H9	d h8	$b^{+0.2}_{0}$	D_1	$b_{2}{}^{0}_{-0.15}$	$\delta^{0}_{-0.05}$	h_2
SD2500125	125	120	25.0	125	24.5	2.5	3.5～5.0
SD097A0125	125	119	9.7	125	9.5	3.0	3.5～5.0
SD150A0125	125	119	15.0	125	14.8	3.0	3.5～5.0
SD200A0125	125	119	20.0	125	19.5	3.0	3.5～5.0
SD0810135	135	130	8.1	135	7.9	2.5	3.5～5.0
SD0970135	135	130	9.7	135	9.5	2.5	3.5～5.0
SD1500135	135	130	15.0	135	14.8	2.5	3.5～5.0
SD2000135	135	130	20.0	135	19.5	2.5	3.5～5.0
SD2500135	135	130	25.0	135	24.5	2.5	3.5～5.0
SD097A0135	135	129	9.7	135	9.5	3.0	3.5～5.0
SD150A0135	135	129	15.0	135	14.8	3.0	3.5～5.0
SD200A0135	135	129	20.0	135	19.5	3.0	3.5～5.0
SD0810140	(140)	135	8.1	140	7.9	2.5	3.5～5.0
SD0970140	(140)	135	9.7	140	9.5	2.5	3.5～5.0
SD1500140	(140)	135	15.0	140	14.8	2.5	3.5～5.0
SD2000140	(140)	135	20.0	140	19.5	2.5	3.5～5.0
SD2500140	(140)	135	25.0	140	24.5	2.5	3.5～5.0
SD097A0140	(140)	134	9.7	140	9.5	3.0	3.5～5.0
SD150A0140	(140)	134	15.0	140	14.8	3.0	3.5～5.0
SD200A0140	(140)	134	20.0	140	19.5	3.0	3.5～5.0
SD0810145	145	140	8.1	145	7.9	2.5	3.5～5.0
SD0970145	145	140	9.7	145	9.5	2.5	3.5～5.0
SD1500145	145	140	15.0	145	14.8	2.5	3.5～5.0
SD2000145	145	140	20.0	145	19.5	2.5	3.5～5.0
SD2500145	145	140	25.0	145	24.5	2.5	3.5～5.0
SD097A0145	145	139	9.7	145	9.5	3.0	3.5～5.0
SD150A0145	145	139	15.0	145	14.8	3.0	3.5～5.0
SD200A0145	145	139	20.0	145	19.5	3.0	3.5～5.0
SD0810160	160	155	8.1	160	7.9	2.5	3.5～5.0
SD0970160	160	155	9.7	160	9.5	2.5	3.5～5.0
SD1500160	160	155	15.0	160	14.8	2.5	3.5～5.0
SD2000160	160	155	20.0	160	19.5	2.5	3.5～5.0
SD2500160	160	155	25.0	160	24.5	2.5	3.5～5.0
SD097A0160	160	154	9.7	160	9.5	3.0	3.5～5.0
SD150A0160	160	154	15.0	160	14.8	3.0	3.5～5.0
SD200A0160	160	154	20.0	160	19.5	3.0	3.5～5.0
SD0810180	180	175	8.1	180	7.9	2.5	3.5～5.0
SD0970180	180	175	9.7	180	9.5	2.5	3.5～5.0
SD1500180	180	175	15.0	180	14.8	2.5	3.5～5.0
SD2000180	180	175	20.0	180	19.5	2.5	3.5～5.0
SD2500180	180	175	25.0	180	24.5	2.5	3.5～5.0
SD097A0180	180	174	9.7	180	9.5	3.0	3.5～5.0
SD150A0180	180	174	15.0	180	14.8	3.0	3.5～5.0
SD200A0180	180	174	20.0	180	19.5	3.0	3.5～5.0

续表

规格代号	D H9	d h8	$b^{+0.2}_{0}$	D_1	$b_{1}{}^{0}_{-0.15}$	$\delta^{0}_{-0.05}$	b_2
SD200B0280	280	272	20.0	280	19.5	4.0	5.0～6.0
SD250B0280			25.0		24.5		
SD0810290	290	285	8.1	290	7.9	2.5	
SD1500290			15.0		14.8		
SD2000290			20.0		19.5		
SD2500290			25.0		24.5		
SD150A0290		284	15.0		14.8	3.0	
SD200A0290			20.0		19.5		
SD200B0290		282	20.0		19.5	4.0	
SD250B0290			25.0		24.5		
SD0810300	300	295	8.1	300	7.9	2.5	
SD1500300			15.0		14.8		
SD2000300			20.0		19.5		
SD2500300			25.0		24.5		
SD150A0300		294	15.0		14.8	3.0	
SD200A0300			20.0		19.5		
SD200B0300		292	20.0		19.5	4.0	
SD250B0300			25.0		24.5		
SD1500320	320	315	15.0	320	14.8	2.5	
SD2000320			20.0		19.5		
SD2500320			25.0		24.5		
SD150A0320		314	15.0		14.8	3.0	
SD200A0320			20.0		19.5		
SD200B0320		312	20.0		19.5	4.0	
SD250B0320			25.0		24.5		
SD1500350	350	345	15.0	350	14.8	2.5	6.0～8.0
SD2000350			20.0		19.5		
SD2500350			25.0		24.5		
SD150A0350		344	15.0		14.8	3.0	
SD200A0350			20.0		19.5		
SD200B0350		342	20.0		19.5	4.0	
SD250B0350			25.0		24.5		
SD1500360	(360)	355	15.0	360	14.8	2.5	
SD2000360			20.0		19.5		
SD2500360			25.0		24.5		
SD3000360			30.0		29.5		
SD150A0360		354	15.0		14.8	3.0	
SD200A0360			20.0		19.5		
SD200B0360	360	352	20.0		19.5	4.0	
SD250B0360			25.0		24.5		
SD300B0360			30.0		29.5		
SD1500400	400	395	15.0	400	14.8	2.5	
SD2000400			20.0		19.5		
SD2500400			25.0		24.5		
SD3000400			30.0		29.5		
SD150A0400		394	15.0		14.8	3.0	
SD200A0400			20.0		19.5		
SD200B0400		392	20.0		19.5	4.0	
SD250B0400			25.0		24.5		
SD300B0400			30.0		29.5		

续表

规格代号	D H9	d h8	$b^{+0.2}_{\ 0}$	D_1	$b_{1\ -0.15}^{\ \ 0}$	$\delta_{-0.05}^{\ \ 0}$	b_2
SD1500450	(450)	445	15.0	450	14.8	2.5	6.0～8.0
SD2000450			20.0		19.5		
SD2500450			25.0		24.5		
SD3000450			30.0		29.5		
SD150A0450		444	15.0		14.8	3.0	
SD200A0450			20.0		19.5		
SD200B0450		442	20.0		19.5	4.0	
SD250B0450			25.0		24.5		
SD300B0450			30.0		29.5		
SD1500500	500	495	15.0	500	14.8	2.5	
SD2000500			20.0		19.5		
SD2500500			25.0		24.5		
SD3000500			30.0		29.5		
SD150A0500		494	15.0		14.8	3.0	
SD200A0500			20.0		19.5		
SD200B0500		492	20.0		19.5	4.0	
SD250B0500			25.0		24.5		
SD300B0500			30.0		29.5		
SD2000540	(540)	535	20.0	540	19.5	2.5	
SD2500540			25.0		24.5		
SD3000540			30.0		29.5		
SD200A0540		534	20.0		19.5	3.0	
SD200B0540		532	20.0		19.5	4.0	
SD250B0540			25.0		24.5		
SD300B0540			30.0		29.5		
SD2000560	(560)	555	20.0	560	19.5	2.5	
SD2500560			25.0		24.5		
SD3000560			30.0		29.5		
SD200A0560		554	20.0		19.5	3.0	
SD200B0560		552	20.0		19.5	4.0	
SD250B0560			25.0		24.5		
SD300B0560			30.0		29.5		
SD200600	(600)	595	20.0	600	19.5	2.5	
SD2500600			25.0		24.5		
SD3000600			30.0		29.5		
SD200A0600		594	20.0		19.5	3.0	
SD200B0600		592	20.0		19.5	4.0	
SD250B0600			25.0		24.5		
SD300B0600			30.0		29.5		
SD2000620	(620)	615	20.0	620	19.5	2.5	
SD2500620			25.0		24.5		
SD3000620			30.0		29.5		
SD200A0620		614	20.0		19.5	3.0	
SD200B0620		612	20.0		19.5	4.0	
SD250B0620			25.0		24.5		
SD300B0620			30.0		29.5		
SD2000850	(850)	845	20.0	850	19.5	2.5	8.0～10
SD2500850			25.0		24.5		
SD3000850			30.0		29.5		

续表

规格代号	D H9	d h8	$b^{+0.2}_{0}$	D_1	$b_{1\ -0.15}^{\ 0}$	$\delta_{-0.05}^{\ 0}$	b_2
SD200A0850	(850)	844	20.0	850	19.5	3.0	8.0～10
SD200B0850		842	20.0		19.5	4.0	
SD250B0850			25.0		24.5		
SD300B0850			30.0		29.5		
SD2501000	1000	995	25.0	1000	24.5	2.5	10～15
SD2501700	1700	1695	25.0	1700	24.5		
SD2503200	3200	3195	25.0	3200	24.5		

注：带括号的缸径为非优先选用。

表 18-5-59　活塞杆用支承环　mm

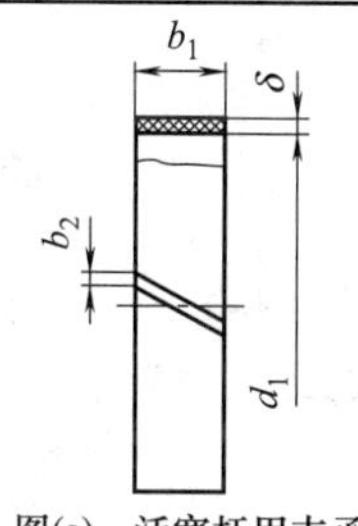

图(a)　活塞杆用支承环

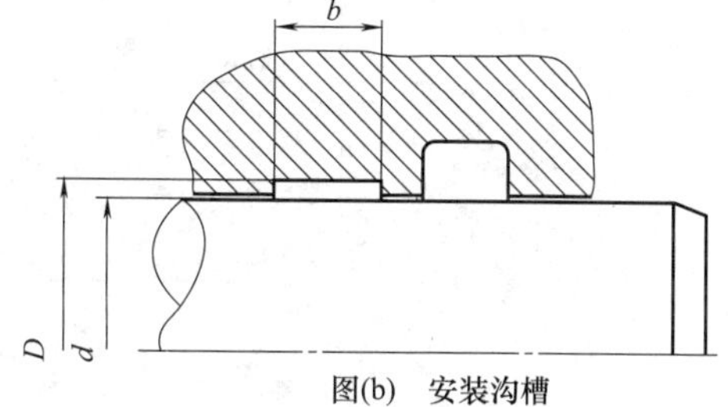

图(b)　安装沟槽

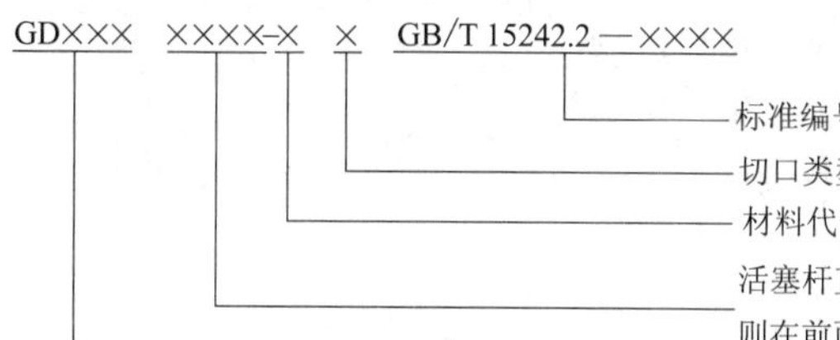

规格代号	d f8	D H8	$b^{+0.2}_{0}$	d_1	$b_{1\ -0.15}^{\ 0}$	$\delta_{-0.05}^{\ 0}$	b_2
GD0250004	4	7.1	2.5	4	2.4	1.55	1.0～1.5
GD0250005	5	8.1		5			
GD0250006	6	9.1		6			
GD0250008	8	11.1		8			
GD0250010	10	13.1		10			
GD0400012	12	15.1	4.0	12	3.8		
GD0400014	14	17.1		14			
GD0400016	16	19.1		16			
GD0400018	18	21.1		18			
GD0400020	20	23.1		20			
GD0400022	22	25.1	4.0	22	3.8	1.55	1.5～2.0
GD0560022		27	5.6		5.4	2.5	
GD0630022			6.3		6.1		
GD0400025	25	28.1	4.0	25	3.8	1.55	
GD0560025		30	5.6		5.4	2.5	
GD0630025			6.3		6.1		
GD0970025			9.7		9.5		
GD0400028	28	31.1	4.0	28	3.8	1.55	
GD0560028		33	5.6		5.4	2.5	
GD0630028			6.3		6.1		
GD0970028			9.7		9.5		

续表

规格代号	d f8	D H8	$b^{+0.2}_{0}$	d_1	$b_{1\,-0.15}^{\;0}$	$\delta_{-0.05}^{\;0}$	b_2
GD0560030	(30)	35	5.6	30	5.4	2.5	1.5～2.0
GD0630030			6.3		6.1		
GD0970030			9.7		9.5		
GD1500030			15.0		14.8		
GD0560032	32	37	5.6	32	5.4		
GD0630032			6.3		6.1		
GD0970032			9.7		9.5		
GD1500032			15.0		14.8		
GD0560036	36	41	5.6	36	5.4		2.0～3.5
GD0630036			6.3		6.1		
GD0970036			9.7		9.5		
GD1500036			15.0		14.8		
GD0560040	40	45	5.6	40	5.4		
GD0810040			8.1		7.9		
GD0970040			9.7		9.5		
GD1500040			15.0		14.8		
GD0560045	45	50	5.6	45	5.4		
GD0810045			8.1		7.9		
GD0970045			9.7		9.5		
GD1500045			15.0		14.8		
GD0560050	50	55	5.6	50	5.4		
GD0810050			8.1		7.9		
GD0970050			9.7		9.5		
GD1500050			15.0		14.8		
GD097A0050		56	9.7		9.5	3.0	
GD150A0050			15.0		14.8		
GD0560056	56	61	5.6	56	5.4	2.5	
GD0810056			8.1		7.9		
GD0970056			9.7		9.5		
GD1500056			15.0		14.8		
GD097A0056		62	9.7		9.5	3.0	
GD150A0056			15.0		14.8		
GD0810060	(60)	65	8.1	60	7.9	2.5	
GD0970060			9.7		9.5		
GD0560063	63	68	5.6	63	5.4	2.5	
GD0810063			8.1		7.9		
GD0970063			9.7		9.5		
GD1500063			15.0		14.8		
GD097A0063		69	9.7		9.5	3.0	
GD150A0063			15.0		14.8		
GD0560070	70	75	5.6	70	5.4	2.5	
GD0810070			8.1		7.9		
GD0970070			9.7		9.5		
GD1500070			15.0		14.8		
GD097A0070		76	9.7		9.5	3.0	
GD150A0070			15.0		14.8		
GD0810080	80	85	8.1	80	7.9	2.5	3.5～5.0
GD0970080			9.7		9.5		
GD1500080			15.0		14.8		

续表

规格代号	d f8	D H8	$b^{+0.2}_{0}$	d_1	$b_1{}^{0}_{-0.15}$	$\delta^{0}_{-0.05}$	b_2
GD2000080	80	85	20.0	80	19.5	2.5	3.5～5.0
GD2500080			25.0		24.5		
GD097A0080		86	9.7		9.5	3.0	
GD150A0080			15.0		14.8		
GD200A0080			20.0		19.5		
GD0810090	90	95	8.1	90	7.9	2.5	
GD0970090			9.7		9.5		
GD1500090			15.0		14.8		
GD2000090			20.0		19.5		
GD2500090			25.0		24.5		
GD097A0090		96	9.7		9.5	3.0	
GD150A0090			15.0		14.8		
GD200A0090			20.0		19.5		
GD0810100	100	105	8.1	100	7.9	2.5	
GD0970100			9.7		9.5		
GD1500100			15.0		14.8		
GD2000100			20.0		19.5		
GD2500100			25.0		24.5		
GD097A0100		106	9.7		9.5	3.0	
GD150A0100			15.0		14.8		
GD200A0100			20.0		19.5		
GD0810110	110	115	8.1	110	7.9	2.5	
GD0970110			9.7		9.5		
GD1500110			15.0		14.8		
GD2000110			20.0		19.5		
GD2500110			25.0		24.5		
GD097A0110		116	9.7		9.5	3.0	
GD150A0110			15.0		14.8		
GD200A0110			20.0		19.5		
GD0810120	(120)	125	8.1	120	7.9	2.5	
GD0970120			9.7		9.5		
GD1500120	120		15.0		14.8		
GD2000120			20.0		19.5		
GD2500120			25.0		24.5		
GD097A0120		126	9.7		9.5	3.0	
GD150A0120			15.0		14.8		
GD200A0120			20.0		19.5		
GD0810125	125	130	8.1	125	7.9	2.5	
GD0970125			9.7		9.5		
GD1500125			15.0		14.8		
GD2000125			20.0		19.5		
GD2500125			25.0		24.5		
GD097A0125		131	9.7		9.5	3.0	
GD150A0125			15.0		14.8		
GD200A0125			20.0		19.5		
GD0810130	130	135	8.1	130	7.9	2.5	
GD0970130			9.7		9.5		
GD1500130			15.0		14.8		
GD2000130			20.0		19.5		
GD2500130			25.0		24.5		

续表

规格代号	d f8	D H8	$b^{+0.2}_{0}$	d_1	$b_{1}{}^{0}_{-0.15}$	$\delta^{0}_{-0.05}$	b_2
GD097A0130	130	136	9.7	130	9.5	3.0	3.5～5.0
GD150A0130			15.0		14.8		
GD200A0130			20.0		19.5		
GD0810140	140	145	8.1	140	7.9	2.5	
GD0970140			9.7		9.5		
GD1500140			15.0		14.8		
GD2000140			20.0		19.5		
GD2500140			25.0		24.5		
GD097A0140		146	9.7		9.5	3.0	
GD150A0140			15.0		14.8		
GD200A0140			20.0		19.5		
GD0810150	150	155	8.1	150	7.9	2.5	
GD0970150			9.7		9.5		
GD1500150			15.0		14.8		
GD2000150			20.0		19.5		
GD2500150			25.0		24.5		
GD097A0150		156	9.7		9.5	3.0	
GD150A0150			15.0		14.8		
GD200A0150			20.0		19.5		
GD0810160	160	165	8.1	160	7.9	2.5	
GD0970160			9.7		9.5		
GD1500160			15.0		14.8		
GD2000160			20.0		19.5		
GD2500160			25.0		24.5		
GD097A0160		166	9.7		9.5	3.0	
GD150A0160			15.0		14.8		
GD200A0160			20.0		19.5		
GD0810170	170	175	8.1	170	7.9	2.5	
GD0970170			9.7		9.5		
GD1500170			15.0		14.8		
GD2000170			20.0		19.5		
GD2500170			25.0		24.5		
GD097A0170		176	9.7		9.5	3.0	
GD150A0170			15.0		14.8		
GD200A0170			20.0		19.5		
GD0810180	180	185	8.1	180	7.9	2.5	
GD0970180			9.7		9.5		
GD1500180			15.0		14.8		
GD2000180			20.0		19.5		
GD2500180			25.0		24.5		
GD097A0180		186	9.7		9.5	3.0	
GD150A0180			15.0		14.8		
GD200A0180			20.0		19.5		
GD0810190	190	195	8.1	190	7.9	2.5	
GD0970190			9.7		9.5		
GD1500190			15.0		14.8		
GD2000190			20.0		19.5		
GD2500190			25.0		24.5		

续表

规格代号	d f8	D H8	$b^{+0.2}_{0}$	d_1	$b_1{}^{0}_{-0.15}$	$\delta^{0}_{-0.05}$	b_2
GD097A0190	190	196	9.7	190	9.5	3.0	3.5～5.0
GD150A0190			15.0		14.8		
GD200A0190			20.0		19.5		
GD0810200	200	205	8.1	200	7.9	2.5	
GD0970200			9.7		9.5		
GD1500200			15.0		14.8		
GD2000200			20.0		19.5		
GD2500200			25.0		24.5		
GD097A0200		206	9.7		9.5	3.0	
GD150A0200			15.0		14.8		
GD200A0200			20.0		19.5		
GD0810210	(210)	215	8.1	210	7.9	2.5	
GD0970210			9.7		9.5		
GD1500210			15.0		14.8		
GD2000210			20.0		19.5		
GD2500210			25.0		24.5		
GD097A0210		216	9.7		9.5	3.0	
GD150A0210			15.0		14.8		
GD200A0210			20.0		19.5		
GD0810220	220	225	8.1	220	7.9	2.5	
GD0970220			9.7		9.5		
GD1500220			15.0		14.8		
GD2000220			20.0		19.5		
GD2500220			25.0		24.5		
GD097A022		226	9.7		9.5	3.0	
GD150A0220			15.0		14.8		
GD200A0220			20.0		19.5		
GD0810240	240	245	8.1	240	7.9	2.5	
GD0970240			9.7		9.5		
GD1500240			15.0		14.8		
GD2000240			20.0		19.5		
GD2500240			25.0		24.5		
GD097A0240		246	9.7		9.5	3.0	
GD150A0240			15.0		14.8		
GD200A0240			20.0		19.5		
GD0810250	250	255	8.1	250	7.9	2.5	
GD0970250			9.7		9.5		
GD1500250			15.0		14.8		
GD2000250			20.0		19.5		
GD2500250			25.0		24.5		
GD097A0250		256	9.7		9.5	3.0	
GD150A0250			15.0		14.8		
GD200A0250			20.0		19.5		
GD0810280	280	285	8.1	280	7.9	2.5	5.0～6.0
GD0970280			9.7		9.5		
GD1500280			15.0		14.8		
GD2000280			20.0		19.5		
GD2500280			25.0		24.5		

续表

规格代号	d f8	D H8	$b^{+0.2}_{0}$	d_1	$b_1{}^{0}_{-0.15}$	$\delta^{0}_{-0.05}$	b_2
GD097A0280	280	286	9.7	280	9.5	3.0	5.0～6.0
GD150A0280			15.0		14.8		
GD200A0280			20.0		19.5		
GD200B0280		288	20.0		19.5	4.0	
GD250B0280			25.0		24.5		
GD0970290	290	295	9.7	290	9.5	2.5	
GD1500290			15.0		14.8		
GD2000290			20.0		19.5		
GD2500290			25.0		24.5		
GD097A0290		296	9.7		9.5	3.0	
GD150A0290			15.0		14.8		
GD200A0290			20.0		19.5		
GD200B0290		298	20.0		19.5	4.0	
GD250B0290			25.0		24.5		
GD1500320	320	325	15.0	320	14.8	2.5	
GD2000320			20.0		19.5		
GD2500320			25.0		24.5		
GD150A0320		326	15.0		14.8	3.0	
GD200A0320			20.0		19.5		
GD200B0320		328	20.0		19.5	4.0	
GD250B0320			25.0		24.5		
GD1500360	360	365	15.0	360	14.8	2.5	
GD2000360			20.0		19.5		
GD2500360			25.0		24.5		
GD150A0360		366	15.0		14.8	3.0	
GD200A0360			20.0		19.5		
GD200B0360		368	20.0		19.5	4.0	
GD250B0360			25.0		24.5		
GD2500400	400	405	25.0	400	24.5	2.5	6.0～8.0
GD3000400			30.0		29.5		
GD250B0400		408	25.0		24.5	4.0	
GD300B0400			30.0		29.5		
GD2500450	450	455	25.0	450	24.5	2.5	
GD3000450			30.0		29.5		
GD250B0450		458	25.0		24.5	4.0	
GD300B0450			30.0		29.5		
GD2500490	(490)	495	25.0	490	24.5	2.5	
GD3000490			30.0		29.5		
GD250B0490		498	25.0		24.5	4.0	
GD300B0490			30.0		29.5		
GD2500500	500	505	25.0	500	24.5	2.5	
GD300500			30.0		29.5		
GD250B0500		508	25.0		24.5	4.0	
GD300B0500			30.0		29.5		
GD2500800	800	805	25.0	800	24.5	2.5	8.0～10.0
GD3000800			30.0		29.5		
GD250B0800		808	25.0		24.5	4.0	
GD300B0800			30.0		29.5		
GD25001000	1000	1005	25.0	1000	24.5	2.5	
GD30001000			30.0		29.5		
GD250B01000		1008	25.0		24.5	4.0	
GD300B01000			30.0		29.5		
GD2502500	2500	2505	25.0	2500	24.5	2.5	
GD2503200	3200	3205	25.0	3200	24.5	2.5	10～15

注：带括号的活塞杆径为非优先选用。

第18篇

5.7.7.3　同轴密封件安装沟槽尺寸系列和公差（GB/T 15242.3—1994）

表 18-5-60　液压缸活塞动密封装置用同轴密封件安装沟槽　mm

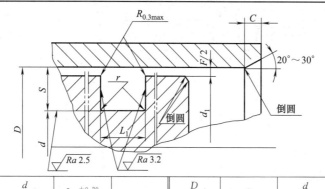

D H9	S	d h9	$L_1{}^{+0.20}_{0}$	r
16	2.5	11	2.2	≤0.5
	3.75	8.5	3.2	
20	2.5	15	2.2	
	3.75	12.5	3.2	
25	3.75	17.5	3.2	
	5.5	14	4.2	
	5	15	5	
32	3.75	24.5	3.2	
	5.5	21	4.2	
	5	22	5	
40	3.75	32.5	3.2	
	5.5	29	4.2	
	5	30	5	
50	5.5	39	4.2	
	7.75	34.5	6.3	
	7.5	35	7.5	
56①	5.5	45	4.2	
	7.75	40.5	6.3	
	7.5	41	7.5	
63	5.5	52	4.2	
	7.75	47.5	6.3	
	7.5	48	7.5	
70①	5.5	59	4.2	
	7.75	54.5	6.3	
	7.5	55	7.5	
80	5.5	69	4.2	≤0.9
	7.75	64.5	6.3	
	10	60	10	
(90)	5.5	79	4.2	
	7.75	74.5	6.3	
	10	70	10	
100	5.5	89	4.2	
	7.75	84.5	6.3	
	10	80	10	
(110)	5.5	99	4.2	
	7.75	94.5	6.3	
	10	90	10	
125	7.75	109.5	6.3	
	10.5	104	8.1	
	10	105	10	

D H9	S	d h9	$L_1{}^{+0.20}_{0}$	r
(140)	7.75	124.5	6.3	≤0.9
	10.5	119	8.1	
	10	120	10	
160	7.75	144.5	6.3	
	10.5	139	8.1	
	12.5	135	12.5	
(180)	7.75	164.5	6.3	
	10.5	159	8.1	
	12.5	155	12.5	
200	7.75	184.5	6.3	
	10.5	179	8.1	
	12.5	175	12.5	
(220)	7.75	204.5	6.3	
	10.5	199	8.1	
	12.5	195	12.5	
250	10.5	229	8.1	
	12.25	225.5	8.1	
	15	220	15	
(280)	10.5	259	8.1	
	12.25	255.5	8.1	
	15	250	15	
320	10.5	299	8.1	
	12.25	295.5	8.1	
	15	290	15	
(360)	10.5	339	8.1	
	12.25	335.5	8.1	
	15	330	15	
400	12.25	375.5	8.1	
	15	370	12.5	
	20	360	20	
(450)	12.25	425.5	8.1	
	15	420	12.5	
	20	410	20	
500	12.25	475.5	8.1	
	15	470	12.5	
	20	460	20	

① 仅限于老产品或维修配件使用。

注：带括号的缸径为非优先选用。

表 18-5-61　　液压缸活塞杆动密封装置用同轴密封件安装沟槽　　mm

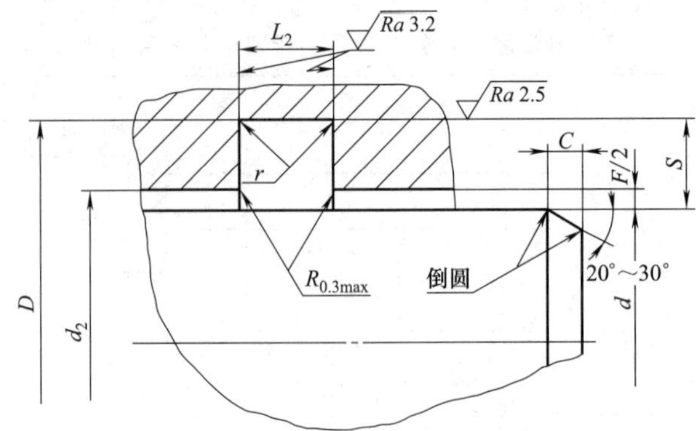

d f8	D 公称尺寸	D 公差	S	$L_2{}^{+0.25}_{0}$	r	d f8	D 公称尺寸	D 公差	S	$L_2{}^{+0.25}_{0}$	r
6	11	H9	2.5	2.2	≤0.5	56	71.5	H9	7.75	6.3	≤0.5
8	13					60[①]	71		5.5	4.2	
10	15						75.5		7.75	6.3	
12	17					63	74		5.5	4.2	
	19.5		3.75	3.2			78.5		7.75	6.3	≤0.9
14	19		2.5	2.2		70	85.5				
	21.5		3.75	3.2		80	95.5				
16	23.5					90	105.5				
18	25.5					100	115.5				
20	27.5					110	125.5	H8	7.75	6.3	
	31		5.5	4.2		125	140.5				
22	29.5		3.75	3.2		140	155.5				
	33		5.5	4.2		160	175.5				
25	32.5		3.75	3.2			181		10.5	8.1	
	36		5.5	4.2		180	195.5		7.75	6.3	
28	39						201		10.5	8.1	
32	43					200	221				
36	47					220	241				
40	51					250	271				
45	56					280	304.5		12.25		
50	61					320	344.5				
56	67		5.5	4.2		360	384.5				

① 仅限于老产品或维修配件使用。

5.7.7.4　支承环安装沟槽尺寸系列和公差（GB/T 15242.4—1994）

表 18-5-62　　液压缸活塞动密封装置用支承环安装沟槽　　mm

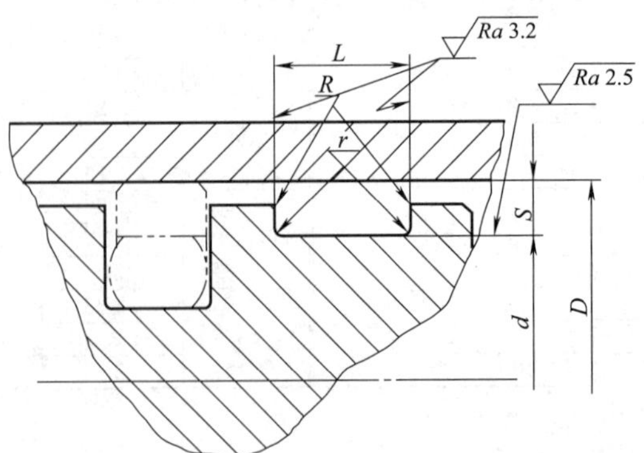

第 18 篇

续表

D H9	d h9	S	$L^{+0.20}_{0}$	R，r	D H9	d h9	S	$L^{+0.20}_{0}$	R，r
16	13	1.5	3.2	≤0.3	(110)	105	2.5	8.1，9.7	≤0.3
20	15	2.5	4.2		125	120		8.1，9.7，15	
	17	1.5			(140)	135			
25	20	2.5	4.2，6.3		160	155			
	22	1.5			(180)	175			
32	27	2.5			200	195			
	29	1.5			(220)	215			
40	35	2.5	4.2，6.3，8.1		250	245			
50	45		6.3，8.1，9.7		(280)	275		9.7，15，20	
56①	51				320	315		15，20，25	
63	58				(360)	355		20，25，30	
70①	65				400	395			
80	75				(450)	445			
(90)	85		8.1 ，9.7		500	495			
100	95								

① 仅限于老产品或维修配件使用。

注：带括号的缸径为非优先选用。

表 18-5-63　液压缸活塞杆动密封装置用支承环安装沟槽　mm

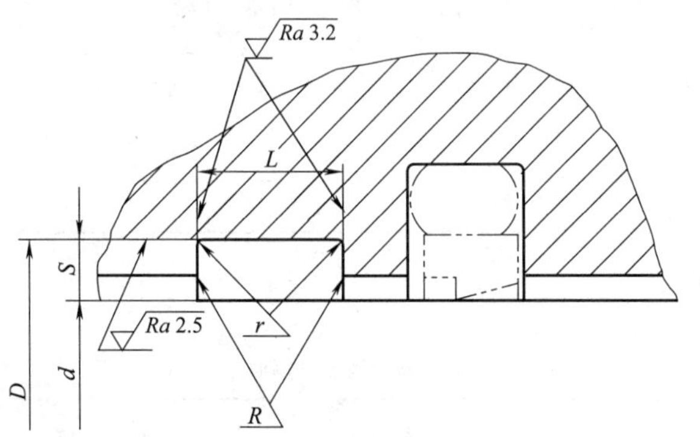

d f8	D H9	S	$L^{+0.20}_{0}$	R ≤	d f8	D H9	S	$L^{+0.20}_{0}$	R ≤
6	9	1.5	3.2	0.3	60①	65	2.5	8.1，9.7	0.3
8	11				63	68			
10	13				70	75			
12	15				80	85			
14	17				90	95			
16	19		3.2，4.2		100	105			
18	21				110	115			
20	23				125	130			
22	27	2.5	4.2，6.3		140	145		9.1，9.7，15	
25	30				160	165			
28	33				180	185			
32	37				200	205		8.1，9.7，15，20	
36	41				220	225			
40	45		8.1，9.7		250	255			
45	50				280	285		15，20，25	
50	55				320	325			
56	61				360	365			

① 仅限于老产品或维修配件使用。

第 18 篇

5.7.8 车氏组合密封

5.7.8.1 使用范围

表 18-5-64 车氏密封使用范围

名称	使用场合	型号	轴径/mm	工作条件			
				压力/MPa	温度/℃	速度/$m \cdot s^{-1}$	介质
直角滑环式组合密封(液压、气动和静密封用)	活塞杆(轴)用	TB1-1ⅠA	8～670	0～60	−55～250	6	空气、水、水-乙二醇、矿物油、酸、碱等
	活塞(孔)用	TB1-1ⅡA	24～690				
	轴向(端部)用	TB1-1ⅢA	15～504			—	
脚形滑环式组合密封(液压和静密封用)	活塞杆(轴)用	TB2-Ⅰ	51～420	0～200	−55～250	6	空气、氢、氧、氮、水、水-乙二醇、矿物油、酸、碱、泥浆等
	活塞杆(轴)用(标准型)	TB2-ⅠA	8～600	0～100			
	活塞(孔)用	TB2-Ⅱ	65～500	0～200			
	活塞(孔)用(标准型)	TB2-ⅡA	25～500	0～100			
齿形滑环式组合密封(液压和气动密封用)	旋转轴用	TB3-Ⅰ	6～670	0～70	−55～250	6	空气、水、水-乙二醇、矿物油、酸、碱等
	旋转孔用	TB3-Ⅱ	26～500	0～36			
C形滑环式组合密封(液压、气动和静密封用)	活塞杆(轴)用	TB4-ⅠA	7～670	0～70	−55～250	6	空气、水、水-乙二醇、矿物油、酸、碱、氟利昂等
	活塞(孔)用	TB4-ⅡA	24～690	0～70			
	轴向(端部)用	TB4-ⅢA	15～504	0～100		—	
组合防尘圈	活塞杆用	TZF	20～650	—	−55～250	6	—

5.7.8.2 密封材料

表 18-5-65 车氏密封材料

工况条件			滑环	O形橡胶圈	备注
工作压力/MPa	工作温度/℃	工作介质			
0～300	−40～120	矿物油、气、水、乙二醇、稀盐酸、浓碱、氨、泥浆等	增强 PTFE	丁腈橡胶 NBR(强度高、弹性好)	工作压力≤40MPa时,O形橡胶圈选用中硬度(邵尔A型)75±5胶料;工作压力>40MPa时,O形橡胶圈可选用中硬度或高硬度(邵尔A型)(75±5)～(85±5)胶料
	−55～135	矿物油、气、水、乙二醇、稀盐酸、浓碱、臭氧、氨、泥浆等		高级丁腈橡胶 HNBR(价格高)	
	−50～150	磷酸酯液压油、氟利昂、刹车油、水、酸、碱等		乙丙橡胶 EPDM	
	−20～200	油、气、水、酸、碱、化学品、臭氧等		氟橡胶 FKM(价格高)	
	−25～250	油、气、水、酸、碱、药品、臭氧等		高级氟橡胶 FKM(价格昂贵)	
	−60～230	水、酒精、臭氧、油、氨等		硅橡胶 VMQ(强度低、弹性好、价格高)	

注:1. 车氏密封中的薄唇滑环均采用增强 PTFE 制作,其增强填料成分,视工况而定。
2. 与滑环组合的O形橡胶圈,视工况不同可选用不同材质制作。

5.7.8.3　直角滑环式组合密封

表 18-5-66　　直角滑环式组合密封　　mm

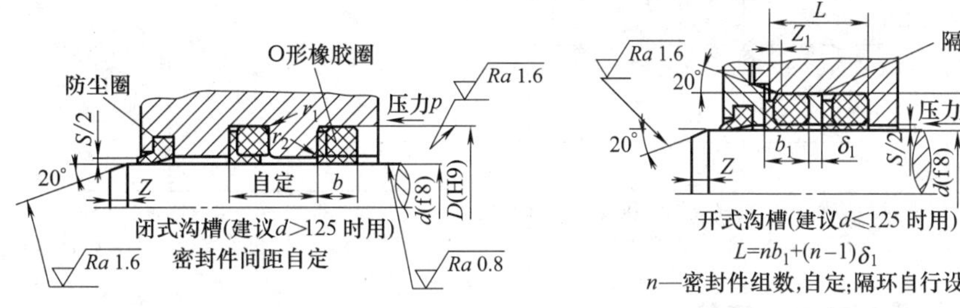

轴用密封(TB1-ⅠA)

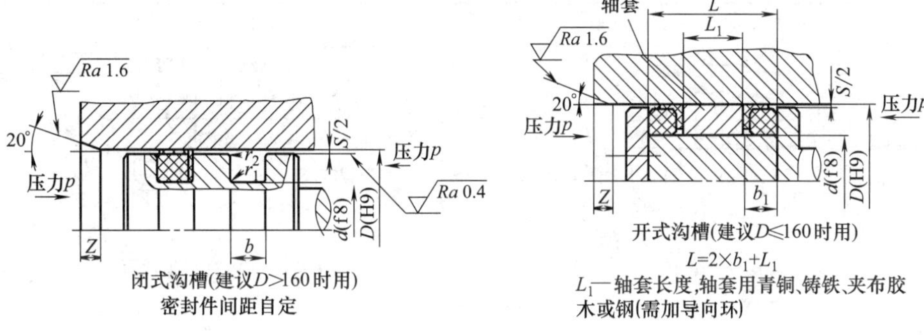

孔用密封(TB1-ⅡA)

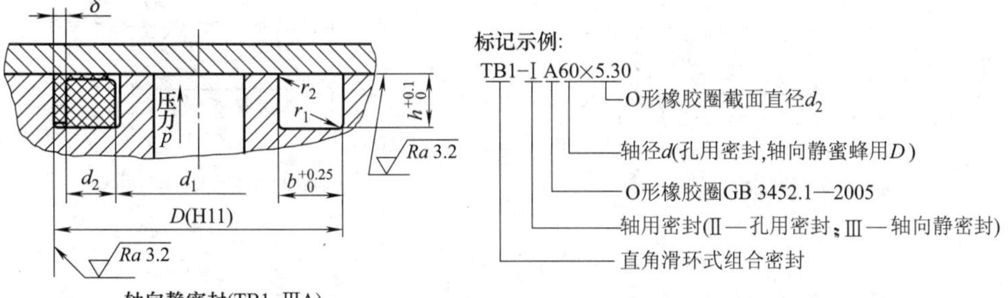

轴向静密封(TB1-ⅢA)

轴用密封(TB1-ⅠA)

df8	DH9	$b^{+0.2}_{0}$	b_1	d_2	r_1	r_2	S	Z	Z_1	$\delta_1\geqslant$
8～17	d+5	4.2	3.65	2.65	0.2～0.4	0.1～0.3	0.3	2	1.5	2
18～38	d+6.6	5.2	4.55	3.55	0.4～0.8		0.3	3	2.0	3
40～106	d+9.6	7.8	6.80	5.30			0.4	5	2.0	4
109～670	d+12.5	9.8	8.50	7.00	0.8～1.2		0.4	7	3.0	5

孔用密封(TB1-ⅡA)

DH9	df8	$b^{+0.2}_{0}$	b_1	d_2	r_1	r_2	S	Z
24～48	D−6.8	5.2	4.55	3.55	0.4～0.8	0.1～0.3	0.3～0.5	3
50～121	D−10.0	7.6	6.80	5.30				5
122～690	D−13.0	9.6	8.50	7.00	0.8～1.2		0.4～0.6	7

续表

轴向静密封(TB1-ⅢA)								
DH11	d_1	d_2	$b^{+0.25}_{0}$	$h^{+0.1}_{0}$	δ	r_1	r_2	
15～30	8～22.4	2.65	4.5	2.35	1.0	0.2～0.4	0.1～0.3	受内压沟槽外径 D 的计算 $D=d_1+2d_2+2\delta$
27～50	18～40.0	3.55	5.6	3.10	1.0	0.4～0.8		
52～128	40～115.0	5.30	7.6	4.65	1.0			
128～504	112～487.0	7.00	10.2	6.25	1.5	0.8～1.2		

注：1. 轴用、孔用密封沟槽底 D（或 d）指液压使用尺寸，气动或要求低摩擦力者，沟槽深度应增加 4%～6%。
2. 轴用密封通常采用 2 组密封件，特殊条件或要求很高时用 3～4 组。单向受压串联布置；双向受压背对背布置。

5.7.8.4　脚形滑环式组合密封

表 18-5-67　　脚形滑环式组合密封　　mm

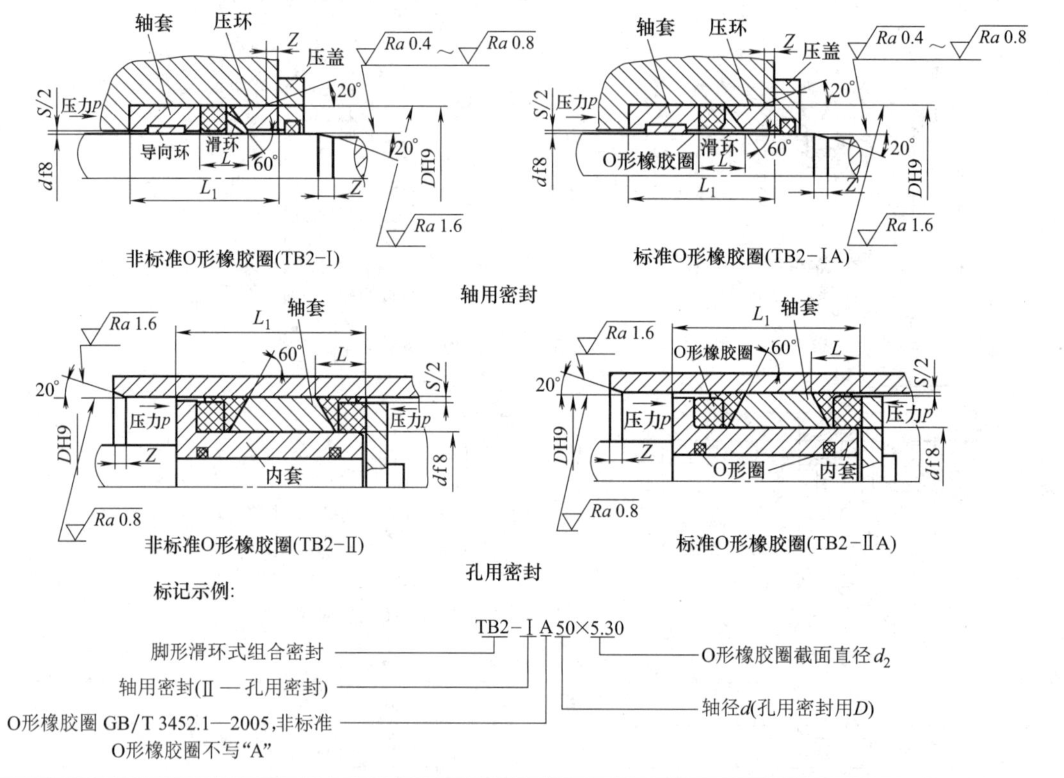

轴用密封							
	df8	DH9	L_1	d_2	S	Z	
非标准 O 形橡胶圈(TB2-Ⅰ)	51～95	d+13.8	13.3	8.0	0.3	4	①滑环材料为聚甲醛、铜、铸铁或增强 PTFE ②轴套、压环、压盖自行设计。轴套若为钢制，应设有导向环，其材料为聚甲醛、增强 PTFE ③轴套长度为(0.1～1)d，材料通常为青铜、铸铁或夹布胶木
	96～140	d+18.0	17.4	10.6	0.4	5	
	141～200	d+22.2	21.3	13.0		7	
	210～420	d+28.0	26.4	16.0		7	
标准 O 形橡胶圈(TB2-ⅠA)	8～17	d+4.7	4.6	2.65	0.2	2	
	18～39	d+6.2	6.0	3.55	0.2	3	
	40～108	d+9.0	9.0	5.30	0.3	5	
	109～600	d+12.0	12.0	7.00	0.4	7	

第18篇

续表

孔用密封							
	DH9	df8	L	d_2	S	Z	
非标准 O 形橡胶圈（TB2-Ⅱ）	65～110	$D-15.4$	13.8	8.0	0.3～0.5	4	①内套与轴之间采用普通 O 形环密封，内套自行设计 ②轴套材料可用青铜、铸铁、夹布胶木或钢（需加导向环） ③L_1 尺寸由设计者自定
	115～180	$D-20.5$	17.8	10.6	0.4～0.6	5	
	185～250	$D-25.0$	21.7	13.0	0.5～0.7	7	
	260～500	$D-30.8$	26.8	16.0			
标准 O 形橡胶圈（TB2-ⅡA）	25～49	$D-7.2$	6.2	3.55	0.3～0.5	3	
	50～121	$D-10.4$	9.0	5.30		5	
	122～500	$D-13.6$	12.0	7.00	0.4～0.6	7	

注：用于静密封沟槽深度应减少 4%～6%。

5.7.8.5　齿形滑环式组合密封

表 18-5-68　齿形滑环式组合密封　mm

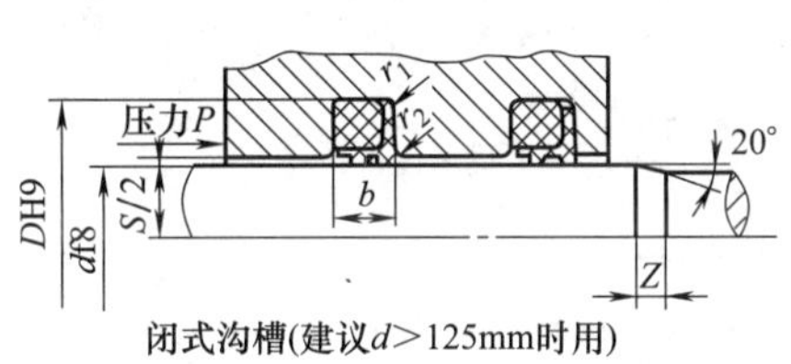

闭式沟槽(建议$d>125$mm时用)

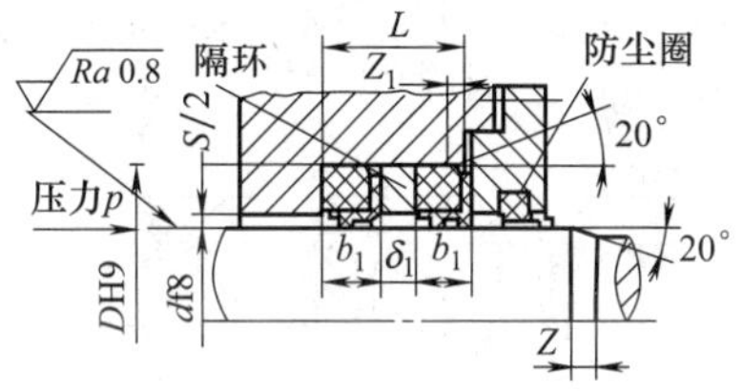

开式沟槽(建议$d \leqslant 125$mm时用)

$L=nb_1+(n-1)\delta_1$　n—密封件组数，自定

轴用密封(TB3-Ⅰ)

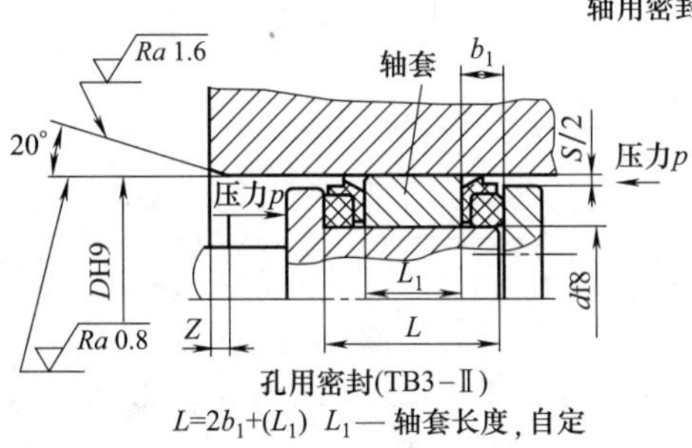

孔用密封(TB3-Ⅱ)

$L=2b_1+(L_1)$　L_1—轴套长度，自定

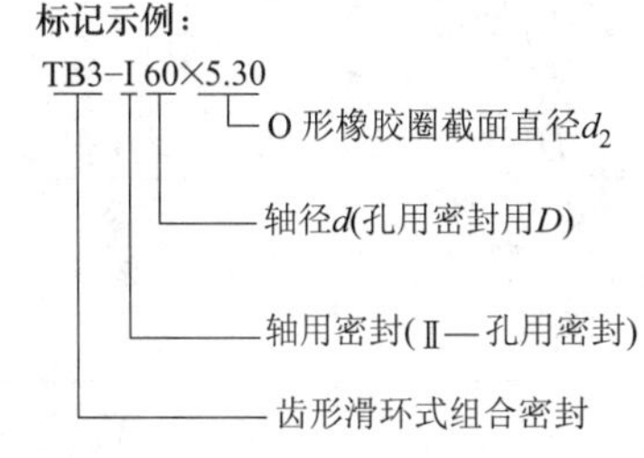

轴用密封（TB3-Ⅰ）										
df8	DH9	$b^{+0.2}_{0}$	b_1	d_2	r_1	r_2	S	Z	Z_1	$\delta_1 \geqslant$
6～15	$d+6.3$	4.0	3.65	2.65	0.2～0.4	0.1～0.3	0.3	2	1.0	2
16～38	$d+8.2$	5.2	4.55	3.55	0.4～0.8		0.3	3	1.5	3
39～110	$d+11.7$	7.6	6.80	5.30			0.4	5	2.0	4
120～670	$d+16.8$	9.6	8.50	7.00	0.8～1.2		0.4	7	2.5	5

孔用密封（TB3-Ⅱ）							
DH9	df8	b_1	d_2	r_1	r_2	S	Z
26～50	$D-8.2$	4.55	3.55	0.4～0.8	0.1～0.3	0.3～0.5	3
52～127	$D-11.7$	6.80	5.30				5
128～500	$D-16.8$	8.50	7.00	0.8～1.2		0.4～0.6	7

注：1. 轴用密封的轴表面硬度≥55HRC。

2. 轴套材料可用青铜、铸铁、夹布胶木或钢（加导向环）。

3. 轴用、孔用密封沟槽底 D（或 d）指液压使用尺寸，气动或要求低摩擦力者，沟槽深度应增加 4%～6%。

4. 轴用密封通常采用 2 组密封件，特殊条件或要求很高时用 3～4 组。单向受压串联布置；双向受压背对背布置。

5.7.8.6　C 形滑环式组合密封

表 18-5-69　　C 形滑环式组合密封　　mm

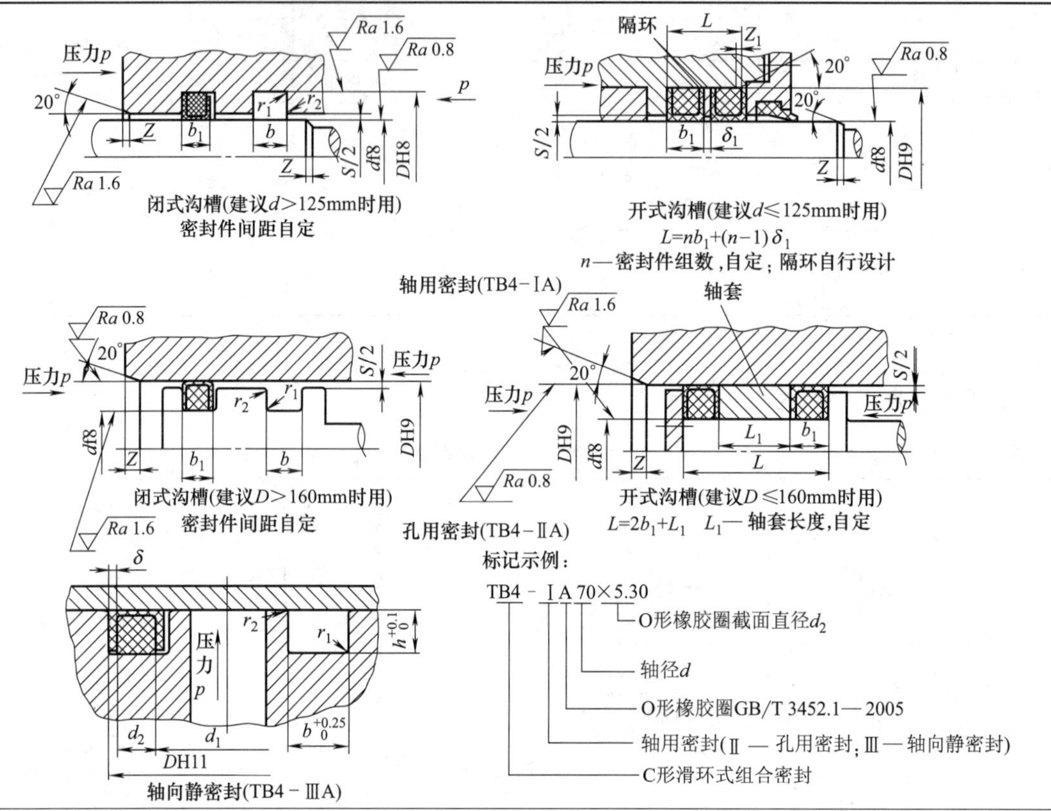

轴用密封(TB4-ⅠA)

df8	DH9	$b^{+0.2}_{0}$	b_1	$\delta_1 \geqslant$	d_2	r_1	r_2	S	Z	Z_1
7～17	d+5.0	5.0	3.65	2	2.65	0.2～0.4	0.1～0.3	0.3	2	1.5
18～38	d+6.6	6.2	5.55	3	3.55	0.4～0.8		0.3	3	1.5
40～106	d+9.9	9.2	8.30	4	5.30			0.4	5	2.5
110～670	d+13.0	12.3	10.00	5	7.00	0.8～1.2		0.4	7	3.0

孔用密封(TB4-ⅡA)

DH9	df8	$b^{+0.2}_{0}$	b_1	d_2	r_1	r_2	S	Z
24～48	D−6.8	6.2	5.55	3.55	0.4～0.8	0.1～0.3	0.3～0.5	3
50～121	D−10.0	9.2	8.30	5.30				5
122～690	D−13.0	12.3	10.0	7.00	0.8～1.2		0.4～0.6	7

轴向静密封(TB4-ⅢA)

DH11	d_1	d_2	$b^{+0.25}_{0}$	$h^{+0.1}_{0}$	δ	r_1	r_2
15～30	8～22.4	2.65	5.5	2.35	1.0	0.2～0.4	0.1～0.3
27～50	18～40.0	3.55	6.6	3.10	1.0	0.4～0.8	
52～128	40～115.0	5.30	9.6	4.65	1.0		
129～504	112～487.0	7.00	11.7	6.25	1.5	0.8～1.2	

注：1. 轴套材料可用青铜、铸铁、夹布胶木或钢（加导向环）。

2. 轴用、孔用密封沟槽底 D（或 d）指液压使用尺寸，气动或要求低摩擦力者，沟槽深度应增加 4%～6%。

3. 轴用密封通常采用 2 组密封件，特殊条件或要求很高时用 3～4 组。单向受压串联布置；双向受压背对背布置。

5.7.8.7　TZF 型组合防尘圈

表 18-5-70　　TZF 型组合防尘圈　　mm

df8	D_1H9	$L^{+0.2}_{0}$	D_2H11	r	$a\geqslant$	d_2
20～39	d+7.6	4.2	d+1.5	0.8	3	2.65
40～69	d+8.8	6.3	d+1.5			2.65
70～139	d+12.2	8.1	d+2.0	1.5	4	3.55
140～399	d+16.0	9.5	d+2.5		5	5.30
400～650	d+24.0	14.0	d+2.5		8	7.00

注：TZF 型组合防尘圈用于往复运动的活塞杆和柱塞上，起刮尘作用，特别适用于恶劣工况及重载场合。系一个特殊的双唇口滑环和 O 形橡胶圈组合而成。

5.7.9　气缸用密封圈（JB/T 6657—1993）

5.7.9.1　气缸活塞密封用 QY 型密封圈

表 18-5-71　　活塞密封用 QY 型聚氨酯橡胶密封圈　　mm

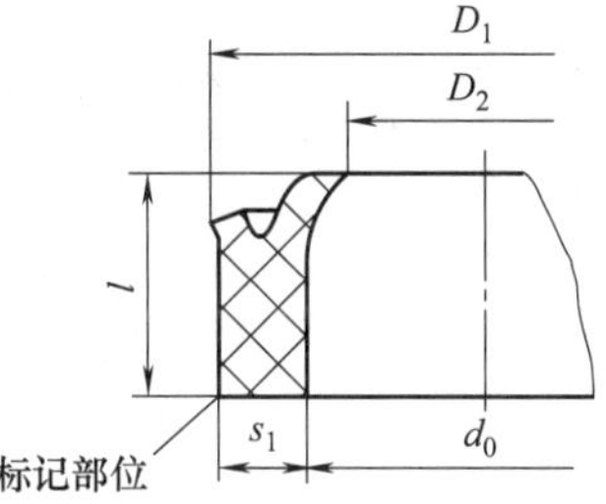

D	d_0		s_1		D_1		D_2		l	
	基本尺寸	极限偏差	基本尺寸	极限偏差	基本尺寸	极限偏差	基本尺寸	极限偏差	基本尺寸	极限偏差
12	5.5	+0.05 −0.20	3	−0.05 −0.30	12.8	+0.30 0	5	0 −0.30	6	+0.20 −0.10
16	9.5				16.8		9			
(18)	11.5				18.8		11			
20	13.5				20.8		13			
(22)	15.5				22.8		15			
25	18.5				25.8		18			
(28)	19	+0.10 −0.30	4		29.2		18		8	
(30)	21				31.2		20			
32	23				33.2		22			
(35)	26				36.2	+0.40 0	25	0 −0.40		
(36)	27				37.2		26			
40	31				41.2		30			
(45)	36				46.2		35			
50	41				51.2		40			
(55)	46				56.2		45			
(56)	47				57.2		46			
63	52	+0.20 −0.50	5	−0.08 −0.38	64.4	+0.50 0	51	0 −0.50	12	+0.30 −0.15
	50		6		64.4		49			
(70)	59		5		71.4		58			
	57		6		71.4		56			
80	69		5		81.4		68			
	67		6		81.4		66			

续表

D	d_0		s_1		D_1		D_2		l	
	基本尺寸	极限偏差	基本尺寸	极限偏差	基本尺寸	极限偏差	基本尺寸	极限偏差	基本尺寸	极限偏差
(90)	79	+0.20 −0.50	5	−0.08 −0.30	91.4	+0.50 0	78	0 −0.50	12	+0.30 −0.15
	77		6		91.4		76			
100	89		5		101.4		88			
	87		6		101.4		86			
(110)	99		5		111.4		98			
	97		6		111.4	+0.60 0	96			
(120)	109		5		121.4		108			
	107		6		121.4		106			
125	114		5		126.4		113			
	112		6		126.4		111			
(130)	119		5		131.4		118			
	117		6		131.4		116			
(140)	129		5		141.4		128			
	127		6		141.4		126			
(150)	139		5		151.4		138			
	137		6		151.4		136			
160	149		5		161.4		148			
	147		6		161.4		146			
(170)	154	+0.20 −0.30	7.5	−0.10 −0.30	171.6	+0.70 0	152	0 −0.70	16	+0.40 −0.20
	153		8		171.6		151			
(180)	164		7.5		181.6		162			
	163		8		181.6		161			
(190)	174		7.5		191.6		172			
	173		8		191.6		171			
200	184		7.5		201.6		182			
	183		8		201.6		181			
(210)	194		7.5		211.6		192			
	193		8		211.6		191			
(220)	204		7.5		221.6		202			
	203		8		221.6		201			
(240)	224		7.5		241.6		222			
	223		8		241.6		221			
250	234		7.5		251.6		232			
	233		8		251.6		231			
(260)	264		7.5		281.6		262			
	263		8		281.6		261			
(300)	284		7.5		301.6		282			
	283		8		301.6		281			
320	304		7.5		321.6		302			
	303		8		321.6		301			

续表

D	d_0		s_1		D_1		D_2		l	
	基本尺寸	极限偏差	基本尺寸	极限偏差	基本尺寸	极限偏差	基本尺寸	极限偏差	基本尺寸	极限偏差
(340)	319	+0.20 −1.20	10	−0.12 −0.36	342	+0.30 0	317	0 −0.80	30	+0.60 −0.20
(360)	339				362		337			
(380)	359				382		357			
400	379				402		377			
(420)	399				422		397			
(450)	429				452		427			
(480)	459				482		457			
500	479				502		477			
(560)	539				562		537			
(600)	579				602		577			
630	609				632		607			
(650)	629				652		627			

5.7.9.2　气缸活塞杆密封用 QY 型密封圈

表 18-5-72　气缸活塞杆密封用 QY 型聚氨酯橡胶密封圈　mm

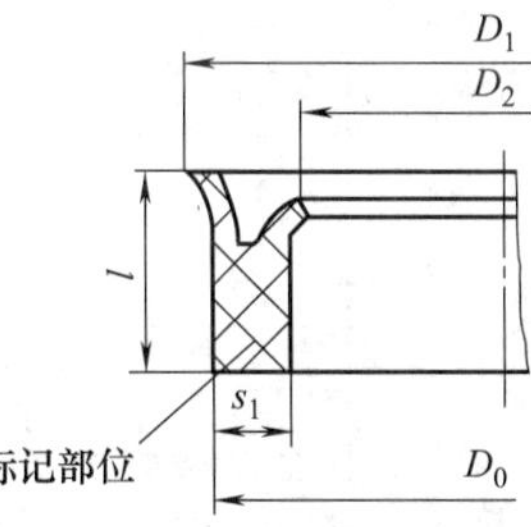

d	D_0		s_1		D_1		D_2		l	
	基本尺寸	极限偏差	基本尺寸	极限偏差	基本尺寸	极限偏差	基本尺寸	极限偏差	基本尺寸	极限偏差
6	12.1	+0.20 0	3	−0.06 −0.21	13.3	+0.30 0	5.2	0 −0.30	6	+0.20 −0.10
8	14.1				15.3		7.2			
10	16.1				17.3		9.2			
12	18.1				19.3		11.2			
(14)	20.1				21.3		13.2			
16	22.1				23.3		15.2			
(18)	24.1				25.3		17.2			
20	26.1				27.3		19.2			
(22)	28.1				29.3		21.2			
25	31.1				32.3		24.2			
(28)	36.1	+0.30 0	4		37.3	+0.40 0	26.8	0 −0.40	8	
(30)	38.1				39.3		28.8			
32	40.1				41.3		30.8			
(35)	43.1				44.3		33.8			
(36)	44.1				45.3		34.8			
40	48.1				49.3		38.8			
(45)	53.1				54.3		43.8			

续表

d	D_0		s_1		D_1		D_2		l	
	基本尺寸	极限偏差	基本尺寸	极限偏差	基本尺寸	极限偏差	基本尺寸	极限偏差	基本尺寸	极限偏差
50	60.2	+0.50 0	5	−0.08 −0.30	61.6	+0.50 0	48.6	0 −0.50	12	+0.30 −0.15
	62.2		6		63.6		48.6			
(55)	65.2		5		66.6		53.6			
	67.2		6		68.6		53.6			
(56)	66.2		5		67.6		54.6			
	68.2		6		69.6		54.6			
(60)	70.2		5		71.6		58.6			
	72.2		6		73.6		58.6			
(63)	73.2		5		74.6		61.6			
	75.2		6		76.6		61.6			
(70)	80.2		5		81.6		68.6			
	82.2		6		83.6		68.6			
80	90.2		5		91.6		78.6			
	92.2		6		93.6		78.6			
(90)	100.2		5		101.6		88.6			
	102.2		6		103.6		88.6			
100	110.2		5		111.6		98.6			
	112.2		6		113.6		98.6			
(110)	120.2		5		121.6		108.6			
	122.2		6		123.6		108.6			
(120)	130.2		5		131.6		118.6			
	132.2		6		133.6		118.6			
125	135.2		5		136.6		123.6			
	137.2		6		138.6		123.6			
(130)	140.2		5		141.6		128.6			
	142.2		6		143.6		128.6			
(140)	150.2		5		151.6		138.6			
	152.2		6		153.6		138.6			
(150)	160.2		5		161.6		148.6			
	162.2		6		163.6		148.6			
160	175.2	+0.80 0	7.5	−0.10 −0.30	176.8	+0.70 0	158.4	0 −0.70	16	+0.40 −0.20
	176.2		8		178		158.4			
(170)	185.2		7.5		186.8		168.4			
	186.2		8		188		168			
(180)	195.2		7.5		196.8		178.4			
	196.2		8		198		178			
(190)	205.2		7.5		206.8		188.4			
	206.2		8		208		188			
200	215.2		7.5		216.8		198.4			
	216.2		8		218		198			
(210)	225.2		7.5		226.8		208.4			
	226.2		8		228		208			
(220)	235.2		7.5		236.8		218.4			
	236.2		8		238		218			
(240)	255.2		7.5		256.8		238.4			
	256.2		8		258		238			
250	265.2		7.5		266.8		248.4			
	266.2		8		268		248			

续表

d	D_0		s_1		D_1		D_2		l	
	基本尺寸	极限偏差	基本尺寸	极限偏差	基本尺寸	极限偏差	基本尺寸	极限偏差	基本尺寸	极限偏差
(280)	295.2	+0.80 0	7.5	−0.10 −0.30	296.8	+0.70 0	278.4	0 −0.70	16	+0.40 −0.20
	296.2		8		298		278			
(300)	315.2		7.5		316.8		298.4			
	316.2		8		318		298			
320	335.2		7.5		336.8		318.4			
	336.2		8		338		318			
(340)	360.3	+1.20 0	10	−0.12 −0.36	362.3	+0.80 0	338	0 −0.80	20	+0.60 −0.20
(360)	380.3				382.3		358			
(380)	400.3				402.3		378			
400	420.3				422.3		398			
(450)	470.3				472.3		448			
(480)	500.3				502.3		478			
500	520.3				522.3		498			
(560)	580.3				582.3		558			
(600)	620.3				622.3		598			
630	650.3				652.3		628			
(650)	670.3				672.3		648			

5.7.9.3　气缸活塞杆用 J 型防尘圈

表 18-5-73　　气缸活塞杆密封用 J 型防尘聚氨酯橡胶密封圈　　mm

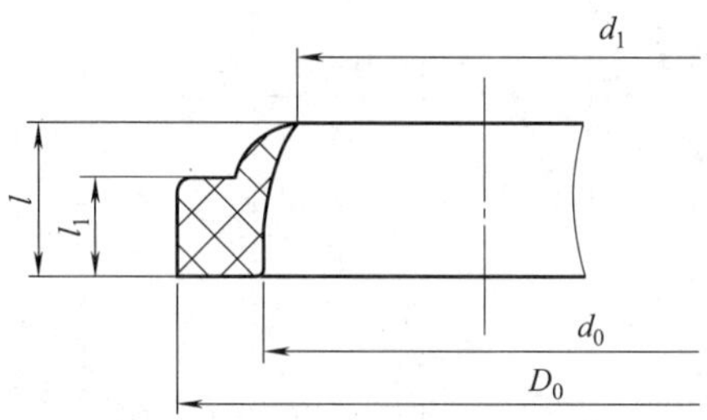

d	D_0		d_0		d_1		l		l_1	
	基本尺寸	极限偏差	基本尺寸	极限偏差	基本尺寸	极限偏差	基本尺寸	极限偏差	基本尺寸	极限偏差
6	14.5	+0.30 0	7	±0.30	5.4	0 −0.50	7	±0.40	4	0 −0.20
8	16.5		9		7.4					
10	18.5		11		9.4					
12	20.5		13		11.4					
(14)	22.5		15		13.4					
16	26.5		17		15.4		9		5	
(18)	28.5		19		17.4					
20	30.5		21		19.4					
(22)	32.5		23		21.4					
25	35.5		26		24.4					

续表

d	D_0		d_0		d_1		l		l_1	
	基本尺寸	极限偏差	基本尺寸	极限偏差	基本尺寸	极限偏差	基本尺寸	极限偏差	基本尺寸	极限偏差
(28)	38.5	$^{+0.30}_{0}$	29	±0.30	27.4	$^{0}_{-0.50}$	9	±0.40	5	$^{0}_{-0.20}$
(30)	40.5		31		29.4					
32	42.5		33		31		10		6	
(35)	45.5		36		34					
(36)	46.5		37		35					
40	50.5		41		39					
(45)	55.5		46		44					
50	60.5		51		49					
(55)	67.5	$^{+0.40}_{0}$	56		53.5		11		7	
(56)	68.5		57		54.5					
(60)	72.5		61		58.5					
63	75.5		64		61.4					
(65)	77.5		66		64.5					
(70)	82.5		71		68.5					
(75)	87.5		76		73.5					
80	92.5		81		78.5					
(85)	97.5		86		83.5					
(90)	102.5		91		88.3					
100	112.5		101		98.3					
(105)	119.5	$^{+0.50}_{0}$	106		103.3		12		8	
(110)	124.5		111		108.3					
125	139.5		126		123.3					
(140)	158.5		141		128.3		14		9	
(150)	163.5		151		148.3					
160	178.5		161		158.3					
(180)	198.5		181		178.3					
200	218.5		201		198.3					

5.7.9.4　气缸用 QH 型外露骨架橡胶缓冲密封圈

表 18-5-74　　气缸用 QH 型外露骨架橡胶缓冲密封圈　　mm

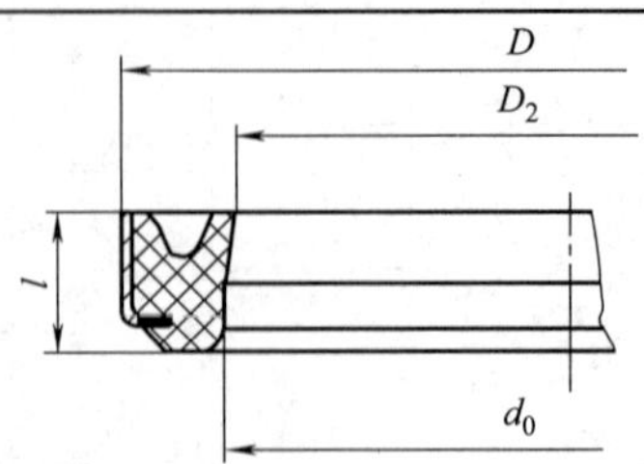

续表

d	D	极限偏差	D_2	极限偏差	d_0	极限偏差	l	极限偏差
16	24	$^{+0.10}_{+0.05}$	15.5	$^{0}_{-0.50}$	16.6	$^{+0.10}_{0}$	5	±0.50
18	26		17.5		18.6			
20	28		19.5		20.6			
22	30		21.5		22.6			
24	32		23.5		24.6			
28	36		27.5		28.6			
30	40		29.5		30.8		6	
35	45		34.5		35.8			
38	48		37.5		38.8			
40	50		39.1		40.8			
45	55		44.1		45.8			
50	62		49.1		51		7	
55	67		54.1		56			
65	77		64.1		66			

5.7.10　密封圈材料

5.7.10.1　普通液压系统用 O 形橡胶密封圈材料(HG/T 2579—2008)

(1) 分类

本标准规定的 O 形橡胶密封圈材料按其工作温度范围分为Ⅰ、Ⅱ两类。每类分为四个硬度等级。Ⅰ类工作温度范围为－40～100℃，Ⅱ类工作温度范围为－25～125℃。

(2) 标记示例

O 形橡胶密封圈材料按“用途、类型、基本物理性能代码、标准号”进行标记。基本物理性能代码见表 18-5-75。

表 18-5-75　基本物理性能数字代码

硬度 (IRDH)		拉伸强度 (最小)/MPa		拉断伸长率 (最小)/%		压缩永久变形 (在类别温度下 22h)(最大)/%	
代码	数值	代码	数值	代码	数值	代码	数值
0	不规定	0	不规定	0	不规定	0	不规定
1	10～15	1	3	1	50	1	80
2	16～25	2	5	2	100	2	60
3	26～35	3	7	3	150	3	50
4	36～45	4	10	4	200	4	40
5	46～55	5	14	5	250	5	30
6	56～65	6	17	6	300	6	25
7	66～75	7	20	7	400	7	20
8	76～85	8	25	8	500	8	10
9	86～95	9	35	9	600	9	5

标记示例：

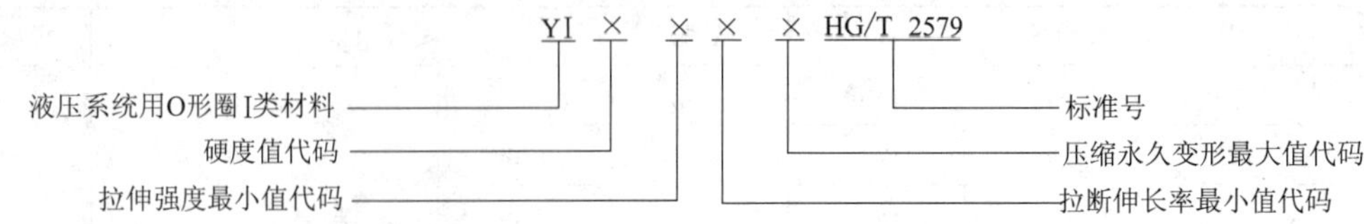

(3) 性能要求

表 18-5-76 Ⅰ类橡胶材料的物理性能要求

项目	指标			
	YⅠ6455	YⅠ7445	YⅠ8535	YⅠ9525
硬度(IRHD 或邵尔 A)/度	60±5	70±5	80±5	88^{+5}_{-4}
拉伸强度(最小)/MPa	10	10	14	14
拉断伸长率(最小)/%	250	200	150	100
压缩永久变形，B 型试样 100℃×22h(最大)/%	30	30	25	30
热空气老化 100℃×70h				
硬度变化/度	0～+10	0～+10	0～+10	0～+10
拉伸强度变化率(最大)/%	−15	−15	−18	−18
拉断伸长率变化率(最大)/%	−35	−35	−35	−35
耐液体 100℃×70h				
1# 标准油				
硬度变化/度	−3～+8	−3～+7	−3～+6	−3～+6
体积变化率/%	−10～+5	−8～+5	−6～+5	−6～+5
3# 标准油				
硬度变化/度	−14～0	−14～0	−12～0	−12～0
体积变化率/%	0～+20	0～+18	0～+16	0～+16
脆性温度(不高于)/℃	−40	−40	−37	−35

表 18-5-77 Ⅱ类橡胶材料的物理性能要求

项目	指标			
	YⅡ6454	YⅡ7445	YⅡ8535	YⅡ9524
硬度(IRHD 或邵尔 A)/度	60±5	70±5	80±5	88^{+5}_{-4}
拉伸强度(最小)/MPa	10	10	14	14
拉断伸长率(最小)/%	250	200	150	100
压缩永久变形，B 型试样 125℃×22h(最大)/%	35	30	30	35
热空气老化 125℃×70h				
硬度变化/度	0～+10	0～+10	0～+10	0～+10
拉伸强度变化率(最大)/%	−15	−15	−18	−18
拉断伸长率变化率(最大)/%	−35	−35	−35	−35
耐液体 125℃×70h				
1# 标准油				
硬度变化/度	−5～+10	−5～+10	−5～+8	−5～+8
体积变化率/%	−10～+5	−10～+5	−8～+5	−8～+5
3# 标准油				
硬度变化/度	−15～0	−15～0	−12～0	−12～0
体积变化率/%	0～+24	0～+22	0～+20	0～+20
脆性温度(不高于)/℃	−25	−25	−25	−25

5.7.10.2 耐高温滑油 O 形橡胶密封圈材料(HG/T 2021—1991)

标记示例：

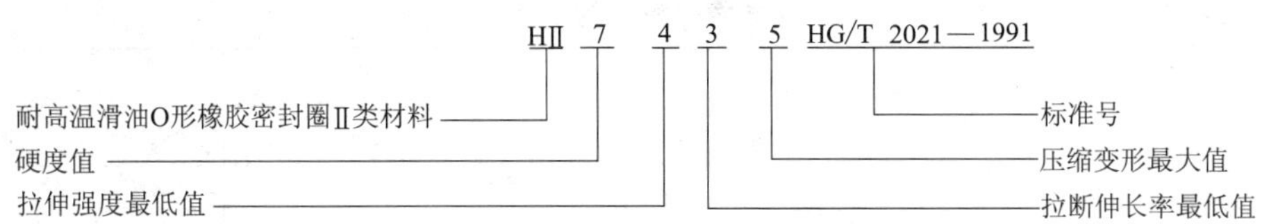

表 18-5-78 Ⅰ类材料的物理性能要求

项目	指标			
	HⅠ6463	HⅠ7454	HⅠ8434	HⅠ9423
硬度(IRHD)/度	60±5	70±5	80±5	88±4
拉伸强度(最小)/MPa	10	11	11	11
扯断伸长率(最小)/%	300	250	150	120
压缩永久变形(125℃×22h)(最大)/%	45	40	40	45
1# 标准油中(150℃×70h) 硬度变化(IRHD)/度 体积变化/%	 −5～+10 −8～+6	 −5～+10 −8～+6	 −5～+10 −8～+6	 −5～+10 −8～+6
热空气老化(125℃×70h) 硬度变化(IRHD)/度 拉伸强度变化(最大)/% 扯断伸长率变化(最大)/%	 0～+10 −15 −35	 0～+10 −15 −35	 0～+10 −15 −35	 0～+10 −15 −35
低温脆性①(−25℃)	不裂	不裂	不裂	不裂

① 若需更低的低温脆性，可由供需双方商定。

表 18-5-79 Ⅱ类材料的物理性能要求

项目	指标			
	HⅡ6445	HⅡ7435	HⅡ8424	HⅡ9423
硬度(IRHD)/度	60±5	70±5	80±5	88±4
拉伸强度(最小)/MPa	10	10	11	11
扯断伸长率(最小)/%	200	150	125	100
压缩永久变形(200℃×22h)(最大)/%	30	30	35	45
101# 标准油(癸二酸二异辛酯与吩噻嗪的质量比为 99.5∶0.5),(200℃×70h) 硬度变化(IRHD)/度 体积变化/%	 −10～+5 0～+20	 −10～+5 0～+20	 −10～+5 0～+20	 −10～+5 0～+20
热空气老化(250℃×70h) 硬度变化(IRHD)/度 拉伸强度变化(最大)/% 扯断伸长率变化(最大)/%	 −5～+10 −25 −25	 −5～+10 −30 −20	 −5～+10 −30 −20	 −5～+10 −35 −20
低温脆性①(−15℃)	不裂	不裂	不裂	不裂

① 若需更低的低温脆性，可由供需双方商定。

第18篇

5.7.10.3 往复运动密封圈材料(HG/T 2810—2008)

本标准规定的往复运动橡胶密封圈材料分为 A、B 两类。A 类为丁腈橡胶材料，分为三个硬度等级，五种胶料，工作温度范围为 −30～100℃；B 类为浇注型聚氨酯橡胶材料，分为四个硬度等级，四种胶料，工作温度范围 −40～80℃。

表 18-5-80 A 类橡胶材料的物理性能

项目	指标				
	WA7443	WA8533	WA9523	WA9530	WA7453
硬度(邵尔 A 型或 IRHD)/度	70±5	80±5	88^{+5}_{-4}	88^{+5}_{-4}	70±5
拉伸强度(最小)/MPa	12	14	15	14	10
拉断伸长率(最小)/%	220	150	140	150	250
压缩永久变形,B 型试样 100℃×70h(最大)/%	50	50	50	—	50
撕裂强度(最小)/kN·m^{-1}	30	30	35	35	—
黏合强度(25mm)(最小)/kN·m^{-1}	—	—	—	—	3
热空气老化 100℃×70h					
硬度变化(最大)/(IRHD 或度)	+10	+10	+10	+10	+10
拉伸强度变化率(最大)/%	−20	−20	−20	−20	−20
拉断伸长率变化率(最大)/%	−50	−50	−50	−50	−50
耐液体 100℃×70h					
1# 标准油					
硬度变化(IRHD 或度)	−5～+10	−5～+10	−5～+10	−5～+10	−5～+10
体积变化率/%	−10～+5	−10～+5	−10～+5	−10～+5	−10～+5
3# 标准油					
硬度变化(IRHD 或度)	−10～+5	−10～+5	−10～+5	−10～+5	−10～+5
体积变化率/%	0～+20	0～+20	0～+20	0～+20	0～+20
脆性温度(不高于)/℃	−35	−35	−35	−35	−35

注：1. WA9530 为防尘密封圈橡胶材料。
2. WA7453 为涂覆织物橡胶材料。

表 18-5-81 B 类橡胶材料的物理性能

项目	指标			
	WB6884	WB7874	WB8974	WB9974
硬度(邵尔 A 型或 IRHD)/度	60±5	70±5	80±5	88^{+5}_{-4}
拉伸强度(最小)/MPa	25	30	40	45
拉断伸长率(最小)/%	500	450	400	400
压缩永久变形,B 型试样 70℃×70h(最大)/%	40	40	35	35
撕裂强度(最小)/kN·m^{-1}	40	60	80	90
热空气老化 70℃×70h				
硬度变化(IRHD)/度	±5	±5	±5	±5
拉伸强度变化率(最大)/%	−20	−20	−20	−20
拉断伸长率变化率(最大)/%	−20	−20	−20	−20
耐液体 70℃×70h				
1# 标准油				
体积变化率/%	−5～+10	−5～+10	−5～+10	−5～+10
3# 标准油				
体积变化率/%	0～+10	0～+10	0～+10	0～+10
脆性温度(不高于)/℃	−50	−50	−50	−45

标记示例：

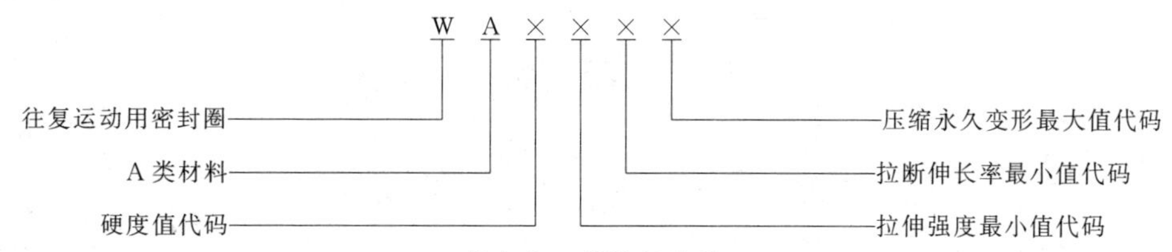

表 18-5-82　**基本物理性能数字代码**

硬度(IRDH)		拉伸强度(最小)/MPa		拉断伸长率(最小)/%		压缩永久变形(在类别温度下 22h)(最大)/%	
代码	数值	代码	数值	代码	数值	代码	数值
0	不规定	0	不规定	0	不规定	0	不规定
1	10～15	1	3	1	50	1	80
2	16～25	2	5	2	100	2	60
3	26～35	3	7	3	150	3	50
4	36～45	4	10	4	200	4	40
5	46～55	5	14	5	250	5	30
6	56～65	6	17	6	300	6	25
7	66～75	7	20	7	400	7	20
8	76～85	8	25	8	500	8	10
9	86～95	9	35	9	600	9	5

第6章 油 封

6.1 油封结构形式及特点

表 18-6-1 常用油封的结构形式及特点

端面形状	结构形式	特 点
	内包骨架 无副唇型(B 型)	最普通的油封结构,用于无尘的环境。耐压 0.02～0.03MPa
	内包骨架 有副唇型(FB 型)	带有防尘副唇,用于有尘埃、泥、水的环境。安装时两唇之间一般填充润滑脂
	外露骨架 无副唇型(W 型)	定位准确,同轴度高,安装方便,骨架散热性好
	外露骨架 有副唇型(FW 型)	
	装配式无副唇型(Z 型)	用于大型、精密设备中。骨架刚性大,外圆导向好,不易变形,不易偏心
	装配式有副唇型(FZ 型)	

端面形状	结构形式	特 点
	无弹簧型	用于密封润滑脂或防尘。可与单唇型并用
	耐压型	骨架延伸到唇部,而且唇部较厚,腰部厚且短,可防止在压力作用下腰部变形,一般能耐 0.3MPa 的压力
	抗偏心型	腰部呈 W 形,可在偏心较大的部位起密封作用
	双副唇型	有两个副唇,用于低速旋转轴,能防止泥水侵入
	贴唇口型	主唇刃口贴 PTFE 膜,提高了密封唇耐热性和耐磨性,提高其使用寿命。适用于高温、润滑不充分的旋转轴的密封

6.2 油封设计和计算

表 18-6-2 油封设计和计算

项 目	设计和计算		
	轴径/mm	过盈量/mm	偏心值/mm
唇口过盈量和偏心值	≤30 >30～50 >50～80 >80～120 >120～180 >180～220	0.5～0.9 0.6～1.0 0.7～1.2 0.8～1.3 0.9～1.4 1.0～1.5	0.3～0.5 0.4～0.8 0.5～1.1 0.6～1.4 0.7～1.7 0.8～2.0
径向力大小	线速度小于 4m/s 时,径向力为 1.5～2N/cm;线速度大于 4m/s 时,径向力为 1～1.5N/cm		

续表

项 目	设计和计算
弹簧尺寸	当介质压力大于0.1MPa时，需加设弹簧。通常，取钢丝直径为0.3～0.4mm，弹簧中径为2～3mm。装入后弹簧应拉长3%～4%
轴的表面粗糙度	0.8～3.2μm
轴的表面硬度	30～40HRC或镀铬
轴的允许振动量	轴的振幅/mm；转速/r·min^{-1}
轴的允许偏心量	偏心量/mm；轴径/mm；低速界限、中速界限、高速界限、有簧型；无弹簧油封的低速界限；转速/r·min^{-1}；中速、高速、低速
允许转速和线速度	允许线速度/m·s^{-1}；转速/r·min^{-1}；轴径/mm；G-MVQ、F-FPM、B-ACM、D-NBR 胶种代号： D—丁腈橡胶(NBR)； B—丙烯酸酯橡胶(ACM)； F—氟橡胶(FPM)； G—硅橡胶(MVQ)
油封摩擦功率的计算	油封摩擦力 F $$F=\pi d_0 F_0\ (\text{N}) \quad (18\text{-}6\text{-}1)$$ 油封摩擦力矩 T $$T=F\times\frac{d_0}{2}\ (\text{N·cm}) \quad (18\text{-}6\text{-}2)$$ 油封摩擦功率 P $$P=\frac{Tn}{955000}\ (\text{kW}) \quad (18\text{-}6\text{-}3)$$ 式中 d_0——轴径 F_0——轴圆周单位长度的摩擦力，N/cm，估算时可取0.3～0.5N/cm n——轴的转速，r/min

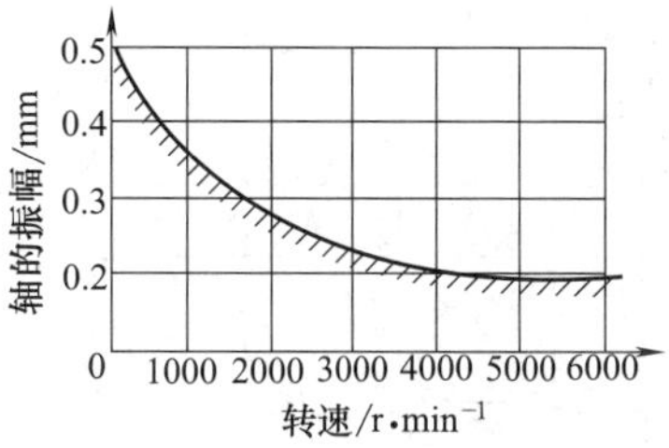

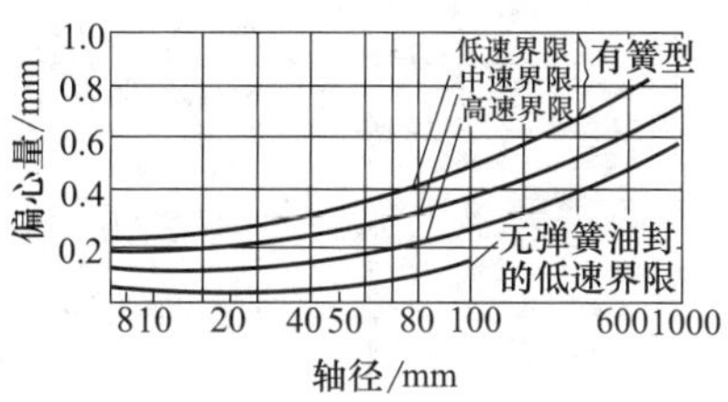

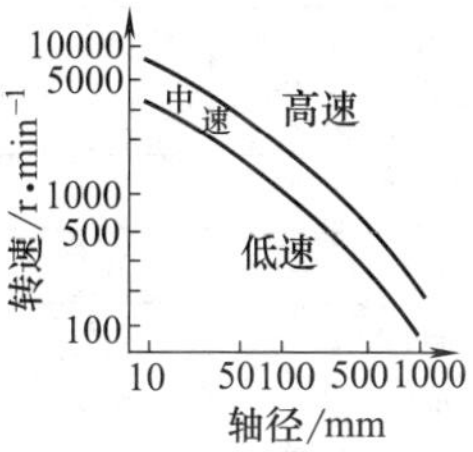

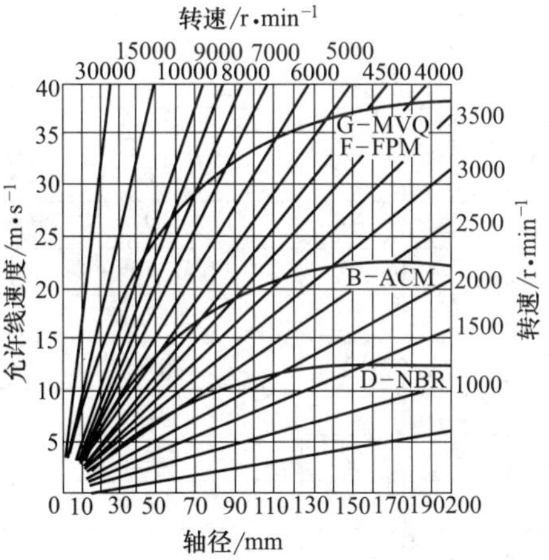

第18篇

6.3　油封材料及选择

用作油封的橡胶主要有丁腈橡胶、丙烯酸酯橡胶、硅橡胶和氟橡胶，它们的适应性如表 18-6-3 所示。若考虑周速和温度，轴封材料的选择还可参考表 18-6-4。

表 18-6-3　　油封材料及选择

介质种类 / 橡胶材料	丁腈橡胶	丙烯酸酯橡胶	硅橡胶	氟橡胶	介质种类 / 橡胶材料	丁腈橡胶	丙烯酸酯橡胶	硅橡胶	氟橡胶
ASTM1 号润滑试验油	◎	◎	◎	◎	汽油	◎	○	△	◎
ASTM2 号润滑试验油	◎	◎	◎	◎	灯油	◎	○	△	◎
ASTM3 号润滑试验油	◎	◎	◎	◎	JP-4(喷气机燃料)	◎	○	△	◎
ASTM4 号润滑试验油	○	◎	△	◎	稠润滑油	◎	◎	◎	◎
燃料试验油 A	◎	○	△	◎	地盘润滑油	◎	◎	◎	◎
燃料试验油 B	◎	○	△	◎	纤维状润滑脂	◎	◎	◎	◎
SAE20 号	◎	◎	○	◎	轴承润滑脂	◎	◎	◎	◎
SAE30 号	◎	◎	◎	◎	硅润滑脂	○	○	◎	◎
SAE90 号	◎	◎	◎	◎	合成油脂	○	○	◎	◎
发动机油	◎	◎	◎	◎	DC-200 硅油	◎	◎	◎	◎
主轴油	◎	◎	○	◎	苯	△	△	△	◎
机械油	◎	◎	◎	◎	煤油	◎	△	△	◎
轻油	◎	○	△	◎	甲苯	△	△	△	◎
透平油	◎	◎	◎	◎	二甲苯	△	△	△	◎
液压变压器油	◎	◎	○	◎	氯乙烯	△	△	△	◎
柴油	◎	◎	◎	◎	三氯乙烯	△	△	△	◎
电机油	◎	◎	◎	◎	丙酮	△	△	○	△
汽缸油	◎	◎	◎	◎	甲基乙基甲酮	△	△	○	△
汽缸变速器油	○	◎	○	◎	甲基异丁基甲酮	△	△	○	△
极压润滑油	○	◎	△	◎	四氯化碳	◎	△	△	◎
GL-4 齿轮油	○	◎	△	◎	丙烷	◎	◎	○	◎
MIL-L-2105B	○	◎	△	◎	丁烷	◎	◎	○	◎
MIL-L-5606	◎	◎	○	◎	醇类	◎	△		○
MIL-L-7808	○	○	◎	◎	3%氨水	◎	△		△
石油系液压油	◎	◎	◎	◎	浓石碱水	◎	○		◎
磷酸酯系液压油	△	△	◎	◎	乙二醇	◎	○		◎
防护及润滑用特殊液压油 500 号	△	△	◎	◎	氟利昂	◎	△		◎
防护及润滑用特殊液压油 700 号	△	△	◎	◎	水	◎	△		◎
二脂系合成油	○	○	◎	◎	浓盐水	◎	◎		○
制动器油	○	△	△	○	耐酸性	◎	○		△
动植物油	◎	△	◎	○	耐碱性	○	△		○
汽油(高辛烷值)	◎	○	△	○					

注：◎—优，○—良，△—可。

表 18-6-4　　考虑周速及温度的油封选择

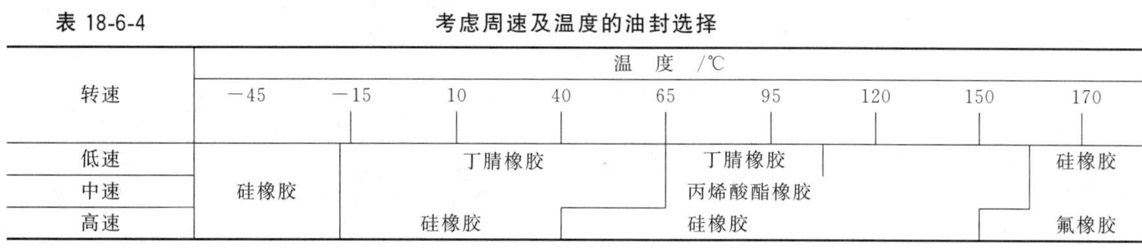

转速	温度/℃：−45～−15	−15～40	40～65	65～120	120～150	150～170
低速	硅橡胶	丁腈橡胶		丁腈橡胶		硅橡胶
中速				丙烯酸酯橡胶		
高速		硅橡胶	硅橡胶			氟橡胶

6.4　油封相关标准

6.4.1　旋转轴唇形密封圈橡胶材料（HG/T 2811—1996）

标记示例：

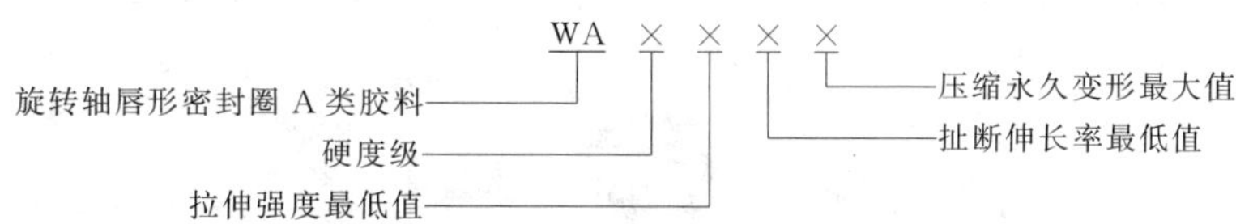

表 18-6-5　　A 类、B 类硫化胶性能

物理性能	胶料代号 A类 XA 7453	XA 8433	XA 7441	B类 XB 7331
硬度(IRHD 或邵尔 A 型)/度	70±5	80±5	70±5	70^{+6}_{-4}
拉伸强度(最小)/MPa	11	11	11	8
扯断伸长率(最小)/%	250	150	200	150
压缩永久变形(B 型试样,最大)/%	100℃×70h 50	100℃×70h 50	120℃×70h 70	150℃×70h 70
热空气老化	100℃×70h	100℃×70h	120℃×70h	150℃×70h
硬度变化(IRHD 或邵尔 A 型)/度	0～+15	0～+15	0～+10	0～+10
拉伸强度变化率(最大)/%	−20	−20	−20	−40
扯断伸长率变化率(最大)/%	−50	−40	−40	−50
耐液体	100℃×70h	100℃×70h	120℃×70h	150℃×70h
1# 标准油				
体积变化率/%	−10～+5	−8～+5	−8～+5	−5～+5
3# 标准油				
体积变化率/%	0～+25	0～+25	0～+25	0～+45
脆性温度(不高于)/℃	−40	−35	−25	−20

表 18-6-6　　C 类、D 类硫化胶性能

物理性能	胶料代号 C类 XC 7243	D类 XD 7433	XD 8423
硬度(IRHD 或邵尔 A 型)/度	70^{+6}_{-5}	70±5	80±5
拉伸强度(最小)/MPa	6.4	10	11
扯断伸长率(最小)/%	220	150	100
压缩永久变形(B 型试样,200℃,70h,最大)/%	50	50	50
热空气老化(200℃,70h)			
硬度变化(IRHD 或邵尔 A 型)/度	−5～+10	0～+10	0～+10
拉伸强度变化率(最大)/%	−20	−20	−20
扯断伸长率变化率(最大)/%	−30	−30	−30

续表

物理性能	胶料代号		
	C类	D类	
	XC 7243	XD 7433	XD 8423
耐液体(150℃,70h)			
1# 标准油			
体积变化率/%	−5～+12	−3～+5	−3～+5
3# 标准油			
体积变化率/%	—	0～+15	0～+15
脆性温度(不高于)/℃	−60	−25	−15

6.4.2 密封元件为弹性体材料的旋转轴唇形密封圈基本尺寸和公差（GB/T 13871.1—2007）

表 18-6-7 公称尺寸 mm

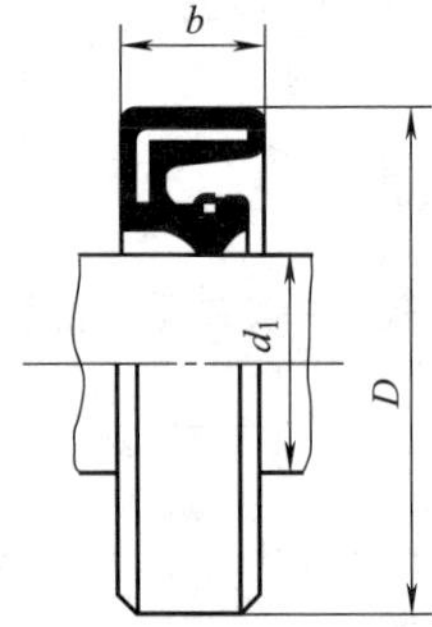

d_1	D	b	d_1	D	b	d_1	D	b	d_1	D	b
6	16	7	25	40	7	45	62	8	105①	130	12
6	22	7	25	47	7	45	65	8	110	140	12
7	22	7	25	52	7	50	68	8	120	150	12
8	22	7	28	40	7	50①	70	8	130	160	12
8	24	7	28	47	7	50	72	8	140	170	15
9	22	7	28	52	7	55	72	8	150	180	15
10	22	7	30	42	7	55①	75	8	160	190	15
10	25	7	30	47	7	55	80	8	170	200	15
12	24	7	30①	50	7	60	80	8	180	210	15
12	25	7	30	52	7	60	85	8	190	220	15
12	30	7	32	45	8	65	85	10	200	230	15
15	26	7	32	47	8	65	90	10	220	250	15
15	30	7	32	52	8	70	90	10	240	270	15
15	35	7	35	50	8	70	95	10	250	290	15
16	30	7	35	52	8	75	95	10	260	300	20
16①	35	7	35	55	8	75	100	10	280	320	20
18	30	7	38	55	8	80	100	10	300	340	20
18	35	7	38	58	8	80	110	10	320	360	20
20	35	7	38	62	8	85	110	12	340	380	20
20	40	7	40	55	8	85	120	12	360	400	20
20①	45	7	40①	60	8	90①	115	12	380	420	20
22	35	7	40	62	8	90	120	12	400	440	20
22	40	7	42	55	8	95	120	12			
22	47	7	42	62	8	100	125	12			

① 为国内用到而 ISO 6194-1：1982 中没有的规格。

表 18-6-8 密封圈的宽度公差 mm

密封圈公称总宽度 b	公差
≤10	±0.3
>10	±0.4

表 18-6-9 密封圈的外径公差 mm

公称外径 D	外径公差①		圆度②	
	外露骨架型	内包骨架型③④	外露骨架型	内包骨架型
$D\leqslant 50$	+0.20 +0.08	+0.30 +0.15	0.18	0.25
$50<D\leqslant 80$	+0.23 +0.09	+0.35 +0.20	0.25	0.35
$80<D\leqslant 120$	+0.25 +0.10	+0.35(0.45) +0.20	0.30	0.50
$120<D\leqslant 180$	+0.28 +0.12	+0.45(0.50) +0.25	0.40	0.65
$180<D\leqslant 300$	+0.35 +0.15	+0.45(0.55) +0.25	外径的 0.25%	0.80
$300<D\leqslant 440$	+0.45 +0.20	+0.55(0.65) +0.30	外径的 0.25%	1.00

① 外径等于在相互垂直的两个方向上测得的尺寸的平均值。
② 圆度等于间距相同的三处或三处以上测得的最大直径和最小直径之差。
③ 内包骨架密封圈的外表面允许有波纹，但其外径公差应由供需双方协商确定。
④ 内包骨架密封圈采用丁腈橡胶时，采用本列所列的公差；采用除丁腈橡胶以外的材料时，可能会要求不同的公差，可采用括号内的公差或由生产商和用户商定。

6.4.3 液压传动旋转轴唇形密封圈设计规范（GB/T 9877—2008）

（1）基本结构及代号

基本结构由装配支撑部、骨架、弹簧、主唇、副唇（无防尘要求可无副唇）组成，如图 18-6-1 所示。

基本结构分类有六种基本类型，如图 18-6-2 所示。

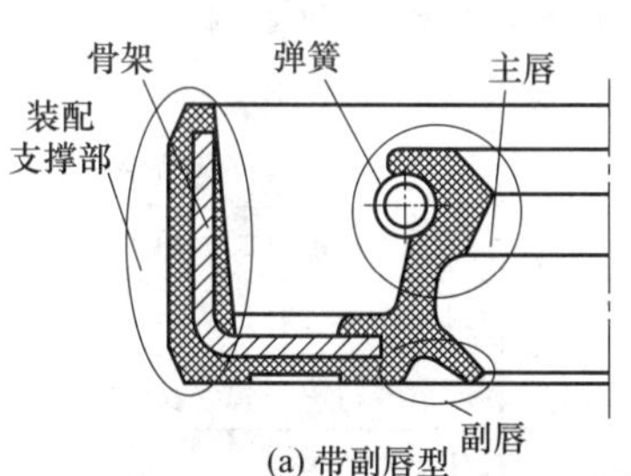

(a) 带副唇型

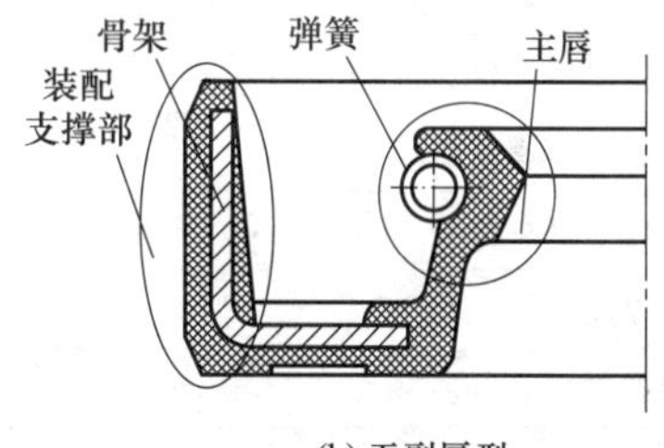

(b) 无副唇型

图 18-6-1 密封圈基本结构

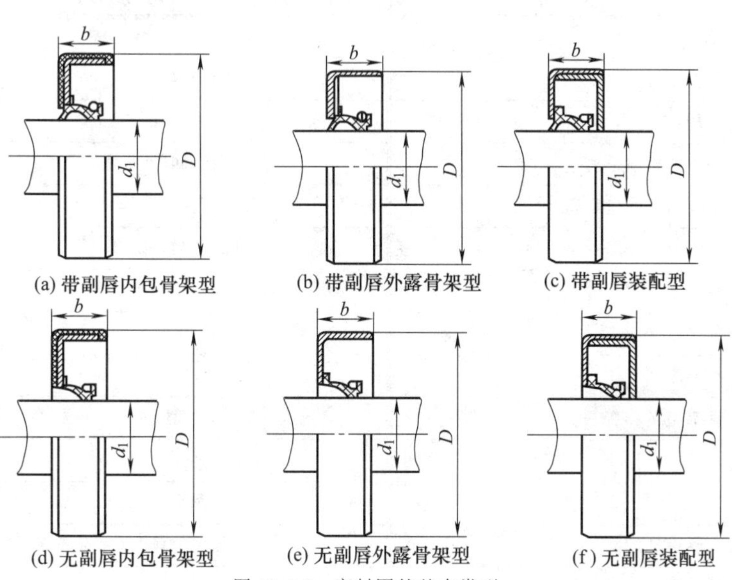

图 18-6-2 密封圈的基本类型

表 18-6-10 **密封圈各部位字母代号及名称**

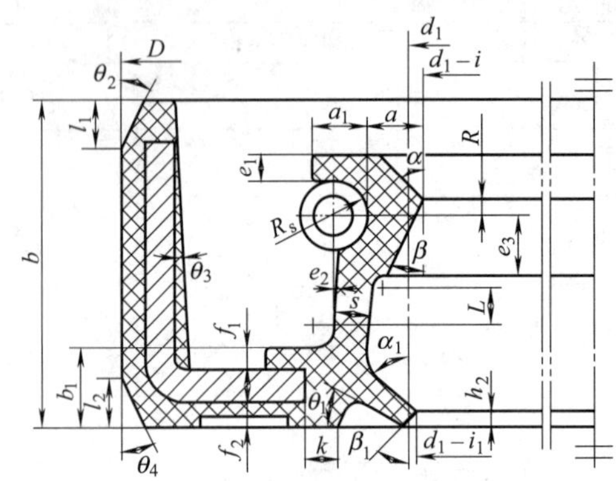

字母代号	说　　明	字母代号	说　　明
d_1	轴的基本直径	L	R_1 与 R_2 的中心距
D	密封圈支承基本直径(腔体内孔基本直径)	l_1	上倒角宽度
b	密封圈基本宽度	l_2	下倒角宽度
δ	圆度公差	l_s	弹簧接头长度
i	主唇口过盈量	L_s	弹簧有效长度
i_1	副唇口过盈量	R	弹簧中心相对主唇口位置
e_1	弹簧壁厚度	R_1	唇冠部与腰部过渡圆角半径
a	唇口到弹簧槽底部距离	r_1	副唇根部与腰部圆角半径
a_1	弹簧包箍壁宽度	R_2	腰部与底部过渡圆角半径
b_1	底部厚度	r_2	副唇根部与底部圆角半径
b_2	骨架宽度	r_3	弹簧壁圆角半径
D_1	骨架内壁直径	R_3	骨架弯角半径
D_2	骨架内径	R_S	弹簧槽半径
D_3	骨架外径	S	腰部厚度
D_s	弹簧外径	t_1	骨架材料厚度
d_s	弹簧丝直径	t_2	包胶层厚度
e_2	弹簧槽中心到腰部距离	w	回流纹间距
e_3	弹簧槽中心到主唇口距离	α	前唇角
e_4	主唇口下倾角与腰部距离	α_1	副唇前角
e_p	模压前唇宽度	β	后唇角
f_1	底部上胶层厚	β_1	副唇后角
f_2	底部下胶层厚	β_2	回流纹角度
h	半外露骨架型包胶宽	ε	腰部角度
h_1	唇口宽	θ_1	副唇外角
h_2	副唇宽	θ_2	上倒角
h_a	回流纹在唇口部的高度	θ_3	外径内壁倾角(可选择设计)
k	副唇根部与骨架距离	θ_4	下倒角

（2）设计

1）装配支撑部　装配支撑部典型结构有四种基本类型，如图 18-6-3 所示。密封圈装配支撑部基本外径公差按 GB/T 13871.1 规定，密封圈基本宽度公差见表 18-6-11。

内包骨架密封圈的基本外径表面允许为波浪形及半外露骨架形式，其外径公差可由需方与制造商商定。

内包骨架密封圈采用除丁腈橡胶以外的其他材料时，可能会要求不同的公差，可由需方与制造商商定。

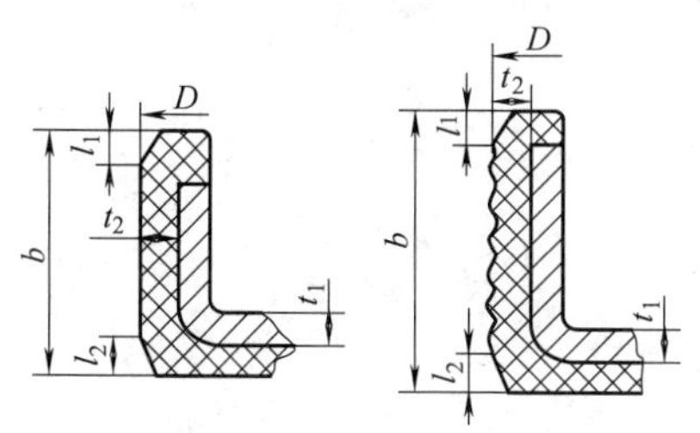

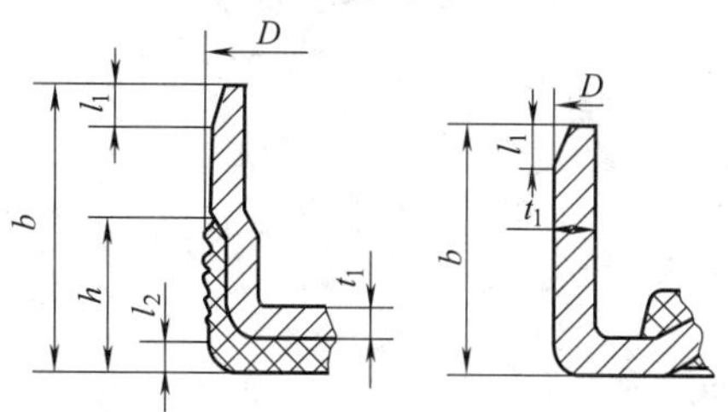

(a) 内包骨架基本型　(b) 内包骨架波浪型　(c) 半外露骨架型　(d) 外露骨架型

图 18-6-3　装配支撑部的四种基本类型

表 18-6-11　密封圈的外径及宽度公差　mm

基本直径 D	基本直径公差		圆度公差 δ		宽度 b	
	外露骨架型	内包骨架型	外露骨架型	内包骨架型	$b<10$	$b\geqslant10$
$D\leqslant50$	+0.20 +0.08	+0.30 +0.15	0.18	0.25	±0.3	±0.4
$50<D\leqslant80$	+0.23 +0.09	+0.35 +0.20	0.25	0.35		
$80<D\leqslant120$	+0.25 +0.10	+0.35 +0.20	0.30	0.50		
$120<D\leqslant180$	+0.28 +0.12	+0.45 +0.25	0.40	0.65		
$180<D\leqslant300$	+0.35 +0.15	+0.45 +0.25	0.25%×D	0.80		
$300<D\leqslant440$	+0.45 +0.20	+0.55 +0.30	0.25%×D	1.00		

注：1. 圆度等于间距相同的 3 处或 3 处以上测得的最大直径和最小直径之差。

2. 外径等于在相互垂直的两个方向上测得的尺寸的平均值。

表 18-6-12　包胶层厚度参数　mm

基本直径 D	t_2	基本直径 D	t_2
$D\leqslant50$	0.55～1.0	$120<D\leqslant200$	0.55～1.5
$50<D\leqslant80$	0.55～1.3	$200<D\leqslant300$	0.75～1.5
$80<D\leqslant120$	0.55～1.3	$300<D\leqslant440$	1.20～1.50

表 18-6-13　倒角宽度及角度参数

密封圈基本宽度 b/mm	l_1/mm	l_2/mm	θ_2	θ_4
$b\leqslant4$	0.4～0.6	0.4～0.6	15°～30°	15°～30°
$4<b\leqslant8$	0.6～1.2	0.6～1.2		
$8<b\leqslant11$	1.0～2.0	1.0～2.0		
$11<b\leqslant13$	1.5～2.5	1.5～2.5		
$13<b\leqslant15$	2.0～3.0	2.0～3.0		
$b>15$	2.5～3.5	2.5～3.5		

2）主唇（表 18-6-14）

表 18-6-14 **主唇的基本形式及参数**

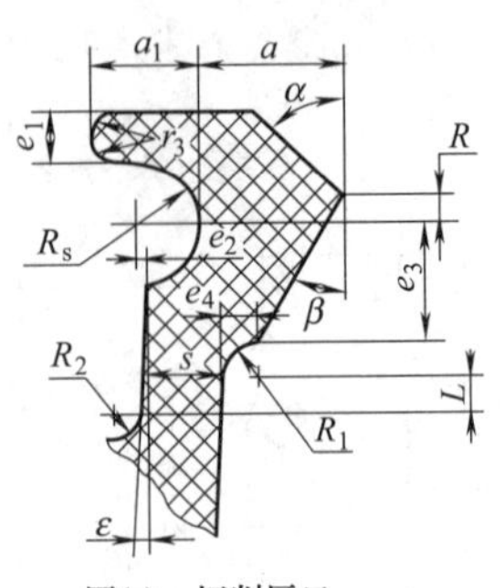

图(a) 切削唇口

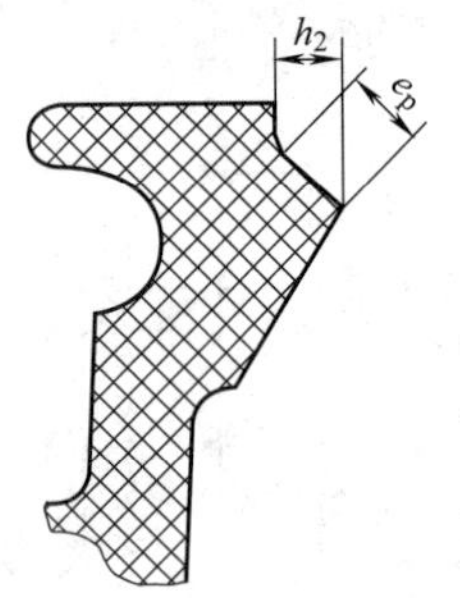

图(b) 模压唇口

弹簧槽参数 mm

轴径 d_1	$R_s=D_s/2$ 或 $R_s=D_s/2+0.05$	轴径 d_1	$R_s=D_s/2$ 或 $R_s=D_s/2+0.05$
>5～30	0.6～0.8	>80～130	0.9～1.5
>30～60	0.6～1.0	>130～250	1.0～1.8
>60～80	0.8～1.5	>250～400	1.5～3.0

主唇口参数

轴径 d_1 /mm	h_1 /mm	a /mm	e_p /mm	e_3	α	β
橡胶种类：氟橡胶（FPM）				$e_3=0.51\times(D_s+a+0.05)$ 倒角到 0.05	45°±5°	25°±5°
$d_1\leqslant 70$	0.45	1.5	0.5			
$d_1>70$	0.60	2.0	0.7			
橡胶种类：丙烯酸酯胶（ACM），硅橡胶（MVQ），丁腈橡胶（NBR）						
$d_1\leqslant 30$	0.60	2.0	0.7			
$30<d_1\leqslant 50$	0.70	2.35	0.8			
$50<d_1\leqslant 120$	0.75	2.5	0.9			
$d_1>120$	0.80	2.7	1.0			

弹簧中心相对主唇口位置 R 参数

轴径 d_1/mm	R/mm	轴径 d_1/mm	R/mm
5～30	0.3～0.6	80～130	0.5～1.0
30～60	0.3～0.7	130～250	0.6～1.1
60～80	0.4～0.8	250～400	0.7～1.2

弹簧壁厚度及参数

a/mm	e_1	a_1	r_3
$a\geqslant 1$	$0.39\times a+0.07$	$0.72\times D_s+0.2$	$0\sim e_1/2$（$r_3=0$ 为直角）
$a<1$	0.45		

腰部参数

唇口到弹簧槽底部距离 a/mm	s/mm	L/mm		e_2 /mm	半径/mm		ε
		正常	柔韧		R_2	R_1	
$a<1.3$	0.8	0.5～0.8	1.05	0.1	0.5～0.8	$\leqslant 1.2e_4$	$\leqslant 10°$
$1.3\leqslant a<1.6$	0.9	0.6～0.9	1.15				
$1.6\leqslant a<1.9$	1.0	0.7～1	1.3				
$1.9\leqslant a<2.2$	1.1	0.8～1.1	1.45				
$2.2\leqslant a<2.5$	1.2	0.9～1.2	1.55				

续表

唇口到弹簧槽底部距离 a/mm	s/mm	L/mm 正常	L/mm 柔韧	e_2/mm	半径/mm R_2	半径/mm R_1	ε
$2.5 \leqslant a < 2.8$	1.4	1.1~1.4	1.8	0.2	0.8~1.2	$\leqslant 1.2e_4$	≤10°
$2.8 \leqslant a < 3.3$	1.6	1.3~1.6	2.1				
$3.3 \leqslant a < 3.8$	1.8	1.5~1.8	2.35	0.3	1.0~1.5		
$3.8 \leqslant a < 4.3$	2.0	1.7~2	2.6	0.4			
$a \geqslant 4.3$	2.2	1.9~2.2	2.85	0.5			

注：正常指较小的径向轴运动，$L \geqslant 1.3S$；柔韧指较大的径向轴运动，$L \geqslant 1.8S$

唇口过盈量 i 及极限偏差

轴径 d_1/mm	i/mm	极限偏差/mm	轴径 d_1/mm	i/mm	极限偏差/mm
5~30	0.7~1.0	+0.2 −0.3	80~130	1.4~1.8	+0.2 −0.8
30~60	1.0~1.2	+0.2 −0.6	130~250	1.8~2.4	+0.3 −0.9
60~80	1.2~1.4	+0.2 −0.6	250~400	2.4~3.0	+0.4 −1.0

底部厚度参数

参数	数值
f_1/mm	0.4~0.8
f_2/mm	0.6~1
b_1/mm	$t_1+f_1+f_2$

在主唇口的后表面加工成螺纹线、波纹、三角凸块等有规则花纹，称为回流纹，使流体产生动压回流效应，改善密封性能。回流纹形式及参数见图 18-6-4 和表 18-6-15。

3）副唇　副唇是防尘唇，防止外部的杂质（如灰尘、泥浆和水）进入油封动密封区域。保证油封主唇得到更好的工作条件和延长油封的使用寿命。

副唇的过盈量设计应考虑产品的工作环境和转速等条件，在高速和大的轴跳动情况下，可以设计间隙配合来保证产品工作的可靠性。

副唇的形式及参数如表 18-6-16 所示。

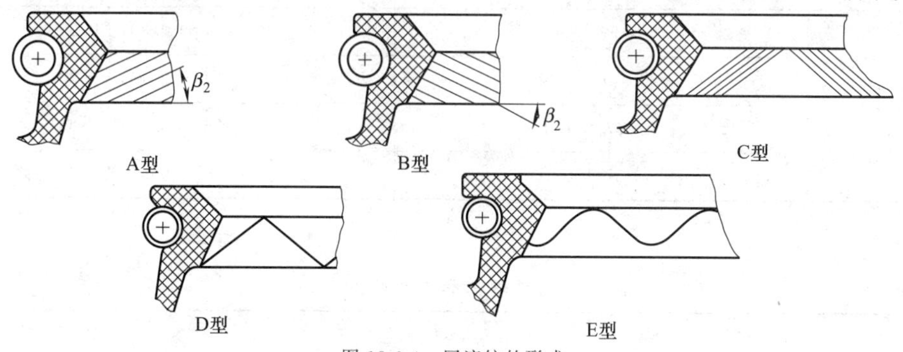

图 18-6-4　回流纹的形式

表 18-6-15　**回流纹参数**

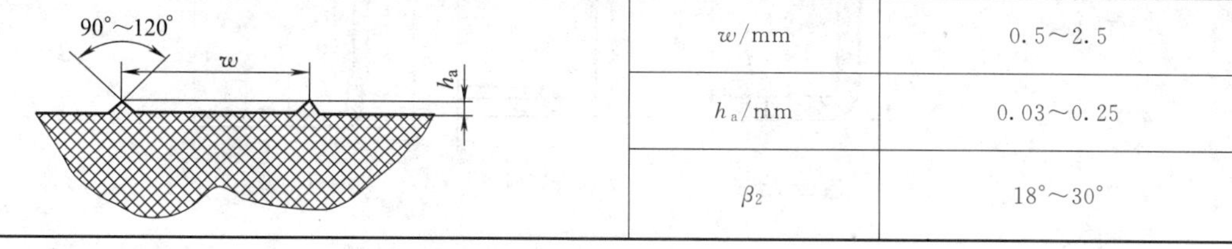	参数	数值
	w/mm	0.5~2.5
	h_a/mm	0.03~0.25
	β_2	18°~30°

表 18-6-16　　副唇的形式及参数

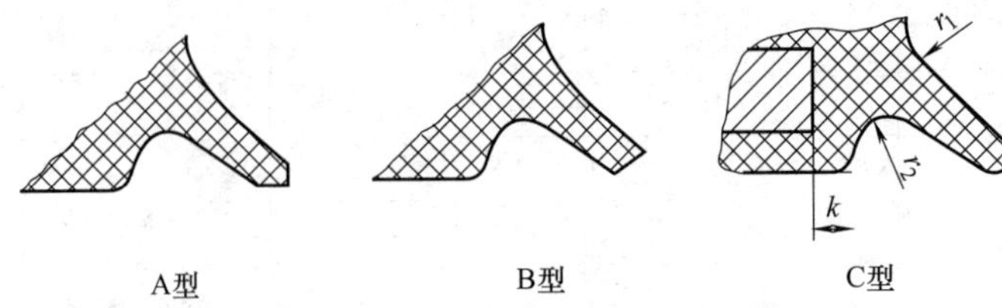

副唇口的过盈量及极限偏差

轴径 d_1/mm	h_2/mm	α_1	θ_1	i_1/mm	极限偏差/mm
5～30	0.2～0.3	40°～50°	30°～40°	0.3	±0.15
30～60	0.3～0.4			0.4	±0.20
60～80	0.3～0.4			0.5	±0.25
80～130	0.4～0.5			0.6	±0.30
130～250	0.5～0.6			0.7	±0.35
250～400	0.6～0.7			0.9	±0.40
r_1、r_2、k	r_1=0.5～2.5，r_2=0.25～0.8，k=0.3～0.8				

副唇直径参考值

橡胶种类	轴　径　d_1/mm	副唇直径/mm
ACM	$d_1 \leqslant 25$	(d_1+0.25)±0.20
	$25 < d_1 \leqslant 80$	(d_1+0.35)±0.30
	$80 < d_1 \leqslant 100$	(d_1+0.40)±0.35
	$d_1 > 100$	(d_1+0.45)±0.40
FPM	$d_1 \leqslant 25$	(d_1+0.30)±0.20
	$25 < d_1 \leqslant 80$	(d_1+0.40)±0.30
	$80 < d_1 \leqslant 100$	(d_1+0.45)±0.35
	$d_1 > 100$	(d_1+0.50)±0.40

4）骨架

表 18-6-17　　骨架基本形式及参数　　mm

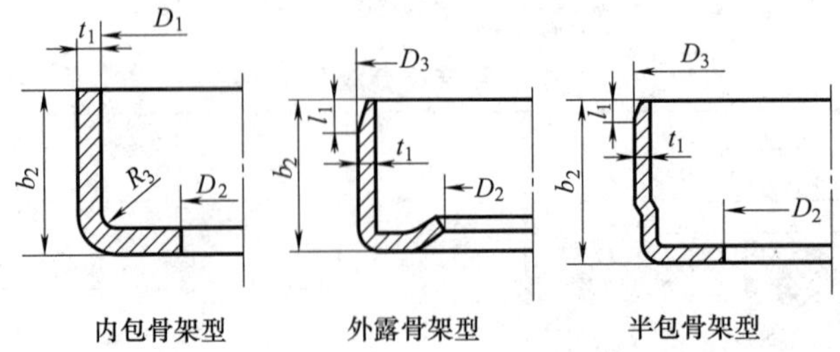

续表

内包骨架型

骨架材料厚度 t_1

基本直径 D	$D\leqslant30$	$30<D\leqslant60$	$60<D\leqslant120$	$120<D\leqslant180$	$180<D\leqslant250$	$D>250$
材料厚度 t_1	0.5～0.8	0.8～1.0	1.0～1.2	1.2～1.5	1.5～1.8	2～2.2
厚度公差	$\pm t_1\times0.1$					
弯角	$R_3=0.3\sim0.5$					

骨架内径 D_1 尺寸

基本直径 D	$D\leqslant19$	$19<D\leqslant30$	$30<D\leqslant60$	$60<D\leqslant120$	$120<D\leqslant180$	$D>180$
骨架内壁直径 D_1	$D-2.5$	$D-3.0$	$D-3.5$	$D-4.0$	$D-5.0$	$D-6.0$

骨架内径 D_1 尺寸公差

内径 D_1	$D_1\leqslant10$	$10<D_1\leqslant50$	$50<D_1\leqslant180$	$D_1>180$
公差	$^{+0.05}_{0}$	$^{+0.1}_{0}$	$^{+0.15}_{0}$	$^{+0.2}_{0}$

骨架内径 D_2 尺寸

轴径 d_1	$d_1\leqslant7$	$7<d_1\leqslant25$	$25<d_1\leqslant64$	$64<d_1\leqslant100$	$100<d_1\leqslant150$	$d_1>150$
内径 D_2	$d_1+3.5$	d_1+4	d_1+5	$d_1+5.5$	$d_1+6.5$	$d_1+7.5$

骨架内径 D_2 尺寸公差

内径 D_2	$D_2\leqslant10$	$10<D_2\leqslant50$	$50<D_2\leqslant180$	$D_2>180$
公差	$^{+0.10}_{-0.05}$	$^{+0.2}_{-0.1}$	$^{+0.30}_{-0.15}$	$^{+0.4}_{-0.2}$

骨架宽度 b_2 尺寸公差

密封圈基本宽度 b	4	5	6	7	8	9	10	11	12	13	14	15～20	>20
骨架宽度 b_2	2.5	3.5	4.0	5.0	6.0	7.0	8.0	8.5	9.5	10.5	11.5	$b-3$	$b-4$
直线度允差	0.08					0.10				0.12			
骨架宽度公差	$^{0}_{-0.2}$					$^{0}_{-0.3}$				$^{0}_{-0.4}$			

外露骨架型

骨架材料厚度 t_1

基本直径 D	$D\leqslant30$	$30<D\leqslant80$	$80<D\leqslant100$	$100<D\leqslant120$	$120<D\leqslant150$	$150<D\leqslant200$
材料厚度 t_1	0.8～1.0	1～1.2	1.2～1.8	1.2～2.0	1.5～2.5	2.0～3.0
材料厚度公差	$\pm t_1\times0.1$					

骨架宽度 b_2 直线度

骨架宽度 b_2	$b_2\leqslant8$	$8<b_2\leqslant10$	$10<b_2\leqslant16$	$16<b_2\leqslant20$
直线度允差	0.05	0.08	0.1	0.12

骨架装配倒角

骨架宽度 b_2	$b_2\leqslant6$	$6<b_2\leqslant8$	$8<b_2\leqslant12$	$b_2>12$
倒角 l_1	1.35～1.5	1.5～1.8	2～2.5	2.5～3.0

骨架宽度 b_2 尺寸公差

骨架宽度 b_2	$b_2\leqslant10$	$b_2>10$
公差	$^{+0.3}_{0}$	$^{+0.4}_{0}$

续表

	骨架内径 D_2、外径 D_3 的圆锥度及同轴度		
	基本直径 D	圆　度	同　轴　度
外露骨架型	$D<18$	0.08	0.1
	$18\leqslant D<30$		
	$30\leqslant D<50$	0.1	0.15
	$50\leqslant D<80$		
	$80\leqslant D<120$	0.2	0.2
	$120\leqslant D<180$		
	$180\leqslant D<250$	0.3	0.25
	$250\leqslant D<315$		
	$315\leqslant D<400$	0.4	0.3
	$400\leqslant D<500$		
半包型骨架	半包型骨架参数可根据工况，由制造商与用户协商确定		

5）弹簧

表 18-6-18　　弹簧的结构形式及基本尺寸

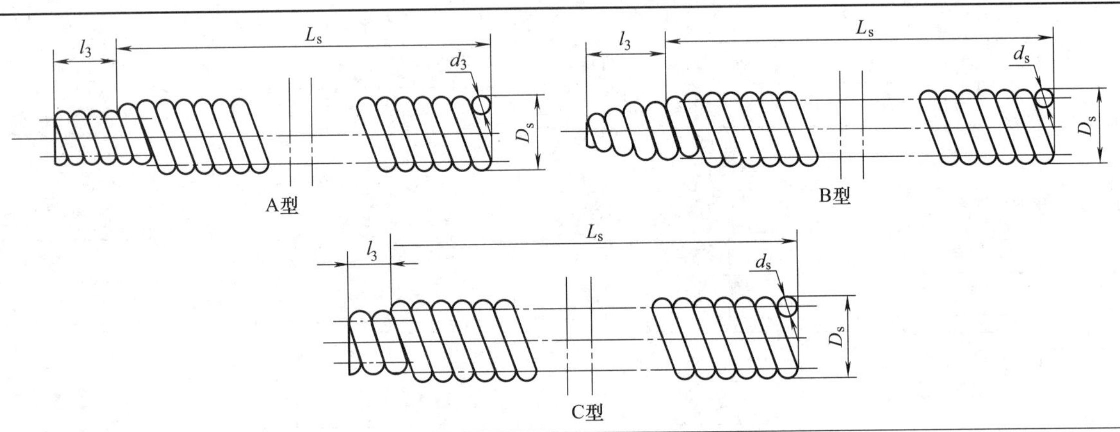

紧箍弹簧基本尺寸

d_1/mm	d_s/mm	D_s/mm	L_s/mm	拉伸 5%负荷/N
>5～30	0.2～0.25	1.2～1.6	$L_s\approx\pi$(2a＋主唇口装弹簧后尺寸设计中值)	0.5～1.0
>30～60	0.3～0.4	1.5～2.0		1.5～2.0
>60～80	0.35～0.45	2.0～2.5		2.0～3.0
>80～130	0.4～0.50	2.5～3.0		2.0～3.0
>130～250	0.45～0.60	3.0～3.5		2.0～3.5
>250～400	0.55～0.80	3.5～4.0		9.0～12.0

弹簧有效长度 L_2 公差

弹簧丝直径/mm	≤0.2	>0.2～0.3	>0.3～0.4	>0.4～0.5	>0.5～0.6	0.6	0.8
L_s 公差	±0.2	±0.3	±0.4	±0.5	±0.6	±0.8	±1

弹簧的设计和制造应符合以下规定：

① 弹簧丝直径 d_s 依照密封圈唇部弹簧槽半径 R_s 大小而变化，一般弹簧的 D_s 与 d_s 之比应在 5～6 范围内；

② 弹簧外径 D_s 应与旋转轴唇形密封圈弹簧槽直径相一致；

③ 弹簧材料应符合 GB/T 4375 要求，绕制成的弹簧应进行低温回火和防锈处理；

④ 将绕制成规定长度的弹簧首尾连接，搭接部分 l_3 拧入尾部，要求连接牢固，不允许松动；

⑤ 需要时，可采用其他材料的紧箍弹簧，并要求由需方与制造商商定。

第 7 章　机 械 密 封

7.1　接触式机械密封的基本构成与工作原理

机械密封是由一对或数对动环与静环组成的平面摩擦副构成的密封装置。如图 18-7-1 所示。

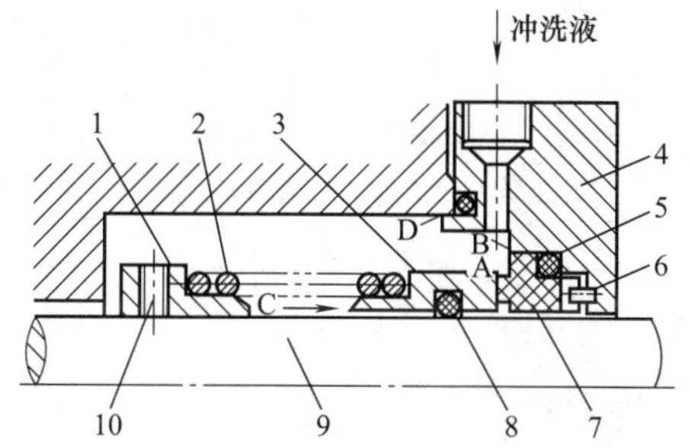

图 18-7-1　机械密封结构原理
1—弹簧座；2—弹簧；3—旋转环（动环）；4—压盖；5—静环密封圈；6—防转销；7—静止环（静环）；8—动环密封圈；9—轴（或轴套）；10—紧定螺钉；A、B、C、D—密封部位（通道）

机械密封靠弹性构件（如弹簧或波纹管，或波纹管及弹簧组合构件）和密封介质的压力在旋转的动环和静环的接触表面（端面）上产生适当的压紧力，使这两个端面紧密贴合，端面间维持一层极薄的流体膜而达到密封的目的。这层流体膜具有流体动压力与静压力，起着润滑和平衡压力的作用。

当旋转轴 9 旋转时，通过紧定螺钉 10 和弹簧 2 带动动环 3 旋转。防转销 6 固定在静止的压盖 4 上，防止静环 7 转动。当密封端面磨损时，动环 3 连同动环密封圈 8 在弹簧 2 推动下，沿轴向产生微小移动，达到一定的补偿能力，称为补偿环。通过不同的结构设计，补偿环可由动环承担，也可由静环承担。由补偿坏、弹性元件和副密封等构成的组件称补偿环组件。

机械密封一般有四个密封部位（通道），如图 18-7-1 中所示 A、B、C、D。A 处为端面密封，又称主密封；B 处为静环 7 与压盖 4 端面之间的密封；C 处为动环 3 与轴（或轴套）9 配合面之间的密封，又称副密封；D 处为压盖与泵壳端面之间的密封。B、D、C 三处是静止密封，一般不易泄漏；A 处为端面相对旋转密封，只要设计合理即可达到减少泄漏的目的。

7.2　常用机械密封分类及适用范围

表 18-7-1　机械密封按应用的主机分类

分　类	举　例
泵用机械密封	①各种单级离心泵、多级离心泵、旋涡泵、螺杆泵、真空泵等用的机械密封 ②内燃机冷却水泵用机械密封，包括各种汽车、拖拉机、内燃机车等内燃机冷却水泵用的机械密封 ③船用泵机械密封，包括船舶和舰艇上各种泵用机械密封
釜用机械密封	各种不锈钢釜、搪瓷釜、搪玻璃釜等用的机械密封
透平压缩机用机械密封	各种离心压缩机、轴流压缩机等用的机械密封
风机用机械密封	各种通风机、鼓风机等用的机械密封
潜水电机用机械密封	各种潜水电机、潜油电机等用的机械密封
冷冻机用机械密封	各种螺杆冷冻机、离心制冷机等用的机械密封
其他主机用机械密封	分离机械、洗衣机、高温染色机、减速机、往复压缩机曲轴箱等机械设备用机械密封

表 18-7-2 **机械密封按使用工况和参数分类**

分类原则	分类	使用工况参数
按密封腔的温度 t	高温机械密封	$t>150℃$
	中温机械密封	$80℃<t\leqslant150℃$
	普温机械密封	$-20℃\leqslant t\leqslant80℃$
	低温机械密封	$t<-20℃$
按密封压力 p	超高压机械密封	$p>15$MPa
	高压机械密封	3MPa$<p\leqslant$15MPa
	中压机械密封	1MPa$<p\leqslant$3MPa
	低压机械密封	常压$<p\leqslant$1MPa
	真空机械密封	负压
按密封端面线速度 v	超高速机械密封	$v>100$m/s
	高速机械密封	25m/s$\leqslant v\leqslant$100m/s
	一般速度机械密封	$v<25$m/s
按对被密封介质耐腐蚀程度	耐强腐蚀介质机械密封	被密封介质为耐强酸、强碱及其他强腐蚀介质
	耐油、水及弱腐蚀介质的机械密封	被密封介质为耐油、水、有机溶剂及其他弱腐蚀介质
按轴径 d 大小	大轴径机械密封	$d>120$mm
	一般轴径机械密封	25mm$\leqslant d\leqslant$120mm
	小轴径机械密封	$d<25$mm
按工作参数和轴径	重型机械密封	满足下列参数和轴径之一： $p>3$MPa $t\leqslant-20℃$或$t\geqslant150℃$ $v\leqslant25$m/s $d>120$mm
	中型机械密封	满足下列参数和轴径： $p<0.5$MPa $0℃<t<80℃$ $v<10$m/s $d\leqslant40$mm
	轻型机械密封	不满足重型和轻型的其他密封

表 18-7-3 **机械密封按作用原理和结构分类**

分类		结构图	概念及特点	适用范围
按密封端面的对数	单端面密封		指由一对密封端面组成的机械密封。结构简单，制造、拆装容易。一般不需要外供封液系统，但需设置自冲洗系统，以延长使用寿命	应用广泛，适合于一般液体场合，如油品等。与其他辅助装置合用时，可用于带悬浮颗粒、高温、高压液体等场合
	双端面密封		指由两对密封端面组成的机械密封。按双端面机械密封是轴向布置或径向布置，又分为轴向双端面机械密封和径向双端面机械密封。密封腔内通入介质压力 0.05～0.15MPa 的外供封液，起"堵封"和润滑密封端面等作用。结构复杂，需设置外供封液系统	适用于腐蚀、高温、液化气带固体颗粒及纤维润滑性差的介质，以及易挥发、易燃、易爆，有毒、易结晶和贵重的介质
	多端面密封		指由两对以上密封端面组成的机械密封。典型的是中间环多端面密封	旋转的中间环密封，可用于高速下降低 pv 值；不转的中间环密封，用于高压和(或)高温下减少力变形和(或)热变形。具有中间环的螺旋槽面密封可用作双向密封

续表

分类		结构图	概念及特点	适用范围
按密封流体作用在密封端面上的压力是卸荷或不卸荷	平衡式		指密封流体作用在密封端面上的压力卸荷(平衡系数 $K<1$)的机械密封。按卸荷程度,分为部分平衡式机械密封($0<K<1$)和过平衡式机械密封($K\leqslant0$)。结构比较复杂,端面比压随液体压力增高而缓慢增加,改善端面磨损情况	适用于介质压力较高的场合
	非平衡式		指密封流体作用在密封端面上的压力不卸荷(平衡系数 $K\geqslant1$)的机械密封。结构简单,在较高液体压力下,由于端面比压增加,容易引起磨损	适用于介质压力较低的场合
按静止环是装于端盖的内侧或外侧	内装式		指静环装于密封端盖(或相当于密封端盖的零件)内侧(即面向主机工作腔的一侧)的机械密封。该密封端面受力状态好、泄漏量小(因泄漏方向与离心力方向相反),冷却与润滑条件好,使用工作范围广	应用广泛,常用于介质无强腐蚀性以及不影响弹性元件性能的场合
	外装式		指静环装于密封端盖(或相当于密封端盖的零件)外侧(即背向主机工作腔的一侧)的机械密封。该密封介质泄漏方向与离心力方向相同,泄漏量较大,其使用工作压力较低	适用于强腐蚀性介质或易结晶而影响弹性元件性能的场合。也适用于黏稠介质以及介质压力较低的场合
按弹性元件类型分	弹簧式		指用弹簧压紧密封端面,有时用弹簧传递转矩。制造简单,适用范围受辅助密封圈耐温限制	多数密封使用形式,应用广泛
	波纹管式		指用波纹管压紧密封端面。由于不需要辅助密封圈,所以使用温度不受辅助密封圈材质的限制	多用于高温或腐蚀性介质的场合

续表

分类		结构图	概念及特点	适用范围
按弹簧是否置于密封流体内	弹簧内置式	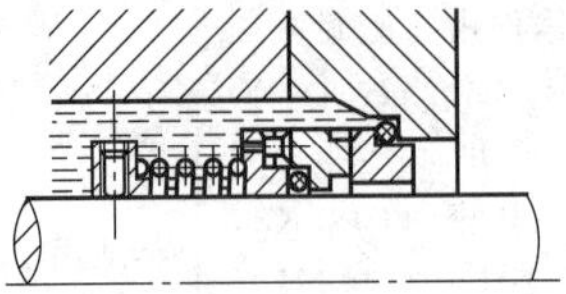	指弹簧置于密封流体之内的机械密封。该密封可利用密封箱内介质压力来密封，密封元件均处于流体介质中，密封端面的受力状态及冷却和润滑情况好	应用广泛，常用于介质无强腐蚀性以及不影响弹性元件性能的场合
	弹簧外置式	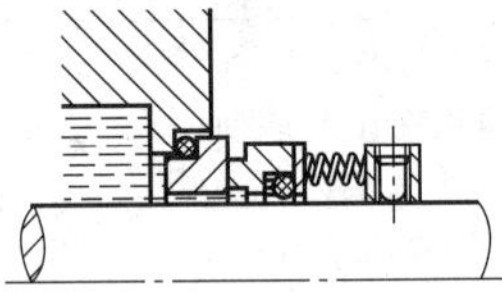	指弹簧置于密封流体之外的机械密封。该密封的大多数零件不与介质接触，暴露在设备外，便于观察、安装及维修。但由于介质压力与弹簧的弹力方向相反，当介质压力有波动，而弹簧补偿量又不大时，会导致密封不稳定甚至严重泄漏	适用于强腐蚀性介质或易结晶而影响弹性元件性能的场合。也适用于黏稠介质以及介质压力较低的场合
按补偿机构中弹簧的个数	单弹簧式	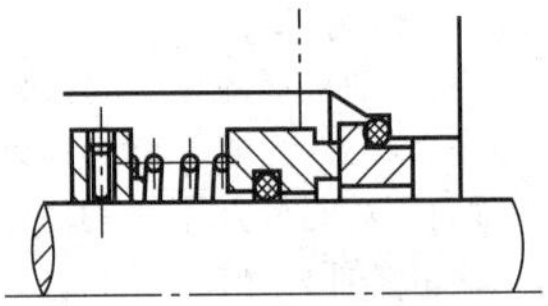	指补偿机构中只包含一个弹簧的机械密封。单弹簧安装简单，但更换时，需拆下密封装置。密封端面受力不均匀，在高速下弹簧受离心力影响变形大，不易调节，轴颈大	适用于载荷较小、轴径较小、有强腐蚀性介质的场合，并需注意轴的旋转方向和弹簧旋向相同
	多弹簧式	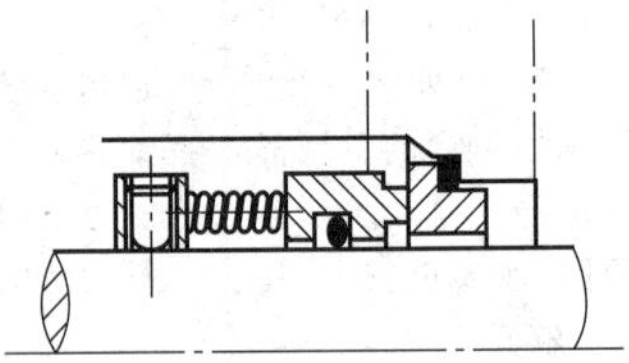	指补偿机构中包含有多个弹簧的机械密封。多弹簧安装烦琐，更换弹簧时，不需拆下密封装置。端面受力均匀，受离心力影响较小，可通过弹簧个数进行调节	适用于载荷较大、轴径较大、条件较苛刻的场合
按补偿环是否随轴旋转	旋转式	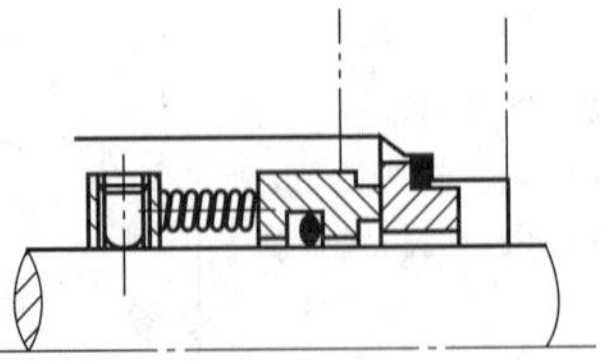	指补偿环随轴旋转的机械密封。该密封结构简单，径向尺寸小。弹性元件受离心力作用易于变形，影响弹性元件的性能	应用范围广。多用于轴径较小、转速不高的场合(线速度在 25m/s 以下)
	静止式	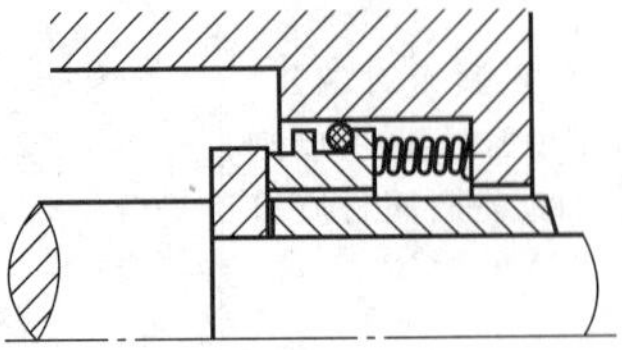	指补偿环不随轴旋转的机械密封。该密封结构复杂，弹性元件不受离心力的影响，性能稳定	用于轴径较大、线速度较高(大于 25m/s)及转动零件对介质强烈搅动后容易结晶的场合

续表

分类		结构图	概念及特点	适用范围
按密封流体在密封面间的泄漏方向	内流式	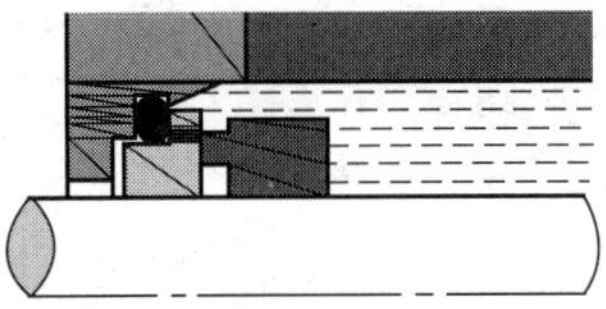	指密封流体在密封端面间的泄漏方向与离心力方向相反的机械密封。该密封由于离心力阻止泄漏流体，其泄漏量较外流式的小，密封可靠	应用较广。多用于内装式密封，适用于含有固体悬浮颗粒介质及介质压力较高的场合
	外流式	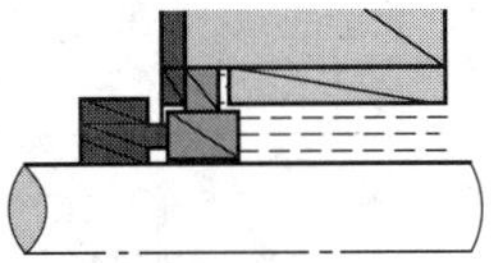	指密封流体在密封端面间的泄漏方向与离心力方向相同的机械密封。其泄漏量较大	多用于外装式机械密封中，能加强密封端面的润滑，但介质压力不宜过高，一般 1MPa 以下
按补偿环上离密封端面最远的背面是处于高压侧或低压侧	背面高压式	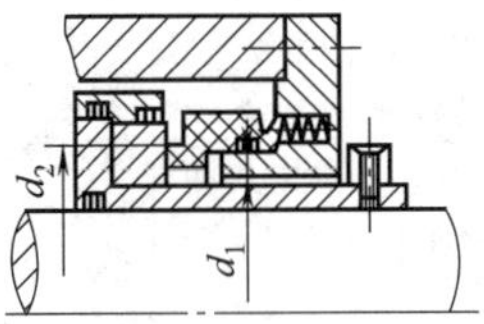	指补偿环上离密封端面最远的背面处于高压侧的机械密封	
	背面低压式	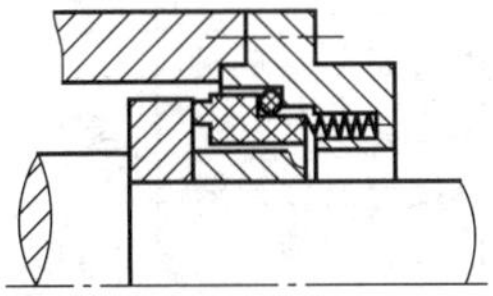	指补偿环上离密封端面最远的背面处于低压侧的机械密封。该密封的弹簧一般都置于低压侧，可避免接触高压侧流体，引起腐蚀	适用于强腐蚀性机械密封
按密封端面是否直接接触	接触式	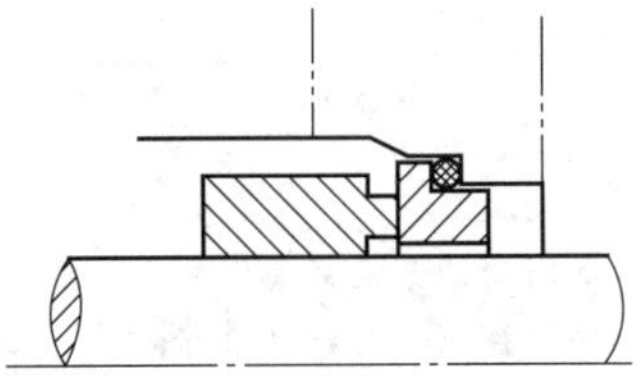	指靠弹性元件的弹力和密封流体的压力使密封端面紧密贴合的机械密封，通常密封端面处于边界润滑工况。该密封结构简单，泄漏量小，但磨损、功耗和发热量都较大	结构简单，造价低，应用较广泛
	非接触式	见流体静(动)压式机械密封	指靠流体静压或动压作用，在密封端面间充满一层完整的流体膜，迫使密封端面彼此分离不存在硬性固相接触的机械密封。该密封的功耗和发热量小，正常工作时没有磨损，可实现零泄漏或零逸出	见流体(动)压式机械密封

续表

分类		结构图	概念及特点	适用范围
按密封面非接触时流体膜的状态分	流体静压式	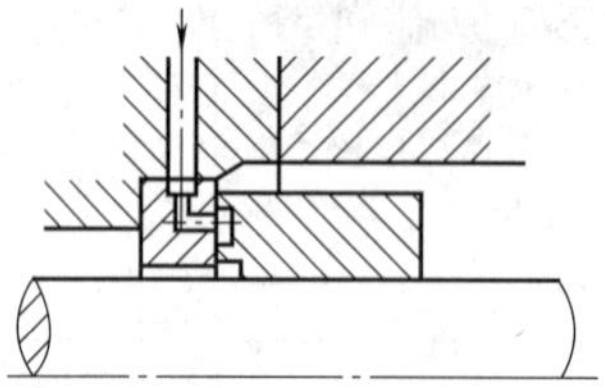	指密封端面设计成特殊的几何形状，应用外部引入流体或被密封介质本身通过密封界面的压力降，产生流体静压效应的机械密封。该密封通过调节外供液体压力控制泄漏，磨损和寿命。另外需设置一套外供液体系统，泄漏量较大	适用于高压介质和高速运转场合，往往与流体动压组合使用，但目前应用较少
	流体动压式	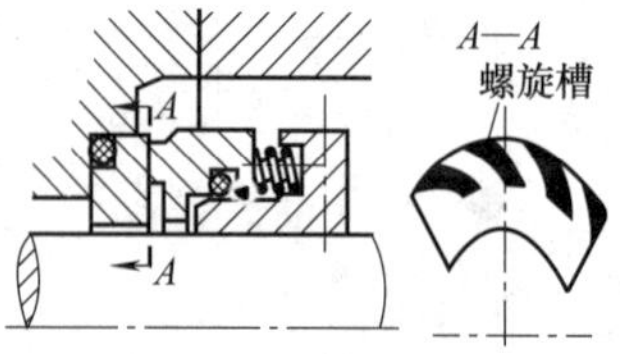 A—A 螺旋槽	指密封端面设计成特殊的几何形状，利用相对旋转，自行产生流体动压效应的机械密封。该密封由于旋转而产生流体动力压力场，引入密封介质作为润滑剂并保证两端面间互不接触	适用于高压介质和高速运转场合（p_cv 值达 270MPa·m/s），目前已在很多场合下使用，尤其是在重要的、条件比较苛刻的场合下使用
波纹管型机械密封按波纹管材料	金属波纹管型	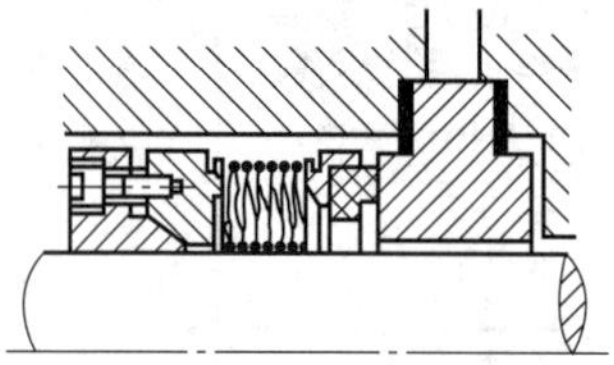	指波纹管采用金属制造的波纹管机械密，按其制造工艺和结构特征又分为焊接金属波纹管型机械密封（图所示）和液压金属波纹管型机械密封。金属波纹管本身可替代弹性元件，耐蚀性好	可在高、低温下使用
	聚四氟乙烯波纹管型	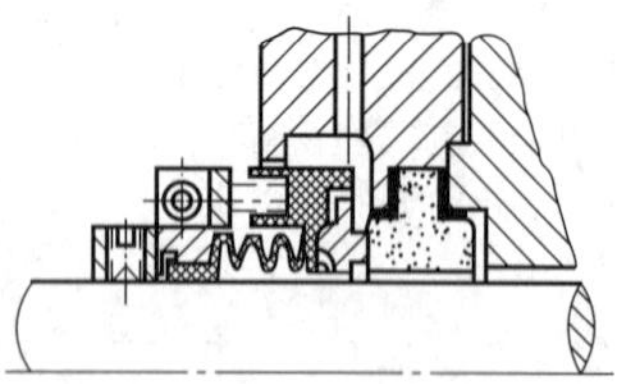	指波纹管采用聚四氟乙烯制造的波纹管型机械密封。聚四氟乙烯耐腐蚀性好	可用于各种腐蚀性介质中
	橡胶波纹管型	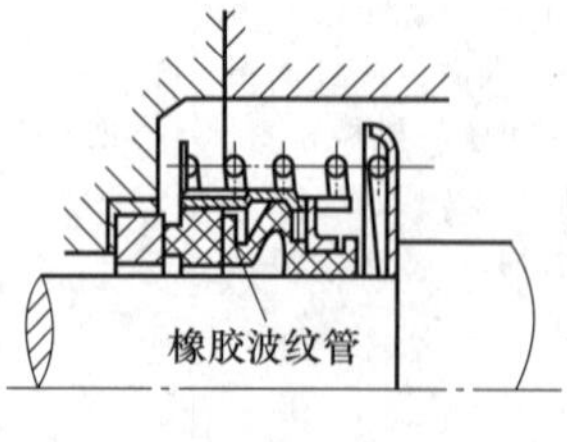 橡胶波纹管	指波纹管采用橡胶制成的波纹管型机械密封	使用广泛，但使用温度受不同胶料性能的限制

续表

分类		结构图	概念及特点	适用范围
按密封流体所处的压力状态	单密封		指密封流体处于一种压力状态。该密封与单端面机械密封相同	应用广泛，适合于一般液体场合，如油品等。与其他辅助装置合用时，可用于带悬浮颗粒、高温、高压液体等场合
	双密封		指密封流体处于两种压力状态。该密封中的二级密封串联布置，使密封介质的压力依次降低	适用于介质压力较高及对介质泄漏有要求的场合
	多级密封		指密封流体处于两种以上的压力状态	适用于介质压力极高的情况

7.3 机械密封的选用

表 18-7-4 机械密封的选用

介质或使用条件		特　点	对密封的要求	机械密封的选择
强腐蚀性介质	盐酸、铬酸、硫酸、醋酸等	密封件需承受腐蚀，密封面上的腐蚀速率通常为无摩擦作用表面腐蚀速率的10～50倍	密封环既耐腐蚀又耐磨，辅助密封圈的材料既要弹性好又要耐腐、耐温，要求弹簧使用可靠	①可采用外装式波纹管密封。动环与波纹管制成一体，材料为聚四氟乙烯（玻璃纤维填充），静环为陶瓷；弹簧用塑料软管或涂层保护 ②如用内装式密封，弹簧需加保护层，大弹簧外套塑料管，两端封住，或弹簧表面喷涂防腐层，如聚三氯氟乙烯、聚四氟乙烯、氯化聚醚等。应采用大弹簧（丝径大，涂层不易剥落）
易汽化介质	液化石油气、轻石脑油、乙醛、异丁烯、异丁烷、异丙烯	润滑性差，易使密封端面间液膜汽化，造成摩擦副干摩擦，降低密封使用寿命	要求摩擦因数低，导热性好的摩擦副材料 密封腔，尤其是密封端面要有充分冷却，防止泄漏液引起密封端面结冰（靠大气侧）	①介质压力 $p \leqslant 0.5$MPa 时采用非平衡型密封；介质压力 $p \geqslant 0.5$ 时采用平衡型密封，或采用双端面密封，从外部引入密封流体至密封腔 ②摩擦副材料建议采用碳化钨-石墨或碳化硅-石墨 ③装设喉部衬套，以保证密封腔内必要的压力，使密封端面间的液体温度比相应压力下的液体汽化温度低约14℃ ④加强冷却与冲洗，以保证密封腔要求的温度

续表

介质或使用条件		特 点	对密封的要求	机械密封的选择
高黏度介质	润滑脂、硫酸、齿轮油、气缸油、苯乙烯、渣油、硅油	黏度高时润滑性能好，但过高会影响动环的浮动性，增加弹簧的传动力矩，密封面之间不易形成液膜，润滑性能差，损坏密封环	摩擦副材料要求耐磨，弹簧要有足够的能力克服高黏度介质产生的阻力 避免密封腔温度过低而引起介质的黏度增高，要求密封腔保温或加热	①一般黏度的介质，当 $p \leqslant 0.8\mathrm{MPa}$ 时，选用非平衡型密封；当 $p > 0.8\mathrm{MPa}$ 时，采用平衡型密封。当介质黏度为 700～1600mPa・s 时，需加大传动销和弹簧的设计，用以抵抗因黏度增加而增加的剪力，大于 1600mPa・s 时，还需要加强润滑 ②可采用静止式双端面密封 ③采用硬对硬摩擦副材料组合 ④必要时考虑保温结构
含固体颗粒	塔底残油、油浆、原油	会引起密封环端面剧烈磨损 固体颗粒沉积在动环处会使动环失去浮动性 颗粒沉积在弹簧上会影响弹簧弹性	摩擦副要求耐磨，能排除固体颗粒或防止固体颗粒沉积	①若采用双端面密封，需在密封腔内通入隔离流体靠近介质侧的摩擦副采用碳化硅对碳化硅的材料组合 ②若采用单端面密封，应从外部引入比被密封介质压力稍高的流体进行冲洗，当采用被密封介质进行冲洗时，在进入密封腔之前，把固体颗粒分离掉，且应采用大弹簧式的密封结构
气体	空气、乙烯气、丙烯气、氢气	润滑性能差，端面磨损大，渗透性强。用于搅拌设备时，多为立式，轴较长，摆动与振动较大，工艺条件变化较大，有时在高压下，有时在低压或真空下操作。用于压缩机时，转速高	摩擦副材料要求耐磨 密封环浮动性能好，尤其是用于搅拌设备的密封 用于真空密封时，要注意外界空气漏入，注意密封的方向性	①若用于搅拌设备的密封，当介质压力小于或等于 0.6MPa 时，可采用单端面密封（外装式），并要求带有冷却壳体；当介质压力大于 0.6MPa 时或密封要求严格的场合，应采用双端面密封 ②用于真空密封时，多采用双端面密封，通入真空油或难以挥发的液体作为隔离流体。用 V 形辅助密封圈时需注意方向性 ③用于压缩机密封时，若转速较高，详见本表“高速”一栏。同时还要减小浸渍石墨环的孔隙率
高温	热油、热载体、油浆、苯酐、对苯二甲酸二甲酯（DMT）、熔盐、熔融硫	随着温度增高，加快密封磨损和腐蚀，材料强度降低，介质易汽化，密封环易变形，橡胶老化，组合环配合松脱	密封材料需耐高温，具有良好的导热性，低的摩擦因数和线胀系数 保证密封面间隙中温度低于介质汽化温度 15～30℃	①密封材料需进行稳定性热处理，消除残余应力，且线胀系数相近 ②若采用单端面密封，端面宽度应尽量小，而且充分冷却和冲洗 ③若采用双端面密封，外供隔离流体，为了提高辅助密封圈的寿命，在与介质接触侧的密封设置冷却夹套，如下图 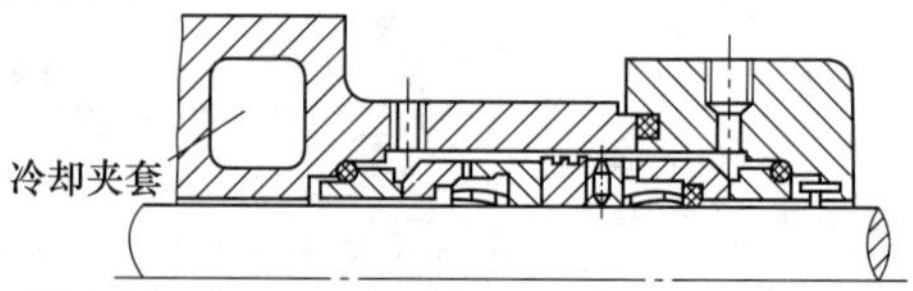 冷却夹套 ④温度超过 250℃时，采用金属波纹管式密封
低温	液氧、液氨、液氯、液态烃	密封环材料易脆化，密封圈易老化，失去弹性，影响密封性能 因温度低，大气中的水分会冻结在密封面上，加速磨损 低温时，材料收缩，应选择膨胀系数相近的材料	密封材料需耐低温，要有良好的抗疲劳强度和抗冲击韧性，要注意石墨在低温下的滑动 辅助密封圈要耐低温老化，有一定的弹性 保温或与大气隔离，防止冻冰 密封面有良好润滑，防止密封端面液膜汽化	①介质温度高于－45℃时，除液氯外可采用单端面密封，但需要注意大气中水分使密封圈冻结，导致密封失效，常在密封外侧设简单密封，并通入清洁的阻封液 ②介质温度高于－100℃时，采用波纹管密封 ③介质温度低于－100℃时，采用静止式波纹管密封，防止波纹管疲劳破坏 ④液态烃（如戊烷、丁烷、乙烯）建议采用双端面密封，用乙醇、乙二醇做隔离流体，丙烯醇可用于－120℃ ⑤摩擦副材料推荐用碳化钨-碳石墨 ⑥采用低端面比压，加强急冷与冲洗，防止液膜汽化

续表

介质或使用条件		特　　点	对密封的要求	机械密封的选择
高压	合成氨水洗塔釜液、乙烯装置脱甲烷塔回流液、环氧乙烷解析塔釜液、加氢裂化原料、加氢精制原料	引起端面比压增高，导致液膜破坏，磨损加剧，密封变形和压碎，使密封失效	注意材料强度和刚度，防止变形 加大弹簧和传动销，以满足在高压下启动，扭矩增大时的强度要求 摩擦副材料有较低的摩擦因数，良好的导热性能和较高的 $p_c v$ 值 密封面要保证润滑	①采用平衡型密封，减小载荷系数，以降低端面比压 ②被密封介质压力大于 15MPa 时，宜采用串联密封，逐步降低每级密封压力，如下图所示 压力平衡和润滑用循环液　压力平衡和减压循环液　压力平衡和润滑用循环液 高压侧　p_1　p_2　p_3　大气侧 第一段双端面(平衡型)　第二段非接触型(减压用)　第三段单端面(平衡型) ③摩擦副材料宜用碳化钨-碳化硅，若用浸渍金属石墨，严格要求浸渍石墨的孔隙率，以防渗漏 ④加强冷却和润滑
高速	尿素、丙烯、聚乙烯	由于离心力的作用，严重影响弹簧或波纹管的弹性，甚至失效 增大密封件的转动惯量，会激烈搅动周围介质，从而增加阻力，影响转动件的平衡	摩擦副材料有较高的 $p_c v$ 值 对转动件进行动平衡校正，防止振动 具有良好冷却和润滑 避免密封环材料产生热应力裂纹和热变形	①滑动速度 $v \geqslant 25$m/s 时，采用静止式密封；滑动速度 $v < 25$m/s 时采用旋转式密封 ②转动零件几何形状须对称，传动方式不推荐用销子、键等，以减少不平衡力的影响 ③选择较小摩擦因数的摩擦副材料，如碳化硅-浸铜石墨，端面密度应尽量减小 ④采用平衡型流体动压密封 ⑤加强冷却与润滑

7.4　常用机械密封材料

7.4.1　摩擦副用材料

表 18-7-5　　摩擦副用材料

材料		物理力学性能								使用温度/℃	特　　点
		密度/g·cm^{-3}	硬度(HS)	热导率/W·m^{-1}·K^{-1}	线胀系数/10^{-6}℃$^{-1}$	抗压强度/MPa	抗弯强度/MPa	弹性模量/10^{5}MPa	气孔率/%		
石墨	浸渍酚醛树脂	1.75～1.9	70～100	5～6		120～260	50～70		5	170	良好的润滑性、低的摩擦因数(f=0.04～0.05)和良好的热稳定性 良好的热导率和低的线胀系数 良好的耐腐蚀性，除了强氧化介质及卤素外，耐各种浓度的酸、碱、盐及有机化合物的腐蚀 使用广泛，但不适用含有固体颗粒的介质 浸渍酚醛石墨耐酸性好，浸渍环氧石墨耐碱性好，浸渍呋喃石墨耐酸、耐碱，浸渍金属石墨耐高温，提高$(p_c v)_p$值 强度低、弹性模量小，易发生残余变形
	浸渍呋喃树脂	1.6～1.8	75～85	4～6	4～6	80～150	35～70	1.4～1.6	2	170	
	浸渍环氧树脂	1.6～1.9	40～75	5～6	8～11	100～270	45～75	1.3～1.7	2	200	
	浸渍巴氏合金	2.2～3.0	45～90		6	90～200	50～80		2	200	
	浸渍青铜	2.2～3.0	60～90			120～180	45～70		4	500	
	浸渍聚四氟乙烯	1.6～1.9	80～100	0.41～0.48		140～180	40～60		4	250	

续表

材料		物理力学性能								使用温度/℃	特点
		密度/g·cm^{-3}	硬度(HS)	热导率/W·m^{-1}·K^{-1}	线胀系数/10^{-6}℃$^{-1}$	抗压强度/MPa	抗弯强度/MPa	弹性模量/10^{5} MPa	气孔率/%		
氧化铝陶瓷	含 95%氧化铝	3.3	78~82 HRA	16.75	5.8		220~360	2.3	0	1550	线胀系数小,有良好导热性 具有高硬度,优良的耐腐蚀性和耐磨性,但不耐氢氟酸、浓碱腐蚀 能耐一定的温度急变,脆性大,加工困难
	含 99%氧化铝	3.9	85~90 HRA	16.75	5.3	2100	340~540	3.5	0	1725	
碳化硅	反应烧结碳化硅	3.05	92~93 HRA	100~125	4.3~5		350~370	3.6~3.8	0.3	2400	硬度极高,碳化硅与碳化硅摩擦副可用在含固体颗粒介质的密封 线胀系数小,导热性好 耐腐蚀性好,但不耐氢氟酸、发烟硫酸、强碱等腐蚀 有自润滑性,摩擦因数小($f=0.1$) 耐热性好,抗振性好
	常压烧结碳化硅	3~3.1	93 HRA	92	4.3~5		380~460	4	0.1		
	热压碳化硅	3.1~3.2	93~94 HRA	84	4.5		450~550	4	0.1		
氮化硅	烧结氮化硅	2.5~2.6	80~85 HRA	5	2.5	1200	180~220	1.67~2.16	13~16		耐温差剧变性好,热胀系数小($f=0.1$) 强度高 耐磨性好,摩擦因数小,有自润滑性 耐腐蚀性好,但不耐氢氟酸腐蚀
	热压氮化硅	3.1~3.3	91~92 HRA		2.7~2.8	1500	700~800	3	1		
碳化钨硬质合金	YG6	14.6~15	89.5 HRA	79.6	4.5	4600	1400	5.6~6.2	0.1	600	具有极高的硬度和强度,有良好的耐磨性及抗颗粒冲刷性 热导率高,线胀系数小 具有一定的耐腐蚀性,但不耐盐酸和硝酸腐蚀 脆性大,机械加工困难,价格高
	YG8	14.4~14.8	89 HRA	75.3	4.5	4470	1500				
	YG15	13.9~14.1	87 HRA	58.62	5.3	3660	2100				
填充聚四氟乙烯	含 20%石墨	2.16	40(横向)	0.48	1.4(100℃纵向)	16.4(抗拉)	24.9		吸水率+0.3	−180~250	摩擦因数小 具有优异的耐腐蚀性 耐温性好,使用温度范围广 根据要求,加入不同材料进行改性,如加石墨、二硫化钼可减小摩擦因数,加入玻璃纤维、青铜粉可减小磨损率
	含 40%玻璃纤维	2.15	43.5(横向)	0.25	1.1(100℃纵向)	13.9(抗拉)	19.9		吸水率+0.47	−180~250	
	含 40%玻璃纤维+5%石墨	2.26	37.6(横向)	0.43	1.2(100℃纵向)	11.2(抗拉)	20.1		吸水率−0.77	−180~250	

续表

材料		物理力学性能								使用温度/℃	特　　点
		密度/g·cm^{-3}	硬度 HS	热导率/W·m^{-1}·K^{-1}	线胀系数/10^{-6}℃$^{-1}$	抗压强度/MPa	抗弯强度/MPa	弹性模量/10^5 MPa	气孔率/%		
青铜	QSn 6.5-0.4	8.82	160～200 HB	50.24	19.1	686～785		1.12			具有良好的导热性、耐磨性 与碳化钨硬质合金配对使用，比石墨具有良好的耐磨性能和抗脆性 有较高的弹性模量，变形小 耐腐蚀性能较差，主要用于海水、油品等中性介质
	QSn 10-1	7.76									
钢结硬质合金	R5	6.4	70～73 HRC		9.16～11.13		1300	3.21			是一种以钢为黏结相，碳化钛为硬质相的硬质合金材料 具有较高的弹性模量，硬度、强度和低的摩擦因数 具有较高的耐腐蚀性，如硝酸，氢氧化钠等，还具有良好加工性
	R8	6.25	62～66 HRC		7.58～10.6		1100				

7.4.2　辅助密封件用材料

表 18-7-6　　辅助密封件用材料

名称		代号	使用温度/℃	特　　点	应　　用
天然橡胶		NR	－50～120	弹性和低温性能好，但高温性能差，耐油性差，在空气中容易老化	用于水、醇类介质，不宜在燃料油中使用
丁苯橡胶		SBR	－30～120	耐动、植物油，对一般矿物油则膨胀大，耐老化性强，耐磨性比天然橡胶好	用于水、动植物油、酒精类介质，不可用于矿物油
丁腈橡胶	中丙烯腈（丁腈-26）	NBR	－30～120	耐油、耐磨、耐老化性好。但不适用于磷酸、脂系液压油及含极压添加剂的齿轮油	应用广泛。适用于耐油性要求高的场合
	高丙烯腈（丁腈-40）		－20～120	耐燃料油、汽油及矿物油性能最好，丙烯腈含量高，耐油性能好，但耐寒性较差	
乙丙橡胶		EPDM	－50～150	耐热、耐寒、耐老化性、耐臭氧性、耐酸碱性、耐磨性好，但不耐一般矿物油系润滑油及液压油	适用于要求耐热的场合，可用于过热蒸汽，但不可用于矿物油、液氮和氨水中
硅橡胶		MPVQ、MVQ	－70～250	耐热、耐寒性能和耐压缩永久变形极佳。但机械强度差，在汽油、苯等溶剂中膨胀大，在高压水蒸气中发生分解，在酸碱作用下发生离子型分解	用于高、低温下高速旋转的场合
氟橡胶		FPM	－20～250	耐油、耐热和耐酸、碱性能极佳，几乎耐所有润滑油、燃料油。耐真空性好。但耐寒性和耐压缩永久变形性不好，价格高	用于耐高温、耐腐蚀的场合，但对酮、酯类溶剂不适用

续表

名称	代号	使用温度/℃	特 点	应 用
聚硫橡胶	T	0~80	耐油、耐溶剂性能极佳，在汽油中几乎不膨胀。强度、撕裂性、耐磨性能差，使用温度范围狭窄	多用于在介质中不允许膨胀的静止密封
氯丁橡胶	CR	−40~130	耐老化性、耐臭氧性、耐热性比较好，耐燃性在通用橡胶中为最好，耐油性次于丁腈橡胶而优于其他橡胶，耐酸、碱、溶剂也较好	用于易燃性介质及酸、碱、溶剂等场合，但不能用于芳香烃及氯化烃油介质
填充聚四氟乙烯	PTFE	−260~260	耐磨性极佳，耐热、耐寒，耐溶剂、耐腐蚀性能好，具有低的透气性但弹性极差，膨胀系数大	用于高温或低温条件下的酸、碱、盐、溶剂等强腐蚀性介质

7.4.3 弹性元件用材料

表 18-7-7 弹簧材料

材料种类	材料牌号	直径/mm	扭转极限应力 τ/MPa	许用扭转工作应力 τ/MPa	剪切弹性模量 G/MPa	使用温度范围/℃	说明
磷青铜	QSi3-1	0.3~6	$0.5\sigma_b$	$0.4\sigma_b$	392	−40~200	防磁性好，用于海水和油类介质中
	QSn4-3	0.3~6	$0.4\sigma_b$	$0.3\sigma_b$			
碳素弹簧钢	65Mn	5~10	4.9	3.9	785	−40~120	用于常温无腐蚀性介质中
	60Si2Mn	5~10	7.3	5.8			
	50CrVA	5~10	4.4	3.53	785	−40~400	用于高温无腐蚀性介质中
不锈钢	3Cr13 4Cr13	1~10	4.4	3.53	392	−40~400	用于弱腐蚀性介质中
	1Cr18Ni9Ti	0.5~8	3.92	3.2	784	−100~200	用于强腐蚀性介质中

注：1. 表中使用温度范围是指密封腔内介质温度。

2. 对弹簧材料的要求是耐介质的腐蚀，在长期工作条件下不减少或失去原有的弹性，在密封面磨损后仍能维持必要的压紧力。

表 18-7-8 波纹管材料

材料种类	密度 /$g\cdot cm^{-3}$	热导率 /$W\cdot cm^{-1}\cdot ℃^{-1}$	线胀系数 /$10^{-6}℃^{-1}$	弹性模量 /10^4MPa	抗拉强度 /MPa	特点与应用
黄铜 (H80)	8.8	141	19.1	10.5	270	塑性、工艺性能好，弹性差。所制作的波纹管常与弹簧联合使用
不锈钢 (1Cr18Ni9Ti)	8.03		5.2 (0~100℃)	19	750 (半冷作硬化)	力学性能、耐腐蚀性能好。应用广泛，常用厚度为 0.05~0.45mm
铍青铜 (QBe2)	8.3		5.2 (21℃)	13.1 (21℃)	1220	工艺性能好，弹性、塑性较好，耐腐蚀性好，疲劳极限高，用于 180℃ 以下要求较高的场合

材料种类	密度 /g·cm^{-3}	热导率 /W·cm^{-1}·℃$^{-1}$	线胀系数 /10^{-6}℃$^{-1}$	弹性模量 /10^{4}MPa	抗拉强度 /MPa	特点与应用
海氏合金C	8.94		3.9 (21～316℃)	20.5 (20℃)	885 (21℃)	耐腐蚀、抗氧化性能好，能耐多种酸(包括盐酸)及碱的腐蚀
聚四氟乙烯	2.2～2.35	0.0026	8～25		14～25	耐腐蚀、耐热、耐低温、耐水、韧性好，但导热性差，线胀系数大，冷流性大，需与弹簧组合使用

7.4.4　传动件、紧固件用材料

在石油化工生产中，机械密封的传动件和紧固件的常用材料有不锈钢、铬钢，如1Cr13、2Cr13、1Cr18Ni9Ti等。根据密封介质的腐蚀性可以采用表18-7-9中的耐腐蚀材料。

表18-7-9　传动件、紧固件用材料

种类	材料名称	牌号	主要用途
铸铁	高硅铸铁 高铬铸铁 高镍铸铁 高镍铸铁	STSi15 Cr28 NiCr202 NiCr303	全浓度硝酸、硫酸及较强的腐蚀液 浓硝酸、高温等 烧碱等 烧碱等
铅	硬铅	PbSb10-12	全浓度硝酸等
常用不锈钢	铬钢 304型铬镍钢 304型 304L型 316型铬镍钼钢 316L型	1Cr13 2Cr13 0Cr18Ni9 1Cr18Ni9Ti 00Cr18Ni10 1Cr18Ni12Mo2Ti 00Cr18Ni12Mo2	石油及石油化工 石油及石油化工 稀硝酸、有机酸等 稀硝酸、有机酸等 稀硝酸、有机酸等抗晶间腐蚀 稀硝酸、磷酸、有机酸等 稀硝酸、有机酸等抗晶间腐蚀
常用合金	高镍铜合金 Monel 耐蚀高温镍铬合金 Hastelloy C-276 高镍铬钢 Carpenter 42 17-7Ph析出 硬化不锈钢	 Ni65Cu28 Ni53Mo17 4J42 0Cr17Ni4Cu4Nb	 氢氟酸、硅氟酸等 全浓度盐酸等
其他耐腐蚀材料	320型铬镍钼钢 804型 825型 904型 941型 K合金 20#高镍铬合金 28#高镍铬合金 K Monel Monel 400 Monel 500 Hastelloy B-2 涂覆PTFE的316钢 填充玻璃纤维PTFE 钛合金	 0Cr30Ni42Mo3Cu2 0Cr20Ni42Mo3Cu2 0Cr20Ni25Mo5Cu2 0Cr13Ni25Mo3Cu3N 1Cr24Ni20Mo2Cu3 0Cr20Ni30Mo2Cu3 0Cr28Ni30Mo4Cu3 NiCu30Al Ni65Mo28 TA2,TA3,TA4	 烧碱蒸发及904型不能抗蚀的场合 904型不能抗蚀的场合 稀硫酸等 稀硫酸等、316型不能抗蚀的场合 稀硫酸等 稀硫酸等 磷酸等 全浓度盐酸等 纯碱、海水等

7.4.5 不同工况下机械密封材料选择

表 18-7-10 不同工况下机械密封材料选择

介质			静环	动环	辅助密封圈	弹簧
名称	浓度/%	温度/℃				
硫酸	5～40	20	石墨浸渍呋喃树脂	氮化硅	聚四氟乙烯、氟橡胶	Cr13Ni25Mo3Cu3Si3Ti、海氏合金 B
	98	60	钢结硬质合金（R8）、氮化硅、氧化铝陶瓷	填充聚四氟乙烯		1Cr18Ni12Mo2Ti、4Cr13 喷涂聚四氟乙烯
	40～80	60	石墨浸渍呋喃树脂	氮化硅	聚四氟乙烯、氟橡胶	Cr13Ni25Mo3Cu3Si3Ti、海氏合金 B
	98	70	钢结硬质合金（R8）、氮化硅、氧化铝陶瓷	填充聚四氟乙烯		1Cr18Ni12Mo2Ti、4Cr13 喷涂聚四氟乙烯
硝酸	50～60	20～沸点	填充聚四氟乙烯	氮化硅	聚四氟乙烯、氟橡胶	
			氮化硅、氧化铝陶瓷	填充聚四氟乙烯	聚四氟乙烯	1Cr18Ni12Mo2Ti
	60～99	20～沸点	氧化铝陶瓷			
盐酸	2～37	20～70	氮化硅、氧化铝陶瓷	填充聚四氟乙烯	氟橡胶	海氏合金 B、钛钼合金（Ti32Mo）
			石墨浸渍呋喃树脂	氮化硅		
醋酸	5～100	沸点以下	石墨浸渍呋喃树脂	氮化硅	硅橡胶	1Cr18Ni12Mo2Ti
			氮化硅、氧化铝陶瓷	填充聚四氟乙烯		
磷酸	10～99	沸点以下	石墨浸渍呋喃树脂	氮化硅	聚四氟乙烯、氟橡胶	1Cr18Ni12Mo2Ti
			氮化硅、氧化铝陶瓷	填充聚四氟乙烯		
氨水	10～25	20～沸点	石墨浸渍环氧树脂	氮化硅、钢结硬质合金（R5）	硅橡胶	1Cr18Ni12Mo2Ti
氢氧化钾	10～40	90～120	石墨浸渍呋喃树脂	氮化硅、钢结硬质合金（R8）、碳化钨（WC）	聚四氟乙烯、氟橡胶	1Cr18Ni12Mo2Ti
	含有悬浮颗粒	20～120	氮化硅	氮化硅		
			钢结硬质合金（R8）	钢结硬质合金（R8）		
			碳化钨（WC）	碳化钨（WC）		

续表

<table>
<tr><th colspan="4">介 质</th><th rowspan="2">静 环</th><th rowspan="2">动 环</th><th rowspan="2">辅助密封圈</th><th rowspan="2">弹 簧</th></tr>
<tr><th colspan="2">名称</th><th>浓度/%</th><th>温度/℃</th></tr>
<tr><td colspan="2" rowspan="4">氢氧化钠</td><td>10～42</td><td>90～120</td><td>石墨浸渍呋喃树脂</td><td>氮化硅、钢结硬质合金(R8)、碳化钨(WC)</td><td rowspan="4">聚四氟乙烯、氟橡胶</td><td rowspan="4">1Cr18Ni12Mo2Ti</td></tr>
<tr><td rowspan="3">含有悬浮颗粒</td><td rowspan="3">20～120</td><td>氮化硅</td><td>氮化硅</td></tr>
<tr><td>钢结硬质合金(R8)</td><td>钢结硬质合金(R8)</td></tr>
<tr><td>碳化钨(WC)</td><td>碳化钨(WC)</td></tr>
<tr><td colspan="2">氯化钠</td><td>5～20</td><td>20～沸点</td><td>石墨浸渍环氧树脂</td><td>氮化硅</td><td>聚四氟乙烯、氟橡胶</td><td>1Cr18Ni12Mo2Ti</td></tr>
<tr><td colspan="2">硝酸铵</td><td>10～75</td><td>20～90</td><td>石墨浸渍环氧树脂</td><td>氮化硅</td><td>聚四氟乙烯、氟橡胶</td><td>1Cr18Ni12Mo2Ti</td></tr>
<tr><td colspan="2">氯化铵</td><td>10</td><td>20～沸点</td><td>石墨浸渍环氧树脂</td><td>氮化硅</td><td>聚四氟乙烯、氟橡胶</td><td>1Cr18Ni12Mo2Ti</td></tr>
<tr><td colspan="2" rowspan="3">海水</td><td></td><td rowspan="3">常温</td><td>石墨浸渍环氧树脂
青铜</td><td>氮化硅
氧化铝陶瓷</td><td rowspan="3">聚四氟乙烯、氟橡胶</td><td rowspan="3">1Cr18Ni12Mo2Ti</td></tr>
<tr><td rowspan="2">含有泥沙</td><td>氮化硅</td><td>氮化硅</td></tr>
<tr><td>碳化钨</td><td>碳化钨</td></tr>
<tr><td colspan="2" rowspan="5">汽油、机油、液态烃等油类</td><td rowspan="2"></td><td>常温</td><td>石墨浸渍树脂</td><td>碳化钨、堆焊硬质合金</td><td>丁腈橡胶</td><td rowspan="5">3Cr13、4Cr13、65Mn、60Si2Mn、50CrV</td></tr>
<tr><td>高温(>150)</td><td>石墨浸渍环青铜、石墨浸渍巴氏合金</td><td>碳化钨、碳化硅、氮化硅</td><td>聚四氟乙烯、氟橡胶</td></tr>
<tr><td rowspan="3">含有悬浮颗粒</td><td rowspan="3"></td><td>碳化钨</td><td>碳化钨</td><td rowspan="3">丁腈橡胶</td></tr>
<tr><td>氮化硅</td><td>氮化硅</td></tr>
<tr><td>氮化硅</td><td>氮化硅</td></tr>
<tr><td rowspan="6">有机物</td><td>尿素</td><td>98.7</td><td>140</td><td>石墨浸渍树脂</td><td>碳化钨、碳化硅、氮化硅</td><td>聚四氟乙烯</td><td rowspan="6">3Cr13、4Cr13</td></tr>
<tr><td>苯</td><td>100以下</td><td>沸点以下</td><td>石墨浸渍酚醛树脂
石墨浸渍呋喃树脂</td><td rowspan="5">碳化钨、45钢、铸钢、碳化硅、氮化硅</td><td>聚硫橡胶、聚四氟乙烯</td></tr>
<tr><td>丙酮</td><td rowspan="4">95</td><td rowspan="4">沸点以下</td><td>石墨浸渍呋喃树脂</td><td>乙丙橡胶、聚硫橡胶、聚四氟乙烯</td></tr>
<tr><td>醇</td><td rowspan="3">石墨浸渍树脂、酚醛塑料、填充聚四氟乙烯</td><td>丁腈、氯丁、聚硫橡胶，乙丙、丁苯、氟橡胶，聚四氟乙烯</td></tr>
<tr><td>醛</td><td>乙丙橡胶、聚四氟乙烯</td></tr>
<tr><td>其他有机溶剂</td><td>聚四氟乙烯</td></tr>
</table>

第18篇

7.5 波纹管式机械密封

7.5.1 波纹管式机械密封形式及应用

表 18-7-11 波纹管式机械密封形式及应用

形式		简图	特点	应用
金属波纹管密封		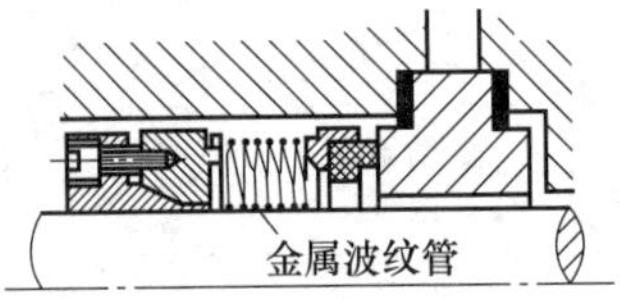	金属波纹管作为弹性元件补偿及缓冲动环因磨损、轴向窜量及振动等原因产生的轴向位移，且与轴之间的密封是静密封，不产生一般机械密封的辅助密封圈的微小移动。传动环随轴旋转，波纹管的弹性力与密封介质压力一起在密封端面上产生端面比压，达到密封作用。具有耐高温、高压的性能	耐腐蚀性好，常用于一般辅助密封圈无法应用的高温和低温场合，如液态烃、液态氮、液态氢、氧。使用温度范围为－240～650℃，压力＜7.0MPa，端面线速度 v＜100m/s
聚四氟乙烯波纹管密封		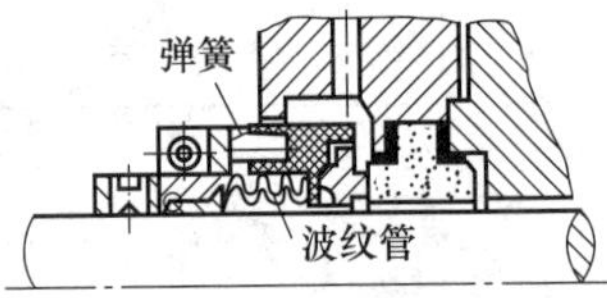	聚四氟乙烯波纹管因弹性小，需与弹簧组合使用。弹簧利用波纹管与强腐蚀性介质隔离，避免弹簧腐蚀。耐腐蚀性能好，但机械强度低	常用于除氢氟酸外的强腐蚀性介质的密封 适用压力为0.3～0.5MPa
橡胶波纹管密封		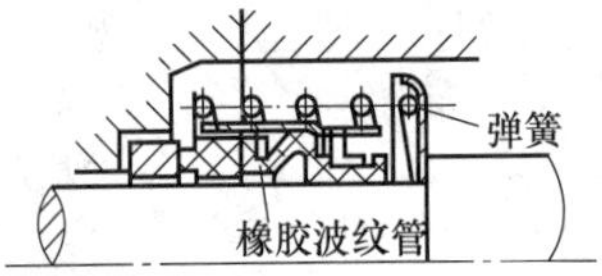	橡胶波纹管因弹性小，需与弹簧组合使用。弹簧利用波纹管与腐蚀性介质隔开。耐腐蚀性能视橡胶性能而定。价格便宜，但耐温性能差	用于适合于橡胶材料的化学腐蚀介质和中性介质中，工作压力为1～1.5MPa，温度通常为100℃以下
金属波纹管	压力成形波纹管	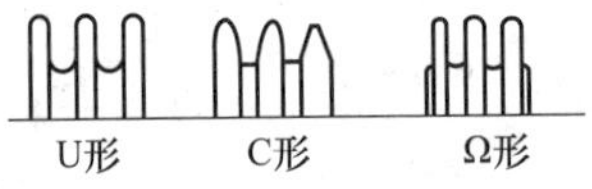	用金属薄壁管在压力(液压)下成形，加工方便。轴向尺寸大，波厚不受成形特点的限制，内、外径应力集中	应用不多
	焊接金属波纹管	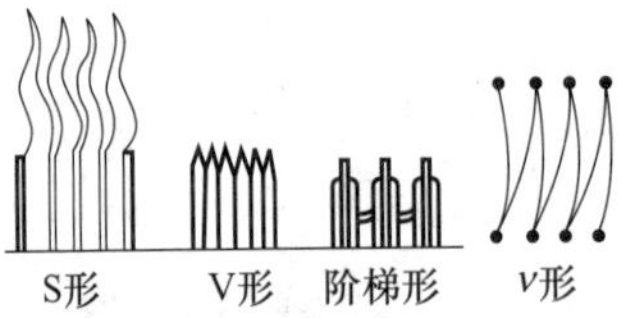	利用一系列薄板或成形薄片焊接而成。可将一个波形隐含在另一波形内。轴向尺寸小，内外径无残余应力集中，允许有较大的弯曲挠度，材料选择范围广	应用较广，尤其适用于高载荷机械密封。S形使用最广
聚四氟乙烯波纹管		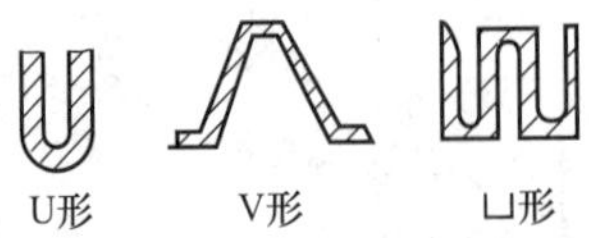	分压制、车制两种形式。车制波纹管表面光滑，强度高，质量比压制好 因聚四氟乙烯弹性差，所以波形多	应用较广
橡胶波纹管			分注压法和模压法两种成形方法。注压法生产效率高，是一种新工艺；模压法生产设备简单，可变性大，故采用较多	U形应用较广

7.5.2 波纹管式机械密封端面比压计算

表 18-7-12 波纹管式机械密封端面比压计算

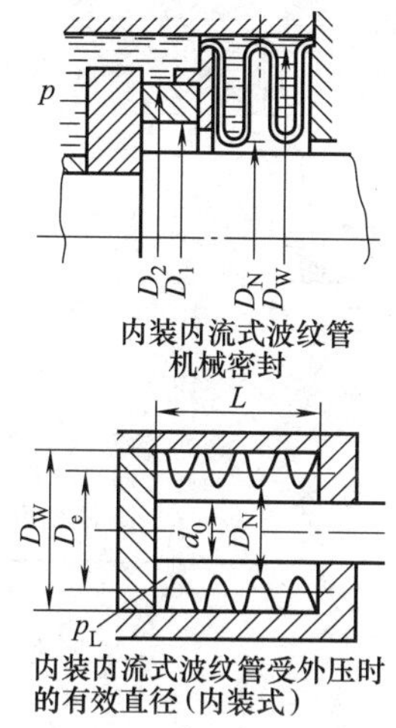

内装内流式波纹管机械密封

内装内流式波纹管受外压时的有效直径（内装式）

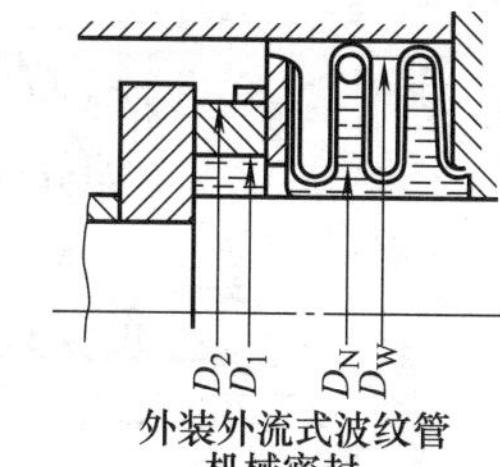

外装外流式波纹管机械密封

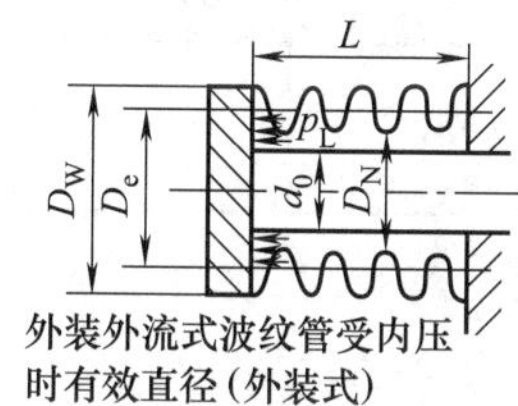

外装外流式波纹管受内压时有效直径（外装式）

p_L—密封腔内介质压力，MPa
D_N—波纹管内径，mm
D_W—波纹管外径，mm
d_0—密封轴径，mm
D_1—密封端面接触内径，mm
D_2—密封端面接触外径，mm

项目		内装内流式	外装外流式	说　明
介质压力作用在密封端面上产生的轴向力 F_b/N		$F_b=\frac{\pi}{4}(D_W^2-D_e^2)p_L$	$F_b=\frac{\pi}{4}(D_e^2-d_0^2)p_L$	d_0——轴径，mm
有效直径 D_e/mm	矩形波	$D_e=\sqrt{\frac{1}{2}(D_W^2+D_N^2)}$		车制聚四氟乙烯管为矩形波
	锯齿形波	$D_e=\sqrt{\frac{1}{3}(D_W^2+D_N^2+D_WD_N)}$		焊接金属波纹管为锯齿形波
	U 形波	$D_e=\sqrt{\frac{1}{8}(3D_W+3D_N+2D_WD_N)}$		压力成形金属波纹管为 U 形波
载荷系数 K		$K_1=\frac{D_W^2-D_e^2}{D_2^2-D_1^2}$	$K_e=\frac{D_e^2-D_0^2}{D_2^2-D_1^2}$	
弹性元件的弹性力 F_d/N		$F_d=P'f'_n+P''f''_n=\frac{\pi}{4}(D_2^2-D_1^2)p_s\times10^2$		P'——弹簧刚度，不采用弹簧时取 0，N/mm f'_n——弹簧压缩量，mm P''——波纹管刚度，N/mm f''_n——波纹管压缩量，mm
弹簧比压 p_s/MPa		$p_s=\frac{4F_d}{\pi(D_2^2-D_1^2)}$ 高速机械，$v>30$m/s 时，$p_s=0.05\sim0.2$MPa 中速机械，$v=10\sim30$m/s 时，$p_s=0.15\sim0.3$MPa 低速机械，$v<10$m/s 时，$p_s=0.15\sim0.6$MPa 搅拌釜，p_s 可取大些		
密封端面液膜推开力 R/N		$R=\frac{\pi}{4}(D_2^2-D_1^2)p_p\times10^2$		p_p——密封端面平均压力，MPa $p_p=\lambda p_L$ λ——介质反压力系数
动环所受合力 F/N（由接触端面承受）		$F=F_b+F_d-R$		

第 18 篇

续表

项目	内装内流式	外装外流式	说　明
端面比压 p_c/MPa	$p_e=p_s+(K_1-\lambda)p_L$ $p_e=p_s+(K_e-\lambda)p_L$		
项目	大气侧(波纹管受外压)	介质侧(波纹管受内压)	说　明
双端面密封简图	封液压力 p_{sL} 介质端面 大气端面		
双端面密封端面比压 p_e/MPa	$p_e=p_s+(K_e-\lambda)p_L$	$p_e=p_s+(K_1-\lambda)p_L+(K_e-\lambda_{sL})p_{sL}$	λ_{sL}——封液反压力系数 p_{sL}——封液压力,MPa

7.6 机械密封设计及计算

(1) 机械密封结构设计

表 18-7-13 机械密封结构设计

项　目		简　图	特点与应用
密封环结构	整体结构		常用于石墨、塑料、青铜等材料制成的密封环,断面过渡部分应具有较大的过渡半径。用于高压时,需按厚壁空心无底圆筒来计算强度。用于摆动和强烈振动设备时,需考虑材料的疲劳强度
	过盈连接	密封座 硬质合金环	常用于硬质合金、陶瓷等材料。用过盈方法装到密封座上,以便节省费用,但需要注意材料的许用应力不能超过允许极限。用于高温时,需要注意因温度影响而松动。为了使密封环装到密封座底部,密封座上需有退刀槽
	喷涂或烧结	喷涂或烧结材料	常用于硬质合金、陶瓷材料。采用喷涂方法将耐磨材料敷到密封座上。克服了过盈连接时耐磨材料在密封座上的松动,但喷涂技术要求高,会因亲和力不够而产生剥离,影响密封效果
	堆焊		将耐磨材料堆焊到密封座上,厚度为 2～3mm,但堆焊硬度不均匀,堆焊面易产生气孔和裂缝,设计和制造时需注意
动环传动方式	并圈弹簧传动		利用弹簧末圈与弹簧座之间的过盈来传递转矩,过盈量取 1～2mm(大直径者取大值)。弹簧两端各并 2 圈(即推荐弹簧总圈数=有效圈数+4 圈),弹簧的旋向应与轴的旋转方向相同。并圈弹簧的其余尺寸与普通弹簧相同

续表

项目		简图	特点与应用
动环传动方式	弹簧钩传动	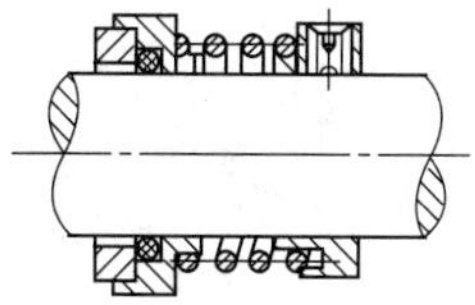	弹簧两端钢丝头部在径向或轴向弯曲成小钩，一头钩在弹簧座的槽中，另一头钩在动环的槽中，既能传递扭矩，结构又比较紧凑。带钩弹簧的其余尺寸与普通弹簧相同。弹簧旋向应与轴的旋向相同
	传动套传动	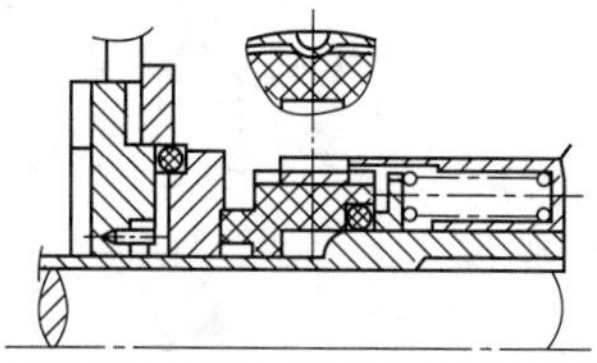	在弹簧座上，"延伸"出薄壁圆筒(即传动套)，借以传递转矩。此结构工作稳定可靠，并可利用传动套把零件预装成一个组件而便于装拆。但耗费材料多，在含有悬浮颗粒的介质中使用，可能出现堵塞现象 图中弹簧套冲成凹槽，在动环上开槽，二者配合传动
	传动销传动	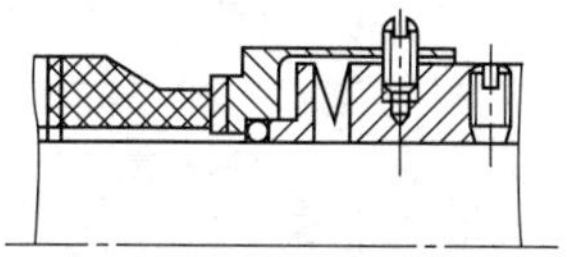	弹簧座固定于轴上，通过传动销把动环与弹簧座连成一体，使动环与静环做相对旋转运动。传动销传动主要用于多弹簧类型的密封
	拨叉传动	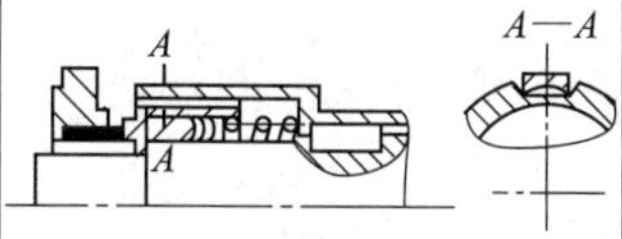 A A A—A	是一种金属与金属的凹凸传动方式。在动环及弹簧座上做出凹凸槽，借助于互相嵌合而传动。特别适用于复杂结构，能保证传动的可靠性
	波纹管传动	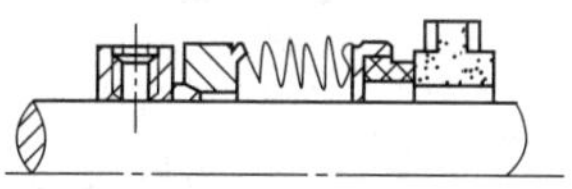	波纹管座利用螺钉固定在轴上，通过波纹管直接传动
	键或销钉传动	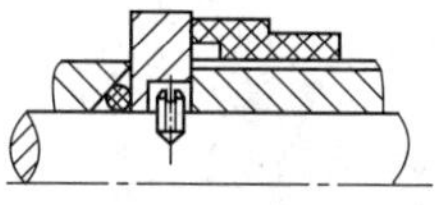	直接在轴上开键槽或销钉孔，然后装上键或销钉。这是一种可靠传动，常用于高速密封
静环固定方式	浮装式固定	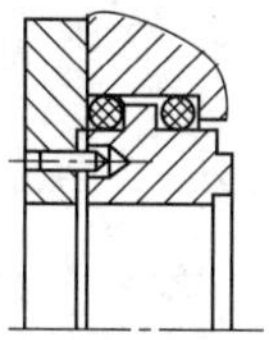	静环的台肩借助密封圈安装在压盖的台肩上，静环与压盖之间没有直接的硬接触面，利用密封圈的弹性变形使静环具有一定的补偿能力。因此，对压盖的制造和安装误差不敏感，是较常用的一种。浮装式固定需要安装防转销，以防止静环出现转动
	托装式固定	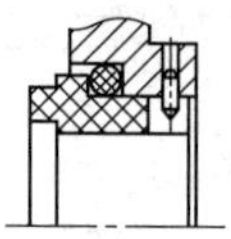	静环端面依托在压盖端面上，同时用密封圈封闭静环与压盖之间的间隙。这是坚实的固定方式，适用于高压密封。但静环的补偿能力降低，需相应提高压盖的制造和安装精度要求。托装式固定也需要安装防转销
	夹装式固定	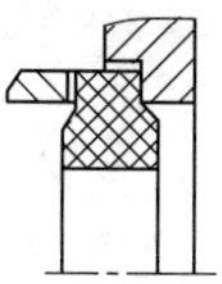	静环被夹紧在压盖与密封腔的止口之间，压盖、密封腔与静环之间的间隙用垫片密封。介质作用在静环上的压力被压盖或密封腔承受，不会产生静环位移而破坏密封的现象。因此，特别适用外装式密封。采用此固定方式，静环不需做出辅助密封圈安装槽，对陶瓷等硬脆材质的静环很适用 静环完全无补偿能力，对压盖的制造安装精度要求严格

续表

项目	简图	特点与应用	
		大弹簧	小弹簧
螺旋弹簧的设计	参数		
	轴径	用于轴径 65mm 以下	用于轴径 35mm 以上。小弹簧的个数随着轴径的增大而增多
	弹簧丝直径和圈数	弹簧丝直径为 2～8mm，有效圈数 2～4 圈，总圈数为 3.5～5.5 圈	弹簧丝直径为 0.8～1.5mm，有效圈数 8～15 圈，总圈数为 9.5～16.5 圈
		两端部各合并 3/4 圈（并圈弹簧传动时两端各并 2 圈），磨平后作为支撑圈	
	工作压缩量（工作变形量）	为极限压缩量（变形量）的 2/3～3/4	
	弹簧力下降	弹簧力的下降不得超过 10%～20%	
	技术要求	①弹簧精度：1 级（GB/T 1239.4） ②两端面对弹簧轴心线垂直度公差：1 级（GB/T 1239.4） ③两端磨平后，放置在平板上不许摇动 ④稳定性处理后，残余变形量不大于 1mm ⑤同一密封所用小弹簧自由高度差不大于0.5～1mm	

（2）机械密封的计算

表 18-7-14　　端面比压和弹簧比压的选择

项目	选择原则	数值		
		介质		p_c/MPa
端面比压 p_c	①端面比压（密封面上的单位压力）应始终是正值，且不能小于端面间液膜的反压力，使端面始终被压紧贴合 ②端面比压应大于因摩擦使端面间温度升高时的介质饱和蒸气压，否则因介质蒸发而破坏端面间液膜 ③控制端面比压数值，使端面间液膜在泄漏量尽可能小的条件下，还能保持端面间的润滑作用 ④必须同时考虑到摩擦副线速度 v（密封端面平均线速度）的影响，使 p_cv 值小于材料的允许 $[p_cv]$ 值	一般介质	内装式	0.3～0.6
			外装式	0.15～0.4
		介质压力高，润滑性好，如柴油、润滑油等重质油（内装式密封）		0.5～0.7
		润滑性差，易挥发介质，如液态烃、丙烷、汽油、煤油（内装式密封）		0.3～0.45
		气体介质		0.1～0.3

续表

项目	选择原则	数值		
		介质		p_c/MPa
		密封形式	介质与条件	p_s/MPa
弹簧比压 p_s	①弹簧比压(弹性元件在端面上产生的单位压力)应能保证密封低压操作，停车时的密封和克服密封圈与轴(轴套)的摩擦力 ②辅助密封圈若采用橡胶材料，弹簧比压可低些；若采用聚四氟乙烯材料，弹簧比压应取得高些 ③压力高，润滑性好的介质，弹簧比压可大些；反之，应取小些	内装式密封(平衡型与非平衡型)	一般介质，$v_{中}$ = 10～30m/s	0.15～0.25
			低黏度介质，如液态烃，$v_{高}$>30m/s	0.14～0.16
			$v_{低}$<10m/s	0.25
		外装式密封	载荷系数 $K\leqslant0.3$	比被密封介质压力高0.2～0.3
			载荷系数 $K\geqslant0.65$	0.15～0.25
			真空密封	0.2～0.3

表 18-7-15 端面比压、结构尺寸及摩擦功率计算

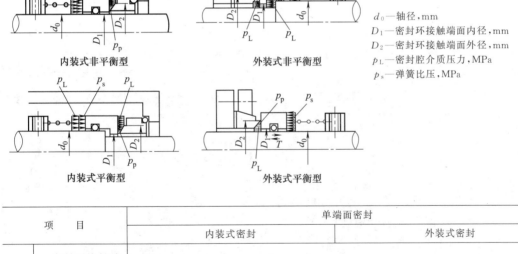

单端面密封

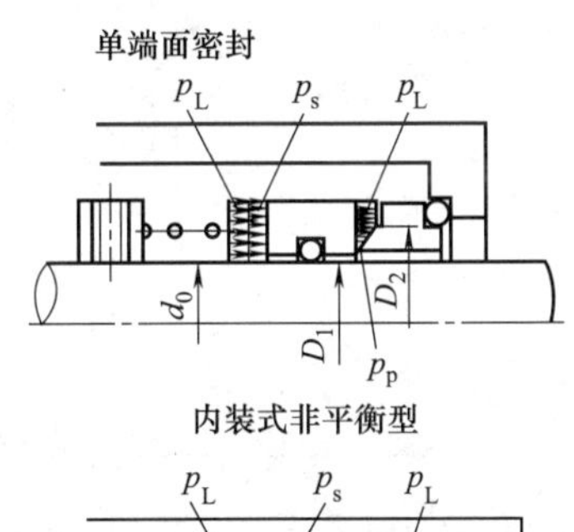

内装式非平衡型

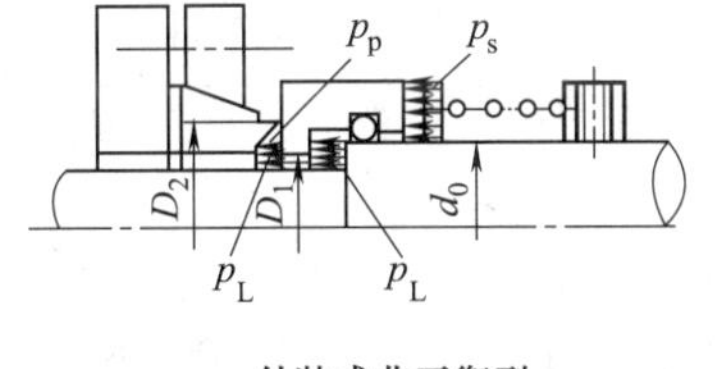

外装式非平衡型

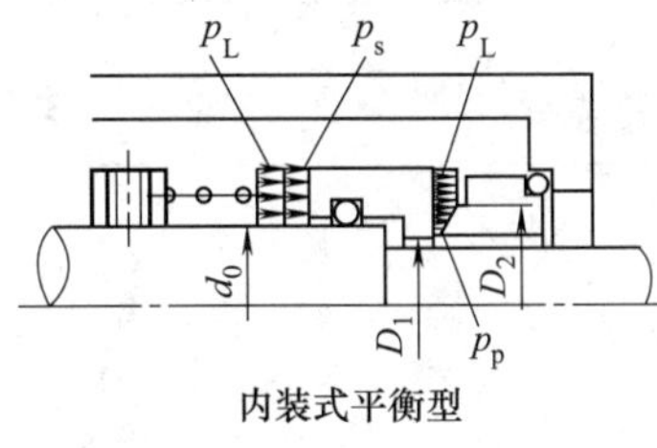

内装式平衡型

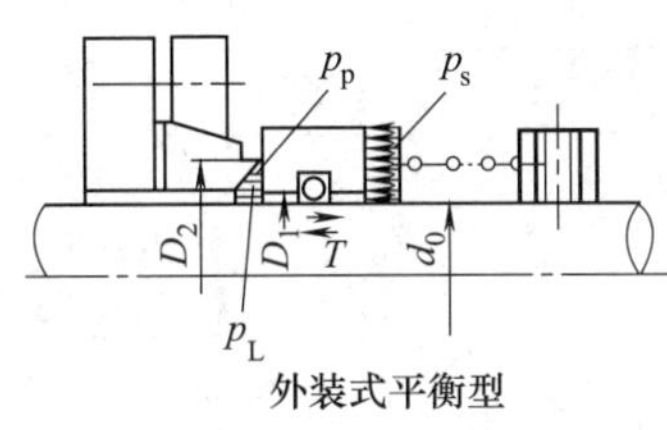

外装式平衡型

d_0—轴径，mm
D_1—密封环接触端面内径，mm
D_2—密封环接触端面外径，mm
p_L—密封腔介质压力，MPa
p_s—弹簧比压，MPa

项目		单端面密封	
		内装式密封	外装式密封
端面比压计算	密封环接触端面平均压力 p_p/MPa	$p_p=\lambda p_L$	
	密封环接触端面液膜推开力 R/N	$R=\frac{\pi}{4}(D_2^2-D_1^2)p_p$	
	总的弹簧力 F_s/N	$F_s=\frac{\pi}{4}(D_2^2-D_1^2)p_s$	

续表

<table>
<tr><td rowspan="2" colspan="2">项 目</td><td colspan="2">单端面密封</td></tr>
<tr><td>内装式密封</td><td>外装式密封</td></tr>
<tr><td rowspan="9">端面比压计算</td><td>密封腔内介质作用力 F_L/N</td><td>$F_L=\frac{\pi}{4}(D_2^2-d_0^2)p_L$</td><td>$F_L=\frac{\pi}{4}(d_0^2-D_1^2)p_L$</td></tr>
<tr><td>动环所受的合力 F(由接触端面承受)/N</td><td colspan="2">$F=F_s+F_L-R$</td></tr>
<tr><td>端面比压 p_c/MPa</td><td colspan="2">$p_c=\frac{F}{\frac{\pi}{4}(D_2^2-D_1^2)}=p_s+p_L(K-\lambda)$
选择适当的 K 值,使 p_c 及 p_cv 控制在合理的范围内</td></tr>
<tr><td rowspan="2">载荷系数 K</td><td>$K_1=\frac{载荷面积}{接触面积}=\frac{D_2^2-d_0^2}{D_2^2-D_1^2}$
通常,非平衡型 $K_1=1.15\sim1.3$,平衡型 $K_1=0.55\sim0.85$</td><td>$K_2=\frac{载荷面积}{接触面积}=\frac{d_0^2-D_1^2}{D_2^2-D_1^2}$
通常,非平衡型 $K_2=1.2\sim1.3$,平衡型 $K_2=0.65\sim0.8$</td></tr>
<tr><td colspan="2">介质:
丙烷、丁烷等低黏度物质 | $K_1=0.5$
水、水溶液、汽油 | $K_1=0.58\sim0.6$
油类高黏度介质 | $K_1=0.6\sim0.7$
K 值大小与介质黏度、温度、汽化压力有关,黏度低取小值,但一般 $K\geqslant0.5$</td></tr>
<tr><td rowspan="2">反压力系数 λ (λ_{sL})</td><td colspan="2">$\lambda=\frac{2D_2+D_1}{3(D_2+D_1)}$
λ 不仅与密封端面尺寸有关,而且与介质黏度有关。低黏度介质稍高,高黏度介质稍低</td></tr>
<tr><td>介质 | 水 | 油 | 气 | 液化气
λ | 0.5 | 0.34 | 0.67 | 0.7</td><td>$\lambda=0.7$</td></tr>
<tr><td>校验 p_cv 值</td><td colspan="2">$p_cv\leqslant(p_cv)_p$
$v=\frac{\pi(D_2+D_1)n}{120}$
式中 p_c——端面比压,MPa
v——密封面平均速度,m/s
n——动环转速,r/min
$(p_cv)_p$——许用 p_cv 值,见表 18-7-16</td></tr>
<tr><td colspan="3">双端面密封</td></tr>
<tr><td colspan="3">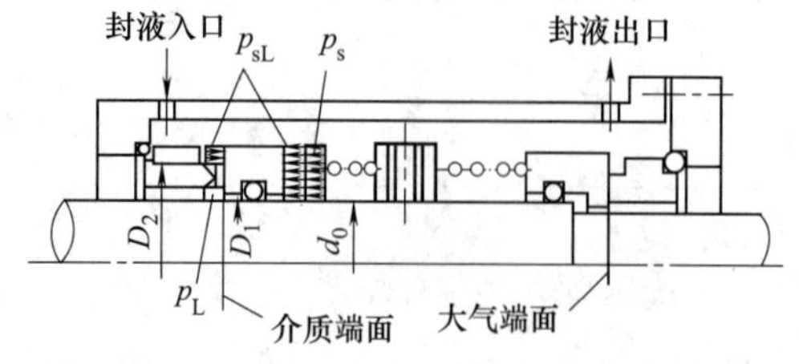

p_{sL}——密封腔内封液压力,MPa
其他符号见本表单端面密封</td></tr>
</table>

第18篇

续表

项　目		双端面密封		
端面比压计算	隔离流体作用力 F_{sL}/N	大气端密封	端面比压计算与内装式密封相同	
		介质端密封	$F_{sL}=\frac{\pi}{4}(D_2^2-d_0^2)p_{sL}$	K_1、K_2 的计算及 λ 的选取见“单端面密封”
	密封环接触端面液膜推开力 R/N		$R=\frac{\pi}{4}(D_2^2-D_1^2)(p_L+p_{sL})\lambda$	
	总的弹簧力 F_s/N		$F_s=\frac{\pi}{4}(D_2^2-D_1^2)p_s$	
	密封介质作用力 F_L/N		$F_L=\frac{\pi}{4}(D_2^2-d_0^2)p_L$	
	动环所受的合力 F(由接触端面承受)/N		$F=F_s+F_{sL}-F_L-R$	
	端面比压 p_c/MPa		$p_c=\frac{F}{\frac{\pi}{4}(D_2^2-D_1^2)}=p_s+p_{sL}(K_1-\lambda)+p_L(K_e-\lambda)$	
	校验 p_cv 值		$p_cv\leqslant(p_cv)_p$ 其他见“单端面密封”	

项　目										
几何尺寸计算	端面接触内径 D_1/mm	内装式密封	$D_1=-2b(1-K)+\sqrt{d_0^2-4b^2K(1-K)}$							
		外装式密封	$D_1=-2bK+\sqrt{d_0^2-4b^2K(1-K)}$							
	端面接触外径 D_2/mm	$D_2=D_1+2b$								
	端面接触宽度 b/mm	材料组合	轴径/mm							备注
			16～28	30～40	45～55	60～65	66～70	75～85	90～120	
		软环/硬环	3	4	4.5	5		5.5	6	硬环比软环宽 1～3mm
		硬环/硬环	2.5				3			两环宽度相等
		一般 b=3～6mm。对气相介质、易挥发介质及高速密封，以散发摩擦热为主，b 适当地取小值；对高压或大直径密封，特别在压力有波动或存在振动的情况下，以强度与刚度为主，b 适当地取大值								
	软环端面凸台高度	根据材料强度、耐磨能力及寿命确定，通常取 2～3mm。端面内外径棱缘不允许有倒角								

项　目						
间隙	静环内径与轴的间隙(D-d)	轴径/mm	16～100(软环)	110～120(软环)	16～100(硬环)	110～120(硬环)
		间隙/mm	1	2	2	3
	动环内径与轴的间隙	根据轴径大小一般取 0.5～1mm，用以补偿静环的偏斜、轴的振动而造成摩擦副不贴合和比压不均匀 动环与轴的间隙不能过大，否则会造成O形密封圈卡入间隙而造成密封失效，尤其在高压时更要注意				

续表

<table>
<tr><th>项 目</th><th colspan="6">双端面密封</th></tr>
<tr><td rowspan="3">摩擦功率</td><td colspan="6">通常按下式计算
$$P=f\pi d_{m}bp_{c}v\ (W)$$
式中 d_m——密封端面平均直径,m,$d_m=(D_1+D_2)/2$
D_1,D_2——密封环接触端面内径、外径,m
b——密封环接触端面宽度,m,$b=(D_2-D_1)/2$
p_c——密封端面比压,Pa
v——密封环接触端面平均速度,m/s,$v=\pi d_m n/60$
n——密封轴转速,r/min
f——密封环接触端面摩擦因数,见下表。对于普通机械密封,端面间呈边界摩擦状态</td></tr>
<tr><td>摩擦状态</td><td>干摩擦</td><td>半干摩擦</td><td>边界摩擦</td><td>半液摩擦</td><td>全液摩擦</td></tr>
<tr><td>摩擦因数</td><td>0.2～1.0
或更高</td><td>0.1～0.6</td><td>0.05～0.15</td><td>0.005～0.1</td><td>0.001～0.005</td></tr>
</table>

表 18-7-16 **常用摩擦副材料组合的 $(p_c v)_p$ 值** MPa·m/s

摩擦副材料组合		非平衡型			平衡型	
静环	动环	水	油	气	水	油
碳石墨	钨铬钴合金	3～9	4.5～11	1～4.5	8.5～10.5	58～70
	铬镍铁合金		20～30			
	碳化钨	7～15	9～20		26～42	122.5～150
	不锈钢	1.8～10	5.5～15			
	铅青铜	1.8				
	陶瓷	3～7.5	8～15		21	42
	喷涂陶瓷	15	20		90	150
	氧化铬	7				
	铸铁	5～10	9			
碳化硅	钨铬钴合金	8.5				
	碳化钨	12				
	碳石墨	180				
	碳化硅	14.5				
碳化钨	碳化钨	4.4	7.1		20	42
青铜	铬镍铁合金		9～20			
	碳化钨	2	20			
	氧化铝陶瓷	1.5				
铸铁	钨铬钴合金		6			
	铬镍铁合金		6			
陶瓷	钨铬钴合金	0.5	1			
填充聚四氟乙烯	钨铬钴合金	3	0.5	0.06		
	不锈钢	3				
	高硅铸铁	3				

7.7　泵用机械密封

7.7.1　高温介质泵用机械密封

在石油化工和炼油装置中所应用的温度较高的热油泵有塔底热油泵、热载体泵、油浆泵、渣油泵、蜡油泵、沥青泵、熔融硫黄和增塑剂泵等，均采用机械密封。

在高温油泵中采用硬对硬摩擦副解决低压含固体颗粒的减压塔底热油泵机械密封，采用焊接金属波纹管机械密封解决不同压力下的热油泵密封，采用轴封箱冷却套降低温度解决热油泵密封，采用翅片冷却轴封箱保护辅助密封解决热油泵密封以及采用双端面密封和加强冲洗等措施。见表 18-7-17。

7.7.2　易汽化介质泵用机械密封

在石油化工及炼油厂中，有许多泵是在接近介质沸点（泡点）下工作，例如轻烃泵、液化气泵、液氨泵、热水泵等。因此，这些泵的机械密封有可能在液相、汽（气）相或汽液混相状态下工作。因为这些介质的常压沸点均低于一般泵的周围环境，所以必须注意勿使这类密封干运转或不稳定工作。为此，应在结构、辅助措施和工作条件控制方面采取有力的措施，例如加强冲洗保证轴封箱压力和温度，可使密封处于液相状态下工作或处于似液相状态下工作；采用流体动压密封可以使密封在良好的润滑状态下工作；采用加热方法可以使密封在稳定的汽相状态下工作。此外还可以采用串级式机械密封。见表 18-7-18。

表 18-7-17　　解决措施举例

名　称	简　图	特　点
104 型 WC-WC 密封副减压塔底热油泵机械密封	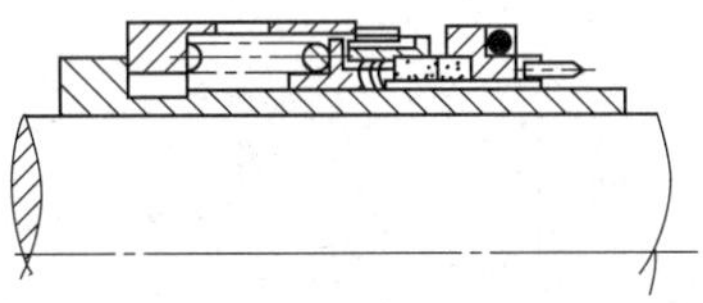	①采用金属波纹管代替了弹簧和辅助密封圈，兼作弹性元件和辅助密封元件 ②波纹管密封本身就是部分平衡型密封，因此适用范围广 ③采用蒸汽背冷措施起到下列作用：a. 启动前起暖机和正常时起冷却作用，减少急剧温变和温差；b. 冲洗静、动环内部析出物，洗净凝聚物；c. 防止泄漏严重时发生火灾 ④采用静止式结构对高黏度液体可以避免由于高速搅拌产生热量 ⑤采用双层金属波纹管，可以保持低弹性模量且能耐高压，在低压下外层磨损，内层仍然起作用。采用双层金属波纹管弹性好。使用时必须注意由于操作条件变化，波纹管外围沉积或结焦会使波纹管密封失效
不对称液压成形波纹管机械密封	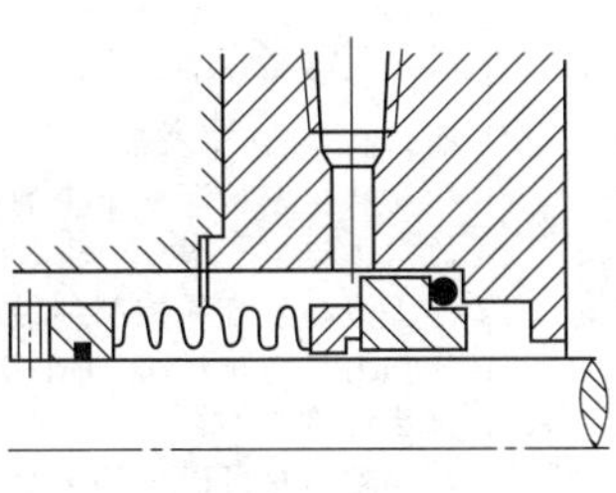	①波纹管为圆弧波形，无压时其曲率半径不等（波型不对称）；工作时，波纹管受压其曲率半径相等，平衡直径（平衡比）近似不变，且应力分布均匀 ②只有一道由原板材卷成筒状的焊缝 ③不对称圆弧形液压成形波纹管不易有沉积物聚集 ④受压时有效直径不变（金属焊接双圆弧形波纹管密封受压时有效直径变化） ⑤制造简单，工作量少

表 18-7-18 解决措施举例

名称	简图	特点
一种液化石油气用机械密封	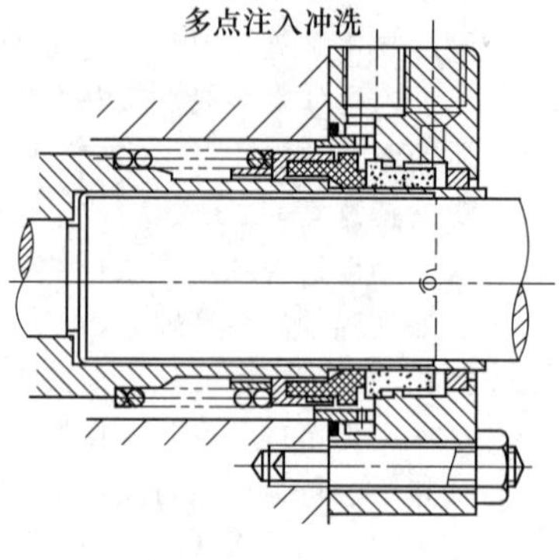 多点注入冲洗	①采用多点冲洗，比一般单点冲洗沿圆周分布均匀、变形小、散热好、端面温度均匀稳定，有利于密封面润滑、冷却和相态稳定，可以降低液体向周围液体的传热速率，增大传热系数，有利于液膜稳定 ②一律采用平衡型密封，采用合适的面积比，使之处于合适的膜压系数变化范围内，不至于发生气震或气喷等问题 ③为安全起见，除主密封外还装有起节流、减漏、保险作用的副密封。因为一旦轻烃等液体泄漏到大气中，在轴封处会结成冰霜，使轴封磨坏造成更大泄漏，甚至发生事故 ④轴封箱压盖处备有蒸汽放空孔，在启动前排放聚积在轴封箱内的蒸汽，以免形成气囊造成机械密封干运转
轻烃泵用热流体动压型机械密封	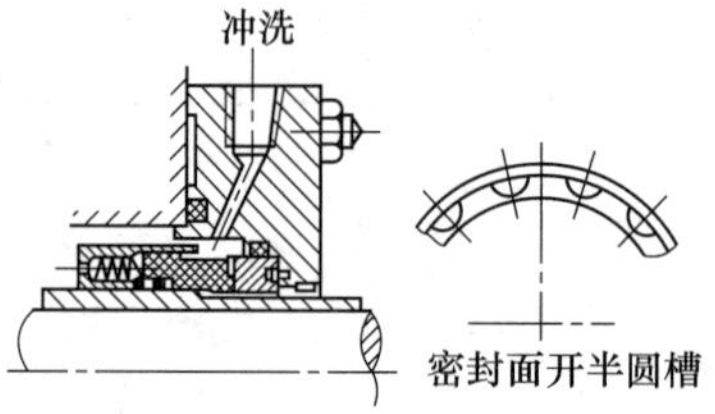 冲洗 密封面开半圆槽	流体动压使密封面承载能力提高，改善了密封面润滑状态，使之在稳定状态长期运转 密封面设计成流体动压垫时必须注意下列几点： ①必须设计成两密封面在平行状态下运转。密封面力变形和热变形需要预测 ②除密封本身外，压盖和轴套等的精度和轴封箱安装精度要严格检查 ③高负荷轻烃机械密封必须仔细考虑冲洗措施，在采用静止式时，密封副材料用碳化硅和碳石墨配对较好 ④高蒸汽压轻烃机械密封设计时应使闭合力大于开启力。控制面积比，使 $p_c/p_o>1.1$
汽相密封	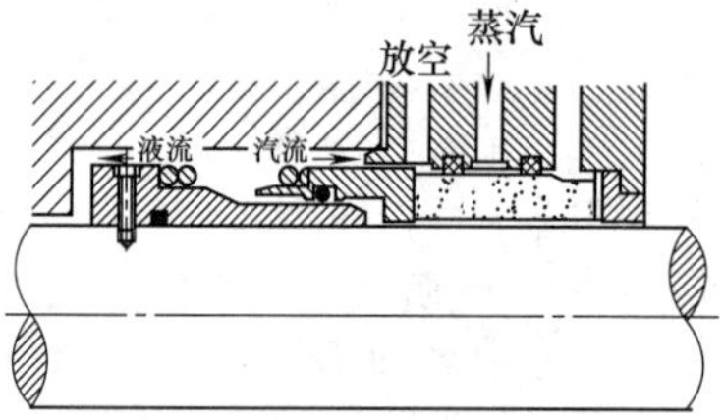 放空 蒸汽 液流 汽流	①为了使汽相密封稳定地处于汽相状态下运转，必须从轴封箱外输入外热 ②汽相密封中两密封环之间必须有一环使用自润滑材料，如碳石墨 ③在压盖上必须设有启动前放空栓 ④密封副材料应具有较高的允许[pv]值，以保证有足够长的寿命(至少一个周期) ⑤静环加热可以采用加长的静环，以便在两O形圈密封中间引入加热用水蒸气，也可以采用带夹套的静环座 ⑥压盖中应备有蒸汽凝液排出口，以便将凝水引出
串级轻烃机械密封	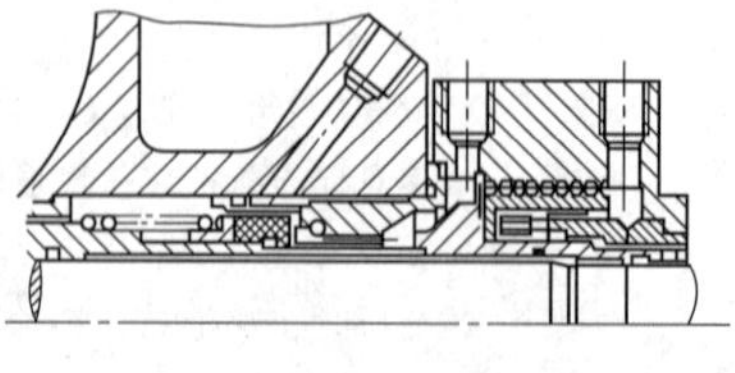	串联系统设计时必须考虑： ①若主密封损坏，副密封必须能胜任主密封的任务(担负全负荷) ②副密封的循环系统必须有压力以保证副密封的润滑，但不能污染产品 ③从主密封泄漏出来的产品积累在高位槽内可定期放空去火炬 ④泄漏量容易控制到最小允许值，并考虑自动控制 ⑤为了防止汽堵，可采用小叶轮循环封液，而不采用自然虹吸 ⑥副密封可以采用多点布小弹簧密封，以缩短整个密封长度

7.7.3 含固体颗粒介质泵用机械密封

在炼油厂及石油化工厂中，含固体颗粒介质的泵采用机械密封。介质含固体颗粒及纤维对机械密封的工作十分不利。固体颗粒进入摩擦副，会使密封面发生剧烈磨损而导致失效。同样，纤维进入密封副也将引起密封严重的泄漏。因此，必须进行专门设计来解决含固体颗粒介质或溶解成分结晶或聚合等问题。解决这类问题要考虑结构（双端面，串级密封等）、冲洗及过滤，以及材料的选择等问题。见表18-7-19。

表 18-7-19 解决措施举例

名　　称	简　　图	特　　点
一种含固体颗粒介质用机械密封	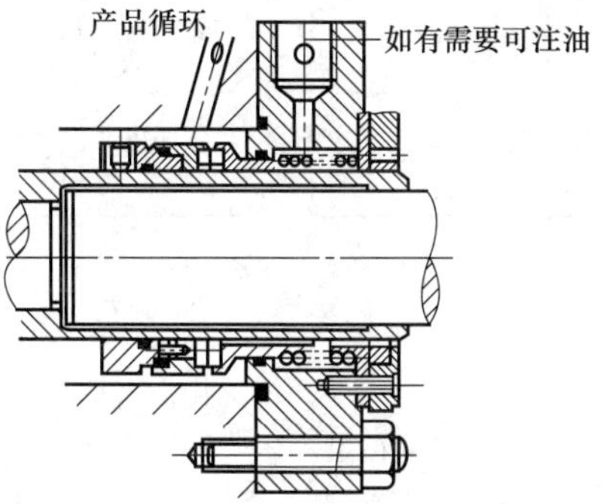 产品循环 如有需要可注油	①采用静止式大弹簧机械密封，且使弹簧置于压盖内不与固体颗粒接触，可以减少磨损和避免弹簧堵塞而造成"密封搁住" ②采用硬对硬材料密封副，减少材料磨损（密封面硬度应比固体颗粒大），并且密封面带锐边，防止固体颗粒进入密封面间 ③O形圈移置于净液处可以防止结焦或堵塞
弹簧与介质不接触的机械密封	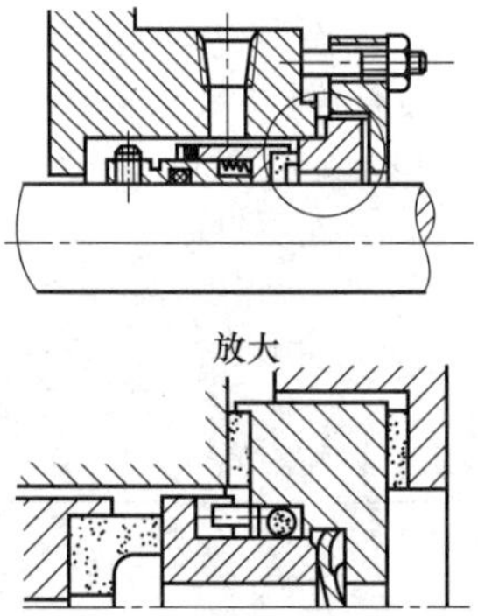 放大	①密封头本身带轴套，方便和密封座与压盖配套，组合供应，使用方便 ②弹簧安装在不与介质接触处，不会为胶质油、阻塞流体所堵塞，提高了防堵和防腐能力 ③O形圈安装在离密封面较远处，不易阻塞，与轴接触的O形圈处于固定位置，使轴不受微动磨损 ④轴套上开有应力消除槽，上紧紧定螺钉时不至于使O形圈表面变形 ⑤本身带轴套做成平衡型密封，不需要在轴上车出平衡用台肩 ⑥静环与压盖采用波纹弹簧，使之具有补偿能力和自动调心的作用
全橡胶轴向端面密封	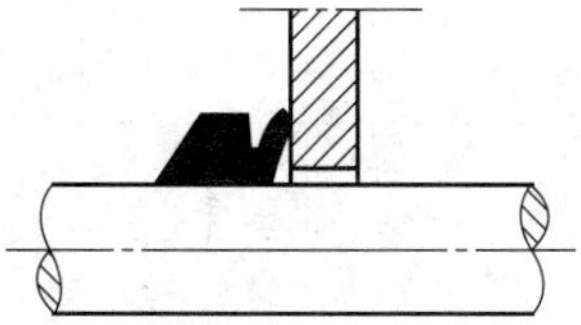	密封唇靠弹性与壁面接触，本身有三个部分：密封唇、铰节和本体。这种密封结构简单，价格低，摩擦小并允许有角度误差和介质中含固体颗粒，可用作轴承防水和防尘密封

续表

名 称	简 图	特 点
橡胶隔膜端面密封	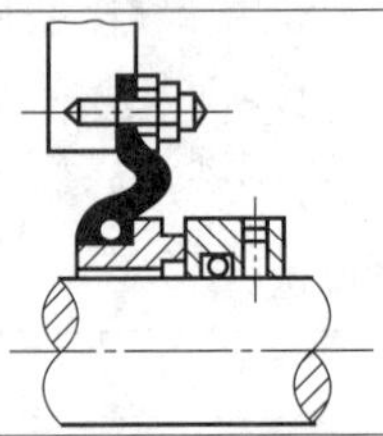	依靠弹性体隔膜的弹力预紧,靠工作的液体压力压紧。此外,橡胶隔膜有耐振动和耐固体颗粒介质的作用
O 形圈与浮动端面密封组成的弹性体密封	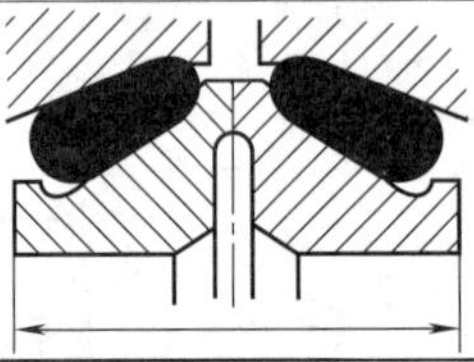	橡胶 O 形圈在箱体内压缩成椭圆形,兼作弹性元件和辅助密封,既作密封元件又作定位元件,传递转矩。它具有渗漏量小、密封可靠、使用寿命长,能在冲击和振动载荷以及有水与泥沙等比较恶劣的条件下工作

7.7.4 腐蚀性介质泵用机械密封

随着石油、石化生产的发展和机械密封的广泛使用,出现了化工腐蚀泵用机械密封,主要是酸泵和碱泵的机械密封。处于腐蚀性介质中工作的密封元件,不仅要注意每个零件本身的耐蚀性,还应防止组合在一起时产生的电偶腐蚀。强腐蚀条件下的密封主要依赖于材料,例如密封副材料用陶瓷、填充四氟乙烯等或浸渍四氟乙烯、碳石墨、氮化硅、耐蚀硬质合金等耐蚀材料,并且辅助密封采用耐蚀性良好的氟橡胶和聚四氟乙烯等材料。

此外,从结构上可设法避免易受腐蚀的组件与腐蚀介质接触,如采用外装式波纹管结构、弹簧不与介质接触的内装式密封,危险性较大的介质用双端面密封和引入封液(阻塞流体)来保护密封装置。见表 18-7-20。

7.7.5 易凝固、易结晶介质泵用机械密封

在石油及化工工业生产中,常见有易凝固、易结晶的液体。此类液体一般黏度较高,而当密封介质的黏度高时,会产生一种黏性阻尼作用,使介质在密封副端面间产生黏滞,使碳石墨环(碳石墨环使用的黏度界限在 3Pa·s 以下)容易发生前后颠簸。这时,需采用金属材料作密封环(一般用硬质合金对铜合金)。当采用单端面机械密封时,考虑介质的黏性阻力,静环需使用加固型防转销;动环的传动设计最好设计成拨叉传动方式。密封结构形式宜采用静止式。此外,被密封流体中的结晶颗粒容易导致密封端面过度磨损。解决结晶问题可采用以下办法:加热密封室中介质,使之高于结晶温度,待结晶物溶解后方可开车;背冷处腔内使用溶剂来溶解,也可采用水或蒸汽。见表 18-7-21。

表 18-7-20 **解决措施举例**

名 称	简 图	特 点
一种强腐蚀介质机械密封	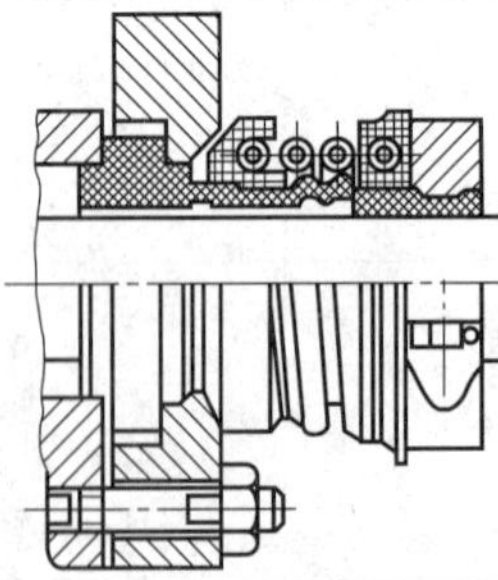	旋转环外装式机械密封。带波纹管的动环用填充聚四氟乙烯,静环用氧化铝陶瓷,弹簧用塑料软管或涂层保护。这种结构适用于盐酸(体积分数 30%以上)、硫酸(体积分数 50%以上)、硝酸(体积分数 98%以上)、氢氧化钠(体积分数 10%~40%)等大部分腐蚀性介质
静止式内流型的弹簧机械密封(153 型耐腐蚀机械密封)	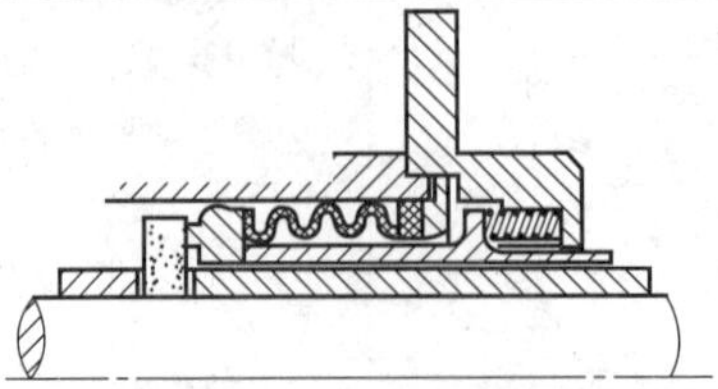	适用于强腐蚀化工介质(当介质为氢氟酸时动环材质应使用耐氢氟酸腐蚀的材质),密封腔压力最高不超过 0.5MPa,当压力≥3MPa 时,要求做水压试验。密封腔温度应≤70℃

表 18-7-21 解决措施举例

名　　称	简　　图	特　　点
刃边机械密封	波纹管 密封环 刃边转环 止挡环 O形圈 紧定螺钉	该密封又叫做K-E密封。其非补偿环端面宽度极小，犹如刀刃般；弹簧比压为普通密封的10～60倍，可把密封端面生成的固体物切断排除，以达到密封的目的。弹性元件采用液压成形U形波纹管，有较大的间距，避免凝固物、沉积物填塞间隙而失去弹性。该密封的适用参数为压力小于1.5MPa，速度小于12m/s，温度大约为50～150℃，轴径为30～90mm
HJA977G型机械密封	封套填满黄油	该密封主要特点为封装式结构，附加有橡胶套（丁腈橡胶、氟橡胶或乙丙橡胶），目的是保护补偿环的辅助密封O形圈和加载弹簧，免受高黏度介质的阻塞黏着。除此之外，还采用了波形弹簧作为弹性元件，构成短形密封。弹簧与泵轴的旋向无关，其结构为平衡型机械密封。对于含颗粒的高黏度介质，密封腔相对密封外表面，至少有5mm的间隙，并设计成锥形，以防止颗粒杂质堆积在密封副附近
UU77-R_1 机械密封	介质侧	该密封主要适用于炼钢厂进行干馏煤的BP装置中的焦油沥青回收泵。沥青回收泵可被看成是高温、不可冷却的典型，其机械密封采用了左图中的双端面形式。它用120℃、压力为0.35MPa的萘油注向密封腔内冲洗循环；密封副采用硬质合金组对。为防止端面热变形，密封环采用组合结构。介质端面密封端面比压为0.109MPa，大气侧密封端面比压为0.59MPa。辅助密封分别采用聚四氟乙烯O形圈、方形圈与V形圈 该密封的典型工况为：压力大约为0.25～0.3MPa，温度为200℃，转速为1450r/min，配合轴径为90mm。使用寿命通常在一年以上

7.8 风机用机械密封

风机是一种依靠输入的机械能，提高气体压力并排送气体的流体机械。它是我国对气体压缩和气体输送机械的习惯简称，通常所说的风机包括通风机、鼓风机、压缩机以及罗茨风机，但是不包括活塞式压缩机等容积式鼓风机和压缩机。

在工业生产尤其是石油化学工业中，离心压缩机一直是关系到生产平稳进行的关键设备，所以此处重点介绍压缩机用机械密封。

压缩机的形式和所采用的润滑方式决定了所采用的密封技术。有些压缩机需要液体润滑系统，而有些则需要气体润滑系统。根据润滑的方式，压缩机用接触式机械密封可分为液体润滑密封和气体润滑密封。

大型离心压缩机采用接触式机械密封时，必须带有封油系统来对密封端面进行冷却和润滑，如图18-7-2所示。

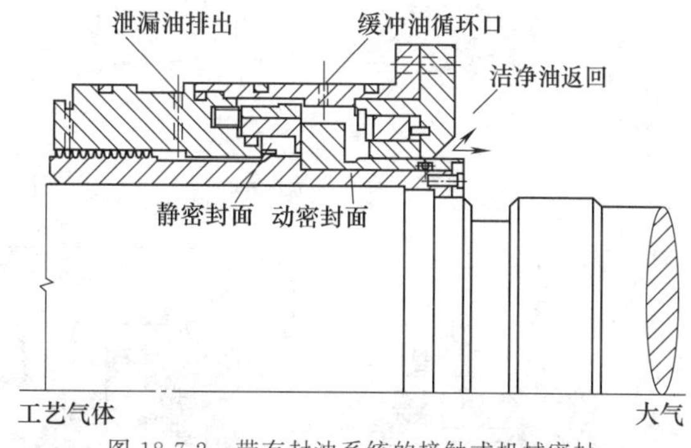

图 18-7-2 带有封油系统的接触式机械密封

从密封端面泄漏的封油进入内部的油槽，并从气体中分离出来，必要时在密封件的内侧需加迷宫密封来降压。封油的压力需高于工艺气体压力。

此外，还可根据工况需要选用双端面机械密封。

7.9 釜用机械密封

釜用机械密封与泵用机械密封原理相同，但釜用机械密封有以下特点。

① 釜用机械密封的被密封介质是气体（只有满釜操作时才是液体），密封端面工作条件比较恶劣，往往处于干摩擦状态，端面磨损较大；由于气体渗透性强，对密封材料要求较高。为了对密封端面进行润滑和冷却，往往选择流体动压式双端面密封作为釜用密封，在两个密封端面之间通入润滑油或润滑良好的液体进行润滑、冷却。单端面密封仅用于压力比较低或不重要的场合。

② 搅拌轴比较长，且下端还有搅拌桨，所以轴的摆动和振动比较大，使动环和静环不能很好贴合，往往需要搅拌轴增设底轴承或中间轴承。为了减少轴的摆动和振动对密封的影响，靠近密封处增设轴承，还应考虑动环和静环有较好的浮动性。

③ 由于搅拌轴尺寸大，密封零件重，且有搅拌支架的影响，机械密封的拆装和更换比较困难。为了拆装密封方便，一般在搅拌轴与传动轴之间装设短节式联轴器，需要拆卸密封时，先将联轴器中的短节拆除，保持一定尺寸的空当，再将密封拆除。

④ 由于轴径大，在相同弹簧比压条件下弹簧压紧力大，机械密封装配和调节困难。为了保证装配质量，当前开发的釜用机械密封多数设计成集装式结构。这种结构密封可以在密封制造厂或维修车间事先装配好，再到现场装上即可，不需要熟练工人。

⑤ 搅拌轴转速低，pv 值低，对动环、静环材料的选择比较容易。

表 18-7-22　　釜用机械密封的类型

类型	结构图	特点及应用
带有冷却外壳的外装式单端面机械密封	图(a) 1—辅助密封圈；2—非补偿环（静环）；3—补偿环（动环）；4—冷却外壳；5—轴套；6—密封圈	图(a)为衬胶搅拌设备用的带有冷却外壳的外装式单端面机械密封。与釜内腐蚀性介质接触的密封零件是耐腐蚀性能很好的石墨制成的动环 3、陶瓷制成的静环 2，以及弹性的辅助密封圈 1，轴套 5 表面喷涂陶瓷或衬橡胶或哈氏合金制造。考虑到轴径向摆动量较大，静环采用两个辅助密封圈支承，能够适应轴径向摆动量为 1mm。为了装配方便，密封采用夹紧结构固定 适用于真空和压力小于 0.5MPa、搅拌轴转速比较低的场合。冷却介质的压力取决于大气侧密封圈 6，一般不超过 0.05～0.1MPa
径向双端面机械密封	图(b) 1—封液入口；2—漏液收集槽；3—动环；4—内静环；5—外静环；6—导向片；7—封液出口；8—锥形环	图(b)为轴向尺寸很小的径向双端面机械密封。它不设密封腔外壳。封液由封液入口进入，在导向片 6 外侧向上流动，润滑内、外两个端面后再沿导向片 6 内侧向下流动，并从封液出口 7 排出。内、外静环 4、5 是补偿环，由硬质材料制造，分别由两组规格相同的小弹簧压向由石墨制成的非补偿环（动环 3）。内、外端面上的比压可以通过调整各自端面宽度来达到。动环的旋转通过锥形环 8 来实现。这种密封适用压力为 1.0MPa
径向尺寸小的双端面机械密封	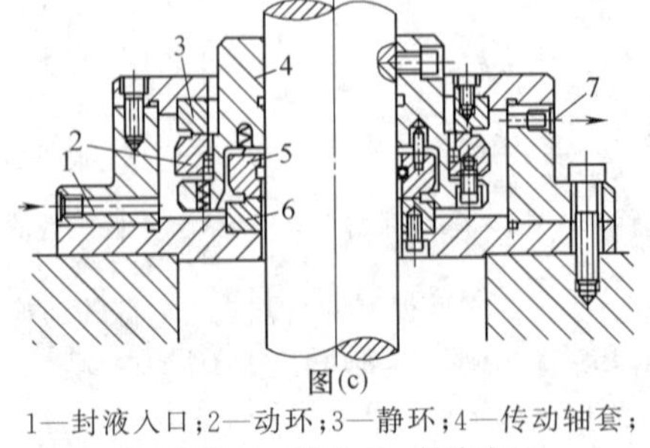 图(c) 1—封液入口；2—动环；3—静环；4—传动轴套；5—动环；6—静环；7—封液出口	图(c)为轴向尺寸小的双端面机械密封。它将下端面密封所属零件隐藏在上端面密封零件之内，因而增加了径向尺寸，缩小了轴向尺寸。由于这种密封的封液泄漏方向与离心力方向相反，故封液泄漏率比图(b)低。该密封适用于轴向尺寸受到限制的场合

续表

类型	结 构 图	特 点 及 应 用
带轴承和冷却腔的流体动压式釜用双端面机械密封	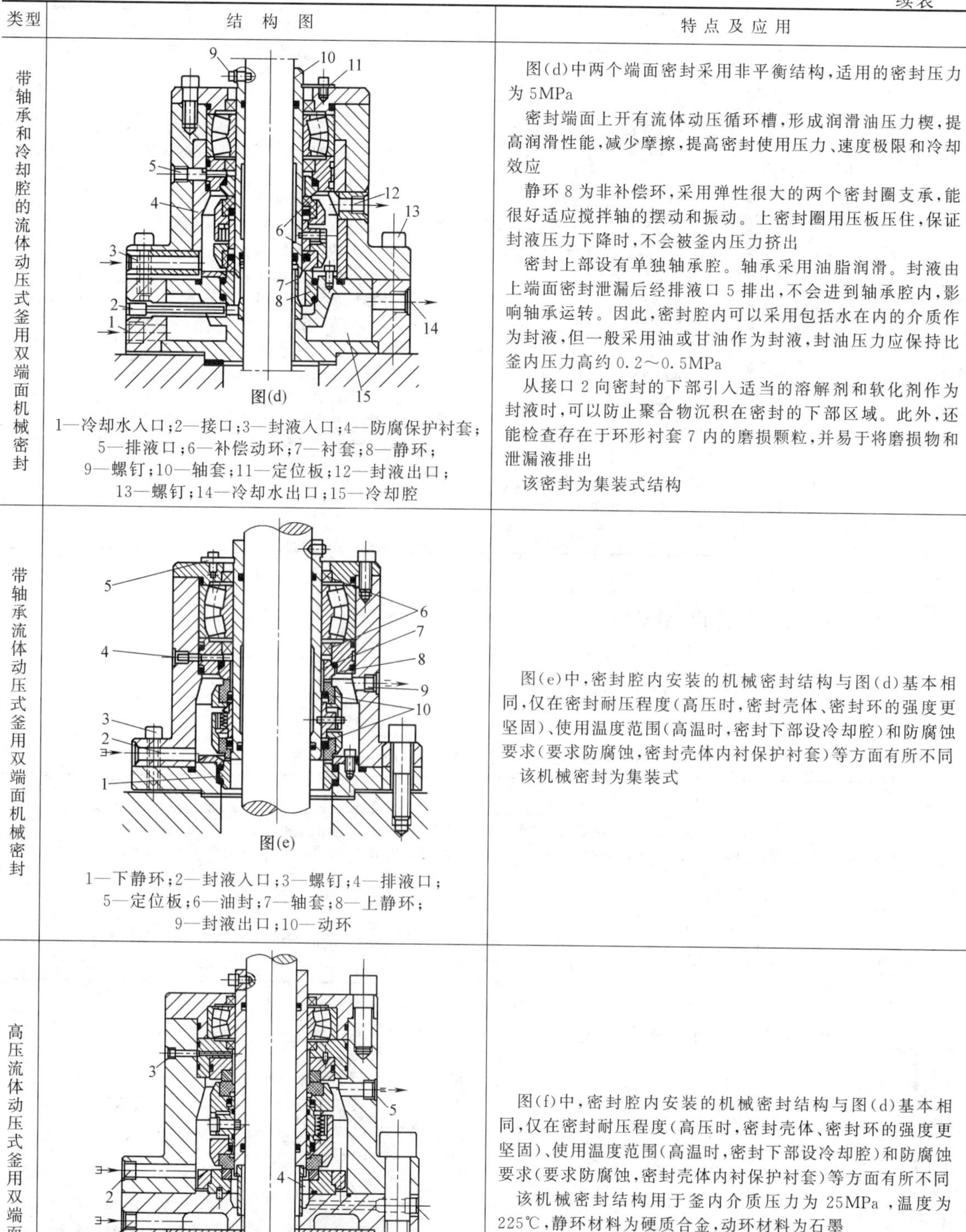 图(d) 1—冷却水入口；2—接口；3—封液入口；4—防腐保护衬套；5—排液口；6—补偿动环；7—衬套；8—静环；9—螺钉；10—轴套；11—定位板；12—封液出口；13—螺钉；14—冷却水出口；15—冷却腔	图(d)中两个端面密封采用非平衡结构，适用的密封压力为 5MPa 密封端面上开有流体动压循环槽，形成润滑油压力楔，提高润滑性能，减少摩擦，提高密封使用压力、速度极限和冷却效应 静环 8 为非补偿环，采用弹性很大的两个密封圈支承，能很好适应搅拌轴的摆动和振动。上密封圈用压板压住，保证封液压力下降时，不会被釜内压力挤出 密封上部设有单独轴承腔。轴承采用油脂润滑。封液由上端面密封泄漏后经排液口 5 排出，不会进到轴承腔内，影响轴承运转。因此，密封腔内可以采用包括水在内的介质作为封液，但一般采用油或甘油作为封液，封油压力应保持比釜内压力高约 0.2～0.5MPa 从接口 2 向密封的下部引入适当的溶解剂和软化剂作为封液时，可以防止聚合物沉积在密封的下部区域。此外，还能检查存在于环形衬套 7 内的磨损颗粒，并易于将磨损物和泄漏液排出 该密封为集装式结构
带轴承流体动压式釜用双端面机械密封	图(e) 1—下静环；2—封液入口；3—螺钉；4—排液口；5—定位板；6—油封；7—轴套；8—上静环；9—封液出口；10—动环	图(e)中，密封腔内安装的机械密封结构与图(d)基本相同，仅在密封耐压程度(高压时，密封壳体、密封环的强度更坚固)、使用温度范围(高温时，密封下部设冷却腔)和防腐蚀要求(要求防腐蚀，密封壳体内衬保护衬套)等方面有所不同 该机械密封为集装式
高压流体动压式釜用双端面机械密封	图(f) 1—冷却液入口(图中未表示出口)；2—封液入口；3—排液口；4—封液和泄漏液积存杯；5—封液出口	图(f)中，密封腔内安装的机械密封结构与图(d)基本相同，仅在密封耐压程度(高压时，密封壳体、密封环的强度更坚固)、使用温度范围(高温时，密封下部设冷却腔)和防腐蚀要求(要求防腐蚀，密封壳体内衬保护衬套)等方面有所不同 该机械密封结构用于釜内介质压力为 25MPa，温度为 225℃，静环材料为硬质合金，动环材料为石墨 该机械密封为集装式

续表

类型	结构图	特点及应用
底伸式釜用流体动压式双端面机械密封	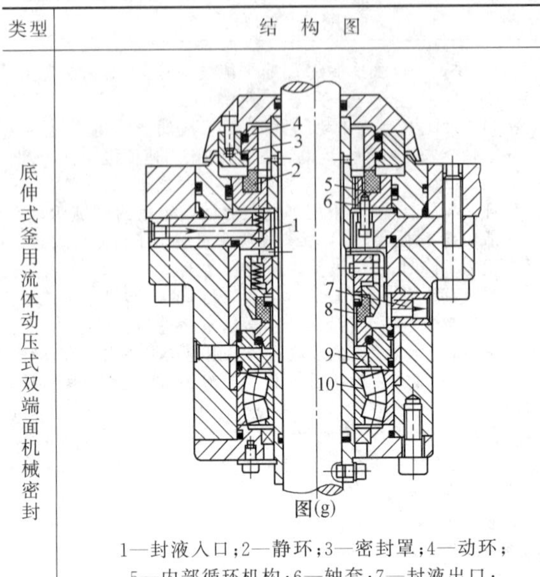 图(g) 1—封液入口;2—静环;3—密封罩;4—动环;5—内部循环机构;6—轴套;7—封液出口;8—动环;9—油封;10—轴承	图(g)为底伸式釜用流体动压式双端面机械密封。为了防止介质中颗粒进入密封端面,与轴套 6 焊接呈一体的密封罩 3 为大蘑菇形,它和机械密封法兰形成一道迷宫密封。较大的颗粒在密封罩 3 的离心力作用下被抛出。由非补偿动环 4 与补偿静环 2 构成的上端面密封为外流式密封 因上端面密封的密封端面润滑和冷却很困难,所以采用一个内部循环机构 5 进行冷却。封液由封液入口 1 进入密封腔内,通过轴套 6 上的内部循环机构(相当于螺杆泵)5 加压输送到密封端面,润滑、冷却密封端面后,再由轴套上的小孔流出,经轴套与轴的间隙向下流动,再从轴套中部的小孔流出,润滑、冷却下密封端面后,由封液出口 7 流出 为了防止密封失效时釜内液体外流,底伸式釜用密封不推荐使用单端面密封,而推荐采用双端面密封

7.10 机械密封辅助系统

7.10.1 泵用机械密封辅助系统的组成和功能

表 18-7-23 泵用机械密封辅助系统的组成和功能

组成	功能
温度控制系统	是接触式密封的主要控制系统,不断排除接触式密封因摩擦产生的热量。特别是对一些温升或温变会出现产品的结晶、聚合或分解、结焦的密封,更需要采取各种不同的温度控制方法和措施 温度控制的方法有冲洗、冷却、加热、背冷和循环
压力控制系统	在高压密封装置中,控制压力,使 pv 值达到合理的范围
杂质清除系统	如果主密封用于固体杂质含量高的工作介质,就需要杂质清除系统来保证在主密封前降低固体杂质含量

7.10.2 泵用机械密封冲洗和冷却辅助系统

表 18-7-24 泵用机械密封冲洗和冷却辅助系统

密封系统	简图		说明	用途
	卧式泵	立式泵		
单端面密封和无压双重密封中的主密封管线	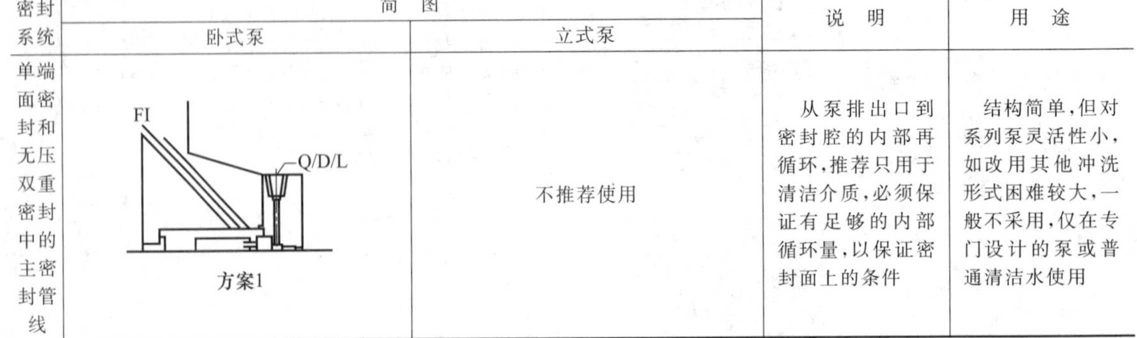 方案1	不推荐使用	从泵排出口到密封腔的内部再循环,推荐只用于清洁介质,必须保证有足够的内部循环量,以保证密封面上的条件	结构简单,但对系列泵灵活性小,如改用其他冲洗形式困难较大,一般不采用,仅在专门设计的泵或普通清洁水使用

续表

密封系统	简图 卧式泵	简图 立式泵	说明	用途
单端面密封和无压双重密封中的主密封管线	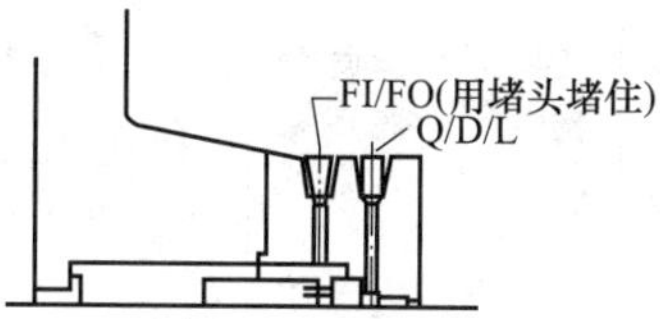 FI/FO(用堵头堵住) Q/D/L 方案2	不推荐使用	密封腔接口封死，不设循环冲洗液，但设有必要的密封腔、水冷却夹套和节流衬套（除非另有规定）	用于不需要循环冲洗的泵，如某些波纹管机械密封或输送不易汽化的介质
	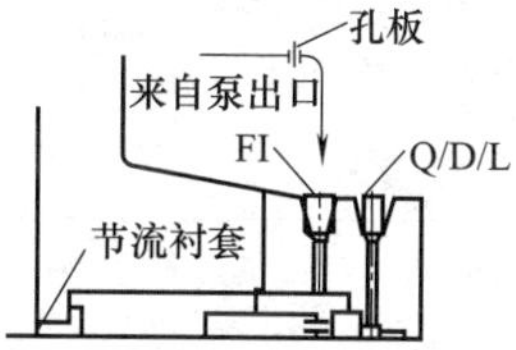 孔板 来自泵出口 FI Q/D/L 节流衬套 方案11	不推荐使用	再循环液从泵出口引出，经流量控制孔板（如果需要）到密封腔内。液体要对准密封端面进行冲洗，然后通过节流衬套与轴的间隙返回到泵入口	用于一般介质，使用最广。输送介质温度不超过密封极限温度
	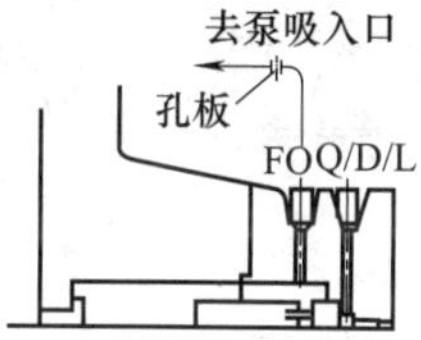 去泵吸入口 孔板 FO Q/D/L 方案13	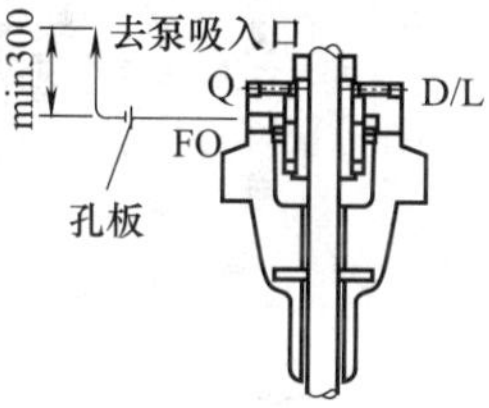 min300 去泵吸入口 Q D/L FO 孔板 方案13	循环液从密封腔内引出，经流量控制孔板（如果需要）返回到泵入口	用于输送介质温度不高，而密封腔压力较高的场合
	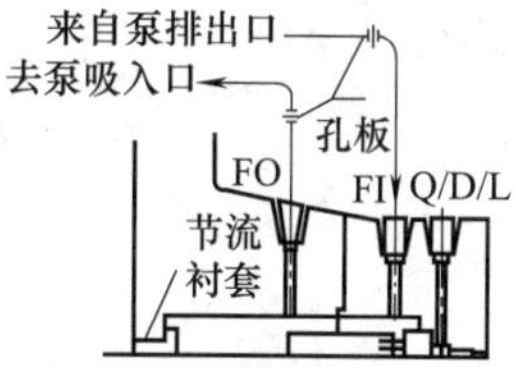 来自泵排出口 去泵吸入口 孔板 FO FI Q/D/L 节流衬套 方案14	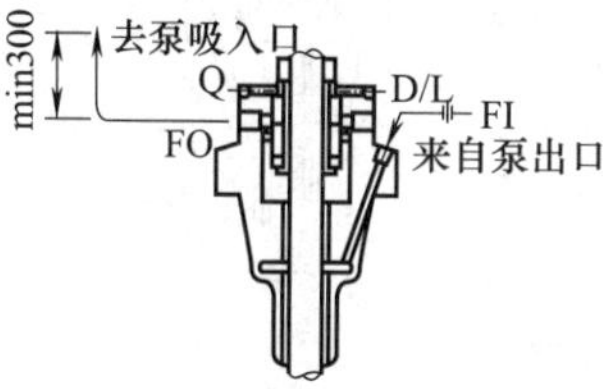 min300 去泵吸入口 Q D/L FI FO 来自泵出口 方案14	循环液从泵出口引出，经流量控制孔板（如果需要）到密封腔内，然后通过节流衬套返回泵入口。孔板尺寸必须根据节流衬套和返回管线确定。类似于方案11，但返回到泵入口的流体必须带走聚集在密封腔内的挥发气体	推荐用于轻烃介质的密封
	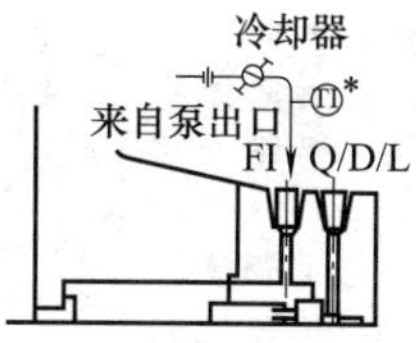 冷却器 TI* 来自泵出口 FI Q/D/L 方案21	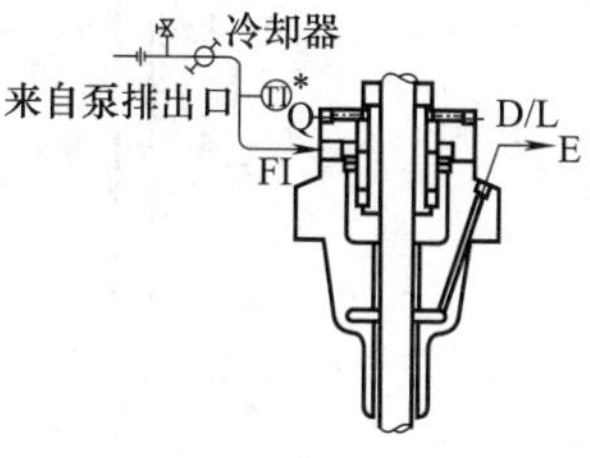 冷却器 来自泵排出口 TI* Q FI D/L E 方案21	从泵出口引出，经流量控制孔板（如果需要）和冷却器进入密封腔内（*表示表盘式温度计，是选择项，根据需要设置）	用于输送介质温度超过密封极限温度的场合

续表

密封系统	简图		说明	用途
	卧式泵	立式泵		
单端面密封和无压双重密封中的主密封管线	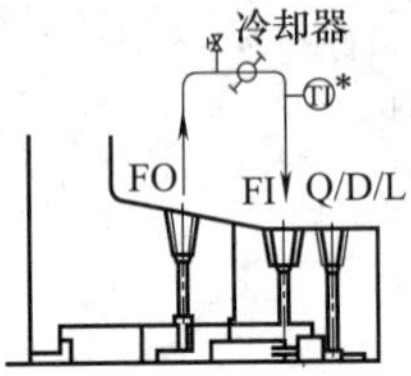 冷却器 FO FI Q/D/L 方案23	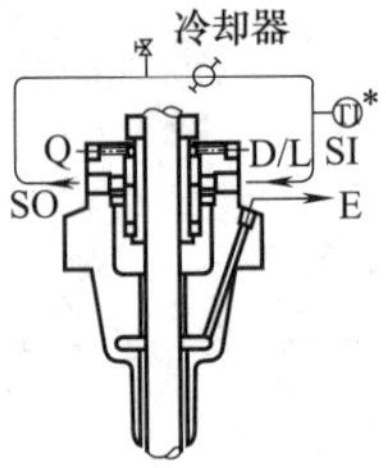 冷却器 Q SO D/L SI E 方案23	循环液由密封腔内的输液环泵送出，经冷却器返回到密封腔内。依靠冷却少量的循环液进行循环，降低冷却器的热负荷（＊表示表盘式温度计，是选择项，根据需要设置）	当输水的温度大于 80℃，烃类温度大于 150℃时用 当密封腔配有起泵作用的输液环时，才能使液体循环
	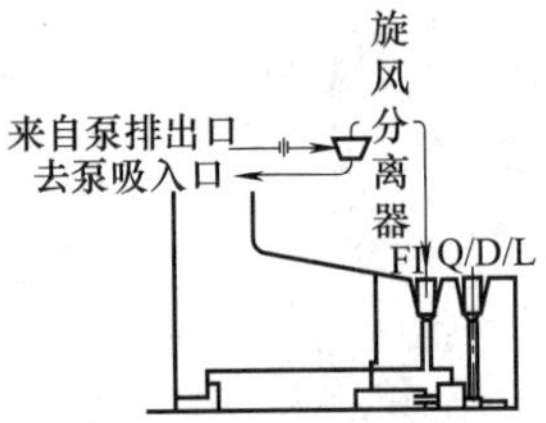 来自泵排出口 去泵吸入口 旋风分离器 FI Q/D/L 方案31	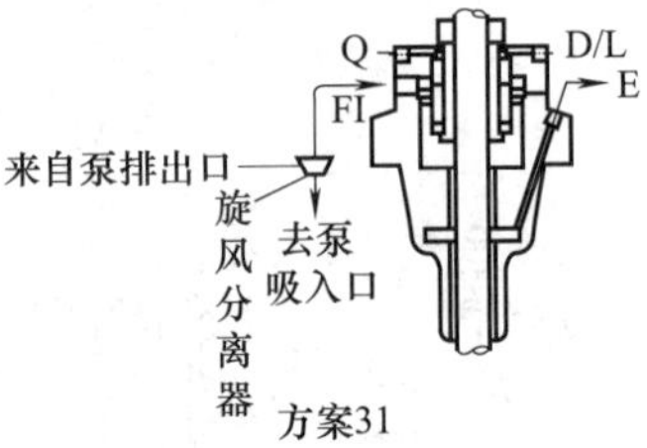 Q D/L E FI 来自泵排出口 旋风分离器 去泵吸入口 方案31	从泵出口引出液体，经旋流分离器，清洁液体由上部进入密封室的循环，含有固体颗粒的液体由下部返回泵的吸入口	用于含有固体颗粒较多的介质。固体颗粒有一定硬度，比液体相对密度大，能进行旋流分离的介质
	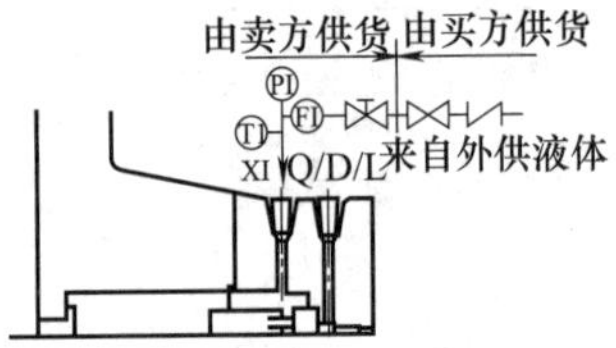 由卖方供货 由买方供货 PI TI FI XI Q/D/L 来自外供液体 方案32	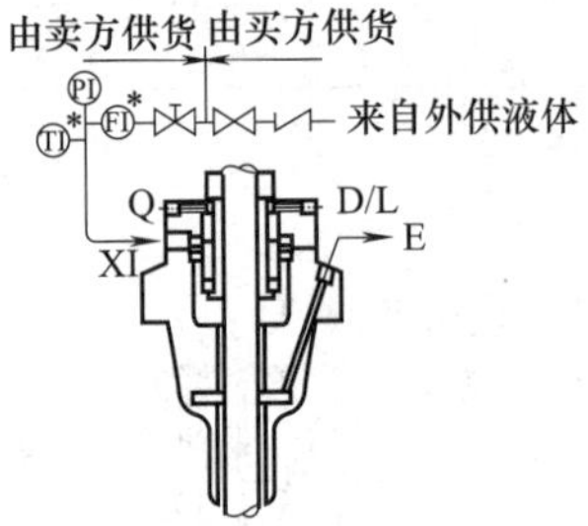 由卖方供货 由买方供货 PI TI FI 来自外供液体 Q XI D/L E 方案32	外供清洁的液体注入密封腔内，但不能污染被密封介质，且又不易汽化。液体性质由买方决定，卖方需提供需要量和压力（表盘温度计和流量计是选择项，根据需要设置）	外供液体压力须高于密封室压力。用于不干净介质时，靠近叶轮密封室的一侧，需设置辅助密封装置，喉部（节流）衬套
	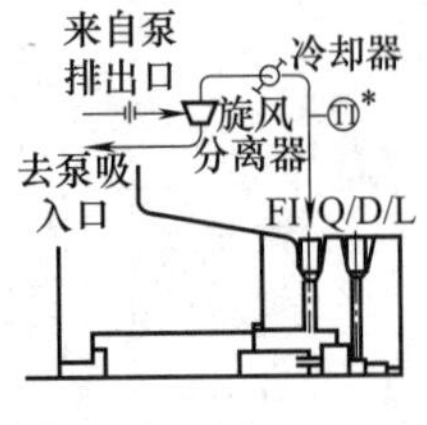 来自泵排出口 冷却器 旋风分离器 去泵吸入口 FI Q/D/L 方案41	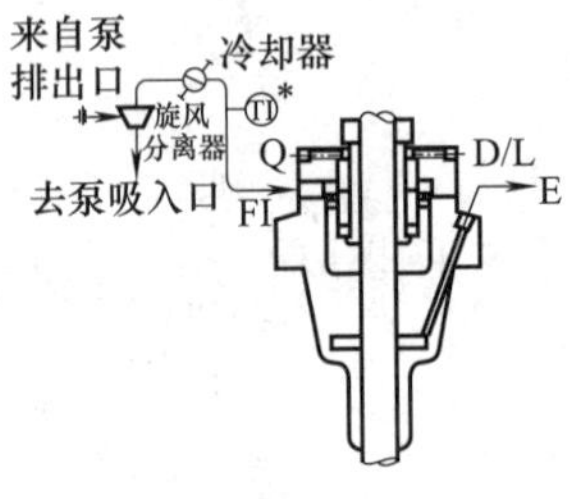 来自泵排出口 冷却器 旋风分离器 去泵吸入口 Q FI D/L E 方案41	循环液从泵出口引出，经孔板（如果需要）到旋风分离器，清洁液体再经冷却器到密封腔内。含固体颗粒的液体从旋风分离器下部返回到泵入口（＊表示表盘温度计，是选择项，根据需要设置）	用于输送介质温度高于密封使用温度的情况，其他同方案 31

续表

密封系统	简图 卧式泵	简图 立式泵	说明	用途
节流衬套、辅助密封和双重密封用的管线	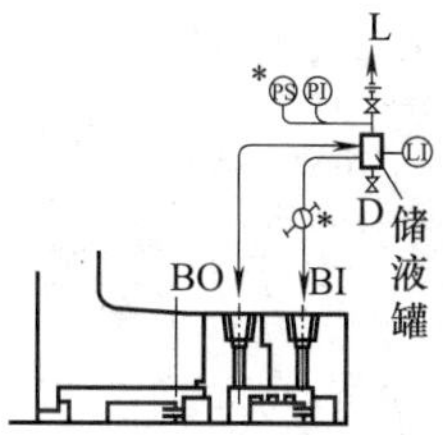 L、PS、PI、LI、D、BO、BI、储液罐 方案52	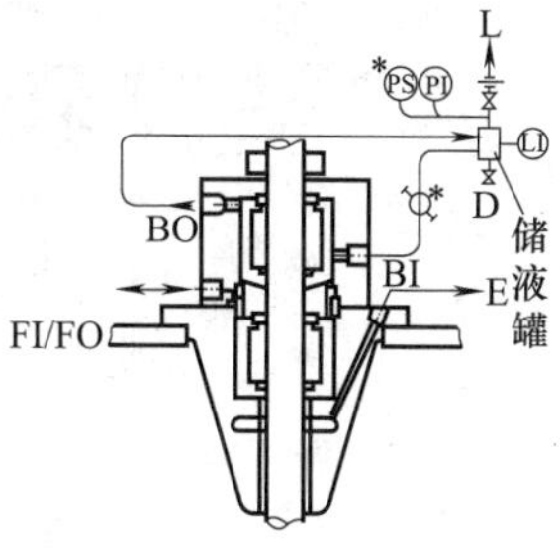 L、PS、PI、LI、BO、D、BI、E、FI/FO、储液罐 方案52	非加压式外供缓冲液，采用一个外部储液罐，向无压双重密封中的外侧密封提供缓冲液。正常运行时，用内部的输液环输送液体，维持循环。储液罐顶部的 L 接口向气体回收系统连续排放挥发气体，以保持系统的压力低于密封腔内压力。（压力开关 PS 和冷却器是选择项，根据需要设置）	通常用于串联密封。当串联密封中的内侧密封失效时，外侧密封可以阻挡被密封介质不向外漏，此时，储液罐内的压力升高，通过压力开关 PS 的信号输出进行报警，更换密封。若外侧密封失效时，储液罐内压力下降，通过压力开关 PS 输出信号报警，更换密封
	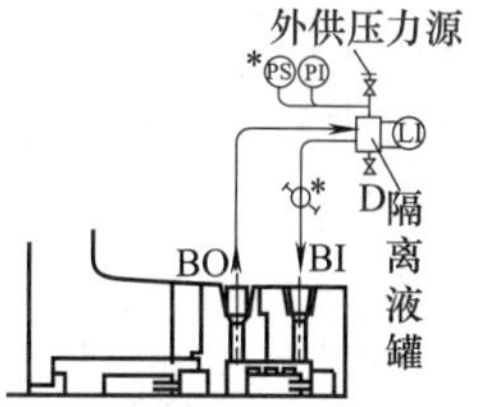 外供压力源、PS、PI、LI、D、BO、BI、隔离液罐 方案53	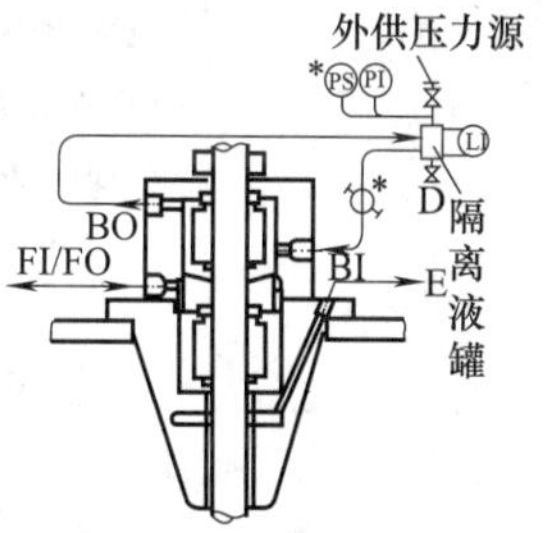 外供压力源、PS、PI、LI、BO、D、FI/FO、BI、E、隔离液罐 方案53	加压式外供隔离液，采用外部隔离液罐向密封腔内提供有压力的清洁液体。由密封腔内的输液环循环，密封腔内压力高于被密封介质压力（压力开关 PS 和冷却器是选择项，根据需要设置）	通常用于双端面密封。隔离液应选择对被密封介质不产生污染的液体。其他同方案 52
	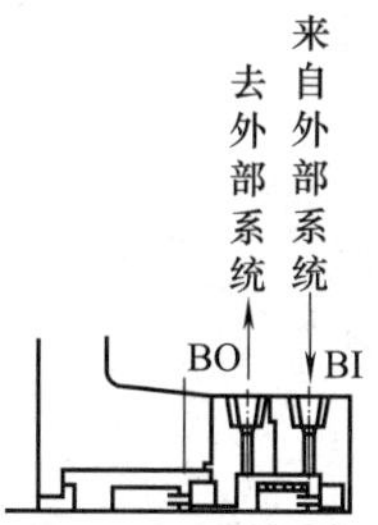 去外部系统、来自外部系统、BO、BI 方案54	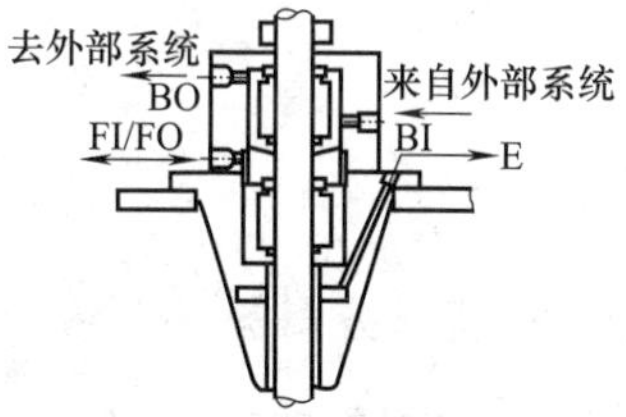 去外部系统、BO、FI/FO、来自外部系统、BI、E 方案54	加压式外供隔离液，采用外部系统向密封腔内供清洁液体，再由密封腔出来到外部压力系统或用泵进行循环。密封腔内压力大于被密封介质压力	应用较广，常用于双端面密封，隔离液应选择对被密封介质不产生污染的液体
	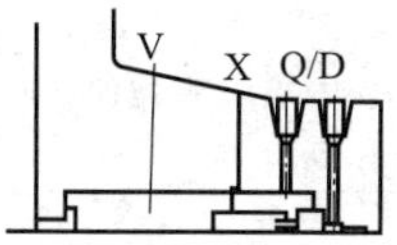 V、X、Q/D 方案61	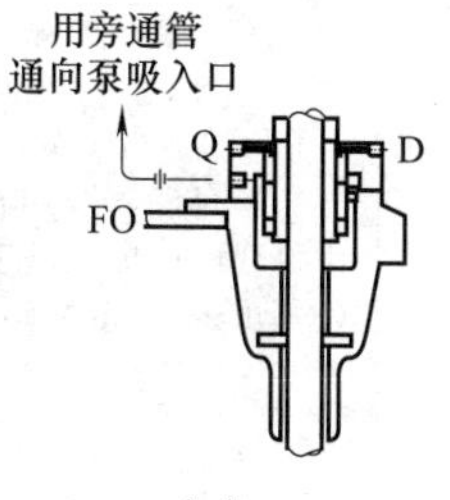 用旁通管通向泵吸入口、Q、D、FO 方案61	在密封壳体和端盖上留有螺孔，出厂时堵住，供用户使用，为辅助密封装置提供流体，如蒸汽、气体、水等	常用于单端面或双重密封的辅助密封

续表

密封系统	简图		说明	用途
	卧式泵	立式泵		
节流衬套、辅助密封和双重密封用的管线	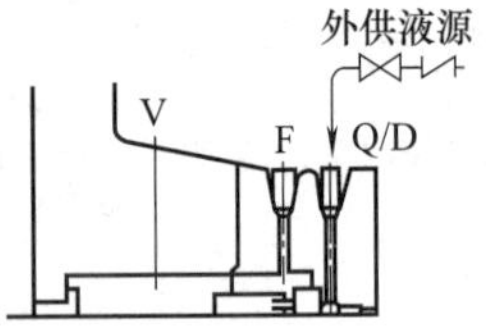 外供液源 V F Q/D 方案62	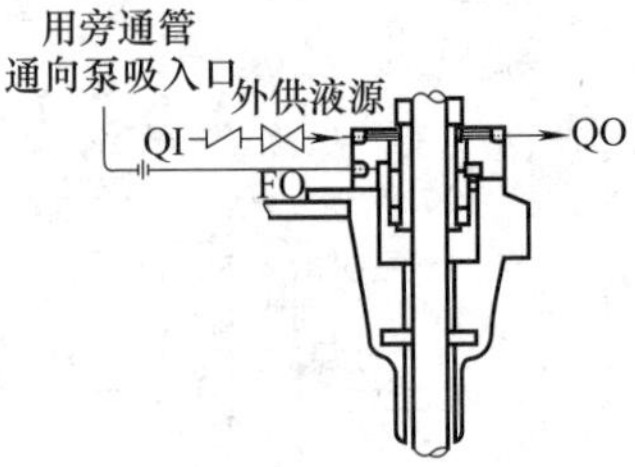 用旁通管通向泵吸入口 外供液源 QI QO FO 方案62	采用一个外供液源提供可能需要的急冷液，以防固体物在密封中大气一侧的积累	常用于带外节流衬套或辅助密封装置的单端面或双重密封

图 例

换热器
PI 带关闭阀的压力表
TI 表盘式温度计
PS 带关闭阀的压力开关
旋风分离器
FI 流量计
流量调节阀
关闭阀
逆止阀
孔板
LI 液位指示器
阀A—入口关闭阀
阀B—支管流量控制阀
阀C—出口关闭阀

注：接管口符号说明如下。

符号	接口	符号	接口	符号	接口
F	冲洗	H	加热	O	出口
L	泄漏	G	润滑	S	注入
B	隔离液/缓冲液注入	E	平衡液	D	排(放)液
X	外供液体注入	P	泵送液体	V	放气
Q	急冷流体	下标			
C	冷却液	I	入口		

7.10.3 泵用机械密封封液杂质过滤、分离器

表 18-7-25 泵用机械密封封液杂质过滤、分离器

名称	结构图	特点与应用
Y形过滤器	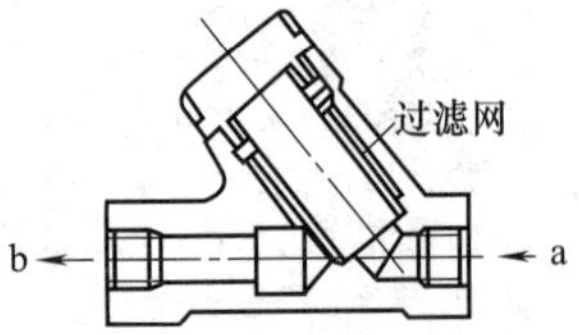 过滤网 b a	Y形过滤器应用在冲洗或循环管道中，含有颗粒的介质从a端进入，由过滤网内侧通过过滤网，杂质被堵在过滤网内侧，清洁介质由过滤网外侧出来，从b端流出，达到清除杂质的目的

续表

名称	结构图	特点与应用
磁性过滤器	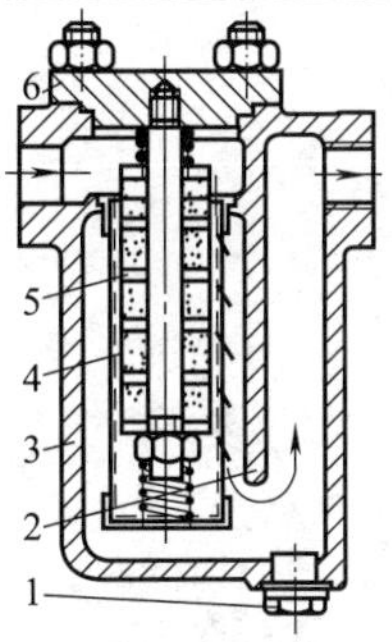 1—排液螺塞；2—导向板；3—壳体；4—过滤筛网；5—磁套；6—壳盖	磁性过滤器在冷却循环管道上使用。它不但可以把铁屑吸附在磁套5上，而且过滤筛网4还可以把其他杂质过滤并定期清理。通常，管道上需并联安装两个过滤器，进、出口管端需装设阀门，以便交替清理使用而不必停车。打开壳盖6便可以很快更换磁套和过滤筛网
旋风分离器	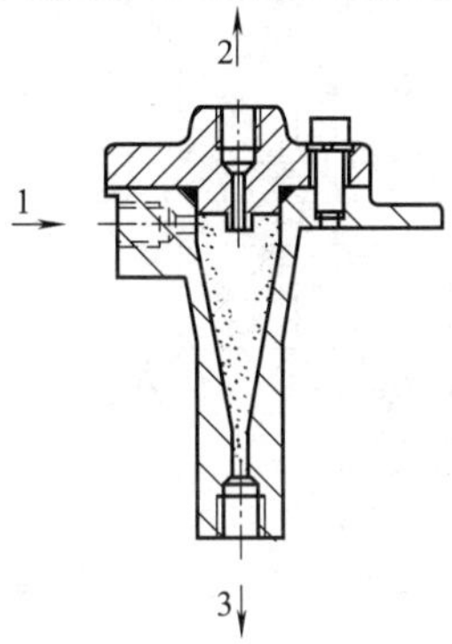 1—含杂质介质入口；2—清洁介质出口；3—杂质出口	它的入口1布置在内锥体的切线位置，泥沙、杂质在锥体中依靠漩涡和重力作用进行分离，清洁介质自上方出口2进入密封腔，杂质从下面出口3排出。这种分离器通常可以分离出去95%～99.5%的杂质，例如在0.7MPa压力条件下，对含砂水进行分离，当粒度为0.25μm时，分离效率为96%～99.2%

7.10.4　风机用机械密封润滑和冷却系统

风机用机械密封润滑和冷却系统主要由封油循环和控制系统组成，为机械密封的长周期稳定可靠运行提供了保障。

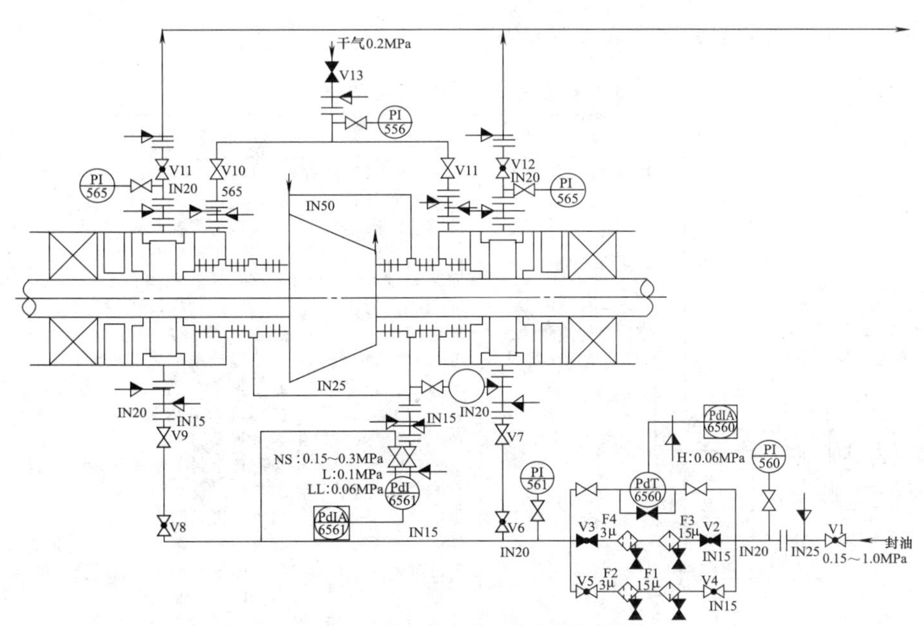

图 18-7-3　风机用液膜密封系统流程示意

风机用机械密封润滑和冷却系统主要分为液膜系统和气膜系统。液膜密封系统主要由缓冲液体稳压单元及泄漏检测单元组成，如图 18-7-3 所示。

气膜密封系统主要由密封气过滤单元和密封气泄漏检测单元组成，如图 18-7-4 所示。

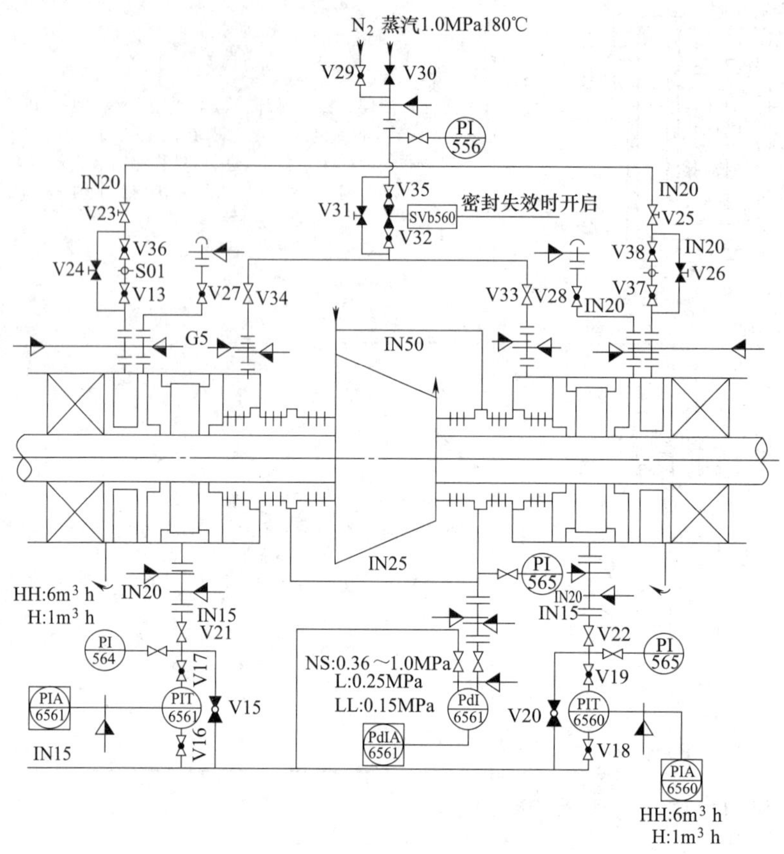

图 18-7-4 风机用双端面气膜密封系统流程示意

7.10.5 釜用机械密封的润滑和冷却系统

表 18-7-26 釜用机械密封的润滑和冷却系统

类型	系统简图	特点、应用
自动压力平衡系统	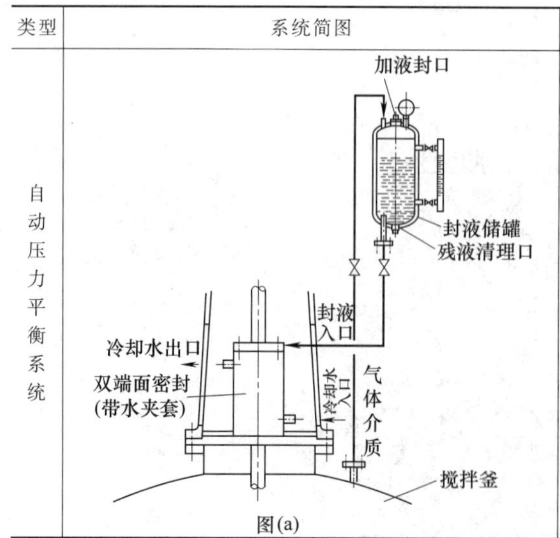 图(a)	图(a)中，加压方式是设置一个储液罐，罐顶有一个接口与搅拌釜顶部接口用管道连接，这样釜内压力直接加在储液罐内封液(隔离液)上，组成一个压力平衡系统。罐底封液出口与机械密封的封液入口用管道连接。因储液罐安装高度比机械密封安装高度高 2m 以上，所以封液利用自重流入密封腔内，并保证与釜内有必要的压力差，达到润滑机械密封的目的。为了防止封液中杂质进入密封腔，罐底封液出口管伸入罐内一定高度，使杂质沉积在罐底。储液罐上装有液面计、加液口、残液清理口、压力计口和管道控制阀门等。如果需要，在储液罐上装设液位开关。当密封失效时，罐内封液液位下降，达到最低液位时，液位开关发出信号报警 密封腔封液入口应设在比密封上端面略高的位置，因为封液中有时含有从釜内漏出的气体以及端面间液膜气化的气体，这些积累的气体通过封液入口管道排至储液罐内，这样可以避免密封上端面处于干摩擦运转状态。密封腔上方应开设放空口，以便在向封液罐内加注封液时把气体排除干净，然后把放空口堵住 这种密封系统中的封液与釜内被封介质相混合，所以在选择封液时需要注意，封液与介质的性质互不影响

续表

<table>
<tr><th>类型</th><th>系统简图</th><th>特点、应用</th></tr>
<tr><td>氮气瓶加压密封系统</td><td>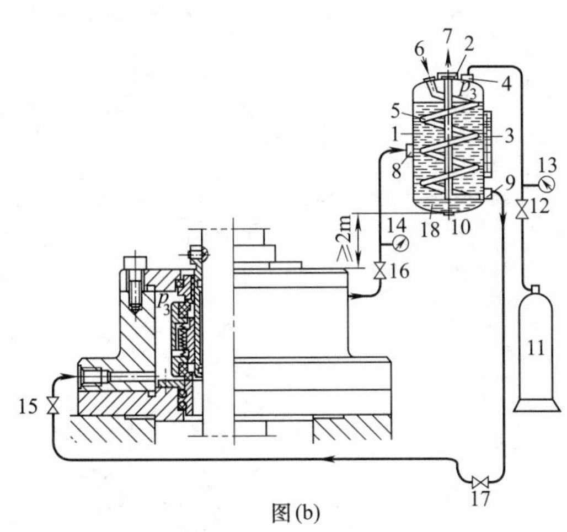

图(b)
1—储液罐；2—加液口(1″)；3—液位计；
4—进气管接头(¼″)；5—冷却盘管；
6—冷却水进口；7—冷却水出口；
8—密封液进口(⅜″)；9—密封液出口(⅜″)；
10—排污口；11—氮气瓶；12—减压阀；
13—压力表；14—温度计；15—进口阀；
16—出口阀；17—排污旋塞；18—沉淀物

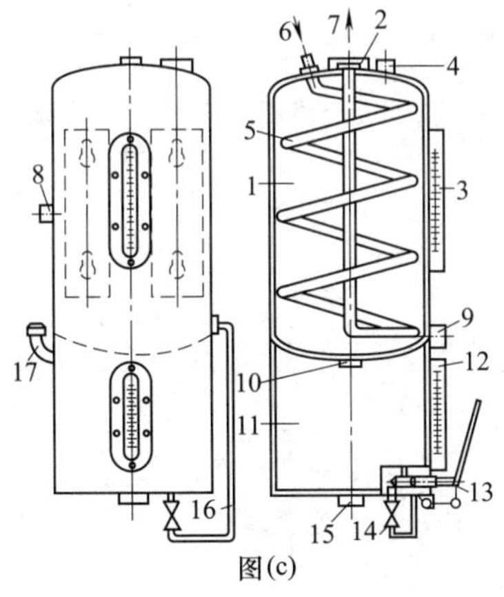

图(c)
1—压力罐；2—加液口(1″)；3—液位计；
4—进气管接头(¼″)；5—冷却盘管；6—冷却水进口；
7—冷却水出口；8—密封液进口(⅜″)；9—密封液出口(⅜″)；
10—排污口；11—储存罐(常压)；12—下液位计；
13—手动泵；14—安全阀；15—下排污口；
16—输液管；17—带过滤器加液口</td><td>图(b)中，压力源由氮气瓶供给，并利用热虹吸原理进行封液循环
储液罐 1 的压力源是氮气瓶 11。密封腔压力控制在比釜内最高工作压力高 0.1～0.2MPa 左右，为了适应介质压力的变化，机械密封的下端面应采用与上端面相似的平衡型结构。这种装置是利用冷却盘管降温达到封液循环的。由于循环量较小，密封腔出口处的温度一般不应超过 60℃
氮气瓶加压装置设计和操作应注意下列事项：
①储液罐容积约为 5～15L
②储液罐内的封液不得高于罐高的 80%，以保证氮气所占的空间
③调整减压阀的压力，使密封腔的压力高于釜内压力 0.1～0.2MPa 左右
④储液罐底部高出密封腔 2m 以上，有利于封液循环
⑤管道和接头的内径要大些，并避免过量弯曲，以减小密封液循环时的阻力
⑥储液罐内的液面不得低于密封液进口，避免造成气隔使液流循环中断，并要经常检查、补充封液
⑦补充封液时，应先停车，降压，然后再加封液
对于一般性介质(如无毒、无腐蚀、非易燃易爆)，也可采用不停车加液的方法。但必须事先关闭减压阀 12、进口阀 15 和出口阀 16[图(b)中]，然后使储液罐卸压，进行加液。加到所需量后，将加液口封严，接着依次缓慢地打开减压阀、进口阀和出口阀。整个加液过程的时间要尽量缩短，避免机械密封端面产生的摩擦热不能被带走，造成密封腔内封液温度升高，致使密封液容积增加，造成封液压力迅速上升，端面被打开或烧毁等不良后果
为方便加液过程，可将储液罐做成如图(c)所示的结构。在储液罐下部增设一个常压罐和手动泵，加液时，用手动泵将常压罐内的密封液直接打入储液罐。这种方法可以在不停车，不卸压情况下进行</td></tr>
</table>

续表

类型	系统简图	特点、应用
油泵加压封液循环系统	图(d) 1—封液储槽；2—齿轮泵及电动机；3—冷却器；4—压力表；5—调节阀；6—温度表；7—磁性过滤器；8—冷却液进口；9—冷却液出口	在高温或高压运转的高载荷密封装置中，需要采用强制循环封液对密封端面进行润滑和冷却，达到长期稳定运转的目的。图(d)所示为油泵加压封液循环系统，用于双端面机械密封。封液压力由齿轮泵 2 供给，利用泵送压力迫使封液在密封腔、冷却器 3、磁性过滤器 7、调节阀 5、封液储槽 1 之间循环流动，使封液得到充分冷却并将管道中的锈渣和污物清除掉，冷却效果好。正常条件下，封液温度可以控制在 60℃以下 调节调节阀 5，控制密封腔的压力比釜内介质压力高 0.2～0.5MPa。封液一般用工业白油
自身压力增压系统	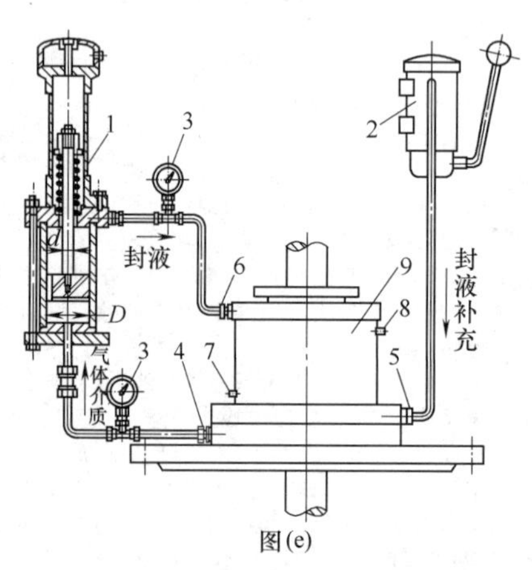 图(e) 1—平衡罐；2—液压泵；3—压力表；4—釜内气体连通管；5—密封液补充口；6—密封液进密封腔；7—夹套冷却水进口；8—夹套冷却水出口；9—机械密封	图(e)所示结构适用于釜内介质不能和封液相混合的场合 储液罐 1 上部与密封腔用管道连接，罐的下部用管道与釜内连通，使釜内的压力通过平衡活塞传递到密封腔。由于活塞上端的承压面积比活塞下端承压面积减少了一根活塞杆 d 的面积，因此封油压力按两端承压面积反比例地增加，从而保证了良好的密封条件。活塞用 O 形环与缸壁密封，且可沿轴向滑动。活塞既能传递压力，又能起到使封液与釜内气体隔离的作用。设计活塞两端的承压面积之比时，应根据所要求的密封腔与釜内的压力差来计算，一般密封腔与釜内压力差在 0.05～0.15MPa 之间 在活塞杆上装上弹簧，调节好弹簧压缩量，使弹簧张力正好抵消活塞上 O 形环对缸壁的摩擦力，以减少压力差计算值与实际之间的误差(可用上、下两块压力表校准)。此外，活塞杆的升降还有指示平衡罐中液位的作用。当封液泄漏后需要补充时，用手动泵加注
多釜合用封液系统	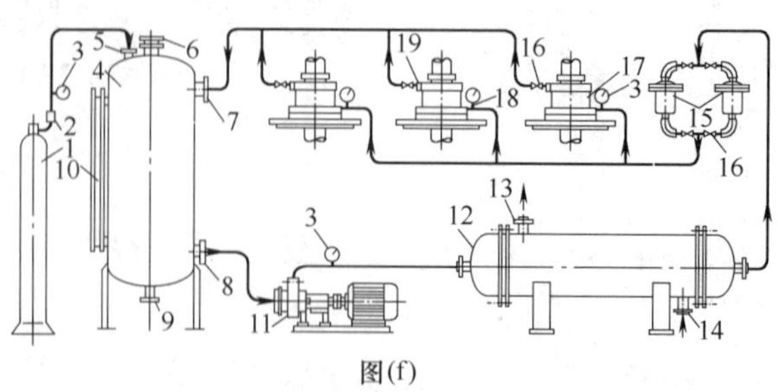 图(f) 1—氮气瓶；2—减压阀；3—压力表；4—储液罐；5—氮气入口；6—加液口；7—回流液进口；8—回流液出口；9—排污口；10—液位视镜；11—泵及电动机；12—冷却器；13—冷却水出口；14—冷却水进口；15—过滤器；16—闸阀；17—机械密封；18—密封液进口；19—密封腔出口	

续表

类型	系统简图	特点、应用
多釜合用封液系统	图(f)所示为多釜合用封液系统，主要设备包括氮气瓶1、封液储液罐4、泵及电动机11、冷却器12、过滤器15等。将氮气瓶中的氮气通入储液罐内，控制反应釜密封腔的封液压力。利用泵对封液进行强制循环，封液带走的密封热量经冷却器冷却，然后经两个可以相互切换的过滤器过滤，清洁的封液再进入密封腔内，润滑、冷却密封端面。这种系统适用于同一车间内很多反应釜密封条件相同或相近的双端面机械密封 封液系统的各部分压力应近似按下列要求进行设计：控制储液罐压力比反应釜压力低0.2MPa，经油泵加压后比储液罐高0.5MPa，即比反应釜压力高0.3MPa，冷却器和过滤器压力降约0.2MPa，则进入密封腔压力比釜内压力高0.1MPa，符合密封腔压力比反应釜工作压力高的要求 密封液压力系统的设计和操作条件如下： ①要求机械密封的工作压力、温度、介质条件必须是相近的，按统一的密封液压力来计算各密封端面的比压，以适应操作过程中的压力变化 ②由于各台釜的升压、降压的时间并不一致，因而要求恒定不变的密封液压力能够适应这种压力变化。为此，双端面机械密封的上、下两个端面都应做成平衡型结构。避免釜压低时下端面比压过大，造成端面磨损和发热 ③密封腔内的密封液压力是由氮气压力、泵送压力以及系统中辅助设备及管道的阻力降决定的，通常是通过调节氮气瓶出口处的减压阀2来控制密封所需压力 ④反应釜停车时仍应保持密封液循环畅通，如需闭阀停止循环，系统中阻力降发生变化，密封压力需重新进行调整 ⑤并联的双过滤器交替使用，定期清除过滤器中的污物	

7.10.6　非接触式机械密封监控系统

目前，通过非接触式机械密封监控系统可以实现对非接触式机械密封多种端面运行参数的监控。各监控参数及其测量方法如表18-7-27所示。

表18-7-27　各监控参数及其测量方法

监控的参数	测量仪器	测量方法
端面膜压	压力传感器	在静环表面开设测压孔，通过引压管将密封端面液膜压力引至压力传感器进行测量 此外，可以用于机械密封端面流体膜压测试的，还有压阻式传感器、压电式传感器、电容式传感器及电容式压力传感器等
端面温度	热电偶	在静环背面开设一盲孔，将热电偶或热电阻埋入其中，近似测量端面温度
端面膜厚	电涡流传感器	在动环内侧镶嵌一与动环端面共面的铜板，利用固定在静环上的电涡流传感器测量端面膜厚
端面摩擦扭矩	力传感器或转矩转速测量仪	主要有支反力法和传递法。采用支反力法测量机械密封端面扭矩时，在可转动的密封腔上设置测力杆，并使之作用于力传感器上，由此测得扭矩 传递法是根据弹性元件在传递扭矩时所产生的物理参数的变化来测量扭矩的。测量时将转矩转速测量仪串接到转轴上

7.11　非接触式机械密封

7.11.1　流体静压式机械密封

表18-7-28　流体静压式机械密封

原理	流体静压式机械密封用足以平衡外载的压力，向密封端面输入封液或自身介质，建立一层端面静压流体膜，对密封端面提供充分的润滑和冷却

续表

结构形式及特点

图(a) 自加压凹槽式

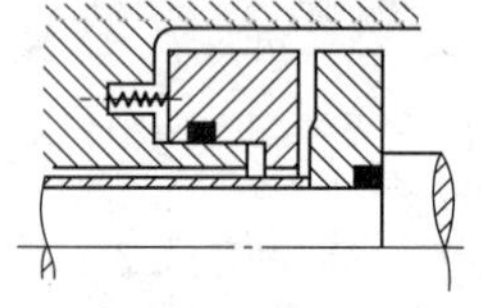

图(b) 自加压台阶式

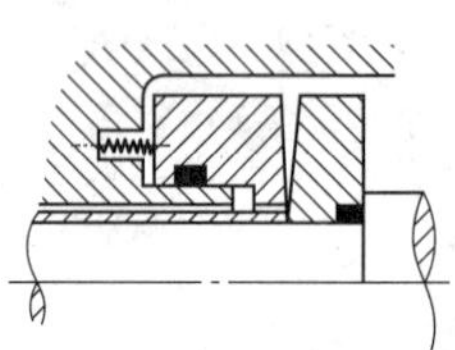

图(c) 自加压锥面式

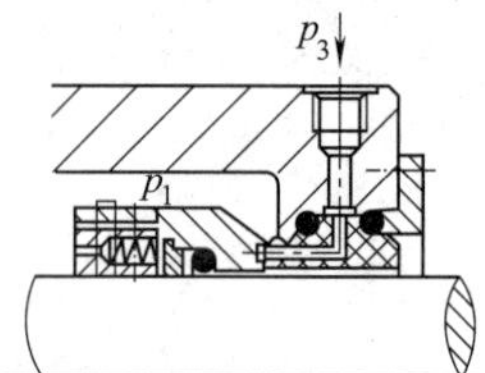

图(d) 外加压凹槽式

图(a)自加压凹槽式是在静环外周开若干个孔并与端面开出的环形槽相通。它的端面流体膜刚度大,工作性能稳定,但需防止小孔堵塞

图(b)自加压台阶式是在一个端面加工成台阶形。它的端面流体膜刚度小一些,端面研磨加工较困难

图(c)自加压锥面式的一个端面为收敛形锥面,其液膜刚度比(a)型、(b)型都低,流体静压力沿半径呈抛物线分布

三者都是靠介质本身的压力在端面形成静压流体膜,其流体膜厚度随介质压力波动而变化

图(d)外加压凹槽式与自加压凹槽式相似,不同的是由外部引入封液进入端面环形槽,建立端面静压流体膜

应用

图(a)~图(c)三型适用于介质的工作压力比较稳定的场合。图(d)型适用于工作压力有波动的情况,但应选择润滑性能良好,且与介质相容的流体作封液,同时必须配备外加封液循环调节系统

流体静压式密封要求输入的润滑性介质压力适当,所以控制较为复杂,所以现在应用较少

7.11.2 流体动压式机械密封

表 18-7-29 流体动压式机械密封

原理

流体动压式机械密封是当密封轴旋转时,润滑液体在密封端面产生流体楔动压作用挤入端面之间,建立一层端面流体膜,对密封端面提供充分润滑和冷却。开槽可在动环上,也可开在静环上,但最好开在两环中较耐磨的环上。为了避免杂质在槽内积存和进入密封缝隙中去,如果泄漏液从内径流向外径,必须把槽开在静环上;相反,则应开在动环上

结构形式及特点

图(a) 带偏心结构的密封环

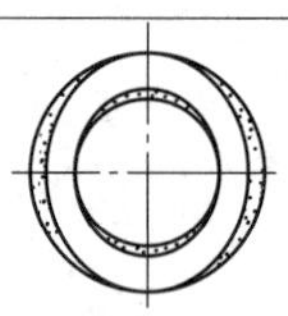

图(b) 带有椭圆形密封圈结构

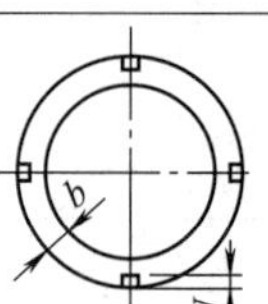

图(c) 带有径向槽结构

图(d) 带有循环槽结构(受外压作用时用)

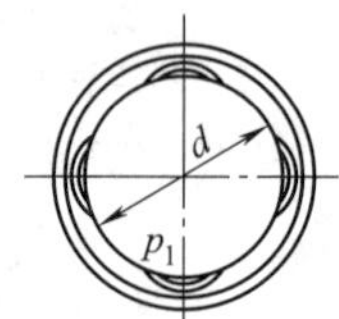

图(e) 带循环槽结构(受内压时用)

图(f) 带有螺旋槽结构

图(a)所示带偏心结构的密封环是将动环或静环中某一个环的端面的中心线做成与轴线偏移一定距离 e(无论是动环或静环,偏心是对两环中较窄的端面宽度即有凸台的环而言),使环在旋转时不断带入润滑液至滑动面间起润滑作用。缺点是尺寸比较大,作用在密封环上的载荷不对称

图(b)所示带椭圆形密封环的密封是将动环或静环中某一个环的端面制成椭圆形,由于润滑楔和切向流的作用,能在密封端面之间形成一个流体动力液膜。液体的循环和冷却能十分有效地维持润滑楔的存在和稳定性

续表

结构形式及特点	图(c)所示带有径向槽结构密封环的径向槽形状有呈 45°斜面的矩形、三角形或其他形状，密封端面之间的流体膜压力由流体本身产生。径向槽结构在端面之间形成润滑和压力楔，能有效地减少摩擦面的接触压力、摩擦因数和摩擦副的温度，因而可以提高密封使用压力，速度极限和冷却效应。缺点是液体循环不足，槽边缘区冷却不佳。滞留在槽内的污物颗粒易进入密封端面间隙中 图(d)、图(e)所示带有循环槽结构密封环密封端面是弧形循环槽，由于它能抽吸液体，因而密封环外缘得到良好的冷却；它还具有排除杂质能力并且与转向无关，因而工作可靠。流体动力效应是在密封环本身形成的。密封环旋转时，槽能使液体相当强烈地冷却距它较远的密封端面。进行这种冷却时，在密封环初始端面上形成数量与槽数相等流体动力楔和高压区，由于切向流和压力降，在每个槽后形成润滑楔 图(f)所示带有螺旋槽结构适合于单向旋转，流体膜刚度大，端面间隙大，温升小，但不适合双向旋转
应用	应用广泛的密封端面是弧形循环槽、外压用和内压用密封环

7.11.3 非接触式气膜密封

(1) 定义及特点

非接触式气膜密封指依靠几微米的气膜润滑的机械密封，也称为干气密封。这种密封是一种新型的、先进的旋转轴密封，由它来密封旋转机械中的气体或液体介质。

与其他形式的密封相比，非接触式气膜密封具有泄漏量少、磨损小、寿命长、能耗低等特点，并且操作简单可靠，被密封的介质不受油污染，因此在压缩机以及特种泵领域的应用日趋广泛。

(2) 密封结构及基本原理

非接触式气膜密封的基本结构和普通接触式机械密封类似，不同的是非接触式气膜密封的密封端面被一层稳定的薄气膜分隔开。图 18-7-5 所示为非接触式气膜密封的主要构件和密封机理，端面的分离间隙会自动调整以维持端面的开启力 F_0 与外界的闭合力 F_c 平衡。

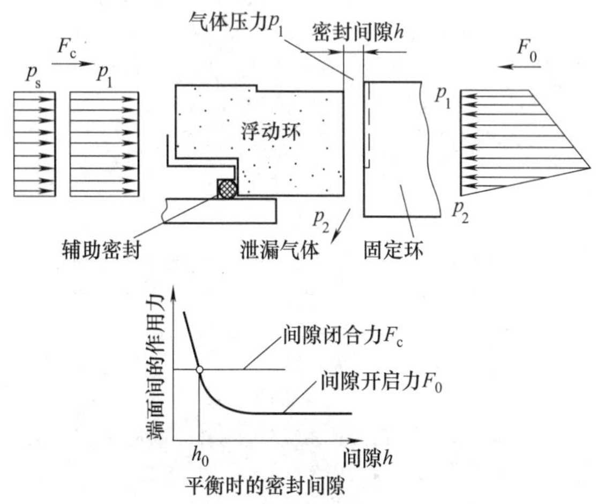

图 18-7-5 气体润滑机械密封的原理

为了保证密封端面具有足够的开启力和气膜刚度，需要在动环或静环的密封端面上（或同时在两个环的密封端面上）开有流体动压槽。该流体动压槽同时具有提供、控制气膜流体静压效应和动压效应的作用。当气体压力较低时，流体动压效应起主要作用，当气体压力较高时，流体静压效应起主要作用。

流体动压槽的形状有多种，比较常见的有图 18-7-6 所示几种。

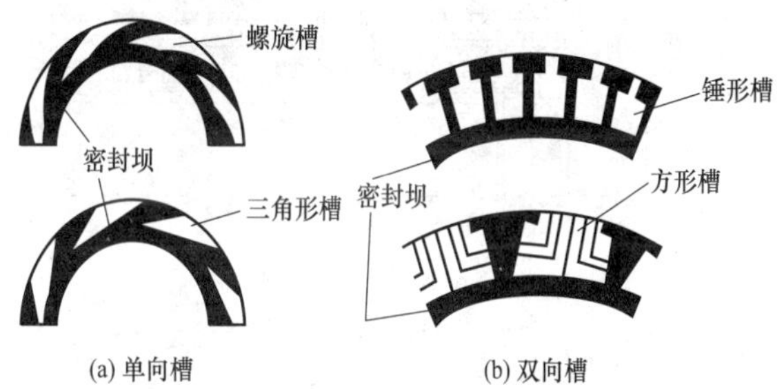

图 18-7-6 不同的断面槽型结构

图 18-7-6(a) 所示的螺旋槽或三角形槽为单向槽，只允许轴向一个方向旋转，但是单向槽具有较大的流体动压效应和气膜稳定性。图 18-7-6(b) 所示的锤形槽或方形槽为双向槽，对轴的旋转方向无限制，但是气膜刚度低。

(3) 材料选择

密封端面材料对气膜密封的工作起着决定性的影响。气膜密封在启动和停车过程中或在运行过程中受到某种干扰，不可避免地会发生断面的暂时接触，所选择的材料必须能抵抗这种短暂接触而不被损坏。

常用的材料有碳-石墨对碳化硅，或碳-石墨对碳化钨，也有采用碳化硅对碳化硅硬对硬组合的情况，为了避免端面静止时同种材料可能形成的过大黏附作用及过大的启动力矩和磨损率，碳化硅的表面常喷涂有类似金刚石碳（DLC）涂层。

高温下的非接触式气膜密封常用的辅助密封圈材料有氟橡胶（FPM）或全氟橡胶（FFPM）。

(4) 非接触式气膜密封的类型（表 18-7-30）

表 18-7-30 **非接触式气膜密封的类型**

类型	简图	特点、应用
单端面气膜密封	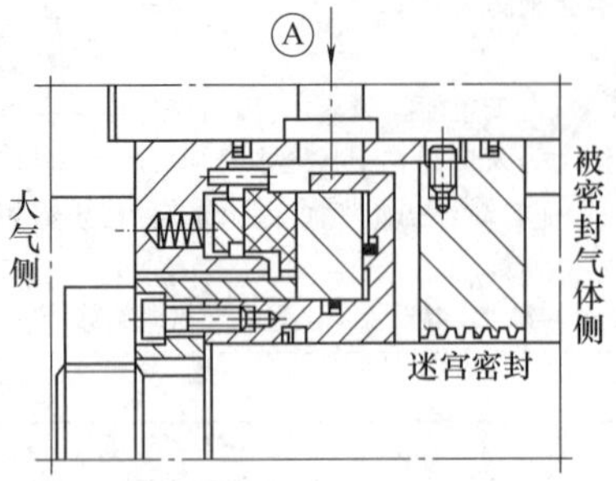	这种密封适合使用在被密封气体可以泄漏到大气、而不会引起任何危险的场合，如空气压缩机、氮气压缩机和二氧化碳压缩机 当被密封气体比较脏的时候，应采用图中所示的迷宫密封。由压缩机出口引出高压被密封气体经过滤器后得到清洁的气体称密封气，直接进入管口 A，其压力稍高于被密封气体，导致密封腔内的气体向被密封气体方向流动，防止脏的被密封气体进入密封内，部分密封气通过密封端面的间隙漏到大气中
双端面气膜密封	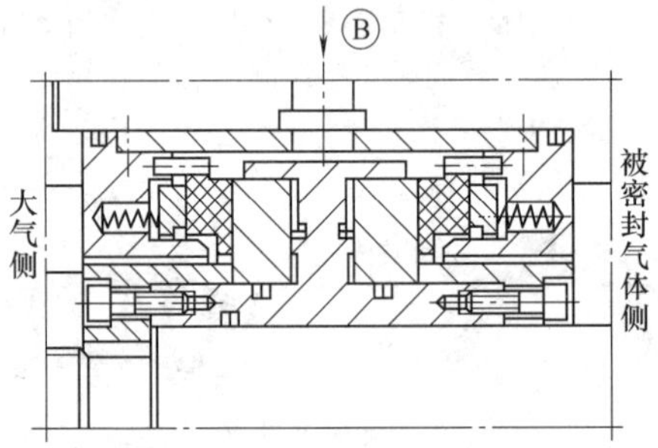	这种密封能防止被密封气体漏到大气中，在两个密封之间的管口 B 通入缓冲气，如氮气，氮气压力应比被密封气体压力高，缓冲气一部分通过外侧密封端面间隙漏到大气，另一部分通过内侧密封端面间隙漏到被密封的气体中。适用于被密封气体不允许泄漏到大气及允许缓冲气漏到被密封气体的场合，如烃类气体及严禁泄漏到大气中的其他危险气体
串联气膜密封	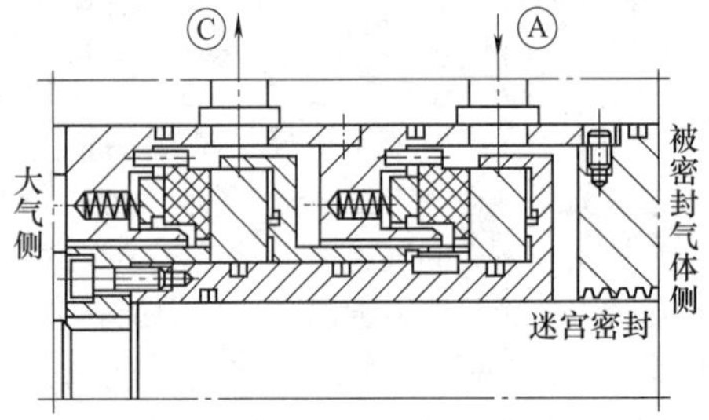	这种密封是将两个单端面密封串起来使用成为串联气膜密封。介质侧的密封承担全部压力差，大气侧的密封作为安全密封，实际上是在无压力条件下运转 被密封的气体由 A 口引入，经密封端面外径向内径方向泄漏，泄漏的气体经管口 C 排向火炬。大气侧的密封端面仅为密封火炬和大气之间很低的压力差，所以由大气侧密封向内径侧泄漏的气体是微量的。当被密封的气体比较脏的时候，一个迷宫密封应装在被密封气体侧密封的前边。高压被密封的工艺气体经过滤后，通过管口 A 引入密封内 串联气膜密封适用于允许微量的被密封气体泄漏到大气中的场合，如石油化工生产用工艺气体压缩机
三端面串联气膜密封	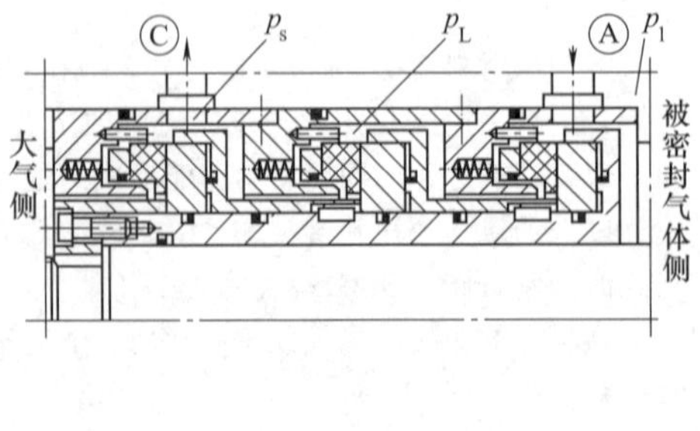	用于被密封气体总压力差超过 10MPa 的场合。前两个密封为等压力差分配，第三个密封已接近无压力操作的安全密封，如同串联密封中大气侧密封那样。被密封气体压力 p_1 由 A 口引入，通过第一道密封后压力降至中间压力 p_L，再经第二道密封后压力降至排火炬的压力 p_s，由管口 C 排至火炬。从第三道密封的内径侧泄漏的气体是微量的，排至大气。如果被密封的工艺气体是脏的，必须采用经过过滤的被密封气体在被密封气体侧的管口 A 引入 三端面串联气膜密封适用于介质压力高于 10MPa、允许有微量气体泄漏到大气的场合，如石油化工工艺气体压缩机

续表

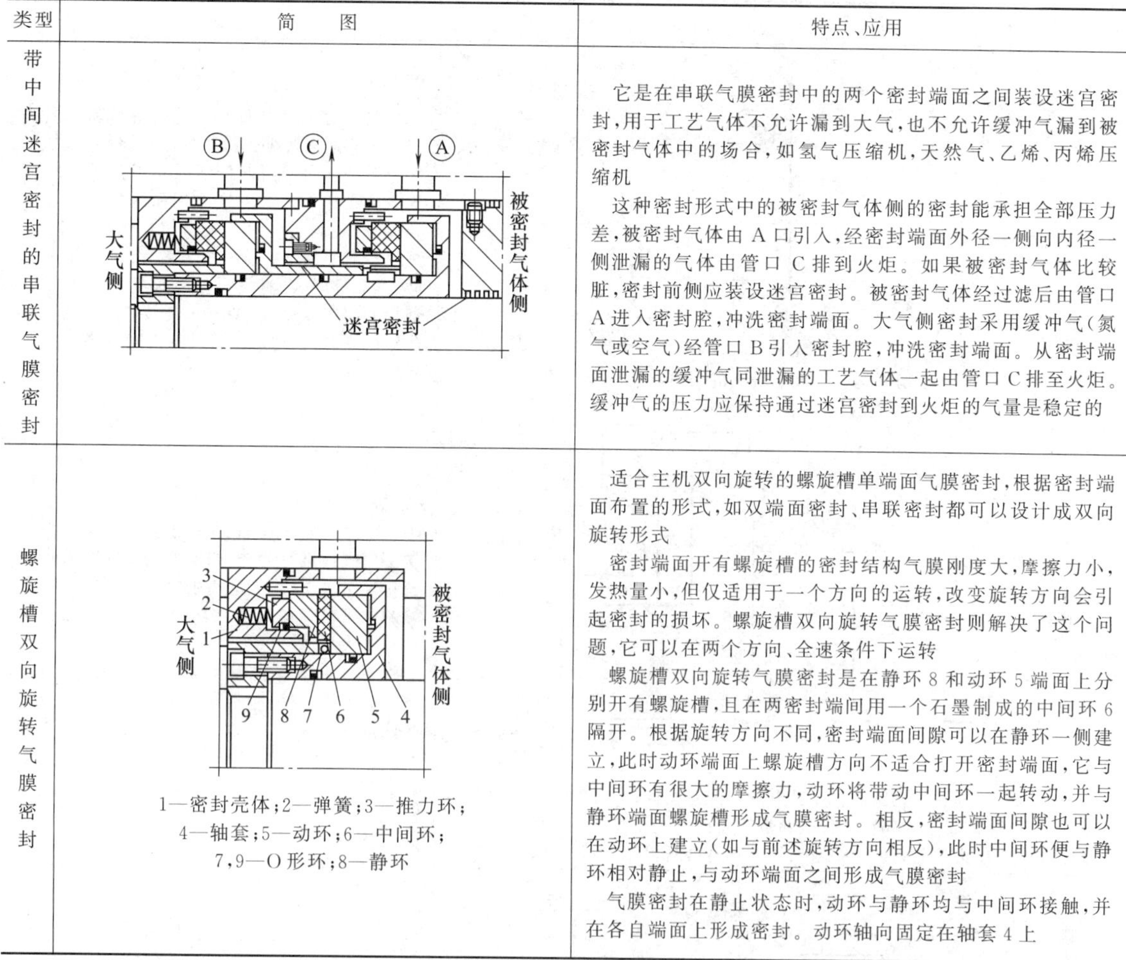

类型	简图	特点、应用
带中间迷宫密封的串联气膜密封	B C A 大气侧 被密封气体侧 迷宫密封	它是在串联气膜密封中的两个密封端面之间装设迷宫密封，用于工艺气体不允许漏到大气，也不允许缓冲气漏到被密封气体中的场合，如氢气压缩机，天然气、乙烯、丙烯压缩机 这种密封形式中的被密封气体侧的密封能承担全部压力差，被密封气体由 A 口引入，经密封端面外径一侧向内径一侧泄漏的气体由管口 C 排到火炬。如果被密封气体比较脏，密封前侧应装设迷宫密封。被密封气体经过滤后由管口 A 进入密封腔，冲洗密封端面。大气侧密封采用缓冲气（氮气或空气）经管口 B 引入密封腔，冲洗密封端面。从密封端面泄漏的缓冲气同泄漏的工艺气体一起由管口 C 排至火炬。缓冲气的压力应保持通过迷宫密封到火炬的气量是稳定的
螺旋槽双向旋转气膜密封	3 2 1 大气侧 被密封气体侧 9 8 7 6 5 4 1—密封壳体；2—弹簧；3—推力环；4—轴套；5—动环；6—中间环；7，9—O 形环；8—静环	适合主机双向旋转的螺旋槽单端面气膜密封，根据密封端面布置的形式，如双端面密封、串联密封都可以设计成双向旋转形式 密封端面开有螺旋槽的密封结构气膜刚度大，摩擦力小，发热量小，但仅适用于一个方向的运转，改变旋转方向会引起密封的损坏。螺旋槽双向旋转气膜密封则解决了这个问题，它可以在两个方向、全速条件下运转 螺旋槽双向旋转气膜密封是在静环 8 和动环 5 端面上分别开有螺旋槽，且在两密封端间用一个石墨制成的中间环 6 隔开。根据旋转方向不同，密封端面间隙可以在静环一侧建立，此时动环端面上螺旋槽方向不适合打开密封端面，它与中间环有很大的摩擦力，动环将带动中间环一起转动，并与静环端面螺旋槽形成气膜密封。相反，密封端面间隙也可以在动环上建立（如与前述旋转方向相反），此时中间环便与静环相对静止，与动环端面之间形成气膜密封 气膜密封在静止状态时，动环与静环均与中间环接触，并在各自端面上形成密封。动环轴向固定在轴套 4 上

（5）密封供气系统（表 18-7-31）

表 18-7-31　　密封供气系统

类型	系统简图	说明
单端面气膜密封的密封系统	4 2 10 6 5 3 2 1 10 2 A 大气 7 8 9 工艺气 1—双过滤器；2—切断阀；3—带电触点的压差计；4—带针形阀的流量计；5—测量切断阀；6—带电触点的压力计；7—气膜密封；8—迷宫密封；9—压缩机；10—换向阀	密封气为工艺气体，由压缩机出口引出，通过过滤精度为 2μm 的双过滤器 1（一台操作，一台备用），送至气膜密封 7 的 A 口。过滤器利用带电触点的压差计 3 监测过滤器阻力。当压差升到一定值时，由电触点发出信号至控制室进行报警，人工转动换向阀 10 切换到另一台过滤器，该台过滤器便可以进行清理。密封气的流量由流量计 4 显示，并用针形阀调节。压力计 6 显示并控制气体压力，监测密封泄漏情况，若密封失效时，气体外漏，压力计 6 显示出压力过低，通过电触点发出信号报警

续表

类型	系统简图	说明
双端面气膜密封的缓冲气系统	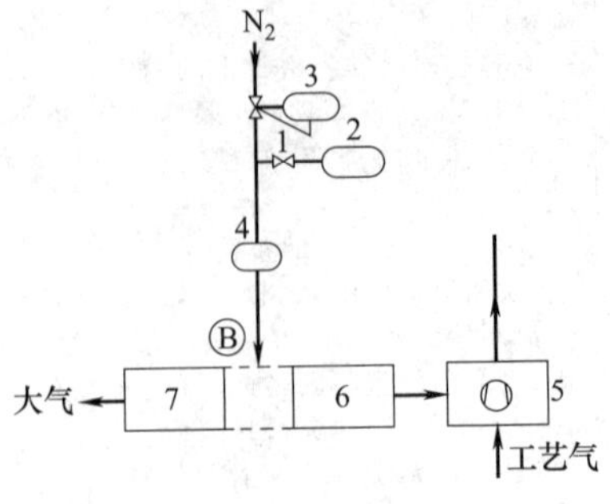 1—测量切断阀；2—带电触点的压力计；3—减压阀；4—带电触点的流量计；5—压缩机；6，7—气膜密封	在双端面密封中间即大气侧密封和介质侧密封之间通入由外部提供的清洁缓冲气，如氮气。缓冲气向密封两侧泄漏是微量的。缓冲气的流量和压力由流量计 4 和压力计 2 显示和控制，并利用电触点发出信号至控制室，监测密封泄漏情况。若密封失效，缓冲气压力降低、泄漏量增大，将发出信号报警。为了保证密封的使用寿命，缓冲气也需要双过滤器（一台操作、一台备用）过滤，过滤精度为 2μm
串联气膜密封的密封系统	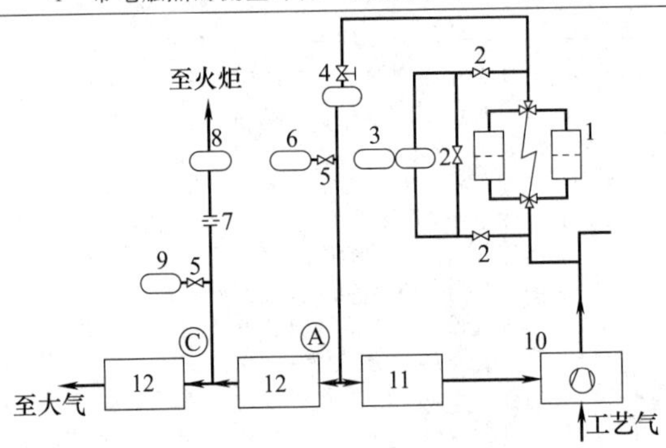 1—双过滤器；2—切断阀；3—带电触点的差压计；4—带针形阀流量计；5—测量切断阀；6—带电触点压力计；7—孔板；8—流量计；9—压力开关；10—压缩机；11—迷宫密封；12—串联气膜密封	被密封气体侧的密封采用经过过滤的高压被密封气体进行冲洗，如同单端面气膜密封的密封气系统那样，流量和压力差需要监测。泄漏的被密封气体集中在两个密封之间后由 C 口排至火炬 流量计 8 测量泄漏气体的流量。由压力开关 9 引出压力信号，监测密封泄漏情况。压力高或低都应报警。压力高，表示被密封气体侧密封失效；压力低，表示大气侧密封失效
带中间迷宫密封的串联气膜密封的缓冲气系统	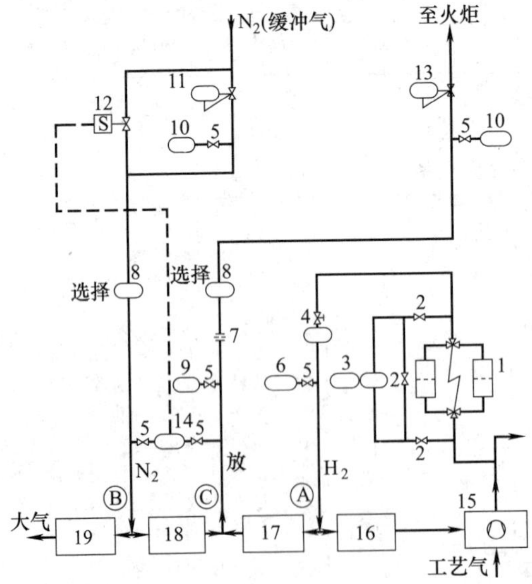 1—双过滤器；2—切断阀；3—带电触点的差压计；4—带针形阀的流量计；5—测量切断阀；6—带电触点的压力计；7—孔板；8—流量计；9—压力开关；10—压力计；11—减压计；12—电磁阀；13—流量调节阀；14—带电触点的差压计；15—压缩机；16，18—迷宫密封；17，19—气膜密封	被密封气体侧的气膜密封 17 采用经过过滤的被密封气体由管口 A 引入进行冲洗，如同单端面气膜密封的密封供气系统。从气膜密封 17 泄漏的气体从管口 C 排至火炬 中间迷宫密封 18 装在去火炬管口 C 和缓冲气供给管口 B 之间。外侧气膜密封 19 用于防止缓冲气泄漏到大气。利用差压计 14 的电触点控制电磁阀 12 的开度，保证缓冲气的压力始终高于去火炬的气体压力，由此确保从中间迷宫密封泄漏的缓冲气与泄漏的被密封气体一起由管口 C 排至火炬。若被密封气体侧气膜密封 17 失效，由于泄漏的气体压力的影响，导致缓冲气压力升高，中间迷宫密封 18 阻止泄漏气体漏到大气。泄漏的气体排至火炬

（6）气膜密封的选择程序（图 18-7-7）

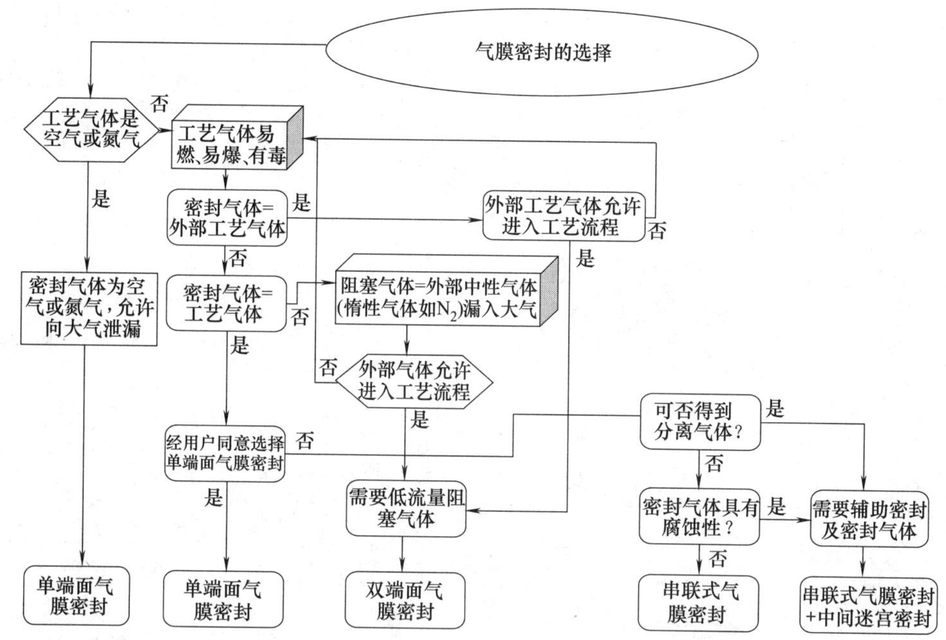

图 18-7-7 气膜密封的选择程序

7.11.4 非接触式液膜密封

（1）定义、特点及应用

非接触式液膜密封一般指全液膜润滑非接触机械密封，也称上游泵送液膜润滑机械密封。这种密封形式能通过低压隔离流体对高压的工艺介质流体实现密封，可以代替密封危险或有毒介质的普通双端面机械密封，从而使双端面机械密封的高压隔离流体系统变成极普通的低压或常压系统，降低了成本，提高了设备运行的安全可靠性。

上游泵送机械密封已在各种场合获得应用，如防止有害液体向外界环境的泄漏、防止被密封液体介质中的固体颗粒进入密封端面、用液体来密封气相过程流体，或者普通接触型机械密封难以胜任的高速高压密封工况等。此类密封应用的线速度已达 40m/s，泵送速率范围为 0.1～16mL/min，将少量低压隔离流体泵送入的过程流体介质压力已高达 10.34MPa。

（2）密封基本原理

一种典型的上游泵送机械密封结构见图 18-7-8。

图 18-7-8 中所示的上游泵送机械密封由一内装式机械密封和装于外端的唇型密封所组成，机械密封端面含有螺旋槽，将隔离流体从密封压盖空腔泵送入泵腔。唇型密封作为隔离流体的屏障，将隔离流体限制在密封压盖腔内。

该上游泵送机械密封的开槽端面如图 18-7-9 所示。

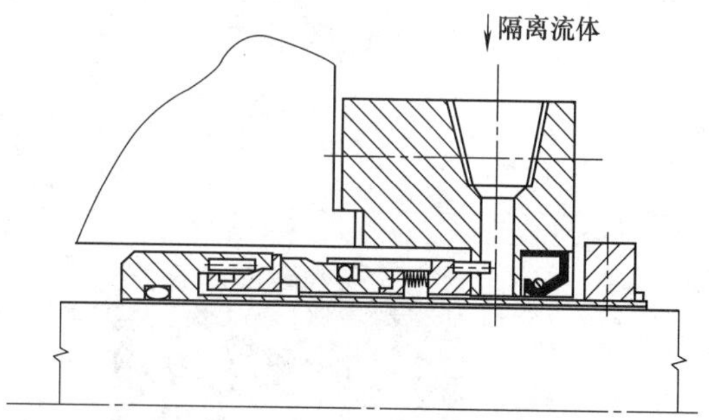

图 18-7-8 上游泵送液膜机械密封

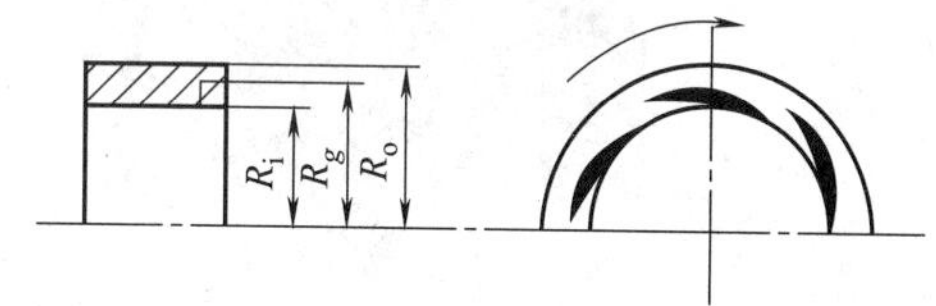

图 18-7-9 液膜机械密封开槽端面

上游泵送液膜润滑机械密封的密封端面开有流体动压槽，具有一定的泵送效应，能把少量的隔离流体沿着密封端面输送到密封腔。流体动压槽中最常见的是螺旋槽，根据密封工况的不同，其深度从 2μm 到十几微米不等。该端面内半径（R_i）处液体压力即为隔离流体系统压力，外半径（R_o）处液体压力即泵密封腔液体压力。

上游泵送机械密封通过端面螺旋槽的作用，在密封端面间建立了主动而明确的膜压分布，此膜压的最大值（p_g）稍微超过被密封介质的压力（p_o），两者之差构成了液体上游泵送的推动力。上游泵送机械密封端面间膜压分布如图 18-7-10 所示。

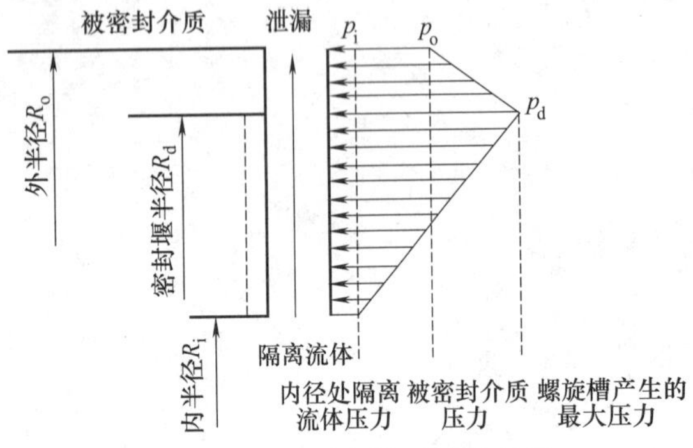

图 18-7-10　液膜润滑上游泵送机械密封密封面间流体压力分布

由于端面间流体动压作用产生的动压力，使其两端面稍微分离，以便将下游流体送入上游，结果端面间为 100% 的液膜，极大地改善了端面间润滑状况。上游泵送速率是此类密封的关键指标之一，它取决于密封的尺寸、转速、螺旋槽端面结构、压力和下游液体的黏度，一般为每分钟几毫升。低压隔离流体应与被密封介质相容，一般情况下为普通清水，由于泵送速率很小，对产品的稀释问题通常可以不必考虑。

7.11.5　泵用非接触式机械密封

表 18-7-32　　泵用非接触式机械密封（Burgmann 公司）

产品代号	图　示	特点及应用	极限工况
Cartex-GSD		气膜润滑，可双向旋转，可用于传统的填料密封腔，弹簧静止式设计，可以用于密封含少量固体颗粒的介质	轴径：28～100mm 压力：1.3MPa 温度：－20～200℃ 线速度：16m/s
CGS		气膜润滑，可双向旋转，平衡型，静环端面开设 U 形槽 CGS 密封适用于气体或液体介质的密封，可用于低、中转速下的泵、汽轮机、罗茨鼓风机等	轴径：28～125mm 压力：2.5MPa 温度：－20～260℃ 线速度：25m/s
HRGS-D		气膜润滑，平衡型，可双向旋转，弹簧静止式设计 非常适合密封含固体颗粒介质	轴径：20～200mm 线速度：4～25m/s

续表

产品代号	图示	特点及应用	极限工况
Mtex-GSD	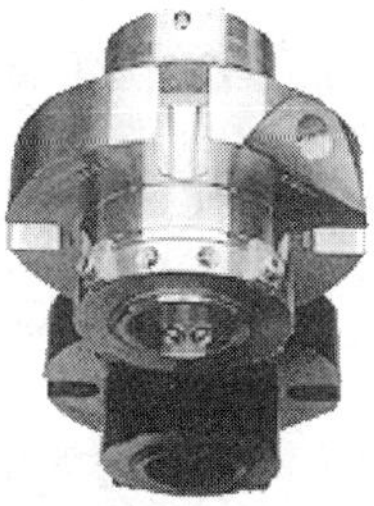	气膜润滑,波纹管式 适用于低温或高温工况,结构简单,可靠性高	轴径:25～100mm 压力:1.6MPa 温度:－40～300℃ 线速度:20m/s

7.11.6 风机用非接触式机械密封

表 18-7-33 风机气膜密封的结构形式

结构名称	简图	介绍
单端面气膜密封	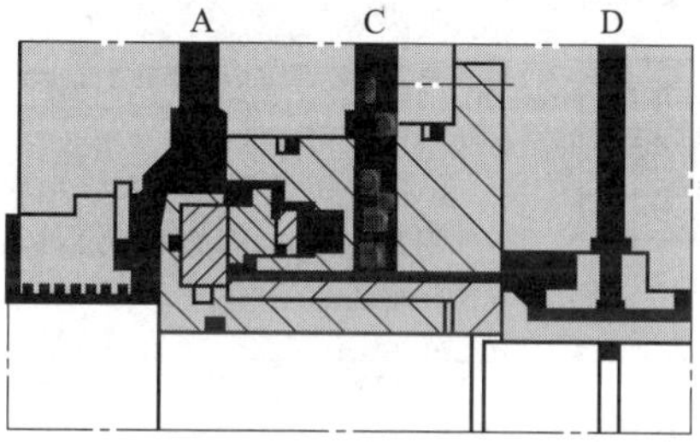 A C D A—介质冲洗;C—火炬;D—分离气体	有一个可把泄漏引到火炬 C 的接口,可以把泄漏与分离气一起被输送到火炬或排气口 如果输送的气体介质中含有杂质,介质必须被过滤后才能通过接口 A 输送到密封腔。这样,过滤的介质从密封腔流向叶轮侧,从而阻止杂质从叶轮侧进入密封 该类型密封适用于允许少量介质泄漏到大气的气体压缩机,例如空气、氮气等中性气体的透平压缩机
双端面气膜密封	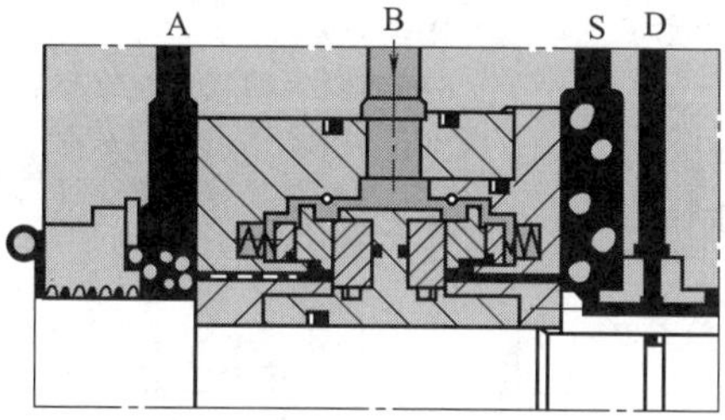 A B S D A—介质冲洗;B—缓冲气体;D—分离气体;S—排气口	当没有火炬,但具有可以提供合适压力的缓冲气体时,使用双端面气膜密封结构。该结构能有效地防止介质气体逃逸到周围环境中。在两道密封之间通过缓冲气体 B 的接口注入一种比介质压力高的缓冲气体(一般缓冲气体的压力比介质压力高 0.2MPa)。缓冲气体一部分泄漏到大气,另一部分泄漏到介质中 该类型密封相当于面对面布置的两套单端面密封,适用于允许少量惰性气体进入机内但不允许工艺气体进入环境的危险性工艺流程气体压缩机
串联式气膜密封	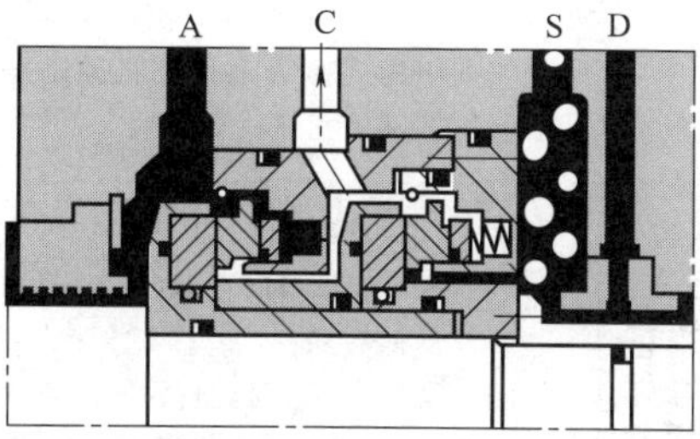 A C S D A—介质冲洗;C—火炬;D—分离气体;S—排气口	该结构是一种操作可靠性较高的气膜密封结构。作为油和气工业的标准结构,它是设计简单且仅需要一个相当简单的气体辅助系统 介质侧密封(主密封)和大气侧密封(副密封)能够承受全部压力差。在正常情况下,介质侧密封承受了全部压差。介质侧密封和大气侧密封之间的泄漏可通过接口 C 引到火炬。大气侧密封所承受的压力与火炬压力相同,因此介质泄漏到大气侧和到排气口的量几乎为零。当主密封失败时,副密封可作为安全密封,保证介质不会泄漏到大气中 该类型密封用于允许微量工艺气体进入环境但不允许惰性气体进入机内的危险性气体压缩机

续表

结构名称	简 图	介 绍
带中间迷宫的串联式气膜密封	A—介质冲洗；B—缓冲气体；C—火炬；D—分离气体；S—排气口	此结构在串联结构的两级密封间增加迷宫密封。密封工作时，工艺气体的压力通过介质侧密封被降低。泄漏的工艺气体通过接口C排到火炬。缓冲气体的压力应保证有连续的气流通过迷宫到达火炬的出口 该密封用于既不允许工艺气体进入环境也不允许惰性气体进入机内的危险性工艺流程气体压缩机，如 H_2 压缩机，H_2S 含量较高的天然气压缩机和乙烯、丙烯压缩机

表 18-7-34 风机用非接触式机械密封（Burgmann 公司）

产品代号	图 示	特点及应用	极限工况
DGS Double		气膜密封 集装式、端面非接触、可单向或双向转动 适用于工艺气体不允许向大气泄漏的场合，例如部分有毒气体压缩机	轴径：320mm 压力：35MPa 温度：230℃ 线速度：200m/s
DGS Single		气膜密封 集装式、端面非接触、可单向或双向转动 主密封泄漏的气体介质与隔离气体一同被引至火炬，从而实现被密封气体的零泄漏。可以适用于一氧化碳压缩机等	轴径：320mm 压力：35MPa 温度：230℃ 线速度：200m/s
DGS Tandem		气膜密封 集装式、端面非接触、可单向或双向转动 适用于允许少量工艺气体泄漏到大气中的场合，例如炼油工业中的气体管道压缩机及部分工艺气体压缩机等	轴径：320mm 压力：35MPa 温度：230℃ 线速度：200m/s
DGS Tandem/ Labyrinth		气膜密封 集装式、端面非接触、可单向或双向转动 适用于工艺气体不允许向大气泄漏的场合，例如氢气压缩机、高含硫化氢气体压缩机、乙烯及丙烯压缩机等	轴径：320mm 压力：35MPa 温度：230℃ 线速度：200m/s

续表

产品代号	图 示	特点及应用	极限工况
SH-D Oil-lubricated-single		液膜密封 集装式、油膜润滑、双向转动 适用于允许少量缓冲液体泄漏至被密封气体侧的场合	轴径:220mm 压力:5.0MPa 温度:150℃ 线速度:100m/s
TDGS		气膜密封 采用金属波纹管作为弹性元件,软硬结合的端面材料组合,允许反向压力的作用 适用于汽轮机	轴径:20～180mm 压力:2.5MPa 温度:-50～450℃ 线速度:130m/s

7.11.7 釜用非接触式机械密封

常规釜用密封一般都需要密封液进行润滑，运转时或多或少都会存在一定的泄漏，所以在一些不允许杂质进入反应介质的场合就不能使用常规密封。釜用气膜密封运行时端面不接触，通过端面开设的动压槽使两个端面之间保持2～4μm的间隙。虽然气膜密封也有泄漏，但进入反应介质的是惰性气体，一般不会污染和影响反应介质。

表 18-7-35　釜用非接触式机械密封（Burgmann 公司）

产品代号	图 示	特点及应用	适用工况
AGZS		气膜密封 平衡型、集装式、可双向旋转 适用于对产品清洁度有较高要求的食品、制药以及化工生产中	轴径:40～200mm 压力:真空～0.6MPa 温度:-10～150℃ 线速度:0～10m/s

7.12 机械密封有关标准

7.12.1 机械密封的形式、主要尺寸、材料和识别标志（GB/T 6556—2016）

表 18-7-36 机械密封的形式

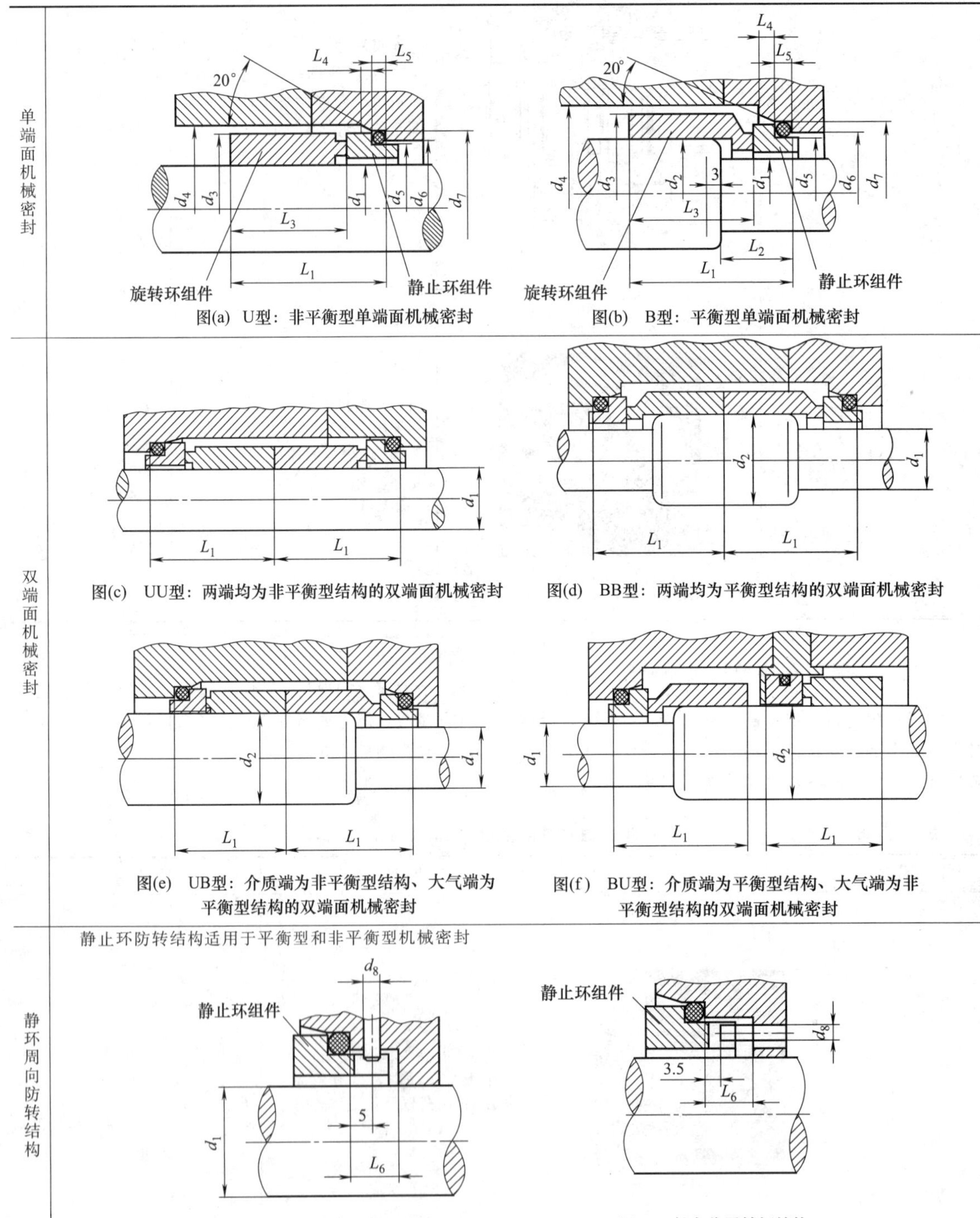

图(a) U型：非平衡型单端面机械密封

图(b) B型：平衡型单端面机械密封

图(c) UU型：两端均为非平衡型结构的双端面机械密封

图(d) BB型：两端均为平衡型结构的双端面机械密封

图(e) UB型：介质端为非平衡型结构、大气端为平衡型结构的双端面机械密封

图(f) BU型：介质端为平衡型结构、大气端为非平衡型结构的双端面机械密封

图(g) 径向位置销钉结构

图(h) 轴向位置销钉结构

续表

静环轴向限位结构

静止环轴向限位结构适用于单端面机械密封、双端面机械密封的介质侧

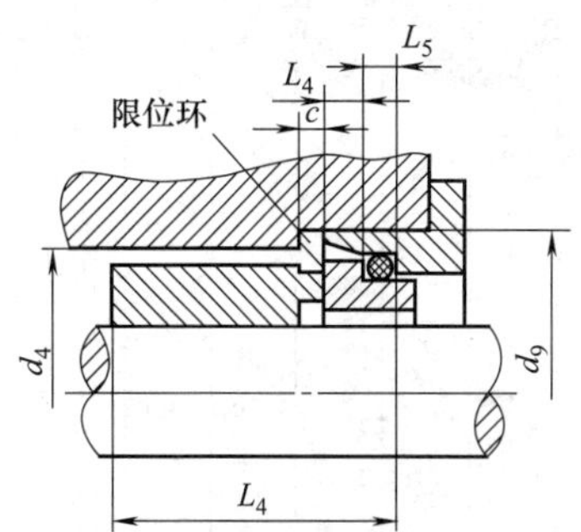

图(i)　非平衡式机械密封静环轴向限位结构

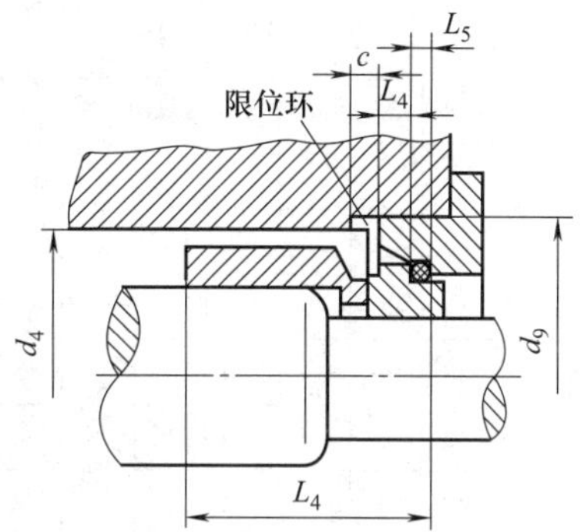

图(j)　平衡式机械密封静环轴向限位结构

表 18-7-37　　机械密封的主要尺寸　　mm

公称直径 d_1		d_2	最大尺寸 d_3		最小尺寸 d_4		d_5	d_6	d_7	d_8	d_9		e	最大尺寸 L_1				L_2	L_3	L_4	L_5	L_6
														N 型		K 型						
U 型 h6	B 型	h6	U 型	B 型	U 型	B 型	h8	h11	H8		U 型 H8	B 型 H8		U 型 ±0.5	B 型 ±0.5	U 型 ±0.5	B 型 ±0.5	±0.5				
10		14	20	24	22	26	此尺寸不作规定，各制造厂可根据有关资料选取	17	21	3	26	30	4	40	50	32.5	40	18	此尺寸不作规定，各制造厂可根据有关资料选取	1.5	4	8.5
12		16	22	26	24	28		19	23		28	32										
14		18	24	32	26	34		21	25		30	38			55	35	42.5					
16		20	26	34	28	36		23	27		32	40										
18		22	32	36	34	38		27	33		38	42		45		37.5	45	20		2	5	9
20		24	34	38	36	40		29	35		40	44			60							
22		26	36	40	38	42		31	37		42	46										
24		28	38	42	40	44		33	39		44	48		50		40	47.5					
25		30	39	44	41	46		34	40		45	50										
28		33	42	47	44	49		37	43		48	53				42.5	50					
30		35	44	49	46	51		39	45		50	55			65							
32		38	46	54	48	58		42	48		52	62		55								
33		38	47	54	49	58		42	48		53	62										
35		40	49	56	51	60		44	50		56	65										
38		43	54	59	58	63		49	56	4	63	68	6		75	45	52.5	23			6	
40		45	56	61	60	65		51	58		65	70										
43		48	59	64	63	68		54	61		68	73		60								
45		50	61	66	65	70		56	63		70	75										
48		53	64	69	68	73		59	66		73	78			85							
50		55	66	71	70	75		62	70		75	80				47.5	57.5	25		2.5		
53		58	69	78	73	83		65	73		78	88		70								
55		60	71	80	75	85		67	75		80	90										
58		63	78	83	83	88		70	78		88	93				52.5	62.5					
60		65	80	85	85	90		72	80		90	95			95							

第18篇

续表

公称直径 d_1 U型 h6	公称直径 d_1 B型	d_2 h6	最大尺寸 d_3 U型	最大尺寸 d_3 B型	最小尺寸 d_4 U型	最小尺寸 d_4 B型	d_5 h8	d_6 h11	d_7 H8	d_8	d_9 U型 H8	d_9 B型 H8	e	最大尺寸 L_1 N型 U型 ±0.5	最大尺寸 L_1 N型 B型 ±0.5	最大尺寸 L_1 K型 U型 ±0.5	最大尺寸 L_1 K型 B型 ±0.5	L_2 ±0.5	L_3	L_4	L_5	L_6
63		68	83	88	88	93	此尺寸不作规定，各制造厂可根据有关资料选取	75	83	4	93	98	6	70	95	52.5	62.5	25	此尺寸不作规定，各制造厂可根据有关资料选取	2.5	6	9
65		70	85	90	90	95		77	85		95	100		80								
68		75	88	95	93	100		81	90		98	105						28			7	
70		75	90	99	95	104		83	92		100	109				60	70					
75		80	99	104	104	109		88	97		110	115										
80		85	104	109	109	114		95	105		115	120		90	105					3		
85		90	109	114	114	119		100	110		120	125					75					
90		95	114	119	119	124		105	115		125	130				65						
95		100	119	124	124	129		110	120		130	135										
100		105	124	129	129	134		115	125		135	140										
110		115	138	143	144	149		125	136		150	155										
120		125	148	153	154	159		135	146		160	165										

注：为了保证旋转环与密封腔体之间有一个安全间隙，推荐 d_3 为最大尺寸，d_4 为最小尺寸。

表 18-7-38 机械密封识别标志和密封材料

机械密封识别标志

(1)单端面机械密封识别标志

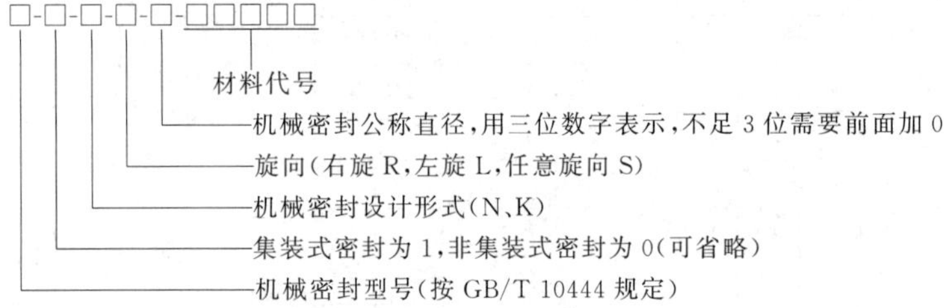

示例:108-0-N-R-055-QBPFF,表示108型单端面机械密封,非集装式密封(0),设计形式N型,右旋(R),公称直径 d_1 为55mm(055),旋转环材料为氮化硅(Q),静止环材料为石墨浸渍树脂(B),辅助密封圈材料为丁腈橡胶(P),弹簧材料为铬镍钢(F),其他结构件材料为铬镍钢(F)

(2)双端面机械密封识别标志

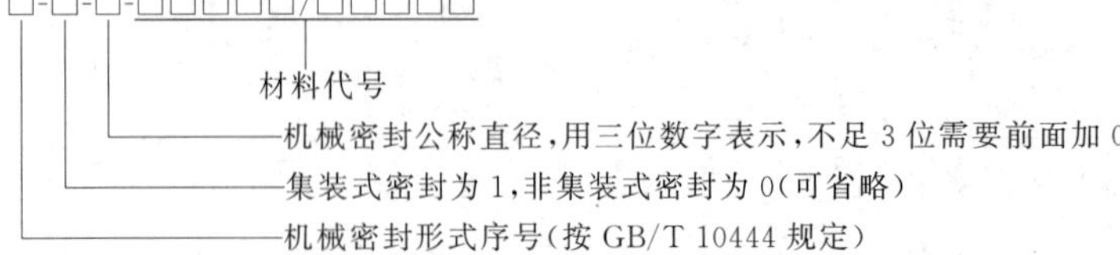

示例:UB191-0-080 UAVFF/UBPFF,表示UB191型双端面机械密封介质侧为非平衡型(U),大气侧为平衡型(B),非集装式密封(O),公称直径为80mm(080),介质侧材料:旋转环材料为钴基碳化钨(U),静止环材料为石墨浸渍金属(A),辅助密封圈材料为氟橡胶(V),弹簧材料为铬镍钢(F),其他结构件材料为铬镍钢(F);大气侧材料,旋转环材料为钴基碳化钨(U),静止环材料为石墨浸渍树脂(B),辅助密封圈材料为丁腈橡胶(P),弹簧材料为铬镍钢(F),其他结构件材料为铬镍钢(F)

续表

机械密封材料

机械密封材料代号表示方法：

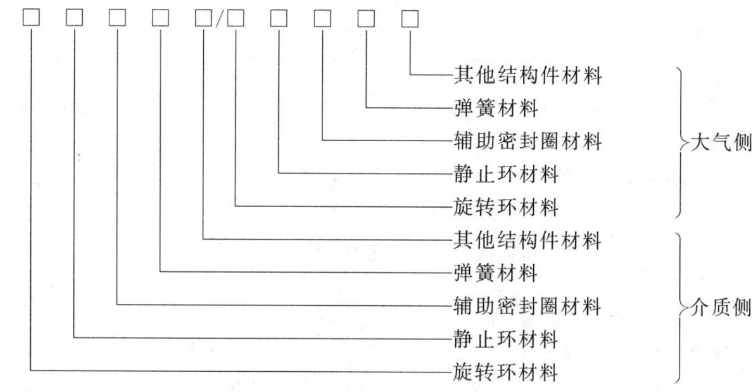

单端面机械密封材料代号提取前五个位置，双端面机械密封材料代号取全部十个位置

材料代号

旋转环、静止环材料	辅助密封圈材料	弹簧和其他结构
碳-石墨	弹性材料	D　碳钢
A　石墨浸渍金属	P　丁腈橡胶	E　铬钢
B　石墨浸渍树脂	N　氯丁橡胶	F　铬镍钢
C　其他碳石墨	B　丁基橡胶	G　铬镍钼钢
	E　乙丙橡胶	H　铬镍合金
金　属	S　硅橡胶	M　高镍合金
D　碳钢	V　氟橡胶	N　青铜
E　铬钢	H　氢化丁腈	T　钛合金
F　铬镍钢	U　全氟化橡胶	Q　其他材料
G　铬镍钼钢	X　其他弹性材料	
H　铬镍钢合金		
K　铬镍钼钢合金	非弹性材料	
M　高镍合金	T　聚四氟乙烯	
N　青铜	A　浸渍石棉	
P　铸铁	F　石墨橡胶材料	
R　合金铸铁	C　柔性石墨	
S　铸造铬钢	Y　其他非弹性材料	
T　其他金属		
金属表面硬化处理	包覆弹性体	
I　金属表面堆焊	M　氟塑料全包覆橡胶	
J　金属表面喷涂		
氮化物		
Q　氮化硅		
碳化物		
U　碳化钨		
O　碳化硅		
L　其他碳化物		
金属氧化物		
V　氧化铝		
W　氧化铬		
X　其他金属氧化物		
塑料		
Y　增强聚四氟乙烯		
Z　其他工程塑料		

7.12.2 机械密封技术条件（JB/T 4127.1—2013）

表 18-7-39 机械密封技术条件

<table>
<tr><td>机械密封主要零件的技术要求</td><td colspan="2">①密封端面的平面度和表面粗糙度要求如下：密封端面平面度公差应不大于 0.0009mm；硬质材料密封端面表面粗糙度值 Ra 应不大于 0.2μm，软质材料密封端面表面粗糙度值 Ra 应不大于 0.4μm
②静止环和旋转环的密封端面对与辅助密封圈接触的端面的平行度应符合 GB/T 1184—1996 的 7 级精度要求
③静止环和旋转环与辅助密封圈接触部位的表面粗糙度值 Ra 应不大于 1.6μm，外圆或内孔尺寸公差为 h8 或 H8
④静止环密封端面对与静止环辅助密封圈接触的外圆的垂直度、旋转环密封端面对与旋转环辅助密封圈接触的内孔的垂直度，均应符合 GB/T 1184—1996 的 7 级精度要求
⑤石墨环、填充聚四氟乙烯环及组装的密封环要做水压试验。其试验压力为最高工作压力的 1.25 倍，持续 10min 不应有渗漏
⑥弹簧内径、外径、自由高度、工作压力、弹簧中心线与两端面垂直度等公差值应符合 JB/T 11107 的规定。对于多弹簧机械密封，同一套机械密封中各弹簧之间的自由高度差不大于 0.5mm
⑦弹簧座、传动座的内孔尺寸公差为 E8，表面粗糙度值 Ra 应不大于 3.2μm
⑧橡胶 O 形圈应符合 JB/T 7757.2 的规定</td></tr>
<tr><td rowspan="3">机械密封性能要求</td><td>泄漏量</td><td>当被密封介质为液体时，平均泄漏量应满足表 1 的规定。
表 1　　mL/h
<table>
<tr><td rowspan="2">工作压力 p/MPa</td><td colspan="2">轴（或轴套）外径 d/mm</td></tr>
<tr><td><i>d</i>≤50</td><td>50<<i>d</i>≤120</td></tr>
<tr><td>0<<i>p</i>≤5.0</td><td>≤3.0</td><td>≤5.0</td></tr>
<tr><td>5.0<<i>p</i>≤10.0</td><td>≤15.0</td><td>≤20.0</td></tr>
</table>
注：对于特殊条件及被密封介质为气体时不受此限</td></tr>
<tr><td>磨损量</td><td>磨损量的大小要满足机械密封使用期的要求。以清水为介质进行试验，运转 100h 软质材料的密封环磨损量不大于 0.02mm</td></tr>
<tr><td>使用期</td><td>在选型合理、安装使用正确的情况下，被密封介质为清水、油类及类似介质时，机械密封的使用期一般不少于 8000h。被密封介质为腐蚀性介质时，机械密封的使用期一般为 4000～8000h。使用条件苛刻时不受此限</td></tr>
<tr><td>机械密封试验</td><td colspan="2">①机械密封新产品必须按 GB/T 14211 进行型式试验
②机械密封产品出厂前，按 GB/T 14211 进行静压试验和运转试验</td></tr>
<tr><td>安装与使用要求</td><td>安装机械密封部位的轴（或轴套）的要求</td><td>①安装机械密封部位的轴（或轴套）的径向圆跳动公差应符合表 2 的规定
表 2　　mm
<table>
<tr><td>轴（或轴套）外径 d</td><td>径向圆跳动公差</td></tr>
<tr><td>10≤d≤50</td><td>0.04</td></tr>
<tr><td>50<<i>d</i>≤120</td><td>0.06</td></tr>
</table>
②表面粗糙度值 Ra 应不大于 3.2μm
③外径尺寸公差为 h6
④安装旋转环辅助密封圈的轴（或轴套）的端部按图(a)倒角，以便于安装</td></tr>
</table>

续表

<table>
<tr><td rowspan="7">安装与使用要求</td><td>安装机械密封部位的轴(或轴套)的要求</td><td>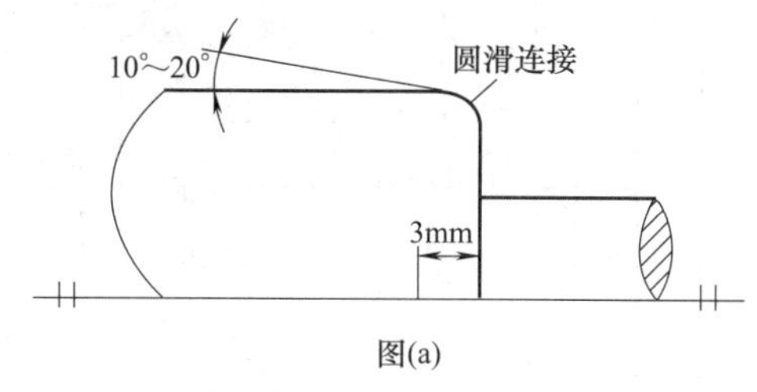图(a)</td></tr>
<tr><td colspan="2">安装机械密封的泵或其他类似的旋转式机械在工作时，转子轴向窜动量不超过 0.3mm</td></tr>
<tr><td colspan="2">密封腔体与密封端盖结合的定位端面对轴(或轴套)表面的跳动公差应符合表 2 的规定</td></tr>
<tr><td>对密封端盖(或壳体)的要求</td><td>①安装静止环辅助密封圈的端盖(或壳体)的孔的端部应按图(b)和表 3 的规定
②密封端盖(或壳体)与辅助密封圈接触部位的表面粗糙度应按图(b)的规定
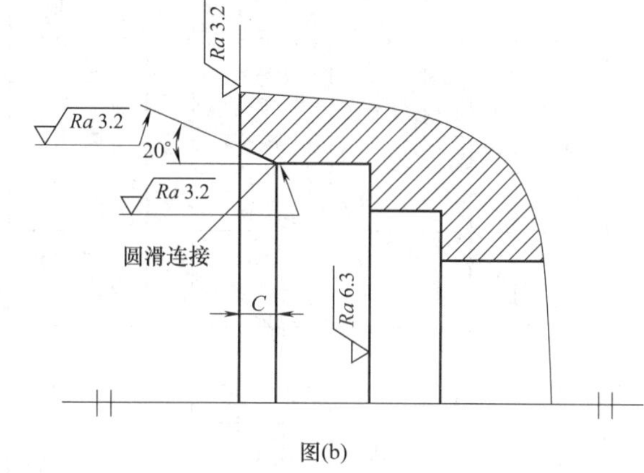图(b)
表 3 mm<table><tr><th>轴(或轴套)外径 d</th><th>C</th></tr><tr><td>$10 \leqslant d \leqslant 16$</td><td>1.5</td></tr><tr><td>$16 < d \leqslant 48$</td><td>2</td></tr><tr><td>$48 < d \leqslant 75$</td><td>2.5</td></tr><tr><td>$75 < d \leqslant 120$</td><td>3</td></tr></table></td></tr>
<tr><td colspan="2">机械密封在安装时，必须将轴(或轴套)、密封腔体、密封端盖及机械密封本身清洗干净，防止任何杂质进入密封部位</td></tr>
<tr><td colspan="2">当输送介质温度偏高、过低，或含有杂质颗粒、易燃、易爆、有毒时，必须采取相应的阻封、冲洗、冷却、过滤等措施。具体措施按照 JB/T 6629 执行</td></tr>
<tr><td colspan="2">机械密封在安装时，应按产品安装使用说明书或样本，保证机械密封的安装尺寸</td></tr>
<tr><td>标志与包装</td><td colspan="2">①包装盒上标明识别标志、生产许可证编号及 QS 标志
②产品上要打印制造厂的标志
③包装应能防止在运输和储存过程中产品损伤和零件遗失
④每套机械密封出厂时都应附有产品合格证，合格证上应有产品型号、生产厂名、地址、生产许可证编号、检验部门和检验人员的签章及日期
⑤制造厂应根据用户要求提供产品安装使用说明书</td></tr>
</table>

7.12.3 机械密封用 O 形橡胶密封圈（JB/T 7757.2—2006）

表 18-7-40 机械密封用 O 形橡胶密封圈（JB/T 7757.2—2006） mm

d_1		d_2（截面直径及其极限偏差）																
内径	极限偏差	1.60±0.08	1.80±0.08	2.10±0.08	2.65±0.09	3.10±0.10	3.55±0.10	4.10±0.10	4.30±0.10	4.50±0.10	4.70±0.10	5.00±0.10	5.30±0.10	5.70±0.10	6.40±0.15	7.00±0.15	8.40±0.15	10.0±0.30
6.00	±0.13	☆	☆	☆														
6.90	±0.14	☆	☆															
8.00		☆	☆	☆														
9.00		☆	☆															
10.0		☆	☆	☆														
10.6	±0.17	☆	☆		☆													
11.8		☆	☆	☆	☆													
13.2		☆	☆	☆	☆													
15.0		☆	☆	☆	☆													
16.0		☆	☆		☆													
17.0		☆	☆		☆	☆												
18.0		☆	☆	☆	☆	☆	☆											
19.0	±0.22	☆	☆		☆	☆	☆											
20.0		☆	☆	☆	☆	☆	☆											
21.2		☆	☆		☆	☆	☆											
22.4		☆	☆	☆	☆	☆	☆											
23.6		☆	☆		☆	☆	☆											
25.0		☆	☆	☆	☆	☆	☆											
25.8		☆	☆		☆	☆	☆											
26.5		☆	☆		☆	☆	☆											
28.0		☆	☆	☆	☆	☆	☆					☆						
30.0		☆	☆	☆	☆	☆	☆		☆			☆	☆					

续表

d_1		d_2（截面直径及其极限偏差）																
内径	极限偏差	1.60±0.08	1.80±0.08	2.10±0.08	2.65±0.09	3.10±0.10	3.55±0.10	4.10±0.10	4.30±0.10	4.50±0.10	4.70±0.10	5.00±0.10	5.30±0.10	5.70±0.10	6.40±0.15	7.00±0.15	8.40±0.15	10.0±0.30
31.5	±0.30	☆	☆		☆	☆	☆		☆				☆					
32.5		☆	☆	☆	☆	☆	☆		☆			☆	☆					
34.5		☆	☆	☆	☆	☆	☆		☆			☆	☆					
37.5		☆	☆	☆	☆	☆	☆		☆			☆	☆					
38.7			☆	☆	☆	☆	☆		☆				☆					
40.0			☆	☆	☆	☆	☆		☆			☆	☆					
42.5	±0.36		☆		☆	☆	☆		☆				☆					
43.7			☆		☆	☆	☆		☆				☆					
45.0			☆		☆	☆	☆		☆	☆	☆	☆	☆		☆			
47.5			☆		☆	☆	☆	☆	☆	☆	☆		☆		☆			
48.7			☆		☆	☆	☆	☆	☆	☆	☆		☆		☆			
50.0			☆		☆	☆	☆	☆	☆	☆	☆	☆	☆		☆			
53.0	±0.44				☆	☆	☆	☆	☆	☆	☆		☆		☆			
54.5					☆	☆	☆	☆	☆	☆	☆	☆	☆		☆			
56					☆	☆	☆	☆	☆	☆	☆		☆		☆			
58.0					☆		☆	☆	☆	☆	☆		☆		☆			
60.0					☆	☆	☆	☆	☆	☆	☆	☆	☆		☆			
61.5					☆		☆	☆	☆	☆	☆		☆		☆			
63.0					☆		☆	☆	☆	☆	☆		☆		☆			
65.0	±0.53				☆	☆	☆	☆	☆	☆	☆	☆	☆		☆			
67.0					☆		☆	☆	☆	☆	☆		☆		☆			
70.0					☆	☆	☆	☆	☆	☆	☆	☆	☆		☆			
71.0							☆		☆	☆	☆		☆		☆			
75.0					☆	☆	☆	☆	☆	☆	☆	☆	☆		☆			

续表

d_1		d_2（截面直径及其极限偏差）																
内径	极限偏差	1.60±0.08	1.80±0.08	2.10±0.08	2.65±0.09	3.10±0.10	3.55±0.10	4.10±0.10	4.30±0.10	4.50±0.10	4.70±0.10	5.00±0.10	5.30±0.10	5.70±0.10	6.40±0.15	7.00±0.15	8.40±0.15	10.0±0.30
77.5	±0.53						☆		☆	☆	☆		☆		☆			
80.0					☆	☆	☆	☆	☆	☆	☆	☆	☆		☆			
82.5	±0.65						☆		☆	☆	☆		☆		☆			
85.0					☆	☆	☆	☆	☆	☆	☆		☆		☆			
87.5							☆		☆	☆	☆		☆		☆			
90.0					☆	☆	☆	☆	☆	☆	☆		☆	☆	☆			
92.5							☆		☆	☆	☆		☆	☆	☆			
95.0					☆	☆	☆	☆	☆	☆	☆		☆	☆	☆			
97.5							☆		☆	☆	☆		☆	☆	☆			
100					☆	☆	☆	☆	☆	☆	☆		☆	☆	☆			
103							☆		☆	☆	☆		☆	☆	☆			
105					☆	☆	☆	☆	☆	☆	☆		☆	☆	☆			
110					☆	☆	☆	☆	☆	☆	☆		☆	☆	☆	☆		
115					☆	☆	☆	☆	☆	☆	☆		☆	☆	☆	☆		
120					☆	☆	☆	☆	☆	☆	☆		☆	☆	☆	☆		
125	±0.90				☆	☆	☆		☆				☆	☆	☆	☆		
130					☆	☆	☆		☆				☆	☆	☆	☆		
135					☆	☆	☆						☆	☆	☆	☆		
140					☆	☆	☆						☆	☆	☆	☆		
145					☆	☆	☆						☆	☆	☆	☆	☆	
150					☆		☆						☆	☆	☆	☆	☆	
155							☆						☆	☆	☆	☆	☆	
160							☆						☆	☆	☆	☆	☆	
165							☆						☆	☆	☆	☆	☆	
170							☆						☆	☆	☆	☆	☆	

续表

d_1		d_2（截面直径及其极限偏差）																
内径	极限偏差	1.60±0.08	1.80±0.08	2.10±0.08	2.65±0.09	3.10±0.10	3.55±0.10	4.10±0.10	4.30±0.10	4.50±0.10	4.70±0.10	5.00±0.10	5.30±0.10	5.70±0.10	6.40±0.15	7.00±0.15	8.40±0.15	10.0±0.30
175	±0.90						☆						☆	☆	☆	☆	☆	
180							☆						☆	☆	☆	☆	☆	
185	±1.20						☆						☆	☆	☆	☆	☆	
190							☆						☆	☆	☆	☆	☆	
195							☆						☆	☆	☆	☆	☆	
200							☆						☆	☆	☆	☆	☆	
205							☆						☆	☆	☆	☆	☆	
210							☆						☆	☆	☆	☆	☆	
215							☆						☆	☆	☆	☆	☆	
220							☆						☆	☆	☆	☆	☆	
225							☆						☆	☆	☆	☆	☆	
230							☆						☆	☆	☆	☆	☆	
235							☆						☆	☆	☆	☆	☆	
240							☆						☆	☆	☆	☆	☆	
245							☆						☆	☆	☆	☆	☆	
250							☆						☆	☆	☆	☆	☆	
258	±1.60						☆						☆	☆	☆	☆	☆	
265							☆						☆		☆	☆	☆	
272							☆						☆		☆	☆	☆	
280							☆						☆		☆	☆	☆	
290							☆						☆		☆	☆	☆	
300							☆						☆		☆	☆	☆	
307							☆						☆			☆	☆	
315							☆						☆			☆	☆	

续表

d_1		d_2(截面直径及其极限偏差)																
内径	极限偏差	1.60±0.08	1.80±0.08	2.10±0.08	2.65±0.09	3.10±0.10	3.55±0.10	4.10±0.10	4.30±0.10	4.50±0.10	4.70±0.10	5.00±0.10	5.30±0.10	5.70±0.10	6.40±0.15	7.00±0.15	8.40±0.15	10.0±0.30
325	±2.10						☆						☆			☆	☆	
335													☆			☆	☆	
345													☆			☆	☆	
355													☆			☆	☆	
375													☆			☆	☆	
387													☆			☆	☆	
400													☆			☆	☆	
412	±2.60															☆		☆
425																☆		☆
437																☆		☆
450																☆		☆
462																☆		☆
475																☆		☆
487																☆		☆
500																☆		☆
515	±3.20															☆		☆
530																☆		☆
545																☆		☆
560																☆		☆

注：1. “☆”表示优先选用规格。

2. 表中 d_1 为O形圈内径，d_2 为O形圈截面直径。

7.12.4　泵用机械密封（JB/T 1472—2011）

表 18-7-41　103 和 B103 型机械密封　mm

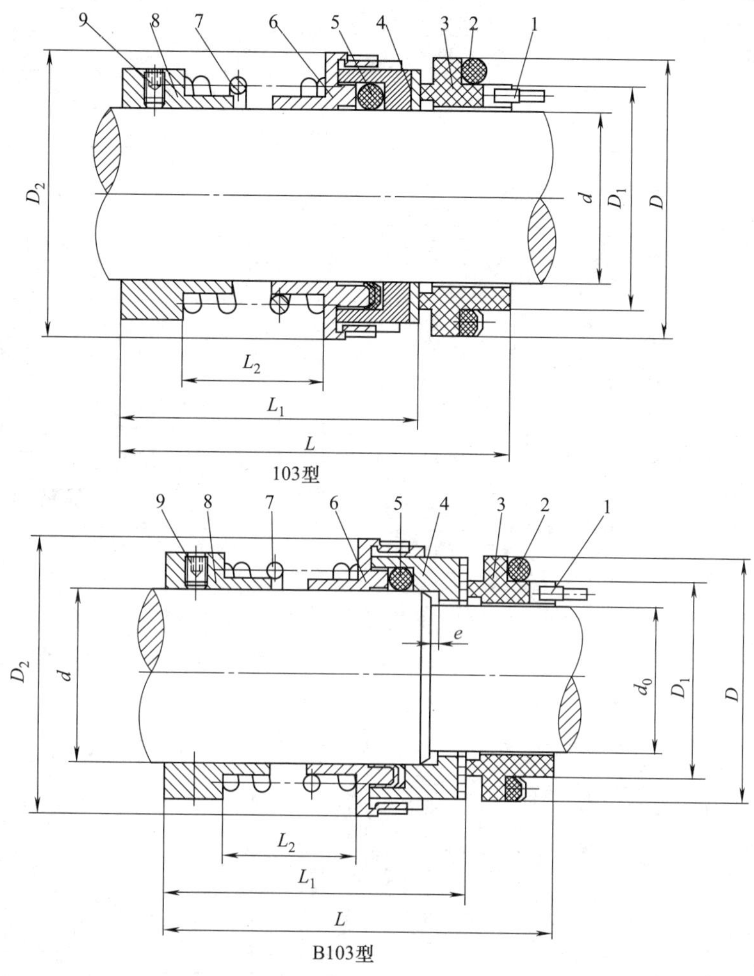

1—防转销；2—辅助密封圈；3—静止环；4—旋转环；5—辅助密封圈；6—推环；7—弹簧；8—弹簧座；9—紧定螺钉

103 型							
规格	d	D_2	D_1	D	L	L_1	L_2
16	16	33	25	33	56	40	12
18	18	35	28	36	60	44	16
20	20	37	30	40	63	44	16
22	22	39	32	42	67	48	20
25	25	42	35	45	67	48	20
28	28	45	38	48	69	50	22
30	30	52	40	50	75	56	22
35	35	57	45	55	79	60	26
40	40	62	50	60	83	64	30
45	45	67	55	65	90	71	36

续表

103 型

规格	d	D_2	D_1	D	L	L_1	L_2
50	50	72	60	70	94	75	40
55	55	77	65	75	96	77	42
60	60	82	70	80	96	77	42
65	65	92	80	90	111	89	50
70	70	97	85	97	116	91	52
75	75	102	90	102	116	91	52
80	80	107	95	107	123	98	59
85	85	112	100	112	125	100	59
90	90	117	105	117	126	101	60
95	95	122	110	122	126	101	60
100	100	127	115	127	126	101	60
110	110	141	130	142	153	126	80
120	120	151	140	152	153	126	80

B103 型

规格	d	d_0	D_2	D_1	D	L	L_1	L_2	e
16	16	11	33	25	33	64	48	12	2
18	18	13	35	28	36	68	52	16	
20	20	15	37	30	40	71	52	16	
22	22	17	39	32	42	75	56	20	
25	25	20	42	35	45	75	56	20	
28	28	22	45	38	48	77	58	22	
30	30	25	52	40	50	84	65	22	3
35	35	28	57	45	55	89	70	26	
40	40	34	62	50	60	93	74	30	
45	45	38	67	55	65	100	81	36	
50	50	44	72	60	70	104	85	40	
55	55	48	77	65	75	106	87	42	
60	60	52	82	70	80	106	87	42	
65	65	58	92	80	90	118	96	50	
70	70	62	97	85	97	126	101	52	
75	75	66	102	90	102	126	101	52	
80	80	72	107	95	107	133	108	59	
85	85	76	112	100	112	135	110	59	
90	90	82	117	105	117	136	111	60	
95	95	85	122	110	122	136	111	60	
100	100	90	127	115	127	136	111	60	
110	110	100	141	130	142	165	138	80	
120	120	110	151	140	152	165	138	80	

表 18-7-42　104 和 104a 型机械密封　mm

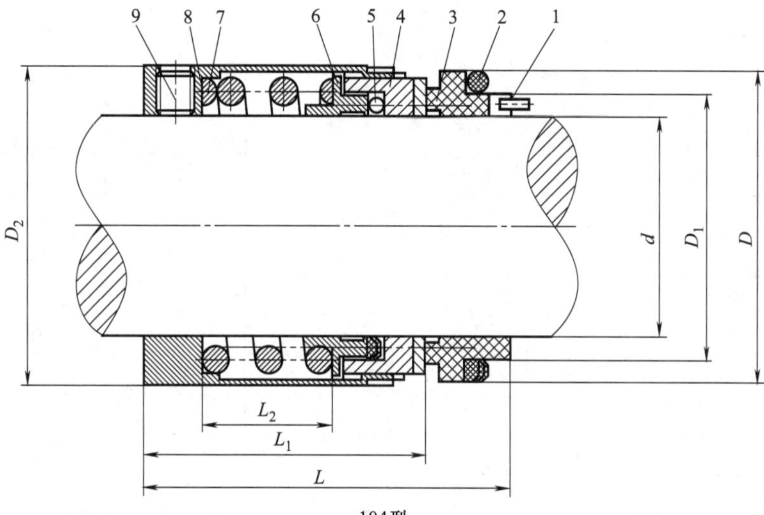

104型

1—防转销；2，5—辅助密封圈；3—静止环；4—旋转环；6—推环；7—弹簧；8—弹簧座；9—紧定螺钉

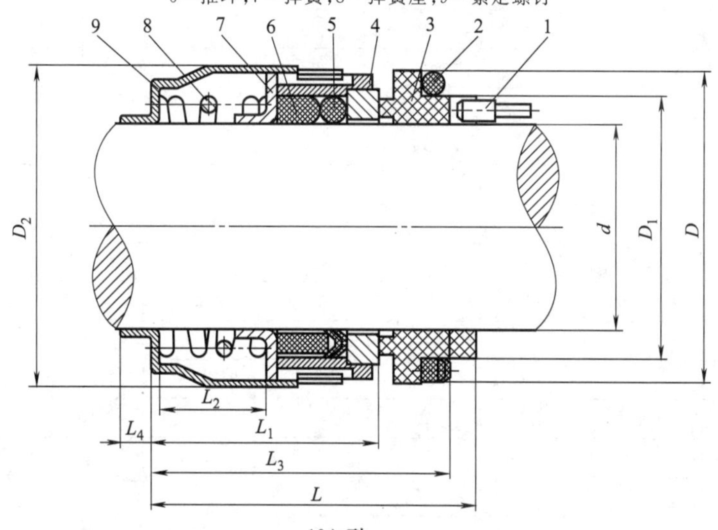

104a型

1—防转销；2，6—辅助密封圈；3—静止环；4—旋转环；5—辅助密封圈；7—推环；8—弹簧；9—传动座

104 型

规格	d	D	D_1	D_2	L	L_1	L_2
16	16	33	25	33	53	37	8
18	18	36	28	35	56	40	11
20	20	40	30	37	59	40	11
22	22	42	32	39	62	43	14
25	25	45	35	42	62	43	14
28	28	48	38	45	63	44	15
30	30	50	40	52	68	49	15
35	35	55	45	57	70	51	17

续表

104 型							
规格	d	D	D_1	D_2	L	L_1	L_2
40	40	60	50	62	73	54	20
45	45	65	55	67	79	60	25
50	50	70	60	72	82	63	28
55	55	75	65	77	84	65	30
60	60	80	70	82	84	65	30
65	65	90	80	92	96	74	35
70	70	97	85	97	101	76	37
75	75	102	90	102	101	76	37
80	80	107	95	107	106	81	42
85	85	112	100	112	107	82	42
90	90	117	105	117	108	83	43
95	95	122	110	122	108	83	43
100	100	127	115	127	108	83	43
110	110	142	130	141	132	105	60
120	120	152	140	151	132	105	60

104a 型									
规格	d	D	D_1	D_2	L	L_1	L_2	L_3	L_4
16	16	34	26	33	39.5	24.5	8	36	3.5
18	18	36	28	35	40.5	25.5	9	37	3.5
20	20	38	30	37	41.5	26.5	10	38	3.5
22	22	40	32	39	43.5	28.5	12	40	3.5
25	25	43	35	42	43.5	28.5	12	40	3.5
28	28	46	38	45	46.5	31.5	15	43	3.5
30	30	50	40	52	53	35	15	48	6
35	35	55	45	57	55	37	17	50	6
40	40	60	50	62	53	40	20	53	6
45	45	65	55	67	63	45	25	58	6
50	50	70	60	72	68	48	28	63	6
55	55	75	65	77	70	50	30	65	6
60	60	80	70	82	70	50	30	65	6
65	65	90	78	92	78	55	35	72	8
70	70	95	83	97	80	57	37	74	8
75	75	100	88	102	80	57	37	74	8
80	80	105	93	107	87	62	42	81	8
85	85	110	98	112	87	62	42	81	8
90	90	115	103	117	88	63	43	82	8
95	95	120	108	122	88	63	43	82	8
100	100	125	113	127	88	63	43	82	8

注：104a 型机械密封即原 GX 型机械密封。

表 18-7-43　　B104 和 B104a 型机械密封　　mm

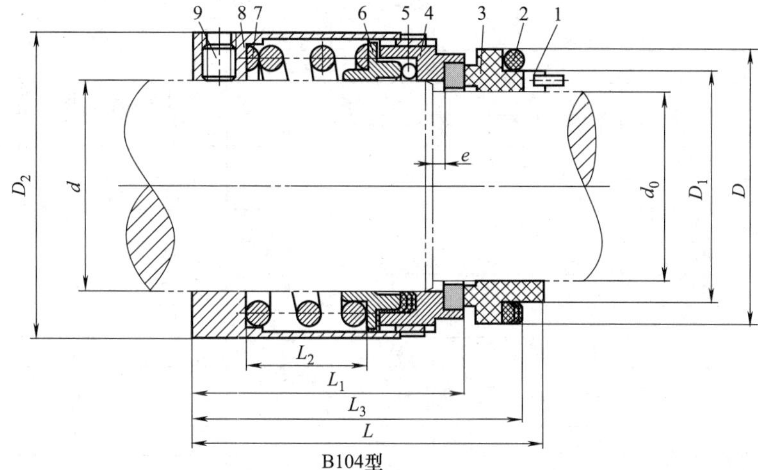

B104型

1—防转销；2，5—辅助密封圈；3—静止环；4—旋转环；6—推环；7—弹簧；8—弹簧座；9—紧定螺钉

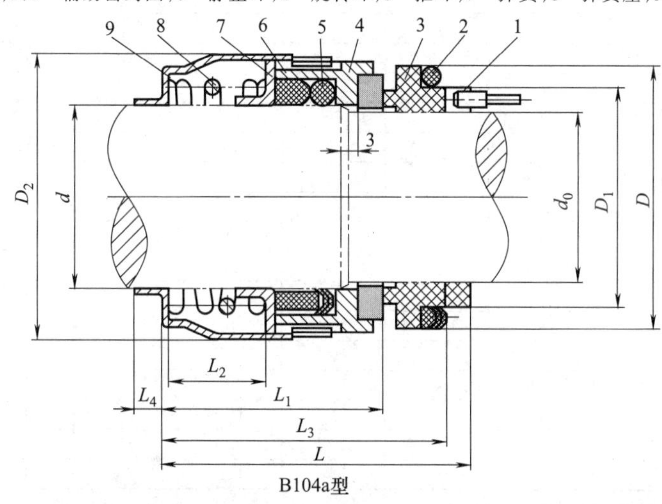

B104a型

1—防转销；2，5—辅助密封圈；3—静止环；4—旋转环；6—密封垫圈；7—推环；8—弹簧；9—传动座

B104 型

规格	d	d_0	D	D_1	D_2	L	L_1	L_2	L_3	e
16	16	11	33	25	33	61	45	8	57	2
18	18	13	36	28	35	64	48	11	60	
20	20	15	40	30	37	67	48	11	62	
22	22	17	42	32	39	70	51	14	65	
25	25	20	45	35	42	70	51	14	65	
28	28	22	48	38	45	71	52	15	66	
30	30	25	50	40	52	77	58	15	72	3
35	35	28	55	45	57	80	61	17	75	
40	40	34	60	50	62	83	64	20	78	
45	45	38	65	55	67	89	70	25	84	
50	50	44	70	60	72	92	73	28	87	
55	55	48	75	65	77	94	75	30	89	
60	60	52	80	70	82	94	75	30	89	
65	65	58	90	80	92	103	81	35	98	
70	70	62	97	85	97	111	86	37	105	

续表

B104 型										
规格	d	d_0	D	D_1	D_2	L	L_1	L_2	L_3	e
75	75	66	102	90	102	111	86	37	105	3
80	80	72	107	95	107	116	91	42	110	
85	85	76	112	100	112	117	92	42	111	
90	90	82	117	105	117	118	93	43	112	
95	95	85	122	110	122	118	93	43	112	
100	100	90	127	115	127	118	93	43	112	
110	110	100	142	130	141	144	117	60	138	
120	120	110	152	140	151	144	117	60	138	
B104a 型										
规格	d	d_0	D	D_1	D_2	L	L_1	L_2	L_3	L_4
16	16	10	28	20	33	48.5	33.5	8	44.5	3.5
18	18	12	30	22	35	49.5	34.5	9	45.5	3.5
20	20	14	32	24	37	50.5	35.5	10	46.5	3.5
22	22	16	34	26	39	52.5	37.5	12	48.5	3.5
25	25	19	38	30	42	52.5	37.5	12	48.5	3.5
28	28	22	40	32	45	55.5	40.5	15	51.5	3.5
30	30	23	46	38	52	60	45	15	56	6
35	35	28	50	40	57	65	47	17	60	6
40	40	32	55	45	62	68	50	20	63	6
45	45	37	60	50	67	73	55	25	68	6
50	50	42	65	55	72	76	58	28	71	6
55	55	46	70	60	77	80	60	30	75	6
60	60	51	75	65	82	80	60	30	75	6
65	65	56	85	75	92	87	67	35	82	8
70	70	60	90	78	97	92	69	37	86	8
75	75	65	95	83	102	92	69	37	86	8
80	80	70	100	88	107	97	74	42	91	8
85	85	75	105	93	112	99	74	42	93	8
90	90	80	110	98	117	100	75	43	94	8
95	95	85	115	103	122	100	75	43	94	8
100	100	89	120	108	127	100	75	43	94	8

注：B104a 型机械密封即原 GY 型机械密封。

表 18-7-44　　105 和 B105 型机械密封　　mm

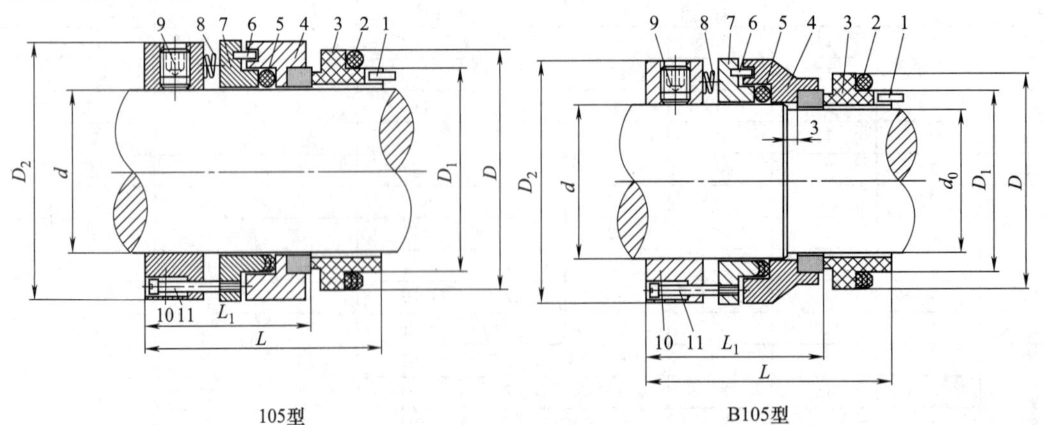

1—防转销；2，5—辅助密封圈；3—静止环；4—旋转环；6—传动销；7—推环；8—弹簧；9—紧定螺钉；10—弹簧座；11—传动螺钉

续表

105 型						
规格	d	D	D_1	D_2	L_1	L
35	35	55	45	57	38	57
40	40	60	50	62	38	57
45	45	65	55	67	39	58
50	50	70	60	72	39	58
55	55	75	65	77	39	58
60	60	80	70	82	39	58
65	65	90	80	91	44	66
70	70	97	85	96	44	69
75	75	102	90	101	44	69
80	80	107	95	106	44	69
85	85	112	100	111	46	71
90	90	117	105	116	46	71
95	95	122	110	121	46	71
100	100	127	115	126	46	71
110	110	142	130	140	51	78
120	120	152	140	150	51	78

B105 型							
规格	d	d_0	D	D_1	D_2	L_1	L
35	35	28	55	45	57	48	67
40	40	34	60	50	62	48	67
45	45	38	65	55	67	49	68
50	50	44	70	60	72	49	68
55	55	48	75	65	77	49	68
60	60	52	80	70	82	49	68
65	65	58	90	80	91	51	73
70	70	62	97	85	96	54	79
75	75	66	102	90	101	54	79
80	80	72	107	95	106	54	79
85	85	76	112	100	111	56	81
90	90	82	117	105	116	56	81
95	95	85	122	110	121	56	81
100	100	90	127	115	126	56	81
110	110	100	142	130	140	73	100
120	120	110	152	140	150	73	100

表 18-7-45　　114 和 114a 型机械密封　　mm

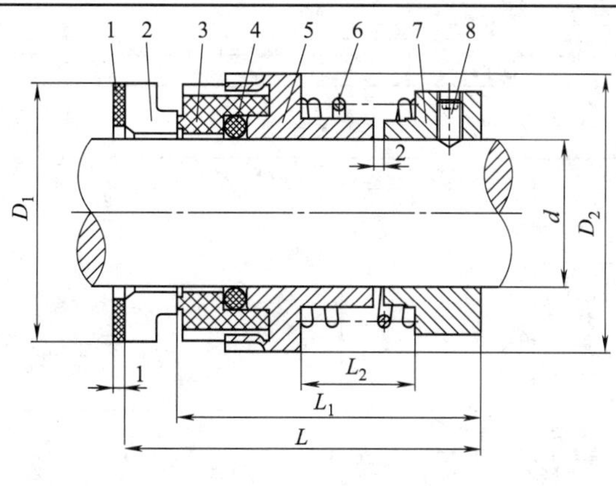

114 型

续表

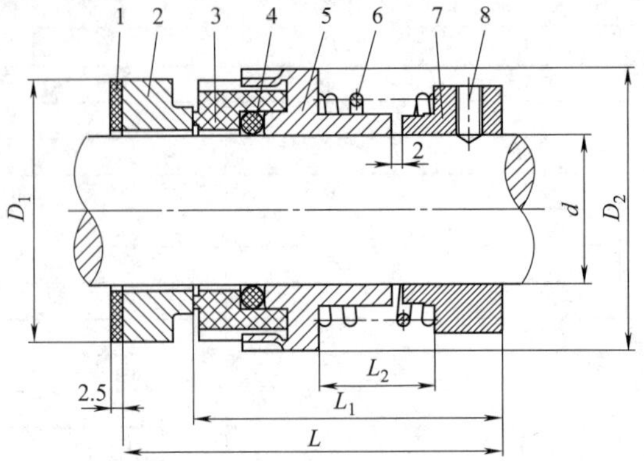

114a 型

1—密封垫；2—静止环；3—旋转环；4—辅助密封圈；5—推环；6—弹簧；7—弹簧座；8—紧定螺钉

114 型

规格	d	D_1	D_2	L	L_1	L_2
16	16	34	40	55	44	11
18	18	36	42	55	44	11
20	20	38	44	58	47	14
22	22	40	46	60	49	16
25	25	43	49	64	53	20
28	28	46	52	64	53	20
30	30	53	64	73	62	22
35	35	58	69	76	65	25
40	40	63	74	81	70	30
45	45	68	79	89	75	34
50	50	73	84	89	75	34
55	55	78	89	89	75	34
60	60	83	94	97	83	42
65	65	92	103	100	86	42
70	70	97	110	100	86	42

114a 型

规格	d	D_1	D_2	L	L_1	L_2
35	35	55	62	83	65	20
40	40	60	67	90	72	25
45	45	65	72	93	75	28
50	50	70	77	95	77	30
55	55	75	82	95	77	30
60	60	80	87	104	82	35
65	65	89	96	108	86	37
70	70	98	101	108	86	37

表 18-7-46 基本参数

型号	压力/MPa	温度/℃	转速/$r \cdot min^{-1}$	轴径/mm	介质
103	0～0.8	−20～80	≤3000	16～120	汽油、煤油、柴油、蜡油、原油、重油、润滑油、丙酮、苯、酚、吡啶、醚、稀硝酸、浓硝酸、尿素、碱液、海水、水等
B103	0.6～3，0.3～3①				
104、104a	0～0.8				
B104、B104a	0.6～3，0.3～3①				
105	0～0.8			35～120	
B105	0.6～3，0.3～3①				
114、114a	0～0.2	0～60	≤3000	16～70	腐蚀性介质，如浓及稀硫酸、40%以下硝酸、30%以下盐酸、磷酸、碱等

① 对黏度较大、润滑性好的介质取 0.6～3；对黏度较小、润滑性差的介质取 0.3～3。

型号表示方法除应符合 GB/T 10444 的规定：

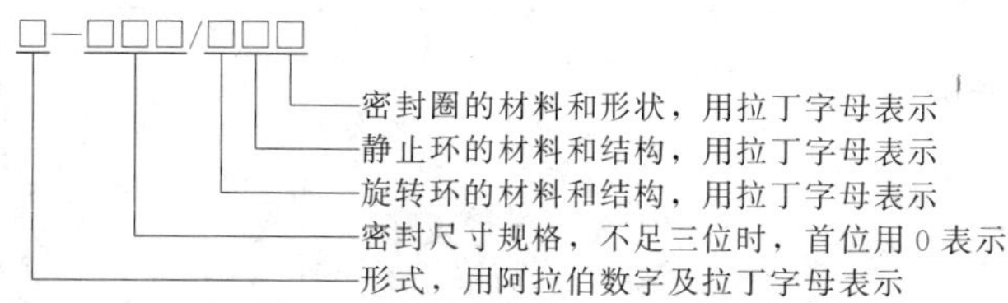

表 18-7-47　　摩擦副常用材料

材　　料	代号	材　　料	代号
浸渍酚醛碳石墨	B_1	钴基硬质合金	U_1
热压酚醛碳石墨	B_2	镍基硬质合金	U_2
浸渍呋喃碳石墨	B_3	钢结硬质合金	L
浸渍环氧碳石墨	B_4	不锈钢喷涂非金属粉末	J_1
浸渍铜碳石墨	A_1	不锈钢喷焊金属粉末	J_2
浸渍巴氏合金碳石墨	A_2	填充聚四氟乙烯	Y
浸渍锑碳石墨	A_3		
氧化铝陶瓷	V	锡磷或锡锌青铜	N
金属陶瓷	X	硅铁	R_1
氮化硅	Q	耐磨铸铁	R_2
反应烧结碳化硅	O_1	整体不锈钢	F
无压烧结碳化硅	O_2	不锈钢堆焊硬质合金	I
热压烧结碳化硅	O_3		

表 18-7-48　　辅助密封圈材料

材　　料	形　　状	代　　号	材　　料	形　　状	代　　号
丁腈橡胶	O 形	P	乙丙橡胶	O 形	E
氟橡胶	O 形	V	聚四氟乙烯	V 形	T
硅橡胶	O 形	S			

7.12.5　焊接金属波纹管机械密封（JB/T 8723—2008）

表 18-7-49　　基本形式

Ⅰ型密封	内装式，波纹管组件为旋转型，辅助密封为 O 形圈 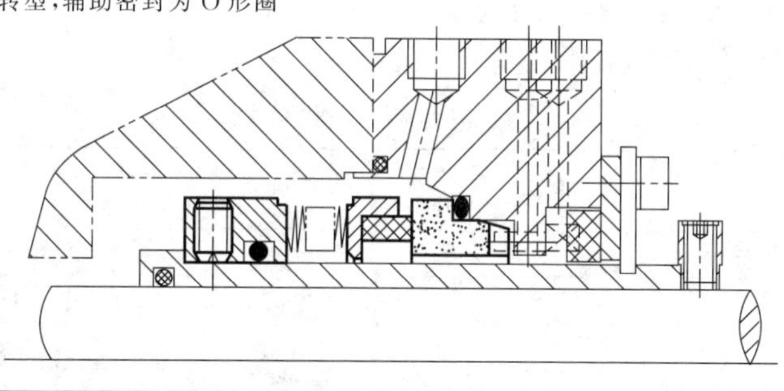
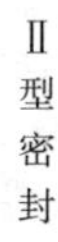Ⅱ型密封	内装式，波纹管组件为旋转型，辅助密封为柔性石墨 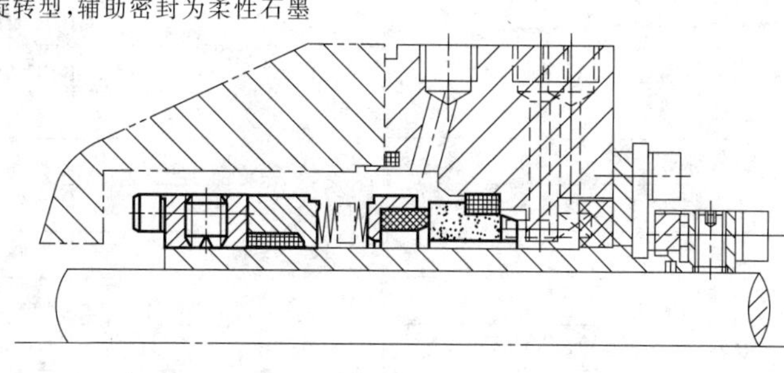

续表

Ⅲ型密封	内装式，波纹管组件为静止型，辅助密封为O形圈 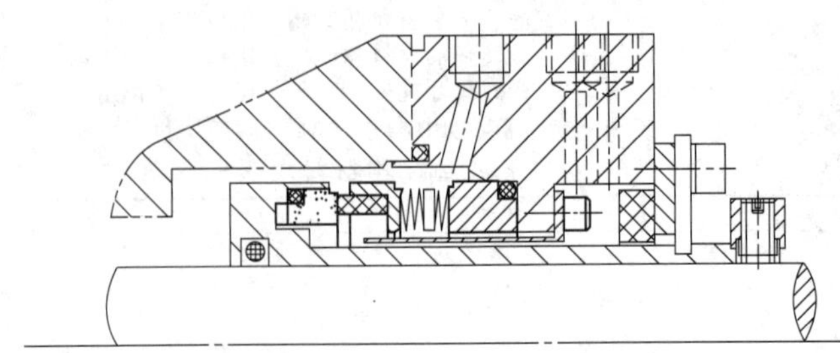
Ⅳ型密封	内装式，波纹管组件为静止型，辅助密封为柔性石墨 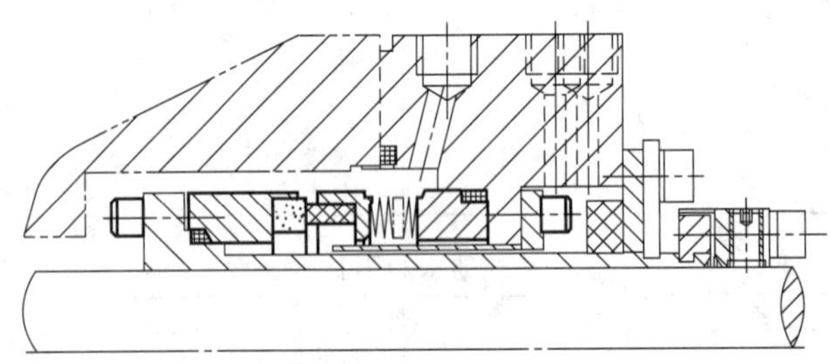

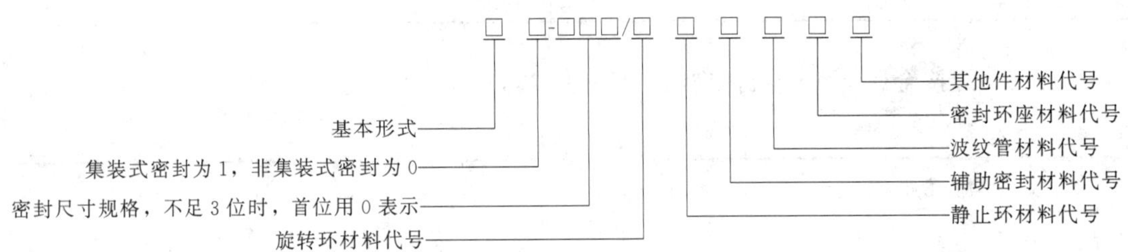

表 18-7-50　**各零件材料代号**

类别	本标准材料代号	材料名称	类别	本标准材料代号	材料名称
旋转环静止环	A	浸锑石墨	金属波纹管	C	NS334(C-276)
	B	浸树脂石墨		H	GH4169(Inconel 718)
	W	钴基硬质合金		Y	沉淀硬化型不锈钢
	U	镍基硬质合金		T	钛合金
	Q	反应烧结碳化硅		M	NCu28-2.5-1.5(Monel)
	Z	无压烧结碳化硅		X	其他材料，使用时说明
	X	其他材料，使用时说明	金属结构件	C	NS334(C-276)
辅助密封件	V	氟橡胶		R	铬钢
	E	乙丙橡胶		N	铬镍钢
	S	硅橡胶		L	铬镍钼钢
	K	全氟醚橡胶		J	低膨胀合金
	G	柔性石墨		T	钛合金
	F	氟塑料全包覆橡胶O形圈		H	GH4169(Inconel 718)
	X	其他材料，使用时说明		X	其他材料，使用时说明

表 18-7-51 布置方式

<table>
<tr><td>代号</td><td>CW——表示接触式湿密封：该种形式密封的端面间不产生使两端面间保持一定间隙的气膜或液膜动压力
NC——表示非接触式密封：该种形式的密封的端面间能够产生使两端面间保持一定间隙的气膜或液膜动压力
CS——表示抑制密封(接触式或非接触式)：该种形式密封结构包括一个补偿元件和成对装在外部密封腔中的一对密封端面
FB——表示面对背式双密封：其特征是在两个密封补偿元件之间安装一对密封端面，在两对密封端面之间装有一个密封补偿元件
FF——表示面对面式双密封：其特征是两对密封端面均安装在两个密封补偿元件之间
BB——表示背对背式双密封：其特征是两个密封弹性元件安装在两对密封端面之间</td></tr>
<tr><td>密封布置框架图</td><td>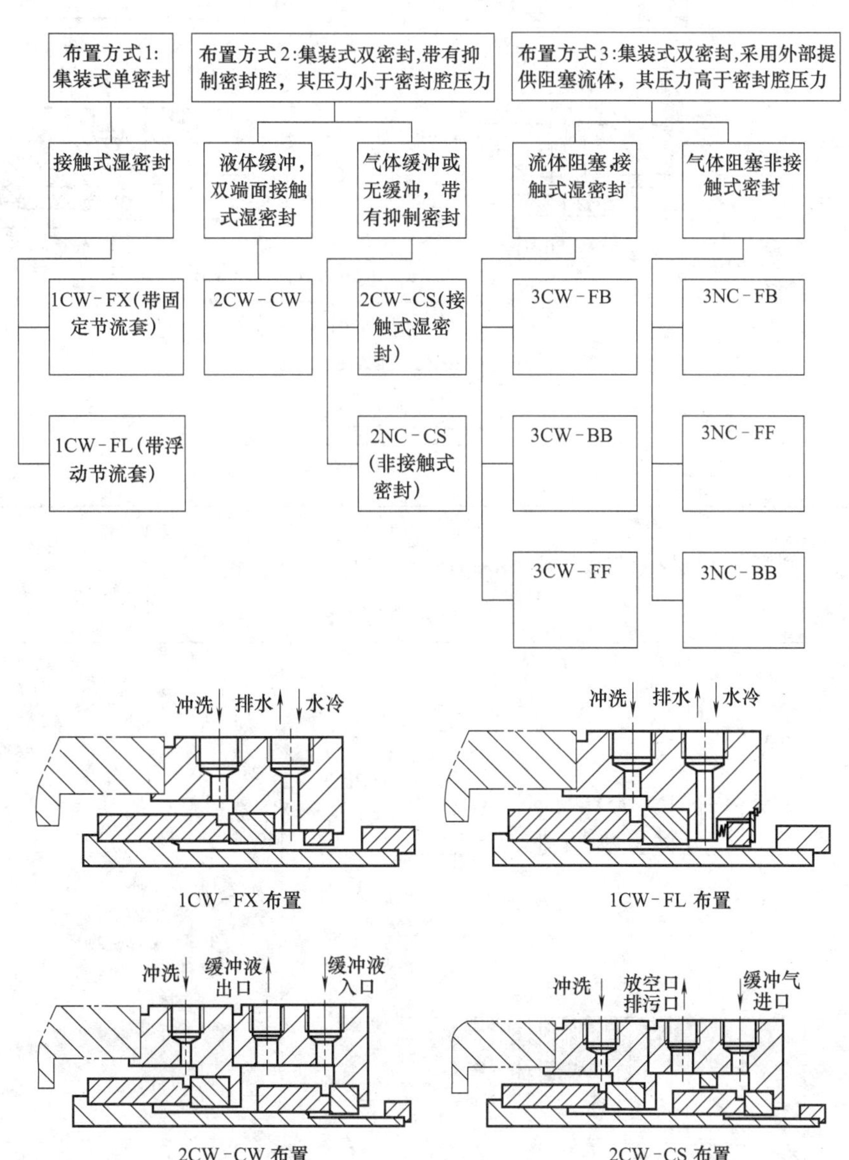1CW-FX 布置　1CW-FL 布置
2CW-CW 布置　2CW-CS 布置</td></tr>
</table>

续表

密封布置框图	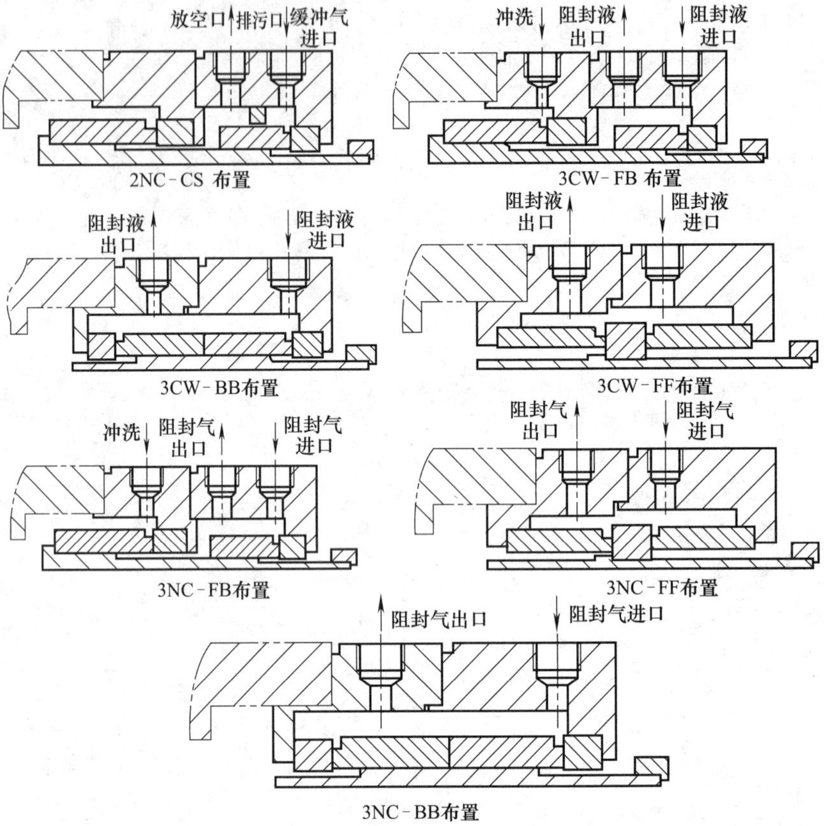 放空口 排污口 缓冲气进口 2NC-CS 布置 冲洗 阻封液出口 阻封液进口 3CW-FB 布置 阻封液出口 阻封液进口 3CW-BB布置 阻封液出口 阻封液进口 3CW-FF布置 冲洗 阻封气出口 阻封气进口 3NC-FB布置 阻封气出口 阻封气进口 3NC-FF布置 阻封气出口 阻封气进口 3NC-BB布置

7.12.6　耐酸泵用机械密封（JB/T 7372—2011）

表 18-7-52　　151 型机械密封　　mm

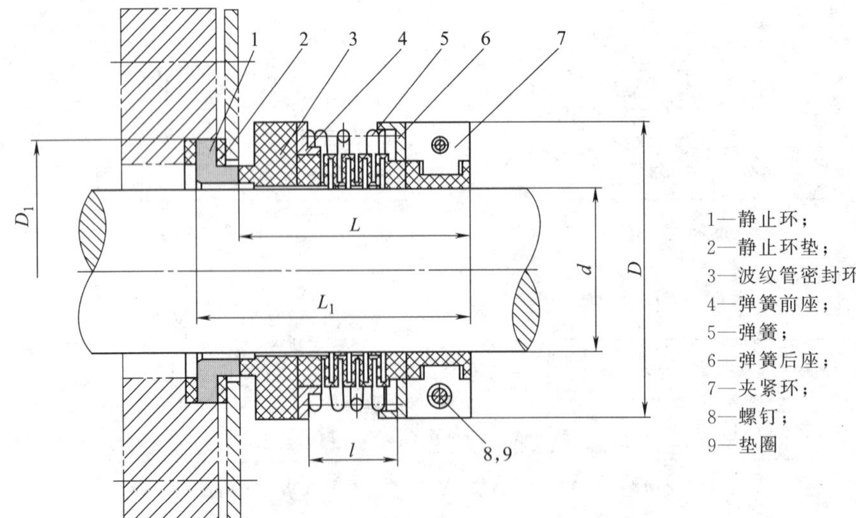

1—静止环；
2—静止环垫；
3—波纹管密封环；
4—弹簧前座；
5—弹簧；
6—弹簧后座；
7—夹紧环；
8—螺钉；
9—垫圈

续表

规格		30	35	40	45	50	55	60
公称尺寸	d	30	35	40	45	50	55	60
	D	65	70	75	80	88	93	98
	D_1	53	58	63	68	73	78	83
	I	31	34	36	37	44	46	47
	L_1	63	66	68	69	76	78	79
	L_2	74	77	79	83	90	92	93

表 18-7-53　　152 和 152a 型机械密封　　mm

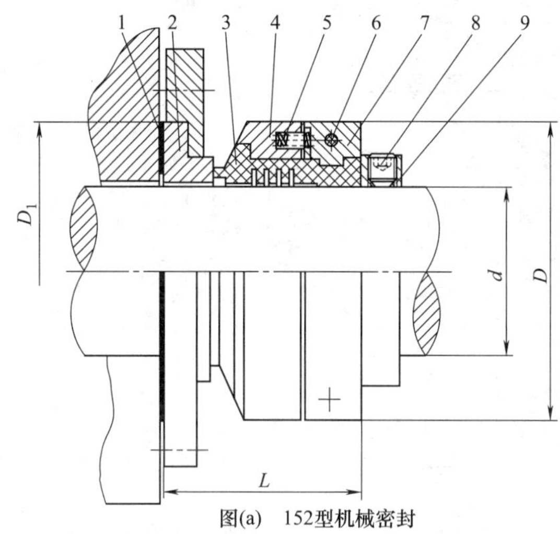

图(a)　152型机械密封

1—静止环密封垫；
2—静止环；
3—波纹管密封环；
4—弹簧座；
5—弹簧；
6—内六角圆柱头螺钉；
7—分半夹紧环；
8—紧定螺钉；
9—固定环

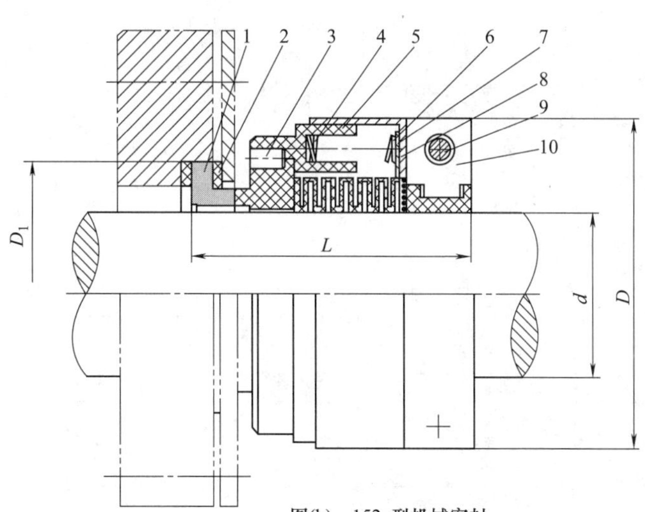

图(b)　152a型机械密封

1—静止环；
2—静止环密封垫；
3—防转销；
4—波纹管密封环；
5—弹簧座；
6—弹簧；
7—弹簧垫；
8—L 套；
9—内六角圆柱头螺钉；
10—分半夹紧环

规格		30	35	40	45	50	55	60	65	70
公称尺寸	d	30	35	40	45	50	55	60	65	70
	D	75	80	85	90	95	100	105	110	115
	D_1	53	58	63	68	73	78	83	88	93
	L	59			62					

第18篇

表 18-7-54 153和153a型机械密封 mm

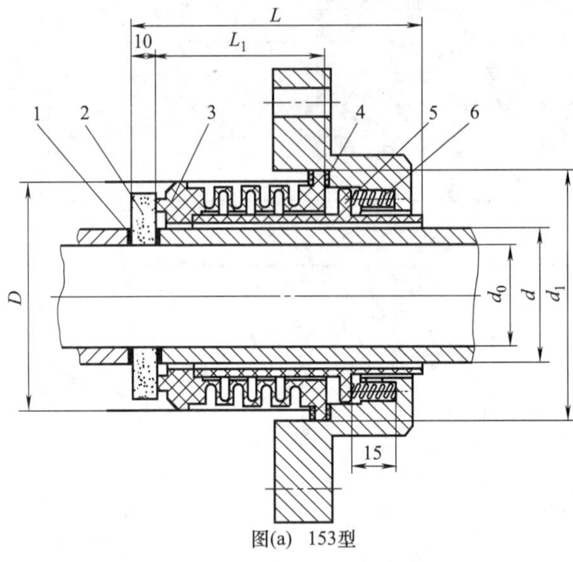

图(a) 153型

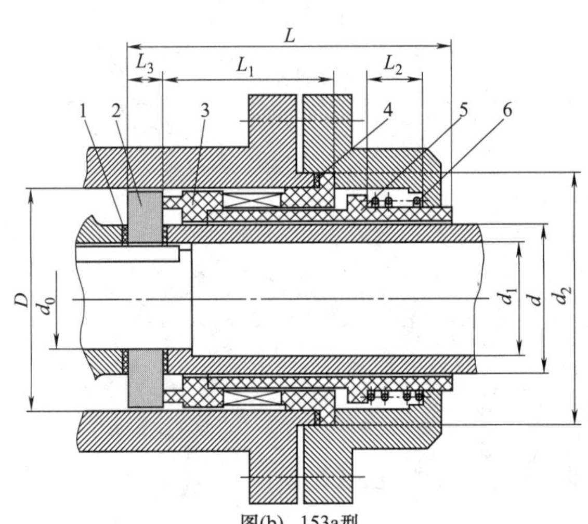

图(b) 153a型

153型

规格	d_0	d	d_1	D	L	L_1
153-35	25	35	70	60	88	48
153-40	30	40	75	65	91	51
153-45	35	45	80	70	91	51
153-50	40	50	85	75	91	51
153-55	45	55	90	80	91	51

153a型

规格	公称尺寸								
	d_0	d	d_1	d_2	D	L	L_1	L_2	L_3
153a-35	20	35	25	61	51	85	44.5	14.0	10
153a-40	25	40	30	70	60	86	44.0	14.5	10
153a-45	30	45	35	75	65	94	48.5	15.0	11
153a-50	30	50	35	80	70	97	48.5	18.0	11
153a-55	35	55	40	85	75	104	55.0	17.0	12
153a-60	40	60	45	95	85	108	55.0	21.0	12
153a-70	50	70	55	105	95	112	55.0	25.0	12

表 18-7-55　　154 和 154a 型机械密封　　mm

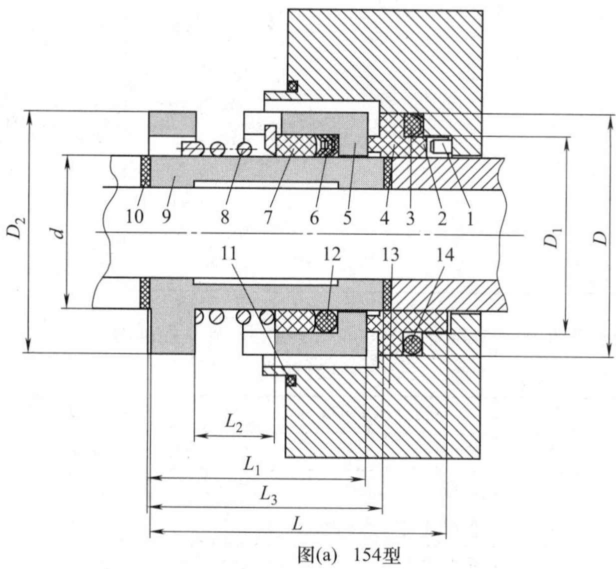

图(a)　154型

1—防转销；2,6,11,12,14—密封圈；3—撑环；4—静环；5—动环；7—推环；8—弹簧；9—轴套；10—密封垫；13—密封端盖

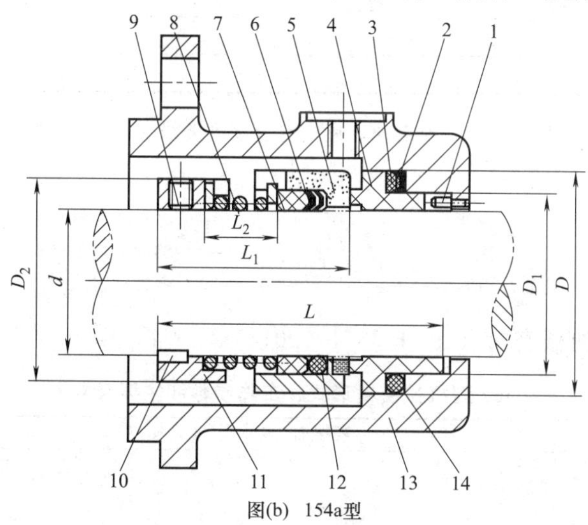

图(b)　154a型

1—防转销；2,6,12,14—密封圈；3—撑环；4—静环；5—动环；7—推环；8—弹簧；9—紧定螺钉；10—键；11—传动座；13—密封端盖

154 型								
规格	35	40	45	50	55	60	65	70
d	35	40	45	50	55	60	65	70
D	55	60	65	70	75	80	90	97
D_1	45	50	55	60	65	70	80	85
D_2	57	62	67	72	77	82	87	92
L_1	49	52	57	65	67	67	77	79
L_2	17	20	25	28	30	30	35	37
L_3	54	57	62	70	72	72	82	84
L	68	71	76	84	86	86	99	102
154a 型								
规格	35	40	45	50	55	60	65	70
d	35	40	45	50	55	60	65	70
D	55	60	65	70	75	80	90	97
D_1	45	50	55	60	65	70	80	85
D_2	50	59	64	69	74	82	88	93
L_1	49	51.5	55.5	59.5	60.5	61.5	69.5	71.5
L_2	17.5	20	24	28	28.9	30	35	36
L	68	70.5	74.5	78.5	79.5	80.5	91.5	96.5

表 18-7-56　　**工作参数**

型号	压力/MPa	温度/℃	转速/r·min^{-1}	轴径/mm	介质
151	0～0.5	0～80	≤3000	30～60	酸性液体
152				30～70	
152a				30～70	
153				35～55	酸性液体(氢氟酸、发烟硝酸除外)
153a				35～70	
154	0～0.6			35～70	
154a				35～70	

耐酸泵用机械密封的材料及代号应符合 GB 6556 的规定，材料的种类见表 18-7-57。

表 18-7-57　　**材料种类**

密封环材料	代号	辅助密封圈材料	代号	弹簧和其他结构件材料	代号
氧化铝	V	乙丙橡胶	E	铬镍钢	F
氮化硅	Q	氟橡胶	V	铬镍钼钢	G
碳化硅	O	橡胶外包覆聚四氟乙烯	M	高镍合金	M
填充聚四氟乙烯	Y	聚四氟乙烯	T		
浸渍树脂石墨	B				
碳-石墨	C				
碳化硼	L				

型号表示方法除应符合 GB 10444 的规定外，还应符合下列要求。

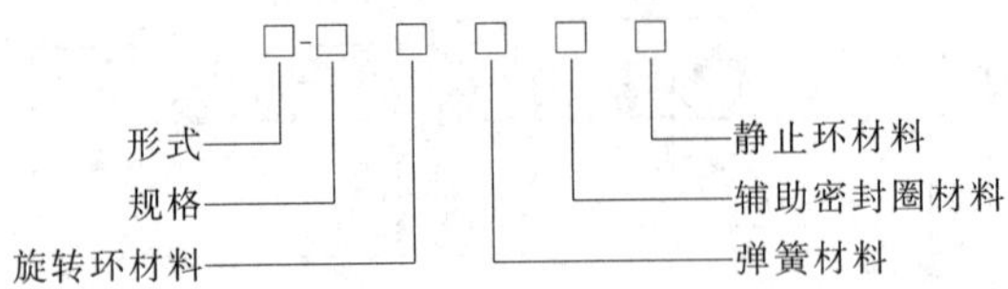

7.12.7　耐碱泵用机械密封（JB/T 7371—2011）

表 18-7-58　　**167 型机械密封形式、工作参数和主要尺寸**　　mm

形式	双端面、多弹簧、非平衡型
简图	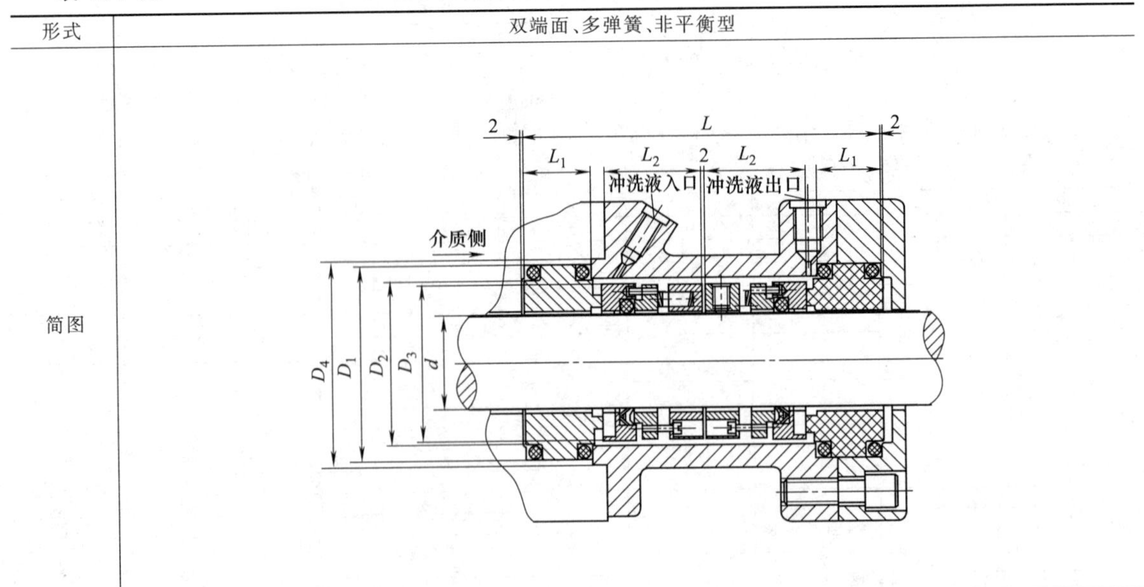

第 18 篇

续表

工作参数	介质压力 p/MPa	0～0.5						
	封液压力/MPa	p+(0.01～0.02)						
	介质温度/℃	≤130						
	封液温度/℃	≤80						
	介质	碱性液体,含量≤42%,固相颗粒含量10%～20%						
	封液	水或与介质相溶液体						
	转速/$r \cdot min^{-1}$	≤3000						
	轴径/mm	28～85						

	规格	d h6	D_1 H8/a11	D_2 A11/h8	D_3	D_4 H8/f8	L	L_1	L_2 ±0.5
主要尺寸	28	28	50	44	42	54	118	18	36
	30	30	52	46	44	56			
	32	32	54	48	46	58			
	33	33	55	49	47	59			
	35	35	57	51	49	61			
	38	38	64	58	54	68	122	20	
	40	40	66	60	56	70			
	43	43	69	63	59	73			
	45	45	71	65	61	75			
	48	48	74	68	64	78			
	50	50	76	70	67	80			
	53	53	79	73	70	83	126	20	37
	55	55	81	75	72	85			
	58	58	89	83	78	93	130	22	
	60	60	91	85	80	95			
	63	63	94	88	83	98			
	65	65	96	90	85	100			
	68	68	99	93	88	103	134	24	
	70	70	101	95	90	105			
	75	75	110	104	99	114			
	80	80	115	109	104	119	136	25	
	85	85	120	114	109	124			

注：本系列大规格可达140mm。

表 18-7-59　168型机械密封形式、工作参数和主要尺寸　mm

形式	外装、单端面、单弹簧、聚四氟乙烯波纹管式
简图	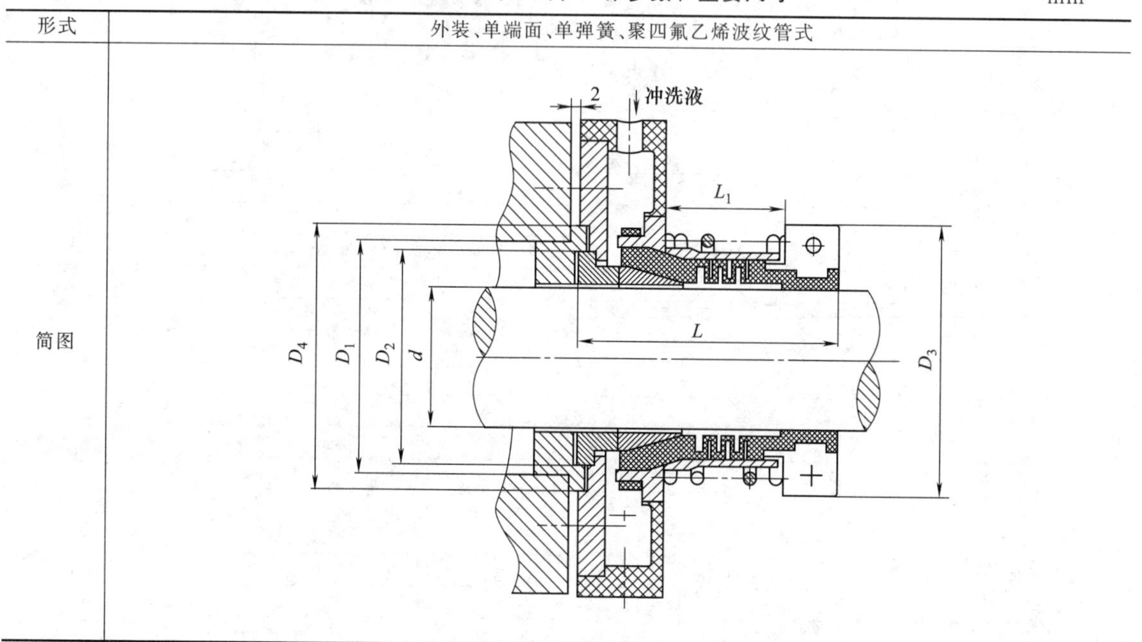

第18篇

续表

工作参数	介质压力 p/MPa	0～0.5
	介质温度/℃	<130
	介质	碱性液体，含量≤42%，固相颗粒含量 10%～20%
	转速/$r \cdot min^{-1}$	≤3000
	轴径/mm	30～45

主要尺寸	规格	d R7/h6	D_1 e8	D_2 H8/f9	D_3	D_4 H11/b11	L	L_1 ±1.0
	30	30	44	47	67	55	64.5	26.5
	32	32	46	49	69	57		
	35	35	49	52	72	60		29.5
	38	38	54	55	75	63	65.5	31.5
	40	40	56	57	77	65		
	45	45	61	62	82	70		

表 18-7-60　169 型机械密封形式、工作参数和主要尺寸　mm

形式	外装、单端面、多弹簧、聚四氟乙烯波纹管式
简图	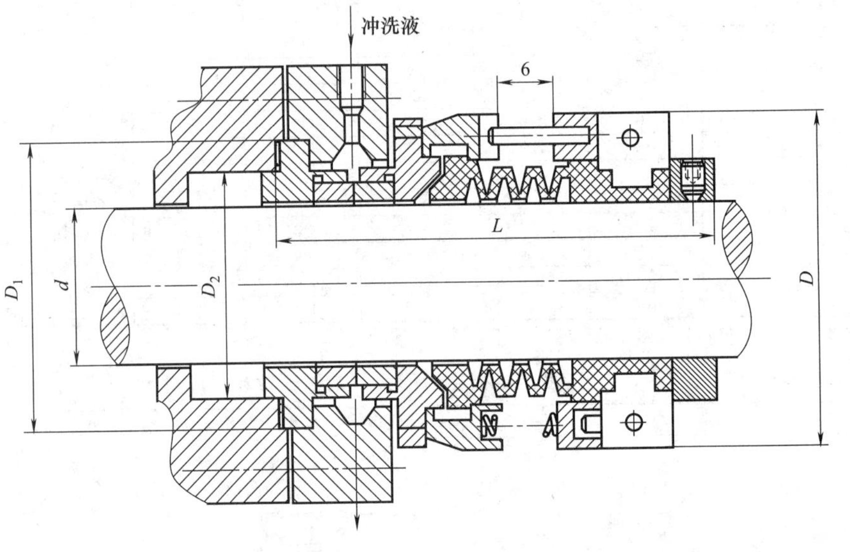

工作参数	介质压力 p/MPa	0～0.5
	介质温度/℃	<130
	介质	碱性液体，含量≤42%，固相颗粒含量 10%～20%
	转速/$r \cdot min^{-1}$	≤3000
	轴径/mm	30～60

主要尺寸	规格	d R7/h6	D	D_1	D_2 H9/f9	L ±1.0
	30	30	65	54	44	74.5
	35	35	70	59	49	
	38	38	75	63	54	
	40	40	75	66	56	
	45	45	82	71	61	
	50	50	87	76	66	
	55	55	92	81	71	
	60	60	97	90	80	

表 18-7-61　　**材料代号**

密封环材料	代号	辅助密封材料	代号	弹簧和其他结构件材料	代号
碳化钨	U	乙丙橡胶	E	铬镍钢	F
碳化硅	O	聚四氟乙烯	T	铬镍钼钢	G
金属表面喷涂	J	丁腈橡胶	P		
浸渍树脂石墨	B				

型号表示方法除应符合 GB 10444 与 GB 6556 的规定外，还应符合下列要求：

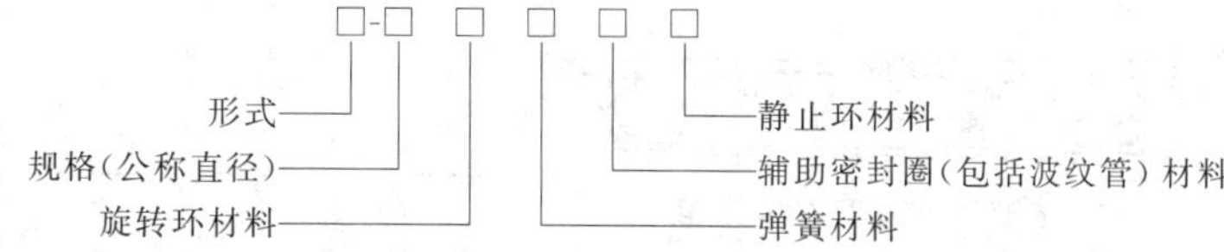

7.12.8 潜水电泵用机械密封 (JB/T 5966—2012)

表 18-7-62　　**潜水电泵用机械密封结构形式及工作参数**

形　式	简　图	工 作 参 数
U4001、U4002 型	图(a)　U4001型 图(b)　U4002型	U4001、U4002 为单端面、单弹簧、非平衡型机械密封 工作压力:密封腔压力≤0.5MPa 反压≤0.15MPa 使用温度:0～80℃ 线速度:≤10m/s 轴径:10～55mm 介质:油、水及 pH 值为 6.5～8 的污水 备注:与弹性元件作用力相反的流体压力称为反压
UU4001、UU4002 型	图(c)　UU4001型 图(d)　UU4002型	UU4001、UU4002 为双端面、单弹簧、非平衡型机械密封 工作压力:密封腔压力≤0.5MPa 反压≤0.15MPa 使用温度:0～80℃ 线速度:≤10m/s 轴径:10～55mm 介质:油、水及 pH 值为 6.5～8 的污水

续表

形　式	简　图	工作参数
UU4004 型	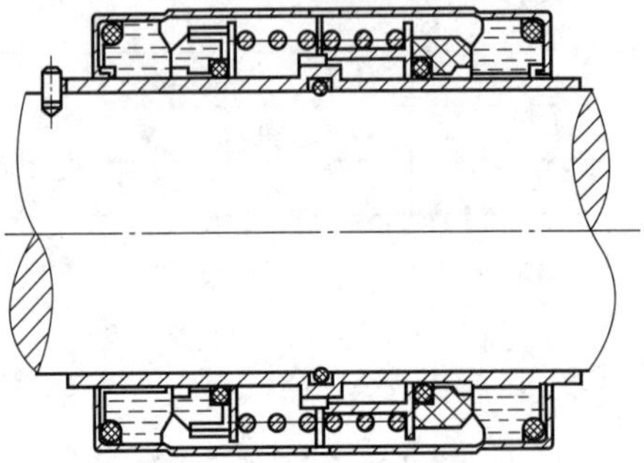	UU4004 为双端面、单弹簧、非平衡型机械密封 工作压力：密封腔压力≤0.3MPa 反压≤0.2MPa 使用温度：0～80℃ 线速度：≤5m/s 轴径：20mm、25mm 介质：河水、井水
U4005 型	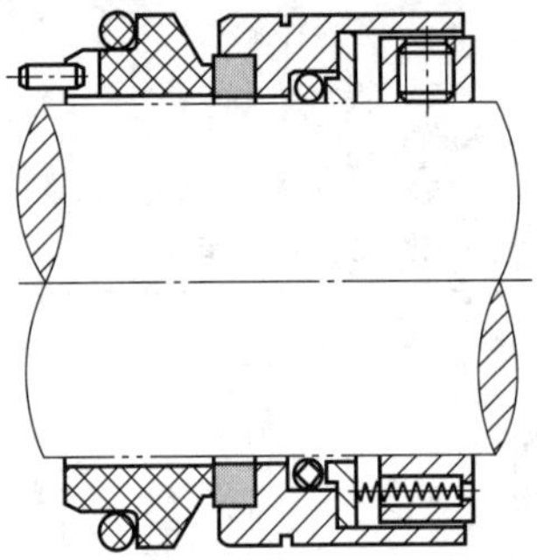	U4005 为单端面、多弹簧、非平衡型机械密封 工作压力：密封腔压力≤1.0MPa 反压≤0.2MPa 使用温度：0～80℃ 线速度：≤20m/s 轴径：55～200mm 介质：油、水及 pH 值为 6.5～8 的污水
UU4701 型	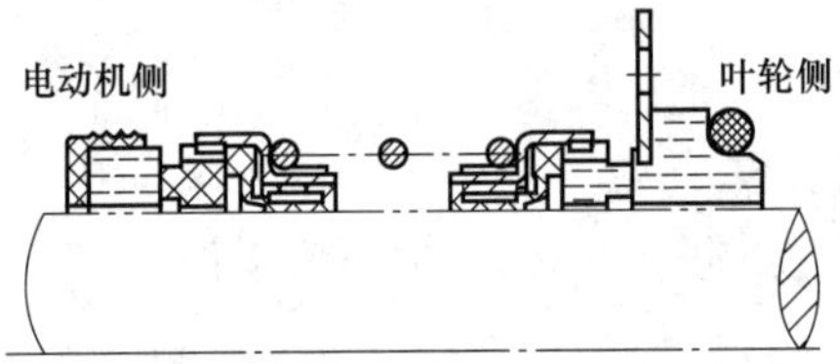 电动机侧　叶轮侧	UU4701 为双端面、单弹簧、非平衡型机械密封 工作压力：密封腔压力≤0.6MPa 反压≤0.20MPa 使用温度：0～80℃ 线速度：≤10m/s 轴径：16～55mm 介质：泥水、污水等
U4702 型	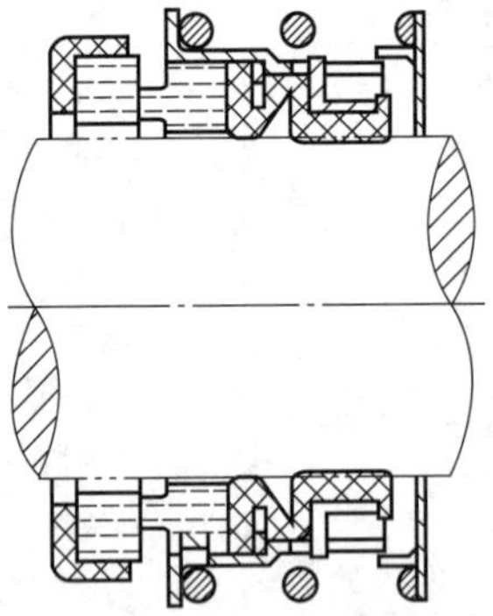	U4702 为单端面、单弹簧、非平衡型机械密封 工作压力：密封腔压力≤0.8MPa 反压≤0.2MPa 使用温度：－20～80℃ 线速度：≤10m/s 轴径：20～120mm 介质：泥水、污水等
U4703 型	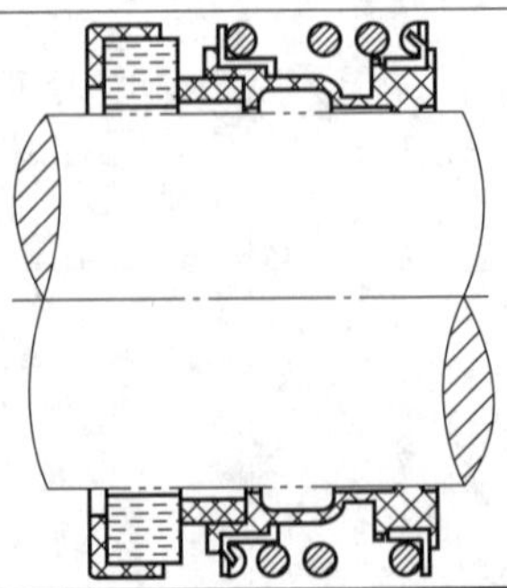	U4703 为单端面、单弹簧、非平衡型机械密封 工作压力：密封腔压力≤1.0MPa 反压≤0.2MPa 使用温度：－20～80℃ 线速度：≤10m/s 轴径：14～100mm 介质：泥水、污水等

续表

形式	简图	工作参数
U4704型	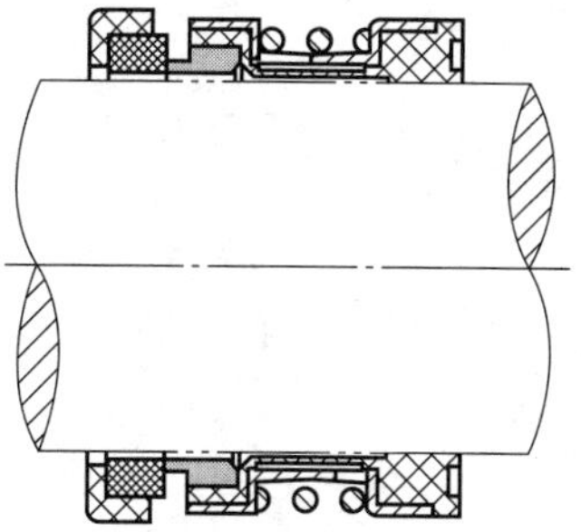	U4704为单端面、单弹簧、非平衡型机械密封 工作压力：密封腔压力≤1.0MPa 反压≤0.2MPa 使用温度：−20～80℃ 线速度：≤10m/s 轴径：12～100mm 介质：泥水、污水等
U4705型	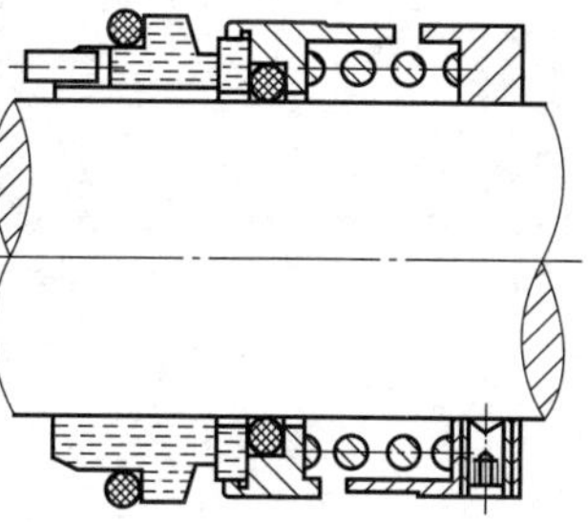	U4705为单端面、单弹簧、非平衡型机械密封 工作压力：密封腔压力≤1.0MPa 反压≤0.2MPa 使用温度：−20～80℃ 线速度：≤15m/s 轴径：55～200mm 介质：泥水、污水等
UU4706型	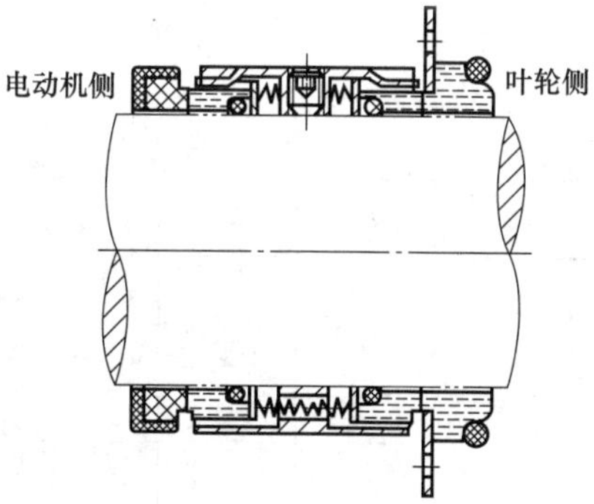 电动机侧 叶轮侧	UU4706为双端面、多弹簧、非平衡型机械密封 工作压力：密封腔压力≤0.8MPa 反压≤0.2MPa 使用温度：−20～80℃ 线速度：≤10m/s 轴径：55～200mm 介质：油、水及pH值为6.5～8的污水

表 18-7-63 材料代号

密封材料	代号	辅助密封材料	代号	弹簧和其他机构件	代号
浸渍金属石墨	A	丁腈橡胶	P	铬镍合金	H
浸渍树脂石墨	B	氟橡胶	V	弹簧钢	D
热压石墨	C	乙丙橡胶	E	铬钢	E
氧化铝陶瓷	V	硅橡胶	G	铬镍钢	F
常压烧结碳化硅	O_1			铬镍钼钢	G
反应烧结碳化硅	O_2				
钴基碳化钨	U_1				
镍基碳化钨	U_2				

7.12.9 液环式氯气泵用机械密封（HG/T 2100—2003）

液环式氯气泵用机械密封采用外装式单端面多弹簧聚四氟乙烯波纹管结构形式。

表 18-7-64 **液环式氯气泵用机械密封** mm

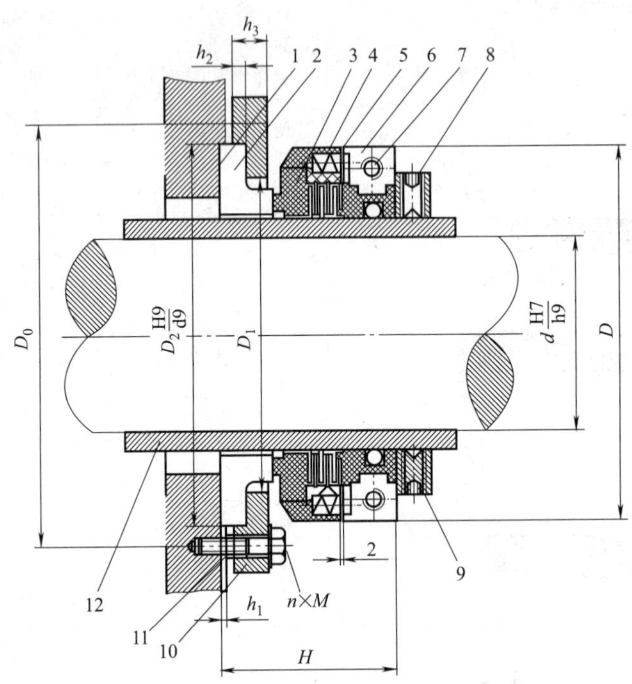

1—密封垫；
2—静止环；
3—旋转环；
4—弹簧座；
5—弹簧；
6—分半夹紧环；
7—内六角螺钉；
8—紧固螺钉；
9—固定环；
10—压盖；
11—螺钉；
12—轴套

公称直径	d	D	D_1	D_2	D_0	H	h_1	h_2	h_3	$n\times M$
50	50	100	76	100	145	75	4	4	11	4×M8
55	55	105	81							
60	60	110	86	105	155	76				4×M10
65	65	116	91	110						
70	70	123	98	115	170	80	5	5	12	4×M12
75	75	128	103	125						
80	80	135	108	130	185	82				
85	85	140	113	135						
90	90	145	120	140	200	84	6	6	13	6×M12
95	95	155	126	145		86				
100	100	160	131	150	205					
110	110	170	141	165	215					
120	120	180	151	175	225					

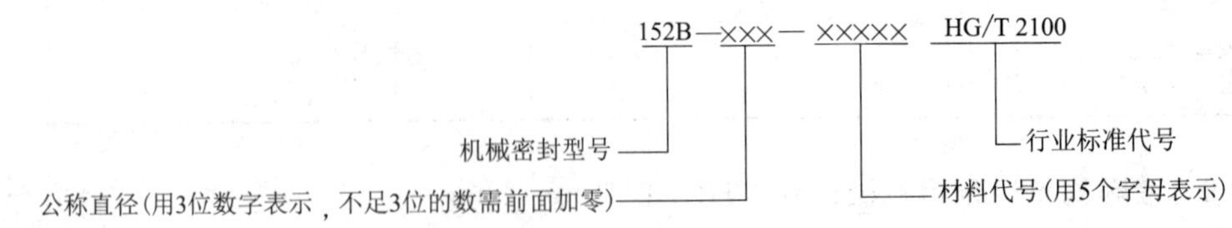

材料代号：

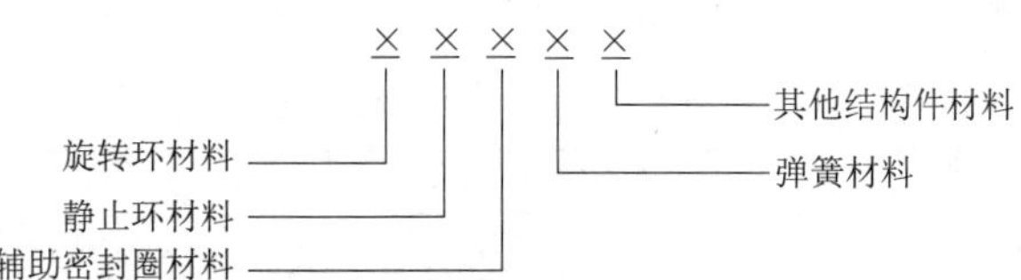

各零件材料代号及其名称，按 GB/T 6556 中 5.2 的规定。

7.12.10 船用泵轴的机械密封（CB/T 3345—2008）

表 18-7-65　　　　基本参数

参　　数	范　　围	参　　数	范　　围
工作压力(指密封腔体内的介质压力)	0～1.6MPa	工作转速	≤3600r/min
工作温度(指输送介质温度)	−20～100℃	泵轴(或轴套)外径	≤120mm

表 18-7-66　　　　结构

结构	简　　图	
平衡型	图(a)　非集成式 1—弹簧；2—动环；3—静环；4—辅助密封圈	图(b)　集成式 1—静环；2—动环；3—辅助密封圈；4—弹簧
非平衡型	图(c)　非集成式 1—弹簧；2—动环；3—静环；4—辅助密封圈	图(d)　集成式 1—静环；2—动环；3—弹簧；4—辅助密封圈

当被密封介质为海水、舱底水等具有腐蚀性的介质时，密封装置的材料不应产生电化学腐蚀，主要零件材料宜选用表 18-7-67 推荐的材料。

表 18-7-67　　　　主要零件材料推荐选用表

零件名称	材料牌号	标准号	零件名称	材料牌号	标准号
压盖等与海水接触的零部件	ZCuZn16S14 ZCuSn3Zn8Pb6Ni1	GB/T 1176—1987	密封环	SiC WC	JB/T 6374—2006 GB/T 10417—2008
轴套	QA110-3-1.5	GB/T 4423—1992	弹簧	1Cr18Ni9Ti 0Cr18Ni12Mo2Ti	GB/T 4240—2009

7.12.11　船用泵轴的变压力机械密封（CB* 3346—1988）

表 18-7-68　　船用泵轴的变压力机械密封　　mm

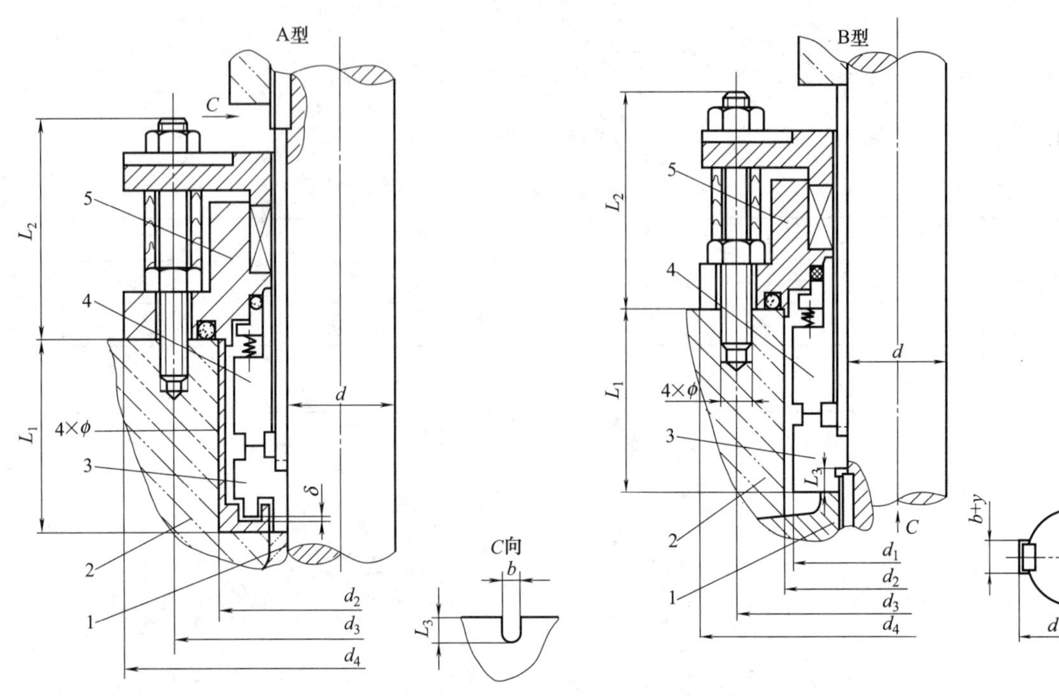

1—泵叶轮；2—泵密封腔体；3—动环组件；4—静环组件；5—应急密封组件

1—泵叶轮；2—泵密封腔体；3—动环组件；4—静环组件；5—应急密封组件

公称直径 d	d_1	d_2		d_3		d_4		L_1	L_2	L_3		$b+y$	x	ϕ	δ
	B 型	A 型	B 型	A 型	B 型	A 型	B 型	A、B 型	A、B 型	A 型	B 型	A、B 型	B 型	A、B 型	A 型
25	69	—	70	—	105	—	135	65	70	—	7	6+1	1	12	—
28	69	—	70	—	105	—	135	65	70	—	7	6+1	1	12	—
30	69	—	70	—	105	—	135	50	78	—	8	6+1	1	12	—
32	69	—	70	—	105	—	135	50	78	—	8	6+1	1	12	—
35	—	92	—	138	—	170	—	64	72	12	—	—	—	12	1～1.5
38	—	92	—	138	—	170	—	64	72	12	—	—	—	12	1～1.5
40	—	92	—	138	—	170	—	64	72	12	—	—	—	12	1～1.5
42	—	102	—	140	—	170	—	82	84	14	—	—	—	12	1～1.5
45	—	102	—	140	—	170	—	82	84	14	—	—	—	12	1～1.5
48	—	102	—	140	—	170	—	82	84	14	—	—	—	12	1～1.5
50	—	108	—	145	—	175	—	70	76	—	10	14+1	1	14	1～1.5
52	—	108	—	145	—	175	—	70	76	—	10	14+1	1	14	1～1.5
55	—	108	—	145	—	175	—	70	76	—	10	14+1	1	14	1～1.5
58	—	108	—	145	—	175	—	70	76	—	10	14+1	1	14	1～1.5
60	—	108	—	145	—	175	—	70	76	—	10	14+1	1	14	1～1.5
62	—	120	—	170	—	210	—	100	82	—	—	—	—	16	1.5
65	—	120	—	170	—	210	—	100	82	—	—	—	—	16	1.5
68	—	120	—	170	—	210	—	100	82	—	—	—	—	16	1.5
70	—	120	—	170	—	210	—	100	82	—	—	—	—	16	1.5
72	—	120	—	170	—	210	—	100	82	—	—	—	—	16	1.5

CBJ □-□□ □

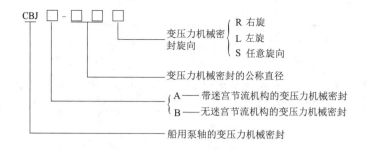

- 变压力机械密封旋向：R 右旋；L 左旋；S 任意旋向
- 变压力机械密封的公称直径
- A—— 带迷宫节流机构的变压力机械密封；B—— 无迷宫节流机构的变压力机械密封
- 船用泵轴的变压力机械密封

右旋：由静环向动环看，动环旋转方向为顺时针

左旋：由静环向动环看，动环旋转方向为逆时针

7.12.12　机械密封循环保护系统（JB/T 6629—2015）

机械密封循环保护系统可分为冲洗冷却系统、急冷（吹扫）系统、冷却水系统。

急冷（吹扫）系统是指在机械密封的大气侧加热或者冷却密封的系统，大多用于介质有毒、易燃、易氧化、易聚合或在干燥时会结晶的工况。一般在靠近密封端面处（大气侧）引入一种流体（水、氮气或蒸汽），当采用水作为急冷液时，应设置排水接口以排放急冷水；当采用蒸汽吹扫时，在空间允许的情况下，应在压盖上设置防结焦挡板。

冷却水系统应根据用户的工程条件进行设计，并采取完善的排气、排液措施。

机械密封循环保护系统由储罐、蓄能器、增压罐、冷却器、旋液分离器、限流孔板、过滤器等辅助装置构成。广义的机械密封循环保护系统还包括密封腔、端盖、轴套、密封腔喉部节流衬套、端盖辅助密封件、泵效环、管件、阀门、仪表等。

（1）冲洗方案（表 18-7-69）

冲洗方案 23、52、53A、53B、53C 应采用强制循环装置，不得仅采用热虹吸作用来保持系统的循环。

急冷（吹扫）系统冲洗布置方案为 65A、65B、66A、66B。

采用内循环装置（如泵效环）的密封系统，依靠机械密封旋转来维持循环。如果空间允许，该系统的入口应布置在密封的底部，出口应布置在密封的顶部。

除内循环装置产生循环量较小外，每套密封冲洗流量不应低于 8L/min。

表 18-7-69　　机械密封循环保护系统冲洗方案

编号	说　明
冲洗方案 01	冲洗方案 01 布置图如图所示。在冲洗方案 01 中，泵输送介质作为冲洗液，从叶轮后部靠近泵的出口部位，直接引入到密封胶内，依靠压差形成内部循环 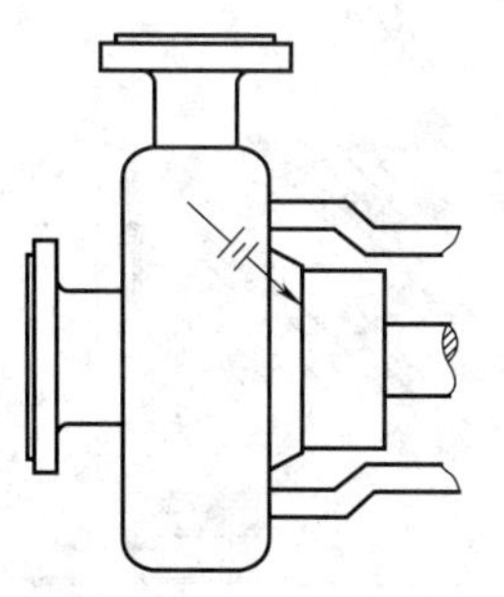 图(a)　管道和仪表流程图 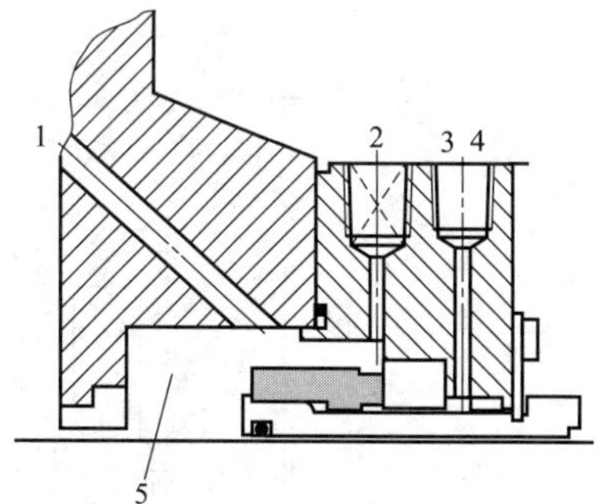 图(b)　密封腔详图 1—冲洗液入口；2—冲洗口(F)，用螺塞塞住(备用冲洗口或用于立式泵的排气)；3—急冷口(Q)；4—排液口(D)；5—密封腔 冲洗方案 01 和冲洗方案 11 比较相似，但冲洗方案 01 是通过泵内的冲洗通道将流体从叶轮附近的排出口直接引到密封腔中。冲洗通道在泵启动过程中也可以用于排气。冲洗方案 01 仅推荐用于泵送清洁流体的场合，也可用于泵送常温下较黏稠或易固化的流体，以减小流体在冲洗管道中凝固的风险。采用冲洗方案 01 时，应确保冲洗液具有充足的循环流量，以保证密封的操作要求 立式泵的密封腔排气较为困难，不推荐采用本冲洗方案

续表

<table>
<tr><th>编号</th><th>说　明</th></tr>
<tr><td>冲洗方案02</td><td>冲洗方案02布置图如图所示。冲洗方案02采用密封腔中积存的介质进行无循环的冲洗冷却，常用于化工厂中密封腔压力和介质温度较低的场合。采用冲洗方案02时，工艺介质应该相对清洁，以避免由于流体湍流对密封端盖、密封腔或密封部件造成过度冲蚀；同时也应考虑泵送流体饱和蒸汽压的敏感程度，避免密封腔内或密封端面上出现闪蒸。冲洗方案02也可以用于泵送低温、清洁、比热较大的流体（如水）的低转速泵中。当选择冲洗方案02时，应认真确定介质温度裕量
可以在泵上配置加热或冷却夹套，以控制密封腔的温度。冷却夹套在高温应用中易结垢，使用时应谨慎
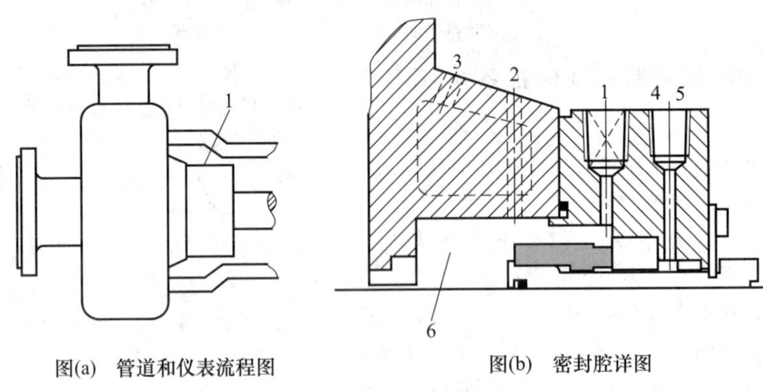

图(a)　管道和仪表流程图　　图(b)　密封腔详图
1—冲洗口(F)，用螺塞塞住（备用冲洗口或用于立式泵的排气）；2—排气口（如需要）；3—加热冷却进口（HI或CI），加热/冷却出口（HO或CO）；4—急冷口（Q）；5—排液口（D）；6—密封腔</td></tr>
<tr><td>冲洗方案03</td><td>冲洗方案03布置图如图所示。在冲洗方案03中，通过密封腔的结构设计来实现冲洗液在泵腔和密封腔之间循环。本方案中密封腔内孔为圆锥形，无喉部衬套。这种密封腔几何或流体特性使密封腔内的流体产生循环，冷却密封端面，同时把气体或蒸汽从密封腔中排出。本方案常用于密封产生热量不多的场合，也用于固体颗粒易积留在密封腔的场合
本方案主要用于API Std 682中第1系列的密封
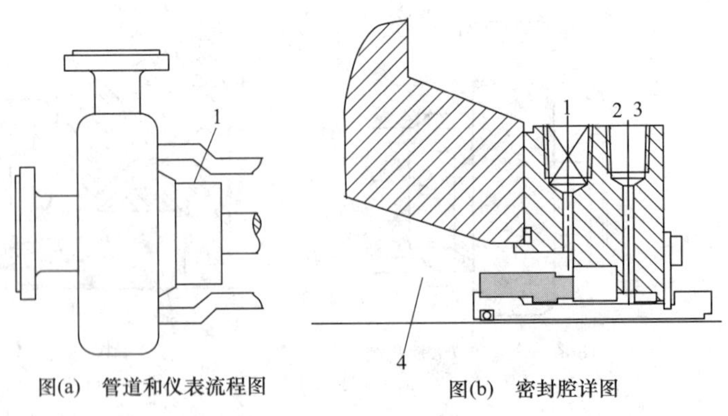

图(a)　管道和仪表流程图　　图(b)　密封腔详图
1—冲洗口(F)，用螺塞塞住（备用冲洗口或用于立式泵的排气）；
2—急冷口(Q)；3—排液口(D)；4—密封腔</td></tr>
</table>

续表

编号	说明
冲洗方案 11	冲洗方案 11 布置图如图所示。冲洗方案 11 中，介质从泵的出口引出通过限流孔板输送到密封腔，冲洗液进入密封腔靠近机械密封端面处对密封进行冷却，同时排空密封腔中的空气或蒸汽，然后从密封腔流回到输送介质中。若不需要采用限流孔板来获得所需的冲洗流速，在征得用户同意情况下，可以不使用限流孔板 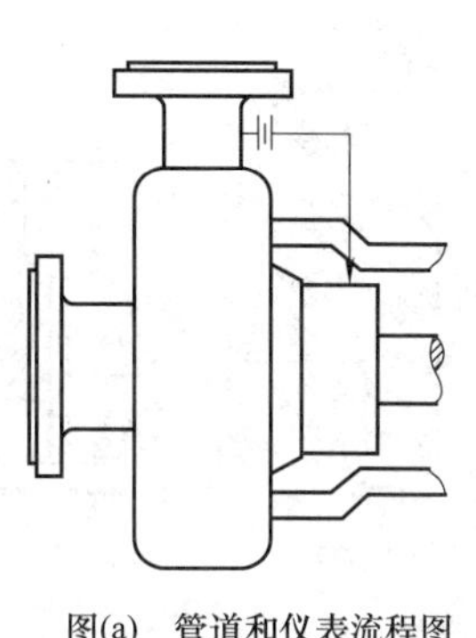 图(a) 管道和仪表流程图 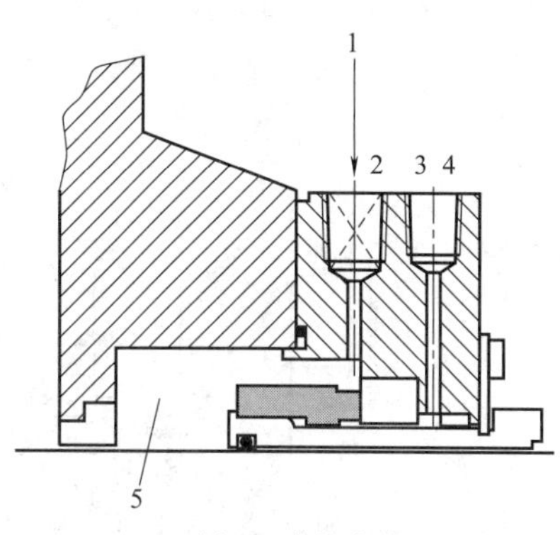 图(b) 密封腔详图 1—来自泵出口；2—冲洗口(F)；3—急冷口(Q)；4—排液口(D)；5—密封腔 本方案是清洁流体在一般操作工况下最常用的冲洗方案。对于高压工况，应该仔细计算所需的冲洗流速。计算时，需要确定限流孔板和喉部衬套的尺寸，以确保得到所需要的冲洗量。当泵送低压差流体或者高黏度流体时，可以不使用限流孔板来获得所需的流速。当本冲洗方案用于易聚合的流体时，流体可能堵塞限流孔板和连接管线，应引起注意 冲洗方案 11 是布置方式 1 和布置方式 2 密封的标准冲洗方案
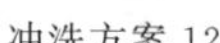 冲洗方案 12	冲洗方案 12 布置图如图所示，介质从泵的出口通过过滤器和限流孔板到密封腔。若不需要采用限流孔板来获得所需的冲洗流速，在征得用户同意情况下，可以不使用限流孔板 本方案与冲洗方案 11 很相似，不同之处在于增设了过滤器来过滤介质中夹带的颗粒 因为过滤器堵塞会导致密封失效，所以循环保护系统一般不推荐使用过滤器。该冲洗方案不能保证密封寿命达到 3 年 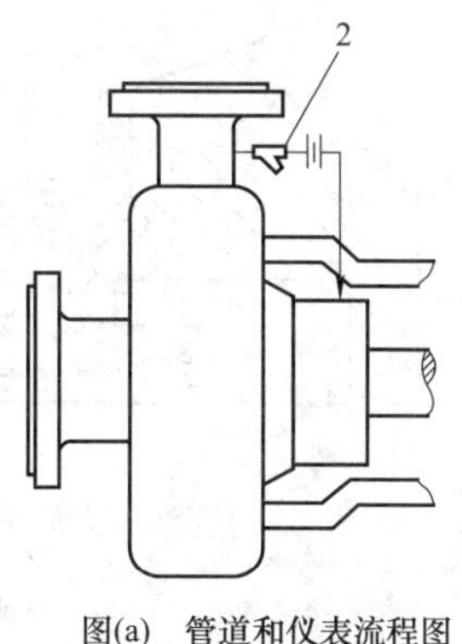 图(a) 管道和仪表流程图 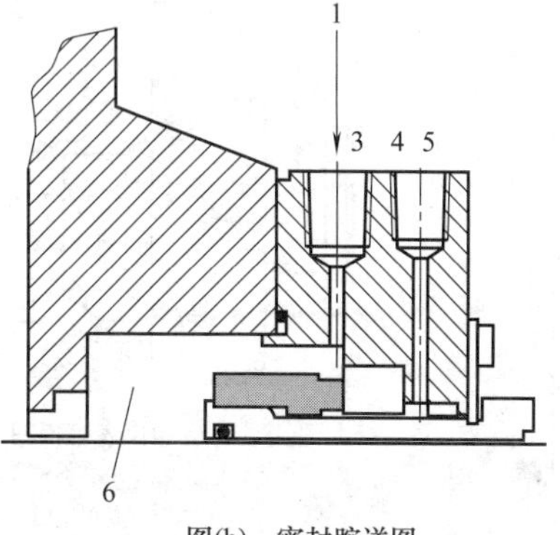 图(b) 密封腔详图 1—来自泵出口；2—过滤器；3—冲洗口(F)； 4—急冷口(Q)；5—排液口(D)；6—密封腔

续表

编号	说明
冲洗方案 13	冲洗方案 13 布置图如图所示。在冲洗方案 13 中，冲洗液从密封腔流出，通过限流孔板，返回到泵的入口。若不需要采用限流孔板来获得所需的冲洗流速，在征得用户同意情况下，可以不使用限流孔板 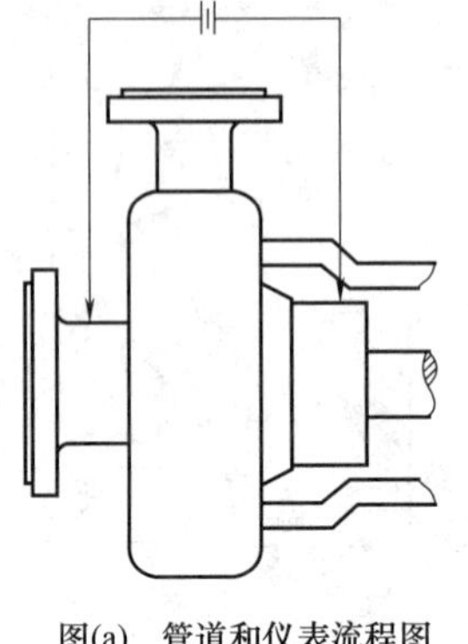 图(a) 管道和仪表流程图 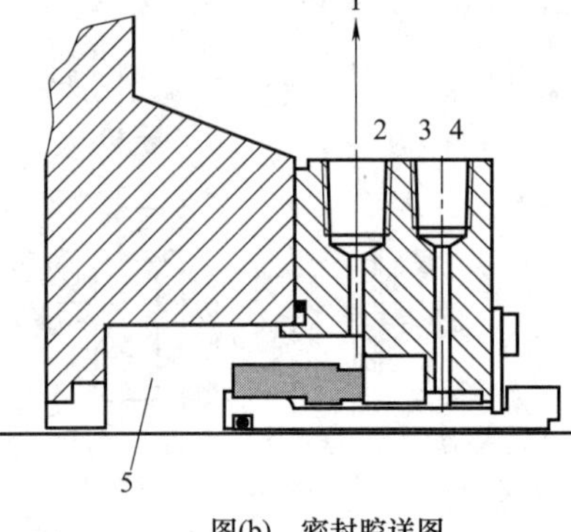 图(b) 密封腔详图 1—至泵的入口；2—冲洗口(F)；3—急冷口(Q)；4—排液口(D)；5—密封腔 对于密封腔中没有平衡孔的立式泵，冲洗方案 13 是标准的冲洗方案。在没有平衡孔的立式泵中，密封腔压力等于泵的出口压力。该种泵密封腔与泵出口间压差无法满足冲洗方案 11 的要求 冲洗方案 13 可以使立式泵密封腔自排气体，有足够的压差保证循环，并使密封腔压力足够大避免介质汽化 对于低扬程的泵，密封腔与泵的吸入口压差非常小，难以形成循环，故该冲洗方案不适于低扬程泵 不推荐在冲洗方案 13 中采用分布式冲洗
冲洗方案 14	冲洗方案 14 布置图如图所示。冲洗方案 14 是冲洗方案 11 和冲洗方案 13 的结合，介质从泵出口通过孔板进入密封腔，再通过管路引至泵的入口进行循环。冲洗方案 14 主要用于立式泵 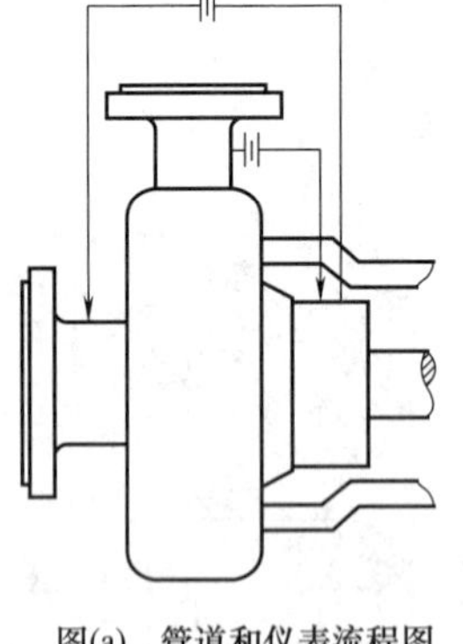 图(a) 管道和仪表流程图 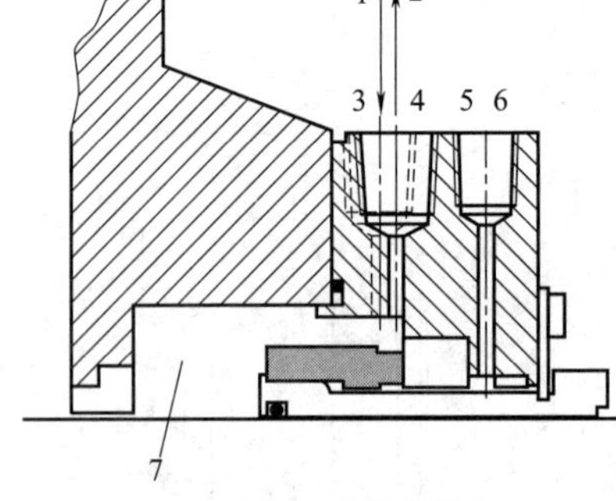 图(b) 密封腔详图 1—来自泵的出口；2—至泵的入口；3—冲洗液入口(FI)；4—冲洗液出口(FO)；5—急冷口(Q)；6—排液口(D)；7—密封腔 不推荐在冲洗方案 14 中采用分布式冲洗

续表

编号	说　　明
冲洗方案21	冲洗方案21布置图如图所示。在冲洗方案21中,冲洗流体从泵的出口流出,经过限流孔板和冷却器,进入到密封腔。若不需要采用限流孔板来获得所需的冲洗流速,在征得用户同意情况下,可以不使用限流孔板 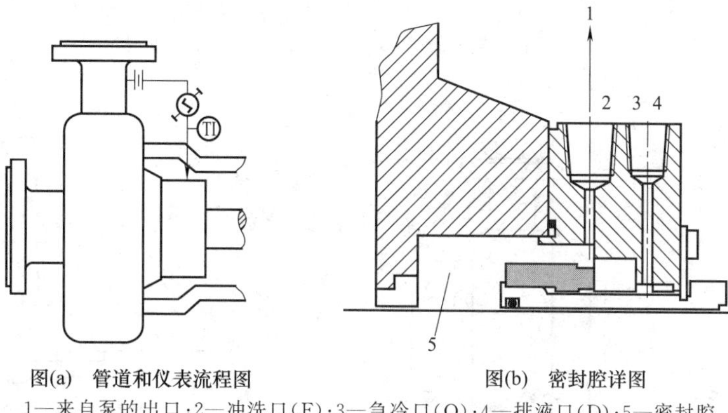 图(a)　管道和仪表流程图　　图(b)　密封腔详图 1—来自泵的出口;2—冲洗口(F);3—急冷口(Q);4—排液口(D);5—密封腔 冲洗方案21采用喉部衬套将密封腔中的冲洗流体与叶轮中的泵送流体相隔离。本方案采用冷却器对密封进行冷却冲洗,可以防止介质汽化,满足辅助密封圈温度范围,减少结焦或聚合,或改善润滑性能(如热水)。方案21的优点在于,它不仅能提供冷却冲洗,而且有足够的压差保证冲洗量。其缺点是当冷却器的热负荷较高时,会在冷却器的冷却水侧结垢或堵塞;当冲洗流体黏度较大时,也可能在冷却器的冲洗流体侧发生堵塞。冲洗方案21用空冷换热器代替水冷换热器效果更好 当泵的扬程比较低或者泵送高黏度的流体时,本冲洗方案为保证流量可以不使用限流孔板。当使用易聚合流体作为冲洗液时,应注意流体可能会堵塞孔板或者连接管路
冲洗方案22	冲洗方案22布置图如图所示。在冲洗方案22中,冲洗液从泵的出口流出,经过过滤器、限流孔板、冷却器,最后流入密封腔 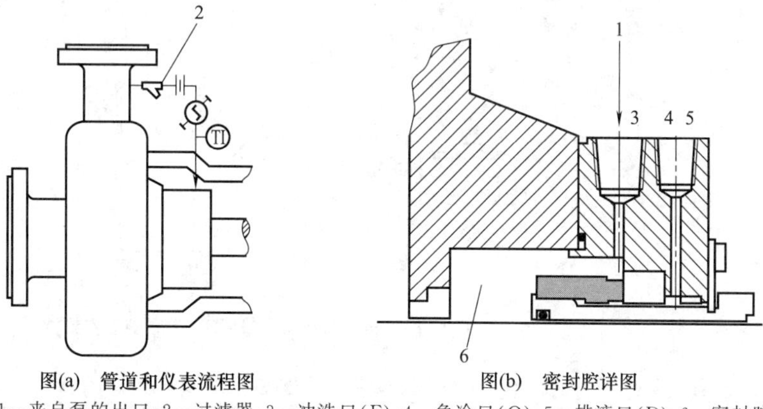 图(a)　管道和仪表流程图　　图(b)　密封腔详图 1—来自泵的出口;2—过滤器;3—冲洗口(F);4—急冷口(Q);5—排液口(D);6—密封腔 本冲洗方案和冲洗方案21很相似,本方案增加了过滤器来去除冲洗液中的固体颗粒。在密封的冲洗方案中,因过滤器会堵塞继而导致密封失效,不推荐使用过滤器。该冲洗方案不能保证密封的使用寿命可以达到3年

续表

编号	说 明
冲洗方案 23	冲洗方案 23 布置图如图(a)所示。在冲洗方案 23 中,应在密封腔内配备一个内部循环装置,使密封腔中的流体通过冷却器再返回到密封腔中循环,冷却的介质不进入泵的叶轮侧,因而本方案能效较高 冲洗方案 23 是适用于所有高温工况的冲洗方案,尤其适用于锅炉供水及大多数输送碳氢化合物的工况 对于易凝结或高黏度的介质也应考虑采用冲洗方案 23。冷却器实质上就是热交换器,可采用蒸汽作为热交换媒体,这样热交换器可以将介质加热到凝结点温度以上,从而使易凝结或高黏度的介质流动性大为改善,确保了密封正常工作 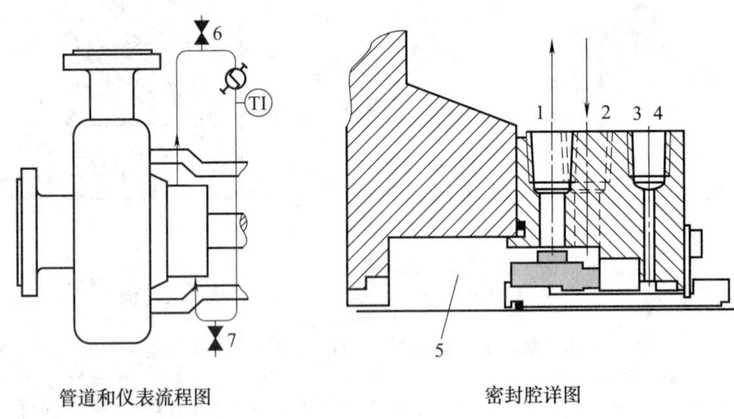 图(a) 冲洗方案23布置图 1—冲洗液出口(FO);2—冲洗液入口(FI);3—急冷口(Q);4—排液口(D);5—密封腔;6—排气口(常闭);7—排液口(常闭) 在冲洗方案 23 的系统中,不推荐采用分布式冲洗方法 冲洗方案 23 循行系统典型安装图如图(b)所示。密封冲洗冷却器的冷却液走壳程,工艺介质走管程。冷却器的设计与布置均应利于冷却液和工艺介质的放空与排净 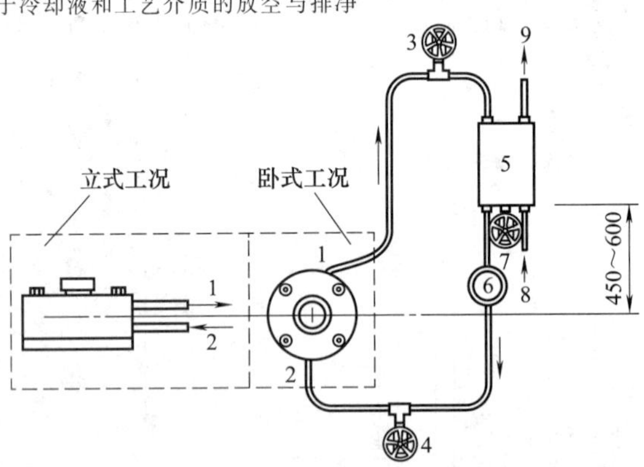 图(b) 冲洗方案23循环系统的典型安装图 1—至密封冷却器;2—来自密封冷却器;3—连接管路的高位排气口;4—连接管路的低位排液口;5—密封冲洗液冷却器;6—温度计;7—冷却水排水口;8—冷却水入口(CWI);9—冷却水出口(CWO) 在保留足够的操作和维修空间的前提下,冷却器应尽量安装在靠近泵的位置,但不能安装在泵的正上方。为了促进热虹吸效应,冷却器应布置在密封端盖中心线正上方 450~600mm 处。出于安全的需要,热管线应采取隔热措施 冲洗管路的设计和布置均应利于减少管件的局部摩擦阻力损失,连接密封腔的管路应尽量采用圆滑过渡、大半径弯头,尽量采用 45°弯头,减少使用 90°弯头。密封腔出口管线布置应逐渐上升,上升高度不少于 40mm/m

续表

编号	说　明
冲洗方案 31	冲洗方案 31 布置图如图所示。在冲洗方案 31 中，冲洗液从泵的出口流出，经过旋液分离器，然后清洁的冲洗液体流入到密封腔，固体颗粒被输送到泵入口。 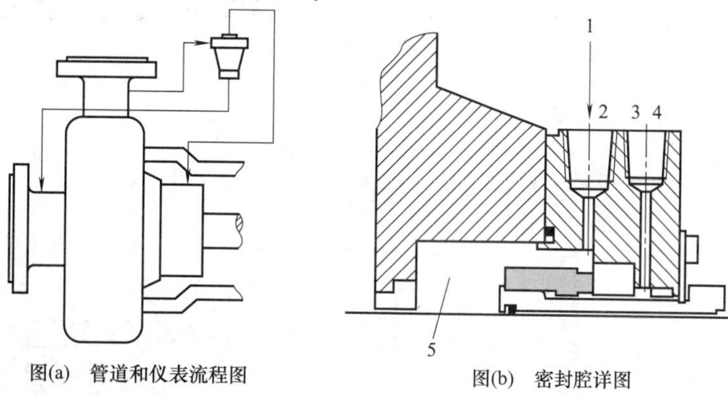 图(a)　管道和仪表流程图　图(b)　密封腔详图 1—来自旋液分离器的清洁液体；2—冲洗口(F)；3—急冷口(Q)；4—排液口(D)；5—密封腔 冲洗方案 31 适用于流体中含有固体颗粒，且固体颗粒的密度至少是泵送流体密度两倍的工况。若介质颗粒含量非常高或泥浆很稠时，不推荐采用冲洗方案 31。当指定采用冲洗方案 31 时，推荐密封腔中使用喉部衬套 现场经验证明，旋液分离器内部的过度磨损导致其可靠性降低，不能保证本冲洗方案的机械密封寿命可以达到 3 年
冲洗方案 32	冲洗方案 32 布置图如图所示。在冲洗方案 32 中，冲洗液从外部流体源注入密封腔中 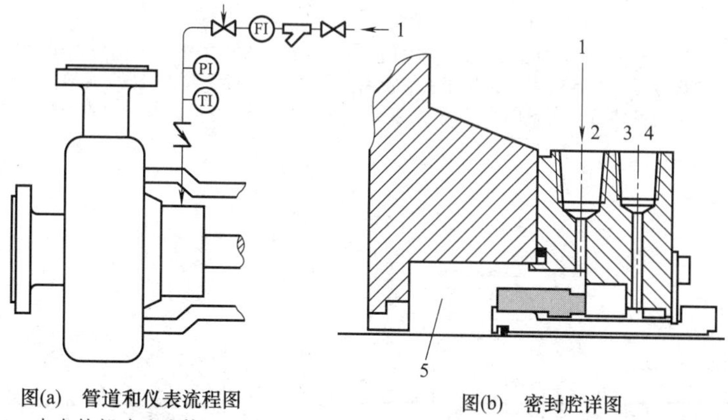 图(a)　管道和仪表流程图　图(b)　密封腔详图 1—来自外部冲洗液体；2—冲洗口(F)；3—急冷口(Q)；4—排液口(D)；5—密封腔 冲洗方案 32 适用于含有固体颗粒和杂质的工况，通过提供较低蒸汽压力的冲洗液，或将密封腔的压力提高到适当的水平，来降低密封端面间发生闪蒸或空气侵入(真空工况)的概率。外冲洗必须连续、可靠，包括在非正常状态下(如启动或停车)。因为外冲洗流体会从密封腔流入到工艺流体中，所以外冲洗流体应与工艺流体相容 在方案 32 中，冲洗介质从外部流体源带入密封腔。该方案应采用小间隙的喉部衬套。喉部衬套可起到节流装置的作用，保持密封腔内具有一定压力；或起隔离作用，使泵送介质与密封腔隔离 由于本方案耗能费用较高，不推荐将其仅用于冷却目的场合。当采用本方案时，还必须考虑产品质量下降的代价

续表

编号	说明
冲洗方案 41	冲洗方案 41 布置图如图所示。在冲洗方案 41 中，冲洗液从泵的出口流出，经过旋液分离器，然后清洁的液体经过冷却器流入到密封腔，固体颗粒被输送到泵入口 冲洗方案 41 是冲洗方案 21 和冲洗方案 31 的组合，用于含固体颗粒的高温工况，固体颗粒的比重至少为工艺流体的 2 倍。该冲洗方案可以防止介质汽化，满足辅助密封圈温度范围，减少结焦或聚合，或改善润滑性能(如热水)。通常使用本冲洗方案去除热水设备中的沙粒或管道里的焊接熔渣 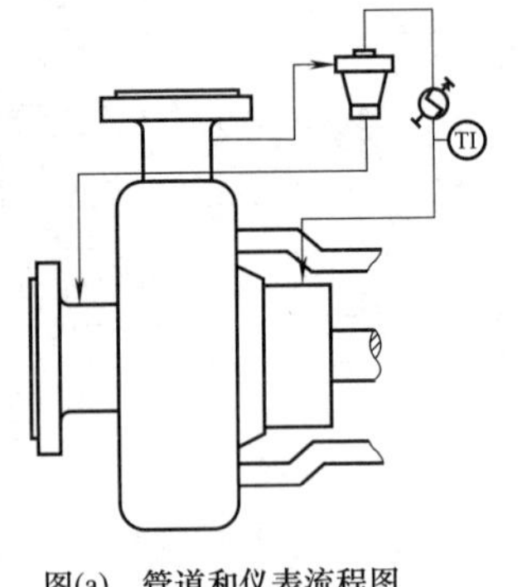 图(a) 管道和仪表流程图 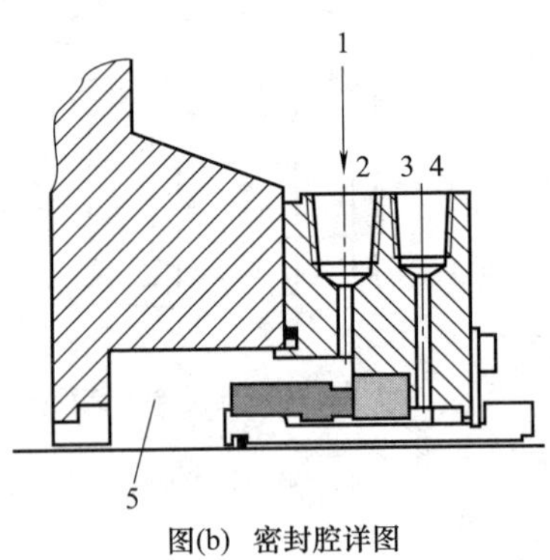 图(b) 密封腔详图 1—来自冷却器；2—冲洗口(F)；3—急冷口(Q)；4—排液口(D)；5—密封腔 若介质颗粒含量非常高或泥浆很稠时，不推荐采用冲洗方案 41。该冲洗方案的优点、缺点及冷却器使用的最佳条件详见冲洗方案 21 的相关规定。当指定采用冲洗方案 41 时，推荐使用喉部衬套 现场经验表明，旋液分离器内部的过度磨损可能导致可靠性降低。不能保证采用本冲洗方案的机械密封使用寿命可以达到三年
冲洗方案 51	冲洗方案 51 布置图如图所示。在冲洗方案 51 中，采用一个外部储罐向大气侧的密封端盖提供流体并对密封进行急冷。本冲洗方案常用于大气侧密封需要急冷的场合，如防止或消除 0℃以下密封大气侧结冰。由于储罐中的流体位于密封的大气端，它仅承受大气的压力，本冲洗方案只推荐用于立式泵 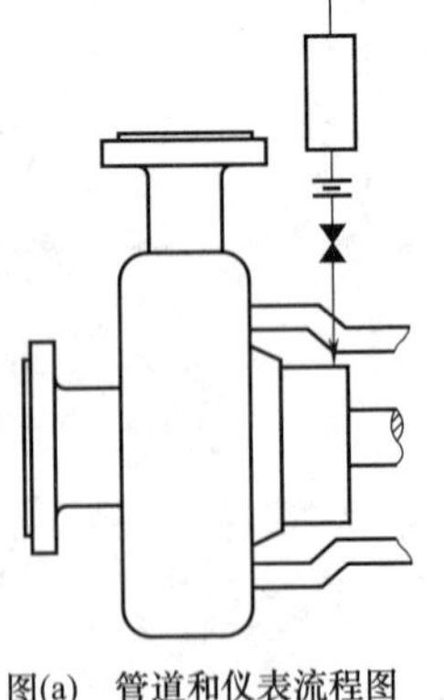 图(a) 管道和仪表流程图 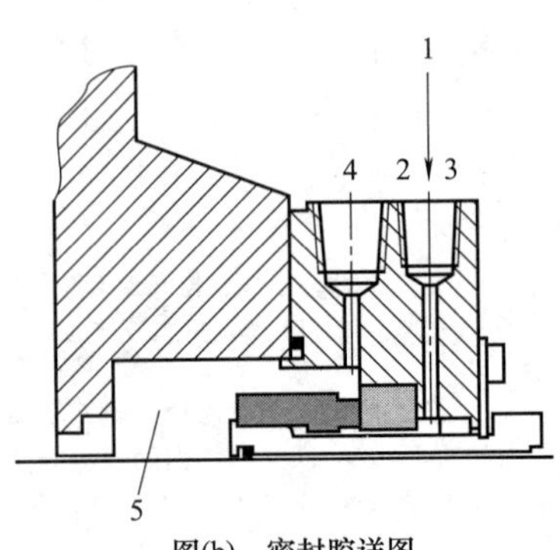 图(b) 密封腔详图 1—来自储罐；2—急冷口(Q)；3—排液口(D)；4—冲洗口(F)；5—密封腔

续表

编号	说　明
冲洗方案52	冲洗方案52布置图如图所示。在冲洗方案52中，采用外部储罐对布置方式2中外侧密封提供缓冲液。缓冲液的压力要保持比密封腔压力低，且小于0.28MPa 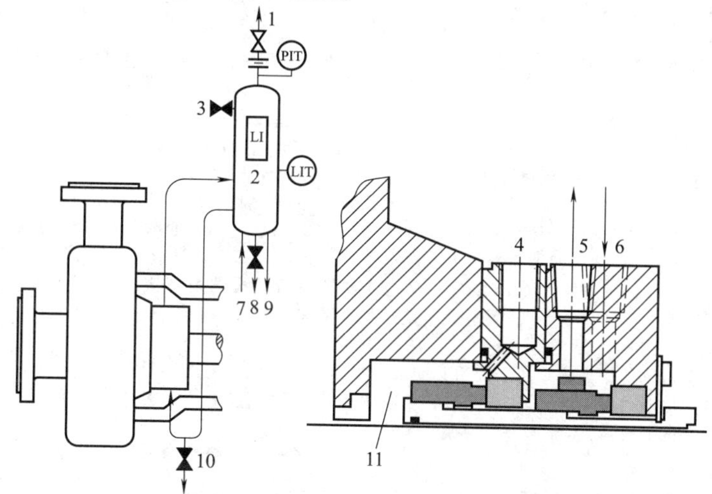 图(a)　管道和仪表流程图　　图(b)　密封腔详图 1—至收集系统；2—储罐；3—缓冲液补液口；4—冲洗口(F)；5—缓冲液出口(LBO)；6—缓冲液入口(LBI)；7—冷却水入口；8—排液口；9—冷却水出口；10—管路排液口；11—密封腔 本冲洗方案中，缓冲液采用内部循环装置进行循环，从储罐流出，最后再返回到储罐。为了最大限度地增强冲洗液的循环效果，应该采取选择合适的管径、减少系统中的附件、采用大直径弯头、减少管道长度等措施来减少管路阻力损失 冲洗方案52用于双端面接触式湿式密封(2CW-CW)。本冲洗方案常用于不允许泵送流体向大气中泄漏的场合，也用于泵送流体接触大气易发生固化的场合，或需要带走内侧密封热量的场合。缓冲液储存在储罐中，储罐排气口连接收集系统，这样使得储罐内压力接近于大气压。冲洗方案52在清洁、无聚合、纯净的高饱和蒸汽压流体中使用效果良好，泄漏到储罐中的高饱和蒸汽压力流体将会在储罐中闪蒸，然后排放到收集系统 内侧密封泄漏的工艺介质会与缓冲液相混合，导致缓冲液污染。该系统须定期维修，包括密封修理、注液、排液和清洗
冲洗方案53A、53B、53C	冲洗方案53A布置图如图(a)所示。在冲洗方案53A中，采用外部气体加压隔离液储罐为密封提供清洁的隔离液。隔离液的压力保持高于密封腔的压力。 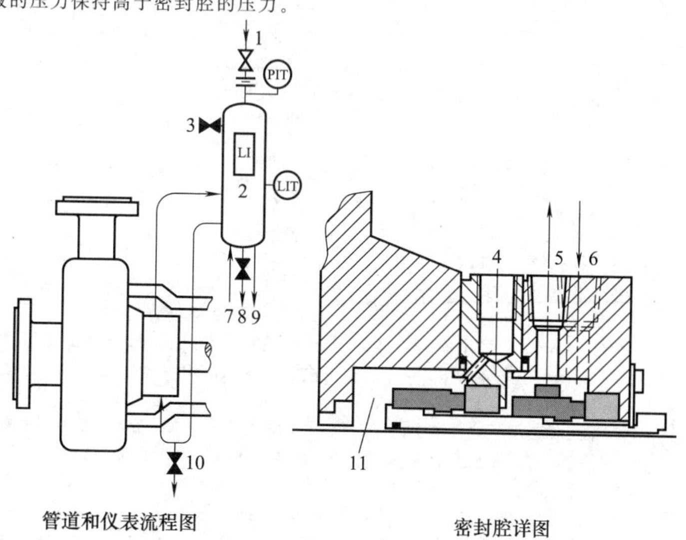 管道和仪表流程图　　密封腔详图 图(a)　冲洗方案53A布置图 1—来自外部压力气源；2—储罐；3—隔离液补液口；4—冲洗口(F)；5—隔离液出口(LBO)；6—隔离液入口(LBI)；7—冷却水入口；8—排液口；9—冷却水出口；10—管路排液口；11—密封腔

续表

<table>
<tr><th>编号</th><th>说　　明</th></tr>
<tr><td>冲洗方案
53A、53B、
53C</td><td>冲洗方案 53A 利用内部循环装置将隔离液从储罐输出，之后再返回到储罐。为了最大限度地增强冲洗流体的循环效果，应该采取选择合适的管径、减少系统中的附件、采用大直径弯头、减少管道长度等措施来减少管路阻力损失
冲洗方案 53A 用于布置方式 3 的密封，工艺介质不能泄漏到大气的场合。当泵可能会干运转或泵送流体不适合润滑密封端面时，也可选择此方案
采用冲洗方案 53A 的密封为湿式有压双端面密封，隔离液位于两套密封之间。隔离液储存在储罐中，储罐中的压力高于密封腔的压力。内侧密封的泄漏方式是隔离液泄漏到泵送流体中，而且总会存在一定量的泄漏。当密封腔的压力变化很剧烈时，可以采用压差调节器来控制内、外侧密封之间的压差
在加压管线上设置一个 3mm 的限流孔板，当内侧密封失效时，可限制过多的气体进入泵送流体中
当泵送流体较脏、具有磨蚀性或易结晶，或泵送流体不适合润滑密封端面，或采用 52 方案会给缓冲液系统带来问题时，应选用双端面密封加压冲洗方案 53(A、B、C)。冲洗方案 53(A、B、C)有如下两个特点：
a)采用冲洗方案 53(A、B、C)时，对密封端面进行润滑的是清洁的隔离液，但隔离液会通过内侧密封端面进入到泵送流体中。因此，泵送流体和隔离液要具有较好的化学兼容性，并允许一定量的隔离液进入到泵送流体中
b)储罐的压力应该高于密封腔的最大压力，压差至少为 0.14MPa。如储罐的压力低于密封腔的压力，会导致内侧密封反向泄漏，密封系统就会像冲洗方案 52 一样运行。此时，隔离液被泵送流体污染，形成对密封运行有害的隔离液体，导致密封的失效
冲洗方案 53B 布置图如图(b)所示。在冲洗方案 53B 中，由囊式蓄能器为隔离密封腔提供清洁的隔离液。蓄能器和隔离液的压力应高于密封腔的压力
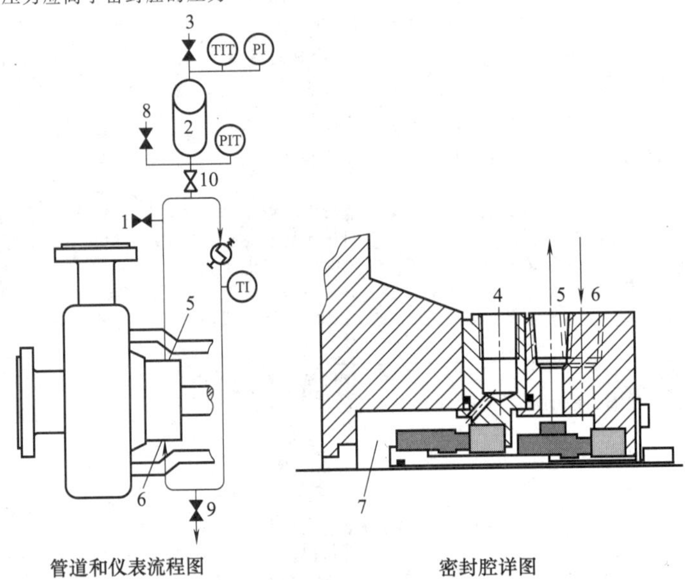

图(b)　冲洗方案53B布置图
1—隔离液补液口；2—蓄能器；3—蓄能器充气口；4—冲洗口(F)；5—隔离液出口(LBO)；6—隔离液入口(LBI)；7—密封腔；8—排气口；9—隔离液排液口；10—阀(用于检查蓄能器气囊)
隔离液采用内部循环装置来进行循环。为了最大限度地增强冲洗流体的循环效果，应该采取选择合适的管径、减少系统中的附件、采用大直径弯头、减少管道长度等措施来减少管路阻力损失
冲洗方案 53B 用于布置方式 3 的密封。冲洗方案 53B 和冲洗方案 53A 不同之处在于，前者隔离液的压力是通过囊式蓄能器来维持的。使用囊式蓄能器可以防止加压气体和隔离液相接触，这就避免了加压气体被隔离液吸收，使密封可以用于高压操作工况。蓄能器应先充入加压气体，然后充入隔离液，通过隔离液压缩气囊使蓄能器达到操作压力。内、外侧密封的泄漏会导致隔离系统压力降低，因而蓄能器的初始充入压力应该稍高于所需压力，当密封泄漏时蓄能器的压力降到规定的最小压力。此时，应对系统重新加注隔离液，使隔离液工作体积达到最大。密封的性能通过压降的检测进行监测，而不采用冲洗方案 53A 中的隔离液液位监测系统
管路和密封冷却器中无气体或气泡，冲洗方案 53B 才能实现有效的运转，启动时，须排净系统中的气体
冲洗方案 53C 布置图如图(c)所示。在冲洗方案 53C 中，采用增压罐对隔离液加压。隔离液的压力要高于密封腔的压力</td></tr>
</table>

续表

编号	说　　明
冲洗方案 53A、53B、53C	管道和仪表流程图　　密封腔详图 图(c)　冲洗方案53C布置图 1—隔离液补液口；2—增压罐；3—压力输入接口；4—冲洗口(F)；5—隔离液出口(LBO)；6—隔离液入口(LBI)；7—密封腔；8—排气口；9—隔离液排液口 隔离液采用内部循环装置来进行循环。为了最大限度地增强冲洗流体的循环效果，应该采取选择合适的管径、减少系统中的附件、采用大直径弯头、减少管道长度等措施来减少管路阻力损失 冲洗方案 53C 用于布置方式 3 的密封。冲洗方案 53C 和冲洗方案 53A 的不同之处在于，前者隔离液的压力是通过增压罐来维持的。增压罐通过泵本身介质作为压力源(通常从密封腔引管线)，并利用活塞的面积差产生更高的隔离液压力。当密封腔压力波动时，隔离液也会跟随同步变动 为了得到增压罐的输入压力，需要在增压罐中引入泵送流体。因而增压罐材料应与泵送流体相兼容。当泵送流体含有固体颗粒，并且可能聚积在金属表面，或者在环境温度下易固化时，不推荐采用本方案 管路和密封冷却器中无气体或气泡，冲洗方案 53C 才能实现有效的运转，启动时，须排净系统中的气体
冲洗方案 54	冲洗方案 54 布置图如图所示。在冲洗方案 54 中，由外部加压隔离液系统向隔离密封腔提供清洁隔离液。冲洗方案 54 用于布置方式 3 的密封中，隔离液的压力至少要高于内侧密封腔压力 0.14MPa。隔离液的循环采用外部泵或加压系统来完成。 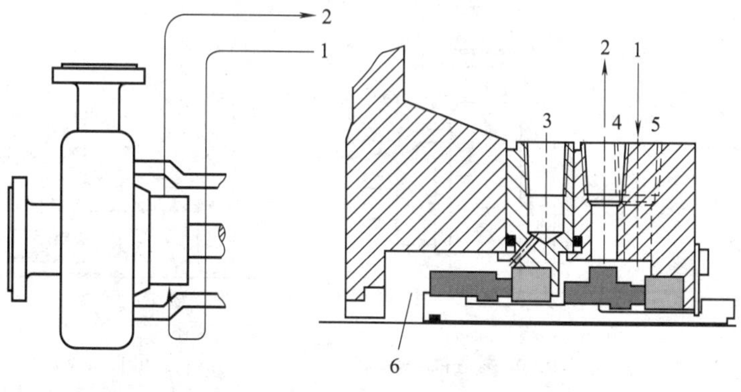 图(a)　管道和仪表流程图　　图(b)　密封腔详图 1—来自外部流体源；2—至外部流体源；3—冲洗口(F)；4—隔离液出口(LBO)；5—隔离液入口(LBI)；6—密封腔 冲洗方案 54 通常用于泵送流体温度高，或含有固体颗粒，或内部循环装置不能提供足够的冲洗流速的场合。当使用冲洗方案 54 时，应该保证隔离液来源的可靠性，如隔离流体源中断或受到污染，会导致密封失效，清理费用也非常高

续表

编号	说明
冲洗方案 55	冲洗方案 55 布置图如图所示。在冲洗方案 55 中,采用不加压的外部缓冲液系统向密封腔提供清洁的缓冲液。冲洗方案 55 用于布置方式 2 的密封,缓冲液压力要保持低于密封腔的压力,且应低于 0.28MPa。隔离液的循环采用外部泵或压力系统来完成 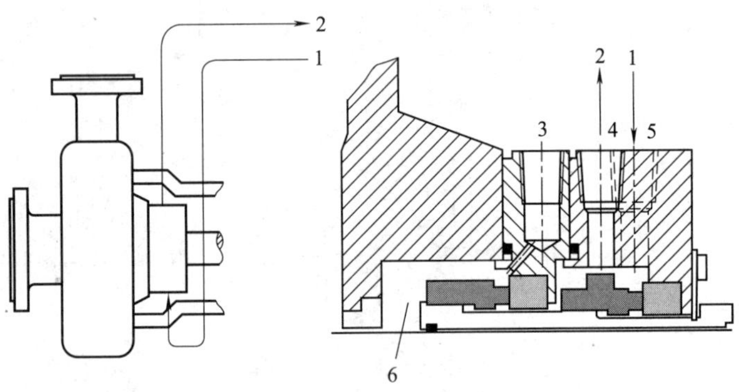 图(a) 管道和仪表流程图 图(b) 密封腔详图 1—来自外部流体源;2—至外部流体源;3—冲洗口(F); 4—缓冲液出口(LBO);5—缓冲液入口(LBI);6—密封腔 冲洗方案 55 和冲洗方案 54 很相似,但冲洗方案 55 的缓冲液是不加压的。冲洗方案 55 用于密封布置 2(使用液体缓冲系统的接触湿式密封 2CW-CW)。本冲洗方案常用于减少或避免工艺介质泄漏到大气中的场合,也用于当泵送流体接触到大气会产生固化的场合,或者用于需要冷却内侧密封的场合 冲洗方案 55 不同于冲洗方案 52,在冲洗方案 55 中,需要采用外部泵或压力系统来完成缓冲流体的供给。如果采用冲洗方案 55,须保证缓冲液来源的可靠性,并防止泵送流体污染缓冲液
冲洗方案 61	冲洗方案 61 布置图如图所示。这种冲洗方案配置了备用的急冷接口,一旦需要,可以转换为冲洗方案 62 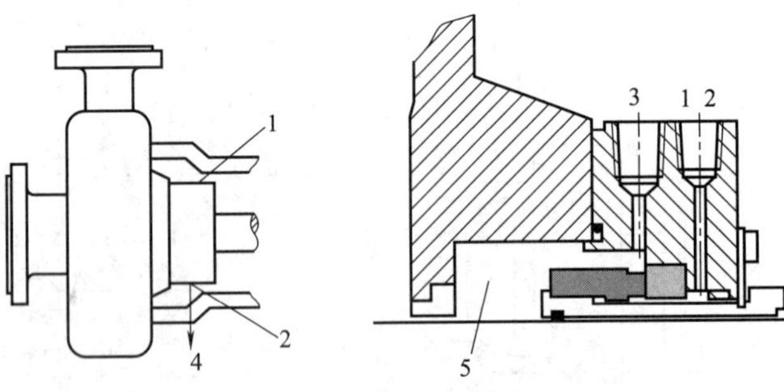 图(a) 管道和仪表流程图 图(b) 密封腔详图 1—急冷口(Q),配有金属螺塞;2—排液口(D),与金属接管连接; 3—冲洗口(F);4—至收集点;5—密封腔 所有相关接口都应配有螺塞,在密封运输时,所有的接口都要使用塑料塞塞住;在密封安装时,除掉所有塑料塞,并将接口与管路连接,或用金属螺塞堵住。本冲洗方案主要为用户今后自行投用急冷流体留有接口

续表

<table>
<tr><th>编号</th><th>说　　明</th></tr>
<tr><td>冲洗方案 62</td><td>冲洗方案 62 布置图如图所示。在冲洗方案 62 中，从外部引入流体，对密封的大气侧进行急冷。急冷液可以采用低压蒸汽、氮气或清水。本冲洗方案主要用于单端面密封的循环保护系统，其目的是去除氧化物，防止结焦（如高温烃介质的工况），也用于冲走密封零件周围聚积的泄漏物（如苛性碱和盐）
当冲洗方案 62 和密封端盖中的小间隙节流衬套或者抑制装置一起使用时，其效果最好。节流衬套不仅用来存储密封端盖中的急冷流体，当采用高温急冷流体时还可以保护操作者免受伤害。排液口的尺寸应该大于急冷液进口的尺寸，其尺寸应保证能够排净急冷液
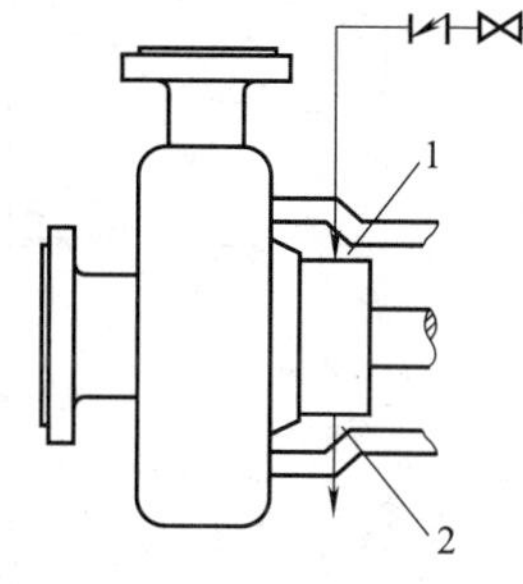

图(a)　管道和仪表流程图
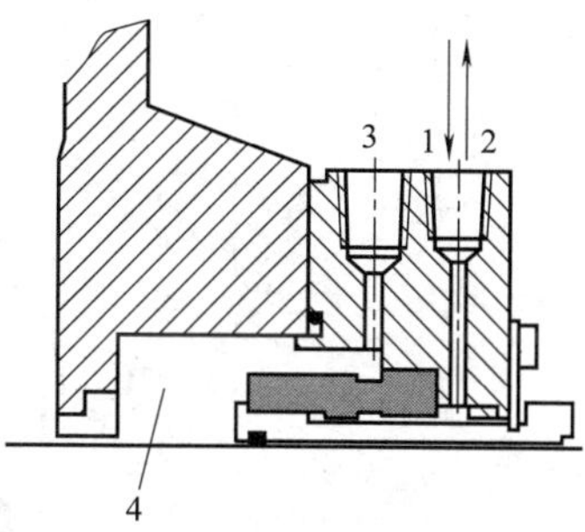

图(b)　密封腔详图
1—急冷口(Q)；2—排液口(D)；3—冲洗口(F)；4—密封腔</td></tr>
<tr><td>冲洗方案 65A、65B</td><td>冲洗方案 65A 布置图如图(a)所示。在冲洗方案 65A 中，大气侧采用泄漏收集和监测系统处理泄漏的冷凝介质。根据收集系统监测的泄漏率，判断密封是否失效。本冲洗方案常用于单端面机械密封、泵送流体在环境温度下会产生冷凝的场合
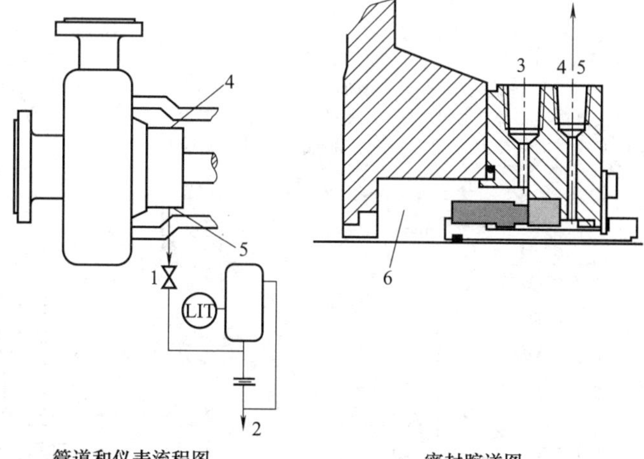

图(a)　冲洗方案65A布置图
1—阀(常开)；2—至液体收集系统；3—冲洗口(F)；4—急冷口(Q)；5—排液口(D)；6—密封腔
在本冲洗方案中，采用管路与密封端盖的排液口相连，泄漏介质通过收集罐下方的限流孔板进入排放管道或泄漏收集系统，当密封泄漏过量时就会使收集罐液位计触发报警。限流孔板直径通常为 5mm，应安装在竖直的管路上，以防止流体在排液口管道中聚积。收集罐液位计上方应有一根支管与限流孔板并联，以排走过量的泄漏介质。在本冲洗方案中也可选择采用压力变送器来监测系统的升压
当密封端盖里配有抑制装置、浮动式或多级节流衬套时，冲洗方案 65A 效果最佳。为保证泄漏介质流入到收集罐中，收集罐的安装高度应低于密封端盖
冲洗方案 65B 布置图如图(b)所示。冲洗方案 65B 与冲洗方案 65A 相似，不同之处在于储罐下方：冲洗方案 65B 采用排液阀 2，而冲洗方案 65A 采用限流孔板。在泵的操作过程中，排液阀 2 应保持关闭状态，通过间歇性开启来排空储罐中的泄漏液</td></tr>
</table>

续表

编号	说　明
冲洗方案 65A、65B	管道和仪表流程图　　密封腔详图 **图(b)　冲洗方案65B布置图** 1—阀(常开)；2—排液阀；3—至液体收集系统；4—冲洗口(F)；5—急冷口(Q)；6—排液口(D)；7—密封腔
冲洗方案 66A、66B	冲洗方案 66A 布置图如图(a)所示。在冲洗方案 66A 中，密封端盖中安装节流衬套，当泄漏量在正常范围时，泄漏介质可以自由地由排液口排出，当密封泄漏量过大时，内侧节流衬套会限制泄漏介质的流量，随着泄漏量的增加，节流衬套上游的压力就会增加。这个压力由压力变送器进行监测，以指示密封的性能，密封失效时进行报警。由排液口流出的泄漏介质由密封回收系统收集或者排放到排污池中。冲洗方案 66A 用于单端面机械密封失效时需要限制其泄漏量或监测过大泄漏量的场合 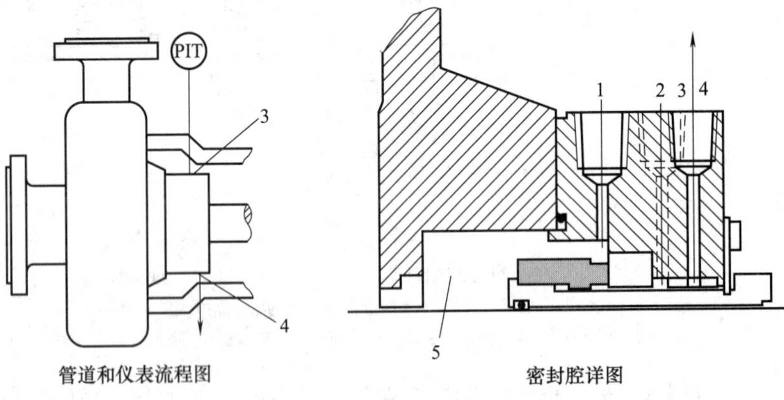 **图(a)　冲洗方案66A布置图** 1—冲洗口(F)；2—压力传感器口(PIT)；3—急冷口(Q)；4—排液口(D)；5—密封胶 冲洗方案 66B 布置图如图(b)所示。在冲洗方案 66B 中，在密封端盖的排液口安装一个带有节流孔的螺塞，密封的正常泄漏物可以自由地由排液口流出。当密封泄漏量过大时，带有节流孔的螺塞就会限制泄漏介质流出。随着泄漏量的增加，节流螺塞上游的压力就会增加。这个压力由压力变送器进行监测，以指示密封的性能，并在密封失效时报警。因排液腔需保压，须采用浮动式节流衬套来限制流过衬套的泄漏量。从排液口流出的泄漏介质由密封回收系统收集或者排放到排污池中

续表

<table>
<tr><th>编号</th><th>说明</th></tr>
<tr><td>冲洗方案
66A、66B</td><td>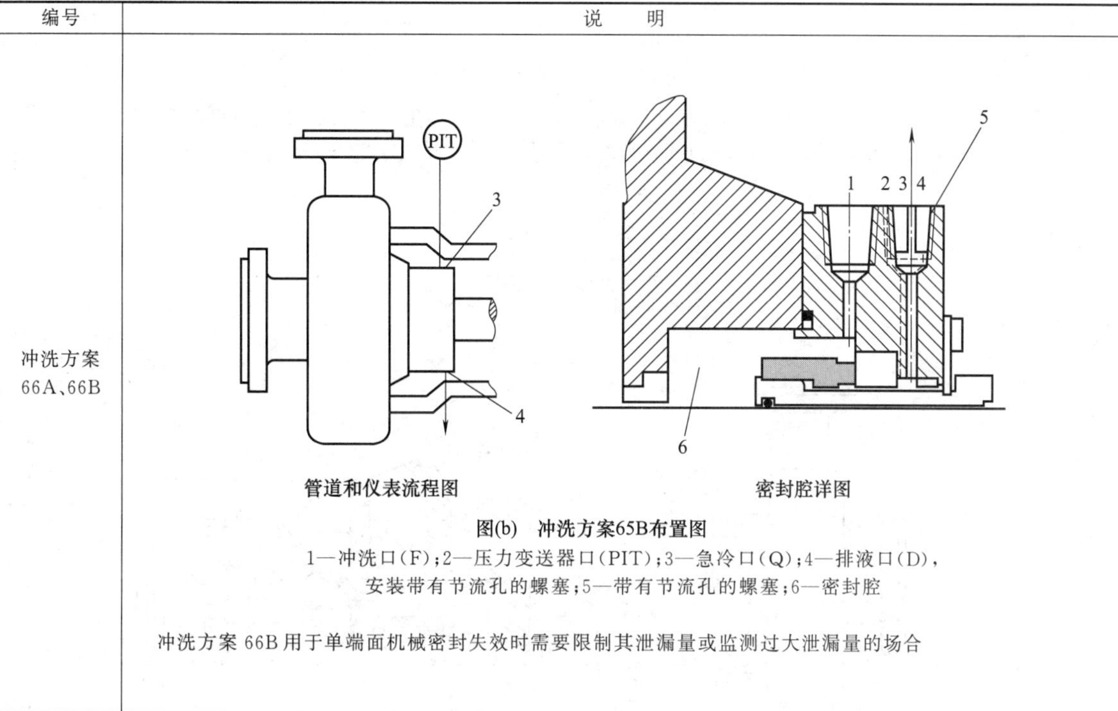

管道和仪表流程图　　密封腔详图
图(b)　冲洗方案65B布置图
1—冲洗口(F)；2—压力变送器口(PIT)；3—急冷口(Q)；4—排液口(D)，安装带有节流孔的螺塞；5—带有节流孔的螺塞；6—密封腔

冲洗方案66B用于单端面机械密封失效时需要限制其泄漏量或监测过大泄漏量的场合</td></tr>
<tr><td>冲洗方案71</td><td>冲洗方案71布置图如图所示。方案71用于串联式泵用干气密封，串联式泵用干气密封可以通缓冲气也可以不通缓冲气(本冲洗方案不做规定)。需要时，缓冲气把内侧密封的泄漏物带到收集系统中，或冲淡泄漏浓度。所有相关接口都应配有螺塞，在密封运输时，所有的接口都要使用塑料塞塞住。在密封安装时，除掉所有塑料塞，并将接口与管路连接，或用金属螺塞堵住

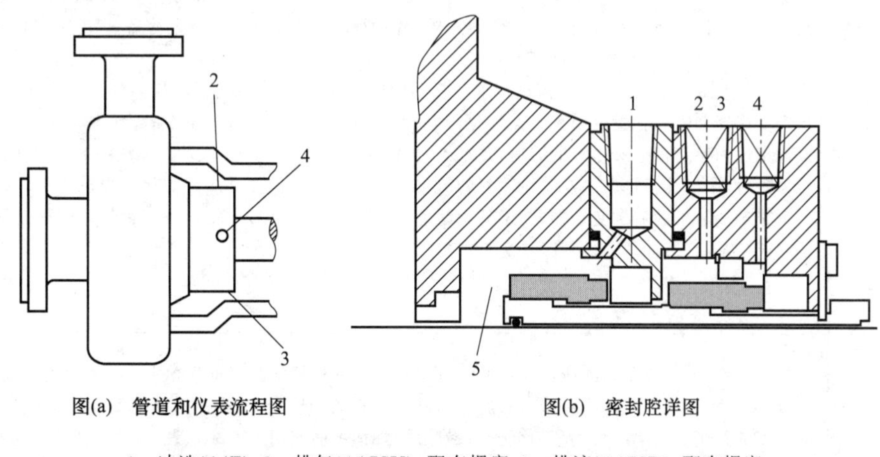

图(a)　管道和仪表流程图　　图(b)　密封腔详图
1—冲洗口(F)；2—排气口(CSV)，配有螺塞；3—排液口(CSD)，配有螺塞；4—缓冲气入口(GBI)，配有螺塞；5—密封腔</td></tr>
</table>

续表

编号	说　明
冲洗方案 72	冲洗方案 72 布置图如图所示。在冲洗方案 72 中，由外部气源向布置方式 2 的密封提供缓冲气。缓冲气的压力要保持低于密封腔的压力。在正常操作中，缓冲气压力不超过 0.07MPa 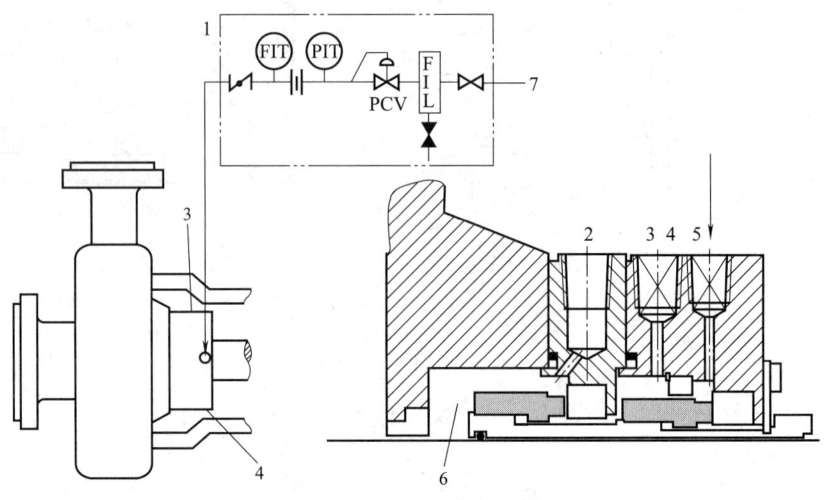 图(a)　管道和仪表流程图　　图(b)　密封腔详图 1—缓冲气控制面板；2—冲洗口(F)；3—排气口(CSV)；4—排液口(CSD)； 5—缓冲气入口(GBI)；6—密封腔；7—来自缓冲气压力源 冲洗方案 72 用于串联式泵用干气密封。此冲洗方案可以单独使用或与冲洗方案 75/76 组合使用。缓冲气把内侧密封的泄漏从抑制密封腔中带入到收集系统中，或冲淡泄漏浓度 冲洗方案 72 系统的具体构成如下：由用户提供的缓冲气气源进入系统，系统安装在由密封供应商提供的控制面板上。控制面板入口安装有一个截止阀，截止阀之后安装一个凝液过滤器，以除去气体中的固体颗粒和液体。然后，气体流过一个压力调节器，其压力设置为冲洗方案 75 或冲洗方案 76 中的报警压力，或比正常火炬压力高 0.04MPa。随后，气体流过带现场显示的压力变送器和限流孔板，压力变送器用于压力调节器的设置。压力变送器和限流孔板也用来确保气源压力能够在组合系统(冲洗方案 72 与冲洗方案 75/76 组合使用时)的操作范围内始终保证缓冲气的流速，并且不对密封腔加压，不影响排放冲洗系统中的报警压力设置。当外部密封失效时，限流孔板也用来控制缓冲气的流量。也可以选择针形阀或球阀代替限流孔板。在限流孔板后面是一个带现场显示的流量变送器，用于显示缓冲气的流量，当流量过高时，进行报警。面板上的最后一个元件是单向阀。最后，缓冲气通过管路输送至密封
冲洗方案 74	冲洗方案 74 布置图如图所示。在冲洗方案 74 中，由外部气源向布置方式 3 的密封提供隔离气体，通常采用氮气，隔离气的压力应至少高于密封腔压力 0.17MPa，因此小部分隔离气体泄漏到泵送流体中，大部分气体泄漏到了大气中。当隔离气的压力低于密封腔压力时，不能使用本冲洗方案。否则，整个隔离系统会被泵送流体污染。本气体隔离冲洗方案类似于液体隔离冲洗方案 54 方案 74 系统适用于温度不太高(橡胶温度极限范围内)、含有毒或危险成分，决不允许发生泄漏的工况。因为是加压双端面密封，所以在正常情况下介质不会泄漏到大气。对于容易引起密封过早失效的固体物或其他杂质，采用方案 74 也能获得很高的可靠性，颗粒物质不会进入密封面。对于黏性或易聚介质，或因泵送脱水造成颗粒堆积的工况，通常不推荐使用方案 74 系统

续表

<table>
<tr><th>编号</th><th>说　　明</th></tr>
<tr><td>冲洗方案 74</td><td>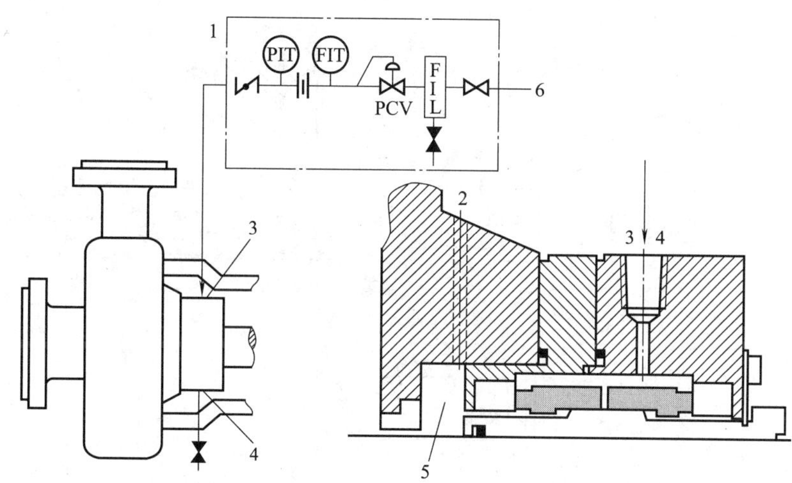

图(a) 管道和仪表流程图　　图(b) 密封腔详图
1—隔离气控制面板；2—排气口（有要求时设置）；3—隔离气入口（GBI）；4—隔离气出口（GBO）（常闭），仅用于隔离气泄压；5—密封腔；6—来自隔离气源

冲洗方案 74 系统的具体构成如下：由用户提供的隔离气源进入系统，系统安装在由密封供应商提供的控制面板上。控制面板入口安装有一个截止阀，截止阀之后安装一个 2～3μm 的凝液过滤器，以除去隔离气体中的固体颗粒和液体。然后气体通过一个压力调节器，其压力设置为高于密封腔压力 0.17MPa。调节器后面安装一个带现场显示的流量变送器，用于显示隔离气的流量，并在流量过大时进行报警。然后再经过带现场显示的压力变送器，以确保隔离气具有足够的压力。当隔离气压力降低时，压力变送器进行报警。控制面板上的最后一个元件是单向阀。最后，隔离气通过管路输送至密封
在隔离气控制面板中未使用限流孔板，所以当隔离气的流动速度非常高时，不能维持稳定的压力。当泵具有多套密封时（例如双支撑泵），应为每套密封提供一个单独的隔离气控制面板，确保当一套密封组件失效后，其他密封的性能不受影响
在灌泵之前，应先对系统充入隔离气，并在所有的操作过程中都要维持隔离气的压力，包括待机状态。在待机状态下少量的隔离气体通过内侧密封泄漏到泵内部并且聚集起来，所以在泵启动时，需要对泵进行排气</td></tr>
<tr><td>冲洗方案 75</td><td>冲洗方案 75 布置图如图所示。冲洗方案 75 用于串联式泵用干气密封、泵送流体在环境温度下会凝结的场合。可能要用到缓冲气（冲洗方案 72），也可能不用（冲洗方案 71）
当需要限制泵送介质向大气中的泄漏量而且单端面密封达不到这个要求时，需要采用布置方式 2 的双端面密封。因此，需要把泄漏介质输送到指定的收集点。冲洗方案 75 可以将在环境温度下容易凝结的泄漏介质输到指定的地点
冲洗方案 75 工作原理如下：采用干气密封限制内部密封产生的泄漏，并将泄漏介质引到排放管路。当泄漏物通过收集系统时，收集器便收集其中的液体。在收集器上安装有一个液位变送器，用于决定收集器是否需要排液，也可监测泄漏率。收集器出口管线上安装的限流孔板用于限制流量，内侧密封泄漏量增大，会引起收集器内的压力增加，并触发报警，压力变送器的报警压力设置为 0.07MPa。收集器出口管路上的截止阀用于将收集器与系统隔离开，便于对其维修。在系统操作的过程中，关闭截止阀并观察收集器中的压力与时间的关系，以判断内侧密封是否发生泄漏。如果指定，也可以从收集器的接口 3 注入氮气或者其他气体来监测干气密封
冲洗方案 75 中的压力变送器用于监测收集系统的压力。在正常的操作工况下，干气密封腔的压力等于蒸汽收集系统压力和单向阀（假如有的话）开启压力之和；当密封腔中的压力大于此压力时，表明内部密封产生了过大的泄漏</td></tr>
</table>

续表

编号	说 明
冲洗方案 75	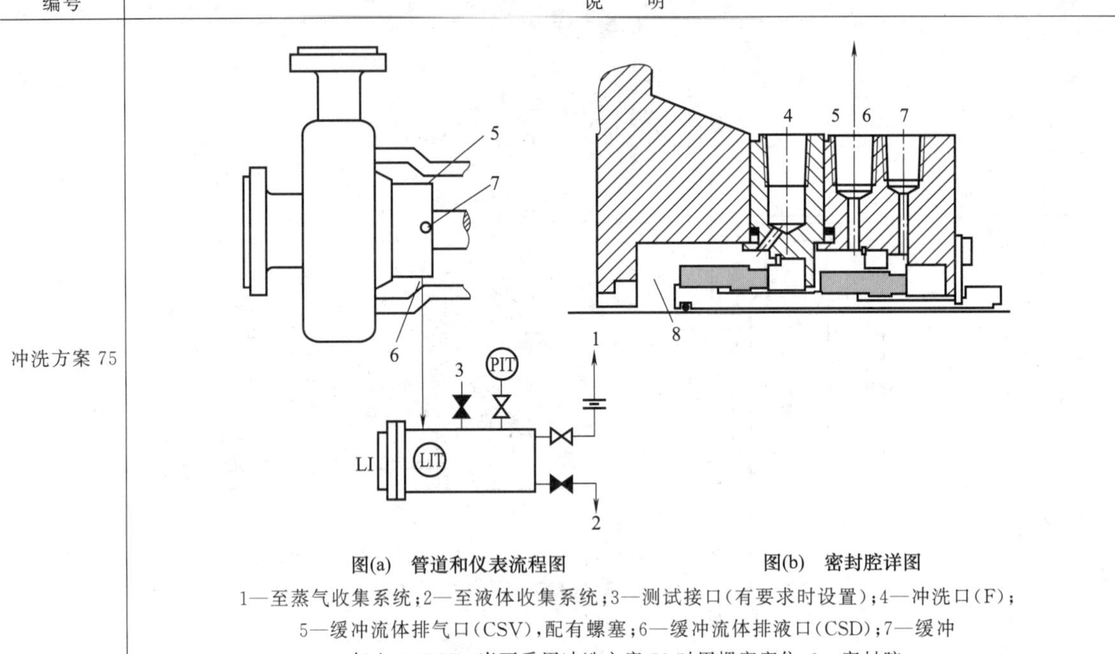 图(a) 管道和仪表流程图　　图(b) 密封腔详图 1—至蒸气收集系统；2—至液体收集系统；3—测试接口(有要求时设置)；4—冲洗口(F)；5—缓冲流体排气口(CSV)，配有螺塞；6—缓冲流体排液口(CSD)；7—缓冲气入口(GBI)，当不采用冲洗方案 72 时用螺塞塞住；8—密封腔
冲洗方案 76	冲洗方案 76 布置图如图所示。冲洗方案 76 用于布置方式 2 的泵用干气密封、内侧密封的泄漏物不会凝结的场合，可能要用到缓冲气(冲洗方案 72)，也可能不用(冲洗方案 71) 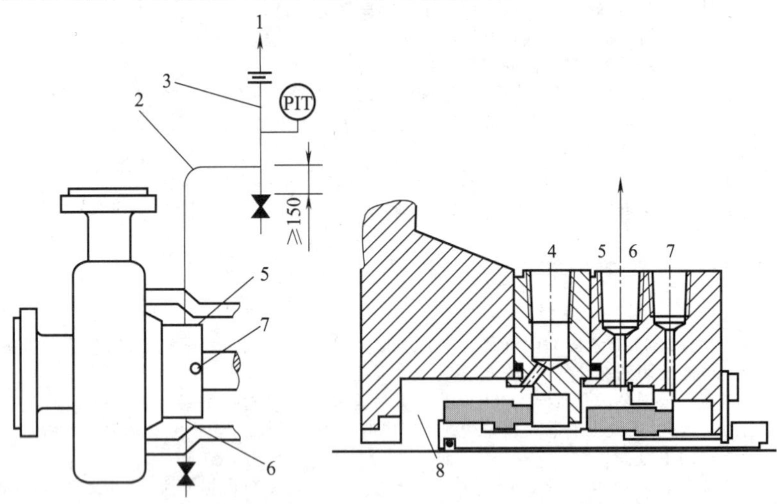 图(a) 管道和仪表流程图　　图(b) 密封腔详图 1—至蒸气收集系统；2—支管；3—主管；4—冲洗口(F)；5—缓冲气排气口(CSV)；6—缓冲流体排液口(CSD)(常闭)；7—缓冲气入口(GBI)，当不使用冲洗方案 72 时，用螺塞塞住；8—密封腔 支管外径至少为 13mm，用于缓冲气排气口(CSV)与管路或仪表盘之间的连接 主管应采用至少 DN15 的管子。主管应有单独的支撑，以免应力作用到支管 当必须要限制所泵送的流体向大气中的泄漏量且单端面机械密封达不到要求时，须采用布置方式 2 的双端面密封。冲洗方案 76 的主要功能是收集在大气温度下不会凝结成液体的泄漏气体，因为在缓冲气密封腔中聚集大量液体，密封可能因过度发热或烃类结焦而导致失效

续表

编号	说 明
冲洗方案76	冲洗方案76工作原理如下：采用干气密封限制内侧密封产生的泄漏，并将泄漏介质引到排气管路。收集器出口管线上安装的限流孔板用于限制流量，内侧密封大量泄漏时，会引起收集器内的压力增加，并触发报警，压力传感器的报警压力设置为0.07MPa。出口管路上的截止阀用于将收集器与系统隔离，便于维修。在系统操作的过程中，通过关闭截止阀可以测试内部密封是否发生泄漏，具体方法是关闭截止阀并观察收集器中的压力与时间的关系。可以向竖管的排液口通入氮气或者其他气体，用于监测干气密封或检查是否有其他液体的聚积 冲洗方案76中的压力变送器用于监测收集系统的压力。在正常的操作工况下，缓冲气密封腔的压力等于蒸汽收集系统压力和单向阀（假如有的话）开启压力之和；当密封腔中的压力大于此压力时，表明通过内部密封产生了过大的泄漏
冲洗方案99	冲洗方案99为超出上面所列方案以外的专用方案。对于某些复杂应用场合，可以针对密封的特点、布置方式、工况和运行环境，设计专门的冲洗系统。可以在现有标准方案上修改，或设计全新的方案。冲洗方案99须得到用户批准方可实施

机械密封循环保护系统相关元器件符号见表18-7-70。

表 18-7-70　　机械密封循环保护系统相关元器件符号

名 称	符 号	名 称	符 号
限流孔板	(FO)	囊式蓄能器	
液位计	(LI)	旋液分离器	
带现场显示的液位变送器	(LIT)	凝液过滤器	FIL
带现场显示的差压变送器	(PDIT)	限流孔板	
压力表	(PI)	冷却器	
带现场显示的压力变送器	(PIT)	Y型过滤器	
温度计	(TI)	阀门，常开	
带现场显示的温度变送器	(TIT)	阀门，常闭	
流量计	(FI)	单向阀	
液位高报警	HLA	针型阀	
液位低报警	LLA	压力调节阀	
正常液位	NLL	减压阀	

第18篇

（2）辅助装置

① 旋液分离器 旋液分离器应根据泵的级差选择，以便有效地清除固体颗粒。如果压差超过了旋液分离器的设计值，可采用一个限流孔板。当压差低于0.17MPa时，不应使用旋液分离器。旋液分离器应采用奥氏体不锈钢制造（其结构及尺寸见表18-7-71）。

表18-7-71 旋液分离器结构及尺寸 mm

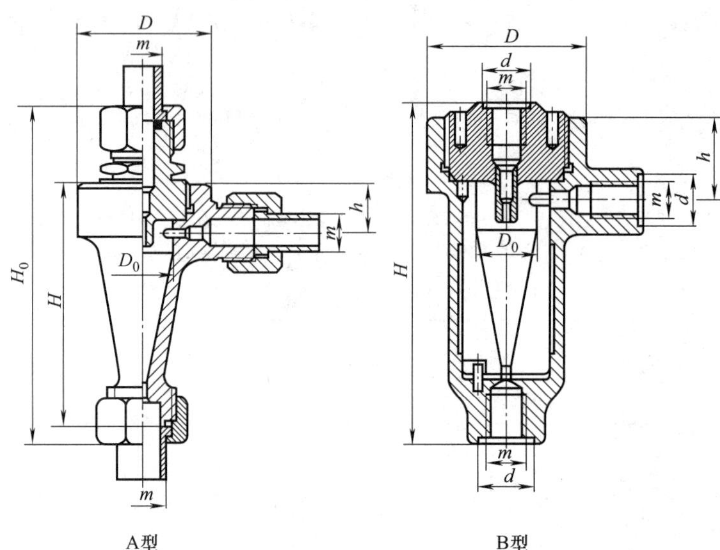

型号	D	D_0	H	H_0	d	h	m
A	64	30	152	205	—	34	G1/2 $\phi22\times\delta$
B	80	30	190	—	27	47	

注：1. ϕ 为管子外径；δ 为管子壁厚。
2. 旋液分离器出厂应进行分离效率、分离精度、压力降及工作流量的测定。

② 限流孔板（表18-7-72和表18-7-73）

表18-7-72 圆柱形孔板接头结构及尺寸 mm

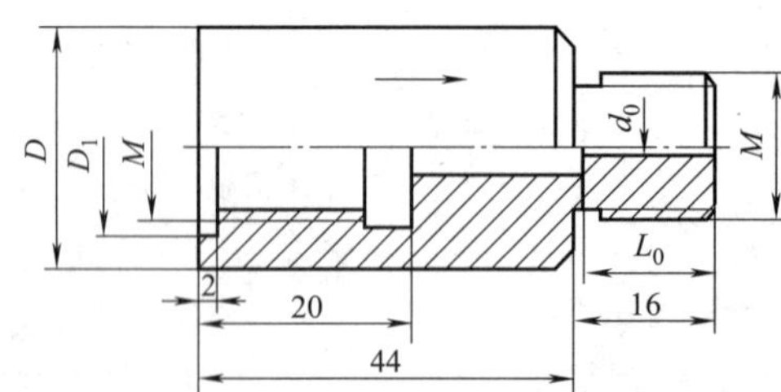

规格	G1/2	G3/4
D	32	38
D_1	25	30
M	G1/2	G3/4
d_0	1,1.2,1.5,1.8,2,2.2,2.5,2.8,3,3.2,3.5,3.8,4,4.4,4.8,5,5.4,5.8,6,6.5,7,8,9,10	
L_0	15	15

表 18-7-73　**限流孔板理论流量值**　L/min

H(液柱)/m	d_0/mm									
	1	1.2	1.5	1.8	2	2.2	2.5	2.8	3	3.2
2	0.18	0.26	0.41	0.60	0.74	0.86	1.15	1.44	1.65	1.88
4	0.26	0.37	0.59	0.84	1.04	1.26	1.63	2.04	2.34	2.66
6	0.32	0.46	0.72	1.03	1.27	1.54	1.99	2.50	2.87	3.26
8	0.37	0.53	0.83	1.19	1.47	1.78	2.30	2.88	3.31	3.77
10	0.41	0.59	0.92	1.33	1.64	1.99	2.57	3.22	3.70	4.21
12	0.45	0.65	1.01	1.46	1.80	2.18	2.81	3.53	4.05	4.61
15	0.50	0.73	1.13	1.63	2.01	2.44	3.15	3.95	4.53	5.16
18	0.55	0.79	1.24	1.79	2.21	2.67	3.45	4.32	4.96	5.65
20	0.58	0.84	1.31	1.88	2.33	2.81	3.63	4.56	5.23	5.95
25	0.65	0.94	1.46	2.11	2.60	3.15	4.06	5.10	5.58	6.66
30	0.71	1.03	1.60	2.31	2.85	3.45	4.45	5.58	6.41	7.29
34	0.75	1.09	1.71	2.46	3.03	3.67	4.74	5.94	6.82	7.76
40	0.82	1.18	1.85	2.67	3.29	3.98	5.14	6.45	7.40	8.42
45	0.87	1.26	1.96	2.83	3.49	4.22	5.45	6.84	7.85	8.93
50	0.92	1.32	2.07	2.98	3.68	4.45	5.75	7.21	8.27	9.41
55	0.96	1.39	2.17	3.12	3.86	4.47	6.03	7.56	8.68	9.87
60	1.01	1.45	2.27	3.26	4.03	4.87	6.29	7.89	9.06	10.31
65	1.05	1.51	2.36	3.36	4.19	5.07	6.55	8.22	9.43	10.73
70	1.09	1.57	2.45	3.52	4.35	5.26	6.80	8.53	9.79	11.14

H(液柱)/m	d_0/mm								
	3.5	3.8	4	4.4	4.8	5	5.4	5.8	6
2	2.25	2.65	2.94	3.56	4.24	4.60	5.36	6.18	6.62
4	3.19	3.75	4.16	5.03	5.99	6.50	7.58	8.75	9.36
6	3.90	4.60	5.09	6.16	7.34	7.96	9.29	10.71	11.46
8	4.50	5.31	5.88	7.12	8.47	9.19	10.72	12.37	13.24
10	5.04	5.94	6.58	7.96	9.47	10.28	11.99	13.83	14.80
12	5.52	6.50	7.21	8.72	10.38	11.26	13.17	15.15	16.21
15	6.17	7.27	8.06	9.75	11.60	12.59	14.68	16.94	18.13
18	6.76	7.96	8.82	10.68	12.71	13.79	16.08	18.55	19.86
20	7.12	8.40	9.30	11.26	13.39	14.53	16.95	19.56	20.93
25	7.96	9.39	10.40	12.58	14.98	16.25	18.95	21.87	23.40
30	8.72	10.28	11.39	13.79	16.41	17.80	20.76	23.95	25.63
34	9.29	10.96	12.13	14.68	17.46	18.95	22.10	25.50	27.29
40	10.07	11.87	13.16	15.92	18.94	20.55	23.98	27.66	29.60
45	10.68	12.59	13.95	16.88	20.09	21.80	25.43	29.34	31.39
50	11.26	13.27	14.71	17.80	21.18	22.98	26.81	30.92	33.09
55	11.81	13.92	15.43	18.67	22.21	24.10	28.11	32.43	34.71
60	12.34	14.54	16.11	19.50	23.20	25.17	29.36	33.87	36.25
65	12.84	15.15	16.77	20.29	24.15	26.20	30.56	35.26	37.73
70	13.32	15.71	17.40	21.06	25.24	27.19	31.72	36.59	39.16

注：限流孔板出厂应根据使用流体及压力进行流量校对。

③ 冷却器（表18-7-74）

表18-7-74　**螺旋管式冷却器基本参数和外形尺寸**　mm

型号	换热面积/m^2	冷却水量/$m^3 \cdot h^{-1}$	额定压力/MPa		额定温度/℃
		$\Delta t=5$℃	管程	壳程	
HR3	0.3	1	6.3	1.6	260
HR6	0.6	2			
HR9	0.9	3			
HR12	1.2	4			

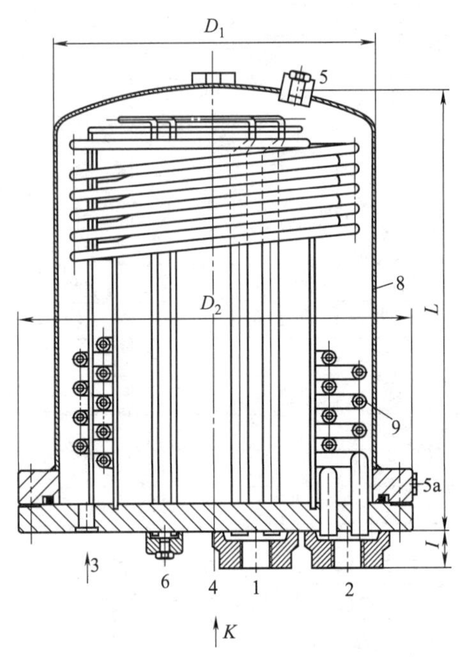

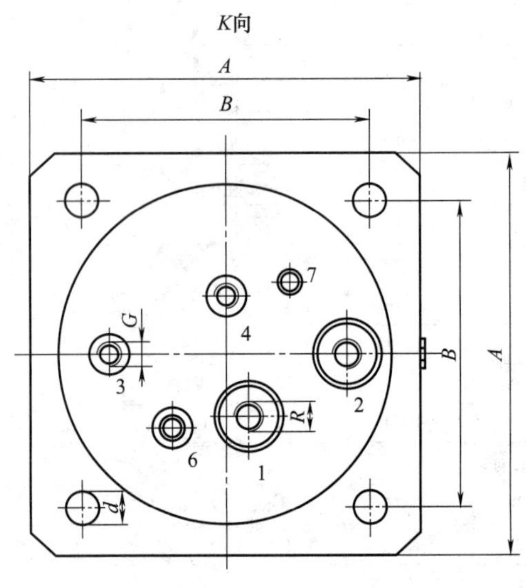

1—循环管路入口；2—循环管路出口；3—冷却水入口；4—冷却水出口；5—冷却水排气（立式）；5a—冷却水排气（卧式）；6—循环管路排气口；7—放空；8—外壳；9—芯子部件（带冷却蛇管）

型号	A	B	d	D_1	D_2	L	I	R	G
HR3	200	170	14	150	200	395	60	Rp1/2	Rp1/2
HR6	300	260	27	200	300	430	32	Rp1	Rp1
HR9	330	270	26	245	330	431	40	Rp1	Rp1
HR12	350	290	27	273	350	590	40	Rp1	Rp1/4

④ 隔离/缓冲流体储罐　隔离/缓冲流体储罐应符合以下尺寸规定：

a. 储罐在正常液位下，密封轴径≤60mm时，液体体积不应小于12L，密封轴径＞60mm时，液体体积不应小于20L；

b. 储罐的正常液位应至少高出液位低报警点150mm，低于液位高报警点50mm。

表 18-7-75　隔离缓冲流体储罐结构尺寸

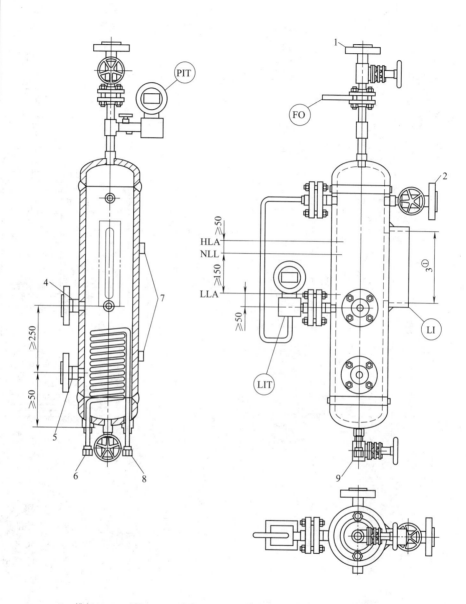

结构尺寸	隔离/缓冲流体储罐	PIT FO 1 2 ≥50 HLA NLL ≥150 LLA ≥50 3① LI LIT 4 7 ≥250 ≥50 5 6 8 9 1—排气口；2—充气口；3—液位可视长度；4—密封回液接口；5—密封供液接口；6—冷却液入口；7—安装支座；8—冷却液出口；9—排液口 ① 液位可视长度从液位低报警点(LIA)向上延伸至超出正常液位(NLL)75mm 处，或向上延伸至超出液位高报警点(HLA)25mm 处，两者之中取较长者

续表

结构尺寸	备选隔离/缓冲流体储罐	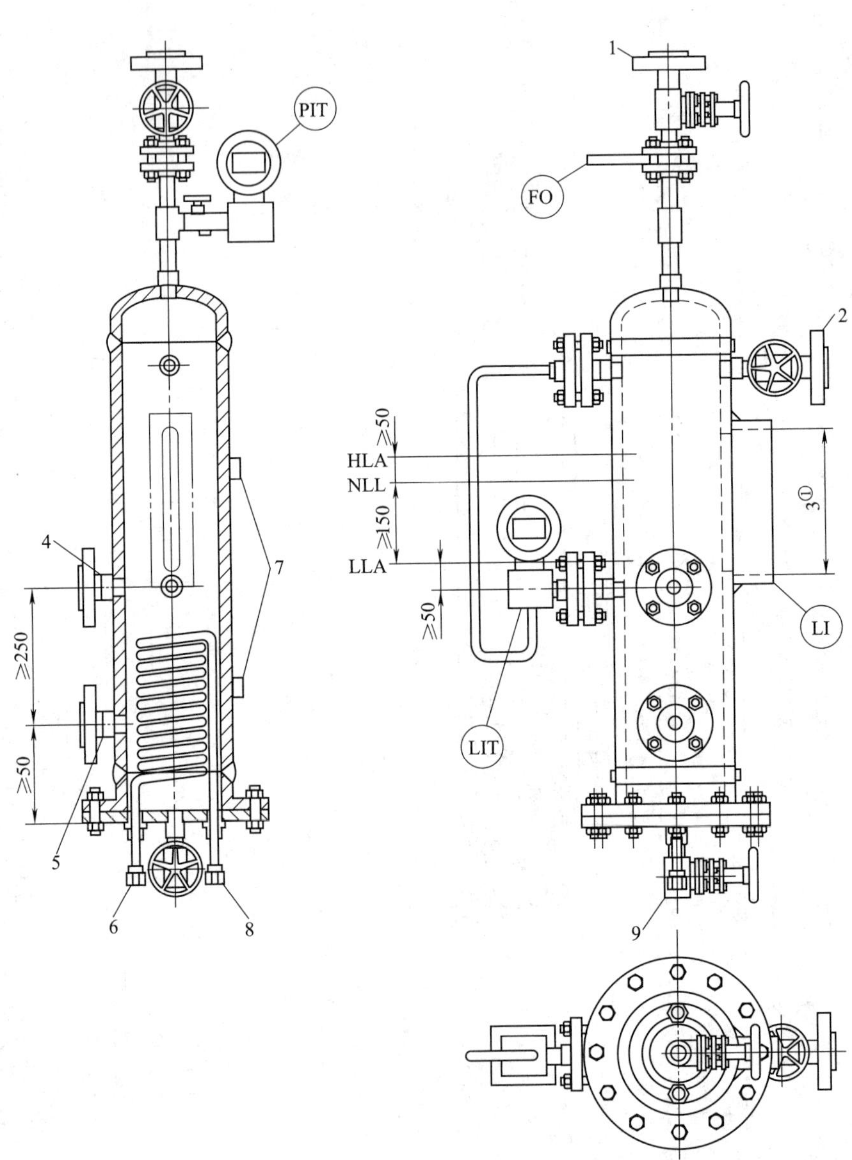 1—排气口；2—充气口；3—液位可视长度；4—密封回液接口；5—密封供液接口；6—冷却液入口；7—安装支座；8—冷却液出口；9—排液口 ① 液位可视长度从液位低报警点(LIA)向上延伸至超出正常液位(NLL)75mm 处，或向上延伸至超出液位高报警点(HLA)25mm 处，两者之中取较长者

续表

典型安装图

隔离液/缓冲液储罐的典型安装图如图所示。在保留足够的操作和维修空间的前提下，储罐应尽可能安装在靠近泵的位置，但不能直接安装在泵的正上方。出于安全需要，热管线应采取保温措施

冲洗管路的设计和布置均应利于减少管件的局部摩擦阻力损失，连接密封腔的管路应尽量采用圆滑过渡、大半径弯头，尽量采用 45°弯头，减少使用 90°弯头。密封腔出口管线布置应逐渐上升，上升高度不少于 40mm/m

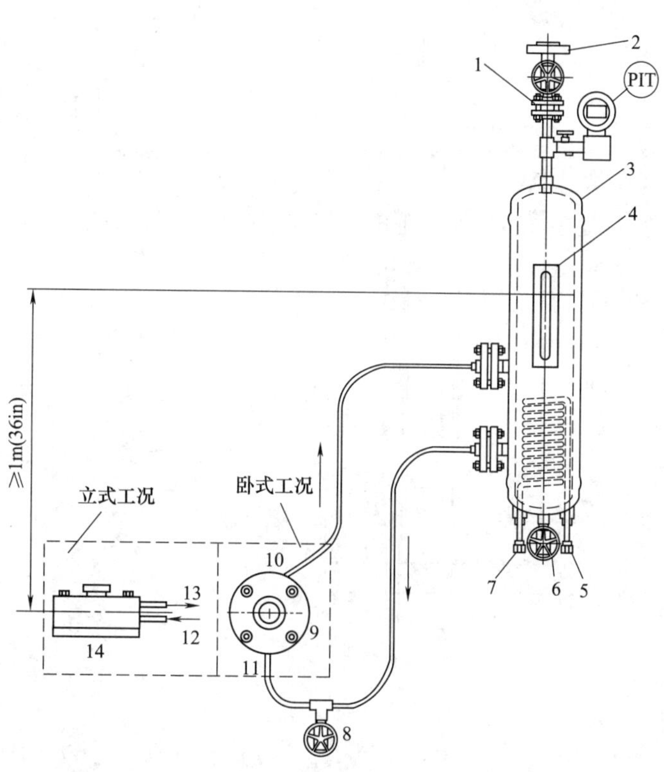

1—法兰式限流孔板；2—排气口；3—储罐；4—液位计；5—冷却液出口；
6—储罐的液体排净口；7—冷却液入口；8—管路的液体排净口；9—密封端盖，
卧式工况；10，13—至储罐；11，12—来自储罐；14—密封端盖，立式工况

⑤ 增加罐　增加罐由活塞及缸体实现增压功能，其结构、尺寸及基本参数见表 18-7-76。

表 18-7-76　**典型增加罐结构、尺寸及基本参数**

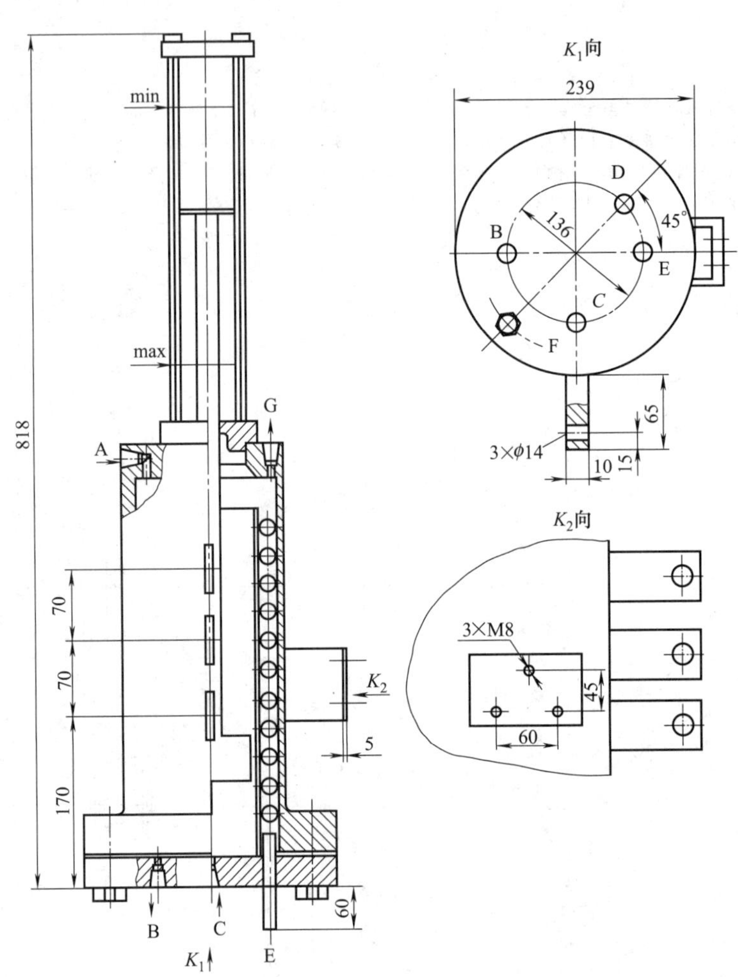

A—隔离进口 G1/2；B—隔离出口 G1/2；C—压力源接口 G1/2；D—冷却水进口 $\phi15\times1.5$；E—冷却水出口 $\phi15\times1.5$；F—补液接口 G1/8；G—放气孔 G1/2

型　号	A 型	B 型
活塞比	1∶1.1	1∶15
有效容积/L	2	1.5
压力等级/MPa	6.3	
使用温度/℃	−60～200	
壳体容积/L	4	
散热管换热面积/m^2	0.5～0.7	

第18篇

⑥ 过滤器（表 18-7-77）

表 18-7-77　　过滤器结构、尺寸及基本参数

<table>
<tr><td>Y 型过滤器</td><td>Y 型过滤器适用于密封冲洗液中带有颗粒物及胶状物的 12、22、32 号冲洗方案。Y 型过滤器在出厂前应对过滤效率、过滤精度、压力降及工作流量进行测定
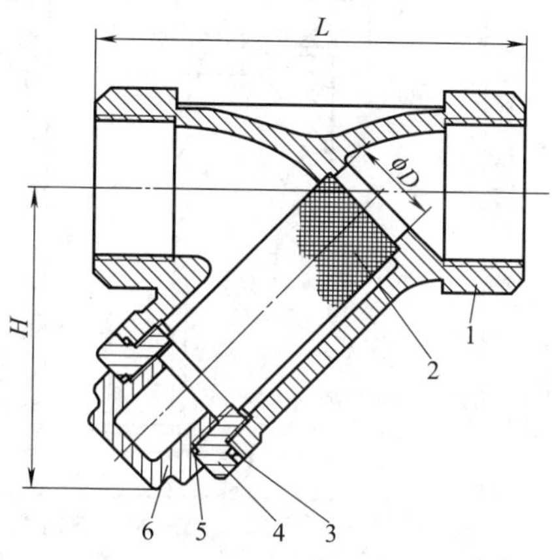

1—阀体；2—滤芯；3—密封垫片；4—阀盖；5—密封垫片；6—排污盖
<table>
<tr><th>尺寸</th><th>D</th><th>H</th><th>L</th><th>管路接口</th></tr>
<tr><td>1/2</td><td>15</td><td>43</td><td>65</td><td>NPT1/2</td></tr>
<tr><td>3/4</td><td>20</td><td>50</td><td>80</td><td>NPT3/4</td></tr>
<tr><td>1</td><td>25</td><td>60</td><td>90</td><td>NPT1</td></tr>
<tr><td>1 1/4</td><td>32</td><td>64</td><td>107</td><td>NPT1¼</td></tr>
<tr><td>1 1/2</td><td>40</td><td>70</td><td>118</td><td>NPT1½</td></tr>
</table></td></tr>
<tr><td>滤网式及磁性过滤器</td><td>GL、GC 型过滤器基本参数
<table>
<tr><th>型号</th><th>额定压力 /MPa</th><th>额定温度 /℃</th><th>过滤精度 /μm</th><th>接口尺寸</th></tr>
<tr><td>GL</td><td>1.6</td><td>150</td><td>100</td><td>Rp1/2</td></tr>
<tr><td>GC</td><td>6.3</td><td>150</td><td>100</td><td>Rp3/4</td></tr>
</table></td></tr>
</table>

续表

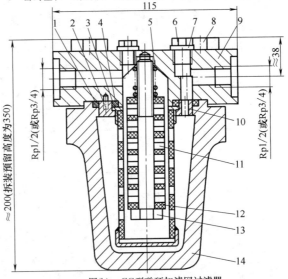

滤网式及磁性过滤器	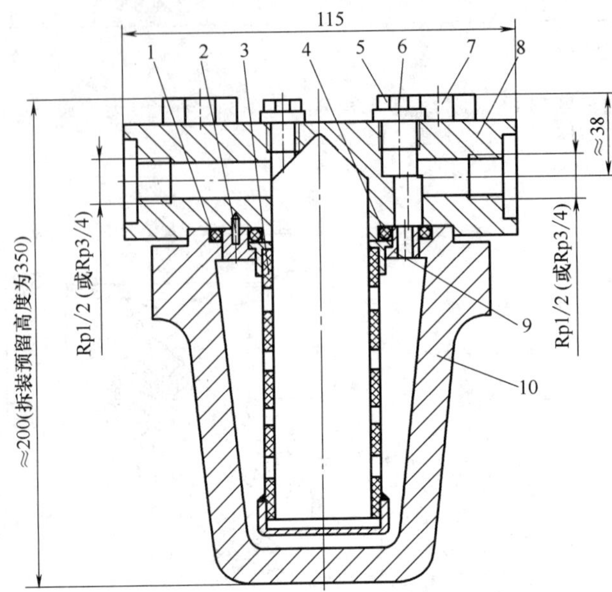 图(a) GL型滤网式过滤器 1—O形圈；2—圆柱销；3—过滤器网；4—O形圈；5—排气螺塞；6—密封垫；7—螺钉；8—过滤器盖；9—中间环；10—过滤器体 图(b) GC型磁环加滤网过滤器 1—O形圈；2—圆柱销；3—过滤器网；4—O形圈；5—弹簧；6—排气螺塞；7—密封垫；8—螺钉；9—过滤器盖；10—中间环；11—磁环；12—垫；13—螺钉；14—过滤器体 在磁性过滤器的装配中，磁环成对地吸在一起，每对之间用垫隔开，隔开的两对之间应相斥安装。过滤器在使用过程中，前后压差超过0.05MPa时应进行清洗
气体过滤器	①气体过滤器适用于泵用干气密封的72、74号冲洗方案，用于对密封工作气体进行过滤，使进入密封腔的气体干净、清洁 ②气体过滤器应是聚结型的过滤器，用于去除雾状液体与微小颗粒，须具备液位观察功能以及排液接口。过滤器应能方便地更换滤芯 ③对于气体中直径大于或等于4μm的颗粒的滤除率应在98.8%以上 ④应按标称流量大于使用流量的1.5倍来选取过滤器 ⑤出厂应进行过滤效率、过滤精度、压力降及工作流量的测定

(3) 管道配置

① 管道配置的设计应满足以下要求：

a. 应有合理的支撑和保护措施，防止由于振动、装运、操作或维护时发生损坏；

b. 布置应整齐有序，合理放置循环保护系统部件，保证操作、维护和清理工作具有充足空间和安全性；

c. 采用带有阀门的排气口或无积气的管路布置方式来消除气体；

d. 管道最低点应安装排液阀或螺塞，在不拆开管道、管法兰或法兰密封的情况下，就可排净液体；

e. 尽量减少使用螺纹、法兰、管接头和阀门的连接数量，以减少潜在的泄漏点和压力损失；

f. 管路系统在设计时应考虑其清洗方式（如蒸汽清洗、溶剂清洗等）。

② 如果没有另外的规定，供方提供的循环保护系统，应含冲洗方案图中列出的所有附件。当配有向外连接的管线时，在接管末端应采用法兰或螺纹连接形式。

③ 管道法兰标准、压力等级应符合 HG/T 20615 的规定。经用户同意，也可采用其他标准的法兰。

④ 循环保护系统主管道公称直径，在机械密封轴径不大于 60mm 时，最小管径为 12mm；轴径大于 60mm 时，最小管径为 20mm。

⑤ 应采用弯管和焊接的方法配管，减少法兰和管接头数量。只有在设备向外的连接孔和系统管路末端以及方便维护的地方，才允许使用焊接法兰。在其他位置使用法兰必须征得用户同意。除三通和异径接头外，只允许在狭窄位置不方便布置管路时使用焊接接头。应尽量减少螺纹连接的数量，不应使用衬套连接管路。

⑥ 管螺纹应采用符合 GB/T 7306.1、GB/T 7306.2、GB/T 7307 或 GB/T 12716 的锥管螺纹。

⑦ 所有在正常运行条件下与工艺流体接触的元件，其材料耐蚀性和力学性能不应低于泵壳材料。

⑧ 用于特殊介质或危险工况时，管路、法兰、垫片、O 形圈、阀门及其他配件的特殊要求，由用户提出。

⑨ 压力表应配切断放空阀，未连接到管路的螺纹孔应用螺塞塞住。

⑩ 管路系统的最高点应有一个排放残留气体的排气阀。

(4) 检验

① 机械密封循环保护系统在出厂前应进行压力试验。

② 压力试验分为气密性试验和液压试验。

③ 气密性试验用空气或氮气作介质，试验压力为正常工作压力的 1.1 倍，但不低于 0.5MPa，持续 5min，管路系统不应有异常响声和渗漏。

④ 液压试验用清水或油作介质，试验压力为正常工作压力的 1.25 倍，但不低于 2.0MPa，持续 15min，管路系统不得渗漏。

⑤ 冲洗方案 72、74、76 系统应做气压试验，其他方案的系统由制造厂选择采用气压还是液压方式。

⑥ 承压部件在完成检验后方可涂漆。

7.12.13 釜用机械密封技术条件

表 18-7-78　　釜用机械密封技术条件（HG/T 2269—2003）

系列及主要参数	釜用机械密封的系列及主要参数应符合 HG/T 2098 的规定	
技术要求	材料	①釜用机械密封用材料种类应符合 HG/T 2098 的规定 ②釜用机械密封主要零件用材料性能及各项技术要求应符合有关标准
	主要零件	①密封端面的平面度不大于 0.0009mm，硬质材料密封端面粗糙度 Ra 值不大于 0.2μm，软质材料密封端面粗糙度 Ra 值不大于 0.4μm ②静环和旋转环密封端面与辅助密封圈接触的端面平行度按 GB/T 1184 的 7 级公差 ③静环和旋转环与辅助密封圈接触部位的表面粗糙度 Ra 值不大于 3.2μm，外圆或内孔尺寸公差按 GB 1804 分别为 h8 或 H8 ④静环密封端面与静环辅助密封圈接触的外圆的垂直度，旋转环密封端面与旋转环辅助密封圈接触的内孔的垂直度均按 GB/T 1184 的 7 级公差 ⑤零件的未注公差尺寸的极限偏差按 GB/T 1804 的 IT12 级公差 ⑥石墨环、填充聚四氟乙烯环及组装的旋转环、静环须做液压试验。试验压力为设计压力的 1.5 倍，持续 10min，不应有泄漏现象 ⑦弹簧内径、外径、自由高度、工作压力、弹簧中心线与两端面垂直度等公差值均按 JB/T 7757.1 的精度要求 ⑧对于多弹簧机械密封，同一套机械密封中各弹簧之间的自由高度差不大于 0.5mm ⑨弹簧座、传动座的内孔尺寸公差按 GB 1804 的 F9 级公差，表面粗糙度 Ra 值不大于 3.2μm ⑩O 形橡胶密封圈的尺寸系列及公差按 GB 3452.1 的规定，其技术条件按有关标准的规定 ⑪聚四氟乙烯 V 形密封圈的尺寸系列及公差、技术条件按有关标准规定 ⑫聚四氟乙烯波纹管的技术条件应符合有关标准的规定

续表

<table>
<tr><td rowspan="3">釜用机械密封性能要求</td><td>泄漏量</td><td>①泄漏量的测定方法按照 HG/T 2099 的规定。其泄漏量为试验压力下的当量液体体积之量，轴径大于 80mm 时，泄漏量应不大于 8mL/h；轴径不大于 80mm 时，泄漏量应不大于 5mL/h，单端面密封结构只对泄漏作定性检查时，以肉眼观察无明显气泡为合格
②工作介质为有毒、易燃、易爆的气体时，其泄漏量参照有关的安全规定
③工作介质为液体时，平均泄漏量规定同第①条</td></tr>
<tr><td>磨损量</td><td>磨损量的大小要满足釜用机械密封使用期的要求，一般情况下，运转 100h 软质材料的密封环磨损量不大于 0.03mm</td></tr>
<tr><td>使用期</td><td>在结构合理、安装使用正确的情况下，工作介质为中性或弱腐蚀性气体或液体时，釜用机械密封的使用期一般为 8000h；工作介质为较强腐蚀性或易挥发性气体时，釜用机械密封的使用期一般为 4000h，特殊情况不受此限</td></tr>
<tr><td rowspan="11">釜用机械密封的试验安装和使用要求</td><td>静（液）压试验</td><td>试验压力为设计压力的 1.25 倍，持续 15min，其泄漏量的规定同上</td></tr>
<tr><td colspan="2">1）釜用机械密封新产品必须进行型式试验，试验按照 HG/T 2099 要求进行</td></tr>
<tr><td colspan="2">2）釜用机械密封产品出厂前须进行出厂试验，试验按照 HG/T 2099 要求进行</td></tr>
<tr><td>安装釜用机械密封部位的轴（或轴套）的要求</td><td>①碳钢釜或不锈钢釜的搅拌轴（或轴套）的外径尺寸公差按 GB 1804 的 h9 级公差，表面粗糙度 Ra 值不大于 1.6μm。釜用机械密封无论单端面或双端面形式均不能作为一支承点考虑，当搅拌轴偏摆或窜动较大时，应考虑增设中间轴承或釜底支撑。搅拌轴径向跳动不应大于 $d^{1/2}/100$（d 为搅拌轴径）mm，轴向窜动量不大于 0.5mm
②安装旋转环辅助密封圈轴（或轴套）的端部按图(a)所示倒角，以便于安装
③安装静环辅助密封圈部位孔端部及表面粗糙度按图(b)和下表规定
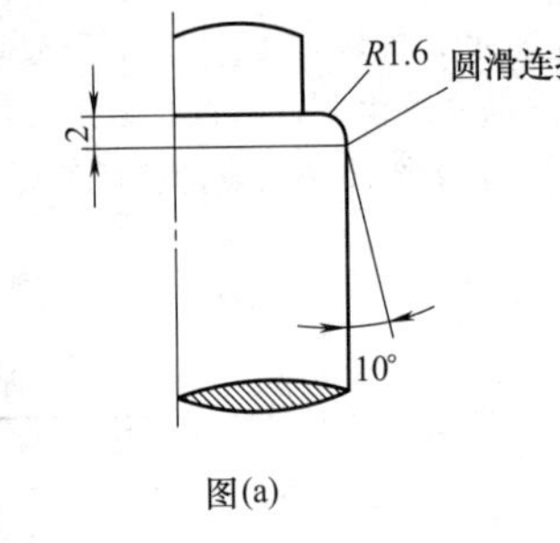

图(a)
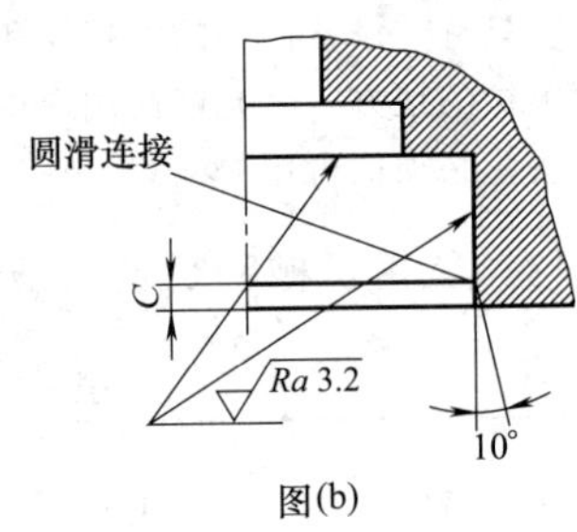

图(b)
<table>
<tr><th>轴径/mm</th><th>C/mm</th></tr>
<tr><td>20～80</td><td>2</td></tr>
<tr><td>90～130</td><td>3</td></tr>
<tr><td>140～220</td><td>4</td></tr>
</table></td></tr>
<tr><td colspan="2">釜用机械密封安装前应检查主要密封元件有无影响密封性能的损伤，并及时更换或修复</td></tr>
<tr><td colspan="2">安装时必须将轴（或轴套）、密封腔体、密封端盖及密封件本身清洗干净，防止任何杂质进入密封部位</td></tr>
<tr><td colspan="2">安装时应按产品安装使用说明书要求正确安装</td></tr>
<tr><td colspan="2">釜用机械密封隔离液应选用不与釜内介质发生化学反应或不影响工艺要求的润滑性介质</td></tr>
<tr><td colspan="2">单端面釜用机械密封用隔离液，其液面要高出密封端面 50mm 以上，隔离液一般情况下可选用洁净机油</td></tr>
<tr><td colspan="2">双端面釜用机械密封，隔离液的压力应大于釜内压力 0.05～0.2MPa。隔离液的压力供给装置参照 HG/T 2122 选用</td></tr>
<tr><td colspan="2">当介质温度大于 80℃ 时，必须采用相应的冷却措施，具体措施参照 HG/T 2122 的规定</td></tr>
</table>

续表

标记与包装	①包装盒上应标明产品识别标记、出厂日期、制造厂名称 ②包装盒内应附有产品合格证,合格证内容包括产品型号、规格、数量、制造厂名称、检验部门和检验人员的签章及其日期 ③制造厂根据用户要求提供产品安装使用说明书
成套供应项目	①主要零件包括旋转环、静环、辅助密封圈、小弹簧、弹簧座、推环等 ②易损备件包括软质材料密封环、辅助密封圈、小弹簧 ③辅助装置包括冷却夹套、隔离液储罐、液压泵站等 ④其他配套产品包括密封腔体、静环压板、静环座、轴套等

7.12.14 搅拌传动装置机械密封(HG/T 21571—1995)

表 18-7-79 搅拌传动装置机械密封形式

型号	结构						压力等级/MPa	使用温度/℃	最大线速度 v_g/m·s^{-1}	介质端材料
	轴向单端面	双端面		非平衡	平衡	内置轴承				
		径向	轴向							
2001	√				√		0.6	−20~150	3	碳钢、不锈钢
2002	√				√	√				
2003		√			√		1.6	−20~300		
2004			√	√						
2005			√	√		√				
2006			√		√					
2007			√		√	√			2	
2008			√		√					

表 18-7-80 搅拌传动装置机械密封外形尺寸及选用 mm

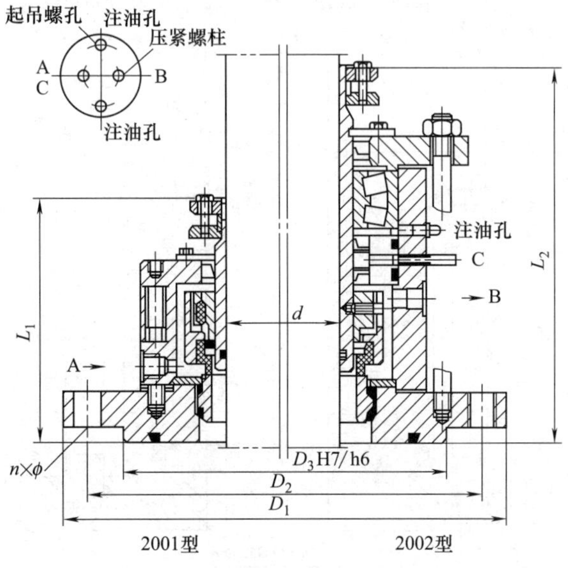

图(a) 单端面平衡型机械密封
(2001、2002型,带内置轴承)

续表

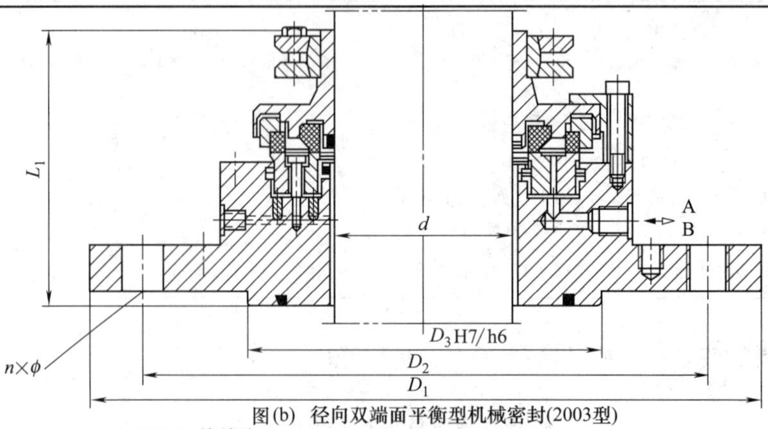

图(b) 径向双端面平衡型机械密封(2003型)

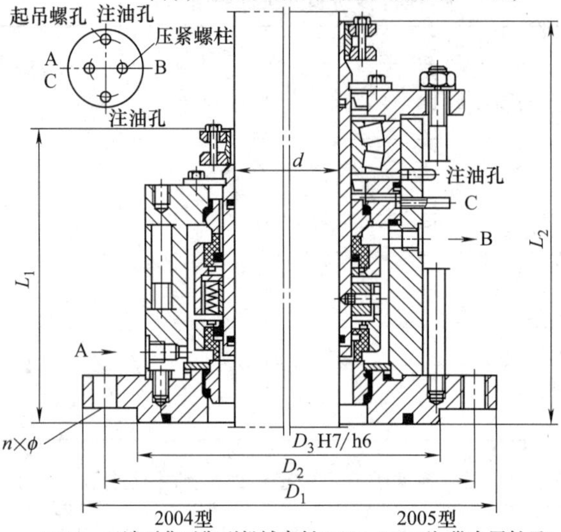

2004型 2005型

图(c) 双端面非平衡型机械密封(2004、2005型,带内置轴承)

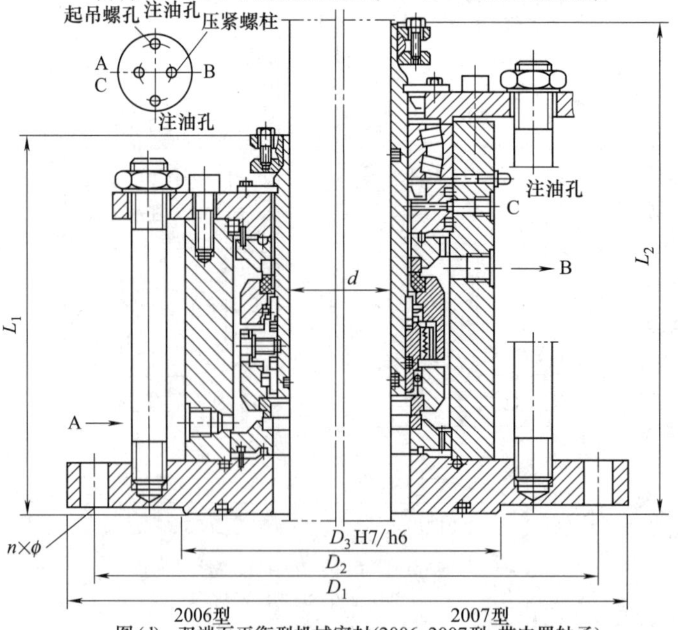

2006型 2007型

图(d) 双端面平衡型机械密封(2006、2007型,带内置轴承)

续表

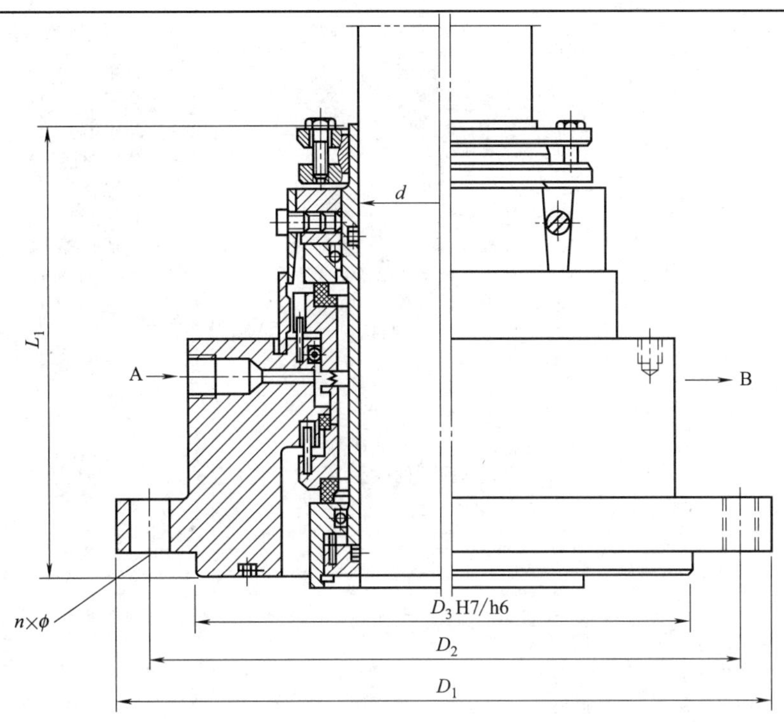

图(e)　双端面平衡型机械密封(2008型)

轴径 d	D_1	D_2	D_3 (h6)	螺柱孔		L_1 (2001、2003、2004、2006、2008 不大于)	L_2 (2002、2005、2007 不大于)	封液进出口 A、B
				n	ϕ			
30	175	145	110	4	18	135	215	G1/2″
40	175	145	110	4	18	135	215	G1/2″
50	240	210	176	8	18	140	230	G1/2″
60	240	210	176	8	18	150	240	G1/2″
70	240	210	176	8	18	160	280	G1/2″
80	275	240	204	8	22	160	280	G1/2″
90	305	270	234	8	22	170	280	G1/2″
100	305	270	234	8	22	170	280	G1/2″
110	330	295	260	8	22	195	290	G1/2″
120	330	295	260	8	22	195	290	G1/2″
130	330	295	260	8	22	200	305	G1/2″
140	395	350	313	12	22	200	305	G1/2″
160	395	350	313	12	22	205	310	G1/2″

选用	压力等级	介质	介质温度/℃	推荐使用机械密封	推荐使用流程
	0.6MPa	一般性介质	≤80	2001/2003	流程 5
			＞80		流程 1、4
		易燃、易爆、有毒	≤80	2003/2004/2005	流程 7、8
			＞80		流程 3、8
	1.6MPa	一般性介质	≤80	2003/2004/2005	流程 6、7
				2006/2007/2008	流程 5、6
			＞80	2003/2004/2005	流程 2、3
				2006/2007/2008	流程 1、2
		易燃、易爆、有毒	≤80	2003/2004/2005	流程 7、8
			＞80		流程 3、8

表 18-7-81 **材料及代号**

旋转环、静止环材料	辅助密封圈材料	弹簧和结构件
碳-石墨	弹性材料	D——碳钢
At——石墨浸渍铜	P——丁腈橡胶	E——铬钢
Ab——石墨浸渍巴氏合金	N——氯丁橡胶	F——铬镍钢
Bq——石墨浸渍酚醛树脂	B——丁基橡胶	C——铬镍钼钢
Bk——石墨浸渍呋喃树脂	E——乙丙橡胶	M——高镍合金
Bh——石墨浸渍环氧树脂	S——硅橡胶	N——青铜
Cg——硅化石墨	V——氟橡胶	T——其他材料
金属	M——橡胶包覆聚四氟乙烯	
D——碳钢	X——其他弹性材料	
E——铬钢	非弹性材料	
F——铬镍钢	T——聚四氟乙烯	
G——铬镍钼钢	A——浸渍石墨	
H——铬镍钢合金	F——石棉橡胶材料	
K——铬镍钼钢合金	C——柔性石墨	
M——高镍合金	Y——其他非弹性材料	
N——锡磷青铜		
P——铸铁		
R——合金铸铁		
S——铸造铬钢		
T——其他金属		
In——金属表面熔焊镍基合金		
Ig——金属表面熔焊钴基合金		
It——金属表面熔焊铁基合金		
J——金属表面喷涂		
氮化物		
Q——氮化硅		
碳化物		
U——碳化钨		
O——碳化硅		
L——其他碳化物		
金属氧化物		
V——氧化铝		
W——氧化铬		
X——其他金属氧化物		
塑料		
Yt——填充玻璃纤维聚四氟乙烯		
Yb——填充石墨聚四氟乙烯		
Z——其他工程塑料		

表 18-7-82 **常用材料组合**

<table>
<tr><th rowspan="2">介质性质</th><th rowspan="2">介质温度
/℃</th><th colspan="3">介质侧</th><th rowspan="2">弹簧</th><th rowspan="2">结构件</th><th colspan="3">大气侧</th></tr>
<tr><th>旋转环</th><th>静止环</th><th>辅助密封圈</th><th>旋转环</th><th>静止环</th><th>辅助密封圈</th></tr>
<tr><td rowspan="2">一般</td><td>≤80</td><td rowspan="4">石墨浸渍树脂(Bq、Bk Bh)</td><td rowspan="2">碳化钨(U)</td><td>丁腈橡胶(P)</td><td rowspan="2">铬镍钢(F)</td><td rowspan="2">铬钢(E)</td><td rowspan="4">石墨浸渍树脂(Bq、Bk、Bh)</td><td rowspan="4">碳化钨(U)</td><td>丁腈橡胶(P)</td></tr>
<tr><td>>80</td><td>氟橡胶(V)</td><td rowspan="3">氟橡胶(V)</td></tr>
<tr><td rowspan="2">腐蚀性强</td><td>≤80</td><td rowspan="2">碳化硅(O)</td><td rowspan="2">橡胶包覆聚四氟乙烯(M)</td><td rowspan="2">铬镍钼钢(G)</td><td rowspan="2">铬镍钢(F)</td></tr>
<tr><td>>80</td></tr>
</table>

标记示例：

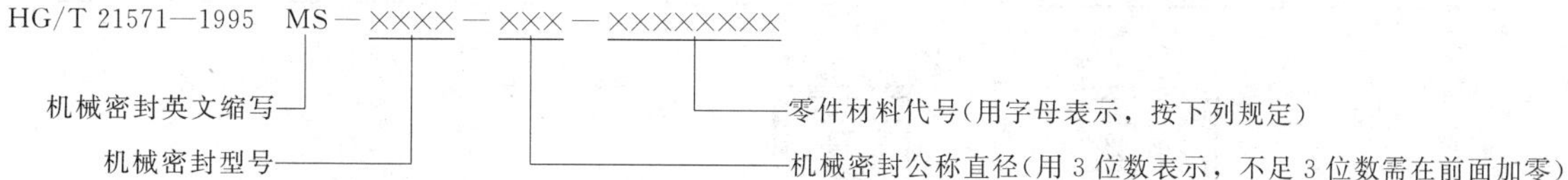

零件材料代号位置如下：

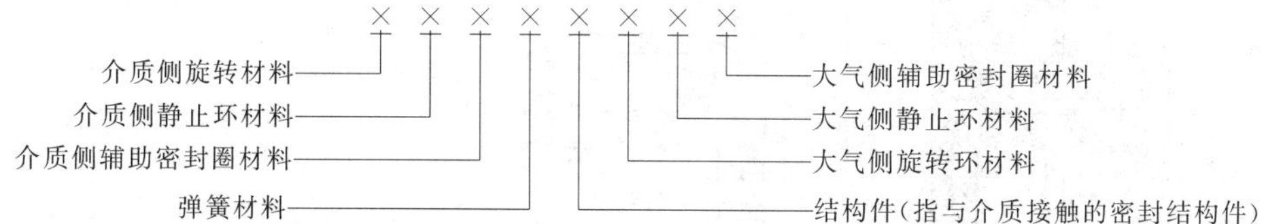

单端面机械密封零件材料代号取前 5 个位置，双端面机械密封零件材料代号取全部 8 个位置

7.12.15　搪玻璃搅拌容器用机械密封（HG/T 2057—2017）

(1) 形式及主要尺寸

表 18-7-83　　单端面小弹簧聚四氟乙烯波纹管型机械密封（通用代号为 212 型）　　mm

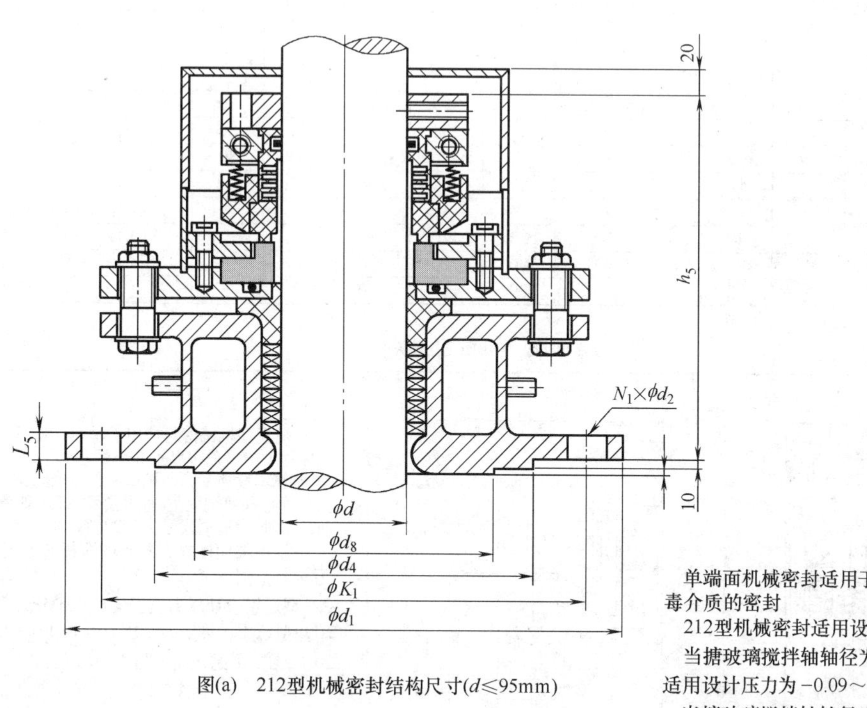

图(a)　212型机械密封结构尺寸($d\leqslant95$mm)

单端面机械密封适用于非易燃易爆、无毒介质的密封

212型机械密封适用设计压力的范围如下：

当搪玻璃搅拌轴轴径为40～110mm时，适用设计压力为 -0.09～0.4MPa；

当搪玻璃搅拌轴轴径为125～160mm时，适用设计压力为-0.09～0.25MPa

续表

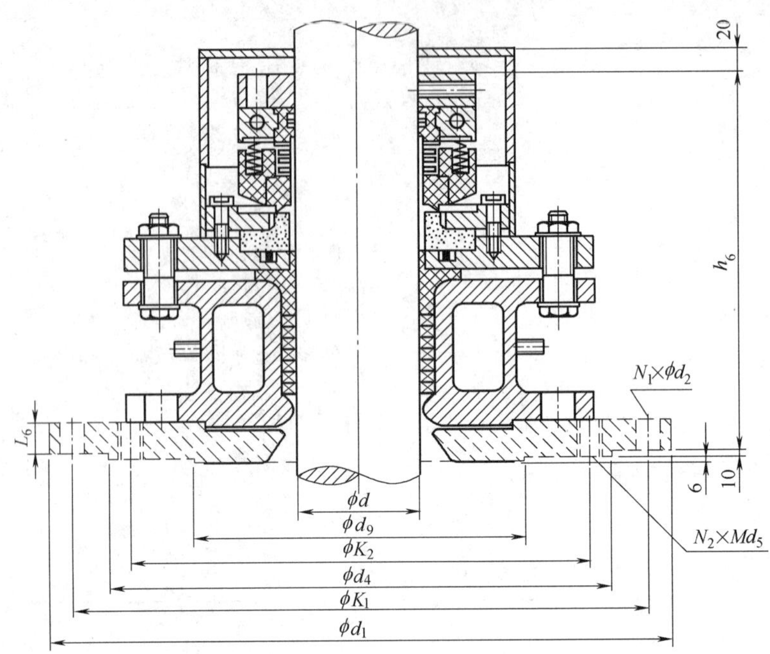

图(b) 212型机械密封结构尺寸(d>95mm)

$d(h_8)$	d_1	K_1	N_1	d_2	K_2	N_2	d_5	$d_4(d_9)$	d_9	d_8	L_5	L_6	h_5	h_6
40	175	145	4	18	—	—	—	110	—	102	25	—	180	—
50	240	210	8	18	—	—	—	176	—	138	25	—	180	—
60	275	240	8	22	—	—	—	204	—	188	25	—	180	—
65	305	270	8	22	—	—	—	234	—	212	30	—	180	—
80	305	270	8	22	—	—	—	234	—	212	30	—	180	—
95	385	340	12	22	—	—	—	300	—	212	30	—	180	—
110	455	420	4	18	295	8	20	380	268	—	—	30	—	210
125	455	420	4	18	295	8	20	380	268	—	—	30	—	210
130	505	460	4	22	350	12	20	420	320	—	—	30	—	210
140	505	460	4	22	350	12	20	420	320	—	—	30	—	210
160	505	460	4	22	350	12	20	420	320	—	—	30	—	210

表 18-7-84 双端面型（机械密封） mm

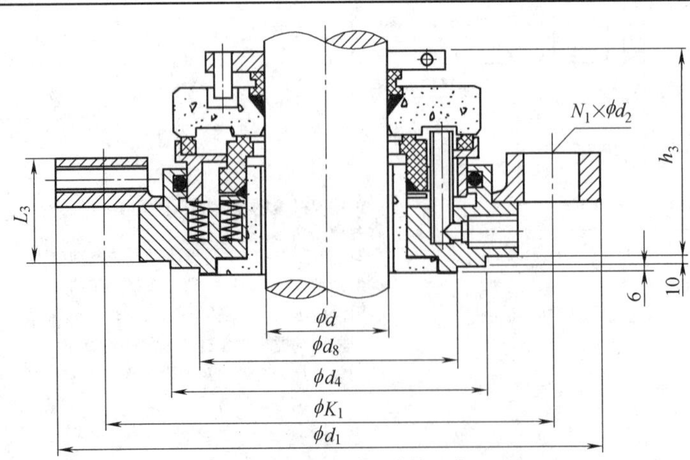

图(a) 221型机械密封结构尺寸(d≤95mm)

双端面型机械密封适用于易燃、易爆、毒性程度中度危害以上介质的密封

搪玻璃搅拌容器的机械密封以密封结构不同分为径向双端面型(通用代号为221型)和轴向双端面型(通用代号为2009型、2010型)

各型搪玻璃搅拌容器双端面机械密封适用压力范围如下

221型适用设计压力范围：0～1.0MPa

2009型适用设计压力范围：−0.1～1.6MPa

2010型适用设计压力范围：−0.1～1.6MPa

续表

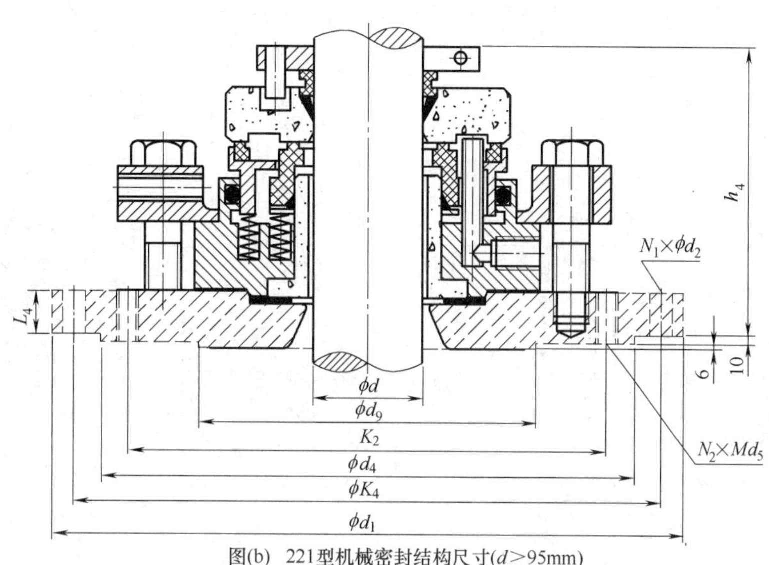

图(b)　221型机械密封结构尺寸(d>95mm)

$d(h_8)$	d_1	K_1	N_1	d_2	K_2	N_2	d_5	$d_4(d_9)$	d_9	d_8	L_3	L_4	h_3	h_4
40	175	145	4	18	—	—	—	110	—	102	33	—	103	—
50	240	210	8	18	—	—	—	176	—	138	23	—	106	—
60	275	240	8	22	—	—	—	204	—	188	39	—	106	—
65	305	270	8	22	—	—	—	234	—	212	36	—	117	—
80	305	270	8	22	—	—	—	234	—	212	39	—	117	—
95	385	340	12	22	—	—	—	300	—	212	39	—	121	—
110	455	420	4	18	295	8	20	380	268	—	—	30	—	136
125	455	420	4	18	295	8	20	380	268	—	—	30	—	140
130	505	460	4	22	350	12	20	420	320	—	—	30	—	162
140	505	460	4	22	350	12	20	420	320	—	—	30	—	162
150	505	460	4	22	350	12	20	420	320	—	—	30	—	162
160	505	460	4	22	350	12	20	420	320	—	—	30	—	210

（2）标记及标记示例

以符合 HG/T 2057、通用代号为 212 型、搪玻璃搅拌轴直径 80mm、旋转环材料为增强聚四氟乙烯、静止环材料为氧化铝、辅助密封圈材料为氟橡胶、弹簧及其他结构材料均为镍铬钢为例，其标记为：

搪玻璃搅拌容器机械密封 HG/T 2057-212-080-YVVFF

标记中各要素的含义如下：

212——机械密封通用代号；

080——搪玻璃搅拌轴直径为 80mm；

YVVFF——材料代号，见表 18-7-85。

表 18-7-85　　机械密封零部件材料及其代号对照表

旋转环、静止环材料			辅助密封圈材料		
类别	代号	材料名称	类别	代号	材料名称
碳石墨	Ab	浸渍石墨＋巴氏合金	弹性材料	P1	丁腈橡胶
	Bq	石墨浸渍酚醛树脂		P2	氢化丁橡胶
	Bk	石墨浸渍呋喃树脂		N	氯丁橡胶
	Bh	石墨浸渍环氧树脂		B	丁基橡胶
金属	D	碳钢		E	乙丙橡胶
	H	铬镍合金		S	硅橡胶
	N	锡磷青铜		V	氟橡胶
	T	其他金属		M	橡胶包覆聚四氟乙烯
	In	金属表面熔焊镍基合金		F	全氟醚橡胶
	J	金属表面熔焊钴基合金		X	其他弹性材料
氮化物	Q	氮化硅	非弹性材料	T	聚四氟乙烯
碳化物	U	碳化钨		A	浸渍石墨
	O1	反应烧结碳化硅		C	柔性石墨
	O2	无压烧结碳化硅		Y	其他非弹性材料
	O3	含碳碳化硅	弹簧和其他结构		
金属氧化物	V	氧化铝			
	X	其他金属氧化物	类别	代号	材料名称
塑料	Yt	玻璃纤维填充聚四氟乙烯			
	Yh	石墨填充聚四氟乙烯	金属材料	D	碳钢
	Z	其他工程塑料		F	铬镍钢
				M	高镍合金
				T	其他材料

机械密封零件材料代号在标记中的位置排序如下：

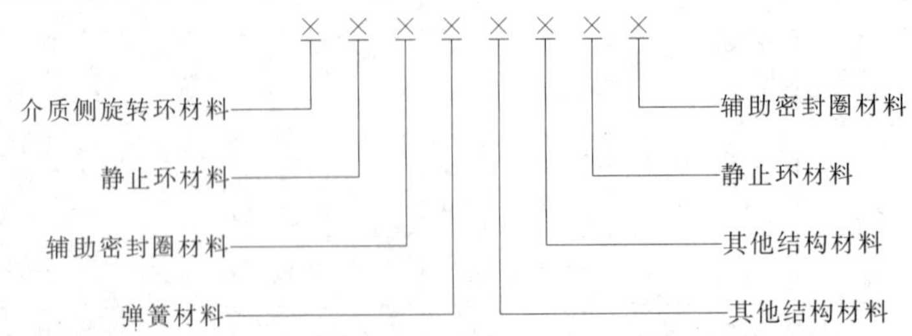

注：212 型机械密封材料取前 5 个位置代号，221 型、2000 型、2010 型机械密封材料取全部 8 个位置代号。

第 18 篇

7.12.16 焊接金属波纹管釜用机械密封技术条件

表 18-7-86 焊接金属波纹管釜用机械密封技术条件（HG/T 3124—2009）

<table>
<tr><td rowspan="7">要求</td><td colspan="3">1)介质端釜用焊接金属波纹管机械密封技术要求按 JB/T 6373 中相关规定</td></tr>
<tr><td colspan="3">2)大气端釜用机械密封技术要求按 HG/T 2269 中相关规定</td></tr>
<tr><td rowspan="3">3)性能要求</td><td>泄漏量</td><td>a. 当被密封介质为液体时，现场使用及运转试验的平均泄漏量按下表的规定
<table>
<tr><td rowspan="2">轴(或轴套)外径 d/mm</td><td colspan="2">平均泄漏量/mL・h^{-1}</td></tr>
<tr><td>运转试验</td><td>现场使用</td></tr>
<tr><td>≤80</td><td>≤6</td><td>≤8</td></tr>
<tr><td>>80</td><td>≤8</td><td>≤10</td></tr>
</table>
b. 静压试验应无泄漏</td></tr>
<tr><td>磨损量</td><td>机械密封端面磨损量应满足釜用机械密封使用期的要求，当以清水进行试验，则运转 100h 后，任何一密封环的端面磨损量应不大于 0.02mm</td></tr>
<tr><td>使用期</td><td>按 HG/T 2269 中相关规定</td></tr>
<tr><td colspan="3">4)安装与使用要求　搅拌传动装置应符合 HG 21563 的规定，其他按 HG/T 2269 中相关规定，当输送介质温度过高、过低或含有杂质颗粒或易燃易爆气体等特殊工况条件时，必须采用相应的阻封、冲洗、冷却、过滤等措施，具体按 HG/T 2212 规定</td></tr>
<tr><td>5)产品的标志与包装要求</td><td colspan="2">①产品在不影响安装、使用的明显部位打印制造厂或商标记号
②包装箱(盒)内，每套产品应有合格证，合格证上应有产品型号、规格、数量、制造厂名、检验部门及检验人员的签章和日期
③包装箱(盒)内，每套产品应有使用说明书、装箱清单、备件清单等技术文件。箱外应注明“小心轻放”等字样
④产品的包装应采用软包装，如海绵、泡沫塑料等材料，防止在运输过程中的损伤</td></tr>
<tr><td>检验规则</td><td>1)质量检验抽样规定</td><td colspan="2">①产品的检验项目及受检产品的数量按下表规定
<table>
<tr><td>序号</td><td>检验项目</td><td>每批受检产品数量</td></tr>
<tr><td>1</td><td>解体检验</td><td>3</td></tr>
<tr><td>2</td><td>静压试验</td><td>2</td></tr>
<tr><td>3</td><td>运转试验</td><td>1</td></tr>
<tr><td>4</td><td>标志与包装</td><td>3</td></tr>
</table>
②抽样时每批产品的样本数按下表规定
<table>
<tr><td>产品类别</td><td>产品样本数</td></tr>
<tr><td>单端面焊接金属波纹管机械密封</td><td>≤10</td></tr>
<tr><td>双端面焊接金属波纹管机械密封</td><td>≤5</td></tr>
</table></td></tr>
</table>

续表

<table>
<tr><td rowspan="1">检验规则</td><td>2)检验方法</td><td>①焊接金属波纹管组件检验。按 JB/T 6373 中相关规定
②主要零件检验。按 JB/JQ 22401 附录表 A1 规定。解体检测相应等级项次合格率应达到下表要求
<table><tr><td>分数</td><td>合格率/%</td><td>备注</td></tr><tr><td>主要项次</td><td>≥90</td><td>不合格项次应不影响产品性能</td></tr><tr><td>关键项次</td><td>100</td><td></td></tr></table>
③产品检验。产品检验包括型式检验和出厂检验。型式检验和出厂检验均应包括静压试验和运转试验。试验内容、试验条件、试验装置、试验用仪器、仪表均按 HG 2099 要求进行
试验结果应符合本标准关于泄漏量和磨损量的要求</td></tr>
<tr><td rowspan="2">交货准备</td><td>1)包装</td><td>①包装箱的标记应包括下列内容：
a. 产品名称、型号、数量
b. 合同号
c. 总重量
d. 收货单位的详细地址、邮政编码、单位全称
e. 制造厂名
f. 防潮、轻放等字样
②包装盒上的标记应包括：
a. 产品名称、型号、数量
b. 识别标志
c. 出厂日期、制造厂名
③产品包装前应进行清洁、干燥和防锈处理
④产品或备件应在具有防潮层的包装盒内，采用软包装，应能防止在运输、储存和搬运过程中变形、损伤、锈蚀及失散
⑤包装箱应牢固可靠</td></tr>
<tr><td>2)交货技术文件</td><td>①包装盒内应附有产品合格证
②包装箱内应附有装箱单及产品使用说明书(应装在防潮袋内)</td></tr>
</table>

7.12.17　釜用机械密封辅助装置（HG/T 2122—2003）

(1) 釜用机械密封辅助装置的典型组合形式

表 18-7-87　　釜用机械密封辅助装置的典型组合形式

形式	原理图
活塞增压式隔离液储罐与机械密封组合形式	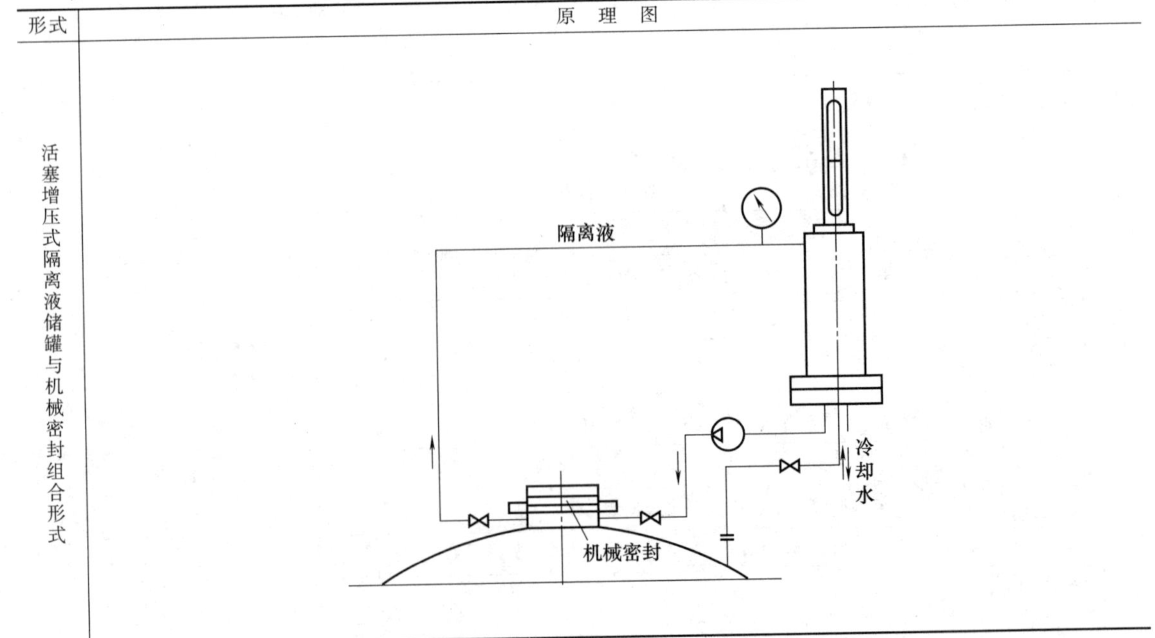

续表

形式	原理图
充压式隔离液储罐与机械密封组合	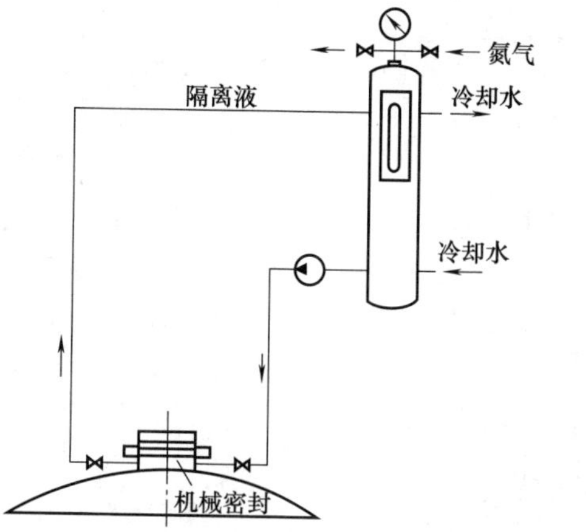 氮气　隔离液　冷却水　冷却水　机械密封
液压泵站循环与机械密封组合	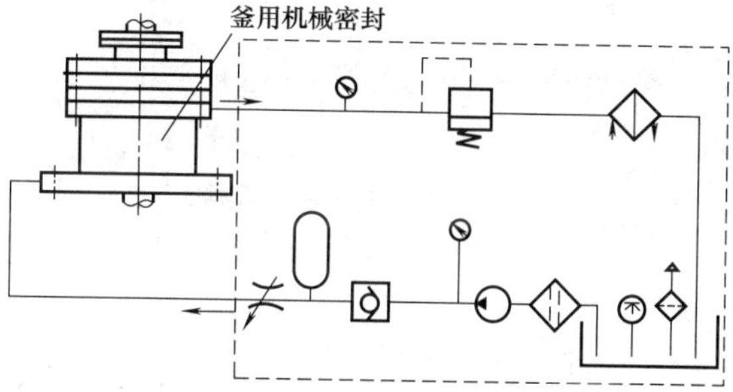 釜用机械密封

(2) 隔离液储罐的结构及主要尺寸

表 18-7-88　　**活塞增压式隔离液储罐**

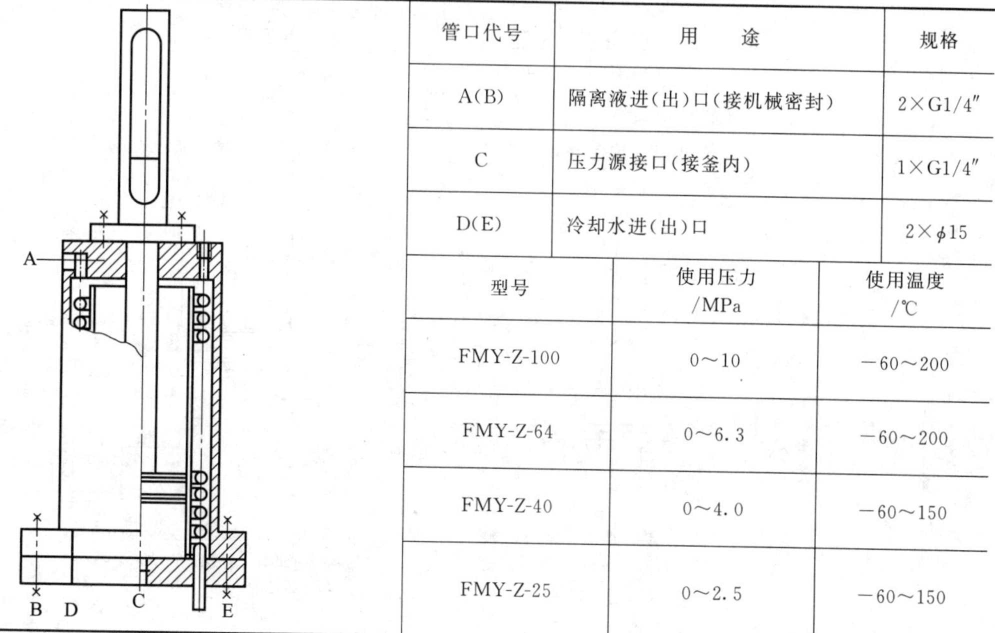

管口代号	用　途	规格
A(B)	隔离液进(出)口(接机械密封)	2×G1/4″
C	压力源接口(接釜内)	1×G1/4″
D(E)	冷却水进(出)口	2×ϕ15

型号	使用压力/MPa	使用温度/℃
FMY-Z-100	0～10	−60～200
FMY-Z-64	0～6.3	−60～200
FMY-Z-40	0～4.0	−60～150
FMY-Z-25	0～2.5	−60～150

表 18-7-89 **充压式隔离液储罐**

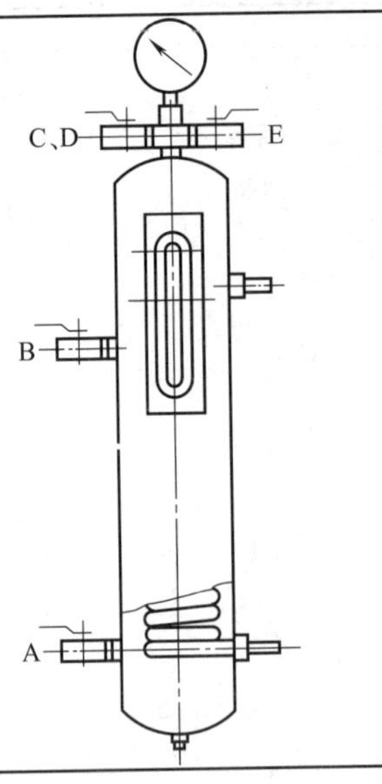

管口代号	用 途	规格及标准
A	隔离液出口	管接头 A8. JB 1902
B	隔离液回流口	管接头 A8. JB 1902
C	隔离液补充口	管接头 A8. JB 1902
D	排气口	管接头 A8. JB 1902
E	加压口	管接头 A8. JB 1902

型号	使用压力/MPa	使用温度/℃	有效容积/L
FMY-G-168	0～2.5	－60～200	2
FMY-G-114	0～2.5	－60～200	2
GC-2	0～2.5	<150	2
GC-6	0～2.5	<150	6

7.12.18 搅拌传动装置机械密封循环保护系统（HG/T 21572—1995）

（1）循环保护系统流程

表 18-7-90 **循环保护系统流程**

形式	结 构 图
强制循环系统	图(a) 流程1(储罐循环系统) 图(b) 流程2(平衡罐循环系统) 压力源 图(c) 流程3(加压罐循环系统) 图(d) 流程4(开式循环系统) 1—搅拌容器；2—机械密封；3—支架；4—搅拌轴；5—储罐；6—循环泵；7—隔离流体管；8—平衡罐；9—加压罐；10—循环槽；11—平衡管

续表

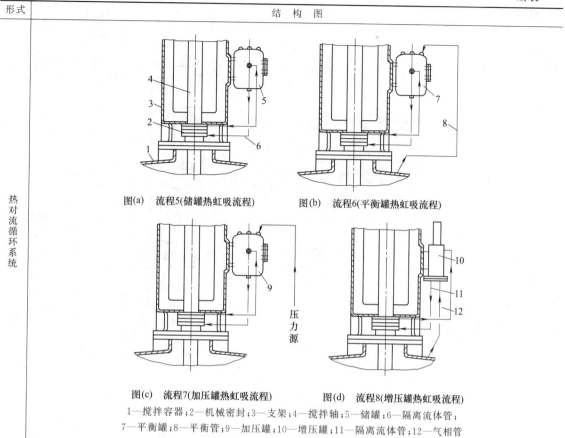

形式	结构图
热对流循环系统	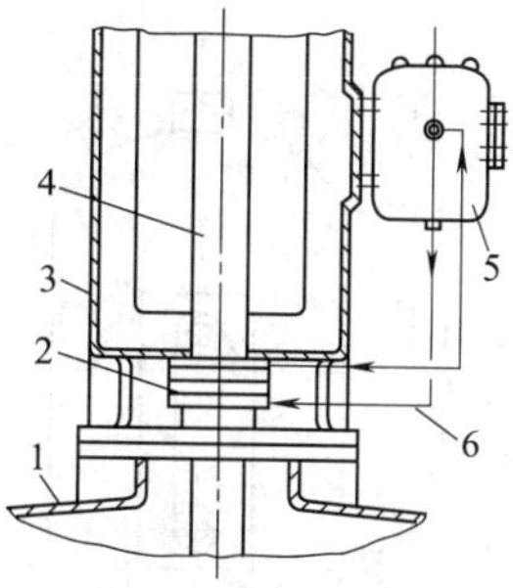 图(a)　流程5(储罐热虹吸流程) 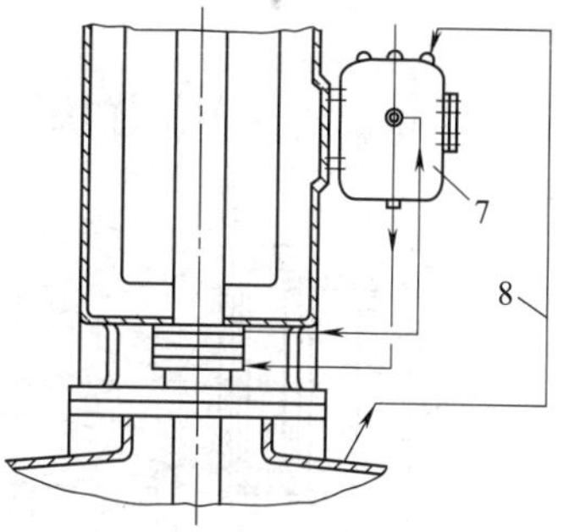 图(b)　流程6(平衡罐热虹吸流程) 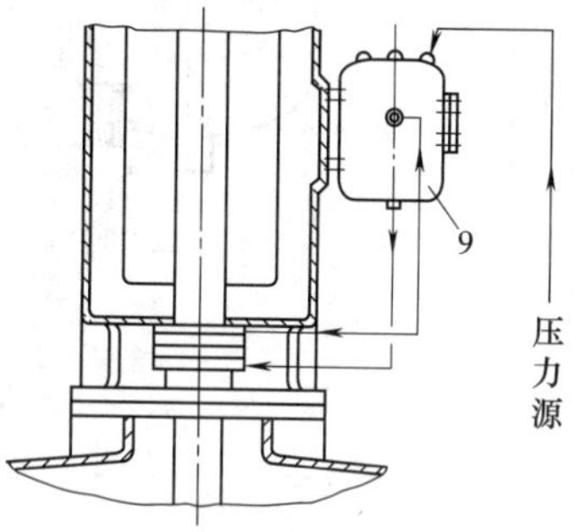 图(c)　流程7(加压罐热虹吸流程) 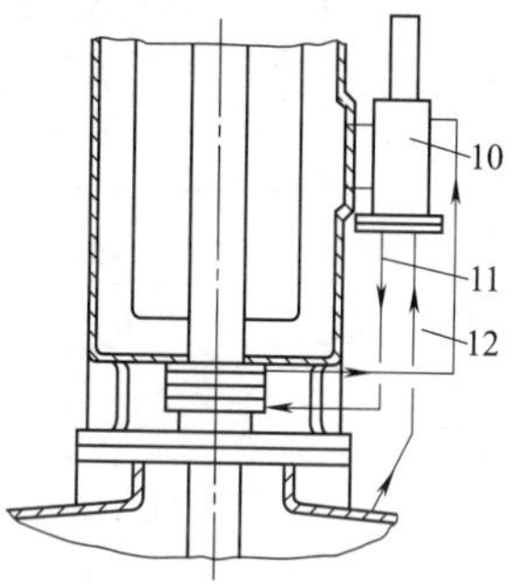 图(d)　流程8(增压罐热虹吸流程) 1—搅拌容器；2—机械密封；3—支架；4—搅拌轴；5—储罐；6—隔离流体管；7—平衡罐；8—平衡管；9—加压罐；10—增压罐；11—隔离流体管；12—气相管

(2) 密封腔接管布置（图 18-7-11）

(3) 推荐使用流程（表 18-7-91）

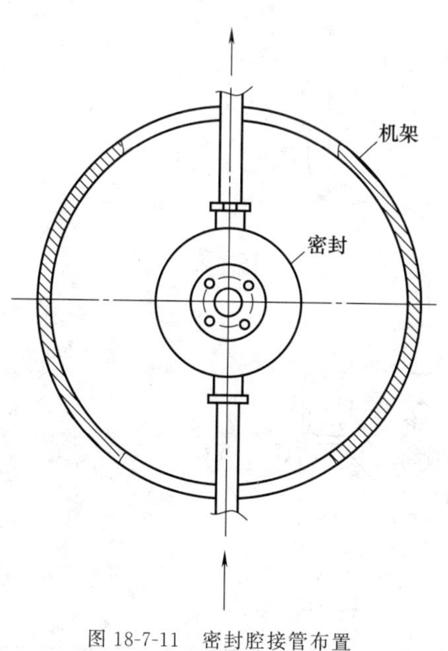

图 18-7-11　密封腔接管布置

表 18-7-91　推荐使用流程

压力等级	介质	介质温度	推荐使用机械密封	推荐使用流程
0.6MPa	一般性介质	≤80℃	2001/2003	流程 5
		＞80℃		流程 1、4
	易燃、易爆、有毒	≤80℃	2003/2004/2005	流程 7、8
		＞80℃		流程 3、8
1.6MPa	一般性介质	≤80℃	2003/2004/2005	流程 6、7
			2006/2007/2008	流程 5、6
		＞80℃	2003/2004/2005	流程 2、3
			2006/2007/2008	流程 1、2
	易燃、易爆、有毒	≤80℃	2003/2004/2005	流程 7、8
		＞80℃		流程 3、8

(4) 密封系统的主要器件（表 18-7-92 和表 18-7-93）

表 18-7-92 **储罐**

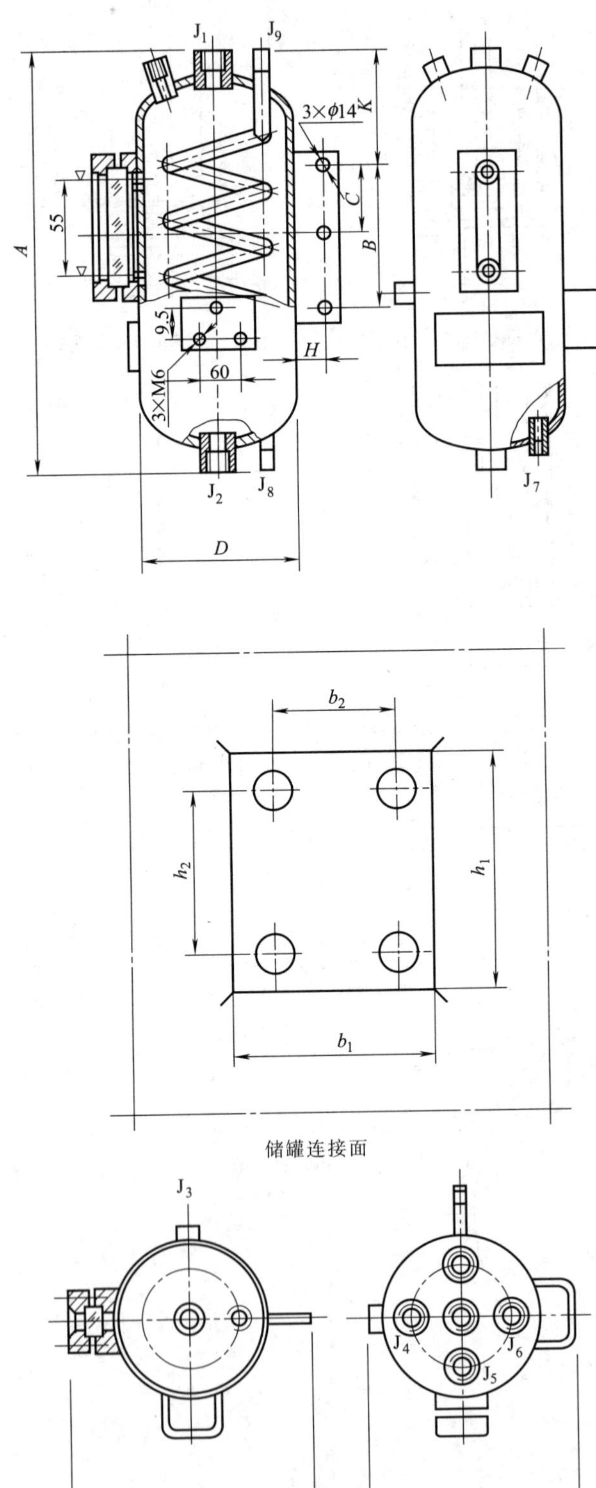

储罐连接面

续表

	接口代号	接口尺寸	接口名称
接口	J_1	G2″(容积 10L) G1″或 G1/4″(容积 5L)	液位报警仪接口
	J_2	G1/2″	封液出口
	J_3		封液入口
	J_4		插入式注液接口
	J_5		气体充压接口
	J_6		备用或压力表接口
	J_7	G1/8″	补液泵补充液接口
	J_8	G1/2″	换热型冷却液入口
	J_9		换热型冷却液出口

	型号	公称压力/MPa	使用温度/℃	公称容积/L	换热面积/m^2
型号规格	A	4	−20～200	5	—
	B	4	−20～300	5	0.115
	C	4	−20～200	10	—
	D	4	−20～300	10	0.200

外形及连接尺寸/mm										连接尺寸			
容积	A	B	C	D	E	F_{max}	H_{min}	K	b_1	b_2	h_1	h_2
5L	390	160	70	ϕ129	214	238	25	95	150	130	190	150
10L	420			ϕ159	278	300		100	150	130	190	150

表 18-7-93 增压罐 mm

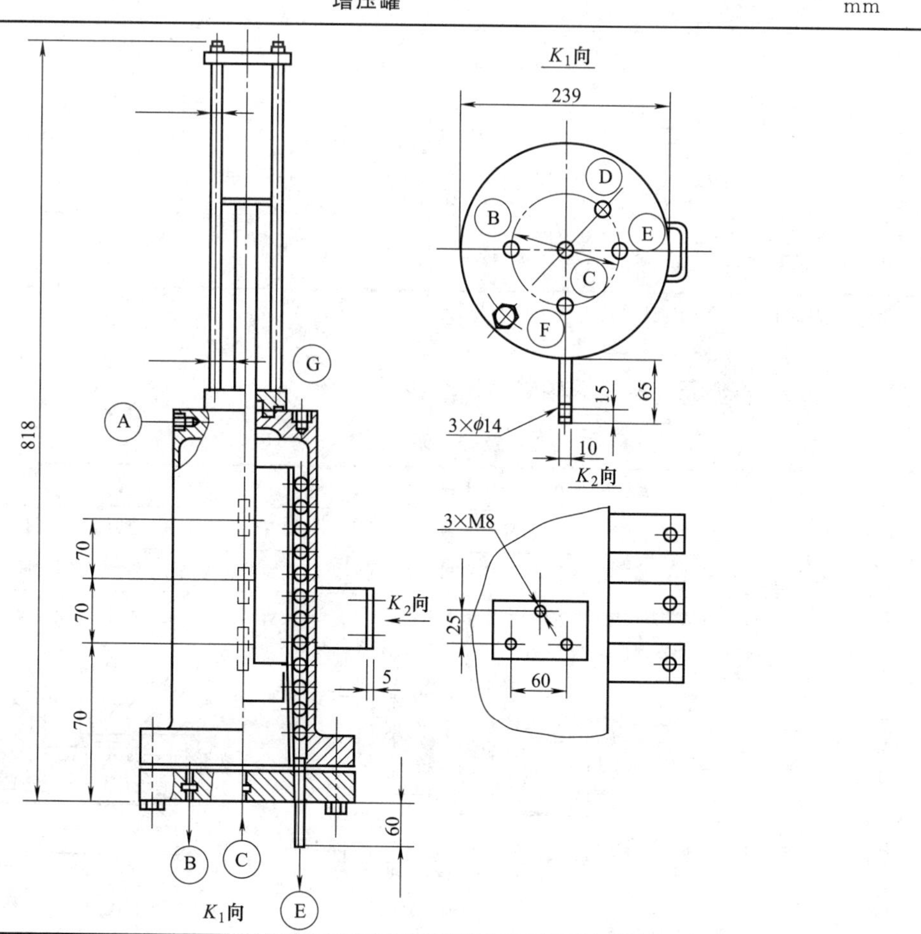

第18篇

续表

接口	接口代号	接口尺寸	接口名称
接口	A B C	G1/2″	封液进口 封液出口 压力源接口
	D E F G	ϕ15×15 ϕ15×15 G1/2″ G1/2″	冷却水进口 冷却水出口 补液接口 放气孔

增压罐型号规格及连接尺寸	型号	A	B
	增压比	1∶1.1	1∶1.5
	有效容积(输出)/L	2	1.5
	压力等级/MPa	6.4	6.4
	使用温度/℃	−20～300	−20～300
	壳体容积/L	4	4
	换热面积/m^2	0.26	0.26

增压罐型号规格及连接尺寸	型号	b_1	b_2	h_1	h_2
	A B	150	130	190	150

循环泵型号规格及尺寸	型号	A	B
	流量/L·min^{-1}	0.3～1.5	1.5～5
	扬程/m	10	10
	压力等级/MPa	2.5	2.5
	使用温度/℃	−20～300	−20～300

循环泵型号规格及尺寸	容积	长	宽	高	连接尺寸			
					b_1	b_2	h_1	h_2
	A B	180	100	80	100	70	120	80

注：循环泵连接面图同储罐连接面。

7.12.19 离心泵及转子泵轴封系统

表 18-7-94 **离心泵及转子泵轴封系统**（API682 标准）

标准密封布置方式	布置 1	每个密封腔有一个动、静环密封
	布置 2	每个密封腔有两个动、静环密封，在两个密封之间有一个空间，其压力低于密封腔压力
	布置 3	每个密封腔有两个动、静环密封，需要利用外部供给的压力高于密封腔压力的隔离流体
标准密封形式	A 型	A 型密封具有以下特征：平衡型，内装式，集装式设计，推环式，多弹簧，弹性元件通常为转动型，辅助密封元件为弹性体 O 形圈。布置 1 下的 A 型密封如下图所示 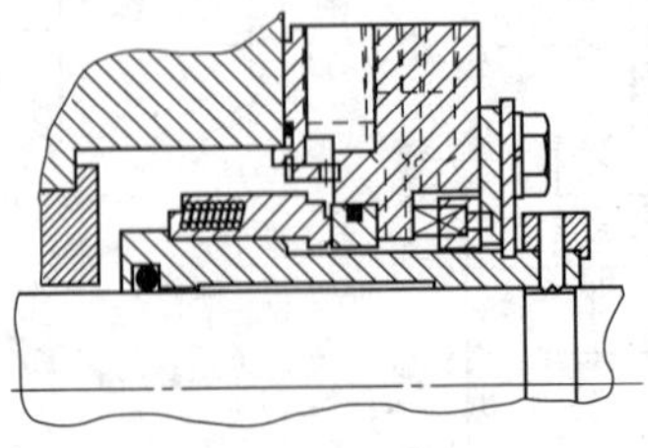 **标准型(弹性元件转动)** 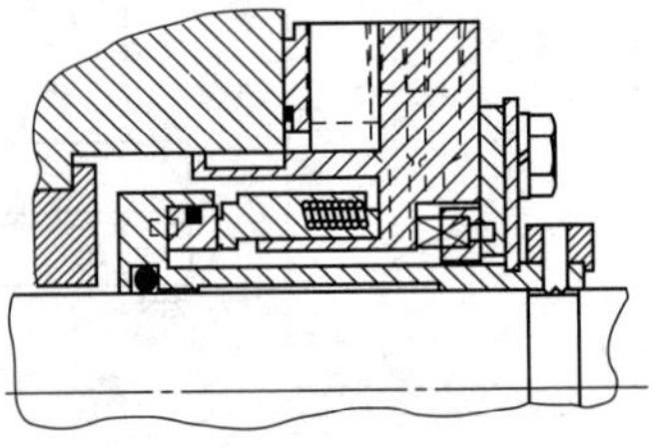　　**可替代的(弹性元件静止)**

续表

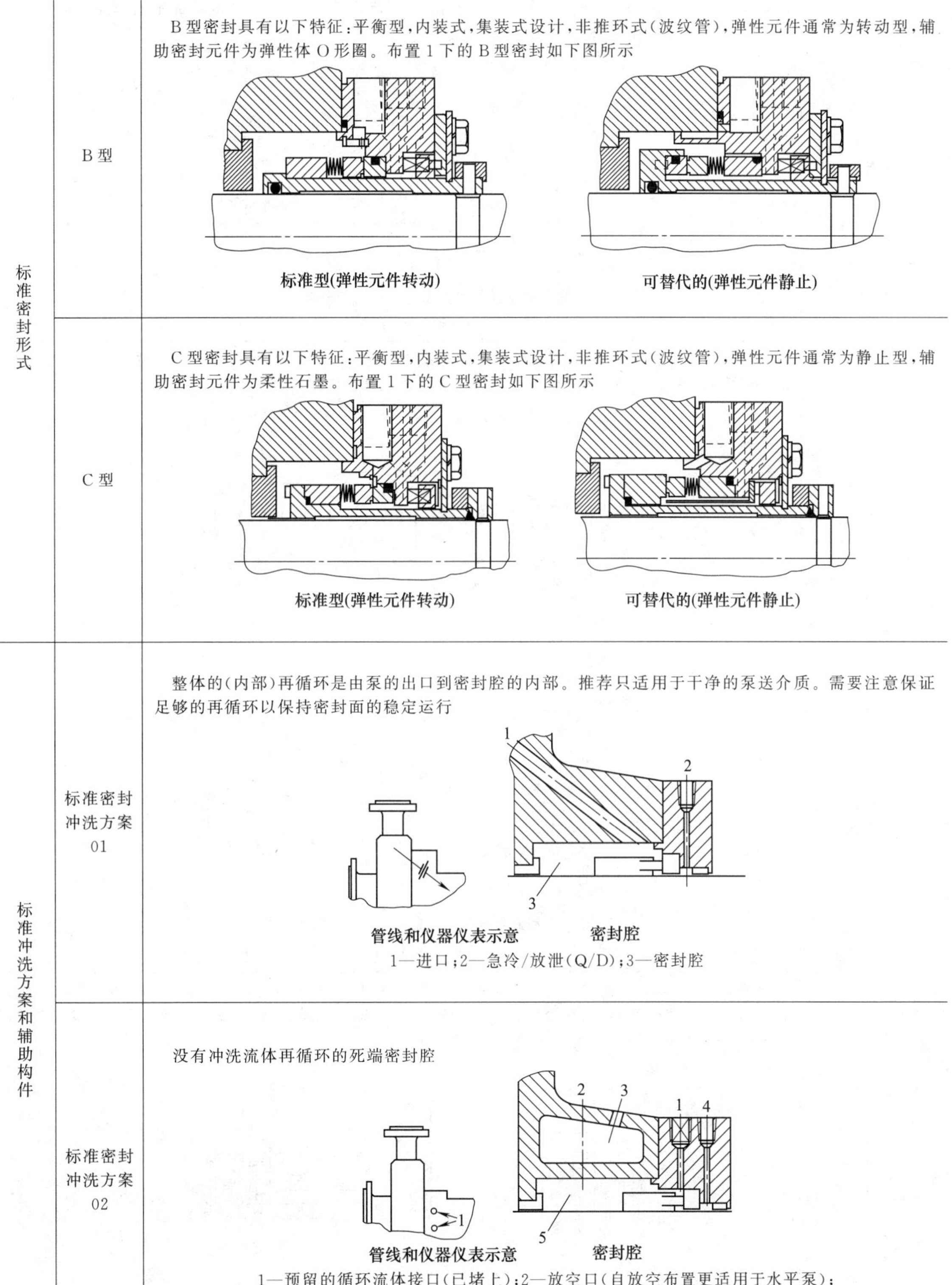

标准密封形式	B型	B型密封具有以下特征：平衡型，内装式，集装式设计，非推环式(波纹管)，弹性元件通常为转动型，辅助密封元件为弹性体O形圈。布置1下的B型密封如下图所示 **标准型(弹性元件转动)**　　**可替代的(弹性元件静止)**
	C型	C型密封具有以下特征：平衡型，内装式，集装式设计，非推环式(波纹管)，弹性元件通常为静止型，辅助密封元件为柔性石墨。布置1下的C型密封如下图所示 **标准型(弹性元件转动)**　　**可替代的(弹性元件静止)**
标准冲洗方案和辅助构件	标准密封冲洗方案01	整体的(内部)再循环是由泵的出口到密封腔的内部。推荐只适用于干净的泵送介质。需要注意保证足够的再循环以保持密封面的稳定运行 **管线和仪器仪表示意**　　**密封腔** 1—进口；2—急冷/放泄(Q/D)；3—密封腔
	标准密封冲洗方案02	没有冲洗流体再循环的死端密封腔 **管线和仪器仪表示意**　　**密封腔** 1—预留的循环流体接口(已堵上)；2—放空口(自放空布置更适用于水平泵)；3—加热/冷却进口(HI或CI)，加热/冷却出口(HO或CO)；4—急冷/放泄(Q/D)；5—密封腔

续表

标准冲洗方案和辅助构件	标准密封冲洗方案 11	再循环由泵的出口通过一个节流孔板至密封腔内。该液流进入临近机械密封端面的密封腔，冲洗密封面，然后通过节流衬套与轴间的间隙回到泵中 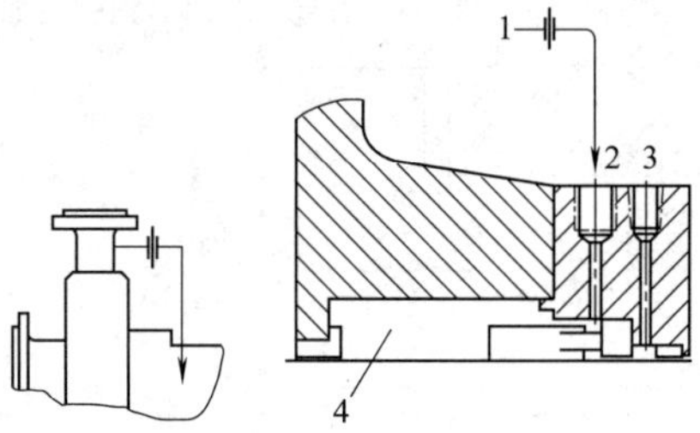 **管线和仪器仪表示意** **密封腔** 1—来自泵的出口；2—冲洗(F)；3—急冷/放泄(Q/D)；4—密封腔
	标准密封冲洗方案 12	再循环由泵的出口通过一个粗滤器和节流孔板到密封。这一方案类似方案 11，只是增加了粗滤器以除去偶然的颗粒。通常不推荐粗滤器，因为粗滤器的堵塞会引起密封失效 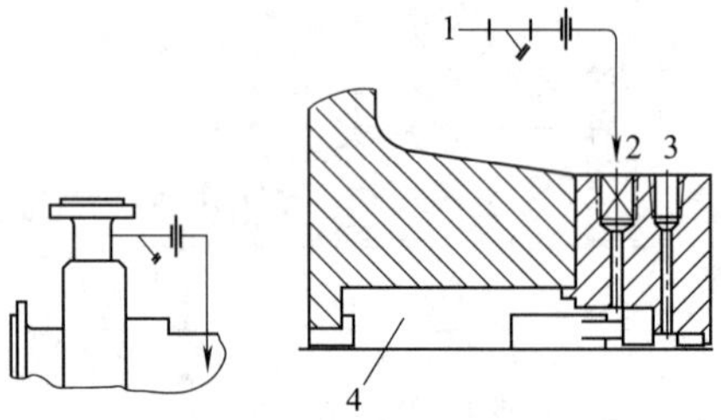 **管线和仪器仪表示意** **密封腔** 1—来自泵的出口；2—冲洗(F)；3—急冷/放泄(Q/D)；4—密封腔
	标准密封冲洗方案 13	再循环由泵的密封腔引出，通过一个节流孔板回到泵的进口 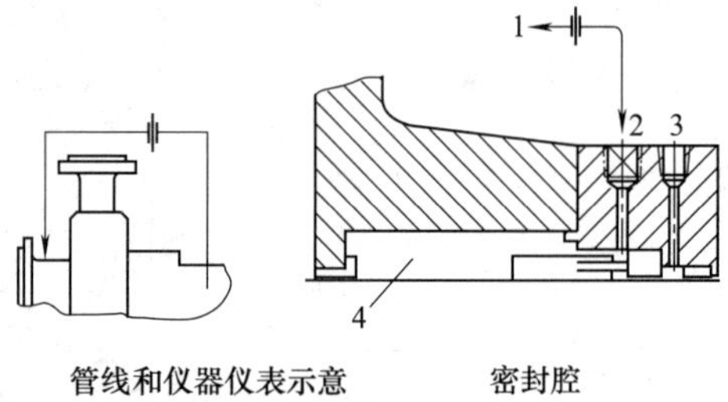 **管线和仪器仪表示意** **密封腔** 1—至泵的进口；2—冲洗(F)；3—急冷/放泄(Q/D)；4—密封腔
	标准密封冲洗方案 14	再循环从泵的出口通过一个节流孔板到密封腔内，并同时从密封腔通过一个节流孔板(如果要求)至泵的进口。这就使流体进入密封腔并提供冷却的同时持续放空和降低密封腔内的压力。方案 14 是方案 11 和方案 13 的组合 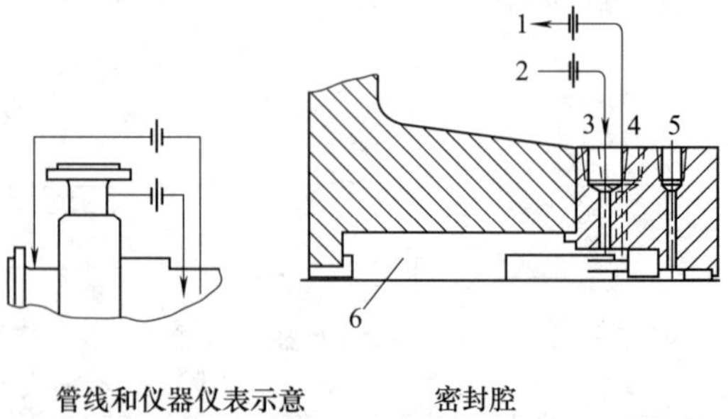 **管线和仪器仪表示意** **密封腔** 1—至泵的进口；2—来自泵的出口；3—冲洗进口(FI)；4—冲洗出口(FO)；5—急冷/放泄(Q/D)；6—密封腔

续表

标准冲洗方案和辅助构件	标准密封冲洗方案21	再循环由泵的出口经由一个节流孔板和冷却器，然后进入密封腔 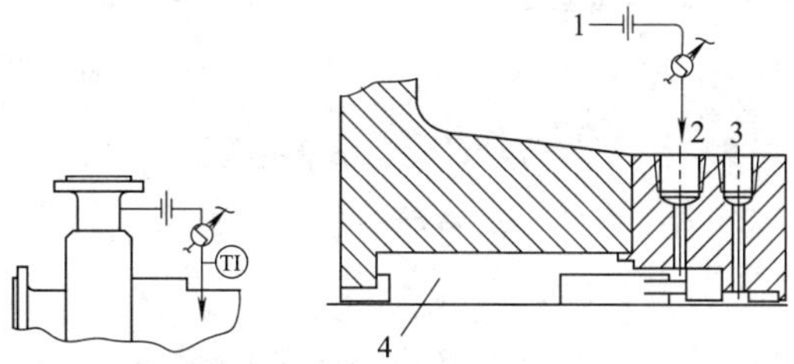 管线和仪器仪表示意　密封腔 1—来自泵的出口；2—冲洗(F)；3—急冷/放泄(Q/D)；4—密封腔；TI—温度指示器
	标准密封冲洗方案22	再循环由泵的出口经一个粗滤器、一个节流孔板和一个冷却器进入密封腔。通常不推荐粗滤器，因为粗滤器的堵塞会引起密封失效 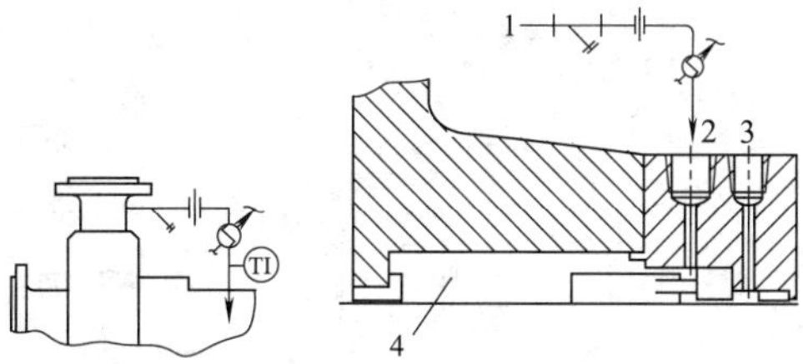 管线和仪器仪表示意　密封腔 1—来自泵的出口；2—冲洗(F)；3—急冷/放泄(Q/D)；4—密封腔；TI—温度指示器
	标准密封冲洗方案23	再循环由密封腔内的一个输液环泵送出通过一个冷却器并回到密封腔。本方案可以在高温的条件下使用，通过冷却少量回流液减少冷却器的热负荷 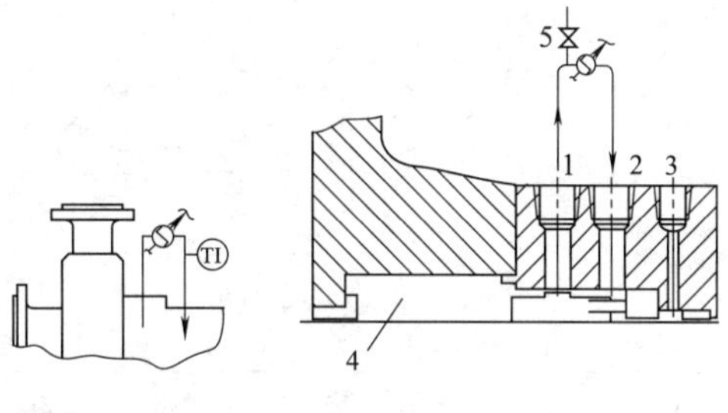 管线和仪器仪表示意　密封腔 1—冲洗出口(FO)；2—冲洗进口(FI)；3—急冷/放泄(Q/D)；4—密封腔；5—放空口；TI—温度指示器
	标准密封冲洗方案31	再循环从泵的出口通过一个旋风分离器将干净的流体送入密封腔。固体颗粒被送入泵的进口管线 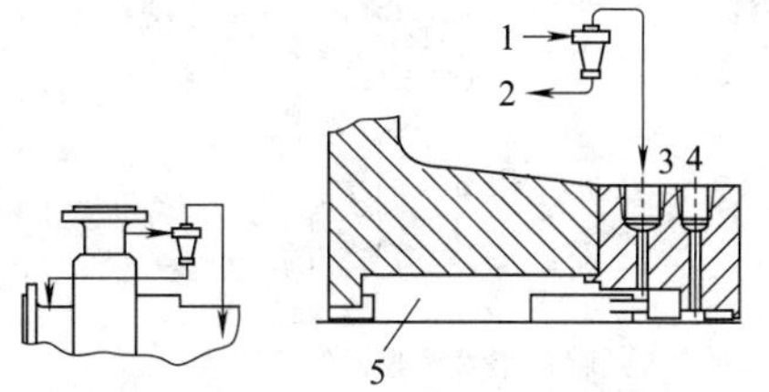 管线和仪器仪表示意　密封腔 1—来自泵的出口；2—至泵的进口；3—冲洗(F)；4—急冷/放泄(Q/D)；5—密封腔

续表

标准冲洗方案和辅助构件	标准密封冲洗方案32	冲洗液由外部源注入密封腔。在挑选密封冲洗液的合适供给源时一定要注意消除所注入的流体的汽化的可能性并避免泵吸的流体被注入的冲洗液所污染 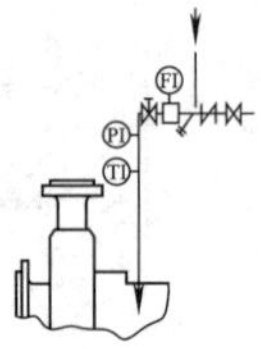 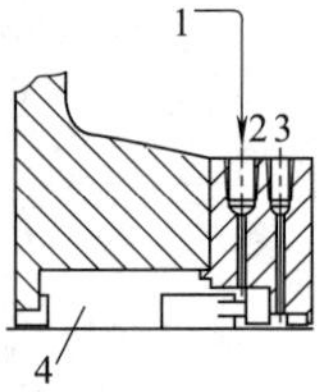 **管线和仪器仪表示意**　　**密封腔** 1—来自外部源；2—冲洗(F)；3—急冷/放泄(Q/D)；4—密封腔； FI—流量指示器；PI—压力指示器；TI—温度指示器
	标准密封冲洗方案41	循环液从泵的出口通过一个旋风分离器将干净的流体通过一个冷却器后送入密封腔。固体颗粒被送入泵的进口管线 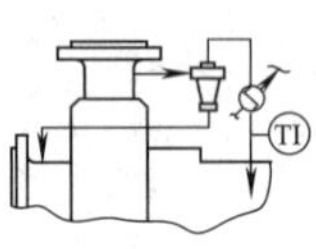 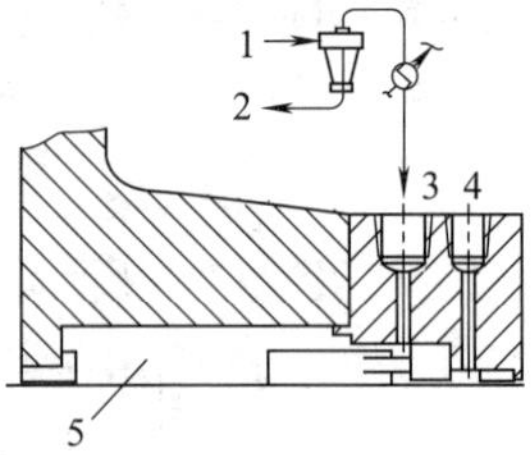 **管线和仪器仪表示意**　　**密封腔** 1—来自泵的出口；2—至泵的进口；3—冲洗(F)；4—急冷/放泄(Q/D)；5—密封腔；TI—温度指示器
	标准密封冲洗方案51	对流体提供顶端封死的外部储液器，该储液器通往压盖上的急冷接口 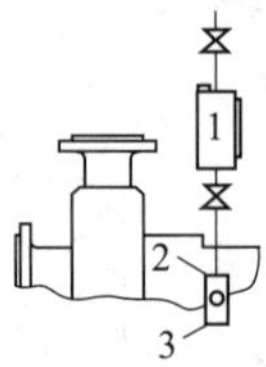 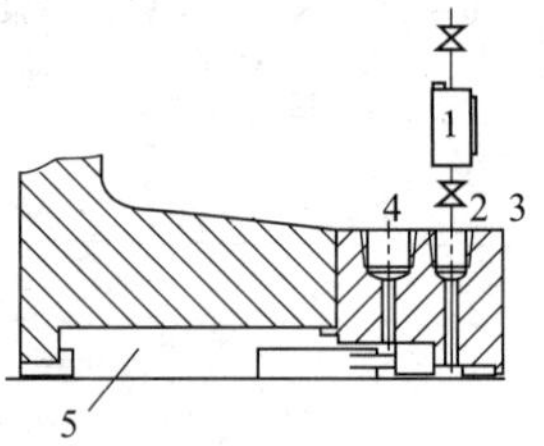 **管线和仪器仪表示意**　　**密封腔** 1—储液器；2—急冷(Q)；3—放泄(D)，已堵上；4—冲洗(F)；5—密封腔
	标准密封冲洗方案52	外部源对一个布置 2 密封的外密封提供缓冲液。正常操作期间，由一个内部泵送环保持循环。储液器通常连续向蒸汽回收系统排气并保持在比密封腔的压力低的压力上 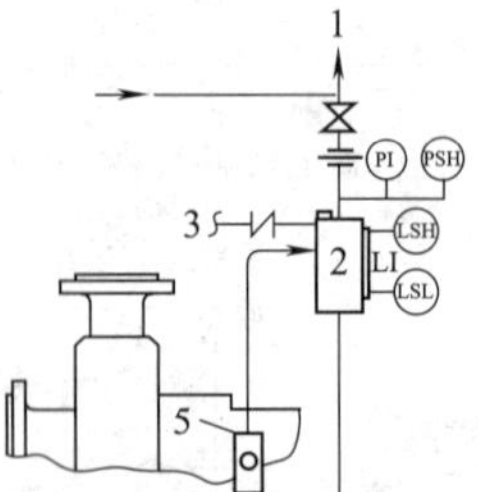 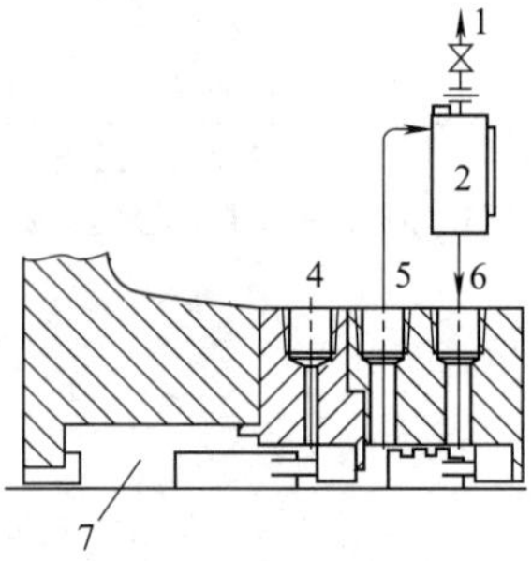 **管线和仪器仪表示意**　　**密封腔** 1—至收集系统；2—储液器；3—补给缓冲液；4—冲洗(F)；5—缓冲液出口(LBO)； 6—缓冲液进口(LBI)；7—密封腔；LSH—液位开关高；LSL—液位开关低； LI—液位指示器；PI—压力指示器；PSH—压力开关高

续表

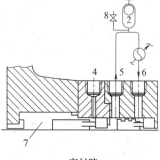

标准冲洗方案和辅助构件	标准密封冲洗方案 53A	带压外部隔离液储液器向密封腔提供洁净介质，循环液通过内部泵送环循环，储液器压力大于所要密封的介质压力。通常和布置3密封一起应用 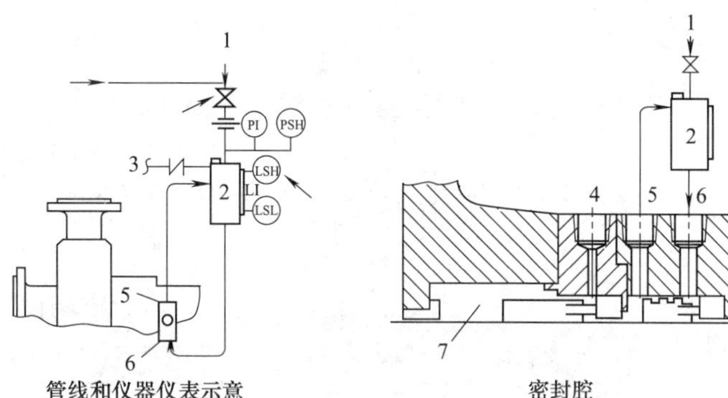 管线和仪器仪表示意　　密封腔 1—来自外部压力源；2—储液器；3—补给隔离液；4—冲洗(F)；5—隔离液出口(LBO)；6—隔离液进口(LBI)；7—密封腔；LSH—液位开关高；LSL—液位开关低；LI—液位指示器；PI—压力指示器；PSH—压力开关高
	标准密封冲洗方案 53B	外部管线为受压的双密封布置的外密封提供流体。预加压的皮囊式蓄能器为循环系统提供压力。由一个内部泵送环来保持流体流动。热量由一个空气冷却的或水冷却的换热器从循环系统中除去。本方案用于布置3密封 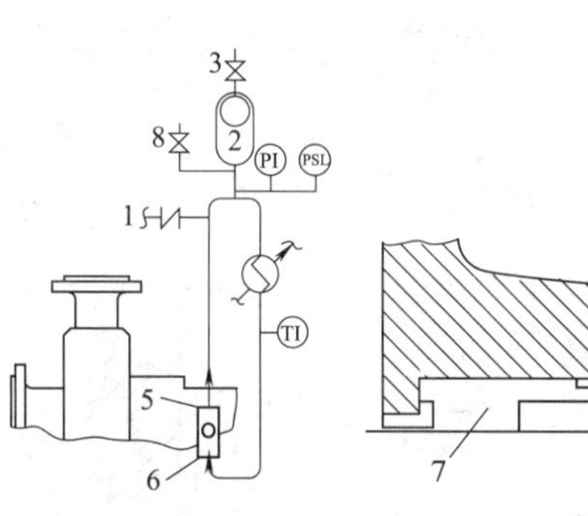 管线和仪器仪表示意　　密封腔 1—补充隔离液；2—皮囊式蓄能器；3—皮囊控制接头；4—冲洗(F)；5—隔离液出口(LBO)；6—隔离液进口(LBI)；7—密封腔；8—放空；PI—压力指示器；PSL—压力开关低；TI—温度指示器
	标准密封冲洗方案 53C	外部管线为受压的双密封布置的外密封提供流体。由密封腔至一个活塞式蓄能器的参考线提供压力给该循环系统。由一个内部泵送环来保持流体流动。热量由一个空气冷却的或水冷却的换热器从循环系统中除去。本方案用于布置3密封 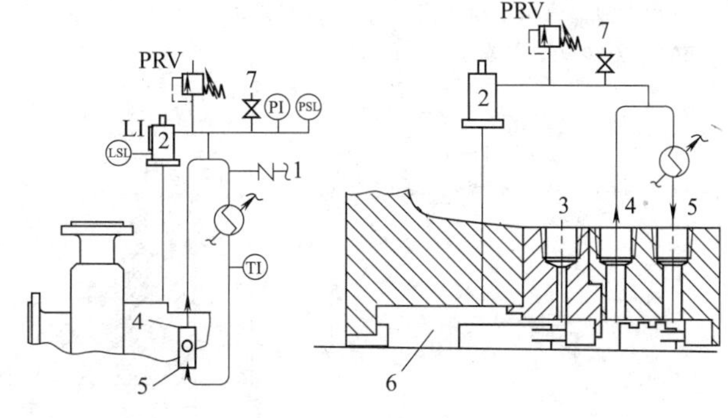 管线和仪器仪表示意　　密封腔 1—补充隔离液；2—活塞式蓄能器；3—冲洗(F)；4—隔离液出口(LBO)；5—隔离液进口(LBI)；6—密封腔；7—放空；LI—液位指示器；LSL—液位开关低；PRV—压力泄放阀；PSL—压力开关低；TI—温度指示器

续表

标准冲洗方案和辅助构件		
	标准密封冲洗方案54	带压外部隔离液储液器或系统供给洁净流体至密封腔。循环由外部泵或压力系统来保持。储液器的压力大于被密封的介质压力。本方案用于布置3密封 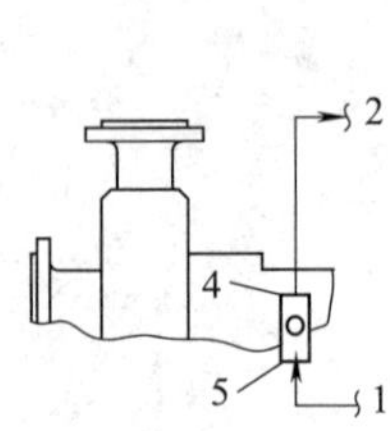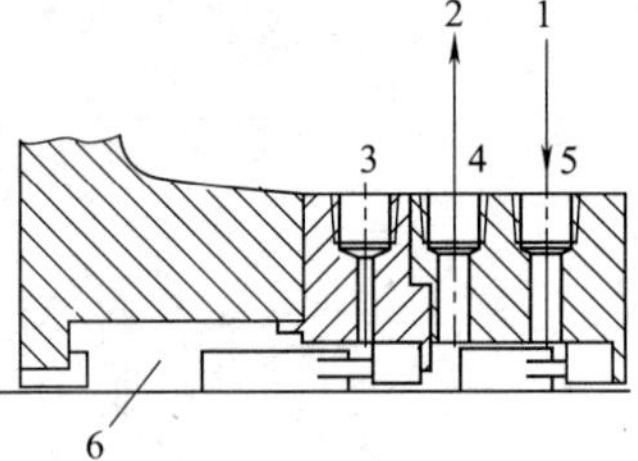 管线和仪器仪表示意　密封腔 1—来自外部源；2—至外部源；3—冲洗(F)；4—隔离液出口(LBO)；5—隔离液进口(LBI)；6—密封腔
	标准密封冲洗方案61	提供螺纹连接供买方使用，出厂时被堵住。当买方需要给外侧密封提供流体（如蒸气、气体或水）时，主要采用该方案 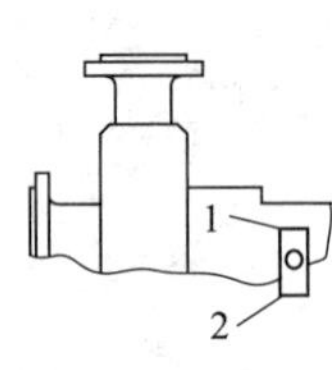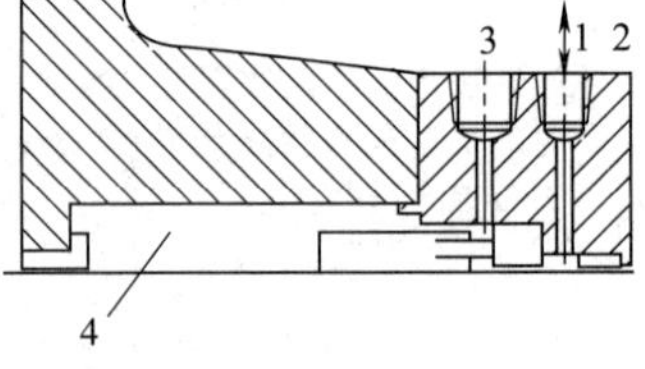 管线和仪器仪表示意　密封腔 1—急冷(Q)，被堵上；2—放泄(D)，被堵上；3—冲洗(F)；4—密封腔
	标准密封冲洗方案62	外部源提供急冷。急冷在为防止固体颗粒积聚在该密封的大气侧时被要求使用。主要选用小间隙节流衬套 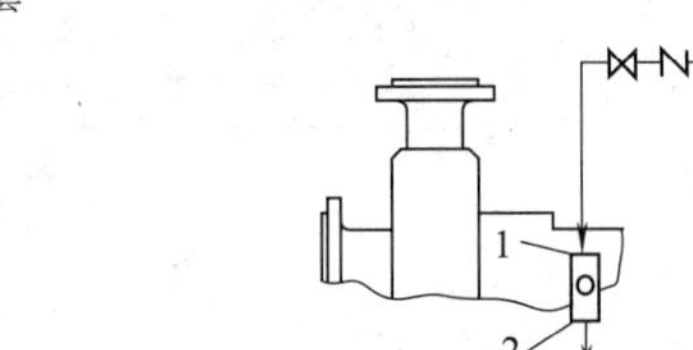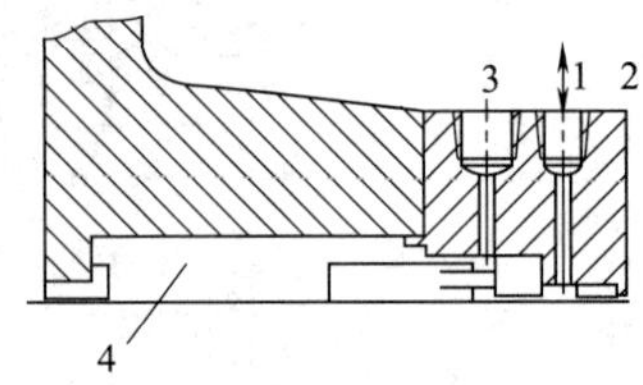 管线和仪器仪表示意　密封腔 1—急冷(Q)；2—放泄(D)；3—冲洗(F)；4—密封腔
	标准密封冲洗方案65	外部的放泄管用于高泄漏量报警，泄漏量用一个浮动型液位开关测量。液位开关下游的孔板通常为5mm(0.25in)，位于垂直管段处 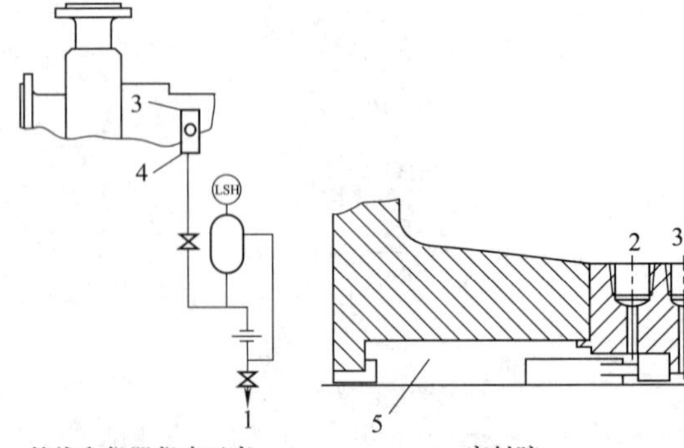 管线和仪器仪表示意　密封腔 1—至液体收集系统；2—冲洗(F)；3—急冷(Q)，被堵上；4—放泄(D)；5—密封腔；LSH—液位开关高

续表

<table>
<tr>
<td rowspan="3">标准冲洗方案和辅助构件</td>
<td>标准密封冲洗方案
71</td>
<td>提供螺纹接头供买方使用。通常，本方案用于买方今后可能使用缓冲气体时
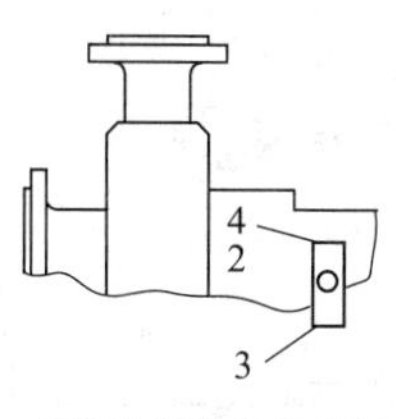

管线和仪器仪表示意
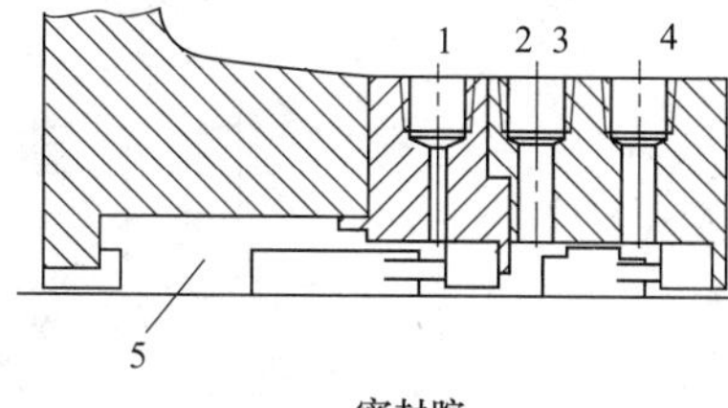

密封腔
1—冲洗；2—外侧密封放空口(CSV)，已堵上；3—外侧密封放泄口(CSD)，已堵上；4—缓冲气体进口(GBI)，已堵上；5—密封腔</td>
</tr>
<tr>
<td>标准密封冲洗方案
72</td>
<td>外部供应的缓冲气用于布置 2 密封。可以单独使用缓冲气稀释泄漏，或者同方案 75 或 76 一起使用，将泄漏排放至一个密闭的收集系统中。缓冲气的压力低于内密封的工艺侧压力
管线和仪器仪表示意
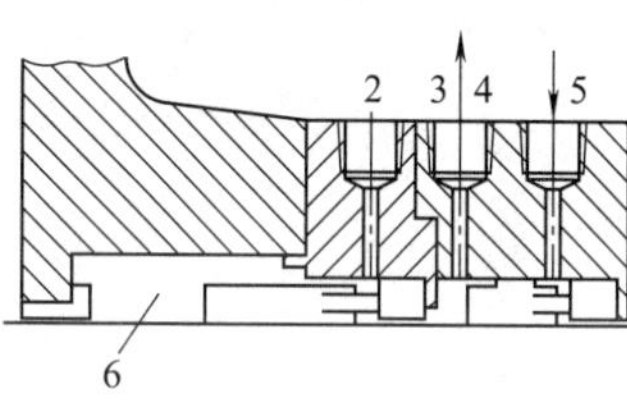

密封腔
1—缓冲气体面板；2—冲洗(F)；3—外侧密封放空口(CSV)；4—密闭密封放泄口(CSD)；5—缓冲气体进口(GBI)；6—密封腔；FE—流量计(图示为磁力型)；FIL—聚结过滤器，用来确保缓冲气供给中可能存在的固体颗粒和/或液体不污染密封；PCV—压力控制阀门，用来限制缓冲气体的压力，防止内密封的反向加压和/或限制施加到外侧密封的压力；PI—压力指示器；PSL—压力开关低；FSH—流量开关高</td>
</tr>
<tr>
<td>标准密封冲洗方案
74</td>
<td>外部供给的隔离气体用来有效防止工艺流体泄漏至大气。隔离气体的压力高于内密封的工艺侧压力。为了避免气体被泵吸入，在启动和操作之前要求密封腔放空
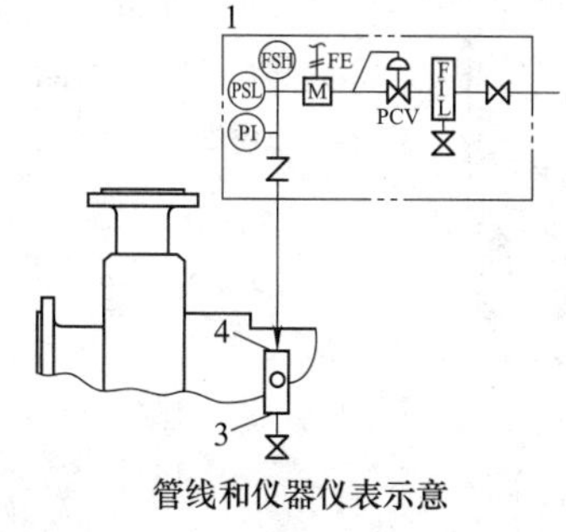

管线和仪器仪表示意
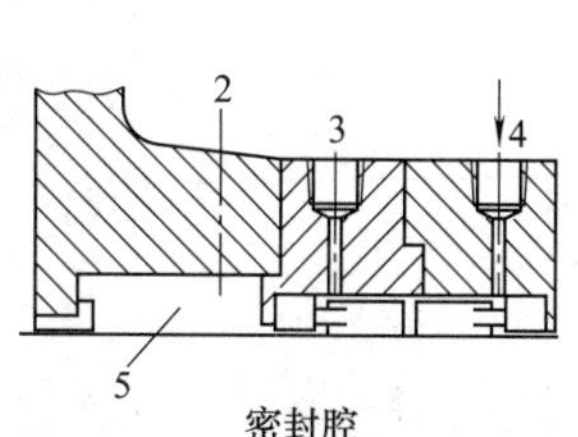

密封腔
1—隔离气体面板；2—放空(如果需要)；3—隔离气体出口(通常被堵上)，只是用于降低密封腔压力；4—隔离气体入口；5—密封腔；FE—流量计；FIL—聚结过滤器，用来确保缓冲气供给中可能存在的固体颗粒和/或液体不污染密封；FSH—流量开关高；PI—压力指示器；PCV—压力控制阀门，设定压力高于内密封的工艺侧压力；PSL—压力开关低</td>
</tr>
</table>

续表

标准冲洗方案和辅助构件	标准密封冲洗方案 75	外侧密封腔的排液口用于布置 2 密封的冷凝泄漏物。本方案用于当泵输送的流体在环境温度下冷凝时。系统由卖方供给 阀门按图纸安装，并且离地间隙方便操作者操作 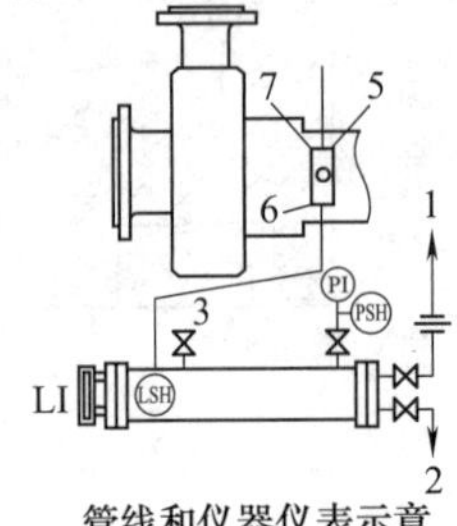 **管线和仪器仪表示意** 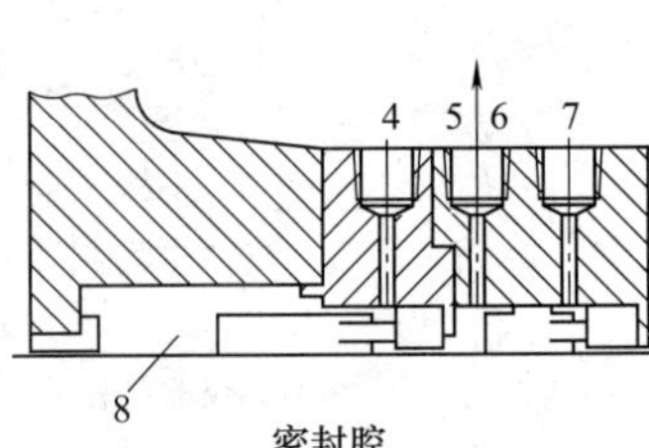 **密封腔** 1—至蒸汽收集系统；2—至液体收集系统；3—试验接头；4—冲洗(F)；5—外侧密封放空口(CSV)，被堵上；6—外侧密封放泄口(CSD)；7—缓冲气进口(GBI)；8—密封腔；LI—液位指示器；LSH—液位开关高；PSH—压力开关高；PI—压力指示器
	标准密封冲洗方案 76	外侧密封腔的排液口用于布置 2 密封上的非冷凝泄漏物。本方案用于当泵输送的流体在环境温度下不冷凝时。系统由卖方供给 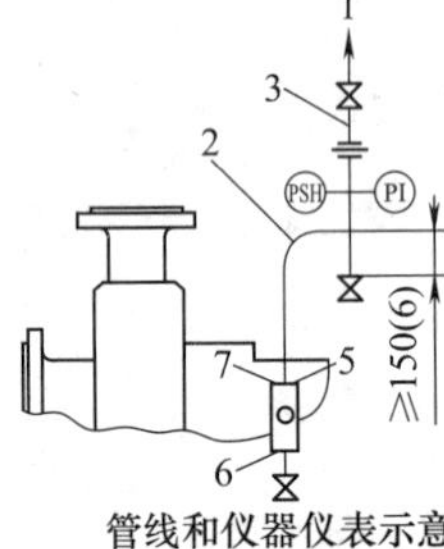 **管线和仪器仪表示意** 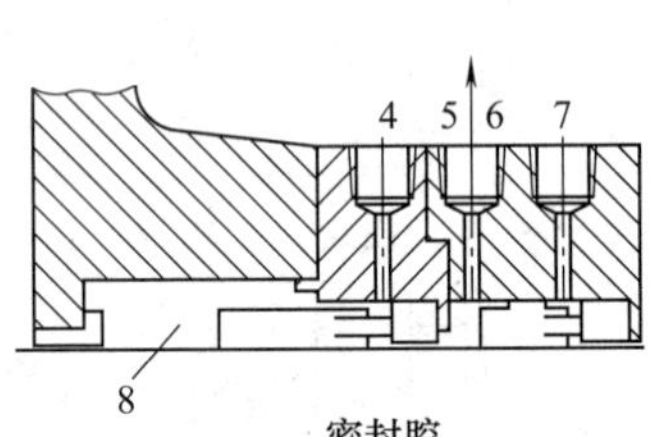 **密封腔** 1—至蒸汽回收系统；2—管子，见注 1；3—管道，见注 2；4—冲洗(F)；5—外侧密封放空口(CSV)；6—外侧密封放泄口(CSD)；7—缓冲气进口(GBI)；8—密封腔；PI—压力指示器；PSH—压力开关高 注：1. 管子最小应为 13mm(1/2in)，并由 CSV 接头向管道/仪表装置连续升高 2. 装置最小管径应为 *DN*15(NPS1/2)。装置应由高位结构或侧向座支架支撑以便连接至密封压盖的管子上没有应变
	标准外部隔离/缓冲液储液器	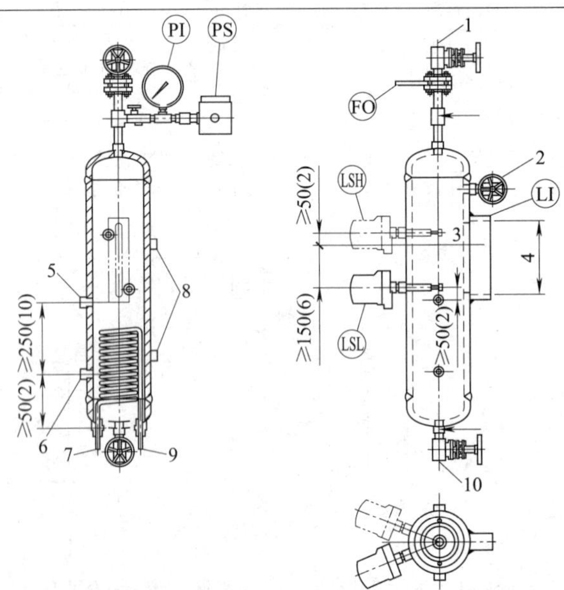 1—3/4NPT 放空口；2—3/4NPT 压力注入口；3—正常液位(NLL)；4—可见长度；5—3/4NPT 返回；6—3/4NPT 供给；7—13mm(0.5in)管子，冷却液进口；8—安装耳柄；9—13mm(0.5in)管子，冷却液出口；10—3/4NPT 放泄口；FO—节流孔板；LSH—液位开关高；LSL—液位开关低；LI—液位指示器；PI—压力指示器；PS—压力开关 注：可见长度为低于 LSL 到 NLL 之上 75mm(3.0in)和 LSH 之上 25mm(1.0in)之中的较大者

续表

标准冲洗方案和辅助构件	可替代的外部隔离/缓冲液储液器	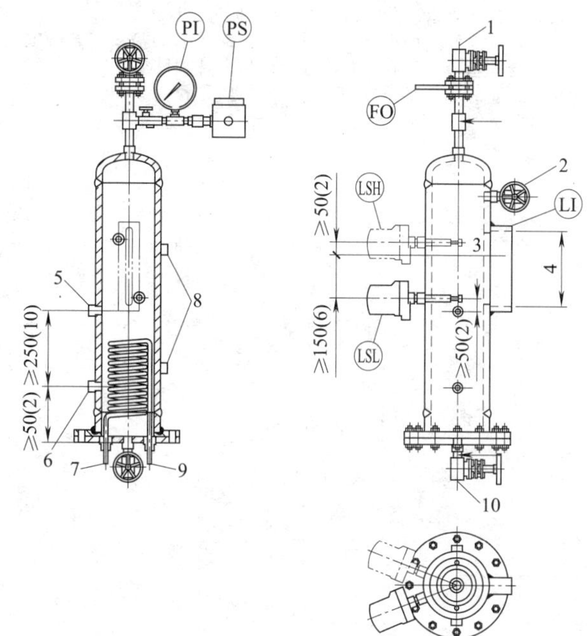 1—3/4NPT 放空口；2—3/4NPT 压力注入口；3—正常液位(NLL)；4—可见长度；5—3/4NPT 返回；6—3/4NPT 供给；7—13mm(0.5in)管子，冷却液进口；8—安装耳柄；9—13mm(0.5in)管子，冷却液出口；10—3/4NPT 放泄口；FO—节流孔板；LSH—液位开关高；LSL—液位开关低；LI—液位指示器；PI—压力指示器；PS—压力开关 注：可见长度为低于 LSL 到 NLL 之上 75mm(3.0in)和 LSH 之上 25mm(1.0in)之中的较大者
	方案 23 的循环系统的典型装置	冷却液在冷却器的壳侧，工艺流体在管侧。冷却器布置应为冷却液和工艺流体二者同时提供放泄 密封冷却器应布置在尽量靠近泵的地方，同时应为操作和维护留出足够的空间。冷却器不应放置在泵的正上方。为了安全，热的管线有必要进行隔离 对于管子，使用平滑、长半径的弯头。对于管道，虽然可以使用 45°弯头，但应尽量避免使用 90°弯头 所有管线应倾斜向上，以 40mm/m(0.5in/ft)的最小斜率由压盖至高点放空口 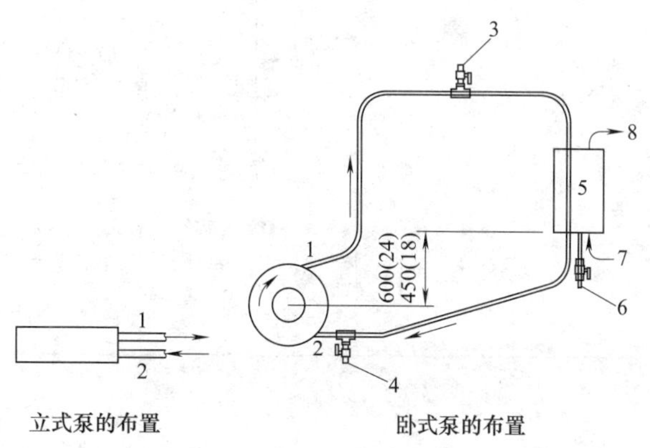 立式泵的布置　　卧式泵的布置 1—至密封冷却器；2—来自密封冷却器；3—连接管道上的高点放空口；4—连接管道上的低点放泄口；5—密封冷却器；6—冷却水用放泄口；7—冷却水进口(CWI)；8—冷却水出口(CWO)

续表

标准冲洗方案和辅助构件	隔离/缓冲液储液器的典型安装	弯管应使用平滑、长半径的弯头。管道可以使用 45°弯头，但应尽量避免使用 90°弯头 所有管线应倾斜向上，以 40mm/m(0.5in/ft)的最小斜率由压盖至高点放空口 密封冷却器应布置在尽量靠近泵的地方，同时应为操作和维护留出足够的空间。冷却器不应放置在泵的正上方。为了安全，热的管线有必要进行隔离 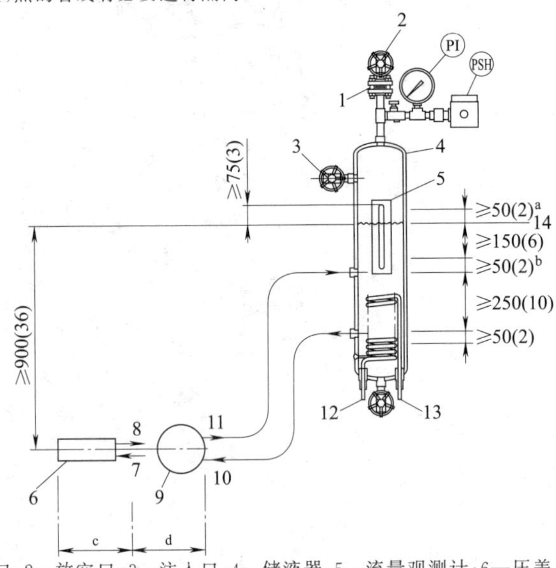 1—法兰连接的孔口；2—放空口；3—注入口；4—储液器；5—流量观测计；6—压盖；7—至密封的进口；8—来自密封的出口；9—压盖；10—供给至密封；11—由密封返回；12—冷却液进口；13—冷却液出口；14—正常液位；PI—压力指示器；PSH—压力开关高；a—高位报警安装在此范围内；b—低位报警安装在此范围内；c—对于立式应用；d—对于卧式应用
	标准外部隔离气供给控制面板	此图示出了气体供给面板上各部件的一般布置。只要具备了所要求的部件和所描述的流程，部件的实际布置可以有所不同 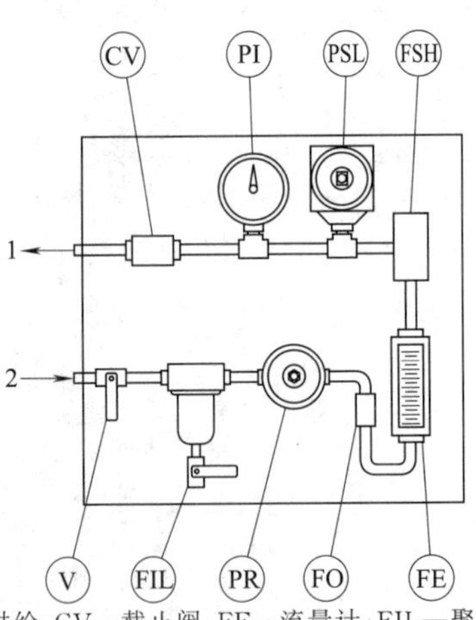 1—至密封；2—来自气体供给；CV—截止阀；FE—流量计；FIL—聚结过滤器；FO—节流孔板 1.5mm(0.062in)，如果要求；FSH—流量开关高；PI —压力指示器；PR—压力调节器；PSL—压力开关低；V—节流阀

第 8 章　真 空 密 封

8.1　真空用橡胶密封圈

8.1.1　真空用橡胶密封圈结构形式

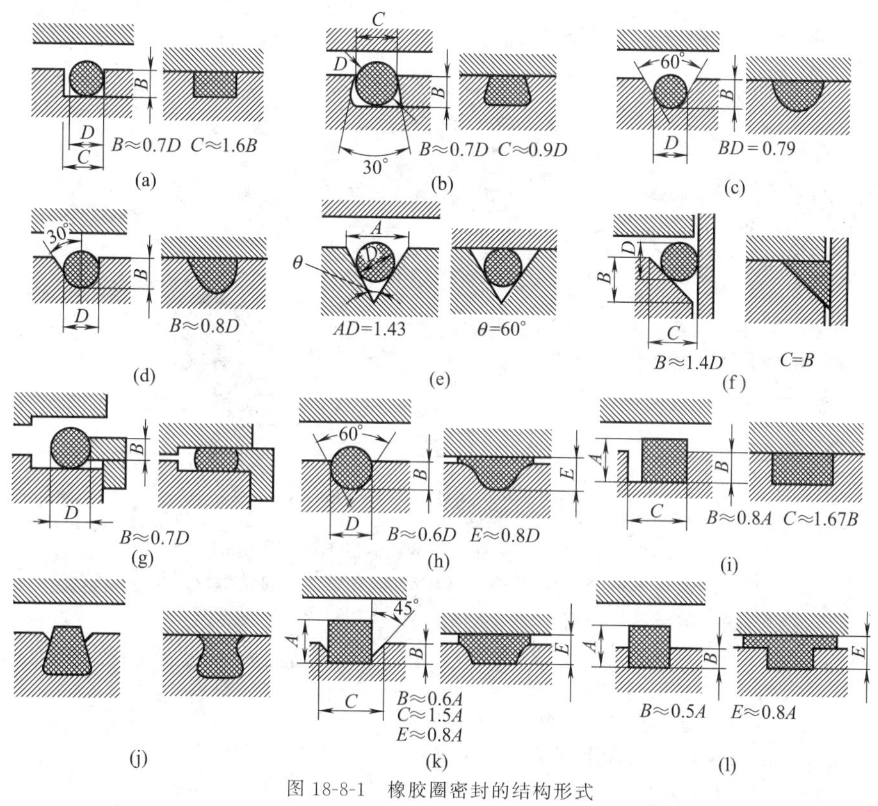

图 18-8-1　橡胶圈密封的结构形式

8.1.2　真空用橡胶密封圈标准

8.1.2.1　J 型真空用橡胶密封圈的型式及系列尺寸

8.1.2.2　J 型真空用橡胶密封圈压套的型式及系列尺寸

8.1.2.3　密封垫圈的型式及系列尺寸

8.1.2.4　JO 型真空用橡胶密封圈的型式及系列尺寸

8.1.2.5　JO 型真空用橡胶密封圈锁紧弹簧的型式及系列尺寸

8.1.2.6　JO 型真空用橡胶密封圈压套的型式及系列尺寸

8.1.2.7　骨架型真空用橡胶密封圈的型式及系列尺寸

8.1.2.8　真空用 O 形橡胶密封圈的型式及系列尺寸

8.1.2.9　真空用 O 形橡胶密封圈压套的型式及系列尺寸

8.1.2.10　真空用 O 形橡胶密封圈平垫的型式及系列尺寸

8.1.2.11　真空用 O 形橡胶圈材料

8.1.2　真空用橡胶密封圈标准
（扫二维码阅读或下载）

8.2　真空用金属密封圈

表 18-8-15　　常用的真空用金属密封圈的特点及应用

名　　称	特　　点	应　　用
铝丝 O 形圈	纯度为 99.99%、直径小于 1mm 的铝丝 O 形圈需在 350℃温度下退火 1h，使用前用 NaOH 或稀硝酸清洗。由于铝丝表面有一层氧化膜，焊接困难，为了避免铝的氧化，可以在铝的表面镀铟或采用 Al-Si 合金（Si 占 3%～5%）。能耐 400～500℃高温，而且耐水银侵蚀	可用于高温或水银扩散泵系统
铜垫片和铜丝 O 形圈	铜垫片和铜丝 O 形圈能耐 450℃高温烘烤，但铜在高温烘烤中容易产生硬的氧化层。密封圈表面镀银（银层厚度不大于 5μm）就可避免氧化，铜比铝和金的硬度高，需要较大的密封力。铜垫片材料采用退火的冷轧铜板，即软质铜板，布氏硬度在 60～90 之间。铜丝 O 形圈的焊接应采用银焊或铜焊	铜垫片一般用于公称直径小于 200mm 的法兰；铜丝 O 形圈可用于公称直径大于 250mm 的法兰
金丝 O 形圈	材料为 99.7%的纯金。黄金的优点是化学稳定性好，耐腐蚀，长期暴露在空气中不氧化，质软容易加工，延展性好，可重新使用，损耗很小。常用的金丝直径为 0.5～2mm。压缩量取 50%左右，可按 200×10^5Pa 的压紧力来确定螺栓直径和数目	金丝密封主要用于公称直径大于 250mm 的法兰连接
铟丝 O 形圈	铟丝或铟垫片所需的密封力较小，而且可以在低温下工作。O 形圈不必事先制成，可以把细丝两端搭接起来，在安装过程中进行冷焊。如果需要制成环状，也可将两端切成直角，用焊剂在喷灯的微弱火焰下进行焊接。铟密封的主要缺点是不耐高温，其使用温度不超过 150℃	温度不超过 150℃的场合

第 9 章 迷宫密封

9.1 迷宫密封方式、特点、结构及应用

表 18-9-1 迷宫密封方式、特点、结构及应用

结构简图	密封方式	特点	应用
	直通型迷宫密封	有很大的直通效应，有很大部分动能未转变为热能，因此这种密封的密封效果较差，但结构简单	汽轮机叶片围带气封，压缩机、鼓风机级间气封
	复合直通型迷宫密封	由台阶和梳齿复合组成，密封性能有所改进	压缩机、鼓风机平衡盘、轴端密封
	错列型迷宫密封	热力学性能比较完善，接近理想密封，密封效果较好，但结构复杂	燃气轮机轴封、轴流式压缩机轴封、离心式压缩机轴封、真空泵与真空装置轴封、级间密封、油封
	阶梯型迷宫密封	密封面呈阶梯状	压缩机、鼓风机轮盖密封
	斜齿阶梯型迷宫密封	密封效果因斜齿而大为改善	压缩机、鼓风机轮盖密封
	蜂窝密封与直通型迷宫密封组合的密封	采用蜂窝密封可以改善密封效果、提高转子的动力稳定性	压缩机平衡盘密封
	直通型迷宫与承磨衬套组合的迷宫密封	可以减小迷宫间隙，改善密封性能，节省能耗	小功率汽轮机轴端密封

9.2 迷宫密封设计

（1）迷宫密封的形式选择

表 18-9-2 **迷宫密封型式及用途**

机 器	介质种类	迷宫型式	备 注
汽轮机轴封,级间密封	蒸汽	错列型为主	压力较高,旋转密封
燃气轮机轴封,级间密封	燃气	错列型,直通型	高温,小压差,高速旋转
轴流式压缩机轴封,级间密封	空气及其他气体	错列型,直通型	旋转密封
离心式压缩机轴封,叶轮密封	空气及其他气体	径向密封,错列型,直通型	旋转密封
平衡鼓密封		蜂窝密封	
真空泵与真空装置轴封	空气或稀有气体	错列型,直通型	旋转密封
罗茨鼓风机轴封,转子轴封	空气和其他气体	直通型	正交运动
无油润滑压缩机活塞、活塞杆密封	空气,氧气和其他气体	直通型	往复运动,压力周期变化
各种回转机器,油封	润滑油、脂	错列型,直通型	回转运动

(2) 迷宫密封的结构尺寸设计

表 18-9-3 **迷宫密封的结构尺寸设计** mm

迷宫式密封槽

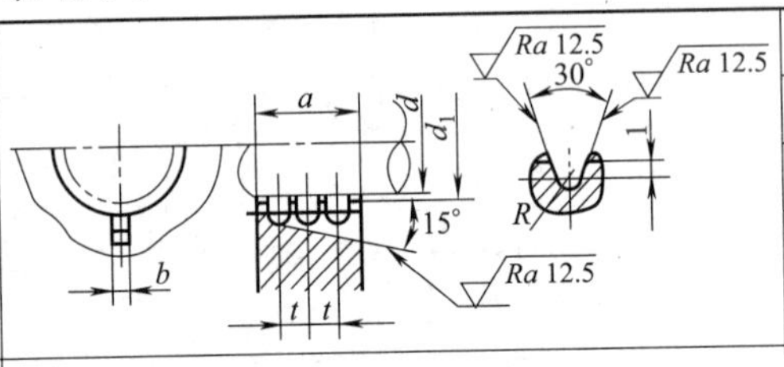

轴径 d	R	t	b	$a_{\min}$	d_1	n(槽数)
25~80	1.5	4.5	4	$nt+R$	$d+1$	$n=2\sim4$
>80~120	2	6	5			
>120~180	2.5	7.5	6			
>180	3	9	7			

径向密封槽

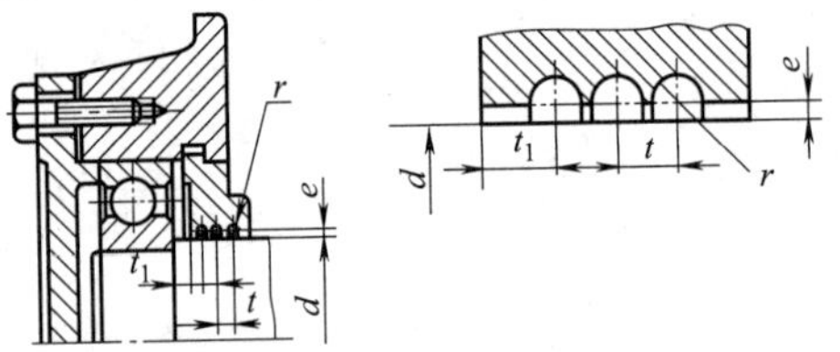

d	10~50	50~80	80~110	110~180	>180
r	1	1.5	2	2.5	3
e	0.2	0.3	0.4	0.5	0.5
t	$t=3r$				
t_1	$t_1=2r$				

轴向密封槽

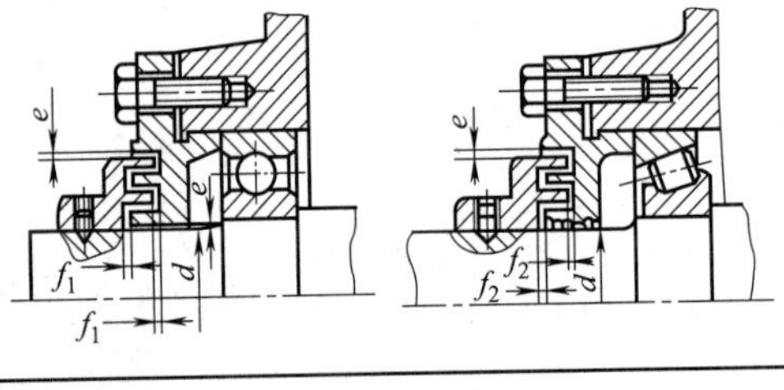

d	e	f_1	f_2
10~50	0.2	1	1.5
>50~80	0.3	1.5	2.5
>80~110	0.4	2	3
>110~180	0.5	2.5	3.5

(3) 迷宫密封设计的注意事项

1) 尽量使气流的动能转化为热能，而不使余速进入下一个间隙。齿与齿之间应保持适当的距离，或用高-低齿强制改变气流方向。

2) 密封齿要做得尽量薄且带锐角。齿尖厚度应小于 0.5mm。

3) 在密封易燃、易爆或有毒气体时要注意防止污染环境。采用充气式迷宫密封，间隙内引入惰性气体，其压力稍大于被密封气体压力；如果介质不允许混入充气，则可采用抽气式迷宫密封。

第 10 章 浮环密封

10.1 浮环密封结构特点及应用

表 18-10-1 浮环密封结构特点及应用

名称		结构简图	特点与应用
剖分型浮动环密封	单流浮动环密封	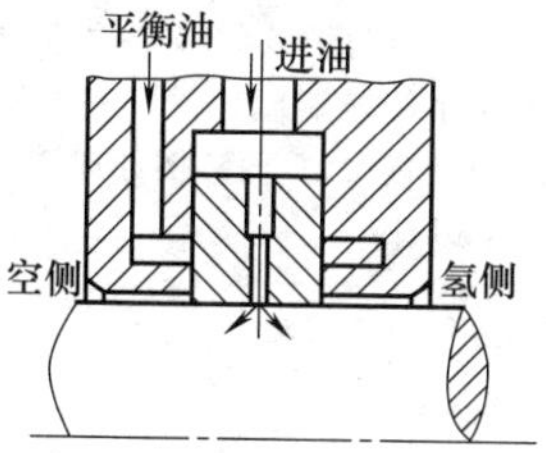 平衡油 进油 空侧 氢侧	密封液进入环隙后分两路流向氢侧和空侧。此类密封间隙大，耗油量大。进入氢侧的油流带入空气并吸收氢气，需要复杂的真空净油设备
	双流浮动环密封	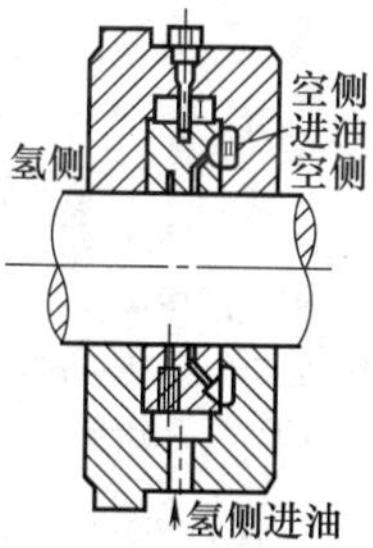 空侧 进油 空侧 氢侧 氢侧进油	氢侧及空侧两股油流在环中央被一段环隙分开，各自成为一个独立的油压系统。空侧油路设均压阀控制两股油流压力相等，以保证两股油流接触处没有油交换。氢侧油路设压差阀控制油压大于氢压，保证氢气不外漏。此结构不用真空净油设备，但需两套油系统
	带中间回油的浮动环密封	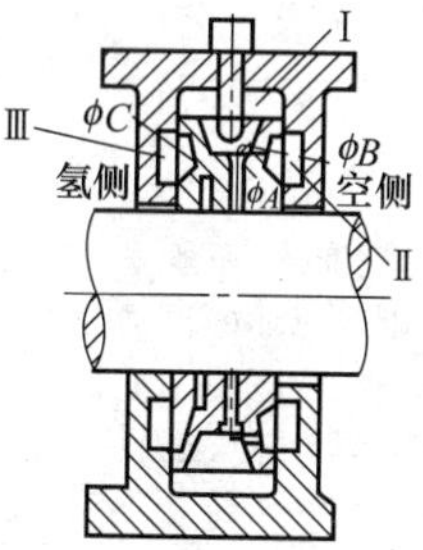 Ⅰ Ⅲ ϕC 氢侧 ϕA ϕB 空侧 Ⅱ	封液进入室Ⅰ后，一路经孔 ϕA 进入密封环隙，外漏至空侧回油箱，内漏至氢侧，中途部分通过孔 ϕC 进入中间回油室Ⅲ，另一路经孔 ϕB 进入压力平衡室Ⅱ。此结构不需要复杂的真空净油设备，系统简单
整体型浮动环密封	带冷却孔矩形浮动环密封	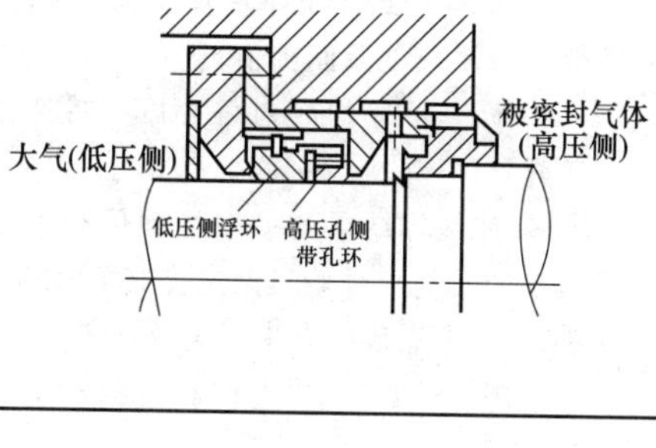 被密封气体(高压侧) 大气(低压侧) 低压侧浮环 高压孔侧带孔环	高压侧浮动环沿圆周布满冷却孔，使进入密封腔的冷流体首先通过高压侧浮动环，然后分两路分别进入高压侧及低压侧环隙。此结构对高压侧浮动环起有效的冷却作用

续表

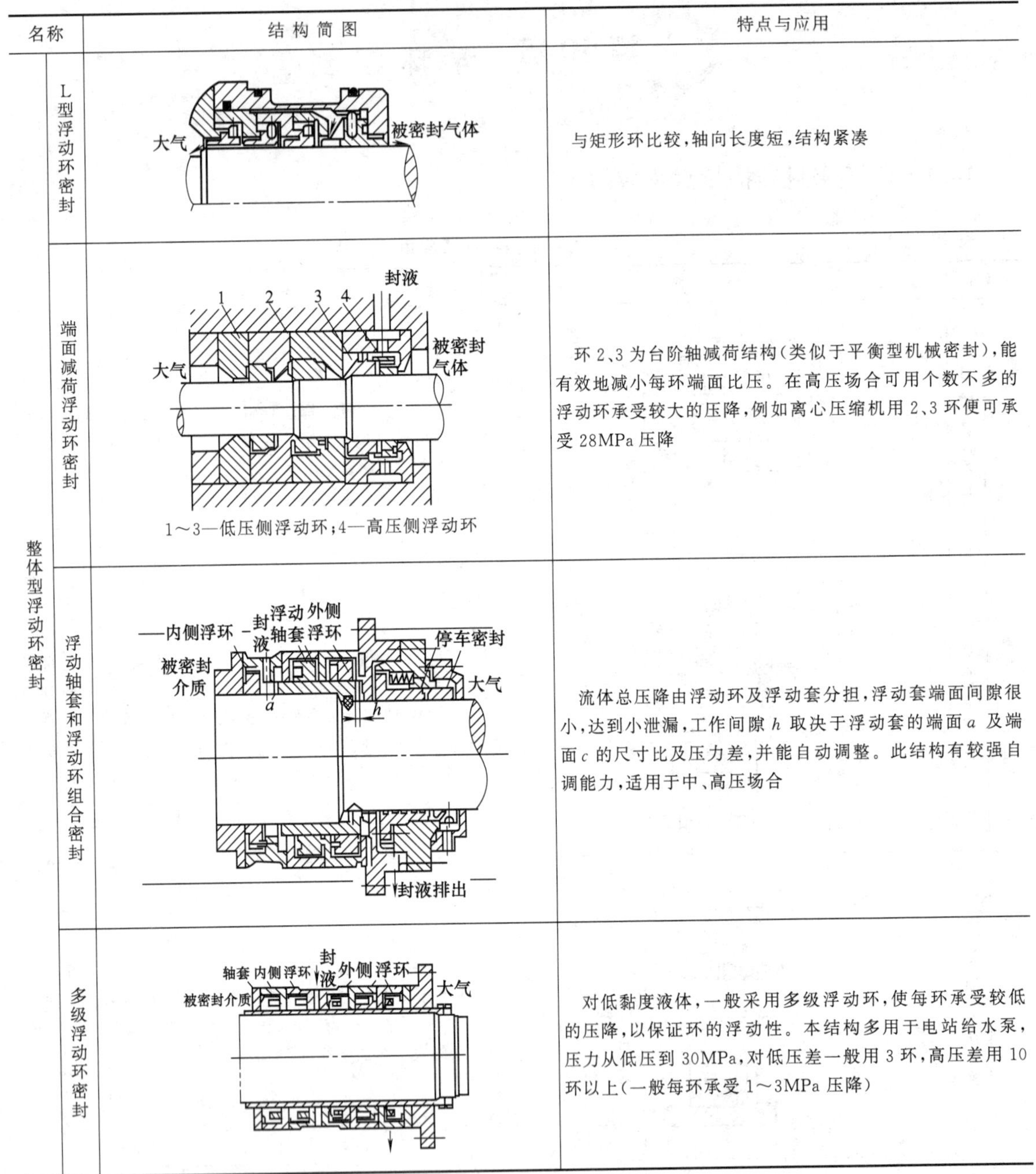

名称		结构简图	特点与应用
整体型浮动环密封	L型浮动环密封		与矩形环比较，轴向长度短，结构紧凑
	端面减荷浮动环密封	1～3—低压侧浮动环；4—高压侧浮动环	环 2、3 为台阶轴减荷结构（类似于平衡型机械密封），能有效地减小每环端面比压。在高压场合可用个数不多的浮动环承受较大的压降，例如离心压缩机用 2、3 环便可承受 28MPa 压降
	浮动轴套和浮动环组合密封		流体总压降由浮动环及浮动套分担，浮动套端面间隙很小，达到小泄漏，工作间隙 h 取决于浮动套的端面 a 及端面 c 的尺寸比及压力差，并能自动调整。此结构有较强自调能力，适用于中、高压场合
	多级浮动环密封		对低黏度液体，一般采用多级浮动环，使每环承受较低的压降，以保证环的浮动性。本结构多用于电站给水泵，压力从低压到 30MPa，对低压差一般用 3 环，高压差用 10 环以上（一般每环承受 1～3MPa 压降）

10.2 浮环密封设计

浮环密封未形成标准系列，故无法按标准件选用。在此介绍有关的设计计算，以供现场工作人员校核使用。

浮环计算主要包括浮升性计算、封液循环量计算、摩擦功率计算、封液温升计算等。计算的程序如下：

① 根据密封工况条件及经验选定浮环结构形式、环数、节流长度及间隙值；

② 计算浮环的相对偏心度、封液循环量、功率及温升；

③ 如试算结果与一般经验值相差太大，则调整原假定的几何尺寸，重新选定有关参数，再作计算；

④ 逐次逼近，以求得满意结果。

浮环设计计算具体方法如表 18-10-2 所示。

表 18-10-2　　**浮环设计计算**

浮环尺寸的确定

设计浮环时，推荐按下列关系确定浮环的尺寸

浮环尺寸

$$\frac{S}{D}\approx(0.5\sim1)\times10^{-3} \qquad (18\text{-}10\text{-}1)$$

$$\frac{D_1}{D}\approx1.02\sim1.03 \qquad (18\text{-}10\text{-}2)$$

$$\frac{D_2}{D}\approx1.14\sim1.20 \qquad (18\text{-}10\text{-}3)$$

$$\frac{l'-l}{l}\approx10^{-3}\sim2\times10^{-2} \qquad (18\text{-}10\text{-}4)$$

式中　$S=D-d$

浮升性计算

浮升性用相对偏心度来表征，相对偏心度的计算公式如下

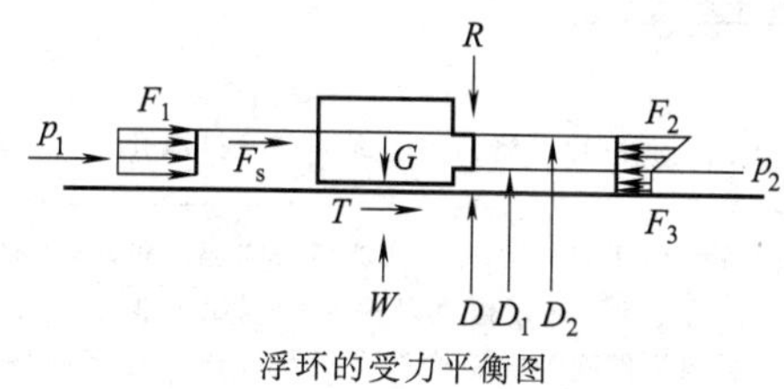

浮环的受力平衡图

$$\varepsilon=\left[1+0.1112\eta ndl\left(\frac{l}{\delta}\right)^2/W\right]^{-2} \qquad (18\text{-}10\text{-}5)$$

式中　n——轴的转速，r/min
d——轴径，m
l——单个浮环的节流长度，m
δ——直径间隙，m
W——浮环的浮升力，N
η——封液的动力黏度，Pa·s

从上图得出径向力平衡关系为

$$W=R+G \qquad (18\text{-}10\text{-}6)$$

$$R=\mu F \qquad (18\text{-}10\text{-}7)$$

$$F=F_1+T+F_s-F_2-F_3 \qquad (18\text{-}10\text{-}8)$$

$$T=(p_1-p_2)\frac{\pi Dh}{2} \qquad (18\text{-}10\text{-}9)$$

式中　G——浮环的重量，N
R——浮环与隔环间的摩擦力，N
μ——摩擦因数，钢对钢时取 0.10～0.12
F——浮环轴向力，N
F_1——封液作用在浮环上的轴向力，N
F_2——浮环端面上的液膜反力，N，可按液膜反压力直线递减的三角形规律确定
F_3——介质作用在浮环上的轴向力，N
F_s——弹簧力，N
T——浮环内壁与轴之间的轴向摩擦力，N
p_1——封液压力，Pa
p_2——介质压力，Pa
D——浮环内壁直径，m
h——浮环与轴间的半径间隙，m

循环量计算

当浮环间隙内流动的液体处于层流状态时，循环量 Q 为

$$Q=\frac{\pi dh^3\Delta p}{12\eta l}(1+1.5\varepsilon^2)\ (\text{m}^3/\text{s}) \qquad (18\text{-}10\text{-}10)$$

式中　Δp——压差

当浮环间隙内流动的液体处于紊流状态时，循环量 Q 为

$$Q=5.56d(1+0.314\varepsilon^2)\left(\frac{\Delta p^4h^{12}}{\rho^3l^4\eta}\right)^{1/7}(\text{m}^3/\text{s}) \qquad (18\text{-}10\text{-}11)$$

式中　ρ——封液的密度，kg/m³

摩擦功率计算

浮环的摩擦功率 N 为

$$N=1.72\times10^{-5}d^3n^2\sum\frac{l_i\eta_i}{\delta_i}\ (\text{kW}) \qquad (18\text{-}10\text{-}12)$$

式中　$\sum\frac{l_i\eta_i}{\delta_i}$——适用于多个浮环结构的，表示各个浮环的摩擦功率之和

封液温升计算

封液的温升为

$$\Delta t=\frac{102N+0.102\Delta pQ}{427c_p\rho Q}\ (^\circ\text{C}) \qquad (18\text{-}10\text{-}13)$$

式中　N——摩擦功率，kW
c_p——封液的比热容，kcal/(kg·℃)

10.3 碳石墨浮环密封结构及应用

表 18-10-3 碳石墨浮环密封结构及应用

结构简图	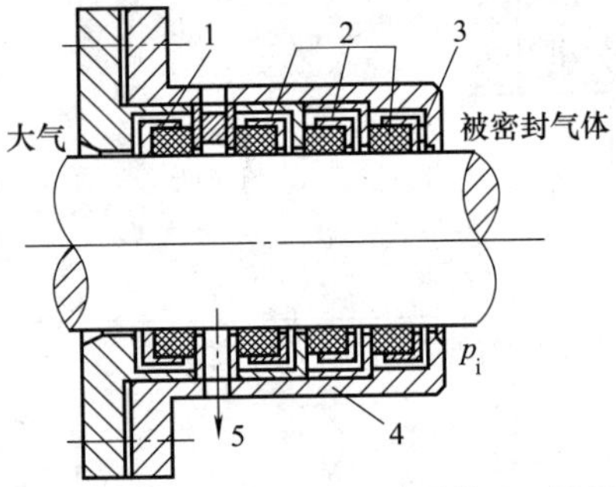 大气 被密封气体 p_i 1 2 3 4 5 1—外侧密封环；2—内侧密封环；3—波形片弹簧；4—隔离环；5—排泄孔
原理及应用	密封结构中，波形片弹簧的弹力及气体压力使各浮动环的一个端面分别与各隔离环的一个端面紧密贴合，阻止气体沿径向泄漏，并靠端面的摩擦力防止环转动。通过浮动环沿轴向漏出的少量气体由排泄孔排出，或者引至主机的气体进口。碳石墨浮环密封的工作间隙随着摩擦发热状况进行自行调整，故有“热自调间隙密封”之称 在离心压气机中采用了碳石墨浮环密封，因石墨在径向载荷作用下易断裂，故常在石墨环的外周镶有金属环。这种结构已经成功地应用于温度高达400℃的气体密封

第 11 章　螺旋密封

11.1　螺旋密封方式、特点及应用

表 18-11-1　螺旋密封方式、特点及应用

密封方式	结构简图	特点及应用
单向回流式螺旋密封	大气 机内液体 机内压力 大气压 l 单向回流	用单段螺旋将漏液打回、用于密封液体或液气混合物，无须外加封液，常用于轴承封油
双向增压式螺旋密封	大气 p_{max} 压力峰 机内气体 大气压 机内压力 l_1 l_2 双向增压式	常用于密封气体或真空，需采用外部供给的高黏度液体作为密封液，两段旋向相反的螺旋将封液挤向中间，产生超过被封压力的压力峰，形成液封
双向抽空式螺旋密封	大气 稀薄气体 大气压力 真空阱 机内真空 理想真空 双向抽空式	不需要密封液。在高转速下，两反向螺旋将气体向两侧排出，中间形成高真空阱，可作为真空密封

11.2　螺旋密封设计

表 18-11-2　螺旋密封设计

项　目	设计方法
赶油方向	左螺旋 右螺旋 n 1 2 图中表明了螺旋密封的赶油方向。设轴的旋转方向从右向左看为顺时针方向。如欲使赶油方向向左，当螺纹加工于轴 1 上时，应为左螺纹；当螺纹加工于壳体 2 的孔内时，则螺纹方向应为右螺纹

续表

项 目	设计方法				
密封间隙	通常，间隙 $c=(0.6/1000\sim2.6/1000)d$，或取 $c=0.2\text{mm}$，d——密封轴径				
螺纹形式	提高密封压力——三角形螺纹最好，梯形螺纹中等，矩形螺纹最差 提高输油量——梯形螺纹最好，三角形螺纹中等，矩形螺纹最差 因矩形螺纹加工方便，所以应用仍较广				
矩形螺纹尺寸	轴径/mm	10～18	>18～30	>30～50	>50～80	>80～120
	直径间隙/mm	0.045～0.094	0.060～0.118	0.075～0.142	0.095～0.175	0.120～0.210
	螺距/mm	3.5	7、10	7、10	10	16、24
	螺纹头数	1	2	2	3	4
	螺纹槽宽/mm	1	1	1.5、2	1.5	2
	螺纹槽深/mm	0.5	0.5	1.0	1.0	1.0
矩形螺纹槽参数	螺旋角 α	一般取 7°～15°39′				
	螺纹槽形状比 ω	一般取 $\omega\geqslant4$				
	相对螺纹槽宽 u	一般取 0.5 或 0.8				
	相对螺纹槽深 v	一般取 4～8				
密封轴线速度	螺旋密封适合用于线速度小于 4m/s 的场合				
轴与轴孔的偏心	当偏心较大时，会造成螺纹与孔之间的间隙两侧的间隙不同，泄漏会在宽间隙一侧产生，同时会降低密封的使用寿命				

11.3 矩形螺纹的螺旋密封计算

表 18-11-3 矩形螺纹的螺旋密封计算

密封压头的计算	1)层流状态下的密封压头　层流状态下的密封压头 Δp 为 $$\Delta p=c_p\frac{\eta\omega dl}{h^2}\ (\text{Pa}) \qquad (18\text{-}11\text{-}1)$$ $$c_p=\frac{3tu(1-u)(v-1)(v^3-1)}{(1+t^2)v^3+t^2u(1-u)(v^3-1)^2} \qquad (18\text{-}11\text{-}2)$$ 式中　η——封液黏度，Pa·s ω——角速度，rad/s d——螺旋直径，m l——被封液浸润了的螺旋段长度，m h——螺旋齿顶间隙，m c_p——压头系数 t——螺旋角正切函数，$t=\tan\alpha$ u——螺旋相对槽宽，$u=b/s$，b 为螺槽宽，s 为螺距 v——螺旋相对槽深，$v=(h+a)/h$，h 为齿顶间隙，a 为槽深 2)紊流工况的密封压头　紊流工况的密封压头 $\Delta p'$，可用层流工况的密封压头加以修正而求得 $$\Delta p'=K\Delta p \qquad (18\text{-}11\text{-}3)$$ 式中　K——紊流修正系数，由实验确定 3)层流工况与紊流工况的判别　螺旋密封的层流或紊流工况用它的周向雷诺数 Re_u 判断 $$Re_u=\frac{vh}{\gamma} \qquad (18\text{-}11\text{-}4)$$ 式中　v——圆周线速度，m/s h——齿顶间隙，m γ——运动黏度，m²/s 周向雷诺数的临界值 Re_{uk} 为 $$Re_{uk}=41.1\left[\frac{d}{2h(1-u+tu)}\right]^{\frac{1}{2}} \qquad (18\text{-}11\text{-}5)$$ 当 $Re_u<Re_{uk}$ 时为层流工况，当 $Re_u>Re_{uk}$ 时为紊流工况

续表

功率消耗	螺旋密封的功率消耗 N 为 $$N=c_N\frac{\pi}{2}\omega d^2h\Delta p \quad (18\text{-}11\text{-}6)$$ 式中 c_N——功耗系数,层流工况时,由下式确定 $$c_N=\frac{\left(1-u+\frac{u}{v}\right)\left[(1+t^2)v^3+t^2u(1-u)(v^3-1)\right]+3t^2u(1-u)(v^2-1)^2(1-u+uv^3)}{6(1-u)(v-1)(v^3-1)tu} \quad (18\text{-}11\text{-}7)$$

第 12 章 磁流体密封

12.1 磁流体密封的结构和工作原理

铁磁流体的结构如图 18-12-1 所示。

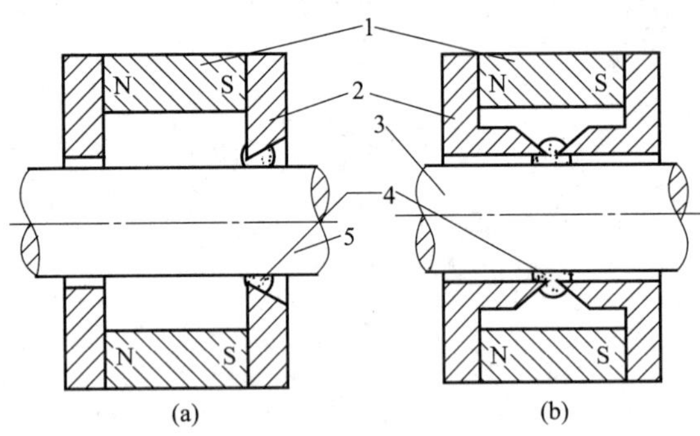

图 18-12-1 铁磁流体密封

1—永久磁铁；2—软铁极板；3—非导磁轴；4—铁磁流体；5—导磁轴

铁磁性超细微颗粒在低挥发度的液体中构成稳定的胶体溶液，即为铁磁流体。铁磁流体在密封间隙中受到磁场作用，形成强韧的液体膜，阻止泄漏。膜内的磁质点被分散剂和载液分隔而不会聚胶，仍保持液体特性，对轴无固体摩擦。

铁磁流体密封有两种形式。

① 图 18-12-1（a）所示为磁通经过轴，磁铁两侧磁极和转轴构成磁路，磁极尖端磁通密度大，磁场强度高，铁磁流体集中而形成磁流体圆形环，起到密封作用。

② 图 18-12-1（b）所示为磁通不经过轴，轴的材料为非导磁材料，由磁铁和极板构成磁路。

12.2 提高磁流体密封能力的主要途径

1）提高密封间隙中磁场强度和磁流体饱和磁化强度 提高密封间隙中磁场强度的措施有：

① 提高外加磁场强度；

② 尽可能缩小磁极与导磁轴套之间的间隙；

③ 提高磁极与导磁轴套的导磁能力，改善磁回路，以尽量减少磁能损失，从而提高间隙中磁场强度。

提高磁流体饱和磁化强度的措施有：

① 选用饱和磁化强度高的磁性材料；

② 提高磁粉在载体中的浓度；

③ 控制合适的温度，一般温度超过 100℃时饱和磁化强度会大大下降。

2）提高磁流体的黏度 磁流体作为液体具有表面张力、黏度等液体力作用，表面张力高、黏度大的磁流体，其密封能力也强。但黏度大也会造成动力消耗增加，从而导致发热量大、温升过高的不利因素，故对提高磁流体的黏度应综合考虑。

3）选取合理的级数 在外加磁场一定时，采用尽可能多的级数将能充分利用磁能，达到最高的密封压力。

12.3 磁流体密封与其他密封形式的对比

表 18-12-1 磁流体密封与其他密封形式的对比

磁流体密封的优点	①可实现零泄漏。对剧毒、易燃、易爆、放射性物质特别是贵重物质及高纯度物质的密封，具有非常重要的意义 ②无固体摩擦，仅有磁流体内部的液体摩擦，因此功率消耗低 ③无磨损，寿命长，维修简便。由于磁流体密封不存在磨损，所以密封的寿命主要取决于磁流体的消耗。而磁流体又可在不影响设备正常运转的情况下通过补加孔加入，以弥补磁流体的损耗，所以一般情况下不需要维修 ④结构简单，制造容易。没有复杂的零件，没有精度要求高的接触面，加工精度要求不高，因而易制造 ⑤特别适用于含固体颗粒的介质。这是因为磁流体具有很强的排他性，在强磁场作用下，磁流体能将任何杂质都排出磁流体外，从而不至于由于固体颗粒的磨损造成密封提前失效的情况 ⑥可用于往复式运动的密封。通常只需将导磁轴套加长，使导磁轴套在作往复运动的整个过程中都不脱离外加磁场和磁极的范围，使磁流体在导磁轴套上相对滑动，并保持着封闭式的密封状态 ⑦轴的对中性要求不高 ⑧能够适应高速旋转运动，特别是在柔性轴中使用。据一些资料介绍，磁流体密封用于小轴径已达 50000r/min 以上，一般情况下也达 15000r/min 左右。不过在高速场合下使用，要特别注意加强冷却措施，并要考虑离心力影响。实验证明，当轴的线速度达 20m/s 时，离心力就不可忽略了 ⑨有自动愈合的能力
磁流体密封的缺点	与其他形式动密封相比，磁流体密封还存在着如下一些不足之处： ①其耐温范围小 ②密封压力低，一般只用于 0.2～0.3MPa 的介质中 ③耐蚀性能差

第13章　离心密封

13.1　离心密封结构形式

表 18-13-1　　离心密封的结构形式

形　式	结构简图	特点及应用
简单离心密封	平槽　凹槽	在光滑轴上车出1～2个环形槽，可以阻止液体沿轴爬行，使其在离心力作用下沿沟槽端面径向甩出，由集液槽引至回液箱，这是最简单的离心密封，常用作低压轴端密封
背叶片密封	背叶片	在工作叶轮的背面设置若干直的或弯曲的叶片，起到降压密封作用。可以采用较大的密封间隙，磨损小，寿命长，可以做到接近零泄漏，常用于输送含固相介质的杂质泵、矿浆泵中，但密封功率消耗大，且需配置停车密封
副叶轮密封	导叶片 副叶轮	在工作叶轮的后面，再另外设置一叶轮（副叶轮）来起到降压密封作用，此外，一般还在副叶轮密封腔内侧设置了若干固定导叶片，起到稳流和部分消除副叶轮光滑面的增压作用，进一步提高副叶轮的密封能力。可以采用较大的密封间隙，磨损小，寿命长，可以做到接近零泄漏，常用于输送含固相介质的杂质泵、矿浆泵中，但密封功率消耗大，且需配置停车密封

13.2　离心密封的计算

表 18-13-2　　离心密封的计算

密封气体用离心密封计算	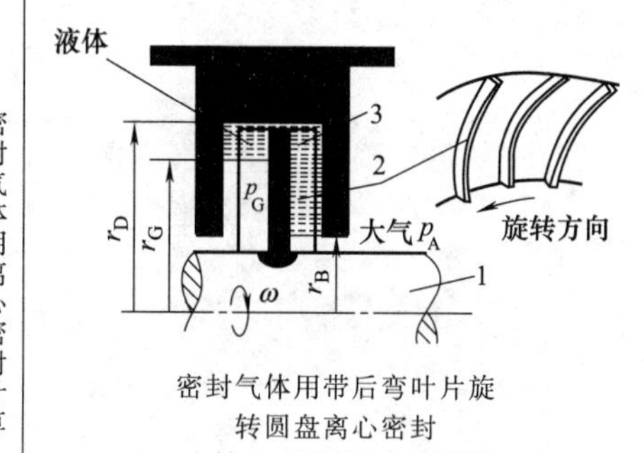 密封气体用带后弯叶片旋转圆盘离心密封 1—轴；2—叶片；3—旋转盘	以左图所示密封气体的离心密封结构为例，计算其密封能力 该结构密封气体的最大压力为 $$p_G-p_A=C_v\frac{\rho}{2}\omega^2(r_G^2-r_B^2) \quad (18\text{-}13\text{-}1)$$ 式中　C_v——压力折减系数 ρ——流体密度 ω——轴旋转的角速度 其余符号的含义如图中所示

续表

密封液体用离心密封计算

背叶片密封和副叶轮密封是离心泵常用的密封液体的离心密封，其密封能力计算如下

该结构密封气体最大压力为

$$p_L - p_A = k\frac{\rho}{2}\omega^2(r_D^2 - r_A^2) \tag{18-13-2}$$

$$k = \left(\frac{s+t}{2s}\right)^2 \tag{18-13-3}$$

式中 k——反压系数

s——叶片侧密封腔总宽度，$s=t+c$

t——叶片宽度

c——叶片顶面至壳壁之间的间隙

其余符号的含义如图中所示

密封流体

大气

r_D p_L p_A r_B t c s r_A ω

密封液体的离心密封(背叶片密封、副叶轮密封)

若考虑副叶轮光滑面对液体的升压作用，则副叶轮离心密封的密封能力为

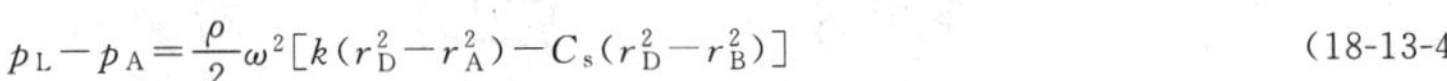

$$p_L - p_A = \frac{\rho}{2}\omega^2[k(r_D^2 - r_A^2) - C_s(r_D^2 - r_B^2)] \tag{18-13-4}$$

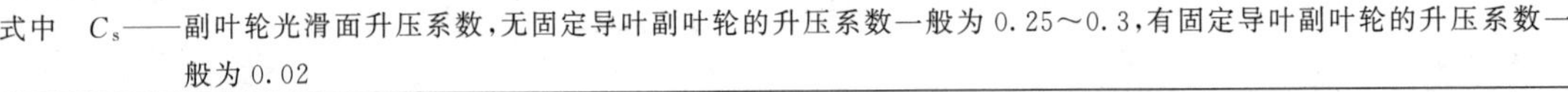

式中 C_s——副叶轮光滑面升压系数，无固定导叶副叶轮的升压系数一般为 0.25～0.3，有固定导叶副叶轮的升压系数一般为 0.02

功率损耗

离心密封的功率损耗包括圆盘摩擦损失和环流搅拌损失，用于液体环境可按下式计算

$$P = C_m\frac{\rho}{2}\omega^2 r_D^5 \tag{18-13-5}$$

式中 C_m——摩擦因数，取决于密封的具体结构和流体的雷诺数

参 考 文 献

[1] 成大先. 机械设计手册. 第六版. 第 3 卷. 北京: 化学工业出版社, 2016.
[2] 孙开元, 郝振洁. 机械密封结构图例及应用. 北京: 化学工业出版社, 2017.
[3] 孙玉霞, 李双喜, 李继和等. 机械密封技术. 北京: 化学工业出版社, 2014.
[4] 张向钊, 寿震东. 密封垫片与填料. 北京: 化学工业出版社, 1994.
[5] 胡国桢等. 化工密封技术. 北京: 化学工业出版社, 1990.
[6] 顾伯勤. 静密封设计技术. 北京: 中国标准出版社, 2004.
[7] 顾永泉. 流体动密封. 北京: 中国石化出版社, 1992.
[8] 顾永泉. 机械密封实用技术. 北京: 机械工业出版社, 2001.
[9] 郑津洋等. 过程设备设计. 北京: 化学工业出版社, 2005.
[10] 王金刚. 石化装备流体密封技术. 北京: 中国石化出版社, 2007.
[11] API Standard 682. Shaft Sealing Systems for Centrifugal and Rotary Pumps. 2002.
[12] API Standard 610. Centrifugal Pumps for Petroleum, Heavy Duty Chemical, and Gas Industry Services. Eighth Edition. 1995.
[13] Heinz K Muller, Bernard S Nau. Fluid Sealing Technology Principles and Application. 1998.
[14] 陈德才等. 机械密封设计制造与使用. 北京: 机械工业出版社, 1993.
[15] 全国化工设备设计技术中心站机泵技术委员会. 工业泵选用手册. 北京: 化学工业出版社, 2011.
[16] 徐灏. 密封. 北京: 冶金工业出版社, 1999.
[17] 付平. 密封设计手册. 北京: 化学工业出版社, 2009.
[18] 沈锡华. 密封材料手册. 北京: 中国石化出版社, 1993.